Springer Collected Works in Mathematics

More information about this series at http://www.springer.com/series/11104

David Hilbert

Gesammelte Abhandlungen I

Zahlentheorie

2. Auflage

Reprint of the 1970 Edition

Springer

David Hilbert (1862 – 1943)
Universität Göttingen
Göttingen
Germany

ISSN 2194-9875
Springer Collected Works in Mathematics
ISBN 978-3-662-48362-6 (Softcover)
978-3-642-50521-8 (Hardcover)
DOI 10.1007/978-3-662-39913-2

Library of Congress Control Number: 2012954381

Mathematics Subject Classification (2010): 79.0X, 01A75

Springer Heidelberg New York Dordrecht London

Printed on acid-free paper

Springer-Verlag GmbH Berlin Heidelberg is part of Springer Science+Business Media
(www.springer.com)

DAVID HILBERT
GESAMMELTE ABHANDLUNGEN

ERSTER BAND

ZAHLENTHEORIE

BERLIN
VERLAG VON JULIUS SPRINGER
1932

ISBN 978-3-642-50521-8 ISBN 978-3-642-50831-8 (eBook)
DOI 10.1007/978-3-642-50831-8

SOFTCOVER REPRINT OF THE HARDCOVER 1ST EDITION 1932

Vorwort.

Der Plan einer Herausgabe meiner Abhandlungen ist durch die Großzügigkeit von FERDINAND SPRINGER verwirklicht worden. Ihm und meinem Freunde RICHARD COURANT bin ich wegen ihrer stets bereiten, durch Rat und Tat wirksamen Hilfe zu größtem Dank verpflichtet.

Die wissenschaftliche Arbeit bei der Herausgabe hat nicht nur äußerste Sorgfalt, sondern auch feinstes Verständnis erfordert und konnte daher nur geleistet werden von Gelehrten, die durch gründliche Studien in den dabei behandelten Fächern dazu vorbereitet sind. Diese Aufgabe ist für den vorliegenden ersten Band, der insbesondere meinen großen zahlentheoretischen Bericht enthält, in vollkommener Weise von den Mathematikern WILHELM MAGNUS, OLGA TAUSSKY, HELMUT ULM gelöst worden. Die Entwicklung der Theorie der algebraischen Zahlen bis in die neueste Zeit wird in dem Nachwort von H. HASSE dargestellt.

Für die drei weiteren Bände ist die Verteilung des Stoffes in folgender Weise beabsichtigt:

Band II: Geometrie, Algebra und Invariantentheorie,
Band III: Analysis,
Band IV: Verschiedenes.

Außer den hier genannten Mathematikern spreche ich noch allen denen, die an diesen Arbeiten Anteil genommen haben, meinen wärmsten Dank aus und hoffe, daß die Veranstaltung dieser Gesamtausgabe wegen der mannigfachen Fragen, die darin berührt werden, insbesondere der jungen Generation Anregung bieten und damit am besten unserer geliebten mathematischen Wissenschaft zur Förderung dienen wird.

Göttingen, im April 1932.

DAVID HILBERT.

Inhaltsverzeichnis.

Seite

Dritter Teil. *Der quadratische Zahlkörper.*

Vierter Teil. *Der Kreiskörper.*

1. Über die Transzendenz der Zahlen e und π.

[Nachrichten der Gesellschaft der Wissenschaften zu Göttingen S. 113—116 (1893).
Mathem. Annalen Bd. 43, S. 216—219 (1893).]

Man nehme an, die Zahl e genüge der Gleichung n-ten Grades

$$a + a_1 e + a_2 e^2 + \cdots + a_n e^n = 0,$$

deren Koeffizienten $a, a_1, \ldots, a_n$ ganze rationale Zahlen sind.

Wird die linke Seite dieser Gleichung mit dem Integral

$$\int_0^\infty = \int_0^\infty z^\varrho[(z-1)(z-2)\cdots(z-n)]^{\varrho+1} e^{-z}\,dz$$

multipliziert, wo ϱ eine ganze positive Zahl bedeutet, so entsteht der Ausdruck

$$a\int_0^\infty + a_1 e\int_0^\infty + a_2 e^2\int_0^\infty + \cdots + a_n e^n \int_0^\infty$$

und dieser Ausdruck zerlegt sich in die Summe der beiden folgenden Ausdrücke:

$$P_1 = a\int_0^\infty + a_1 e\int_1^\infty + a_2 e^2\int_2^\infty + \cdots + a_n e^n\int_n^\infty,$$

$$P_2 = \qquad a_1 e\int_0^1 + a_2 e^2\int_0^2 + \cdots + a_n e^n\int_0^n.$$

Die Formel

$$\int_0^\infty z^\varrho e^{-z}\,dz = \varrho!$$

zeigt, daß das Integral $\int\limits_0^\infty$ eine ganze rationale durch $\varrho!$ teilbare Zahl ist und ebenso leicht folgt, wenn man bezüglich die Substitutionen $z = z' + 1$, $z = z' + 2, \ldots, z = z' + n$ anwendet, daß $e\int\limits_1^\infty, e^2\int\limits_2^\infty, \ldots, e^n\int\limits_n^\infty$ ganze rationale durch $(\varrho+1)!$ teilbare Zahlen sind. Daher ist auch P_1 eine durch $\varrho!$ teilbare ganze Zahl, und zwar gilt, wie man sieht, nach dem Modul $\varrho + 1$ die Kongruenz

$$\frac{P_1}{\varrho!} \equiv \pm a (n!)^{\varrho+1}, \qquad (\varrho + 1). \tag{1}$$

Andrerseits ist, wenn mit K bezüglich k die absolut größten Werte bezeichnet werden, welche die Funktionen

$$z(z-1)(z-2)\cdots(z-n)$$

bezüglich

$$(z-1)(z-2)\cdots(z-n)\,e^{-z}$$

in dem Intervalle $z=0$ bis $z=n$ annehmen:

$$\left|\int_0^1\right| < k K^\varrho, \quad \left|\int_0^2\right| < 2 k K^\varrho, \ldots, \quad \left|\int_0^n\right| < n k K^\varrho$$

und hieraus folgt, wenn zur Abkürzung

$$\varkappa = \{|a_1 e| + 2|a_2 e^2| + \cdots + n|a_n e^n|\}\,k$$

gesetzt wird, die Ungleichung

$$|P_2| < \varkappa K^\varrho. \tag{2}$$

Nun bestimme man eine ganze positive Zahl ϱ, welche erstens durch die ganze Zahl $a \cdot n!$ teilbar ist und für welche zweitens $\varkappa \frac{K^\varrho}{\varrho!} < 1$ wird. Es ist dann $\frac{P_1}{\varrho!}$ infolge der Kongruenz (1) eine nicht durch $\varrho+1$ teilbare und daher notwendig von 0 verschiedene ganze Zahl, und da überdies $\frac{P_2}{\varrho!}$ infolge der Ungleichung (2) absolut genommen kleiner als 1 wird, so ist die Gleichung

$$\frac{P_1}{\varrho!} + \frac{P_2}{\varrho!} = 0$$

unmöglich.

Man nehme an, es sei π eine algebraische Zahl und es genüge die Zahl $\alpha_1 = i\pi$ einer Gleichung n-ten Grades mit ganzzahligen Koeffizienten. Bezeichnen wir dann mit $\alpha_2, \ldots, \alpha_n$ die übrigen Wurzeln dieser Gleichung, so muß, da $1+e^{i\pi}$ den Wert 0 hat, auch der Ausdruck

$$(1+e^{\alpha_1})(1+e^{\alpha_2})\cdots(1+e^{\alpha_n}) = 1 + e^{\beta_1} + e^{\beta_2} + \cdots + e^{\beta_N}$$

den Wert 0 haben und hierin sind, wie man leicht sieht, die N Exponenten $\beta_1, \ldots, \beta_N$ die Wurzeln einer Gleichung N-ten Grades mit ganzzahligen Koeffizienten. Sind überdies etwa die M Exponenten $\beta_1, \ldots, \beta_M$ von 0 verschieden, während die übrigen verschwinden, so sind diese M Exponenten $\beta_1, \ldots, \beta_M$ die Wurzeln einer Gleichung M-ten Grades von der Gestalt

$$f(z) = b z^M + b_1 z^{M-1} + \cdots + b_M = 0,$$

deren Koeffizienten ebenfalls ganze rationale Zahlen sind und in welcher insbesondere der letzte Koeffizient b_M von 0 verschieden ist. Der obige Ausdruck erhält dann die Gestalt

$$a + e^{\beta_1} + e^{\beta_2} + \cdots + e^{\beta_M},$$

wo a eine ganze positive Zahl ist.

Man multipliziere diesen Ausdruck mit dem Integral

$$\int_0^\infty = \int_0^\infty z^\varrho [g(z)]^{\varrho+1} e^{-z} dz,$$

wo ϱ wiederum eine ganze positive Zahl bedeutet und wo zur Abkürzung $g(z) = b^M f(z)$ gesetzt ist; dann ergibt sich

$$a\int_0^\infty + e^{\beta_1}\int_0^\infty + e^{\beta_2}\int_0^\infty + \cdots + e^{\beta_M}\int_0^\infty$$

und dieser Ausdruck zerlegt sich in die Summe der beiden folgenden Ausdrücke:

$$P_1 = a\int_0^\infty + e^{\beta_1}\int_{\beta_1}^\infty + e^{\beta_2}\int_{\beta_2}^\infty + \cdots + e^{\beta_M}\int_{\beta_M}^\infty,$$

$$P_2 = \quad e^{\beta_1}\int_0^{\beta_1} + e^{\beta_2}\int_0^{\beta_2} + \cdots + e^{\beta_M}\int_0^{\beta_M},$$

wo allgemein das Integral $\int_{\beta_i}^\infty$ in der komplexen z-Ebene vom Punkte $z = \beta_i$ längs einer zur Achse der reellen Zahlen parallelen Geraden bis zu $z = +\infty$ hin und das $\int_0^{\beta_i}$ vom Punkte $z = 0$ längs der geraden Verbindungslinie bis zum Punkte $z = \beta_i$ hin zu erstrecken ist.

Das Integral $\int_0^\infty$ ist wieder gleich einer ganzen rationalen durch $\varrho!$ teilbaren Zahl, und zwar gilt, wie man sieht, nach dem Modul $\varrho + 1$ die Kongruenz

$$\frac{1}{\varrho!}\int_0^\infty \equiv b^{\varrho M + M} b_M^{\varrho+1}, \qquad (\varrho + 1).$$

Mittels der Substitution $z = z' + \beta_i$ und wegen $g(\beta_i) = 0$ ergibt sich ferner

$$e^{\beta_i}\int_{\beta_i}^\infty = \int_0^\infty (z' + \beta_i)^\varrho [g(z' + \beta_i)]^{\varrho+1} e^{-z'} dz' = (\varrho + 1)! \quad G(\beta_i),$$

wo $G(\beta_i)$ eine ganze ganzzahlige Funktion von β_i bedeutet, deren Grad in β_i unterhalb der Zahl $\varrho M + M$ bleibt und deren Koeffizienten sämtlich durch $b^{\varrho M + M}$ teilbar sind. Da $\beta_1, \ldots, \beta_M$ die Wurzeln der ganzzahligen Gleichung $f(z) = 0$ sind und mithin durch Multiplikation mit dem ersten Koeffizienten b zu *ganzen* algebraischen Zahlen werden, so ist

$$G(\beta_1) + G(\beta_2) + \cdots + G(\beta_M)$$

notwendig eine *ganze rationale* Zahl. Hieraus folgt, daß der Ausdruck P_1 gleich einer ganzen rationalen durch $\varrho!$ teilbaren Zahl wird, und zwar gilt nach dem Modul $\varrho+1$ die Kongruenz

$$\frac{P_1}{\varrho!} \equiv a b^{\varrho M+M} b_M^{\varrho+1}, \qquad (\varrho+1). \tag{3}$$

Andrerseits ist, wenn mit K bezüglich k die größten absoluten Beträge bezeichnet werden, welche die Funktionen $zg(z)$ bezüglich $g(z)e^{-z}$ auf den geradlinigen Integrationsstrecken zwischen $z=0$ bis $z=\beta_i$ annehmen:

$$\left|\int_0^{\beta_i}\right| < |\beta_i|\, k\, K^\varrho \qquad (i=1,2,\ldots,M)$$

und hieraus folgt, wenn zur Abkürzung

$$\varkappa = \{|\beta_1 e^{\beta_1}| + |\beta_2 e^{\beta_2}| + \cdots + |\beta_M e^{\beta_M}|\}\, k$$

gesetzt wird, die Ungleichung

$$|P_2| < \varkappa K^\varrho. \tag{4}$$

Nun bestimme man eine ganze positive Zahl ϱ, welche erstens durch abb_M teilbar ist und für welche zweitens $\frac{\varkappa K^\varrho}{\varrho!} < 1$ wird. Es ist dann $\frac{P_1}{\varrho!}$ infolge der Kongruenz (3) eine nicht durch $\varrho+1$ teilbare und daher notwendig von 0 verschiedene ganze Zahl, und da überdies $\frac{P_2}{\varrho!}$ infolge der Ungleichung (4), absolut genommen, kleiner als 1 wird, so ist die Gleichung

$$\frac{P_1}{\varrho!} + \frac{P_2}{\varrho!} = 0$$

unmöglich.

Es ist leicht zu erkennen, wie auf dem eingeschlagenen Wege ebenso einfach auch der allgemeinste LINDEMANNsche Satz über die Exponentialfunktion sich beweisen läßt.

Königsberg i. Pr., den 5. Januar 1893.

2. Zwei neue Beweise für die Zerlegbarkeit der Zahlen eines Körpers in Primideale.

[Jahresbericht der Deutschen Mathematikervereinigung Bd. 3, S. 59 (1894).]

Die Grundlage für die Theorie der algebraischen Zahlen bildet der von Dedekind und Kronecker zuerst allgemein ausgesprochene und bewiesene Satz, daß jedes Ideal eines Zahlkörpers auf eine und nur auf eine Weise in Primideale zerlegt werden kann. Der Kroneckersche Beweis bedient sich der Methode der unbestimmten Koeffizienten und ferner des Prinzips, den Satz zunächst für einen Galoisschen Körper zu entwickeln, während der Dedekindsche Beweis diese beiden Hilfsmittel nicht verwendet. Durch eine Abänderung in der Reihenfolge der Schlüsse läßt sich der Kroneckersche Beweis so führen, daß das letztgenannte Prinzip dabei vermieden wird und mithin der so entstehende Beweis lediglich mit dem Hilfsmittel der unbestimmten Koeffizienten auskommt. Der Vortragende legt einen zweiten neuen Beweis des Satzes dar, welcher im Gegensatz zu dem eben charakterisierten Beweis wesentlich das Prinzip der Zugrundelegung eines Galoisschen Körpers benutzt und welcher aus mannigfachen, vornehmlich bei der Weiterentwicklung der Theorie der Körper hervortretenden Gründen den Vorzug vor den früheren Beweisen zu verdienen scheint.

3. Über die Zerlegung der Ideale eines Zahlkörpers in Primideale.

[Mathem. Annalen Bd. 44, S. 1—8 (1894).]

Die Grundlage für die Theorie der algebraischen Zahlen bildet der Satz, daß jedes Ideal eines Zahlkörpers auf eine und nur auf eine Weise in Primideale zerlegt werden kann. Dieser Satz ist zuerst von R. DEDEKIND[1] allgemein ausgesprochen und bewiesen worden. Einen zweiten, wesentlich hiervon verschiedenen Beweis gab L. KRONECKER[2]. Die vorliegende Abhandlung enthält einen neuen Beweis[3] dieses Satzes.

Es sei ein beliebiger Zahlkörper vom n-ten Grade vorgelegt; dann stelle ich folgende Definitionen auf:

Ein unendliches System von ganzen algebraischen Zahlen $\alpha_1, \alpha_2, \ldots$ des Körpers, welches die Eigenschaft besitzt, daß eine jede lineare Kombination $\varkappa_1\alpha_1 + \varkappa_2\alpha_2 + \ldots$ derselben wiederum dem Systeme angehört, heißt ein *Ideal* $\mathfrak{j}$ des Körpers; dabei bedeuten $\varkappa_1, \varkappa_2, \ldots$ *beliebige* ganze algebraische Zahlen des Körpers. Sind $\alpha_1, \ldots, \alpha_m$ solche m Zahlen des Ideals $\mathfrak{j}$, durch deren lineare Kombination unter Benutzung ganzer algebraischer Koeffizienten alle Zahlen des Ideals erhalten werden können, so setze ich kurz

$$\mathfrak{j} = (\alpha_1, \ldots, \alpha_m).$$

Wie leicht gezeigt werden kann, gibt es im Ideal $\mathfrak{j}$ stets n Zahlen $\alpha_1^0, \ldots, \alpha_n^0$ von der Art, daß eine jede Zahl des Ideals gleich einer linearen Kombination derselben von der Gestalt $k_1\alpha_1^0 + \cdots + k_n\alpha_n^0$ ist, wo $k_1, \ldots, k_n$ ganze *rationale* Zahlen sind. Die Zahlen $\alpha_1^0, \ldots, \alpha_n^0$ heißen eine *Basis* des Ideals $\mathfrak{j}$.

Ein Ideal, welches alle und nur die Zahlen von der Gestalt $\varkappa\eta$ enthält, wo $\varkappa$ jede beliebige ganze Zahl des Körpers darstellt, heißt ein *Hauptideal* und wird mit (η) oder auch kurz mit η bezeichnet.

Eine jede Zahl α des Ideals $\mathfrak{j} = (\alpha_1, \ldots, \alpha_m)$ heißt *kongruent* 0 nach dem Ideal $\mathfrak{j}$ oder in Zeichen:

$$\alpha \equiv 0, \quad (\mathfrak{j}).$$

---

[1] Vorlesungen über Zahlentheorie von DIRICHLET. Supplement XI.

[2] Grundzüge einer arithmetischen Theorie der algebraischen Größen. Journ. für Math., Bd. 92 (1882).

[3] Den Gedankengang dieses Beweises habe ich in der Versammlung der deutschen Mathematiker-Vereinigung München 1893 vorgetragen. (Siehe dieser Bd., Abhandlung 2.)

Wenn alle Zahlen eines Ideals $\mathfrak{k}$ kongruent 0 nach $\mathfrak{j}$ sind, so heißt das Ideal $\mathfrak{k}$ *kongruent* 0 nach $\mathfrak{j}$ oder in Zeichen

$$\mathfrak{k} \equiv 0, \quad (\mathfrak{j}).$$

Offenbar ist jedes Ideal $\mathfrak{j}$ kongruent 0 nach dem Ideal 1 und nach dem Ideal $\mathfrak{j}$ selbst.

Ein von 1 verschiedenes Ideal $\mathfrak{p}$, welches nach keinem anderen Ideal außer nach 1 und nach sich selbst $\equiv 0$ ist, heißt *Primideal*.

Wenn man jede Zahl eines Ideals $\mathfrak{j} = (\alpha_1, \ldots, \alpha_m)$ mit jeder Zahl eines zweiten Ideals $\mathfrak{k} = (\beta_1, \ldots, \beta_l)$ multipliziert und die so erhaltenen Zahlen linear mittels beliebiger ganzer algebraischer Koeffizienten kombiniert, so wird das so entstehende neue Ideal das *Produkt* jener beiden Ideale genannt, d. h. in Zeichen

$$\mathfrak{j}\mathfrak{k} = (\alpha_1\beta_1, \ldots, \alpha_m\beta_1, \ldots, \alpha_1\beta_l, \ldots, \alpha_m\beta_l).$$

Ein Ideal $\mathfrak{r}$ heißt durch das Ideal $\mathfrak{j}$ *teilbar*, wenn ein Ideal $\mathfrak{k}$ existiert, derart, daß $\mathfrak{r} = \mathfrak{j}\mathfrak{k}$ ist. Ist $\mathfrak{r}$ durch $\mathfrak{j}$ teilbar, so ist $\mathfrak{r} \equiv 0$ nach dem Ideal $\mathfrak{j}$.

1. Ein Ideal $\mathfrak{j}$ kann nur nach einer *endlichen* Anzahl von Idealen $\equiv 0$ sein.

Zum Beweise bilde man die Norm a einer beliebigen Zahl α des Ideals $\mathfrak{j}$; ist dann etwa $\mathfrak{k}$ ein Ideal, nach welchem $\mathfrak{j} \equiv 0$ ist, so muß offenbar auch $a \equiv 0$ nach $\mathfrak{k}$ sein. Die n Basiszahlen von $\mathfrak{k}$ seien von der Gestalt

$$\begin{gathered} k_{11}\omega_1 + k_{12}\omega_2 + \cdots + k_{1n}\omega_n, \\ \cdot\;\cdot\;\cdot\;\cdot\;\cdot\;\cdot\;\cdot\;\cdot\;\cdot \\ k_{n1}\omega_1 + k_{n2}\omega_2 + \cdots + k_{nn}\omega_n, \end{gathered}$$

wo $\omega_1, \ldots, \omega_n$ eine Basis der ganzen Zahlen des Körpers und wo $k_{11}, k_{12}, \ldots, k_{nn}$ ganze rationale Zahlen sind. Bedeuten $k'_{11}, k'_{12}, \ldots, k'_{nn}$ bezüglich die kleinsten positiven Reste der Zahlen $k_{11}, k_{12}, \ldots, k_{nn}$ nach dem Modul a, so wird

$$\begin{aligned} \mathfrak{k} &= (k_{11}\omega_1 + \cdots + k_{1n}\omega_n, \ldots, k_{n1}\omega_1 + \cdots + k_{nn}\omega_n) \\ &= (k'_{11}\omega_1 + \cdots + k'_{1n}\omega_n, \ldots, k'_{n1}\omega_1 + \cdots + k'_{nn}\omega_n, a), \end{aligned}$$

und diese Darstellung des Ideals $\mathfrak{k}$ läßt unmittelbar die Richtigkeit der Behauptung erkennen.

2. Ein jedes von 1 verschiedene Ideal $\mathfrak{j}$ ist $\equiv 0$ nach mindestens einem Primideal $\mathfrak{p}$.

Denn falls $\mathfrak{j}$ nicht schon selbst ein Primideal ist, so gibt es ein von $\mathfrak{j}$ und von 1 verschiedenes Ideal $\mathfrak{j}_1$, nach welchem $\mathfrak{j} \equiv 0$ ist. Es sei ferner $\mathfrak{j}_2$ ein von 1 und von $\mathfrak{j}_1$ verschiedenes Ideal, nach welchem $\mathfrak{j}_1 \equiv 0$ ist; $\mathfrak{j}_3$ ein von $\mathfrak{j}_2$ und 1 verschiedenes Ideal, nach welchem $\mathfrak{j}_2 \equiv 0$ ist usw. In der Reihe $\mathfrak{j}, \mathfrak{j}_1, \mathfrak{j}_2, \mathfrak{j}_3, \ldots$ ist jedes Ideal $\equiv 0$ nach allen folgenden Idealen. Überdies sind sämtliche Ideale dieser Reihe untereinander verschieden. Denn die Annahme $\mathfrak{j}_r = \mathfrak{j}_s$, $r > s$ hätte $\mathfrak{j}_r \equiv 0$ nach $\mathfrak{j}_s$ und mithin auch nach $\mathfrak{j}_{r-1}$ zur Folge; da jedoch auch $\mathfrak{j}_{r-1} \equiv 0$ nach $\mathfrak{j}_r$ ist, so wäre notwendig $\mathfrak{j}_{r-1} = \mathfrak{j}_r$ und dieser Umstand widerspricht der Voraussetzung. Nach Satz 1 bricht die Reihe dieser Ideale $\mathfrak{j}, \mathfrak{j}_1, \mathfrak{j}_2, \mathfrak{j}_3, \ldots$ ab. Das letzte Ideal ist ein Primideal.

Der eben bewiesene Satz kann auch wie folgt ausgesprochen werden.

Wenn ein Ideal nach keinem Primideal $\equiv 0$ ist, so ist es das Ideal 1.

3. Wenn das Produkt $\mathfrak{j}\mathfrak{k}$ zweier Ideale $\mathfrak{j}$ und $\mathfrak{k} \equiv 0$ ist nach einem Primideal $\mathfrak{p}$, so ist entweder $\mathfrak{j} \equiv 0$ oder $\mathfrak{k} \equiv 0$ nach dem Primideal $\mathfrak{p}$.

Ist etwa $\mathfrak{j}$ nicht $\equiv 0$ nach $\mathfrak{p}$, so bestimme man eine Zahl α des Ideals $\mathfrak{j}$, welche nicht $\equiv 0$ nach $\mathfrak{p}$ ist. Ferner bilde man aus $\mathfrak{p} = (\pi_1, \ldots, \pi_r)$ durch Hinzufügung der Zahl α das Ideal $(\pi_1, \ldots, \pi_r, \alpha)$. Dieses Ideal ist offenbar weder nach $\mathfrak{p}$ noch nach irgendeinem anderen Primideal $\equiv 0$ und folglich nach Satz 2 gleich dem Ideal 1, d. h.

$$1 = \varkappa\alpha + \varkappa_1\pi_1 + \cdots + \varkappa_r\pi_r,$$

wo $\varkappa, \varkappa_1, \ldots, \varkappa_r$ geeignet gewählte ganze algebraische Zahlen des Körpers sind. Die erhaltene Gleichung lautet als Kongruenz geschrieben: $1 \equiv \varkappa\alpha$ nach dem Primideal $\mathfrak{p}$. Bezeichnet nun β irgendeine Zahl des Ideals $\mathfrak{k}$, so ist nach Voraussetzung $\alpha\beta \equiv 0$ nach $\mathfrak{p}$. Und hieraus folgt nach Multiplikation mit $\varkappa$ die Kongruenz $\beta \equiv 0$ nach dem Primideal $\mathfrak{p}$.

4. Wenn ein Ideal $\mathfrak{j} \equiv 0$ nach einem Hauptideal (η) ist, so ist $\mathfrak{j}$ durch (η) teilbar. Aus $\eta\mathfrak{j} = \eta\mathfrak{k}$ folgt notwendig $\mathfrak{j} = \mathfrak{k}$.

In der Tat, da alle Zahlen des Ideals $\mathfrak{j} = (\alpha_1, \ldots, \alpha_m)$ durch die Zahl η teilbar sind, so kann man $\alpha_1 = \eta\beta_1, \ldots, \alpha_m = \eta\beta_m$ setzen und hat dann $\mathfrak{j} = (\eta)(\beta_1, \ldots, \beta_m)$. Ist ferner $\eta\mathfrak{j} \equiv 0$ nach $\eta\mathfrak{k}$, so folgt nach Division durch die Zahl η, daß $\mathfrak{j} \equiv 0$ nach $\mathfrak{k}$ ist. Da wegen $\eta\mathfrak{k} \equiv 0$ nach $\eta\mathfrak{j}$ in gleicher Weise auch $\mathfrak{k} \equiv 0$ nach $\mathfrak{j}$ ist, so folgt notwendig $\mathfrak{j} = \mathfrak{k}$.

5. In einem jeden Primideal $\mathfrak{p}$ gibt es stets eine rationale Primzahl p von der Art, daß eine jede andere ganze rationale Zahl des Ideals $\mathfrak{p}$ diese Primzahl p als Faktor enthält.

Zum Beweise nehme man die Norm a einer Zahl von $\mathfrak{p}$ und zerlege a in seine rationalen Primfaktoren. Faßt man diese als Hauptideale auf, so ist nach Satz 3 einer derselben etwa $p \equiv 0$ nach dem Primideal $\mathfrak{p}$. Gäbe es nun in $\mathfrak{p}$ noch eine ganze rationale Zahl b, welche nicht durch p teilbar wäre, so bestimme man zwei ganze rationale Zahlen r und s derart, daß $1 = rp + sb$ ist; hieraus würde $1 \equiv 0$ nach $\mathfrak{p}$ folgen, was nicht möglich ist.

Nunmehr nehmen wir zunächst an, daß der vorgelegte Zahlkörper ein Galoisscher[1] Körper sei; dann wird aus jedem Ideal des Körpers jedenfalls wieder ein Ideal des nämlichen Körpers entstehen, wenn wir in jenem Ideal

---

[1] Auch Kronecker beweist den Satz von der Zerlegung in Primideale zuerst für einen Galoisschen Körper; doch ist es bemerkenswert, daß für die Kroneckersche Schlußweise dieser Gedanke keineswegs wesentlich ist. Vielmehr läßt sich das Kroneckersche Beweisverfahren durch eine geringfügige Abänderung in der Reihenfolge der Schlüsse unmittelbar auf beliebige Körper anwenden. Der so abgeänderte Kroneckersche Beweis kommt somit lediglich mit dem Hilfsmittel der unbestimmten Koeffizienten aus.

statt einer jeden Zahl eine konjugierte Zahl einsetzen. Sind insbesondere alle aus einem vorgelegten Ideal $\mathfrak{a}$ auf diese Weise entstehenden $n-1$ konjugierten Ideale mit dem vorgelegten Ideal $\mathfrak{a}$ identisch, so nenne ich das Ideal $\mathfrak{a}$ ein *ambiges* Ideal. Dieser Begriff des ambigen Ideals ist ein wesentliches Hilfsmittel meines Beweises. Von einem ambigen Ideal gilt der Satz:

I. *Wenn ein ambiges Ideal* $\mathfrak{a} \equiv 0$ *nach einem Primideal* $\mathfrak{p}$ *ist, so sind alle Zahlen von* $\mathfrak{a}$ *durch* $p^{\frac{1}{n}}$ *teilbar, wo* p *die zu* $\mathfrak{p}$ *gehörige Primzahl bedeutet.*

In der Tat, wenn α eine Zahl des Ideals $\mathfrak{a}$ ist, so gehören auch die zu α konjugierten Zahlen dem Ideal $\mathfrak{a}$ an; dieselben sind folglich sämtlich $\equiv 0$ nach dem Primideal $\mathfrak{p}$. Nun sei

$$\alpha^n + a_1 \alpha^{n-1} + a_2 \alpha^{n-2} + \cdots + a_n = 0$$

die Gleichung n-ten Grades mit ganzen rationalen Koeffizienten $a_1, a_2, \ldots, a_n$, welcher die Zahl α genügt. Diese Koeffizienten sind als homogene Funktionen der Wurzeln der Gleichung ebenfalls $\equiv 0$ nach dem Primideal $\mathfrak{p}$ und mithin nach Satz 5 durch p teilbar. Die Zahl $\beta = \frac{\alpha}{p^{\frac{1}{n}}}$ genügt der Gleichung

$$\beta^n + \frac{a_1}{p} p^{\frac{n-1}{n}} \beta^{n-1} + \frac{a_2}{p} p^{\frac{n-2}{n}} \beta^{n-2} + \cdots + \frac{a_n}{p} = 0$$

und da die Koeffizienten dieser Gleichung sämtlich ganze algebraische Zahlen sind, so ist auch β eine ganze algebraische Zahl.

Ferner läßt sich für ein ambiges Ideal leicht die Richtigkeit des folgenden Satzes erkennen:

II. *Wenn ein ambiges Ideal* $\mathfrak{a} \equiv 0$ *nach einem Primideal* $\mathfrak{p}$ *ist, so gibt es immer eine rationale Zahl* r *von der Art, daß die Zahlen des Ideals* $\mathfrak{a}$ *durch* p^r, *aber nicht sämtlich durch eine höhere ganze oder gebrochene Potenz von* p *teilbar sind.*

Zum Beweise wähle man eine beliebige Zahl α des Ideals $\mathfrak{a}$; dieselbe genüge der Gleichung n-ten Grades

$$\alpha^n + a_1 \alpha^{n-1} + a_2 \alpha^{n-2} + \cdots + a_n = 0,$$

wo allgemein a_i eine ganze rationale Zahl bedeutet, welche durch die ganze Potenz p^{g_i}, aber durch keine höhere Potenz von p teilbar ist. Die kleinste der Zahlen $\frac{g_1}{1}, \frac{g_2}{2}, \ldots, \frac{g_n}{n}$ werde r_α genannt. In allen anderen Zahlen α', α'', ... des Ideals $\mathfrak{a}$ denke man sich in gleicher Weise die zugehörigen rationalen Zahlen $r_{\alpha'}, r_{\alpha''}, \ldots$ bestimmt. Da die Nenner dieser rationalen Zahlen die Zahl n nicht übersteigen, so gibt es unter ihnen notwendig eine kleinste Zahl; ist etwa r_α diese kleinste Zahl, dann erfüllt die Zahl $r = r_\alpha$ die Bedingungen des Satzes. Denn erstens sind offenbar sämtliche Zahlen des Ideals $\mathfrak{a}$ durch p^{r_α} teilbar. Zweitens nehmen wir an, es wären sämtliche Zahlen des

Ideals $\mathfrak{a}$ durch p^R teilbar, wo R eine rationale Zahl bedeutet; es müßten dann auch die Zahl α und die zu α konjugierten Zahlen durch p^R teilbar sein, und dann wären die Koeffizienten $a_1, a_2, \ldots, a_n$ der obigen Gleichung bezüglich durch $p^R, p^{2R}, \ldots, p^{nR}$ teilbar. Hieraus folgt allgemein $iR \leqq g_i$ oder $R \leqq \frac{g_i}{i}$, und da r_α selbst eine der Zahlen $\frac{g_i}{i}$ ist, so ergibt sich $R \leqq r_\alpha$; d. h. die Zahlen des Ideals $\mathfrak{a}$ sind nicht sämtlich durch eine höhere als die r_α-te Potenz von p teilbar.

Wir beweisen nun für den Galoisschen Körper der Reihe nach die folgenden Sätze:

III. *Zu jedem vorgelegten Primideal $\mathfrak{p}$ läßt sich stets ein Ideal $\mathfrak{k}$ so bestimmen, daß das Produkt $\mathfrak{p}\mathfrak{k}$ ein Hauptideal ist.*

Zum Beweise bilde man die $n-1$ zu $\mathfrak{p}$ konjugierten Ideale $\mathfrak{p}', \ldots, \mathfrak{p}^{(n-1)}$. Wie man durch Übergang zu den konjugierten Körpern leicht einsieht, sind diese Ideale sämtlich ebenfalls Primideale und allen gehört die nämliche Primzahl p zu. Das Produkt $\mathfrak{a} = \mathfrak{p}\mathfrak{p}' \ldots \mathfrak{p}^{(n-1)}$ ist offenbar ein ambiges Ideal[1]. Nach Satz II gibt es eine rationale Zahl $r = \frac{t}{u}$, wo t und u ganze Zahlen sind, von der Beschaffenheit, daß die Zahlen von $\mathfrak{a}$ durch p^r, aber durch keine höhere Potenz von p teilbar sind. Das Ideal $\mathfrak{a}^u$ wird folglich durch p^t teilbar und der Quotient $\mathfrak{b} = \frac{\mathfrak{a}^u}{p^t}$ ist offenbar wieder ein ambiges Ideal. Wir nehmen nun an, es sei $\mathfrak{q}$ ein Primideal, nach welchem $\mathfrak{b} \equiv 0$ ist. Da dann auch $\mathfrak{a}^u \equiv 0$ nach $\mathfrak{q}$ ist, so müßte nach Satz 3 entweder $\mathfrak{p} \equiv 0$ oder $\mathfrak{p}' \equiv 0, \ldots,$ oder $\mathfrak{p}^{(n-1)} \equiv 0$ nach $\mathfrak{q}$ sein. Es sei etwa $\mathfrak{p}^{(m)} \equiv 0$ nach $\mathfrak{q}$, so würde, da $\mathfrak{p}^{(m)}$ ein Primideal ist, $\mathfrak{q} = \mathfrak{p}^{(m)}$ folgen, d. h. $\mathfrak{b} \equiv 0$ nach dem Primideal $\mathfrak{p}^{(m)}$ und folglich müßte nach Satz I das Ideal $\mathfrak{b}$ durch $p^{\frac{1}{n}}$ teilbar sein, d. h. $\mathfrak{a}^u$ wäre durch $p^{t+\frac{1}{n}}$ und folglich wären die Zahlen von $\mathfrak{a}$ sämtlich durch eine höhere als die r-te Potenz von p teilbar; dies widerspricht der Wahl des Exponenten r. Aus Satz 2 folgt somit $\mathfrak{b} = 1$, d. h. $\mathfrak{a}^u = p^t$. Setzen wir $\mathfrak{k} = \mathfrak{p}' \ldots \mathfrak{p}^{(n-1)} \mathfrak{a}^{u-1}$, so folgt $\mathfrak{p}\mathfrak{k} = p^t$.

IV. *Ein Ideal $\mathfrak{j}$ kann nur auf eine e i n z i g e Weise als Produkt von Primidealen dargestellt werden.*

Zum Beweise nehmen wir an, es gebe zwei Zerlegungen des Ideals $\mathfrak{j}$ etwa:

$$\mathfrak{j} = \mathfrak{p}\,\mathfrak{q}\,\mathfrak{r} \ldots \mathfrak{l},$$

$$\mathfrak{j} = \mathfrak{p}'\mathfrak{q}'\mathfrak{r}' \ldots \mathfrak{l}',$$

wo $\mathfrak{p}, \mathfrak{q}, \mathfrak{r}, \ldots, \mathfrak{l}$ und $\mathfrak{p}', \mathfrak{q}', \mathfrak{r}', \ldots, \mathfrak{l}'$ Primideale sind. Da wegen der ersten Zerlegung das Ideal $\mathfrak{j} \equiv 0$ nach $\mathfrak{p}$ ist, so folgt aus der zweiten Zerlegung nach

[1] Bezeichnet man mit $\mathfrak{p}, \mathfrak{p}', \ldots, \mathfrak{p}^{(\nu-1)}$ die ν voneinander verschiedenen unter den n konjugierten Idealen, so ist auch bereits das Produkt dieser ν Ideale ein ambiges Ideal und daher gemäß der nachfolgenden Beweisführung gleich einer gebrochenen Potenz von p.

Satz 3, daß eines der Primideale $\mathfrak{p}', \mathfrak{q}', \mathfrak{r}', \ldots, \mathfrak{l}' \equiv 0$ nach $\mathfrak{p}$ ist. Es sei etwa $\mathfrak{p}' \equiv 0$ nach $\mathfrak{p}$; dann wird, weil $\mathfrak{p}'$ ein Primideal ist, notwendig $\mathfrak{p}' = \mathfrak{p}$. Nun konstruiere man nach Satz III ein Ideal $\mathfrak{k}$ von der Art, daß $\mathfrak{p}\mathfrak{k}$ gleich einem Hauptideal η wird und multipliziere die beiden obigen Darstellungen von $\mathfrak{j}$ mit $\mathfrak{k}$. Wegen $\mathfrak{p} = \mathfrak{p}'$ folgt dann

$$\eta\,\mathfrak{q}\,\mathfrak{r}\cdots\mathfrak{l} = \eta\,\mathfrak{q}'\mathfrak{r}'\cdots\mathfrak{l}'$$

und hieraus nach Satz 4:

$$\mathfrak{j}' = \mathfrak{q}\,\mathfrak{r}\cdots\mathfrak{l} = \mathfrak{q}'\mathfrak{r}'\cdots\mathfrak{l}'.$$

Auf diese doppelte Zerlegung des Ideals $\mathfrak{j}'$ wende man das eben eingeschlagene Verfahren von neuem an: man erkennt so schließlich die Identität der beiden vorgelegten Darstellungen des Ideals $\mathfrak{j}$.

V. *Ein jedes Ideal $\mathfrak{j}$ läßt sich stets als Produkt von Primidealen darstellen.*

Ist $\mathfrak{p}$ ein Primideal, nach welchem $\mathfrak{j} \equiv 0$ wird, so bestimme man nach Satz III ein Ideal $\mathfrak{k}$ derart, daß $\mathfrak{p}\mathfrak{k}$ gleich einem Hauptideal η wird. Durch Multiplikation jener Kongruenz mit $\mathfrak{k}$ folgt dann $\mathfrak{k}\mathfrak{j} \equiv 0$ nach dem Ideal $\mathfrak{p}\mathfrak{k}$ und gemäß Satz 4 ist daher $\mathfrak{k}\mathfrak{j} = \eta\mathfrak{j}'$. Nach Multiplikation dieser Gleichung mit $\mathfrak{p}$ und Division durch η ergibt sich $\mathfrak{j} = \mathfrak{p}\mathfrak{j}'$. Wenden wir auf das Ideal $\mathfrak{j}'$ das nämliche Verfahren an, wie soeben auf $\mathfrak{j}$, so ergibt sich $\mathfrak{j}' = \mathfrak{q}\mathfrak{j}''$, wo $\mathfrak{q}$ ein Primideal bedeutet, nach welchem $\mathfrak{j}' \equiv 0$ ist. In gleicher Weise erhalten wir $\mathfrak{j}'' = \mathfrak{r}\mathfrak{j}'''$, wo $\mathfrak{r}$ ein Primideal bedeutet, nach welchem $\mathfrak{j}'' \equiv 0$ ist usw. Die Einsetzung dieser Werte von $\mathfrak{j}', \mathfrak{j}'', \ldots$ liefert für das Ideal $\mathfrak{j}$ der Reihe nach die Darstellungen $\mathfrak{j} = \mathfrak{p}\mathfrak{q}\mathfrak{j}''$, $\mathfrak{j} = \mathfrak{p}\mathfrak{q}\mathfrak{r}\mathfrak{j}'''$, ... Nun gibt es nach Satz 1 nur eine endliche Anzahl von Idealen, nach denen $\mathfrak{j} \equiv 0$ ist. Ist m diese Anzahl, so wird jedenfalls das eingeschlagene Verfahren nach m-maliger Anwendung abbrechen. Denn es ist $\mathfrak{j} \equiv 0$ nach den Idealen $\mathfrak{p}$, $\mathfrak{p}\mathfrak{q}$, $\mathfrak{p}\mathfrak{q}\mathfrak{r}, \ldots$ und diese Ideale sind nach IV sämtlich voneinander verschieden. Nach Beendigung des Verfahrens erhalten wir für das Ideal $\mathfrak{j}$ die verlangte Zerlegung:

$$\mathfrak{j} = \mathfrak{p}\,\mathfrak{q}\,\mathfrak{r}\cdots\mathfrak{l},$$

wo $\mathfrak{p}, \mathfrak{q}, \mathfrak{r}, \ldots, \mathfrak{l}$ Primideale sind.

Damit ist der Beweis des Satzes von der Zerlegung in Primideale für einen Galoisschen Körper vollständig geführt.

Wir betrachten nun einen beliebigen Körper niederen als n-ten Grades, dessen Zahlen sämtlich auch Zahlen des eben behandelten Galoisschen Körpers sind und bezeichnen zur Unterscheidung die Zahlen und Ideale dieses niederen Körpers mit großen Buchstaben. Wir denken uns die Zahlen des Galoisschen Körpers als rationale Funktionen der Wurzel ϑ einer irreduziblen Gleichung n-ten Grades dargestellt und bezeichnen dann die übrigen $n-1$ Wurzeln dieser Gleichung mit $\vartheta', \vartheta'', \ldots, \vartheta^{(n-1)}$. Diese Wurzeln sind dann rationale Funktionen von ϑ und die Einsetzung derselben an Stelle von ϑ bewirkt den Übergang zu den konjugierten Körpern. Es gibt, wie die Galoissche Theorie lehrt, eine gewisse Gruppe G von ν Substitutionen: $\vartheta = \vartheta$, $\vartheta = \vartheta', \ldots, \vartheta = \vartheta^{(\nu-1)}$

von der Eigenschaft, daß jede Zahl des niederen Körpers bei einer Substitution dieser Gruppe ungeändert bleibt und daß auch umgekehrt jede bei diesen Substitutionen ungeändert bleibende Zahl des Galoisschen Körpers dem niederen Körper angehört. Nun zerlege man ein Ideal $\mathfrak{J}=(\mathsf{A}_1, \mathsf{A}_2, \ldots, \mathsf{A}_l)$ des niederen Körpers im Galoisschen Körper in Primideale etwa $\mathfrak{J}=\mathfrak{p}_1 \ldots \mathfrak{p}_m$ und bestimme dann die Ideale $\mathfrak{k}_1, \ldots, \mathfrak{k}_m$ derart, daß die Produkte $\mathfrak{p}_1\mathfrak{k}_1, \ldots, \mathfrak{p}_m\mathfrak{k}_m$ Hauptideale werden. Setzen wir $\mathfrak{k}=\mathfrak{k}_1 \ldots \mathfrak{k}_m$, so wird auch $\mathfrak{J}\mathfrak{k}$ gleich einem Hauptideal η und es gilt daher eine Gleichung von der Gestalt

$$\eta = \mathsf{A}_1\varkappa_1 + \mathsf{A}_2\varkappa_2 + \cdots + \mathsf{A}_l\varkappa_l,$$

wo $\varkappa_1, \varkappa_2, \ldots, \varkappa_l$ Zahlen des Ideals $\mathfrak{k}$ sind. Auf diese Gleichung wende man die Substitutionen $\vartheta=\vartheta', \ldots, \vartheta=\vartheta^{(\nu-1)}$ an; es ergeben sich dann der Reihe nach $\nu-1$ Gleichungen von der Gestalt

$$\begin{aligned} \eta' &= \mathsf{A}_1\varkappa_1' + \mathsf{A}_2\varkappa_2' + \cdots + \mathsf{A}_l\varkappa_l', \\ &\cdots\cdots\cdots\cdots\cdots \\ \eta^{(\nu-1)} &= \mathsf{A}_1\varkappa_1^{(\nu-1)} + \mathsf{A}_2\varkappa_2^{(\nu-1)} + \cdots + \mathsf{A}_l\varkappa_l^{(\nu-1)}. \end{aligned}$$

Die Multiplikation aller ν Gleichungen liefert

$$\mathsf{H} = \mathsf{A}_1^\nu \mathsf{K}_1 + \mathsf{A}_1^{\nu-1}\mathsf{A}_2\mathsf{K}_2 + \mathsf{A}_1^{\nu-2}\mathsf{A}_2^2\mathsf{K}_3 + \cdots + \mathsf{A}_l^\nu \mathsf{K}_M,$$

wo sowohl $\mathsf{H}=\eta\eta' \ldots \eta^{(\nu-1)}$ als auch die Koeffizienten $\mathsf{K}_1, \ldots, \mathsf{K}_M$ bei Anwendung der Substitutionen der Gruppe G ungeändert bleiben und daher Zahlen des niederen Körpers sind. Bezeichnen wir das Ideal $(\mathsf{K}_1, \ldots, \mathsf{K}_M)$ des niederen Körpers mit $\mathfrak{K}$, so gilt im niederen Körper die Gleichung $\mathsf{H}=\mathfrak{J}^\nu\mathfrak{K}$. In der Tat ist H infolge der vorigen Gleichung eine Zahl des Ideals $\mathfrak{J}^\nu\mathfrak{K}$ und es bedarf daher nur des Nachweises, daß jede Zahl des Ideals $\mathfrak{J}^\nu\mathfrak{K}$ durch H teilbar ist. Nun ergibt wegen $\eta=\mathfrak{J}\mathfrak{k}$ jede der Zahlen $\mathsf{A}_1, \ldots, \mathsf{A}_l$ mit jeder der Zahlen $\varkappa_1, \ldots, \varkappa_l$ multipliziert ein durch η teilbares Produkt, ebenso ergibt jede der Zahlen $\mathsf{A}_1, \ldots, \mathsf{A}_l$ mit jeder der Zahlen $\varkappa_1', \ldots, \varkappa_l'$, multipliziert ein durch η' teilbares Produkt usw. und hieraus folgt, daß das Produkt von irgend ν Zahlen $\mathsf{A}_1, \ldots, \mathsf{A}_l$ multipliziert mit einer der Zahlen $\mathsf{K}_1, \ldots, \mathsf{K}_M$ durch $\eta\eta' \ldots \eta^{(\nu-1)}=\mathsf{H}$ teilbar ist. Setzen wir $\mathfrak{J}^{\nu-1}\mathfrak{K}=\mathfrak{L}$, so wird $\mathfrak{J}\mathfrak{L}=\mathsf{H}$ und diese Gleichung zeigt, daß zu jedem vorgelegten Ideal des niederen Körpers stets ein Ideal $\mathfrak{L}$ des niederen Körpers derart bestimmt werden kann, daß das Produkt $\mathfrak{J}\mathfrak{L}$ ein Hauptideal H des niederen Körpers wird. Aus diesem Satze kann der Satz von der eindeutigen Zerlegung eines Ideals in Primideale für den niederen Körper genau so geschlossen werden, wie oben aus Satz III die Sätze IV und V abgeleitet worden sind. Da ferner ein jeder beliebige Körper als ein Körper aufgefaßt werden kann, welcher in einem Galoisschen Körper als niederer Körper enthalten ist, so haben wir hiermit den Satz von der eindeutigen Zerlegung eines Ideals allgemein als gültig erkannt.

Ostseebad Cranz, den 26. September 1893.

4. Grundzüge einer Theorie des Galoisschen Zahlkörpers[1].

[Nachrichten der Gesellschaft der Wissenschaften zu Göttingen 1894. S. 224—236.]

Da ein jeder beliebige Zahlkörper als ein Körper aufgefaßt werden kann, welcher in einem Galoisschen Körper als niederer Körper enthalten ist, so bedeutet es keine wesentliche Einschränkung, wenn wir bei der Erforschung der Theorie der algebraischen Zahlen von vornherein die Annahme machen, daß der zugrunde liegende Zahlkörper ein Galoisscher Körper ist. Insbesondere erweist sich der systematische Ausbau der allgemeinen Theorie der Ideale eines Galoisschen Körpers als notwendig, wenn wir den in KUMMERS Abhandlungen über die höheren Reziprozitätsgesetze enthaltenen Anregungen mit Erfolg nachgehen und über die in denselben gewonnenen Resultate zur vollen Herrschaft gelangen wollen. Die vorliegende Note enthält in Kürze die Grundzüge einer solchen Theorie des Galoisschen Körpers.

Der Galoissche Körper K vom M-ten Grade werde durch die Zahl Θ bestimmt, welche einer irreduziblen ganzzahligen Gleichung M-ten Grades genügt. Die Wurzeln derselben seien $\Theta = s_1\Theta, s_2\Theta, \ldots, s_M\Theta$, wo die Substitutionen $s_1, s_2, \ldots, s_M$ eine Gruppe G vom M-ten Grade bilden. $\mathfrak{P}$ sei ein Primideal f-ten Grades in K; p die durch $\mathfrak{P}$ teilbare rationale Primzahl und P sei eine Primitivzahl für das Primideal $\mathfrak{P}$, d. h. P sei von der Beschaffenheit, daß jede ganze Zahl des Körpers K einer Potenz von P nach dem Primideal $\mathfrak{P}$ kongruent wird.

Die Primitivzahl P genügt nach dem Primideal $\mathfrak{P}$ einer Kongruenz von der Gestalt

$$\Phi(x) \equiv 0\,, \qquad (\mathfrak{P}),$$

wo $\Phi(x)$ eine ganze Funktion f-ten Grades in x mit ganzen rationalen Koeffizienten bedeutet, welche im Sinne der Kongruenz nach der rationalen Primzahl p irreduzibel ist. Es gilt ferner der Hilfssatz:

Wenn Ω irgendeine ganze Zahl in K ist, so gibt es unter den Substitutionen $s_1, s_2, \ldots, s_M$ stets wenigstens eine Substitution s von der Art, daß nach dem Primideal $\mathfrak{P}$ die Kongruenz

$$s\,\Omega \equiv \Omega^p\,, \qquad (\mathfrak{P})$$

besteht.

---

[1] Man sehe hierzu auch die Ausführungen im „Bericht über die Theorie der algebraischen Zahlkörper“, dieser Band, Abh. 7, S. 129—146.

Zum Beweise dieses Hilfssatzes bilden wir die ganze ganzzahlige Funktion

$$F(x) = (x - s_1 \Omega)(x - s_2 \Omega) \ldots (x - s_M \Omega)$$

und erhalten dann wegen

$$F(x^p) \equiv [F(x)]^p, \qquad (p)$$

die Kongruenz

$$(\Omega^p - s_1 \Omega)(\Omega^p - s_2 \Omega) \ldots (\Omega^p - s_M \Omega) \equiv 0, \qquad (\mathfrak{P}),$$

welche die Richtigkeit des Hilfssatzes erkennen läßt.

Nun seien $z, z', z'', \ldots$ diejenigen sämtlichen r_z Substitutionen der Gruppe G, welche das Primideal $\mathfrak{P}$ ungeändert lassen; dieselben bilden eine Gruppe vom r_z-ten Grade, welche die *Zerlegungsgruppe* des Primideals $\mathfrak{P}$ genannt und mit g_z bezeichnet werden soll.

Nehmen wir $\Omega = A^{p^f-1} P$, wo A eine nicht durch $\mathfrak{P}$, wohl aber durch alle zu $\mathfrak{P}$ konjugierten und von $\mathfrak{P}$ verschiedenen Primideale teilbare ganze Zahl ist, so zeigt die Anwendung des Hilfssatzes die Existenz einer Substitution s von der Art, daß die Kongruenz

$$s[A^{p^f-1} P] \equiv A^{p(p^f-1)} P^p, \qquad (\mathfrak{P}),$$

oder

$$[sA]^{p^f-1} sP \equiv P^p, \qquad (\mathfrak{P})$$

gilt. Hieraus folgt $sA \not\equiv 0$ nach $\mathfrak{P}$ und $sP \equiv P^p$ nach $\mathfrak{P}$. Die erste Inkongruenz lehrt, daß A nicht durch $s^{-1}\mathfrak{P}$ teilbar ist; folglich wird $s^{-1}\mathfrak{P} = \mathfrak{P}$ oder $\mathfrak{P} = s\mathfrak{P}$ d. h. die Substitution s gehört der Zerlegungsgruppe g_z an. Wir setzen $s = z$ und haben dann die Kongruenz

$$zP \equiv P^p, \qquad (\mathfrak{P}).$$

Die wiederholte Anwendung der Substitution z liefert die Kongruenzen

$$z^2 P \equiv P^{p^2}, \quad z^3 P \equiv P^{p^3}, \quad \ldots, \quad z^f P \equiv P^{p^f} \equiv P, \qquad (\mathfrak{P}),$$

Infolge der letzten Kongruenz ist $t = z^f$ eine Substitution von der Beschaffenheit, daß für jede beliebige ganze Zahl Ω des Körpers K die Kongruenz

$$t\Omega \equiv \Omega, \qquad (\mathfrak{P})$$

erfüllt ist. Es seien $t, t', t'', \ldots$ diejenigen sämtlichen r_t Substitutionen der Gruppe G, denen ebenfalls die genannte Eigenschaft zukommt; dann wird leicht gezeigt, daß diese r_t Substitutionen eine Gruppe r_t-ten Grades bilden. Diese Gruppe werde die *Trägheitsgruppe* des Primideals $\mathfrak{P}$ genannt und mit g_t bezeichnet. Da, wie ebenfalls leicht ersichtlich ist, das Primideal $\mathfrak{P}$ bei der Anwendung einer jeden der Substitutionen $t, t', t'', \ldots$ ungeändert bleibt, so ist die Trägheitsgruppe g_t eine Untergruppe der Zerlegungsgruppe q_z; es ergibt sich ferner leicht der Satz:

Die Trägheitsgruppe g_t eines Primideals ist eine invariante (d. h. ausgezeichnete) Untergruppe der Zerlegungsgruppe g_z.

Ist z^* eine beliebige Substitution der Zerlegungsgruppe, so folgt aus der Kongruenz $\Phi(P) \equiv 0$ nach $\mathfrak{P}$ notwendig $\Phi(z^* P) \equiv 0$ nach $\mathfrak{P}$ und da die Kongruenz $\Phi(x) \equiv 0$ nach $\mathfrak{P}$ nur die f Kongruenzwurzeln $P, P^p, P^{p^2}, \ldots, P^{p^{f-1}}$ besitzt, so folgt $z^* P \equiv P^{p^i}$ nach $\mathfrak{P}$, wo i einen der f Werte $0,1,\ldots,f-1$ hat. Da andrerseits $P^{p^i} \equiv z^i P$ ist, so wird $z^{-i} z^* P \equiv P$ nach $\mathfrak{P}$ und mithin ist $z^{-i} z^*$ eine Substitution t der Trägheitsgruppe, d. h. $z^* = z^i t$. In dieser letzteren Gestalt sind also sämtliche Substitutionen $z, z', z'', \ldots$ der Zerlegungsgruppe darstellbar und da auch umgekehrt $z^i t$ für $i = 0, 1, \ldots, f-1$ lauter voneinander verschiedene Substitutionen darstellt, so ist $r_z = f r_t$. Wir fassen diese Resultate in folgendem Satze zusammen:

Der Grad der Zerlegungsgruppe g_z eines Primideals $\mathfrak{P}$ ist gleich dem Produkte des Grades f von $\mathfrak{P}$ in den Grad der Trägheitsgruppe g_t. Man erhält die Substitutionen der Zerlegungsgruppe, wenn man die Substitutionen der Trägheitsgruppe mit $1, z, z^2, \ldots, z^{f-1}$ multipliziert, wo z eine geeignet gewählte Substitution der Zerlegungsgruppe ist. z^f gehört der Trägheitsgruppe an.

Es erweist sich jetzt die Einführung der folgenden allgemeinen Begriffe als notwendig. Bilden die r Substitutionen $s_1 = 1, s_2, \ldots, s_r$ von G eine Untergruppe g vom r-ten Grade, so bestimmt die Gesamtheit aller Zahlen des Körpers K, welche bei Anwendung einer jeden Substitution von g ungeändert bleiben, einen in K enthaltenen Unterkörper $\varkappa$ vom Grade $m = \frac{M}{r}$.

Ist A eine beliebige Zahl, $\mathfrak{J}$ ein beliebiges Ideal in K, so heißt das Produkt

$$\nu(A) = s_1 A \cdot s_2 A \ldots s_r A$$

die Partialnorm von A in bezug auf die Gruppe g oder den Unterkörper $\varkappa$; desgleichen heißt

$$\nu(\mathfrak{J}) = s_1 \mathfrak{J} \cdot s_2 \mathfrak{J} \ldots s_r \mathfrak{J}$$

die *Partialnorm* des Ideals $\mathfrak{J}$ in bezug auf den Körper $\varkappa$.

Die Partialnorm $\lambda(A)$ einer Zahl A ist offenbar stets eine Zahl in $\varkappa$. Wir sagen nun, ein Ideal $\mathfrak{J}$ des Körpers K *liege im Körper* $\varkappa$ oder *sei ein Ideal des Körpers* $\varkappa$, wenn dasselbe als größter gemeinsamer Teiler von Zahlen des Körpers $\varkappa$ dargestellt werden kann. Die Partialnorm $\nu(\mathfrak{J})$ eines Ideals $\mathfrak{J}$ ist stets ein Ideal, welches im Körper $\varkappa$ liegt.

Der zur Zerlegungsgruppe g_z gehörige Körper $\varkappa_z$ werde *Zerlegungskörper* genannt; derselbe ist vom Grade $m_z = \frac{M}{r_z}$.

Der zur Trägheitsgruppe g_t gehörige Körper $\varkappa_t$ werde *Trägheitskörper* genannt; derselbe ist vom Grade $m_t = \frac{M}{r_t}$ und enthält den Zerlegungskörper als Unterkörper.

Das algebraische Verhältnis zwischen Zerlegungskörper und Trägheitskörper wird durch den folgenden Satz klargelegt:

Ist ϑ_t eine den Trägheitskörper bestimmende Zahl, so genügt ϑ_t einer Gleichung f-ten Grades von der Gestalt

$$\vartheta_t^f + \alpha_z \vartheta_t^{f-1} + \alpha_z' \vartheta_t^{f-2} + \cdots = 0,$$

deren Koeffizienten Zahlen des Körpers $\varkappa_z$ sind, und welche im Rationalitätsbereiche $\varkappa_z$ eine Galoissche Gleichung mit der zyklischen Gruppe f-ten Grades ist.

Die Partialnormen des Primideals $\mathfrak{P}$ in bezug auf die Körper $\varkappa_z$ und $\varkappa_t$ sind

$$\nu_z(\mathfrak{P}) = \mathfrak{P}^{r_z} \quad \text{und} \quad \nu_t(\mathfrak{P}) = \mathfrak{P}^{r_t}.$$

Um nun die niedrigste in $\varkappa_z$ liegende Potenz des Primideals $\mathfrak{P}$ zu ermitteln, denken wir uns den größten gemeinsamen Teiler aller derjenigen ganzen Zahlen des Körpers $\varkappa_z$ bestimmt, welche durch $\mathfrak{P}$ teilbar sind. Dieser Teiler ist notwendig im Körper $\varkappa_z$ ein Primideal $\mathfrak{p}$ und da $\mathfrak{P}^{r_z}$ in $\varkappa_z$ liegt, so ist $\mathfrak{p}$ jedenfalls eine Potenz von $\mathfrak{P}$; wir setzen $\mathfrak{p} = \mathfrak{P}^u$. Zur Bestimmung des Exponenten u dient die folgende Betrachtung. Soll eine durch $\mathfrak{P}$ nicht teilbare Zahl A des Körpers K der Kongruenz $A \equiv zA$ nach $\mathfrak{P}$ genügen und ist etwa $A \equiv P^i$ nach $\mathfrak{P}$, so muß notwendig $i \equiv pi$ nach $p^f - 1$ und folglich i eine durch $1 + p + p^2 + \ldots + p^{f-1}$ teilbare Zahl sein, d. h. es gibt nur $p - 1$ untereinander nach $\mathfrak{P}$ inkongruente Zahlen von der gewünschten Beschaffenheit, und es wird daher $A \equiv a$ nach $\mathfrak{P}$, wo a eine ganze rationale Zahl bedeutet. Aus dieser Betrachtung folgt insbesondere, daß jede Zahl α des Körpers $\varkappa_z$ einer rationalen Zahl a nach $\mathfrak{P}$ und mithin auch nach $\mathfrak{p}$ kongruent ist, d. h. $\mathfrak{p}$ ist im Körper $\varkappa_z$ ein Primideal ersten Grades und die Norm $n(\mathfrak{p})$ im Körper $\varkappa_z$ ist folglich gleich p. Andrerseits ist die Norm von $\mathfrak{p}$ im Körper K durch die Formel $N(\mathfrak{p}) = [n(\mathfrak{p})]^{r_z}$ gegeben, und wegen $\mathfrak{p} = \mathfrak{P}^u$ und $N(\mathfrak{P}) = p^f$ folgt somit $p^{uf} = p^{r_z}$ d. h. $u = r_t$. Daraus folgt der Satz:

Das Ideal $\mathfrak{p} = \mathfrak{P}^{r_t}$ liegt im Zerlegungskörper $\varkappa_z$ und ist in diesem ein Primideal ersten Grades: es wird also jede ganze Zahl des Körpers $\varkappa_z$ einer rationalen Zahl kongruent nach $\mathfrak{p}$.

Da notwendig die bezüglich $\varkappa_z$ zu $\mathfrak{p}$ konjugierten $m_z - 1$ Ideale zu $\mathfrak{p}$ prim sind und mit $\mathfrak{p}$ multipliziert das Produkt p ergeben, so ist der Zerlegungskörper zugleich der Körper niedrigsten Grades, in welchem die Zerlegung der rationalen Primzahl p soweit bewirkt wird, daß dabei eine Trennung der Faktoren $\mathfrak{P}$ von den übrigen stattfindet.

Um den Bau der Trägheitsgruppe näher zu erforschen, bezeichnen wir mit A eine durch $\mathfrak{P}$, aber nicht durch $\mathfrak{P}^2$ teilbare Zahl des Körpers K und bilden für alle Substitutionen $t, t', t'', \ldots,$ der Trägheitsgruppe die Kongruenzen

$$\left.\begin{aligned} t\,A &\equiv P^a\,A, \\ t'\,A &\equiv P^{a'}\,A, \\ t''A &\equiv P^{a''}A, \\ &\cdots\cdots\cdots \end{aligned}\right\} \quad (\mathfrak{P}^2)$$

wo a, a', a'', ... Zahlen aus der Reihe $0, 1, 2, \ldots, p^f - 2$ bedeuten. Diejenigen unter den Substitutionen $t, t', t'', \ldots$, für welche die betreffenden Exponenten $a, a', a'', \ldots$ den Wert 0 haben, mögen mit $v, v', v'' \ldots$ bezeichnet werden; ihre Zahl sei r_v; sie bilden, wie leicht ersichtlich, eine invariante Untergruppe der Trägheitsgruppe. Diese Untergruppe r_v-ten Grades werde die *Verzweigungsgruppe* des Primideals $\mathfrak{P}$ genannt und mit g_v bezeichnet. Der zu g_v gehörige Körper heiße der *Verzweigungskörper* des Primideals $\mathfrak{P}$.

Es sei $\mathfrak{P}^u$ eine so hohe Potenz von $\mathfrak{P}$, daß für jede von 1 verschiedene Substitution v der Verzweigungsgruppe die Inkongruenz $vA \not\equiv A$ nach $\mathfrak{P}^u$ gilt. Setzen wir nun $vA \equiv A + BA^2$ nach $\mathfrak{P}^3$, wo B eine ganze Zahl in K bedeutet, so folgt leicht $v^p A \equiv A$ nach $\mathfrak{P}^3$ und hieraus in gleicher Weise $v^{p^2} A \equiv A$ nach $\mathfrak{P}^4$ und endlich $v^{p^{u-2}} A \equiv A$ nach $\mathfrak{P}^u$. Demnach ist $v^{p^{u-2}} = 1$, d. h. der Grad r_v der Verzweigungsgruppe ist gleich einer Potenz von p; wir setzen $r_v = p^l$.

Es sei nun a der kleinste von 0 verschiedene unter den Exponenten a, a', $a'' \ldots$ und es gebe im ganzen h voneinander verschiedene solcher Exponenten. Dann sind diese Exponenten notwendig Vielfache von a und stimmen mit den Zahlen $0, a, 2a, \ldots, (h-1)a$ überein; es ist ferner $ha = p^f - 1$. Zugleich erkennen wir, daß alle Substitutionen der Trägheitsgruppe in die Gestalt $t^i v$ gebracht werden können, wo i die Werte $0, 1, \ldots, h-1$ annimmt und v alle Substitutionen der Verzweigungsgruppe g_v durchläuft. Es ist folglich $r_t = h r_v$. Wir fassen wiederum die erhaltenen Sätze zusammen:

Die Verzweigungsgruppe g_v ist eine invariante Untergruppe der Trägheitsgruppe, der Grad r_v derselben ist eine Potenz von p. Der Grad der Trägheitsgruppe ist gleich dem h-fachen Grade der Verzweigungsgruppe, wo h einen Teiler von $p^f - 1$ bedeutet und daher nicht den Faktor p enthält. Man erhält die Substitutionen der Trägheitsgruppe, indem man die Substitutionen der Verzweigungsgruppe mit 1, $t, t^2, \ldots, t^{h-1}$ multipliziert, wo t eine geeignet gewählte Substitution der Trägheitsgruppe ist. t^h ist eine Substitution der Verzweigungsgruppe.

Das algebraische Verhältnis zwischen Trägheitskörper und Verzweigungskörper wird durch den folgenden Satz klargelegt:

Ist ϑ_v eine den Verzweigungskörper bestimmende Zahl, so genügt ϑ_v einer Gleichung h-ten Grades von der Gestalt

$$\vartheta_v^h + \alpha_t \vartheta_v^{h-1} + \alpha_t' \vartheta_v^{h-2} + \cdots = 0,$$

deren Koeffizienten Zahlen des Körpers $\varkappa_t$ sind und welche im Rationalitätsbereiche $\varkappa_t$ eine Galoissche Gleichung mit der zyklischen Gruppe h-ten Grades ist.

Um nun vor allem Aufschluß über das Verhalten des Ideals $\mathfrak{p}$ im Körper $\varkappa_t$ zu gewinnen, setzen wir

$$\pi = \{vP \cdot v'P \cdot v''P \ldots\}^{p^{l(f-1)}}$$

$$\varrho = \frac{1}{h}(\pi + t\pi + t^2\pi + \cdots + t^{h-1}\pi).$$

Die Zahl π liegt im Körper $\varkappa_v$ und ϱ im Körper $\varkappa_t$; beide Zahlen sind nach dem Primideal $\mathfrak{P}$ der Primitivzahl P kongruent. Da es folglich im Körper $\varkappa_t$ genau p^f nach $\mathfrak{P}$ inkongruente Zahlen gibt, so ist notwendigerweise $\mathfrak{p} = \mathfrak{P}^{r_t}$ im Körper $\varkappa_t$ unzerlegbar und wird in demselben ein Primideal f-ten Grades.

Die aus der eben angestellten Betrachtung folgenden Eigenschaften des Trägheitskörpers sprechen wir wie folgt aus:

Jede Zahl des Körpers K ist nach $\mathfrak{P}$ einer Zahl des Trägheitskörpers kongruent. Der Trägheitskörper bewirkt keine Zerlegung des Ideals $\mathfrak{p}$, sondern nur eine Graderhöhung desselben, insofern $\mathfrak{p}$ beim Übergang vom Körper $\varkappa_z$ in den höheren Körper $\varkappa_t$ aus einem Primideal ersten Grades sich in ein Primideal f-ten Grades verwandelt.

Es sei die beliebige Zahl Ω in K der Zahl ω des Trägheitskörpers nach $\mathfrak{P}$ kongruent und dementsprechend werde $\Omega - \omega \equiv BA$ nach $\mathfrak{P}^2$ gesetzt, wo A die obige Bedeutung hat und B eine geeignete ganze Zahl in K ist. Durch die Anwendung einer Substitution v des Verzweigungskörpers ergibt sich $v\Omega - \omega \equiv v(BA) \equiv BA \equiv \Omega - \omega$, d. h. $v\Omega \equiv \Omega$ nach $\mathfrak{P}^2$ und wir erhalten so den Satz:

Die Substitutionen v der Verzweigungsgruppe g_v haben die charakteristische Eigenschaft, daß für sämtliche Zahlen Ω des Körpers K die Kongruenz

$$v\Omega \equiv \Omega, \qquad (\mathfrak{P}^2)$$

besteht.

Zugleich erkennen wir leicht die folgenden weiteren Sätze über den Verzweigungskörper.

Das Ideal $\mathfrak{p}_v = \mathfrak{P}^{p^l}$ liegt im Verzweigungskörper $\varkappa_v$ und ist in demselben ein Primideal f-ten Grades: es findet somit im Verzweigungskörper die Spaltung des Ideals $\mathfrak{p} = \mathfrak{p}_v^h$ in h gleiche Primfaktoren statt.

Unsere nächste Aufgabe besteht darin, die Spaltung des Ideals $\mathfrak{p}_v$ zu verfolgen. Zu dem Zwecke nehmen wir an, es sei L der höchste Exponent von der Art, daß für eine jede Substitution v der Verzweigungsgruppe die sämtlichen ganzen Zahlen des Körpers K der Kongruenz

$$v\Omega \equiv \Omega, \qquad (\mathfrak{P}^L)$$

genügen und bestimmen dann alle diejenigen Substitutionen $\bar{v}$ der Verzweigungsgruppe, für welche

$$\bar{v}\Omega \equiv \Omega, \qquad (\mathfrak{P}^{L+1})$$

wird; dieselben bilden eine invariante Untergruppe $g_{\bar{v}}$ der Verzweigungsgruppe, die wir die *einmal überstrichene Verzweigungsgruppe* nennen wollen. Der Grad derselben sei $r_{\bar{v}} = p^{\bar{l}}$. Die Eigenschaften dieser Untergruppe $g_{\bar{v}}$ lassen sich wiederum ohne besondere Schwierigkeit feststellen und führen, wenn der Kürze wegen der zu $g_{\bar{v}}$ gehörige Körper $\varkappa_{\bar{v}}$ der *einmal überstrichene Verzweigungskörper* genannt und $l - \bar{l} = \bar{e}$ gesetzt wird, zu den Sätzen:

Ist $\vartheta_{\bar{v}}$ eine den einmal überstrichenen Verzweigungskörper $\varkappa_{\bar{v}}$ bestimmende Zahl, so genügt $\vartheta_{\bar{v}}$ einer Abelschen Gleichung $p^{\bar{e}}$-ten Grades von der Gestalt

$$\vartheta_{\bar{v}}^{p^{\bar{e}}} + \alpha_v \vartheta_{\bar{v}}^{p^{\bar{e}}-1} + \alpha_v' \vartheta_{\bar{v}}^{p^{\bar{e}}-2} + \cdots = 0,$$

deren Koeffizienten Zahlen des Körpers $\varkappa_v$ sind und deren Gruppe lediglich Substitutionen p-ten Grades enthält. Es wird $\mathfrak{p}_v = \mathfrak{p}_{\bar{v}}^{p^{\bar{e}}}$, wo $\mathfrak{p}_{\bar{v}}$ Primideal des Körpers $\varkappa_{\bar{v}}$ ist. Der Exponent $\bar{e}$ überschreitet keinenfalls die Zahl f.

Nunmehr ist ersichtlich, in welcher Weise das eingeschlagene Verfahren fortzusetzen ist. Bedeutet $\bar{L}$ den höchsten Exponenten von der Art, daß für jede Substitution $\bar{v}$ die sämtlichen Zahlen des Körpers K der Kongruenz

$$\bar{v}\,\Omega \equiv \Omega, \qquad (\mathfrak{P}^{\bar{L}})$$

genügen, so bestimmen wir alle diejenigen Substitutionen $\bar{\bar{v}}$, für welche

$$\bar{\bar{v}}\,\Omega \equiv \Omega, \qquad (\mathfrak{P}^{\bar{L}+1})$$

wird. Dieselben bilden eine invariante Untergruppe $g_{\bar{\bar{v}}}$ der Gruppe $g_{\bar{v}}$, die *zweimal überstrichene Verzweigungsgruppe*; ihr Grad sei $r_{\bar{\bar{v}}} = p^{\bar{\bar{l}}}$; wir setzen $\bar{l} - \bar{\bar{l}} = \bar{\bar{e}}$. Es gelten die Sätze:

Ist $\vartheta_{\bar{\bar{v}}}$ eine den zweimal überstrichenen Verzweigungskörper $\varkappa_{\bar{\bar{v}}}$ bestimmende Zahl, so genügt $\vartheta_{\bar{\bar{v}}}$ einer Abelschen Gleichung $p^{\bar{\bar{e}}}$-ten Grades von der Gestalt

$$\vartheta_{\bar{\bar{v}}}^{p^{\bar{\bar{e}}}} + \alpha_{\bar{v}} \vartheta_{\bar{\bar{v}}}^{p^{\bar{\bar{e}}}-1} + \alpha_{\bar{v}}' \vartheta_{\bar{\bar{v}}}^{p^{\bar{\bar{e}}}-2} + \cdots = 0,$$

deren Koeffizienten Zahlen des Körpers $\varkappa_{\bar{v}}$ sind und deren Gruppe lediglich Substitutionen p-ten Grades enthält. Es wird $\mathfrak{p}_{\bar{v}} = \mathfrak{p}_{\bar{\bar{v}}}^{p^{\bar{\bar{e}}}}$, wo $\mathfrak{p}_{\bar{\bar{v}}}$ Primideal des Körpers $\varkappa_{\bar{\bar{v}}}$ ist. Der Exponent $\bar{\bar{e}}$ überschreitet keinenfalls die Zahl f.

So fortfahrend gelangen wir zu einer dreimal überstrichenen Verzweigungsgruppe $g_{\bar{\bar{\bar{v}}}}$ usw. Ist etwa die *k*mal überstrichene Verzweigungsgruppe diejenige, welche lediglich aus der Substitution 1 besteht, so ist der Körper K selbst der *k*mal überstrichene Verzweigungskörper und die Struktur der Verzweigungsgruppe g_v ist dann vollständig bekannt.

Durch die vorstehende Entwicklung erlangen wir einen vollständigen Einblick in die bei der Zerlegung einer rationalen Primzahl p sich abspielenden Vorgänge:

Die rationale Primzahl p wird zunächst im Zerlegungskörper in der Form $p = \mathfrak{p}\mathfrak{a}$ zerlegt, wo $\mathfrak{p}$ ein Primideal ersten Grades und $\mathfrak{a}$ ein durch $\mathfrak{p}$ nicht teilbares Ideal des Zerlegungskörpers ist. Der Zerlegungskörper ist als Unterkörper in dem Trägheitskörper enthalten, welcher seinerseits keine weitere Zerlegung von $\mathfrak{p}$ bewirkt, sondern lediglich dieses Ideal $\mathfrak{p}$ zu einem Primideal f-ten Grades erhebt. Ist der Körper K selbst der Zerlegungskörper oder der Trägheitskörper, so ist nach diesem ersten Schritte die Zerlegung bereits abgeschlossen. Im anderen Falle läßt sich $\mathfrak{p}$ in gleiche Faktoren spalten, und zwar wird $\mathfrak{p}$ zunächst im Verzweigungskörper die Potenz eines Primideals $\mathfrak{p}_v$, deren Exponent in $p^f - 1$ aufgeht und folglich nicht durch p teilbar ist. Die Spaltung von $\mathfrak{p}$ ist mit diesem zweiten Schritte notwendig dann und nur dann abgeschlossen, wenn p im Grade der Trägheitsgruppe nicht aufgeht und mithin der Körper K selbst der Verzweigungskörper ist. In den nun folgenden überstrichenen Verzweigungskörpern schreitet die Spaltung ohne Aussetzen fort, und zwar sind die bezüglichen Potenzexponenten Zahlen von der Gestalt $p^{\bar{e}}$, $p^{\bar{\bar{e}}}, \ldots$, wo $\bar{e}, \bar{\bar{e}}, \ldots$ die Zahl f nicht überschreiten. Der Trägheitskörper und der Verzweigungskörper sind durch zyklische Gleichungen, die überstrichenen Verzweigungskörper durch solche Abelsche Gleichungen bestimmt, deren Gruppen nur Substitutionen vom Primzahlgrade p enthalten. Die Spaltung in *gleiche* Faktoren geschieht also stets mittels einer Kette Abelscher Gleichungen. Dieses Resultat drückt eine neue überraschende Eigenschaft des Zerlegungskörpers aus:

Der Zerlegungskörper bestimmt einen Rationalitätsbereich, in welchem die Zahlen des ursprünglichen Galoisschen Körpers K lediglich durch Wurzelausdrücke darstellbar sind.

Der gefundene Satz rückt zugleich die Bedeutung der Theorie der durch Wurzelziehen lösbaren Gleichungen in grelles Licht, insofern derselbe zeigt, daß innerhalb der durch solche Gleichungen bestimmten Zahlkörper gerade die hauptsächlichsten Schwierigkeiten ihre Lösung finden, welche die Aufstellung der Primideale bietet.

Die Übersicht über die aufgezählten Resultate wird durch die folgende Tabelle erleichtert, in deren Zeilen der Reihe nach die Grade der Gruppen, die Grade der Körper, die Grade der den Körper bestimmenden Abelschen Gleichungen, dann die Primideale der Körper und ihre Zerlegung, bezüglich Spaltung sich angegeben finden. Der Körper K ist dabei als ein dreimal überstrichener Verzweigungskörper angenommen.

$\varkappa_z$	$\varkappa_t$	$\varkappa_v$	$\varkappa_{\bar{v}}$	$\varkappa_{\bar{\bar{v}}}$	K
r_z	r_t	r_v	$r_{\bar{v}}$	$r_{\bar{\bar{v}}}$	1
$m_z = \frac{M}{r_z}$	$m_t = \frac{M}{r_t}$	$m_v = \frac{M}{r_v}$	$m_{\bar{v}} = \frac{M}{r_{\bar{v}}}$	$m_{\bar{\bar{v}}} = \frac{M}{r_{\bar{\bar{v}}}}$	M
	$f = \frac{r_z}{r_t}$	$h = \frac{r_t}{r_v}$	$p^{\bar{e}} = \frac{r_v}{r_{\bar{v}}}$	$p^{\bar{\bar{e}}} = \frac{r_{\bar{v}}}{r_{\bar{\bar{v}}}}$	$p^{\bar{\bar{\bar{e}}}} = r_{\bar{\bar{v}}}$
$\mathfrak{p} = \mathfrak{p}_v^h = \mathfrak{P}^{r_t}$		$\mathfrak{p}_v = \mathfrak{p}_{\bar{v}}^{p^{\bar{e}}} = \mathfrak{P}^{r_v}$	$\mathfrak{p}_{\bar{v}} = \mathfrak{p}_{\bar{\bar{v}}}^{p^{\bar{\bar{e}}}} = \mathfrak{P}^{r_{\bar{v}}}$	$\mathfrak{p}_{\bar{\bar{v}}} = \mathfrak{P}^{p^{\bar{\bar{\bar{e}}}}} = \mathfrak{P}^{r_{\bar{\bar{v}}}}$	$\mathfrak{P}$

Von den mannigfachen Folgerungen und Anwendungen, welche die vorstehend entwickelte Theorie zuläßt, seien hier nur einige erwähnt, welche die Erforschung der Diskriminanten der betrachteten Zahlkörper bezwecken.

Es sei $\varkappa$ ein beliebiger Zahlkörper vom Grade m; $\omega_1, \omega_2, \ldots, \omega_m$ mögen eine Basis der ganzen Zahlen des Körpers $\varkappa$ bilden und die zu der Zahl ω konjugierten $m-1$ Zahlen bezeichnen wir allgemein mit $\omega', \ldots, \omega^{(m-1)}$. Das Produkt der $m-1$ Ideale[1]

$$\begin{array}{l}(\omega_1-\omega_1', \quad \omega_2-\omega_2', \ldots, \quad \omega_m-\omega_m') \\ \cdots\cdots\cdots\cdots\cdots \\ (\omega_1-\omega_1^{(m-1)}, \quad \omega_2-\omega_2^{(m-1)}, \ldots, \quad \omega_m-\omega_m^{(m-1)})\end{array}$$

ist ein Ideal des Körpers $\varkappa$ und stimmt mit demjenigen überein, welches R. Dedekind das Grundideal dieses Körpers nennt. R. Dedekind hat bewiesen, daß die Norm des Grundideals die Diskriminante des Körpers liefert[2].

Es seien $s_1=1, s_2, \ldots, s_r$ die r Substitutionen einer Untergruppe g der Gruppe G und $\varkappa$ sei der zu g gehörige Körper. Sind dann $\Omega_1, \Omega_2, \ldots, \Omega_M$ eine Basis der ganzen Zahlen des Körpers K und bildet man alle r-reihigen Determinanten $\Delta, \Delta', \ldots$ der Matrix

$$\begin{array}{l}s_1\Omega_1, s_1\Omega_2, \ldots, s_1\Omega_M, \\ s_2\Omega_1, s_2\Omega_2, \ldots, s_2\Omega_M, \\ \cdots\cdots\cdots \\ s_r\Omega_1, s_r\Omega_2, \ldots, s_r\Omega_M,\end{array}$$

so wird das Quadrat des größten gemeinsamen Idealteilers der Zahlen Δ, $\Delta', \ldots$ die *Partialdiskriminante*[3] des Körpers K in bezug auf den Körper $\varkappa$ genannt. Bei Benutzung der von mir angewandten Bezeichnungsweise ist diese also

$$\mathfrak{d}=(\Delta, \Delta', \ldots)^2=(\Delta^2, \Delta'^2, \ldots).$$

Die Partialdiskriminante $\mathfrak{d}$ ist ein Ideal, welches im Körper $\varkappa$ liegt.

Auch der Dedekindsche Begriff des Grundideals bedarf einer Verallgemeinerung: wir verstehen unter dem *Partialgrundideal* $\mathfrak{G}_\varkappa$ des Körpers K in bezug auf $\varkappa$ das Produkt der folgenden $r-1$ Ideale

$$\begin{array}{l}\mathfrak{E}_2=(\Omega_1-s_2\Omega_1, \Omega_2-s_2\Omega_2, \ldots, \Omega_M-s_2\Omega_M), \\ \cdots\cdots\cdots\cdots\cdots \\ \mathfrak{E}_r=(\Omega_1-s_r\Omega_1, \Omega_2-s_r\Omega_2, \ldots, \Omega_M-s_r\Omega_M).\end{array}$$

[1] Wegen dieser schon mehrmals von mir angewandten Bezeichnungsweise der Ideale vgl. Über die Zerlegung der Ideale eines Zahlkörpers in Primideale. Math. Ann. **44**. (Dieser Band Abh. 3, S. 6.)

[2] Der nämliche Satz folgt auch auf Grund der schönen Untersuchungen, durch welche neuerdings K. Hensel die Kroneckersche Theorie der algebraischen Zahlen in einem wesentlichen Punkte vervollständigt hat. Vgl. J. Math. **113** (1894).

[3] Dieser Begriff der Partialdiskriminante stimmt im wesentlichen mit dem von Kronecker aufgestellten allgemeinen Diskriminantenbegriffe überein, vgl. Grundzüge einer arithmetischen Theorie der algebraischen Größen § 8. J. Math. **92** (1882).

Es gelten die drei allgemeinen Theoreme:

$$\text{I.}\quad \mathfrak{d} = \nu(\mathfrak{G}_\varkappa),$$

$$\text{II.}\quad \mathfrak{G} = \mathfrak{g}\,\mathfrak{G}_\varkappa,$$

$$\text{III.}\quad D = d^r\, n(\mathfrak{d});$$

hierin bedeuten D, d, $\mathfrak{d}$, bezüglich die Diskriminanten der Körper K, $\varkappa$ und die Partialdiskriminante des Körpers K in bezug auf $\varkappa$, ferner $\mathfrak{G}$, $\mathfrak{g}$, $\mathfrak{G}_\varkappa$ bezüglich die Grundideale von K, $\varkappa$ und das Partialgrundideal des Körpers K in bezug auf $\varkappa$; endlich bedeutet $\nu(\mathfrak{G}_\varkappa)$ die Partialnorm von $\mathfrak{G}_\varkappa$ und $n(\mathfrak{d})$ die Norm von $\mathfrak{d}$ für den Körper $\varkappa$. Diese Theoreme geben einen klaren Einblick in den Bau der Diskriminanten. Das Theorem I ist die Erweiterung des Dedekindschen Satzes für den Begriff des Partialgrundideals. Nach Theorem II ist das Verhalten der Grundideale beim Übergange von dem niederen in den höheren Körper von merkwürdiger Einfachheit: man bekommt das Grundideal des höheren Körpers, indem man das Grundideal des niederen Körpers mit dem betreffenden Partialgrundideal multipliziert. Das Theorem III entsteht, wenn man von der Gleichung II die Norm bildet. Daß die Diskriminante eines Körpers durch die Diskriminante eines jeden Unterkörpers teilbar ist, hat bereits KRONECKER[1] bewiesen. Das Theorem III gibt die Potenz der letzteren an, welche in der Diskriminante des höheren Körpers aufgeht und deckt auch zugleich die einfache Bedeutung des übrigbleibenden Faktors der Diskriminante des höheren Körpers auf.

Nunmehr folgen mit Hilfe der oben entwickelten Theorie die Sätze:

Das Grundideal des zum Primideal $\mathfrak{P}$ gehörigen Trägheitskörpers ist nicht durch $\mathfrak{P}$ teilbar. Der Trägheitskörper umfaßt sämtliche in K enthaltenen Unterkörper, deren Grundideale nicht durch $\mathfrak{P}$ teilbar sind.

Das Partialgrundideal des Verzweigungskörpers in bezug auf den Trägheitskörper ist durch

$$\mathfrak{P}^{r_t - r_v} = \mathfrak{p}_v^{h-1}$$

und durch keine höhere Potenz von $\mathfrak{P}$ teilbar.

Das Partialgrundideal des einmal überstrichenen Verzweigungskörpers in bezug auf den Verzweigungskörper enthält genau die Potenz

$$\mathfrak{P}^{L(r_v - r_v)} = \mathfrak{p}_{\bar{v}}^{L(p^{\bar{e}}-1)}.$$

Das Partialgrundideal des zweimal überstrichenen Verzweigungskörpers in bezug auf den einmal überstrichenen Verzweigungskörper enthält genau die Potenz

$$\mathfrak{P}^{\bar{L}(r_{\bar{v}} - r_{\bar{\bar{v}}})} = \mathfrak{p}_{\bar{\bar{v}}}^{\bar{L}(p^{\bar{\bar{e}}}-1)}$$

usw.

---

[1] Vgl. Grundzüge einer arithmetischen Theorie der algebraischen Größen § 9. J. Math. 92 (1882).

Das Grundideal $\mathfrak{G}$ des Körpers K enthält das Primideal $\mathfrak{P}$ genau in der

$$r_t - r_v + L(r_v - r_{\bar{v}}) + \bar{L}(r_{\bar{v}} - r_{\bar{\bar{v}}}) + \cdots$$

ten Potenz.

Da nun K ein Galoisscher Körper ist und mithin das Grundideal $\mathfrak{G}$ mit seinen konjugierten übereinstimmt, so ist die Diskriminante D von K die M-te Potenz von $\mathfrak{G}$; D enthält folglich das Primideal $\mathfrak{P}$ genau Mmal so oft. Hieraus ergibt sich unmittelbar der Satz:

Der Exponent der Potenz, zu welcher die rationale Primzahl p in der Diskriminante D des Körpers K als Faktor vorkommt, ist

$$m_t\{r_t - r_v + L(r_v - r_{\bar{v}}) + \bar{L}(r_{\bar{v}} - r_{\bar{\bar{v}}}) + \cdots\}.$$

Im Falle, daß keine überstrichenen Verzweigungskörper vorhanden sind, wird $r_v = 1$, $r_{\bar{v}} = 1, \ldots$ und es folgt dann das von R. DEDEKIND und K. HENSEL bewiesene Resultat, demzufolge der Exponent der in D aufgehenden Potenz von p den Wert $m_t(r_t - 1)$ besitzt.

Da man für die Exponenten $L, \bar{L}, \ldots$ ohne Schwierigkeit eine obere Grenze findet, so kann hiernach auch der eben bestimmte Exponent der in der Diskriminante D aufgehenden Potenz von p eine gewisse nur vom Grade M des Körpers K abhängige Grenze nicht überschreiten. Dieser Satz ist besonders deshalb von Wichtigkeit, weil er die Möglichkeiten, die sich hinsichtlich der in M aufgehenden Primzahlen p bieten, von vornherein auf eine endliche Anzahl einschränkt. Rechnen wir demnach alle diejenigen Körper vom Grade M, welche hinsichtlich der in M aufgehenden Primzahlen das nämliche Verhalten zeigen, zu einem Typus, so folgt, daß es für einen gegebenen Grad M nur eine endliche Anzahl von möglichen Körpertypen gibt.

Königsberg i. Pr., den 25. Juni 1894.

5. Über den Dirichletschen biquadratischen Zahlkörper.

[Mathem. Annalen Bd. 45, S. 309—340 (1894).]

Einleitung.

Nachdem durch Gauss die ganzen imaginären Zahlen in die Arithmetik eingeführt waren, untersuchte Dirichlet in einer Reihe von Abhandlungen[1] denjenigen biquadratischen Zahlkörper, welcher die imaginäre Einheit i und mithin alle jene Gaußschen imaginären Zahlen enthält. Dieser biquadratische Körper werde der Dirichletsche Zahlkörper genannt. Dirichlet hat auf denselben seine allgemeine analytische Methode zur Bestimmung der Anzahl der Idealklassen angewandt und insbesondere den Fall in Betracht gezogen, in welchem der biquadratische Zahlkörper außer dem durch i bestimmten quadratischen Körper noch zwei andere quadratische Körper enthält. Es ergibt sich dann das Resultat, daß die Anzahl der Idealklassen dieses speziellen Dirichletschen Zahlkörpers im wesentlichen gleich dem Produkt der Anzahl der Idealklassen in den beiden letzteren quadratischen Körpern ist. Diesen mit analytischen Hilfsmitteln gewonnenen rein arithmetischen Satz bezeichnet Dirichlet als einen der schönsten in der Theorie der imaginären Zahlen, vornehmlich weil durch denselben ein Zusammenhang zwischen den Anzahlen der Idealklassen derjenigen beiden quadratischen Körper aufgedeckt wird, die durch Quadratwurzeln aus entgegengesetzten reellen Zahlen bestimmt sind.

Die vorliegende Abhandlung hat das Ziel, die Theorie des Dirichletschen biquadratischen Körpers auf rein arithmetischem Wege bis zu demjenigen Standpunkt zu fördern, auf welchem sich die Theorie der quadratischen Körper bereits seit Gauss befindet. Es ist hierzu vor allem die Einführung des Geschlechtsbegriffs sowie eine Untersuchung derjenigen Einteilung aller Idealklassen notwendig, welche sich auf den Geschlechtsbegriff gründet. Nachdem in den ersten acht Paragraphen der Arbeit diese Aufgabe für den allgemeinen Dirichletschen Zahlkörper gelöst wird, behandeln die beiden letzten Paragraphen den vorhin charakterisierten speziellen Dirichletschen

[1] Untersuchungen über die Theorie der komplexen Zahlen; Recherches sur les formes quadratiques à coefficients et à indéterminées complexes. Werke 1, 505, 511, 533.

Zahlkörper. Es zeigt sich bei der Untersuchung, daß in diesem Körper die Idealklassen gewisser leicht zu kennzeichnender Geschlechter aus den Idealklassen der in ihm enthaltenen quadratischen Körper zusammensetzbar sind. Diese auf rein arithmetischem Wege gefundene Tatsache enthält zugleich den vorhin genannten Dirichletschen Satz über die Anzahl der Idealklassen des speziellen Dirichletschen Körpers.

§ 1. Die ganzen Zahlen des Dirichletschen Zahlkörpers.

Der durch die imaginäre Einheit i bestimmte quadratische Zahlkörper werde k genannt; die ganzen Zahlen dieses Körpers, d. h. die Zahlen von der Form $a+bi$, wo a und b ganze rationale Zahlen sind, mögen ganze imaginäre Zahlen heißen. Bedeutet δ eine ganze imaginäre Zahl, welche durch kein Quadrat einer ganzen imaginären Zahl teilbar und von ± 1 verschieden ist, so bildet die Gesamtheit aller durch i und $\sqrt{\delta}$ rational ausdrückbaren Zahlen einen Dirichletschen biquadratischen Zahlkörper. Derselbe werde mit K bezeichnet; K ist der allgemeinste biquadratische Körper, welcher die imaginäre Einheit i enthält.

Eine jede Zahl des Körpers K läßt sich in die Gestalt

$$\mathsf{A} = \frac{\alpha + \beta\sqrt{\delta}}{\gamma}$$

bringen, wo α, β, γ ganze imaginäre Zahlen sind. Die Veränderung von $\sqrt{\delta}$ in $-\sqrt{\delta}$ werde durch das Operationssymbol S bezeichnet.

Soll nun A eine ganze Zahl in K sein, so sind notwendig die Zahlen

$$\mathsf{A} + S\mathsf{A} \quad \frac{2\alpha}{\gamma} \quad \text{und} \quad \mathsf{A} \cdot S\mathsf{A} = \frac{\alpha^2 - \beta^2\delta}{\gamma^2}$$

ganze imaginäre Zahlen. Bezeichnet λ eine in γ aufgehende von $1+i$ verschiedene Primzahl in k, so folgt leicht, daß sowohl α als β durch λ teilbar sein müssen, und es kann mithin λ in Zähler und Nenner von A fortgehoben werden. Wäre ferner γ durch $(1+i)^3$ teilbar, so folgt in gleicher Weise, daß α und β durch $1+i$ teilbar sind, so daß der Faktor $1+i$ in Zähler und Nenner von A hebbar ist. Es bleiben mithin nur die beiden Fälle $\gamma = 1+i$ und $\gamma = 2$ zu untersuchen übrig. Also folgt, daß in diesen beiden Fällen die Zahl $\alpha^2 - \beta^2\delta$ durch 2 bezüglich durch 4 teilbar sein muß. Wäre β durch $1+i$ teilbar, so würde mithin das gleiche für α folgen und dann wäre wiederum $1+i$ im Zähler und Nenner von A hebbar. Nehmen wir andrerseits β nicht teilbar durch $1+i$ an, so folgt, daß $\delta \equiv \frac{\alpha^2}{\beta^2}$ nach 2 bezüglich nach 4 ist, d. h. δ muß im Zahlengebiete des Körpers k quadratischer Rest von 2 bezüglich von 4 sein. Nun ist δ quadratischer Rest von 4, sobald $\delta \equiv \pm 1$ nach 4 wird, dagegen quadratischer Rest von 2 und zugleich quadratischer Nichtrest von 4, falls $\delta \equiv \pm 3 + 2i$ nach 4 wird. In allen anderen Fällen, nämlich für $\delta \equiv i$ nach 2 und $\delta \equiv 0$ nach $1+i$ ist δ quadratischer Nichtrest von 2. Berücksichtigen wir, daß der nämliche biquadratische Körper K erhalten wird, wenn wir unter dem Wurzelzeichen statt δ die Zahl $-\delta$ setzen, da ja diese Änderung einer Multiplikation der Wurzel mit i gleichkommt, so können wir offenbar die Zahl δ stets so annehmen, daß beidemal das obere Vorzeichen zutrifft, d. h. $\delta \equiv 1$ bezüglich $\equiv 3+2i$ nach 4 wird. Es ergibt sich dann leicht das folgende Resultat:

Die Basis der ganzen Zahlen des Dirichletschen Körpers K besteht aus den Zahlen 1, i, Ω, $i\Omega$, *wo* Ω *folgende Bedeutung hat:*

$$\begin{array}{llll} \textit{für} & \delta \equiv 1, & (4) & \textit{ist:}\quad \Omega = \frac{1+\sqrt{\delta}}{2}, \\ \text{„} & \delta \equiv 3+2i, & (4) & \text{„}\quad \Omega = \frac{1+\sqrt{\delta}}{1+i}, \\ \text{„} & \delta \equiv i, & (2) & \text{„}\quad \Omega = 1+\sqrt{\delta}, \\ \text{„} & \delta \equiv 0, & (1+i) & \text{„}\quad \Omega = \sqrt{\delta}. \end{array}$$

Wir berechnen ferner den Ausdruck $d = (\Omega - S\Omega)^2$; *derselbe werde die Partialdiskriminante des Körpers K genannt:*

$$\begin{array}{llll} \textit{für} & \delta \equiv 1, & (4) & \textit{ist:}\quad d = \delta, \\ \text{„} & \delta \equiv 3+2i, & (4) & \text{„}\quad d = -2i\delta, \\ \text{„} & \delta \equiv i, & (2) & \multirow{2}{*}{\Big\}\ \text{„}\quad d = 4\delta.} \\ \text{„} & \delta \equiv 0, & (1+i) & \end{array}$$

Die gewöhnliche Diskriminante D des biquadratischen Körpers K ergibt sich gleich $2^4|d|^2$, wo $|d|$ den absoluten Betrag der Partialdiskriminante d bedeutet.

§ 2. Die Primideale des Dirichletschen Körpers.

Zunächst behandeln wir die von $1+i$ verschiedenen und nicht in δ aufgehenden Primzahlen des Körpers k; es sind unter diesen zwei Arten zu unterscheiden, nämlich erstens die Primzahlen π, in bezug auf welche δ im Zahlengebiete des Körpers k quadratischer Rest ist und zweitens diejenigen Primzahlen $\varkappa$, in bezug auf welche δ quadratischer Nichtrest ist.

Die Primzahlen π der ersten Art gestatten eine Zerlegung in zwei voneinander verschiedene Primideale des Körpers K. Bedeutet nämlich η eine Zahl in k, welche der Kongruenz $\delta \equiv \eta^2$ nach dem Modul π genügt und wendet man eine früher von mir angegebene Bezeichnungsweise[1] an, der zu Folge $(\mathsf{A}, \mathsf{B}, \ldots)$ dasjenige Ideal darstellt, welches als der größte gemeinsame Teiler der Zahlen $\mathsf{A}, \mathsf{B}, \ldots$ definiert ist, so wird

$$\begin{aligned}(\pi, \eta+\sqrt{\delta})(\pi, \eta-\sqrt{\delta}) &= (\pi^2, \pi[\eta+\sqrt{\delta}], \pi[\eta-\sqrt{\delta}], \eta^2-\delta) \\ &= (\pi, \eta^2-\delta) = \pi.\end{aligned}$$

[1] Math. Ann. **44**, 1. (Dieser Band, Abh. 3, S. 6.)

Wir erhalten somit die gewünschte Zerlegung

$$\pi = \mathfrak{P} \cdot S\mathfrak{P}, \qquad \mathfrak{P} = (\pi, \eta + \sqrt{\delta}),$$

wo $\mathfrak{P}$ ein Primideal bedeutet und das konjugierte Primideal $S\mathfrak{P}$ wegen $(\pi, \eta + \sqrt{\delta}, \eta - \sqrt{\delta}) = 1$ notwendig von $\mathfrak{P}$ verschieden ist.

Die Primzahlen $\varkappa$ der zweiten Art sind auch im Körper K Primzahlen. Denn wäre die Zahl $\varkappa$ zerlegbar, so wähle man in K eine ganze Zahl $\mathsf{A} = \alpha + \beta\sqrt{\delta}$, welche nicht durch $\varkappa$, wohl aber durch ein in $\varkappa$ aufgehendes Primideal teilbar ist. Da dann β notwendig prim zu $\varkappa$ sein muß, dagegen $\mathsf{A} \cdot S\mathsf{A} = \alpha^2 - \beta^2\delta$ durch $\varkappa$ teilbar wird, so würde $\delta \equiv \left(\frac{\alpha}{\beta}\right)^2$ nach $\varkappa$ folgen, was der Voraussetzung zuwider läuft.

Um ferner die von $1 + i$ verschiedenen in δ aufgehenden Primzahlen des Körpers k in ihre idealen Faktoren zu zerlegen, bezeichnen wir dieselben mit $\lambda_1, \ldots, \lambda_r$ und setzen demgemäß $\delta = \lambda_1 \ldots \lambda_r$ bezüglich $\delta = (1+i)\lambda_1 \ldots \lambda_r$ je nachdem δ durch $1 + i$ nicht teilbar oder teilbar ist. Es folgt leicht, daß

$$\mathfrak{L}_1 = S\mathfrak{L}_1 = (\lambda_1, \sqrt{\delta}), \ldots, \mathfrak{L}_r = S\mathfrak{L}_r = (\lambda_r, \sqrt{\delta})$$

Primideale im Körper K sind und daß

$$\lambda_1 = \mathfrak{L}_1^2, \ldots, \lambda_r = \mathfrak{L}_r^2$$

wird.

Was endlich die Zerlegung der Zahl $1 + i$ betrifft, so untersuchen wir zunächst den Fall $\delta \equiv 1$ nach 4 und finden, daß $1 + i$ unzerlegbar ist, falls $\delta \equiv 1 + 4i$ nach $(1+i)^5$ ausfällt. Ist dagegen $\delta \equiv 1$ nach $(1+i)^5$, so wird

$$1 + i = (1 + i, \Omega)(1 + i, S\Omega),$$

wo die beiden Klammern rechter Hand Primideale des Körpers K darstellen, welche wegen $(\Omega, S\Omega) = 1$ notwendig voneinander verschieden sind. In allen anderen Fällen ist δ das Quadrat des Ideals $(1 + i, \Omega) = (1 + i, S\Omega)$, wie eine leichte Rechnung zeigt. Wir erkennen somit, daß $1 + i$ dann und nur dann das Quadrat eines Primideals wird, wenn $1 + i$ in der Partialdiskriminante d des Körpers K aufgeht. Die Zerlegung der Zahl $1 + i$ ist in folgender Tabelle dargestellt:

für $\delta \equiv 1,$	$(1+i)^5$	ist	$1 + i = \mathfrak{P} \cdot S\mathfrak{P},$ $\mathfrak{P} = (1 + i, \Omega),\ S\mathfrak{P} \neq \mathfrak{P},$
„ $\delta \equiv 1 + 4i,$	$(1+i)^5$	„	$1 + i = \mathfrak{P},$
„ $\delta \equiv 3 + 2i,$	(4)	„	$1 + i = \mathfrak{L}^2,$ $\mathfrak{L} = S\mathfrak{L} = (1 + i, \Omega).$
„ $\delta \equiv i,$	(2)		
„ $\delta \equiv 0,$	$(1+i)$		

Die gewonnenen Resultate der Zerlegung der Zahlen in k lassen sich übersichtlich zusammenfassen, wenn wir uns eines auch von DIRICHLET benutzten Symbols bedienen. Ist nämlich α eine beliebige Zahl und τ eine Primzahl in k, so verstehen wir unter $\left[\frac{\alpha}{\tau}\right]$ die Werte $+1$, -1 oder 0, je nachdem α im Zahlengebiete des Körpers k quadratischer Rest oder quadratischer Nichtrest von τ oder durch τ teilbar ist; doch bedeute insbesondere $\left[\frac{\alpha}{1+i}\right]$ die Werte $+1$, -1, 0, je nachdem α quadratischer Rest oder Nichtrest von $(1+i)^5$ oder durch $1+i$ teilbar ist. Es gilt dann der Satz:

Die Primzahl τ des Körpers k ist im Körper K in zwei verschiedene Primideale zerlegbar oder unzerlegbar oder gleich dem Quadrat eines Primideals, je nachdem $\left[\frac{d}{\tau}\right]=+1$, $=-1$ *oder* 0 *ist.*

§ 3. Die Einteilung der Idealklassen in Geschlechter.

Wenn A eine beliebige ganze oder gebrochene Zahl des Körpers K ist, so wird $\nu(\mathsf{A})=\mathsf{A}\cdot S\mathsf{A}$ die *Partialnorm* von A genannt. Diese Partialnorm ist offenbar eine Zahl im Körper k. Bedeutet nun λ eine von $1+i$ verschiedene in δ aufgehende Primzahl des Körpers k und ist die Partialnorm $\nu(\mathsf{A})$ eine durch λ nicht teilbare ganze Zahl oder eine gebrochene Zahl, deren Zähler und Nenner durch λ nicht teilbar sind, so wird $\nu(\mathsf{A})$ im Gebiet der ganzen imaginären Zahlen ein quadratischer Rest in bezug auf λ.

Um dies zu erkennen, setzen wir $\mathsf{A}=\frac{\alpha+\beta\sqrt{\delta}}{\gamma}$, wo α, β, γ ganze imaginäre Zahlen sind. Dann ist $\nu(\mathsf{A})=\frac{\alpha^2-\beta^2\delta}{\gamma^2}$. Enthielte nun γ den Primfaktor λ, so müßte wegen der über $\nu(\mathsf{A})$ gemachten Voraussetzung auch $\alpha^2-\beta^2\delta$ durch λ^2 teilbar sein und folglich enthielten sowohl α wie β den Faktor λ; derselbe ist mithin in Zähler und Nenner des Bruches A hebbar. Hätte andererseits α den Faktor λ, so müssen wegen der über $\nu(\mathsf{A})$ gemachten Voraussetzung notwendig auch γ und β durch λ teilbar sein, und dann ist wiederum der Faktor λ in Zähler und Nenner des Bruches A hebbar. Wir können daher annehmen, daß keine der beiden Zahlen α und γ den Faktor λ enthält. Dann aber folgt $\nu(\mathsf{A})\equiv\frac{\alpha^2}{\gamma^2}$ nach λ, womit die Behauptung bewiesen worden ist.

Wir führen jetzt das neue Symbol $\left[\frac{\sigma}{\lambda:\delta}\right]$ ein, wo σ eine beliebige Zahl in k und λ zunächst eine von $1+i$ verschiedene in δ aufgehende Primzahl bedeutet. Für den Fall, daß $\sigma=\alpha$ eine durch λ nicht teilbare ganze Zahl oder ein Bruch ist, dessen Zähler und Nenner durch λ nicht teilbar sind, wird das Symbol durch die Gleichung

$$\left[\frac{\alpha}{\lambda:\delta}\right]=\left[\frac{\alpha}{\lambda}\right]$$

definiert. Ist ferner $\sigma = \nu$ die Partialnorm einer beliebigen Zahl in K, so möge

$$\left[\frac{\nu}{\lambda : \delta}\right] = +1$$

sein. Der zu Anfang dieses Paragraphen bewiesene Satz zeigt, daß diese letztere Festsetzung mit der erst getroffenen Definition vereinbar ist.

Ferner benutzen wir die Tatsache, daß eine jede Zahl σ in k gleich dem Produkt zweier Zahlen α und ν gesetzt werden kann, wo α eine ganze nicht durch λ teilbare Zahl in k oder ein Bruch ist, dessen Zähler und Nenner nicht durch λ teilbar sind, und wo ν die Partialnorm einer Zahl in K ist. Um diese Tatsache zu beweisen, ist es offenbar nur nötig, jene Zerlegung für die Primzahl λ auszuführen. Zu dem Zweck wählen wir in K eine durch $\mathfrak{L}$, aber nicht durch $\lambda = \mathfrak{L}^2$ teilbare Zahl A, setzen $\nu = \nu(\mathsf{A})$ und berücksichtigen dann, daß $\frac{\lambda}{\nu} = \alpha$ in die Gestalt eines Bruches gebracht werden kann, dessen Zähler gleich 1 ist und dessen Nenner eine nicht durch λ teilbare Zahl ist. Es folgt somit die gewünschte Zerlegung $\lambda = \alpha\nu$.

Ist die beliebige Zahl $\sigma = \alpha\nu$ auf die beschriebene Weise zerlegt, so definieren wir das allgemeine Symbol durch die Gleichung

$$\left[\frac{\sigma}{\lambda : \delta}\right] = \left[\frac{\alpha}{\lambda}\right]$$

und erkennen ohne Schwierigkeit, daß dieses Symbol dadurch eindeutig bestimmt ist und die Eigenschaft

$$\left[\frac{\sigma\sigma'}{\lambda : \delta}\right] = \left[\frac{\sigma}{\lambda : \delta}\right]\left[\frac{\sigma'}{\lambda : \delta}\right]$$

besitzt, wo σ, σ' beliebige Zahlen des Körpers k sind.

In den Fällen, in welchen $1+i$ in d aufgeht, bedarf es einer genaueren Untersuchung über das Verhalten der Partialnormen und ihrer Reste nach den Potenzen von $1+i$. Um eine übersichtliche Darstellung der in Betracht kommenden Restsysteme zu erhalten, setzen wir

$$i' = 3 + 2i, \quad i'' = 1 + 4i$$

und zeigen dann durch eine leichte Rechnung, daß, wenn t, t', t'' die Werte 0 oder 1 annehmen, in der Form $\pm i^t i'^{t'}$ sämtliche 8 zu $1+i$ primen Reste nach $(1+i)^4$ und in der Form $\pm i^t i'^{t'} i''^{t''}$ sämtliche 16 zu $1+i$ primen Reste nach $(1+i)^5$ enthalten sind. Wir bezeichnen der Kürze halber die beiden genannten Ausdrücke mit (tt') bezüglich $(tt't'')$.

Da im Falle $\delta \equiv (00)$ nach $(1+i)^4$ die Partialdiskriminante d nicht durch $1+i$ teilbar ist, so untersuchen wir lediglich die 7 Fälle $\delta \equiv (01)$, (10), (11) nach $(1+i)^4$ und $\equiv (1+i)(00)$, $(1+i)(01)$, $(1+i)(10)$, $(1+i)(11)$ nach $(1+i)^5$. Die Rechnung zeigt, daß nur diejenigen zu $1+i$ primen Reste von $(1+i)^5$ unter den Partialnormen der Zahlen des Körpers K vertreten sind, welche in der folgenden Tabelle unter der Rubrik α verzeichnet stehen und deren Exponenten t, t', t'' den in der letzten Rubrik angegebenen Bedingungen genügen:

$\delta \equiv$	$\alpha \equiv$	
(01)	(000), (001), (010), (011)	t gerade
(10)	(000), (001), (100), (101)	t' „
(11)	(000), (001), (110), (111)	$t+t'$ „
$(1+i)(00)$	(000), (011), (100), (111)	$t'+t''$ „
$(1+i)(01)$	(000), (011), (101), (110)	$t+t'+t''$ „
$(1+i)(10)$	(000), (010), (100), (110)	t'' „
$(1+i)(11)$	(000), (010), (101), (111)	$t+t''$ „

Um die Angaben dieser Tabelle übersichtlich zusammenzufassen, setzen wir $\delta \equiv (t_\delta t'_\delta)$ bezüglich $\equiv (1+i)(t_\delta t'_\delta)$ und $\alpha \equiv (t_\alpha t'_\alpha t''_\alpha)$; es bestätigt sich dann leicht, daß die Zahl α dann und nur dann nach $(1+i)^5$ einer Partialnorm kongruent ist, sobald die Zahl $t_\alpha t'_\delta + t'_\alpha t_\delta$ bezüglich $t_\alpha t'_\delta + t'_\alpha t_\delta + t'_\alpha + t''_\alpha$ gerade ist. Bemerkt sei noch, daß die Zahl α, wenn sie dieser Bedingung genügt, zugleich auch nach jeder höheren Potenz von $1+i$ der Partialnorm einer Zahl in K kongruent sein muß.

Wir definieren nun das Symbol $\left[\frac{\sigma}{1+i:\delta}\right]$ zunächst für den Fall, daß $\sigma = \alpha$ eine durch $1+i$ nicht teilbare Zahl oder ein Bruch ist, dessen Zähler und Nenner durch $1+i$ nicht teilbar sind. In diesem Falle nehmen wir $\alpha \equiv (t_\alpha t'_\alpha t''_\alpha)$ an und setzen

$$\left[\frac{\alpha}{1+i:\delta}\right] = (-1)^{t_\alpha t'_\delta + t'_\alpha t_\delta} \quad \text{bezüglich} \quad = (-1)^{t_\alpha t'_\delta + t'_\alpha t_\delta + t'_\alpha + t''_\alpha},$$

je nachdem $\delta \equiv (t_\delta t'_\delta)$ nach $(1+i)^4$ oder $\equiv (1+i)\,(t_\delta t'_\delta)$ nach $(1+i)^5$ wird. Ist ferner $\sigma = \nu$ die Partialnorm einer beliebigen Zahl des Körpers K, so setzen wir

$$\left[\frac{\nu}{1+i:\delta}\right] = +1.$$

Um endlich für ein beliebiges σ das Symbol zu definieren, benutzen wir die Zerlegung $\sigma = \alpha\nu$, wo α eine nicht durch $1+i$ teilbare Zahl oder ein Bruch ist, dessen Zähler und Nenner durch $1+i$ nicht teilbar sind, und wo ν eine Partialnorm ist und setzen

$$\left[\frac{\sigma}{1+i:\delta}\right] = \left[\frac{\alpha}{1+i:\delta}\right].$$

Wir erkennen wiederum leicht, daß dem soeben definierten Symbol die Eigenschaft

$$\left[\frac{\sigma\sigma'}{1+i:\delta}\right]=\left[\frac{\sigma}{1+i:\delta}\right]\left[\frac{\sigma'}{1+i:\delta}\right]$$

zukommt, wo σ, σ' beliebige Zahlen des Körpers K sind.

Im folgenden werden die sämtlichen s in der Partialdiskriminante d aufgehenden Primzahlen mit $\lambda_1, \ldots, \lambda_s$ bezeichnet. Unser Symbol ordnet dann einer jeden beliebigen Zahl σ des Körpers k die s Vorzeichen

$$\left[\frac{\sigma}{\lambda_1:\delta}\right], \ldots, \left[\frac{\sigma}{\lambda_s:\delta}\right]$$

zu, welche *das Charakterensystem der Zahl* σ *im* Dirichletschen Körper K heißen mögen. Um ferner vermittels unseres Symbols einem jeden Ideal $\mathfrak{J}$ in K ein bestimmtes Vorzeichensystem zuzuordnen, bilden wir $\mathfrak{J}\cdot S\mathfrak{J}$. Dieses Produkt ist gleich einer Zahl $\nu(\mathfrak{J})$ in k; dieselbe werde *die Partialnorm des Ideals* $\mathfrak{J}$ genannt. Da diese Partialnorm nur bis auf hinzutretende Einheitsfaktoren bestimmt ist, so bedarf es für unseren Zweck der Unterscheidung zweier Fälle, je nachdem das Charakterensystem des Einheitsfaktors i

$$\left[\frac{i}{\lambda_1:\delta}\right], \ldots, \left[\frac{i}{\lambda_s:\delta}\right]$$

aus lauter positiven Vorzeichen besteht oder ein negatives Vorzeichen enthält. *Im ersteren Falle sind offenbar die s Vorzeichen*

$$\left[\frac{\nu(\mathfrak{J})}{\lambda_1:\delta}\right], \ldots, \left[\frac{\nu(\mathfrak{J})}{\lambda_s:\delta}\right]$$

für das Ideal $\mathfrak{J}$ *sämtlich eindeutig bestimmt. Das System dieser s Vorzeichen werde das Charakterensystem des Ideals* $\mathfrak{J}$ *genannt. Im zweiten Falle* nehmen wir an, es sei etwa $\left[\frac{i}{\lambda_s:\delta}\right]=-1$; wählen wir dann den Wert der Partialnorm $\nu(\mathfrak{J})$ derart, daß $\left[\frac{\nu(\mathfrak{J})}{\lambda_s:\delta}\right]=+1$ wird, *so sind die* $s-1$ *Vorzeichen*

$$\left[\frac{\nu(\mathfrak{J})}{\lambda_1:\delta}\right], \ldots, \left[\frac{\nu(\mathfrak{J})}{\lambda_{s-1}:\delta}\right]$$

sämtlich durch $\mathfrak{J}$ *eindeutig bestimmt und heißen das Charakterensystem des Ideals* $\mathfrak{J}$.

Die Ideale derselben Klasse besitzen notwendig das gleiche Charakterensystem.

Ist nämlich $\mathfrak{J}'$ mit $\mathfrak{J}$ äquivalent, so gibt es in K eine ganze oder gebrochene Zahl A derart, daß $\mathfrak{J}'=\mathsf{A}\mathfrak{J}$ ist. Hieraus folgt $\nu(\mathfrak{J}')=\nu(\mathsf{A})\nu(\mathfrak{J})$ und daher wird $\left[\frac{\nu(\mathfrak{J}')}{\lambda:\delta}\right]=\left[\frac{\nu(\mathfrak{J})}{\lambda:\delta}\right]$.

Auf die dargelegte Weise ist einer jeden Idealklasse ein bestimmtes Charakterensystem zugeordnet. *Wir rechnen nun alle diejenigen Idealklassen, welche das gleiche Charakterensystem besitzen, in ein Geschlecht und definieren insbesondere das Hauptgeschlecht als die Gesamtheit aller derjenigen Klassen, deren Charakterensystem aus lauter positiven Vorzeichen besteht.* Da das Charakterensystem der Hauptklasse offenbar von der letzteren Eigenschaft ist, so gehört die Hauptklasse stets zum Hauptgeschlecht.

§ 4. Die Erzeugung der Idealklassen des Hauptgeschlechtes.

Aus derjenigen Eigenschaft des Symbols, welche sich durch die Formel

$$\left[\frac{\sigma\sigma'}{\lambda:\delta}\right]=\left[\frac{\sigma}{\lambda:\delta}\right]\left[\frac{\sigma'}{\lambda:\delta}\right]$$

ausdrückt, entnehmen wir leicht die Tatsache, daß das Produkt der Idealklassen zweier Geschlechter die Idealklassen eines Geschlechtes liefert, dessen Charakterensystem durch Multiplikation der entsprechenden Charaktere beider Geschlechter erhalten wird. Im besonderen folgt hieraus, daß das Charakterensystem des Quadrats der Idealklasse eines beliebigen Geschlechtes stets aus lauter positiven Einheiten besteht und mithin das Quadrat einer Idealklasse stets dem Hauptgeschlecht angehört. Es ist von Bedeutung, daß die folgende Umkehrung dieses Satzes gilt:

Eine jede Idealklasse des Hauptgeschlechtes ist gleich dem Quadrat einer Idealklasse.

Um die Richtigkeit dieses Satzes zu erkennen, beweisen wir der Reihe nach folgende Sätze.

Satz 1. *Wenn ν in dem durch $\sqrt{\delta}$ bestimmten Dirichletschen Körper K_δ die Partialnorm eines Ideals ist und das Charakterensystem von ν in diesem Körper K_δ aus lauter positiven Einheiten besteht, so ist auch δ in dem durch $\sqrt{\nu}$ bestimmten Dirichletschen Körper K_ν Partialnorm eines Ideals und besitzt in K_ν ein aus lauter positiven Einheiten bestehendes Charakterensystem.*

Wir dürfen offenbar annehmen, daß ν keine quadratischen Faktoren des Körpers k enthält. Da ν eine Partialnorm sein soll, so muß ein jeder in der Partialdiskriminante d des Körpers K_δ nicht vorkommender Primteiler π der Zahl ν in zwei Primideale des Körpers K_δ zerfallen; es ist somit nach den Entwicklungen von § 2 notwendigerweise d quadratischer Rest von π, d. h. wenn π von $1+i$ verschieden ist:

$$\left[\frac{\delta}{\pi:\nu}\right]=+1.$$

Wir betrachten ferner die von $1+i$ verschiedenen in d aufgehenden Primteiler λ der Zahl ν. Es gilt im Körper K_δ die Zerlegung $\lambda=\mathfrak{L}^2$ und zugleich ist $\lambda+\sqrt{\delta}$ eine durch $\mathfrak{L}$, aber nicht durch λ teilbare Zahl des Körpers K_δ. Daher ist, wenn $\nu=\lambda\nu'$, $\delta=\lambda\delta'$ gesetzt wird:

$$\left[\frac{\nu}{\lambda:\delta}\right]=\left[\frac{\nu\cdot\nu\left(\dfrac{1}{\lambda+\sqrt{\delta}}\right)}{\lambda:\delta}\right]=\left[\frac{\dfrac{\nu}{\lambda^2-\delta}}{\lambda:\delta}\right]=\left[\frac{\lambda-\delta'}{\lambda}\right]=\left[\frac{\nu'\delta'}{\lambda}\right].$$

In gleicher Weise folgt

$$\left[\frac{\delta}{\lambda:\nu}\right]=\left[\frac{\nu'\delta'}{\lambda}\right],$$

und da das Symbol $\left[\frac{\nu}{\lambda:\delta}\right]$ nach Voraussetzung den Wert $+1$ hat, so ist auch

$$\left[\frac{\delta}{\lambda:\nu}\right]=+1.$$

Was endlich den Primfaktor $1+i$ betrifft, so unterscheiden wir bei der folgenden Untersuchung zunächst 4 Hauptfälle:

I. Weder ν noch δ sind durch $1+i$ teilbar.

II. ν ist durch $1+i$ teilbar, aber nicht δ.

III. ν ist nicht durch $1+i$ teilbar, wohl aber δ.

IV. Sowohl ν als auch δ sind durch $1+i$ teilbar.

Im Hauptfalle I setzen wir $\nu\equiv(t_\nu t'_\nu)$ und $\delta\equiv(t_\delta t'_\delta)$ nach $(1+i)^4$ und unterscheiden dann 2 Unterfälle:

1. t_ν, t'_ν sind beide gerade. Unter dieser Bedingung kommt $1+i$ nicht in der Partialdiskriminante n des Dirichletschen Körpers K_ν vor, und es gibt daher im Körper K_ν kein auf den Faktor $1+i$ bezügliches Symbol.

2. t_ν, t'_ν sind nicht beide gleichzeitig gerade. Unter dieser Bedingung kommt $1+i$ in n vor und es ist

$$\left[\frac{\delta}{1+i:\nu}\right]=(-1)^{t_\delta t'_\nu+t'_\delta t_\nu}.$$

Sind t_δ, t'_δ beide gerade, so wird der Wert der rechten Seite $=+1$. Sind t_δ, t'_δ nicht beide zugleich gerade, so gibt es im Körper K_δ ein auf $1+i$ bezügliches Symbol, und zwar ist

$$\left[\frac{\nu}{1+i:\delta}\right]=(-1)^{t_\nu t'_\delta+t'_\nu t_\delta}.$$

Da dieses Symbol wegen der Voraussetzung den Wert $+1$ hat, so ist auch

$$\left[\frac{\delta}{1+i:\nu}\right]=+1.$$

Im Hauptfalle II setzen wir $\nu\equiv(1+i)(t_\nu t'_\nu)$ und $\delta\equiv(t_\delta t'_\delta t''_\delta)$ nach $(1+i)^5$ und unterscheiden dann folgende 2 Unterfälle.

1. t_δ, t'_δ sind gerade. Unter dieser Bedingung kommt $1+i$ nicht in der Partialdiskriminante d des Körpers K_δ vor. Da nun ν die Partialnorm eines Ideals in K_δ sein soll, so ist notwendigerweise $1+i$ in 2 Primideale des Körpers K_δ zerlegbar. Die Bedingung hierfür besteht nach § 2 darin, daß $\delta\equiv(000)$ nach $(1+i)^5$ ist, und mithin wird

$$\left[\frac{\delta}{1+i:\nu}\right]=+1.$$

2. t_δ, t'_δ sind nicht beide gleichzeitig gerade. Es ist dann $1+i$ Faktor der Partialdiskriminante d. Setzen wir $\omega = \frac{\Omega \cdot S\Omega}{1+i}$, so wird

$$\left[\frac{\nu}{1+i:\delta}\right] = \left[\frac{\nu \cdot \nu\left(\frac{1}{\Omega}\right)}{1+i:\delta}\right] = \left[\frac{(t_\nu t'_\nu)\,\omega}{1+i:\delta}\right] = \left[\frac{(t_\nu t'_\nu)}{1+i:\delta}\right]\left[\frac{\omega}{1+i:\delta}\right];$$

nun ist

$$\left[\frac{(t_\nu t'_\nu)}{1+i:\delta}\right] = (-1)^{t_\nu t'_\delta + t'_\nu t_\delta},$$

und eine leichte Rechnung zeigt, daß

$$\left[\frac{\omega}{1+i:\delta}\right] = (-1)^{t'_\delta + t''_\delta}$$

wird. Mithin ergibt sich

$$\left[\frac{\nu}{1+i:\delta}\right] = (-1)^{t_\nu t'_\delta + t'_\nu t_\delta + t'_\delta + t''_\delta}.$$

Andrerseits ist aber

$$\left[\frac{\delta}{1+i:\nu}\right] = (-1)^{t_\delta t'_\nu + t'_\delta t_\nu + t'_\delta + t''_\delta},$$

und wenn daher jenes erstere Symbol den Wert $+1$ hat, so ist auch

$$\left[\frac{\delta}{1+i:\nu}\right] = +1.$$

Im Hauptfall III setzen wir $\nu \equiv (t_\nu t'_\nu t''_\nu)$ und $\delta \equiv (1+i)\,(t_\delta t'_\delta)$ nach $(1+i)^5$ und unterscheiden dann wiederum 2 Unterfälle.

1. t_ν, t'_ν sind beide gerade. Unter dieser Bedingung ist $1+i$ in der Partialdiskriminante n des Körpers K_ν nicht enthalten. Wegen der Voraussetzung wird

$$\left[\frac{\nu}{1+i:\delta}\right] = (-1)^{t''_\nu} = +1.$$

Mithin ist t''_ν gerade, d. h. $\nu \equiv (000)$ nach $(1+i)^5$; hieraus folgt nach § 2, daß $1+i$ im Körper K_ν in zwei Primideale zerlegbar ist.

2. t_ν, t'_ν sind nicht beide gleichzeitig gerade. Es ist dann $1+i$ als Faktor in n enthalten, und es wird

$$\left[\frac{\nu}{1+i:\delta}\right] = (-1)^{t_\nu t'_\delta + t'_\nu t_\delta + t'_\nu + t''_\nu}.$$

Wie vorhin im Unterfalle 2. des Hauptfalles II erhalten wir den nämlichen Wert für das Symbol $\left[\frac{\delta}{1+i:\nu}\right]$, und da das erstere den Wert $+1$ hat, so ist auch

$$\left[\frac{\delta}{1+i:\nu}\right] = +1.$$

Im Hauptfalle IV setzen wir $\nu \equiv (1+i)(t_\nu t'_\nu t''_\nu)$ und $\delta \equiv (1+i)(t_\delta t'_\delta t''_\delta)$ nach $(1+i)^6$. Es wird dann

$$\left[\frac{\nu}{1+i:\delta}\right] = \left[\frac{\nu\cdot\nu\left(\frac{1}{\sqrt{\delta}}\right)}{1+i:\delta}\right] = \left[\frac{(t_\nu t'_\nu t''_\nu)(t_\delta t'_\delta t''_\delta)}{1+i:\delta}\right]$$
$$= (-1)^{(t_\nu+t_\delta)t'_\delta+(t'_\nu+t'_\delta)t_\delta+t'_\nu+t'_\delta+t''_\nu+t''_\delta}$$
$$= (-1)^{t_\nu t'_\delta+t'_\nu t_\delta+t'_\nu+t'_\delta+t''_\nu+t''_\delta}.$$

Denselben Wert erhalten wir auch für $\left[\frac{\delta}{1+i:\nu}\right]$, und da das erstere Symbol den Wert $+1$ hat, so ist auch

$$\left[\frac{\delta}{1+i:\nu}\right] = +1.$$

Die eben vollendete Entwicklung zeigt, daß das Charakterensystem der Zahl δ in dem Körper K_ν aus lauter positiven Einheiten besteht.

Andrerseits ist δ in K_ν notwendig die Partialnorm eines Ideals; denn wenn λ ein von $1+i$ verschiedener in n nicht aufgehender Primfaktor von δ ist, so ist, da alle Charaktere von ν in bezug auf den Körper K_δ gleich $+1$ sein sollen, notwendigerweise

$$\left[\frac{\nu}{\lambda:\delta}\right] = \left[\frac{\nu}{\lambda}\right] = +1,$$

und daher zerfällt λ nach § 2 in zwei Primideale des Körpers K_ν. Ist ferner $1+i$ in δ, aber nicht in der Partialdiskriminante n des Körpers K_ν als Faktor enthalten, so muß $\nu \equiv (00)$ nach $(1+i)^4$ sein, und es ist dann im Unterfalle 1 des Hauptfalles III bewiesen worden, daß $1+i$ im Körper K_ν zerlegbar ist. Da mithin sämtliche Primfaktoren von δ im Körper K_ν zerlegbar sind, so ist δ die Partialnorm eines Ideals in K_ν und hiermit ist der Satz 1 vollständig bewiesen.

Satz 2. *Wenn ν die Partialnorm einer ganzen oder gebrochenen Zahl in dem durch $\sqrt{\delta}$ bestimmten Dirichletschen Zahlkörper K_δ ist, so ist auch δ die Partialnorm einer ganzen oder gebrochenen Zahl in dem durch $\sqrt{\nu}$ bestimmten Dirichletschen Zahlkörper K_ν.*

Setzen wir nämlich

$$\nu = \nu(\alpha + \beta\sqrt{\delta}) = \alpha^2 - \beta^2\delta,$$

wo α und β Zahlen des Körpers k sind, so wird

$$\delta = \left(\frac{\alpha}{\beta}\right)^2 - \left(\frac{1}{\beta}\right)^2\nu,$$

d. h. gleich der Partialnorm der in K_ν gelegenen Zahl $\frac{\alpha+\sqrt{\nu}}{\beta}$.

Satz 3. *Wenn ν Partialnorm eines Ideals in K_δ ist, und das Charakterensystem von ν in K_δ aus lauter positiven Einheiten besteht, so ist ν zugleich die Partialnorm einer gewissen ganzen oder gebrochenen Zahl des Körpers K_δ.*

Wenden wir den von H. Minkowski aufgestellten Satz[1] über die Diskriminante allgemeiner Zahlkörper auf den biquadratischen Dirichletschen Körper K_δ an, so erkennen wir, daß es in jeder Idealklasse des Dirichletschen Körpers K_δ ein Ideal $\mathfrak{J}$ gibt, dessen Norm $N(\mathfrak{J})$ absolut genommen kleiner als $\frac{3}{2\pi^2}|\sqrt{D}|$ ausfällt, wo D die Diskriminante des Körpers K_δ bedeutet. Da aber $D \leqq 2^8|\delta|^2$ und $\frac{3\cdot 2^3}{\pi^2} < \sqrt{6}$ ist und da ferner die Norm $N(\mathfrak{J})$ absolut genommen gleich dem Quadrat des absoluten Betrages der Partialnorm $\nu = \nu(\mathfrak{J})$ wird, so ergibt sich der Satz, daß in jeder Idealklasse des Körpers K_δ ein Ideal $\mathfrak{J}$ gefunden werden kann, für welches $|\nu(\mathfrak{J})|^2 < \sqrt{6}\,|\delta|$ ausfällt.

Wir beweisen nun zunächst durch Rechnung, daß der Satz 3 in allen Dirichletschen Körpern K_δ gilt, für welche $|\delta| < \sqrt{6}$ ist. Benutzen wir die soeben aus dem Minkowskischen Satz abgeleitete Ungleichung, so wird dieser Nachweis durch folgende Tabelle geführt, in welcher unter der Rubrik δ die sämtlichen absolut genommen unter $\sqrt{6}$ liegenden Werte von δ und unter der Rubrik ν die den Bedingungen des Satzes 3 und der Ungleichung $|\nu|^2 < \sqrt{6}\,|\delta|$ genügenden ν sich angegeben finden, während daneben in der letzten Rubrik die Zahl des Körpers K_δ hinzugefügt ist, deren Partialnorm gleich ν wird.

δ	ν	
$1 \pm 2i$	$1 \mp i$	$\frac{1 + i\sqrt{1 \pm 2i}}{1 \pm i}$
$2 \pm i$	$2 \mp i$	$1 \mp i + i\sqrt{2 \pm i}$
	$1 \pm i$	$i + i\sqrt{2 \pm i}$
$1 \pm i$	$\pm i$	$i + i\sqrt{1 \pm i}$
i	$1 + i$	$1 + i\sqrt{i}$

Es sei jetzt δ eine ganze imaginäre Zahl, deren absoluter Betrag $|\delta| > \sqrt{6}$ ausfällt, und wir nehmen an, der Satz 3 sei bereits bewiesen für alle diejenigen Körper $K_{\delta'}$, für welche $|\delta'| < |\delta|$ wird. Ist dann ν die Partialnorm eines Ideals $\mathfrak{J}$, deren Charakterensystem in K_δ aus lauter positiven Einheiten besteht, so bestimme man in K_δ ein zu $\mathfrak{J}$ äquivalentes Ideal $\mathfrak{J}'$, dessen Partial-

[1] Vgl. Comptes rendus **1891.** Für obigen Zweck reicht schon die von H. Minkowski, J. Math. **107,** 296 (1891), aufgestellte Ungleichung aus.

norm ν' absolut genommen und ins Quadrat erhoben $< \sqrt{6}|\delta|$ ausfällt. Da $\sqrt{6} < |\delta|$ ist, so wird $|\nu'| < |\delta|$. Da andrerseits ν' die Partialnorm eines Ideals in K_δ ist, deren Charakterensystem aus lauter positiven Einheiten besteht, so ist nach Satz 1 die ganze imaginäre Zahl δ in dem durch $\sqrt{\nu'}$ bestimmten Körper $K_{\nu'}$ die Partialnorm eines Ideals, deren Charakterensystem aus lauter positiven Einheiten besteht. Nun gilt wegen $|\nu'| < |\delta|$ Satz 3 im Körper $K_{\nu'}$, und es ist daher δ die Partialnorm einer gewissen ganzen oder gebrochenen Zahl des Körpers $K_{\nu'}$, und hieraus ergibt sich nach Satz 2, daß auch ν' die Partialnorm einer gewissen Zahl in K_δ ist. Da das Ideal $\mathfrak{J}$ äquivalent $\mathfrak{J}'$ ist, so ist der Quotient beider Ideale eine Zahl des Körpers K_δ, mithin ist der Quotient der Zahlen ν und ν' und folglich auch ν selbst gleich der Partialnorm einer gewissen Zahl des Körpers K_δ. Der Satz 3 gilt folglich für den Körper K_δ, und wir erkennen daraus seine allgemeine Gültigkeit[1].

Aus Satz 3 folgt endlich in sehr einfacher Weise der zu Anfang dieses Paragraphen ausgesprochene Satz über die Idealklassen des Hauptgeschlechts. Wenn nämlich $\mathfrak{J}$ ein Ideal des Hauptgeschlechts ist, so erfüllt seine Partialnorm $\nu(\mathfrak{J})$ — bezüglichenfalls, wenn sie nach der auf S. 31 angegebenen Vorschrift mit dem Einheitsfaktor i versehen ist — alle Bedingungen des Satzes 3. Es gibt daher auf Grund desselben im Körper K_δ eine Zahl A derart, daß $\nu(\mathfrak{J}) = \nu(\mathsf{A})$ wird. Setzen wir $\frac{\mathfrak{J}}{\mathsf{A}} = \frac{\mathfrak{H}}{\mathfrak{H}'}$, wo $\mathfrak{H}$ und $\mathfrak{H}'$ zueinander prime Ideale sind, so ist notwendigerweise $\frac{\mathfrak{H} \cdot S\mathfrak{H}}{\mathfrak{H}' \cdot S\mathfrak{H}'} = 1$ und mithin $\mathfrak{H}' = S\mathfrak{H}$. Da $\mathfrak{H} \cdot S\mathfrak{H}$ gleich einer Zahl α des Körpers k gesetzt werden kann, so ergibt sich $\mathfrak{J} = \frac{\mathsf{A}}{\alpha}\mathfrak{H}^2$, d. h. $\mathfrak{J}$ ist notwendigerweise dem Quadrat des Ideals $\mathfrak{H}$ äquivalent.

§ 5. Die ambigen Ideale.

Ein Ideal $\mathfrak{J}$ des Dirichletschen Körpers K, welches nach Anwendung der Operation S ungeändert bleibt und keine Zahl des Körpers k als Faktor enthält, werde *ein ambiges Ideal* genannt. Um alle ambigen Ideale aufzustellen, bezeichnen wir, wie in § 3, die sämtlichen s in der Partialdiskriminante d des Körpers K aufgehenden Primzahlen mit $\lambda_1, \ldots, \lambda_s$ und setzen $\lambda_1 = \mathfrak{L}_1^2, \ldots, \lambda_s = \mathfrak{L}_s^2$; es sind dann wegen $\mathfrak{L} = S\mathfrak{L}$ die s Ideale $\mathfrak{L}_1, \ldots, \mathfrak{L}_s$ ambige Ideale und desgleichen sind die sämtlichen 2^s Produkte $\mathfrak{A} = \Pi\mathfrak{L}$ ambig, welche aus diesen s Idealen $\mathfrak{L}_1, \ldots, \mathfrak{L}_s$ gebildet werden können. Wir

---

[1] Der eben bewiesene Satz 3 liefert zugleich alle Mittel zur Aufstellung der notwendigen und hinreichenden Bedingungen dafür, daß die ternäre diophantische Gleichung

$$\alpha\xi^2 + \beta\eta^2 + \gamma\zeta^2 = 0$$

mit beliebigen ganzen imaginären Koeffizienten α, β, γ in ganzen imaginären Zahlen ξ, η, ζ lösbar ist.

beweisen leicht den Satz, daß es im Körper K keine weiteren ambigen Ideale gibt. Wäre nämlich $\mathfrak{J} = \mathfrak{P}\mathfrak{Q}\ldots\mathfrak{R}$, wo $\mathfrak{P}, \mathfrak{Q}, \ldots, \mathfrak{R}$ Primideale sind, ein ambiges Ideal, so müßten wegen $\mathfrak{J} = S\mathfrak{J}$ die Primideale $S\mathfrak{P}, S\mathfrak{Q}, \ldots, S\mathfrak{R}$ in einer gewissen Reihenfolge genommen, mit $\mathfrak{P}, \mathfrak{Q}, \ldots, \mathfrak{R}$ übereinstimmen. Wenn etwa $S\mathfrak{P} = \mathfrak{Q}$ sich ergeben würde, so enthielte $\mathfrak{J}$ den Faktor $\mathfrak{P}S\mathfrak{P}$, welcher gleich einer ganzen imaginären Zahl ist, und da dieser Umstand der Voraussetzung widerspricht, so folgt $\mathfrak{P} = S\mathfrak{P}$ und ebenso $\mathfrak{Q} = S\mathfrak{Q}, \ldots, \mathfrak{R} = S\mathfrak{R}$, d. h. die Ideale $\mathfrak{P}, \mathfrak{Q}, \ldots, \mathfrak{R}$ sind sämtlich ambige Primideale, und da das Quadrat eines solchen Ideals einer ganzen imaginären Zahl gleich wird, so schließen wir zugleich, daß die Ideale $\mathfrak{P}, \mathfrak{Q}, \ldots, \mathfrak{R}$ notwendig untereinander verschieden sind. Wir sprechen das gewonnene Resultat in folgendem Satze aus:

Satz 1. *Die s in der Partialdiskriminante d aufgehenden Primideale $\mathfrak{L}_1, \ldots, \mathfrak{L}_s$ und nur diese sind ambige Primideale. Die 2^s aus diesen zu bildenden Produkte $\mathfrak{A} = \Pi\mathfrak{L}$ machen die Gesamtheit aller ambigen Ideale des Körpers K aus.*

§ 6. Die ambigen Klassen.

Wenn $\mathfrak{J}$ ein Ideal der Klasse C ist, so werde diejenige Idealklasse, welcher das Ideal $S\mathfrak{J}$ angehört, mit SC bezeichnet. Ist insbesondere $C = SC$, so heißt *die Idealklasse C ambig*. Da das Produkt $\mathfrak{J}\cdot S\mathfrak{J}$ äquivalent 1 ist, so wird $C\cdot SC = 1$ und folglich ist das Quadrat einer jeden ambigen Klasse gleich der Hauptklasse 1. Umgekehrt, wenn das Quadrat einer Klasse C gleich 1 ist, so wird $C = \frac{1}{C} = SC$ und folglich ist C eine ambige Klasse.

Es entsteht nun die Aufgabe, alle ambigen Klassen aufzustellen. Da offenbar ein jedes ambige Ideal $\mathfrak{J}$ vermöge seiner Eigenschaft $\mathfrak{J} = S\mathfrak{J}$ einer ambigen Klasse angehört, so haben wir vor allem zu untersuchen, wie viele voneinander verschiedene ambige Klassen aus den 2^s ambigen Idealen entspringen.

Das Produkt aller in δ aufgehenden Ideale $\mathfrak{L}$ ist gleich $\sqrt{\delta}$ und mithin ein Hauptideal. Wir bestimmen nun im Körper K eine Grundeinheit E, d. h. eine Einheit von der Beschaffenheit, daß jede andere Einheit des Körpers gleich $\varrho\mathsf{E}^m$ wird, wo ϱ eine Einheitswurzel und m eine positive oder negative ganze Zahl bedeutet. Da die irreduzible Gleichung, welcher ϱ genügt, notwendig vom 2-ten oder 4-ten Grade sein muß, so kann ϱ nur eine 2-te, 3-te, 4-te, 5-te oder 8-te Einheitswurzel oder eine aus diesen zusammengesetzte Einheitswurzel sein. Die 3-te Einheitswurzel kommt im Körper K nur vor, wenn $\delta = 3$ ist. Es kann ferner leicht gezeigt werden, daß die 5-te Einheitswurzel im Körper K niemals vorkommt. Die 8-te Einheitswurzel endlich kommt im Körper K vor, falls $\delta = i$ ist. Die beiden Fälle $\delta = 3$ und $\delta = i$ werden unten für sich besonders erledigt und bei der nachfolgenden allgemeinen Untersuchung ausgeschlossen, so daß nunmehr ϱ lediglich $= \pm 1$ oder $= \pm i$ sein kann.

Die Grundeinheit E ist bis auf einen Faktor ϱ völlig bestimmt. Die Entscheidung darüber, ob im Körper K außer 1 und $\sqrt{\delta}$ noch ein anderes ambiges Hauptideal vorhanden ist, hängt lediglich davon ab, ob $\nu(\mathsf{E}) = \pm 1$ oder $= \pm i$ ausfällt.

Um dies zu erkennen, nehmen wir zunächst $\nu(\mathsf{E}) = \pm 1$ an. Da es freisteht, $i\mathsf{E}$ an Stelle von E als Grundeinheit zu wählen, so können wir annehmen, daß $\nu(\mathsf{E}) = +1$ wird. Wir setzen[1] $1 + \mathsf{E} = \alpha \mathsf{A}$, wo α eine ganze imaginäre Zahl und A eine ganze Zahl des Körpers K bedeutet, welche durch keine ganze imaginäre Zahl teilbar ist. Aus der Gleichung $\frac{\mathsf{A}}{S\mathsf{A}} = \mathsf{E}$ ergibt sich, daß A ein ambiges Hauptideal ist. Dieses Hauptideal A ist ferner verschieden von 1 und von $\sqrt{\delta}$. Wäre nämlich $\mathsf{A} = \varrho \mathsf{E}^m$ oder $= \varrho \mathsf{E}^m \sqrt{\delta}$, so wäre

$$\frac{\mathsf{A}}{S\mathsf{A}} = \pm \left(\frac{\mathsf{E}}{S\mathsf{E}}\right)^m = \pm \mathsf{E}^{2m}$$

und diese Einheit kann nicht gleich E sein, da m eine ganze Zahl bedeutet und E keine Einheitswurzel ist. Ferner ist ersichtlich, daß ein jedes andere ambige Hauptideal des Körpers K aus $\sqrt{\delta}$ und A zusammengesetzt werden kann. Ist nämlich B ein beliebiges ambiges Hauptideal, so ist notwendig $\frac{\mathsf{B}}{S\mathsf{B}} = \varrho \mathsf{E}^m$ Aus der Gleichung $\nu\left(\frac{\mathsf{B}}{S\mathsf{B}}\right) = +1$ folgt $\varrho = \pm 1$; wir setzen $\varrho = (-1)^n$, wo n den Wert 0 oder 1 hat; dann genügt die Zahl $\Gamma = \mathsf{B}\left(\sqrt{\delta}\right)^n \mathsf{A}^{-m}$ der Gleichung $\frac{\Gamma}{S\Gamma} = +1$ und ist folglich eine Zahl des Körpers k, woraus die Behauptung ersichtlich wird.

Ist andrerseits die Partialnorm $\nu(\mathsf{E}) = i$, so kann es kein von 1 und $\sqrt{\delta}$ verschiedenes ambiges Hauptideal geben. Denn wäre $\mathfrak{A} = \mathsf{A}$ ein solches, so ist notwendigerweise $\frac{\mathsf{A}}{S\mathsf{A}} = \varrho \mathsf{E}^m$. Da aber $\nu\left(\frac{\mathsf{A}}{S\mathsf{A}}\right) = 1$ ist, so folgt notwendigerweise $[\nu(\mathsf{E})]^m = \pm 1$ und daher muß m eine gerade Zahl sein. Wegen $\mathsf{E}^2 = \frac{i\mathsf{E}}{S\mathsf{E}}$ würde dann die Zahl $\mathsf{B} = \mathsf{A}\,\mathsf{E}^{-\frac{m}{2}}$ der Gleichung $\frac{\mathsf{B}}{S\mathsf{B}} = \varrho$ genügen und da $\nu\left(\frac{\mathsf{B}}{S\mathsf{B}}\right) = +1$ ist, so folgt $\varrho = \pm 1$. Berücksichtigen wir, daß B durch keine ganze imaginäre Zahl teilbar sein darf, so hat die Annahme $\frac{\mathsf{B}}{S\mathsf{B}} = +1$ notwendig $\mathsf{B} = \varrho$ und die Annahme $\frac{\mathsf{B}}{S\mathsf{B}} = -1$ notwendig $\mathsf{B} = \varrho\sqrt{\delta}$ zur Folge, womit die Behauptung bewiesen ist.

Wir drücken nun eines der s ambigen Primideale durch die $s-1$ übrigen ambigen Primideale und durch $\sqrt{\delta}$ und ferner, wenn die Partialnorm der

[1] Die linke Seite dieses Ansatzes ist ein besonderer Fall des von KUMMER im J. Math. 50, 212 (1855) behandelten Ausdruckes.

Grundeinheit $= \pm 1$ ausfällt, noch eines dieser $s-1$ ambigen Ideale durch die $s-2$ übrigen und durch A aus. Bezeichnen wir dann allgemein eine Anzahl von Idealklassen als untereinander unabhängig, wenn keine derselben gleich 1 oder gleich einem Produkt der übrigen ist, so gilt offenbar der Satz:

Satz 2. *Die s ambigen Primideale bestimmen $s-2$ oder $s-1$ voneinander unabhängige ambige Klassen, je nachdem die Partialnorm der Grundeinheit $= \pm 1$ oder $= \pm i$ ist. Die sämtlichen 2^s ambigen Ideale bestimmen im ersteren Falle 2^{s-2}, im letzteren 2^{s-1} voneinander verschiedene ambige Idealklassen.*

Was die beiden oben ausgeschlossenen Fälle $\delta = 3$ und $\delta = i$ betrifft, so gilt im ersteren Falle ebenfalls der eben ausgesprochene allgemeine Satz, da das einzige ambige Ideal $\mathfrak{L} = \sqrt{3}$ ein Hauptideal ist und die Partialnorm der Grundeinheit gleich $\pm i$ ausfällt. Im zweiten Falle $\delta = i$ dagegen verliert das im Satze angegebene Kriterium seine Anwendbarkeit, da die Partialnorm der Einheitswurzel $\sqrt{i}$ gleich $-i$ wird. Man erkennt, daß auch im Falle $\delta = i$ das einzige vorhandene aus der Zerlegung von $1 + i$ entspringende ambige Ideal ein Hauptideal ist.

Es werde hier noch der allgemeinere Fall hervorgehoben, in welchem δ gleich einer Primzahl und überdies $\equiv \pm 1$ nach $(1+i)^4$ ist. In diesem Falle wird ebenfalls $s = 1$ und die obige Entwicklung zeigt, daß notwendigerweise die Partialnorm der Grundeinheit $= \pm i$ sein muß.

Es bleibt noch übrig, die Frage zu beantworten, ob im Körper K ambige Klassen vorhanden sind, welche kein ambiges Ideal enthalten. Zu dem Zwecke wählen wir in der ambigen Klasse C ein beliebiges Ideal $\mathfrak{J}$ aus; es ist dann $\frac{\mathfrak{J}}{S\mathfrak{J}}$ gleich einer Zahl A des Körpers K. Da es freisteht $i\mathsf{A}$ an Stelle von A zu wählen, so können wir die Annahmen $\nu(\mathsf{A}) = +1$ oder $= +i$ zugrunde legen.

Im ersteren Falle betrachten wir die Zahl $\mathsf{B} = 1 + S\mathsf{A}$. Wegen $\frac{\mathsf{B}}{S\mathsf{B}} = \frac{1}{\mathsf{A}}$ wird $\frac{\mathsf{B}\mathfrak{J}}{S(\mathsf{B}\mathfrak{J})} = 1$ d. h. $\mathsf{B}\mathfrak{J} = S(\mathsf{B}\mathfrak{J})$. Setzen wir daher $\mathsf{B}\mathfrak{J} = \frac{\alpha}{\beta}\mathfrak{A}$, wo α und β ganze imaginäre Zahlen sind und das Ideal $\mathfrak{A}$ durch keine ganze imaginäre Zahl teilbar ist, so folgt, daß $\mathfrak{A}$ ein ambiges Ideal ist: die Klasse C enthält mithin ein ambiges Ideal.

Ziehen wir zweitens die Annahme $\nu(\mathsf{A}) = i$ in Betracht, so erkennen wir zunächst, daß in diesem Falle das Charakterensystem von i aus lauter positiven Einheiten bestehen muß. Für die vorliegende Frage kommt es nun darauf an, ob die Partialnorm der Grundeinheit $\nu(\mathsf{E}) = +1$ oder $= +i$ ausfällt. Ist letzteres der Fall, so setzen wir einfach $\frac{\mathsf{A}}{\mathsf{E}}$ an Stelle von A und zeigen dann durch die eben angewandte Schlußweise, daß in der Idealklasse C ein ambiges Ideal vorkommt. Ist dagegen $\nu(\mathsf{E}) = +1$, so enthält die Klasse C kein ambiges Ideal. Wäre nämlich $\mathfrak{A} = \mathsf{B}\mathfrak{J}$ ein solches, wo B eine Zahl in K bedeutet, so würde $\frac{\mathfrak{A}}{S\mathfrak{A}} = \frac{\mathsf{B}}{S\mathsf{B}}\,\mathsf{A}$ folgen. Andrerseits müßte aber $\frac{\mathfrak{A}}{S\mathfrak{A}}$ gleich einer Einheit, etwa gleich $\varrho\,\mathsf{E}^m$ sein und da $\nu(\mathsf{E}) = 1$ ist, so würde hieraus $\nu(\mathsf{A}) = \pm 1$ folgen, was der Annahme widerspricht.

Wir treffen nun die Voraussetzung, daß im Körper K das Charakterensystem von i aus lauter positiven Einheiten besteht; nach Satz 3 in § 4 gibt es dann eine Zahl A, deren Partialnorm gleich i ist, und wenn wir noch $\nu(\mathsf{E}) = 1$ annehmen, so muß die Zahl A notwendig gebrochen sein. Setzen wir $\mathsf{A} = \frac{\mathfrak{J}}{\mathfrak{J}'}$, wo $\mathfrak{J}$ und $\mathfrak{J}'$ zueinander prime Ideale sind, so wird $\frac{\mathfrak{J}\cdot S\mathfrak{J}}{\mathfrak{J}'\cdot S\mathfrak{J}'} = 1$ und hieraus folgt $\mathfrak{J}' = S\mathfrak{J}$ d. h. $\mathfrak{J}$ ist äquivalent mit $S\mathfrak{J}$ und bestimmt folglich eine ambige Klasse C; diese Klasse C enthält nach dem vorhin Bewiesenen kein ambiges Ideal. Wir fassen die gewonnenen Resultate in folgendem Satze zusammen.

Satz 3. *Es gibt im Körper K dann und nur dann eine ambige Klasse, welche kein ambiges Ideal enthält, wenn das Charakterensystem von i aus lauter positiven Einheiten besteht und wenn zugleich die Partialnorm der Grundeinheit gleich* ± 1 *ist.*

Die nämlichen Hilfsmittel führen zugleich zur Darstellung sämtlicher ambigen Klassen der genannten Eigenschaft. Nehmen wir nämlich an es gäbe 2 ambige Idealklassen, die kein ambiges Ideal enthalten und wählen aus diesen je ein Ideal $\mathfrak{J}$ und $\mathfrak{J}'$ aus, so zeigt die obige Entwicklung, daß die Partialnormen der beiden Zahlen $\mathsf{A} = \frac{\mathfrak{J}}{S\mathfrak{J}}$ und $\mathsf{A}' = \frac{\mathfrak{J}'}{S\mathfrak{J}'}$ gleich $\pm i$ sein müssen und es wird folglich $\nu\left(\frac{\mathsf{A}}{\mathsf{A}'}\right) = \pm 1$. Nehmen wir, was frei steht, in dieser Gleichung das obere Vorzeichen an, so folgt, daß $\mathsf{B} = 1 + \frac{S\mathsf{A}}{S\mathsf{A}'}$ der Gleichung $\frac{\mathsf{B}}{S\mathsf{B}} = \frac{\mathsf{A}'}{\mathsf{A}}$ genügt. Dieselbe ergibt $\mathsf{B}\,\frac{\mathfrak{J}}{\mathfrak{J}'} = S\left(\mathsf{B}\,\frac{\mathfrak{J}}{\mathfrak{J}'}\right)$; setzen wir daher $\mathsf{B}\,\frac{\mathfrak{J}}{\mathfrak{J}'} = \frac{\alpha}{\beta}\,\mathfrak{A}$, wo α und β ganze imaginäre Zahlen und das Ideal $\mathfrak{A}$ durch keine ganze imaginäre Zahl teilbar ist, so erweist sich $\mathfrak{A}$ als ein ambiges Ideal und der Quotient der beiden Ideale $\mathfrak{J}$ und $\mathfrak{J}'$ ist mithin einem ambigen Ideale äquivalent. Wir gewinnen aus diesen Überlegungen den Satz:

Satz 4. *Wenn im Körper K eine ambige Idealklasse vorhanden ist, welche kein ambiges Ideal enthält, so entstehen alle übrigen Klassen der nämlichen Beschaffenheit dadurch, daß man jene Klasse der Reihe nach mit allen aus ambigen Idealen entspringenden Klassen multipliziert.*

Die bisherigen Resultate ermöglichen die Berechnung der Anzahl aller ambigen Klassen. Betrachten wir zunächst den Fall, daß das Charakterensystem von i aus lauter positiven Einheiten besteht, so erkennen wir aus den soeben bewiesenen Sätzen 2, 3 und 4, daß es in diesem Falle genau 2^{s-1} ambige Klassen gibt, wo s die Anzahl der Primteiler der Partialdiskriminante d bedeutet. Von diesen 2^{s-1} ambigen Klassen entspringen sämtliche oder nur die

Hälfte aus ambigen Idealen, je nachdem die Partialnorm der Grundeinheit gleich $\pm i$ oder gleich ± 1 ausfällt. Kommt jedoch im Charakterensystem von i eine negative Einheit vor, so ist die Norm der Grundeinheit notwendig gleich ± 1; nach den Sätzen 2 und 3 dieses Paragraphen gibt es dann nur 2^{s-2} ambige Klassen und diese entspringen sämtlich aus ambigen Idealen. Setzen wir nun $c = s$ oder $= s - 1$, je nachdem das Charakterensystem von i aus lauter positiven Einheiten besteht oder nicht, so bedeutet c nach den Darlegungen des § 3 die Anzahl der Einzelcharaktere, welche das Geschlecht einer Idealklasse bestimmen und wir erhalten den Satz:

Satz 5. *Es gibt genau $c - 1$ voneinander unabhängige ambige Klassen, wo c die Anzahl der Einzelcharaktere bedeutet, welche das Geschlecht einer Klasse bestimmen. Die Anzahl der sämtlichen voneinander verschiedenen ambigen Idealklassen ist demgemäß $= 2^{c-1}$.*

Dieser allgemeine Satz gilt auch, wie man leicht erkennt, für den besonderen durch $\sqrt{i}$ bestimmten Dirichletschen Körper, welcher oben von der Betrachtung ausgeschlossen wurde.

§ 7. Die Anzahl der existierenden Geschlechter.

Die in § 4, 5 und 6 gewonnenen Resultate setzen uns in den Stand, die Anzahl der in einem Dirichletschen Zahlkörper K vorhandenen Geschlechter zu berechnen. Da das Charakterensystem einer Idealklasse des Körpers K aus c Einzelcharakteren besteht, deren jeder den Wert $+1$ oder -1 annehmen kann, so sind im ganzen 2^c Charakterensysteme möglich und es entsteht die wichtige Frage, ob für jedes dieser 2^c möglichen Charakterensysteme ein Geschlecht existiert oder ob nur ein Teil dieser Charakterensysteme unter den Geschlechtern wirklich vertreten ist. Um über diese Frage Auskunft zu erhalten, bezeichnen wir die Anzahl der voneinander verschiedenen existierenden Geschlechter mit g und die Anzahl der Klassen des Hauptgeschlechtes mit f. Da offenbar auch jedes andere Geschlecht f Klassen enthalten muß, so ist die Anzahl sämtlicher Klassen des Körpers $= gf$.

Bezeichnen wir nun die Klassen des Hauptgeschlechts mit $H_1, \ldots, H_f$, so können wir nach dem in § 4 bewiesenen Satze $H_1 = Q_1^2, \ldots, H_f = Q_f^2$ setzen, wo $Q_1, \ldots, Q_f$ gewisse Klassen des Körpers bedeuten. Es sei jetzt C eine beliebige Klasse des Körpers K; da dann C^2 offenbar zum Hauptgeschlecht gehört, so ist $C^2 = Q_r^2$, wo Q_r eine der eben bestimmten Klassen $Q_1, \ldots, Q_f$ bedeutet. Es ist folglich $\frac{C}{Q_r}$ eine ambige Idealklasse A, d. h. es wird $C = A Q_r$. Da nach Satz 5 in § 6 die Anzahl der ambigen Klassen 2^{c-1} beträgt, so stellt der Ausdruck AQ genau $2^{c-1}f$ Idealklassen dar. Diese sind auch sämtlich voneinander verschieden. Denn wäre $A Q_r = A' Q_{r'}$, wo A' eine ambige Klasse und $Q_{r'}$ eine der vorhin bestimmten Klassen $Q_1, \ldots, Q_f$ bedeutet, so würde

$Q_r^2 = Q_{r'}^2$ d. h. $H_r = H_{r'}$ und folglich $r = r'$ sein. Aus $Q_r = Q_{r'}$ folgt auch zugleich $A = A'$, womit die Behauptung bewiesen ist.

Die Gleichsetzung der so gefundenen Anzahl $2^{c-1} f$ sämtlicher Klassen mit der vorhin angegebenen Zahl gf ergibt $g = 2^{c-1}$. Wir haben somit die am Anfang dieses Paragraphen gestellte Frage beantwortet und es gilt der Satz:

Die Anzahl der existierenden Geschlechter ist gleich der Hälfte der möglichen Charakterensysteme, nämlich $= 2^{c-1}$, *wo c die Anzahl der das Geschlecht bestimmenden Charaktere bezeichnet.*

§ 8. Das Reziprozitätsgesetz.

Nachdem im vorigen Paragraph gezeigt worden ist, daß nur die Hälfte aller möglichen Charakterensysteme wirklich unter den Geschlechtern vertreten ist, entsteht die Frage nach der Bedingung, welche ein Charakterensystem erfüllen muß, damit für dasselbe ein Geschlecht existiert. Diese Frage wird durch das schon von Dirichlet aufgestellte Reziprozitätsgesetz der quadratischen Reste und Nichtreste im Gebiete der ganzen imaginären Zahlen beantwortet.

Um zunächst den quadratischen Restcharakter der Zahl i zu bestimmen, nehmen wir an, es sei $\varkappa$ eine von $1 + i$ verschiedene Primzahl im Körper k und überdies $\equiv (00)$ nach $(1 + i)^4$. Da zufolge der in § 6 gemachten Bemerkung in dem durch $\sqrt{\varkappa}$ bestimmten Körper $K_\varkappa$ die Partialnorm der Grundeinheit $= \pm i$ ist, so muß nach dem zu Anfang des § 3 bewiesenen Satze i quadratischer Rest von $\varkappa$ sein. Ist $\varkappa$ eine Primzahl und $\equiv (10)$ nach $(1 + i)^4$, so ist $i\varkappa \equiv (00)$ und folglich wird auch in diesem Falle $\left[\frac{i}{\varkappa}\right] = +1$.

Wir betrachten ferner den durch $\sqrt{i}$ bestimmten Dirichletschen Körper K_i. In diesem ist offenbar $1 + i$ der einzige Primfaktor der Partialdiskriminante. Das Symbol $\left[\frac{i}{1+i : i}\right]$ wird $= +1$ und es gibt im Körper K_i nur den einen Charakter $\left[\frac{\nu}{1+i : i}\right]$. Die Zahl der möglichen Charakterensysteme in K_i ist folglich $= 2$ und da nur die Hälfte derselben durch Geschlechter vertreten ist, so gibt es nur ein Geschlecht und es ist folglich stets $\left[\frac{\nu}{1+i : i}\right] = +1$, wo ν die Partialnorm eines beliebigen Ideals bedeutet. Es sei nun $\varkappa$ eine Primzahl, und zwar $\equiv (t_\varkappa t'_\varkappa)$ nach $(1 + i)^4$; ist dann i quadratischer Rest von $\varkappa$, so ist $\varkappa$ nach § 2 die Partialnorm eines Primideals und hieraus ergibt sich $\left[\frac{\varkappa}{1+i : i}\right] = (-1)^{t'_\varkappa} = +1$ d. h. $t'_\varkappa = 0$. Dieses Resultat ist die Umkehrung des vorigen; beide Resultate zusammen ergeben den Satz:

Wenn $\varkappa$ eine Primzahl und $\equiv (t_\varkappa t'_\varkappa)$ nach $(1 + i)^4$ ist, so bestimmt sich der quadratische Restcharakter der Zahl i in bezug auf $\varkappa$ durch die Formel

$$\left[\frac{i}{\varkappa}\right] = (-1)^{t'_\varkappa}.$$

Um den quadratischen Restcharakter von $1+i$ zu berechnen, betrachte ich zunächst den durch $\sqrt{\varkappa}$ bestimmten Körper $K_\varkappa$, wo $\varkappa$ eine Primzahl und $\equiv (000)$ nach $(1+i)^5$ ist. Da in diesem Körper nur ein Geschlecht vorhanden sein darf und, wie oben gezeigt, der Charakter $\left[\frac{i}{\varkappa:\varkappa}\right] = +1$ ist, so folgt, daß die Norm eines jeden Ideals ebenfalls den Charakter $+1$ haben muß. Da nach § 2 die Zahl $1+i$ in zwei Ideale des Körpers $K_\varkappa$ zerlegbar ist und folglich die Partialnorm eines Ideals ist, so folgt $\left[\frac{1+i}{\varkappa:\varkappa}\right] = \left[\frac{1+i}{\varkappa}\right] = +1$. Ist $\varkappa \equiv (100)$, so wird $i\varkappa \equiv (000)$ nach $(1+i)^5$ sein und mithin haben wir auch in diesem Falle $\left[\frac{1+i}{\varkappa}\right] = +1$.

Es sei jetzt $\varkappa$ eine Primzahl und $\equiv (t_\varkappa 0 t''_\varkappa)$ nach $(1+i)^5$. Nehmen wir nun $\left[\frac{1+i}{\varkappa}\right] = +1$ an, so ist $\varkappa$ in dem durch $\sqrt{1+i}$ bestimmten Körper zerlegbar und da in diesem Körper nur ein Geschlecht existiert und i den Charakter $+1$ besitzt, so ergibt sich auch $\left[\frac{\varkappa}{1+i:1+i}\right] = (-1)^{t''_\varkappa} = +1$, d. h. $t''_\varkappa = 0$. Beide Resultate zusammengenommen bestimmen den quadratischen Restcharakter von $1+i$ in bezug auf $\varkappa$ für $t'_\varkappa = 0$, und zwar gilt unter dieser Voraussetzung die Formel

$$\left[\frac{1+i}{\varkappa}\right] = (-1)^{t''_\varkappa}.$$

Es sei endlich $\varkappa$ eine Primzahl und $\equiv (t_\varkappa 1 t''_\varkappa)$ nach $(1+i)^5$. In dem durch $\sqrt{(1+i)\varkappa}$ bestimmten Körper sind, wie man leicht ausrechnet, die Charaktere der Zahl i beide $= -1$ und es existiert folglich nur ein Geschlecht. Wenn daher ν die Partialnorm eines Ideals ist, so müssen die beiden Charaktere der Zahl ν, nämlich die Symbole $\left[\frac{\nu}{\varkappa:(1+i)\varkappa}\right]$ und $\left[\frac{\nu}{1+i:(1+i)\varkappa}\right]$ entweder beide positiv oder beide negativ sein. Hieraus ergibt sich, falls wir $\nu = \varkappa$ nehmen, die Formel:

$$\left[\frac{1+i}{\varkappa}\right] = (-1)^{1+t''_\varkappa}.$$

Die beiden soeben gewonnenen Formeln lassen sich in eine zusammenfassen und wir erhalten somit den Satz:

Wenn $\varkappa$ eine Primzahl und $\equiv (t_\varkappa t'_\varkappa t''_\varkappa)$ nach $(1+i)^5$ ist, so bestimmt sich der quadratische Restcharakter der Zahl $1+i$ in bezug auf $\varkappa$ durch die Formel:

$$\left[\frac{1+i}{\varkappa}\right] = (-1)^{t'_\varkappa + t''_\varkappa}.$$

Um endlich das Reziprozitätsgesetz für 2 beliebige von $1+i$ verschiedene Primzahlen abzuleiten, berücksichtigen wir den Umstand, daß von den beiden ganzen imaginären Zahlen α und $i\alpha$ stets die eine $\equiv (0 t_\alpha)$ nach $(1+i)^4$ ist.

Wir nehmen bei der nachfolgenden Untersuchung die beiden Primzahlen $\varkappa$ und π in dieser Gestalt an, so daß stets $t_\varkappa = 0$, $t_\pi = 0$ zu setzen ist.

Es sei zunächst $\varkappa$ eine Primzahl $\equiv (00)$ nach $(1+i)^4$. Ist dann π eine Primzahl von der Art, daß $\left[\frac{\varkappa}{\pi}\right] = +1$ wird, so kann π in dem durch $\sqrt{\varkappa}$ bestimmten Körper $K_\varkappa$ zerlegt werden und ist folglich die Partialnorm eines Ideals. Durch die oben angewandte Schlußweise folgt dann, daß $\left[\frac{\pi}{\varkappa}\right] = +1$ sein muß. Wir haben somit die beiden folgenden Tatsachen erkannt:

Aus $\varkappa \equiv (00)$, $\pi \equiv (00)$ nach $(1+i)^4$ und $\left[\frac{\varkappa}{\pi}\right] = +1$ folgt $\left[\frac{\pi}{\varkappa}\right] = +1$, (1)

„ $\varkappa \equiv (00)$, $\pi \equiv (01)$ „ $(1+i)^4$ „ $\left[\frac{\varkappa}{\pi}\right] = +1$ „ $\left[\frac{\pi}{\varkappa}\right] = +1$. (2)

Es sei ferner $\varkappa \equiv (01)$ nach $(1+i)^4$, so gibt es in dem durch $\sqrt{\varkappa}$ bestimmten Körper $K_\varkappa$ zwei Charaktere, aber nur ein Geschlecht, weil das Charakterensystem der Zahl i, wie man leicht durch Rechnung findet, aus 2 negativen Einheiten besteht. Ist daher π eine Primzahl von der Art, daß $\left[\frac{\varkappa}{\pi}\right] = +1$ wird, so müssen auch die Charaktere $\left[\frac{\pi}{1+i:\varkappa}\right]$ und $\left[\frac{\pi}{\varkappa:\varkappa}\right]$ entweder beide positiv oder beide negativ sein; hieraus folgt $\left[\frac{\pi}{\varkappa}\right] = +1$ und wir haben somit die beiden folgenden Tatsachen erkannt:

Aus $\varkappa \equiv (01)$, $\pi \equiv (00)$ nach $(1+i)^4$ und $\left[\frac{\varkappa}{\pi}\right] = +1$ folgt $\left[\frac{\pi}{\varkappa}\right] = +1$, (3)

„ $\varkappa \equiv (01)$, $\pi \equiv (01)$ „ $(1+i)^4$ „ $\left[\frac{\varkappa}{\pi}\right] = +1$ „ $\left[\frac{\pi}{\varkappa}\right] = +1$. (4)

Diese 4 Sätze zeigen, daß unter der Voraussetzung $t_\varkappa = 0$, $t_\pi = 0$ allgemein $\left[\frac{\varkappa}{\pi}\right] = \left[\frac{\pi}{\varkappa}\right]$ ist.

Es sei nämlich zunächst $t'_\varkappa = 0$, $t'_\pi = 0$. Nach (1) folgt aus $\left[\frac{\varkappa}{\pi}\right] = +1$ notwendig $\left[\frac{\pi}{\varkappa}\right] = +1$. Ist aber $\left[\frac{\varkappa}{\pi}\right] = -1$, so muß auch $\left[\frac{\pi}{\varkappa}\right] = -1$ sein, da ja ebenfalls nach (1) bei Vertauschung von $\varkappa$ mit π aus $\left[\frac{\pi}{\varkappa}\right] = +1$ notwendig auch $\left[\frac{\varkappa}{\pi}\right] = +1$ folgen würde.

Es sei ferner $t'_\varkappa = 0$, $t'_\pi = 1$. Nach (2) folgt aus $\left[\frac{\varkappa}{\pi}\right] = +1$ notwendig $\left[\frac{\pi}{\varkappa}\right] = +1$. Ist aber $\left[\frac{\varkappa}{\pi}\right] = -1$, so muß auch $\left[\frac{\pi}{\varkappa}\right] = -1$ sein, da ja nach (3) aus $\left[\frac{\pi}{\varkappa}\right] = +1$ auch $\left[\frac{\varkappa}{\pi}\right] = +1$ folgen würde.

Endlich sei $t'_\varkappa = 1$, $t'_\pi = 1$. Nach (4) folgt aus $\left[\frac{\varkappa}{\pi}\right] = +1$ notwendig $\left[\frac{\pi}{\varkappa}\right] = +1$. Ist aber $\left[\frac{\varkappa}{\pi}\right] = -1$, so muß auch $\left[\frac{\pi}{\varkappa}\right] = -1$ sein, da ja ebenfalls nach (4) aus $\left[\frac{\pi}{\varkappa}\right] = +1$ notwendig auch $\left[\frac{\varkappa}{\pi}\right] = +1$ folgen würde. Um die eben gefundene Formel $\left[\frac{\varkappa}{\pi}\right] = \left[\frac{\pi}{\varkappa}\right]$ für 2 beliebige Primzahlen $\varkappa$, π anzuwenden, für welche $t_\varkappa$ und t_π nicht notwendig $= 0$ sind, müssen wir in jener Formel an Stelle $\varkappa$, π bezüglich $i^{t_\varkappa}\varkappa$, $i^{t_\pi}\pi$ einsetzen und erhalten dann den folgenden Satz:

Wenn $\varkappa$ und π von $1 + i$ verschiedene Primzahlen und bezüglich $\equiv (t_\varkappa t'_\varkappa)$ bezüglich $\equiv (t_\pi t'_\pi)$ nach $(1 + i)^4$ sind, so gilt das Reziprozitätsgesetz

$$\left[\frac{\varkappa}{\pi}\right]\left[\frac{\pi}{\varkappa}\right] = (-1)^{t_\varkappa t'_\pi + t'_\varkappa t_\pi}.$$

Wir definieren nun das allgemeine Symbol $\left[\frac{\alpha}{\beta}\right]$, wo $\alpha = \prod^{\varkappa} \varkappa$ und $\beta = \prod^{\pi} \pi$ zwei beliebige zueinander und zu $1 + i$ prime Zahlen sind, durch die Gleichung

$$\left[\frac{\alpha}{\beta}\right] = \prod^{\varkappa,\pi} \left[\frac{\varkappa}{\pi}\right];$$

hierin ist das Produkt über alle Primfaktoren $\varkappa$ und π der beiden Zahlen α bezüglich β zu erstrecken, wie sie in der Produktdarstellung von α bezüglich β vorkommen. Es folgt dann unmittelbar der Satz:

Wenn α und β beliebige zueinander und zu $1 + i$ prime ganze Zahlen sind und $a \equiv (t_\alpha t'_\alpha)$, $\beta \equiv (t_\beta t'_\beta)$ nach $(1 + i)^4$ gesetzt wird, so ist

$$\left[\frac{\alpha}{\beta}\right]\left[\frac{\beta}{\alpha}\right] = (-1)^{t_\alpha t'_\beta + t'_\alpha t_\beta}.$$

Diese Formel setzt uns in den Stand die Bedingung anzugeben, welche in einem beliebigen Dirichletschen Körper zwischen den c Charakteren bestehen muß, damit dieselben das Charakterensystem eines existierenden Geschlechtes bilden.

Wir nehmen zunächst an, daß δ nicht durch $1 + i$ teilbar sei und setzen dann in obiger Formel $\alpha = \delta$ und $\beta = \nu$, wo ν eine zu δ und zu $1 + i$ prime Partialnorm eines Ideals im Körper K_δ bedeutet. Da dann nach § 2 die Zahl δ von allen in ν zu ungerader Potenz vorkommenden Primzahlen quadratischer Rest sein muß, so ist $\left[\frac{\delta}{\nu}\right] = +1$ und folglich wird

$$\left[\frac{\nu}{\delta}\right] = (-1)^{t_\delta t'_\nu + t'_\delta t_\nu}.$$

Ist nun $\delta \equiv (00)$ nach $(1 + i)^4$, so wird die Partialdiskriminante $d = \delta$ und wenn wir daher sämtliche in derselben aufgehenden Primzahlen mit $\lambda_1, \ldots, \lambda_s$ bezeichnen, so wird

$$\left[\frac{\nu}{\lambda_1}\right] \cdots \left[\frac{\nu}{\lambda_s}\right] = \left[\frac{\nu}{\lambda_1 : \delta}\right] \cdots \left[\frac{\nu}{\lambda_s : \delta}\right] = +1.$$

Ist dagegen δ nicht $\equiv (00)$ nach $(1 + i)^4$, so kommt $1 + i$ in der Partialdiskriminante d des Körpers K_δ als Faktor vor. Wir bezeichnen dann die in

δ aufgehenden Primzahlen mit $\lambda_1, \ldots, \lambda_{s-1}$ und setzen $1 + i = \lambda_s$. Wegen $\left[\frac{\nu}{1+i:\delta}\right] = (-1)^{t_\delta t'_\nu + t'_\delta t_\nu}$ erhalten wir wiederum:

$$\left[\frac{\nu}{\lambda_1 : \delta}\right] \cdots \left[\frac{\nu}{\lambda_s : \delta}\right] = +1.$$

Endlich sei δ durch $1 + i$ teilbar; wir setzen $\delta = (1 + i)\delta'$ und erteilen ν die obige Bedeutung. Da wiederum δ von allen in ν zu ungerader Potenz vorkommenden Primzahlen quadratischer Rest sein muß, so kann bei der Berechnung der Faktoren des Symbols $\left[\frac{\delta'}{\nu}\right]$ die Zahl δ' durch $1 + i$ ersetzt werden; die oben gefundene Formel für den quadratischen Restcharakter von $1 + i$ ergibt dann $\left[\frac{\delta'}{\nu}\right] = (-1)^{t'_\nu + t''_\nu}$. Setzen wir ferner in der allgemeinen Reziprozitätsgleichung $\alpha = \delta'$, $\beta = \nu$ und benutzen dann den soeben gefundenen Wert des Symbols $\left[\frac{\delta'}{\nu}\right]$, so erhalten wir $\left[\frac{\nu}{\delta'}\right] = (-1)^{t_{\delta'} t'_\nu + t'_{\delta'} t_\nu + t'_\nu + t''_\nu}$. Andererseits hat das Symbol $\left[\frac{\nu}{1+i:\delta}\right]$ den gleichen Wert und hieraus ergibt sich wiederum, wenn wir die sämtlichen in δ enthaltenen Primzahlen mit $\lambda_1, \ldots, \lambda_s$ bezeichnen, die Gleichung

$$\left[\frac{\nu}{\lambda_1 : \delta}\right] \cdots \left[\frac{\nu}{\lambda_s : \delta}\right] = +1.$$

Es gilt daher in allen Fällen der Satz:

Ein vorgelegtes Charakterensystem ist dann und nur dann durch ein Geschlecht vertreten, wenn das Produkt aller Charaktere desselben $= +1$ ist.

§ 9. Der spezielle Dirichletsche Körper.

Wenn der durch $\sqrt{\delta}$ bestimmte Dirichletsche Körper K außer dem Körper k noch einen anderen quadratischen Körper enthalten soll, so muß, wie man leicht erkennt, δ gleich einer reellen oder gleich einer rein imaginären Zahl sein. In diesem Falle bezeichnen wir den durch $\sqrt{\delta}$ bestimmten Dirichletschen biquadratischen Körper als einen *speziellen Dirichletschen Körper* und setzen $\partial = \pm\,\delta$ bezüglich $\partial = \pm\, 2\,i\delta$, so daß ∂ stets eine reelle positive Zahl bedeutet, welche durch kein Quadrat einer reellen Zahl teilbar ist. Der spezielle Dirichletsche Körper K ist ein Galoisscher Körper. Eine beliebige Zahl desselben kann in die Gestalt:

$$\mathsf{A} = a + bi + c\sqrt{\partial} + di\sqrt{\partial}$$

gebracht werden, wo a, b, c, d rationale Zahlen sind und wir erhalten die 3 zu A konjugierten Zahlen durch Anwendung der 3 Substitutionen:

$$S\ = (\sqrt{\partial} : -\sqrt{\partial}),$$
$$S' = (i : -i),$$
$$S'' = SS' = (\sqrt{\partial} : -\sqrt{\partial},\ i : -i).$$

Diesen 3 Substitutionen entsprechen 3 in K enthaltene quadratische Zahlkörper: alle Zahlen nämlich, welche bei Anwendung von S ungeändert bleiben, bilden den durch i bestimmten quadratischen Körper k und alle bei Anwendung der Substitution S' bezüglich S'' ungeändert bleibenden Zahlen des Körpers K bilden je einen quadratischen Körper, nämlich den durch $\sqrt{\partial}$ bezüglich durch $\sqrt{-\partial}$ bestimmten quadratischen Zahlkörper; der erstere möge mit k', der zweite mit k'' bezeichnet werden.

Wir fügen hier noch eine Entwicklung an, welche im folgenden Paragraph gebraucht werden wird.

Wenn ein Ideal des Körpers K als größter gemeinsamer Teiler von solchen Zahlen dargestellt werden kann, welche lediglich Zahlen der Unterkörper k' bezüglich k'' sind, so sagen wir, das Ideal „*liege*“ im Körper k' bezüglich k''. Ist $\mathfrak{J}$ irgendein Ideal in K, so liegt stets das Produkt $\mathfrak{J} \cdot S'\mathfrak{J}$ im Körper k'. Wählen wir nämlich irgendeine durch $\mathfrak{J}$ teilbare Zahl A und bestimmen dann eine ebenfalls durch $\mathfrak{J}$ teilbare Zahl B derart, daß $\frac{\mathsf{B}}{\mathfrak{J}}$ prim zu $\frac{\mathsf{A}}{\mathfrak{J}} S'\left(\frac{\mathsf{A}}{\mathfrak{J}}\right)$ ist, so wird notwendig auch $S'\left(\frac{\mathsf{B}}{\mathfrak{J}}\right)$ und daher auch $\frac{\mathsf{B}}{\mathfrak{J}} S'\left(\frac{\mathsf{B}}{\mathfrak{J}}\right)$ prim zu $\frac{\mathsf{A}}{\mathfrak{J}} S'\left(\frac{\mathsf{A}}{\mathfrak{J}}\right)$ und hieraus folgt $\mathfrak{J} \cdot S'\mathfrak{J} = (\mathsf{A} \cdot S'\mathsf{A},\ \mathsf{B} \cdot S'\mathsf{B})$, womit die Behauptung bewiesen ist. Ebenso wird gezeigt, daß $\mathfrak{J} \cdot S''\mathfrak{J}$ stets in dem Körper k'' liegt.

§ 10. Die Anzahl der Idealklassen des speziellen Dirichletschen Körpers *K*.

In diesem letzten Paragraph soll kurz der Weg gezeigt werden, welcher zu einem rein arithmetischen Beweise des in der Einleitung erwähnten Dirichletschen Satzes über die Anzahl der Idealklassen in K führt.

Zu dem Zweck stellen wir zunächst folgende Überlegungen an. Sind c', c'' irgend zwei Idealklassen der beiden quadratischen Körper k' bezüglich k'' und wählt man aus diesen beiden Klassen je ein Ideal $\mathfrak{j}', \mathfrak{j}''$, so gehört jedes dieser beiden Ideale, als Ideal des biquadratischen Körpers K aufgefaßt, einer Idealklasse in K an; die beiden somit durch c', c'' bestimmten Idealklassen des biquadratischen Körpers K mögen mit $\overline{c'}$ bezüglich $\overline{c''}$ und ihr Produkt mit $\overline{c'c''}$ bezeichnet werden. Es gilt dann zunächst der Satz:

Jede Klasse des Hauptgeschlechtes im biquadratischen Körper K ist gleich einem Produkte $\overline{c'c''}$, wo c', c'' Klassen der quadratischen Körper k' bezüglich k'' sind.

Zum Beweise dieses Satzes benutzen wir die Tatsache, daß jedes Ideal $\mathfrak{H}$ des Hauptgeschlechtes dem Quadrate eines Ideals $\mathfrak{J}$ im biquadratischen Körper äquivalent ist. Es gilt andrerseits die Identität

$$\mathfrak{J}^2 = \frac{(\mathfrak{J} \cdot S'\mathfrak{J})\,(\mathfrak{J} \cdot S''\mathfrak{J})}{S'\mathfrak{J} \cdot S''\mathfrak{J}}.$$

Da das Produkt $S'\mathfrak{J}\cdot S''\mathfrak{J}$ bei Anwendung der Substitution S ungeändert bleibt, so ist dasselbe gleich einer Zahl in k und folglich ein Hauptideal. Da $\mathfrak{J}\cdot S'\mathfrak{J}$ und $\mathfrak{J}\cdot S''\mathfrak{J}$ bezüglich in den Körpern k' und k'' liegen, so erkennen wir, daß $\mathfrak{J}^2$ und mithin auch $\mathfrak{H}$ äquivalent dem Produkt eines in k' und eines in k'' liegenden Ideals ist.

Es seien nun $p_1, \ldots, p_\pi$ die in ∂ aufgehenden der Kongruenz $p \equiv 1$ nach 4 genügenden und $q_1, \ldots, q_\varkappa$ die in ∂ aufgehenden der Kongruenz $q \equiv 3$ nach 4 genügenden Primzahlen. Die ersteren Primzahlen lassen sich als Produkt zweier ganzer imaginärer Zahlen darstellen, und zwar sei $p_1 = \alpha_1\beta_1, \ldots, p_\pi = \alpha_\pi\beta_\pi$.

Wir bezeichnen jetzt im biquadratischen Körper K diejenigen Geschlechter als *die Geschlechter der Hauptart*, für welche die Charaktere der Norm ν den Bedingungen:

$$\left[\frac{\nu}{\alpha_1:\partial}\right]\left[\frac{\nu}{\beta_1:\partial}\right] = +1, \ldots, \left[\frac{\nu}{\alpha_\pi:\partial}\right]\left[\frac{\nu}{\beta_\pi:\partial}\right] = +1$$

und

$$\left[\frac{\nu}{q_1:\partial}\right] = +1, \ldots, \left[\frac{\nu}{q_\varkappa:\partial}\right] = +1$$

genügen. Unmittelbar aus dieser Definition folgt die Tatsache, daß genau der $2^{\pi+\varkappa-1}$-te Teil bezüglich der $2^{\pi+\varkappa}$-te Teil sämtlicher Geschlechter des Körpers K von der Hauptart ist, je nachdem ∂ ungerade oder gerade ist. Es gilt ferner der Satz:

Jedes Produkt $\overline{c'c''}$ gehört im biquadratischen Körper K einem Geschlechte der Hauptart an, und umgekehrt jede Klasse C des biquadratischen Körpers K, welche einem Geschlechte der Hauptart angehört, ist gleich einem Produkt $\overline{c'c''}$.

Um den ersten Teil dieses Satzes zu beweisen, berücksichtigen wir, daß die Partialnorm eines jeden in k' oder k'' liegenden Ideals eine ganze rationale Zahl wird und benutzen dann die beiden folgenden Tatsachen:

1. Ist $p = \alpha\beta$ eine rationale in k zerlegbare Primzahl, so ist jede rationale Zahl im Gebiet der ganzen imaginären Zahlen gleichzeitig quadratischer Rest oder Nichtrest in bezug auf die konjugiert imaginären Faktoren α und β.

2. Ist q eine rationale in k unzerlegbare Primzahl, so ist jede rationale Zahl im Gebiet der ganzen imaginären Zahlen quadratischer Rest in bezug auf q.

Um die Richtigkeit der Umkehrung zu erkennen, bemerken wir, daß jedenfalls entweder die Diskriminante des quadratischen Körpers k' oder die des quadratischen Körpers k'' den Faktor 2 enthalten muß. Aus der bekannten Theorie der quadratischen Körper folgt daher, daß notwendig in einem jener beiden quadratischen Körper ein Geschlecht existieren muß, dessen Charaktere in bezug auf die Primzahlen $p_1, \ldots, p_\pi$ der Reihe nach mit den Werten der Symbole $\left[\frac{\nu}{\alpha_1:\partial}\right], \ldots, \left[\frac{\nu}{\alpha_\pi:\partial}\right]$ übereinstimmen. Ist a eine Klasse dieses Geschlechtes im quadratischen Körper k' oder k'', so gehört, wie man leicht erkennt, die Klasse $C\bar{a}$ im biquadratischen Körper K dem Hauptgeschlechte an und wird daher nach dem früher bewiesenen Satze gleich $\overline{c'c''}$; hieraus folgt $C = \frac{\overline{c'c''}}{\bar{a}}$.

Das nächste Ziel ist die Berechnung der Anzahl derjenigen Paare von Klassen c', c'' der quadratischen Körper k' bezüglich k'', für welche $\overline{c'c''} = 1$ wird. Wir bedürfen dazu folgender Begriffe und Sätze aus der Theorie der quadratischen Körper:

Ein Ideal des quadratischen Körpers, welches gleich seinem konjugierten und überdies durch keine ganze rationale Zahl teilbar ist, werde ein *ambiges Ideal* genannt. Die ambigen Ideale setzen sich aus ambigen Primidealen zusammen und diese bestimmen sich durch die Eigenschaft, daß ihre Quadrate den in der Diskriminante des Körpers enthaltenen rationalen Primzahlen gleich sind.

Eine Klasse des quadratischen Körpers, deren Quadrat die Hauptklasse ist, heißt eine *ambige Klasse.* Ist der quadratische Körper imaginär, so enthält jede ambige Klasse desselben ein ambiges Ideal und die Anzahl der ambigen Klassen ist $= 2^{\sigma-1}$, wo σ die Anzahl der in der Diskriminante aufgehenden rationalen Primzahlen ist.

Es seien c', c'' zwei Klassen der quadratischen Körper k' bezüglich k'' von der Art, daß $\overline{c'c''} = 1$ wird. Wir wählen dann aus diesen Klassen c' und c'' je ein Ideal $\mathfrak{j}'$ bezüglich $\mathfrak{j}''$ aus und setzen $\mathfrak{j}'\mathfrak{j}'' = \mathsf{A}$, wo A eine Zahl des biquadratischen Körpers K bedeutet. Durch Anwendung der Substitution S'' ergibt sich leicht $(\mathfrak{j}' \cdot S''\mathfrak{j}')\mathfrak{j}''^2 = \mathsf{A} S'' \mathsf{A}$ d. h. $\mathfrak{j}''^2 = \alpha''$, wo α'' eine Zahl im quadratischen Körper k'' ist. Es folgt mithin, daß $\mathfrak{j}''$ einer ambigen Klasse a'' in k'' angehört und da k'' ein imaginärer quadratischer Körper ist, so ist dem eben angeführten Satze zufolge $\mathfrak{j}''$ einem ambigen Ideale $\mathfrak{a}''$ in k'' äquivalent. Nun liegen, wie man leicht erkennt, sämtliche ambigen Primideale des Körpers k'' zugleich auch in dem quadratischen Körper k'; ausgenommen ist lediglich der Fall $\partial \equiv 1$ nach 4, in welchem das durch Zerlegung der Zahl 2 entstehende ambige Primideal $\mathfrak{l}''$ im Körper k'', aber nicht im Körper k' liegt. Da $\mathfrak{l}'' = 1 + i$ und folglich ein Hauptideal des biquadratischen Körpers K ist, so wird, wenn l'' die durch $\mathfrak{l}''$ bezeichnete Klasse in k'' bezeichnet, offenbar $\overline{l''} = 1$. Es sei nun $\mathfrak{a}''$ nicht durch $\mathfrak{l}''$ teilbar und $\mathfrak{a}'$ dasjenige ambige Ideal in k', welches, als Ideal in K betrachtet, dem Ideal $\mathfrak{a}''$ gleich ist, und a' sei die durch $\mathfrak{a}'$ bestimmte ambige Klasse in k': es ist dann offenbar $\overline{a'a''} = 1$. Somit gilt der Satz:

Zu jeder ambigen Klasse a'' in k'' und nur zu diesen läßt sich eine Klasse a' in k' finden derart, daß $\overline{a'a''} = 1$ wird.

Es bleibt jetzt noch übrig, die Frage zu entscheiden, wann zu einer Klasse a'' des Körpers k'' mehr als eine Klasse c' existiert, für welche $\overline{c'a''} = 1$ wird.

Es ist hierzu offenbar notwendig, daß im Körper k' eine von 1 verschiedene Klasse c' existiert, für welche $\overline{c'} = 1$ ist.

Um hierüber zu entscheiden, nehmen wir an, es sei $\mathfrak{h}'$ ein Ideal in k', welches im biquadratischen Körper K ein Hauptideal ist. Setzen wir $\mathfrak{h}' = \mathsf{A}$, wo A eine Zahl in K ist, so wird offenbar $\frac{\mathsf{A}}{S'\mathsf{A}}$ eine Einheit des Körpers K, deren absoluter Betrag $= 1$ und welche daher eine Einheitswurzel ϱ ist. Setzen wir nun $\mathsf{B} = \mathsf{A}, = i\mathsf{A}, = \frac{\mathsf{A}}{1-i}$, oder $= \frac{\mathsf{A}}{1+i}$, je nachdem ϱ den Wert $+1$, -1, $+i$ oder $-i$ hat, so ergibt sich $\frac{\mathsf{B}}{S'\mathsf{B}} = 1$ d. h. B ist eine reelle Zahl. Folglich ist $\mathfrak{h}'$ entweder gleich einer reellen Zahl d. h. ein Hauptideal in k' oder $\mathfrak{h}'$ wird gleich einer reellen Zahl, multipliziert mit einem Ideal $\mathfrak{l}'$, welches als Ideal in K aufgefaßt, gleich $1 + i$ ist. Da somit $\mathfrak{l}'^2 = 2$ sein muß, so tritt dieser letztere Fall nur unter der Bedingung $\partial \equiv 3$ nach 4 oder $\partial \equiv 0$ nach 2 ein. Umgekehrt bestimmt das durch die Gleichung $\mathfrak{l}'^2 = 2$ definierte Ideal $\mathfrak{l}'$ stets in k' eine Klasse l', für welche $\overline{l'} = 1$ wird. Der Fall, in welchem K noch andere Einheitswurzeln enthält, ist leicht für sich erledigt. Es folgt aus unseren Entwicklungen das Resultat:

Die Anzahl der Paare von Klassen c', c'' in den Körpern k', bezüglich k'', für welche $\overline{c'c''} = 1$ wird, ist im Falle eines ungeraden ∂ gleich der Zahl $2^{\pi+\varkappa-1}$ oder $= 2^{\pi+\varkappa}$ und im Falle eines geraden ∂ gleich der Zahl $2^{\pi+\varkappa}$ oder gleich $2^{\pi+\varkappa+1}$, je nachdem die Zahl 2, abgesehen von einem Einheitsfaktor, das Quadrat einer Zahl des reellen quadratischen Körpers k' ist oder nicht.

Bezeichnen wir nun die Anzahl der Idealklassen c', c'' in den beiden Körpern k', k'' bezüglich mit h', h'', so erhalten wir $h'h''$ Kombinationen von der Gestalt $\overline{c'c''}$ und wenn wir diese Anzahl $h'h''$ durch die soeben gefundene Anzahl der die Bedingung $\overline{c'c''} = 1$ erfüllenden Klassenpaare dividieren, so ergibt sich die Anzahl der sämtlichen voneinander verschiedenen Klassen $\overline{c'c''}$ des biquadratischen Körpers, welche von der Hauptart sind. Da aber, wie oben angegeben worden ist, genau der $2^{\pi+\varkappa-1}$-te Teil bezüglich der $2^{\pi+\varkappa}$-te Teil sämtlicher Geschlechter des Körpers K der Hauptart angehört, je nachdem ∂ ungerade oder gerade ist, so gewinnen wir den Satz:

Die Anzahl der Idealklassen des speziellen Dirichletschen Zahlkörpers K ist gleich dem Produkt der Anzahlen der Idealklassen in den beiden quadratischen Körpern k' und k'' oder gleich der Hälfte dieses Produktes, je nachdem in dem reellen quadratischen Körper die Zahl 2, abgesehen von einem Einheitsfaktor, das Quadrat einer Zahl ist oder nicht.

Bezeichnet α' die Zahl in k', deren Quadrat, abgesehen von einem Einheitsfaktor, die Zahl 2 ergibt, so ist $\frac{1+i}{\alpha'}$ eine Einheit des biquadratischen Körpers K, deren Partialnorm $= \pm i$ wird. Es gilt auch umgekehrt der Satz, daß die

Zahl 2, abgesehen von einem Einheitsfaktor, gleich dem Quadrat einer Zahl in k' sein muß, sobald in K eine Einheit existiert, deren Partialnorm $= \pm i$ ist. Benutzen wir diese Tatsachen, so können wir den gefundenen Satz auch in folgender Weise aussprechen:

Die Anzahl der Idealklassen in K ist gleich dem Produkt der Klassenzahlen in k' und k'' oder gleich der Hälfte dieses Produktes, je nachdem die Partialnorm der Grundeinheit des Körpers K gleich $\pm i$ oder $= \pm 1$ wird.

Wir erkennen die inhaltliche Übereinstimmung dieses Satzes mit dem von Dirichlet[1] bewiesenen Satze, wenn wir berücksichtigen, daß der von Dirichlet ausgesprochene Satz die Anzahlen von *Formenklassen* mit gegebener Determinante betrifft, während es sich in unserem Satze um Anzahlen von *Idealklassen* der Körper handelt.

Königsberg, den 14. April 1894.

[1] Werke 1, 618.

6. Ein neuer Beweis des Kroneckerschen Fundamentalsatzes über Abelsche Zahlkörper[1].

[Aus den Nachrichten der Gesellschaft der Wissenschaften zu Göttingen. Mathematisch-physikalische Klasse. 1896. S. 29—39.]

L. Kronecker hat in den Monatsberichten der Berliner Akademie vom Jahre 1853 zuerst den fundamentalen Satz aufgestellt, daß die Wurzeln aller Abelschen Gleichungen im Bereich der rationalen Zahlen sich durch Einheitswurzeln rational ausdrücken lassen. Bezeichnet man diejenigen Zahlkörper, die durch Einheitswurzeln bestimmt sind, und alle Unterkörper von solchen Körpern kurz als Kreiskörper, so spricht sich der genannte Satz wie folgt aus:

Fundamentalsatz. *Alle Abelschen Zahlkörper im Gebiete der rationalen Zahlen sind Kreiskörper.*

H. Weber hat in den Acta Mathematica Bd. 8 einen vollständigen und allgemeinen Beweis dieses Satzes erbracht. Die vorliegende Note enthält einen neuen Beweis, welcher weder die Kummersche Zerlegung der Lagrangeschen Resolvente in Primideale noch die Anwendung der dem Wesen des Satzes fremdartigen transzendenten Methoden von Dirichlet erfordert. Der folgende Beweis ist vielmehr rein arithmetischer Natur; er beruht wesentlich auf den allgemeinen Begriffsbildungen, die ich in der Note „Grundzüge einer Theorie des Galoisschen Zahlkörpers"[2] in diesen Nachrichten vom Jahre 1894 kurz dargelegt habe und ist vermutlich weitgehender Verallgemeinerungen fähig.

Wenn die Gruppe eines Abelschen Körpers aus den Potenzen einer einzigen Substitution besteht, so heiße der Abelsche Körper zyklisch. Wir konstruieren folgende besonderen zyklischen Körper. Es bedeute u eine ungerade Primzahl und u^{h+1} eine Potenz derselben; dann ist der durch $e^{\frac{2i\pi}{u^{h+1}}}$ bestimmte Körper $k\left(e^{\frac{2i\pi}{u^{h+1}}}\right)$ ein zyklischer Körper vom $u^h(u-1)$-ten Grade.

---

[1] Hierzu siehe auch die entsprechenden Stellen im „Zahlbericht", dieser Band Abh. 7, S. 205—216.

[2] Dieser Band Abh. 4, S. 13.

Der zyklische Unterkörper vom u^h-ten Grade dieses Körpers werde mit U_h bezeichnet; die Diskriminante von U_h ist eine Potenz von u. Ferner bestimmt die Zahl $e^{\frac{i\pi}{2^{h+1}}} + e^{-\frac{i\pi}{2^{h+1}}}$ einen reellen zyklischen Körper vom 2^h-ten Grade. Dieser Körper werde mit Z_h bezeichnet; die Diskriminante desselben ist eine Potenz von 2. Endlich wählen wir eine rationale Primzahl p mit der Kongruenzeigenschaft $p \equiv 1$ nach l^h aus, wo l eine beliebige gerade oder ungerade Primzahl bedeutet; dann besitzt der Kreiskörper $k\left(e^{\frac{2i\pi}{p}}\right)$ vom Grade $p-1$ offenbar einen zyklischen Unterkörper vom Grade l^h, dessen Diskriminante eine Potenz von p ist. Dieser zyklische Körper l^h-ten Grades werde mit P_h bezeichnet. Die Körper U_h, Z_h, P_h sind sämtlich Kreiskörper.

Wir beweisen nun der Reihe nach folgende Hilfssätze über zyklische Körper.

Satz 1. Wenn ein beliebiger zyklischer Körper L_h, dessen Grad l^h die Potenz einer geraden oder ungeraden Primzahl l ist, keinen der beiden Körper U_1 oder Z_1 als Unterkörper enthält, so gibt es in dem durch die Zahl $\Theta = e^{\frac{2i\pi}{l^h}}$ bestimmten Körper $k(\Theta)$ stets eine ganze algebraische Zahl $\varkappa$ von der Art, daß der aus $k(\Theta)$ und L_h zusammengesetzte Körper $k(\Theta, L_h)$ durch die Zahlen Θ und $\sqrt[l^h]{\varkappa}$ bestimmt ist. Die Zahl $\varkappa$ besitzt obenein die Eigenschaft, daß $\varkappa^{t-r}$ die l^h-te Potenz einer Zahl in $k(\Theta)$ wird; dabei bedeutet r eine beliebige, nicht durch l teilbare ganze rationale Zahl, ferner $t = (\Theta : \Theta^r)$ die zugehörige Substitution der Gruppe des Kreiskörpers $k(\Theta)$ und endlich ist symbolisch $t\varkappa = \varkappa^t$, d. h. $\frac{t\varkappa}{\varkappa^r} = \varkappa^{t-r}$ gesetzt.

Beweis. Ist α eine den Körper L_h bestimmende ganze algebraische Zahl und sind $1, s, s^2, \ldots, s^{l^h-1}$ die Substitutionen der Gruppe von L_h, so setze man

$$K = \alpha + \Theta \cdot s\alpha + \Theta^2 \cdot s^2\alpha + \cdots + \Theta^{l^h-1} \cdot s^{l^h-1}\alpha.$$

Aus $sK = \Theta^{-1}K$ folgt leicht, daß die beiden Zahlen K^{l^h} und K^{t-r} Zahlen des Körpers $k(\Theta)$ sind. Die Zahl $\varkappa = K^{l^h}$ ist daher von der verlangten Beschaffenheit. Daß der durch Θ und $\sqrt[l^h]{\varkappa}$ bestimmte Körper mit dem durch Θ und α bestimmten Körper identisch ist, folgt leicht aus der Gleichheit ihrer Grade, da der letztere Körper den ersteren enthält.

Satz 2. Wenn ein beliebiger zyklischer Körper L_h, dessen Grad u^h die Potenz einer ungeraden Primzahl ist, den Körper U_{h-1} als Unterkörper enthält, so enthält der aus $\vartheta = e^{\frac{2i\pi}{u}}$ und aus L_h zusammengesetzte Körper $k(\vartheta, L_h)$ notwendig den durch $\Theta = e^{\frac{2i\pi}{u^h}}$ bestimmten Körper $k(\Theta)$ als Unterkörper. Es gibt nun in diesem Körper $k(\Theta)$ stets eine ganze algebraische Zahl $\varkappa$ derart, daß der Körper $k(\vartheta, L_h)$ auch durch die Zahlen ϑ und $\sqrt[u]{\varkappa}$

bestimmt ist. Bezeichnet ferner r eine Primitivzahl nach u^h und wird $t = (\Theta : \Theta^r)$ gesetzt, so besitzt die Zahl $\varkappa$ obenein die Eigenschaft, daß $\varkappa^{t-r}$ die u-te Potenz einer Zahl des Körpers $k(\Theta)$ wird.

Beweis. Ist α eine den Körper L_h bestimmende, ganze algebraische Zahl und sind $1, s, s^2, \ldots, s^{u^h-1}$ die Substitutionen der Gruppe von L_h, so setze man $S = s^{u^{h-1}}$ und

$$K = \alpha + \vartheta \cdot S\alpha + \vartheta^2 \cdot S^2\alpha + \cdots + \vartheta^{u-1} \cdot S^{u-1}\alpha.$$

Der Körper $k(\vartheta, L_h)$ enthält offenbar den Körper $k(\Theta)$ als Unterkörper, und zwar sind die Zahlen dieses Unterkörpers $k(\Theta)$ dadurch charakterisiert, daß sie bei der Substitution S ungeändert bleiben. Wegen $SK = \vartheta^{-1}K$ ist somit K^u eine Zahl in $k(\Theta)$. Es sei nun t' eine solche Substitution der Gruppe des Körpers $k(\vartheta, L_h)$, daß $t'\Theta = \Theta^r$ wird; dann ist $St'K = t'SK = \vartheta^{-r}t'K$; da mithin der Ausdruck $K^{t'-r}$ bei der Substitution S ungeändert bleibt, so ist $K^{t'-r}$ eine Zahl in $k(\Theta)$ und folglich wird $K^{u(t'-r)} = \varkappa^{t-r}$ die u-te Potenz einer solchen Zahl. Der Kürze halber ist hier wiederum von der symbolischen Schreibweise $t'K = K^{t'}$ Gebrauch gemacht.

Satz 3. Wenn L_h ein beliebiger zyklischer Körper ist, dessen Grad l^h die Potenz einer beliebigen geraden oder ungeraden Primzahl ist, so kann man stets einen zyklischen Körper M_h vom Grade $l^{h'}$, wo $h' \leqq h$ ist, und mit folgenden beiden Eigenschaften finden. Erstens: der aus M_h und einem gewissen Kreiskörper K zusammengesetzte Körper enthält L_h als Unterkörper und zweitens: in der Diskriminante von M_h geht keine rationale Primzahl p mit der Kongruenzeigenschaft $p \equiv 1$ nach l^h auf.

Beweis. Ist p eine rationale Primzahl, welche die Kongruenzeigenschaft $p \equiv 1$ nach l^h besitzt und welche in der Diskriminante des Körpers L_h aufgeht, so konstruiere man den zyklischen Kreiskörper P_h vom Grade l^h, dessen Diskriminante eine Potenz von p ist, und betrachte den aus L_h und P_h zusammengesetzten Körper $k(L_h, P_h)$ vom $l^{h+h'}$-ten Grade. In P_h ist $p = \mathfrak{p}^{l^h}$, wo $\mathfrak{p}$ ein Primideal in P_h bedeutet. Es sei $\mathfrak{P}$ ein in $\mathfrak{p}$ aufgehendes Primideal des Körpers $k(L_h, P_h)$. Da das Primideal $\mathfrak{P}$ in der Gradzahl $l^{h+h'}$ des Körpers $k(L_h, P_h)$ nicht aufgeht, so ist dieser Körper $k(L_h, P_h)$ als Verzweigungskörper des Primideals $\mathfrak{P}$ relativ zyklisch, und zwar mindestens vom Relativgrade l^h in bezug auf den Trägheitskörper L'_h des Primideals $\mathfrak{P}$. Da ferner zyklische Körper von höherem als dem l^h-ten Grade in $k(L_h, P_h)$ nicht vorkommen, so hat $k(L_h, P_h)$ genau den Relativgrad l^h in bezug auf L'_h. Hieraus folgt, daß der Trägheitskörper L'_h vom Grade $l^{h'}$ ist; dieser Körper L'_h ist überdies zyklisch, da sonst, wie die Lehre von den Abelschen Gruppen zeigt, der Körper $k(L_h, P_h)$ nicht relativ zyklisch in bezug auf L'_h sein könnte. Das Grundideal des Trägheitskörpers L'_h ist nicht durch $\mathfrak{P}$ und daher auch die Diskriminante von L'_h nicht durch p teilbar; diese Diskriminante enthält daher nur solche Primteiler, welche in der Diskriminante des Körpers L_h aufgehen und verschieden von p sind. Es handelt sich nun darum, ob in der Diskriminante von L'_h noch eine Primzahl q mit der Kongruenzeigenschaft $q \equiv 1$ nach l^h enthalten ist. In diesem Falle wenden wir das nämliche Verfahren auf den Körper L'_h an und gelangen so zu einem zyklischen Körper L''_h vom $l^{h''}$-ten Grade, welcher folgende Eigenschaften besitzt: der aus L''_h und einem gewissen zyklischen Kreiskörper Q_h zusammengesetzte Körper enthält L'_h als Unterkörper, und die Diskriminante des Körpers L''_h enthält nur solche Primzahlen, welche in der Diskriminante des Körpers L_h aufgehen und von p und q verschieden sind. Die wiederholte Anwendung des Verfahrens führt schließlich auf einen Körper M_h von der im Satze verlangten Beschaffenheit.

Satz 4. Wenn L_h ein zyklischer Körper ist, dessen Grad l^h die Potenz einer beliebigen geraden oder ungeraden Primzahl l ist und wenn L_1 den Unterkörper l-ten Grades von L_h bezeichnet, so besitzen sämtliche von l verschiedenen Primteiler p der Diskriminante von L_1 die Kongruenzeigenschaft $p \equiv 1$ nach l^h.

Beweis. Zunächst betrachten wir den Fall, daß l eine ungerade Primzahl und $h=1$ ist. Es sei dann im Gegensatz zu unserer Behauptung p eine rationale in der Diskriminante von L_1 aufgehende Primzahl, welche $\not\equiv 1$ nach l ist. Ferner bezeichne $k(\vartheta)$ den durch $\vartheta = e^{\frac{2i\pi}{l}}$ bestimmten Körper, und es sei in $t = (\vartheta : \vartheta^r)$ r eine Primitivzahl nach l. Ist $\mathfrak{p}$ ein idealer Primfaktor von p in $k(\vartheta)$, so ist das Primideal $\mathfrak{p}$ wegen $p \not\equiv 1$ nach l, wie die Theorie des Kreiskörpers $k(\vartheta)$ lehrt, zugleich ein Primideal in einem Unterkörper von $k(\vartheta)$, und es gibt mithin eine Potenz t^m der Substitution t, deren Exponent $m < l-1$ ist und für welche dennoch $t^m \mathfrak{p} = \mathfrak{p}$ oder $\mathfrak{p}^{t^m - 1} = 1$ wird. Desgleichen gelten auch für die zu $\mathfrak{p}$ konjugierten Primideale $\mathfrak{p}', \mathfrak{p}'', \ldots$ die entsprechenden Gleichungen $\mathfrak{p}'^{t^m-1} = 1, \mathfrak{p}''^{t^m-1} = 1, \ldots$. Nach Satz 1 gibt es eine ganze Zahl $\varkappa$ in $k(\vartheta)$, so daß die beiden Zahlen ϑ und $\sqrt[l]{\varkappa}$ den aus $k(\vartheta)$ und L_1 zusammengesetzten Körper $k(\vartheta, L_1)$ bestimmen und für welche obenein $\varkappa^{t-r}$ gleich der l-ten Potenz einer Zahl in $k(\vartheta)$ wird. Da $t-r$ und t^m-1 zwei ganze ganzzahlige Funktionen von t sind, welche im Sinne der Kongruenz nach l keinen gemeinsamen Faktor haben, so gibt es 3 ganze ganzzahlige Funktionen $\varphi(t)$, $\psi(t)$, $\chi(t)$ der Veränderlichen t, so daß

$$1 = (t^m - 1)\,\varphi(t) + (t - r)\,\psi(t) + l\,\chi(t)$$

ist und hieraus folgt

$$\varkappa = \varkappa^{(t^m-1)\varphi(t) + (t-r)\psi(t) + l\chi(t)} = \varkappa^{(t^m-1)\varphi(t)}\alpha^l,$$

wo α eine Zahl in $k(\vartheta)$ ist. Wegen der vorhin bewiesenen Gleichung für die Primideale $\mathfrak{p}, \mathfrak{p}', \mathfrak{p}'', \ldots$ ist $\varkappa^{t^m-1}$ eine ganze oder gebrochene Zahl, deren

Zähler und Nenner keinen der Primfaktoren $\mathfrak{p}, \mathfrak{p}', \mathfrak{p}'', \ldots$ enthalten und daher zu p prim sind; das gleiche gilt somit von der Zahl $\varkappa^{(t^m-1)\varphi(t)}$. Wir setzen $\varkappa^{(t^m-1)\varphi(t)} = \frac{\varrho}{a^l}$, wo ϱ eine ganze algebraische zu p prime Zahl und a eine ganze rationale Zahl bedeutet. Der Körper $k(\vartheta, L_1)$ wird mithin auch durch die beiden Zahlen ϑ und $\sqrt[l]{\varrho}$ bestimmt. Die Partialdiskriminante der Zahl $\sqrt[l]{\varrho}$ ist in bezug auf $k(\vartheta) = \pm l^l \varrho^{l-1}$, und da ϱ zu p prim ist, so ist mithin die Partialdiskriminante von $k(\vartheta, L_1)$ in bezug auf $k(\vartheta)$ prim zu p. Da andrerseits die Diskriminante von $k(\vartheta)$ nicht durch p teilbar ist, so ist auch die Diskriminante von $k(\vartheta, L_1)$ und folglich auch die Diskriminante des Körpers L_1 prim zu p, was unserer Annahme widerspricht.

In ähnlicher Weise schließen wir die Richtigkeit unseres Satzes bei ungeradem l, wenn der Exponent h beliebig angenommen wird. Wir setzen unter Beibehaltung der in Satz 1 angewandten Bezeichnungsweise $\Theta = e^{\frac{2i\pi}{l^h}}$ und $t = (\Theta : \Theta^r)$, wo r eine Primitivzahl nach l^h bedeuten möge. Es sei $\mathfrak{p}$ ein idealer Primfaktor der in der Diskriminante von L_1 aufgehenden Primzahl p in $k(\Theta)$. Nehmen wir $p \not\equiv 1$ nach l^h an, so liegt, wie die Theorie des Kreiskörpers $k(\Theta)$ lehrt, das Primideal $\mathfrak{p}$ jedenfalls auch in dem Unterkörper $k(\Theta^l)$, d. h. es ist $\mathfrak{p}^{t l^{h-2}(l-1)} = \mathfrak{p}$ und ebenso gelten für die zu $\mathfrak{p}$ in $k(\Theta)$ konjugierten Primideale $\mathfrak{p}', \ldots$ die Gleichungen $\mathfrak{p}'^{t l^{h-2}(l-1)-1} = 1, \ldots$. Da r Primitivzahl nach l^h ist, so wird $r^{l^{h-2}(l-1)} \not\equiv 1$ nach l^h und mithin lassen sich 3 ganze ganzzahlige Funktionen $\varphi(t)$, $\psi(t)$, $\chi(t)$ der Variablen t derart bestimmen, daß

$$l^{h-1} = (t^{l^{h-2}(l-1)} - 1)\,\varphi(t) + (t - r)\,\psi(t) + l^h\,\chi(t)$$

ist; hieraus folgt insbesondere, wenn $\varkappa$ die in Satz 1 bestimmte Zahl bedeutet

$$\varkappa^{l^{h-1}} = \varkappa^{(t^{l^{h-2}(l-1)} - 1)\,\varphi(t)}\,\alpha^{l^h},$$

wo α eine Zahl in $k(\Theta)$ bedeutet. Wegen der vorhin bewiesenen Eigenschaft der Primideale $\mathfrak{p}, \mathfrak{p}', \ldots$ ist $\varkappa^{t l^{h-2}(l-1)-1}$ und folglich auch $\varkappa^{(t^{l^{h-2}(l-1)}-1)\varphi(t)}$ eine Zahl, deren Zähler und Nenner zu p prim ausfallen. Wir können daher die letztere Zahl $= \frac{\varrho}{a^{l^h}}$ setzen, wo ϱ eine ganze algebraische zu p prime Zahl und a eine ganze rationale Zahl bedeutet. Es ist folglich $\sqrt[l]{\varkappa} = \frac{\alpha}{a}\sqrt[l^h]{\varrho}$, und daraus ergibt sich $\varrho = \sigma^{l^{h-1}}$, wo σ ebenfalls in $k(\Theta)$ liegt. Da der durch Θ und $\sqrt[l]{\varkappa}$ bestimmte Körper mit demjenigen Körper identisch ist, welcher durch Zusammensetzung aus $k(\Theta)$ und L_1 entsteht, und da die Partialdiskriminante der Zahl $\sqrt[l]{\sigma}$ in bezug auf $k(\Theta)$ den zu p primen Wert $\pm l^l \sigma^{l-1}$ besitzt, so ist die Partialdiskriminante des Körpers $k(\Theta, L_1)$ in bezug auf $k(\Theta)$ prim zu p. Andererseits ist die Diskriminante von $k(\Theta)$ ebenfalls nicht durch p teilbar, und folglich gilt das gleiche auch von den Diskriminanten des Körpers $k(\Theta, L_1)$ und des Körpers L_1. Der letztere Umstand widerspricht unserer Annahme.

Um die Richtigkeit des Satzes 4 für $l=2$ zu erkennen, machen wir zunächst die Annahme $h=2$ und wenden dann auf den zyklischen Körper L_2 vom 4-ten Grade den Satz 1 an. Gemäß der dort gebrauchten Bezeichnungsweise setzen wir $\Theta = e^{\frac{i\pi}{2}} = i$ und wählen $r=3$. Dann ist $t=(i:-i)$. Es sei L_1 der quadratische Unterkörper von L_2 und p eine in der Diskriminante von L_1 aufgehende Primzahl, welche $\not\equiv 1$ nach 4 ist. Infolgedessen ist p in $k(i)$ unzerlegbar. Ist nun die durch Satz 1 in unserem Falle bestimmte Zahl $\varkappa$ durch p teilbar, so bilde man die Zahl $\varrho = \varkappa^{t-1}$. Da nach Satz 1 andererseits $\varkappa^{t-3} = \alpha^4$ sein soll, wo α in $k(i)$ liegt, so folgt $\varkappa^2 = \varrho\alpha^{-4}$, d. h. $\sqrt{\varkappa} = \alpha^{-1}\sqrt[4]{\varrho}$. Infolgedessen ist ϱ das Quadrat einer Zahl in $k(i)$; wir setzen $\varrho = \frac{\tau^2}{a^4}$, wo τ eine ganze algebraische zu p prime Zahl und a eine ganze rationale Zahl bedeutet. Da der Körper $k(i, L_1)$ mit dem Körper $k(i, \sqrt{\tau})$ übereinstimmt und da andererseits die Partialdiskriminante der Zahl $\sqrt{\tau}$ in bezug auf $k(i)$ zu p prim ist, so ist auch die Partialdiskriminante des Körpers $k(i, L_1)$ in bezug auf $k(i)$ prim zu p, und hieraus folgt, wie vorhin, daß die Diskriminante von L_1 nicht durch p teilbar sein kann.

Ist im Falle $l=2$ der Exponent $h>2$, so setzen wir $\Theta = e^{\frac{i\pi}{2^{h-1}}}$. Wäre dann die in der Diskriminante von L_1 aufgehende Primzahl $p\equiv 1$ nach 4 und $\not\equiv 1$ nach 2^h und ist $\mathfrak{p}$ ein idealer Primfaktor von p in $k(\Theta)$, so bleibt $\mathfrak{p}$ ungeändert bei der Substitution $t^{2^{h-3}}$, wo t entweder $=(\Theta:\Theta^5)$ oder $=(\Theta:\Theta^{-5})$ ist; folglich wird $\mathfrak{p}^{t^{2^{h-3}}-1}=1$. Wegen $5^{2^{h-3}}\not\equiv 1$ nach 2^h gilt eine Gleichung von der Gestalt

$$2^{h-1} = (t^{2^{h-3}}-1)\,\varphi(t) + (t-5)\,\psi(t) + 2^h\chi(t)$$

und aus dieser schließen wir, wie vorhin bei ungeradem l, auf einen Widerspruch mit der Annahme, wonach p in der Diskriminante von L_1 aufgeht.

Satz 5. Wenn die Diskriminante eines zyklischen Körpers L_1 von dem ungeraden Primzahlgrade u gleich einer positiven Potenz von u ist, so stimmt der Körper L_1 mit dem Körper U_1 überein. Wenn ferner ein zyklischer Körper L_h, dessen Grad u^h eine höhere als die erste Potenz der ungeraden Primzahl u ist, den Kreiskörper U_{h-1} als Unterkörper enthält, so stimmt der Körper L_h mit dem Körper U_h überein.

Beweis. Wir benutzen die in Satz 2 erklärte Bezeichnungsweise und setzen überdies $\lambda = 1-\Theta$; es ist dann $\mathfrak{l}=(\lambda)$ ein Primideal in $k(\Theta)$ und es wird im Sinne der Idealtheorie

$$(1-\vartheta) = \mathfrak{l}^{u^{h-1}}, \quad (u) = (1-\vartheta)^{u-1} = \mathfrak{l}^{u^{h-1}(u-1)};$$

endlich gilt die Kongruenz

$$t\lambda = 1-\Theta^r \equiv r\lambda, \qquad (\mathfrak{l}^2).$$

Wir betrachten nun die in Satz 2 konstruierte Zahl $\varkappa$. Da das Primideal $\mathfrak{l}$ in $k(\Theta)$ vom ersten Grade ist, so folgt, wenn $\varrho = \varkappa^{(t-1)(u-1)}$ gesetzt wird, für diese Zahl die Kongruenz $\varrho \equiv 1$ nach $\mathfrak{l}$. Wir setzen $\varrho \equiv 1 + a\lambda$ nach $\mathfrak{l}^2$, wo a eine ganze rationale Zahl bedeutet; dann ist $\sigma = \varrho\Theta^a \equiv 1$ nach $\mathfrak{l}^2$. Nunmehr führen wir den Nachweis dafür, daß im Körper $k(\Theta)$ eine Zahl α gefunden werden kann, so daß die Kongruenz $\sigma\alpha^u \equiv 1$ nach $(1-\vartheta)^u$ besteht. Zu dem Zwecke nehmen wir an, es sei e der größte Exponent von der Beschaffenheit, daß bei geeigneter Wahl der in $k(\Theta)$ liegenden Zahl α die Kongruenz $\sigma\alpha^u \equiv 1$ nach $\mathfrak{l}^e$ stattfindet und es sei unserer Behauptung entgegen $\mathfrak{l}^e$ nicht durch $(1-\vartheta)^u$ teilbar, d. h. es sei $e < u^h$; wir setzen demgemäß $\sigma\alpha^u \equiv 1 + a\lambda^e$ nach $\mathfrak{l}^{e+1}$, wo a eine nicht durch u teilbare ganze rationale Zahl bedeutet, und unterscheiden 2 Fälle, je nachdem e durch u teilbar ist oder nicht. Im ersten Falle gilt die Kongruenz

$$1 + a\lambda^e \equiv \left(1 + a\lambda^{\frac{e}{u}}\right)^u, \qquad (\mathfrak{l}^{e+1})$$

und mithin ist

$$\sigma\left\{\alpha\left(1 + a\lambda^{\frac{e}{u}}\right)^{-1}\right\}^u \equiv 1, \qquad (\mathfrak{l}^{e+1}).$$

Diese Kongruenz widerstreitet der Annahme, wonach e der größte Exponent dieser Art sein sollte. Im zweiten Falle berücksichtigen wir, daß nach Satz 2 $\varkappa^{t-r}$ und folglich auch σ^{t-r} die u-te Potenz einer Zahl in $k(\Theta)$ ist; wir setzen etwa $(\sigma\alpha^u)^{t-r} = \beta^u$, wo β eine Zahl des Körpers $k(\Theta)$ ist. Dieser Umstand liefert die Kongruenz $1 + a(r\lambda)^e - ar\lambda^e \equiv \beta^u$ nach $\mathfrak{l}^{e+1}$. Da $e < u^h$ und nicht durch u teilbar ist, so würde hieraus $ar^e \equiv ar$ nach $\mathfrak{l}$ folgen, was ebenfalls unmöglich ist, da r Primitivzahl nach u sein soll. Diese Betrachtung lehrt also $e \geqq u^h$, womit unsere Behauptung bewiesen ist.

Wir setzen nun $\sigma\alpha^u = \frac{\tau}{a^{u(u-1)}}$, wo τ eine ganze algebraischeZahl mit der Kongruenzeigenschaft $\tau \equiv 1$ nach $(1-\vartheta)^u$ ist und a eine ganze rationale Zahl bedeutet. Nehmen wir dann an, der Körper L_h sei von dem Körper U_h verschieden, so wäre der aus $k(\Theta)$, U_h und L_h zusammengesetzte Körper $k(\sqrt[u]{\Theta}, \sqrt[u]{\tau})$ vom Grade $u^{h+1}(u-1)$. Es ist andererseits $\frac{1-\sqrt[u]{\tau}}{1-\vartheta}$ gleich einer ganzen Zahl des Körpers $k(\sqrt[u]{\Theta}, \sqrt[u]{\tau})$ und die Partialdiskriminante dieser Zahl in bezug auf $k(\sqrt[u]{\Theta})$ ist gleich $\varepsilon\tau^{u-1}$, wo ε eine Einheit ist. Da τ zu u prim ist, so ist mithin die Partialdiskriminante des Körpers $k(\sqrt[u]{\Theta}, \sqrt[u]{\tau})$ in bezug auf den Körper $k(\sqrt[u]{\Theta})$ ebenfalls prim zu u. Bezeichnen wir daher mit $\mathfrak{L}$ einen idealen Primfaktor von $\mathfrak{l}$ im Körper $k(\sqrt[u]{\Theta}, \sqrt[u]{\tau})$, so besitzt $\mathfrak{L}$ in diesem Körper einen Trägheitskörper T, welcher mindestens den Grad u hat. Die Diskriminante dieses Trägheitskörpers T ist prim zu u.

Nehmen wir zunächst $h=1$, so wäre der genannte Trägheitskörper $T=L_1$; dies ist nicht möglich, weil nach Voraussetzung die Diskriminante des Körpers L_1 eine positive Potenz von u ist. Der Beweis für den ersten Teil unseres Satzes ist hierdurch erbracht. Nehmen wir $h>1$ an, so müßte jener Trägheitskörper T des Ideals $\mathfrak{L}$ entweder $=U_1$ sein oder den Körper U_1 als Unterkörper enthalten. Beides ist nicht möglich, da die Diskriminante von U_1 eine Potenz von u ist und dieser Widerspruch lehrt die Richtigkeit des zweiten Teiles unseres Satzes 5.

Satz 6. Wenn ein reeller zyklischer Körper L_h vom Grade 2^h den Körper Z_{h-1} als Unterkörper enthält, so stimmt L_h mit Z_h überein.

Beweis. Der Körper Z_{h-1} wird durch die Zahl

$$\lambda = e^{\frac{i\pi}{2^h}} + e^{-\frac{i\pi}{2^h}}$$

und der Körper Z_h durch die Zahl

$$\mu = e^{\frac{i\pi}{2^{h+1}}} + e^{-\frac{i\pi}{2^{h+1}}}$$

bestimmt. Es ist $\mu^2=\lambda+2$, d. h. $\mu=\sqrt{\lambda+2}$. Im Sinne der Idealtheorie gilt ferner die Gleichung $(2)=\mathfrak{l}^{2^{h-1}}$, wo $\mathfrak{l}=(\lambda)$ ein Primideal in Z_{h-1} bedeutet. Der Körper L_h ist jedenfalls durch die Zahl λ und eine Zahl von der Form $\sqrt{\varkappa}$ bestimmt, wo $\varkappa$ eine ganze Zahl in Z_{h-1} bedeutet. Wäre nun der Körper L_h von Z_h verschieden und nehmen wir an, es sei $\varkappa$ durch $\mathfrak{l}^m$, aber nicht durch $\mathfrak{l}^{m+1}$ teilbar, so setze man $\varrho=\frac{\varkappa(\lambda+2)^m}{\lambda^{2m}}$; die beiden Zahlen λ und $\sqrt{\varrho}=\frac{\mu^m}{\lambda^m}\sqrt{\varkappa}$ definieren dann wiederum einen reellen zyklischen Körper L'_h vom 2^h-ten Grade und ϱ bedeutet eine ganze, nicht durch $\mathfrak{l}$ teilbare Zahl. Wir wollen zeigen, daß dieses unmöglich ist.

Zu dem Zwecke setzen wir $\Theta=e^{\frac{i\pi}{2^h}}$ und $t=(\Theta:\Theta^5)$. Da die Zahl $\sqrt{t\varrho}$ mit der Zahl λ zusammen ebenfalls den Körper L'_h definieren muß, so folgt $\sqrt{t\varrho}=\alpha\sqrt{\varrho}$, wo α in Z_{h-1} liegt, d. h. es ist $\varrho\cdot t\varrho$ das Quadrat einer Zahl in Z_{h-1}. Nunmehr führen wir den Nachweis dafür, daß im Körper Z_{h-1} eine Zahl α gefunden werden kann, welche der Kongruenz $\varrho\alpha^2\equiv 1$ nach $\mathfrak{l}^{2^h-1}$ genügt. Zu dem Zwecke nehmen wir an, es sei e der größte Exponent von der Beschaffenheit, daß bei geeigneter Wahl der in Z_{h-1} liegenden Zahl α die Kongruenz $\varrho\alpha^2\equiv 1$ nach $\mathfrak{l}^e$ stattfindet und es sei im Gegensatz zu unserer Behauptung $e<2^h-1$; wir setzen demgemäß $\varrho\alpha^2\equiv 1+\lambda^e$ nach $\mathfrak{l}^{e+1}$ und unterscheiden dann 2 Fälle, je nachdem e gerade oder ungerade ausfällt. Im ersteren Falle berücksichtigen wir die Kongruenz $\varrho\alpha^2\left(1+\lambda^{\frac{e}{2}}\right)^2\equiv 1$ nach $\mathfrak{l}^{e+1}$; dieselbe würde zeigen, daß e nicht der höchste Exponent von der verlangten Art wäre. Im zweiten Falle setzen wir $\varrho\alpha^2\equiv 1+\lambda^e+a\lambda^{e+1}$ nach $\mathfrak{l}^{e+2}$, wo a den Wert

0 oder 1 hat. Ist $a=1$, so berücksichtigen wir, daß für $e<2^h-1$ die Kongruenz $1+\lambda^{e+1}\equiv\left(1+\lambda^{\frac{e+1}{2}}\right)^2$ nach $\mathfrak{l}^{e+2}$ gilt. Setzen wir daher $\sigma=\varrho\alpha^2\left(1+\lambda^{\frac{e+1}{2}}\right)^{2a}$, so wird $\sigma\equiv1+\lambda^e+b\lambda^{e+2}$ nach $\mathfrak{l}^{e+3}$, wo b den Wert 0 oder 1 hat. Wegen $t\lambda\equiv\lambda+\lambda^3$ nach $\mathfrak{l}^4$ folgt:

$$t\sigma\equiv1+(\lambda+\lambda^3)^e+b\lambda^{e+2}\equiv1+\lambda^e+(b+1)\lambda^{e+2},\qquad (\mathfrak{l}^{e+3})$$

d. h. für $e=1$, bezüglich für $e\geqq3$:

$$\sigma\cdot t\sigma\equiv(1+\lambda)\,(1+\lambda+\lambda^3)\quad\equiv1+\lambda^2+\lambda^3,\qquad(\mathfrak{l}^4)$$

$$\sigma\cdot t\sigma\equiv(1+\lambda^e)\,(1+\lambda^e+\lambda^{e+2})\equiv1+\lambda^{e+2},\qquad(\mathfrak{l}^{e+3}).$$

Die rechte Seite der ersteren Kongruenz kann nicht $\equiv\alpha^2$ nach $\mathfrak{l}^4$ sein; soll die rechte Seite der zweiten Kongruenz $\equiv\alpha^2$ nach $\mathfrak{l}^{e+3}$ sein, so muß $e+2\geqq2^h+1$ werden, da 2^h+1, wie leicht ersichtlich, der kleinste unter allen ungeraden Exponenten f ist derart, daß $1+\lambda^f\equiv\alpha^2$ nach $\mathfrak{l}^{f+1}$ werden kann. Wegen $e\geqq2^h-1$ ist unsere obige Behauptung bewiesen.

Wir setzen $\sigma=\varrho\alpha^2\equiv1+a\lambda^{2^h-1}$ nach $\mathfrak{l}^{2^h}$, wo a den Wert 0 oder 1 hat. Es genügt folglich, wenn $\tau=(-1)^a\sigma$ gesetzt wird, die Zahl τ, gegebenenfalls nach Multiplikation mit dem Quadrat einer geeigneten Zahl aus Z_{h-1}, der Kongruenz $\tau\equiv1$ nach 4. Die Zahlen λ und $\sqrt{\tau}$ definieren stets einen zyklischen Körper L_h'' vom Grade 2^h. Denn im Falle $a=0$ stimmt $L_h''=k(\lambda,\sqrt{\tau})$ mit L_h' überein und im Falle $a=1$ enthält der Körper L_h'', da er imaginär ist, sicher noch andere Zahlen, als in Z_{h-1} vorhanden sind. Da $\frac{1-\sqrt{\tau}}{2}$ eine ganze Zahl ist, deren Partialdiskriminante in bezug auf Z_{h-1} zu 2 prim ausfällt, so ist die Partialdiskriminante des Körpers L_h'' in bezug auf Z_{h-1} prim zu 2. Es ist daher die Zahl 2 im Körper L_h'' nicht gleich der 2^h-ten Potenz eines Primideals. Bezeichnet $\mathfrak{L}$ ein in $\mathfrak{l}$ enthaltenes Primideal des Körpers L_h'', so muß der Trägheitskörper von $\mathfrak{L}$ in L_h'' den zweiten Grad besitzen; dieser Trägheitskörper müßte daher gleich Z_1 sein, was nicht möglich ist, da die Diskriminante von Z_1 eine Potenz von 2 ist. Damit ist unsere ursprüngliche Annahme widerlegt, d. h. es ist bewiesen, daß die beiden Körper L_h und Z_h miteinander identisch sind.

Wir beweisen nunmehr den Kroneckerschen Fundamentalsatz in folgender Art. Zunächst ist leicht aus der Theorie der Abelschen Gruppen ersichtlich, daß ein jeder Abelsche Körper sich aus zyklischen Körpern L_h zusammensetzen läßt, deren Grade die Potenzen l^h einer Primzahl l sind; es ist daher nur nötig, zu zeigen, daß ein jeder solcher zyklische Körper L_h ein Kreiskörper ist. Infolge des Satzes 3 wird dieser Nachweis auf den Fall zurückgeführt, in welchem die Diskriminante des vorgelegten zyklischen Körpers L_h keine Primzahlen p mit der Kongruenzeigenschaft $p\equiv1$ nach l^h enthält. Ist L_h ein zyklischer Körper dieser Art, so besitzt die Diskriminante des in L_h

enthaltenen Unterkörpers L_1 vom l-ten Grade ebenfalls keine Primteiler p mit der Kongruenzeigenschaft $p \equiv 1$ nach l^h. Wenden wir nun den Satz 4 an und berücksichtigen, daß nach einem von MINKOWSKI[1] bewiesenen Satze jede Diskriminante Primzahlen als Faktoren enthalten muß, so folgt, daß die Diskriminante des Körpers L_1 notwendig eine positive Potenz von l ist.

Wir unterscheiden beim weiteren Beweise 2 Fälle, je nachdem $l = u$ eine ungerade Primzahl oder $l = 2$ ist. Im ersteren Falle ist nach Satz 5 der Körper $L_1 = U_1$. Bezeichnen wir ferner die in L_h enthaltenen Unterkörper l^2-ten, l^3-ten, ..., l^{h-1}-ten Grades bezüglich mit $L_2, L_3, \ldots, L_{h-1}$, so schließen wir aus eben demselben Satze 5 der Reihe nach $L_2 = U_2$, $L_3 = U_3, \ldots, L_h = U_h$ und folglich ist L_h ein Kreiskörper. Im zweiten Falle bilden wir zunächst den aus dem imaginären quadratischen Körper $k(i)$ und aus L_h zusammengesetzten Körper $M_{h'} = k(i, L_h)$; derselbe ist vom 2^h-ten oder 2^{h+1}-ten Grade, je nachdem L_h imaginär oder reell ausfällt. Der größte reelle Unterkörper dieses Körpers $M_{h'}$ ist vom $2^{h'}$-ten Grade, wo $h' = h - 1$ oder gleich h ist; derselbe ist notwendig ein zyklischer Körper. Der in $M_{h'}$ enthaltene quadratische Unterkörper M_1 ist ebenfalls reell und stimmt, da seine Diskriminante eine Potenz von 2 ist, mit $Z_1 = k(\sqrt{2})$ überein. Bezeichnen wir nun die in M_h enthaltenen Unterkörper 2^2-ten, 2^3-ten, ... Grades bezüglich mit $M_2, M_3, \ldots$, so folgt nach Satz 6 der Reihe nach $M_2 = Z_2$, $M_3 = Z_3, \ldots, M_{h'} = Z_{h'}$ und folglich ist $M_{h'}$ ebenfalls ein Kreiskörper. Damit ist der Fundamentalsatz vollständig bewiesen und zugleich ist ersichtlich, in welcher Weise man alle Abelschen Körper von gegebener Gruppe und Diskriminante aufstellen kann.

Göttingen, den 25. Januar 1896.

---

[1] J. Math. **107**, 295 (1891).

7. Die Theorie der algebraischen Zahlkörper.

[Jahresbericht der Deutschen Mathematiker-Vereinigung Bd. 4, S. 175—546 (1897).]

Vorwort.

Die Zahlentheorie gehört zu den ältesten Zweigen mathematischen Wissens, und es wurde der menschliche Geist sogar auf tief liegende Eigenschaften der natürlichen Zahlen frühzeitig aufmerksam. Doch als selbständige und systematische Wissenschaft ist sie durchaus ein Werk der neueren Zeit.

An der Zahlentheorie werden von jeher die Einfachheit ihrer Grundlagen, die Genauigkeit ihrer Begriffe und die Reinheit ihrer Wahrheiten gerühmt; ihr kommen diese Eigenschaften von Hause aus zu, während andere mathematische Wissenszweige erst eine mehr oder minder lange Entwicklung haben durchmachen müssen, bis die Forderungen der Sicherheit in den Begriffen und der Strenge in den Beweisen überall erfüllt worden sind.

Es nimmt uns daher die hohe Begeisterung nicht wunder, von der zu allen Zeiten die Jünger dieser Wissenschaft beseelt gewesen sind. „Fast alle Mathematiker, die sich mit der Zahlentheorie beschäftigen", so sagt LEGENDRE, indem er EULERS Liebe zur Zahlentheorie schildert, „geben sich ihr mit einer gewissen Leidenschaft hin". Weiter erinnern wir uns, welche Verehrung unser Meister GAUSS für die arithmetische Wissenschaft empfand, wie, als ihm zuerst der Beweis einer ausgezeichneten arithmetischen Wahrheit nach Wunsch gelungen war, „ihn die Reize dieser Untersuchungen so umstrickten, daß er sie nicht mehr lassen konnte", und wie er FERMAT, EULER, LAGRANGE und LEGENDRE als „Männer von unvergleichlichem Ruhme" preist, weil sie „den Zugang zu dem Heiligtume dieser göttlichen Wissenschaft erschlossen und gezeigt haben, von wie großen Reichtümern es erfüllt ist".

Eine besondere Eigentümlichkeit der Zahlentheorie bildet die oft entgegentretende Schwierigkeit der Beweise einfacher und durch Induktion leicht entdeckter Wahrheiten. „Gerade dieses ist es", sagt GAUSS, „was der höheren Arithmetik jenen zauberischen Reiz gibt, der sie zur Lieblingswissenschaft der ersten Geometer gemacht hat, ihres unerschöpflichen Reichtums nicht zu gedenken, woran sie alle anderen Teile der Mathematik so weit übertrifft."

Bekannt ist auch LEJEUNE DIRICHLETS Vorliebe für die Arithmetik; KUMMERS wissenschaftliche Tätigkeit war weitaus in erster Linie der Zahlentheorie geweiht, und KRONECKER gab dem Empfinden seines mathematischen Herzens Ausdruck durch die Worte: „Die ganze Zahl schuf der liebe Gott, alles übrige ist Menschenwerk."

In Anbetracht der Schlichtheit ihrer Voraussetzungen ist sicher die Zahlentheorie *der* Wissenszweig der Mathematik, dessen Wahrheiten am leichtesten zu begreifen sind. Aber die arithmetischen Begriffe und Beweismethoden erfordern zu ihrer Auffassung und völligen Beherrschung einen hohen Grad von Abstraktionsfähigkeit des Verstandes, und dieser Umstand wird bisweilen als ein Vorwurf gegen die Arithmetik geltend gemacht. Ich bin der Meinung, daß alle die anderen Wissensgebiete der Mathematik wenigstens einen gleich hohen Grad von Abstraktionsfähigkeit des Verstandes verlangen — vorausgesetzt, daß man auch in diesen Gebieten die Grundlagen überall mit derjenigen Strenge und Vollständigkeit zur Untersuchung zieht, welche tatsächlich notwendig ist.

Was die *Stellung der Zahlentheorie* innerhalb der gesamten mathematischen Wissenschaft betrifft, so faßt GAUSS in der Vorrede zu den Disquisitiones arithmeticae die Zahlentheorie noch lediglich als eine Theorie der ganzen natürlichen Zahlen auf mit ausdrücklicher Ausschließung aller imaginären Zahlen. Dementsprechend rechnet er die Kreisteilung an und für sich nicht zur Zahlentheorie, fügt aber hinzu, daß „ihre Prinzipien einzig und allein aus der höheren Arithmetik geschöpft werden". Neben GAUSS geben auch JACOBI und LEJEUNE DIRICHLET wiederholt und nachdrücklich ihrer Verwunderung Ausdruck über den engen Zusammenhang zahlentheoretischer Fragen mit algebraischen Problemen, insbesondere mit dem Problem der Kreisteilung. Der innere Grund für diesen Zusammenhang ist heute völlig aufgedeckt. Die Theorie der algebraischen Zahlen und die Galoissche Gleichungstheorie haben nämlich in der allgemeinen *Theorie der algebraischen Körper* ihre gemeinsame Wurzel, und die Theorie der Zahlkörper insbesondere ist zugleich der wesentlichste Bestandteil der modernen Zahlentheorie geworden.

Das Verdienst, den ersten Keim für die Theorie der Zahlkörper gelegt zu haben, gebührt wiederum GAUSS. GAUSS erkannte die natürliche Quelle für die Gesetze der biquadratischen Reste in einer „Erweiterung des Feldes der Arithmetik", wie er sagt, nämlich in der Einführung der ganzen imaginären Zahlen von der Form $a + bi$; er stellte und löste das Problem, alle Sätze der gewöhnlichen Zahlentheorie, vor allem die Teilbarkeitseigenschaften und die Kongruenzbeziehungen, auf jene ganzen imaginären Zahlen zu übertragen. Durch die systematische und allgemeine Fortentwickelung dieses Gedankens, auf Grund der neuen weittragenden Ideen KUMMERS, gelangten später DEDEKIND und KRONECKER zu der heutigen Theorie des *algebraischen Zahlkörpers*.

Aber nicht nur mit der Algebra, sondern auch mit der *Funktionentheorie* steht die Zahlentheorie in innigster wechselseitiger Beziehung. Wir erinnern an die zahlreichen und merkwürdigen Analogien, welche zwischen gewissen Tatsachen aus der Theorie der Zahlkörper und aus der Theorie der algebraischen Funktionen einer Veränderlichen bestehen, ferner an die tiefsinnigen Untersuchungen von RIEMANN, durch welche die Beantwortung der Frage nach der Häufigkeit der Primzahlen von der Kenntnis der Nullstellen einer gewissen analytischen Funktion abhängig gemacht wird. Auch die Transzendenz der Zahlen e und π ist eine arithmetische Eigenschaft einer analytischen Funktion, nämlich der Exponentialfunktion. Endlich ruht die so wichtige und weittragende, von LEJEUNE DIRICHLET ersonnene Methode zur Bestimmung der Klassenanzahl eines Zahlkörpers auf analytischer Grundlage.

Am tiefsten aber berühren die periodischen Funktionen und gewisse Funktionen mit linearen Transformationen in sich das Wesen der Zahl: so ist die Exponentialfunktion $e^{2i\pi z}$ als die *Invariante* der ganzen rationalen Zahl aufzufassen, insofern sie die Grundlösung der Funktionalgleichung $f(z+1) = f(z)$ darstellt. Ferner hatte schon JACOBI den engen Zusammenhang zwischen der Theorie der elliptischen Funktionen und der Theorie der quadratischen Irrationalitäten empfunden; er gibt sogar der Vermutung Raum, daß bei GAUSS der oben erwähnte Gedanke der Einführung der ganzen imaginären Zahlen von der Form $a + bi$ nicht auf rein arithmetischem Boden erwachsen ist, sondern durch GAUSS' gleichzeitige Untersuchungen über die lemniskatischen Funktionen und deren komplexe Multiplikation mitbedingt wurde. Es sind die elliptische Funktion für geeignete Werte ihrer Perioden und die elliptische Modulfunktion jedesmal die *Invariante* der ganzen Zahl eines bestimmten imaginären quadratischen Zahlkörpers. Diese als *Invarianten* bezeichneten Funktionen vermögen für die bezüglichen Zahlkörper gewisse tiefliegende und schwierige Probleme zur Lösung zu bringen, und umgekehrt verdankt die Theorie der elliptischen Funktionen dieser arithmetischen Auffassung und Anwendung einen neuen Aufschwung.

So sehen wir, wie die Arithmetik, die „Königin" der mathematischen Wissenschaft, weite algebraische und funktionentheoretische Gebiete erobert und in ihnen die Führerrolle übernimmt. Daß dies aber nicht früher und nicht bereits in noch höherem Maße geschehen ist, scheint mir daran zu liegen, daß die Zahlentheorie erst in neuester Zeit in ihr reiferes Alter getreten ist. Sogar noch GAUSS klagt über die unverhältnismäßig großen Anstrengungen, die ihn die Bestimmung eines Wurzelzeichens in der Zahlentheorie gekostet: es habe ihn „manches andere wohl nicht so viel Tage aufgehalten, als dieses Jahre", und dann auf einmal, „wie der Blitz einschlägt", habe sich „das Rätsel gelöset". An Stelle eines solchen für das früheste Alter einer Wissenschaft charakteristischen, sprunghaften Fortschrittes ist heute durch den systematischen Aufbau der Theorie der Zahlkörper eine sichere und stetige Entwickelung getreten.

Es kommt endlich hinzu, daß, wenn ich nicht irre, überhaupt die moderne Entwickelung der reinen Mathematik vornehmlich *unter dem Zeichen der Zahl* geschieht: DEDEKINDS und WEIERSTRASS' Definitionen der arithmetischen Grundbegriffe und CANTORS allgemeine Zahlgebilde führen zu einer *Arithmetisierung der Funktionentheorie* und dienen zur Durchführung des Prinzips, daß auch in der Funktionentheorie eine Tatsache erst dann als bewiesen gilt, wenn sie in letzter Instanz auf Beziehungen für ganze rationale Zahlen zurückgeführt worden ist. Die *Arithmetisierung der Geometrie* vollzieht sich durch die modernen Untersuchungen über Nicht-Euklidische Geometrie, in denen es sich um einen streng logischen Aufbau derselben und um die möglichst direkte und völlig einwandfreie Einführung der Zahl in die Geometrie handelt.

Der *Zweck des vorliegenden Berichtes* ist es, die Tatsachen aus der Theorie der algebraischen Zahlkörper mit ihren Beweisgründen in logischer Entwickelung und nach einheitlichen Gesichtspunkten darzustellen und so mitzuwirken, daß der Zeitpunkt näher komme, wo die Errungenschaften unserer großen Klassiker der Zahlentheorie Gemeingut aller Mathematiker geworden sind. Historische Erörterungen oder gar Prioritätsuntersuchungen sind ganz vermieden worden. Um die Darstellung auf einem verhältnismäßig so kleinen Raum zu ermöglichen, habe ich mich bemüht, überall den ergiebigsten Quellen nachzuspüren, und ich gab, wenn eine Auswahl sich bot, allemal den schärferen und weiter tragenden Hilfsmitteln den Vorzug. Die Frage, welcher von mehreren Beweisen der einfachste und naturgemäßeste ist, läßt sich meist nicht an sich entscheiden, sondern erst die Erwägung, ob die dabei zugrunde gelegten Prinzipien der Verallgemeinerung fähig und zur Weiterforschung brauchbar sind, gibt uns eine sichere Antwort.

Der *erste Teil des Berichtes* behandelt die allgemeine Theorie der algebraischen Zahlkörper; diese Theorie erscheint uns als ein mächtiger Bau, getragen von drei Grundpfeilern: dem Satze von der eindeutigen Zerlegung in Primideale, dem Satze von der Existenz der Einheiten und dem Satze von der transzendenten Bestimmung der Klassenanzahl. Der *zweite Teil* enthält die Theorie des Galoisschen Zahlkörpers, in der auch umgekehrt die Gesetze der allgemeinen Körpertheorie enthalten sind. Der *dritte Teil* ist dem klassischen Beispiel des quadratischen Körpers gewidmet. Der *vierte Teil* behandelt den Kreiskörper. Der *fünfte Teil* endlich entwickelt die Theorie desjenigen Körpers, den KUMMER bei seinen Untersuchungen über höhere Reziprozitätsgesetze zugrunde gelegt hat, und den ich deshalb nach diesem Mathematiker benannt habe. Es ist die Theorie dieses Kummerschen Körpers offenbar auf der Höhe des heutigen arithmetischen Wissens die äußerste erreichte Spitze, und man übersieht von ihr aus in weitem Rundblick das ganze durchforschte Gebiet, da fast jeder wesentliche Gedanke und Begriff aus der Körpertheorie, zum wenigsten in spezieller Fassung, bei dem Beweise der höheren Reziprozitätsgesetze seine Anwendung findet. Ich habe versucht, den großen rechnerischen Apparat von Kummer zu vermeiden, damit auch hier der Grundsatz von Riemann verwirklicht würde, demzufolge man die Beweise nicht durch Rechnung, sondern lediglich durch Gedanken zwingen soll.

Die im dritten, vierten und fünften Teile behandelten Theorien sind sämtlich Theorien besonderer Abelscher oder relativ-Abelscher Körper. Ein weiteres Beispiel für eine solche Theorie ist die komplexe Multiplikation der elliptischen Funktionen, indem wir diese als eine Theorie derjenigen Zahlkörper auffassen, welche in bezug auf einen gegebenen imaginären quadratischen Körper relativ-Abelsche sind. Die Untersuchungen über die komplexe Multiplikation der elliptischen Funktionen mußten jedoch von der Aufnahme in den vorliegenden Bericht ausgeschlossen werden, weil die Tatsachen dieser Theorie noch nicht bis zu dem Grade der Einfachheit und Vollständigkeit ausgearbeitet sind, daß eine befriedigende Darstellung derselben gegenwärtig möglich ist.

Die Theorie der Zahlkörper ist wie ein Bauwerk von wunderbarer Schönheit und Harmonie; als der am reichsten ausgestattete Teil dieses Bauwerkes erscheint mir die Theorie der Abelschen und relativ-Abelschen Körper, die uns Kummer durch seine Arbeiten über die höheren Reziprozitätsgesetze und Kronecker durch seine Untersuchungen über die komplexe Multiplikation der elliptischen Funktionen erschlossen haben. Die tiefen Einblicke, welche die Arbeiten dieser beiden Mathematiker in die genannte Theorie gewähren, zeigen uns zugleich, daß in diesem Wissensgebiete eine Fülle der kostbarsten Schätze noch verborgen liegt, winkend als reicher Lohn dem Forscher, der den Wert solcher Schätze kennt und die Kunst, sie zu gewinnen, mit Liebe betreibt.

Die erwähnten fünf Teile des Berichtes gliedern sich in *Kapitel* und *Paragraphen*, und in diesen schreitet die Entwickelung in der Weise fort, daß allemal die *Sätze* und *Hilfssätze* voranstehen und dann ihre *Beweise* folgen. Ich denke mir den Leser wie einen Reisenden: die Hilfssätze sind Haltestellen, die Sätze sind größere Stationen, im voraus bezeichnet, damit an ihnen das Auffassungsvermögen ausruhen kann. Diejenigen Sätze, die wegen ihrer prinzipiellen Bedeutung an sich Hauptziele sind, oder die als Ausgangspunkte zu weiterem Vordringen in noch unentdecktes Land hervorragend geeignet erscheinen, sind durch kursiven Druck ausgezeichnet; es sind dies die Sätze: 7 (S. 75), 31 (S. 85), 40 (S. 97), 44 (S. 100), 45 (S. 100), 47 (S. 102), 56 (S. 116), 82 (S. 142), 94 (S. 155), 100 (S. 168), 101 (S. 169), 131 (S. 206), 143 (S. 240), 144 (S. 242), 150 (S. 257), 158 (295), 159 (S. 302), 161 (S. 312), 164 (S. 329), 166 (S. 332), 167 (S. 332).

Wegen des genauen Inhaltes und der zur Erhöhung der Übersicht getroffenen Einrichtungen verweise ich auf die Verzeichnisse S. III – S. XII und

S. 356—S. 363; vor allem möchte ich hier auf das ganz an den Schluß gestellte Verzeichnis der im Berichte vorkommenden Begriffsnamen aufmerksam machen[1].

Mein Freund Hermann Minkowski hat die Korrekturbogen dieses Berichtes einer sorgfältigen Durchsicht unterworfen und auch den größten Teil des Manuskripts gelesen. Wesentliche und mannigfache Verbesserungen formaler und sachlicher Art erfolgten auf seine Anregung hin, und ich spreche ihm für diese Hilfe meinen herzlichsten Dank aus.

Mein Dank gilt auch meiner Frau, die das ganze Manuskript geschrieben und die Verzeichnisse angefertigt hat.

Endlich gebührt der Redaktionskommission der Deutschen Mathematiker-Vereinigung, insbesondere Herrn A. Gutzmer, für die Durchsicht der Korrekturbogen und der Verlagsbuchhandlung Georg Reimer für ihr weitgehendes Entgegenkommen bei Herstellung des Satzes meine dankbare Anerkennung.

Göttingen, den 10. April 1897.

David Hilbert.

[1] Dieses Verzeichnis ist unter Einbeziehung der übrigen Arbeiten dieses Bandes erweitert und an das Ende des Bandes gesetzt worden.

Erster Teil.

Die Theorie des allgemeinen Zahlkörpers.

1. Die algebraische Zahl und der Zahlkörper.

§ 1. Der Zahlkörper und die konjugierten Zahlkörper.

Eine Zahl α heißt eine **algebraische Zahl,** wenn sie einer Gleichung m-ten Grades von der Gestalt

$$\alpha^m + a_1 \alpha^{m-1} + a_2 \alpha^{m-2} + \cdots + a_m = 0$$

genügt, wo $a_1, a_2, \ldots, a_m$ rationale Zahlen sind.

Sind $\alpha, \beta, \ldots, \varkappa$ eine endliche Anzahl beliebiger algebraischer Zahlen, so bilden alle rationalen Funktionen von $\alpha, \beta, \ldots, \varkappa$ mit ganzzahligen Koeffizienten ein in sich abgeschlossenes System von algebraischen Zahlen, welches **Zahlkörper, Körper** oder **Rationalitätsbereich** genannt wird [DEDEKIND (*1,2*), KRONECKER (*16*)]. Da insbesondere die Summe, die Differenz, das Produkt und der Quotient zweier Zahlen eines Rationalitätsbereiches oder Körpers wieder eine Zahl des Körpers ist, so verhält sich der Begriff des Rationalitätsbereichs oder Körpers gegenüber den vier Rechnungsoperationen der Addition, Subtraktion, Multiplikation und Division invariant.

Satz 1. In jedem Körper k gibt es eine Zahl ϑ derart, daß alle anderen Zahlen des Körpers ganze rationale Funktionen von ϑ mit rationalen Koeffizienten sind.

Der Grad m der Gleichung niedrigsten Grades mit rationalen Koeffizienten, der eine solche Zahl ϑ genügt, heißt der **Grad des Körpers** k. Die Zahl ϑ wird eine **den Körper bestimmende Zahl** genannt. Die Gleichung m-ten Grades für ϑ ist in dem durch die rationalen Zahlen bestimmten Rationalitätsbereiche irreduzibel. Umgekehrt bestimmt jede Wurzel einer solchen irreduzibeln Gleichung einen Zahlkörper m-ten Grades. Sind $\vartheta', \vartheta'', \ldots, \vartheta^{(m-1)}$ die $m-1$ anderen Wurzeln der Gleichung, so heißen die bezüglich durch $\vartheta', \vartheta'', \ldots, \vartheta^{(m-1)}$ bestimmten Körper $k', k'', \ldots, k^{(m-1)}$ die **zu k konjugierten Körper.** Ist α eine beliebige Zahl des Körpers k, und ist

$$\alpha = c_1 + c_2 \vartheta + \cdots + c_m \vartheta^{m-1},$$

wo $c_1, c_2, \ldots, c_m$ rationale Zahlen sind, so heißen die Zahlen

$$\alpha' = c_1 + c_2\vartheta' + \cdots + c_m\vartheta'^{m-1},$$
$$\cdots\cdots\cdots\cdots\cdots$$
$$\alpha^{(m-1)} = c_1 + c_2\vartheta^{(m-1)} + \cdots + c_m(\vartheta^{(m-1)})^{m-1}$$

die bez. durch die Substitutionen $t' = (\vartheta:\vartheta'), \ldots, t^{(m-1)} = (\vartheta:\vartheta^{(m-1)})$ aus α entspringenden oder **zu α konjugierten Zahlen.**

§ 2. Die ganze algebraische Zahl.

Eine algebraische Zahl α heißt eine **ganze algebraische Zahl** oder kurz eine **ganze Zahl,** wenn sie einer Gleichung von der Gestalt

$$\alpha^m + a_1\alpha^{m-1} + a_2\alpha^{m-2} + \cdots + a_m = 0$$

genügt, deren Koeffizienten $a_1, a_2, \ldots, a_m$ sämtlich ganze rationale Zahlen sind.

Satz 2. Jede ganze ganzzahlige Funktion F, d. h. jede ganze rationale Funktion mit ganzzahligen Koeffizienten von beliebig vielen ganzen Zahlen $\alpha, \beta, \ldots, \varkappa$ ist wiederum eine ganze Zahl.

Beweis: Bezeichnen wir mit $\alpha', \alpha'', \ldots, \beta', \beta'', \ldots, \ldots, \varkappa', \varkappa'', \ldots$ bezüglich die zu $\alpha, \beta, \ldots, \varkappa$ konjugierten Zahlen, und bilden wir dann sämtliche Ausdrücke von der Gestalt

$$F(\alpha, \beta, \ldots, \varkappa), \quad F(\alpha', \beta, \ldots, \varkappa), \quad F(\alpha, \beta', \ldots, \varkappa), \ldots,$$
$$\ldots, F(\alpha, \beta, \ldots, \varkappa'), \ldots, F(\alpha', \beta', \ldots, \varkappa), \ldots,$$

so lehrt der bekannte Satz von den symmetrischen Funktionen, daß die Gleichung, welcher diese sämtlichen Ausdrücke genügen, lauter ganzzahlige Koeffizienten hat, während der Koeffizient der höchsten Potenz der Unbekannten $= 1$ ausfällt.

Insbesondere ist die Summe, die Differenz und das Produkt zweier ganzen Zahlen wiederum eine ganze Zahl. Der Begriff „ganz“ verhält sich mithin gegenüber den drei Rechnungsoperationen der Addition, Subtraktion und Multiplikation invariant. Eine ganze Zahl γ heißt durch die ganze Zahl α **teilbar,** wenn eine ganze Zahl β existiert, so daß $\gamma = \alpha\beta$ ist.

Satz 3. Die Wurzeln einer Gleichung beliebigen Grades r von der Gestalt

$$\alpha^r + a_1\alpha^{r-1} + a_2\alpha^{r-2} + \cdots + a_r = 0$$

sind stets ganze algebraische Zahlen, sobald die Koeffizienten $a_1, a_2, \ldots, a_r$ ganze algebraische Zahlen sind.

Satz 4. Wenn eine ganze algebraische Zahl α zugleich rational ist, so ist sie eine ganze rationale Zahl.

Beweis: Wäre nämlich $\alpha = \frac{a}{b}$, wo a und b ganze rationale, zueinander prime Zahlen bedeuten und dabei $b > 1$, und genügt α einer Gleichung, deren

Koeffizienten $a_1, \ldots, a_m$ ganze rationale Zahlen sind, so würde durch Multiplikation dieser Gleichung mit b^{m-1}

$$\frac{a^m}{b} = -a_1 a^{m-1} - a_2 b a^{m-2} - \cdots - a_m b^{m-1} = A$$

folgen, wo A eine ganze rationale Zahl wäre, und dies ist nicht möglich [DEDEKIND (*1*), KRONECKER (*16*)].

§ 3. Die Norm, die Differente, die Diskriminante einer Zahl. Die Basis des Zahlkörpers.

Ist α eine beliebige Zahl des Körpers k, und bedeuten $\alpha', \ldots, \alpha^{(m-1)}$ die zu α konjugierten Zahlen, so heißt das Produkt

$$n(\alpha) = \alpha\alpha' \ldots \alpha^{(m-1)}$$

die **Norm der Zahl** α. Die Norm einer Zahl α ist stets eine rationale Zahl. Ferner nenne ich das Produkt

$$\delta(\alpha) = (\alpha - \alpha')(\alpha - \alpha'') \ldots (\alpha - \alpha^{(m-1)})$$

die **Differente der Zahl** α. Die Differente einer Zahl ist wiederum eine Zahl des Körpers k. Es ist nämlich, wenn zur Abkürzung

$$f(x) = (x - \alpha)(x - \alpha') \ldots (x - \alpha^{(m-1)})$$

gesetzt wird, $\delta(\alpha) = \left[\frac{df(x)}{dx}\right]_{x=\alpha}$. Endlich heißt das Produkt

$$d(\alpha) = (\alpha - \alpha')^2(\alpha - \alpha'')^2(\alpha' - \alpha'')^2 \ldots (\alpha^{(m-2)} - \alpha^{(m-1)})^2$$

$$= \begin{vmatrix} 1, & \alpha, & \alpha^2, & \ldots, & \alpha^{m-1} \\ 1, & \alpha', & \alpha'^2, & \ldots, & \alpha'^{m-1} \\ \cdot & \cdot & \cdot & \cdot & \cdot \\ 1, & \alpha^{(m-1)}, & (\alpha^{(m-1)})^2, & \ldots, & (\alpha^{(m-1)})^{m-1} \end{vmatrix}^2$$

die **Diskriminante der Zahl** α. Die Diskriminante einer Zahl ist eine rationale Zahl, und zwar bis auf das Vorzeichen gleich der Norm der Differente; es ist nämlich $d(\alpha) = (-1)^{\frac{m(m-1)}{2}} n(\delta)$.

Ist α eine den Körper bestimmende Zahl, so sind ihre Differente und Diskriminante verschieden von 0. Umgekehrt, wenn Differente oder Diskriminante einer Zahl von 0 verschieden sind, so bestimmt diese den Körper. Ist α eine *ganze* Zahl, so sind ihre Norm, ihre Differente, ihre Diskriminante ebenfalls *ganz*.

Satz 5. In einem Zahlkörper m-ten Grades gibt es stets m ganze Zahlen $\omega_1, \omega_2, \ldots, \omega_m$ von der Beschaffenheit, daß jede andere ganze Zahl ω des Körpers sich in der Gestalt

$$\omega = a_1\omega_1 + a_2\omega_2 + \cdots + a_m\omega_m$$

darstellen läßt, wo $a_1, \ldots, a_m$ ganze rationale Zahlen sind.

Beweis: Ist α eine den Körper bestimmende ganze Zahl, so ist jede Zahl ω in der Gestalt

$$\omega = r_1 + r_2 \alpha + \cdots + r_m \alpha^{m-1}$$

darstellbar, wo $r_1, r_2, \ldots, r_m$ rationale Zahlen sind. Durch Übergang zu den konjugierten Zahlen erhält man

$$\omega' = r_1 + r_2 \alpha' \quad + \cdots + r_m \alpha'^{\,m-1},$$

$$\cdots\cdots\cdots\cdots\cdots\cdots$$

$$\omega^{(m-1)} = r_1 + r_2 \alpha^{(m-1)} + \cdots + r_m (\alpha^{(m-1)})^{m-1};$$

und hieraus folgt allgemein für $s = 1, 2, \ldots, m$ in leicht verständlicher Abkürzung:

$$r_s = \frac{|1, \alpha, \ldots, \omega, \quad \ldots, \alpha^{(m-1)}|}{|1, \alpha, \ldots, \alpha^{(s-1)}, \ldots, \alpha^{(m-1)}|}$$

$$= \frac{|1, \alpha, \ldots, \omega, \ldots, \alpha^{(m-1)}|\;|1, \alpha, \ldots, \alpha^{(s-1)}, \ldots, \alpha^{(m-1)}|}{|1, \alpha, \ldots, \alpha^{(s-1)}, \ldots, \alpha^{(m-1)}|^2} = \frac{A_s}{d(\alpha)},$$

wo A_s als ganze ganzzahlige Funktion von $\alpha, \alpha', \ldots, \alpha^{(m-1)}, \omega, \omega', \ldots, \omega^{(m-1)}$ eine ganze Zahl ist. Da andererseits A_s gleich der rationalen Zahl $r_s d(\alpha)$ ist, so ist A_s nach Satz 4 eine ganze rationale Zahl. Jede ganze Zahl ω gestattet daher die Darstellung

$$\omega = \frac{A_1 + A_2 \alpha + \cdots + A_m \alpha^{m-1}}{d(\alpha)}, \tag{1}$$

wo $A_1, A_2, \ldots, A_m$ ganze rationale Zahlen sind und $d(\alpha)$ die Diskriminante von α bedeutet.

Nun sei wiederum s eine bestimmte von den Zahlen $1, 2, \ldots, m$; wir denken uns alle ganzen Zahlen des Körpers von der Gestalt

$$\omega_s = \frac{O_1 + O_2 \alpha + \cdots + O_s \alpha^{s-1}}{d(\alpha)},$$

$$\omega_s^{(1)} = \frac{O_1^{(1)} + O_2^{(1)} \alpha + \cdots + O_s^{(1)} \alpha^{s-1}}{d(\alpha)},$$

$$\omega_s^{(2)} = \frac{O_1^{(2)} + O_2^{(2)} \alpha + \cdots + O_s^{(2)} \alpha^{s-1}}{d(\alpha)},$$

$$\cdots\cdots\cdots\cdots\cdots$$

berechnet, wo die Koeffizienten $O, O^{(1)}, O^{(2)}, \ldots$ sämtlich ganze rationale Zahlen sind; wir können annehmen, daß etwa $O_s \neq 0$ und der größte gemeinsame Teiler der sämtlichen Zahlen $O_s, O_s^{(1)}, O_s^{(2)}, \ldots$ ist. Dann bilden die betreffenden m ersten Zahlen $\omega_1, \ldots, \omega_m$ ein System von der verlangten Beschaffenheit. Ist nämlich eine beliebige ganze Zahl ω in der Gestalt (1) vorgelegt, so muß nach der eben gemachten Festsetzung $A_m = a_m O_m$ sein, wo a_m eine gewisse ganze rationale Zahl ist; dann aber ist die Differenz $\omega^* = \omega - a_m \omega_m$ von der Gestalt

$$\omega^* = \frac{A_1^* + A_2^* \alpha + \cdots + A_{m-1}^* \alpha^{m-2}}{d(\alpha)}.$$

Hier wird wiederum $A^*_{m-1} = a_{m-1} O_{m-1}$ sein; die Betrachtung der Differenz $\omega^{**} = \omega^* - a_{m-1}\omega_{m-1}$ und die Fortsetzung dieser Schlußweise zeigt die Richtigkeit des Satzes 5.

Die Zahlen $\omega_1, \ldots, \omega_m$ heißen eine Basis des Systems aller ganzen Zahlen des Körpers k, oder kurz eine **Basis des Körpers** k. Jede andere Basis $\omega_1^*, \ldots, \omega_m^*$ des Körpers ist durch Formeln von der Gestalt

$$\begin{gathered} \omega_1^* = a_{11}\;\omega_1 + \cdots + a_{1m}\;\omega_m, \\ \cdots\cdots\cdots\cdots \\ \omega_m^* = a_{m1}\,\omega_1 + \cdots + a_{mm}\,\omega_m \end{gathered}$$

gegeben, wo die Determinante der ganzzahligen Koeffizienten a gleich ± 1 ist [DEDEKIND (*1*), KRONECKER (*16*)].

2. Die Ideale des Zahlkörpers.

§ 4. Die Multiplikation der Ideale und ihre Teilbarkeit. Das Primideal.

Die erste wichtige Aufgabe der Theorie der Zahlkörper ist die Aufstellung der Gesetze über die Zerlegung (Teilbarkeit) der ganzen algebraischen Zahlen. Diese Gesetze sind von bewundernswerter Schönheit und Einfachheit. Sie zeigen eine genaue Analogie mit den elementaren Teilbarkeitsgesetzen in der Theorie der ganzen rationalen Zahlen und besitzen die gleiche fundamentale Bedeutung. Sie sind für den besonderen Fall des Kreiskörpers zuerst von KUMMER entdeckt worden [KUMMER (*5, 6*)]; ihre Ergründung für den allgemeinen Zahlkörper ist das Verdienst von DEDEKIND und KRONECKER. Die grundlegenden Begriffe dieser Theorie sind folgende:

Ein System von unendlich vielen ganzen algebraischen Zahlen $\alpha_1, \alpha_2, \ldots$ des Körpers k, welches die Eigenschaft besitzt, daß eine jede lineare Kombination $\lambda_1\alpha_1 + \lambda_2\alpha_2 + \cdots$ derselben wiederum dem System angehört, heißt ein **Ideal** $\mathfrak{a}$; dabei bedeuten $\lambda_1, \lambda_2, \ldots$ ganze algebraische Zahlen des Körpers k.

Satz 6. In einem Ideal $\mathfrak{a}$ gibt es stets m Zahlen $\iota_1, \ldots, \iota_m$ von der Art, daß eine jede andere Zahl des Ideals gleich einer linearen Kombination derselben von der Gestalt

$$\iota = l_1\,\iota_1 + \cdots + l_m\,\iota_m$$

ist, wo $l_1, \ldots, l_m$ ganze rationale Zahlen sind.

Beweis: Es sei s eine bestimmte von den m Zahlen $1, 2, \ldots, m$; dann denken wir uns alle Zahlen des Ideals von der Gestalt

$$\begin{gathered} \iota_s = J_1\;\omega_1 + \cdots + J_s\,\omega_s, \\ \iota_s^{(1)} = J_1^{(1)}\,\omega_1 + \cdots + J_s^{(1)}\,\omega_s, \\ \cdots\cdots\cdots\cdots \end{gathered}$$

aufgestellt, wo $J, J^{(1)}, \ldots$ ganze rationale Zahlen sind, und wir nehmen an, daß etwa $J_s \neq 0$ und der größte gemeinsame Teiler der sämtlichen Zahlen

$J_s, J_s^{(1)}, \ldots$ ist. Dann folgt, wie auf S. 72, daß die m Zahlen $\iota_1, \ldots, \iota_m$ die verlangte Beschaffenheit haben.

Die Zahlen $\iota_1, \ldots, \iota_m$ heißen eine **Basis des Ideals** $\mathfrak{a}$. Jede andere Basis $\iota_1^*, \ldots, \iota_m^*$ des Ideals $\mathfrak{a}$ ist durch Formeln von der Gestalt

$$\iota_1^* = a_{11}\,\iota_1 + \cdots + a_{1m}\,\iota_m,$$
$$\cdots\cdots\cdots\cdots$$
$$\iota_m^* = a_{m1}\,\iota_1 + \cdots + a_{mm}\,\iota_m$$

gegeben, wo die Determinante der ganzzahligen Koeffizienten a gleich ± 1 ist.

Sind $\alpha_1, \ldots, \alpha_r$ irgend r solche Zahlen des Ideals $\mathfrak{a}$, durch deren lineare Kombination unter Benutzung ganzer algebraischer Koeffizienten λ des Körpers alle Zahlen des Ideals erhalten werden können, so schreibe ich kurz

$$\mathfrak{a} = (\alpha_1, \ldots, \alpha_r).$$

Wenn $\mathfrak{a} = (\alpha_1, \ldots, \alpha_r)$ und $\mathfrak{b} = (\beta_1, \ldots, \beta_s)$ zwei Ideale sind, so werde dasjenige Ideal, welches entsteht, wenn man alle Zahlen $\alpha_1, \ldots, \alpha_r$ und $\beta_1, \ldots, \beta_s$ zusammen nimmt, kurz mit $(\mathfrak{a}, \mathfrak{b})$ bezeichnet, d. h. ich schreibe

$$(\mathfrak{a}, \mathfrak{b}) = (\alpha_1, \ldots, \alpha_r, \beta_1, \ldots, \beta_s).$$

Ein Ideal, welches alle und nur die Zahlen von der Gestalt $\lambda\alpha$ enthält, wo λ jede beliebige ganze Zahl des Körpers darstellt und $\alpha \neq 0$ eine bestimmte ganze Zahl des Körpers bedeutet, heißt ein **Hauptideal** und wird mit (α) oder auch kurz mit α bezeichnet, falls eine Verwechselung mit der Zahl α ausgeschlossen erscheint.

Eine jede Zahl α des Ideals $\mathfrak{a} = (\alpha_1, \ldots, \alpha_r)$ heißt **kongruent** 0 nach dem Ideal $\mathfrak{a}$ oder in Zeichen:

$$\alpha \equiv 0, \quad (\mathfrak{a}).$$

Wenn die Differenz zweier Zahlen α und β kongruent 0 nach $\mathfrak{a}$ ist, so heißen α und β einander kongruent nach $\mathfrak{a}$ oder in Zeichen

$$\alpha \equiv \beta, \quad (\mathfrak{a});$$

sonst heißen sie einander **inkongruent** oder in Zeichen

$$\alpha \not\equiv \beta, \quad (\mathfrak{a}).$$

Wenn man jede Zahl eines Ideals $\mathfrak{a} = (\alpha_1, \ldots, \alpha_r)$ mit jeder Zahl eines zweiten Ideals $\mathfrak{b} = (\beta_1, \ldots, \beta_s)$ multipliziert und die so erhaltenen Zahlen linear mittels beliebiger ganzer algebraischer Koeffizienten des Körpers kombiniert, so wird das so entstehende neue Ideal das **Produkt der beiden Ideale** $\mathfrak{a}$ und $\mathfrak{b}$ genannt, d. h. in Zeichen

$$\mathfrak{a}\mathfrak{b} = (\alpha_1\beta_1, \ldots, \alpha_r\beta_1, \ldots, \alpha_1\beta_s, \ldots, \alpha_r\beta_s).$$

Ein Ideal $\mathfrak{c}$ heißt durch das Ideal $\mathfrak{a}$ **teilbar**, wenn ein Ideal $\mathfrak{b}$ existiert derart, daß $\mathfrak{c} = \mathfrak{a}\mathfrak{b}$ ist. Ist ein Ideal $\mathfrak{c}$ durch das Ideal $\mathfrak{a}$ teilbar, so sind alle Zahlen von $\mathfrak{c}$ kongruent 0 nach dem Ideal $\mathfrak{a}$. Betreffs der Teiler eines Ideals gilt ferner die Tatsache:

Hilfssatz 1. Ein Ideal $\mathfrak{j}$ ist nur durch eine endliche Anzahl von Idealen teilbar.

Beweis: Man bilde die Norm n einer beliebigen Zahl $\iota (\neq 0)$ des Ideals $\mathfrak{j}$; ist dann etwa $\mathfrak{a}$ ein Teiler des Ideals $\mathfrak{j}$, so ist offenbar auch die ganze rationale Zahl $n \equiv 0$ nach $\mathfrak{a}$. Die m Basiszahlen von $\mathfrak{a}$ seien von der Gestalt

$$\alpha_1 = a_{11}\omega_1 + \cdots + a_{1m}\omega_m, \ldots, \alpha_m = a_{m1}\omega_1 + \cdots + a_{mm}\omega_m,$$

wo $a_{11}, \ldots, a_{mm}$ ganze rationale Zahlen sind. Bedeuten $a'_{11}, \ldots, a'_{mm}$ bezüglich die kleinsten positiven Reste der Zahlen $a_{11}, \ldots, a_{mm}$ nach n, so wird

$$\begin{aligned}\mathfrak{a} &= (a_{11}\omega_1 + \cdots + a_{1m}\omega_m, \ldots, a_{m1}\omega_1 + \cdots + a_{mm}\omega_m)\\ &= (a'_{11}\omega_1 + \cdots + a'_{1m}\omega_m, \ldots, a'_{m1}\omega_1 + \cdots + a'_{mm}\omega_m, n),\end{aligned}$$

und diese letztere Darstellung des Idealteilers $\mathfrak{a}$ läßt unmittelbar die Richtigkeit der Behauptung erkennen.

Ein von 1 verschiedenes Ideal, welches durch kein anderes Ideal teilbar ist, außer durch das Ideal 1 und durch sich selbst, heißt ein **Primideal.** Zwei Ideale heißen zu einander **prim,** wenn sie außer 1 keinen gemeinsamen Idealteiler besitzen. Zwei ganze Zahlen α und β, bez. eine ganze Zahl α und ein Ideal $\mathfrak{a}$ heißen zu einander prim, wenn die Hauptideale (α) und (β), bez. das Hauptideal (α) und das Ideal $\mathfrak{a}$ zueinander prim sind [DEDEKIND (*1*)].

§ 5. Die eindeutige Zerlegbarkeit eines Ideals in Primideale.

Es gilt die fundamentale Tatsache:

Satz 7. *Ein jedes Ideal $\mathfrak{j}$ läßt sich stets auf eine und nur auf eine Weise als Produkt von Primidealen darstellen.*

DEDEKIND hat seinen Beweis dieses Satzes kürzlich von neuem auseinandergesetzt [DEDEKIND (*1*)]. Das von KRONECKER eingeschlagene Beweisverfahren beruht auf der von ihm geschaffenen Theorie der einem Zahlkörper zugehörigen algebraischen Formen. Die Bedeutung dieser Formentheorie tritt deutlicher hervor, wenn man zuerst direkt die Sätze der Idealtheorie ableitet; hierbei leistet folgender Hilfssatz wesentliche Dienste:

Hilfssatz 2. Wenn die Koeffizienten $\alpha_1, \alpha_2, \ldots, \beta_1, \beta_2, \ldots$ der beiden ganzen Funktionen einer Veränderlichen x

$$\begin{aligned}F(x) &= \alpha_1 x^r + \alpha_2 x^{r-1} + \cdots,\\ G(x) &= \beta_1 x^s + \beta_2 x^{s-1} + \cdots\end{aligned}$$

ganze algebraische Zahlen sind und die Koeffizienten $\gamma_1, \gamma_2, \ldots$ des Produktes beider Funktionen

$$F(x)\,G(x) = \gamma_1 x^{r+s} + \gamma_2 x^{r+s-1} + \cdots$$

sämtlich durch die ganze Zahl ω teilbar sind, so ist auch jede der Zahlen $\alpha_1 \beta_1, \alpha_1 \beta_2, \ldots, \alpha_2 \beta_1, \alpha_2 \beta_2, \ldots$ durch ω teilbar [Kronecker (*19*), Dedekind (*7*), Mertens (*1*), Hurwitz (*1, 2*)].

Aus diesem Hilfssatze ergeben sich leicht der Reihe nach die Sätze [Hurwitz (*1*)]:

Satz 8. Zu jedem vorgelegten Ideale $\mathfrak{a} = (\alpha_1, \ldots, \alpha_r)$ läßt sich stets ein Ideal $\mathfrak{b}$ so finden, daß das Produkt $\mathfrak{a}\mathfrak{b}$ ein Hauptideal wird.

Beweis: Setzt man

$$F(x) = \alpha_1 x^r + \alpha_2 x^{r-1} + \cdots$$

und

$$F^{(i)}(x) = \alpha_1^{(i)} x^r + \alpha_2^{(i)} x^{r-1} + \cdots \qquad (i = 1, \ldots, m-1),$$

wo $\alpha_k^{(i)}$ die zu α_k konjugierten Zahlen sind und bildet

$$R = \prod_{i=1}^{m-1} F^{(i)}(x) = \beta_1 + \beta_2 x + \cdots,$$

wo $\beta_1, \beta_2, \ldots$ ganze Zahlen des Körpers k sind, so ist $F R = n U$, wo n eine ganze rationale Zahl und U eine ganzzahlige Funktion bedeutet, deren Koeffizienten keinen gemeinsamen Teiler haben. Hieraus folgt, daß $n \equiv 0$ nach dem Produkt der beiden Ideale $\mathfrak{a}$ und $\mathfrak{b} = (\beta_1, \ldots, \beta_s)$ ist. Der Hilfssatz 2 lehrt ferner, daß auch umgekehrt jede Zahl $\alpha_i \beta_h$ sich durch n teilen läßt. Es ist daher $\mathfrak{a}\mathfrak{b} = n$.

Satz 9. Wenn die drei Ideale $\mathfrak{a}, \mathfrak{b}, \mathfrak{c}$ der Gleichung $\mathfrak{a}\mathfrak{c} = \mathfrak{b}\mathfrak{c}$ genügen, wobei $\mathfrak{c} \neq 0$, so ist $\mathfrak{a} = \mathfrak{b}$.

Beweis: Es sei $\mathfrak{m}$ ein Ideal von der Art, daß $\mathfrak{c}\mathfrak{m}$ ein Hauptideal (α) wird. Aus der Voraussetzung folgt $\mathfrak{a}\mathfrak{c}\mathfrak{m} = \mathfrak{b}\mathfrak{c}\mathfrak{m}$ oder $\alpha\mathfrak{a} = \alpha\mathfrak{b}$ und mithin $\mathfrak{a} = \mathfrak{b}$.

Satz 10. Wenn alle Zahlen eines Ideals $\mathfrak{c} \equiv 0$ nach dem Ideal $\mathfrak{a}$ sind, so ist $\mathfrak{c}$ durch $\mathfrak{a}$ teilbar.

Beweis: Ist $\mathfrak{a}\mathfrak{m}$ gleich dem Hauptideal (α), so sind alle Zahlen des Ideals $\mathfrak{m}\mathfrak{c}$ durch α teilbar, und mithin gibt es ein Ideal $\mathfrak{b}$ derart, daß $\mathfrak{m}\mathfrak{c} = \alpha\mathfrak{b}$ wird. Folglich ist $\mathfrak{a}\mathfrak{m}\mathfrak{c} = \alpha\mathfrak{a}\mathfrak{b}$, d. h. $\alpha\mathfrak{c} = \alpha\mathfrak{a}\mathfrak{b}$, und folglich $\mathfrak{c} = \mathfrak{a}\mathfrak{b}$.

Satz 11. Wenn das Produkt zweier Ideale $\mathfrak{a}\mathfrak{b}$ durch das Primideal $\mathfrak{p}$ teilbar ist, so ist wenigstens eines der Ideale $\mathfrak{a}$ und $\mathfrak{b}$ durch $\mathfrak{p}$ teilbar.

Beweis: Wäre $\mathfrak{a}$ nicht durch $\mathfrak{p}$ teilbar, so würde das Ideal $(\mathfrak{a}, \mathfrak{p})$ ein von $\mathfrak{p}$ verschiedenes und zugleich in $\mathfrak{p}$ aufgehendes Ideal, d. h. $= 1$ sein; demnach wäre $1 = \alpha + \pi$, wo α eine Zahl in $\mathfrak{a}$ und π eine Zahl in $\mathfrak{p}$ bedeutet, und hieraus ergibt sich durch Multiplikation mit einer beliebigen Zahl β in $\mathfrak{b}$ die Beziehung $\beta = \alpha\beta + \pi\beta \equiv \alpha\beta$ nach $\mathfrak{p}$. Zufolge der Voraussetzung ist $\alpha\beta \equiv 0$ nach $\mathfrak{p}$ und folglich auch $\beta \equiv 0$ nach $\mathfrak{p}$.

Nunmehr beweist man den Fundamentalsatz 7 der Idealtheorie, wie folgt: Ist $\mathfrak{j}$ nicht selbst ein Primideal, so sei $\mathfrak{j} = \mathfrak{a}\mathfrak{b}$, wo $\mathfrak{a}$ einen von $\mathfrak{j}$ und 1 verschiedenen Teiler von $\mathfrak{j}$ bedeutet. Ist nun einer der Faktoren $\mathfrak{a}$ und $\mathfrak{b}$ nicht ein Primideal, so stellen wir denselben in gleicher Weise als Produkt zweier Ideale dar und erhalten somit $\mathfrak{j} = \mathfrak{a}'\mathfrak{b}'\mathfrak{c}'$, und so fahren wir fort. Dieses Verfahren bricht notwendig ab; nach Hilfssatz 1 gibt es nämlich nur eine endliche Anzahl von Teilern des Ideals $\mathfrak{j}$. Ist r diese Anzahl, so kann jedenfalls $\mathfrak{j}$ nicht gleich einem Produkt von mehr als r Faktoren sein, da eine Darstellung $\mathfrak{j} = \mathfrak{a}_1 \ldots \mathfrak{a}_{r+1}$ die Existenz der $r + 1$ untereinander verschiedenen Idealteiler

$$\mathfrak{a}_1, \quad \mathfrak{a}_1 \mathfrak{a}_2, \quad \mathfrak{a}_1 \mathfrak{a}_2 \mathfrak{a}_3, \quad \ldots, \quad \mathfrak{a}_1 \ldots \mathfrak{a}_{r+1}$$

bedingen würde. Der letzte Schritt des eingeschlagenen Verfahrens liefert die gewünschte Darstellung

$$\mathfrak{j} = \mathfrak{p}\mathfrak{q} \ldots \mathfrak{l}.$$

Diese Darstellung ist eindeutig. Denn wäre zugleich $\mathfrak{j} = \mathfrak{p}'\mathfrak{q}' \ldots \mathfrak{l}'$, so wird $\mathfrak{j}$ durch $\mathfrak{p}'$ und folglich nach Satz 11 einer der Faktoren $\mathfrak{p}, \mathfrak{q}, \ldots, \mathfrak{l}$, etwa $\mathfrak{p}$, durch $\mathfrak{p}'$ teilbar sein, d. h. es wäre $\mathfrak{p} = \mathfrak{p}'$, und folglich ergibt sich nach Satz 9 die Gleichung $\mathfrak{q} \ldots \mathfrak{l} = \mathfrak{q}' \ldots \mathfrak{l}'$, welche wie die ursprüngliche zu behandeln ist.

Der Fundamentalsatz 7 läßt leicht die folgende Tatsache erkennen:

Satz 12. Ein jedes Ideal $\mathfrak{j}$ des Körpers k kann als größter gemeinsamer Teiler zweier ganzen Zahlen $\varkappa, \varrho$ dargestellt werden.

Beweis: Ist $\varkappa$ eine beliebige durch $\mathfrak{j}$ teilbare ganze Zahl, ϱ jedoch eine solche durch $\mathfrak{j}$ teilbare ganze Zahl, daß $\frac{\varrho}{\mathfrak{j}}$ zu $\frac{\varkappa}{\mathfrak{j}}$ prim ausfällt, so ist $\mathfrak{j} = (\varkappa, \varrho)$. Eine solche Zahl ϱ kann man folgendermaßen finden: Sind $\mathfrak{p}_1, \ldots, \mathfrak{p}_r$ sämtliche in $\varkappa$ aufgehenden Primideale, und ist $\mathfrak{j} = \mathfrak{p}_1^{a_1} \ldots \mathfrak{p}_r^{a_r}$, wobei die $a_i \geqq 0$ sind, so besitzen die r Ideale $\mathfrak{d}_i = \mathfrak{p}_1^{a_1+1} \ldots \mathfrak{p}_{i-1}^{a_{i-1}+1} \mathfrak{p}_{i+1}^{a_{i+1}+1} \ldots \mathfrak{p}_r^{a_r+1}$ keinen gemeinsamen Teiler; es gibt also r Zahlen δ_i, so daß δ_i in $\mathfrak{d}_i$ liegt und

$$\delta_1 + \delta_2 + \cdots + \delta_r = 1$$

ist. Bedeutet ferner α_i eine Zahl, die in $\mathfrak{p}_i^{a_i}$, aber nicht in $\mathfrak{p}_i^{a_i+1}$ liegt, so setze man

$$\varrho = \alpha_1 \delta_1 + \cdots + \alpha_r \delta_r.$$

ϱ ist dann genau durch $\mathfrak{p}_i^{a_i}$, aber nicht durch $\mathfrak{p}_i^{a_i+1}$ teilbar.

§ 6. Die Formen des Zahlkörpers und ihre Inhalte.

Die Kroneckersche Formentheorie [Kronecker (*16*)] erfordert folgende weitere Begriffsbildungen:

Eine ganze rationale Funktion F von beliebig vielen Veränderlichen $u, v, \ldots$, deren Koeffizienten ganze algebraische Zahlen des Körpers k sind, heißt eine **Form des Körpers k**. Werden in einer Form F statt der Koeffizienten der Reihe nach bezüglich die konjugierten Zahlen eingesetzt und die so entstehenden sogenannten **konjugierten Formen** $F', \ldots, F^{(m-1)}$ miteinander und mit der ursprünglichen Form F multipliziert, so ergibt sich als Produkt eine ganze Funktion der Veränderlichen $u, v, \ldots$, deren Koeffizienten ganze rationale Zahlen sind; dieselbe werde in der Gestalt

$$n\, U(u, v, \ldots)$$

angenommen, wo n eine positive ganze rationale Zahl und U eine ganze rationale Funktion bedeutet, deren Koeffizienten ganze rationale Zahlen ohne gemeinsamen Teiler sind. n heißt die **Norm der Form** F. Wenn die Norm n einer Form gleich 1 ist, so heißt die Form eine **Einheitsform.** Eine ganze Funktion, deren Koeffizienten ganze rationale Zahlen ohne gemeinsamen Teiler sind, heißt eine **rationale Einheitsform.** Zwei Formen heißen einander **inhaltsgleich**[1] (in Zeichen $\simeq$), wenn ihr Quotient gleich dem Quotienten zweier Einheitsformen ist. Insbesondere ist jede Einheitsform $\simeq 1$. Eine Form H heißt durch die Form F **teilbar,** wenn eine Form G existiert, derart, daß $H \simeq FG$ ist. Eine Form P heißt eine **Primform,** wenn P im Sinne der Inhaltsgleichheit durch keine andere Form außer durch 1 und durch sich selbst teilbar ist.

Die Beziehung der Kroneckerschen Formentheorie zur Theorie der Ideale wird klar durch die Bemerkung, daß aus jedem Ideal $\mathfrak{a} = (\alpha_1, \ldots, \alpha_r)$ eine Form F gebildet werden kann, indem man die Zahlen $\alpha_1, \ldots, \alpha_r$ mit beliebigen voneinander verschiedenen Produkten aus Potenzen der Unbestimmten $u, v, \ldots$ multipliziert und zueinander addiert. Umgekehrt liefert eine jede Form F mit den Koeffizienten $\alpha_1, \ldots, \alpha_r$ ein Ideal $\mathfrak{a} = (\alpha_1, \ldots, \alpha_r)$. Dieses Ideal $\mathfrak{a}$ nenne ich den **Inhalt** der Form F. Dann gilt folgende Tatsache:

Satz 13. Der Inhalt des Produktes zweier Formen ist gleich dem Produkte ihrer Inhalte.

Beweis: Es seien F und G Formen mit beliebigen Veränderlichen und den Koeffizienten $\alpha_1, \ldots, \alpha_r$ bezüglich $\beta_1, \ldots, \beta_s$, und es sei das Produkt $H = FG$ eine Form mit den Koeffizienten $\gamma_1, \ldots, \gamma_t$. Ferner sei $\mathfrak{p}^a$ die höchste in $\mathfrak{a} = (\alpha_1, \ldots, \alpha_r)$ und $\mathfrak{p}^b$ die höchste in $\mathfrak{b} = (\beta_1, \ldots, \beta_s)$ aufgehende Potenz des Primideals $\mathfrak{p}$. Man denke sich ferner die Glieder der beiden Formen F und G zunächst nach absteigenden Potenzen von u und dann die mit der nämlichen Potenz von u multiplizierten Glieder nach absteigenden Potenzen von v geordnet usf. Bei dieser Anordnung sei $\alpha u^h v^l \ldots$ das erste in F vorkommende Glied, dessen Koeffizient α durch keine höhere als die a-te Potenz von $\mathfrak{p}$, und andererseits sei $\beta u^{h'} v^{l'} \ldots$ das erste in G vorkommende Glied, dessen Koeffizient β durch keine höhere als die b-te Potenz von $\mathfrak{p}$ teilbar ist: dann ist offenbar der Koeffizient γ des Gliedes $\gamma u^{h+h'} v^{l+l'} \ldots$ in H durch keine höhere als die $(a+b)$-te Potenz von $\mathfrak{p}$ teilbar. Alle übrigen Koeffizienten von H sind aber gewiß auch durch $\mathfrak{p}^{a+b}$ teilbar. Somit folgt die Behauptung $(\alpha_1, \ldots, \alpha_r)(\beta_1, \ldots, \beta_s) = (\gamma_1, \ldots, \gamma_t)$.

---

[1] Nach Kronecker „äquivalent in engerem Sinne“.

Aus Satz 13 folgt insbesondere leicht, daß eine jede Einheitsform den Inhalt 1 besitzt, und daß umgekehrt jede Form, deren Koeffizienten den größten gemeinsamen Idealteiler 1 haben, eine Einheitsform ist. Mithin haben inhaltsgleiche Formen stets den nämlichen Inhalt, und umgekehrt sind alle Formen von dem nämlichen Inhalt einander inhaltsgleich. Speziell sind zwei beliebige Formen mit gleichen Koeffizienten stets einander inhaltsgleich.

Weitere Folgerungen aus Satz 13 sind:

Satz 14. Wenn F eine vorgelegte Form ist, so läßt sich dazu stets eine Form finden derart, daß FR einer ganzen Zahl inhaltsgleich ist.

Satz 15. Wenn das Produkt zweier Formen durch eine Primform P teilbar ist, so ist wenigstens eine der beiden Formen durch P teilbar.

Satz 16. Jede Form ist im Sinne der Inhaltsgleichheit auf eine und nur auf eine Weise als Produkt von Primformen darstellbar.

Diese Sätze laufen parallel bezüglich mit den Sätzen 8, 11 und dem Fundamentalsatze 7 der Idealtheorie.

Außer den von Dedekind und Kronecker eingeschlagenen Wegen führen noch zwei einfachere Methoden zum Beweise des Fundamentalsatzes 7; der einen Methode liegt die Theorie des Galoisschen Zahlkörpers zugrunde. Vgl. § 36 [Hilbert (*2, 3*)]. Die zweite Methode geht von dem Satze aus, daß sich die Ideale eines Körpers auf eine endliche Anzahl von Idealklassen verteilen. Der zum Beweise dieses Satzes erforderliche Grundgedanke kann als eine Verallgemeinerung desjenigen Ansatzes angesehen werden, auf welchem das bekannte Euklidische Divisionsverfahren zur Bestimmung des größten gemeinsamen Teilers zweier ganzen rationalen Zahlen beruht [Hurwitz (*3*)].

3. Die Kongruenzen nach Idealen.

§ 7. Die Norm eines Ideals und ihre Eigenschaften.

Die in Kapitel 2 entwickelte Theorie der Zerlegung der Ideale eines Körpers gestattet es, die elementaren Sätze der Theorie der rationalen Zahlen auf die Zahlen eines algebraischen Zahlkörpers zu übertragen. Wir stellen folgende allgemeine Begriffe und Sätze voran.

Die Anzahl aller nach einem Ideal $\mathfrak{a}$ einander inkongruenten ganzen Zahlen des Körpers heißt die **Norm des Ideals** $\mathfrak{a}$: in Zeichen $n(\mathfrak{a})$.

Satz 17. Die Norm eines Primideals $\mathfrak{p}$ ist eine Potenz der durch $\mathfrak{p}$ teilbaren rationalen Primzahl p.

Beweis: Es seien die f ganzen Zahlen $\omega_1, \ldots, \omega_f$ einer Basis des Körpers in dem Sinne voneinander unabhängig, das keine Kongruenz von der Gestalt

$$a_1 \omega_1 + \cdots + a_f \omega_f \equiv 0, \quad (\mathfrak{p})$$

besteht, wo $a_1, \ldots, a_f$ ganze, nicht sämtlich durch p teilbare Zahlen bedeuten, und es möge überdies jede der anderen $m - f$ Zahlen der Körperbasis einem

Ausdruck von der Gestalt $a_1\omega_1 + \cdots + a_f\omega_f$ nach $\mathfrak{p}$ kongruent sein; dann kann dieser Ausdruck jeder Zahl nach $\mathfrak{p}$ kongruent werden, und es beträgt die Anzahl der einander inkongruenten Zahlen nach $\mathfrak{p}$ offenbar p^f.

Der Exponent f heißt der **Grad des Primideals** $\mathfrak{p}$.

Satz 18. Die Norm des Produktes zweier Ideale $\mathfrak{a}\mathfrak{b}$ ist gleich dem Produkt ihrer Normen.

Beweis: Es sei α eine nach Satz 12 gewählte durch $\mathfrak{a}$ teilbare Zahl von der Art, daß $\frac{\alpha}{\mathfrak{a}}$ ein zu $\mathfrak{b}$ primes Ideal ist. Durchläuft dann ξ ein System von $n(\mathfrak{a})$ nach $\mathfrak{a}$ einander inkongruenten Zahlen und η ein System von $n(\mathfrak{b})$ nach $\mathfrak{b}$ zueinander inkongruenten Zahlen, so stellt der Ausdruck $\alpha\eta + \xi$ ein volles System nach $\mathfrak{a}\mathfrak{b}$ einander inkongruenten Zahlen dar; ein solches System umfaßt mithin $n(\mathfrak{a})n(\mathfrak{b})$ Zahlen.

Satz 19. Ist

$$\begin{aligned} \iota_1 &= a_{11}\,\omega_1 + \cdots + a_{1m}\,\omega_m, \\ &\cdots\cdots\cdots\cdots \\ \iota_m &= a_{m1}\,\omega_1 + \cdots + a_{mm}\,\omega_m \end{aligned}$$

eine Basis des Ideals $\mathfrak{a}$, so ist seine Norm $n(\mathfrak{a})$ gleich dem absoluten Betrage der Determinante der Koeffizienten a.

Beweis. Legen wir die Basis des Ideals in der ursprünglich beim Beweise des Satzes 6 gefundenen Gestalt zugrunde, wo die Koeffizienten a_{rs} für $s > r$ sämtlich $= 0$ und die $a_{rr} > 0$ sind, so ist die Determinante jener Koeffizienten a gleich dem Produkt $a_{11} \ldots a_{mm}$. Andererseits stellt der Ausdruck

$$u_1\,\omega_1 + \cdots + u_m\,\omega_m$$

für

$$u_1 = 0,\ 1, \ldots, a_{11} - 1, \ldots, u_m = 0,\ 1, \ldots, a_{mm} - 1$$

ein vollständiges System nach $\mathfrak{a}$ einander inkongruenter Zahlen dar. Damit ist Satz 19 bewiesen. Zugleich leuchtet die Umkehrung dieses Satzes ein.

Der Zusammenhang mit der Kroneckerschen Formentheorie erhellt aus dem Satze:

Satz 20. Ist F eine Form mit dem Inhalte $\mathfrak{a}$, so ist die Norm der Form F gleich der Norm des Ideals $\mathfrak{a}$, d. h. $n(F) = n(\mathfrak{a})$. Insbesondere ist die Norm einer ganzen Zahl α dem absoluten Betrage nach stets gleich der Norm des Hauptideals $\mathfrak{a} = (\alpha)$.

Beweis: Ist $\iota_1, \ldots, \iota_m$ eine Basis des Ideals $\mathfrak{a}$, so bilde man die Form

$$F = \iota_1 u_1 + \cdots + \iota_m u_m;$$

dann ist

$$\begin{aligned} \omega_1 F &= l_{11}\,\iota_1 + \cdots + l_{1m}\,\iota_m, \\ &\cdots\cdots\cdots\cdots \\ \omega_m F &= l_{m1}\,\iota_1 + \cdots + l_{mm}\,\iota_m, \end{aligned}$$

wo $l_{11}, \ldots, l_{mm}$ lineare Formen von $u_1, \ldots, u_m$ mit ganzen rationalen Koeffizienten sind. Wir beweisen zunächst, daß die Determinante $|l_{rs}|$ der Formen $l_{11}, \ldots, l_{mm}$ eine rationale Einheitsform ist. In der Tat, wären im Gegenteil die Koeffizienten der Determinante $|l_{rs}|$ sämtlich durch eine Primzahl p teilbar, so müßten notwendig m Formen $L_1, \ldots, L_m$ existieren, deren Koeffizienten ganze rationale, nicht sämtlich durch p teilbare Zahlen sind, und welche den Bedingungen

$$\begin{aligned} L_1 l_{11} + \cdots + L_m l_{m1} &\equiv 0, \quad (p) \\ \cdots\cdots&\cdots\cdots \\ L_1 l_{1m} + \cdots + L_m l_{mm} &\equiv 0, \quad (p) \end{aligned}$$

genügen. Hieraus würde

$$(L_1 \omega_1 + \cdots + L_m \omega_m) F \equiv 0, \quad (p\mathfrak{a})$$

folgen, d. h. das Produkt $\mathfrak{l}\mathfrak{a}$ ist durch $p\mathfrak{a}$ teilbar, wobei $\mathfrak{l}$ den Inhalt der Form $L_1\omega_1 + \cdots + L_m\omega_m$ bezeichnet. Mithin wäre $\mathfrak{l}$ durch p teilbar, was nicht der Fall sein kann, da eine Zahl von der Gestalt $a_1\omega_1 + \cdots + a_m\omega_m$, wo $a_1, \ldots, a_m$ ganze rationale Zahlen bedeuten, nur dann durch p teilbar ist, sobald die Koeffizienten $a_1, \ldots, a_m$ sämtlich durch p teilbar sind.

Nach dem Multiplikationstheorem der Determinanten ist

$$\begin{vmatrix} \omega_1 F, & \ldots, \omega_m F \\ \omega_1' F', & \ldots, \omega_m' F' \\ \cdots & \cdots \\ \omega_1^{(m-1)} F^{(m-1)}, & \ldots, \omega_m^{(m-1)} F^{(m-1)} \end{vmatrix} = \begin{vmatrix} l_{11}, & \ldots, l_{1m} \\ l_{21}, & \ldots, l_{2m} \\ \cdots & \cdots \\ l_{m1}, & \ldots, l_{mm} \end{vmatrix} \cdot \begin{vmatrix} \iota_1, & \ldots, \iota_m \\ \iota_1', & \ldots, \iota_m' \\ \cdots & \cdots \\ \iota_1^{(m-1)}, & \ldots, \iota_m^{(m-1)} \end{vmatrix}$$

und mithin folgt nach Weghebung des Faktors

$$\begin{vmatrix} \omega_1, & \ldots, \omega_m \\ \omega_1', & \ldots, \omega_m' \\ \cdots & \cdots \\ \omega_1^{(m-1)}, & \ldots, \omega_m^{(m-1)} \end{vmatrix}$$

die Beziehung $FF' \ldots F^{(m-1)} \simeq n(\mathfrak{a})$ oder $n(F) = n(\mathfrak{a})$. Der zweite Teil des Satzes folgt, wenn wir $F = \alpha(u_1\omega_1 + \cdots + u_m\omega_m)$ nehmen.

Wendet man auf die sämtlichen Zahlen $\alpha_1, \alpha_2, \ldots$ des Ideals $\mathfrak{a}$ die Substitution $t' = (\vartheta : \vartheta')$ an, so heißt das dann entstehende Ideal $\mathfrak{a}' = (t'\alpha_1, t'\alpha_2, \ldots)$ das durch t' aus $\mathfrak{a}$ entspringende oder **zu $\mathfrak{a}$ konjugierte Ideal.** Betrachtet man den aus $k, k', \ldots, k^{(m-1)}$ zusammengesetzten Körper, so lehren die Sätze 18 und 20, daß das Produkt von $\mathfrak{a}$ und allen zu $\mathfrak{a}$ konjugierten Idealen eine ganze rationale Zahl, nämlich $n(\mathfrak{a})$ ist[1]. Aus diesem Umstande entspringt eine neue Definition der Norm des Ideals $\mathfrak{a}$, welche der Definition der Norm einer Zahl α genau entspricht und überdies einer wichtigen Verallgemeinerung fähig ist. Vgl. § 14.

[1] Siehe Seite 93 Zeile 3 von unten ff.

Satz 21. In einem jeden Ideal $\mathfrak{j}$ lassen sich stets zwei Zahlen finden, deren Normen die Norm des Ideals $\mathfrak{j}$ zum größten gemeinsamen Teiler haben.

Beweis. Man setze $a = n(\mathfrak{j})$ und bestimme nach Satz 12 eine Zahl α in $\mathfrak{j}$ derart, daß $\frac{\alpha}{\mathfrak{j}}$ prim zu a ausfällt. Dann wird, wenn $\alpha', \ldots, \alpha^{(m-1)}$ die zu α konjugierten Zahlen und $\mathfrak{j}', \ldots, \mathfrak{j}^{(m-1)}$ die zu $\mathfrak{j}$ konjugierten Ideale bedeuten, auch $\frac{\alpha'}{\mathfrak{j}'}, \ldots, \frac{\alpha^{(m-1)}}{\mathfrak{j}^{(m-1)}}$, und folglich $\frac{n(\alpha)}{n(\mathfrak{j})} = \frac{n(\alpha)}{a}$ prim zu a, d. h. es ist $n(\mathfrak{j}) = a = (a^m, n(\alpha)) = (n(a), n(\alpha))$.

§8. Der Fermatsche Satz in der Idealtheorie und die Funktion $\varphi(\mathfrak{a})$.

Auf Grund der nämlichen Schlüsse wie in der Theorie der rationalen Zahlen ergibt sich die folgende, dem Fermatschen Lehrsatz entsprechende Tatsache: [Dedekind (*1*)].

Satz 22. Ist $\mathfrak{p}$ ein Primideal vom Grade f, so genügt jede ganze Zahl ω des Körpers k der Kongruenz

$$\omega^{p^f} \equiv \omega, \quad (\mathfrak{p}).$$

Auch der verallgemeinerte Fermatsche Lehrsatz ist leicht auf die Körpertheorie übertragbar. Man beweist ferner ohne Mühe die folgenden Sätze: [Dedekind (*1*)].

Satz 23. Die Anzahl aller derjenigen nach einem Ideale $\mathfrak{a}$ einander inkongruenten Zahlen, welche prim zu $\mathfrak{a}$ sind, ist

$$\varphi(\mathfrak{a}) = n(\mathfrak{a})\left(1 - \frac{1}{n(\mathfrak{p}_1)}\right)\left(1 - \frac{1}{n(\mathfrak{p}_2)}\right)\cdots\left(1 - \frac{1}{n(\mathfrak{p}_r)}\right),$$

wo $\mathfrak{p}_1, \mathfrak{p}_2, \ldots, \mathfrak{p}_r$ die sämtlichen in $\mathfrak{a}$ aufgehenden und voneinander verschiedenen Primideale bedeuten. Für die Zahl φ gelten die beiden Formeln

$$\varphi(\mathfrak{a})\,\varphi(\mathfrak{b}) = \varphi(\mathfrak{a}\mathfrak{b}) \quad \text{und} \quad \sum \varphi(\mathfrak{t}) = n(\mathfrak{a}),$$

wo in der ersteren Formel $\mathfrak{a}$ und $\mathfrak{b}$ prim zueinander sind und in der letzteren sich die Summation über alle Idealteiler $\mathfrak{t}$ des Ideals $\mathfrak{a}$ erstreckt.

Satz 24. Jede zu dem Ideal $\mathfrak{a}$ prime ganze Zahl ω genügt der Kongruenz

$$\omega^{\varphi(\mathfrak{a})} \equiv 1, \quad (\mathfrak{a}).$$

So genügt beispielsweise jede durch ein Primideal $\mathfrak{p}$ vom Grade f nicht teilbare ganze Zahl ω des Körpers k der Kongruenz

$$\omega^{p^f(p^f-1)} \equiv 1, \quad (\mathfrak{p}^2).$$

Es gelten ferner die Tatsachen:

Satz 25. Wenn $\mathfrak{a}_1, \ldots, \mathfrak{a}_r$ Ideale bedeuten, von denen stets je zwei zueinander prim sind, und wenn $\alpha_1, \ldots, \alpha_r$ beliebige ganze Zahlen sind, so gibt es eine ganze Zahl ω, die den Kongruenzen

$$\omega \equiv \alpha_1, \quad (\mathfrak{a}_1), \ \ldots, \ \omega \equiv \alpha_r, \quad (\mathfrak{a}_r)$$

genügt.

Satz 26. Eine Kongruenz r-ten Grades nach dem Primideal $\mathfrak{p}$ von der Gestalt

$$\alpha x^r + \alpha_1 x^{r-1} + \cdots + \alpha_r \equiv 0, \quad (\mathfrak{p})$$

wo $\alpha, \alpha_1, \ldots, \alpha_r$ ganze Zahlen in k sind und $\alpha \not\equiv 0$ nach $\mathfrak{p}$ ist, besitzt höchstens r nach $\mathfrak{p}$ einander inkongruente Wurzeln.

Satz 27. Bedeutet $\mathfrak{p}$ ein in der rationalen Primzahl p aufgehendes Primideal, und ist α eine Wurzel der Kongruenz

$$a x^r + a_1 x^{r-1} + \cdots + a_r \equiv 0, \quad (\mathfrak{p}),$$

wo $a, a_1, \ldots, a_r$ ganze rationale Zahlen bedeuten, so ist auch α^p eine Wurzel dieser Kongruenz.

Beweis: Bezeichnen wir die linke Seite der obigen Kongruenz mit $F(x)$, so gilt nach dem Fermatschen Satze identisch in x die Kongruenz $F(x^p) \equiv (F(x))^p$ nach p, und diese Tatsache bedingt die Richtigkeit der Behauptung.

§ 9. Die Primitivzahlen nach einem Primideal.

Eine ganze Zahl ϱ des Körpers k heißt eine **Primitivzahl nach dem Primideal** $\mathfrak{p}$, wenn die $p^f - 1$ ersten Potenzen derselben sämtliche $p^f - 1$ einander inkongruenten, zu $\mathfrak{p}$ primen Zahlen nach $\mathfrak{p}$ darstellen. Es wird wiederum durch die entsprechenden Schlüsse wie in der Theorie der rationalen Zahlen leicht der Nachweis für folgende Tatsache geführt:

Satz 28. Es gibt $\Phi(p^f - 1)$ Primitivzahlen für das Primideal $\mathfrak{p}$, wo $\Phi(p^f - 1)$ die Anzahl der einander inkongruenten, zu $p^f - 1$ primen rationalen Reste nach $p^f - 1$ bezeichnet.

Eine Theorie der Primitivzahlen für die Potenzen eines Primideals $\mathfrak{p}$ ist bisher noch nicht entwickelt worden; dagegen erkennt man ohne Mühe die folgenden Tatsachen: [Dedekind (*6*)].

Satz 29. Ist $\mathfrak{p}$ ein beliebig vorgelegtes Primideal des Körpers k, so kann man stets in k eine Zahl ϱ finden von der Art, daß jede andere ganze Zahl des Körpers einer gewissen ganzen Funktion von ϱ mit ganzen rationalen Koeffizienten kongruent ist nach einer beliebig hohen Potenz $\mathfrak{p}^l$ des Primideals $\mathfrak{p}$.

Beweis. Ist ϱ^* eine beliebige Primitivzahl für $\mathfrak{p}$, so sind offenbar alle ganzen Zahlen in k kongruent gewissen ganzzahligen Funktionen von ϱ^* nach $\mathfrak{p}$. Es sei

$$P(\varrho^*) \equiv 0, \quad (\mathfrak{p})$$

die Kongruenz niedrigsten Grades nach $\mathfrak{p}$ mit ganzen rationalen Koeffizienten, welcher ϱ^* genügt. Ist der Grad der Funktion P gleich f', so kann kein Ausdruck von der Gestalt $a_1 + a_2\varrho^* + \cdots + a_{f'}\varrho^{*f'-1}$ mit ganzzahligen Koeffizienten $a_1, a_2, \ldots, a_{f'}$ nach $\mathfrak{p}$ kongruent 0 sein; es sei denn, daß sämtliche Koeffizienten $a_1, a_2, \ldots, a_{f'}$ kongruent 0 nach p sind. Da andererseits jede ganze Zahl des Körpers einem Ausdruck von der obigen Gestalt kongruent sein muß, so folgt $f' = f$.

In dem Fall, daß $P(\varrho^*) \equiv 0$ nach $\mathfrak{p}^2$ ist, setze man $\varrho = \varrho^* + \pi$, wo π eine durch $\mathfrak{p}$, aber nicht durch $\mathfrak{p}^2$ teilbare Zahl ist. Es ist dann, da nach Satz 27 $\dfrac{dP(\varrho^*)}{d\varrho^*} \equiv (\varrho^* - \varrho^{*p}) \cdots (\varrho^* - \varrho^{*p^{f-1}}) \not\equiv 0$ nach $\mathfrak{p}$ ist, notwendig

$$P(\varrho) = P(\varrho^* + \pi) \equiv P(\varrho^*) + \pi \frac{dP(\varrho^*)}{d\varrho^*} \not\equiv 0, \quad (\mathfrak{p}^2).$$

Die Zahl ϱ ist eine Zahl von der verlangten Beschaffenheit. Durchlaufen nämlich $\alpha_1, \alpha_2, \ldots, \alpha_l$ alle Ausdrücke von der Gestalt $a_1 + a_2\varrho + \cdots + a_f\varrho^{f-1}$, wo $a_1, a_2, \ldots, a_f$ Zahlen aus der Reihe $0, 1, \ldots, p-1$ bedeuten, so stellt, wie leicht ersichtlich, die Summe

$$\alpha_1 + \alpha_2 P(\varrho) + \cdots + \alpha_l \{P(\varrho)\}^{l-1}$$

lauter nach $\mathfrak{p}^l$ einander inkongruente ganze Zahlen dar, und da hier p^{fl} Zahlen vorliegen, so sind damit sämtliche nach $\mathfrak{p}^l$ inkongruenten Reste erschöpft. Offenbar kommt die gleiche Eigenschaft auch jeder Zahl zu, welche der Zahl ϱ nach $\mathfrak{p}^2$ kongruent ist.

Den letzteren Umstand benutzen wir zu der folgenden Darstellung des Ideals $\mathfrak{p}$:

Satz 30. Wenn ein Primideal $\mathfrak{p}$ vom f-ten Grade vorgelegt ist, so gibt es im Körper k stets eine ganze Zahl ϱ von der im Satze 29 verlangten Eigenschaft und überdies von der Art, daß man

$$\mathfrak{p} = (p, P(\varrho))$$

hat, wo $P(\varrho)$ eine ganze Funktion f-ten Grades von ϱ mit ganzen rationalen Koeffizienten ist.

Beweis: Es sei $p = \mathfrak{p}^e\mathfrak{a}$, wo das Ideal $\mathfrak{a}$ nicht durch $\mathfrak{p}$ teilbar ist. Ferner sei α eine nicht durch $\mathfrak{p}$, wohl aber durch $\mathfrak{a}$ teilbare ganze Zahl. Nach Satz 24 ist $\alpha^{p^f(p^f-1)} \equiv 1$ nach $\mathfrak{p}^2$. Ersetzen wir nun die im vorigen Beweise gefundene Zahl ϱ durch $\varrho\alpha^{p^f(p^f-1)}$, so behält diese neue Zahl ϱ die frühere Eigenschaft; da ferner der letzte Koeffizient der Funktion $P(\varrho)$ nicht durch p teilbar sein kann, so ist für die neue Zahl ϱ notwendig $P(\varrho)$ prim zu $\mathfrak{a}$, d. h. $\mathfrak{p} = (p, P(\varrho))$.

4. Die Diskriminante des Körpers und ihre Teiler.

§ 10. Der Satz über die Teiler der Diskriminante des Körpers. Hilfssätze über ganze Funktionen.

Die **Diskriminante** des Körpers k ist, wenn $\omega_1, \ldots, \omega_m$ eine Basis von k bedeutet, definiert durch die Gleichung

$$d = \begin{vmatrix} \omega_1, & \ldots, & \omega_m \\ \omega_1', & \ldots, & \omega_m' \\ \cdot & \cdot\;\cdot & \cdot \\ \omega_1^{(m-1)}, & \ldots, & \omega_m^{(m-1)} \end{vmatrix}^2;$$

sie ist eine ganze rationale Zahl. Für die Entwicklung der Körpertheorie ist die Untersuchung der in der Diskriminante des Körpers k aufgehenden idealen Faktoren von grundlegender Bedeutung. Es gilt der fundamentale Satz:

Satz 31. *Die Diskriminante d des Zahlkörpers k enthält alle und nur diejenigen rationalen Primzahlen als Faktoren, welche durch das Quadrat eines Primideals teilbar sind.*

Der Beweis dieses Satzes hat erhebliche Schwierigkeiten verursacht; er ist zum erstenmal von DEDEKIND geführt worden [DEDEKIND (*6*)]. HENSEL hat einen zweiten Beweis dieses Satzes gegeben und dadurch die KRONECKERsche Theorie der algebraischen Zahlen in einem wesentlichen Punkte ergänzt. Der HENSELsche Beweis beruht auf folgenden von KRONECKER geschaffenen Begriffen: [KRONECKER (*16*), HENSEL (*4*)].

Bedeuten $u_1, \ldots, u_m$ Unbestimmte, und ist $\omega_1, \ldots, \omega_m$ eine Basis, so heißt

$$\xi = \omega_1 u_1 + \cdots + \omega_m u_m$$

die **Fundamentalform** des Körpers k. Dieselbe genügt offenbar der Gleichung für x

$$(x - \omega_1 u_1 - \cdots - \omega_m u_m)(x - \omega_1' u_1 - \cdots - \omega_m' u_m) \cdots$$
$$\cdots (x - \omega_1^{(m-1)} u_1 - \cdots - \omega_m^{(m-1)} u_m) = 0,$$

welche die Gestalt

$$x^m + U_1 x^{m-1} + U_2 x^{m-2} + \cdots + U_m = 0$$

annimmt, wo $U_1, \ldots, U_m$ gewisse ganze Funktionen von $u_1, \ldots, u_m$ mit ganzen rationalen Koeffizienten sind. Diese Gleichung m-ten Grades heißt die **Fundamentalgleichung.** Um mit den eben definierten Begriffen operieren zu können, ist es nötig, die Sätze über die Zerlegung von ganzen Funktionen einer Veränderlichen x nach einer rationalen Primzahl p [SERRET (*1*)] auf den allgemeineren Fall zu übertragen, wo die ganzen Funktionen neben der einen Veränderlichen x noch die m Unbestimmten $u_1, \ldots, u_m$ als Parameter enthalten.

Im folgenden werde unter einer **ganzzahligen Funktion** stets eine solche ganze rationale Funktion der Veränderlichen oder Unbestimmten verstanden, deren Koeffizienten *ganze rationale* Zahlen sind. Es heiße ferner eine ganzzahlige Funktion $Z(x; u_1, \ldots, u_m)$ durch eine andere ganzzahlige Funktion $X(x; u_1, \ldots, u_m)$ **teilbar nach** p, wenn eine dritte ganzzahlige Funktion $Y(x; u_1, \ldots, u_m)$ existiert derart, daß identisch in den Veränderlichen $x, u_1, \ldots, u_m$ die Kongruenz

$$Z \equiv X\,Y, \quad (p)$$

besteht. Ist eine ganzzahlige Funktion P nach p durch keine andere Funktion teilbar außer durch solche Funktionen, die einer ganzen rationalen Zahl oder

der Funktion P selbst oder dem Produkte aus P in eine ganze rationale Zahl nach p kongruent sind, so heißt die Funktion P eine **Primfunktion nach** p. Wie in der Theorie der Funktionen *einer* Veränderlichen gelten auch hier die gewöhnlichen Gesetze der Teilbarkeit; insbesondere heben wir den durch das bekannte *Euklidische* Rekursionsverfahren leicht zu beweisenden Satz hervor:

Satz 32. Wenn zwei ganzzahlige Funktionen X und Y von $x, u_1, \ldots, u_m$ nach der rationalen Primzahl p keinen gemeinsamen Teiler haben, so gibt es eine ganzzahlige, nach p nicht der 0 kongruente Funktion U von $u_1, \ldots, u_m$ allein, so daß man

$$U \equiv AX + BY, \qquad (p)$$

hat, wo A und B geeignete ganzzahlige Funktionen von $x, u_1, \ldots, u_m$ sind.

Unser nächstes Ziel ist die Zerlegung der linken Seite F der Fundamentalgleichung in Primfunktionen nach der rationalen Primzahl p. Wir beweisen zunächst folgende Hilfssätze:

Hilfssatz 3. Wenn $\mathfrak{p}$ ein in p aufgehendes Primideal f-ten Grades bezeichnet, so gibt es stets nach p eine Primfunktion $\Pi(x; u_1, \ldots, u_m)$ vom f-ten Grade in x, welche, wenn man an Stelle von x die Fundamentalform ξ setzt, folgende Eigenschaften besitzt: die Koeffizienten der Potenzen und Produkte von $u_1, \ldots, u_m$ in der Funktion $\Pi(\xi; u_1, \ldots, u_m)$ sind durch $\mathfrak{p}$, aber nicht sämtlich durch $\mathfrak{p}^2$ und auch nicht sämtlich durch ein von $\mathfrak{p}$ verschiedenes, in p aufgehendes Primideal teilbar.

Beweis: Es sei $p = \mathfrak{p}^e \mathfrak{a}$, wo das Ideal $\mathfrak{a}$ nicht mehr durch $\mathfrak{p}$ teilbar ist. Ferner sei ϱ eine solche Primitivzahl nach $\mathfrak{p}$, welche die in den Sätzen 29 und 30 angegebenen Eigenschaften besitzt. $P(\varrho)$ sei eine wie dort bestimmte, zu $\mathfrak{p}$ gehörige ganzzahlige Funktion f-ten Grades von der Art, daß $\mathfrak{p} = (p, P(\varrho))$ ist. $P(x)$ ist Primfunktion nach p, weil sonst ϱ einer Kongruenz niederen als f-ten Grades nach $\mathfrak{p}$ genügen würde. Wir setzen

$$\varrho = a_1 \omega_1 + \cdots + a_m \omega_m,$$

wo $a_1, \ldots, a_m$ ganz rationale Zahlen sind, und nehmen den Koeffizienten von ϱ^f in $P(\varrho)$ gleich 1 an. Da $P(\varrho) \equiv 0$ nach $\mathfrak{p}$ ist, so folgt nach Satz 27, daß auch $P(\varrho^p) \equiv 0$, $P(\varrho^{p^2}) \equiv 0, \ldots, P(\varrho^{p^{f-1}}) \equiv 0$ nach $\mathfrak{p}$ ist, d. h. die Kongruenz $P(x) \equiv 0$ nach $\mathfrak{p}$ besitzt die f einander inkongruenten Wurzeln ϱ, $\varrho^p, \ldots, \varrho^{p^{f-1}}$, und es ist mithin identisch in x

$$P(x) \equiv (x - \varrho)(x - \varrho^p) \ldots (x - \varrho^{p^{f-1}}), \qquad (\mathfrak{p})$$

d. h. die elementarsymmetrischen Funktionen von $\varrho, \varrho^p, \ldots, \varrho^{p^{f-1}}$ sind sämtlich nach $\mathfrak{p}$ gewissen ganzen rationalen Zahlen kongruent.

Da jede ganze Zahl des Körpers k nach $\mathfrak{p}$ einer ganzzahligen Funktion von ϱ kongruent ist, so können wir die Fundamentalform

$$\xi \equiv L(\varrho; u_1, \ldots, u_m)$$

nach $\mathfrak{p}$ setzen, wo L eine ganzzahlige Funktion von ϱ, $u_1, \ldots, u_m$ bedeutet. Nach dem eben Bewiesenen ist der Ausdruck

$$(x - L(\varrho; u_1, \ldots, u_m))(x - L(\varrho^p; u_1, \ldots, u_m)) \ldots (x - L(\varrho^{p^{f-1}}; u_1, \ldots, u_m))$$

nach $\mathfrak{p}$ einer ganzzahligen Funktion von $x, u_1, \ldots, u_m$ kongruent; wir setzen ihn in die Gestalt

$$\Pi(x; u_1, \ldots, u_m) = x^f + V_1 x^{f-1} + \cdots + V_f,$$

wo $V_1, \ldots, V_f$ ganzzahlige Funktionen von $u_1, \ldots, u_m$ bedeuten. Offenbar genügt die Fundamentalform ξ, für x gesetzt, der Kongruenz

$$\Pi(x; u_1, \ldots, u_m) \equiv 0, \quad (\mathfrak{p}).$$

Da die Funktion $\Pi(x; a_1, \ldots, a_m) \equiv P(x)$ nach p ist, so folgt, daß auch $\mathfrak{p} = (p, \Pi(\varrho; a_1, \ldots, a_m))$ ist, und mithin sind die Koeffizienten der Potenzen und Produkte von $u_1, \ldots, u_m$ in $\Pi(\xi; u_1, \ldots, u_m)$ nicht sämtlich durch $\mathfrak{p}^2$ und auch nicht sämtlich durch ein von $\mathfrak{p}$ verschiedenes, in $\mathfrak{a}$ aufgehendes Primideal teilbar. Da $P(x)$ Primfunktion ist, so gilt das gleiche um so mehr von der Funktion $\Pi(x; u_1, \ldots, u_m)$.

Hilfssatz 4. Jede ganzzahlige Funktion $\Phi(x; u_1, \ldots, u_m)$, welche identisch in $u_1, \ldots, u_m$ nach $\mathfrak{p}$ dem Wert 0 kongruent wird, sobald man für x die Fundamentalform ξ einsetzt, ist nach p durch $\Pi(x; u_1, \ldots, u_m)$ teilbar.

Beweis: Im gegenteiligen Falle hätten Φ und Π nach p keinen Teiler gemein, und es müßte folglich nach Satz 32 eine nach p dem Wert 0 nicht kongruente ganzzahlige Funktion U von $u_1, \ldots, u_m$ allein existieren, so daß $U \equiv A\Phi + B\Pi$ nach p wird, wo A, B ganzzahlige Funktionen von $x, u_1, \ldots, u_m$ sind. Hieraus würde, wenn man für x die Fundamentalform ξ einsetzt, $U \equiv 0$ nach $\mathfrak{p}$ und folglich auch nach p sich ergeben, was nicht der Fall ist.

Hilfssatz 5. Ist Φ eine ganzzahlige Funktion von $x, u_1, \ldots, u_m$, welche identisch in $u_1, \ldots, u_m$ nach $\mathfrak{p}^e$ dem Wert 0 kongruent wird, wenn man für x die Fundamentalform ξ einsetzt, so muß notwendig Φ nach p durch Π^e teilbar sein.

Beweis: Setzen wir $\Phi \equiv \Pi^{e'} F$ nach p, wo $e' < e$ ist und F eine ganzzahlige Funktion von $x, u_1, \ldots, u_m$ bedeutet, die nach p nicht mehr durch Π teilbar ist, so folgt, daß sämtliche Koeffizienten der Potenzen und Produkte von $u_1, \ldots, u_m$ in $\{\Pi(\xi; u_1, \ldots, u_m)\}^{e'} F(\xi; u_1, \ldots, u_m)$ durch $\mathfrak{p}^e$ teilbar sein müssen. Wir denken uns nun sowohl $\Pi(\xi; u_1, \ldots, u_m)$ als $F(\xi; u_1, \ldots, u_m)$ nach fallenden Potenzen der Variabeln u_1 und die Koeffizienten der Potenzen von u_1 wiederum nach fallenden Potenzen von u_2 geordnet usf. Ist dann π der erste Koeffizient in $\Pi(\xi)$, welcher nicht durch $\mathfrak{p}^2$ teilbar ist, und zutreffendenfalls $\varkappa$ der erste Koeffizient in $F(\xi)$, welcher nicht durch $\mathfrak{p}$ teilbar ist, so würde $\pi^{e'}\varkappa \equiv 0$ nach $\mathfrak{p}^e$ folgen, was nicht möglich ist; d. h. sämtliche Koeffizienten von $F(\xi)$ sind durch $\mathfrak{p}$ teilbar, und hieraus folgt nach dem Hilfssatz 4, daß $F(x; u_1, \ldots, u_m)$ durch $\Pi(x; u_1, \ldots, u_m)$ nach p teilbar ist. Diese Folgerung widerspricht unserer Annahme.

§ 11. Die Zerlegung der linken Seite der Fundamentalgleichung. Die Diskriminante der Fundamentalgleichung.

Aus den Hilfssätzen 3, 4 und 5 folgen die nachstehenden wichtigen Tatsachen, welche die Zerlegung der linken Seite der Fundamentalgleichung betreffen:

Satz 33. Ist die Zerlegung der rationalen Primzahl p in Primideale durch die Formel $p = \mathfrak{p}^e \mathfrak{p}'^{e'} \ldots$ gegeben, so gestattet die linke Seite F der Fundamentalgleichung im Sinn der Kongruenz nach p die Darstellung

$$F \equiv \Pi^e \Pi'^{e'} \ldots, \qquad (p),$$

wo $\Pi, \Pi', \ldots$ gewisse verschiedene Primfunktionen von $x, u_1, \ldots, u_m$ nach p bedeuten; überdies ist, wenn

$$F = \Pi^e \Pi'^{e'} \ldots + pG$$

gesetzt wird, G eine ganzzahlige Funktion der Veränderlichen $x, u_1, \ldots, u_m$, welche nach p durch keine der Primfunktionen $\Pi, \Pi', \ldots$ teilbar ist.

Satz 34. Die aus der Fundamentalgleichung sich ergebende Kongruenz m-ten Grades

$$F(x; u_1, \ldots, u_m) \equiv 0, \quad (p)$$

ist zugleich die Kongruenz niedrigsten Grades mit ganzen rationalen Koeffizienten, welcher die Fundamentalform ξ, für x eingesetzt, nach p genügt.

Beweis: Es sei Φ eine ganzzahlige Funktion von $x, u_1, \ldots, u_m$ solcher Art, daß die Kongruenz $\Phi(x) \equiv 0$ nach p von der Fundamentalform ξ befriedigt wird. Ferner seien die voneinander verschiedenen, in p aufgehenden Primideale $\mathfrak{p}, \mathfrak{p}', \ldots$ bezüglich von den Graden $f, f', \ldots$; durch Bildung der Norm folgt $p^m = p^{fe+f'e'+\cdots}$, d. h. $m = fe + f'e' + \cdots$. Ferner mögen $\Pi, \Pi', \ldots$ bez. die zu den Primidealen $\mathfrak{p}, \mathfrak{p}', \ldots$ gehörigen Primfunktionen von $x, u_1, \ldots, u_m$ bedeuten, wie sie in den vorigen Hilfssätzen gebraucht worden sind. Aus dem Hilfssatz 5 folgt dann

$$\Phi \equiv \Pi^e \Pi'^{e'} \ldots \Psi, \qquad (p),$$

wo Ψ eine ganzzahlige Funktion bezeichnet. Da $\Pi, \Pi', \ldots$ bezüglich von den Graden $f, f', \ldots$ in x sind, so folgt, daß Φ mindestens vom m-ten Grade in x sein muß, und dieser Umstand liefert, wenn man an Stelle von Φ die linke Seite F der Fundamentalgleichung wählt, den ersten Teil des Satzes 33 und den Satz 34.

Wäre endlich $G(x)$ nach p etwa durch $\Pi(x)$ teilbar, so würde die Fundamentalform ξ, für x eingesetzt, der Kongruenz $G(x) \equiv 0$ nach $\mathfrak{p}$ und folglich auch der Kongruenz $\Pi^e(x)\,\Pi'^{e'}(x) \cdots \equiv 0$ nach $\mathfrak{p}^{e+1}$ genügen müssen, was nach Hilfssatz 5 nicht möglich ist. Damit ist auch der zweite Teil des Satzes 33 bewiesen.

Die gefundenen Tatsachen bedingen eine Reihe von wichtigen Diskriminantensätzen:

Satz 35. Der größte Zahlenfaktor der Diskriminante der Fundamentalgleichung ist gleich der Diskriminante des Körpers.

Beweis: Wir setzen

$$\left.\begin{aligned} 1 &= U_{11}\,\omega_1 + \cdots + U_{1m}\,\omega_m, \\ \xi &= U_{21}\,\omega_1 + \cdots + U_{2m}\,\omega_m, \\ &\cdots\cdots\cdots\cdots \\ \xi^{m-1} &= U_{m1}\,\omega_1 + \cdots + U_{mm}\,\omega_m, \end{aligned}\right\} \tag{2}$$

wo $U_{11}, \ldots, U_{mm}$ ganzzahlige Funktionen von $u_1, \ldots, u_m$ seien. Wäre nun die Determinante U dieser m^2 Funktionen eine solche Funktion, deren sämtliche Koeffizienten etwa durch die rationale Primzahl p teilbar sind, so gäbe es offenbar m nicht sämtlich dem Werte 0 nach p kongruente ganzzahlige Funktionen $V_1, \ldots, V_m$ von $u_1, \ldots, u_m$ der Art, daß identisch in $u_1, \ldots, u_m$

$$\begin{aligned} V_1 U_{11} + \cdots + V_m U_{m1} &\equiv 0, \quad (p) \\ &\cdots\cdots\cdots \\ V_1 U_{1m} + \cdots + V_m U_{mm} &\equiv 0, \quad (p) \end{aligned}$$

wird. Mithin müßte die Fundamentalform ξ der Kongruenz

$$V_1 + V_2\,\xi + \cdots + V_m\,\xi^{m-1} \equiv 0, \quad (p)$$

genügen, welche von niederem als m-tem Grade ist. Da dies nach Satz 34 nicht statthaben kann, so folgt, daß die Determinante U eine rationale Einheitsform ist.

Die Gleichungen (2) ergeben mit Hilfe des Multiplikationssatzes der Determinanten:

$$\begin{vmatrix} 1, & \xi, & \ldots, & \xi^{m-1} \\ 1, & \xi', & \ldots, & \xi'^{m-1}, \\ \cdot & \cdot & \cdot & \cdot \\ 1, & \xi^{(m-1)}, & \ldots, & (\xi^{(m-1)})^{m-1} \end{vmatrix} = U \begin{vmatrix} \omega_1, & \ldots, & \omega_m \\ \omega_1', & \ldots, & \omega_m' \\ \cdot & \cdot & \cdot \\ \omega_1^{(m-1)}, & \ldots, & \omega_m^{(m-1)} \end{vmatrix}.$$

Durch Quadrieren dieser Beziehung folgt $d(\xi) = U^2 d$ oder $d(\xi) \simeq d$, wo $d(\xi)$

die Diskriminante der Fundamentalgleichung und d die Körperdiskriminante bedeutet.

Durch Auflösung der Gleichungen (2) ergibt sich ferner die folgende Tatsache:

Satz 36. Jede ganze Zahl des Körpers k ist gleich einer ganzen rationalen Funktion $(m-1)$-ten Grades der Fundamentalform ξ, und zwar sind die Koeffizienten dieser Funktion ganzzahlige Funktionen von $u_1, \ldots, u_m$, dividiert durch die rationale Einheitsform U [Kronecker (*16*), Hensel (*4*)].

§ 12. Die Elemente und die Differente des Körpers. Beweis des Satzes über die Teiler der Körperdiskriminante.

Der Satz 35 gestattet die Zerlegung der Körperdiskriminante d in gewisse ideale Faktoren. Die $m-1$ Ideale

$$\begin{aligned} \mathfrak{e}' &= ((\omega_1 - \omega_1'), \quad \ldots, (\omega_m - \omega_m')), \\ \mathfrak{e}'' &= ((\omega_1 - \omega_1''), \quad \ldots, (\omega_m - \omega_m'')), \\ &\ldots\ldots\ldots\ldots \\ \mathfrak{e}^{(m-1)} &= ((\omega_1 - \omega_1^{(m-1)}), \ldots, (\omega_m - \omega_m^{(m-1)})) \end{aligned}$$

nenne ich die $m-1$ **Elemente** des Körpers k. Dieselben sind Ideale, welche im allgemeinen dem Zahlkörper k nicht angehören; dagegen ist das Produkt $\mathfrak{d} = \mathfrak{e}'\mathfrak{e}'' \ldots \mathfrak{e}^{(m-1)}$ ein Ideal[1] des Körpers k. Bedenken wir nämlich, daß die Elemente $\mathfrak{e}', \ldots, \mathfrak{e}^{(m-1)}$ bez. die Inhalte der Formen $\xi - \xi', \ldots, \xi - \xi^{(m-1)}$ sind, so erkennen wir nach Satz 13, daß das Ideal $\mathfrak{d}$ den Inhalt von der Differente der Fundamentalform, nämlich von

$$\frac{\partial F}{\partial \xi} = (\xi - \xi') \ldots (\xi - \xi^{(m-1)})$$

bildet, und diese ist eine Form des Körpers k. Das Ideal $\mathfrak{d}$ nenne ich die **Differente**[2] **des Körpers.** Die Norm derselben ist gleich dem größten Zahlenfaktor der Diskriminante der Fundamentalform, und, da dieser nach Satz 35 gleich d ist, so folgt der Satz:

Satz 37. Die Norm der Differente des Körpers ist gleich der Diskriminante des Körpers.

Aus der Kongruenz

$$\frac{\partial F(x)}{\partial x} \equiv e\,\Pi^{e-1} \frac{\partial \Pi}{\partial x} \Pi'^{e'} \cdots + e'\,\Pi^{e}\,\Pi'^{e'-1} \frac{\partial \Pi'}{\partial x} \cdots + \cdots, \qquad (p)$$

folgt ferner, daß die Differente des Körpers stets durch $\mathfrak{p}^{e-1}$ teilbar ist, und daß sie jedenfalls dann keine höhere Potenz von $\mathfrak{p}$ enthält, sobald der Exponent e zu p prim ist. Durch Übergang zur Norm ergibt sich hieraus, daß die

---

[1] Siehe Seite 93 Zeile 3 v. u. ff. [2] Nach Dedekind „das Grundideal".

Diskriminante des Körpers stets durch $p^{f(e-1)+f'(e'-1)+\cdots}$ teilbar ist und überdies jedenfalls dann keine höhere Potenz von p enthält, wenn sämtliche Exponenten $e, e', \ldots$ zu p prim sind; damit ist zugleich der am Anfang des § 10 aufgestellte Fundamentalsatz 31 bewiesen.

§ 13. Die Aufstellung der Primideale. Der feste Zahlteiler der rationalen Einheitsform U.

Die wirkliche Berechnung der in einer rationalen Primzahl p aufgehenden Primideale kann auf Grund des Satzes 33 durch Zerlegung der linken Seite der Fundamentalgleichung ausgeführt werden. Doch ist es von Nutzen zu wissen, unter welchen Umständen hierbei den Parametern $u_1, \ldots, u_m$ in der Fundamentalgleichung spezielle Werte beigelegt werden dürfen. Wir stellen zu dem Zweck die folgenden Betrachtungen an.

Die Diskriminanten aller ganzen algebraischen Zahlen des Körpers erhält man, wenn man in $U^2 d$ die Parameter $u_1, \ldots, u_m$ alle ganzen rationalen Zahlen durchlaufen läßt. Der größte gemeinsame Teiler aller dieser Diskriminanten braucht nicht mit der Körperdiskriminante d übereinzustimmen, da sehr wohl der Fall eintreten kann, daß die rationale Einheitsform U für alle ganzzahligen Werte der $u_1, \ldots, u_m$ eine Reihe von Zahlen mit einem festen Teiler $\neq \pm 1$ darstellt. Dieser Umstand setzt die Bedeutung des Gebrauchs der Unbestimmten $u_1, \ldots, u_m$ in helles Licht. Man findet auch leicht eine notwendige und hinreichende Bedingung dafür, daß die rationale Primzahl p ein solcher fester Teiler von U ist. Diese Bedingung besteht nämlich darin, daß U in die Gestalt

$$pV + (u_1^p - u_1)V_1 + \cdots + (u_m^p - u_m)V_m$$

gebracht werden kann, wo $V, V_1, \ldots, V_m$ ganzzahlige Funktionen von $u_1, \ldots, u_m$ sind [Hensel (*1, 2, 5*)].

Wenn es nun möglich ist, den Unbestimmten $u_1, \ldots, u_m$ solche ganzen rationalen Zahlenwerte $a_1, \ldots, a_m$ zu erteilen, daß für dieselben die rationale Einheitsform U eine durch p nicht teilbare Zahl wird, so darf bei der Zerlegung der rationalen Primzahl p die Fundamentalgleichung so spezialisiert werden, daß die Form ξ durch $\alpha = a_1\omega_1 + \cdots + a_m\omega_m$ ersetzt wird. In der Tat, unter der gemachten Annahme ist, wie leicht aus Satz 36 folgt, jede beliebige ganze Zahl ω des Körpers einer ganzzahligen Funktion von α nach p kongruent, und es ist daher eine ganzzahlige Funktion von niederem als m-tem Grade in α niemals durch p teilbar, wenn nicht ihre Koeffizienten sämtlich durch p teilbar sind. Bezeichnen wir die aus $\Pi(x; u_1, \ldots, u_m)$, $\Pi'(x; u_1, \ldots, u_m), \ldots$ durch die Substitution $u_1 = a_1, \ldots, u_m = a_m$ hervorgehenden Funktionen von x allein mit $P(x)$, $P'(x), \ldots$, so erkennen wir, daß diese Funktionen im Sinne der Kongruenz nach p voneinander verschiedene Primfunktionen sind, und daß

$$\mathfrak{p} = (p, P(\alpha)), \quad \mathfrak{p}' = (p, P'(\alpha)), \ldots$$

wird. In der Tat, würde etwa $P(\alpha)$ nach Forthebung des Faktors $\mathfrak{p}$ noch einen in p aufgehenden Primfaktor, z. B. $\mathfrak{p}'$, enthalten, so wäre

$$\{P(\alpha)\}^e \{P'(\alpha)\}^{e'-1} \{P''(\alpha)\}^{e''} \cdots \equiv 0\,, \quad (p)\,,$$

was nach obiger Bemerkung nicht der Fall sein kann, da die linke Seite dieser Kongruenz eine Funktion von niederem als m-tem Grade in α darstellt.

Umgekehrt gilt die leicht zu beweisende Tatsache: Wenn im Körper k die Zerlegung $p = \mathfrak{p}^e \mathfrak{p}'^{e'} \ldots$ gilt, wo $\mathfrak{p}, \mathfrak{p}', \ldots$ voneinander verschiedene Primideale bezüglich von den Graden $f, f', \ldots$ sind, und wenn man dann diesen Primidealen $\mathfrak{p}, \mathfrak{p}', \ldots$ ebenso viele ganzzahlige Funktionen $P(x), P'(x), \ldots$ der einen Veränderlichen x zuordnen kann, die im Sinne der Kongruenz nach p Primfunktionen bez. von den Graden $f, f', \ldots$ und untereinander verschieden sind, so läßt sich stets eine Zahl $\alpha = a_1\omega_1 + \cdots + a_m\omega_m$ finden, für welche der zugehörige Wert von U nicht durch p teilbar ist. Die Nichtexistenz solcher voneinander verschiedenen Primfunktionen $P(x), P'(x), \ldots$ im Sinne der Kongruenz nach der rationalen Primzahl p bildet daher eine neue notwendige und hinreichende Bedingung dafür, daß die Primzahl p als fester Zahlteiler in U auftritt [Dedekind (*4*)].

Jede der beiden in diesem Paragraphen gefundenen, wesentlich voneinander verschiedenen Bedingungen kann zur Berechnung numerischer Beispiele für Zahlkörper dienen, in deren U wirklich feste Zahlteiler $\neq \pm 1$ der fraglichen Weise enthalten sind [Dedekind (*4*), Kronecker (*16*), Hensel (*1, 2, 5*)].

Es ist jedoch zu bemerken, daß die Form U die Eigenschaft, feste Zahlteiler zu enthalten, verliert, wenn man in derselben die Unbestimmten $u_1, \ldots, u_m$ alle ganzen algebraischen Zahlen eines geeignet gewählten Zahlkörpers durchlaufen läßt, indem die sämtlichen durch U auf diese Art darstellbaren Zahlen den größten gemeinsamen Teiler 1 erhalten [Hensel (*5*)].

5. Der Relativkörper.

§ 14. Die Relativnorm, die Relativdifferente und die Relativdiskriminante.

Die Begriffe Norm, Differente und Diskriminante sind einer wichtigen Verallgemeinerung fähig.

Ist K ein Körper vom Grade M, welcher sämtliche Zahlen des Körpers k vom m-ten Grade enthält, so heißt k ein **Unterkörper** von K. Der Körper K wird der **Oberkörper** von k oder der **Relativkörper** in bezug auf k genannt. Es sei Θ eine den Körper K bestimmende Zahl. Unter den unendlich vielen Gleichungen mit algebraischen, in k liegenden Koeffizienten, denen die Zahl Θ genügt, habe die folgende Gleichung vom Grade r

$$\Theta^r + \alpha_1 \Theta^{r-1} + \cdots + \alpha_r = 0 \qquad (3)$$

den niedrigsten Grad; $\alpha_1, \ldots, \alpha_r$ sind dann bestimmte Zahlen in k. Der Grad r

heißt der **Relativgrad** des Körpers K in bezug auf k; es ist $M = rm$. Die Gleichung (3) vom r-ten Grade ist im Rationalitätsbereich k irreduzibel. Sind $\Theta', \ldots, \Theta^{(r-1)}$ die $r-1$ anderen Wurzeln der Gleichung (3), so heißen diese $r-1$ algebraischen Zahlen die **zu Θ relativ konjugierten Zahlen,** und die bez. durch $\Theta', \ldots, \Theta^{(r-1)}$ bestimmten Körper $K', \ldots, K^{(r-1)}$ heißen die zu K **relativ konjugierten Körper.** Ist A eine beliebige Zahl des Körpers K, und ist

$$A = \gamma_1 + \gamma_2 \Theta + \cdots + \gamma_r \Theta^{r-1},$$

wo $\gamma_1, \gamma_2, \ldots, \gamma_r$ Zahlen in k sind, so heißen die Zahlen

$$A' = \gamma_1 + \gamma_2 \Theta' + \cdots + \gamma_r \Theta'^{r-1},$$

$$\cdots\cdots\cdots\cdots$$

$$A^{(r-1)} = \gamma_1 + \gamma_2 \Theta^{(r-1)} + \cdots + \gamma_r (\Theta^{(r-1)})^{r-1}$$

die bez. durch die Substitutionen $T' = (\Theta : \Theta'), \ldots, T^{(r-1)} = (\Theta : \Theta^{(r-1)})$ aus A entspringenden oder **zu A relativ konjugierten Zahlen.** Wendet man auf die sämtlichen Zahlen eines Ideals $\mathfrak{J}$ die Substitution T' an, so heißt das dann entstehende Ideal $\mathfrak{J}'$ das durch T' aus $\mathfrak{J}$ entspringende oder **zu $\mathfrak{J}$ relativ konjugierte Ideal.**

Das Produkt einer Zahl A mit den relativ konjugierten Zahlen

$$N_k(A) = AA' \ldots A^{(r-1)}$$

heißt die **Relativnorm der Zahl** A bezüglich des Körpers oder Rationalitätsbereiches k. Die Relativnorm N_k ist eine Zahl in k. Ist $\mathfrak{J} = (A_1, \ldots, A_S)$ ein beliebiges Ideal in K, so heißt das Produkt von $\mathfrak{J}$ mit den sämtlichen relativ konjugierten Idealen von $\mathfrak{J}$

$$N_k(\mathfrak{J}) = \mathfrak{J}\mathfrak{J}' \cdots \mathfrak{J}^{(r-1)}$$

die **Relativnorm des Ideals** $\mathfrak{J}$. Die Relativnorm $N_k(\mathfrak{J})$ ist ein Ideal des Körpers k. Bedeuten nämlich $U_1, \ldots, U_S$ Unbestimmte, so sind die Koeffizienten des Ausdruckes

$$(A_1 U_1 + \cdots + A_S U_S)(A_1' U_1 + \cdots + A_S' U_S) \cdots (A_1^{(r-1)} U_1 + \cdots + A_S^{(r-1)} U_S)$$

ganze Zahlen in k, deren größter gemeinsamer Teiler nach Satz 13 mit jenem Idealprodukte übereinstimmen muß.

Wenn $\alpha_1, \ldots, \alpha_s$ beliebige Zahlen in k sind und $\mathfrak{j} = (\alpha_1, \ldots, \alpha_s)$ das durch sie bestimmte Ideal in k bezeichnet, so wird durch die nämlichen Zahlen auch zugleich ein Ideal $\mathfrak{J} = (\alpha_1, \ldots, \alpha_s)$ im Körper K bestimmt. Dieses Ideal $\mathfrak{J}$ ist als nicht verschieden von $\mathfrak{j}$ anzusehen. Ein Ideal $\mathfrak{J} = (A_1, \ldots, A_S)$ des Körpers K wird umgekehrt dann und nur dann auch als ein Ideal $\mathfrak{j}$ des Körpers k bezeichnet, wenn $\mathfrak{J}$ sich zugleich als größter gemeinsamer Teiler von gewissen ganzen Zahlen $\alpha_1, \ldots, \alpha_s$ des Körpers k darstellen läßt. Daß wir berechtigt sind, unter den angegebenen Umständen $(\alpha_1, \ldots, \alpha_s)$ zugleich als ein Ideal in k und in K anzusehen, lehrt der folgende Satz: Wenn $\alpha_1, \ldots, \alpha_s$

und $\alpha_1^*, \ldots, \alpha_{s^*}^*$ ganze Zahlen in k sind, so daß in K die beiden Ideale $\mathfrak{J} = (\alpha_1, \ldots, \alpha_s)$ und $\mathfrak{J}^* = (\alpha_1^*, \ldots, \alpha_{s^*}^*)$ miteinander übereinstimmen, so stimmen auch in k die beiden Ideale $\mathfrak{j} = (\alpha_1, \ldots, \alpha_s)$ und $\mathfrak{j}^* = (\alpha_1^*, \ldots, \alpha_{s^*}^*)$ miteinander überein. In der Tat, wegen der Voraussetzung gilt, wenn α^* eine der Zahlen $\alpha_1^*, \ldots, \alpha_{s^*}^*$ bedeutet, eine Gleichung von der Gestalt $\alpha^* = A_1\alpha_1 + \cdots + A_s\alpha_s$, wo $A_1, \ldots, A_s$ gewisse ganze Zahlen in K sind. Wenn wir nun von beiden Seiten dieser Gleichung die Relativnorm bilden, so erkennen wir, daß im Körper k die Zahl α^{*r} durch $\mathfrak{j}^r$ teilbar sein muß; infolgedessen ist in k auch α^* durch $\mathfrak{j}$ und daher auch $\mathfrak{j}^*$ durch $\mathfrak{j}$ teilbar. Da in gleicher Weise das Umgekehrte gezeigt werden kann, so haben wir notwendig in k die Gleichung $\mathfrak{j} = \mathfrak{j}^*$.

Der Ausdruck

$$\Delta_k(A) = (A - A')(A - A'') \cdots (A - A^{(r-1)})$$

stellt eine Zahl des Körpers K dar und heißt die **Relativdifferente der Zahl** A in bezug auf den Körper k. Der Ausdruck

$$D_k(A) = (A - A')^2 (A - A'')^2 \cdots (A^{(r-2)} - A^{(r-1)})^2$$

heißt die **Relativdiskriminante der Zahl** A. Dieselbe ist bis auf das Vorzeichen gleich der Relativnorm der Relativdifferente von A; es ist nämlich

$$D_k(A) = (-1)^{\frac{r(r-1)}{2}} N_k(\Delta_k(A)).$$

Sind $\Omega_1, \ldots, \Omega_M$ die M Basiszahlen des Körpers K, so heißt das durch Multiplikation der $r - 1$ Elemente

$$\begin{aligned} \mathfrak{E}' &= ((\Omega_1 - \Omega_1'), \quad \ldots, (\Omega_M - \Omega_M')), \\ &\cdots\cdots\cdots\cdots \\ \mathfrak{E}^{(r-1)} &= ((\Omega_1 - \Omega_1^{(r-1)}), \ldots, (\Omega_M - \Omega_M^{(r-1)})) \end{aligned}$$

entstehende Ideal

$$\mathfrak{D}_k = \mathfrak{E}' \mathfrak{E}'' \cdots \mathfrak{E}^{(r-1)}$$

die Relativdifferente des Körpers K in bezug auf k. Bezeichnet

$$\Xi = \Omega_1 U_1 + \cdots + \Omega_M U_M$$

die Fundamentalform von K, so ist die Relativdifferente von Ξ

$$\Delta_k(\Xi) = (\Xi - \Xi') \cdots (\Xi - \Xi^{(r-1)}).$$

Die Koeffizienten dieser Form sind Zahlen des Körpers K, und da nach dem Satze 13 der größte gemeinsame Teiler derselben die Relativdifferente $\mathfrak{D}_k$ ergeben muß, so ist $\mathfrak{D}_k$ ein Ideal des Körpers K.

Das Quadrat des größten gemeinsamen Teilers aller r-reihigen Determinanten der Matrix

$$\left| \begin{matrix} \Omega_1, & \Omega_2, & \ldots, & \Omega_M \\ \Omega_1', & \Omega_2', & \ldots, & \Omega_M' \\ \cdots & \cdots & \cdots & \cdots \\ \Omega_1^{(r-1)}, & \Omega_2^{(r-1)}, & \ldots, & \Omega_M^{(r-1)} \end{matrix} \right| \tag{4}$$

heißt die **Relativdiskriminante** D_k **des Körpers** K bezüglich k; dieselbe ist, wie leicht ersichtlich, ein Ideal des Körpers k.

§ 15. Eigenschaften der Relativdifferente und der Relativdiskriminante eines Körpers.

Hinsichtlich der soeben definierten Begriffe gelten folgende Sätze [Hilbert (4)]:

Satz 38. Die Relativdiskriminante des Körpers K in bezug auf den Unterkörper k ist gleich der Relativnorm der Relativdifferente von K, d. h.

$$D_k = N_k(\mathfrak{D}_k).$$

Beweis: Die Relativnorm von der Relativdifferente der Fundamentalform Ξ ist

$$N_k(\Delta_k(\Xi)) = \pm(\Xi - \Xi')^2(\Xi - \Xi'')^2 \cdots (\Xi^{(r-2)} - \Xi^{(r-1)})^2$$

$$= \pm \begin{vmatrix} 1, & \Xi, & \ldots, & \Xi^{r-1} \\ 1, & \Xi', & \ldots, & (\Xi')^{r-1} \\ \cdot & \cdot & \cdot & \cdot \\ 1, & \Xi^{(r-1)}, & \ldots, & (\Xi^{(r-1)})^{r-1} \end{vmatrix}^2 .$$

Andererseits ist das rechtsstehende Determinantenquadrat eine Form des Körpers K, deren Inhalt gleich der Relativdiskriminante D_k ist. Drücken wir nämlich die Terme der obigen Determinante linear durch $\Omega_1, \ldots, \Omega_M$ bezüglich durch die konjugierten Basiszahlen des Körpers K aus, wobei die Koeffizienten in diesen Ausdrücken ganzzahlige Funktionen von $U_1, \ldots, U_M$ sind, so erkennen wir, daß jenes Determinantenquadrat lauter durch D_k teilbare Koeffizienten besitzt. Umgekehrt zeigt eine Übertragung des Satzes 36, daß eine jede r-reihige Determinante der Matrix (4) nach Multiplikation mit der r-ten Potenz einer gewissen in den Parametern $U_1, \ldots, U_M$ geschriebenen rationalen Einheitsform durch das Differenzenprodukt

$$(\Xi - \Xi')(\Xi - \Xi'') \cdots (\Xi^{(r-2)} - \Xi^{(r-1)})$$

teilbar wird. Daraus folgt $N_k(\Delta_k(\Xi)) \simeq D_k$.

Satz 39. Bedeuten D und d die Diskriminanten des Oberkörpers K und des Unterkörpers k und bezeichnet $n(D_k)$ die Norm der Relativdiskriminante D_k, genommen im Körper k, so ist

$$D = \pm\, d^r\, n(D_k).$$

Beweis: Ist $\xi = \omega_1 u_1 + \cdots + \omega_m u_m$ die Fundamentalform des Körpers k, so genügt Ξ, für X gesetzt, einer Gleichung r-ten Grades in X von der Gestalt

$$\Phi(\mathsf{X}, \xi) = \Phi_0 \mathsf{X}^r + \Phi_1 \mathsf{X}^{r-1} + \cdots + \Phi_r = 0,$$

wo $\Phi_1, \ldots, \Phi_r$ ganzzahlige Funktionen von ξ und den Unbestimmten $u_1, \ldots, u_m, U_1, \ldots, U_M$ sind, und wo Φ_0 eine rationale Einheitsform der Unbestimmten $u_1, \ldots, u_m$ ist. Die übrigen Wurzeln der obigen Gleichung r-ten Grades sind $X = \Xi', \ldots, \Xi^{(r-1)}$. Sodann sei $\xi^{(h)}$ eine der $m - 1$ zu ξ konjugierten Fundamentalformen; die Wurzeln der Gleichung r-ten Grades $\Phi(X, \xi^{(h)}) = 0$ mögen mit $\Xi_{(h)}, \Xi'_{(h)}, \ldots, \Xi_{(h)}^{(r-1)}$ bezeichnet werden. Da nun ξ einer Gleichung m-ten Grades genügt, so ist offenbar jede Potenz von Ξ nach Multiplikation mit einer Potenz von Φ_0 gleich einer ganzen Funktion von ξ und Ξ, welche in ξ höchstens bis zum Grade $m - 1$ und in Ξ höchstens bis zum Grade $r - 1$ ansteigt, und deren Koeffizienten ganzzahlige Funktionen der Parameter $u_1, \ldots, u_m, U_1, \ldots, U_M$ sind. Infolgedessen ist notwendigerweise die Diskriminante der Fundamentalform Ξ nach Multiplikation mit einer Potenz von Φ_0 durch das Quadrat der $M = rm$-reihigen Determinante

$$\Delta = \left| \begin{array}{l} 1,\ \Xi,\ \ldots,\ \Xi^{r-1},\quad \xi,\ \xi\,\Xi,\ \ldots,\ \xi\,\Xi^{r-1},\quad \ldots \\ \qquad\qquad \ldots,\ \xi^{m-1},\ \xi^{m-1}\,\Xi,\ \ldots,\ \xi^{m-1}\,\Xi^{r-1} \\ 1,\ \Xi',\ \ldots,\ \Xi'^{r-1},\quad \xi,\ \xi\,\Xi',\ \ldots,\ \xi\,\Xi'^{r-1},\quad \ldots \\ \qquad\qquad \ldots,\ \xi^{m-1},\ \xi^{m-1}\,\Xi',\ \ldots,\ \xi^{m-1}\,\Xi'^{r-1} \\ \cdot\ \cdot\ \cdot\ \cdot\ \cdot\ \cdot\ \cdot\ \cdot\ \cdot\ \cdot\ \cdot\ \cdot\ \cdot\ \cdot\ \cdot \\ 1,\ \Xi^{(r-1)},\ \ldots,\ (\Xi^{(r-1)})^{r-1},\ \xi,\ \xi\,\Xi^{(r-1)},\ \ldots,\ \xi\,(\Xi^{(r-1)})^{r-1},\quad \ldots \\ \qquad\qquad \ldots,\ \xi^{m-1},\ \xi^{m-1}\,\Xi^{(r-1)},\ \ldots,\ \xi^{m-1}\,(\Xi^{(r-1)})^{r-1} \\ \cdot\ \cdot\ \cdot\ \cdot\ \cdot\ \cdot\ \cdot\ \cdot\ \cdot\ \cdot\ \cdot\ \cdot\ \cdot\ \cdot\ \cdot \end{array} \right.$$

teilbar; hierbei sind in dem Schema nur die ersten r Horizontalreihen hingeschrieben; die übrigen $r(m - 1)$ Horizontalreihen entstehen, wenn man der Reihe nach allen Buchstaben ξ die Zeichen $(h) = (1), \ldots, (m - 1)$ als obere Indizes und zugleich allen Buchstaben Ξ die nämlichen Zeichen als untere Indizes anfügt.

Drückt man nun die Elemente der Determinante Δ linear durch die Basiszahlen $\Omega_1, \ldots, \Omega_M$ und deren Konjugierte aus, so erkennen wir die Richtigkeit der Formel

$$\Delta = \left| \begin{array}{ll} \Omega_1, & \ldots, \Omega_M \\ \Omega'_1, & \ldots, \Omega'_M \\ \cdot\ \cdot\ \cdot & \cdot\ \cdot\ \cdot \\ \Omega_1^{(M-1)}, & \ldots, \Omega_M^{(M-1)} \end{array} \right| F,$$

wo F eine ganzzahlige Funktion der Parameter $u_1, \ldots, u_m, U_1, \ldots, U_m$ bedeutet. Hieraus folgt, daß der Zahlenfaktor des Quadrates von Δ durch D teilbar ist. Da aber der Zahlenfaktor der Diskriminante von Ξ nach Satz 35 $= D$ wird, so folgt aus obiger Entwicklung, daß auch umgekehrt D durch den Zahlenfaktor des Quadrates von Δ teilbar ist; d. h. der Zahlenfaktor von Δ^2 ist gleich D.

Aus elementaren Sätzen der Determinantentheorie ergibt sich nun die Identität

$$\Delta = \begin{vmatrix} 1, & \xi, & \ldots, & \xi^{m-1} \\ 1, & \xi', & \ldots, & \xi'^{m-1} \\ \cdot & \cdot & \cdot & \cdot \\ 1, & \xi^{(m-1)}, & \ldots, & (\xi^{(m-1)})^{m-1} \end{vmatrix}^r \Pi,$$

wo

$$\Pi = \begin{vmatrix} 1, & \Xi, & \ldots, & \Xi^{r-1} \\ 1, & \Xi', & \ldots, & \Xi'^{r-1} \\ \cdot & \cdot & \cdot & \cdot \\ 1, & \Xi^{(r-1)}, & \ldots, & (\Xi^{(r-1)})^{r-1} \end{vmatrix} \begin{vmatrix} 1, & \Xi_{(1)}, & \ldots, & \Xi_{(1)}^{r-1} \\ 1, & \Xi'_{(1)}, & \ldots, & \Xi'^{r-1}_{(1)} \\ \cdot & \cdot & \cdot & \cdot \\ 1, & \Xi^{(r-1)}_{(1)}, & \ldots, & (\Xi^{(r-1)}_{(1)})^{r-1} \end{vmatrix} \cdots$$

$$\cdots \begin{vmatrix} 1, & \Xi_{(m-1)}, & \ldots, & \Xi_{(m-1)}^{r-1} \\ 1, & \Xi'_{(m-1)}, & \ldots, & \Xi'^{r-1}_{(m-1)} \\ \cdot & \cdot & \cdot & \cdot \\ 1, & \Xi^{(r-1)}_{(m-1)}, & \ldots, & (\Xi^{(r-1)}_{(m-1)})^{r-1} \end{vmatrix}$$

gesetzt ist, und hieraus folgt unmittelbar der Satz 39.

Der eben bewiesene Satz 39 zeigt nicht nur, daß die Diskriminante eines Körpers durch die Diskriminante eines jeden Unterkörpers teilbar ist, sondern gibt eine gewisse Potenz der letzteren an, welche in der Diskriminante des Oberkörpers aufgeht, und deckt auch zugleich die einfache Bedeutung des übrig bleibenden Faktors der Diskriminante des Oberkörpers auf.

§ 16. Die Zerlegung eines Elementes des Körpers k im Oberkörper K. Der Satz von der Differente des Oberkörpers K.

Satz 40. *Jedes Element des Unterkörpers k ist dem Produkt von gewissen r Elementen des Oberkörpers K gleich, und zwar gelten die Formeln*:

$$\xi - \xi^{(h)} \simeq (\Xi - \Xi_{(h)})(\Xi - \Xi'_{(h)}) \cdots (\Xi - \Xi^{(r-1)}_{(h)})$$

$$\simeq (\Xi - \Xi_{(h)})(\Xi' - \Xi_{(h)}) \cdots (\Xi^{(r-1)} - \Xi_{(h)}).$$

Beweis: Ist

$$F(\mathsf{X}) = \mathsf{X}^M + F_1 \mathsf{X}^{M-1} + \cdots + F_M = 0$$

die Fundamentalgleichung M-ten Grades des Körpers K, wobei $F_1, \ldots, F_M$ ganzzahlige Funktionen von $U_1, \ldots, U_M$ bedeuten, so gilt identisch in X die Gleichung

$$\Phi_0^m F(\mathsf{X}) = \Phi(\mathsf{X}, \xi)\,\Phi(\mathsf{X}, \xi') \cdots \Phi(\mathsf{X}, \xi^{(m-1)}).$$

Die Differente der Fundamentalform Ξ ist mithin wegen $\Phi(\Xi, \xi) = 0$ durch die Formel

$$\Delta(\Xi) = \frac{\partial F(\Xi)}{\partial \Xi} = \frac{1}{\Phi_0^m} \frac{\partial \Phi(\Xi, \xi)}{\partial \Xi} \Phi(\Xi, \xi') \cdots \Phi(\Xi, \xi^{(m-1)})$$

dargestellt. Nun ist einerseits

$$\Phi(\Xi, \xi^{(h)}) = \Phi_0(\Xi - \Xi_{(h)})(\Xi - \Xi'_{(h)}) \cdots (\Xi - \Xi_{(h)}^{(r-1)}), \qquad (h = 1, 2, \ldots, m-1) \tag{5}$$

und andererseits ist

$$\Phi(\Xi, \xi^{(h)}) = \Phi(\Xi, \xi^{(h)}) - \Phi(\Xi, \xi) = (\xi - \xi^{(h)})G^{(h)}, \tag{6}$$

wo $G^{(h)}$ eine ganze algebraische Form bedeutet; aus diesen Formeln folgt:

$$\Phi_0^m \frac{\partial F(\Xi)}{\partial \Xi} = \frac{\partial \Phi(\Xi, \xi)}{\partial \Xi}(\xi - \xi') \cdots (\xi - \xi^{(m-1)})\, G' \cdots G^{(m-1)}.$$

Da $\frac{1}{\Phi_0} \frac{\partial \Phi(\Xi, \xi)}{\partial \Xi}$ die Relativdifferente von Ξ darstellt, so folgt nach Satz 13 aus der letzten Formel

$$\mathfrak{D} = \mathfrak{D}_k \mathfrak{d} \mathfrak{J}, \tag{7}$$

wo $\mathfrak{D}$ die Differente von K, $\mathfrak{D}_k$ die Relativdifferente von K in bezug auf k, $\mathfrak{d}$ die Differente von k und wo $\mathfrak{J}$ dasjenige Ideal bedeutet, welches den Inhalt der Form $G' \ldots G^{(m-1)}$ ausmacht. Durch Normbildung ergibt sich $D = n(D_k) d^r N(\mathfrak{J})$, und folglich ist nach Satz 39 $N(\mathfrak{J}) = 1$, d. h. $\mathfrak{J} = 1$. Die Formen $G', \ldots, G^{(m-1)}$ sind daher sämtlich Einheitsformen, und die Formeln (5) und (6) beweisen unseren Satz 40.

Der Satz 40 liefert die Zerlegung der Elemente des Körpers k im Oberkörper K; er ist das Fundament der Theorie der Diskriminanten. Die Formel (7) liefert überdies die wichtige Tatsache:

Satz 41. Die Differente $\mathfrak{D}$ des Körpers K ist gleich dem Produkt der Relativdifferente $\mathfrak{D}_k$ von K in bezug auf den Unterkörper k und der Differente $\mathfrak{d}$ des Körpers k, d. h. es ist

$$\mathfrak{D} = \mathfrak{D}_k \mathfrak{d}.$$

Nach diesem Satze ist das Verhalten der Differenten beim Übergange von dem Unterkörper in den Oberkörper von merkwürdiger Einfachheit: man bekommt die Differente des höheren Körpers, indem man die Differente des niederen Körpers mit der betreffenden Relativdifferente multipliziert.

6. Die Einheiten des Körpers.

§ 17. Die Existenz konjugierter Zahlen, deren absolute Beträge gewissen Ungleichungen genügen.

Nachdem in Kapitel 2 die Teilbarkeitsgesetze der Zahlen eines algebraischen Körpers ausführlich behandelt sind, gehen wir dazu über, diejenigen Wahrheiten zu entwickeln, bei deren Ergründung der Größenbegriff eine wesentliche Rolle spielt. Das wichtigste Hilfsmittel bei diesen Untersuchungen bildet der folgende Satz [Minkowski (*3*)]:

Hilfssatz 6. Sind

$$f_1 = a_{11} u_1 + \cdots + a_{1m} u_m,$$
$$\cdots\cdots\cdots\cdots$$
$$f_m = a_{m1} u_1 + \cdots + a_{mm} u_m$$

m lineare homogene Formen von $u_1, \ldots, u_m$ mit beliebigen reellen Koeffizienten $a_{11}, \ldots, a_{mm}$ und der Determinante 1, so kann man $u_1, \ldots, u_m$ stets als ganze rationale Zahlen, die nicht sämtlich 0 sind, so bestimmen, daß die Werte jener m Formen $f_1, \ldots, f_m$, absolut genommen, sämtlich $\leqq 1$ werden.

Dieser Satz erhält durch eine leichte Umformung die Gestalt:

Hilfssatz 7. Sind $f_1, \ldots, f_m$ m lineare homogene Formen von $u_1, \ldots, u_m$ mit beliebigen reellen Koeffizienten und der positiven Determinante A, und bedeuten $\varkappa_1, \ldots, \varkappa_m$ beliebige positive Konstante, deren Produkt gleich A ist, so kann man $u_1, \ldots, u_m$ stets als ganze rationale Zahlen, die nicht sämtlich 0 sind, so bestimmen, daß die absoluten Werte jener m Formen den Bedingungen

$$|f_1| \leqq \varkappa_1, \ \ldots, \ |f_m| \leqq \varkappa_m$$

genügen.

Es sei bemerkt, daß in diesem Kapitel, abweichend von dem Früheren, der Körper k und die $m-1$ zu k konjugierten Körper bezüglich mit $k = k^{(1)}, k^{(2)}, \ldots, k^{(m)}$ und dem entsprechend allgemein die in $k^{(s)}$ liegenden, zu $\omega_1, \ldots, \omega_m$ konjugierten Basiszahlen mit $\omega_1^{(s)}, \ldots, \omega_m^{(s)}$ bezeichnet werden.

Den Hilfssatz 7 verwenden wir zum Beweise der folgenden Tatsache:

Satz 42. Sind $\varkappa_1, \ldots, \varkappa_m$ beliebige reelle positive Konstante, deren Produkt gleich $|\sqrt{d}|$ ist, und die den Bedingungen $\varkappa_s = \varkappa_{s'}$ genügen, falls $k^{(s)}$ und $k^{(s')}$ konjugiert imaginäre Körper sind, so gibt es im Körper k immer eine ganze von 0 verschiedene Zahl ω so, daß

$$|\omega^{(1)}| \leqq \varkappa_1, \ \ldots, \ |\omega^{(m)}| \leqq \varkappa_m$$

wird.

Beweis: Wir ordnen den Körpern $k^{(1)}, \ldots, k^{(m)}$ gewisse Linearformen zu, und zwar nach folgendem Gesichtspunkte: Ist $k^{(r)}$ ein reeller Körper, so ordnen wir demselben die Linearform

$$f_r = \omega_1^{(r)} u_1 + \cdots + \omega_m^{(r)} u_m$$

zu; ist dagegen $k^{(s)}$ ein imaginärer Körper und $k^{(s')}$ der zu demselben konjugiert imaginäre Körper, so ordnen wir den beiden Körpern $k^{(s)}$ und $k^{(s')}$ die beiden Linearformen

$$\left.\begin{aligned} f_s &= \frac{1}{\sqrt{2}} \{(\omega_1^{(s)} + \omega_1^{(s')}) u_1 + \cdots + (\omega_m^{(s)} + \omega_m^{(s')}) u_m\}, \\ f_{s'} &= \frac{1}{i\sqrt{2}} \{(\omega_1^{(s)} - \omega_1^{(s')}) u_1 + \cdots + (\omega_m^{(s)} - \omega_m^{(s')}) u_m\} \end{aligned}\right\} \quad (8)$$

zu, deren Koeffizienten wiederum reell sind. Die Determinante der m Formen $f_1, \ldots, f_m$ ist, absolut genommen, $= |\sqrt{d}|$. Der Hilfssatz 7 liefert dann unmittelbar die Behauptung, wenn man berücksichtigt, daß für die Paare imaginärer Körper

$$f_s^2 + f_{s'}^2 = 2|\omega_1^{(s)} u_1 + \cdots + \omega_m^{(s)} u_m|^2$$

ist.

Andererseits folgt leicht die Tatsache:

Satz 43. Wenn der Grad m und eine beliebige positive Konstante $\varkappa$ gegeben ist, so existiert nur eine endliche Anzahl von ganzen algebraischen Zahlen m-ten Grades, die nebst allen ihren Konjugierten, absolut genommen, $< \varkappa$ sind.

Beweis: Die m ganzzahligen Koeffizienten der Gleichung, der eine solche ganze Zahl genügt, müssen absolut sämtlich unterhalb einer nur von m und $\varkappa$ abhängigen Grenze liegen; sie sind daher ihrer Anzahl nach beschränkt.

§ 18. Sätze über die absolute Größe der Körperdiskriminante.

Wir beweisen die beiden folgenden Sätze:

Satz 44. *Die Diskriminante d eines Zahlkörpers k ist stets verschieden von* ± 1 [Minkowski (*1, 2, 3*)].

Satz 45. *Es gibt nur eine endliche Anzahl von Körpern m-ten Grades mit gegebener Diskriminante d* [Hermite (*1, 2*), Minkowski (*3*)].

Zum Beweise dieser Sätze dient der folgende Hilfssatz:

Hilfssatz 8. Wenn $f_1, \ldots, f_m$ die in Formel (8) definierten m reellen Linearformen der Unbestimmten $u_1, \ldots, u_m$ bedeuten, so existiert im Körper k stets eine solche von 0 verschiedene ganze Zahl $\alpha = a_1 \omega_1 + \cdots + a_m \omega_m$, für welche die absoluten Beträge dieser Formen für $u_1 = a_1, \ldots, u_m = a_m$ den Bedingungen

$$|f_1| \leqq |\sqrt{d}|, \quad |f_2| < 1, \quad |f_3| < 1, \ \ldots, \ |f_m| < 1 \tag{9}$$

genügen.

Beweis: Nach Satz 43 kann es nur eine endliche Anzahl von ganzen Zahlen $\alpha, \alpha_1, \alpha_2, \ldots$ im Körper k geben, welche die Bedingungen

$$|f_1| < |\sqrt{d}| + 1, \quad |f_2| < 1, \ \ldots, \ |f_m| < 1$$

erfüllen. Diejenige unter diesen Zahlen $\alpha, \alpha_1, \alpha_2, \ldots$, für welche $|f_1|$ den kleinsten Wert besitzt, sei α, und dieser kleinste Wert selbst werde mit φ bezeichnet. Sollte es keine solche Zahl α geben, so setze man $\varphi = |\sqrt{d}| + 1$. Fällt nun $\varphi \leqq |\sqrt{d}|$ aus, so ist die Richtigkeit des Hilfssatzes 8 offenbar. Im anderen Falle bestimmen wir eine positive Zahl ε derart, daß $(1+\varepsilon)^{m-1} |\sqrt{d}| < \varphi$ wird. Nach Hilfssatz 7 gibt es dann stets ein System ganzer rationaler Zahlen $u_1, \ldots, u_m$, die nicht sämtlich Null sind, von der Art, daß

$$|f_1| \leqq (1+\varepsilon)^{m-1} |\sqrt{d}|, \quad |f_2| \leqq \frac{1}{1+\varepsilon}, \ \ldots, \ |f_m| \leqq \frac{1}{1+\varepsilon}$$

und folglich

$$|f_1| < \varphi, \qquad |f_2| < 1, \ \ldots, \qquad |f_m| < 1$$

wird; dies steht mit der von uns getroffenen Wahl der Zahl α im Widerspruch.

Um nun die beiden Sätze 44 und 45 zu beweisen, verfahren wir wie folgt. Ist $k = k^{(1)}$ ein reeller Körper, so ist die Form f_1 eine völlig bestimmte. Ist jedoch $k^{(1)}$ ein imaginärer Körper und $k^{(2)}$ der zu ihm konjugierte, so stehen uns für f_1 zwei Formen zur Auswahl; wir setzen

$$f_1 = \frac{1}{i\sqrt{2}} \{(\omega_1^{(1)} - \omega_1^{(2)}) u_1 + \cdots + (\omega_m^{(1)} - \omega_m^{(2)}) u_m\}.$$

Die Reihenfolge, in der wir die übrigen Formen $f_2, \ldots, f_m$ annehmen, ist gleichgültig. Der Hilfssatz 8 zeigt die Existenz einer ganzen Zahl α, welche den Bedingungen (9) genügt. Andererseits ist

$$\prod_{(r)} |f_r| \prod_{s,s'} \frac{f_s^2 + f_{s'}^2}{2} = |n(\alpha)|,$$

wo das erste Produkt über alle Formen f_r, das zweite über alle Formenpaare f_s, $f_{s'}$ zu erstrecken ist. Da notwendig $|n(\alpha)| \geqq 1$ ausfällt, so folgt $|f_1| > 1$ und daher $|\sqrt{d}| > 1$, womit der Satz 44 bewiesen ist.

Zugleich folgt aus den Ungleichungen $|f_1| > 1$, $|f_2| < 1$, $|f_3| < 1, \ldots,$ $|f_m| < 1$, daß α eine Zahl des Körpers $k = k^{(1)}$ ist, welche sich von allen ihren Konjugierten unterscheidet, d. h. es ist die Differente $\delta(\alpha) \neq 0$. Nach der Bemerkung auf S. 71 unten ist daher α eine den Körper k bestimmende Zahl. Da ferner d eine vorgeschriebene Zahl ist, so gibt es nach Satz 43 nur eine endliche Anzahl von ganzen algebraischen Zahlen m-ten Grades, welche nebst ihren Konjugierten den Bedingungen (9) genügen, und daraus folgt unmittelbar die Richtigkeit des Satzes 45.

Der Satz 44 spricht die das Wesen der algebraischen Zahl tief berührende Eigenschaft aus, daß die Diskriminante eines jeden Zahlkörpers mindestens *eine* Primzahl enthalten muß.

Wenn wir statt des zu Anfang dieses Abschnitts genannten und dieser ganzen Untersuchung zugrunde liegenden Hilfssatzes 6 einen ebenfalls von Minkowski aufgestellten schärferen Satz benutzen, so führt die nämliche Schlußweise auf die Tatsache, daß der absolute Betrag der Diskriminante eines Körpers m-ten Grades sicherlich immer die Größe $\left(\frac{\pi}{4}\right)^{2r_2} \left(\frac{m^m}{m!}\right)^2$ und daher um so mehr die Größe $\left(\frac{\pi}{4}\right)^{2r_2} \frac{e^{2m - \frac{1}{6m}}}{2\pi m}$ übertrifft, wo r_2 die Anzahl derjenigen imaginären Körperpaare bedeutet, welche unter den m konjugierten Körpern $k^{(1)}, \ldots, k^{(m)}$ vorhanden sind [Minkowski (*1*, *2*, *3*)].

Die letztere Tatsache, in entsprechender Weise verwertet, zeigt, daß auch unter den Körpern aller möglicher Grade nur eine endliche Anzahl vorhanden sein kann, welche die vorgeschriebene Diskriminante d besitzt.

Aus den nämlichen Prinzipien folgt noch eine Tatsache, die für das nächste Kapitel 7 von Wichtigkeit ist [Minkowski (*1*, *3*)]:

Satz 46. Ist $\mathfrak{a}$ ein vorgelegtes Ideal des Körpers k, so gibt es stets eine ganze von 0 verschiedene Zahl α des Körpers, welche durch $\mathfrak{a}$ teilbar ist, und deren Norm der Bedingung

$$|n(\alpha)| \leqq |n(\mathfrak{a})\sqrt{d}|$$

genügt.

Beweis: Sind

$$\begin{aligned} \iota_1 &= a_{11}\,\omega_1 + \cdots + a_{1m}\,\omega_m, \\ &\cdots\cdots\cdots\cdots \\ \iota_m &= a_{m1}\,\omega_1 + \cdots + a_{mm}\,\omega_m \end{aligned}$$

die m Basiszahlen des Ideals $\mathfrak{a}$, so mögen aus denselben genau, wie dies vorhin mittels $\omega_1, \ldots, \omega_m$ geschah, m lineare Formen $f_1, \ldots, f_m$ mit reellen Koeffizienten gebildet werden; die Determinante dieser m Formen ist dann dem Werte nach gleich

$$\begin{vmatrix} \iota_1^{(1)}, & \ldots, & \iota_m^{(1)} \\ \cdot & \cdot & \cdot \\ \iota_1^{(m)}, & \ldots, & \iota_m^{(m)} \end{vmatrix} = \begin{vmatrix} a_{11}, & \ldots, & a_{1m} \\ \cdot & \cdot & \cdot \\ a_{m1}, & \ldots, & a_{mm} \end{vmatrix} \begin{vmatrix} \omega_1^{(1)}, & \ldots, & \omega_m^{(1)} \\ \cdot & \cdot & \cdot \\ \omega_1^{(m)}, & \ldots, & \omega_m^{(m)} \end{vmatrix}$$

und folglich nach Satz 19, absolut genommen, gleich $|n(\mathfrak{a})\sqrt{d}|$. Ordnen wir nun den Formen $f_1, \ldots, f_m$ je eine von irgend m reellen positiven Konstanten $\varkappa_1, \ldots, \varkappa_m$ zu, deren Produkt $= |n(\mathfrak{a})\sqrt{d}|$ ist, und welche den Bedingungen $\varkappa_s = \varkappa_{s'}$ genügen, falls $k^{(s)}$ und $k^{(s')}$ konjugiert imaginäre Körper sind, so folgt aus Satz 42 die Richtigkeit des Satzes 46.

§ 19. Der Satz von der Existenz der Einheiten eines Körpers. Ein Hilfssatz über die Existenz einer Einheit von besonderer Eigenschaft.

Die wichtigste Grundlage für das tiefere Studium der ganzen algebraischen Zahlen bildet der folgende fundamentale Satz über die Einheiten des Körpers k [Dirichlet (*13, 14, 16*), Dedekind (*1*), Kronecker (*18, 20*), Minkowski (*3*)].

Eine ganze Zahl ε des Körpers k, deren reziproker Wert $\frac{1}{\varepsilon}$ wiederum eine ganze Zahl ist, heißt eine **Einheit** des Körpers k. Die Norm einer Einheit ist $= \pm 1$; umgekehrt, wenn die Norm einer ganzen Zahl des Körpers $= \pm 1$ wird, so ist diese eine Einheit des Körpers.

Satz 47. *Sind unter den m konjugierten Körpern $k^{(1)}, \ldots, k^{(m)}$ r_1 reelle Körper und $r_2 = \frac{m - r_1}{2}$ imaginäre Körperpaare vorhanden, so gibt es im Körper $k = k^{(1)}$ ein System von $r = r_1 + r_2 - 1$ Einheiten $\varepsilon_1, \ldots, \varepsilon_r$ von der Beschaffenheit, daß jede vorhandene Einheit ε des Körpers k auf eine und nur auf eine Weise in der Gestalt*

$$\varepsilon = \varrho\,\varepsilon_1^{a_1} \cdots \varepsilon_r^{a_r}$$

dargestellt werden kann, wo $a_1, \ldots, a_r$ ganze rationale Zahlen sind, und wo ϱ eine in k vorkommende Einheitswurzel bedeutet.

Um den Beweis dieses Satzes vorzubereiten, ordnen wir die m konjugierten Körper $k^{(1)}, \ldots, k^{(m)}$ in bestimmter Weise, wie folgt, an. Voran stellen wir die r_1 reellen Körper $k^{(1)}, \ldots, k^{(r_1)}$; dann wählen wir aus jedem der r_2 Paare konjugiert imaginärer Körper je einen aus; diese Körper seien: $k^{(r_1+1)}, \ldots, k^{(r_1+r_2)}$; darauf lassen wir die zu diesen konjugiert imaginären Körper folgen: $k^{(r_1+r_2+1)}, \ldots, k^{(m)}$. Wir bilden nun mit den m beliebigen reellen Veränderlichen $u_1, \ldots, u_m$ die m Linearformen

$$\xi_s = \omega_1^{(s)} u_1 + \cdots + \omega_m^{(s)} u_m, \qquad (s = 1, 2, \ldots, m)$$

und schreiben noch $\xi_1 = \xi$. Sind $\xi_1, \ldots, \xi_m$ sämtlich $\neq 0$, so setzen wir im Falle, daß $k^{(s)}$ ein reeller Körper ist,

$$\log|\xi_s| = l_s(\xi)$$

und im Falle, daß $k^{(s)}$ und $k^{(s')}$ konjugiert imaginäre Körper sind,

$$\log(\xi_s) = \tfrac{1}{2} l_s(\xi) - i\, l_{s'}(\xi),$$
$$\log(\xi_{s'}) = \tfrac{1}{2} l_s(\xi) + i\, l_{s'}(\xi),$$

wo $l_1(\xi), \ldots, l_m(\xi)$ sämtlich reelle Größen sind und insbesondere die Werte $l_{s'}(\xi)$ den Ungleichungen

$$0 \leqq l_{s'}(\xi) < 2\pi$$

genügen sollen; die Größen $l_1(\xi), \ldots, l_m(\xi)$ sind hierdurch als eindeutige reelle Funktionen der reellen Veränderlichen $u_1, \ldots, u_m$ definiert; sie sollen die **Logarithmen zur Form** ξ heißen. Bezeichnet ferner $l n(\xi)$ den reellen Teil des Logarithmus von $n(\xi)$, so ist

$$l_1(\xi) + \cdots + l_{r+1}(\xi) = l n(\xi).$$

Sind $u_1, \ldots, u_m$ ganze rationale Zahlen, die nicht sämtlich verschwinden, so stellt $\xi = \xi_1$ eine ganze von 0 verschiedene Zahl α des Körpers $k = k^{(1)}$ dar. Die Größen $l_1(\xi), \ldots, l_m(\xi)$ sind dann eindeutig durch die Zahl α bestimmt und sollen die **Logarithmen zur Zahl** α heißen. Ist ε eine Einheit des Körpers k, so besteht wegen $n(\varepsilon) = \pm 1$ die Gleichung

$$l_1(\varepsilon) + l_2(\varepsilon) + \cdots + l_{r+1}(\varepsilon) = 0.$$

Die reellen Variabeln $u_1, \ldots, u_m$ sind umgekehrt durch die Werte der Logarithmen $l_1(\xi), \ldots, l_m(\xi)$ 2^{r_1}-deutig bestimmt, da durch letztere die r_1 reellen Werte $\xi_1, \ldots, \xi_{r_1}$ nur bis auf das Vorzeichen, dagegen die übrigen konjugiert imaginären Wertepaare $\xi_{r_1+1}, \ldots, \xi_m$ vollständig bestimmt sind.

Um die später anzuwendende Funktionaldeterminante dieses Abhängigkeitsverhältnisses zu berechnen, bezeichnen wir, wenn $f_1, \ldots, f_m$ m beliebige Funktionen der Variabeln $x_1, \ldots, x_m$ sind, die Funktionaldeterminante der

$f_1, \ldots, f_m$ bezüglich der $x_1, \ldots, x_m$ mit $\dfrac{f_1, \ldots, f_m}{x_1, \ldots, x_m}$; dann gelten für die absoluten Beträge die Formeln

$$\left|\frac{u_1, \ldots, u_m}{\xi_1, \ldots, \xi_m}\right| = \frac{1}{|\sqrt{d}|}, \quad \left|\frac{\xi_1, \ldots, \xi_m}{l_1(\xi), \ldots, l_m(\xi)}\right| = |\xi_1 \ldots \xi_m| = |n(\xi)|,$$

woraus durch Multiplikation der Wert von $\left|\dfrac{u_1, \ldots, u_m}{l_1(\xi), \ldots, l_m(\xi)}\right|$ sich ergibt.

Im folgenden werden vornehmlich die ersten r Logarithmen $l_1, \ldots, l_r$ zur Form ξ oder zu einer Zahl α betrachtet. Für die r ersten Logarithmen zu Formen ξ, η oder Zahlen α, β gelten offenbar die Gleichungen

$$\left.\begin{aligned} l_s(\xi\eta) &= l_s(\xi) + l_s(\eta) \\ l_s(\alpha\beta) &= l_s(\alpha) + l_s(\beta) \end{aligned}\right\} \qquad (s = 1, \ldots, r).$$

Nunmehr beweisen wir folgende Tatsache:

Hilfssatz 9. Im Körper k gibt es stets eine Einheit ε, welche die Bedingung

$$\gamma_1 l_1(\varepsilon) + \cdots + \gamma_r l_r(\varepsilon) \neq 0$$

erfüllt, wobei $\gamma_1, \ldots, \gamma_r$ beliebige vorgeschriebene, nicht sämtlich verschwindende reelle Konstante sind.

Beweis: Man setze, wenn ω irgendeine ganze von 0 verschiedene Zahl in k bedeutet, zur Abkürzung

$$L(\omega) = \gamma_1 l_1(\omega) + \cdots + \gamma_r l_r(\omega);$$

ferner bestimme man irgendein System von r reellen Größen $\lambda_1, \ldots, \lambda_r$, so daß $\gamma_1\lambda_1 + \cdots + \gamma_r\lambda_r = 1$ wird, und setze dann

$$\Lambda_1 = e^{\lambda_1 t}, \ldots, \Lambda_{r_1} = e^{\lambda_{r_1} t}, \Lambda_{r_1+1} = e^{\frac{1}{2}\lambda_{r_1+1} t}, \ldots, \Lambda_r = e^{\frac{1}{2}\lambda_r t},$$

wo t einen willkürlichen reellen Parameter bezeichnet. Es sind dann zwei Fälle zu unterscheiden, je nachdem sämtliche m konjugierte Körper $k^{(1)}, \ldots, k^{(m)}$ reell sind oder nicht. Im ersten Falle ordnen wir den $r = m - 1$ Körpern $k^{(1)}, \ldots, k^{(r)}$ die Größen $\Lambda_1, \ldots, \Lambda_r$ und dem übriggebliebenen letzten Körper $k^{(m)}$ die Konstante $\Lambda_m = \dfrac{|\sqrt{d}|}{\Lambda_1 \cdots \Lambda_{m-1}}$ zu. Im zweiten Fall ordnen wir den Körpern $k^{(1)}, \ldots, k^{(r)}$ wiederum die Größen $\Lambda_1, \ldots, \Lambda_r$ zu, dem imaginären Körper $k^{(r+1)}$ werde die Konstante $\Lambda_{r+1} = \left|\left\{\dfrac{\sqrt{d}}{\Lambda_1 \cdots \Lambda_{r_1}\Lambda_{r_1+1}^2 \cdots \Lambda_r^2}\right\}^{\frac{1}{2}}\right|$ zugeordnet. Endlich ordnen wir den $m - r - 1$ übriggebliebenen imaginären Körpern $k^{(r+2)}, \ldots, k^{(m)}$ bezüglich die nämlichen Konstanten zu, wie sie bereits den konjugiert imaginären Körpern zugeordnet sind; wir bezeichnen die betreffenden Konstanten mit $\Lambda_{r+2}, \ldots, \Lambda_m$. In beiden Fällen wird das Produkt

$$\Lambda_1 \cdots \Lambda_m = |\sqrt{d}|,$$

und die Konstanten $\Lambda_1, \ldots, \Lambda_m$ erfüllen mithin die Bedingungen, denen die Konstanten $\varkappa_1, \ldots, \varkappa_m$ des Satzes 42 genügen sollten.

Dem Satz 42 zufolge gibt es daher im Körper k eine von 0 verschiedene Zahl α derart, daß

$$|\alpha^{(1)}| \leqq \Lambda_1, \ldots, |\alpha^{(m)}| \leqq \Lambda_m \tag{10}$$

und folglich zugleich $|n(\alpha)| \leqq |\sqrt{d}|$ wird. Wegen $|n(\alpha)| \geqq 1$ ist für alle Werte $s = 1, 2, \ldots, m$:

$$|\alpha^{(s)}| \geqq \frac{1}{|\alpha^{(1)}| \cdots |\alpha^{(s-1)}| \, |\alpha^{(s+1)}| \cdots |\alpha^{(m)}|};$$

wenn wir daher die Ungleichungen

$$\left|\frac{1}{\alpha^{(1)}}\right| \geqq \frac{1}{\Lambda_1}, \ldots, \left|\frac{1}{\alpha^{(m)}}\right| \geqq \frac{1}{\Lambda_m},$$

$$\Lambda_1 \cdots \Lambda_m = |\sqrt{d}|$$

berücksichtigen, so folgt

$$|\alpha^{(s)}| \geqq \frac{\Lambda_s}{|\sqrt{d}|}. \tag{11}$$

Aus den beiden Ungleichungen (10) und (11) ergibt sich, wenn der reelle Wert von $\log|\sqrt{d}|$ mit δ bezeichnet wird,

$$\left.\begin{aligned} \lambda_s t \geqq l_s(\alpha) \geqq \lambda_s t - 2\delta \\ \text{oder} \qquad 0 \leqq |l_s(\alpha) - \lambda_s t| \leqq 2\delta \end{aligned}\right\} \qquad (s = 1, 2, \ldots r).$$

woraus zu ersehen ist, daß der Ausdruck

$$\gamma_1\{l_1(\alpha) - \lambda_1 t\} + \cdots + \gamma_r\{l_r(\alpha) - \lambda_r t\} = L(\alpha) - t$$

zwischen gewissen endlichen Grenzen δ_1 und $\delta_2 > \delta_1$ liegt, welche nur von d und $\gamma_1, \ldots, \gamma_r$, dagegen nicht von dem Wert des Parameters t abhängig sind.

Es werde nun eine Größe $\Delta > \delta_2 - \delta_1$ bestimmt; bringt man dann für t der Reihe nach die Werte $t = 0, \Delta, 2\Delta, 3\Delta, \ldots$ in Anwendung, so wird man durch das beschriebene Verfahren eine unendliche Reihe von Zahlen $\alpha, \beta, \gamma, \ldots$ erhalten, deren Normen, absolut genommen, sämtlich $\leqq |\sqrt{d}|$ sind, und für welche außerdem die Bedingungen $L(\alpha) < L(\beta) < L(\gamma) < \cdots$ erfüllt sind. Da in den ganzen rationalen Zahlen, deren absolute Beträge $\leqq |\sqrt{d}|$ sind, nur eine endliche Anzahl untereinander verschiedener Ideale als Faktoren aufgehen, so kann in der unendlichen Reihe der Hauptideale $(\alpha), (\beta), (\gamma), \ldots$ nur eine endliche Anzahl verschiedener Ideale vorkommen, und es werden daher unendlich viele Male zwei dieser Ideale einander gleich. Ist etwa $(\alpha) = (\beta)$, so stellt $\varepsilon = \frac{\beta}{\alpha}$ eine Einheit dar, welche wegen $L(\varepsilon) = L(\beta) - L(\alpha) > 0$ die Bedingung unseres Hilfssatzes 9 erfüllt.

§ 20. Beweis des Satzes von der Existenz der Einheiten.

Um nunmehr den Satz 47 zu beweisen, wählen wir dem Hilfssatz 9 gemäß in k eine Einheit η_1, für welche $l_1(\eta_1) \neq 0$ ausfällt, dann eine Einheit η_2, für welche die Determinante

$$\begin{vmatrix} l_1(\eta_1), & l_1(\eta_2) \\ l_2(\eta_1), & l_2(\eta_2) \end{vmatrix} \neq 0,$$

ferner eine Einheit η_3, für welche die Determinante

$$\begin{vmatrix} l_1(\eta_1), & l_1(\eta_2), & l_1(\eta_3) \\ l_2(\eta_1), & l_2(\eta_2), & l_2(\eta_3) \\ l_3(\eta_1), & l_3(\eta_2), & l_3(\eta_3) \end{vmatrix} \neq 0$$

ausfällt usf.; man gelangt so zu einem System von Einheiten $\eta_1, \ldots, \eta_r$, für welche schließlich die Determinante

$$\begin{vmatrix} l_1(\eta_1), \ldots, l_1(\eta_r) \\ \cdot \; \cdot \; \cdot \; \cdot \; \cdot \; \cdot \; \cdot \\ l_r(\eta_1), \ldots, l_r(\eta_r) \end{vmatrix} \neq 0$$

ist. Infolgedessen lassen sich, wenn H eine beliebige Einheit im Körper ist, die r ersten Logarithmen zu H stets in die Gestalt

$$\begin{aligned} l_1(\mathsf{H}) &= e_1 l_1(\eta_1) + \cdots + e_r l_1(\eta_r), \\ &\cdots\cdots\cdots \\ l_r(\mathsf{H}) &= e_1 l_r(\eta_1) + \cdots + e_r l_r(\eta_r) \end{aligned}$$

bringen, wo $e_1, \ldots, e_r$ reelle Größen bedeuten. Diese Darstellung wiederum zeigt, daß

$$\begin{aligned} l_1(\mathsf{H}) &= m_1 l_1(\eta_1) + \cdots + m_r l_1(\eta_r) + E_1, \\ &\cdots\cdots\cdots \\ l_r(\mathsf{H}) &= m_1 l_r(\eta_1) + \cdots + m_r l_r(\eta_r) + E_r \end{aligned}$$

gesetzt werden kann, wo $m_1, \ldots, m_r$ die numerisch größten ganzen rationalen, bezüglich in $e_1, \ldots, e_r$ enthaltenen Zahlen bedeuten. Die Zahlen $E_1, \ldots, E_r$ sind nun ebenfalls von der Gestalt

$$\begin{aligned} E_1 &= \mu_1 l_1(\eta_1) + \cdots + \mu_r l_1(\eta_r), \\ &\cdots\cdots\cdots \\ E_r &= \mu_1 l_r(\eta_1) + \cdots + \mu_r l_r(\eta_r). \end{aligned}$$

Da hierin $\mu_1, \ldots, \mu_r$ reelle Größen $\geqq 0$ und < 1 bedeuten, so liegen die Werte $E_1, \ldots, E_r$, absolut genommen, sämtlich unterhalb einer Grenze $\varkappa$, welche nicht von H abhängig ist, d. h. die sämtlichen r ersten Logarithmen zur Einheit

$$\overline{\mathsf{H}} = \frac{\mathsf{H}}{\eta_1^{m_1} \cdots \eta_r^{m_r}}$$

liegen absolut unterhalb der Grenze $\varkappa$. Wegen $l_1(\overline{\mathsf{H}}) + \cdots + l_{r+1}(\overline{\mathsf{H}}) = 0$

liegt daher der absolute Wert von $l_{r+1}(\overline{\mathsf{H}})$ unterhalb der Grenze $r\varkappa$, und mithin bestehen die Ungleichungen

$$|\overline{\mathsf{H}}^{(1)}| < e^{\varkappa}, \ldots, |\overline{\mathsf{H}}^{(r)}| < e^{\varkappa}, \quad |\overline{\mathsf{H}}^{(r+1)}| < e^{r\varkappa},$$

d. h. sämtliche konjugierten Werte der Einheit $\overline{\mathsf{H}}$ sind absolut kleiner als die Größe $e^{r\varkappa}$.

Nach Satz 43 kann nur eine endliche Anzahl solcher Einheiten existieren. Bezeichnen wir dieselben mit $\mathsf{H}_1, \ldots, \mathsf{H}_G$, so folgt $\mathsf{H} = \mathsf{H}_S$ oder $\mathsf{H} = \mathsf{H}_S\,\eta_1^{m_1} \cdots \eta_r^{m_r}$, wo S einen der Werte $1, 2, \ldots, G$ hat. Ist H_T eine beliebige jener G Einheiten $\mathsf{H}_1, \ldots, \mathsf{H}_G$, und bildet man die ersten $G+1$ Potenzen von H_T, so werden nach dem eben Bewiesenen zwei geeignete von diesen Potenzen sich in der Gestalt $\mathsf{H}_S\,\eta_1^{m'_1} \cdots \eta_r^{m'_r}$ bezüglich $\mathsf{H}_S\,\eta_1^{m''_1} \cdots \eta_r^{m''_r}$ darstellen, wo H_S beidemal die gleiche jener G Einheiten bezeichnet; ihr Quotient besitzt mithin eine Darstellung von der Gestalt $\eta_1^{m_1} \cdots \eta_r^{m_r}$. Hiermit ist bewiesen, daß für jede Einheit H_T ein Exponent M_T existiert derart, daß $\mathsf{H}_T^{M_T}$ ein Produkt von Potenzen der Einheiten $\eta_1, \ldots, \eta_r$ ist. Bezeichnen wir das kleinste gemeinschaftliche Vielfache aller G Exponenten $M_1, \ldots, M_G$ mit M, so hat dieser Exponent M für alle G Einheiten $\mathsf{H}_1, \ldots, \mathsf{H}_G$ zugleich jene Eigenschaft, und hieraus folgt, daß die r ersten Logarithmen zu einer jeden beliebigen Einheit H des Körpers k die Darstellung

$$\left.\begin{aligned} l_1(\mathsf{H}) &= \frac{m_1 l_1(\eta_1) + \cdots + m_r l_1(\eta_r)}{M}, \\ &\cdots\cdots\cdots\cdots \\ l_r(\mathsf{H}) &= \frac{m_1 l_r(\eta_1) + \cdots + m_r l_r(\eta_r)}{M} \end{aligned}\right\} \qquad (12)$$

gestatten, wo $m_1, \ldots, m_r$ ganze rationale Zahlen sind.

Nunmehr wenden wir auf dieses unendliche System (12) der Logarithmen aller Einheiten die nämliche Schlußweise an, wie sie in Satz 5 (§ 3) zum Beweise der Existenz einer Körperbasis auseinandergesetzt worden ist; dann folgt, daß es ein System von r Einheiten $\varepsilon_1, \ldots, \varepsilon_r$ gibt, durch deren zugehörige Logarithmen die Logarithmen zu jeder beliebigen Einheit H des Körpers sich in der Gestalt

$$\begin{aligned} l_1(\mathsf{H}) &= a_1 l_1(\varepsilon_1) + \cdots + a_r l_1(\varepsilon_r), \\ &\cdots\cdots\cdots \\ l_r(\mathsf{H}) &= a_1 l_r(\varepsilon_1) + \cdots + a_r l_r(\varepsilon_r) \end{aligned}$$

ausdrückeu lassen, wo $a_1, \ldots, a_r$ *ganze* rationale Zahlen sind. Dieses System von Einheiten $\varepsilon_1, \ldots, \varepsilon_r$ genügt den Bedingungen des Satzes 47.

In der Tat: ist H eine beliebige Einheit, deren zugehörige Logarithmen obige Gestalt besitzen, so ist $\varrho = \dfrac{\mathsf{H}}{\varepsilon_1^{a_1} \cdots \varepsilon_r^{a_r}}$ eine Einheit, deren zugehörige Logarithmen offenbar sämtlich $= 0$ sind. Eine solche Einheit ϱ ist notwendig eine Einheitswurzel. Denn nach dem vorhin Bewiesenen ist $\varrho^M = \eta_1^{m_1} \cdots \eta_r^{m_r}$, wo $m_1, \ldots, m_r$ gewisse ganze rationale Zahlen sind. Durch Übergang zu den Logarithmen folgt daraus

$$\begin{gathered} m_1 l_1(\eta_1) + \cdots + m_r l_1(\eta_r) = 0, \\ \cdots\cdots\cdots\cdots \\ m_1 l_r(\eta_1) + \cdots + m_r l_r(\eta_r) = 0, \end{gathered}$$

d. h. $m_1 = 0, \ldots, m_r = 0$ und $\varrho^M = 1$. Hieraus ergibt sich die Darstellung der Einheit H, welche unser Satz 47 verlangt.

Aus der Bestimmungsweise der Einheiten $\varepsilon_1, \ldots, \varepsilon_r$ folgt leicht:

$$\begin{vmatrix} l_1(\eta_1), & \ldots, & l_1(\eta_r) \\ \cdot & \cdot\cdot\cdot & \cdot \\ l_r(\eta_1), & \ldots, & l_r(\eta_r) \end{vmatrix} = AR,$$

wo A eine ganze rationale Zahl bedeutet und zur Abkürzung

$$R = \begin{vmatrix} l_1(\varepsilon_1), & \ldots, & l_1(\varepsilon_r) \\ \cdot & \cdot\cdot\cdot & \cdot \\ l_r(\varepsilon_1), & \ldots, & l_r(\varepsilon_r) \end{vmatrix}$$

gesetzt ist. Diese Determinante R ist $\neq 0$, und hieraus folgt, daß die Darstellung der Einheit H durch die Einheiten $\varepsilon_1, \ldots, \varepsilon_r$ nur auf eine Weise geschehen kann. Der Beweis des fundamentalen Satzes 47 ist somit in allen Teilen erbracht.

§ 21. Die Grundeinheiten. Der Regulator des Körpers. Ein System von unabhängigen Einheiten.

Das System der Einheiten $\varepsilon_1, \ldots, \varepsilon_r$ mit der in Satz 47 dargelegten Eigenschaft heißt ein **System von Grundeinheiten** des Körpers k. Es folgt leicht, daß wenn $\varepsilon_1^*, \ldots, \varepsilon_r^*$ ein anderes System von Grundeinheiten bedeutet, die Determinante aus den zugehörigen r Systemen von je r ersten Logarithmen bis auf das Vorzeichen mit R übereinstimmt. Wir wählen die Reihenfolge der Grundeinheiten stets so, daß R eine positive Zahl wird. Die Zahl R ist dann durch den Körper k eindeutig bestimmt und wird der **Regulator des Körpers** k genannt.

Beim obigen Beweise des Hauptsatzes 47 erkannten wir zugleich, daß eine Einheit, deren zugehörige Logarithmen sämtlich $= 0$ sind, notwendig eine Einheitswurzel ist. Diese Tatsache erhält in dem folgenden Satz Ausdruck, welcher sich übrigens auch in unmittelbarer Weise leicht begründen läßt [Kronecker (*6*), Minkowski (*3*)]:

Satz 48. Eine jede Einheit, die selbst und deren Konjugierte sämtlich den absoluten Betrag 1 besitzen, ist eine Einheitswurzel.

Da in jedem Zahlkörper die beiden Einheitswurzeln $+1$ und -1 vorkommen, so ist die Anzahl aller Einheitswurzeln in k stets gerade; sie kann offenbar nur dann > 2 sein, wenn alle m konjugierten Körper imaginär sind.

Ein beliebiges System von t Einheiten $\eta_1, \ldots, \eta_t$ heißt ein **System von t unabhängigen Einheiten,** wenn zwischen denselben keine Gleichung von der Gestalt $\eta_1^{m_1} \cdots \eta_t^{m_t} = 1$ besteht, wo $m_1, \ldots, m_t$ ganze rationale, nicht sämtlich verschwindende Zahlen sind. Die Zahl t ist stets $\leqq r$; insbesondere bilden die Grundeinheiten $\varepsilon_1, \ldots, \varepsilon_r$ ein System von r unabhängigen Einheiten. Hat man andererseits irgendein System von r unabhängigen Einheiten $\eta_1, \ldots, \eta_r$, so existiert stets eine ganze rationale Zahl M von der Art, daß für jede beliebige Einheit ε des Körpers k eine Gleichung von der Gestalt $\varepsilon^M = \eta_1^{m_1} \ldots \eta_r^{m_r}$ gilt, wo die Exponenten $m_1, \ldots, m_r$ ganze rationale Zahlen sind. Ist nämlich $\eta_s = \varrho_s \varepsilon_1^{a_{1s}} \ldots \varepsilon_r^{a_{rs}}$ für $s = 1, 2, \ldots, r$, wo ϱ_s Einheitswurzeln und $a_{1s}, \ldots, a_{rs}$ ganzzahlige Exponenten sind, so ist die Determinante der ganzzahligen Exponenten $a_{11}, \ldots, a_{rr}$ wegen der vorausgesetzten Unabhängigkeit der Einheiten $\eta_1, \ldots, \eta_r$ notwendig $\neq 0$. Wird diese Determinante A genannt, so folgt, daß die A-te Potenz jeder beliebigen Einheit ε des Körpers gleich einem Produkt von Potenzen der Einheiten $\eta_1, \ldots, \eta_r$, multipliziert in eine Einheitswurzel ϱ, wird. Ist $\varrho^E = 1$ für alle Einheitswurzeln ϱ in k, so ist offenbar die ganze Zahl $M = AE$ von der gewünschten Beschaffenheit.

Der obige Beweis unseres Hauptsatzes 47 zeigt zugleich die Möglichkeit, die Grundeinheiten $\varepsilon_1, \ldots, \varepsilon_r$ durch eine endliche Anzahl von rationalen Operationen aufzustellen. Die eingehendere Behandlung der Frage nach der einfachsten Berechnung der Einheiten führt auf die Theorie der kettenbruchähnlichen Algorithmen, wobei dann die weitere Frage nach der Periodizität solcher Entwicklungen im Vordergrund des Interesses steht [Minkowski (*3,4*)].

7. Die Idealklassen des Körpers.

§ 22. Die Idealklasse. Die Endlichkeit der Anzahl der Idealklassen.

Jede ganze Zahl des Zahlkörpers k bestimmt ein Hauptideal; jede **gebrochene,** d. h. nicht ganze Zahl $\varkappa$ in k ist der Quotient zweier ganzen Zahlen α und β und somit als Quotient zweier Ideale $\mathfrak{a}$ und $\mathfrak{b}$ darstellbar: $\varkappa = \frac{\alpha}{\beta} = \frac{\mathfrak{a}}{\mathfrak{b}}$. Denken wir die Ideale $\mathfrak{a}$ und $\mathfrak{b}$ von allen gemeinsamen Idealfaktoren befreit, so ist diese Darstellung der gebrochenen Zahl $\varkappa$ als Idealquotient eine eindeutig bestimmte. Ist umgekehrt der Quotient $\frac{\mathfrak{a}}{\mathfrak{b}}$ zweier Ideale $\mathfrak{a}$ und $\mathfrak{b}$ — mögen dieselben einen gemeinsamen Teiler haben oder nicht — gleich einer ganzen oder gebrochenen Zahl $\varkappa = \frac{\alpha}{\beta}$ des Körpers, so werden die beiden Ideale $\mathfrak{a}$ und $\mathfrak{b}$ einander **äquivalent** genannt, d. i. in Zeichen $\mathfrak{a} \sim \mathfrak{b}$. Aus $\frac{\alpha}{\beta} = \frac{\mathfrak{a}}{\mathfrak{b}}$ folgt $(\beta)\mathfrak{a} = (\alpha)\mathfrak{b}$, und somit erkennen wir, daß zwei Ideale $\mathfrak{a}$ und $\mathfrak{b}$ dann und nur dann einander äquivalent sind, wenn sie durch Multiplikation mit gewissen Hauptidealen in ein und das nämliche Ideal übergehen. Die Gesamtheit aller Ideale, welche einem gegebenen Ideal äquivalent sind, heißt eine **Idealklasse.**

Alle Hauptideale sind dem Ideal (1) äquivalent. Die durch sie gebildete Klasse heißt die **Hauptklasse** und wird mit 1 bezeichnet. Wenn $\mathfrak{a} \sim \mathfrak{a}'$ und $\mathfrak{b} \sim \mathfrak{b}'$ ist, so ist $\mathfrak{a}\mathfrak{a}' \sim \mathfrak{b}\mathfrak{b}'$. Ist A eine das Ideal $\mathfrak{a}$ enthaltende Idealklasse und B eine das Ideal $\mathfrak{b}$ enthaltende Klasse, so wird die Idealklasse, welche das Ideal $\mathfrak{a}\mathfrak{b}$ enthält, das **Produkt der Idealklassen** A und B genannt und mit AB bezeichnet. Es ist offenbar $1B = B$, und umgekehrt folgt aus $AB = B$ notwendig $A = 1$.

Es ist bisweilen vorteilhaft, auch Idealquotienten in die Rechnung einzuführen: eine Gleichung von der Gestalt $\frac{\mathfrak{a}}{\mathfrak{a}'} = \frac{\mathfrak{b}}{\mathfrak{b}'}$ oder eine Äquivalenz von der Gestalt $\frac{\mathfrak{a}}{\mathfrak{a}'} \sim \frac{\mathfrak{b}}{\mathfrak{b}'}$ soll gleichbedeutend sein mit derjenigen Gleichung oder Äquivalenz zwischen Idealen, welche daraus durch Multiplikation mit den in den Nennern stehenden Idealen hervorgeht, d. h. mit der Gleichung $\mathfrak{a}\mathfrak{b}' = \mathfrak{a}'\mathfrak{b}$ bez. mit der Äquivalenz $\mathfrak{a}\mathfrak{b}' \sim \mathfrak{a}'\mathfrak{b}$.

Es gilt der Satz:

Satz 49. Es gibt stets eine und nur eine Idealklasse B, die, mit einer gegebenen Idealklasse A multipliziert, die Hauptklasse ergibt.

Beweis. Ist $\mathfrak{a}$ ein Ideal der Klasse A und α eine durch $\mathfrak{a}$ teilbare ganze Zahl, so daß $\alpha = \mathfrak{a}\mathfrak{b}$ gesetzt werden kann, so ist, wenn B die Klasse des Ideals $\mathfrak{b}$ bezeichnet, $AB = 1$. Gäbe es nun noch eine andere Klasse B' so, daß $AB' = 1$ ist, so folgt durch Multiplikation mit B die Gleichung $ABB' = B' = B$.

Die Klasse B heißt die zu A **reziproke Klasse** und wird mit A^{-1} bezeichnet.

Es gilt ferner die folgende fundamentale Tatsache:

Satz 50. In jeder Idealklasse gibt es ein Ideal, dessen Norm die absolut genommene Quadratwurzel aus der Körperdiskriminante nicht übersteigt [Minkowski (*1*, *3*)]. Die Anzahl der Idealklassen eines Zahlkörpers ist endlich [Dedekind (*1*), Kronecker (*16*)].

Beweis. Ist A eine beliebige Idealklasse und $\mathfrak{j}$ ein Ideal der reziproken Klasse A^{-1}, so gibt es nach Satz 46 eine ganze, durch $\mathfrak{j}$ teilbare Zahl ι, deren Norm der Bedingung $|n(\iota)| \leqq n(\mathfrak{j}) \, |\sqrt{d}|$ genügt. Setzen wir $\iota = \mathfrak{j}\mathfrak{a}$, so gehört $\mathfrak{a}$ der Idealklasse A an, und wegen $|n(\iota)| = n(\mathfrak{j}) n(\mathfrak{a})$ ist $n(\mathfrak{a}) \leqq |\sqrt{d}|$. Es gibt also in der Klasse A ein der letzteren Bedingung genügendes Ideal $\mathfrak{a}$; da aber in den ganzen rationalen Zahlen, welche $\leqq |\sqrt{d}|$ sind, nur eine endliche Anzahl unter einander verschiedener Ideale als Faktoren enthalten ist, so folgt auch die Richtigkeit des zweiten Teiles des Satzes 50.

§ 23. Anwendungen des Satzes von der Endlichkeit der Klassenanzahl.

Der eben bewiesene Satz 50 gestattet mannigfache Folgerungen und Anwendungen, von denen die nachstehenden hervorzuheben sind:

Satz 51. Ist h die Anzahl der Idealklassen, so liefert die h-te Potenz einer jeden Klasse stets die Hauptklasse.

Beweis. In der Reihe $A, A^2, \ldots, A^{h+1}$ stimmen notwendig zwei Klassen, etwa A^r und A^{r+e}, miteinander überein. Aus $A^r A^e = A^r$ folgt $A^e = 1$. Ist e zugleich der kleinste Exponent (> 0) von der Beschaffenheit, daß $A^e = 1$ wird, so folgt, daß die e Klassen $A^0 = 1, A, \ldots, A^{e-1}$ sämtlich untereinander verschieden sind. Ist B eine von diesen e Klassen verschiedene Klasse, so sind die e Klassen $B, AB, \ldots, A^{e-1}B$ wiederum sämtlich untereinander und von den e vorigen Klassen verschieden; die Fortsetzung dieses Verfahrens zeigt, daß h ein Vielfaches von e sein muß, und hieraus folgt der zu beweisende Satz 51.

Die h-te Potenz eines jeden beliebigen Ideals $\mathfrak{a}$ ist nach diesem Satz stets ein Hauptideal.

Satz 52. Wenn α und β beliebige ganze Zahlen sind, so gibt es stets eine sowohl in α wie in β aufgehende ganze von 0 verschiedene Zahl γ, welche eine Darstellung $\gamma = \xi\alpha + \eta\beta$ gestattet, wo ξ, η geeignet gewählte ganze Zahlen sind. Die Zahlen γ, ξ, η gehören im allgemeinen nicht dem durch α und β bestimmten Zahlkörper an [Dedekind (*1*)].

Satz 53. Es seien $\varkappa, \varrho$ und $\varkappa^*, \varrho^*$ zwei Zahlenpaare des Körpers k; damit $\mathfrak{j} = (\varkappa, \varrho) = (\varkappa^*, \varrho^*)$ werde, ist es notwendig und hinreichend, daß man im Körper k vier ganze Zahlen $\alpha, \beta, \gamma, \delta$ finden kann, deren Determinante $\alpha\delta - \beta\gamma = 1$ ist, und durch welche die Gleichungen

$$\varkappa^* = \alpha\varkappa + \beta\varrho,$$
$$\varrho^* = \gamma\varkappa + \delta\varrho$$

erfüllt sind [Hurwitz (*4*)].

Beweis. Daß die genannte Bedingung hinreichend ist, folgt aus dem Umstande, daß diese beiden Gleichungen eine Umkehrung von der Gestalt

$$\varkappa = \alpha^*\varkappa^* + \beta^*\varrho^*,$$
$$\varrho = \gamma^*\varkappa^* + \delta^*\varrho^*$$

gestatten, wo $\alpha^*, \beta^*, \gamma^*, \delta^*$ ganze Zahlen sind. Die Bedingung ist ferner auch notwendig. Bezeichnet nämlich h die Anzahl der Idealklassen, so wird $\mathfrak{j}^h = (\varkappa^h, \varrho^h) = (\varkappa^{*h}, \varrho^{*h}) = (\tau)$, wo τ eine ganze Zahl des Körpers k ist. Es sei

$$\tau = \mu\varkappa^h + \nu\varrho^h = \mu^*\varkappa^{*h} + \nu^*\varrho^{*h},$$

wo μ, ν, μ^*, ν^* ganze Zahlen in k sind; dann erfüllen offenbar die vier ganzen Zahlen

$$\alpha = \frac{\mu\varkappa^*\varkappa^{h-1} + \nu^*\varrho\varrho^{*h-1}}{\tau}, \qquad \beta = \frac{\nu\varkappa^*\varrho^{h-1} - \nu^*\varkappa\varrho^{*h-1}}{\tau},$$

$$\gamma = \frac{\mu\varrho^*\varkappa^{h-1} - \mu^*\varrho\varkappa^{*h-1}}{\tau}, \qquad \delta = \frac{\nu\varrho^*\varrho^{h-1} + \mu^*\varkappa\varkappa^{*h-1}}{\tau}$$

die Bedingung des Satzes 53. Daß $\alpha\delta - \beta\gamma = 1$ ist, ergibt sich, wenn man die beiden Determinanten

$$-\tau = \begin{vmatrix} \mu\varkappa^{h-1}, & \varrho \\ \nu\varrho^{h-1}, & -\varkappa \end{vmatrix} \quad \text{und} \quad -\tau = \begin{vmatrix} \varkappa^*, & \nu^*\varrho^{*h-1} \\ \varrho^*, & -\mu^*\varkappa^{*h-1} \end{vmatrix}$$

nach dem Multiplikationssatze miteinander zusammensetzt.

Nach Satz 12 kann ein jedes Ideal in der Gestalt $\mathfrak{j} = (\varkappa, \varrho)$ dargestellt werden. Setzen wir $\vartheta = \frac{\varkappa}{\varrho}$, so bestimmt die ganze oder gebrochene Zahl ϑ vollständig die Idealklasse, zu welcher $\mathfrak{j}$ gehört. Wir nennen ϑ einen dieser Idealklasse zugeordneten **Zahlbruch.** Der Satz 53 zeigt, daß, wenn $\vartheta^* = \frac{\varkappa^*}{\varrho^*}$ ein anderer der Idealklasse zugeordneter Zahlbruch ist, notwendig vier ganze Zahlen $\alpha, \beta, \gamma, \delta$ mit der Determinante 1 im Körper k existieren müssen derart, daß $\vartheta^* = \frac{\alpha\vartheta + \beta}{\gamma\vartheta + \delta}$ wird.

§ 24. Aufstellung des Systems der Idealklassen. Engere Fassung des Klassenbegriffes.

Der Beweis des Satzes 50 gibt uns zugleich ein einfaches Mittel an die Hand, durch eine endliche Anzahl rationaler Prozesse ein volles System von nicht äquivalenten Idealen für jeden gegebenen Körper wirklich aufzustellen. Man braucht nur alle diejenigen Ideale in Betracht zu ziehen, deren Normen $\leqq |\sqrt{d}|$ sind. Um die zwischen diesen Idealen irgend vorhandenen Äquivalenzen sämtlich zu ermitteln, haben wir nur nötig, jedes von ihnen mit jedem zu multiplizieren und dann, wenn $\mathfrak{j}$ ein solches Produkt bedeutet, jedesmal in $\mathfrak{j}$ eine Zahl $\iota \neq 0$ mit absolut kleinster Norm aufzusuchen, um zu sehen, ob $\mathfrak{j} = (\iota)$ ist und somit die Faktoren reziproken Klassen angehören. Daß dies ebenfalls nur eine endliche Anzahl von Operationen erfordert, erkennen wir aus dem Satze 46. Ist nämlich $\iota_1, \ldots, \iota_m$ die Basis des Ideals $\mathfrak{j}$, so haben wir nur nötig, $u_1, \ldots, u_m$ als ganze rationale, nicht sämtlich verschwindende Zahlen so zu bestimmen, daß die absoluten Werte der reellen und imaginären Teile von $u_1 \iota_1^{(s)} + \cdots + u_m \iota_m^{(s)}$ für $s = 1, \ldots, m$ sämtlich unter gewissen gegebenen Grenzen bleiben. Hierzu bedarf es nur einer endlichen Anzahl von Versuchen. Auf gleiche Weise sehen wir auch ein, daß für jedes vorgelegte Ideal die Klasse, der dasselbe angehört, stets durch eine endliche Anzahl von rationalen Operationen bestimmt werden kann.

Es werde bemerkt, daß unter Umständen auch eine **engere Fassung des Äquivalenz- und Klassenbegriffes** von Nutzen ist, indem zwei Ideale nur dann äquivalent heißen, wenn ihr Quotient eine ganze oder gebrochene Zahl mit positiver Norm ist [Dedekind (*1*)].

§ 25. Ein Hilfssatz über den asymptotischen Wert der Anzahl aller Hauptideale, welche durch ein festes Ideal teilbar sind.

Nach dem Vorbilde von Dirichlet, welcher die Anzahl der Klassen von binären quadratischen Formen mit gegebener Determinante auf transzendentem Wege ausgedrückt hat [Dirichlet (*7,8*)], und auf Grund der in Kapitel 6 erhaltenen Resultate über die Einheiten eines Zahlkörpers gelang es

DEDEKIND, eine fundamentale Formel abzuleiten, vermöge welcher sich die Anzahl h der Idealklassen eines beliebigen Zahlkörpers als Grenzwert einer gewissen unendlichen Reihe darstellt [DEDEKIND (*1*)]. Um zu dieser Formel zu gelangen, beweisen wir zunächst folgenden Hilfssatz:

Hilfssatz 10. Ist t eine reelle positive Veränderliche und T die Anzahl aller derjenigen durch das gegebene Ideal $\mathfrak{a}$ teilbaren Hauptideale, deren Normen $\leqq t$ sind, so ist

$$\underset{t=\infty}{L} \frac{T}{t} = \frac{2^{r_1+r_2}\pi^{r_2}}{w} \cdot \frac{1}{n(\mathfrak{a})} \frac{R}{|\sqrt{d}|},$$

wo w die Anzahl der in k vorkommenden Einheitswurzeln und R den Regulator des Körpers k bezeichnet. Die Bedeutung von r_1, r_2 ist in Satz 47 erklärt. L dient zur Abkürzung für Limes.

Beweis. Es sei $\alpha_1, \ldots, \alpha_m$ eine Basis des Ideals $\mathfrak{a}$; jede durch $\mathfrak{a}$ teilbare ganze Zahl besitzt dann die Gestalt:

$$\eta = \eta(v) = v_1\alpha_1 + \cdots + v_m\alpha_m = f_1(v)\,\omega_1 + \cdots + f_m(v)\,\omega_m,$$

wo $v_1, \ldots, v_m$ ganze rationale Werte annehmen und $f_1(v), \ldots, f_m(v)$ lineare ganzzahlige Funktionen der $v_1, \ldots, v_m$ sind. Wenn wir $v_1, \ldots, v_m$ als reelle Veränderliche ansehen und

$$u_1 = \frac{f_1(v)}{|\sqrt[m]{n(\eta)}|}, \quad \ldots, \quad u_m = \frac{f_m(v)}{|\sqrt[m]{n(\eta)}|},$$

$$\xi = \xi(v) = u_1\omega_1 + \cdots + u_m\omega_m = \frac{\eta(v)}{|\sqrt[m]{n(\eta)}|}$$

setzen, so sind $u_1, \ldots, u_m$ eindeutige Funktionen von $v_1, \ldots, v_m$, und ξ ist eine Form, für welche $n(\xi) = \pm 1$ wird. Wir berechnen nun die r ersten Logarithmen zur Form ξ und hieraus r reelle Größen $e_1(\xi), \ldots, e_r(\xi)$ derart, daß, wenn $\varepsilon_1, \ldots, \varepsilon_r$ ein System von Grundeinheiten bezeichnen,

$$l_1(\xi) = e_1(\xi)\,l_1(\varepsilon_1) + \cdots + e_r(\xi)\,l_1(\varepsilon_r),$$
$$\cdots\cdots\cdots\cdots$$
$$l_r(\xi) = e_1(\xi)\,l_r(\varepsilon_1) + \cdots + e_r(\xi)\,l_r(\varepsilon_r)$$

ist; diese r Größen $e_1, \ldots, e_r$ werden in diesem § 25 kurz die r Exponenten von η genannt.

Nimmt man für $v_1, \ldots, v_m$ ganze rationale, nicht sämtlich verschwindende Zahlen, so ist klar, daß die so entstehende ganze Zahl η stets durch Multiplikation mit ganzen Potenzen der Einheiten $\varepsilon_1, \ldots, \varepsilon_r$ in eine solche Zahl verwandelt werden kann, deren Exponenten $e_1, \ldots, e_r$ den Bedingungen

$$0 \leqq e_1 < 1, \quad \ldots, \quad 0 \leqq e_r < 1 \tag{13}$$

genügen. Umgekehrt sehen wir, daß zwei ganze Zahlen η, η^*, deren Normen und Exponenten gleich sind, sich nur um einen Faktor unterscheiden können, welcher eine Einheitswurzel ist. Wenn daher w die Anzahl der in k liegenden

Einheitswurzeln bezeichnet, so ist das w-fache der Anzahl T aller durch $\mathfrak{a}$ teilbaren Hauptideale mit einer Norm $\leqq t$ notwendig gleich der Anzahl der verschiedenen Systeme von ganzzahligen Wertsystemen $v_1, \ldots, v_m$, für welche $|n(\eta)| \leqq t$ ausfällt, und für welche überdies die Exponenten $e_1, \ldots, e_r$ den Bedingungen (13) genügen.

Nunmehr setzen wir

$$\tau = t^{-\frac{1}{m}}, \quad v_1 = \frac{\varphi_1}{\tau}, \ \ldots, \ v_m = \frac{\varphi_m}{\tau};$$

dabei bleiben die Form ξ und folglich auch die Größen $l_1(\xi), \ldots, l_r(\xi)$, $e_1, \ldots, e_r$ von τ unabhängig und enthalten lediglich die m neuen Veränderlichen $\varphi_1, \ldots, \varphi_m$. Die Ungleichung $|n(\eta)| \leqq t$ geht in $|n(\eta(\varphi))| \leqq 1$ über; da ferner in Folge der Bedingungen (13) die r Logarithmen $l_1(\xi), \ldots, l_r(\xi)$ und folglich wegen $l_1(\xi) + \cdots + l_{r+1}(\xi) = l n(\xi) = 0$ auch der Logarithmus $l_{r+1}(\xi)$ absolut unter einer endlichen, durch $\varepsilon_1, \ldots, \varepsilon_r$ bestimmten Grenze liegen, so folgt das Gleiche für die sämtlichen Größen $|\xi^{(1)}(\varphi)|, \ldots, |\xi^{(m)}(\varphi)|$, und damit liegen wegen $|n(\eta(\varphi))| \leqq 1$ auch die m Größen $|\eta^{(1)}(\varphi)|, \ldots, |\eta^{(m)}(\varphi)|$ sämtlich unterhalb einer endlichen Grenze. Hieraus folgt, daß die Ungleichungen (13) unter Zuhilfenahme der Ungleichung $|n(\eta(\varphi))| \leqq 1$ in dem durch die m Koordinaten $\varphi_1, \ldots, \varphi_m$ bestimmten m-dimensionalen Raume ein endliches Raumgebiet abgrenzen.

Bedenken wir nun, daß nach den Ausführungen in § 19 S. 103 die Funktionswerte $l_1(\eta), \ldots, l_m(\eta)$ die Werte der Variabeln $\varphi_1, \ldots, \varphi_m$ 2^{r_1}-deutig bestimmen, so ist nach der Definition des Begriffs eines vielfachen Integrals

$$\underset{\tau=0}{L}\{w T \tau^m\} = 2^{r_1} \int\int \ldots \int d\varphi_1 \, d\varphi_2 \ldots d\varphi_m,$$

wo das Integral rechter Hand über das durch die Ungleichungen

$$0 \leqq e_1 \leqq 1, \ \ldots, \ 0 \leqq e_r \leqq 1, \quad |n(\eta(\varphi))| \leqq 1$$

bestimmte m-dimensionale Raumgebiet zu erstrecken ist und daher einen endlichen bestimmten Wert besitzt.

Um diesen Wert zu ermitteln, führen wir statt der Integrationsveränderlichen $\varphi_1, \ldots, \varphi_m$ die neuen Veränderlichen

$$\psi_1 = e_1(\xi), \ \ldots, \ \psi_r = e_r(\xi), \ \ \psi_{r+1} = |n(\eta)|, \ \ \psi_{r+2} = l_{r+2}(\xi), \ \ldots, \ \psi_m = l_m(\xi)$$

ein, wo ξ und η von $\varphi_1, \ldots, \varphi_m$ abhängig zu nehmen sind. Da diese m Größen sämtlich analytische und in dem Integrationsgebiet

$$0 \leqq \psi_1 \leqq 1, \ \ldots, \ 0 \leqq \psi_r \leqq 1, \quad 0 \leqq \psi_{r+1} \leqq 1,$$
$$0 \leqq \psi_{r+2} \leqq 2\pi, \ \ldots, \ 0 \leqq \psi_m \leqq 2\pi$$

sich regulär verhaltende, eindeutige Funktionen von $\varphi_1, \ldots, \varphi_m$ sind, so ist

$$\int \ldots \int d\varphi_1 \ldots d\varphi_m = \int \ldots \int \left| \frac{\varphi_1, \ldots, \varphi_m}{\psi_1, \ldots, \psi_m} \right| d\psi_1 \ldots d\psi_m.$$

Nach den Ausführungen in § 19 S. 104 ist

$$\left|\frac{f_1,\ldots,f_m}{l_1(\eta),\ldots,l_m(\eta)}\right| = \left|\frac{n(\eta)}{\sqrt{d}}\right|.$$

Ferner bestehen wegen

$$l\,n(\eta) = l_1(\eta) + \cdots + l_{r+1}(\eta), \qquad l_s(\xi) = l_s(\eta) - \frac{1}{m}\,l\,n(\eta)$$
$$(s = 1, 2, \ldots, r)$$

offenbar die Beziehungen:

$$\left|\frac{l_1(\eta),\ldots,l_r(\eta),l_{r+1}(\eta)}{l_1(\eta),\ldots,l_r(\eta),l\,n(\eta)}\right| = 1, \qquad \left|\frac{l_1(\eta),\ldots,l_r(\eta),l\,n(\eta)}{l_1(\xi),\ldots,l_r(\xi),l\,n(\eta)}\right| = 1;$$

und da endlich

$$l_{r+2}(\eta) = l_{r+2}(\xi),\ \ldots,\ l_m(\eta) = l_m(\xi),$$

$$\left|\frac{l\,n(\eta)}{n(\eta)}\right| = \frac{1}{|n(\eta)|}, \qquad \left|\frac{\varphi_1,\ldots,\varphi_m}{f_1(\varphi),\ldots,f_m(\varphi)}\right| = \frac{1}{n(\mathfrak{a})}, \qquad \left|\frac{l_1(\xi),\ldots,l_r(\xi)}{\psi_1,\ldots,\psi_r}\right| = R$$

ist, so ergibt sich durch Multiplikation sämtlicher Gleichungen

$$\left|\frac{\varphi_1,\ldots,\varphi_m}{\psi_1,\ldots,\psi_m}\right| = \frac{R}{n(\mathfrak{a})\,|\sqrt{d}|}.$$

Das obige Integral besitzt daher den Wert $\dfrac{(2\pi)^{r_2}R}{n(\mathfrak{a})\,|\sqrt{d}|}$; hiermit ist der Beweis für den Hilfssatz 10 erbracht.

Wir setzen im folgenden zur Abkürzung

$$\varkappa = \frac{2^{r_1+r_2}\,\pi^{r_2}}{w}\cdot\frac{R}{|\sqrt{d}|},$$

so daß $\varkappa$ eine durch den Körper allein bestimmte und für diesen charakteristische Größe bedeutet.

§ 26. Die Bestimmung der Klassenanzahl durch das Residuum der Funktion $\zeta(s)$ für $s = 1$.

Satz 54. Wenn T die Anzahl aller Ideale einer Klasse A bedeutet, deren Normen $\leqq t$ ausfallen, so ist

$$\underset{t=\infty}{L}\frac{T}{t} = \varkappa.$$

Beweis. Ist $\mathfrak{a}$ ein Ideal der zu A reziproken Klasse A^{-1}, und durchläuft $\mathfrak{x}$ alle Ideale der Klasse A, so stellt das Produkt $\mathfrak{x}\mathfrak{a}$ alle durch $\mathfrak{a}$ teilbaren Hauptideale und jedes nur einmal dar. Setzen wir daher in der Formel des Hilfssatzes 10 $t = n(\mathfrak{a})t'$, so bedeutet T zugleich die Anzahl der Ideale $\mathfrak{x}$ in A, für welche $n(\mathfrak{x}) \leqq t'$ ist. Nach Fortheben des Faktors $n(\mathfrak{a})$ folgt die zu beweisende Formel für $t = t'$.

Da die Zahl $\varkappa$ von der Wahl der Klasse A unabhängig ist, so ergibt sich unmittelbar aus Satz 54 die folgende Tatsache:

Satz 55. Ist T die Anzahl aller Ideale des Körpers k, deren Normen $\leqq t$ ausfallen, und bedeutet h die Anzahl der Idealklassen, so ist

$$\underset{t=\infty}{L}\ \frac{T}{t} = h\varkappa .$$

Aus dieser Formel kann mit Hilfe analytischer Methoden ein fundamentaler Ausdruck für die Klassenanzahl h abgeleitet werden. Es ergibt sich nämlich folgende Tatsache:

Satz 56. *Die unendliche Reihe*

$$\zeta(s) = \sum_{(\mathfrak{j})} \frac{1}{n(\mathfrak{j})^s},$$

in welcher $\mathfrak{j}$ *alle Ideale des Körpers durchläuft, konvergiert für reelle Werte von* $s > 1$, *und es ist*

$$\underset{s=1}{L}\ \{(s-1)\,\zeta(s)\} = h\varkappa .$$

[Dedekind (*1*)].

Beweis. Bezeichnen wir mit $F(n)$ die Anzahl der verschiedenen Ideale mit der Norm n, so ist offenbar, wenn T die in Satz 55 angegebene Bedeutung hat,

$$\underset{t=\infty}{L}\ \frac{T}{t} = \underset{n=\infty}{L}\ \frac{F(1)+F(2)+\cdots+F(n)}{n}.$$

Der Limes rechter Hand kann nun, wie folgt, als Grenzwert einer unendlichen Reihe dargestellt werden [Dirichlet (*15*)]. Wir ordnen die sämtlichen Ideale $\mathfrak{j}$ des Körpers nach der Größe ihrer Normen, schreiben die entstehende Reihe $\mathfrak{j}_1, \mathfrak{j}_2, \ldots, \mathfrak{j}_t, \ldots$ und bezeichnen allgemein die Norm von $\mathfrak{j}_t$ mit n_t, dann ist

$$F(1)+\cdots+F(n_t-1) < t \leqq F(1)+\cdots+F(n_t)$$

oder

$$\frac{F(1)+\cdots+F(n_t-1)}{n_t-1}\left(1-\frac{1}{n_t}\right) < \frac{t}{n_t} \leqq \frac{F(1)+\cdots+F(n_t)}{n_t},$$

und hieraus folgt nach Satz 55: $\underset{t=\infty}{L}\ \frac{t}{n_t} = h\varkappa$, d. h.: wie klein auch die positive Größe δ gegeben sein mag, es ist stets möglich, die ganze Zahl t so groß zu wählen, daß die Ungleichungen

$$\frac{h\varkappa-\delta}{t'} < \frac{1}{n_{t'}} < \frac{h\varkappa+\delta}{t'} \tag{14}$$

für alle ganzen Zahlen $t' \geqq t$ gültig sind.

Andererseits ist bekannt, daß, wenn s eine reelle Zahl > 1 bedeutet, die Reihe $\sum_{(t)} \frac{1}{t^s} = \frac{1}{1^s} + \frac{1}{2^s} + \frac{1}{3^s} + \cdots$ konvergiert, und daß $\underset{s=1}{L}\left\{(s-1)\sum_{(t)}\frac{1}{t^s}\right\} = 1$ ist. Die letztere Gleichung zeigt, daß auch $\underset{s=1}{L}\left\{(s-1)\sum_{(t')}\frac{1}{t'^s}\right\} = 1$ ist, wo t' nur alle diejenigen ganzen Zahlen durchlaufen soll, welche oberhalb einer beliebig hohen Grenze t gelegen sind. Zunächst folgt aus der Konvergenz der Reihe $\sum \frac{1}{t^s}$ mit Hilfe der Ungleichung $\frac{1}{n_{t'}} < \frac{h\varkappa + \delta}{t'}$ die Konvergenz der Reihe

$$\sum_{(t)} \frac{1}{n_t^s} = \sum_{(\mathfrak{j})} \frac{1}{n(\mathfrak{j})^s}$$

für $s > 1$, wo t alle ganzen positiven Zahlen und $\mathfrak{j}$ alle Ideale des Körpers k durchläuft. Ferner ergibt sich aus den Ungleichungen (14) die Formel:

$$(h\varkappa - \delta)^s (s-1) \sum_{(t')} \frac{1}{t'^s} < (s-1) \sum_{(t')} \frac{1}{n_{t'}^s} < (h\varkappa + \delta)^s (s-1) \sum_{(t')} \frac{1}{t'^s},$$

wo die Summen sich über alle ganzzahligen Werte von t' zu erstrecken haben, welche $\geqq t$ sind. Man kann zur Grenze $s = 1$ übergehen und findet:

$$h\varkappa - \delta \leqq \underset{s=1}{L} \left\{ (s-1) \sum_{(t')} \frac{1}{n_{t'}^s} \right\} \leqq h\varkappa + \delta .$$

Nun ist

$$\underset{s=1}{L} \left\{ (s-1) \sum_{(\mathfrak{j})} \frac{1}{n(\mathfrak{j})^s} \right\} = \underset{s=1}{L} \left\{ (s-1) \sum_{(t)} \frac{1}{n_t^s} \right\} = \underset{s=1}{L} \left\{ (s-1) \sum_{(t')} \frac{1}{n_{t'}^s} \right\}$$

ebenfalls $\geqq h\varkappa - \delta$ und $\leqq h\varkappa + \delta$ und also, da hierin δ eine beliebig kleine Größe bedeutet, $= h\varkappa$, womit der gewünschte Nachweis des Satzes 56 erbracht ist.

§ 27. Andere unendliche Entwicklungen der Funktion $\zeta(s)$.

Die Funktion $\zeta(s)$ kann noch auf drei andere Arten durch unendliche Entwicklungen dargestellt werden [Dedekind (*1*)]. Es ist, wie leicht ersichtlich:

$$\begin{aligned} \zeta(s) &= \sum_{(n)} \frac{F(n)}{n^s}, \\ &= \prod_{(\mathfrak{p})} \frac{1}{1 - n(\mathfrak{p})^{-s}}, \\ &= \prod_{(p)} \left(\frac{1}{1 - p^{-f_1 s}} \, \frac{1}{1 - p^{-f_2 s}} \cdots \frac{1}{1 - p^{-f_e s}} \right); \end{aligned}$$

hier ist im ersten Ausdruck die Summe über alle ganzen rationalen positiven Werte von n, im zweiten Ausdruck ist das Produkt über alle Primideale $\mathfrak{p}$ des Körpers k, und im dritten Ausdruck ist das Produkt über alle rationalen Primzahlen zu erstrecken, wobei $f_1, f_2, \ldots, f_e$ die Grade der e in p aufgehenden Primideale bedeuten. Alle diese unendlichen Summen und Produkte für $\zeta(s)$ konvergieren für $s > 1$, da die Glieder sämtlich positiv sind, in einer von der Reihenfolge der Summanden oder Faktoren unabhängigen Weise.

§ 28. Die Zusammensetzung der Idealklassen eines Körpers.

Betreffs der multiplikativen Darstellung der Idealklassen gilt der folgende wichtige Satz (Schering (*1*), Kronecker (*11*)):

Satz 57. Es gibt stets q Klassen $A_1, \ldots, A_q$, so daß jede andere Klasse A auf eine und nur auf eine Weise in der Gestalt $A = A_1^{x_1} \ldots A_q^{x_q}$ darstellbar ist; dabei durchlaufen $x_1, \ldots, x_q$ die ganzen Zahlen $0, 1, 2, \ldots$ bez. bis $h_1 - 1, \ldots, h_q - 1$, und es ist $A_1^{h_1} = 1, \ldots, A_q^{h_q} = 1$ und $h = h_1 \ldots h_q$.

Beweis. Man bilde für jede Klasse A den niedrigsten Exponenten $e_1 > 0$ derart, daß $A^{e_1} = 1$ wird. Der größte aller dieser Exponenten e_1 werde mit h_1 bezeichnet, und es sei H_1 eine hierbei auf h_1 führende Klasse. Nun bestimme man für jede Klasse A den niedrigsten Exponenten $e_2 > 0$ derart, daß A^{e_2} gleich einer Potenz von H_1 wird. Der höchste dieser Exponenten e_2 werde mit h_2 bezeichnet, und H_2 sei eine auf h_2 führende Klasse. Ferner bestimme man für jede Klasse A den niedrigsten Exponenten $e_3 > 0$ derart, daß A^{e_3} gleich einem Produkt von Potenzen der Klassen H_1, H_2 wird; es sei h_3 der höchste dieser Exponenten e_3 und H_3 eine auf h_3 führende Klasse. Fährt man so fort, so entsteht eine Reihe von Klassen $H_1, H_2, \ldots, H_q$, denen, wie man unmittelbar sieht, die Eigenschaft zukommt, daß eine jede Klasse A auf eine und nur auf eine Weise in der Gestalt $A = H_1^{x_1} \cdots H_q^{x_q}$ dargestellt werden kann, wo $x_1, \ldots, x_q$ die im Satze 57 angegebenen Werte annehmen.

Es sei nun

$$H_s^{h_s} = H_t^{a_t} H_{t-1}^{a_{t-1}} \cdots H_1^{a_1}, \qquad (a_t \neq 0) \tag{15}$$

wo $t < s$ ist und $a_t, a_{t-1}, \ldots, a_1$ gewisse ganzzahlige Exponenten bedeuten. Aus den gemachten Festsetzungen folgt $H_s^{h_t} = H_{t-1}^{b_{t-1}} \ldots H_1^{b_1}$, wo $b_{t-1}, \ldots, b_1$ gewisse ganze Zahlen sind; es muß h_t durch h_s teilbar sein, da im anderen Falle bereits eine niedere als die h_s-te Potenz von H_s als Produkt der Klassen $H_t, H_{t-1}, \ldots, H_1$ darstellbar sein würde. Wird $h_t = h_s l_t$ gesetzt, so folgt, daß $H_t^{a_t l_t}$ durch ein Produkt der Klassen $H_{t-1}, \ldots, H_1$ darstellbar ist; es ist daher notwendig $a_t l_t$ durch h_t, d. h. a_t durch h_s teilbar. Setzen wir $a_t = h_s c_s$ und wählen an Stelle der Klasse H_s die Klasse $H'_s = H_s H_t^{-c_s}$, so geht die Gleichung (15) über in die einfachere Gleichung $H'^{h_s}_s = H_{t-1}^{a_{t-1}} \ldots H_1^{a_1}$. Die Fortsetzung dieses Verfahrens führt schließlich zu einer Klasse A_s an Stelle von H_s, für welche die gewünschte Relation $A_s^{h_s} = 1$ stattfindet.

Die obige Darstellung der Klassen kann überdies so eingerichtet werden, daß die Zahlen $h_1, \ldots, h_q$ Primzahlen oder Primzahlpotenzen sind. Wäre nämlich g eine der Zahlen $h_1, \ldots, h_q$, welche noch nicht Primzahl oder Primzahlpotenz ist, und wäre etwa $g = p' p'' \ldots$, wo $p', p'', \ldots$ Potenzen verschiedener Primzahlen sind, so setze man, wenn B die zu g gehörige Klasse bezeichnet, $B' = B^{\frac{g}{p'}}$, $B'' = B^{\frac{g}{p''}}$, ... Wir haben dann $B'^{p'} = 1$, $B''^{p''} = 1, \ldots$, und wenn

$$\frac{1}{g} = \frac{a'}{p'} + \frac{a''}{p''} + \cdots$$

gesetzt wird, so folgt $B = B'^{a'} B''^{a''} \ldots$ Es kann also $B', B'', \ldots$ an Stelle von B eingeführt werden. Sind die Klassen $A_1, \ldots, A_q$ in der zuletzt beschriebenen Weise gewählt, so heißen dieselben ein **System von Grundklassen.**

§ 29. Die Charaktere einer Idealklasse. Eine Verallgemeinerung der Funktion $\zeta(s)$.

Nachdem ein bestimmtes System von Grundklassen ausgewählt worden ist, ist eine jede vorhandene Klasse A durch die Exponenten $x_1, \ldots, x_q$ und mithin auch durch die q Einheitswurzeln

$$\chi_1(A) = e^{\frac{2i\pi x_1}{h_1}}, \quad \ldots, \quad \chi_q(A) = e^{\frac{2i\pi x_q}{h_q}}$$

eindeutig bestimmt. Diese q Einheitswurzeln $\chi(A)$ heißen die **Charaktere der Klasse** A. Sind $\chi(A), \chi(B)$ Charaktere der beiden Klassen A, bez. B, so ist offenbar $\chi(AB) = \chi(A)\chi(B)$. Der Charakter $\chi(A)$ einer Klasse wird zugleich auch als der Charakter $\chi(\mathfrak{a})$ eines jeden in A enthaltenen Ideals $\mathfrak{a}$ bezeichnet.

Mit Hilfe eines Charakters χ läßt sich dann eine Funktion bilden, welche eine Verallgemeinerung der oben betrachteten Funktion $\zeta(s)$ ist, und welche eine ähnliche Produktentwicklung gestattet [Dedekind (*1*)]. Diese Funktion ist

$$\sum_{(\mathfrak{j})} \frac{\chi(\mathfrak{j})}{n(\mathfrak{j})^s} = \prod_{(\mathfrak{p})} \frac{1}{1 - \chi(\mathfrak{p})\, n(\mathfrak{p})^{-s}},$$

wo die Summe über alle Ideale $\mathfrak{j}$ und das Produkt über alle Primideale $\mathfrak{p}$ des Körpers k zu erstrecken ist.

8. Die zerlegbaren Formen des Körpers.

§ 30. Die zerlegbaren Formen des Körpers. Die Formenklassen und ihre Zusammensetzung.

Wenn $\xi^{(1)}, \ldots, \xi^{(m)}$ m lineare Formen der m Veränderlichen $u_1, \ldots, u_m$ mit beliebigen reellen oder imaginären Koeffizienten sind, so heißt das Produkt

$$U(u_1, \ldots, u_m) = \xi^{(1)} \ldots \xi^{(m)}$$

eine **zerlegbare Form** m-ten Grades der m Veränderlichen $u_1, \ldots, u_m$. Die Koeffizienten der Produkte von $u_1, \ldots, u_m$ heißen die **Koeffizienten der Form.** Berücksichtigt man die Formeln

$$-\frac{\partial^2 \log U}{\partial u_r\, \partial u_s} = \frac{\partial \log \xi^{(1)}}{\partial u_r} \frac{\partial \log \xi^{(1)}}{\partial u_s} + \cdots + \frac{\partial \log \xi^{(m)}}{\partial u_r} \frac{\partial \log \xi^{(m)}}{\partial u_s},$$

$$(r, s = 1, \ldots, m)$$

so folgt leicht aus dem Multiplikationssatz der Determinanten, daß das Quadrat der Determinante der m linearen Formen $\xi^{(1)}, \ldots, \xi^{(m)}$ gleich $(-1)^m U^2 \sum \pm \frac{\partial^2 \log U}{\partial u_1 \partial u_1} \cdots \frac{\partial^2 \log U}{\partial u_m \partial u_m}$ und daher eine ganze ganzzahlige Funktion der Koeffizienten von U ist; dasselbe werde die **Diskriminante der Form** U genannt. Eine Form U, deren Koeffizienten ganze rationale Zahlen ohne gemeinsamen Teiler sind, heißt eine **primitive Form;** dieselbe ist eine rationale Einheitsform.

Sind $\alpha_1, \ldots, \alpha_m$ eine Basis des Ideals $\mathfrak{a}$, so ist insbesondere die Norm $n(\xi) = n(\alpha_1 u_1 + \cdots + \alpha_m u_m)$ eine zerlegbare Form m-ten Grades. Die Koeffizienten derselben sind ganze rationale Zahlen mit dem größten gemeinsamen Teiler $n(\mathfrak{a})$. Nach Forthebung dieses Teilers entsteht eine primitive Form U, welche eine **zerlegbare Form des Körpers** k genannt wird, und welche folgende Eigenschaften besitzt. Wählt man an Stelle der Basis $\alpha_1, \ldots, \alpha_m$ eine andere Basis $\alpha_1^*, \ldots, \alpha_m^*$ des Ideals $\mathfrak{a}$, so erhält man eine Form U^*, welche aus U vermöge ganzzahliger linearer Transformation von der Determinante ± 1 hervorgeht. Faßt man alle diese transformierten Formen unter den Begriff der **Formenklasse** zusammen, so ist ersichtlich, daß einem jeden Ideal $\mathfrak{a}$ eine bestimmte Formenklasse zugehört. Die nämliche Formenklasse entsteht offenbar auch, wenn man statt des Ideals $\mathfrak{a}$ das Ideal $\alpha\mathfrak{a}$ zugrunde legt, wo α eine ganze oder gebrochene Zahl des Körpers bedeutet, d. h. einem jedem Ideal der nämlichen Idealklasse entspricht die nämliche Formenklasse.

Da die Diskriminante der Form $n(\xi) = n(\mathfrak{a})U$ offenbar gleich $n(\mathfrak{a})^2\, d$ ist, so folgt die Tatsache:

Satz 58. Die Diskriminante einer zerlegbaren Form U des Körpers k ist gleich der Körperdiskriminante d [Dedekind (*1*)].

Die genannten Eigenschaften der Formen U bestimmen das Wesen derselben vollständig; es gilt nämlich der umgekehrte Satz:

Satz 59. Wenn U eine primitive, im Körper k zerlegbare, aber in jedem Körper niederen Grades unzerlegbare Form m-ten Grades mit der Diskriminante d des Körpers ist, so gibt es in k mindestens eine und höchstens m Idealklassen, denen die Form U zugehört.

Beweis. Ist etwa $\eta = \mu_1 u_1 + \cdots + \mu_m u_m$ ein Linearfaktor von U, dessen Koeffizienten in k liegen, so multipliziere man η mit einer ganzen Zahl a derart, daß $\xi = a\eta = \alpha_1 u_1 + \cdots + \alpha_m u_m$ eine lineare Form mit ganzen Koeffizienten $\alpha_1, \ldots, \alpha_m$ wird. Setzen wir $\mathfrak{a} = (\alpha_1, \ldots, \alpha_m)$, so ist nach Satz 20 $n(\xi) = n(\mathfrak{a})U$, und da die Diskriminante der Form U gleich der Körperdiskriminante sein soll, so ergibt sich hieraus:

$$\begin{vmatrix} \alpha_1, & \ldots, & \alpha_m \\ \alpha_1', & \ldots, & \alpha_m' \\ \cdot & \cdot & \cdot \\ \alpha_1^{(m-1)}, & \ldots, & \alpha_m^{(m-1)} \end{vmatrix}^2 = n(\mathfrak{a})^2 d,$$

wo die gestrichenen α bez. die konjugierten Zahlen bedeuten. Aus dieser Gleichung folgt, wenn wir die Umkehrung des Satzes 19 zu Hilfe nehmen, daß $\alpha_1, \ldots, \alpha_m$ eine Basis des Ideals $\mathfrak{a}$ bilden.

Gehören zu den beiden Idealen $\mathfrak{a}, \mathfrak{b}$ bezüglich die beiden Formen U, V, so heißt jede zu dem Ideale $\mathfrak{c} = \mathfrak{a}\mathfrak{b}$ gehörige Form W eine aus den Formen U und V **zusammengesetzte Form** [DEDEKIND (*1*)].

Die Entscheidung der Frage, ob zwei vorgelegte, zum Körper k gehörige Formen zu derselben oder zu verschiedenen Formenklassen gehören, kommt, der obigen Entwicklung zufolge, auf die Frage nach der Äquivalenz zweier vorgelegter Ideale hinaus und erfordert daher zu ihrer Entscheidung nur eine endliche Anzahl von Operationen. Vgl. § 24.

9. Die Zahlringe des Körpers.

§ 31. Der Zahlring. Das Ringideal und seine wichtigsten Eigenschaften.

Sind $\vartheta, \eta, \ldots$ irgend welche ganze algebraische Zahlen, deren Rationalitätsbereich der Körper k vom m-ten Grade ist, so wird das System aller ganzen Funktionen von $\vartheta, \eta, \ldots$, deren Koeffizienten ganze rationale Zahlen sind, ein **Zahlring, Ring** oder **Integritätsbereich**[1] genannt. Die Addition, Subtraktion und Multiplikation zweier Zahlen eines Ringes liefert wiederum eine Zahl des Ringes. Der Begriff des Ringes ist mithin gegenüber den drei Rechnungsoperationen der Addition, Subtraktion und Multiplikation invariant. Der größte Zahlring des Körpers k ist der durch $\omega_1, \ldots, \omega_m$ bestimmte Ring, wo $\omega_1, \ldots, \omega_m$ die Zahlen einer Körperbasis bedeuten. Derselbe umfaßt alle ganzen Zahlen des Körpers. Jeder Zahlring r enthält m ganze Zahlen $\varrho_1, \ldots, \varrho_m$ von der Art, daß jede andere Zahl ϱ des Ringes in der Gestalt

$$\varrho = a_1 \varrho_1 + \cdots + a_m \varrho_m$$

dargestellt werden kann, wo $a_1, \ldots, a_m$ ganze rationale Zahlen sind. Die Zahlen $\varrho_1, \ldots, \varrho_m$ heißen eine **Basis des Ringes.** Bezeichnen wir die zu $\varrho_1, \ldots, \varrho_m$ konjugierten Zahlen bez. mit $\varrho_1', \ldots, \varrho_m', \ldots, \varrho_1^{(m-1)}, \ldots, \varrho_m^{(m-1)}$, so ist das Quadrat der Determinante

$$\begin{vmatrix} \varrho_1, & \ldots, & \varrho_m \\ \varrho_1', & \ldots, & \varrho_m' \\ \cdot & \cdot\;\cdot\;\cdot & \cdot \\ \varrho_1^{(m-1)}, & \ldots, & \varrho_m^{(m-1)} \end{vmatrix}$$

eine rationale Zahl und heißt die **Diskriminante** d_r **des Ringes** r.

Ein **Ringideal** oder ein **Ideal des Ringes** r wird ein solches unendliches System von ganzen algebraischen Zahlen $\alpha_1, \alpha_2, \ldots$ des Ringes r genannt, welches die Eigenschaft besitzt, daß eine jede lineare Kombination $\lambda_1\alpha_1 + \lambda_2\alpha_2 + \cdots$ derselben wiederum dem System angehört, wobei die Koeffizienten $\lambda_1, \lambda_2, \ldots$ beliebige Zahlen des Ringes r sind. Jedes Ringideal enthält

[1] Nach DEDEKIND „eine Ordnung“.

m ganze Zahlen $\iota_1, \ldots, \iota_m$ von der Art, daß eine jede Zahl des Ringideals gleich einer linearen Kombination derselben von der Gestalt $a_1\iota_1 + \cdots + a_m\iota_m$ ist, wo $a_1, \ldots, a_m$ ganze rationale Zahlen bedeuten. Die Zahlen $\iota_1, \ldots, \iota_m$ heißen eine **Basis des Ringideals.** Der Beweis für die Existenz einer Basis des Ringes und des Ringideals ist genau entsprechend den in § 3 und § 4 dargelegten Beweisen für die Existenz der Körperbasis und Idealbasis zu führen. Es gelten folgende Sätze: [DEDEKIND (*3*)].

Satz 60. Sind $\iota_1, \ldots, \iota_m$ irgend m ganze Zahlen des Körpers k, zwischen denen keine lineare Relation mit ganzen rationalen Zahlenkoeffizienten besteht, so gibt es stets einen Ring r, in welchem, wenn A eine geeignet gewählte ganze rationale Zahl bedeutet, die Produkte $A\iota_1, A\iota_2, \ldots, A\iota_m$ die Basis eines Ringideals bilden. Zum Beweise dieses Satzes 60 vergleiche den Beweis zu Satz 61.

Beweis. Es sei ϱ eine beliebige ganze Zahl des Körpers, für welche die m Zahlen $\varrho\iota_1, \ldots, \varrho\iota_m$ sämtlich gleich linearen Kombinationen der Zahlen $\iota_1, \ldots, \iota_m$ von der Gestalt $a_1\iota_1 + \cdots + a_m\iota_m$ werden, wo $a_1, \ldots, a_m$ ganze rationale Zahlen sind. Die Gesamtheit aller dieser ganzen Zahlen ϱ des Körpers bestimmt, wie leicht einzusehen, einen Ring von der verlangten Beschaffenheit.

Sind $\alpha_1, \ldots, \alpha_s$ irgend s Zahlen in r, durch deren lineare Kombination unter Benutzung ganzer algebraischer, in r liegender Koeffizienten alle Zahlen eines Ringideals $\mathfrak{j}_r$ erhalten werden können, so setzen wir kurz $\mathfrak{j}_r = [\alpha_1, \ldots, \alpha_s]$. Insbesondere ist $\mathfrak{j}_r = [\iota_1, \ldots, \iota_m]$.

Satz 61. Es gibt in jedem Ringe r stets Ringideale $\mathfrak{j}_r$, welche zugleich Körperideale sind.

Beweis. Drückt man $\omega_1, \ldots, \omega_m$ durch die Zahlen $\varrho_1, \ldots, \varrho_m$ der Basis des Ringes r aus, in der Gestalt

$$\omega_i = \frac{a_{i1}\varrho_1 + \cdots + a_{im}\varrho_m}{A}, \qquad (i = 1, 2, \ldots, m)$$

wo $a_{i1}, \ldots, a_{im}$, A ganze rationale Zahlen sind, so folgt, daß jede durch A teilbare ganze Zahl in k eine Zahl des Ringes und mithin jedes durch A teilbare Ideal des Körpers k zugleich ein Ringideal des Ringes r ist.

Der größte gemeinsame Idealteiler aller derjenigen Körperideale, welche zugleich Ringideale in r sind, heißt der **Führer $\mathfrak{f}$ des Ringes** r. [DEDEKIND (*3*)]. Es folgt dann leicht der Satz:

Satz 62. Jedes durch den Führer $\mathfrak{f}$ teilbare Ideal $\mathfrak{j}$ des Körpers k ist zugleich ein Ringideal des Ringes r.

§ 32. Die durch eine ganze Zahl bestimmten Ringe. Der Satz von der Differente einer ganzen Zahl des Körpers.

Die wichtigsten Zahlringe des Körpers sind diejenigen, welche durch eine *einzige* ganze Zahl ϑ bestimmt werden. Auf die Eigenschaften dieser besonderen Zahlringe hat DEDEKIND seine Theorie der Diskriminanten algebraischer

Zahlkörper gegründet [DEDEKIND (*6*)]. Die hauptsächlichsten Resultate von DEDEKIND fassen wir in folgenden Satz zusammen:

Satz 63. Der größte gemeinsame Teiler der Differenten aller ganzen Zahlen des Körpers k ist gleich der Differente $\mathfrak{d}$ des Körpers. Ist δ die Differente einer ganzen Zahl ϑ, welche den Körper k bestimmt, und $\mathfrak{f}$ der Führer des durch ϑ bestimmten Zahlringes, so ist $\delta = \mathfrak{f}\mathfrak{d}$.

Beweis. Es sei $\omega_1, \ldots, \omega_m$ eine Körperbasis von k, und es seien bezüglich $\omega_1', \ldots, \omega_m', \ldots, \omega_1^{(m-1)}, \ldots, \omega_m^{(m-1)}$ die zu diesen m Zahlen konjugierten Zahlen. Wir bilden die m-reihige Determinante der m^2 Zahlen $\omega_h^{(l)}$:

$$\Omega = \begin{vmatrix} \omega_1, & \ldots, & \omega_m \\ \omega_1', & \ldots, & \omega_m' \\ \cdot & \cdot\ \cdot & \cdot \\ \omega_1^{(m-1)}, & \ldots, & \omega_m^{(m-1)} \end{vmatrix}$$

und bezeichnen die zu $\omega_1, \ldots, \omega_m$ adjungierten $(m-1)$-reihigen Unterdeterminanten von Ω bezüglich mit $\Omega_1, \ldots, \Omega_m$. Die m Produkte $\Omega\Omega_1, \ldots, \Omega\Omega_m$ sind dann ganze Zahlen des Körpers k, und zwar bilden dieselben die Basiszahlen eines Ideals des Körpers k.

Um das letztere zu beweisen, multiplizieren wir die $m-1$ Horizontalreihen der Determinante Ω_h bezüglich mit

$$u + \omega_i', \; u + \omega_i'', \; \ldots, \; u + \omega_i^{(m-1)}, \tag{16}$$

wo u ein unbestimmter Parameter ist. Die entstehende $(m-1)$-reihige Determinante erhält dann, wie leicht ersichtlich, die Gestalt:

$$f_1(u)\,\Omega_1 + f_2(u)\,\Omega_2 + \cdots + f_m(u)\,\Omega_m,$$

wo $f_1, \ldots, f_m$ ganzzahlige Funktionen von u sind. Andererseits hat das Produkt der $m-1$ Linearfaktoren (16) die Form

$$u^{m-1} + (\omega_i' + \cdots + \omega_i^{(m-1)})\,u^{m-2} + \cdots = u^{m-1} + (a - \omega_i)\,u^{m-2} + \cdots,$$

wo a eine ganze rationale Zahl bedeutet. Die Vergleichung der Koeffizienten von u^{m-2} liefert das Resultat, daß $\omega_i\Omega_h$ eine lineare Kombination von $\Omega_1, \ldots, \Omega_m$ mit ganzen rationalen Zahlenkoeffizienten ist; hiermit ist der gewünschte Nachweis dafür geführt, daß $\Omega\Omega_1, \ldots, \Omega\Omega_m$ Basiszahlen eines Ideals sind.

Bezeichnen wir allgemein mit $\Omega_h^{(l)}$ die zu $\omega_h^{(l)}$ adjungierte $(m-1)$-reihige Unterdeterminante der Determinante Ω, so wird nach einem bekannten Determinantensatze die m-reihige Determinante $|\Omega_h^{(l)}| = \Omega^{m-1}$; folglich genügt die Norm des Ideals $\mathfrak{J} = (\Omega\Omega_1, \ldots, \Omega\Omega_m)$ der Gleichung

$$d\,n^2(\mathfrak{J}) = |\Omega\,\Omega_h^{(l)}|^2 = \Omega^{4m-2},$$

und hieraus folgt $n(\mathfrak{J}) = |d|^{m-1}$. Nun ist offenbar die Diskriminante d des Körpers durch $\mathfrak{J}$ teilbar; setzen wir $d = \mathfrak{J}\mathfrak{j}$, so folgt $n(\mathfrak{j}) = |d|$.

Es sei nun ϑ irgendeine den Körper k bestimmende Zahl; dann können wir die m Basiszahlen des Körpers k in der Gestalt voraussetzen:

$$\begin{aligned} \omega_1 &= 1\,, \\ \omega_2 &= \frac{a_1+\vartheta}{f_1}\,, \\ \omega_3 &= \frac{a_2+a_2'\vartheta+\vartheta^2}{f_2}\,, \\ &\cdots\cdots \\ \omega_m &= \frac{a_{m-1}+a_{m-1}'\vartheta+\cdots+a_{m-1}^{(m-2)}\vartheta^{m-2}+\vartheta^{m-1}}{f_{m-1}}\,, \end{aligned}$$

wo $a_1, a_2, a_2', \ldots, a_{m-1}^{(m-2)}, f_1, \ldots, f_{m-1}$ ganze rationale Zahlen sind. Wir ermitteln nun den Führer $\mathfrak{f}$ des durch ϑ bestimmten Ringes und stellen die Basiszahlen desselben in der Gestalt dar:

$$\begin{aligned} \varrho_1 &= f_1'\,, \\ \varrho_2 &= b_1+f_2'\vartheta\,, \\ \varrho_3 &= b_2+b_2'\vartheta+f_3'\vartheta^2\,; \\ &\cdots\cdots \\ \varrho_m &= b_{m-1}+b_{m-1}'\vartheta+\cdots+b_{m-1}^{(m-2)}\vartheta^{m-2}+f_m'\vartheta^{m-1}\,, \end{aligned}$$

wo $b_1, b_2, b_2', \ldots, b_{m-1}^{(m-2)}, f_1', f_2', \ldots, f_m'$ ganze rationale Zahlen bedeuten. Da insbesondere nach Satz 62 $\varrho_1\omega_m, \varrho_2\omega_{m-1}, \ldots, \varrho_m\omega_1$ ganzzahlige Funktionen von ϑ werden müssen, so ergibt sich notwendigerweise, daß f_1' durch f_{m-1}, f_2' durch $f_{m-2}, \ldots, f_{m-1}'$ durch f_1 und folglich das Produkt $f_1' \ldots f_{m-1}'$ durch das Produkt $f = f_1 \ldots f_{m-1}$ teilbar sein muß. Da $n(\mathfrak{f}) = f_1 \ldots f_{m-1} f_1' \ldots f_{m-1}' f_m'$ ist, so wird $n(\mathfrak{f}) = f^2 g$, wo g eine ganze rationale Zahl ist.

Wir setzen ferner:

$$\Theta = \begin{vmatrix} 1, & \vartheta, & \ldots, & \vartheta^{m-1} \\ 1, & \vartheta', & \ldots, & \vartheta'^{\,m-1} \\ \cdot & \cdot & \cdot & \cdot \\ 1, & \vartheta^{(m-1)}, & \ldots, & (\vartheta^{(m-1)})^{m-1} \end{vmatrix}, \quad \mathsf{H} = \begin{vmatrix} 1, & \vartheta', & \ldots, & \vartheta'^{\,m-2} \\ \cdot & \cdot & \cdot & \cdot \\ 1, & \vartheta^{(m-1)}, & \ldots, & (\vartheta^{(m-1)})^{m-2} \end{vmatrix};$$

es gelten dann für die Differente δ der Zahl ϑ die Beziehungen $(-1)^{m-1}\delta = \dfrac{\Theta}{\mathsf{H}}$ und nach S. 71 $(-1)^{\frac{m(m-1)}{2}}\, n(\delta) = \Theta^2 = f^2 d$. Ferner ist

$$\sum_{(h=1,\ldots,m)} u_h\,\Omega\,\Omega_h$$

$$= \frac{\Theta}{f^2} \begin{vmatrix} u_1, f_1 u_2, & f_2 u_3, & \ldots, f_{m-1}u_m \\ 1,\ a_1+\vartheta', & a_2+a_2'\vartheta'+\vartheta'^2, & \ldots, a_{m-1}+\cdots+\vartheta'^{\,m-1} \\ \cdot\ \cdot\ \cdot & \cdot\ \cdot\ \cdot & \cdot\ \cdot\ \cdot \\ 1,\ a_1+\vartheta^{(m-1)}, & a_2+a_2'\vartheta^{(m-1)}+(\vartheta^{(m-1)})^2, & \ldots, a_{m-1}+\cdots+(\vartheta^{(m-1)})^{m-1} \end{vmatrix}, \qquad (17)$$

wo $u_1, \ldots, u_m$ Unbestimmte sind. Entwickeln wir hier die Determinante nach den Elementen der ersten Horizontalreihe und schreiben sie dabei in der Gestalt $u_1 \mathsf{H}_1 + \cdots + u_m \mathsf{H}_m$, so sind, wie man leicht erkennt, die Zahlen $\frac{\mathsf{H}_1}{\mathsf{H}}, \ldots, \frac{\mathsf{H}_m}{\mathsf{H}}$ sämtlich ganze Zahlen des Körpers k; sie gehen, wie die Formel (17) zeigt, aus den Zahlen $\Omega\Omega_1, \ldots, \Omega\Omega_m$ dadurch hervor, daß man die letzteren mit ein und demselben in k liegenden Faktor multipliziert. Die m Zahlen $\frac{\mathsf{H}_1}{\mathsf{H}}, \ldots, \frac{\mathsf{H}_m}{\mathsf{H}}$ sind folglich wieder Basiszahlen eines Ideals; dieses Ideal heiße $\mathfrak{m}$.

Die Zahlen des Ideals $\mathfrak{m}$ sind sämtlich ganzzahlige Funktionen von ϑ. Dasselbe ist folglich durch $\mathfrak{f}$ teilbar, und wir setzen $\mathfrak{m} = \mathfrak{f}\mathfrak{l}$, wo $\mathfrak{l}$ ein gewisses Ideal in k bedeutet. Unsere Gleichung (17) zeigt dann, daß

$$\mathfrak{J} = \frac{\Theta \mathsf{H}}{f^2}\,\mathfrak{f}\mathfrak{l} = \frac{d\,\mathfrak{f}\mathfrak{l}}{\delta}$$

ist, und wenn man die Norm nimmt, so folgt hieraus:

$$|d|^{m-1} = \frac{|d|^m\, n(\mathfrak{f})\, n(\mathfrak{l})}{f^2\, |d|}, \quad \text{d. h.} \quad f^2 = n(\mathfrak{f})\, n(\mathfrak{l}).$$

Da andererseits vorhin $n(\mathfrak{f}) = f^2 g$ gefunden worden ist, so muß $g = 1$, $n(\mathfrak{l}) = 1$, $\mathfrak{l} = 1$ sein, und folglich wird $n(\mathfrak{f}) = f^2$, $\mathfrak{J}\delta = \mathfrak{f}d$, $\delta = \mathfrak{f}\mathfrak{j}$.

Nunmehr sei $\mathfrak{p}$ ein beliebig gegebenes Primideal des Körpers k, so beweisen wir zunächst, daß sich stets eine ganze Zahl $\vartheta = \varrho$ in k finden läßt von der Art, daß der Führer des durch ϱ bestimmten Ringes nicht durch $\mathfrak{p}$ teilbar ist. Es sei die durch $\mathfrak{p}$ teilbare rationale Primzahl $p = \mathfrak{p}^e \mathfrak{a}$, wo $\mathfrak{a}$ ein zu $\mathfrak{p}$ primes Ideal bedeutet; ferner sei ϱ als ganze Zahl in k derart ausgewählt, daß jede beliebige ganze Zahl des Körpers k nach jeder noch so hohen Potenz von $\mathfrak{p}$ kongruent einer ganzzahligen Funktion von ϱ wird. Die Existenz einer solchen Zahl ϱ ist in Satz 29 gezeigt worden; zugleich werde die Zahl ϱ so gewählt, daß sie $\equiv 0$ nach $\mathfrak{a}$ wird (Satz 25) und eine den Körper k bestimmende Zahl ist. Nunmehr sei die Diskriminante $d(\varrho)$ der Zahl ϱ gleich $p^h a$, wo a eine zu p prime, ganze rationale Zahl bedeutet. Es ist dann jede ganze Zahl ω des Körpers k in der Gestalt $\omega = \frac{F(\varrho)}{a\,\varrho^h}$ darstellbar, wo $F(\varrho)$ eine ganze ganzzahlige Funktion von ϱ bezeichnet. In der Tat: wird $\omega \equiv H(\varrho)$ nach $\mathfrak{p}^{eh}$, wo $H(\varrho)$ eine ganzzahlige Funktion von ϱ bedeutet, und setzen wir $\omega = H(\varrho) + \omega^*$, so folgt, daß $\omega^* \varrho^h$ durch p^h teilbar wird. Wir setzen $\omega^* \varrho^h = p^h \alpha$, wo α eine ganze Zahl des Körpers k bedeutet. Da nach § 3 eine jede ganze Zahl α in die Gestalt $\frac{G(\varrho)}{d(\varrho)}$ gebracht werden kann, wo $G(\varrho)$ eine ganze ganzzahlige Funktion von ϱ bedeutet, so folgt $\omega^* = \frac{G(\varrho)}{a\,\varrho^h}$ und weiter $\omega = \frac{a\,\varrho^h H(\varrho) + G(\varrho)}{a\,\varrho^h}$. Die eben gefundene Eigenschaft der Zahl ϱ lehrt, daß die Zahl $a\varrho^h$ jedenfalls in dem Führer des durch ϱ bestimmten Ringes vorkommt. Derselbe ist mithin nicht durch $\mathfrak{p}$ teilbar, d. h. die Zahl $\varrho = \vartheta$ ist eine Zahl von der oben verlangten Beschaffenheit.

Die letzten Entwicklungen zeigen, daß das Ideal $\mathfrak{j}$ genau der größte gemeinsame Teiler der Differenten aller ganzen Zahlen ist. Andererseits enthält dieser größte gemeinsame Teiler, wie aus der Definition der Körperdifferente $\mathfrak{d}$ folgt, notwendig dieses Ideal $\mathfrak{d}$ als Faktor; wir setzen $\mathfrak{j} = \mathfrak{h}\mathfrak{d}$. Da $n(\mathfrak{d})$ nach Satz 13 durch die Diskriminante d teilbar ist, so folgt $n(\mathfrak{j}) = n(\mathfrak{h}) d a$, wo a eine ganze rationale Zahl bedeutet. Wegen $n(\mathfrak{j}) = \pm d$ folgt hieraus $n(\mathfrak{h}) = 1$, $\mathfrak{h} = 1$, $a = \pm 1$, also $\mathfrak{j} = \mathfrak{d}$. Damit ist der Satz 63 vollständig bewiesen.

Aus dem Satze 63 folgen leicht der Satz 31 und 37, sowie die am Schluß des § 12 aufgestellte Behauptung über die in der Diskriminante des Körpers aufgehenden Primzahlen. Um die letztere abzuleiten, hat man nur nötig, die Zerlegung der linken Seite der Gleichung, welcher $\vartheta = \varrho$ genügt, nach der betreffenden Primzahl p vorzunehmen und in ähnlicher Weise zu verwerten, wie dies in § 11 für die linke Seite der Fundamentalgleichung geschehen ist.

§ 33. Die regulären Ringideale und ihre Teilbarkeitsgesetze.

Ist ein beliebiger Ring r und in ihm ein Ringideal $\mathfrak{j}_r = [\alpha_1, \ldots, \alpha_s]$ gegeben, so hat man in dem größten gemeinsamen Idealteiler der Zahlen des letzteren ein Körperideal; wir nennen dieses Ideal $\mathfrak{j} = (\alpha_1, \ldots, \alpha_s)$ das dem Ringideal $\mathfrak{j}_r$ **zugeordnete Körperideal.** Wenn insbesondere das Körperideal $\mathfrak{j}$ zum Führer $\mathfrak{f}$ des Ringes r prim ist, so heiße $\mathfrak{j}_r$ ein **reguläres Ringideal.** Es gilt der Satz:

Satz 64. Wenn $\mathfrak{j}$ ein beliebiges zu dem Führer $\mathfrak{f}$ primes Körperideal ist, so existiert im Ringe r stets ein Ringideal $\mathfrak{j}_r$, dem das Körperideal $\mathfrak{j}$ zugeordnet ist.

Beweis. Wir bestimmen das System aller der Zahlen des Ringes r, welche durch das gegebene Körperideal $\mathfrak{j}$ teilbar sind. Dieselben bilden in r ein Ringideal $\mathfrak{j}_r = [\alpha_1, \ldots, \alpha_s]$. Ferner wählen wir in dem Führer $\mathfrak{f}$ des Ringes r eine zu $\mathfrak{j}$ prime ganze Zahl φ und dann im Körperideal $\mathfrak{j}$ eine zu φ prime Zahl α. Alsdann gibt es stets ganze Zahlen ψ und β des Körpers derart, daß $\varphi\psi + \alpha\beta = 1$ wird. Da $\varphi\psi$ durch $\mathfrak{f}$ teilbar und daher eine Zahl des Ringes r ist, so liegt auch $\alpha\beta$ im Ringe r, und da andererseits $\alpha\beta$ durch $\mathfrak{j}$ teilbar ist, so stellt $\alpha\beta = 1 - \varphi\psi$ eine Zahl des Ringideals $\mathfrak{j}_r$ dar: das dem Ringideal $\mathfrak{j}_r$ zugeordnete Körperideal $\mathfrak{j}^* = (\alpha_1, \ldots, \alpha_s)$ ist folglich zu $\mathfrak{f}$ prim. Da $\mathfrak{j}^*$ durch $\mathfrak{j}$ teilbar ist und überdies in dem Produkt $\mathfrak{f}\mathfrak{j}$ aufgeht, so ergibt sich daraus $\mathfrak{j}^* = \mathfrak{j}$; d. h. $\mathfrak{j}_r$ erweist sich als ein reguläres Ringideal, dem das Körperideal $\mathfrak{j}$ zugeordnet ist. Damit ist der Satz 64 bewiesen.

Unter dem **Produkt zweier Ringideale** $\mathfrak{a}_r = [\alpha_1, \ldots, \alpha_s]$ und $\mathfrak{b}_r = [\beta_1, \ldots, \beta_t]$ wird das Ringideal

$$\mathfrak{a}_r \mathfrak{b}_r = [\alpha_1 \beta_1, \ldots, \alpha_s \beta_1, \ldots, \alpha_1 \beta_t, \ldots, \alpha_s \beta_t]$$

verstanden. Es ist dann der Satz unmittelbar ersichtlich:

Satz 65. Dem Produkt zweier regulärer Ringideale ist stets das Produkt der zugeordneten Körperideale zugeordnet.

Vermöge dieses Satzes 65 entsprechen die Teilbarkeits- und Zerlegungsgesetze der regulären Ringideale vollkommen den Gesetzen über die Teilbarkeit und Zerlegung der zu $\mathfrak{f}$ primen Körperideale.

Da wir im folgenden nur reguläre Ringideale betrachten, so lassen wir der Kürze halber den Zusatz „regulär" fort, so daß von nun an unter einem **Ringideal** stets ein reguläres Ringideal verstanden wird.

Es ist aus Satz 23 zu entnehmen, daß in dem Körper k stets $\varphi(\mathfrak{f})$ nach dem Ideal $\mathfrak{f}$ inkongruente, zu $\mathfrak{f}$ prime ganze Zahlen vorhanden sind. Wenn eine von diesen dem Ringe r angehört, so liegen offenbar auch alle diejenigen Zahlen im Ringe r, welche dieser Zahl nach dem Führer $\mathfrak{f}$ kongruent sind. Die Anzahl der nach $\mathfrak{f}$ inkongruenten und zu $\mathfrak{f}$ primen dem Ringe r angehörigen Zahlen ist ein Teiler von $\varphi(\mathfrak{f})$ und werde mit $\varphi_r(\mathfrak{f})$ bezeichnet.

Unter der **Norm** $n(\mathfrak{a}_r)$ **eines Ringideals** $\mathfrak{a}_r$ versteht man die Norm des dem Ringideal zugeordneten Körperideals $\mathfrak{a}$. Die elementaren Sätze über Normen von Ringidealen sind mit dieser Definition gegeben.

§ 34. Die Einheiten eines Ringes. Die Ringklassen.

Auch der Satz von der Existenz der Grundeinheiten ist ohne Schwierigkeit auf einen Ring übertragbar; dieser Satz folgt am einfachsten aus dem entsprechenden Satze für die Einheiten des Körpers, wenn man bedenkt, daß, wie aus Satz 24 folgt, jede Einheit des Körpers durch Erheben in die $\varphi(\mathfrak{f})$-te Potenz in eine Einheit des Ringes übergehen muß. Der Satz hat genau die für den Körper k geltende Form des Satzes 47; für die in Satz 47 mit r bezeichnete Anzahl werde hier s geschrieben. Es mögen $\varepsilon_1, \ldots, \varepsilon_s$ ein System von s Grundeinheiten des Ringes r bedeuten, d. h. ein System von s Einheiten im Ringe r, durch deren Produkte unter Zuhilfenahme der Einheitswurzeln des Ringes sich sämtliche Einheiten in r ausdrücken lassen. Dann heißt die positiv genommene Determinante der s ersten Logarithmen zu diesen Einheiten der Regulator R_r des Ringes r. Die Anzahl der im Ringe r gelegenen Einheitswurzeln werde mit w_r bezeichnet [Dedekind (*3*)].

Zwei Ringideale $\mathfrak{a}$ und $\mathfrak{b}$ heißen einander äquivalent, wenn zwei ganze Zahlen μ und λ existieren, so daß $\mu\mathfrak{a} = \lambda\mathfrak{b}$ ist. Dabei werde der Äquivalenzbegriff hier in der in § 24 erwähnten engeren Fassung genommen und demgemäß die Einschränkung gemacht, daß $\frac{\mu}{\lambda}$ eine positive Norm besitze. Alle einander äquivalenten Ringideale bilden eine **Ringklasse.** Ein Ringideal (α), wo α eine zu $\mathfrak{f}$ prime ganze Zahl mit positiver Norm bedeutet, wird ein Hauptringideal, die Klasse dieser die **Hauptringklasse** genannt. Die weiteren Definitionen und die Sätze über die Multiplikation der Ringklassen entsprechen genau denjenigen, die in §§ 22, 28, 29 für die Idealklassen eines Körpers aufgestellt sind; auch folgt ähnlich, wie in § 22 die Endlichkeit der Anzahl der

Ringklassen. Die Bestimmung dieser Anzahl kann nach zwei verschiedenen Methoden, nämlich entweder auf einem rein arithmetischen Wege oder mit Verwendung analytischer Hilfsmittel, entsprechend der in § 25 und § 26 dargelegten Weise ausgeführt werden. Das hierbei sich ergebende Resultat ist folgendes [DEDEKIND (*3*)]:

Satz 66. Sind h und h_r die Anzahlen der Idealklassen des Körpers k bez. des Ringes r, beide für die engere Fassung des Klassenbegriffes, so ist

$$\frac{h_r}{h} = \frac{\varphi(\mathfrak{f})}{\varphi_r(\mathfrak{f})}\,\frac{w_r R}{w R_r}.$$

Auch die Begriffsbildungen des Kapitels 8 lassen sich auf den Ring übertragen; wir gelangen so zu dem Begriffe der zu einer Ringklasse gehörigen **zerlegbaren Form.**

§ 35. Der Modul und die Modulklasse.

Wenn $\mu_1, \ldots, \mu_m$ irgend m ganze Zahlen des Körpers k sind, zwischen denen keine lineare homogene Relation mit ganzen rationalen Koeffizienten besteht, so werde das System aller mittelst ganzer rationaler Koeffizienten $a_1, \ldots, a_m$ in der Gestalt $a_1\mu_1 + \cdots + a_m\mu_m$ darstellbaren Zahlen ein **Modul** des Körpers k genannt und mit $[\mu_1, \ldots, \mu_m]$ bezeichnet. Der Begriff des Moduls verhält sich mithin gegenüber den Operationen der Addition und Subtraktion invariant. Beispiele von Moduln sind das System aller ganzen Zahlen des Körpers k, das Ideal, der Ring, das Ringideal. Zwei Moduln $[\mu_1, \ldots, \mu_m]$ und $[\lambda_1, \ldots, \lambda_m]$ heißen einander **äquivalent,** wenn zwei ganze Zahlen μ und λ existieren, so daß $[\mu\mu_1, \ldots, \mu\mu_m] = [\lambda\lambda_1, \ldots, \lambda\lambda_m]$ ist. Alle einander äquivalenten Moduln bilden eine **Modulklasse.** DEDEKIND nimmt den Begriff des Moduls in seinen Untersuchungen über algebraische Zahlen als Grundlage [DEDEKIND (*1, 3, 6, 9*)].

Das Quadrat der Determinante

$$\begin{vmatrix} \mu_1, & \ldots, & \mu_m \\ \mu_1', & \ldots, & \mu_m' \\ \cdot & \cdot & \cdot \\ \mu_1^{(m-1)}, & \ldots, & \mu_m^{(m-1)} \end{vmatrix}$$

ist, wie leicht ersichtlich, eine ganze rationale Zahl und überdies durch die quadrierte Norm des Ideals $\mathfrak{m} = (\mu_1, \ldots, \mu_m)$ teilbar; der Quotient beider Quadrate werde mit ∂ bezeichnet. Bildet man diese Quotienten für einen beliebigen zu $[\mu_1, \ldots, \mu_m]$ äquivalenten Modul, so ergibt sich jedesmal der nämliche Wert ∂. Die ganze rationale Zahl ∂ ist mithin für die durch $[\mu_1, \ldots, \mu_m]$ bestimmte Modulklasse charakteristisch und heißt die **Diskriminante der Modulklasse.**

Die Begriffe **zerlegbare Form** und **Formenklasse** werden für den Modul entsprechend definiert, wie dies in § 30 für den Körper selbst geschehen ist. [DEDEKIND (*3*)].

Zweiter Teil.

Der Galoissche Zahlkörper.

10. Die Primideale des Galoisschen Körpers und seiner Unterkörper.

§ 36. Die eindeutige Zerlegung der Ideale des Galoisschen Körpers in Primideale.

Ein solcher Zahlkörper K, welcher mit den sämtlichen zu ihm konjugierten Körpern übereinstimmt, heißt ein **Galoisscher Körper.** Ist k ein beliebiger Zahlkörper m-ten Grades, und sind $k', \ldots, k^{(m-1)}$ die zu k konjugierten Körper, so kann aus sämtlichen Zahlen der Körper $k, k', \ldots, k^{(m-1)}$ ein neuer Körper K zusammengesetzt werden; dieser Körper K ist dann notwendig ein Galoisscher Körper, welcher die Körper $k, k', \ldots, k^{(m-1)}$ als Unterkörper enthält. Ein jeder beliebige Körper k kann mithin stets als ein Körper aufgefaßt werden, welcher in einem Galoisschen Körper als Unterkörper enthalten ist. Infolge dieses Umstandes ist es keine wesentliche Einschränkung, wenn wir bei der Erforschung der Eigenschaften der algebraischen Zahlen von vornherein einen Galoisschen Körper zugrunde legen und dann entwickeln, in welcher Weise die Zerlegungsgesetze für die Ideale dieses Galoisschen Körpers sich auf einen beliebigen in ihm enthaltenen Unterkörper übertragen.

Was zunächst den Beweis für die eindeutige Zerlegung der Ideale in Primideale betrifft, so gestaltet sich derselbe für einen Galoisschen Körper außerordentlich einfach [Hilbert (*2, 3.*)]. Um dies einzusehen, setzen wir zunächst einige Bezeichnungen fest.

Der Galoissche Körper K vom M-ten Grade werde durch die ganze Zahl Θ bestimmt; Θ genügt dann einer irreduziblen Gleichung M-ten Grades mit ganzen rationalen Koeffizienten. Die M Wurzeln dieser Gleichung seien

$$s_1\Theta = \Theta, \quad s_2\Theta, \ldots, s_M\Theta,$$

wo $s_1, \ldots, s_M$ rationale Funktionen von Θ mit rationalen Koeffizienten bedeuten. Werden $s_1, \ldots, s_M$ als Substitutionen aufgefaßt, so bilden sie eine Gruppe G vom M-ten Grade, da ja die aufeinander folgende Anwendung irgend zweier von den Substitutionen $s_1, \ldots, s_M$ wiederum eine dieser Substitutionen ergeben muß. G heiße die **Gruppe des Galoisschen Körpers** K.

Ein Ideal $\mathfrak{J}$, welches ungeändert bleibt, wenn man die Zahlen desselben durch ihre Konjugierten ersetzt, d. h. wenn man sie einer der $M-1$ Substitutionen $s_2, \ldots, s_M$ unterwirft, nenne ich ein **invariantes Ideal.** Ein invariantes Ideal $\mathfrak{J}$ besitzt die folgende Eigenschaft:

Hilfssatz 11. Die $M!$-te Potenz eines jeden invarianten Ideals $\mathfrak{J}$ ist gleich einer ganzen rationalen Zahl.

Beweis. Es sei A eine Zahl des Ideals $\mathfrak{J}$, und $A_1, A_2, \ldots, A_M$ seien die M elementaren symmetrischen Funktionen von $\mathsf{A} = s_1\mathsf{A}, s_2\mathsf{A}, \ldots, s_M\mathsf{A}$. Den größten gemeinsamen Teiler der M ganzen rationalen Zahlen

$$A_1^{\frac{M!}{1}}, \quad A_2^{\frac{M!}{2}}, \ldots, A_M^{\frac{M!}{M}} \tag{18}$$

bezeichnen wir mit A. In gleicher Weise denken wir uns zu jeder anderen Zahl $\mathsf{B}, \Gamma, \ldots$ des Ideals $\mathfrak{J}$ und ihren konjugierten die betreffenden elementaren symmetrischen Funktionen berechnet und die Teiler $B, C, \ldots$ in entsprechender Weise abgeleitet. Der größte gemeinsame Teiler aller möglichen dabei auftretenden Zahlen $A, B, C, \ldots$ werde mit J bezeichnet. Dann ist $\mathfrak{J}^{M!} = J$. In der Tat: da die zu A konjugierten Zahlen ebenfalls Zahlen des Ideals $\mathfrak{J}$ sind, so ist

$$A_1 \equiv 0, (\mathfrak{J}), \quad A_2 \equiv 0, (\mathfrak{J}^2), \ldots, \quad A_M \equiv 0, (\mathfrak{J}^M);$$

und folglich sind die sämtlichen Zahlen (18) und mithin auch $A \equiv 0$ nach $\mathfrak{J}^{M!}$. Da das Gleiche auch von den Zahlen $B, C, \ldots$ gilt, so ist auch $J \equiv 0$ nach $\mathfrak{J}^{M!}$. Andererseits sind die Koeffizienten $A_1, A_2, \ldots, A_M$ der Gleichung M-ten Grades für A bezüglich durch $J^{\frac{1}{M!}}, J^{\frac{2}{M!}}, \ldots, J^{\frac{M}{M!}}$ teilbar, und somit ist A selbst durch $J^{\frac{1}{M!}}$ teilbar. Da das nämliche von allen Zahlen $\mathsf{B}, \Gamma, \ldots$ des Ideals $\mathfrak{J}$ gilt, so ist $\mathfrak{J}^{M!}$ durch J teilbar.

Aus dem eben bewiesenen Hilfssatz 11 folgt unmittelbar die weitere Tatsache:

Satz 67. Zu einem jeden beliebigen Ideal $\mathfrak{A}$ des Galoisschen Körpers K läßt sich stets ein Ideal $\mathfrak{B}$ so finden, daß das Produkt $\mathfrak{A}\mathfrak{B}$ ein Hauptideal wird.

Beweis. Das Ideal $\mathfrak{J} = \mathfrak{A} \cdot s_2\mathfrak{A} \ldots s_M\mathfrak{A}$ ist offenbar ein invariantes Ideal; es ist daher nach dem Hilfssatz 11 das Ideal

$$\mathfrak{B} = \mathfrak{J}^{M!-1} s_2\mathfrak{A} \ldots s_M\mathfrak{A}$$

ein Ideal von der Art, wie es Satz 67 verlangt.

Der Satz 67 gestattet, die weiteren Teilbarkeitsgesetze für die Ideale des Galoisschen Körpers in derselben Weise zu entwickeln, wie dies in § 5 auf Grund des Satzes 8 für einen beliebigen Zahlkörper k geschehen ist.

Um dann aus den Teilbarkeitsgesetzen innerhalb des Galoisschen Körpers die Teilbarkeitsgesetze für einen beliebigen Körper k abzuleiten, beweise man entweder zunächst im Galoisschen Körper die Kroneckerschen Sätze 13 und 14 über Formen und schließe hieraus die Richtigkeit dieser Sätze für den Unterkörper k, oder man wende ein geeignetes direktes Übergangsverfahren an [HILBERT(*3*)].

§ 37. Die Elemente, die Differente und die Diskriminante des Galoisschen Körpers.

Im Galoisschen Körper K erhalten manche der früher eingeführten Begriffe eine einfachere Bedeutung. So sind die Elemente eines Galoisschen Körpers stets Ideale in diesem Körper selbst, und zwar gelten die Tatsachen:

Satz 68. Die Elemente eines Galoisschen Körpers K vertauschen sich untereinander bei Anwendung einer der M Substitutionen $s_1, \ldots, s_M$. Die Differente $\mathfrak{D}$ des Körpers K ist ein invariantes Ideal, und die Diskriminante $D = \pm N(\mathfrak{D})$ ist daher, als Ideal, die M-te Potenz der Differente $\mathfrak{D}$.

Beweis. Bezeichnen wir mit $\Omega_1, \ldots, \Omega_M$ eine Basis des Körpers K, so sind die Elemente von K Ideale von der Gestalt:

$$\mathfrak{E}_2 = (\Omega_1 - s_2\,\Omega_1, \ldots, \Omega_M - s_2\,\Omega_M),$$
$$\cdots\cdots\cdots\cdots\cdots$$
$$\mathfrak{E}_M = (\Omega_1 - s_M\,\Omega_1, \ldots, \Omega_M - s_M\,\Omega_M).$$

Wenden wir irgendeine der Substitutionen s auf eines dieser Elemente $\mathfrak{E}_i$ an und bedenken, daß die Zahlen $s\,\Omega_1, \ldots, s\,\Omega_M$ wiederum eine Basis des Körpers darstellen müssen, so folgt, wenn $s s_i = s_{i'} s$ gesetzt wird:

$$s\,\mathfrak{E}_i = (s\,\Omega_1 - s_{i'}\,s\,\Omega_1, \ldots, s\,\Omega_M - s_{i'}\,s\,\Omega_M) = \mathfrak{E}_{i'}.$$

Die Invarianz der Körperdifferente folgt nunmehr aus ihrer Darstellung $\mathfrak{D} = \mathfrak{E}_2 \ldots \mathfrak{E}_M$.

§ 38. Die Unterkörper des Galoisschen Körpers.

Der Galoissche Körper gestattet ein sehr genaues Studium der Zerlegungsgesetze seiner Zahlen mit Rücksicht auf die in ihm enthaltenen Unterkörper, und die hierbei sich ergebenden Resultate sind vor allem für die Anwendung der *allgemeinen* Körpertheorie auf *besondere* Zahlkörper von Wichtigkeit [HILBERT(*4*)].

Um einen beliebigen Unterkörper des Galoisschen Körpers in einfacher Art zu charakterisieren, bedienen wir uns folgender Ausdrucksweise. Wenn r Substitutionen $s_1 = 1, s_2, \ldots, s_r$ der Gruppe G eine Untergruppe g vom r-ten Grade liefern, so bildet offenbar die Gesamtheit aller derjenigen Zahlen des Körpers K, welche bei Anwendung einer jeden Substitution von g ungeändert bleiben, einen in K enthaltenen Körper k vom Grade $m = \frac{M}{r}$. Dieser Körper k heiße der **zur Untergruppe g gehörige Unterkörper.** Der Galoissche Körper selbst gehört zu der Gruppe, welche allein aus $s_1 = 1$ besteht; zur Gruppe G aller M Substitutionen s gehört der Körper der rationalen Zahlen. Umgekehrt gehört ein jeder Unterkörper k des Galoisschen Körpers zu einer gewissen Untergruppe g der Gruppe G. Diese Gruppe g heiße die **den Unterkörper k bestimmende Untergruppe.**

§ 39. Der Zerlegungskörper und der Trägheitskörper eines Primideals $\mathfrak{P}$.

Wählen wir nun ein bestimmtes Primideal $\mathfrak{P}$ vom Grade f im Galoisschen Körper K aus, so gibt es eine ganz bestimmte Reihe ineinander geschachtelter Unterkörper von K, welche für das Primideal $\mathfrak{P}$ charakteristisch sind, und deren merkwürdige Eigenschaften jetzt kurz entwickelt werden sollen.

Es sei p die durch $\mathfrak{P}$ teilbare rationale Primzahl; ferner seien $z, z', z'', \ldots$ diejenigen sämtlichen r_z Substitutionen der Gruppe G, welche das Primideal $\mathfrak{P}$ ungeändert lassen; dieselben bilden eine Gruppe vom r_z-ten Grade, welche die **Zerlegungsgruppe des Primideals $\mathfrak{P}$** genannt und mit g_z bezeichnet werden soll. Der zur Zerlegungsgruppe g_z gehörige Körper k_z werde **Zerlegungskörper des Primideals $\mathfrak{P}$** genannt; derselbe ist vom Grade $m_z = \frac{M}{r_z}$.

Weiter seien $t, t', t'', \ldots$ sämtliche unter den Substitutionen s der Gruppe G von der Beschaffenheit, daß für jede beliebige ganze Zahl Ω des Körpers K die Kongruenz $s\Omega \equiv \Omega$ nach $\mathfrak{P}$ erfüllt ist und r_t deren Anzahl; es folgt leicht, daß diese r_t Substitutionen eine Gruppe r_t-ten Grades bilden. Diese Gruppe werde die **Trägheitsgruppe des Primideals $\mathfrak{P}$** genannt und mit g_t bezeichnet. Der zur Trägheitsgruppe g_t gehörige Körper k_t werde **Trägheitskörper des Primideals $\mathfrak{P}$** genannt; derselbe ist vom Grade $m_t = \frac{M}{r_t}$.

Das Verhältnis der Trägheitsgruppe zur Zerlegungsgruppe wird durch folgende Tatsachen klargestellt:

Satz 69. Die Trägheitsgruppe g_t des Primideals $\mathfrak{P}$ ist eine invariante Untergruppe der Zerlegungsgruppe g_z. Man erhält alle Substitutionen der Zerlegungsgruppe und jede nur einmal, wenn man die Substitutionen der Trägheitsgruppe mit $1, z, z^2, \ldots, z^{f-1}$ multipliziert, wo z eine geeignet gewählte Substitution der Zerlegungsgruppe ist.

Beweis. Es sei t eine beliebige Substitution in g_t und Ω eine durch $\mathfrak{P}$ teilbare ganze Zahl des Körpers K. Setzen wir $\Omega' = t^{-1}\Omega$, so ist infolge der Eigenschaft der Trägheitsgruppe $\Omega' \equiv t\Omega' \equiv \Omega$ nach $\mathfrak{P}$, d. h. $\Omega' \equiv 0$ nach $\mathfrak{P}$. Die Anwendung der Substitution t ergibt $\Omega \equiv 0$ nach dem Primideal $t\mathfrak{P}$. Da diese Kongruenz für jede Zahl Ω des Primideals $\mathfrak{P}$ gilt, so muß $\mathfrak{P}$ durch $t\mathfrak{P}$ teilbar sein, und folglich ist $\mathfrak{P} = t\mathfrak{P}$, d. h. die Trägheitsgruppe g_t ist eine Untergruppe der Zerlegungsgruppe g_z.

Um die übrigen Behauptungen des Satzes 69 zu beweisen, bestimmen wir eine Primitivzahl P des Primideals $\mathfrak{P}$, welche kongruent 0 nach allen zu $\mathfrak{P}$ konjugierten und von $\mathfrak{P}$ verschiedenen Primidealen ist. Die Möglichkeit der Bestimmung einer solchen Primitivzahl folgt aus Satz 25; dann bilden wir die ganzzahlige Funktion M-ten Grades von x

$$F(x) = (x - s_1 \mathsf{P})(x - s_2 \mathsf{P}) \dots (x - s_M \mathsf{P}).$$

Da P eine Wurzel der ganzzahligen Kongruenz $F(x) \equiv 0$ nach $\mathfrak{P}$ ist, so genügt nach Satz 27 auch P^p der nämlichen Kongruenz, und hieraus folgt, daß es unter den M Substitutionen $s_1, \dots, s_M$ notwendig eine Substitution s von der Art gibt, daß $s\mathsf{P} \equiv \mathsf{P}^p$ nach $\mathfrak{P}$ wird. Wäre nun $s^{-1}\mathfrak{P} \neq \mathfrak{P}$, so bestände infolge der Wahl von P die Kongruenz $\mathsf{P} \equiv 0$ nach $s^{-1}\mathfrak{P}$, und folglich müßte $s\mathsf{P} \equiv 0$ nach $\mathfrak{P}$ sein, was der vorhin gefundenen Kongruenz widerspräche.

Wegen $s\mathfrak{P} = \mathfrak{P}$ gehört die Substitution s zur Zerlegungsgruppe. Wir setzen $s = z$. Die wiederholte Anwendung der Substitution z auf die Kongruenz $z\mathsf{P} \equiv \mathsf{P}^p$ nach $\mathfrak{P}$ liefert die weiteren Kongruenzen $z^2\mathsf{P} \equiv \mathsf{P}^{p^2}$, $z^3\mathsf{P} \equiv \mathsf{P}^{p^3}, \dots, z^f\mathsf{P} \equiv \mathsf{P}^{p^f} \equiv \mathsf{P}$ nach $\mathfrak{P}$. Infolge der letzten Kongruenz ist z^f eine Substitution der Trägheitsgruppe. Denn jede beliebige ganze Zahl Ω des Körpers K kann in der Gestalt $\Omega = \mathsf{P}^a + \Pi$ oder $= \Pi$ dargestellt werden, wo a eine ganze rationale Zahl und Π eine durch $\mathfrak{P}$ teilbare Zahl des Körpers bedeutet. Wegen $z^f\mathfrak{P} = \mathfrak{P}$ folgt daraus in der Tat $z^f\Omega \equiv \Omega$ nach $\mathfrak{P}$.

Die Kongruenz $z\mathsf{P} \equiv \mathsf{P}^p$ nach $\mathfrak{P}$ lehrt, daß $z^{-1}tz\mathsf{P} \equiv \mathsf{P}$ nach $\mathfrak{P}$ ist, wo t eine beliebige Substitution der Trägheitsgruppe g_t bedeutet. Setzen wir $z' = z^{-1}tz$ und verstehen unter Ω eine beliebige ganze Zahl des Körpers K, so folgt, wenn Ω der Kongruenz $\Omega \equiv \mathsf{P}^a$ nach $\mathfrak{P}$ genügt, $z'\Omega \equiv (z'\mathsf{P})^a \equiv \mathsf{P}^a \equiv \Omega$ nach $\mathfrak{P}$, und desgleichen, wenn $\Omega \equiv 0$ nach $\mathfrak{P}$ ist, d. h. $z' = z^{-1}tz$ gehört der Trägheitsgruppe an.

Es sei nun $P(\mathsf{P})$ diejenige ganzzahlige Funktion f-ten Grades von P, welche $\equiv 0$ nach $\mathfrak{P}$ ist; nach Satz 27 hat die Kongruenz $P(x) \equiv 0$ nach $\mathfrak{P}$ die Wurzeln $\mathsf{P}, \mathsf{P}^p, \dots, \mathsf{P}^{p^{f-1}}$, und nach Satz 26 besitzt sie keine anderen Kongruenzwurzeln.

Ist nun z^* eine beliebige Substitution der Zerlegungsgruppe, so folgt aus der Kongruenz $P(\mathsf{P}) \equiv 0$ nach $\mathfrak{P}$ notwendig $P(z^*\mathsf{P}) \equiv 0$, und daher muß $z^*\mathsf{P} \equiv \mathsf{P}^{p^i}$ nach $\mathfrak{P}$ sein, wo i einen der f Werte $0, 1, \dots, f-1$ hat. Da andererseits $\mathsf{P}^{p^i} \equiv z^i\mathsf{P}$ ist, so wird $z^{-i}z^*\cdot\mathsf{P} \equiv \mathsf{P}$ nach $\mathfrak{P}$, und mithin ist $z^{-i}z^*$ eine Substitution t der Trägheitsgruppe, d. h. $z^* = z^i t$. In dieser letzteren Gestalt sind also sämtliche Substitutionen $z, z', z'', \dots$ der Zerlegungsgruppe darstellbar, und da auch umgekehrt $z^i t$ für $i = 0, 1, \dots, f-1$ lauter von einander verschiedene Substitutionen darstellt, so ist der letzte Teil des Satzes 69 bewiesen. Endlich erhellt jetzt auch die Invarianz der Trägheitsgruppe aus der oben bewiesenen Tatsache, daß $z^{-1}tz$ stets zu dieser Gruppe gehört.

Zugleich ergibt sich $r_z = f r_t$.

§ 40. Ein Satz über den Zerlegungskörper.

Die wichtigste Eigenschaft des Zerlegungskörpers findet in folgendem Satze ihren Ausdruck:

Satz 70. Das Ideal $\mathfrak{p} = \mathfrak{P}^{r_t}$ liegt im Zerlegungskörper k_z und ist in diesem ein Primideal ersten Grades. Im Zerlegungskörper k_z wird $p = \mathfrak{p}\,\mathfrak{a}$, wo $\mathfrak{a}$ ein zu $\mathfrak{p}$ primes Ideal ist.

Beweis. Die Relativnorm des Primideals $\mathfrak{P}$ in bezug auf den Körper k_z ist $N_{k_z}(\mathfrak{P}) = \mathfrak{P}^{r_z}$. Um nun die niedrigste in k_z liegende Potenz des Primideals $\mathfrak{P}$ zu ermitteln, denken wir uns den größten gemeinsamen Teiler aller derjenigen ganzen Zahlen des Körpers k_z bestimmt, welche durch $\mathfrak{P}$ teilbar sind. Dieser Teiler ist notwendig im Körper k_z ein Primideal $\mathfrak{p}$, und, da $\mathfrak{P}^{r_z}$ in k_z liegt, so ist $\mathfrak{p}$ jedenfalls eine Potenz von $\mathfrak{P}$; wir setzen $\mathfrak{p} = \mathfrak{P}^u$. Zur Bestimmung des Exponenten u dient die folgende Betrachtung. Soll eine durch $\mathfrak{P}$ nicht teilbare Zahl A des Körpers K der Kongruenz $\mathsf{A} \equiv z\mathsf{A}$ nach $\mathfrak{P}$ genügen, und ist etwa $\mathsf{A} \equiv \mathsf{P}^i$ nach $\mathfrak{P}$, so muß notwendig $i \equiv p\,i$ nach $p^f - 1$ und folglich i eine durch $1 + p + p^2 + \cdots + p^{f-1}$ teilbare Zahl sein, d. h. es gibt nur $p - 1$ einander nach $\mathfrak{P}$ inkongruente Zahlen von der gewünschten Beschaffenheit, und es wird daher $\mathsf{A} \equiv a$ nach $\mathfrak{P}$, wo a eine ganze rationale Zahl bedeutet. Aus dieser Betrachtung folgt insbesondere, daß jede Zahl α des Körpers k_z einer rationalen Zahl a nach $\mathfrak{P}$ und mithin auch nach $\mathfrak{p}$ kongruent ist, d. h. $\mathfrak{p}$ ist im Körper k_z ein Primideal ersten Grades, und die Norm $n(\mathfrak{p})$ im Körper k_z ist folglich gleich p. Andererseits ist die Norm von $\mathfrak{p}$ im Körper K durch die Formel $N(\mathfrak{p}) = [n(\mathfrak{p})]^{r_z}$ gegeben, und wegen $\mathfrak{p} = \mathfrak{P}^u$ und $N(\mathfrak{P}) = p^f$ folgt somit $p^{uf} = p^{r_z}$, d. h. $u = r_t$.

Aus der Definition der Zerlegungsgruppe ergibt sich $N(\mathfrak{P}) = \mathfrak{P}^{r_z}\mathfrak{A}$, wo $\mathfrak{A}$ ein zu $\mathfrak{P}$ primes Ideal bedeutet. Setzen wir $p = \mathfrak{p}\mathfrak{a}$, so wird $N(\mathfrak{P}) = p^f = \mathfrak{p}^f\mathfrak{a}^f$ und folglich $\mathfrak{a}^f = \mathfrak{A}$, womit auch der letzte Teil des Satzes 70 bewiesen ist.

§ 41. Der Verzweigungskörper eines Primideals $\mathfrak{P}$.

Um den Bau der Trägheitsgruppe näher zu erforschen, bezeichnen wir jetzt mit A eine feste durch $\mathfrak{P}$, aber nicht durch $\mathfrak{P}^2$ teilbare Zahl des Körpers K und ermitteln für alle Substitutionen $t, t', t'', \ldots$ der Trägheitsgruppe die Kongruenzen

$$\left.\begin{aligned} t\,\mathsf{A} &\equiv \mathsf{P}^{a}\,\mathsf{A}, \\ t'\,\mathsf{A} &\equiv \mathsf{P}^{a'}\,\mathsf{A}, \\ t''\mathsf{A} &\equiv \mathsf{P}^{a''}\mathsf{A}, \\ &\cdot\;\cdot\;\cdot\;\cdot\;\cdot \end{aligned}\right\}\quad (\mathfrak{P}^2),$$

wo $a, a', a'', \ldots$ Zahlen aus der Reihe $0, 1, 2, \ldots, p^f - 2$ bedeuten. Diejenigen unter den Substitutionen $t, t', t'', \ldots$, für welche die betreffenden Exponenten $a, a', a'', \ldots$ den Wert 0 haben, mögen mit $v, v', v'', \ldots$ bezeichnet werden; ihre Anzahl sei r_v; sie bilden, wie leicht ersichtlich, eine invariante Untergruppe der Trägheitsgruppe. Diese Untergruppe r_v-ten Grades werde die **Verzweigungsgruppe des Primideals** $\mathfrak{P}$ genannt und mit g_v bezeichnet. Der zu g_v gehörige Körper k_v heiße der **Verzweigungskörper des Primideals** $\mathfrak{P}$. Das Verhältnis der Verzweigungsgruppe zur Trägheitsgruppe wird genauer durch folgenden Satz charakterisiert:

Satz 71. Die Verzweigungsgruppe g_v ist eine invariante Untergruppe der Trägheitsgruppe; der Grad r_v derselben ist eine Potenz von p, etwa $r_v = p^l$. Man erhält alle Substitutionen der Trägheitsgruppe und jede nur einmal, indem man die Substitutionen der Verzweigungsgruppe mit $1, t, t^2, \ldots, t^{h-1}$ multipliziert, wo $h = \frac{r_t}{r_v}$ und t eine geeignet gewählte Substitution der Trägheitsgruppe ist. Die Zahl h ist ein Teiler von $p^f - 1$.

Beweis. Es sei $\mathfrak{P}^u$ eine so hohe Potenz von $\mathfrak{P}$, daß für jede von 1 verschiedene Substitution v der Verzweigungsgruppe die Inkongruenz $v\mathsf{A} \not\equiv \mathsf{A}$ nach $\mathfrak{P}^u$ gilt. Setzen wir nun $v\mathsf{A} \equiv \mathsf{A} + \mathsf{B}\mathsf{A}^2$ nach $\mathfrak{P}^3$, wo B eine ganze Zahl in K bedeutet, so folgt leicht $v^p\, \mathsf{A} \equiv \mathsf{A}$ nach $\mathfrak{P}^3$ und hieraus in entsprechender Weise $v^{p^2}\mathsf{A} \equiv \mathsf{A}$ nach $\mathfrak{P}^4$ usw., endlich $v^{p^{u-2}}\mathsf{A} \equiv \mathsf{A}$ nach $\mathfrak{P}^u$. Demnach ist $v^{p^{u-2}} = 1$, d. h. der Grad r_v der Verzweigungsgruppe ist gleich einer Potenz von p; wir setzen $r_v = p^l$.

Es sei nun a der kleinste von 0 verschiedene unter den Exponenten a, a', $a'', \ldots$, und es gebe im ganzen h verschiedene Zahlen unter diesen Exponenten. Dann sind diese Zahlen notwendig Vielfache von a und stimmen mit den Zahlen $0, a, 2a, \ldots, (h-1)a$ überein; es ist ferner $ha = p^f - 1$. Zugleich erkennen wir, daß alle Substitutionen der Trägheitsgruppe in die Gestalt $t^i v$ gebracht werden können, wo i die Werte $0, 1, \ldots, h-1$ annimmt und v alle Substitutionen der Verzweigungsgruppe g_v durchläuft. Es ist folglich $r_t = h r_v$.

§ 42. Ein Satz über den Trägheitskörper.

Über das Verhalten der Ideale $\mathfrak{P}$ und $\mathfrak{p}$ im Körper k_t gibt der folgende Satz Aufschluß:

Satz 72. Jede Zahl des Körpers K ist nach $\mathfrak{P}$ einer Zahl des Trägheitskörpers kongruent. Der Trägheitskörper bewirkt keine Zerlegung des Ideals $\mathfrak{p}$, sondern nur eine Graderhöhung desselben, insofern $\mathfrak{p}$ beim Übergang vom Körper k_z in den oberen Körper k_t aus einem Primideal ersten Grades sich in ein Primideal f-ten Grades verwandelt.

Beweis. Wir setzen

$$\pi = \{v\mathsf{P} \cdot v'\mathsf{P} \cdot v''\mathsf{P} \ldots\}^{p^{l(f-1)}},$$

$$\varkappa = \frac{1}{h}(\pi + t\pi + t^2\pi + \cdots + t^{h-1}\pi);$$

unter P wieder eine Primitivzahl nach $\mathfrak{P}$ und unter t die Substitution aus Satz 71 verstanden; die Zahl π liegt im Körper k_v und die Zahl $\varkappa$ im Körper k_t. Um letzteres zu beweisen, bedenke man, daß die Zahl $\varkappa$ bei Anwendung der Substitution t ungeändert bleibt, weil t^h zu g_v gehört, und daß die Zahlen $\pi, t\pi, t^2\pi, \ldots, t^{h-1}\pi$ bei Anwendung einer Substitution aus g_v ungeändert bleiben. Diese Zahlen π und $\varkappa$ sind, wie man leicht einsieht, beide nach dem Primideal $\mathfrak{P}$ der Primitivzahl P kongruent. Da es folglich im Körper k_t genau p^f nach $\mathfrak{P}$ inkongruente Zahlen gibt, so ist notwendigerweise $\mathfrak{p} = \mathfrak{P}^{r_t}$ im Körper k_t unzerlegbar und wird in demselben ein Primideal f-ten Grades.

§ 43. Sätze über die Verzweigungsgruppe und den Verzweigungskörper.

Es ist nun leicht, die charakteristische Eigenschaft der Verzweigungsgruppe zu erkennen; dieselbe ist folgende:

Satz 73. Zur Verzweigungsgruppe g_v gehören alle und nur solche Substitutionen s, bei deren Anwendung für sämtliche ganze Zahlen Ω des Körpers K die Kongruenz $s\Omega \equiv \Omega$ nach $\mathfrak{P}^2$ besteht.

Beweis. Es sei die beliebige Zahl Ω in K der Zahl ω des Trägheitskörpers nach $\mathfrak{P}$ kongruent, und dementsprechend werde $\Omega - \omega \equiv \mathsf{B}\mathsf{A}$ nach $\mathfrak{P}^2$ gesetzt, wo A die Bedeutung wie in § 41 hat und B eine geeignete ganze Zahl in K ist. Durch die Anwendung einer Substitution v des Verzweigungskörpers ergibt sich $v\Omega - \omega \equiv v(\mathsf{B}\mathsf{A}) \equiv \mathsf{B}\mathsf{A} \equiv \Omega - \omega$, d. h. $v\Omega \equiv \Omega$ nach $\mathfrak{P}^2$.

Zugleich erkennen wir leicht den folgenden weiteren Satz über den Verzweigungskörper:

Satz 74. Das Ideal $\mathfrak{p}_v = \mathfrak{P}^{r_v}$ liegt im Verzweigungskörper und ist in demselben ein Primideal f-ten Grades: es findet somit im Verzweigungskörper die Spaltung des Ideals $\mathfrak{p} = \mathfrak{p}_v^h$ in h gleiche Primfaktoren statt.

§ 44. Die überstrichenen Verzweigungskörper eines Primideals $\mathfrak{P}$.

Unsere nächste Aufgabe besteht darin, weiter die Spaltung des Ideals $\mathfrak{p}_v$ in gleiche Faktoren zu verfolgen. Zu dem Zweck nehmen wir an, es sei L der höchste Exponent von der Art, daß für eine jede Substitution v der Verzweigungsgruppe die sämtlichen ganzen Zahlen des Körpers K der Kongruenz $v\Omega \equiv \Omega$ nach $\mathfrak{P}^L$ genügen, und bestimmen dann alle Substitutionen s der Verzweigungsgruppe, für welche $s\Omega \equiv \Omega$ nach $\mathfrak{P}^{L+1}$ wird; dieselben bilden eine Untergruppe $g_{\bar{v}}$ der Verzweigungsgruppe, die wir die **einmal überstrichene Verzweigungsgruppe des Primideals** $\mathfrak{P}$ nennen. Der zu $g_{\bar{v}}$ gehörige Körper $k_{\bar{v}}$ heiße der **einmal überstrichene Verzweigungskörper des Primideals.** Die wichtigsten Eigenschaften dieses Körpers sind folgende:

Satz 75. Die einmal überstrichene Verzweigungsgruppe $g_{\bar{v}}$ ist eine invariante Untergruppe der Verzweigungsgruppe g_v. Der Grad von $g_{\bar{v}}$ sei $r_{\bar{v}} = p^{\bar{l}}$. Man erhält alle Substitutionen der Verzweigungsgruppe g_v und jede nur einmal, indem man die Substitutionen der einmal überstrichenen Verzweigungsgruppe $g_{\bar v}$ mit gewissen $p^{\bar e}$ Substitutionen $v_1, \ldots, v_{p^{\bar e}}$ der Verzweigungsgruppe g_v multipliziert; dabei haben diese $p^{\bar e}$ Substitutionen die Besonderheit, daß für irgend zwei derselben v_i und $v_{i'}$ stets eine Relation von der Gestalt $v_i\, v_{i'} = v_{i'}\, v_i\, \bar v$ besteht, wo $\bar v$ eine Substitution in $g_{\bar v}$ ist. Das Ideal $\mathfrak{p}_{\bar v} = \mathfrak{P}^{r_{\bar v}}$ ist Primideal in $k_{\bar v}$: es findet somit in $k_{\bar v}$ die Spaltung des Ideals $\mathfrak{p}_v = \mathfrak{p}_{\bar v}^{p^{\bar e}}$ in $p^{\bar e}$ gleiche Primfaktoren statt; dabei ist der Exponent $\bar e$ eine Zahl, die den Grad f des Primideals $\mathfrak{P}$ nicht überschreitet.

Beweis. Es sei A eine durch $\mathfrak{P}$, aber nicht durch $\mathfrak{P}^2$ teilbare ganze Zahl des Körpers K; wir bestimmen dann ein System von Substitutionen $v_1, \ldots, v_r$ der Verzweigungsgruppe von der Art, daß, wenn

$$v_1 \mathsf{A} \equiv \mathsf{A} + \mathsf{B}_1 \mathsf{A}^L, \ldots, v_r \mathsf{A} \equiv \mathsf{A} + \mathsf{B}_r \mathsf{A}^L, \quad (\mathfrak{P}^{L+1})$$

gesetzt wird, die ganzen Zahlen $\mathsf{B}_1, \ldots, \mathsf{B}_r$ sämtlich einander nach $\mathfrak{P}$ inkongruent sind und auch keine Substitution von g_v zu diesem Systeme $v_1, \ldots, v_r$ hinzugefügt werden kann, ohne der letzteren Forderung zu widersprechen. Wählen wir dann eine beliebige Substitution v^* der Verzweigungsgruppe g_v und setzen $v^*\mathsf{A} \equiv \mathsf{A} + \mathsf{B}\mathsf{A}^L$ nach $\mathfrak{P}^{L+1}$, so muß B einer der Zahlen $\mathsf{B}_1, \ldots, \mathsf{B}_r$ nach $\mathfrak{P}$ kongruent sein; ist etwa $\mathsf{B} \equiv \mathsf{B}_i$ nach $\mathfrak{P}$, so folgt $v_i^{-1} v^* \mathsf{A} \equiv \mathsf{A}$ nach $\mathfrak{P}^{L+1}$. Aus Satz 72 folgt, daß jede ganze Zahl Ω in K einem Ausdrucke $\alpha_t + \beta_t \mathsf{A} + \cdots + \lambda_t \mathsf{A}^L$ nach $\mathfrak{P}^{L+1}$ kongruent ist, wo $\alpha_t, \beta_t, \ldots, \lambda_t$ ganze Zahlen des Trägheitskörpers sind, und hieraus ergibt sich für Ω die Kongruenz $v_i^{-1} v^* \Omega \equiv \Omega$ nach $\mathfrak{P}^{L+1}$, d. h. es ist $v_i^{-1} v^* = \bar v$ oder $v^* = v_i \bar v$. Diese Gleichung beweist die im Satze 75 behauptete Struktur der Gruppe $g_{\bar v}$.

Wir setzen $r_{\bar v} = p^{\bar l}$ und $\bar e = l - \bar l$.

Es ist nunmehr ersichtlich, in welcher Weise das eingeschlagene Verfahren fortzusetzen ist. Bedeutet $\bar L$ den höchsten Exponenten von der Art, daß für jede Substitution $\bar v$ die sämtlichen Zahlen des Körpers K der Kongruenz $\bar v \Omega \equiv \Omega$ nach $\mathfrak{P}^{\bar L}$ genügen, so bestimmen wir alle die Substitutionen $\bar{\bar v}$, für welche beständig $\bar{\bar v} \Omega \equiv \Omega$ nach $\mathfrak{P}^{\bar L + 1}$ wird. Dieselben bilden eine invariante Untergruppe $g_{\bar{\bar v}}$ der Gruppe $g_{\bar v}$: die **zweimal überstrichene Verzweigungsgruppe des Primideals** $\mathfrak{P}$; ihr Grad sei $r_{\bar{\bar v}} = p^{\bar{\bar l}}$; wir setzen $\bar{\bar e} = \bar l - \bar{\bar l}$. Es wird $\mathfrak{p}_{\bar v} = \mathfrak{p}_{\bar{\bar v}}^{p^{\bar{\bar e}}}$, wo $\mathfrak{p}_{\bar{\bar v}}$ ein Primideal des zu $g_{\bar{\bar v}}$ gehörigen Körpers $k_{\bar{\bar v}}$ ist.

So fortfahrend, gelangen wir zur **dreimal überstrichenen Verzweigungsgruppe** $g_{\bar{\bar{\bar v}}}$ usw. Ist etwa die i-**mal überstrichene Verzweigungsgruppe des Primideals** $\mathfrak{P}$ diejenige, welche lediglich aus der Substitution 1 besteht, so ist der i-**mal überstrichene Verzweigungskörper des Primideals** $\mathfrak{P}$ der Körper K selbst und die Struktur der Verzweigungsgruppe g_v ist dann genau bekannt. Es leuchtet ein, daß für das Primideal $\mathfrak{P}$ überstrichene Verzweigungskörper nur dann vorhanden sein können, wenn der Grad M des Körpers K durch p teilbar ist.

§ 45. Kurze Zusammenfassung der Sätze über die Zerlegung einer rationalen Primzahl p im Galoisschen Körper.

Durch die in § 39–44 entwickelten Sätze erlangen wir einen vollständigen Einblick in die bei der Zerlegung einer rationalen Primzahl p in einem Galoisschen Körper sich abspielenden Vorgänge:

Es handle sich um einen bestimmten Primfaktor $\mathfrak{P}$ von p, so wird p zunächst im Zerlegungskörper von $\mathfrak{P}$ in der Form $p = \mathfrak{p}\mathfrak{a}$ zerlegt, wo $\mathfrak{p}$ ein Primideal ersten Grades und $\mathfrak{a}$ ein durch $\mathfrak{p}$ nicht teilbares Ideal des Zerlegungskörpers ist. Der Zerlegungskörper von $\mathfrak{P}$ ist als Unterkörper in dem Trägheitskörper von $\mathfrak{P}$ enthalten, welcher seinerseits keine weitere Zerlegung von $\mathfrak{p}$ bewirkt, sondern lediglich dieses Ideal $\mathfrak{p}$ zu einem Primideal f-ten Grades erweitert. Ist der Körper K selbst der Zerlegungskörper oder der Trägheitskörper, so ist nach diesem ersten Schritte die Zerlegung bereits abgeschlossen. Im anderen Falle läßt sich $\mathfrak{p}$ für K noch in gleiche Faktoren spalten, und zwar wird $\mathfrak{p}$ zunächst im Verzweigungskörper die Potenz eines Primideals $\mathfrak{p}_v$, wobei der Exponent in $p^f - 1$ aufgeht und folglich nicht durch p teilbar ist. Die Spaltung von $\mathfrak{p}$ ist mit diesem zweiten Schritte notwendig dann und nur dann abgeschlossen, wenn p im Grade der Trägheitsgruppe nicht aufgeht und mithin der Körper K selbst der Verzweigungskörper ist. In den nun folgenden überstrichenen Verzweigungskörpern schreitet die Spaltung ohne Aussetzen fort, und zwar sind die bezüglichen Potenzexponenten Zahlen von der Gestalt $p^{\bar e}, p^{\bar{\bar e}}, \ldots$, wo keiner der Exponenten $\bar e, \bar{\bar e}, \ldots$ den Grad f des Primideals $\mathfrak{P}$ überschreitet.

Die Übersicht über die entwickelten Resultate wird durch die folgende Tabelle erleichtert, in deren Zeilen der Reihe nach die betreffenden Körper, die

k_z	k_t	k_v	$k_{\bar v}$	$k_{\bar{\bar v}}$	K
r_z	r_t	r_v	$r_{\bar v}$	$r_{\bar{\bar v}}$	1
$m_z = \frac{M}{r_z}$	$m_t = \frac{M}{r_t}$	$m_v = \frac{M}{r_v}$	$m_{\bar v} = \frac{M}{r_{\bar v}}$	$m_{\bar{\bar v}} = \frac{M}{r_{\bar{\bar v}}}$	M
	$f = \frac{r_z}{r_t}$	$h = \frac{r_t}{r_v}$	$p^{\bar e} = \frac{r_v}{r_{\bar v}}$	$p^{\bar{\bar e}} = \frac{r_{\bar v}}{r_{\bar{\bar v}}}$	$p^{\bar{\bar{\bar e}}} = r_{\bar{\bar v}}$
$\mathfrak{p} = \mathfrak{p}_v^h = \mathfrak{P}^{r_t}$		$\mathfrak{p}_v = \mathfrak{p}_{\bar v}^{p^{\bar e}} = \mathfrak{P}^{r_v}$	$\mathfrak{p}_{\bar v} = \mathfrak{p}_{\bar{\bar v}}^{p^{\bar{\bar e}}} = \mathfrak{P}^{r_{\bar v}}$	$\mathfrak{p}_{\bar{\bar v}} = \mathfrak{P}^{p^{\bar{\bar{\bar e}}}} = \mathfrak{P}^{r_{\bar{\bar v}}}$	$\mathfrak{P}$

Grade der zugehörigen Gruppen, die Grade der Körper, ihre Relativgrade in bezug auf den nächst niederen Körper, dann die Primideale der Körper und ihre Darstellung als Potenzen von $\mathfrak{P}$ sich angegeben finden. Der Körper K ist dabei als ein dreimal überstrichener Verzweigungskörper angenommen. Die sämtlichen in der Tabelle vorkommenden Gradzahlen und Exponenten haben für jedes in p aufgehende Primideal des Körpers K die gleichen Werte wie für $\mathfrak{P}$ und sind daher durch die Primzahl p allein völlig bestimmt.

11. Die Differenten und Diskriminanten des Galoisschen Körpers und seiner Unterkörper.

§ 46. Die Differenten des Trägheitskörpers und der Verzweigungskörper.

Eine reiche Quelle neuer Wahrheiten entspringt, wenn wir die soeben gewonnenen Resultate mit denjenigen des Kapitels 5 in Zusammenhang bringen. So folgt unter Benutzung des Satzes 41 leicht ein Satz, welcher die wichtigste Eigenschaft des Trägheitskörpers aussagt; derselbe lautet:

Satz 76. Die Differente des zum Primideal $\mathfrak{P}$ gehörigen Trägheitskörpers ist nicht durch $\mathfrak{P}$ teilbar. Der Trägheitskörper umfaßt sämtliche in K enthaltenen Unterkörper, deren Differenten nicht durch $\mathfrak{P}$ teilbar sind.

Betreffs der Differenten der Verzweigungskörper gelten folgende Sätze:

Satz 77. Die Relativdifferente des Verzweigungskörpers in bezug auf den Trägheitskörper ist durch $\mathfrak{P}^{r_t - r_v} = \mathfrak{p}_v^{h-1}$ und durch keine höhere Potenz von $\mathfrak{P}$ teilbar.

Beweis. Nach Satz 41 gilt $\mathfrak{D}_t(K) = \mathfrak{D}_v(K)\,\mathfrak{d}_t(k_v)$, wo $\mathfrak{D}_t(K)$, $\mathfrak{D}_v(K)$, $\mathfrak{d}_t(k_v)$ bez. die Relativdifferenten von K in bezug auf k_t, von K in bezug auf k_v und von k_v in bezug auf k_t sind. Wenn Ξ die Fundamentalform von K ist, gilt also, daß der Inhalt der Form $\Pi(\Xi - t\,\Xi)$ gleich dem Inhalt der Form $\Pi(\Xi - v\,\Xi)$ mal $\mathfrak{d}_t(k_v)$ ist; dabei durchläuft in dem ersten Produkt t alle Substitutionen der Trägheitsgruppe, in dem zweiten Produkt v alle Substitutionen der Verzweigungsgruppe. Sämtliche Faktoren $\Xi - v\,\Xi$ treten auch unter den Faktoren $\Xi - t\,\Xi$ auf, die übrigen sind nach der Definition der Verzweigungsgruppe durch $\mathfrak{P}$ aber durch keine höhere Potenz von $\mathfrak{P}$ teilbar. Aus

$$(h-1)\,r_v = r_t - r_v$$

folgt dann die Behauptung. In ähnlicher Weise folgt die Tatsache:

Satz 78. Die Relativdifferente des einmal überstrichenen Verzweigungskörpers $k_{\bar{v}}$ in bezug auf den Verzweigungskörper k_v enthält genau die Potenz $\mathfrak{P}^{L(r_v - r_{\bar{v}})} = \mathfrak{p}_{\bar{v}}^{L(p^{e}-1)}$. Die Relativdifferente des zweimal überstrichenen Verzweigungskörpers $k_{\bar{\bar{v}}}$ in bezug auf $k_{\bar{v}}$ enthält genau die Potenz $\mathfrak{P}^{\bar{L}(r_{\bar{v}} - r_{\bar{\bar{v}}})} = \mathfrak{p}_{\bar{\bar{v}}}^{\bar{L}(p^{\bar{e}}-1)}$ usw.

§ 47. Die Teiler der Diskriminante des Galoisschen Körpers.

Satz 79. Der Exponent der Potenz, zu welcher die rationale Primzahl p in der Diskriminante D des Körpers K als Faktor vorkommt, ist

$$m_t\{r_t - r_v + L(r_v - r_{\bar{v}}) + \bar{L}(r_{\bar{v}} - r_{\bar{\bar{v}}}) + \cdots\}.$$

Beweis. Der Satz 41 lehrt in Verbindung mit den oben ausgesprochenen Sätzen 76, 77 und 78, daß die Differente $\mathfrak{D}$ des Körpers K das Primideal $\mathfrak{P}$ genau in der $r_t - r_v + L(r_v - r_{\bar{v}}) + \bar{L}(r_{\bar{v}} - r_{\bar{\bar{v}}}) + \cdots$-ten Potenz enthält. Hieraus folgt nach Satz 68 die Richtigkeit der Behauptung.

Im Falle, daß keine überstrichenen Verzweigungskörper vorhanden sind, kommt bereits das Glied mit L nicht mehr in Frage, und es folgt dann, daß der Exponent der in D aufgehenden Potenz von p den Wert $m_t(r_t - 1)$ besitzt. Nach dem Obigen tritt dieser Fall sicher dann ein, wenn der Grad M zu p prim ist. Man vergleiche die Bemerkungen am Schluß des § 12.

Satz 80. Der Exponent der in der Diskriminante D aufgehenden Potenz von der rationalen Primzahl p überschreitet nicht eine gewisse Grenze, die nur vom Grade M des Galoisschen Körpers K abhängt.

Beweis. Alle Exponenten $L, \bar{L}, \ldots$ für ein Primideal $\mathfrak{P}$ liegen unter einer durch M allein bestimmten Grenze. Um für L eine solche Grenze aufzufinden, bezeichnen wir mit ω eine durch $\mathfrak{p}_{\bar{v}}$, aber nicht durch $\mathfrak{p}_{\bar{v}}^2$ teilbare ganze Zahl in $k_{\bar{v}}$ und wählen ein System von $p^{\bar{e}}$ Substitutionen $v_1, v_2, \ldots, v_{p^{\bar{e}}}$ der Verzweigungsgruppe aus, welche durch Zusammensetzung mit $g_{\bar{v}}$ diese Gruppe g_v erzeugen. Die Zahl $\alpha = v_1\omega + v_2\omega + \cdots + v_{p^{\bar{e}}}\omega$ bleibt dann bei allen Substitutionen g_v ungeändert und gehört daher dem Körper k_v an. Andererseits ist $\omega \equiv v\omega$ nach $\mathfrak{P}^L$ und folglich $\alpha \equiv p^{\bar{e}}\,\omega$ nach $\mathfrak{P}^L$. Wäre nun $L > \bar{e}r_t + r_{\bar{v}}$, so müßte $\alpha \equiv 0$ nach $\mathfrak{p}^{\bar{e}}\,\mathfrak{p}_{\bar{v}}$, aber $\not\equiv 0$ nach $\mathfrak{p}^{\bar{e}}\,\mathfrak{p}_{\bar{v}}\,\mathfrak{P}$ sein. Setzen wir daher $p = \mathfrak{p}\mathfrak{a}$, wo $\mathfrak{a}$ ein zu $\mathfrak{p}$ primes Ideal des Zerlegungskörpers bedeutet, und bezeichnen mit γ eine durch $\mathfrak{a}$ teilbare und zu $\mathfrak{p}$ prime Zahl des Zerlegungskörpers, so ist $\beta = \frac{\alpha\gamma^{\bar{e}}}{p^{\bar{e}}}$ eine ganze Zahl in k_v; dieselbe wäre durch $\mathfrak{p}_{\bar{v}}$, aber nicht durch $\mathfrak{p}_{\bar{v}}\mathfrak{P}$ teilbar, und mithin wäre $\mathfrak{p}_{\bar{v}}$ im Widerspruch mit Satz 75 ein Ideal des Körpers k_v. Da man in ähnlicher Weise auch für die übrigen Exponenten $\bar{L}, \ldots$ eine obere Grenze findet, so kann hiernach auch der in Satz 79 angegebene Exponent der in der Diskriminante D aufgehenden Potenz von p eine gewisse, nur vom Grade M des Körpers K abhängige Grenze nicht überschreiten.

Der Satz 80 ist besonders deshalb von Wichtigkeit, weil er die Möglichkeiten, die sich hinsichtlich der in M aufgehenden Primzahlen p bieten, von vornherein auf eine *endliche* Anzahl einschränkt. Rechnen wir alle diejenigen Körper vom Grade M, bei welchen die Zerlegung der in M aufgehenden Primzahlen für alle obigen Anzahlen die nämlichen Werte liefert, zu *einem* Typus, so folgt, daß es für einen gegebenen Grad M nur eine *endliche* Anzahl von möglichen Körpertypen gibt.

Als Beispiel für den Satz 80 diene der (im dritten Teil ausführlich behandelte) quadratische Körper, in dessen Diskriminante die ungeraden Primzahlen höchstens einfach und die Primzahl 2 höchstens zur dritten Potenz aufgeht (vgl. § 59 Satz 95).

12. Die Beziehungen der arithmetischen zu algebraischen Eigenschaften des Galoisschen Körpers.

§ 48. Der relativ-Galoissche, der relativ-Abelsche und der relativ-zyklische Körper.

Ist die Gruppe G der Substitutionen $s_1, \ldots, s_M$ eines Galoisschen Körpers K eine Abelsche Gruppe, d. h. sind die Substitutionen $s_1, \ldots, s_M$ untereinander vertauschbar, so heißt der Galoissche Körper K ein **Abelscher Körper.** Ist jene Substitutionsgruppe G insbesondere eine zyklische, d. h. sind die M Substitutionen $s_1, \ldots, s_M$ sämtlich als Potenzen einer einzigen unter ihnen darstellbar, so heißt der Abelsche Körper K ein **zyklischer Körper.**

Wenn wir die nämliche Betrachtung, welche in § 28 für die Idealklassen angestellt worden ist, auf die Substitutionen der Gruppe eines Abelschen Körpers anwenden, so ergibt sich der Satz, daß jeder Abelsche Körper aus zyklischen Körpern zusammengesetzt werden kann. Die zyklischen Körper ihrerseits lassen sich ferner stets aus solchen besonderen zyklischen Körpern zusammensetzen, deren Grade Primzahlen oder Primzahlpotenzen sind.

Die in Rede stehenden Begriffe lassen folgende Verallgemeinerung zu: Es sei Θ die Wurzel einer Gleichung l-ten Grades:

$$\Theta^l + \alpha_1 \Theta^{l-1} + \cdots + \alpha_l = 0,$$

deren Koeffizienten $\alpha_1, \ldots, \alpha_l$ Zahlen eines Körpers k vom m-ten Grade sind. Diese Gleichung l-ten Grades sei überdies im Rationalitätsbereiche k irreduzibel und von der besonderen Eigenschaft, daß alle übrigen $l-1$ Wurzeln $\Theta', \ldots, \Theta^{(l-1)}$ derselben sich als ganze rationale Funktionen der Wurzel Θ darstellen lassen, wobei die Koeffizienten dieser Funktionen Zahlen des Körpers k sind. Unter dieser Voraussetzung heißt der aus Θ und den Zahlen von k gebildete Zahlkörper K vom $M = lm$-ten Grade ein **relativ-Galoisscher Körper in bezug auf** k. Der Grad l jener Gleichung ist der Relativgrad von K. Wird etwa

$$\Theta = S_1 \Theta, \quad \Theta' = S_2 \Theta, \ldots, \Theta^{(l-1)} = S_l \Theta$$

gesetzt, so heißt die Gruppe der Substitutionen $S_1, \ldots, S_l$ die **Relativgruppe;** ist diese Gruppe eine Abelsche, so heißt der Körper K ein **relativ-Abelscher Körper in bezug auf** k. Ist die Relativgruppe zyklisch, so heißt der Körper K **relativ-zyklisch** in bezug auf k.

§ 49. Die algebraischen Eigenschaften des Trägheitskörpers und der Verzweigungskörper. Die Darstellung der Zahlen des Galoisschen Körpers durch Wurzeln im Bereiche des Zerlegungskörpers.

Mit Benutzung der eben definierten Begriffe lassen sich in sehr einfacher Weise einige wichtige algebraische Eigenschaften des Zerlegungs- und des Trägheitskörpers, sowie der Verzweigungskörper aussprechen, welche eine unmittelbare Folge der oben bewiesenen Eigenschaften ihrer Gruppen sind. Es ergeben sich folgende Tatsachen:

Satz 81. Der Trägheitskörper k_t ist relativ zyklisch vom Relativgrade f in bezug auf den Zerlegungskörper k_z. Der Verzweigungskörper k_v ist relativ zyklisch vom Relativgrade h in bezug auf den Trägheitskörper k_t. Der einmal überstrichene Verzweigungskörper $k_{\bar{v}}$ ist ein relativ Abelscher vom Relativgrade $p^{\bar{e}}$ in bezug auf den Verzweigungskörper k_v; der Körper $k_{\bar{\bar{v}}}$ ist ein relativ Abelscher vom Relativgrade $p^{\bar{\bar{e}}}$ in bezug auf $k_{\bar{v}}$ usf. Die Abelschen Relativgruppen der Körper $k_{\bar{v}}, k_{\bar{\bar{v}}}, \ldots$ enthalten lediglich Substitutionen vom p-ten Grade.

Nach diesem Satze 81 geschieht also die Spaltung in *gleiche* Faktoren stets mittels einer Kette Abelscher Gleichungen, und dieses Resultat drückt eine neue überraschende Eigenschaft des Zerlegungskörpers aus:

Satz 82. *Der Zerlegungskörper eines jeden Primideals in K bestimmt einen Rationalitätsbereich, in welchem die Zahlen des ursprünglichen Galoisschen Körpers K lediglich durch Wurzelausdrücke darstellbar sind.*

Dieser Satz 82 rückt zugleich die Bedeutung der Theorie der durch Wurzelziehen lösbaren Gleichungen in helles Licht; denn er zeigt, daß bei dem Prozeß der Zerlegung der Zahlen in Primideale die wichtigsten und schwierigsten Vorgänge sich gerade in solchen Relativkörpern abspielen, deren Zahlen in einem gewissen Rationalitätsbereiche durch Wurzelausdrücke darstellbar sind.

§ 50. Die Dichtigkeit der Primideale ersten Grades und der Zusammenhang dieser Dichtigkeit mit den algebraischen Eigenschaften eines Zahlkörpers.

Es ist eine merkwürdige Tatsache, daß die Häufigkeit gewisser Primideale ersten Grades in einem Zahlkörper Schlüsse auf die algebraische Natur desselben zuläßt [Kronecker (*14*)].

Es sei k ein beliebiger Zahlkörper m-ten Grades, und es bedeute allgemein p_i eine rationale Primzahl, in der genau i voneinander verschiedene Primideale ersten Grades aufgehen. Wenn dann der Limes

$$\underset{s=1}{L}\left\{\frac{\sum\limits_{(p_i)}\frac{1}{p_i^s}}{\log\left(\frac{1}{s-1}\right)}\right\}$$

existiert, wo die im Zähler stehende Summe über alle Primzahlen p_i zu erstrecken ist, so sagen wir: die Primzahlen von der Art p_i besitzen eine Dichtigkeit; hat jener Limes den Wert Δ_i, so heiße Δ_i die **Dichtigkeit** der Primzahlen von der Art p_i. KRONECKER macht bei seinen Untersuchungen die unausgesprochene Annahme, daß die Primzahlen von sämtlichen m Arten $p_1, \ldots, p_m$ Dichtigkeiten besitzen. Für den Fall, daß die Gruppe der zur Bestimmung des Körpers k dienenden Gleichungen die symmetrische ist, läßt sich bereits aus den Bemerkungen KRONECKERS die Existenz der Dichtigkeiten $\Delta_1, \ldots, \Delta_m$ entnehmen; für einen beliebigen Körper k hat FROBENIUS die Existenz dieser Dichtigkeiten bewiesen und zugleich ihre Werte bestimmt; sie sind rationale Zahlen, die in einfacher Weise von der Gruppe der den Körper k bestimmenden Gleichungen abhängen [FROBENIUS (*1*)]. Es gelingt leicht der Nachweis des folgenden Satzes:

Satz 83. Wenn in einem beliebigen Körper m-ten Grades von den Primzahlen der m Arten $p_1, \ldots, p_m$ irgend $m-1$ Arten Dichtigkeiten besitzen, so besitzt auch die übrigbleibende Art eine Dichtigkeit, und die m Dichtigkeiten $\Delta_1, \ldots, \Delta_m$ erfüllen die Relation:

$$\Delta_1 + 2\Delta_2 + \cdots + m\Delta_m = 1.$$

Beweis: Wenn man die zweite der drei in § 27 angegebenen Darstellungen der Funktionen $\zeta(s)$ benutzt und den Logarithmus bildet, so ergibt sich

$$\log \zeta(s) = \sum_{(\mathfrak{p})} \frac{1}{n(\mathfrak{p})^s} + S,$$

$$S = \frac{1}{2}\sum_{(\mathfrak{p})} \frac{1}{n(\mathfrak{p})^{2s}} + \frac{1}{3}\sum_{(\mathfrak{p})} \frac{1}{n(\mathfrak{p})^{3s}} + \cdots,$$

wo die Summen über sämtliche Primideale $\mathfrak{p}$ des Körpers zu erstrecken sind. Bezeichnen wir nun die Primideale ersten Grades allgemein mit $\mathfrak{p}_1$, so wird offenbar

$$\sum_{(\mathfrak{p}_1)} \frac{1}{n(\mathfrak{p}_1)^s} = \sum_{(p_1)} \frac{1}{p_1^s} + \sum_{(p_2)} \frac{2}{p_2^s} + \cdots + \sum_{(p_m)} \frac{m}{p_m^s}, \tag{19}$$

wo links über alle Primideale $\mathfrak{p}_1$ und rechts bezüglich über alle rationalen Primzahlen $p_1, p_2, \ldots, p_m$ zu summieren ist.

Wir berücksichtigen andererseits, daß für alle Primideale $\mathfrak{p}$ von höherem als dem ersten Grade $n(\mathfrak{p}) \geqq p^2$ ist, und daß eine beliebige Primzahl p höchstens m Primideale enthält; dadurch ergibt sich:

$$\sum_{(\mathfrak{p})} \frac{1}{n(\mathfrak{p})^s} - \sum_{(\mathfrak{p}_1)} \frac{1}{n(\mathfrak{p}_1)^s} \leqq m \sum_{(p)} \frac{1}{p^{2s}} < m \sum_{(h)} \frac{1}{h^2},$$

wo die letzte Summe über alle ganzen rationalen Zahlen $h > 1$ zu erstrecken ist. Desgleichen findet man:

$$S < m\left\{\sum_{(h)} \frac{1}{h^2} + \sum_{(h)} \frac{1}{h^3} + \cdots\right\} = m \sum_{(h)} \frac{1}{h(h-1)} = m.$$

Aus diesen Ungleichungen folgt, daß $\log \zeta(s) - \sum\limits_{(\mathfrak{p}_1)} \frac{1}{n(\mathfrak{p}_1)^s}$ sich für $s = 1$ einer endlichen Grenze nähert. Nach Satz 56 hat auch der Ausdruck $\log \zeta(s) - \log \frac{1}{s-1}$ für $s = 1$ einen endlichen Grenzwert, und daher gilt das Nämliche auch von dem Ausdruck

$$\sum_{(\mathfrak{p}_1)} \frac{1}{n(\mathfrak{p}_1)^s} - \log \frac{1}{s-1},$$

d. h. es ist

$$\underset{s=1}{L} \frac{\sum\limits_{(\mathfrak{p}_1)} \frac{1}{n(\mathfrak{p}_1)^s}}{\log \frac{1}{s-1}} = 1,$$

woraus unter Benutzung der Formel (19) die Behauptung folgt.

Für einen Galoisschen Körper K vom M-ten Grade ist $\Delta_1 = 0$, $\Delta_2 = 0, \ldots, \Delta_{M-1} = 0$, und daher folgt aus Satz 83:

Satz 84. In einem Galoisschen Körper M-ten Grades besitzen die in lauter Primideale ersten Grades zerfallenden Primzahlen p_M eine Dichtigkeit, und diese Dichtigkeit ist $\Delta_M = \frac{1}{M}$.

Ist k ein beliebiger Körper und K derjenige Galoissche Körper M-ten Grades, welcher aus k und den zu k konjugierten Körpern $k', \ldots, k^{(m-1)}$ zusammengesetzt ist, so stimmen, wie man leicht erkennt, die Primzahlen p_m in k mit den Primzahlen p_M in K überein, und daher besitzen die Primzahlen p_m in k eine Dichtigkeit, und diese ist gleich $\frac{1}{M}$, d. h. gleich dem reziproken Wert des Grades M seiner Galoisschen Resolvente [Kronecker (*14*)].

13. Die Zusammensetzung der Zahlkörper.

§ 51. Der aus einem Körper und dessen konjugierten Körpern zusammengesetzte Galoissche Körper.

Satz 85. Wird aus den beiden Körpern k_1 und k_2 ein Körper K zusammengesetzt, so enthält die Diskriminante des zusammengesetzten Körpers K alle und nur diejenigen rationalen Primzahlen als Faktoren, welche in der Diskriminante von k_1 oder in derjenigen von k_2 oder in beiden aufgehen.

Der erste Teil dieses Satzes folgt unmittelbar aus Satz 39; der zweite Teil ergibt sich mit Hilfe von Satz 41 wie folgt:

Seien $\Omega_1, \ldots, \Omega_M$ bez. $\omega_1, \ldots, \omega_m$ eine Basis von K bez. k_1, dann läßt sich ω_i in der Form

$$\omega_i = a_{i1}\,\Omega_1 + \cdots + a_{iM}\,\Omega_M \qquad (i = 1, \ldots, m)$$

mit ganzen rationalen $a_{i1}, \ldots, a_{iM}$ darstellen. Sind ferner $\Omega_1^{(l)}, \ldots, \Omega_M^{(l)}$ die bezüglich k_2 relativkonjugierten Zahlen zu $\Omega_1, \ldots, \Omega_M$, so sind die Zahlen

$$\omega_i^{(l)} = a_{i1}\,\Omega_1^{(l)} + \cdots + a_{iM}\,\Omega_M^{(l)}$$

gewisse konjugierte zu ω_i, und hieraus folgt, daß die Elemente

$$(\Omega_1 - \Omega_1^{(l)}, \ldots, \Omega_M - \Omega_M^{(l)})$$

von K in gewissen Elementen von k_1 aufgehen. Nach der Definition der Relativdifferente und Satz 38 folgt hieraus die Behauptung.

Eine unmittelbare Folge des Satzes 85 ist die weitere Tatsache:

Satz 86. Wenn man aus dem Körper k vom m-ten Grade und den sämtlichen zu ihm konjugierten Körpern $k', \ldots, k^{(m-1)}$ einen Galoisschen Körper K zusammensetzt, so enthält die Diskriminante dieses Körpers K alle und nur diejenigen rationalen Primzahlen, welche in der Diskriminante des Körpers k aufgehen.

§ 52. Die Zusammensetzung zweier Körper, deren Diskriminanten zueinander prim sind.

Ein besonderes Interesse beansprucht der Fall, daß die Diskriminanten der zusammensetzenden Körper zueinander prim sind. Der wichtigste und fruchtbarste Satz über diesen Fall ist der folgende:

Satz 87. Zwei Körper k_1 und k_2 bezüglich von den Graden m_1 und m_2, deren Diskriminanten zueinander prim sind, ergeben durch Zusammensetzung stets einen Körper vom Grade $m_1 m_2$.

Beweis. Der aus k_1 und den sämtlichen zu k_1 konjugierten Körpern zusammengesetzte Galoissche Körper werde mit K_1 bezeichnet; die Diskriminante von K_1 ist nach Satz 86 prim zu der Diskriminante von k_2. Es sei ϑ eine den Körper k_1 bestimmende Zahl; dieselbe genügt einer irreduziblen Gleichung m_1-ten Grades mit ganzen rationalen Koeffizienten.

Wäre nun der aus k_1 und k_2 zusammengesetzte Körper von niederem als dem $(m_1 m_2)$-ten Grade, so müßte diese Gleichung im Rationalitätsbereich k_2 reduzibel werden, d. h. die Zahl ϑ würde dann einer Gleichung von der Gestalt

$$\vartheta^r + \alpha_1\,\vartheta^{r-1} + \cdots + \alpha_r = 0$$

genügen, deren Grad $r < m_1$ ist, und deren Koeffizienten $\alpha_1, \ldots, \alpha_r$ Zahlen in k_2 sind. Der aus diesen Koeffizienten $\alpha_1, \ldots, \alpha_r$ zusammengesetzte Zahlkörper werde k genannt. Da $\alpha_1, \ldots, \alpha_r$ sich durch die r Wurzeln der obigen Gleichung rational ausdrücken lassen, so ist k ein Unterkörper von K_1, und da k auch zugleich ein Unterkörper von k_2 ist, so müßte die Diskriminante von k nach Satz 39 sowohl in der Diskriminante von k_1 als auch in derjenigen von k_2 als Faktor enthalten sein; hieraus würde für die Diskriminante dieses Körpers k der Wert 1 folgen, und dieser Umstand widerspricht dem Satze 44.

Wir heben noch folgende Tatsachen hervor, deren Richtigkeit nunmehr leicht erkannt wird:

Satz 88. Wenn k_1, k_2 zwei Körper bezüglich von den Graden m_1, m_2 und mit den zueinander primen Diskriminanten d_1, d_2 sind, so ist die Diskriminante des zusammengesetzten Körpers K gleich $d_1^{m_2} d_2^{m_1}$. Die $m_1 m_2$ Zahlen einer Basis des Körpers K erhält man, wenn man jede der m_1 Basiszahlen des Körpers k_1 mit jeder der m_2 Basiszahlen des Körpers k_2 multipliziert. Ist p eine rationale Primzahl, welche in k_1 die Zerlegung $p = \mathfrak{p}_1^{e_1} \ldots \mathfrak{p}_r^{e_r}$ und in k_2 die Zerlegung $p = \mathfrak{q}_1 \ldots \mathfrak{q}_s$ erfährt, wo $\mathfrak{p}_1, \ldots, \mathfrak{p}_r$ und $\mathfrak{q}_1, \ldots, \mathfrak{q}_s$ voneinander verschiedene Primideale bez. in den Körpern k_1 und k_2 bedeuten, so gilt in K die Zerlegung $p = \prod_{i,l} \mathfrak{J}_{il}^{e_i}$, wo das Produkt über $i = 1, \ldots, r$ und $l = 1, \ldots, s$ zu erstrecken ist und $\mathfrak{J}_{il}$ dasjenige Ideal in K bedeutet, welches als der größte gemeinsame Teiler der beiden Ideale $\mathfrak{p}_i$ und $\mathfrak{q}_l$ definiert ist. Die Ideale $\mathfrak{J}_{il}$ sind nicht notwendig Primideale in K.

Werden zwei Körper k_1, k_2 mit beliebigen Diskriminanten zugrunde gelegt, so ist die Beantwortung der entsprechenden Fragen nur unter beschränkenden Annahmen über die Natur der zu zerlegenden Primzahlen einfach [Hensel (*3*)].

Die bisher in Kapitel 10—13 dargelegten Resultate scheinen mir die wichtigsten Grundzüge einer Theorie der Ideale und Diskriminanten des Galoisschen Körpers zu enthalten. Die befolgten Methoden gestatten noch nach mannigfachen Richtungen eine allgemeinere Ausführung; insbesondere gilt eine Reihe der in §§ 39 — 44 bewiesenen Sätze ohne wesentliche Änderung für relativ Galoissche Körper [Dedekind (*8*)].

14. Die Primideale ersten Grades und der Klassenbegriff.

§ 53. Die Erzeugung der Idealklassen durch Primideale ersten Grades.

Es ist von hohem Interesse, daß die in Kapitel 10 — 12 entwickelten Prinzipien auch über die Frage der Erzeugung und Natur der Idealklassen eines Zahlkörpers neues Licht verbreiten. In diesem und in dem folgenden Kapitel werden die wichtigsten auf diese Frage bezüglichen allgemeinen Sätze dargelegt. Der erste Satz betrifft die Erzeugung der Idealklassen eines beliebigen Galoisschen Zahlkörpers durch Primideale ersten Grades und lautet:

Satz 89. In jeder Idealklasse eines Galoisschen Körpers gibt es Ideale, deren Primfaktoren sämtlich Ideale ersten Grades sind.

Wir beweisen zunächst den folgenden Hilfssatz:

Hilfssatz 12. Wenn K ein Galoisscher Körper vom M-ten Grade mit der Diskriminante D ist, und $\mathfrak{P}$ ein in $DM!$ nicht aufgehendes Primideal von einem Grade $f > 1$ in diesem Körper bedeutet, so gibt es stets eine zu $DM!$ prime ganze Zahl Ω in K, welche durch $\mathfrak{P}$, aber nicht durch $\mathfrak{P}^2$ teilbar ist, und deren übrige Primfaktoren sämtlich von niederem als dem f-ten Grade sind.

Beweis. Es sei P eine ganze Zahl des Körpers K von der Art, daß jede andere ganze Zahl Ω einer ganzzahligen Funktion von P nach $\mathfrak{P}^2$ kongruent wird. Nach Satz 29 existiert eine solche Zahl P stets. Wir bezeichnen ferner die zu $\mathfrak{P}$ konjugierten und von $\mathfrak{P}$ verschiedenen Primideale mit $\mathfrak{P}', \mathfrak{P}'', \ldots, \mathfrak{P}^{(m)}$ und bestimmen dann eine ganze Zahl A in K, welche den Kongruenzen

$$\mathsf{A} \equiv \mathsf{P}, \qquad (\mathfrak{P}^2)$$
$$\mathsf{A} \equiv 0, \qquad (\mathfrak{P}'\mathfrak{P}'' \ldots \mathfrak{P}^{(m)})$$
$$\mathsf{A} \equiv 1, \qquad (M!)$$

genügt. Ist z eine solche Substitution der zu $\mathfrak{P}$ gehörigen Zerlegungsgruppe, für welche $z\,\mathsf{P} \equiv \mathsf{P}^p$ nach $\mathfrak{P}$ wird, so sind offenbar die $f-1$ Differenzen $\mathsf{A} - z\mathsf{A}, \mathsf{A} - z^2\mathsf{A}, \ldots, \mathsf{A} - z^{f-1}\mathsf{A}$ zu $\mathfrak{P}$ prim. Ist ferner s eine nicht zur Zerlegungsgruppe gehörige Substitution, so wird $s\,\mathsf{A}$ durch $\mathfrak{P}$ teilbar, und folglich ist die Differenz $\mathsf{A} - s\,\mathsf{A}$ zu $\mathfrak{P}$ prim. Die Differente von A ist mithin zu $\mathfrak{P}$ prim, und daher folgt nach der Bemerkung auf S. 71, daß A eine den Körper K bestimmende Zahl darstellt. Mit Rücksicht auf Satz 31 ist K der Trägheitskörper von $\mathfrak{P}$, und daher genügt A einer Gleichung von der Gestalt:

$$\mathsf{A}^f + \alpha_1 \mathsf{A}^{f-1} + \cdots + \alpha_f = 0,$$

wo $\alpha_1, \ldots, \alpha_f$ Zahlen im Zerlegungskörper k des Primideals $\mathfrak{P}$ bedeuten. Die übrigen Unterkörper des Körpers K vom nämlichen Grade $\frac{M}{f}$ bezeichnen wir mit $k', k'', \ldots$; es genügt A dann auch den Gleichungen

$$\mathsf{A}^f + \alpha_1' \mathsf{A}^{f-1} + \cdots + \alpha_f' = 0,$$
$$\mathsf{A}^f + \alpha_1'' \mathsf{A}^{f-1} + \cdots + \alpha_f'' = 0,$$
$$\cdots\cdots\cdots\cdots$$

wo $\alpha_1', \ldots, \alpha_f'$ Zahlen in k', $\alpha_1'', \ldots, \alpha_f''$ Zahlen in k'' usf. sind. Nunmehr bestimme man f ganze rationale Zahlen $a_1, \ldots, a_f$ so, daß

$$a_1 \equiv \alpha_1, \ldots, a_f \equiv \alpha_f, \qquad (\mathfrak{P})$$

wird; dies ist möglich, weil nach Satz 70 das Ideal $\mathfrak{P}$ in k vom ersten Grade ist. Sodann seien $b_1, \ldots, b_f$ solche f ganze rationale Zahlen, welche den Kongruenzen

$$M!\,b_1 \equiv a_1, \ldots, M!\,b_f \equiv a_f, \qquad (p)$$

genügen, und für welche überdies keine der zum Index 1 gehörigen Verbindungen

$$\beta_1 = M!\,b_1 - \alpha_1, \quad \beta_1' = M!\,b_1 - \alpha_1', \ \ldots$$

verschwindet. Wir setzen ferner

$$\mathsf{B} = \mathsf{A}^f + M!\,(b_1 \mathsf{A}^{f-1} + b_2 \mathsf{A}^{f-2} + \cdots + b_f).$$

Endlich bezeichnen wir die sämtlichen von p verschiedenen und in der Diskriminante A von A oder in den Normen der Zahlen $\beta_1, \beta'_1, \ldots$ aufgehenden rationalen Primzahlen, soweit sie größer als M sind, mit $q_1, \ldots, q_l$. Ist q_i eine beliebige unter diesen, so muß, da sie in K höchstens M Primfaktoren enthalten kann, mindestens eine der $q_i (> M)$ Zahlen, $\mathsf{B}, \mathsf{B}+1, \mathsf{B}+2, \ldots, \mathsf{B}+q_i-1$ zu q_i prim sein; es sei etwa $\mathsf{B}+c_i$ prim zu q_i. Bestimmt man dann eine ganze rationale Zahl c, welche den l Kongruenzen $M!\,pc \equiv c_i$ nach q_i für $i = 1, 2, \ldots, l$ genügt, so ist

$$\Omega = \mathsf{B} + M!\,p\,c$$

eine Zahl von der Eigenschaft, wie sie unser Hilfssatz 12 verlangt.

In der Tat: wegen der Kongruenz $\mathsf{A} \equiv 1$ nach $M!$ ist die Zahl Ω prim zu allen denjenigen rationalen Primzahlen, welche $\leqq M$ sind; und andererseits ist Ω auf Grund der Bestimmungsweise der Zahl c prim zu allen denjenigen in A enthaltenen rationalen Primzahlen, welche größer als M sind. Die Zahl Ω ist daher prim zu den von p verschiedenen, in A aufgehenden rationalen Primzahlen.

Ferner ist Ω teilbar durch $\mathfrak{P}$, aber nicht durch $\mathfrak{P}', \mathfrak{P}'', \ldots, \mathfrak{P}^{(m)}$, da $M!\,b_f \equiv a_f \not\equiv 0$ nach p wird. Die Zahl Ω ist in der Gestalt

$$\Omega = \mathsf{A}^f + m_1 \mathsf{A}^{f-1} + \cdots + m_f,$$

darstellbar, wo $m_1, \ldots, m_f$ ganze rationale Zahlen bedeuten. Da $\mathsf{A} \equiv \mathsf{P}$ nach $\mathfrak{P}^2$ ist und P keiner ganzzahligen Kongruenz von niederem als dem $(2f)$-ten Grade nach $\mathfrak{P}^2$ genügen kann, so folgt, daß Ω nicht durch $\mathfrak{P}^2$ teilbar ist.

Wäre ferner Ω durch ein Primideal $\mathfrak{Q}$ vom Grade $f' > f$ teilbar, und seien $1, z', z'^2, \ldots, z'^{f'-1}$ die f' Substitutionen der Zerlegungsgruppe von $\mathfrak{Q}$, durch welche diese aus der Trägheitsgruppe erzeugt wird, so müßten die f' Kongruenzen

$$\begin{aligned} \mathsf{A}^f + m_1 \quad \mathsf{A}^{f-1} + \cdots + m_f &\equiv 0, \qquad (\mathfrak{Q}) \\ (z'\mathsf{A})^f + m_1 (z'\mathsf{A})^{f-1} + \cdots + m_f &\equiv 0, \qquad (\mathfrak{Q}) \\ \cdots\cdots\cdots\cdots\cdots \end{aligned}$$

bestehen; diese würden zur Folge haben, daß die Diskriminante A der Zahl A durch $\mathfrak{Q}$ teilbar ist, was nach dem Obigen nicht zutrifft.

Es sei endlich Ω durch ein Primideal $\mathfrak{Q}$ vom Grade f teilbar; dann müßte einer der Körper $k, k', k'', \ldots$ Zerlegungskörper von $\mathfrak{Q}$ sein; es sei dies etwa der Körper k'. Unter dieser Annahme setze man Ω in die Gestalt

$$\Omega = \Omega - (\mathsf{A}^f + \alpha'_1 \mathsf{A}^{f-1} + \cdots + \alpha'_f) = \beta'_1 \mathsf{A}^{f-1} + \cdots + \beta'_f,$$

wo $\beta'_1, \ldots, \beta'_f$ Zahlen in k' bedeuten. Sind $1, z', z'^2, \ldots, z'^{f-1}$ die f für $\mathfrak{Q}$ zur Erzeugung seiner Zerlegungsgruppe aus seiner Trägheitsgruppe dienenden Substitutionen, so folgt

$$\begin{aligned} \beta'_1 \mathsf{A}^{f-1} + \cdots + \beta'_f &\equiv 0, \qquad (\mathfrak{Q}) \\ \beta'_1 (z'\mathsf{A})^{f-1} + \cdots + \beta'_f &\equiv 0, \qquad (\mathfrak{Q}) \\ \cdots\cdots\cdots\cdots \end{aligned}$$

und diese Kongruenzen würden zur Folge haben, daß entweder A oder β'_1 durch $\mathfrak{Q}$ teilbar ist, womit die obigen Festsetzungen im Widerspruch stehen.

Wenn wir berücksichtigen, daß in jeder Klasse ein Ideal gefunden werden kann, welches zu $DM!$ prim ist, so folgt aus dem somit bewiesenen Hilfssatz 12, wie man leicht sieht, der Satz 89. Derselbe ist für den Fall des Kreiskörpers bereits von KUMMER bewiesen worden [KUMMER (*6*)].

15. Der relativ-zyklische Körper vom Primzahlgrade.

§ 54. Die symbolische Potenz. Der Satz von den Zahlen mit der Relativnorm 1.

Es soll jetzt über relativ Abelsche Körper eine Reihe fundamentaler Sätze abgeleitet werden. Um dieselben leichter aussprechen und beweisen zu können, schicken wir einige Bezeichnungen und Festsetzungen voraus.

Es sei K ein Zahlkörper vom Grade lm; derselbe sei relativ-zyklisch in bezug auf den Körper k vom m-ten Grade; der Relativgrad l sei eine Primzahl. Die Substitutionen der zyklischen Relativgruppe seien $1, S, S^2, \ldots, S^{l-1}$. Endlich definieren wir den Begriff der **symbolischen Potenz** einer Zahl A des Körpers K, wie folgt: wenn A eine beliebige ganze oder gebrochene Zahl in K ist und $a, a_1, \ldots, a_{l-1}$ irgendwelche ganze rationale Zahlen bedeuten, so möge der Ausdruck

$$\mathsf{A}^a (S\,\mathsf{A})^{a_1} (S^2\,\mathsf{A})^{a_2} \ldots (S^{l-1}\,\mathsf{A})^{a_{l-1}}$$

zur Abkürzung mit

$$\mathsf{A}^{a+a_1 S + a_2 S^2 + \cdots + a_{l-1} S^{l-1}} = \mathsf{A}^{F(S)}$$

bezeichnet werden, wo $F(S)$ die auf der linken Seite im Exponenten von A stehende ganzzahlige Funktion von S bedeutet. Die symbolische $F(S)$-te Potenz von A stellt hiernach stets wiederum eine ganze oder gebrochene Zahl des Körpers K dar. Diese symbolische Potenzierung kann als Verallgemeinerung einer Bezeichnungsweise angesehen werden, welche KRONECKER im Falle des Kreiskörpers eingeführt hat [KRONECKER (*1*)].

Wir beweisen nun der Reihe nach folgende Eigenschaften des relativ-zyklischen Körpers K:

Satz 90. Jede ganze oder gebrochene Zahl A in K, deren Relativnorm in bezug auf k gleich 1 ist, wird die symbolische $(1-S)$-te Potenz einer gewissen ganzen Zahl B des Körpers K.

Beweis. Es sei x eine Veränderliche und Θ eine den Körper K bestimmende Zahl; dann setze man:

$$\mathsf{A}_x = \frac{x+\Theta}{x+S\Theta}\,\mathsf{A} = (x+\Theta)^{1-S}\,\mathsf{A}$$

und

$$\mathsf{B}_x = 1 + \mathsf{A}_x^1 + \mathsf{A}_x^{1+S} + \mathsf{A}_x^{1+S+S^2} + \cdots + \mathsf{A}_x^{1+S+S^2+\cdots+S^{l-2}}.$$

Berücksichtigt man, daß nach Voraussetzung $\mathsf{A}^{1+S+\cdots+S^{l-1}}=1$ ist und folglich auch $\mathsf{A}_x^{1+S+\cdots+S^{l-1}}=1$ wird, so ergibt sich $\mathsf{B}_x^{1-S}=\mathsf{A}_x$. Da B_x eine rationale Funktion von x ist, welche, wie leicht ersichtlich, nicht identisch für alle x verschwindet, so kann man eine ganze rationale Zahl $x=a$ so wählen, daß B_a eine von 0 verschiedene Zahl in K wird. Die Zahl $\mathsf{B}^*=\frac{\mathsf{B}_a}{a+\Theta}$ genügt dann der Gleichung $\mathsf{A}=\mathsf{B}^{*1-S}$. Setzen wir $\mathsf{B}^*=\frac{\mathsf{B}}{b}$, wo B eine ganze algebraische Zahl in K und b eine ganze rationale Zahl bedeutet, so ist auch $\mathsf{A}=\mathsf{B}^{1-S}$.

§ 55. Das System von relativen Grundeinheiten und der Nachweis ihrer Existenz.

Ein zweiter wichtiger Satz über den Körper K betrifft eine Eigenschaft der Einheiten in K. Kommen unter den m konjugierten Körpern, welche durch k bestimmt sind, r_1 reelle Körper und r_2 Paare konjugiert imaginärer Körper vor, so ist nach Satz 47 die Zahl der Grundeinheiten in k gleich $r=r_1+r_2-1$. Wir definieren nun den Begriff eines **Systems von relativen Grundeinheiten** des Körpers K bezüglich k. Unter einem solchen System verstehen wir ein System von $r+1$ Einheiten $\mathsf{H}_1,\ldots,\mathsf{H}_{r+1}$ im Körper K von der Eigenschaft, daß eine Einheit von der Gestalt $\mathsf{H}_1^{F_1(S)}\ldots\mathsf{H}_{r+1}^{F_{r+1}(S)}[\varepsilon]$ nur dann die symbolische $(1-S)$-te Potenz einer Einheit in K werden kann, wenn die ganzen algebraischen Zahlen $F_1(\zeta),\ldots,F_{r+1}(\zeta)$ sämtlich durch $1-\zeta$ teilbar sind. Dabei bedeuten $F_1(S),\ldots,F_{r+1}(S)$ ganzzahlige Funktionen von S; $[\varepsilon]$ bedeutet eine beliebige Einheit des Körpers k oder eine solche Einheit des Körpers K, deren l-te Potenz eine Einheit in k ist; ζ endlich bedeutet eine von 1 verschiedene l-te Einheitswurzel.

Satz 91. Wenn der Relativgrad l des relativ-zyklischen Körpers K in bezug auf den Körper k eine ungerade Primzahl ist, so existiert in K stets ein System von $r+1$ relativen Grundeinheiten, wobei r für k die Bedeutung wie in Satz 47 hat.

Beweis. Wegen $l\neq 2$ kommen unter den lm durch K bestimmten konjugierten Körpern lr_1, reelle Körper und lr_2 imaginäre Paare von Körpern vor. Es sei $\varepsilon_1,\ldots,\varepsilon_r$ ein System von $r=r_1+r_2-1$ Grundeinheiten des Körpers k. Man wähle unter den Einheiten in K eine solche Einheit E_1 aus, daß $\mathsf{E}_1,\varepsilon_1,\ldots,\varepsilon_r$ ein System von unabhängigen Einheiten bilden; dann müssen auch die $r+l-1$ Einheiten $\mathsf{E}_1,\mathsf{E}_1^S,\ldots,\mathsf{E}_1^{S^{l-2}},\varepsilon_1,\ldots,\varepsilon_r$ ein System unabhängiger Einheiten sein.

Zum Beweise hierfür machen wir die gegenteilige Annahme und denken uns $\mathsf{E}_1^{F(S)}=\varepsilon^*$, wo $F(S)$ eine nicht identisch verschwindende ganzzahlige Funktion vom $(l-2)$-ten Grade in S und ε^* eine Einheit des Körpers k bedeutet. Da die Funktion $1+\mathrm{S}+\cdots+S^{l-1}$ irreduzibel ist, (vgl. die Bemerkung am Schluß des § 91), so lassen sich zwei ganzzahlige Funktionen G_1, G_2 von S und eine von 0 verschiedene ganze rationale Zahl a derart bestimmen, daß

$$F G_1 + (1 + S + \cdots + S^{l-1}) G_2 = a$$

wird. Hieraus folgt unter Berücksichtigung von

$$\mathsf{E}_1^{1+S+\cdots+S^{l-1}} = \varepsilon^{**}$$

die Gleichung $\mathsf{E}_1^a = \varepsilon^{***}$, welche unserer Annahme zuwider läuft; dabei bedeuten ε^{**} und ε^{***} Einheiten in k.

Nunmehr wähle man eine Einheit E_2 so, daß $\mathsf{E}_2, \mathsf{E}_1, \mathsf{E}_1^S, \ldots, \mathsf{E}_1^{S^{l-2}}$, $\varepsilon_1, \ldots, \varepsilon_r$ ein System unabhängiger Einheiten bilden, und beweise dann in ähnlicher Weise, wie vorher, daß auch die Einheiten $\mathsf{E}_2, \mathsf{E}_2^S, \ldots, \mathsf{E}_2^{S^{l-2}}$, $\mathsf{E}_1, \mathsf{E}_1^S, \ldots, \mathsf{E}_1^{S^{l-2}}, \varepsilon_1, \ldots, \varepsilon_r$ unabhängige Einheiten sind. So fortfahrend, gelangen wir zu $r_1 + r_2 = r + 1$ Einheiten $\mathsf{E}_1, \ldots, \mathsf{E}_{r+1}$ von der Beschaffenheit, daß die Einheiten

$$\mathsf{E}_i, \mathsf{E}_i^S, \ldots, \mathsf{E}_i^{S^{l-2}}, \varepsilon_1, \ldots, \varepsilon_r \quad (i = 1, 2, \ldots, r+1)$$

ein System von unabhängigen Einheiten bilden. Die Zahl dieser Einheiten beträgt

$$(r+1)(l-1) + r = lr_1 + lr_2 - 1 .$$

Es sei nun l^m eine so hohe Potenz von l, daß ein Ausdruck

$$\mathsf{E}_1^{F_1(S)} \ldots \mathsf{E}_{r+1}^{F_{r+1}(S)} [\varepsilon], \tag{20}$$

in welchem $F_1(S), \ldots, F_{r+1}(S)$ beliebige ganzzahlige Funktionen vom $(l-2)$-ten Grade in S bedeuten und $[\varepsilon]$ die auf S. 150 erklärte Bedeutung hat, nicht anders eine l^m-te Potenz einer Einheit in K werden kann, als wenn alle Koeffizienten der $r + 1$ Funktionen $F_1(S), \ldots, F_{r+1}(S)$ durch l teilbar sind. Daß es eine solche Potenz l^m stets geben muß, folgt, wenn man die $lr_1 + lr_2 - 1$ nach Satz 47 existierenden Grundeinheiten des Körpers K zu Hilfe zieht.

Wir berücksichtigen ferner die Identität

$$(1-S)^l = 1 - S^l + lG(S),$$

in der G eine ganzzahlige Funktion bedeutet; da hiernach die $(1-S)^{lm}$-te symbolische Potenz einer Zahl in K zugleich auch eine l^m-te wirkliche Potenz ist, so folgt, daß der Ausdruck (20) nicht anders die $(1-S)^{lm}$-te symbolische Potenz einer Einheit werden kann, als wenn die ganzen algebraischen Zahlen $F_1(\zeta), \ldots, F_{r+1}(\zeta)$ sämtlich durch $1-\zeta$ teilbar sind.

Es sei nun e_1 die größte ganze rationale Zahl $\geqq 0$ von der Art, daß ein Ausdruck von der Gestalt (20) eine $(1-S)^{e_1}$-te symbolische Potenz einer Einheit ist, ohne daß sämtliche Zahlen $F_1(\zeta), \ldots, F_{r+1}(\zeta)$ durch $1-\zeta$ teilbar sind; wir nehmen an, es sei ein solcher Ausdruck:

$$\mathsf{E}_1^{F_1(S)} \ldots \mathsf{E}_{r+1}^{F_{r+1}(S)} [\varepsilon] = \mathsf{H}_1^{(1-S)^{e_1}},$$

wo $F_1(S), \ldots, F_{r+1}(S)$ gewisse ganze rationale Funktionen von S sind und etwa $F_1(\zeta)$ nicht durch $1-\zeta$ teilbar sein möge; $[\varepsilon]$ hat die frühere Bedeutung, und H_1 ist eine gewisse Einheit des Körpers K. Des weiteren nehmen wir an, es sei e_2 die größte ganze Zahl $\geqq 0$ von der Beschaffenheit, daß ein entsprechend aus den Einheiten $\mathsf{E}_2, \ldots, \mathsf{E}_{r+1}$ gebildeter Ausdruck existiert, der die $(1-S)^{e_2}$-te symbolische Potenz einer Einheit in K wird; es sei etwa ein solcher Ausdruck:

$$\mathsf{E}_2^{F_2(S)} \ldots \mathsf{E}_{r+1}^{F_{r+1}(S)}[\varepsilon] = \mathsf{H}_2^{(1-S)^{e_2}},$$

wo $F_2(S), \ldots, F_{r+1}(S)$ wiederum gewisse ganze rationale Funktionen von S sind und etwa $F_2(\zeta)$ nicht durch $1-\zeta$ teilbar sein möge; H_2 bedeutet eine Einheit in K. So fortfahrend, gelangen wir zu $r+1$ Einheiten $\mathsf{H}_1, \mathsf{H}_2, \ldots, \mathsf{H}_{r+1}$; dieselben bilden ein System von relativen Grundeinheiten des Körpers K.

Um dies zu zeigen, nehmen wir im Gegenteil an, es gäbe $r+1$ ganze rationale Funktionen $G_1(S), \ldots, G_{r+1}(S)$ derart, daß

$$\mathsf{H}_1^{G_1(S)} \ldots \mathsf{H}_{r+1}^{G_{r+1}(S)}[\varepsilon] = \mathsf{Z}^{1-S}$$

wird, wo Z eine Einheit in K bedeutet; es sei ferner unter den Zahlen $G_1(\zeta), \ldots, G_{r+1}(\zeta)$ etwa $G_h(\zeta)$ die erste nicht durch $1-\zeta$ teilbare Zahl: dann wäre offenbar auch der Teil

$$\mathsf{H}_h^{G_h(S)} \mathsf{H}_{h+1}^{G_{h+1}(S)} \ldots \mathsf{H}_{r+1}^{G_{r+1}(S)}[\varepsilon]$$

des letzten Produkts die $(1-S)$-te symbolische Potenz einer Einheit des Körpers K. Da aber in der Reihe der Zahlen $e_1, e_2, \ldots, e_{r+1}$ keine folgende größer ist als die vorhergehende, so stoßen wir, wenn wir den letzten Ausdruck in die $(1-S)^{e_h}$-te Potenz erheben und dann wieder die Einheiten $\mathsf{E}_h, \ldots, \mathsf{E}_{r+1}$ einführen, auf einen Widerspruch mit unseren Festsetzungen.

Der eben bewiesene Satz 91 gilt, wie leicht ersichtlich, auch für $l=2$, wenn in diesem Falle noch der Umstand hinzukommt, daß unter den durch K bestimmten $2m$ einander konjugierten Körpern doppelt so viel reelle Körper als unter den durch k bestimmten m konjugierten Körpern vorhanden sind.

§ 56. Die Existenz einer Einheit in K, welche die Relativnorm 1 besitzt und doch nicht dem Quotienten zweier relativ-konjugierten Einheiten gleich wird.

Satz 92. Falls der Relativgrad l des relativ-zyklischen Körpers K in bezug auf den Körper k eine ungerade Primzahl ist, gibt es in K stets eine Einheit H, deren Relativnorm in bezug auf k gleich 1 ausfällt, und welche doch nicht die symbolische $(1-S)$-te Potenz von einer Einheit des Körpers K ist.

Beweis. Wir nehmen zunächst an, daß der Körper k nicht die l-te Einheitswurzel ζ enthält. Es seien $\eta_1, \ldots, \eta_{r+1}$ irgend $r+1$ Einheiten in k;

dann folgt, daß es stets $r+1$ ganze rationale Zahlen $a_1, \ldots, a_{r+1}$ gibt, welche nicht sämtlich durch l teilbar sind, und für welche $\eta_1^{a_1} \ldots \eta_{r+1}^{a_{r+1}} = 1$ wird. In der Tat, wären in einer Gleichung von der letzteren Gestalt die Exponenten $a_1, \ldots, a_{r+1}$ sämtlich durch l teilbar, so müßte $\eta_1^{\frac{a_1}{l}} \ldots \eta_{r+1}^{\frac{a_{r+1}}{l}}$ eine l-te Einheitswurzel und demnach infolge der Voraussetzung $=1$ sein; hieraus ergibt sich durch Wiederholung des Verfahrens das Gesagte. Nehmen wir nun $\eta_1, \ldots, \eta_{r+1}$ gleich den Relativnormen von $\mathsf{H}_1, \ldots, \mathsf{H}_{r+1}$, wo $\mathsf{H}_1, \ldots, \mathsf{H}_{r+1}$ ein System von relativen Grundeinheiten in K sind, und setzen dann $\mathsf{H} = \mathsf{H}_1^{a_1} \ldots \mathsf{H}_{r+1}^{a_{r+1}}$, so folgt $N_k(\mathsf{H}) = \mathsf{H}^{1+S+S^2+\cdots+S^{l-1}} = 1$ und daher nach dem Satz 90: $\mathsf{H} = A^{1-S}$; da $\mathsf{H}_1, \ldots, \mathsf{H}_{r+1}$ relative Grundeinheiten sind, so ist die Zahl A keine Einheit.

Um den Satz 92 allgemein zu beweisen, werde angenommen, daß k die primitive l^h-te Einheitswurzel ζ', aber nicht die primitive l^{h+1}-te Einheitswurzel enthielte. Durch ein ähnliches Verfahren, wie das oben angewandte, wird erkannt, daß, wenn $\eta_1, \ldots, \eta_{r+2}$ irgendwelche $r+2$ Einheiten in k sind, stets eine ganze rationale Zahl a und ferner $r+2$ ganze rationale, nicht sämtlich durch l teilbare Zahlen $a_1, \ldots, a_{r+2}$ von der Art gefunden werden können, daß

$$\eta_1^{a_1} \ldots \eta_{r+2}^{a_{r+2}} = \zeta'^{al}$$

ist.

Andererseits bedenke man, daß die Relativnorm

$$N_k(\zeta) = \zeta^{1+S+S^2+\cdots+S^{l-1}} = 1$$

wird und daher nach Satz 90 ζ eine $(1-S)$-te symbolische Potenz werden muß. Gäbe es nun keine Einheit E in K, so daß $\zeta = \mathsf{E}^{1-S}$ ist, so wäre bereits ζ eine Zahl von der gewünschten Beschaffenheit. Im anderen Falle folgt $\mathsf{E}^{l(1-S)} = 1$, d. h. $\mathsf{E}^l = S\,\mathsf{E}^l$, und daher stellt E^l eine Einheit ε in k dar, während E selbst gewiß nicht in k liegt. Wegen $\mathsf{E} = \sqrt[l]{\varepsilon}$ ergibt sich $N_k(\mathsf{E}) = \mathsf{E}^l = \varepsilon$. Es sei $\mathsf{H}_1, \ldots, \mathsf{H}_{r+1}$ ein System von relativen Grundeinheiten in K; wir setzen nun:

$$\eta_1 = N_k(\mathsf{H}_1), \ldots, \eta_{r+1} = N_k(\mathsf{H}_{r+1}), \ \eta_{r+2} = N_k(\mathsf{E}) = \mathsf{E}^l,$$
$$\mathsf{H} = \mathsf{H}_1^{a_1} \ldots \mathsf{H}_{r+1}^{a_{r+1}} \mathsf{E}^{a_{r+2}} \zeta'^{-a} = \mathsf{H}_1^{a_1} \ldots \mathsf{H}_{r+1}^{a_{r+1}} [\varepsilon],$$

wo $a, a_1, \ldots, a_{r+2}$ die vorhin bestimmten Zahlen sind und $[\varepsilon]$ die l-te Wurzel aus einer Einheit des Körpers k bedeutet; dann wird $N_k(\mathsf{H}) = 1$. Die Zahlen $a_1, \ldots, a_{r+1}$ können nicht sämtlich durch l teilbar sein. Denn aus

$$\left(\eta_1^{\frac{a_1}{l}} \ldots \eta_{r+1}^{\frac{a_{r+1}}{l}} \mathsf{E}^{a_{r+2}} \zeta'^{-a}\right)^l = 1$$

würde dann

$$\eta_1^{\frac{a_1}{l}} \ldots \eta_{r+1}^{\frac{a_{r+1}}{l}} \mathsf{E}^{a_{r+2}} \zeta'^{-a} = \zeta^b$$

folgen, wo b eine ganze rationale Zahl bedeutet. Da a_{r+2} bei unserer Annahme nicht auch durch l teilbar sein darf, so würde aus der letzten Gleichung folgen, daß E in k liegt, was nicht zutrifft. Die Einheit H erfüllt daher alle Bedingungen des Satzes 92.

Die Sätze 90, 91 und 92 sind zum Teil und in anderer Form bereits von KUMMER für den Fall bewiesen worden, daß der Unterkörper k der durch ζ bestimmte Kreiskörper $(l-1)$-ten Grades ist [KUMMER (*14*, *20*, *21*)].

§ 57. Die ambigen Ideale und die Relativdifferente des relativ-zyklischen Körpers K.

Wenn ein Ideal $\mathfrak{A}$ des relativ-zyklischen Körpers K bei Anwendung der Substitution S ungeändert bleibt und überdies keinen Faktor enthält, welcher ein Ideal in k ist, so heißt $\mathfrak{A}$ ein **ambiges Ideal.** Insbesondere heißt ein Primideal des Körpers K, wenn dasselbe bei Anwendung der Substitution S ungeändert bleibt und nicht zugleich im Körper k liegt, ein **ambiges Primideal.**

Satz 93. Die Relativdifferente des relativ-zyklischen Körpers K in bezug auf k enthält alle und nur diejenigen Primideale $\mathfrak{P}$, welche ambig sind.

Beweis. Ist $\mathfrak{P}$ ein ambiges Ideal, so wird seine Relativnorm $N_k(\mathfrak{P}) = \mathfrak{P}^l$. Da nicht eine niedere Potenz von $\mathfrak{P}$ in k liegen kann, so ist $\mathfrak{P}^l = \mathfrak{p}$ ein Primideal in k. Umgekehrt, wenn ein Primideal $\mathfrak{p}$ in k gleich der l-ten Potenz eines Ideals $\mathfrak{P}$ in K wird, so ist $\mathfrak{P}$ ein ambiges Primideal.

Wir unterscheiden nun dreierlei Arten von Primidealen $\mathfrak{p}$ des Körpers k: erstens solche, die der l-ten Potenz eines Primideals $\mathfrak{P}$ in K gleich sind; zweitens solche, die in l voneinander verschiedene Primideale $\mathfrak{P}_1, \ldots, \mathfrak{P}_l$ des Körpers K zerfallen, und drittens solche, die auch in K Primideale sind.

Liegt der erste Fall vor, so setzen wir die Norm $N(\mathfrak{P}) = p^f$; hieraus folgt $N(\mathfrak{p}) = N(\mathfrak{P}^l) = p^{lf}$, und mithin ist die Norm $n(\mathfrak{p})$ des Primideals $\mathfrak{p}$ im Körper k ebenfalls gleich p^f. Die Gleichheit der Normen $N(\mathfrak{P})$ und $n(\mathfrak{p})$ läßt die Tatsache erkennen, daß eine jede ganze Zahl des Körpers K einer gewissen ganzen Zahl des Körpers k nach $\mathfrak{P}$ kongruent ist; aus diesem Umstande erkennt man leicht, daß die Relativdifferente von K in bezug auf k notwendig durch $\mathfrak{P}$ teilbar ist.

Im zweiten Falle läßt sich in K stets eine ganze Zahl A finden, welche nicht durch $\mathfrak{P}_i$, wohl aber durch alle übrigen $l-1$ Primideale $\mathfrak{P}_1, \ldots, \mathfrak{P}_{i-1}, \mathfrak{P}_{i+1}, \ldots, \mathfrak{P}_l$ teilbar ist, und aus diesem Umstande folgt, daß die Relativdifferente der Zahl A und daher auch die des Körpers K nicht durch $\mathfrak{P}_i$ teilbar ist.

Was endlich die Primideale $\mathfrak{p}$ der dritten Art angeht, so sei P eine Primitivzahl nach dem Primideal $\mathfrak{p}$ in K und ϱ eine Primitivzahl nach $\mathfrak{p}$ in k, und zugleich sei P eine den Körper K bestimmende Zahl. Es genügt dann P einer Gleichung l-ten Grades von der Gestalt:

$$F(\mathsf{P}) = \mathsf{P}^l + \alpha_1 \mathsf{P}^{l-1} + \cdots + \alpha_l = 0,$$

deren Koeffizienten $\alpha_1, \ldots, \alpha_l$ ganze Zahlen in k sind. Wir setzen

$$\alpha_1 \equiv f_1(\varrho), \ldots, \alpha_l \equiv f_l(\varrho), \qquad (\mathfrak{p}),$$

wo $f_1(\varrho), \ldots, f_l(\varrho)$ ganzzahlige Funktionen von ϱ sind, und erhalten so für P die Kongruenz:

$$F(\mathsf{P}) \equiv \mathsf{P}^l + f_1(\varrho)\,\mathsf{P}^{l-1} + \cdots + f_l(\varrho) \equiv 0, \qquad (\mathfrak{p}).$$

Da wegen $N(\mathfrak{p}) = (n(\mathfrak{p}))^l$ die Anzahl der in K vorhandenen, nach $\mathfrak{p}$ inkongruenten ganzen Zahlen gleich der l-ten Potenz der Anzahl der in k vorhandenen nach $\mathfrak{p}$ inkongruenten ganzen Zahlen ist, so kann P keiner Kongruenz niederen als l-ten Grades von der nämlichen Art genügen, und daher ist notwendig $\frac{\partial F(\mathsf{P})}{\partial \mathsf{P}} \not\equiv 0$ nach $\mathfrak{p}$; d. h. die Relativdifferente der Zahl P ist nicht durch $\mathfrak{p}$ teilbar. Durch diese Betrachtungen ist gezeigt, daß die Relativdifferente des Körpers K stets prim zu den Primidealen der zweiten und dritten Art ist, und hieraus ergibt sich die Richtigkeit des Satzes 93.

§ 58. Der Fundamentalsatz von den relativ-zyklischen Körpern mit der Relativdifferente 1. Die Bezeichnung dieser Körper als Klassenkörper.

Die Sätze 90, 92 und 93 ermöglichen uns die Erkenntnis einer Tatsache, welche für die Theorie der Zahlkörper von weittragender Bedeutung ist. Diese Tatsache ist folgende:

Satz 94. *Wenn der relativ-zyklische Körper K von ungeradem Primzahl-Relativgrade l die Relativdifferente 1 in bezug auf k besitzt, so gibt es stets in k ein Ideal $\mathfrak{j}$, welches nicht Hauptideal in k ist, wohl aber ein Hauptideal in K wird. Die l-te Potenz dieses Ideals $\mathfrak{j}$ ist dann notwendig auch in k ein Hauptideal, und die Klassenanzahl des Körpers k ist mithin durch l teilbar.*

Beweis. Nach Satz 92 gibt es eine Einheit H mit der Relativnorm 1, welche nicht die $(1-S)$-te Potenz einer Einheit ist. Nach Satz 90 ist $\mathsf{H} = \mathsf{A}^{1-S}$, wo A eine ganze Zahl in K bedeutet; d. h. es ist $\mathsf{A} = \mathsf{H} \cdot S\mathsf{A}$. Für das Hauptideal $\mathfrak{A} = (\mathsf{A})$ folgt hieraus $\mathfrak{A} = S\mathfrak{A}$. Das Ideal $\mathfrak{A}$ liegt im Körper k. Denn ist $\mathfrak{P}$ irgendein in $\mathfrak{A}$ aufgehendes Primideal des Körpers K, welches nicht in k liegt, so ist nach Satz 93, da wegen der Voraussetzung die Relativdiskriminante keine Teiler besitzt, $\mathfrak{P} \neq S\mathfrak{P}$, und folglich enthält A auch die Relativnorm $N_k(\mathfrak{P})$, welche ein in k liegendes Primideal ist. Das Ideal A ist kein Hauptideal im Körper k; denn in diesem Falle wäre $\mathsf{A} = \mathsf{H}^*\alpha$, wo H^* eine Einheit und α

eine Zahl in k bedeutet; hieraus würde $\mathsf{H} = \mathsf{H}^{*1-S}$ folgen, was dem Obigen widerstreitet. Damit ist der erste Teil des Satzes 94 bewiesen.

Da $N_k(\mathsf{A}) = \alpha$ eine Zahl in k und folglich $N_k(\mathfrak{A}) = \mathfrak{A}^l = (\alpha)$ ein Hauptideal in k ist, so haben wir damit den vollständigen Beweis des Satzes 94 erbracht.

Die Sätze 92 und 94 gelten ebenfalls für $l = 2$ unter der oben auf S. 152 am Schluß von § 55 angegebenen Beschränkung.

Es bietet keine erheblichen prinzipiellen Schwierigkeiten dar, den Satz 94 für solche relativ-Abelsche Körper K mit der Relativdifferente 1 zu verallgemeinern, deren Relativgrad l eine zusammengesetzte Zahl ist.

Wegen der engen Beziehung, die nach Satz 94 der Körper K zu gewissen Idealklassen des Körpers k aufweist, werde K ein **Klassenkörper des Körpers k** genannt.

Dritter Teil.

Der quadratische Zahlkörper.

16. Die Zerlegung der Zahlen im quadratischen Körper.

§ 59. Die Basis und die Diskriminante des quadratischen Körpers.

Es bedeute m eine ganze rationale, positive oder negative Zahl, die durch keine Quadratzahl außer 1 teilbar und auch von $+1$ verschieden ist; die quadratische Gleichung

$$x^2 - m = 0$$

ist dann im Bereich der rationalen Zahlen irreduzibel. Wir verstehen im folgenden unter $\sqrt{m}$ stets im Falle $m > 0$ die positive Wurzel jener quadratischen Gleichung und im Falle $m < 0$ diejenige ihrer Wurzeln, welche positiv imaginär ist. Die so festgelegte algebraische Zahl $\sqrt{m}$ bestimmt einen quadratischen reellen, bezüglich imaginären Zahlkörper, der $k(\sqrt{m})$ oder auch schlechthin k heiße; dieser Körper ist stets ein Galoisscher Körper. Durch die Operation der Vertauschung von $\sqrt{m}$ mit $-\sqrt{m}$ in einer Zahl oder einem Ideal des Körpers k geht man zu der konjugierten Zahl bez. dem konjugierten Ideal über. Dieser Übergang werde durch Vorsetzung des Substitutionszeichens s angedeutet.

Unsere erste Aufgabe ist die Aufstellung einer Basis des quadratischen Körpers und die Ermittlung seiner Diskriminante [Dedekind (*1*)].

Satz 95. Eine Basis des quadratischen Körpers k bilden die Zahlen $1, \omega$, wenn

$$\omega = \frac{1+\sqrt{m}}{2}, \text{ bez. } \omega = \sqrt{m}$$

genommen wird, je nachdem die Zahl $m \equiv 1$ nach 4 ist oder nicht. Die Diskriminante von k ist, entsprechend diesen zwei Fällen,

$$d = m, \quad \text{bez.} \quad d = 4m.$$

Beweis. Die Zahl ω ist stets ganz, da sie der Gleichung

$$x^2 - x - \frac{m-1}{4} = 0, \text{ bez. } x^2 - m = 0 \qquad (21)$$

genügt. Bezeichnet $\omega' = s\omega$ die zu ω konjugierte Zahl, so ist $d = (\omega - \omega')^2$

die Diskriminante der Zahl ω. Nach § 3 S. 72 ist daher jede ganze Zahl des Körpers k in der Gestalt

$$\alpha = \frac{u + v\omega}{d}$$

darstellbar, wo u, v ganze rationale Zahlen sind.

Im Falle, daß $m \equiv 1$ nach 4 ist, schließen wir aus der Kongruenz $2\alpha m = 2u + v + v\sqrt{m} \equiv 0$ nach m, daß $2u + v$ durch $\sqrt{m}$ teilbar sein muß. Die letztere Kongruenz in Verbindung mit der ersteren hat wiederum $v\sqrt{m} \equiv 0$ nach m zur Folge, d. h. v muß durch $\sqrt{m}$ und daher notwendig auch durch m teilbar sein. Da mithin die ganzen rationalen Zahlen u, v beide durch $m = d$ teilbar sind, so ist die im Nenner des obigen Ausdrucks für α stehende Zahl d hebbar.

Ist andererseits $m \not\equiv 1$ nach 4, so schließen wir aus der Kongruenz $4\alpha m = u + v\sqrt{m} \equiv 0$ nach m, wie vorhin, daß sowohl u wie v durch m teilbar sein muß und mithin jedenfalls m in Zähler und Nenner des Ausdrucks für α hebbar ist. Wir erhalten dadurch $\alpha = \frac{u' + v'\sqrt{m}}{4}$, wo u', v' ganze rationale Zahlen bedeuten. Man erkennt aber leicht durch Bildung der Norm $\alpha \cdot s\alpha$, sowohl für $m \equiv 2$ als auch für $m \equiv 3$ nach 4, daß ein Ausdruck $u' + v'\sqrt{m}$ mit ganzen rationalen Zahlen u', v' nur dann durch 2 teilbar sein kann, wenn u', v' beide gerade sind. Wendet man dieses auf 4α und sodann wieder auf 2α an, so zeigt sich, daß auch im Falle $m \not\equiv 1$ nach 4 eine jede ganze Zahl des Körpers k in der Gestalt $u + v\omega$ mit ganzen rationalen Zahlen u, v darstellbar ist.

Der zweite Teil des Satzes ergibt sich aus der Formel:

$$d = \begin{vmatrix} 1, & \omega \\ 1, & \omega' \end{vmatrix}^2 = (\omega - \omega')^2,$$

durch welche nach § 3 die Diskriminante des Körpers definiert wird.

§ 60. Die Primideale des quadratischen Körpers.

Das Problem der Zerlegung der rationalen Primzahlen in Primideale des Körpers k wird durch folgenden Satz zur vollständigen Erledigung gebracht:

Satz 96. Jede in d aufgehende rationale Primzahl l ist gleich dem Quadrat eines Primideals in k. Jede ungerade, in d nicht aufgehende rationale Primzahl p zerfällt in k entweder in das Produkt zweier verschiedener, zueinander konjugierter Primideale ersten Grades $\mathfrak{p}$ und $\mathfrak{p}'$ oder stellt selbst ein Primideal zweiten Grades vor, je nachdem d quadratischer Rest oder Nichtrest für p ist. Die Primzahl 2 ist im Falle $m \equiv 1$ nach 4 in k in ein Produkt zweier voneinander verschiedener konjugierter Primideale zerlegbar oder selber Primideal, je nachdem $m \equiv 1$ oder $\equiv 5$ nach 8 ausfällt.

Beweis. Der erste Teil dieser Behauptung, welcher sich auf die in d aufgehenden Primzahlen l bezieht, ist eine Folge des allgemeinen Satzes 31. Ist l eine in d aufgehende ungerade Primzahl, so finden wir

$$l = \mathfrak{l}^2,$$

wo $\mathfrak{l} = (l, \sqrt{m})$ ein Primideal ersten Grades ist, welches seinem konjugierten gleich wird. Geht die Primzahl 2 in d auf, so wird

$$2 = (2, \sqrt{m})^2, \text{ bzw. } 2 = (2, 1 + \sqrt{m})^2,$$

je nachdem $m \equiv 2$ oder $\equiv 3$ nach 4 ist.

Die Zerlegung der in d nicht aufgehenden Primzahlen geschieht auf Grund des Satzes 33 unter Berücksichtigung der zu demselben in § 13 S. 91 gemachten Bemerkung. Danach ist eine jede zu d prime rationale Primzahl p im Körper k entweder in zwei voneinander verschiedene Primideale zerlegbar oder selbst ein Primideal, je nachdem die linke Seite der in Betracht kommenden Gleichung (21) im Sinne derKongruenz nach p reduzibel oder irreduzibel ist. Ist die betreffende Primzahl p ungerade, so finden wir die Kongruenz

$$(2x-1)^2 - m \equiv 0, \text{ bez. } x^2 - m \equiv 0, (p)$$

offenbar dann reduzibel, wenn m quadratischer Rest nach p ist, und dann irreduzibel, wenn m quadratischer Nichtrest nach p ist. Setzen wir im ersteren Falle $m \equiv a^2$ nach p, so ergibt sich:

$$p = (p, a + \sqrt{m})(p, a - \sqrt{m}) = \mathfrak{p}\mathfrak{p}'.$$

Die beiden Primideale $\mathfrak{p}$ und $\mathfrak{p}'$ rechter Hand sind wegen

$$(p, a + \sqrt{m}, a - \sqrt{m}) = 1$$

in der Tat voneinander verschieden. Im Falle $m \equiv 1$ nach 4 ist die Kongruenz $x^2 - x - \frac{m-1}{4} \equiv 0$ nach 2 offenbar reduzibel oder irreduzibel, je nachdem $\frac{m-1}{4} \equiv 0$ oder $\equiv 1$ nach 2 ist, d. h. je nachdem $m \equiv 1$ oder $\equiv 5$ nach 8 ausfällt. Im ersteren Falle findet man:

$$2 = \left(2, \frac{1+\sqrt{m}}{2}\right)\left(2, \frac{1-\sqrt{m}}{2}\right).$$

Die beiden Primideale rechter Hand sind wegen

$$\left(2, \frac{1+\sqrt{m}}{2}, \frac{1-\sqrt{m}}{2}\right) = 1$$

in der Tat voneinander verschieden.

Als Basiszahlen der eben aufgestellten Primideale können dienen:

$$l, \frac{l+\sqrt{m}}{2}, \text{ bez. } l, \sqrt{m},$$

$$p, \frac{a \pm \sqrt{m}}{2}, \text{ „ } p, a \pm \sqrt{m},$$

$$2, \frac{1 \pm \sqrt{m}}{2}, \text{ „ } 2, \sqrt{m};\ 2, 1 + \sqrt{m},$$

je nachdem $m \equiv 1$ oder $\equiv 2, 3$ nach 4 ist. Man erkennt diese Tatsache leicht aus einer Umkehrung des Satzes 19, wenn man jedesmal aus dem hier angegebenen Zahlenpaare und dem dazu konjugierten die Determinante bildet. In der zweiten Zeile der aufgestellten Tabelle soll a eine der Kongruenz $a^2 \equiv m$ nach p genügende und dazu im Falle $m \equiv 1$ nach 4 ungerade Zahl bedeuten.

§ 61. Das Symbol $\left(\frac{a}{w}\right)$.

Um die gewonnenen Resultate über die Zerlegung der rationalen Primzahlen in übersichtlicherer Weise aussprechen zu können, führen wir folgendes Symbol ein. Ist a eine beliebige ganze rationale Zahl und w eine ungerade rationale Primzahl, so bedeute **das Symbol** $\left(\frac{a}{w}\right)$ den Wert $+1$, -1 oder 0, je nachdem die Zahl $a \not\equiv 0$ und quadratischer Rest oder quadratischer Nichtrest nach w oder durch w teilbar ist; ferner bedeute $\left(\frac{a}{2}\right)$ den Wert $+1$, -1, oder 0, je nachdem a ungerade und quadratischer Rest oder quadratischer Nichtrest nach $2^3 = 8$ oder durch 2 teilbar ist. Mit Benutzung dieses Symbols erhält der obige Satz 96 folgende Fassung:

Satz 97. Eine beliebige rationale Primzahl p ($= 2$ oder $\neq 2$) ist im Körper k in zwei voneinander verschiedene Primideale zerlegbar oder selbst Primideal oder gleich dem Quadrat eines Primideals, je nachdem $\left(\frac{d}{p}\right) = +1, -1$ oder 0 ist [Dedekind (*1*)].

Wir unterscheiden, den bisherigen Entwicklungen entsprechend, drei Arten von Primidealen, nämlich:

1. die Primideale ersten Grades $\mathfrak{p}$, welche von ihren Konjugierten $\mathfrak{p}'$ verschieden sind;

2. die Primideale zweiten Grades (p), die durch die in k unzerlegbaren rationalen Primzahlen p dargestellt werden;

3. die Primideale ersten Grades $\mathfrak{l}$, deren Quadrate den in d aufgehenden rationalen Primzahlen gleich sind.

Nach den in § 39 und § 41 aufgestellten Definitionen bildet der Körper k für die Primideale $\mathfrak{p}$ der ersten Art den Zerlegungskörper, für die Primideale p der zweiten Art den Trägheitskörper und für die Primideale $\mathfrak{l}$ der dritten Art den Verzweigungskörper.

§ 62. Die Einheiten des quadratischen Körpers.

Was die Frage nach den Einheiten des Körpers k betrifft, so sind nach Satz 47 die zwei Fälle zu unterscheiden, ob k ein imaginärer oder ein reeller Körper ist.

Im ersteren Falle enthält k nur solche Einheiten, welche zugleich Einheitswurzeln sind, und da in einem quadratischen Körper außer ± 1 nur die primitiven 3-ten, 4-ten, 6-ten Wurzeln der Einheit vorkommen können, so sind die einzigen imaginären quadratischen Körper, welche noch andere Einheiten als ± 1 enthalten, die zwei Körper $k(\sqrt{-1})$ und $k(\sqrt{-3})$. Der erstere Körper enthält die beiden Einheiten $\pm i$, der letztere die 4 Einheiten $\pm \frac{1 \pm \sqrt{-3}}{2}$. Die Diskriminanten dieser zwei Körper sind -4 bez. -3; nach Satz 50 muß daher in jeder Idealklasse dieser Körper ein Ideal vorkommen, dessen Norm $\leqq 2$ bezüglich $\leqq |\sqrt{3}|$ ist. Da ferner im Körper $k(\sqrt{-1})$ die Zahl 2 gleich der Norm des Hauptideals $(1+i)$ wird, so folgt, daß jeder dieser beiden quadratischen Körper nur *eine* Idealklasse besitzt. Mithin gibt es in diesen Körpern nur Hauptideale, und es ist also jede positive ganze rationale Zahl, welche zur Norm eines Ideals in $k(\sqrt{-1})$ bez. $k(\sqrt{-3})$ geeignet ist, stets Norm einer ganzen algebraischen Zahl in dem betreffenden Körper; hieraus folgen die bekannten Sätze über die Darstellung ganzer rationaler positiver Zahlen in den Gestalten $x^2 + y^2$, bezüglich $x^2 + xy + y^2$, wo x und y ganze rationale Zahlen sein sollen.

Ist dagegen k ein reeller Körper, so gibt es nach Satz 47 stets eine Grundeinheit ε, welche verschieden von ± 1 ist, und durch welche sich jede vorhandene Einheit des Körpers auf *eine* Weise in der Gestalt $\pm \varepsilon^a$ darstellen läßt, wo a eine ganze rationale Zahl bedeutet.

Die Umstände, unter denen die Norm dieser Grundeinheit ε gleich $+1$ oder gleich -1 ausfällt, sind bisher nur in besonderen Fällen aufgedeckt worden [Arndt (*1*), Dirichlet (*4*), Legendre (*1*), Tano (*1*)]. Vgl. überdies S. 168 den ersten Abschnitt des Beweises zu Hilfssatz 13.

§ 63. Die Aufstellung des Systems der Idealklassen.

Die Ausführungen in § 24 ermöglichen für jeden besonderen Wert m die Aufstellung aller Idealklassen des quadratischen Körpers k und die Berechnung der Anzahl h dieser Klassen. Hierher gehörige Tabellen sind auf dem Grunde der Theorie der reduzierten quadratischen Formen angefertigt worden [Gauss (*1*), Cayley (*1*)].

17. Die Geschlechter im quadratischen Körper und ihre Charakterensysteme.

§ 64. Das Symbol $\left(\frac{n, m}{w}\right)$.

Bei der weiteren Entwickelung der Theorie der quadratischen Körper, insbesondere behufs einer gewissen Einteilung der Idealklassen eines und desselben Körpers, bedienen wir uns eines neuen Symbols. Sind n, m ganze rationale Zahlen, dabei m nicht Quadratzahl, und ist w eine beliebige rationale

Primzahl, so bezeichne das **Symbol** $\left(\frac{n,\, m}{w}\right)$ den Wert $+1$, sobald die Zahl n mit der Norm einer ganzen Zahl des durch $\sqrt{m}$ bestimmten quadratischen Körpers $k(\sqrt{m})$ kongruent ist nach der Primzahl w, und sobald außerdem auch für jede höhere Potenz von w eine ganze Zahl in $k(\sqrt{m})$ existiert, deren Norm der Zahl n nach jener Potenz von w kongruent ist; in *jedem anderen Falle* setzen wir $\left(\frac{n,\, m}{w}\right) = -1$. Diejenigen ganzen rationalen Zahlen n, für welche $\left(\frac{n,\, m}{w}\right) = +1$ ist, sollen **Normenreste des Körpers** $k(\sqrt{m})$ **nach** w diejenigen Zahlen n, für welche $\left(\frac{n,\, m}{w}\right) = -1$ ist, **Normennichtreste des Körpers** $k(\sqrt{m})$ **nach** w heißen. Ist m eine Quadratzahl, so werde unter $\left(\frac{n,\, m}{w}\right)$ stets $+1$ verstanden. Über die zur Berechnung dienenden Eigenschaften des Symbols $\left(\frac{n,\, m}{w}\right)$ gibt der folgende Satz Aufschluß:

Satz 98. Bedeuten n und m ganze rationale, nicht durch w teilbare Zahlen, so gelten folgende Regeln:

für ungerade Primzahlen w wird

$$\left(\frac{n,\, m}{w}\right) = +1, \qquad (a')$$

$$\left(\frac{n,\, w}{w}\right) = \left(\frac{w,\, n}{w}\right) = \left(\frac{n}{w}\right); \qquad (a'')$$

für $w = 2$ wird

$$\left(\frac{n,\, m}{2}\right) = (-1)^{\frac{n-1}{2} \cdot \frac{m-1}{2}}, \qquad (b')$$

$$\left(\frac{n,\, 2}{2}\right) = \left(\frac{2,\, n}{2}\right) = (-1)^{\frac{n^2-1}{8}}. \qquad (b'')$$

Ferner gelten allgemein für beliebige ganze rationale Zahlen n, n', m, m' und in bezug auf jede Primzahl w die Formeln:

$$\left(\frac{-m,\, m}{w}\right) = +1, \qquad (c')$$

$$\left(\frac{n,\, m}{w}\right) = \left(\frac{m,\, n}{w}\right), \qquad (c'')$$

$$\left(\frac{n n',\, m}{w}\right) = \left(\frac{n,\, m}{w}\right)\left(\frac{n',\, m}{w}\right), \qquad (c''')$$

$$\left(\frac{n,\, m m'}{w}\right) = \left(\frac{n,\, m}{w}\right)\left(\frac{n,\, m'}{w}\right). \qquad (c'''')$$

Beweis. Zunächst ist folgende Tatsache selbstverständlich: Wenn n selbst Norm einer ganzen Zahl im Körper $k(\sqrt{m})$ ist, so gilt $\left(\frac{n,\, m}{w}\right) = +1$. Da insbesondere $-m$ die Norm von $\sqrt{m}$ ist, so folgt daraus die Richtigkeit der Formel (c′). Sind ferner n und n' zwei ganze rationale Zahlen $\neq 0$, deren Quotient die Norm einer ganzen oder gebrochenen Zahl in $k(\sqrt{m})$ ist, so folgt $\left(\frac{n, m}{w}\right) = \left(\frac{n', m}{w}\right)$ aus der Definition dieser Symbole. Ist der Quotient $\frac{n}{n'}$ das Quadrat einer rationalen Zahl, so ergibt sich insbesondere die einfache Tatsache, daß der Wert des Symbols $\left(\frac{n, m}{w}\right)$ ungeändert bleibt, wenn man in n eine Quadratzahl als Faktor zusetzt oder einen darin vielleicht vorhandenen solchen Faktor unterdrückt. Wir nehmen im folgenden der Einfachheit halber an, daß weder n noch m durch das Quadrat einer Primzahl teilbar ist.

Um die Richtigkeit des ganzen Formelsystems zu erkennen, behandeln wir der Reihe nach die folgenden drei Fälle:

1. Es sei w eine ungerade, in m aufgehende Primzahl.

Ist n nicht auch durch w teilbar, so wird offenbar die Kongruenz

$$4n \equiv (2x + y)^2 - my^2 \text{ bez. } n \equiv x^2 - my^2, \ (w), \tag{22}$$

in ganzen rationalen Zahlen x, y dann und nur dann lösbar sein, wenn $\left(\frac{n}{w}\right) = +1$ ist. Umgekehrt, wenn die letztere Bedingung statthat, so ist die Kongruenz $n \equiv x^2$ auch nach jeder Potenz von w lösbar, und mithin gilt das nämliche offenbar von der Kongruenz (22). Unter den gemachten Annahmen ist daher $\left(\frac{n, m}{w}\right) = \left(\frac{n}{w}\right)$.

Wird andererseits auch n teilbar durch w vorausgesetzt, so folgt:

$$\left(\frac{n, m}{w}\right) = \left(\frac{-nm, m}{w}\right) = \left(\frac{-\frac{nm}{w^2}, m}{w}\right) = \left(\frac{-\frac{nm}{w^2}}{w}\right).$$

2. Es sei w eine ungerade, in m nicht aufgehende Primzahl.

Ist auch n nicht durch w teilbar, so hat die Kongruenz $n \equiv x^2 - my^2$ nach w stets Lösungen. Denn die rechte Seite dieser Kongruenz ergibt für die Systeme $x = 1, 2, \ldots, \frac{w-1}{2}$, $y = 0$ sämtliche quadratischen Reste und im Falle

$$\left(\frac{-m}{w}\right) = -1$$

für die Systeme $x = 0$, $y = 1, 2, \ldots, \frac{w-1}{2}$ sämtliche quadratischen Nichtreste nach w. Hat man dagegen $\left(\frac{-m}{w}\right) = +1$, und ist etwa a der kleinste positive quadratische Nichtrest für die Primzahl w, so sei $y = b$ eine Wurzel der alsdann gewiß lösbaren Kongruenz $-my^2 \equiv a - 1$ nach w; wegen $a \equiv 1 - mb^2$ nach w stellt dann die Form $x^2 - m(bx)^2$ für $x = 1, 2, \ldots, \frac{w-1}{2}$ die sämtlichen quadratischen Nichtreste nach w dar. Aus der Lösbarkeit der

Kongruenz $n \equiv x^2 - m y^2$ nach w folgt leicht, daß diese Kongruenz auch nach jeder Potenz von w lösbar ist, d. h. es wird unter den gegenwärtigen Annahmen

$$\left(\frac{n, m}{w}\right) = +1.$$

Setzen wir andererseits n durch w teilbar voraus, aber der anfänglichen Festsetzung zufolge nicht teilbar durch w^2, so würde eine Auflösung der Kongruenz $n \equiv x^2 - m y^2$ nach w^2 in $\alpha = x - \sqrt{m}\, y$ eine solche ganze Zahl des Körpers $k(\sqrt{m})$ darbieten, für welche die Norm $\alpha \cdot s\alpha = n(\alpha)$ nur w, aber nicht w^2 als Faktor enthielte, d. h. w zerfiele im Körper $k(\sqrt{m})$ in zwei voneinander verschiedene Primideale $\mathfrak{w}$ und $\mathfrak{w}'$; die notwendige Bedingung hierfür ist nach Satz 97: $\left(\frac{m}{w}\right) = +1$. Umgekehrt, wenn diese Bedingung erfüllt ist, so ist in der Tat w im Körper $k(\sqrt{m})$ ein Produkt $\mathfrak{w}\mathfrak{w}'$ zweier verschiedener Primideale. Bezeichnet dann α eine ganze Zahl in $k(\sqrt{m})$, welche durch w, aber weder durch $\mathfrak{w}^2$ noch durch $\mathfrak{w}'$ teilbar ist, so folgt:

$$\left(\frac{n, m}{w}\right) = \left(\frac{n \cdot n(\alpha), m}{w}\right) = \left(\frac{\frac{n \cdot n(\alpha)}{w^2}, m}{w}\right) = +1.$$

Damit ist bewiesen, daß unter der gegenwärtigen Annahme stets $\left(\frac{n, m}{w}\right) = \left(\frac{m}{w}\right)$ ist.

Die bisher gewonnenen Resultate lassen unmittelbar die Richtigkeit der Formeln (a′), (a″) erkennen; ferner ergeben sie für ungerade Primzahlen w vollständig die Formeln (c″), (c‴), wenn man der Reihe nach die verschiedenen möglichen Fälle in Hinsicht auf Teilbarkeit oder Nichtteilbarkeit der Zahlen n, n', m durch w in Betracht zieht.

3. Im Falle $w = 2$ stellen wir zunächst folgende Betrachtung an: Es sei $f(x, y)$ eine ganzzahlige homogene Funktion zweiten Grades von x, y und n eine ungerade ganze rationale Zahl; wenn die Kongruenz $n \equiv f(x, y)$ nach 2^3 durch ganze rationale Zahlen x, y lösbar ist, so ist diese Kongruenz auch nach jeder höheren Potenz 2^{e+1} $(e \geqq 3)$ lösbar. Wir beweisen dies durch einen Schluß von e auf $e+1$. Es seien a, b zwei ganze rationale Zahlen, für welche $n \equiv f(a, b)$ nach 2^e gilt, wobei der Exponent $e \geqq 3$ sei. Ist dann nicht auch zugleich $n \equiv f(a, b)$ nach 2^{e+1}, sondern vielmehr $n \equiv f(a, b) + 2^e$ nach 2^{e+1}, so bestimmen wir, was wegen $e \geqq 3$ angängig ist, eine ganze rationale Zahl c derart, daß $c^2 \equiv 1 + 2^e$ nach 2^{e+1} ist; dann wird

$$f(ca, cb) = c^2 f(a, b) \equiv f(a, b) + 2^e f(a, b) \equiv f(a, b) + 2^e \equiv n, \ (2^{e+1}),$$

und hiermit ist die Behauptung bewiesen.

Um nun zunächst für ein ungerades n das Symbol $\left(\frac{n, m}{2}\right)$ zu bestimmen, müssen wir untersuchen, für welche zusammengehörigen Werte von n und m die Kongruenzen

$$n \equiv x^2 + xy - \frac{m-1}{4} y^2, \quad \text{bez.} \quad n \equiv x^2 - m y^2, \quad (2^3) \qquad (23)$$
$$((m \equiv 1, (4)) \qquad ((m \equiv 2, 3, (4))$$

lösbar sind. Eine kurze Rechnung liefert folgende Tabelle, in welcher unter der Rubrik m die sechs hier in Frage kommenden Reste von m nach 2^3 und unter der Rubrik n diejenigen ungeraden Reste von n nach 2^3 verzeichnet stehen, für welche jedesmal die zugehörige Kongruenz (23) nach 2^3 lösbar ist.

m	n
1	1, 3, 5, 7
2	1, 7
3	1, 5
5	1, 3, 5, 7
6	1, 3
7	1, 5

Diese Tabelle lehrt für den Fall, daß n, m ungerade sind, die Richtigkeit der Gleichung (b'); und für den Fall, daß n ungerade und m gerade, $= 2m'$, ist, entspringt aus ihr:

$$\left(\frac{n, 2m'}{2}\right) = (-1)^{\frac{n^2-1}{8} + \frac{n-1}{2} \cdot \frac{m'-1}{2}}.$$

Ist andererseits n gerade, $= 2n'$, und m ungerade, so haben wir die beiden Fälle $m \equiv 1$ und $m \equiv 3$ nach 4 zu unterscheiden. Im ersteren Falle muß die Zahl 2 im Körper $k(\sqrt{m})$ jedenfalls das Produkt zweier verschiedener Primideale sein, sobald $n = 2n'$ Normenrest nach 2 in $k(\sqrt{m})$ sein soll, d. h. es muß $\left(\frac{m}{2}\right) = +1$ sein. Ist diese Bedingung erfüllt, so kann man stets in $k(\sqrt{m})$ eine Zahl α finden, für welche die Norm $n(\alpha)$ durch 2, aber nicht durch 4 teilbar ist; dann folgt:

$$\left(\frac{2n', m}{2}\right) = \left(\frac{2n' \cdot n(\alpha), m}{2}\right) = \left(\frac{\frac{n' \cdot n(\alpha)}{2}, m}{2}\right),$$

und dieses letztere Symbol ist nach Formel (b') gleich $+1$; mithin gilt in diesem Falle die Formel:

$$\left(\frac{2n', m}{2}\right) = \left(\frac{m}{2}\right) = (-1)^{\frac{m^2-1}{8}}.$$

In dem anderen Falle, $m \equiv 3$ nach 4, hängt der Wert des fraglichen Symbols von der Lösbarkeit der Kongruenz $2n' \equiv x^2 - m y^2$ nach beliebig hohen Potenzen 2^e ab, und jede solche Kongruenz ist, wie man leicht sieht, dann und nur dann lösbar, wenn die Kongruenz $m \equiv x^2 - 2n' y^2$ nach der nämlichen Potenz 2^e lösbar ist; also findet man hier:

$$\left(\frac{2n', m}{2}\right) = \left(\frac{m, 2n'}{2}\right).$$

Sind endlich die Zahlen n und m beide durch 2 teilbar, und ist $n = 2n'$ und $m = 2m'$, so gilt die Formel:

$$\left(\frac{2n', 2m'}{2}\right) = \left(\frac{-2^2 n' m', 2m'}{2}\right) = \left(\frac{-n' m', 2m'}{2}\right).$$

Aus den gewonnenen Resultaten folgt unmittelbar die Formel (b''); zugleich erkennen wir, daß die Formeln (c''), (c''') auch für $w = 2$ gültig sind. Die Formel (c'''') folgt allgemein durch Verbindung von (c''') mit (c''). Damit ist der Beweis des Satzes 98 in allen Teilen erbracht.

Aus den Formeln (a'), (a''), (b'), (b'') in Satz 98 läßt sich folgende Tatsache ableiten:

Wenn man ein vollständiges System zu w primer und nach w^e inkongruenter Zahlen ins Auge faßt, wo $e \geqq 1$ und im Falle $w = 2$ sogar $e > 2$ sei, so sind entweder alle diese Zahlen Normenreste des quadratischen Körpers $k(\sqrt{m})$ nach w oder nur die Hälfte, je nachdem w zu der Diskriminante von $k(\sqrt{m})$ prim ist oder nicht.

§ 65. Das Charakterensystem eines Ideals.

Wir bezeichnen die verschiedenen in der Diskriminante des Körpers $k(\sqrt{m})$ aufgehenden rationalen Primzahlen, deren Anzahl t sei, mit $l_1, \ldots, l_t$. Zu einer jeden beliebigen ganzen rationalen Zahl a gehören dann ganz bestimmte Werte $(= +1$ oder $-1)$ der t einzelnen Symbole

$$\left(\frac{a, m}{l_1}\right), \ldots, \left(\frac{a, m}{l_t}\right),$$

deren Bedeutung aus dem vorigen Paragraphen zu ersehen ist; diese t Einheiten ± 1 sollen **das Charakterensystem der Zahl** a im Körper $k(\sqrt{m})$ heißen. Um auch einem jeden Ideal $\mathfrak{a}$ des Körpers $k(\sqrt{m})$ in bestimmter Weise ein Charakterensystem zuzuordnen, unterscheiden wir die zwei Fälle, ob k ein imaginärer oder ein reeller Körper ist. Im ersteren Falle sind die Normen von Zahlen in $k(\sqrt{m})$ stets positiv; wir setzen $r = t$, $\bar{n} = + n(\mathfrak{a})$ und bezeichnen die r Einheiten

$$\left(\frac{\bar{n}, m}{l_1}\right), \ldots, \left(\frac{\bar{n}, m}{l_r}\right) \qquad (24)$$

als das **Charakterensystem des Ideals** $\mathfrak{a}$; dasselbe ist durch das Ideal $\mathfrak{a}$ völlig eindeutig bestimmt. Im zweiten Falle bilden wir zunächst das Charakterensystem der Zahl -1:

$$\left(\frac{-1, m}{l_1}\right), \ldots, \left(\frac{-1, m}{l_t}\right). \tag{25}$$

Fallen diese t Einheiten sämtlich gleich $+1$ aus, so setzen wir wie im ersteren Falle $\bar{n} = + n(\mathfrak{a})$, $r = t$ und bezeichnen wieder die r Einheiten (24) als das **Charakterensystem des Ideals** $\mathfrak{a}$. Kommt dagegen unter den t Charakteren (25) die Einheit -1 vor, so nehmen wir an, es sei etwa $\left(\frac{-1, m}{l_t}\right) = -1$, und setzen $r = t - 1$ und $\bar{n} = \pm n(\mathfrak{a})$ mit solchem Vorzeichen $\pm$, daß $\left(\frac{\bar{n}, m}{l_t}\right) = +1$ wird, und nennen die bei dieser Annahme von r und $\bar{n}$ entspringenden r Einheiten (24) das **Charakterensystem des Ideals** $\mathfrak{a}$. Bei den so getroffenen Festsetzungen wird der folgende Satz 99 sich ergeben.

§ 66. Das Charakterensystem einer Idealklasse und der Begriff des Geschlechts.

Satz 99. Die Ideale einer und derselben Klasse im Körper $k(\sqrt{m})$ besitzen alle dasselbe Charakterensystem.

Beweis. Gehören die Ideale $\mathfrak{a}$ und $\mathfrak{a}'$ in $k(\sqrt{m})$ zu einer und derselben Idealklasse, so existiert eine ganze oder gebrochene Zahl α in $k(\sqrt{m})$ von der Art, daß $\mathfrak{a}' = \alpha\mathfrak{a}$ wird. Alsdann ist $n(\mathfrak{a}') = \pm n(\alpha) n(\mathfrak{a})$, wo $\pm$ das Vorzeichen von $n(\alpha)$ bedeutet, und es wird daher:

$$\left(\frac{n(\mathfrak{a}'), m}{l}\right) = \left(\frac{\pm n(\mathfrak{a}), m}{l}\right)$$

für $l = l_1, \ldots, l_t$. Mit Rücksicht auf die Festsetzungen in § 65 erhält man sogleich den Satz 99.

Auf diese Weise ist einer jeden Idealklasse ein bestimmtes Charakterensystem zugeordnet. Wir rechnen nun alle diejenigen Idealklassen, welche ein und dasselbe Charakterensystem besitzen, in ein **Geschlecht** und definieren insbesondere das **Hauptgeschlecht** als die Gesamtheit aller derjenigen Klassen, deren Charakterensystem aus lauter positiven Einheiten besteht. Da das Charakterensystem der Hauptklasse offenbar von der letzteren Eigenschaft ist, so gehört die Hauptklasse stets zum Hauptgeschlecht. Aus der Formel (c‴) auf S. 162 entnehmen wir leicht die Tatsache, daß die Multiplikation der Idealklassen zweier Geschlechter die Idealklassen eines Geschlechtes liefert, dessen Charakterensystem durch Multiplikation der entsprechenden Charaktere beider Geschlechter erhalten wird. Im besonderen folgt, daß das Charakterensystem des Quadrates einer Idealklasse aus einem ganz beliebigen Geschlecht stets aus lauter positiven Einheiten besteht und mithin das Quadrat einer jeden Idealklasse stets dem Hauptgeschlecht angehört.

Jedes Geschlecht enthält offenbar gleich viel Klassen.

§ 67. Der Fundamentalsatz über die Geschlechter des quadratischen Körpers.

Es entsteht nun die Frage, ob ein jedes beliebige System von r Einheiten ± 1 das Charakterensystem eines Geschlechtes des Körpers $k(\sqrt{m})$ sein kann. Die Beantwortung dieser Frage ist für die Theorie der quadratischen Körper von grundlegender Bedeutung; sie ist in folgendem Satz enthalten, dessen Beweis uns bis zum § 78 beschäftigen wird:

Satz 100. *Ein beliebig vorgelegtes System von r Einheiten ± 1 ist dann und nur dann Charakterensystem eines Geschlechtes des Körpers $k(\sqrt{m})$, wenn das Produkt der sämtlichen r Einheiten $= +1$ ist. Die Anzahl der im Körper $k(\sqrt{m})$ vorhandenen Geschlechter ist daher gleich 2^{r-1}* [Gauss (*1*)].

§ 68. Ein Hilfssatz über diejenigen quadratischen Körper, deren Diskriminanten nur durch eine einzige Primzahl teilbar sind.

Um uns dem durch den Satz 100 gesteckten Ziele zu nähern, beweisen wir zunächst folgenden Hilfssatz:

Hilfssatz 13. Wenn in der Diskriminante eines quadratischen Körpers $k = k(\sqrt{m})$ nur eine einzige rationale Primzahl l aufgeht, so ist die Anzahl der Idealklassen in k ungerade. Das Charakterensystem besteht für den Körper k aus dem einen, auf die Primzahl l bezüglichen Charakter; dieser Charakter ist stets $= +1$, d. h. es gibt im Körper k nur ein Geschlecht: das Hauptgeschlecht.

Beweis. Wir bezeichnen mit s diejenige Substitution für die Zahlen des Körpers k, welche aus ihnen die Konjugierten entstehen läßt. Es bedeute im Falle $m > 0$ wieder ε eine Grundeinheit des Körpers k, eine ebensolche Einheit stellen $-\varepsilon, \frac{1}{\varepsilon}, -\frac{1}{\varepsilon}$ vor; wir beweisen dann zunächst, daß bei der im Hilfssatze gemachten Voraussetzung notwendig $n(\varepsilon) = \varepsilon \cdot s\varepsilon = -1$ ausfallen muß. In der Tat, nehmen wir an, es wäre $n(\varepsilon) = +1$, so könnte man nach Satz 90 eine ganze Zahl α des Körpers k finden derart, daß man $\varepsilon = \frac{\alpha}{s\alpha}$ hätte; dann folgt $\alpha = \varepsilon \cdot s\alpha$, d. h. jeder in α aufgehende ideale Primfaktor ginge auch in $s\alpha$ auf. Da für $m > 0$ unter der im Hilfssatze gemachten Voraussetzung $\sqrt{m}$ der einzige, seinem konjugierten gleiche und nicht zugleich rationale Primfaktor in k ist, so muß entweder $\alpha = \eta a$ oder $= \eta\sqrt{m}\, a$ sein, wo η eine Einheit und a eine ganze rationale positive oder negative Zahl bedeutet; hieraus würde $\varepsilon = \pm \eta^{1-s} = \pm \eta^2$ hervorgehen, und dies widerspräche der Annahme, daß ε eine Grundeinheit des Körpers k ist.

Nunmehr gehen wir dazu über, den ersten Teil des Hilfssatzes zu beweisen. Wäre für den Körper k die Klassenanzahl h eine gerade Zahl, so müßte es nach

Satz 57 in k ein nicht zur Hauptklasse gehöriges Ideal $\mathfrak{j}$ geben derart, daß $\mathfrak{j}^2 \sim 1$ ist; wegen $\mathfrak{j}\cdot s\mathfrak{j} \sim 1$ würde hieraus $\mathfrak{j} \sim s\mathfrak{j}$ folgen. Setzen wir $\mathfrak{j} = \alpha\cdot s\mathfrak{j}$ oder $\mathfrak{j}^{1-s} = \alpha$, so ist α eine Zahl in k, deren Norm $n(\alpha) = \pm 1$ sein muß. Im Falle, daß hier das positive Vorzeichen statthätte, setze man $\beta = \alpha$; der andere Fall ist von vornherein nur bei einem reellen Körper denkbar; wir setzen dann $\beta = \varepsilon\alpha$, wo ε, wie vorhin, die Grundeinheit in k bedeutet. Unter den getroffenen Festsetzungen hätte man jedesmal $n(\beta) = +1$, und mithin wäre nach Satz 90 stets $\frac{1}{\beta} = \gamma^{1-s}$, wo γ eine ganze Zahl in k bezeichnet. Aus $\alpha = \mathfrak{j}^{1-s}$ entstünde dann $(\gamma\mathfrak{j})^{1-s} = 1$, d. h. $(\gamma)\mathfrak{j} = s(\gamma\mathfrak{j})$, und hieraus würde, ähnlich wie vorhin, folgen, daß das Ideal $(\gamma)\mathfrak{j}$ entweder $= (a)$ oder $= (a)\mathfrak{l}$ sein muß, wo a eine ganze rationale Zahl und $\mathfrak{l}$ den einzigen in k vorhandenen, seinem Konjugierten gleichen und nicht zugleich rationalen Primfaktor bezeichnet. Nun ist für $m \neq -1$ dieser Primfaktor $\mathfrak{l} = \sqrt{m}$ und für $m = -1$ offenbar $\mathfrak{l} = 1 + \sqrt{-1}$, also stets $\mathfrak{l} \sim 1$; somit würde $\mathfrak{j} \sim 1$ folgen, was der über $\mathfrak{j}$ gemachten Annahme zuwiderläuft.

Ist k ein reeller Körper, so folgt zugleich aus $n(\varepsilon) = -1$, daß

$$\left(\frac{-1, m}{l}\right) = +1$$

ist, und es besteht mithin gemäß § 65 in jedem Falle das Charakterensystem für ein Ideal $\mathfrak{j}$ im Körper k aus der einen Einheit $\left(\frac{+n(\mathfrak{j}), m}{l}\right)$; dieser eine Charakter ist für jedes Ideal $\mathfrak{j}$ in k gleich $+1$, da sonst die Gesamtheit der Idealklassen von k in zwei Geschlechter zerfiele und somit die Klassenanzahl h gerade sein müßte.

Der eben bewiesene Hilfssatz 13 zeigt die Richtigkeit des Fundamentalsatzes 100 im einfachsten Falle, nämlich für diejenigen quadratischen Körper, deren Diskriminante d nur eine einzige rationale Primzahl enthält.

§ 69. Das Reziprozitätsgesetz für quadratische Reste. Ein Hilfssatz über das Symbol $\left(\frac{n, m}{w}\right)$.

Satz 101. *Sind p, q rationale positive, voneinander verschiedene, ungerade Primzahlen, so gilt die Regel:*

$$\left(\frac{p}{q}\right)\left(\frac{q}{p}\right) = (-1)^{\frac{p-1}{2}\cdot\frac{q-1}{2}},$$

das sogenannte Reziprozitätsgesetz für quadratische Reste. Überdies gelten die folgenden Regeln:

$$\left(\frac{-1}{p}\right) = (-1)^{\frac{p-1}{2}}, \qquad \left(\frac{2}{p}\right) = (-1)^{\frac{p^2-1}{8}},$$

die sogenannten Ergänzungssätze zum quadratischen Reziprozitätsgesetz [Gauss (*1*)].

Beweis. Ist $k(\sqrt{m})$ ein Körper, dessen Diskriminante nur eine Primzahl l enthält, und bedeutet n die Norm eines Ideals in diesem Körper k, so ist nach dem Hilfssatze 13 stets $\left(\frac{n,m}{l}\right) = +1$. Nun ist nach Satz 96 oder 97 insbesondere jede positive ungerade und in m nicht aufgehende rationale Primzahl, von welcher m quadratischer Rest ist, Norm eines Ideals in $k(\sqrt{m})$. Die Benutzung dieses Umstandes liefert uns die nachstehende Tabelle; in derselben bedeuten p, p' irgend voneinander verschiedene positive rationale und der Zahl 1 nach 4 kongruente Primzahlen, und andererseits bedeuten q, q' voneinander verschiedene positive rationale und der Zahl 3 nach 4 kongruente Primzahlen, während r eine positive rationale ungerade Primzahl bezeichnet, von welcher kein bestimmter Restcharakter nach 4 vorausgesetzt wird.

	Wenn:				so ist:
	m	l	n	$\left(\frac{m}{n}\right) = +1$	$\left(\frac{n,m}{l}\right) = +1$
1.	-1	2	r	$\left(\frac{-1}{r}\right) = +1$	$\left(\frac{r,-1}{2}\right) = (-1)^{\frac{r-1}{2}} = +1$
2.	2	2	r	$\left(\frac{2}{r}\right) = +1$	$\left(\frac{r,2}{2}\right) = (-1)^{\frac{r^2-1}{8}} = +1$
3.	p	p	p'	$\left(\frac{p}{p'}\right) = +1$	$\left(\frac{p',p}{p}\right) = \left(\frac{p'}{p}\right) = +1$
4.	p	p	q	$\left(\frac{p}{q}\right) = +1$	$\left(\frac{q,p}{p}\right) = \left(\frac{q}{p}\right) = +1$
5.	$-q$	q	p	$\left(\frac{-q}{p}\right) = +1$	$\left(\frac{p,-q}{q}\right) = \left(\frac{p}{q}\right) = +1$
6.	$-q$	q	q'	$\left(\frac{-q}{q'}\right) = +1$	$\left(\frac{q',-q}{q}\right) = \left(\frac{q'}{q}\right) = +1$

Nehmen wir die in einem Körper $k(\sqrt{p})$ aus $n(\varepsilon) = -1$ folgende Tatsache, daß $\left(\frac{-1}{p}\right) = +1$ ist, zur Zeile 1 dieser Tabelle hinzu, so folgt allgemein $\left(\frac{-1}{r}\right) = (-1)^{\frac{r-1}{2}}$. Wenden wir ferner die am Eingange dieses Beweises genannte Tatsache auf die Primzahl $n = 2$ an, und berücksichtigen wir, daß die Zahl 2 stets gleich der Norm eines Ideals in $k(\sqrt{p})$ oder in $k(\sqrt{-q})$ ist, sobald $(-1)^{\frac{p^2-1}{8}} = +1$, bezüglich $(-1)^{\frac{q^2-1}{8}} = +1$ statthat, so folgt, daß unter der letzteren Voraussetzung stets $\left(\frac{2,p}{p}\right) = \left(\frac{2}{p}\right) = +1$, bezüglich

$\left(\frac{2, -q}{q}\right) = \left(\frac{2}{q}\right) = +1$ ist, d. h.: wenn $(-1)^{\frac{r^2-1}{8}} = +1$ ist, so ist $\left(\frac{2}{r}\right) = +1$. Nehmen wir diese Tatsache zur Zeile 2 der obigen Tabelle hinzu, so folgt allgemein $\left(\frac{2}{r}\right) = (-1)^{\frac{r^2-1}{8}}$. Aus dem Inhalte der Zeile 3 folgt $\left(\frac{p}{p'}\right) = \left(\frac{p'}{p}\right)$. Aus Zeile 4 und 5 folgt $\left(\frac{p}{q}\right) = \left(\frac{q}{p}\right)$; Zeile 6 ergibt nur, daß aus

$$\left(\frac{-q}{q'}\right) = +1 \quad \text{auch} \quad \left(\frac{q'}{q}\right) = +1$$

folgt.

Um allgemein das Reziprozitätsgesetz für zwei rationale Primzahlen q, q', die beide kongruent 3 nach 4 sind, nachzuweisen, betrachtet man am einfachsten den quadratischen Körper $k(\sqrt{qq'})$. Da wegen $\left(\frac{-1, qq'}{q}\right) = -1$ die Norm der Grundeinheiten ε dieses Körpers jedenfalls gleich $+1$ sein muß, so gibt es nach Satz 90 eine ganze Zahl α in $k(\sqrt{qq'})$ von der Beschaffenheit, daß $\varepsilon = \alpha^{1-s} = \frac{\alpha}{s\alpha}$ wird, wo $s\alpha$ die zu α konjugierte Zahl bedeutet, und hieraus schließen wir leicht, daß das in q enthaltene ambige Primideal $\mathfrak{q}$ notwendig ein Hauptideal sein muß. Folglich ist bei geeigneter Wahl des Vorzeichens gleichzeitig

$$\left(\frac{\pm q, qq'}{q}\right) = +1 \quad \text{und} \quad \left(\frac{\pm q, qq'}{q'}\right) = +1,$$

es ist daher in jedem Falle

$$\left(\frac{q, qq'}{q}\right) = \left(\frac{q, qq'}{q'}\right),$$

das heißt mit Rücksicht auf die Formel (c') in Satz 98

$$-\left(\frac{q'}{q}\right) = \left(\frac{q}{q'}\right).$$

Hilfssatz 14. Wenn n und m zwei beliebige ganze rationale Zahlen bedeuten, welche nicht beide negativ sind, so ist

$$\prod_{(w)} \left(\frac{n, m}{w}\right) = +1,$$

wo das Produkt linker Hand über sämtliche rationale Primzahlen w zu erstrecken ist.

Beweis. Bedeuten p, q beliebige rationale ungerade, voneinander verschiedene Primzahlen, so folgen aus den Regeln (a''), (b'), (b'') in § 64 und aus Satz 101 leicht die Formeln:

$$\left(\frac{-1, 2}{2}\right) = +1, \qquad \left(\frac{-1, p}{2}\right)\left(\frac{-1, p}{p}\right) = +1,$$

$$\left(\frac{2, 2}{2}\right) = +1, \qquad \left(\frac{2, p}{2}\right)\left(\frac{2, p}{p}\right) = +1,$$

$$\left(\frac{p, p}{2}\right)\left(\frac{p, p}{p}\right) = +1, \qquad \left(\frac{p, q}{2}\right)\left(\frac{p, q}{p}\right)\left(\frac{p, q}{q}\right) = +1;$$

mit Rücksicht auf die Regel (a′) in § 64 besteht danach der Hilfssatz 14 für den Fall, daß die Zahlen n, m gleich ± 1 sind oder nur einen Primzahlfaktor enthalten. Wegen der Formeln (c‴), (c⁗) in § 64 gilt demnach der Hilfssatz 14 allgemein.

Zugleich folgt wegen $\left(\frac{-1,\,-1}{2}\right) = -1$, daß, wenn die Zahlen n und m beide negativ angenommen werden, das entsprechende Produkt $\underset{(w)}{\Pi}$ den Wert -1 hat. Die im Hilfssatze 14 ausgesprochene und diese weitere Behauptung erhalten, wie man leicht erkennt, einen einheitlichen Ausdruck, wenn man sich des neuen Symbols $\left(\frac{n,\,m}{-1}\right) = \pm 1$ bedienen will, wo rechter Hand das positive oder das negative Vorzeichen gelten soll, je nachdem wenigstens eine der beiden Zahlen n, m positiv ist oder beide negativ ausfallen.

§ 70. Beweis der im Fundamentalsatz 100 ausgesprochenen Beziehung zwischen den sämtlichen Charakteren eines Geschlechts.

Der im § 69 bewiesene Hilfssatz 14 dient dazu, um den einen Teil unseres Fundamentalsatzes 100 zu beweisen. Bedeutet A irgendeine Idealklasse des Körpers $k(\sqrt{m})$, ist dann $\mathfrak{a}$ ein zu 2 und zu d primes Ideal der Klasse A, und wird $\bar{n} = \pm n(\mathfrak{a})$ die mit dem betreffenden Vorzeichen gemäß § 65 versehene Norm des Ideals $\mathfrak{a}$, so ist das Produkt der sämtlichen Charaktere der Klasse A durch den Ausdruck:

$$\left(\frac{\bar{n},\,m}{l_1}\right) \cdots \left(\frac{\bar{n},\,m}{l_r}\right)$$

gegeben. Da $n(\mathfrak{a})$ die Norm eines Ideals ist, so muß eine jede in $\bar{n}$ zu ungerader Potenz vorkommende rationale Primzahl p im Körper $k(\sqrt{m})$ zerlegbar sein; es ist mithin nach Satz 96 m von jeder solchen Primzahl p quadratischer Rest. Aus Hilfssatz 14 und unter Heranziehung der Formeln (c‴), (a′), (a″) aus Satz 98 folgt daher:

$$\underset{(w)}{\Pi}\left(\frac{\bar{n},\,m}{w}\right) = +1,$$

wenn w alle in m enthaltenen ungeraden Primzahlen und die Primzahl 2 durchläuft.

Kommt nun in der Diskriminante d des Körpers $k(\sqrt{m})$ die Primzahl 2 vor, so ist schon hiermit bewiesen, daß für jede Klasse in $k(\sqrt{m})$ das Produkt sämtlicher Charaktere $= +1$ ist.

Kommt dagegen die Primzahl 2 in d nicht vor, so hat man, wegen $m \equiv 1$ nach 4, stets $\left(\frac{\bar{n},\,m}{2}\right) = +1$, und damit ist auch in diesem Falle der gewünschte Nachweis erbracht.

Durch den soeben geführten Nachweis, daß das Produkt aller Charaktere $= +1$ ist, erkennen wir zugleich, daß die Anzahl der Geschlechter im quadratischen Körper $k(\sqrt{m})$ höchstens gleich der Hälfte aller an sich denkbaren Charakterensysteme, d. h. höchstens gleich 2^{r-1} sein kann.

18. Die Existenz der Geschlechter im quadratischen Körper.

§ 71. Der Satz von den Normen der Zahlen eines quadratischen Körpers.

Es bleibt noch übrig, den anderen Teil des Fundamentalsatzes 100 als richtig zu erkennen, d. h. den Nachweis zu führen, daß die eben gefundene Bedingung, welche ein System von r Einheiten ± 1 notwendig erfüllen muß, damit dasselbe als das Charakterensystem eines Geschlechtes in $k(\sqrt{m})$ vorkommen kann, auch für diesen Umstand hinreichend ist. Dieser Nachweis kann auf zwei völlig verschiedenen Wegen erbracht werden; der erste Weg ist rein arithmetischer Natur, der zweite benutzt wesentlich transzendente Hilfsmittel. Der erste Beweis geschieht durch folgende Überlegungen:

Satz 102[1]. Wenn n, m zwei ganze rationale Zahlen bedeuten, von denen m keine Quadratzahl ist, und die für jede beliebige Primzahl w die Bedingung

$$\left(\frac{n, m}{w}\right) = +1$$

erfüllen, so ist die Zahl n stets gleich der Norm einer ganzen oder gebrochenen Zahl α des Körpers $k(\sqrt{m})$.

Beweis. Wegen $\prod\limits_{(w)} \left(\frac{n, m}{w}\right) = +1$ ist gemäß der Bemerkung auf S. 172 oben wenigstens eine der beiden Zahlen n, m positiv. Wir dürfen voraussetzen, daß n und m keine rationalen quadratischen Faktoren enthalten. Bedeutet dann p eine in n als Faktor enthaltene Primzahl, welche zugleich in der Diskriminante d des Körpers $k(\sqrt{m})$ aufgeht, so ist p gleich der Norm eines Ideals in $k(\sqrt{m})$. Bedeutet ferner p eine ungerade, in n, aber nicht in m aufgehende Primzahl, so ist, wegen

$$\left(\frac{n, m}{p}\right) = \left(\frac{m}{p}\right) = +1,$$

diese Primzahl p ebenfalls gleich der Norm eines Ideals in $k(\sqrt{m})$. Ist endlich die Primzahl 2 in n, aber nicht in der Diskriminante des Körpers $k(\sqrt{m})$ enthalten, so ist wegen $\left(\frac{n, m}{2}\right) = \left(\frac{2, m}{2}\right) = (-1)^{\frac{m^2-1}{8}} = +1$ wiederum die Primzahl 2 gleich der Norm eines Ideals in $k(\sqrt{m})$, und mithin gibt es in $k(\sqrt{m})$

[1] Die Kriterien für die Auflösbarkeit der quadratischen ternären diophantischen Gleichungen sind zuerst von LAGRANGE gefunden worden. [LAGRANGE (*1*).]

gewiß stets ein Ideal $\mathfrak{j}$ derart, daß $|n| = n(\mathfrak{j})$ wird. Wir wählen nun in der durch $\mathfrak{j}$ bestimmten Idealklasse ein solches Ideal $\mathfrak{j}'$ aus, dessen Norm $n(\mathfrak{j}') \leqq |\sqrt{d}|$ ist, wo d die Diskriminante des durch $\sqrt{m}$ bestimmten Körpers bedeutet. Dies ist nach Satz 50 stets möglich. Wir setzen dann $\mathfrak{j}' = \varkappa\mathfrak{j}$ und $n' = n \cdot n(\varkappa)$; dabei bedeutet $\varkappa$ eine ganze oder gebrochene Zahl in $k(\sqrt{m})$, und es wird $n' = \pm n(\mathfrak{j}')$, wo das positive oder das negative Vorzeichen gilt, je nachdem $n \cdot n(\varkappa)$ positiv oder negativ ausfällt. Die ganze rationale Zahl n' fällt daher insbesondere gewiß positiv aus, falls m negativ ist. Da d den Wert m oder $4\,m$ hat, so ist gewiß $|n'| \leqq 2|\sqrt{m}|$, und hieraus folgt $|n'| < |m|$, sobald $2|\sqrt{m}| < |m|$, d.h. $|m| > 4$ ist. Andererseits gilt wegen $n' = n \cdot n(\varkappa)$ die Gleichung $\left(\frac{n,\, m}{w}\right) = \left(\frac{n',\, m}{w}\right) = +1$ und dann nach Formel (c″) in Satz 98 auch $\left(\frac{m,\, n'}{w}\right) = +1$ für jede beliebige Primzahl w.

Wir machen nun die Annahme, daß der zu beweisende Satz 102 bereits für jeden Körper $k(\sqrt{m'})$ feststehe, bei welchem die bestimmende Zahl m', mag sie positiv oder negativ sein, der Ungleichung $|m'| < |m|$ genügt. Sowie die vorhin gefundene Zahl n' die Bedingung $|n'| < |m|$ erfüllt und keine Quadratzahl ist, muß dann, da auch die Bedingung $\left(\frac{m,\, n'}{w}\right) = +1$ für jede beliebige Primzahl w gilt, infolge der angenommenen Gültigkeit unseres Satzes 102, die Zahl m die Norm einer Zahl α' im Körper $k(\sqrt{n'})$ sein, d. h. es gibt zwei ganze oder gebrochene rationale Zahlen a und b derart, daß $m = a^2 - n'b^2$ wird; wenn aber n' eine Quadratzahl ist, so versteht sich die Möglichkeit dieser Gleichung ohne weiteres. Da $b \neq 0$ sein muß, so folgt hieraus $n' = \left(\frac{a}{b}\right)^2 - m\left(\frac{1}{b}\right)^2 = n(\lambda)$, d. h. es ist n' die Norm einer Zahl λ im Körper $k(\sqrt{m})$. Die Verbindung dieser Tatsache mit der Gleichung $n' = n \cdot n(\varkappa)$ ergibt $n = n(\alpha)$, wo $\alpha = \frac{\lambda}{\varkappa}$ wieder eine Zahl in $k(\sqrt{m})$ bedeutet.

Der vollständige Beweis unseres Satzes 102 wird hiernach offenbar geführt sein, sobald wir seine Richtigkeit für alle die Fälle erkannt haben, in denen $|m| \leqq 4$ und zugleich $|n| \leqq |\sqrt{d}|$ statthat. Bei dieser Einschränkung der Zahlen n, m treffen die Bedingungen des Satzes 102 nur in 8 Fällen zu. Die Gleichungen

$$\begin{aligned} 1 &= n(\sqrt{-1}), & -2 &= n(\sqrt{2}), \\ 2 &= n(1+\sqrt{-1}), & 2 &= n(\sqrt{-2}), \\ 2 &= n(2+\sqrt{2}), & -2 &= n(1+\sqrt{3}), \\ -1 &= n(1+\sqrt{2}), & -3 &= n(\sqrt{3}), \end{aligned}$$

zeigen, daß in diesen 8 Fällen unser Satz 102 gültig ist.

Man erkennt leicht, daß der Satz 102 auch in der Abänderung zutrifft, daß die Erfüllung der Bedingung $\left(\frac{n,m}{w}\right) = +1$ nur für alle ungeraden Primzahlen w verlangt, dann aber die Bedingung hinzugefügt wird, daß wenigstens eine der beiden Zahlen n, m positiv ist [Lagrange (*1*), Legendre (*1*), Gauss (*1*)]; in der Tat ist nach Hilfssatz 14 die Gleichung $\left(\frac{n,m}{2}\right) = +1$ dann von selbst miterfüllt.

§ 72. Die Klassen des Hauptgeschlechtes.

Am Schlusse des § 66 haben wir gezeigt, daß das Quadrat einer Idealklasse stets dem Hauptgeschlechte angehört. Durch den Satz 102 des § 71 haben wir ein Mittel, die umgekehrte Tatsache einzusehen.

Satz 103. In einem quadratischen Körper ist jede Klasse des Hauptgeschlechtes stets gleich dem Quadrat einer Klasse [Gauss (*1*)].

Beweis. Es sei H im Körper $k(\sqrt{m})$ eine Klasse des Hauptgeschlechts, $\mathfrak{h}$ ein solches Ideal aus der Klasse H, welches zur Diskriminante d des Körpers $k(\sqrt{m})$ prim ausfällt, und $\bar{n}$ sei die mit dem bezüglichen Vorzeichen gemäß § 65 versehene Norm des Ideals $\mathfrak{h}$. Diese Zahl $\bar{n}$ erfüllt dann für jede beliebige Primzahl w die Bedingung $\left(\frac{\bar{n},m}{w}\right) = +1$, und es ist mithin dem Satze 102 zufolge $\bar{n} = n(\alpha)$, wo α eine ganze oder gebrochene Zahl des Körpers $k(\sqrt{m})$ bedeutet. Setzen wir $\frac{\mathfrak{h}}{\alpha} = \frac{\mathfrak{k}}{\mathfrak{k}'}$, wo $\mathfrak{k}$ und $\mathfrak{k}'$ zueinander prime Ideale seien, so folgt $\frac{\mathfrak{k}\cdot s\mathfrak{k}}{\mathfrak{k}'\cdot s\mathfrak{k}'} = 1$, und mithin ist notwendigerweise $\mathfrak{k}' = s\mathfrak{k}$. Da $\mathfrak{k}\cdot s\mathfrak{k} \sim 1$ ist, so folgt $\mathfrak{h} \sim \mathfrak{k}^2$.

Die eben bewiesene charakteristische Eigenschaft der Ideale des Hauptgeschlechts steht in engem Zusammenhange mit einer anderen gleichfalls charakteristischen Eigenschaft dieser Ideale, welche in folgendem Satze ihren Ausdruck findet:

Satz 104. Sind ω_1, ω_2 Basiszahlen des quadratischen Körpers k und η_1, η_2 Basiszahlen eines zum Hauptgeschlecht von k gehörigen Ideals $\mathfrak{h}$, und ist endlich N eine beliebig gegebene ganze rationale Zahl, so lassen sich stets vier rationale Zahlen $r_{11}, r_{12}, r_{21}, r_{22}$ finden, deren Nenner zu N prim sind, für welche die Determinante $r_{11}r_{22} - r_{12}r_{21}$ den Wert ± 1 hat, und vermittelst derer

$$\frac{\eta_1}{\eta_2} = \frac{r_{11}\,\omega_1 + r_{12}\,\omega_2}{r_{21}\,\omega_1 + r_{22}\,\omega_2}$$

wird.

Beweis. Man bestimme ein zu $\mathfrak{h}$ äquivalentes Ideal $\mathfrak{h}' = \beta\mathfrak{h}$, welches zu Nd prim ist. Wie in dem Beweise zum Satz 103 bereits benutzt wurde, ist $\bar{n} = \pm n(\mathfrak{h}')$, wenn das Vorzeichen gemäß § 65 gewählt wird, stets gleich der Norm einer ganzen oder gebrochenen Zahl α im Körper k. Dabei kann α so gewählt werden, daß es eine zu Nd prime ganze rationale Zahl r gibt, so daß αr ganz wird. Das Ideal $r\alpha\mathfrak{h}' = r\alpha\beta\mathfrak{h}$ besitzt die Basiszahlen

$$r\alpha\beta\eta_1 = a_{11}\omega_1 + a_{12}\omega_2,$$
$$r\alpha\beta\eta_2 = a_{21}\omega_1 + a_{22}\omega_2,$$

wo $a_{11}, a_{12}, a_{21}, a_{22}$ ganze rationale Zahlen bedeuten. Wegen $n(\alpha\mathfrak{h}') = \overline{n}^2$ ist die Determinante $a_{11}a_{22} - a_{12}a_{21} = \pm r^2\overline{n}^2$ und daher besitzen die vier Zahlen $r_{11} = \frac{a_{11}}{r\overline{n}}, r_{12} = \frac{a_{12}}{r\overline{n}}, r_{21} = \frac{a_{21}}{r\overline{n}}, r_{22} = \frac{a_{22}}{r\overline{n}}$, die im Satze behauptete Eigenschaft.

§ 73. Die ambigen Ideale.

Im quadratischen Körper k werde ein Ideal $\mathfrak{a}$ ein **ambiges Ideal** genannt, wenn es nach Anwendung der Operation $s = \left(\sqrt{m} : -\sqrt{m}\right)$ ungeändert bleibt, und wenn es außerdem keine ganze rationale Zahl $\neq \pm 1$ als Faktor enthält. (Vgl. § 57.) Es gilt die Tatsache:

Satz 105. Die t in der Diskriminante d des Körpers k aufgehenden, voneinander verschiedenen Primideale $\mathfrak{l}_1, \ldots, \mathfrak{l}_t$, und nur diese, sind ambige Primideale in k. Die 2^t Ideale $1, \mathfrak{l}_1, \mathfrak{l}_2, \ldots, \mathfrak{l}_1\mathfrak{l}_2, \ldots, \mathfrak{l}_1\mathfrak{l}_2\ldots\mathfrak{l}_t$ machen die Gesamtheit aller ambigen Ideale des Körpers k aus.

Beweis. Daß die Primideale $\mathfrak{l}_1, \ldots, \mathfrak{l}_t$, und nur diese, ambig sind, folgt aus Satz 96. Ist nun $\mathfrak{a} = \mathfrak{p}\mathfrak{q}\ldots\mathfrak{r}$ ein beliebiges, in Primideale zerlegtes ambiges Ideal, so müssen wegen $\mathfrak{a} = s\mathfrak{a}$ die zu den Primidealen $\mathfrak{p}, \mathfrak{q}, \ldots, \mathfrak{r}$ konjugierten Primideale $s\mathfrak{p}, s\mathfrak{q}, \ldots, s\mathfrak{r}$, von der Reihenfolge abgesehen, mit $\mathfrak{p}, \mathfrak{q}, \ldots, \mathfrak{r}$ übereinstimmen. Wenn etwa $s\mathfrak{p} = \mathfrak{q}$ sich herausstellen würde, so besäße $\mathfrak{a}$ den Faktor $\mathfrak{p}\cdot s\mathfrak{p}$, welcher gleich einer ganzen rationalen Zahl ist; da dieser Umstand der Erklärung des ambigen Ideals zuwider wäre, so muß notwendig $\mathfrak{p} = s\mathfrak{p}$ sein und ebenso $\mathfrak{q} = s\mathfrak{q}, \ldots, \mathfrak{r} = s\mathfrak{r}$, d. h. die einzelnen Primideale $\mathfrak{p}, \mathfrak{q}, \ldots, \mathfrak{r}$ sind sämtlich ambig. Da die Quadrate der Ideale $\mathfrak{l}_1, \ldots, \mathfrak{l}_t$ gleich ganzen rationalen Zahlen werden, so schließen wir ebenso, daß die Ideale $\mathfrak{p}, \mathfrak{q}, \ldots, \mathfrak{r}$ notwendig untereinander verschieden sind; damit ist auch der letzte Teil des Satzes 105 bewiesen.

§ 74. Die ambigen Idealklassen.

Wenn $\mathfrak{a}$ ein Ideal der Klasse A ist, so werde diejenige Idealklasse, der das Ideal $s\mathfrak{a}$ angehört, mit sA bezeichnet. Ist insbesondere $A = sA$, so heißt die Idealklasse A eine **ambige Idealklasse.** Da das Produkt $\mathfrak{a}\cdot s\mathfrak{a} \sim 1$ ist, so wird $A\cdot sA = 1$; und folglich ist das Quadrat einer jeden ambigen Klasse gleich der Hauptklasse 1. Umgekehrt, wenn das Quadrat einer Klasse A gleich 1 ist, so wird $A = \frac{1}{A} = sA$, und folglich ist A eine ambige Klasse.

§ 75. Die durch ambige Ideale bestimmten ambigen Idealklassen.

Es entsteht nun die Aufgabe, alle ambigen Klassen in k aufzustellen. Da offenbar ein jedes ambige Ideal $\mathfrak{a}$ vermöge seiner Eigenschaft $\mathfrak{a} = s\mathfrak{a}$ eine ambige Klasse bestimmt, so haben wir vor allem zu untersuchen, wie viele voneinander verschiedene ambige Klassen aus den 2^t ambigen Idealen entspringen. Wir bezeichnen allgemein irgend welche vorgelegte Idealklassen als **voneinander unabhängige Idealklassen,** wenn keine darunter die Klasse 1 ist und auch keine gleich einem Produkte von Potenzen der übrigen dieser Klassen gesetzt werden kann. Wir sprechen dann folgende Tatsache aus:

Satz 106. Die t ambigen Primideale bestimmen im Falle eines imaginären Körpers stets $t-1$ voneinander unabhängige ambige Klassen; im Falle eines reellen Körpers bestimmen sie $t-2$ oder $t-1$ voneinander unabhängige ambige Klassen, je nachdem die Norm der Grundeinheit ε des Körpers $n(\varepsilon) = +1$ oder $= -1$ ist. Die sämtlichen 2^t ambigen Ideale bestimmen im Falle eines imaginären Körpers 2^{t-1} und im Falle eines reellen Körpers, entsprechend der eben gemachten Unterscheidung, 2^{t-2} bez. 2^{t-1} voneinander verschiedene ambige Klassen.

Beweis. Das Produkt aus sämtlichen in m aufgehenden Primidealen ist gleich $\sqrt{m}$ und mithin ein Hauptideal in k. Ist zunächst m negativ, jedoch von -1 und -3 verschieden, und (α) ein ambiges Hauptideal in k, so muß α^{1-s} als Einheit notwendig $= (-1)^e$ sein, wo e die Werte 0 oder 1 haben kann; hieraus folgt:

$$\{\alpha(\sqrt{m})^e\}^{1-s} = 1 \quad \text{oder} \quad \alpha(\sqrt{m})^e = s\{\alpha(\sqrt{m})^e\},$$

d.h. $\alpha(\sqrt{m})^e$ ist dann eine ganze rationale Zahl. Damit ist bewiesen, daß in einem imaginären Körper $k(\sqrt{m})$ – von $k(\sqrt{-1})$ und $k(\sqrt{-3})$ abgesehen – gewiß außer 1 und $\sqrt{m}$ kein ambiges Hauptideal vorhanden ist. Die beiden hier zunächst ausgeschlossenen Fälle erledigen sich unmittelbar im Sinne des zu beweisenden Satzes 106.

Bei der Entscheidung der fraglichen Verhältnisse für einen reellen Körper k kommt es darauf an, ob die Norm der Grundeinheit ε des Körpers gleich $+1$ oder -1 ausfällt.

Ist nämlich $n(\varepsilon) = +1$, so kann man nach Satz 90 die Formel $\varepsilon = \alpha^{1-s}$ durch eine ganze Zahl α in k befriedigen und noch α ohne rationalen Faktor $\neq \pm 1$ voraussetzen. Wegen $\alpha = \varepsilon \cdot s\alpha$ ist dann (α) ein ambiges Hauptideal. Dieses Hauptideal (α) ist von 1 und von $\sqrt{m}$ verschieden; denn wäre $\alpha = \pm \varepsilon^f$ oder $= \pm \varepsilon^f \sqrt{m}$, wo der Exponent f eine ganze rationale Zahl bedeutet, so würde

$$\alpha^{1-s} = (-1)^e \varepsilon^{(1-s)f} = (-1)^e \varepsilon^{2f} \qquad (e = 0 \text{ bzw. } 1)$$

folgen; letzterer Ausdruck aber ist stets von ε verschieden. Ist ferner α' ein beliebiges ambiges Hauptideal des Körpers k, so ist notwendigerweise $\alpha'^{1-s} = (-1)^e \varepsilon^f$, wo die Exponenten e und f ganze rationale Zahlen bedeuten. Setzen wir $\alpha'' = \frac{\alpha'}{(\sqrt{m})^e \alpha^f}$, so folgt $\alpha''^{1-s} = 1$, d. h. α'' ist eine rationale Zahl, und danach gibt es außer 1, $\sqrt{m}$ und α nur noch ein ambiges Hauptideal, das durch Befreiung des Produkts $\sqrt{m}\cdot\alpha$ von etwaigen ganzen rationalen Faktoren $\neq \pm 1$ entsteht.

Ist andererseits $n(\varepsilon) = -1$, so gibt es kein von 1 und $\sqrt{m}$ verschiedenes ambiges Hauptideal in k; denn ist (α) ein beliebiges ambiges Hauptideal in k, so gilt notwendigerweise eine Gleichung $\alpha^{1-s} = (-1)^e \varepsilon^f$ mit ganzen rationalen e, f; wegen $n(\alpha^{1-s}) = +1$ ergibt sich $(n(\varepsilon))^f = +1$, d. h. f ist eine gerade Zahl. Setzen wir $\alpha' = \frac{\alpha}{\varepsilon^{\frac{f}{2}} (\sqrt{m})^{e+\frac{f}{2}}}$, so folgt $\alpha'^{1-s} = +1$, d. h. α' ist eine rationale Zahl.

Wir drücken nun von den t ambigen Primidealen in k ein geeignetes durch $\sqrt{m}$ und die $t-1$ übrigen ambigen Primideale und, wenn der Körper k reell und zugleich $n(\varepsilon) = +1$ ausfällt, weiter noch von diesen $t-1$ ambigen Primidealen ein geeignetes durch α und die $t-2$ übrigen dieser Ideale aus. Hierdurch erkennen wir die Richtigkeit des zweiten Teiles des Satzes 106.

§ 76. Die ambigen Idealklassen, welche kein ambiges Ideal enthalten.

Es gilt die folgende Tatsache:

Satz 107. Es gibt im quadratischen Körper k dann und nur dann eine ambige Klasse, welche kein ambiges Ideal enthält, wenn der Körper k reell ist, das Charakterensystem von -1 in ihm aus lauter positiven Einheiten besteht und endlich die Norm der Grundeinheit gleich $+1$ ausfällt. Sind diese Bedingungen erfüllt, so entstehen alle überhaupt vorhandenen Klassen von jener Beschaffenheit dadurch, daß man eine beliebige unter ihnen der Reihe nach mit allen aus den ambigen Idealen entspringenden Klassen multipliziert.

Beweis. Wenn der Körper k reell ist und das Charakterensystem von -1 in ihm aus lauter positiven Einheiten besteht, so gibt es nach Satz 102 in k stets eine ganze oder gebrochene Zahl α, deren Norm $= -1$ wird. Ist ferner die Norm der Grundeinheit $n(\varepsilon) = +1$, so ist diese Zahl α notwendig eine gebrochene. Setzen wir $\alpha = \frac{\mathfrak{j}}{\mathfrak{j}'}$, wo $\mathfrak{j}$ und $\mathfrak{j}'$ zueinander prime Ideale sein sollen, so wird $\frac{\mathfrak{j}\cdot s\mathfrak{j}}{\mathfrak{j}'\cdot s\mathfrak{j}'} = 1$, und hieraus folgt $\mathfrak{j}' = s\mathfrak{j}$, also $\mathfrak{j} \sim s\mathfrak{j}$, und $\mathfrak{j}$ bestimmt folglich eine ambige Klasse. Diese ambige Klasse enthält kein ambiges Ideal. Wäre nämlich ein Ideal $\mathfrak{a} = \mathfrak{j}\beta$, wo β eine ganze oder gebrochene

Zahl des Körpers k bedeutet, ambig, so würde $\mathfrak{a}^{1-s} = \alpha\beta^{1-s}$ folgen, und mithin wäre $\alpha\beta^{1-s}$ gleich einer Einheit, etwa $= (-1)^e \varepsilon^f$, und folglich $n(\alpha) = +1$, was der Konstruktion der Zahl α zuwiderliefe. Damit ist bewiesen, daß die durch $\mathfrak{j}$ bestimmte ambige Klasse kein ambiges Ideal enthält.

Es sei jetzt A eine beliebig gegebene ambige Klasse und $\mathfrak{j}$ ein Ideal derselben, so ist $\mathfrak{j}^{1-s}$ gleich einer ganzen oder gebrochenen Zahl α des Körpers k, und es wird die Norm $n(\alpha)$ entweder $= +1$ oder $= -1$ sein. Der erstere Fall ist der einzig mögliche, wenn der Körper k imaginär ist, oder wenn der Körper k reell ist und wenigstens einer von den Charakteren $\left(\frac{-1, m}{w}\right)$ den Wert -1 besitzt. Sowie nun $n(\alpha) = +1$ ist, folgt nach Satz 90, daß $\frac{1}{\alpha} = \beta^{1-s}$ wird, wo β eine ganze Zahl in k bedeutet; dann ist $(\mathfrak{j}\beta)^{1-s} = 1$, d. h. $\mathfrak{j}\beta$ gleich dem Produkt eines ambigen Ideals in eine rationale Zahl, und die Klasse A enthält mithin ein ambiges Ideal. Ist andererseits $n(\alpha) = -1$ und zugleich $n(\varepsilon) = -1$, so wird $n(\varepsilon\alpha) = +1$, und wir beweisen wie vorhin, daß die Klasse A ein ambiges Ideal enthält. Daraus ersehen wir, daß jede ambige Klasse ein ambiges Ideal enthält, falls der Körper k imaginär ist, und desgleichen, falls der Körper k reell ist und für ihn entweder einer der Charaktere von -1 den Wert -1 besitzt oder $n(\varepsilon) = -1$ ausfällt.

Nehmen wir endlich in dem weiteren Falle, daß keiner dieser Umstände zutrifft, an, es gebe in k mehrere ambige Idealklassen, die kein ambiges Ideal enthalten, und wählen aus zweien darunter je ein Ideal, $\mathfrak{j}$ und $\mathfrak{j}'$, aus, so zeigt die vorhin dargelegte Entwicklung, daß die Normen der beiden Zahlen $\alpha = \mathfrak{j}^{1-s}$ und $\alpha' = \mathfrak{j}'^{1-s}$ notwendig den Wert -1 besitzen, und es wird folglich $n\left(\frac{\alpha'}{\alpha}\right) = +1$. Nach Satz 90 ergibt sich hieraus eine Darstellung $\frac{\alpha}{\alpha'} = \beta^{1-s}$ mit Hilfe einer geeigneten ganzen Zahl β in k. Setzen wir $\frac{\mathfrak{j}'\beta}{\mathfrak{j}} = b\mathfrak{a}$, wo b eine rationale Zahl und $\mathfrak{a}$ ein Ideal ohne ganzen rationalen Faktor $\neq \pm 1$ bedeute, so folgt wegen $\left(\frac{\mathfrak{j}'\beta}{\mathfrak{j}}\right)^{1-s} = 1$ die Gleichung $\mathfrak{a} = s\mathfrak{a}$, d. h. $\mathfrak{a}$ ist ein ambiges Ideal; und dabei ist $\mathfrak{j}' \sim \mathfrak{a}\mathfrak{j}$. Damit haben wir auch den letzten Teil unseres Satzes 107 bewiesen.

§ 77. Die Anzahl aller ambigen Klassen.

Die Sätze 106 und 107 ermöglichen die Berechnung der Anzahl aller ambigen Klassen.

Satz 108. Es gibt in jedem Falle im Körper k genau $r-1$ voneinander unabhängige ambige Klassen, wo r die Anzahl der Einzelcharaktere bedeutet, die das Geschlecht einer Klasse bestimmen. Die Anzahl der sämtlichen voneinander verschiedenen ambigen Klassen ist daher gleich 2^{r-1}.

Beweis. Es sei wieder t die Anzahl der verschiedenen in der Diskriminante d des Körpers k aufgehenden rationalen Primzahlen. Betrachten wir zunächst den Fall, daß k ein imaginärer Körper ist, so folgt aus den Sätzen 106 und 107 das Vorhandensein von genau 2^{t-1} ambigen Klassen in k; diese entspringen sämtlich aus ambigen Idealen. Jetzt sei der Körper k reell; besteht das Charakterensystem der Zahl -1 in k aus lauter positiven Einheiten, so folgt desgleichen aus den Sätzen 106 und 107 das Vorhandensein von genau 2^{t-1} ambigen Klassen in k; von diesen 2^{t-1} ambigen Klassen entspringen hier entweder sämtliche oder nur die Hälfte aus ambigen Idealen, je nachdem $n(\varepsilon) = -1$ oder $= +1$ ausfällt. Besitzt jedoch die Zahl -1 für k wenigstens einen negativen Charakter, so ist stets $n(\varepsilon) = +1$; nach den Sätzen 106 und 107 gibt es nur 2^{t-2} ambige Klassen in k, und diese entspringen sämtlich aus ambigen Idealen. Nun ist die Anzahl r der Einzelcharaktere $= t-1$, wenn der Körper k reell ist und überdies die Zahl -1 für k wenigstens einen negativen Charakter besitzt; es ist $r = t$ in jedem anderen Falle; damit ist unser Satz 108 bewiesen.

§ 78. Der arithmetische Beweis für die Existenz der Geschlechter.

Die gewonnenen Resultate setzen uns in den Stand, auf die Frage nach der Anzahl der Geschlechter die Antwort zu finden, die im Fundamentalsatze 100 ausgesprochen ist; wir können nämlich beweisen, daß diese Anzahl stets gleich 2^{r-1} ist, und daß mithin alle diejenigen Charakterensysteme, die der Bedingung des Satzes 100 Genüge leisten, wirklich unter den Geschlechtern vertreten sind. Wir bezeichnen die Anzahl der voneinander verschiedenen existierenden Geschlechter mit g und die Anzahl der Klassen des Hauptgeschlechtes mit f. Da nach § 66 alle Geschlechter die gleiche Anzahl von Klassen enthalten, so ist die Anzahl h sämtlicher Klassen des Körpers $h = gf$. Bezeichnen wir ferner die f Klassen des Hauptgeschlechtes mit $H_1, \ldots, H_f$, so können wir nach dem Satze 103 $H_1 = K_1^2, \ldots, H_f = K_f^2$ setzen, wo $K_1, \ldots, K_f$ gewisse f Klassen des Körpers bedeuten.

Es sei jetzt C eine beliebige Klasse des Körpers; da C^2 offenbar zum Hauptgeschlecht gehört, so ist $C^2 = K_a^2$, wo K_a eine ganz bestimmte der eben eingeführten Klassen $K_1, \ldots, K_f$ bedeutet. Es ist dann $\frac{C}{K_a}$, d. h. diejenige wieder ganz bestimmte Klasse A, für welche $C = A K_a$ wird, eine ambige Klasse, und es stellt also der Ausdruck AK, wenn A alle ambigen Klassen und K die Klassen $K_1, \ldots, K_f$ durchläuft, eine jede überhaupt vorhandene Idealklasse des Körpers dar, und auch jede nur auf eine Weise. Da nach Satz 108 die Anzahl der ambigen Klassen 2^{r-1} beträgt, so ergibt sich $h = 2^{r-1} f$, und es führt die Zusammenstellung dieser Gleichung mit der oben gefundenen $h = gf$ zu der Beziehung $g = 2^{r-1}$. Damit ist der Fundamentalsatz 100 vollständig bewiesen [Gauss (*1*)].

§ 79. Die transzendente Darstellung der Klassenanzahl und eine Anwendung darauf, daß der Grenzwert eines gewissen unendlichen Produktes positiv ist.

Der zweite Beweis für die Existenz der 2^{r-1} Geschlechter beruht auf transzendenter Grundlage; wir entwickeln der Reihe nach die folgenden Sätze:

Satz 109. Die Anzahl h der Idealklassen des quadratischen Körpers k mit der Diskriminante d bestimmt sich durch folgende Formel:

$$\varkappa h = \underset{s=1}{L} \prod_{(p)} \frac{1}{1 - \left(\frac{d}{p}\right) p^{-s}}.$$

Hierin ist das Produkt rechter Hand über alle rationalen Primzahlen p zu erstrecken, und das Symbol $\left(\frac{d}{p}\right)$ hat die in § 61 festgesetzte Bedeutung. Für den Faktor $\varkappa$ gilt, je nachdem der Körper k imaginär oder reell, also d negativ oder positiv ist:

$$\varkappa = \frac{2\pi}{w|\sqrt{d}|} \text{ bez. } \varkappa = \frac{2 \log \varepsilon}{|\sqrt{d}|}.$$

Dabei bedeutet w für $d = -3$ die Zahl 6, für $d = -4$ die Zahl 4, für jedes andere negative d die Zahl 2; andererseits verstehe man für einen reellen Körper k unter ε jetzt speziell diejenige seiner vier Grundeinheiten, welche > 1 ist, und unter $\log \varepsilon$ den reellen Wert des Logarithmus dieser Grundeinheit ε [Dirichlet (*8*, *9*)].

Beweis. Nach § 27 gilt, so lange s reell und > 1 ist:

$$\zeta(s) = \sum_{(\mathfrak{j})} \frac{1}{n(\mathfrak{j})^s} = \prod_{(\mathfrak{p})} \frac{1}{1 - n(\mathfrak{p})^{-s}},$$

wo das Produkt über alle Primideale $\mathfrak{p}$ des Körpers k zu erstrecken ist. Ordnen wir dieses Produkt nach den rationalen Primzahlen p, aus welchen die Primideale $\mathfrak{p}$ herstammen, so gehört, wie aus Satz 97 folgt, zu einer beliebigen rationalen Primzahl p in dem Produkte das Glied:

$$\frac{1}{(1-p^{-s})^2} \text{ oder } \frac{1}{1-p^{-2s}} \text{ oder } \frac{1}{1-p^{-s}},$$

je nachdem $\left(\frac{d}{p}\right) = +1, = -1, = 0$ ist. Wir schreiben diese drei Ausdrücke in der ihnen gemeinschaftlichen Form:

$$\frac{1}{1-p^{-s}} \frac{1}{1 - \left(\frac{d}{p}\right) p^{-s}}$$

und erhalten so:

$$\zeta(s) = \prod_{(p)} \frac{1}{1-p^{-s}} \prod_{(p)} \frac{1}{1 - \left(\frac{d}{p}\right) p^{-s}}.$$

wo die beiden Produkte rechter Hand über alle rationalen Primzahlen p zu erstrecken sind. Wegen

$$\underset{s=1}{L}\left\{(s-1)\prod_{(p)}\frac{1}{1-p^{-s}}\right\}=\underset{s=1}{L}\left\{(s-1)\sum_{(n)}\frac{1}{n^s}\right\}=1,$$

wo n alle positiven ganzen rationalen Zahlen durchläuft, wird dann:

$$\underset{s=1}{L}\{(s-1)\zeta(s)\}=\underset{s=1}{L}\prod_{(p)}\frac{1}{1-\left(\frac{d}{p}\right)p^{-s}}.$$

Die Richtigkeit unseres Satzes 109 folgt nun aus Satz 56, wenn wir den Wert von $\varkappa$ nach § 25 aufstellen. Zur Ermittelung von w ist zu berücksichtigen, daß der Körper $k(\sqrt{-3})$ die 6 Einheitswurzeln ± 1, $\pm\frac{1\pm\sqrt{-3}}{2}$, der Körper $k(\sqrt{-1})$ die 4 Einheitswurzeln ± 1, $\pm i$, dagegen ein jeder andere imaginäre quadratische Körper k nur die beiden Einheitswurzeln ± 1 enthält (vgl. § 62).

Die wichtigste Folgerung der eben bewiesenen Tatsache ist der Satz:

Satz 110. Bedeutet a eine beliebige ganze rationale positive oder negative Zahl, nur nicht eine Quadratzahl, so ist der Grenzwert

$$\underset{s=1}{L}\prod_{(p)}\frac{1}{1-\left(\frac{a}{p}\right)p^{-s}}$$

stets eine endliche und von 0 verschiedene Größe [Dirichlet (*8, 9*)].

Beweis. Es sei $a=b^2m$, wo b^2 die größte in a aufgehende Quadratzahl sein soll; es sei ferner d die Diskriminante des durch $\sqrt{a}$ bestimmten quadratischen Körpers. Dann folgt für jede ungerade und nicht in b aufgehende rationale Primzahl p gewiß die Gleichung $\left(\frac{a}{p}\right)=\left(\frac{d}{p}\right)$. Die beiden unendlichen Produkte

$$\prod_{(p)}\frac{1}{1-\left(\frac{d}{p}\right)p^{-s}} \quad \text{und} \quad \prod_{(p)}\frac{1}{1-\left(\frac{a}{p}\right)p^{-s}}$$

können demnach nur in einer endlichen Anzahl von Faktoren voneinander abweichen. Da das erstere Produkt nach Satz 109 in der Grenze für $s=1$ endlich bleibt, so gilt daher dasselbe auch von dem zweiten Produkt.

§ 80. Das Vorhandensein unendlich vieler rationaler Primzahlen, nach denen gegebene Zahlen vorgeschriebene quadratische Restcharaktere erlangen.

Mit Hilfe des Satzes 110 beweisen wir der Reihe nach folgende Tatsachen: [Dirichlet (*9*), Kronecker (*10*)].

Satz 111. Bedeuten $a_1, a_2, \ldots, a_t$ irgend t ganze rationale, positive oder negative Zahlen von der Art, daß keine der 2^t-1 Zahlen

$a_1, a_2, \ldots, a_t, a_1 a_2, \ldots, a_{t-1} a_t, \ldots, a_1 a_2 \ldots a_t$ eine Quadratzahl wird, und sind $c_1, c_2, \ldots, c_t$ nach Belieben vorgeschriebene Einheiten $+1$ oder -1, so gibt es stets unendlich viele rationale Primzahlen p, für die

$$\left(\frac{a_1}{p}\right) = c_1, \quad \left(\frac{a_2}{p}\right) = c_2, \quad \ldots, \quad \left(\frac{a_t}{p}\right) = c_t$$

ist.

Beweis. Wir haben, solange $s > 1$ ist:

$$\log \sum_{(n)} \frac{1}{n^s} = \sum_{(p)} \log \frac{1}{1 - p^{-s}} = \sum_{(p)} \frac{1}{p^s} + S,$$

$$S = \frac{1}{2} \sum_{(p)} \frac{1}{p^{2s}} + \frac{1}{3} \sum_{(p)} \frac{1}{p^{3s}} + \cdots.$$

Da der Ausdruck S, wie in § 50 gezeigt worden ist, für $s = 1$ endlich bleibt, so folgt, daß die über alle rationalen Primzahlen p erstreckte Summe

$$\sum_{(p)} \frac{1}{p^s} \tag{26}$$

bei Annäherung von s an 1 über alle Grenzen wächst. Ist ferner a eine beliebige ganze rationale Zahl, so gilt ähnlich für $s > 1$ stets:

$$\log \prod_{(p)} \frac{1}{1 - \left(\frac{a}{p}\right) p^{-s}} = \sum_{(p)} \left(\frac{a}{p}\right) \frac{1}{p^s} + S_a,$$

$$S_a = \frac{1}{2} \sum_{(p)} \left(\frac{a}{p}\right)^2 \frac{1}{p^{2s}} + \frac{1}{3} \sum_{(p)} \left(\frac{a}{p}\right)^3 \frac{1}{p^{3s}} + \cdots;$$

ist a nicht eine Quadratzahl, so bleibt nach Satz 110 $\log \prod\limits_{(p)} \frac{1}{1 - \left(\frac{a}{p}\right) p^{-s}}$ für $s = 1$ endlich, und da das gleiche von dem Ausdruck S_a gilt, so folgt, daß dann auch die Summe

$$\sum_{(p)} \left(\frac{a}{p}\right) \frac{1}{p^s} \tag{27}$$

für $s = 1$ sich einer endlichen Grenze nähert. Wir setzen nun in (27)

$$a = a_1^{u_1} a_2^{u_2} \ldots a_t^{u_t}$$

ein und geben jedem der t Exponenten $u_1, u_2, \ldots, u_t$ den Wert 0 oder 1, jedoch so, daß das Wertsystem $u_1 = 0, u_2 = 0, \ldots, u_t = 0$ ausgeschlossen bleibt. Wird dann jede so aus (27) herzuleitende Summe noch mit dem entsprechenden Faktor $c_1^{u_1} c_2^{u_2} \ldots c_t^{u_t}$ multipliziert, und werden die hervorgehenden $2^t - 1$ Ausdrücke sämtlich zu (26) addiert, so entsteht:

$$\sum_{(p)} \left(1 + c_1 \left(\frac{a_1}{p}\right)\right) \left(1 + c_2 \left(\frac{a_2}{p}\right)\right) \cdots \left(1 + c_t \left(\frac{a_t}{p}\right)\right) \frac{1}{p^s}. \tag{28}$$

Diese Summe wird, ebenso wie (26), bei Annäherung von s an 1 über alle

Grenzen wachsen. Sehen wir von den Gliedern ab, die den in $a_1 a_2 \ldots a_t$ aufgehenden Primzahlen p entsprechen und die nur in endlicher Anzahl vorhanden sind, so ist im übrigen die Summe (28) gleich $2^t \sum_{(p')} \frac{1}{p'^s}$, wo p' nur alle diejenigen Primzahlen p durchläuft, für welche die im Satze 111 verlangten Bedingungen sämtlich erfüllt sind. Da mithin auch diese letzte Summe für $s = 1$ über alle Grenzen wächst, so folgt, daß jene Primzahlen p' in unendlicher Anzahl vorhanden sein müssen. Damit ist Satz 111 bewiesen.

§ 81. Das Vorhandensein unendlich vieler Primideale mit vorgeschriebenen Charakteren in einem quadratischen Körper.

Satz 112. Sind

$$\chi_1(\mathfrak{j}) = \left(\frac{\pm n(\mathfrak{j}), m}{l_1}\right), \ldots, \chi_r(\mathfrak{j}) = \left(\frac{\pm n(\mathfrak{j}), m}{l_r}\right)$$

die r Einzelcharaktere, welche das Geschlecht eines Ideals $\mathfrak{j}$ in k bestimmen, und bedeuten $c_1, \ldots, c_r$ beliebig angenommene, der Bedingung $c_1 \ldots c_r = +1$ genügende r Einheiten ± 1, so gibt es stets unendlich viele Primideale $\mathfrak{p}$ im Körper k, für welche

$$\chi_1(\mathfrak{p}) = c_1, \ldots, \chi_r(\mathfrak{p}) = c_r$$

ist.

Beweis. In der Diskriminante d des Körpers seien die t rationalen Primzahlen $l_1, \ldots, l_t$ enthalten. Es ist $t = r$ oder $= r + 1$; in letzterem Falle sei $\left(\frac{-1, m}{l_t}\right) = -1$, und die Bedingung $\left(\frac{\pm n(\mathfrak{j}), m}{l_t}\right) = +1$ diene zur Bestimmung des Vorzeichens in $\pm n(\mathfrak{j})$. Zugleich schreiben wir in diesem Falle $c_t = c_{r+1} = +1$. Wir beweisen nun zunächst, daß es unendlich viele rationale Primzahlen p gibt, für welche

$$\left(\frac{p, m}{l_1}\right) = c_1, \ldots, \left(\frac{p, m}{l_t}\right) = c_t$$

ist, und unterscheiden zu dem Zweck drei Fälle, je nachdem $m \equiv 1, \equiv 3$, oder $\equiv 2$ nach 4 ist.

Im ersten Falle gehen wir von den Forderungen

$$\left(\frac{-1}{p}\right) = +1, \left(\frac{l_1}{p}\right) = c_1, \ldots, \left(\frac{l_t}{p}\right) = c_t$$

aus. Nach Satz 111 gibt es unendlich viele Primzahlen p, welche diesen Gleichungen genügen. Da die erste Gleichung auf $p \equiv 1$ nach 4 hinauskommt, so wird für diese Primzahlen p dann

$$\left(\frac{p, m}{l_i}\right) = \left(\frac{p}{l_i}\right) = \left(\frac{l_i}{p}\right) = c_i$$

für $i = 1, \ldots, t$ gelten.

Im zweiten Falle sei unter den Primzahlen $l_1, \ldots, l_t$ etwa l_z die Primzahl 2. Ist dann $c_z = +1$, so legen wir die Forderungen

$$\left(\frac{-1}{p}\right) = +1, \left(\frac{l_i}{p}\right) = c_i \quad (i = 1, \ldots, z-1, z+1, \ldots, t)$$

zugrunde, und es folgt nach Satz 111, daß es unendlich viele diesen Gleichungen genügende Primzahlen p gibt. Wegen der ersten Gleichung wird $\left(\frac{p, m}{2}\right) = +1 = c_z$ und überdies $\left(\frac{p, m}{l_i}\right) = \left(\frac{p}{l_i}\right) = \left(\frac{l_i}{p}\right) = c_i$ für $i = 1, \ldots, z-1, z+1, \ldots, t$. Ist dagegen $c_z = -1$, so fordern wir:

$$\left(\frac{-1}{p}\right) = -1, \left(\frac{l_i}{p}\right) = (-1)^{\frac{l_i - 1}{2}} c_i, \quad (i = 1, \ldots, z-1, z+1, \ldots, t)$$

und die unendlich vielen, diesen Gleichungen genügenden Primzahlen p erfüllen zugleich die Bedingungen:

$$\left(\frac{p, m}{2}\right) = -1 = c_z \text{ und } \left(\frac{p, m}{l_i}\right) = \left(\frac{p}{l_i}\right) = (-1)^{\frac{l_i - 1}{2}} \left(\frac{l_i}{p}\right) = c_i$$

für $i = 1, \ldots, z-1, z+1, \ldots, t$.

Im dritten Falle endlich suchen wir wieder $l_z = 2$ heraus. Wir stellen die Forderungen:

$$\left(\frac{-1}{p}\right) = +1, \left(\frac{2}{p}\right) = c_z, \left(\frac{l_i}{p}\right) = c_i, \quad (i = 1, \ldots, z-1, z+1, \ldots, t);$$

es existieren nach Satz 111 unendlich viele Primzahlen p, welche ihnen genügen, und für welche dann

$$\left(\frac{p, m}{2}\right) = (-1)^{\frac{p^2-1}{8} + \frac{p-1}{2} \cdot \frac{\frac{m}{2} - 1}{2}} = (-1)^{\frac{p^2-1}{8}} = \left(\frac{2}{p}\right) = c_z$$

und überdies $\left(\frac{p, m}{l_i}\right) = \left(\frac{p}{l_i}\right) = \left(\frac{l_i}{p}\right) = c_i$ für $i = 1, \ldots, z-1, z+1, \ldots, t$ wird.

Es bedeute nun p eine beliebige solche rationale Primzahl, daß

$$\left(\frac{p, m}{l_1}\right) = c_1, \ldots, \left(\frac{p, m}{l_t}\right) = c_t$$

gilt. Nach Hilfssatz 14 ist dann

$$\prod_{(w)} \left(\frac{p, m}{w}\right) = \left(\frac{p, m}{p}\right) \left(\frac{p, m}{l_1}\right) \cdots \left(\frac{p, m}{l_t}\right) = +1,$$

und folglich

$$\left(\frac{m}{p}\right) c_1 \cdots c_t = \left(\frac{m}{p}\right) = +1;$$

also findet man p im Körper k in das Produkt zweier Primideale $\mathfrak{p}$ und $\mathfrak{p}'$ zerlegbar. Jedes dieser Primideale $\mathfrak{p}$ und $\mathfrak{p}'$ erfüllt die Bedingungen des zu beweisenden Satzes 112.

§ 82. Der transzendente Beweis für die Existenz der Geschlechter und für die übrigen in § 71 bis § 77 erlangten Resultate.

Der Satz 112 zeigt nicht nur die Existenz der 2^{r-1} Geschlechter von neuem, sondern er deckt zugleich eine andere tiefer liegende Tatsache auf:

Satz 113. Unter den Idealen eines beliebigen Geschlechtes im quadratischen Körper gibt es stets unendlich viele Primideale.

Hat man den Satz von der Existenz der 2^{r-1} Geschlechter auf dem zweiten transzendenten Wege unabhängig von den Sätzen 102, 103 und 108 festgestellt, so ist es leicht, nachträglich auch diese Sätze zu gewinnen. Man hat nämlich dazu nur noch die Kenntnis der Tatsache nötig, daß die Anzahl a der ambigen Klassen in k jedenfalls $\leqq 2^{r-1}$ ist. Diese Tatsache folgt aus Satz 106 über die Anzahl derjenigen ambigen Klassen, welche aus ambigen Idealen entspringen, in Verbindung mit den Schlüssen im zweiten und dritten Absatz des Beweises zu Satz 107; sie steht bei solcher Ableitung völlig unabhängig von Satz 102 da.

Es bezeichne dann, wie oben, f die Anzahl der Klassen des Hauptgeschlechtes, g die Anzahl der Geschlechter und ferner f' die Anzahl derjenigen unter den f Klassen des Hauptgeschlechtes, welche gleich Quadraten von Klassen sind. Es folgt wie in § 78, daß $gf = af'$ ist, und da nunmehr bereits $g = 2^{r-1}$ bewiesen, ferner $a \leqq 2^{r-1}$ sicher ist, und selbstverständlich $f' \leqq f$ besteht, so ergibt sich hieraus $f' = f$ und $a = 2^{r-1}$. Die erste Gleichung beweist den Satz 103, die zweite den Satz 108 und sodann den Satz 102 für $n = -1$. Aus Satz 103 und dem letzten Ergebnisse endlich folgt der Satz 102 vollständig. Denn die Zahl n darin ist wegen der für sie gestellten Bedingungen gleich der Norm eines Ideals $\mathfrak{h}$ des Hauptgeschlechtes, versehen mit einem Vorzeichen in der in § 65 festgesetzten Weise. Bedeutet dann $\mathfrak{k}$ ein solches Ideal, daß $\mathfrak{h} \sim \mathfrak{k}^2$ ist, so muß $\alpha = \frac{\mathfrak{h} \cdot n(\mathfrak{k})}{\mathfrak{k}^2}$ eine ganze oder gebrochene Zahl des Körpers k sein, und zwar ergibt sich $n(\alpha) = \pm n$, woraus der Satz 102 folgt, sobald man berücksichtigt, daß er für $n = -1$ gilt.

So sind durch die zuletzt entwickelte transzendente Methode die Resultate in § 71 bis § 78 gerade in umgekehrter Reihenfolge zum Nachweise gelangt, als sie auf dem zuerst eingeschlagenen rein arithmetischen Wege gefunden wurden.

§ 83. Die engere Fassung des Äquivalenz- und Klassenbegriffes.

Wenn wir den in § 24 dargelegten engeren Begriff der Äquivalenz zweier Ideale zugrunde legen, so erfahren die in den Kapiteln 17 und 18 aufgestellten Sätze nur einfache, leicht zu ermittelnde Modifikationen.

Zunächst ist klar, daß der engere Äquivalenzbegriff in einem imaginären Körper k unter allen Umständen und in einem reellen Körper k sicherlich immer dann mit dem ursprünglichen Äquivalenzbegriffe zusammenfällt, wenn für den Körper die Norm der Grundeinheit $n(\varepsilon) = -1$ ist. Wenn aber k reell ist und $n(\varepsilon) = +1$ aufweist, so löst sich eine Idealklasse im Sinne der früheren Einteilung bei der neuen Einteilung regelmäßig in zwei Klassen auf; insbesondere entstehen aus der früheren Klasse der Hauptideale die zwei durch das Hauptideal (1) und durch das Hauptideal $(\sqrt{m})$ vertretenen Klassen der neuen Einteilung. Bezeichnet h' die Anzahl der Idealklassen bei Benutzung des engeren Äquivalenzbegriffes, so ist daher unter den gegenwärtig angenommenen Umständen $h' = 2h$ [Dedekind (*1*)].

§ 84. Der Fundamentalsatz für den neuen Klassen- und Geschlechtsbegriff.

Dem neuen Klassenbegriff entspricht ein neuer Geschlechtsbegriff: das Geschlecht eines Ideals $\mathfrak{j}$ im Körper $k(\sqrt{m})$ soll nämlich nunmehr in allen Fällen gleichmäßig durch die t Einheiten

$$\left(\frac{+n(\mathfrak{j}), m}{l_1}\right), \ldots, \left(\frac{+n(\mathfrak{j}), m}{l_t}\right)$$

charakterisiert werden, wo die Norm von $\mathfrak{j}$ im Unterschiede von der früheren Festsetzung stets das positive Vorzeichen erhält. Für einen imaginären Körper k stimmt dieser neue Geschlechtsbegriff mit dem alten völlig überein. Das Gleiche gilt für einen reellen Körper k, falls das Charakterensystem der Zahl -1 in k aus lauter positiven Einheiten besteht. Der letztere Umstand muß offenbar immer eintreten, wenn für k die Norm der Grundeinheit $= -1$ ist. Nun sei k reell und für k die Norm der Grundeinheit $= +1$, so sind zwei Fälle zu unterscheiden, je nachdem das Charakterensystem der Zahl -1 in k aus lauter positiven Einheiten besteht oder nicht.

Im ersteren Falle gehören die Ideale (1) und $\mathfrak{a} = (\sqrt{m})$ beide zum nämlichen Geschlechte, da sich

$$\left(\frac{n(\mathfrak{a}), m}{l_i}\right) = \left(\frac{+m, m}{l_i}\right) = \left(\frac{+m, m}{l_i}\right)\left(\frac{-1, m}{l_i}\right) = \left(\frac{-m, m}{l_i}\right) = +1$$

für $i = 1, \ldots, t$ ergibt. Die neuen Geschlechter umfassen also die nämlichen Ideale wie die alten, und die Zahl der Geschlechter ist wiederum $= 2^{t-1}$.

Im zweiten Falle gehören die beiden Idealklassen, welche durch das Ideal (1) und durch das Ideal $\mathfrak{a} = (\sqrt{m})$ repräsentiert werden, zu verschiedenen der neuen Geschlechter. Die Anzahl der neuen Geschlechter ist doppelt so groß, als die der alten; nun war für diesen Fall die Anzahl der Einzelcharaktere bei Zugrundelegung des ursprünglichen Geschlechtsbegriffs nur $= t-1$ und die Anzahl der alten Geschlechter daher $= 2^{t-2}$; es ergibt sich somit die Anzahl der neuen Geschlechter, ebenso wie im ersten Falle, $= 2^{t-1}$. Da ferner in jedem Falle das Produkt

$$\left(\frac{-1, m}{l_1}\right) \cdots \left(\frac{-1, m}{l_t}\right) = +1$$

ist, so gilt der Fundamentalsatz 100 auch bei Zugrundelegung des neuen Klassenbegriffes mit dem entsprechenden Geschlechtsbegriffe, wenn nur darin t statt r gesetzt wird.

Die übrigen Tatsachen und Beweise der Kapitel 17 und 18 lassen sich ebenfalls ohne Schwierigkeiten umgestalten, und einige derselben erhalten bei Verwendung der neuen Begriffe sogar noch einen einfacheren Ausdruck.

19. Die Bestimmung der Anzahl der Idealklassen des quadratischen Körpers.

§ 85. Das Symbol $\left(\frac{a}{n}\right)$ für eine zusammengesetzte Zahl n.

Ein bemerkenswerter Ausdruck für die Anzahl h der Idealklassen der quadratischen Körpers k ergibt sich aus der Formel des Satzes 109, wenn wir die rechter Hand stehende Größe

$$\underset{s=1}{L} \prod_{(p)} \frac{1}{1-\left(\frac{d}{p}\right) p^{-s}}$$

durch Rechnung in geschlossener Form auswerten. Zu dem Zwecke ist es nötig, das Symbol $\left(\frac{a}{n}\right)$ auch für den Fall zu definieren, daß n eine zusammengesetzte ganze rationale positive Zahl bedeutet. Ist $n = pq \ldots w$, wo $p, q, \ldots, w$ rationale gleiche oder verschiedene Primzahlen sind, so definieren wir:

$$\left(\frac{a}{n}\right) = \left(\frac{a}{p}\right)\left(\frac{a}{q}\right) \cdots \left(\frac{a}{w}\right);$$

ferner soll $\left(\frac{a}{1}\right)$ stets $+1$ bedeuten. Dadurch wird für $s > 1$:

$$\prod_{(p)} \frac{1}{1-\left(\frac{d}{p}\right) p^{-s}} = \sum_{(n)} \left(\frac{d}{n}\right) \frac{1}{n^s},$$

wo die Summe sich über alle ganzen rationalen positiven Zahlen n erstreckt. Die Berechnung des Grenzwertes dieser Summe für $s = 1$ führt zu einem geschlossenen Ausdruck für die Klassenanzahl h; wir sprechen das Resultat in dem jetzt folgenden Satze aus.

§ 86. Der geschlossene Ausdruck für die Anzahl der Idealklassen.

Satz 114. Die Anzahl h der Idealklassen des Körpers $k(\sqrt{m})$ ist:

$$h = -\frac{w}{2|d|} \sum_{(n)} \left(\frac{d}{n}\right) n \qquad \text{für } m < 0,$$

$$h = \frac{1}{2 \log \varepsilon} \log \frac{\prod_{(b)} \left(e^{\frac{b i \pi}{d}} - e^{-\frac{b i \pi}{d}}\right)}{\prod_{(a)} \left(e^{\frac{a i \pi}{d}} - e^{-\frac{a i \pi}{d}}\right)} \qquad \text{für } m > 1,$$

wo die Summe $\sum\limits_{(n)}$ über die $|d|$ ganzen rationalen Zahlen $n = 1, 2, \ldots, |d|$, und wo die Produkte $\prod\limits_{(a)}, \prod\limits_{(b)}$ über alle diejenigen Zahlen a oder b unter diesen $|d|$ Zahlen zu erstrecken sind, welche der Bedingung $\left(\frac{d}{a}\right) = +1$ bezüglich $\left(\frac{d}{b}\right) = -1$ genügen [DIRICHLET (*8, 9*) WEBER (*4*)].

Beweis. Es seien n, n' Zahlen > 0. Wenn n und d einen gemeinsamen Teiler $\neq \pm 1$ besitzen, so ist $\left(\frac{d}{n}\right) = 0$. Ist dagegen n prim zu d, so wird, wie man leicht einsieht, $\left(\frac{d}{n}\right) = \prod\limits_{(w)} \left(\frac{d, n}{w}\right)$, wo das Produkt über alle verschiedenen rationalen Primzahlen w zu erstrecken ist, die in n aufgehen. Nach Hilfssatz 14 stellt dann das Produkt $\prod\limits_{(l)} \left(\frac{d, n}{l}\right)$ die nämliche Einheit dar, wenn l alle in d aufgehenden Primzahlen durchläuft. Ist nun $n' \equiv n$ nach d, so wird:

$$\prod_{(l)} \left(\frac{d, n}{l}\right) = \prod_{(l)} \left(\frac{d, n'}{l}\right),$$

und mit Rücksicht hierauf erhalten wir:

$$\left(\frac{d}{n}\right) = \left(\frac{d}{n'}\right), \tag{29}$$

wenn $n \equiv n'$ nach d ist.

Ferner ergibt sich

$$\left(\frac{d}{1}\right) + \left(\frac{d}{2}\right) + \cdots + \left(\frac{d}{|d|}\right) = 0, \tag{30}$$

indem wir eine Zahl b bestimmen, derart, daß $\left(\frac{d}{b}\right) = -1$ ist, und dann erwägen, daß die linke Seite von (30) mit Rücksicht auf (29) in die Gestalt

$$\left(\frac{d}{b}\right) + \left(\frac{d}{2b}\right) + \cdots + \left(\frac{d}{|d|\,b}\right) = -\left\{\left(\frac{d}{1}\right) + \left(\frac{d}{2}\right) + \cdots + \left(\frac{d}{|d|}\right)\right\}$$

gesetzt werden kann.

Durch Benutzung der Formel

$$\frac{1}{n^s} = \frac{1}{\Gamma(s)} \int\limits_0^\infty e^{-nt}\, t^{s-1}\, dt$$

wird, wenn wir die Regel (29) berücksichtigen:

$$\underset{s=1}{L} \sum_{(n)} \left(\frac{d}{n}\right) \frac{1}{n^s} = \underset{s=1}{L} \int\limits_0^\infty \frac{F(e^{-t})\, t^{s-1}}{1 - e^{-|d|t}}\, dt,$$

wo zur Abkürzung

$$F(x) = \left(\frac{d}{1}\right) x + \left(\frac{d}{2}\right) x^2 + \cdots + \left(\frac{d}{|d|}\right) x^{|d|}$$

gesetzt ist. Wegen der Gleichung (30) enthält $F(x)$ den Faktor $1-x$; die in e^{-t} rationale Funktion $\frac{F(e^{-t})}{1-e^{-|d|t}}$ bleibt mithin für $t=0$ endlich. Aus diesem Grunde ist

$$\underset{s=1}{L}\int_0^\infty \frac{F(e^{-t})\,t^{s-1}}{1-e^{-|d|t}}\,dt = \int_0^\infty \frac{F(e^{-t})}{1-e^{-|d|t}}\,dt.$$

Wenn wir in dem letzteren Integral die neue Integrationsveränderliche $x = e^{-t}$ einführen, so erhält dasselbe die Gestalt:

$$\int_0^1 \frac{F(x)}{x(1-x^{|d|})}\,dx.$$

Nun haben wir die Zerlegung in Partialbrüche:

$$\frac{F(x)}{x(1-x^{|d|})} = -\frac{1}{|d|}\sum_{(n)} \frac{F\left(e^{\frac{2ni\pi}{|d|}}\right)}{x - e^{\frac{2ni\pi}{|d|}}},$$

wo die Summe über $n = 1, 2, \ldots, |d|$ zu erstrecken ist, und nach einem Satze von Gauss wird $F\left(e^{\frac{2ni\pi}{|d|}}\right)$, d. i.

$$\sum_{(n')} \left(\frac{d}{n'}\right) e^{\frac{2nn'i\pi}{|d|}} = \left(\frac{d}{n}\right)\sqrt{d};$$

n' durchläuft hier wiederum die Zahlen $1, 2, \ldots, |d|$ und $\sqrt{d}$ ist bei positivem d positiv, bei negativem d positv imaginär zu nehmen (vgl. § 124). Da ferner

$$\int_0^1 \frac{dx}{x - e^{\frac{2ni\pi}{d}}} = \log\frac{e^{\frac{ni\pi}{|d|}} - e^{-\frac{ni\pi}{|d|}}}{i} - \frac{i\pi}{|d|}\left(n - \tfrac{1}{2}d\right)$$

$$(n = 1, 2, \ldots, |d|)$$

ist, wo für den Logarithmus der reelle Wert desselben zu nehmen ist, so folgt ohne Schwierigkeit das im Satze 114 angegebene Resultat.

Die Form dieses Resultates ist eine wesentlich verschiedene, je nachdem der Körper k imaginär oder reell ist. Im ersteren Falle kann h aus der angegebenen Formel ohne weiteres berechnet werden. Im zweiten Falle ist zuvor die Kenntnis der Grundeinheit ε erforderlich; der Quotient der beiden Produkte $\underset{(a)}{\Pi}$ und $\underset{(b)}{\Pi}$ ist, wie sich an einer späteren Stelle (vgl. § 121) zeigen wird, nichts anderes, als eine gewisse aus der Theorie der Kreisteilung für den quadratischen Körper k sich ergebende Einheit

Um ein Beispiel für den Fall eines imaginären Körpers zu nehmen, so erhält man, wenn $m = -p$ ist und p eine rationale positive Primzahl $\equiv 3$

nach 4 und überdies > 3 bedeutet:

$$h = \frac{\Sigma b - \Sigma a}{p};$$

hierin bezeichnen Σa, Σb bezüglich die Summe der quadratischen Reste und die Summe der quadratischen Nichtreste nach p, die zwischen 0 und p liegen. Durch eine leichte Umformung kann in dem obigen Ausdrucke für h der Nenner p beseitigt werden; dadurch ergibt sich die Klassenanzahl h auch gleich dem Überschuß der Anzahl der zwsichen 0 und $\frac{p}{2}$ liegenden quadratischen Reste von p über die Anzahl der zwischen denselben Grenzen liegenden quadratischen Nichtreste oder gleich dem dritten Teil dieses Überschusses, je nachdem $p \equiv 7$ oder $\equiv 3$ nach 8 ist. Die erstere Anzahl übertrifft also stets die letztere Anzahl, eine auf rein arithmetischem Wege bisher nicht bewiesene Tatsache.

§ 87. Der Dirichletsche biquadratische Zahlkörper.

Eine nahe liegende Verallgemeinerung der bis hierher entwickelten Theorie des quadratischen Körpers betrifft folgendes Problem. Es werde statt des natürlichen aus allen rationalen Zahlen bestehenden Rationalitätsbereiches ein quadratischer Zahlkörper k als Rationalitätsbereich zugrunde gelegt; dann sollen die in bezug auf k relativ quadratischen Körper K untersucht werden, d. h. diejenigen biquadratischen Zahlkörper K, die den gegebenen Körper k als Unterkörper enthalten.

Wenn der Körper k durch die imaginäre Einheit $\sqrt{-1}$ bestimmt ist, so bezeichne ich K als einen **Dirichletschen biquadratischen Körper.** Für diesen Fall liegen umfassende Untersuchungen vor [Dirichlet (*10, 11, 12*), Eisenstein (*3, 6*), Bachmann (*1, 3*), Minnigerode (*1*), Hilbert (*5*)]. Nach der entsprechenden Einteilung der Idealklassen des Körpers K in Geschlechter und geeigneter Übertragung der Bezeichnungen gilt auch hier wiederum der Fundamentalsatz 100, und es sind die beiden in Kapitel 18 angewandten Beweismethoden dieses Satzes auch auf den Körper K übertragbar, so daß jener Fundamentalsatz für den Dirichletschen biquadratischen Körper sowohl eine reine arithmetische Begründung [Hilbert (*5*)] als auch einen Beweis mittelst der transzendenten Dirichletschen Methode [Dirichlet (*10, 11, 12*), Minnigerode (*1*)] zuläßt.

Von besonderem Interesse ist der Fall, daß der Dirichletsche biquadratische Körper K außer dem quadratischen Körper $k(\sqrt{-1})$ noch zwei andere quadratische Körper $k(\sqrt{+m})$ und $k(\sqrt{-m})$ enthält. Für einen solchen **speziellen Dirichletschen Körper** K gilt die wiederum auf transzendentem und auch auf rein arithmetischem Wege zu beweisende Tatsache:

Satz 115. Die Anzahl der Idealklassen in einem speziellen Dirichletschen biquadratischen Körper $K(\sqrt{+m},\ \sqrt{-m})$ ist gleich dem Produkt der Klassenanzahlen in den quadratischen Körpern $k(\sqrt{+m})$ und $k(\sqrt{-m})$ oder gleich der Hälfte dieses Produktes, je nachdem für die Grundeinheit des Körpers K die Relativnorm in bezug auf $k(\sqrt{-1})$ gleich $\pm i$ oder gleich ± 1 wird.

Dieses Resultat bezeichnet Dirichlet als einen der schönsten Sätze der Theorie der imaginären Zahlen und als überraschend, weil durch dasselbe ein Zusammenhang zwischen denjenigen quadratischen Körpern aufgedeckt wird, die durch Quadratwurzeln aus entgegengesetzten reellen Zahlen bestimmt sind.

Bei dem rein arithmetischen Beweise dieses Satzes gelingt es zugleich in sehr einfacher Weise, und zwar durch bestimmte Bedingungen für die Geschlechtscharaktere, diejenigen Idealklassen des biquadratischen Körpers $K(\sqrt{+m},\ \sqrt{-m})$ zu kennzeichnen, welche als Produkte aus einer Idealklasse von $k(\sqrt{+m})$ und einer Idealklasse von $k(\sqrt{-m})$ erhalten werden können [Hilbert (*5*)].

20. Die Zahlringe und Moduln des quadratischen Körpers.

§ 88. Die Zahlringe des quadratischen Körpers.

Die Theorie der Ringe und Moduln eines quadratischen Körpers erledigt sich rasch durch Spezialisierung der allgemeinen in Kapitel 9 entwickelten Sätze. Man findet leicht, daß jeder Ring r des Körpers k durch eine einzige Zahl von der Gestalt $\varrho = f\omega$ erzeugt werden kann, wo ω die in § 59 definierte Zahl bedeutet, die mit 1 zusammen eine Basis von k bildet, und wo f eine gewisse positive ganze Zahl, nämlich den Führer des Ringes r, bezeichnet. Ist insbesondere d negativ und außerdem < -4, so findet sich nach Satz 66 die Anzahl h_r der regulären Ringklassen des Ringes r durch die Formel

$$h_r = hf \prod_{(p)} \left(1 - \left(\frac{d}{p}\right)\frac{1}{p}\right)$$

ausgedrückt, wo das Produkt über alle in f enthaltenen voneinander verschiedenen rationalen Primzahlen p zu erstrecken ist [Dedekind (*1, 3*)].

§ 89. Ein Satz von den Modulklassen des quadratischen Körpers. Die binären quadratischen Formen.

Betreffs der Modulklassen endlich gilt im quadratischen Körper die folgende Tatsache:

Satz 116. In einer beliebigen Modulklasse des quadratischen Körpers k gibt es stets reguläre Ringideale [Dedekind (*1*)].

Beweis. Es sei $[\mu_1, \mu_2]$ ein beliebiger Modul des Körpers k, wobei also μ_1, μ_2 ganze Zahlen sind, und $\partial = f^2 d$ die Diskriminante der durch $[\mu_1, \mu_2]$ bestimmten Modulklasse; ferner bezeichne $\mathfrak{m} = (\mu_1, \mu_2)$ das durch die Zahlen μ_1, μ_2 bestimmte Ideal und $s\mathfrak{m} = \mathfrak{m}'$ das zu $\mathfrak{m}$ konjugierte Ideal. Nunmehr bestimme man eine durch $\mathfrak{m}'$ teilbare ganze Zahl α des Körpers k so, daß $\frac{\alpha}{\mathfrak{m}'}$ prim zu ∂ ausfällt. Setzen wir dann

$$\alpha_1 = \frac{\alpha\,\mu_1}{n(\mathfrak{m})}, \qquad \alpha_2 = \frac{\alpha\,\mu_2}{n(\mathfrak{m})},$$

so wird $[\alpha_1, \alpha_2]$ ein mit $[\mu_1, \mu_2]$ äquivalenter Modul, während zugleich das durch α_1, α_2 bestimmte Ideal $\mathfrak{a} = (\alpha_1, \alpha_2)$ prim zu ∂ ausfällt.

Ist nun ∂ eine gerade Zahl, so ziehen wir zunächst die drei ganzen Zahlen $\alpha_1, \alpha_2, \alpha_1 + \alpha_2$ in Betracht; darunter ist notwendig mindestens eine prim zu 2, denn anderenfalls müßten sich unter diesen drei Zahlen gewiß irgend zwei finden, die mit der Zahl 2 einen und den nämlichen idealen Primfaktor gemein haben, was dem widerspräche, daß das Ideal $\mathfrak{a}$ prim zu ∂ ist. Es sei etwa α_1 prim zu 2. Nunmehr bezeichne man die ungeraden in ∂ aufgehenden rationalen Primzahlen mit $p, q, \ldots, w$. Da $\mathfrak{a}$ prim zu p ist, so muß mindestens eine der drei Zahlen $\alpha_1, \alpha_1 + \alpha_2, \alpha_1 + 2\alpha_2$ prim zu p sein. Es sei $\alpha_1 + x\alpha_2$ prim zu p, ferner sei $\alpha_1 + y\alpha_2$ prim zu $q, \ldots$, wo $x, y, \ldots$ ganze rationale Zahlen bedeuten sollen. Dann folgt leicht die Existenz einer ganzen rationalen Zahl a von der Art, daß $\alpha_1 + a\alpha_2$ prim zu ∂ wird.

Setzen wir nun

$$b = \frac{|n(\alpha_1 + a\,\alpha_2)|}{n(\mathfrak{a})}, \qquad \beta = \frac{\alpha_2(\alpha_1' + a\,\alpha_2')}{n(\mathfrak{a})},$$

wo α_1', α_2' die zu α_1, α_2 konjugierten Zahlen bedeuten, so ist b eine ganze rationale positive und β eine ganze algebraische Zahl, und es wird der Modul $[\alpha_1, \alpha_2] = [\alpha_1 + a\alpha_2, \alpha_2]$ äquivalent dem Modul $[b, \beta]$. Zugleich ergibt sich wegen $(b, \beta) = \frac{\alpha_1' + a\,\alpha_2'}{\mathfrak{a}'}$ die Norm $n(b, \beta) = b$. Der Modul $[b, \beta]$ ist offenbar ein reguläres Ringideal in dem durch die Zahl β bestimmten Ringe $r = [\beta]$, und hiermit ist der Satz 116 vollständig bewiesen.

Wegen

$$\partial = \frac{1}{(n(b, \beta))^2} \begin{vmatrix} b, & \beta \\ b, & \beta' \end{vmatrix}^2 = \begin{vmatrix} 1, & \beta \\ 1, & \beta' \end{vmatrix}^2$$

stimmt die Diskriminante dieses Ringes r mit der Diskriminante der betrachteten Modulklasse überein. Der erhaltene Ring r ist zugleich der einzige, welcher mit $[\mu_1, \mu_2]$ äquivalente Moduln unter seinen regulären Ringidealen aufweist. Der Satz 116 zeigt, daß es im quadratischen Körper auf dasselbe hinauskommt, die Modulklassen oder die Klassen regulärer Ringideale zu betrachten.

Nach den allgemeinen Ausführungen in § 30 und § 35 entspricht einer jeden Modulklasse eines quadratischen Körpers $k(\sqrt{m})$ eine Klasse binärer quadratischer Formen mit ganzzahligen Koeffizienten, und umgekehrt entspricht jeder solchen Formenklasse mit einer nichtquadratischen Diskriminante eine Modulklasse eines quadratischen Körpers, wobei die Modulklasse und die Formen stets gleiche Diskriminante besitzen. Danach ist durch die Untersuchungen in diesem Abschnitte zugleich die Theorie der quadratischen Formen mit vorgeschriebener Diskriminante ∂ vollständig erledigt.

§ 90. Die niedere und die höhere Theorie des quadratischen Zahlkörpers.

Die in diesem dritten Teile des Berichtes entwickelten und einheitlich dargestellten Untersuchungen machen die *niedere* Theorie des quadratischen Zahlkörpers aus; unter der *höheren* Theorie des quadratischen Zahlkörpers begreife ich die Darstellung derjenigen Eigenschaften dieses Körpers, zu deren naturgemäßer Herleitung die Benutzung gewisser Hilfskörper höheren Grades nötig ist. Ein Abschnitt dieser höheren Theorie findet in dem vierten Teil dieses Berichtes Platz. Die Theorie der zu einem imaginären quadratischen Körper gehörigen Klassenkörper sowie der dazu gehörigen relativ-Abelschen Körper erfordert jedoch zu ihrem Aufbau die Methode der komplexen Multiplikation der elliptischen Funktionen, und dies ist ein Gegenstand, welcher von der Aufnahme in diesen Bericht ausgeschlossen werden mußte.

Vierter Teil.

Der Kreiskörper.

21. Die Einheitswurzeln mit Primzahlexponent *l* und der durch sie bestimmte Kreiskörper.

§ 91. Der Grad des Kreiskörpers der l-ten Einheitswurzeln und die Zerlegung der Primzahl l in diesem Körper.

Es bedeute l eine ungerade rationale Primzahl, und es sei $\zeta = e^{\frac{2i\pi}{l}}$. Die Gleichung l-ten Grades

$$x^l - 1 = 0$$

besitzt die l Wurzeln

$$\zeta,\ \zeta^2,\ \ldots,\ \zeta^{l-1},\ \zeta^l = 1.$$

Diese Zahlen heißen **die l-ten Einheitswurzeln.** Der durch sie bestimmte Körper werde mit $k(\zeta)$ bezeichnet und der **Kreiskörper** der l-ten Einheitswurzeln genannt. Es gilt für ihn zunächst die folgende Tatsache:

Satz 117. Bedeutet l eine ungerade Primzahl, so besitzt der durch $\zeta = e^{\frac{2i\pi}{l}}$ bestimmte Kreiskörper $k(\zeta)$ der l-ten Einheitswurzeln den Grad $l-1$. Die Primzahl l gestattet in $k(\zeta)$ die Zerlegung $l = \mathfrak{l}^{l-1}$, wo $\mathfrak{l} = (1-\zeta)$ ein Primideal ersten Grades in $k(\zeta)$ ist.

Beweis. Die Zahl ζ genügt der Gleichung $l-1$-ten Grades

$$F(x) = \frac{x^l - 1}{x - 1} = x^{l-1} + x^{l-2} + \cdots + 1 = 0;$$

also ist der Körper $k(\zeta)$ höchstens vom Grade $l-1$. Da $\zeta, \zeta^2, \ldots, \zeta^{l-1}$ die $l-1$ Wurzeln dieser Gleichung $F(x) = 0$ sind, so gilt identisch in x die Gleichung:

$$x^{l-1} + x^{l-2} + \cdots + 1 = (x-\zeta)(x-\zeta^2)\ldots(x-\zeta^{l-1});$$

für $x = 1$ folgt hieraus:

$$l = (1-\zeta)(1-\zeta^2)\ldots(1-\zeta^{l-1}). \tag{31}$$

Es bedeute nun g eine beliebige durch l nicht teilbare ganze rationale Zahl > 1, und es sei dann g' eine positive ganze rationale Zahl von der Art, daß $gg' \equiv 1$ nach l ausfällt. Dann sind die Quotienten

$$\frac{1-\zeta^g}{1-\zeta} = 1 + \zeta + \zeta^2 + \cdots + \zeta^{g-1}$$

und

$$\frac{1-\zeta}{1-\zeta^g} = \frac{1-\zeta^{gg'}}{1-\zeta^g} = \frac{1-(\zeta^g)^{g'}}{1-\zeta^g} = 1 + \zeta^g + \zeta^{2g} + \cdots + \zeta^{(g'-1)g}$$

beide ganze algebraische Zahlen, und es erweist sich somit

$$\varepsilon_g = \frac{1-\zeta^g}{1-\zeta}$$

als eine Einheit des Körpers $k(\zeta)$. Setzen wir noch $\lambda = 1 - \zeta$ und $\mathfrak{l} = (\lambda)$, so erhält die Formel (31) die Gestalt

$$l = \lambda^{l-1}\varepsilon_2\varepsilon_3\ldots\varepsilon_{l-1} = \mathfrak{l}^{l-1}. \qquad (32)$$

Aus Satz 33 schließt man unmittelbar, daß eine rationale Primzahl in einem gegebenen Zahlkörper höchstens das Produkt so vieler Primideale sein kann, als der Grad des Körpers beträgt. In Anbetracht der Formel (32) muß mithin der Grad des Körpers $k(\zeta)$ mindestens $= l - 1$ sein, also ist nach dem bereits oben Gefundenen dieser Grad genau $= l - 1$. Andererseits kann aus dem nämlichen Grunde das Ideal $\mathfrak{l}$ im Körper $k(\zeta)$ nicht noch weiter in Faktoren zerfallen und es ist somit $\mathfrak{l}$ ein Primideal in $k(\zeta)$ [DEDEKIND (*1*)].

Das gewonnene Resultat besagt zugleich, daß die Funktion $F(x)$ im Bereich der rationalen Zahlen irreduzibel ist.

§ 92. Die Basis und die Diskriminante des Kreiskörpers der l-ten Einheitswurzeln.

Satz 118. In dem durch $\zeta = e^{\frac{2i\pi}{l}}$ bestimmten Kreiskörper $k(\zeta)$ der l-ten Einheitswurzeln bilden die Zahlen

$$1,\ \zeta,\ \zeta^2,\ \ldots,\ \zeta^{l-2}$$

eine Basis. Die Diskriminante des Kreiskörpers $k(\zeta)$ ist

$$d = (-1)^{\frac{l-1}{2}}\, l^{l-2}.$$

Beweis. Die Differente der Zahl ζ im Körper $k(\zeta)$ ist

$$\delta = (\zeta-\zeta^2)(\zeta-\zeta^3)\ldots(\zeta-\zeta^{l-1}) = \left[\frac{dF(x)}{dx}\right]_{x=\zeta}.$$

Aus

$$(x-1)F(x) = x^l - 1$$

folgt:

$$(x-1)\frac{dF(x)}{dx} + F(x) = l\,x^{l-1}, \quad \text{also} \quad \delta = -\frac{l\,\zeta^{l-1}}{1-\zeta};$$

nach der in § 3 (S. 71) gemachten Bemerkung ist dann die Diskriminante der Zahl ζ

$$d(\zeta) = (-1)^{\frac{(l-1)(l-2)}{2}}\, n(\delta) = (-1)^{\frac{l-1}{2}}\, l^{l-2}.$$

Da die Diskriminante $d(\lambda)$ der Zahl λ offenbar den nämlichen Wert $d(\zeta)$ hat, so lehrt die im Beweise zu Satz 5 bei Formel (1) S. 72 gemachte Bemerkung, daß eine jede ganze Zahl α des Körpers $k(\zeta)$ in der Gestalt

$$\alpha = \frac{a_0 + a_1\lambda + \cdots + a_{l-2}\lambda^{l-2}}{l^{l-2}} \tag{33}$$

mit ganzen rationalen Koeffizienten $a_0, a_1, \ldots, a_{l-2}$ dargestellt werden kann.

Dabei müssen dann die Zahlen $a_0, a_1, \ldots, a_{l-2}$ notwendig sämtlich durch den Nenner l^{l-2} teilbar sein. Um zunächst zu zeigen, daß sie ein erstes Mal durch l teilbar sind, nehmen wir an, es fände sich unter ihnen etwa a_g als erster nicht durch l teilbarer Koeffizient; aus $l^{l-2}\alpha \equiv 0$ nach l würde dann in Anbetracht von $l = \mathfrak{l}^{l-1}$ notwendig $a_g\lambda^g \equiv 0$ nach $\mathfrak{l}^{g+1}$, d. h. $a_g \equiv 0$ nach $\mathfrak{l}$ und also auch nach l folgen, was der Annahme widerspricht. Man kann mithin einen Faktor l in Zähler und Nenner des Ausdruckes (33) fortheben. Durch die geeignete Weiterführung des eben angewandten Verfahrens folgt schließlich, daß jede ganze Zahl α des Körpers $k(\zeta)$ bei ihren Darstellungen

$$\alpha = a_0 + a_1\lambda + \cdots + a_{l-2}\lambda^{l-2} = b_0 + b_1\zeta + \cdots + b_{l-2}\zeta^{l-2}$$

mit rationalen Koeffizienten $a_0, a_1, \ldots, a_{l-2}$, bzw. $b_0, b_1, \ldots b_{l-2}$ für diese lauter ganze rationale Zahlen bekommt.

Da somit die Potenzen $1, \zeta, \ldots, \zeta^{l-2}$ der Zahl ζ eine Basis des Körpers $k(\zeta)$ bilden, so folgt, daß die Diskriminante $d(\zeta)$ der Zahl ζ zugleich auch die Diskriminante des Körpers $k(\zeta)$ vorstellt.

§ 93. Die Zerlegung der von l verschiedenen rationalen Primzahlen im Kreiskörper der l-ten Einheitswurzeln.

Die Zerlegung der Primzahl l im Körper $k(\zeta)$ ist in Satz 117 ausgeführt. Für die Zerlegungen der übrigen rationalen Primzahlen im Körper $k(\zeta)$ gilt die folgende Regel:

Satz 119. Ist p eine von l verschiedene rationale Primzahl und f der kleinste positive Exponent, für welchen $p^f \equiv 1$ nach l ausfällt, und wird dann $l - 1 = ef$ gesetzt, so findet im Kreiskörper $k(\zeta)$ die Zerlegung

$$p = \mathfrak{p}_1 \ldots \mathfrak{p}_e$$

statt, wo $\mathfrak{p}_1, \ldots, \mathfrak{p}_e$ voneinander verschiedene Primideale f-ten Grades in $k(\zeta)$ sind [Kummer (*5, 6*)].

Beweis. Es sei $\alpha = a + a_1\zeta + \cdots + a_{l-2}\zeta^{l-2}$ eine beliebige ganze Zahl des Kreiskörpers $k(\zeta)$; dann folgen die Kongruenzen

$$\alpha^p \equiv (a + a_1\zeta + \cdots + a_{l-2}\zeta^{l-2})^p \equiv a + a_1\zeta^p + \cdots + a_{l-2}\zeta^{p(l-2)}, \quad (p)$$

$$\alpha^{p^2} \equiv (a + a_1\zeta^p + \cdots + a_{l-2}\zeta^{p(l-2)})^p \equiv a + a_1\zeta^{p^2} + \cdots + a_{l-2}\zeta^{p^2(l-2)}, \quad (p)$$

$$\cdots\cdots\cdots\cdots\cdots\cdots\cdots\cdots\cdots$$

$$\alpha^{p^f} \equiv (a + a_1\zeta^{p^{f-1}} + \cdots + a_{l-2}\zeta^{p^{f-1}(l-2)})^p \equiv a + a_1\zeta^{p^f} + \cdots + a_{l-2}\zeta^{p^f(l-2)} \equiv \alpha, (p).$$

Ist nun $\mathfrak{p}$ ein in p aufgehendes Primideal, so folgt aus der eben erhaltenen Kongruenz $\alpha^{p^f} \equiv \alpha$ nach p um so mehr $\alpha^{p^f} \equiv \alpha$ nach $\mathfrak{p}$, d. h. die Kongruenz

$$\xi^{p^f} - \xi \equiv 0, \quad (\mathfrak{p}) \tag{34}$$

wird von einer jeden ganzen Zahl des Körpers $k(\zeta)$ erfüllt. Die Anzahl der nach $\mathfrak{p}$ einander inkongruenten Wurzeln dieser Kongruenz (34) ist daher gleich der Anzahl der vorhandenen nach $\mathfrak{p}$ inkongruenten ganzen Zahlen, d. h. $= n(\mathfrak{p}) = p^{f'}$, wenn mit f' der Grad des Primideals $\mathfrak{p}$ bezeichnet wird. Nun ist der Grad der Kongruenz (34) p^f; nach Satz 26 folgt daher $p^{f'} \leqq p^f$, d. h. $f' \leqq f$.

Andererseits ist nach Satz 24, dem verallgemeinerten Fermatschen Satze, gewiß

$$\zeta^{p^{f'}-1} \equiv 1, \qquad (\mathfrak{p}). \tag{35}$$

Da nach Formel (31) für einen nicht durch l teilbaren Exponenten g die Zahl $1 - \zeta^g$ stets zu $\mathfrak{p}$ prim ist, so folgt aus der Kongruenz (35): $p^{f'} - 1 \equiv 0$ nach l, und damit $f' \geqq f$. Wir schließen nunmehr $f' = f$, d. h. jedes in p aufgehende Primideal hat den Grad f.

Da p nicht in der Diskriminante des Körpers $k(\zeta)$ aufgeht, so folgt nach Satz 31, daß p in lauter voneinander verschiedene Primideale zerfällt. Setzen wir etwa $p = \mathfrak{p}_1 \ldots \mathfrak{p}_{e'}$, so wird $n(p) = p^{l-1} = p^{e'f}$, d. h. $l - 1 = e'f$, $e' = e$. Damit ist der Beweis des Satzes 119 vollständig erbracht.

Zur wirklichen Aufstellung der Primideale $\mathfrak{p}_1, \ldots, \mathfrak{p}_e$ wenden wir den Satz 33 an und berücksichtigen die im Anschluß daran auf S. 91 gemachte Bemerkung. Danach gilt identisch in x nach p eine Zerlegung

$$F(x) \equiv F_1(x) \ldots F_e(x), \qquad (p),$$

wo $F_1(x), \ldots, F_e(x)$ ganze nach p irreduzible und einander inkongruente Funktionen vom f-ten Grade in x mit ganzen rationalen Koeffizienten bedeuten. Nach Bestimmung dieser Funktionen erhalten wir die gewünschte Darstellung in den folgenden Formeln

$$\mathfrak{p}_1 = (p, F_1(\zeta)), \ldots, \mathfrak{p}_e = (p, F_e(\zeta)).$$

22. Die Einheitswurzeln für einen zusammengesetzten Wurzelexponenten m und der durch sie bestimmte Kreiskörper.

§ 94. Der Kreiskörper der m-ten Einheitswurzeln.

Es bedeute m eine beliebige positive ganze rationale Zahl, und es werde $Z = e^{\frac{2i\pi}{m}}$ gesetzt. Die Gleichung m-ten Grades

$$x^m - 1 = 0$$

besitzt die m Wurzeln

$$Z, Z^2, \ldots, Z^{m-1}, Z^m = 1.$$

Diese Zahlen heißen **die m-ten Einheitswurzeln**; der durch sie bestimmte Körper werde mit $k(Z)$ bezeichnet und der **Kreiskörper** der m-ten Einheitswurzeln genannt.

Setzt man, falls m durch mehr als eine Primzahl teilbar ist:

$$m = l_1^{h_1} l_2^{h_2} \dots,$$

wo $l_1, l_2, \dots$ verschiedene rationale Primzahlen seien, so kann man eine Partialbruchzerlegung vornehmen

$$\frac{1}{m} = \frac{a_1}{l_1^{h_1}} + \frac{a_2}{l_2^{h_2}} + \cdots,$$

wo $a_1, a_2, \dots$ ganze rationale positive oder negative Zahlen bedeuten, und dann a_1 zu l_1, a_2 zu $l_2, \dots$ prim ist. Die Benutzung dieser Zerlegung liefert

$$Z = Z_1^{a_1} Z_2^{a_2} \dots,$$

wenn $Z_1 = e^{\frac{2i\pi}{l_1^{h_1}}}$, $Z_2 = e^{\frac{2i\pi}{l_2^{h_2}}}, \dots$ gesetzt wird; es entsteht also durch Zusammensetzung der Körper $k(Z_1)$ der $l_1^{h_1}$-ten Einheitswurzeln, $k(Z_2)$ der $l_2^{h_2}$-ten Einheitswurzeln, ... genau der Rationalitätsbereich $k(Z)$. Wir behandeln dementsprechend zunächst den einfacheren Fall $m = l^h$, wo in m nur eine Primzahl l aufgeht.

§ 95. Der Grad des Kreiskörpers der l^h-ten Einheitswurzeln und die Zerlegung der Primzahl l in diesem Körper.

Für den Kreiskörper der l^h-ten Einheitswurzeln gelten folgende Tatsachen:

Satz 120. Bedeutet l die Primzahl 2 oder eine ungerade Primzahl, so besitzt der durch $Z = e^{\frac{2i\pi}{l^h}}$ bestimmte Kreiskörper $k(Z)$ der l^h-ten Einheitswurzeln den Grad $l^{h-1}(l-1)$. Die Primzahl l gestattet in $k(Z)$ die Zerlegung $l = \mathfrak{L}^{l^{h-1}(l-1)}$, wo $\mathfrak{L}$ ein Primideal ersten Grades in $k(Z)$ ist.

Beweis. Z genügt der Gleichung vom $l^{h-1}(l-1)$-ten Grade:

$$F(x) = \frac{x^{l^h} - 1}{x^{l^{h-1}} - 1} = x^{l^{h-1}(l-1)} + x^{l^{h-1}(l-2)} + \cdots + 1 = 0.$$

Bedeutet g eine nicht durch l teilbare ganze rationale Zahl und dann g' eine ganze rationale Zahl von der Art, daß $gg' \equiv 1$ nach l^h ausfällt, so folgt ähnlich wie auf S. 195, daß sowohl

$$E_g = \frac{1 - Z^g}{1 - Z},$$

als auch der reziproke Wert davon, nämlich:

$$\frac{1 - Z}{1 - Z^g} = \frac{1 - Z^{gg'}}{1 - Z^g}$$

ganze Zahlen sind; es ist daher E_g eine Einheit. Auf Grund dieses Umstandes können in der nämlichen Weise wie in § 91 die Gleichungen:

$$F(1) = l = \prod_{(g)} (1 - Z^g) = \Lambda^{l^{h-1}(l-1)} \prod_{(g)} E_g = \mathfrak{L}^{l^{h-1}(l-1)}$$

geschlossen werden, wo $\Lambda = 1 - \mathsf{Z}$, $\mathfrak{L} = (\Lambda)$ gesetzt ist und in den Produkten g alle zu l primen Zahlen > 0 und $< l^h$ zu durchlaufen hat.

Durch dieselbe Überlegung wie in § 91 folgt hieraus, daß der Grad des Körpers $k(\mathsf{Z})$ mindestens $= l^{h-1}(l-1)$ ist, und damit zugleich, daß er genau diesen Wert hat.

§ 96. Die Basis und die Diskriminante des Kreiskörpers der l^h-ten Einheitswurzeln.

Satz 121. In dem durch $\mathsf{Z} = e^{\frac{2i\pi}{l^h}}$ bestimmten Kreiskörper $k(\mathsf{Z})$ der l^h-ten Einheitswurzeln bilden die Zahlen

$$1,\ \mathsf{Z},\ \mathsf{Z}^2,\ \ldots,\ \mathsf{Z}^{l^{h-1}(l-1)-1}$$

eine Basis; die Diskriminante dieses Körpers ist

$$d = \pm\, l^{l^{h-1}(hl-h-1)},$$

wo für $l^h = 4$ oder $l \equiv 3$ nach 4 das Vorzeichen $-$ und sonst das Vorzeichen $+$ gilt.

Satz 122. Ist p eine von l verschiedene rationale Primzahl und f der kleinste positive Exponent, für welchen $p^f \equiv 1$ nach l^h ausfällt, und wird $l^{h-1}(l-1) = ef$ gesetzt, so findet in $k(\mathsf{Z})$ die Zerlegung

$$p = \mathfrak{P}_1 \ldots \mathfrak{P}_e$$

statt, wo $\mathfrak{P}_1, \ldots, \mathfrak{P}_e$ voneinander verschiedene Primideale f-ten Grades in $k(\mathsf{Z})$ sind.

Die beiden Sätze 121 und 122 werden genau in der entsprechenden Weise bewiesen, wie die für den Körper $k(\zeta)$ aufgestellten Sätze 118 und 119.

§ 97. Der Kreiskörper der m-ten Einheitswurzeln. Der Grad, die Diskriminante und die Primideale dieses Körpers.

Jetzt sei m ein Produkt aus Potenzen verschiedener Primzahlen, etwa $m = l_1^{h_1} l_2^{h_2} \ldots$. Der nach § 94 definierte Kreiskörper $k(\mathsf{Z})$ der m-ten Einheitswurzeln entsteht dann, wie dort ausgeführt worden ist, durch Zusammensetzung der Kreiskörper $k(\mathsf{Z}_1), k(\mathsf{Z}_2), \ldots$ der $l_1^{h_1}$-ten, der $l_2^{h_2}$-ten, ... Einheitswurzeln. Da die Diskriminanten der letzteren Kreiskörper zueinander prim sind, so folgt aus Satz 87 (§ 52) unmittelbar die Tatsache:

Satz 123. Der Grad des Körpers $k(\mathsf{Z})$ der $m = l_1^{h_1} l_2^{h_2} \ldots$-ten Einheitswurzeln ist:

$$\Phi(m) = l_1^{h_1-1}(l_1-1)\, l_2^{h_2-1}(l_2-1) \ldots.$$

Wenden wir die zweite Aussage in Satz 88 auf die Kreiskörper $k(\mathsf{Z}_1)$, $k(\mathsf{Z}_2), \ldots$ an und beachten den Satz 121, so folgt das weitere Resultat:

Satz 124. Der Kreiskörper $k(\mathsf{Z})$ der m-ten Einheitswurzeln besitzt die Basis:

$$1,\ \mathsf{Z},\ \mathsf{Z}^2,\ \ldots,\ \mathsf{Z}^{\Phi(m)-1}.$$

Die Diskriminante des Körpers $k(\mathsf{Z})$ der m-ten Einheitswurzeln ergibt sich durch die erste Aussage in Satz 88.

Endlich kann auf Grund des Satzes 88 unter Zuhilfenahme der Eigenschaften der Zerlegungs- und der Trägheitskörper die Zerlegung einer rationalen Primzahl p im Körper $k(\mathsf{Z})$ ausgeführt werden. Man erhält so den Satz:

Satz 125. Ist p eine in $m = l_1^{h_1} l_2^{h_2} \ldots$ nicht aufgehende rationale Primzahl und f der kleinste positive Exponent, für welchen $p^f \equiv 1$ nach m ausfällt, und wird dann $\Phi(m) = ef$ gesetzt, so findet im Kreiskörper $k(\mathsf{Z})$ der m-ten Einheitswurzeln die Zerlegung

$$p = \mathfrak{P}_1 \ldots \mathfrak{P}_e$$

statt, wo $\mathfrak{P}_1, \ldots, \mathfrak{P}_e$ voneinander verschiedene Primideale f-ten Grades in $k(\mathsf{Z})$ sind.

Ist ferner p^h eine Potenz von p, und wird $m^* = p^h m$ gesetzt, so findet im Körper $k(\mathsf{Z}^*)$ der m^*-ten Einheitswurzeln die Zerlegung

$$p = \{\mathfrak{P}_1^* \ldots \mathfrak{P}_e^*\}^{p^{h-1}(p-1)}$$

statt, wo $\mathfrak{P}_1^*, \ldots, \mathfrak{P}_e^*$ voneinander verschiedene Primideale f-ten Grades in $k(\mathsf{Z}^*)$ sind [Kummer (*15*), Dedekind (*5*), Weber (*4*)].

Zum Beweise des Satzes 125 nehmen wir der Kürze wegen $m = l_1^{h_1} l_2^{h_2}$ an und bezeichnen dann die Kreiskörper der $l_1^{h_1}$-ten, $l_2^{h_2}$-ten Einheitswurzeln mit $k^{(1)}$ bez. $k^{(2)}$. Ferner sei p eine von l_1, l_2 verschiedene rationale Primzahl und $\mathfrak{p}^{(1)}, \mathfrak{p}^{(2)}$ seien je ein idealer Primfaktor von p bez. in den Körpern $k^{(1)}, k^{(2)}$; wir bezeichnen in $k^{(1)}, k^{(2)}$ die Zerlegungskörper der Primideale $\mathfrak{p}^{(1)}, \mathfrak{p}^{(2)}$ bez. mit $k_z^{(1)}, k_z^{(2)}$. Es seien f_1, f_2 die kleinsten Exponenten. für welche $p^{f_1} \equiv 1$ nach $l_1^{h_1}$ bzw. $p^{f_2} \equiv 1$ nach $l_2^{h_2}$ ausfällt, und es möge

$$l_1^{h_1-1}(l_1 - 1) = e_1 f_1, \qquad l_2^{h_2-1}(l_2 - 1) = e_2 f_2$$

gesetzt werden: dann sind e_1, e_2 bez. die Grade der Körper $k_z^{(1)}, k_z^{(2)}$ und f_1, f_2 der Relativgrad von $k^{(1)}$ in bezug auf $k_z^{(1)}$ bez. der Relativgrad von $k^{(2)}$ in bezug auf $k_z^{(2)}$. Nach Satz 88 zerfällt die rationale Primzahl p in dem aus $k_z^{(1)}, k_z^{(2)}$ zusammengesetzten Körper $k_z^{(1,2)}$ in $e_1 e_2$ Ideale; diese sind daher sämtlich Primideale ersten Grades in $k_z^{(1,2)}$. Wir betrachten unter diesen insbesondere das Primideal $\mathfrak{p} = (\mathfrak{p}^{(1)}, \mathfrak{p}^{(2)})$ und bezeichnen mit $\mathfrak{P}$ einen Primfaktor von $\mathfrak{p}$ in dem aus $k^{(1)}, k^{(2)}$ zusammengesetzten Körper k; es sei k_z der Zerlegungskörper des Primideals $\mathfrak{P}$ in k. Es folgt zunächst aus der Definition der Zerlegungskörper, daß $k_z^{(1,2)}$ entweder mit k_z übereinstimmen oder in k_z als Unterkörper enthalten sein muß. Die Relativgruppe des aus $k^{(1)}$, $k_z^{(2)}$ zusammengesetzten Körpers in bezug auf $k_z^{(1,2)}$ ist zyklisch vom Grade f_1; die Relativgruppe des aus $k_z^{(1)}, k^{(2)}$ zusammengesetzten Körpers in bezug auf $k_z^{(1,2)}$ ist zyklisch vom Grade f_2. Wir entnehmen hieraus, daß, wenn f das kleinste gemeinsame Vielfache der Zahlen f_1, f_2 bedeutet, die Relativgruppe von k in bezug auf $k_z^{(1,2)}$ keine zyklische Untergruppe von höherem als f-ten Grade enthalten kann. Da k als Trägheitskörper des Primideals $\mathfrak{P}$ eine zyklische Relativgruppe in bezug auf k_z besitzen muß und der Körper k_z den Körper $k_z^{(1,2)}$ enthält, so folgt, daß jene zyklische Relativgruppe von k in bezug auf k_z höchstens den Grad f hat.

Andrerseits stellen wir folgende Betrachtungen an. Die beiden Körper $k^{(1)}$ und k_z haben den Körper $k_z^{(1)}$, aber keinen Körper höheren Grades als gemeinsamen Unterkörper, da sonst $\mathfrak{p}^{(1)}$ in $k^{(1)}$ noch weiter zerlegbar sein müßte. Desgleichen haben die beiden Körper $k^{(2)}$ und k_z den Körper $k_z^{(2)}$ zum größten gemeinsamen Unterkörper. Wir legen nun $k_z^{(1,2)}$ als Rationalitätsbereich zugrunde; es ist dann k_z ein solcher Relativkörper in bezug auf $k_z^{(1,2)}$, der weder mit $k^{(1)}$, noch mit $k^{(2)}$ einen Relativkörper in bezug auf $k_z^{(1,2)}$ gemein hat. Hieraus schließen wir ohne Mühe, daß k_z höchstens vom Relativgrade $\frac{f_1 f_2}{f}$ in bezug auf $k_z^{(1,2)}$ sein kann. Der Körper k_z ist daher höchstens vom Grade $\frac{e_1 f_1 e_2 f_2}{f}$, d. h. die Relativgruppe von k in bezug auf k_z hat mindestens den Grad f. Dies zusammen mit der oben bewiesenen Tatsache zeigt, daß der Grad der Relativgruppe von k in bezug auf k_z gleich f sein muß, womit sich für den gegenwärtig betrachteten besonderen Fall die Aussage des Satzes 125 deckt.

Nach Satz 123 genügt $Z = e^{\frac{2i\pi}{m}}$ einer irreduziblen Gleichung $F(x) = 0$ vom $\Phi(m)$-ten Grade mit ganzen rationalen Koeffizienten, und nach dem Beweise zu Satz 87 bleibt diese Gleichung $F(x) = 0$ auch noch irreduzibel, wenn man als Rationalitätsbereich irgendeinen Körper zugrunde legt, dessen Diskriminante zu m prim ist [Kronecker (*3, 21*)].

Die Bildung der linken Seite $F(x)$ dieser Gleichung geschieht in folgender Weise. Wird für den Augenblick zur Abkürzung allgemein

$$x^m - 1 = [m]$$

und

$$\Pi_0 = [m],$$
$$\Pi_1 = \left[\frac{m}{l_1}\right]\left[\frac{m}{l_2}\right]\ldots,$$
$$\Pi_2 = \left[\frac{m}{l_1 l_2}\right]\left[\frac{m}{l_1 l_3}\right]\ldots\left[\frac{m}{l_2 l_3}\right]\ldots,$$
$$\Pi_3 = \left[\frac{m}{l_1 l_2 l_3}\right]\left[\frac{m}{l_1 l_2 l_4}\right]\ldots\left[\frac{m}{l_2 l_3 l_4}\right]\ldots,$$
$$\cdots\cdots\cdots\cdots\cdots\cdots$$

gesetzt, so ist:

$$F(x) = \frac{\Pi_0 \Pi_2 \Pi_4 \ldots}{\Pi_1 \Pi_3 \Pi_5 \ldots}.$$

[Dedekind (*1*), Bachmann (*2*)].

Ist a eine ganze rationale Zahl und p eine in $F(a)$ aufgehende zu m prime Primzahl, so hat mit Rücksicht auf Satz 125 p stets die Kongruenzeigenschaft $p \equiv 1$ nach m. Es gibt danach offenbar unendlich viele Primzahlen p mit dieser Kongruenzeigenschaft.

§ 98. Die Einheiten des Kreiskörpers $k(e^{\frac{2i\pi}{m}})$. Die Definition der Kreiseinheiten.

Es gelten folgende Tatsachen:

Satz 126. Wenn m eine Potenz einer Primzahl l ist und g eine nicht durch l teilbare Zahl bedeutet, so stellt in dem durch $Z = e^{\frac{2i\pi}{m}}$ bestimmten Kreiskörper der Ausdruck

$$\frac{1 - Z^g}{1 - Z}$$

stets eine Einheit dar.

Wenn die Zahl m verschiedene Primfaktoren enthält und g eine zu m prime Zahl bedeutet, so stellt in dem durch $Z = e^{\frac{2i\pi}{m}}$ bestimmten Kreiskörper der Ausdruck

$$1 - Z^g$$

stets eine Einheit dar.

Beweis. Der erste Teil dieses Satzes 126 ist bereits in den Beweisen der Sätze 117 und 120 festgestellt worden. Um den zweiten Teil zu beweisen, setzen wir $m = l_1^{h_1} l_2^{h_2} l_3^{h_3} \ldots$ und

$$\frac{g}{m} = \frac{a}{l_1^{h_1}} + \frac{b}{l_2^{h_2} l_3^{h_3} \ldots},$$

wo a eine zu l_1 und b eine zu $l_2, l_3, \ldots$ prime ganze rationale Zahl bezeichnet; dabei wird

$$1 - Z^g = 1 - e^{\frac{2i\pi g}{m}} = 1 - e^{\frac{2i\pi a}{l_1^{h_1}}} e^{\frac{2i\pi b}{l_2^{h_2} l_3^{h_3} \ldots}}. \tag{36}$$

Nun ist:

$$\prod_{(x)} \left(1 - e^{\frac{2i\pi x}{l_1^{h_1}}} e^{\frac{2i\pi b}{l_2^{h_2} l_3^{h_3} \ldots}}\right) = 1 - e^{\frac{2i\pi b l_1^{h_1}}{l_2^{h_2} l_3^{h_3} \ldots}},$$

wo das Produkt über $x = 0, 1, 2, \ldots, l_1^{h_1} - 1$ zu erstrecken ist, oder:

$$\prod_{(x')} \left(1 - e^{\frac{2i\pi x'}{l_1^{h_1}}} e^{\frac{2i\pi b}{l_2^{h_2} l_3^{h_3} \ldots}}\right) = \frac{1 - e^{\frac{2i\pi b l_1^{h_1}}{l_2^{h_2} l_3^{h_3} \ldots}}}{1 - e^{\frac{2i\pi b}{l_2^{h_2} l_3^{h_3} \ldots}}}, \tag{37}$$

wo das Produkt über $x' = 1, 2, \ldots, l_1^{h_1} - 1$ zu erstrecken ist.

Wir unterscheiden jetzt zwei Fälle, je nachdem die Anzahl der Primzahlen $l_1, l_2, \ldots$, die in m enthalten sind, zwei oder mehr als zwei beträgt. Im ersteren Falle ist die rechte Seite der Formel (37) nach dem bereits feststehenden ersten Teile des Satzes 126 eine Einheit. Im zweiten Falle können wir annehmen, der zu beweisende Satz 126 sei bereits für diejenigen Kreiskörper $k(e^{\frac{2i\pi}{m^*}})$ als richtig erkannt, bei welchen die Zahl m^* durch weniger

Primzahlen als m teilbar ist; es trifft dann dieser Satz für den Kreiskörper zu, der durch die $\frac{m}{l_1^{h_1}}$-ten Einheitswurzeln bestimmt ist. Danach sind dann Zähler und Nenner des auf der rechten Seite von (37) stehenden Bruches für sich Einheiten. Der Ausdruck (36) ist ein Faktor des Produktes auf der linken Seite von (37) und daher gleichfalls in jedem Falle eine Einheit. Damit ist der Satz 126 vollständig bewiesen.

Von einer jeden beliebigen Einheit eines Kreiskörpers $k(e^{\frac{2i\pi}{m}})$ gilt die Tatsache, daß sie gleich dem Produkte aus einer Einheitswurzel und einer reellen Einheit ist. Die Einheitswurzel liegt dabei nicht notwendig immer in dem Körper $k(e^{\frac{2i\pi}{m}})$ selbst, sondern kann, wenn m verschiedene Primzahlen enthält, bei geradem m eine $2m$-te, bei ungeradem m eine $4m$-te Einheitswurzel sein [Kronecker (7)]. Wir sprechen insbesondere die folgende, schon von Kummer erkannte Tatsache aus:

Satz 127. Bezeichnet l eine ungerade Primzahl, und betrachten wir in dem durch $\zeta = e^{\frac{2i\pi}{l}}$ bestimmten Kreiskörper $k(\zeta)$ den durch $\zeta + \zeta^{-1}$ bestimmten reellen Unterkörper $k(\zeta + \zeta^{-1})$ vom Grade $\frac{l-1}{2}$, so ist ein beliebiges System von Grundeinheiten dieses reellen Körpers $k(\zeta + \zeta^{-1})$ stets auch für den Körper $k(\zeta)$ ein System von Grundeinheiten.

Beweis. Ist $\varepsilon(\zeta)$ eine beliebige Einheit in $k(\zeta)$, so ist $\frac{\varepsilon(\zeta)}{\varepsilon(\zeta^{-1})}$ eine solche Einheit in $k(\zeta)$, die selbst und deren Konjugierte sämtlich den absoluten Betrag 1 besitzen, und sie stellt daher nach Satz 48 eine Einheitswurzel dar; wir setzen $\frac{\varepsilon(\zeta)}{\varepsilon(\zeta^{-1})} = \pm\zeta^{2g}$, wo g eine ganze Zahl sei. Die Einheit $\eta(\zeta) = \varepsilon(\zeta)\zeta^{-g}$ besitzt dann die Eigenschaft:

$$\frac{\eta(\zeta)}{\eta(\zeta^{-1})} = \pm 1 . \tag{38}$$

In dieser Formel (38) kann rechter Hand nur das positive Vorzeichen gelten. Anderenfalls nämlich wäre $\eta(\zeta)$ eine rein imaginäre Einheit; dann setzen wir $\eta^2 = \vartheta$, so daß ϑ eine Einheit des reellen Unterkörpers $k(\zeta + \zeta^{-1})$ wird. Die Relativdifferente der Zahl $\eta = \sqrt{\vartheta}$ in bezug auf den reellen Unterkörper $k(\zeta + \zeta^{-1})$ ist 2η und mithin prim zu l. Demnach müßte auch die Relativdifferente des Körpers $k(\zeta)$ in bezug auf den Körper $k(\zeta + \zeta^{-1})$ prim zu l sein. Bedeutet nun $\mathfrak{l}^*$ ein beliebiges in l aufgehendes Primideal des reellen Körpers $k(\zeta + \zeta^{-1})$, so würde daher nach Satz 93 dieses Ideal nicht gleich dem Quadrate eines Primideals des Körpers $k(\zeta)$ sein. Da aber $\mathfrak{l}^*$ in l höchstens zur $\frac{l-1}{2}$-ten Potenz vorkommt, so fände sich diese letzte Folgerung in Widerspruch mit dem Satze 117 über die Zerlegung der Zahl l im Körper $k(\zeta)$; also gilt in der Tat auf der rechten Seite der Formel (38) das obere Vorzeichen. Aus $\eta(\zeta) = \eta(\zeta^{-1})$ folgt, daß die Zahl $\eta(\zeta)$ reell ist. Damit ist der Beweis des Satzes 127 erbracht.

Die in Satz 126 angegebenen Einheiten sind imaginär. Um reelle Einheiten zu erhalten, bilden wir, je nachdem m eine Potenz einer Primzahl ist oder verschiedene Primzahlen enthält, die Ausdrücke:

$$\mathsf{E}_g = \sqrt{\frac{(1-\mathsf{Z}^g)(1-\mathsf{Z}^{-g})}{(1-\mathsf{Z})(1-\mathsf{Z}^{-1})}}$$

bez.

$$\mathsf{E}_g = \sqrt{(1-\mathsf{Z}^g)(1-\mathsf{Z}^{-g})},$$

wo g eine zu m prime Zahl bedeute und der positive Wert der Quadratwurzel genommen werde. Diese Einheiten sollen kurz **Kreiseinheiten** genannt werden. Mit Rücksicht auf $1 - \mathsf{Z}^{-g} = -\mathsf{Z}^{-g}(1 - \mathsf{Z}^g)$ erkennt man, daß in dem ersteren Falle diese Einheiten im Körper $k(\mathsf{Z})$ selbst liegen, während sie im zweiten Falle als Produkte aus Einheiten des Körpers $k(\mathsf{Z})$ in $2m$-te bez. $4m$-te Einheitswurzeln erscheinen, je nachdem m gerade oder ungerade ist.

23. Der Kreiskörper in seiner Eigenschaft als Abelscher Körper.

§ 99. Die Gruppe des Kreiskörpers der m-ten Einheitswurzeln.

Der Kreiskörper der m-ten Einheitswurzeln ist bei jedem Werte von m, wie man leicht erkennt, ein Abelscher Körper, und zwar gelten die folgenden eingehenderen Sätze:

Satz 128. Bedeutet l eine ungerade Primzahl, so ist der durch $\mathsf{Z} = e^{\frac{2i\pi}{l^h}}$ bestimmte Kreiskörper ein zyklischer Körper.

Der durch $\mathsf{Z} = e^{\frac{i\pi}{2^h}}$ $(h \geqq 2)$ bestimmte Kreiskörper entsteht durch Zusammensetzung des imaginären quadratischen Körpers $k(i)$ und des reellen Körpers $k\left(e^{\frac{i\pi}{2^h}} + e^{-\frac{i\pi}{2^h}}\right)$. Der reelle Körper $k\left(e^{\frac{i\pi}{2^h}} + e^{-\frac{i\pi}{2^h}}\right)$ ist zyklisch vom Grade 2^{h-1}.

Beweis. Der erste Teil des Satzes 128 folgt, wenn wir die Substitution

$$s = (\mathsf{Z} : \mathsf{Z}^r)$$

(Ersetzung von Z durch Z^r) einführen, wo unter r eine Primitivzahl nach l^h verstanden werden soll. Offenbar sind dann alle Substitutionen der Gruppe des Körpers $k(\mathsf{Z})$ Potenzen von s.

Um den zweiten Teil des Satzes 128 zu beweisen, betrachten wir die Substitutionen

$$s = (\mathsf{Z} : \mathsf{Z}^5), \quad s' = (\mathsf{Z} : \mathsf{Z}^{-1}) = (i : -i).$$

Dann folgt leicht, daß die Potenzen von s und deren Produkte mit s' die sämtlichen Substitutionen des Körpers $k(\mathsf{Z})$ ausmachen.

Auf Grund des Satzes 128 ist auch für jede zusammengesetzte Zahl m die Gruppe des Kreiskörpers der m-ten Einheitswurzeln unmittelbar anzugeben.

Die Aufstellung des Zerlegungs-, des Trägheits- und des Verzweigungskörpers für ein gegebenes Primideal in $k\left(e^{\frac{2i\pi}{m}}\right)$ kann auf Grund der Bedeutung dieser Unterkörper mit Hilfe der in § 95, § 96 und § 97 bewiesenen Sätze über die Zerlegung einer rationalen Primzahl im Kreiskörper leicht bewirkt werden. So ergibt sich insbesondere das folgende Resultat:

Satz 129. Bedeutet l eine ungerade Primzahl, und betrachtet man den Kreiskörper $k(Z)$ der l^h-ten Einheitswurzeln, so ist für das in l enthaltene Primideal $\mathfrak{L} = (1 - Z)$ der Körper $k(Z)$ ein überstrichener Verzweigungskörper und der in ihm enthaltene Körper der l-ten Einheitswurzeln der Verzweigungskörper, während der Körper der rationalen Zahlen gleichzeitig die Rolle des Zerlegungs- und des Trägheitskörpers für $\mathfrak{L}$ übernimmt. Ist ferner $\mathfrak{P}$ ein von $\mathfrak{L}$ verschiedenes Primideal in $k(Z)$ vom Grade f, so ist für $\mathfrak{P}$ der Körper $k(Z)$ selbst der Trägheitskörper, während als Zerlegungskörper von $\mathfrak{P}$ derjenige Unterkörper $e = \frac{l^{h-1}(l-1)}{f}$-ten Grades von $k(Z)$ erscheint, der zu der Substitutionengruppe

$$s^e, s^{2e}, s^{3e}, \ldots, s^{fe}$$

gehört. Dabei bedeutet $s = (Z : Z^r)$ eine solche Substitution der Gruppe des Körpers $k(Z)$, welche mit ihren Potenzen diese Gruppe vollständig erzeugt.

§ 100. Der allgemeine Begriff des Kreiskörpers. Der Fundamentalsatz über die Abelschen Körper.

Wir erweitern nunmehr den Begriff des Kreiskörpers, wie er bisher in Betracht kam; wir bezeichnen als einen **Kreiskörper** schlechthin nicht nur einen jeden durch die Einheitswurzeln von irgendeinem Exponenten m bestimmten Körper $k\left(e^{\frac{2i\pi}{m}}\right)$, sondern auch einen jeden, irgendwie in einem solchen besonderen Kreiskörper $k\left(e^{\frac{2i\pi}{m}}\right)$ enthaltenen Unterkörper. Da jeder Körper $k\left(e^{\frac{2i\pi}{m}}\right)$ ein Abelscher Körper ist und ferner, wenn m und m' irgendwelche Exponenten bedeuten, der Körper der m-ten Einheitswurzeln und der Körper der m'-ten Einheitswurzeln beide zugleich in dem Körper der $m \cdot m'$-ten Einheitswurzeln als Unterkörper enthalten sind, so gelten für diesen erweiterten Begriff des Kreiskörpers allgemein die folgenden Tatsachen:

Satz 130. Jeder Kreiskörper ist ein Abelscher Körper. Jeder Unterkörper eines Kreiskörpers ist ein Kreiskörper. Jeder aus Kreiskörpern zusammengesetzte Körper ist wiederum ein Kreiskörper.

Es ist nun eine fundamentale Tatsache, daß die erste Aussage in diesem Satze 130 sich, wie folgt, umkehren läßt:

Satz 131. *Jeder Abelsche Zahlkörper im Bereiche der rationalen Zahlen ist ein Kreiskörper* [KRONECKER (*2*, *13*), WEBER (*1*), HILBERT (*6*)].

Um den Beweis dieses fundamentalen Satzes vorzubereiten, erinnern wir daran, daß nach § 48 jeder Abelsche Körper sich aus solchen zyklischen Körpern zusammensetzen läßt, bei denen die Grade Primzahlen oder Primzahlpotenzen sind. Wir konstruieren nun folgende besonderen zyklischen Körper. Es bedeute u eine ungerade Primzahl und u^h eine Potenz derselben mit positivem Exponenten; dann ist der durch $e^{\frac{2i\pi}{u^{h+1}}}$ bestimmte Körper $k\left(e^{\frac{2i\pi}{u^{h+1}}}\right)$ ein zyklischer Körper vom $u^h(u-1)$-ten Grade. Der zyklische Unterkörper vom u^h-ten Grade dieses Körpers werde mit U_h bezeichnet. Ferner bestimmt die Zahl $e^{\frac{i\pi}{2^{h+1}}} + e^{\frac{-i\pi}{2^{h+1}}}$ einen reellen zyklischen Körper vom 2^h-ten Grade. Dieser Körper werde mit II_h bezeichnet. Endlich sei l^h eine Potenz einer beliebigen Primzahl $l(= 2$ oder $\neq 2)$ und außerdem p eine Primzahl mit der Kongruenzeigenschaft $p \equiv 1$ nach l^h; dann besitzt der Kreiskörper $k\left(e^{\frac{2i\pi}{p}}\right)$ vom Grade $p-1$ offenbar einen zyklischen Unterkörper vom Grade l^h. Dieser zyklische Körper l^h-ten Grades werde mit P_h bezeichnet. Die Körper U_h, II_h, P_h sind Kreiskörper bez. von den Graden u^h, 2^h, l^h; die Diskriminanten dieser Körper U_h, II_h, P_h sind infolge der Sätze 39 und 121 Potenzen bez. der Primzahlen $u, 2, p$. Daß es bei jeder Annahme von l^h Primzahlen p mit der Kongruenzeigenschaft $p \equiv 1$ nach l^h gibt, steht nach der letzten Bemerkung in § 97 fest, kommt jedoch hier nicht in Frage.

Wir werden in den folgenden Paragraphen zeigen, daß jeder Abelsche Körper als Unterkörper in einem solchen Körper enthalten ist, der durch Zusammensetzung aus $k(i)$ und geeigneten Körpern U_h, II_h, P_h entsteht. Zu diesem Nachweise ist eine Reihe von Hilfsbetrachtungen vorauszuschicken.

§ 101. Ein allgemeiner Hilfssatz über zyklische Körper.

Hilfssatz 15. Wenn ein zyklischer Körper C_h von einem Grade l^h, wo l eine beliebige Primzahl $(= 2$ oder $\neq 2)$ ist, nicht den betreffenden Körper U_1 bez. II_1 als Unterkörper enthält, so entsteht durch Zusammensetzung von C_h mit dem durch $Z = e^{\frac{2i\pi}{l^h}}$ bestimmten Körper $k(Z)$ ein Körper $k(Z, C_h)$ vom Grade $l^{2h-1}(l-1)$, und es gibt dann stets in $k(Z)$ eine ganze Zahl $\varkappa$ mit folgenden Eigenschaften: der Körper $k(Z, C_h)$ ist auch durch die Zahlen Z und $\sqrt[l^h]{\varkappa}$ bestimmt; bezeichnet r eine beliebige nicht durch l teilbare ganze rationale Zahl, und wird aus der Gruppe des Körpers $k(Z)$ die Substitution

$$s = (Z : Z^r)$$

ins Auge gefaßt, so ist $\varkappa^{s-r}$ die l^h-te Potenz einer Zahl in $k(Z)$.

Beweis. Die erste Behauptung über den Grad von $k(Z, C_h)$ folgt unmittelbar daraus, daß $k(Z)$ und C_h außer dem Körper der rationalen Zahlen keinen gemeinsamen Unterkörper haben. Es sei nun α eine den Körper C_h bestimmende ganze Zahl von der Art, daß auch keine Potenz von α in einem Unterkörper von C_h liegt; es sei ferner t eine solche Substitution der Gruppe von C_h, welche mit ihren Potenzen diese Gruppe erzeugt. Wir setzen, wenn a und b beliebige Exponenten sind:

$$K(\alpha^a, Z^b) = \alpha^a + Z^b \cdot (t\alpha)^a + Z^{2b} \cdot (t^2\alpha)^a + \cdots + Z^{(l^h-1)b} \cdot (t^{l^h-1}\alpha)^a.$$

Die Ausdrücke $K(\alpha, Z), K(\alpha^2, Z), \ldots, K(\alpha^{l^h-1}, Z)$ können nicht sämtlich verschwinden, da sonst wegen $K(\alpha^0, Z) = 0$ notwendig auch die Determinante

$$\begin{vmatrix} 1, & 1, & \ldots, & 1 \\ \alpha, & t\alpha, & \ldots, & t^{l^h-1}\alpha \\ \cdot & \cdot & \cdot & \cdot \\ \alpha^{l^h-1}, & (t\alpha)^{l^h-1}, & \ldots, & (t^{l^h-1}\alpha)^{l^h-1} \end{vmatrix}$$

verschwinden müßte und dann nach der Bemerkung auf S. 71 die Zahl α keine den Körper C_h bestimmende Zahl wäre. Es sei $\alpha^* = \alpha^a$ eine solche Potenz von α, für welche $K = K(\alpha^*, Z) \neq 0$ ausfällt. Vermöge $K(t\alpha^*, Z^b) = Z^{-b} K(\alpha^*, Z^b)$ folgt dann, daß die Zahl K^{l^h} und ferner alle Zahlen $\frac{K(\alpha^*, Z^b)}{K^b}$ Zahlen in dem Körper $k(Z)$ sind. Da

$$\alpha^* = \frac{1}{l^h}\{K(\alpha^*, Z) + K(\alpha^*, Z^2) + \cdots + K(\alpha^*, Z^{l^h})\}$$

wird und α^* ebenfalls eine den Körper C_h bestimmende Zahl ist, so sehen wir, daß der durch K und Z bestimmte Körper, dessen Grad höchstens $l^{2h-1}(l-1)$ ist, den Körper $k(Z, C_h)$ vom Grade $l^{2h-1}(l-1)$ enthält; der erstere Körper ist daher mit diesem letzteren Körper identisch, und die Zahl $\varkappa = K^{l^h}$ besitzt die im Hilfssatz 15 angegebene Eigenschaft.

Wir machen noch folgende Bemerkung. Der durch Z und $\sqrt[l^h]{\varkappa}$ bestimmte Körper ist, wie man leicht erkennt, relativ zyklisch vom Relativgrade l^h in bezug auf $k(Z)$ und besitzt daher einen einzigen Unterkörper, der $k(Z)$ enthält und relativ zyklisch vom Grade l in bezug auf $k(Z)$ ist. Bedeutet nun C_1 den Unterkörper l-ten Grades von C_h, so muß danach der aus $k(Z)$ und C_1 zusammengesetzte Körper mit dem durch Z und $\sqrt[l]{\varkappa}$ bestimmten Körper identisch sein.

§ 102. Von gewissen Primzahlen in der Diskriminante eines zyklischen Körpers vom Grade l^h.

Hilfssatz 16. Wenn C_h ein zyklischer Körper von einem Grade l^h ist, wo l eine beliebige Primzahl ($= 2$ oder $\neq 2$) ist, und wenn C_1 den Unterkörper l-ten Grades von C_h bezeichnet, so besitzen die etwaigen von l verschiedenen Primteiler p der Diskriminante von C_1 durchweg die Kongruenzeigenschaft $p \equiv 1$ nach l^h.

Beweis. Zunächst betrachten wir den Fall, daß l eine ungerade Primzahl und $h = 1$ ist. Wir nehmen an, es fände sich im Gegensatz zu unserer Behauptung eine rationale, in der Diskriminante von C_1 aufgehende Primzahl p, welche $\not\equiv 1$ nach l ist. Es sei $\zeta = e^{\frac{2i\pi}{l}}$, ferner r eine Primitivzahl nach l, und man nehme aus der Gruppe des Körpers $k(\zeta)$ die Substitution $s = (\zeta : \zeta^r)$. Ist $\mathfrak{p}$ ein idealer Primfaktor von p im Körper $k(\zeta)$, so ist das Primideal $\mathfrak{p}$, wegen $p \not\equiv 1$ nach l, nach Satz 119 von einem Grade $f > 1$; mithin ist nach Satz 129 der Zerlegungskörper des Primideals $\mathfrak{p}$ von einem Grade $e < l - 1$; die übrigen Primfaktoren von p sind dann

$$\mathfrak{p}' = s\,\mathfrak{p}, \ldots, \mathfrak{p}^{(e-1)} = s^{e-1}\,\mathfrak{p},$$

während $s^e\mathfrak{p} = \mathfrak{p}$, d. h.

$$\mathfrak{p}^{s^e - 1} = 1 \tag{39}$$

wird. Desgleichen gelten auch für die zu $\mathfrak{p}$ konjugierten Primideale $\mathfrak{p}', \mathfrak{p}'', \ldots$ die entsprechenden Gleichungen

$$\mathfrak{p}'^{s^e-1} = 1, \qquad \mathfrak{p}''^{s^e-1} = 1, \ldots. \tag{40}$$

Nach Hilfssatz 15 gibt es eine ganze Zahl $\varkappa$ in $k(\zeta)$, so daß die beiden Zahlen ζ und $\sqrt[l]{\varkappa}$ den aus $k(\zeta)$ und C_1 zusammengesetzten Körper $k(\zeta, C_1)$ bestimmen, und für welche obendrein $\varkappa^{s-r}$ gleich der l-ten Potenz einer Zahl in $k(\zeta)$ wird. Da $s - r$ und $s^e - 1$ zwei ganzzahlige Funktionen von s sind, welche im Sinne der Kongruenz nach l keinen gemeinsamen Faktor haben, so gibt es drei ganzzahlige Funktionen $\varphi(s), \psi(s), \chi(s)$ der Veränderlichen s, so daß

$$1 = (s^e - 1)\,\varphi(s) + (s - r)\,\psi(s) + l\,\chi(s)$$

ist, und hieraus folgt

$$\varkappa = \varkappa^{(s^e-1)\varphi(s) + (s-r)\psi(s) + l\chi(s)} = \varkappa^{(s^e-1)\varphi(s)}\,\alpha^l,$$

wo α eine Zahl in $k(\zeta)$ ist. Wegen der vorhin bewiesenen Gleichungen (39) und (40) für die Primideale $\mathfrak{p}, \mathfrak{p}', \mathfrak{p}'', \ldots$ läßt sich $\varkappa^{s^e-1}$ als eine solche ganze oder gebrochene Zahl schreiben, daß Zähler und Nenner keinen der Primfaktoren $\mathfrak{p}, \mathfrak{p}', \mathfrak{p}'', \ldots$ enthalten und daher zu p prim sind; das gleiche gilt somit von der Zahl $\varkappa^{(s^e-1)\varphi(s)}$. Wir setzen $\varkappa^{(s^e-1)\varphi(s)} = \frac{\varrho}{a^l}$ in solcher Weise, daß ϱ eine ganze, zu p prime Zahl in $k(\zeta)$ und a eine ganze rationale Zahl bedeutet. Der Körper $k(\zeta, C_1)$ wird dann auch durch die beiden Zahlen ζ und $\sqrt[l]{\varrho}$ bestimmt. Die Relativdiskriminante der Zahl $\sqrt[l]{\varrho}$ in bezug auf $k(\zeta)$ ist $= \pm\, l^l \varrho^{l-1}$, und da ϱ zu p prim ist, so ist mithin auch die Relativdiskriminante von $k(\zeta, C_1)$ in bezug auf $k(\zeta)$ prim zu p. Da andererseits auch die Diskriminante von $k(\zeta)$ nicht durch p teilbar ist, so ist nach Satz 39 auch die Diskriminante von $k(\zeta, C_1)$ und folglich nach Satz 85 auch die Diskriminante des Körpers C_1 prim zu p, was unserer Annahme widerspricht.

In ähnlicher Weise erschließen wir die Richtigkeit des Hilfssatzes 16 bei ungeradem l, wenn der Exponent $h > 1$ angenommen wird. Es sei $\mathsf{Z} = e^{\frac{2i\pi}{l^h}}$, ferner bezeichne r eine Primitivzahl nach l^h, und aus der Gruppe des Körpers $k(\mathsf{Z})$ sei $s = (\mathsf{Z} : \mathsf{Z}^r)$. Es sei p eine in der Diskriminante von C_1 aufgehende, von l verschiedene Primzahl und $\mathfrak{p}$ ein idealer Primfaktor von p in $k(\mathsf{Z})$. Nehmen wir $p \equiv 1$ nach l, aber $\not\equiv 1$ nach l^h an, so liegt das Primideal $\mathfrak{p}$ jedenfalls auch in dem Unterkörper $k(\mathsf{Z}^l)$ des Körpers $k(\mathsf{Z})$, d. h. es ist $\mathfrak{p}^{s^{l^{h-2}(l-1)}-1} = 1$, und ebenso gelten für die zu $\mathfrak{p}$ in $k(\mathsf{Z})$ konjugierten Primideale $\mathfrak{p}', \mathfrak{p}'', \ldots$ die Gleichungen:

$$\mathfrak{p}'^{s^{l^{h-2}(l-1)}-1} = 1, \qquad \mathfrak{p}''^{s^{l^{h-2}(l-1)}-1} = 1, \ldots.$$

Da r Primitivzahl nach l^h ist, so wird $r^{l^{h-2}(l-1)} \not\equiv 1$ nach l^h, und mithin lassen sich drei ganzzahlige Funktionen $\varphi(s)$, $\psi(s)$, $\chi(s)$ der Variablen s derart bestimmen, daß

$$l^{h-1} = (s^{l^{h-2}(l-1)} - 1)\,\varphi(s) + (s - r)\,\psi(s) + l^h\,\chi(s)$$

ist; hieraus folgt alsdann, wenn $\varkappa$ eine nach Hilfssatz 15 bestimmte Zahl bedeutet,

$$\varkappa^{l^{h-1}} = \varkappa^{(s^{l^{h-2}(l-1)}-1)\varphi(s)}\alpha^{l^h},$$

wo α eine Zahl in $k(\mathsf{Z})$ ist. Wegen der vorhin bewiesenen Eigenschaft der Primideale $\mathfrak{p}, \mathfrak{p}', \mathfrak{p}'', \ldots$ ist $\varkappa^{s^{l^{h-2}(l-1)}-1}$ und folglich auch $\varkappa^{(s^{l^{h-2}(l-1)}-1)\varphi(s)}$ eine Zahl, deren Zähler und Nenner zu p prim ausfallen. Wir können daher die letztere Zahl $= \frac{\varrho}{a^{l^h}}$ setzen in solcher Weise, daß ϱ eine ganze, zu p prime Zahl in $k(\mathsf{Z})$ und a eine ganze rationale Zahl bedeutet. Es ist dann $\sqrt[l]{\varkappa} = \frac{\alpha}{a}\sqrt[l^h]{\varrho}$, und daraus ergibt sich $\varrho = \sigma^{l^{h-1}}$, wo σ ebenfalls in $k(\mathsf{Z})$ liegt. Da der durch Z und $\sqrt[l]{\varkappa}$ bestimmte Körper, wie am Schlusse des § 101 bemerkt wurde, mit demjenigen Körper identisch ist, welcher durch Zusammensetzung aus $k(\mathsf{Z})$ und C_1 entsteht, und da die Relativdiskriminante der Zahl $\sqrt[l]{\sigma}$ in bezug auf $k(\mathsf{Z})$ den zu p primen Wert $\pm l^l\sigma^{l-1}$ besitzt, so ist die Relativdiskriminante des Körpers $k(\mathsf{Z}, C_1)$ in bezug auf $k(\mathsf{Z})$ prim zu p. Andererseits ist die Diskriminante von $k(\mathsf{Z})$ ebenfalls nicht durch p teilbar, und folglich gilt das gleiche auch von der Diskriminante des Körpers $k(\mathsf{Z}, C_1)$ und damit auch dann von der des Körpers C_1. Der letztere Umstand aber widerspricht unserer Annahme.

Um die Richtigkeit des Hilfssatzes 16 für $l = 2$ zu erkennen, machen wir zunächst die Annahme $h = 2$ und wenden dann auf den zyklischen Körper C_2 vom 4-ten Grade den Hilfssatz 15 an. Wir setzen $\mathsf{Z} = e^{\frac{i\pi}{2}} = i$ und betrachten aus der Gruppe von $k(\mathsf{Z})$ die Substitution $s' = (i : -i)$. Es sei C_1 der quadratische Unterkörper von C_2, und wir nehmen an, es gebe eine in der Diskriminante von C_1 aufgehende ungerade Primzahl p, welche $\not\equiv 1$ nach 4 ist. Infolge der letzteren Eigenschaft ist p in $k(i)$ unzerlegbar. Ist nun die uns durch Hilfssatz 15 angewiesene Zahl $\varkappa$ durch p teilbar, so bilden wir die Zahl $\varrho = \varkappa^{s'-1}$. Da nach Hilfssatz 15 andererseits $\varkappa^{s'+1} = \alpha^4$ sein soll, wo α in $k(i)$ liegt, so folgt $\varkappa^2 = \varrho^{-1}\alpha^4$, d. h. $\sqrt{\varkappa} = \alpha\sqrt[4]{\varrho^{-1}}$. Infolgedessen ist ϱ das Quadrat einer Zahl in $k(i)$; wir können $\varrho = \frac{\tau^2}{a^4}$ setzen in solcher Weise, daß τ eine ganze, zu p prime Zahl in $k(i)$ und a eine ganze rationale Zahl bedeutet. Da der Körper $k(i, C_1)$ mit dem Körper $k(i, \sqrt{\tau})$ übereinstimmt, und da andererseits die Relativdiskriminante der Zahl $\sqrt{\tau}$ in bezug auf $k(i)$ zu p prim ist, so ist auch die Relativdiskriminante des Körpers $k(i, C_1)$ in bezug auf $k(i)$ prim zu p, und hieraus folgt, daß die Diskriminante von C_1 nicht durch p teilbar ist, entgegen der Voraussetzung.

Ist im Falle $l = 2$ der Exponent $h > 2$, so setzen wir $Z = e^{\frac{i\pi}{2^{h-1}}}$. Nehmen wir dann an, es gäbe eine in der Diskriminante von C_1 aufgehende Primzahl $p \equiv 1$ nach 4 und $\not\equiv 1$ nach 2^h, und ist $\mathfrak{p}$ ein idealer Primfaktor von p in $k(Z)$, so bliebe $\mathfrak{p}$ ungeändert bei einer Substitution $s_*^{2^{h-3}}$, wo s_* entweder $= (Z:Z^5)$ oder $= (Z:Z^{-5})$ zu nehmen ist; folglich wäre $\mathfrak{p}^{s_*^{2^{h-3}}-1} = 1$. Wegen $(\pm 5)^{2^{h-3}} \not\equiv 1$ nach 2^h würde, ähnlich wie oben, eine Gleichung von der Gestalt:

$$2^{h-1} = (s_*^{2^{h-3}} - 1)\,\varphi(s_*) + (s_* \mp 5)\,\psi(s_*) + 2^h\,\chi(s_*)$$

gelten, und aus dieser schließen wir, wie vorhin bei ungeradem l, auf einen Widerspruch mit der Annahme, wonach p in der Diskriminante von C_1 aufgeht. Damit ist der Hilfssatz 16 vollständig bewiesen.

Aus dem Hilfssatze 16 folgt ohne Schwierigkeit die weitere Tatsache:

Hilfssatz 17. Es sei C_h ein zyklischer Körper von einem Grade l^h, wo l eine beliebige Primzahl ($= 2$ oder $\neq 2$) ist; der Unterkörper l-ten Grades von C_h werde mit C_1 bezeichnet; die Diskriminante des Körpers C_1 enthalte die von l verschiedene Primzahl p: dann kann stets ein Abelscher Körper $C'_{h'}$ von einem gewissen Grade $l^{h'} \leqq l^h$ mit folgenden beiden Eigenschaften gefunden werden:

Erstens. Der aus $C'_{h'}$ und einem gewissen Kreiskörper P_h zusammengesetzte Körper enthält C_h als Unterkörper.

Zweitens. Die Diskriminante des Körpers $C'_{h'}$ enthält nur solche Primzahlen, die auch in der Diskriminante des Körpers C_h aufgehen, darunter aber nicht die Primzahl p.

Beweis. Nach Hilfssatz 16 besitzt die rationale Primzahl p die Kongruenzeigenschaft $p \equiv 1$ nach l^h; man konstruiere nach § 100 den zyklischen Kreiskörper P_h vom Grade l^h, dessen Diskriminante eine Potenz von p ist, und betrachte den aus C_h und P_h zusammengesetzten Körper $k(C_h, P_h)$, dessen Grad $l^{h+h'}$ sei. In P_h gilt $p = \mathfrak{p}^{l^h}$, wo $\mathfrak{p}$ ein Primideal in P_h bedeutet. Es sei $\mathfrak{P}$ ein in $\mathfrak{p}$ aufgehendes Primideal des Körpers $k(C_h, P_h)$. Da das Primideal $\mathfrak{P}$ in der Gradzahl $l^{h+h'}$ des Körpers $k(C_h, P_h)$ nicht aufgeht, so ist dieser Körper $k(C_h, P_h)$ Verzweigungskörper des Primideals $\mathfrak{P}$ und als solcher nach Satz 81 relativ zyklisch, und zwar mindestens vom Relativgrade l^h, in bezug auf den Trägheitskörper des Primideals $\mathfrak{P}$, der $C'_{h'}$ heiße. Da ferner zyklische Körper von höherem als dem l^h-ten Grade in $k(C_h, P_h)$ nicht vorkommen können, so hat $k(C_h, P_h)$ genau den Relativgrad l^h in bezug auf $C'_{h'}$. Hieraus folgt, daß der Körper $C'_{h'}$ vom Grade $l^{h'}$ ist. Die Differente des Trägheitskörper $C'_{h'}$ ist nach Satz 76 nicht durch $\mathfrak{P}$ teilbar, und daher ist, mit Rücksicht auf Satz 68, die Diskriminante des Körpers $C'_{h'}$ nicht durch p teilbar. Andererseits enthält diese Diskriminante wegen Satz 39 nur solche rationale Primzahlen, welche in der Diskriminante von C_h aufgehen. Endlich folgt aus Satz 87, daß der aus $C'_{h'}$ und P_h zusammengesetzte Körper mit $k(C_h, P_h)$ übereinstimmt. Der Körper $C'_{h'}$ besitzt demnach alle im Hilfssatz 17 verlangten Eigenschaften.

§ 103. Der zyklische Körper vom Grade u, dessen Diskriminante nur u enthält, und die zyklischen Körper vom Grade u^h und 2^h, in denen U_1 bzw. Π_1 als Unterkörper enthalten ist.

Hilfssatz 18. Wenn die Diskriminante eines zyklischen Körpers C_1 von einem ungeraden Primzahlgrade u ausschließlich die Primzahl u enthält, so stimmt C_1 mit U_1 überein.

Beweis. Wir setzen $\zeta = e^{\frac{2i\pi}{u}}$ und $s = (\zeta : \zeta^r)$, wo r eine Primitivzahl nach u bedeute. Schreiben wir überdies $\lambda = 1 - \zeta$, so ist $\mathfrak{l} = (\lambda)$ ein Primideal in $k(\zeta)$, und es wird im Sinne der Idealtheorie $u = \mathfrak{l}^{u-1}$; endlich gilt die Kongruenz

$$s\lambda = 1 - \zeta^r \equiv r\lambda, \qquad (\mathfrak{l}^2).$$

Wir betrachten nun die uns durch Hilfssatz 15 angewiesene Zahl $\varkappa$. Da das Primideal $\mathfrak{l}$ in $k(\zeta)$ vom ersten Grade ist, so folgt, wenn $\varrho = \varkappa^{(s-1)(u-1)}$ gesetzt wird, in Anbetracht der Gleichung $s\mathfrak{l} = \mathfrak{l}$ und nach Satz 24 die Kongruenz $\varrho \equiv 1$ nach $\mathfrak{l}$, wobei eine Kongruenz zwischen gebrochenen Zahlen dann bestehen soll, wenn sie sich durch Multiplikation mit einer zum Modul teilerfremden ganzen Zahl in eine gewöhnliche Kongruenz verwandeln läßt. Da $r - 1$ zu u prim ist, so wird der aus C_1 und $k(\zeta)$ zusammengesetzte Körper auch durch ζ und $\sqrt[u]{\varrho}$ bestimmt sein. Wir setzen $\varrho \equiv 1 + a\lambda$ nach $\mathfrak{l}^2$, wo a eine ganze rationale Zahl bedeute; dann ist $\sigma = \varrho\zeta^a \equiv 1$ nach $\mathfrak{l}^2$.

Nunmehr führen wir den Nachweis dafür, daß die Kongruenz $\sigma \equiv 1$ nach $\mathfrak{l}^u$ besteht. Zu dem Zwecke nehmen wir an, es sei $\sigma \equiv 1 + a\lambda^e$ nach $\mathfrak{l}^{e+1}$, wobei der Exponent $e < u$ ausfällt und a eine nicht durch u teilbare ganze rationale Zahl bedeutet.

Wir berücksichtigen, daß nach dem Hilfssatze 15 $\varkappa^{s-r}$ und folglich auch σ^{s-r} die u-te Potenz einer Zahl in $k(\zeta)$ ist; wir setzen $\sigma^{s-r} = \beta^u$, wo β eine Zahl des Körpers $k(\zeta)$ sei. Diese Gleichung liefert die Kongruenz $1 + a(r\lambda)^e - ar\lambda^e \equiv \beta^u$ nach $\mathfrak{l}^{e+1}$. Aus dieser folgt zunächst $\beta \equiv 1$ nach $\mathfrak{l}$, und dies liefert $\beta^u \equiv 1$ nach $\mathfrak{l}^u$. Hieraus würde endlich $ar^e \equiv ar$ nach $\mathfrak{l}$ folgen, was unmöglich ist, da r Primitivzahl nach u sein soll und $e > 1$ ist. Diese Betrachtung lehrt die Richtigkeit der Kongruenz $\sigma \equiv 1$ nach $\mathfrak{l}^u$.

Wir setzen nun $\sigma = \frac{\tau}{a^{u(u-1)}}$ in solcher Weise, daß τ eine ganze Zahl in $k(\zeta)$ und a eine ganze rationale Zahl bedeutet; es ist dann $\tau \equiv 1$ nach $\mathfrak{l}^u$. Nehmen wir nun an, der Körper C_1 sei von dem Körper U_1 verschieden, so entsteht durch Zusammensetzung aus $k(\zeta)$, U_1 und C_1 der durch $\sqrt[u]{\zeta}$ und $\sqrt[u]{\tau}$ bestimmte Körper $k(\sqrt[u]{\zeta}, \sqrt[u]{\tau})$ vom Grade $u^2(u-1)$. Es ist andererseits $\xi = \frac{1-\sqrt[u]{\tau}}{\lambda}$, wie die Gleichung $\frac{(\xi\lambda - 1)^u + \tau}{\lambda^u} = 0$ zeigt, eine ganze Zahl des Körpers $k(\sqrt[u]{\zeta}, \sqrt[u]{\tau})$, und die Relativdiskriminante dieser Zahl in bezug auf $k(\sqrt[u]{\zeta})$ ist gleich $\varepsilon\tau^{u-1}$, wo ε eine Einheit ist. Da τ zu u prim ist, so ist mithin die Relativdiskriminante des Körpers $k(\sqrt[u]{\zeta}, \sqrt[u]{\tau})$ in bezug auf den Körper $k(\sqrt[u]{\zeta})$ ebenfalls prim zu u. Bezeichnen wir daher mit $\mathfrak{L}^*$ einen idealen Primfaktor von $\mathfrak{l}$ im Körper $k(\sqrt[u]{\zeta}, \sqrt[u]{\tau})$, so besitzt $\mathfrak{L}^*$ mit Rücksicht auf Satz 93 in diesem Körper einen Trägheitskörper T, welcher den Grad u hat. Die Diskriminante dieses Trägheitskörpers T ist prim zu u, und wegen Satz 85 müßte sie daher den Wert $+1$ oder -1 besitzen. Daß es aber einen zyklischen Körper vom Primzahlgrade u mit der Diskriminante ± 1 nicht gibt, folgt entweder direkt aus Satz 44 oder mittels Satz 94, wenn wir den in diesem Satze 94 mit k bezeichneten Körper gleich dem Körper der rationalen Zahlen nehmen und die Tatsache berücksichtigen, daß im Körper der rationalen Zahlen alle Ideale Hauptideale sind. Damit ist der Beweis für den Hilfssatz 18 erbracht.

Hilfssatz 19. Wenn ein zyklischer Körper C_h vom Grade l^h, wo l gleich einer ungeraden Primzahl u oder gleich 2 ist, den Körper U_1 bzw. Π_1 als Unterkörper enthält, so ist C_h Unterkörper eines solchen Körpers, welcher aus U_h bez. Π_h und aus einem gewissen zyklischen Körper $C'_{h'}$ von einem Grade $l^{h'} < l^h$ durch Zusammensetzung entsteht.

Beweis. Es sei $C_h \neq U_h$ bez. Π_h. Der größte sowohl in C_h als in U_h bez. Π_h enthaltene Unterkörper werde mit L_{h^*} bezeichnet; L_{h^*} habe den Grad l^{h^*}, wo h^* eine positive ganze rationale Zahl $< h$ bedeute. Es sei t eine solche Substitution aus der Gruppe des Körpers C_h, welche mit ihren Potenzen diese Gruppe erzeugt, und z eine solche Substitution, welche die Gruppe des Körpers U_h bez. Π_h erzeugt. Setzen wir $t^* = t^{l^{h^*}}$ und $z^* = z^{l^{h^*}}$, so erzeugen t^* und z^* beide Male diejenigen Untergruppen vom Grade l^{h-h^*}, zu denen L_{h^*} als Unterkörper einerseits von C_h, andererseits von U_h bez. Π_h gehört. Der aus C_h und U_h bez. Π_h zusammengesetzte Körper K ist in bezug auf L_{h^*} vom Relativgrade l^{2h-2h^*} und daher überhaupt vom Grade l^{2h-h^*}.

Um die Gruppe G des Körpers K zu ermitteln, bezeichnen wir mit ϑ eine den Körper C_h und mit γ eine den Körper U_h bez. Π_h bestimmende Zahl und verstehen unter x, y unbestimmte Parameter. Die Größe $\Theta = x\vartheta + y\gamma$ genügt einer Gleichung vom l^{2h-h^*}-ten Grade, deren Koeffizienten ganzzahlige Funktionen von x und y sind, und welche in dem durch die Parameter x und y bestimmten Rationalitätsbereich irreduzibel ist. Die verschiedenen Wurzeln dieser Gleichung sind von der Gestalt

$$\Theta_{mn} = x t^m \vartheta + y z^n \gamma,$$

wo m, n gewisse Paare ganzer Zahlen bedeuten. Da einem bekannten Satze zufolge sowohl ϑ wie γ sich als rationale Funktionen von Θ ausdrücken lassen, wobei die Koeffizienten ganzzahlige Funktionen von x und y werden, so sind auch die Größen Θ_{mn} ebenso ausdrückbar; wir setzen

$$\Theta_{mn} = x t^m \vartheta + y z^n \gamma = \Phi_{mn}(\Theta),$$

wobei Φ_{mn} eine rationale Funktion von Θ bedeutet, deren Koeffizienten ganzzahlige Funktionen von x, y sind. Es bezeichne nun A irgendeine Zahl in K oder überhaupt eine rationale Funktion von x, y, deren Koeffizienten in K liegen; dann wird A gleich einer rationalen Funktion $F(\Theta)$ der Größe Θ, deren Koeffizienten ganzzahlige Funktionen von x, y sind. Es drücken sich ferner die zu A konjugierten Größen in der Gestalt

$$S_{mn}\mathsf{A} = F(\Phi_{mn}(\Theta))$$

aus, und das System der betreffenden l^{2h-h^*} Substitutionen S_{mn} bildet die Gruppe G des Körpers K. Wegen

$$S_{mn}\Theta = x S_{mn}\vartheta + y S_{mn}\gamma = x t^m \vartheta + y z^n \gamma$$

wird

$$S_{mn}\vartheta = t^m \vartheta, \qquad S_{mn}\gamma = z^n \gamma,$$

und hieraus folgt leicht:

$$S_{mn} S_{m'n'} = S_{m+m', n+n'}, \tag{41}$$

wenn allgemein die Festsetzung $S_{mn} = S_{m^*n^*}$ getroffen wird, falls $m \equiv m^*$ und $n \equiv n^*$ nach l^h ist. Aus (41) folgt die Vertauschbarkeit der Substitutionen der Gruppe G, d. h. der Körper K ist ein Abelscher Körper.

Es bezeichne r eine Primitivzahl nach l^h; da insbesondere $z^r\gamma$ eine zu γ konjugierte Zahl ist, so muß es jedenfalls eine Substitution in der Gruppe G

geben, bei welcher der zweite Index $n \equiv r$ nach l^h ist. Wir setzen eine solche Substitution $S_{mr} = s$. Der Grad der aus s erzeugten zyklischen Gruppe ist l^h. Es kann ferner leicht erkannt werden, daß alle diejenigen Substitutionen der Gruppe G, bei denen der zweite Index $\equiv 0$ nach l^h ausfällt, für sich eine zyklische Untergruppe vom Grade l^{h-h^*} bilden. Es sei $s^* = S_{m^*0}$ eine erzeugende Substitution dieser zyklischen Gruppe. Die Gruppe G entsteht dann offenbar durch Zusammensetzung aus den l^h Potenzen von s und den l^{h-h^*} Potenzen von s^*. Zu der aus den Potenzen von s^* bestehenden Untergruppe gehört offenbar im Körper K der zyklische Unterkörper U_h bez. Π_h. Zu der aus s erzeugten Gruppe gehört in K ein gewisser zyklischer Unterkörper $C'_{h'}$ vom Grade l^{h-h^*}. Die beiden Körper U_h bez. Π_h und $C'_{h'}$ haben keinen gemeinsamen Unterkörper außer dem Körper der rationalen Zahlen, und der Körper K entsteht daher durch Zusammensetzung aus diesen beiden zyklischen Körpern. Damit ist der Hilfssatz 19 vollständig bewiesen.

§ 104. Beweis des Fundamentalsatzes über Abelsche Körper.

Wir beweisen nunmehr den Fundamentalsatz 131 in folgender Art. Zunächst ist in § 48 festgestellt worden, daß jeder Abelsche Körper sich aus zyklischen Körpern zusammensetzen läßt, deren Grade Primzahlen oder Primzahlpotenzen sind; es ist daher nur nötig, zu zeigen, daß jeder zyklische Körper C_h von einem Grade l^h, wo l eine Primzahl bezeichnet, ein Kreiskörper ist.

Um diesen Beweis zu führen, nehmen wir an, es sei bereits die Richtigkeit des Fundamentalsatzes 131 für alle diejenigen Abelschen Körper erkannt, deren Grad eine niedere Potenz von l als l^h ist.

Es werde nun der in C_h enthaltene Unterkörper vom l-ten Grade C_1 ins Auge gefaßt. Nehmen wir an, daß die Diskriminante von C_1 eine von l verschiedene rationale Primzahl p enthält, so ist nach Satz 39 auch die Diskriminante von C_h durch p teilbar. Ferner existiert nach Hilfssatz 17 ein Abelscher Körper $C'_{h'}$ vom Grade $l^{h'} \leqq l^h$ der Art, daß C_h Unterkörper des aus $C'_{h'}$ und dem Kreiskörper P_h zusammengesetzten Körpers wird. Ist dann $C'_{h'}$ ein zyklischer Körper von niederem als l^h-ten Grade oder aus mehreren solchen zyklischen Körpern zusammengesetzt, so erweist sich $C'_{h'}$ auf Grund unserer Annahme als Kreiskörper, und mithin ist auch C_h ein Kreiskörper. Es ist demnach nur noch der Fall in Betracht zu ziehen, daß $h' = h$ ausfällt und $C'_{h'} = C'_h$ ein zyklischer Körper vom Grade l^h ist. Wie der vorhin angewandte Hilfssatz 17 aussagt, enthält die Diskriminante von C'_h nur solche Primzahlen, welche in der Diskriminante von C_h aufgehen, aber nicht die Primzahl p; die Diskriminante von C'_h enthält also mindestens eine rationale Primzahl weniger als die Diskriminante von C_h.

Wir bezeichnen den Unterkörper l-ten Grades von C'_h mit C'_1. Geht dann in der Diskriminante von C'_1 noch eine von l verschiedene rationale Primzahl p'

auf, so können wir auf den Körper C'_h das nämliche Verfahren anwenden, das wir soeben für den ursprünglich vorgelegten Körper C_h dargelegt haben, und gelangen dann entweder zu der Einsicht, daß C'_h ein Kreiskörper ist, oder wir werden auf einen zyklischen Körper C''_h vom Grade l^h geführt, dessen Diskriminante wieder mindestens eine rationale Primzahl, nämlich die Primzahl p', weniger enthält als die Diskriminante des Körpers C'_h. Das so eingeleitete Verfahren führt nach einer gewissen Anzahl m sich folgender Anwendungen entweder auf einen Körper $C^{(m)}_{h^{(m)}}$, der sich auf Grund unserer Annahme bereits als Kreiskörper erweist, oder wir gelangen schließlich zu einem zyklischen Körper $C^{(m)}_h$ vom Grade l^h von der Art, daß der in $C^{(m)}_h$ enthaltene Unterkörper $C^{(m)}_1$ vom l-ten Grade eine Diskriminante besitzt, welche keine rationale Primzahl oder nur die Primzahl l enthält. Da es nach den Bemerkungen auf S. 213 einen zyklischen Körper l-ten Grades mit der Diskriminante ± 1 nicht gibt, so tritt notwendig der letztere Umstand ein.

Wir unterscheiden nunmehr zwei Fälle, je nachdem l eine ungerade Primzahl u oder gleich 2 ist.

Im *ersteren* Falle stimmt nach Hilfssatz 18 $C^{(m)}_1$ mit U_1 überein.

Im *zweiten* Falle $l = 2$ ist, wenn $h = 1$ ausfällt, der Körper $C^{(m)}_h = C^{(m)}_1$ entweder gleich $k(i)$ oder gleich $k(\sqrt{2}) = \Pi_1$ und mithin offenbar ein Kreiskörper. Für $h > 1$ erweist sich jedoch $C^{(m)}_1$ stets gleich $k(\sqrt{2}) = \Pi_1$. Ist nämlich $C^{(m)}_h$ ein reeller Körper, so ist offenbar auch $C^{(m)}_1$ reell, und daraus folgt die Behauptung. Ist jedoch $C^{(m)}_h$ ein imaginärer Körper, so bilden die sämtlichen reellen Zahlen desselben einen reellen Unterkörper vom Grade 2^{h-1}, und da $C^{(m)}_1$ notwendig in diesem reellen Körper enthalten ist, so ist $C^{(m)}_1$ ebenfalls reell und stimmt also mit Π_1 überein.

In den beiden oben unterschiedenen Fällen ist somit, wenn wir von $l = 2$, $h = 1$ absehen, stets der Körper $C^{(m)}_1 = U_1$ bez. $= \Pi_1$. Nach Hilfssatz 19 ist infolgedessen $C^{(m)}_h$ Unterkörper eines Körpers, der sich aus U_h bez. Π_h und einem zyklischen Körper $C_{\bar{h}}$ vom Grade $l^{\bar{h}} < l^h$ zusammensetzt. Da nun der Fundamentalsatz 131 für zyklische Körper von der letzteren Beschaffenheit bereits als bewiesen angenommen worden ist, so erweist sich auch $C^{(m)}_h$ als Kreiskörper. Damit ist der Fundamentalsatz 131 vollständig bewiesen, und zugleich ist ersichtlich, in welcher Weise man alle Abelschen Körper von gegebener Gruppe und gegebener Diskriminante aufstellen kann.

24. Die Wurzelzahlen des Kreiskörpers der l-ten Einheitswurzeln.

§ 105. Die Definition und Existenz der Normalbasis.

Eine Basis eines Abelschen Körpers K von einem Grade M soll eine **Normalbasis** heißen, wenn sie aus einer ganzen Zahl N des Körpers K und den zu N konjugierten Zahlen $\mathsf{N}', \ldots, \mathsf{N}^{(M-1)}$ besteht. Es gilt der folgende Hilfssatz:

Hilfssatz 20. Wenn ein Abelscher Körper K eine Normalbasis besitzt, so besitzt auch jeder Unterkörper k des Körpers K eine Normalbasis.

Beweis. Es sei M der Grad von K, und es seien $t_1, \ldots, t_M$ die Substitutionen der Gruppe des Abelschen Körpers K; ferner sei N eine solche ganze Zahl in K, die mit ihren konjugierten zusammen eine Normalbasis von K liefert. Bilden dann $t_1, \ldots, t_r$ diejenige Untergruppe jener Gruppe von M Substitutionen, zu welcher der Unterkörper k von K gehört, so kann man dazu unter jenen M Substitutionen $t_1, \ldots, t_M$ solche $m = \frac{M}{r}$ Substitutionen $t'_1, \ldots, t'_m$ finden, daß die M Substitutionen $t_1, \ldots, t_M$, abgesehen von ihrer Reihenfolge, durch die Substitutionenprodukte

$$t'_1 t_1, \ldots, t'_1 t_r; \quad t'_2 t_1, \ldots, t'_2 t_r; \ldots; \quad t'_m t_1, \ldots, t'_m t_r$$

dargestellt werden. Ist α eine ganze Zahl in k, so gilt, da eine solche stets auch eine ganze Zahl in K ist, eine Gleichung

$$\alpha = a_{11} t'_1 t_1 \mathsf{N} + \cdots + a_{1r} t'_1 t_r \mathsf{N} + \cdots + a_{m1} t'_m t_1 \mathsf{N} + \cdots + a_{mr} t'_m t_r \mathsf{N},$$

wo $a_{11}, \ldots, a_{1r}, \ldots, a_{m1}, \ldots, a_{mr}$ ganze rationale Zahlen sind. Berücksichtigen wir, daß α bei Anwendung der einzelnen Substitutionen $t_1, \ldots, t_r$ ungeändert bleibt, und andererseits, daß zwischen den $M = mr$ Zahlen $t'_1 t_1 \mathsf{N}, \ldots, t'_1 t_r \mathsf{N}; \ldots; t'_m t_1 \mathsf{N}, \ldots, t'_m t_r \mathsf{N}$ keine lineare Relation mit ganzen rationalen nicht sämtlich verschwindenden Koeffizienten stattfinden kann, so folgt offenbar:

$$a_{11} = a_{12} = \cdots = a_{1r}, \ \ldots, \ a_{m1} = a_{m2} = \cdots = a_{mr},$$

d. h.: wenn

$$\nu = t_1 \mathsf{N} + t_2 \mathsf{N} + \cdots + t_r \mathsf{N}$$

gesetzt wird, so bilden die m Zahlen $t'_1 \nu, t'_2 \nu, \ldots, t'_m \nu$ eine Normalbasis des Körpers k.

Satz 132. Ein jeder Abelsche Körper K vom M-ten Grade, dessen Diskriminante D zu M prim ist, besitzt eine Normalbasis.

Beweis. Die verschiedenen rationalen Primzahlen in D seien $p, p', \ldots$. Da keine dieser Primzahlen in M aufgeht, so ist nach dem Beweise des Satzes 131 der Abelsche Körper K in demjenigen Kreiskörper als Unterkörper enthalten, welcher durch die Zahlen $\zeta = e^{\frac{2i\pi}{p}}, \zeta' = e^{\frac{2i\pi}{p'}}, \ldots$, d. h. welcher durch die Einheitswurzel $Z = e^{\frac{2i\pi}{pp'\cdots}}$ bestimmt ist. Für den Körper $k(\zeta)$ bilden nach Satz 118 die Zahlen $1, \zeta, \ldots, \zeta^{p-2}$ und folglich auch die Zahlen $\zeta, \zeta^2, \ldots, \zeta^{p-1}$ eine Basis; die letztere Basis ist eine Normalbasis. Entsprechendes gilt für $k(\zeta'), \ldots$.

Man bilde nun das System der $(p-1)(p'-1)\ldots$ Zahlen $\zeta^h \zeta'^{h'} \ldots$, wo die Exponenten $h; h'; \ldots$ bez. die Zahlen

$$1, 2, \ldots, p-1; \quad 1, 2, \ldots, p'-1; \ldots$$

unabhängig voneinander durchlaufen sollen; dann stellt dieses System von $\Phi(pp'\ldots)$ Zahlen nach Satz 88 eine Basis des Körpers $k(Z)$ dar, und diese Basis ist offenbar eine Normalbasis. Nach dem Hilfssatz 20 besitzt folglich auch der Abelsche Körper K eine Normalbasis. Damit ist der Satz 132 bewiesen.

§ 106. Der Abelsche Körper vom Primzahlgrade l und von der Diskriminante p^{l-1}. Die Wurzelzahlen dieses Körpers.

Die einfachsten und wichtigsten Abelschen Körper nächst den quadratischen Körpern sind diejenigen, bei welchen der Grad eine ungerade Primzahl l ist und die Diskriminante d nur eine einzige, und zwar von l verschiedene Primzahl p enthält. Es bedeute k einen solchen Körper. Nach Hilfssatz 16 besitzt die Primzahl p notwendig die Kongruenzeigenschaft $p \equiv 1$ nach l. Die Primzahl p wird im Körper k die l-te Potenz eines Primideales ersten Grades. Nach den Bemerkungen zu Satz 79 und mit Rücksicht darauf, daß k jedenfalls ein reeller Körper, also d positiv ist, ergibt sich $d = p^{l-1}$.

Es seien $1, t, t^2, \ldots, t^{l-1}$ die Substitutionen der Gruppe des Körpers k, und die Zahlen $\nu, t\nu, \ldots, t^{l-1}\nu$ mögen eine Normalbasis von k bilden (siehe Satz 132). Die Zahl ν ist dann jedenfalls eine den Körper k bestimmende Zahl. Es werde $\zeta = e^{\frac{2i\pi}{l}}$ gesetzt; der Ausdruck

$$\Omega = \nu + \zeta \cdot t\nu + \zeta^2 \cdot t^2\nu + \cdots + \zeta^{l-1} \cdot t^{l-1}\nu$$

soll eine **Wurzelzahl** des Körpers $k = k(\nu)$ heißen.

Jede solche Wurzelzahl Ω ist offenbar eine ganze Zahl des aus $k(\nu)$ und $k(\zeta)$ zusammengesetzten Körpers $k(\nu, \zeta)$. Das Studium der vorhandenen Normalbasen und Wurzelzahlen des Abelschen Körpers $k(\nu)$ gibt uns wichtige Aufschlüsse über die in p aufgehenden Primideale des Körpers $k(\zeta)$. Die Ausführungen dieses Kapitels erfahren nur leichte Abänderungen, wenn statt der ungeraden Primzahl l die Zahl 2 genommen wird.

§ 107. Die charakteristischen Eigenschaften der Wurzelzahlen.

Satz 133. Es sei ein Abelscher Körper k vom Grade l und mit der Diskriminante $d = p^{l-1}$ vorgelegt, wo l und p verschiedene ungerade Primzahlen bedeuten; ferner sei $\nu, t\nu, \ldots, t^{l-1}\nu$ eine Normalbasis dieses Körpers k. Wird dann $\zeta = e^{\frac{2i\pi}{l}}$, $\mathfrak{l} = (1-\zeta)$ und $s = (\zeta : \zeta^r)$ gesetzt, wo r eine Primitivzahl nach l bedeute, so besitzt die aus jener Normalbasis entspringende Wurzelzahl Ω des Körpers $k = k(\nu)$ die folgenden drei Eigenschaften:

Erstens. Die l-te Potenz der Wurzelzahl, $\omega = \Omega^l$, ist eine Zahl des Kreiskörpers $k(\zeta)$, und zudem wird ω^{s-r} gleich der l-ten Potenz einer Zahl des Körpers $k(\zeta)$.

Zweitens. Es gelten die sich gegenseitig bedingenden Kongruenzen

$$\Omega \equiv \pm 1, \quad (\mathfrak{l}), \quad \omega \equiv \pm 1, \quad (\mathfrak{l}^l).$$

Drittens. $n(\omega)$, die Norm der Zahl ω in $k(\zeta)$, ist $= p^{\frac{l(l-1)}{2}}$.

Beweis. Die Zahlen Ω^l und Ω^{s-r} sind solche Zahlen in $k(\zeta, \nu)$, welche beim Übergang von ν in $t\nu$ ungeändert bleiben. Sie sind deshalb Zahlen in $k(\zeta)$. Hieraus folgt die erste in Satz 133 angegebene Eigenschaft.

Da $\nu, t\nu, \ldots, t^{l-1}\nu$ Basiszahlen des Körpers $k(\nu)$ sind, so gilt insbesondere

$$1 = a_0 \nu + a_1 t\nu + \cdots + a_{l-1} t^{l-1} \nu$$

für bestimmte ganze rationale Zahlen $a_0, a_1, \ldots, a_{l-1}$. Die Anwendung der Substitution t auf diese Formel lehrt, daß $a_0 = a_1 = \cdots = a_{l-1}$ ist, und da die Koeffizienten $a_0, a_1, \ldots, a_{l-1}$ keinen gemeinsamen Teiler $\neq \pm 1$ haben können, so haben sie sämtlich den gleichen Wert ± 1, d. h. es ist $\nu + t\nu + \cdots + t^{l-1}\nu = \pm 1$. Aus dieser Formel folgt:

$$\begin{aligned} \Omega &= \nu + \zeta \cdot t\nu + \zeta^2 \cdot t^2 \nu + \cdots + \zeta^{l-1} \cdot t^{l-1} \nu \\ &\equiv \nu + t\nu + \cdots + t^{l-1} \nu \equiv \pm 1, \quad (\mathfrak{l}). \end{aligned}$$

Mit Hilfe von $\omega \mp 1 = (\Omega \mp 1)(\zeta\Omega \mp 1) \ldots (\zeta^{l-1}\Omega \mp 1)$ erkennen wir die zweite Eigenschaft der Zahl ω.

Endlich folgt durch eine geeignete Anwendung des Multiplikationssatzes der Determinanten

$$\begin{vmatrix} \nu, & t\nu, & \ldots, & t^{l-1}\nu \\ t^{l-1}\nu, & \nu, & \ldots, & t^{l-2}\nu \\ \cdot & \cdot & \cdot & \cdot \\ t\nu, & t^2\nu, & \ldots, & \nu \end{vmatrix} = (\nu + t\nu + \cdots + t^{l-1}\nu)\, n(\Omega) = \pm n(\Omega),$$

wo

$$n(\Omega) = (\nu + \zeta t\nu + \cdots + \zeta^{l-1} t^{l-1} \nu) \ldots (\nu + \zeta^{l-1} t\nu + \cdots + \zeta^{(l-1)^2} t^{l-1} \nu)$$

die Relativnorm von Ω in bezug auf den Körper $k(\nu)$ ist. Das Quadrat der Determinante linker Hand ist gleich der Diskriminante des Körpers $k(\nu)$, d. h. $= p^{l-1}$, und folglich ergibt sich

$$n(\omega) = (n(\Omega))^l = p^{l\left(\frac{l-1}{2}\right)}.$$

Damit ist der Satz 133 vollständig bewiesen.

Die drei in Satz 133 bewiesenen Eigenschaften einer Wurzelzahl Ω des Körpers $k(\nu)$ reichen umgekehrt völlig zur Charakterisierung einer solchen Zahl hin. Es gilt nämlich folgende Tatsache:

Satz 134. Es sei l eine ungerade Primzahl und $\zeta = e^{\frac{2i\pi}{l}}$, ferner p eine Primzahl $\equiv 1$ nach l; wenn dann ω eine solche Zahl des Kreiskörpers $k(\zeta)$

bedeutet, die nicht gleich der l-ten Potenz einer Zahl in $k(\zeta)$ wird, und welche die drei in Satz 133 angegebenen Eigenschaften besitzt, so ist $\Omega = \sqrt[l]{\omega}$ eine Wurzelzahl des Abelschen Körpers l-ten Grades von der Diskriminante p^{l-1}.

Beweis. Die Zahl $\Omega = \sqrt[l]{\omega}$ bestimmt einen relativ Galoisschen Körper vom Relativgrade l in bezug auf den Körper $k(\zeta)$. Es sei t diejenige Substitution der Relativgruppe, für welche $t\Omega = \zeta^{-1}\Omega$ wird. Mit Rücksicht auf die erste Eigenschaft der Zahl ω, die sich in der Formel $s\omega = \omega^r \alpha^l$ ausdrückt, wo α eine Zahl in $k(\zeta)$ bedeutet, ist der durch ζ und Ω bestimmte Körper vom $l(l-1)$-ten Grade ein Galoisscher Körper. Die Zahl α erfüllt die Bedingung

$$\omega^{1-r^{l-1}} = \alpha^{l\frac{s^{l-1}-r^{l-1}}{s-r}};$$

wir legen sie eindeutig fest durch die weitere Forderung

$$\omega^{\frac{1-r^{l-1}}{l}} = \alpha^{\frac{s^{l-1}-r^{l-1}}{s-r}}.$$

Wir wollen nun unter t und s zugleich diejenigen bestimmten Substitutionen der Gruppe dieses Galoisschen Körpers $k(\zeta, \Omega)$ verstehen, welche neben den für t und s schon festgesetzten Beziehungen noch $t\zeta = \zeta$ und $s\Omega = \Omega^r\alpha$ ergeben. Diese beiden Substitutionen s und t sind miteinander vertauschbar, da

$$st\Omega = \zeta^{-r}\Omega^r\alpha = ts\Omega$$

wird, d. h. der Körper $k(\zeta, \Omega)$ ist ein Abelscher Körper. Ferner wird die Untergruppe der Gruppe von $k(\zeta, \Omega)$, welche aus den Potenzen der Substitution s besteht, genau vom Grade $l-1$. Der zu dieser Untergruppe gehörige Unterkörper von $k(\zeta, \Omega)$ ist daher vom l-ten Grade; er ist wiederum ein Abelscher Körper; dieser Körper werde mit k bezeichnet.

Wir beweisen zunächst, daß die Diskriminante dieses Körpers k zu l prim ist. Da $\Omega \equiv \pm 1$ nach $\mathfrak{l} = (1-\zeta)$ ist, so stellt der Quotient $\frac{\Omega \mp 1}{1-\zeta}$ eine ganze Zahl dar. Wegen $t\Omega = \zeta^{-1}\Omega$ hat die Relativdifferente dieser ganzen Zahl in bezug auf den Körper $k(\zeta)$ den Wert $\varepsilon\Omega^{l-1}$, wo ε eine Einheit bedeutet, und daher ist die Relativdifferente des Körpers $k(\zeta, \Omega)$ in bezug auf den Körper $k(\zeta)$ prim zu l. Bedeutet $\mathfrak{L}$ ein in $\mathfrak{l}$ aufgehendes Primideal des Körpers $k(\zeta, \Omega)$, so kommt dieses nach Satz 93 in $\mathfrak{l}$ zu keiner höheren als der ersten Potenz vor, d. h. es ist $l = \mathfrak{L}^{l-1}\mathfrak{M}$, wo $\mathfrak{M}$ sich nicht mehr durch $\mathfrak{L}$ teilen läßt. Hieraus folgt nach § 39 und § 40, daß der Trägheitskörper des Primideals $\mathfrak{L}$ vom Grade l sein muß, und daher ist k selbst dieser Trägheitskörper. Nach Satz 76 ist die Differente des Körpers k nicht durch $\mathfrak{L}$ und folglich auf Grund des Satzes 68 auch die Diskriminante des Körpers k nicht durch l teilbar.

Wir setzen

$$\nu = \frac{\pm 1 + \Omega + s\Omega + s^2\Omega + \cdots + s^{l-2}\Omega}{l}, \tag{41}$$

wo das Vorzeichen das nämliche wie in den Kongruenzen $\Omega \equiv \pm 1$, $s\Omega \equiv \pm 1, \ldots$ nach $\mathfrak{l}$ ist; dann wird der Zähler dieses in gebrochener Form erscheinenden Ausdrucks (41) kongruent 0 nach $\mathfrak{l}$. Dieser Zähler stellt eine Zahl in k dar. Ist l in k Primideal, so muß daher dieser Zähler auch durch l teilbar sein, und es ist ν eine ganze Zahl. Anderenfalls haben wir im Körper k, da die Diskriminante von k nicht den Faktor l enthält, eine Zerlegung $l = \mathfrak{l}_1 \ldots \mathfrak{l}_l$, wo $\mathfrak{l}_1, \ldots, \mathfrak{l}_l$ voneinander verschiedene Primideale sind, und im Körper $k(\zeta, \Omega)$ gilt dann, wie man mit Hilfe von Satz 88 erkennt, die Zerlegung

$$\mathfrak{l} = (1 - \zeta) = (\mathfrak{l}, \mathfrak{l}_1)(\mathfrak{l}, \mathfrak{l}_2) \ldots (\mathfrak{l}, \mathfrak{l}_l).$$

Da der Zähler des Ausdrucks rechter Hand in (41) durch das Ideal $(\mathfrak{l}, \mathfrak{l}_1)$ teilbar ist, so ist derselbe als eine ganze Zahl in k auch durch $\mathfrak{l}_1$ teilbar. Entsprechend folgt die Teilbarkeit jenes Zählers durch $\mathfrak{l}_2, \ldots, \mathfrak{l}_l$, und es ist derselbe also schließlich auch durch l teilbar, d. h. die durch (41) definierte Zahl ν ist auch jetzt eine ganze Zahl.

Durch Benutzung der Gleichung $t\Omega = \zeta^{-1}\Omega$ ergeben sich aus (41) die beiden Formeln:

$$\begin{aligned} \nu + \quad t\nu + \quad t^2\nu + \cdots + \quad t^{l-1}\nu &= \pm 1, \\ \nu + \zeta \cdot t\nu + \zeta^2 \cdot t^2\nu + \cdots + \zeta^{l-1} \cdot t^{l-1}\nu &= \Omega. \end{aligned} \tag{42}$$

Eine Anwendung des Multiplikationssatzes der Determinanten, wie sie schon beim Beweise des Satzes 133 vorkam, ergibt dann

$$\mathsf{N} = \begin{vmatrix} \nu, & t\nu, & \ldots, & t^{l-1}\nu \\ t^{l-1}\nu, & \nu, & \ldots, & t^{l-2}\nu \\ \cdot & \cdot & \cdot & \cdot \\ t\nu, & t^2\nu, & \ldots, & \nu \end{vmatrix} = \pm \Omega \cdot s\Omega \ldots s^{l-2}\Omega,$$

und hieraus folgt vermittelst der dritten in Satz 133 ausgesprochenen Eigenschaft der Zahl ω die Gleichung

$$\mathsf{N}^l = \pm p^{\frac{l(l-1)}{2}}$$

und somit

$$\begin{vmatrix} \nu, & t\nu, & \ldots, & t^{l-1}\nu \\ t^{l-1}\nu, & \nu, & \ldots, & t^{l-2}\nu \\ \cdot & \cdot & \cdot & \cdot \\ t\nu, & t^2\nu, & \ldots, & \nu \end{vmatrix}^2 = p^{l-1}.$$

Wir beweisen nun, daß die Diskriminante des Körpers k notwendig $= p^{l-1}$ sein muß. In der Tat ist dieselbe wegen der letzten Gleichung ein positiver Teiler der Zahl p^{l-1}. Da sie nach Satz 44 oder nach Satz 94 nicht gleich 1 sein kann, so enthält sie die Primzahl p, und zwar nach den Bemerkungen zum Satze 79 notwendig in der $(l-1)$-ten Potenz. Aus der soeben bewiesenen Tatsache folgt, daß $\nu, t\nu, \ldots, t^{l-1}\nu$ eine Basis des Körpers k bilden; diese Basis ist offenbar eine Normalbasis. Die Zahl Ω ist wegen (42) die aus dieser Normalbasis entspringende Wurzelzahl des Körpers k.

§ 108. Die Zerlegung der l-ten Potenz einer Wurzelzahl im Körper der l-ten Einheitswurzeln.

Satz 135. Haben l, p, ζ, r, s die bisherige Bedeutung, und ist $k(\nu)$ ein Abelscher Körper l-ten Grades mit der Diskriminante $d = p^{l-1}$ und Ω eine Wurzelzahl des Körpers $k(\nu)$, so gestattet die Zahl $\omega = \Omega^l$ im Körper $k(\zeta)$ die Zerlegung

$$\omega = \mathfrak{p}^{r_0 + r_{-1}s + r_{-2}s^2 + \cdots + r_{-l+2}s^{l-2}},$$

wo $\mathfrak{p}$ ein bestimmtes in p aufgehendes Primideal des Körpers $k(\zeta)$ bedeutet, und wo allgemein r_{-i} die kleinste positive ganze rationale Zahl bedeutet, welche der $-i$-ten Potenz r^{-i} der Primitivzahl r nach l kongruent ist [Kummer (*6, 11*)].

Beweis. Die Primzahl p zerfällt im Körper $k(\zeta)$ in $l-1$ voneinander verschiedene ideale Primfaktoren $\mathfrak{p}, s\mathfrak{p}, \ldots, s^{l-2}\mathfrak{p}$; die Zahl ω muß durch jedes dieser Primideale teilbar sein. Denn nach dem Beweise zu Satz 134 ist die Relativdifferente des Körpers $k(\zeta, \Omega)$ in bezug auf den Körper $k(\zeta)$ ein Teiler von $\Omega^l = \omega$; wäre nun ω etwa zu $\mathfrak{p}$ prim, so wäre also diese Relativdifferente und wegen Satz 41 auch die Differente und endlich wegen Satz 68 auch die Diskriminante von $k(\zeta, \Omega)$ prim zu $\mathfrak{p}$, was nicht sein kann, da sie die Diskriminante von $k(\nu)$ als Faktor enthält. Wegen $n(\omega) = p^{\frac{l(l-1)}{2}}$ sind $\mathfrak{p}, s\mathfrak{p}, \ldots, s^{l-2}\mathfrak{p}$ zugleich die einzigen in ω aufgehenden Primideale. Es sei $\mathfrak{p}$ ein solcher unter diesen Primfaktoren, welcher in der Zahl ω zu einer möglichst niedrigen Potenz vorkommt; dann haben wir

$$\omega = \mathfrak{p}^{a_0 + a_1 s + \cdots + a_{l-2}s^{l-2}},$$

wo $a_0, a_1, \ldots, a_{l-2}$ positive ganze rationale Zahlen bedeuten, unter welchen keine kleiner als a_0 ist. Die Bildung von $n(\omega)$ ergibt

$$a_0 + a_1 + \cdots + a_{l-2} = \frac{l(l-1)}{2}.$$

Da $a_0, a_1, \ldots, a_{l-2}$ sämtlich > 0 sind, können hiernach diese Zahlen nicht sämtlich durch l teilbar sein. Zufolge der ersten im Satze 133 bewiesenen Eigenschaft wird

$$\omega^{s-r} = \mathfrak{p}^{(s-r)(a_0 + a_1 s + \cdots + a_{l-2}s^{l-2})} = \alpha^l,$$

wo α eine Zahl in $k(\zeta)$ ist. Da die zu $\mathfrak{p}$ konjugierten Primideale sämtlich von $\mathfrak{p}$ und untereinander verschieden sind, so folgt hieraus, daß die ganzzahlige Funktion

$$(s-r)(a_0 + a_1 s + \cdots + a_{l-2}s^{l-2})$$

der Veränderlichen s, wenn man nach Ausführung der Multiplikation s^{l-1} durch 1 ersetzt, lauter durch l teilbare Koeffizienten erhalten muß, d. h. diese Funktion ist $\equiv a_{l-2}(s^{l-1}-1)$ nach l. Daraus ist zunächst $a_{l-2} \not\equiv 0$ nach l ersichtlich, und wenn $a_{l-2} \equiv r^{m-l+2}$ nach l gesetzt wird, wo m eine der Zahlen $0, 1, \ldots, l-2$ bedeute, so folgt für jeden Index $i = 0, 1, \ldots, l-2$ die Kongruenz

$$a_i \equiv r^{m-i}, \qquad (l).$$

Wir setzen allgemein $a_i = r_{m-i} + lb_i$ so, daß $0 < r_{m-i} < l$ und b_i eine ganze rationale Zahl ist; dabei wird stets $b_i \geqq 0$. Da

$$r_m + r_{m-1} + \cdots + r_{m-l+2} = 1 + 2 + \cdots + (l-1) = \frac{l(l-1)}{2}$$

ist, so folgt $b_0 + b_1 + \cdots + b_{l-2} = 0$, und daraus geht notwendig

$$b_0 = 0, \quad b_1 = 0, \ldots, b_{l-2} = 0$$

hervor, d. h.

$$a_i = r_{m-i} \quad \text{für} \quad i = 0, 1, \ldots, l-2.$$

Unter den Zahlen $r_0, r_1, \ldots, r_{l-2}$ ist offenbar $r_0 = 1$ die kleinste, und da a_0 unter den Koeffizienten $a_0, a_1, \ldots, a_{l-2}$ möglichst klein sein sollte, so folgt $a_0 = r_0 = 1$, d. h. $m = 0$, und nunmehr allgemein $a_i = r_{-i}$, womit der Satz 135 bewiesen ist.

§ 109. Eine Äquivalenz für die Primideale ersten Grades des Körpers der l-ten Einheitswurzeln.

Aus den bisherigen Entwicklungen entnehmen wir eine wichtige Eigenschaft der in einer Primzahl $p \equiv 1$ nach l aufgehenden Primideale des Körpers der l-ten Einheitswurzeln. Es gilt nämlich die Tatsache:

Satz 136. Es sei l eine ungerade Primzahl und $\zeta = e^{\frac{2i\pi}{l}}$, ferner r eine positive Primitivzahl nach l und $s = (\zeta : \zeta^r)$; wenn dann $\mathfrak{p}$ ein beliebiges Primideal ersten Grades in dem Kreiskörper $k(\zeta)$ bedeutet, so besteht die Äquivalenz

$$\mathfrak{p}^{q_0 + q_{-1}s + q_{-2}s^2 + \cdots + q_{-l+2}s^{l-2}} \sim 1,$$

wo die Größen q_{-i} ganze rationale, durch das Gleichungssystem

$$q_{-i} = \frac{r\,r_{-i} - r_{-i+1}}{l} \qquad (i = 0, 1, \ldots, l-2)$$

bestimmte, nicht negative Zahlen sind. Dabei haben $r_0, r_{-1}, \ldots, r_{-l+2}$ dieselbe Bedeutung wie in Satz 135, und es ist außerdem $r_1 = r_{-l+2}$. [Kummer (*6, 11*)].

Beweis. Es mögen p und ω dieselbe Bedeutung wie in Satz 133 haben. Nach Satz 133 ist ω^{s-r} die l-te Potenz einer Zahl α in $k(\zeta)$. Wenn wir für ω

die in Satz 135 gegebene Darstellung durch $\mathfrak{p}$ einführen, so folgt

$$\mathfrak{p}^{(s-r)(r_0+r_{-1}s+\cdots+r_{-l+2}s^{l-2})} = \alpha^l,$$

und diese Gleichung zeigt, wenn wir daraus die Zerlegung von α selbst ermitteln, die Richtigkeit des Satzes 136.

Ist C eine beliebige Idealklasse des Kreiskörpers $k(\zeta)$ und $\mathfrak{j}$ ein Ideal in C, und bezeichnen wir mit sC, $s^2C, \ldots, s^{l-2}C$ bez. die durch $s\mathfrak{j}, s^2\mathfrak{j}, \ldots, s^{l-2}\mathfrak{j}$ bestimmten Idealklassen, so folgt mit Hilfe des Satzes 89 aus Satz 136 unmittelbar die Tatsache:

$$C^{q_0}(s\,C)^{q_{-1}}(s^2\,C)^{q_{-2}}\ldots(s^{l-2}\,C)^{q_{-l+2}} = 1\,.$$

§ 110. Die Konstruktion sämtlicher Normalbasen und Wurzelzahlen.

Die Sätze 133, 134 und 135 ermöglichen zunächst die Konstruktion sämtlicher Wurzelzahlen des Abelschen Körpers $k(\nu)$. Es gilt nämlich die Tatsache:

Satz 137. Bezeichnen Ω und Ω^* für den Abelschen Körper k vom ungeraden Primzahlgrade l mit der Diskriminante p^{l-1} zwei verschiedene, aber zu derselben erzeugenden Substitution t der Gruppe dieses Körpers gehörende Wurzelzahlen, so ist stets $\Omega^* = \varepsilon\,\Omega$, wo ε eine Einheit des Körpers $k(\zeta)$ bedeutet, welche die Kongruenzeigenschaft $\varepsilon \equiv \pm 1$ nach $\mathfrak{l} = (1-\zeta)$ besitzt. Umgekehrt, wenn ε eine Einheit dieser Art in $k(\zeta)$ und Ω für k irgendeine Wurzelzahl bezeichnet, so ist $\Omega^* = \varepsilon\,\Omega$ stets wiederum eine Wurzelzahl jenes Abelschen Körpers k.

Beweis. Unter den Voraussetzungen in der ersten Aussage ist der Quotient $\varepsilon = \frac{\Omega^*}{\Omega}$ eine Zahl des aus k und $k(\zeta)$ zusammengesetzten Körpers, welche beim Übergang von ζ, ν zu $\zeta, t\nu$ ungeändert bleibt und daher im Körper $k(\zeta)$ liegt. Für $\omega = \Omega^l$ werde der im Satze 135 enthaltene Ausdruck angenommen. Ist dann etwa $s^{-a}\mathfrak{p}$, wo a eine der Zahlen $0, 1, 2, \ldots l-2$ bedeute, dasjenige unter den $l-1$ konjugierten, in p aufgehenden Primidealen des Körpers $k(\zeta)$, welches in $\omega^* = \Omega^{*l}$ nur zur ersten Potenz vorkommt, so hat man nach Satz 135 offenbar

$$\omega^* = \mathfrak{p}^{s^{-a}(r_0+r_{-1}s+\cdots+r_{-l+2}s^{l-2})},$$

und hieraus folgt, daß das Primideal $\mathfrak{p}$ in ω^* genau zur r_{-a}-ten Potenz vorkommt. Der Quotient $\frac{\omega^*}{\omega}$ kann daher in die Gestalt eines Bruches gebracht werden, dessen Zähler das Primideal $\mathfrak{p}$ in der $(r_{-a}-r_0)$-ten Potenz enthält, während der Nenner zu $\mathfrak{p}$ prim ist. Da wegen $\frac{\omega^*}{\omega} = \varepsilon^l$ der Exponent $r_{-a}-r_0$ durch l teilbar sein muß, so folgt $r_{-a} = r_0$, d. h. $a = 0$. Wegen dieses Umstandes enthalten ω und ω^* die nämlichen Potenzen von Primidealen, und ε ist somit eine Einheit.

Die übrigen Behauptungen des Satzes 137 gehen unmittelbar aus den Sätzen 133 und 134 hervor.

Aus den zu t gehörenden Wurzelzahlen gewinnt man leicht nach Formel (41) die sämtlichen Normalbasen $\nu, t\nu, \ldots, t^{l-1}\nu$ des Abelschen Körpers k.

§ 111. Die Lagrangesche Normalbasis und die Lagrangesche Wurzelzahl.

Es sei wieder l eine ungerade Primzahl, $\zeta = e^{\frac{2i\pi}{l}}$, ferner p eine rationale Primzahl von der Form $lm + 1$, es werde $Z = e^{\frac{2i\pi}{p}}$ gesetzt, und es bezeichne R eine Primitivzahl nach p. Endlich bedeute k den Abelschen Körper l-ten Grades mit der Diskriminante p^{l-1}.

Die $p-1$ Zahlen $Z, Z^2, \ldots, Z^{p-1}$ bilden eine Normalbasis des Körpers $k(Z)$; aus dem Beweise des Hilfssatzes 20 geht dann hervor, daß die l Zahlen

$$\begin{aligned}
\lambda_0 &= Z + Z^{R^l} + Z^{R^{2l}} + \cdots + Z^{R^{(m-1)l}}\\
\lambda_1 &= Z^R + Z^{R^{1+l}} + Z^{R^{1+2l}} + \cdots + Z^{R^{1+(m-1)l}},\\
&\cdots\cdots\cdots\cdots\cdots\cdots\cdots\cdots\\
\lambda_{l-1} &= Z^{R^{l-1}} + Z^{R^{2l-1}} + Z^{R^{3l-1}} + \cdots + Z^{R^{ml-1}}
\end{aligned}$$

eine Normalbasis des Körpers k bilden. Aus dieser Normalbasis entspringt die folgende Wurzelzahl dieses Körpers:

$$\begin{aligned}
\Lambda &= \lambda_0 + \zeta\lambda_1 + \zeta^2\lambda_2 + \cdots + \zeta^{l-1}\lambda_{l-1},\\
&= Z + \zeta Z^R + \zeta^2 Z^{R^2} + \cdots + \zeta^{p-2} Z^{R^{p-2}}.
\end{aligned}$$

Diese besondere Normalbasis $\lambda_0, \lambda_1, \ldots, \lambda_{l-1}$ soll die **Lagrangesche Normalbasis** und die besondere Wurzelzahl Λ die **Lagrangesche Wurzelzahl** heißen.

§ 112. Die charakteristischen Eigenschaften der Lagrangeschen Wurzelzahl.

Die Lagrangesche Wurzelzahl Λ des Körpers k zeichnet sich vor den übrigen Wurzelzahlen von k durch folgende Eigenschaften aus:

Satz 138. Wenn die l-te Potenz Λ^l der Lagrangeschen Wurzelzahl Λ gemäß Satz 135 durch die Formel

$$\Lambda^l = \mathfrak{p}^{r_0 + r_{-1}s + r_{-2}s^2 + \cdots + r_{-l+2}s^{l-2}}$$

dargestellt wird, so ist $\mathfrak{p}$ das durch die Formel

$$\mathfrak{p} = (p, \zeta - R^{-m}), \quad \left(m = \frac{p-1}{l}\right)$$

bestimmte Primideal; die Zeichen sind im übrigen wie in Satz 135 zu verstehen. Die Lagrangesche Wurzelzahl Λ ist $\equiv -1$ nach $\mathfrak{l}$ und hat ferner die Eigenschaft, daß ihr absoluter Betrag $= |\sqrt{p}|$ ist.

Umgekehrt, wenn einer Wurzelzahl Ω die letzteren Eigenschaften zukommen und außerdem Ω^l gerade das soeben definierte Primideal $\mathfrak{p}$ zur ersten Potenz enthält, so ist $\Omega = \zeta^* \Lambda$, wo ζ^* eine l-te Einheitswurzel bedeutet.

Beweis. Wird $\mathfrak{P} = (1 - \mathrm{Z}, \mathfrak{p})$ gesetzt, so erkennen wir mit Hilfe der Beziehungen $(1-\mathrm{Z})^{p-1} = (p)$ und $(p, \mathfrak{p}^{p-1}) = \mathfrak{p}$, daß

$$\mathfrak{P}^{p-1} = (p, (1-\mathrm{Z})^{p-2}\mathfrak{p}, \ldots, \mathfrak{p}^{p-1}) = \mathfrak{p}$$

wird; hieraus ist ersichtlich, daß $\mathfrak{P}$ in dem durch ζ und Z bestimmten Körper ein Primideal ist, und daß die Zahl $1-\mathrm{Z}$ dieses Primideal $\mathfrak{P}$ nur zur ersten Potenz enthält. Setzen wir $\mathrm{Z} = 1 + \Pi$ und berücksichtigen die Kongruenz $\zeta \equiv R^{-m}$ nach $\mathfrak{p}$ und die Gleichung $(1+\Pi)^p = 1$, so wird:

$$\Lambda \equiv \sum_{(x)} R^{-mx}(1+\Pi)^{R^x}, \qquad (\mathfrak{p})$$

$$\equiv \sum_{(X)} \left\{ X^{-m} \sum_{(Y)} \binom{X}{Y} \Pi^Y \right\}, \qquad (\mathfrak{p}),$$

wo die bezüglichen Summen über $x = 0, 1, 2, \ldots, p-2$; $X = 1, 2, \ldots, p-1$, $Y = 0, 1, 2, \ldots, X$ zu erstrecken sind. Aus der letzteren Formel gewinnen wir, wenn wir die Reihenfolge der Summationen umkehren, die Kongruenz:

$$\Lambda \equiv -\frac{\Pi^m}{m!}, \qquad (\mathfrak{P}^{m+1}). \tag{43}$$

Die Lagrangesche Wurzelzahl Λ enthält also genau die m-te Potenz von $\mathfrak{P}$ als Faktor, und folglich ist Λ^l nur durch die erste Potenz von $\mathfrak{p}$ teilbar.

Bezeichnen wir die zu Λ konjugiert imaginäre Zahl mit $\overline{\Lambda}$, so ist

$$\overline{\Lambda} = \mathrm{Z}^{-1} + \zeta^{-1}\mathrm{Z}^{-R} + \zeta^{-2}\mathrm{Z}^{-R^2} + \cdots + \zeta^{-p+2}\mathrm{Z}^{-R^{p-2}};$$

dann wird, wenn wir im Produkt $\Lambda\overline{\Lambda}$ immer die je $p-1$ mit gleicher Potenz von ζ multiplizierten Glieder zusammennehmen,

$$\begin{aligned}
\Lambda\overline{\Lambda} = {} & (1 + 1 + \cdots + 1) \\
& + \zeta\,(\mathrm{Z}^{R-1} + \mathrm{Z}^{R^2-R} + \cdots + \mathrm{Z}^{R^{p-1}-R^{p-2}}) \\
& + \zeta^2\,(\mathrm{Z}^{R^2-1} + \mathrm{Z}^{R^3-R} + \cdots + \mathrm{Z}^{R^p-R^{p-2}}) \\
& \cdots\cdots\cdots\cdots\cdots\cdots \\
& + \zeta^{p-2}(\mathrm{Z}^{R^{p-2}-1} + \mathrm{Z}^{R^{p-1}-R} + \cdots + \mathrm{Z}^{R^{2p-4}-R^{p-2}}) \\
= {} & p - 1 - (\zeta + \zeta^2 + \cdots + \zeta^{p-2}) = p.
\end{aligned}$$

Damit ist der erste Teil des Satzes 138 vollständig bewiesen.

Der zweite Teil ist wesentlich die Umkehrung des ersten; die Richtigkeit des zweiten Teiles folgt ohne Mühe aus den Sätzen 135 und 137, wenn man überdies den Satz 48 heranzieht; man hat dabei zu beachten, daß, wenn eine Zahl eines Abelschen Zahlkörpers den absoluten Betrag 1 hat, diese Eigenschaft stets auch den zu ihr konjugierten Zahlen zukommt.

In entsprechender Weise wie die Kongruenz (43) können wir die sämtlichen folgenden Kongruenzen ableiten [JACOBI (*3*)]:

$$s^{-i}\Lambda \equiv -\frac{\Pi^{r_{-i}m}}{(r_{-i}m)!}, \qquad \mathfrak{P}^{r_{-i}m+1} \tag{44}$$

für $i = 0, 1, 2, \ldots, l-2$. Berücksichtigen wir die Tatsache, daß $\Lambda \equiv -1$ nach $\mathfrak{l}$ und $|\Lambda| = |\sqrt{p}|$ ist, so entspringt aus diesen Kongruenzen (44) ein anderer Beweis der Sätze 135 und 136 [KUMMER (*6*, *11*)].

Die sämtlichen Sätze und Beweise in diesem Kapitel 24 gelten entsprechend auch für $l = 2$, nur daß dann die Diskriminante des Abelschen Körpers k den Wert $d = (-1)^{\frac{p-1}{2}} p$ bekommt.

Die Lagrangesche Wurzelzahl Λ des Körpers k ist eine ganze Zahl des aus $k(\zeta)$ und k zusammengesetzten Körpers, welche durch die in den Sätzen 133 und 138 aufgezählten Eigenschaften bis auf den Faktor ζ^* völlig bestimmt ist. Um endlich auch diesen Faktor ζ^* festzulegen, müßte man $\Lambda = |\sqrt{p}|\, e^{2i\pi\varphi}$ setzen derart, daß $0 \leqq \varphi < 1$ sei, und dann entscheiden, in welchem der l Intervalle

$$0 \leqq \varphi < \frac{1}{l}, \quad \frac{1}{l} \leqq \varphi < \frac{2}{l}, \ \ldots, \quad \frac{l-1}{l} \leqq \varphi < 1$$

die betreffende Zahl φ gelegen ist. Aus dieser Frage entsteht in dem besonderen Falle, daß statt l die Primzahl 2 gewählt wird, das berühmte Problem der Bestimmung des Vorzeichens der Gaußschen Summen. Vgl. § 124. Für den Fall $l = 3$ werden wir auf eine von KUMMER in Angriff genommene Aufgabe geführt [KUMMER (*2*, *4*)].

Die Zahlen der Lagrangeschen Normalbasis werden gewöhnlich „Perioden“ genannt. Die Literatur weist eine Reihe von Abhandlungen auf, welche sich mit diesen Perioden, sowie mit verwandten ganzen Zahlen von Kreiskörpern beschäftigen [KUMMER (*3*, *17*), FUCHS (*1*, *2*), SCHWERING (*1*, *3*, *4*), KRONECKER (*17*), SMITH (*1*)]. In der Literatur finden sich noch Untersuchungen über besondere Kreiskörper [BERKENBUSCH (*1*), EISENSTEIN (*10*), SCHWERING (*2*), WEBER (*1*, *2*, *4*), WOLFSKEHL (*1*)]. Auch sei hier erwähnt, daß, wenn die Primzahl $l < 100$ und nicht 29 oder 41 ist, der Kreiskörper $k(\zeta)$ stets eine solche Idealklasse enthält, deren Potenzen alle Klassen des Körpers liefern [KUMMER (*11*, *13*)].

25. Das Reziprozitätsgesetz für l-te Potenzreste zwischen einer rationalen Zahl und einer Zahl des Körpers der l-ten Einheitswurzeln.

§ 113. Der Potenzcharakter einer Zahl und das Symbol $\left\{\frac{\alpha}{\mathfrak{p}}\right\}$.

Es sei l eine ungerade Primzahl, $\zeta = e^{\frac{2i\pi}{l}}$, und $k(\zeta)$ bezeichne den durch ζ bestimmten Kreiskörper. Ist dann p eine rationale, von l verschiedene Primzahl und $\mathfrak{p}$ ein in p aufgehendes Primideal in $k(\zeta)$, und ist f der Grad von $\mathfrak{p}$, so gilt nach Satz 24 für jede nicht durch $\mathfrak{p}$ teilbare ganze Zahl α des Körpers $k(\zeta)$ die Kongruenz

$$\alpha^{p^f-1} - 1 \equiv 0, \qquad (\mathfrak{p}).$$

Da $p^f - 1$ nach Satz 119 durch l teilbar ist, so gestattet die linke Seite dieser Kongruenz die Zerlegung

$$\alpha^{p^f-1} - 1 = \prod_{(c)} \left(\alpha^{\frac{p^f-1}{l}} - \zeta^c\right),$$

wo das Produkt über die Werte $c = 0, 1, \ldots, l-1$ zu erstrecken ist. Hieraus folgt, daß für einen und jedenfalls auch nur einen Wert c die Kongruenz

$$\alpha^{\frac{p^f-1}{l}} \equiv \zeta^c, \qquad (\mathfrak{p})$$

erfüllt ist. Man nennt die hier auftretende Einheitswurzel ζ^c den **Potenzcharakter der Zahl α in Bezug auf das Primideal** $\mathfrak{p}$ im Körper $k(\zeta)$ und bezeichnet diese Einheitswurzel ζ^c durch das **Symbol**

$$\left\{\frac{\alpha}{\mathfrak{p}}\right\},$$

so daß die Kongruenz

$$\alpha^{\frac{p^f-1}{l}} \equiv \left\{\frac{\alpha}{\mathfrak{p}}\right\}, \qquad (\mathfrak{p}) \tag{45}$$

gilt [Kummer (*10*)].

Sind α und β zwei durch $\mathfrak{p}$ nicht teilbare ganze Zahlen in $k(\zeta)$, so besteht, wie hieraus leicht ersichtlich, die Gleichung

$$\left\{\frac{\alpha\beta}{\mathfrak{p}}\right\} = \left\{\frac{\alpha}{\mathfrak{p}}\right\}\left\{\frac{\beta}{\mathfrak{p}}\right\}.$$

Wenn insbesondere die ganze Zahl α nach dem Primideal $\mathfrak{p}$ der l-ten Potenz einer ganzen Zahl in $k(\zeta)$ kongruent ist, so heißt α ein l-ter **Potenzrest nach dem Primideal** $\mathfrak{p}$. Es gilt die Tatsache:

Satz 139. Bedeutet $\mathfrak{p}$ ein von $\mathfrak{l} = (1-\zeta)$ verschiedenes Primideal und α eine ganze zu $\mathfrak{p}$ prime Zahl in $k(\zeta)$, so ist α dann und nur dann l-ter Potenzrest nach $\mathfrak{p}$, wenn $\left\{\frac{\alpha}{\mathfrak{p}}\right\} = 1$ ausfällt.

Beweis. Ist $\alpha \equiv \beta^l$ nach $\mathfrak{p}$, wo β wieder eine Zahl in $k(\zeta)$ bedeutet, so folgt $\alpha^{\frac{p^f-1}{l}} \equiv \beta^{p^f-1} \equiv 1$ nach $\mathfrak{p}$, d.h. $\left\{\frac{\alpha}{\mathfrak{p}}\right\} = 1$. Um die Umkehrung hiervon zu zeigen, bezeichnen wir mit ϱ eine Primitivzahl nach $\mathfrak{p}$ und setzen $\alpha \equiv \varrho^h$ nach $\mathfrak{p}$. Nehmen wir $\alpha^{\frac{p^f-1}{l}} \equiv \varrho^{\frac{h(p^f-1)}{l}} \equiv 1$ an, so folgt $\frac{h(p^f-1)}{l} \equiv 0$ nach $p^f - 1$, d. h. h ist durch l teilbar, und folglich ist α ein l-ter Potenzrest nach $\mathfrak{p}$, was zu beweisen war.

Für eine Primitivzahl ϱ nach $\mathfrak{p}$ ist der Potenzcharakter $\left\{\frac{\varrho}{\mathfrak{p}}\right\}$ sicherlich von 1 verschieden. Denn in der Reihe der Potenzen $\varrho, \varrho^2, \ldots$ ist ϱ^{p^f-1} die erste, welche $\equiv 1$ nach $\mathfrak{p}$ ausfällt, und also ist $\varrho^{\frac{p^f-1}{l}} \not\equiv 1$ nach $\mathfrak{p}$.

Es sei $\left\{\frac{\varrho}{\mathfrak{p}}\right\} = \zeta^g$; man bestimme eine zu $p^f - 1$ prime ganze rationale Zahl g^* derart, daß $g g^* \equiv 1$ nach l wird; dann ist offenbar $\varrho^* = \varrho^{g^*}$ eine solche Primitivzahl nach $\mathfrak{p}$, für welche $\left\{\frac{\varrho^*}{\mathfrak{p}}\right\} = \zeta$ ausfällt. Ist nun α eine ganze, nicht durch $\mathfrak{p}$ teilbare Zahl in $k(\zeta)$, und hat man $\alpha \equiv \varrho^{*c}$ nach $\mathfrak{p}$, so besitzt α den Potenzcharakter ζ^c.

Hieraus ist leicht ersichtlich, daß das vollständige System der $p^f - 1$ einander nach $\mathfrak{p}$ inkongruenten Zahlen $1, \varrho^*, \varrho^{*2}, \ldots, \varrho^{*p^f-2}$ in l Teilsysteme zerfällt, von denen jedes $\frac{p^f-1}{l}$ Zahlen vom nämlichen Potenzcharakter enthält. Insbesondere gibt es genau $\frac{p^f-1}{l}$ einander inkongruente l-te Potenzreste nach $\mathfrak{p}$.

Ist $\mathfrak{b}$ ein beliebiges zu $\mathfrak{l}$ primes Ideal und α eine zu $\mathfrak{b}$ prime ganze Zahl in $k(\zeta)$, und wird $\mathfrak{b} = \mathfrak{p}\mathfrak{q}\ldots\mathfrak{w}$ gesetzt, wo $\mathfrak{p}, \mathfrak{q}, \ldots, \mathfrak{w}$ Primideale bedeuten, so werde das Symbol $\left\{\frac{\alpha}{\mathfrak{b}}\right\}$ durch die Gleichung

$$\left\{\frac{\alpha}{\mathfrak{b}}\right\} = \left\{\frac{\alpha}{\mathfrak{p}}\right\}\left\{\frac{\alpha}{\mathfrak{q}}\right\}\cdots\left\{\frac{\alpha}{\mathfrak{w}}\right\}$$

definiert.

§ 114. Ein Hilfssatz über den Potenzcharakter der l-ten Potenz der Lagrangeschen Wurzelzahl.

Es ist Eisenstein gelungen, dasjenige Reziprozitätsgesetz zu entdecken und zu beweisen, welches im Körper $k(\zeta)$ zwischen einer rationalen Zahl und einer beliebigen Zahl dieses Körpers besteht; dabei ist wieder $\zeta = e^{\frac{2i\pi}{l}}$ gesetzt, und l bedeutet eine ungerade Primzahl. Dieses Reziprozitätsgesetz ist zugleich ein bisher unentbehrliches Hilfsmittel zum Beweise des allgemeineren Kummerschen Reziprozitätsgesetzes (vgl. Kap. 31). Dem Beweise des Eisensteinschen Reziprozitätsgesetzes ist der folgende Hilfssatz vorauszuschicken:

Hilfssatz 21. Es sei $\zeta = e^{\frac{2i\pi}{l}}$; ferner bedeute p eine von l verschiedene rationale Primzahl von der Form $p = ml + 1$, R eine Primitivzahl nach p und $\mathfrak{p}$ das Primideal ersten Grades in $k(\zeta)$:

$$\mathfrak{p} = (p, \zeta - R^{-m});$$

es werde $Z = e^{\frac{2i\pi}{p}}$, die Lagrangesche Wurzelzahl

$$\Lambda = Z + \zeta Z^R + \zeta^2 Z^{R^2} + \cdots + \zeta^{p-2} Z^{R^{p-2}}$$

und $\pi = \Lambda^l$ gesetzt. Endlich bedeute q eine beliebige, von l und p verschiedene rationale Primzahl, $\mathfrak{q}$ ein in q aufgehendes Primideal des Körpers $k(\zeta)$ und g den Grad von $\mathfrak{q}$: dann drückt sich der Potenzcharakter der Zahl $\pi = \Lambda^l$ in bezug auf das Ideal $\mathfrak{q}$ durch die Formel aus

$$\left\{\frac{\pi}{\mathfrak{q}}\right\} = \left\{\frac{q}{\mathfrak{p}}\right\}^g.$$

Beweis. Durch g-maliges Erheben in die q-te Potenz folgt die Kongruenz

$$\Lambda^{q^g} \equiv Z^{q^g} + \zeta^{q^g} Z^{R q^g} + \zeta^{2 q^g} Z^{R^2 q^g} + \cdots + \zeta^{(p-2) q^g} Z^{R^{p-2} q^g}, \quad (q). \tag{46}$$

Berücksichtigen wir, daß dem Satze 119 zufolge $q^g \equiv 1$ nach l ist, und setzen $q^g \equiv R^h$ nach p, so wird die rechte Seite der Kongruenz (46)

$$Z^{R^h} + \zeta Z^{R^{h+1}} + \zeta^2 Z^{R^{h+2}} + \cdots + \zeta^{p-2} Z^{R^{h+p-2}} = \zeta^{-h} \Lambda.$$

Hieraus folgt, da Λ wegen des Satzes 138 prim zu q ist, die Kongruenz

$$\Lambda^{q^g - 1} \equiv \zeta^{-h}, \quad (q),$$

und also ist auch gewiß

$$\Lambda^{q^g - 1} = \pi^{\frac{q^g - 1}{l}} \equiv \zeta^{-h}, \quad (\mathfrak{q}),$$

d. h. es wird

$$\left\{\frac{\pi}{\mathfrak{q}}\right\} = \zeta^{-h}. \tag{47}$$

Andererseits entnimmt man aus den Kongruenzen $q^g \equiv R^h$ nach p und $R^m \equiv \zeta^{-1}$ nach $\mathfrak{p}$ die Beziehungen:

$$q^{\frac{g(p-1)}{l}} = q^{gm} \equiv R^{hm} \equiv \zeta^{-h}, \quad (\mathfrak{p}),$$

d. h. es ist

$$\left\{\frac{q^g}{\mathfrak{p}}\right\} = \left\{\frac{q}{\mathfrak{p}}\right\}^g = \zeta^{-h}; \tag{48}$$

die Gleichungen (47) und (48) zusammen ergeben den Hilfssatz 21.

§ 115. Beweis des Reziprozitätsgesetzes im Körper $k(\zeta)$ zwischen einer rationalen und einer beliebigen Zahl.

Es bedeute $\mathfrak{l} = (1 - \zeta)$ das in l aufgehende Primideal des Körpers $k(\zeta)$. Eine ganze Zahl α des Körpers $k(\zeta)$ heiße **semiprimär**, wenn sie zu $\mathfrak{l}$ prim und nach $\mathfrak{l}^2$ einer ganzen rationalen Zahl kongruent ist. Eine ganze rationale, nicht durch l teilbare Zahl ist hiernach stets semiprimär. Eine beliebige ganze, nicht durch $\mathfrak{l}$ teilbare Zahl α des Körpers $k(\zeta)$ kann durch Multiplikation mit einer geeigneten Potenz der Einheitswurzel ζ stets in eine semiprimäre Zahl verwandelt werden. Ist nämlich

$$\alpha \equiv a + b(1-\zeta), \qquad (\mathfrak{l}^2),$$

wo a und b ganze rationale Zahlen bedeuten, so ist

$$\zeta^{b^*} \cdot \alpha \equiv a, \qquad (\mathfrak{l}^2),$$

wenn b^* aus der Kongruenz $ab^* \equiv b$ nach l bestimmt wird. Die Zahl $\zeta^{b^*} \cdot \alpha$ ist mithin semiprimär.

Nach dieser Vorbemerkung läßt sich nunmehr das Eisensteinsche Reziprozitätsgesetz, wie folgt, aussprechen:

Satz 140. Wenn a eine beliebige ganze rationale, nicht durch die ungerade Primzahl l teilbare Zahl und α eine beliebige semiprimäre und zu a prime ganze Zahl des Körpers $k(\zeta)$ der l-ten Einheitswurzeln ist, so gilt in diesem Körper die Reziprozitätsgleichung

$$\left\{\frac{a}{\alpha}\right\} = \left\{\frac{\alpha}{a}\right\}.$$

[Eisenstein (2)].

Beweis. Wir verstehen unter r eine Primitivzahl nach l und schreiben $s = (\zeta : \zeta^r)$. Es werde zunächst angenommen, daß $a = q$ eine rationale Primzahl ist, und daß die Zahl α nur Primideale ersten Grades enthält. Es sei $\mathfrak{q}$ ein in q aufgehendes Primideal in $k(\zeta)$ und g der Grad von $\mathfrak{q}$, ferner sei p eine in der Norm $n(\alpha)$ vorkommende rationale Primzahl, und es mögen $\mathfrak{p}$ und π dazu die gleiche Bedeutung wie in Hilfssatz 21 haben. Ist nun s^u eine beliebige Potenz der Substitution s, und wenden wir den Hilfssatz 21 auf die Primideale $s^{-u}\mathfrak{q}$ und $\mathfrak{p}$ an, so ergibt sich:

$$\left\{\frac{\pi}{s^{-u}\,\mathfrak{q}}\right\} = \left\{\frac{q}{\mathfrak{p}}\right\}^g.$$

Unterwerfen wir diese Gleichung der Substitution s^u, so folgt:

$$\left\{\frac{s^u\,\pi}{\mathfrak{q}}\right\} = \left\{\frac{q}{s^u\,\mathfrak{p}}\right\}^g. \tag{49}$$

Die in der Norm $n(\alpha)$ vorkommenden, voneinander verschiedenen rationalen Primzahlen seien $p = ml + 1$, $p^* = m^*l + 1, \ldots$; ferner mögen $R, R^*, \ldots$ bez. Primitivzahlen nach $p, p^*, \ldots$ bedeuten; endlich werde

$$\mathfrak{p} = (p, \zeta - R^{-m}), \qquad \mathfrak{p}^* = (p^*, \zeta - R^{*-m^*}), \ldots$$

gesetzt, und es gestatte die Zahl α die Zerlegung

$$\alpha = \mathfrak{p}^{F(s)}\,\mathfrak{p}^{*F^*(s)} \ldots,$$

wo die Exponenten $F, F^*, \ldots$ ganzzahlige Funktionen in s vom Grade $l-2$ mit lauter Koeffizienten, die $\geqq 0$ sind, bedeuten.

Bezeichnen dann $\Lambda, \Lambda^*, \ldots$ die bezüglichen, zu den Primzahlen $p, p^*, \ldots$ und deren Primitivzahlen $R, R^*, \ldots$ gehörigen Lagrangeschen Wurzelzahlen, und wird $\pi = \Lambda^l, \pi^* = \Lambda^{*l}, \ldots$ gesetzt, so gelten nach Satz 138 die Zerlegungen:

$$\pi = \mathfrak{p}^{r_0 + r_{-1}s + r_{-2}s^2 + \cdots + r_{-l+2}s^{l-2}},$$
$$\pi^* = \mathfrak{p}^{*r_0 + r_{-1}s + r_{-2}s^2 + \cdots + r_{-l+2}s^{l-2}},$$
$$\cdot\ \cdot\ \cdot\ \cdot\ \cdot\ \cdot\ \cdot\ \cdot\ \cdot\ \cdot\ \cdot\ \cdot$$

wo r_{-h} die kleinste positive ganze rationale Zahl bedeutet, welche der $-h$-ten Potenz r^{-h} der Primitivzahl r nach l kongruent ist. Der Quotient

$$\varepsilon = \frac{\alpha^{r_0 + r_{-1}s + r_{-2}s^2 + \cdots + r_{-l+2}s^{l-2}}}{\pi^{F(s)}\pi^{*F^*(s)}\cdots}$$

ist daher offenbar eine Einheit des Körpers $k(\zeta)$. Wir wollen beweisen, daß diese Einheit $\varepsilon = \pm 1$ ist. Zu dem Zwecke bilden wir den Ausdruck

$$|\varepsilon|^2 = \varepsilon^{1+s^{\frac{l-1}{2}}} = \frac{\alpha^{\left(1+s^{\frac{l-1}{2}}\right)(r_0 + r_{-1}s + \cdots + r_{-l+2}s^{l-2})}}{(|\pi|^2)^{F(s)}(|\pi^*|^2)^{F^*(s)}\cdots}.$$

Wegen der für $h = 0, 1, 2, \ldots, \frac{l-3}{2}$ gültigen Gleichung

$$r_{-h} + r_{-h-\frac{l-1}{2}} = l$$

wird der Zähler des Bruches rechter Hand

$$\alpha^{\left(1+s^{\frac{l-1}{2}}\right)(r_0 + r_{-1}s + \cdots + r_{-l+2}s^{l-2})} = \alpha^{l(1+s+\cdots+s^{l-2})} = (n(\alpha))^l.$$

Berücksichtigen wir, daß nach Satz 138 $|\pi|^2 = p^l$, $|\pi^*|^2 = p^{*l}, \ldots$ wird, so ergibt sich $|\varepsilon| = 1$. Nach Satz 48 ist folglich ε bis auf einen Faktor ± 1 eine Potenz der Einheitswurzel ζ. Da andererseits nach Satz 138 die Kongruenzen

$$\pi \equiv -1, \quad \pi^* \equiv -1, \ \ldots, \ (\mathfrak{l}^l)$$

bestehen, und daher $\pi, \pi^*, \ldots$ sämtlich semiprimäre Zahlen sind, so ist auch ε eine semiprimäre Zahl; mithin wird $\varepsilon = \pm 1$, und es folgt demnach:

$$\alpha^{r_0 + r_{-1}s + \cdots + r_{-l+2}s^{l-1}} = \pm \pi^{F(s)}\pi^{*F^*(s)}\cdots.$$

Diese Gleichung liefert unter Anwendung der Formel (49) die Reziprozitätsgleichung

$$\left\{\frac{\alpha^{r_0 + r_{-1}s + \cdots + r_{-l+2}s^{l-2}}}{\mathfrak{q}}\right\} = \left\{\frac{q}{\mathfrak{p}^{F(s)}\mathfrak{p}^{*F^*(s)}\cdots}\right\}^g = \left\{\frac{q}{\alpha}\right\}^g. \tag{50}$$

Berücksichtigen wir, daß

$$\left\{\frac{s\alpha}{\mathfrak{q}}\right\} = \left\{\frac{\alpha}{s^{-1}\mathfrak{q}}\right\}^r, \quad \left\{\frac{s^2\alpha}{\mathfrak{q}}\right\} = \left\{\frac{\alpha}{s^{-2}\mathfrak{q}}\right\}^{r^2}, \ \ldots, \ \left\{\frac{s^{l-2}\alpha}{\mathfrak{q}}\right\} = \left\{\frac{\alpha}{s^{-l+2}\mathfrak{q}}\right\}^{r^{l-2}}$$

ist, da ja die Symbole Potenzen von ζ darstellen, so folgt aus (50) die Gleichung

$$\left\{\frac{\alpha}{q^g}\right\} = \left\{\frac{q}{\alpha}\right\}^g \quad \text{oder} \quad \left\{\frac{\alpha}{q}\right\} = \left\{\frac{q}{\alpha}\right\};$$

damit ist der Satz 140 unter den zunächst gemachten Einschränkungen, daß α nur Primideale ersten Grades enthält und a eine Primzahl ist, bewiesen.

Um die erstere Einschränkung zu beseitigen, nehmen wir jetzt an, es sei α eine beliebige semiprimäre, zu q prime ganze Zahl in $k(\zeta)$, welche auch Primideale von höherem als erstem Grade enthalten kann. Wir bilden dann die Zahl

$$\beta = \alpha^{\prod\limits_{(e)}(1-s^e)},$$

wo das im Exponenten stehende Produkt über sämtliche von $l-1$ verschiedene Teiler e der Zahl $l-1$ zu erstrecken ist, und setzen

$$\beta = \frac{\mathfrak{j}}{\mathfrak{k}}$$

in solcher Weise, daß $\mathfrak{j}$ und $\mathfrak{k}$ zueinander prime Ideale bedeuten; dieselben enthalten dann, wie leicht ersichtlich, nur Primideale ersten Grades als Faktoren, und sie sind überdies nicht durch $\mathfrak{l}$ teilbar. Ist h die Anzahl der Idealklassen des Körpers $k(\zeta)$, so wird nach Satz 51 $\mathfrak{k}^h = (\varkappa)$, wo $\varkappa$ eine ganze Zahl in $k(\zeta)$ bedeutet; setzen wir $\gamma = \beta\varkappa^l$, so wird auch γ eine ganze Zahl in $k(\zeta)$, welche nur Primideale ersten Grades als Primfaktoren enthält, und überdies ist offenbar γ ebenso wie α semiprimär und zu q prim. Nach dem oben Bewiesenen ist daher

$$\left\{\frac{\gamma}{q}\right\} = \left\{\frac{q}{\gamma}\right\}. \tag{51}$$

Der einfacheren Darstellung halber wollen wir nun allgemein, wenn ϱ, σ zwei ganze zu q prime Zahlen in $k(\zeta)$ bedeuten,

$$\frac{\left\{\frac{\varrho}{q}\right\}}{\left\{\frac{\sigma}{q}\right\}} = \left\{\frac{\frac{\varrho}{\sigma}}{q}\right\} \quad \text{und} \quad \frac{\left\{\frac{q}{\varrho}\right\}}{\left\{\frac{q}{\sigma}\right\}} = \left\{\frac{q}{\frac{\varrho}{\sigma}}\right\}$$

schreiben, was zu keinem Widerspruche mit den bisherigen Festsetzungen führt; dann folgt wegen $\beta = \frac{\gamma}{\varkappa^l}$ aus (51) offenbar die Gleichung

$$\left\{\frac{\beta}{q}\right\} = \left\{\frac{q}{\beta}\right\}. \tag{52}$$

Berücksichtigen wir die Gleichungen

$$\left\{\frac{s^u\alpha}{q}\right\} = \left\{\frac{\alpha}{q}\right\}^{r^u} \quad \text{und} \quad \left\{\frac{q}{s^u\alpha}\right\} = \left\{\frac{q}{\alpha}\right\}^{r^u},$$

so erkennen wir aus (52), daß

$$\left\{\frac{\alpha}{q}\right\}^{\prod\limits_{(e)}(1-r^e)} = \left\{\frac{q}{\alpha}\right\}^{\prod\limits_{(e)}(1-r^e)}$$

wird. Wenn wir bedenken, daß das auf beiden Seiten als Exponent stehende

Produkt nicht durch l teilbar ist, so ergibt sich hieraus

$$\left\{\frac{\alpha}{q}\right\} = \left\{\frac{q}{\alpha}\right\}.$$

Wird endlich auch die ganze rationale durch l nicht teilbare Zahl a beliebig angenommen, nur so, daß a zu α prim ist, und wird $a = q q^* \ldots$ gesetzt, wo $q, q^*, \ldots$ rationale Primzahlen bedeuten, so folgt durch Multiplikation der Gleichungen

$$\left\{\frac{q}{\alpha}\right\} = \left\{\frac{\alpha}{q}\right\}, \qquad \left\{\frac{q^*}{\alpha}\right\} = \left\{\frac{\alpha}{q^*}\right\}, \ldots$$

die Richtigkeit des Satzes 140 im allgemeinsten Falle.

26. Die Bestimmung der Anzahl der Idealklassen im Kreiskörper der m-ten Einheitswurzeln.

§ 116. Das Symbol $\left[\frac{a}{L}\right]$.

Um die in § 26 dargelegte transzendente Methode zur Bestimmung der Klassenanzahl eines Körpers auf den Fall des Kreiskörpers $k\left(e^{\frac{2i\pi}{m}}\right)$, wo m irgendeine ganze rationale Zahl bedeutet, anzuwenden, definieren wir zunächst die folgenden **Symbole**:

Es sei l^h eine Potenz einer ungeraden Primzahl l mit positivem Exponenten und r eine Primitivzahl nach l^h. Ist dann a eine nicht durch l teilbare ganze rationale Zahl und a' dazu ein solcher Exponent, daß die Kongruenz

$$r^{a'} \equiv a, \qquad (l^h)$$

gilt, so definieren wir

$$\left[\frac{a}{l^h}\right] = e^{\frac{2i\pi a'}{l^{h-1}(l-1)}}.$$

Ferner setzen wir

$$\left[\frac{a}{l^h}\right] = 0,$$

sobald a durch l teilbar ist. Sind a, b zwei beliebige ganze rationale Zahlen, so wird dann offenbar

$$\left[\frac{ab}{l^h}\right] = \left[\frac{a}{l^h}\right]\left[\frac{b}{l^h}\right].$$

Des weiteren setzen wir, wenn a eine ungerade Zahl bedeutet, zunächst

$$\left[\frac{a}{2^2}\right] = (-1)^{\frac{a-1}{2}};$$

ferner für ein $h > 2$, wenn a' eine solche ganze rationale Zahl zu a ist, daß die Kongruenz

$$5^{a'} \equiv \pm a, \qquad (2^h)$$

gilt,

$$\left[\frac{a}{2^h}\right] = e^{\frac{2i\pi a'}{2^{h-2}}}.$$

Bedeutet endlich a eine gerade Zahl, so setzen wir

$$\left[\frac{a}{2^2}\right]=0\,,\quad \left[\frac{a}{2^h}\right]=0\,,\qquad (h>2)\,.$$

Sind a, b irgend zwei ganze rationale Zahlen, so gelten dann, wie man sieht, die Gleichungen

$$\left[\frac{a\,b}{2^h}\right]=\left[\frac{a}{2^h}\right]\left[\frac{b}{2^h}\right],\qquad (h>1)\,.$$

Durch diese Festsetzungen ist das Symbol $\left[\frac{a}{L}\right]$ vollständig für den Fall definiert, daß a eine beliebige ganze rationale Zahl und L eine höhere Potenz von 2 als die erste oder eine Potenz einer ungeraden Primzahl bedeutet, wobei im letzteren Falle irgendeine Primitivzahl r nach L von vornherein zugrunde zu legen ist.

Sind $l_1^{h_1}, l_2^{h_2}, \ldots$ irgendwelche fest gegebene Potenzen verschiedener ungerader Primzahlen und 2^{h^*} eine Potenz von 2, die größer als 2^2 ist, so setzen wir zur Abkürzung

$$\left[\frac{a}{\underbrace{u_1, u_2, \ldots}}\right]=\left[\frac{a}{l_1^{h_1}}\right]^{u_1}\left[\frac{a}{l_2^{h_2}}\right]^{u_2}\cdots,$$

ferner

$$\left[\frac{a}{\underbrace{u; u_1, u_2, \ldots}}\right]=\left[\frac{a}{2^2}\right]^{u}\left[\frac{a}{l_1^{h_1}}\right]^{u_1}\left[\frac{a}{l_2^{h_2}}\right]^{u_2}\cdots,$$

ferner

$$\left[\frac{a}{\underbrace{u, u^*; u_1, u_2, \ldots}}\right]=\left[\frac{a}{2^2}\right]^{u}\left[\frac{a}{2^{h^*}}\right]^{u^*}\left[\frac{a}{l_1^{h_1}}\right]^{u_1}\left[\frac{a}{l_2^{h_2}}\right]^{u_2}\cdots;$$

darin soll a eine beliebige ganze rationale Zahl, und die Exponenten u, u^*; $u_1, u_2, \ldots$ sollen ganze rationale, nicht negative Zahlen vorstellen. Endlich setzen wir fest, daß das Zeichen $\left[\frac{a}{L}\right]^0$ stets den Wert 1 bedeuten soll, auch wenn $\left[\frac{a}{L}\right]=0$ ist.

§ 117. Die Ausdrücke für die Klassenanzahl im Kreiskörper der m-ten Einheitswurzeln.

Es gilt der folgende Satz, dessen Beweis in § 118 gegeben werden wird:

Satz 141. Es sei m eine ganze rationale positive Zahl von der Gestalt

$$m=l_1^{h_1}\,l_2^{h_2}\ldots,\quad \text{oder}\quad =2^2\,l_1^{h_1}\,l_2^{h_2}\ldots,\quad \text{oder}\quad =2^{h^*}\,l_1^{h_1}\,l_2^{h_2}\ldots$$
$$(h^*>2,\ h_1>0,\ h_2>0,\ldots),$$

wo $l_1, l_2, \ldots$ voneinander verschiedene ungerade Primzahlen bedeuten. Es seien ferner $r_1, r_2, \ldots$ Primitivzahlen bez. nach $l_1^{h_1}, l_2^{h_2}, \ldots$ und mit ihrer Hilfe die betreffenden Symbole definiert. Dann kann die Klassenanzahl H des Kreiskörpers k der m-ten Einheitswurzeln auf folgende zwei Weisen ausgedrückt werden:

Der *erste* Ausdruck für H lautet:

$$H = \frac{1}{\varkappa} \prod_{(u_1, u_2, \ldots)} \underset{s=1}{L} \prod_{(p)} \frac{1}{1 - \left[\overbrace{\frac{p}{u_1, u_2, \ldots}}\right] p^{-s}}$$

bez. entsteht aus dieser Formel, indem man $u_1, u_2, \ldots$ durch u; $u_1, u_2, \ldots$, bez. u, u^*; $u_1, u_2, \ldots$ ersetzt. Hierin ist dann das äußere Produkt Π über die Zahlen

$$\left.\begin{aligned} u_1 &= 0, 1, \ldots, l_1^{h_1-1}(l_1 - 1) - 1, \\ u_2 &= 0, 1, \ldots, l_2^{h_2-1}(l_2 - 1) - 1, \\ &\cdots\cdots\cdots\cdots \end{aligned}\right\}$$

ferner über

$$u = 0, 1 \qquad (53)$$

und über

$$u^* = 0, 1, \ldots, 2^{h^*-2} - 1$$

zu erstrecken mit Ausschluß der einen Wertverbindung $u_1 = 0, u_2 = 0, \ldots$, bez. $u = 0$; $u_1 = 0, u_2 = 0, \ldots$, bez. $u = 0, u^* = 0$; $u_1 = 0, u_2 = 0, \ldots$; es besteht daher nur aus einer endlichen Anzahl von Faktoren. Jedes einzelne innere Produkt $\prod\limits_{(p)}$ soll über alle rationalen Primzahlen p erstreckt werden und ist mithin ein unendliches Produkt. Die Größe $\varkappa$ ist die dem Körper k zugehörende Zahl des Satzes 56 (s. S. 115 vor § 26).

Der *zweite* Ausdruck für H ist ein Produkt aus zwei in Bruchform erscheinenden Faktoren und lautet:

$$H = \frac{\prod\limits_{(u_1, u_2, \ldots)} \sum\limits_{(n)} \left[\overbrace{\frac{n}{u_1, u_2, \ldots}}\right] n}{(2m)^{\frac{1}{2}\Phi(m)-1}} \cdot \frac{\prod\limits_{(u_1, u_2, \ldots)} \sum\limits_{(n)} \left[\overbrace{\frac{n}{u_1, u_2, \ldots}}\right] \log \mathsf{A}_n}{R}\, 2^{\frac{1}{2}\Phi(m)-1}$$

bez. entsteht aus dieser Formel, indem man zum ersten Bruch rechts den Faktor $\frac{1}{2}$ hinzufügt und dann $u_1, u_2, \ldots$ durch u; $u_1, u_2, \ldots$ bez. u, u^*; $u_1, u_2, \ldots$ ersetzt. Hierin soll das Produkt Π im Zähler des ersten Bruches über alle diejenigen in (53) angegebenen Werte erstreckt werden, für welche im ersten Falle $u_1 + u_2 + \cdots$ bez. in den zwei anderen Fällen $u + u_1 + u_2 + \cdots$ eine ungerade Zahl ist, während das Produkt Π im Zähler des zweiten Bruches über alle diejenigen in (53) angegebenen Werte zu erstrecken ist, für welche im ersten Falle $u_1 + u_2 + \cdots$ bez. in den zwei anderen Fällen $u + u_1 + u_2 + \cdots$ eine gerade Zahl ist, mit Ausschluß immer der einen Wertverbindung $u_1 = 0, u_2 = 0, \ldots$, bez. $u = 0$; $u_1 = 0, u_2 = 0, \ldots$ bez. $u = 0, u^* = 0$; $u_1 = 0, u_2 = 0, \ldots$. Weiter ist jede einzelne Summe $\sum\limits_{(n)}$ in dem ersten Bruche über alle ganzen rationalen positiven Zahlen $n = 1, 2, \ldots, m - 1$, jede einzelne Summe $\sum\limits_{(n)}$ in dem zweiten Bruche dagegen nur über alle diejenigen unter diesen Zahlen zu erstrecken, welche $< \frac{m}{2}$ sind.

Endlich bedeutet log A_n den reellen Wert des Logarithmus der Kreiskörperzahl

$$\mathsf{A}_n = \sqrt{\left(1 - e^{\frac{2i\pi n}{m}}\right)\left(1 - e^{\frac{-2i\pi n}{m}}\right)}$$

und R den Regulator des Kreiskörpers [Kummer (*22, 23*)].

Die zwei Brüche im zweiten Ausdrucke für H hat Kummer den **ersten** und den **zweiten Faktor der Klassenanzahl** genannt. Das Doppelte des ersten Faktors einerseits und andererseits der zweite Faktor der Klassenanzahl sind stets für sich ganze rationale Zahlen [Kronecker (*9*)].

Auf Grund des zweiten Ausdrucks für H hat Weber bewiesen, daß die Klassenanzahl des Kreiskörpers der 2^{h^*}-ten Einheitswurzeln stets eine ungerade Zahl ist [Weber (*1, 4*)].

Der zweite Ausdruck für H gestattet noch weitere Umformungen. Im Falle, daß $m = l$ eine ungerade Primzahl ist, wird durch eine kleine Rechnung die Richtigkeit des folgenden Satzes erkannt:

Satz 142. Ist l eine ungerade Primzahl, so stellt sich die Klassenanzahl h des Kreiskörpers der l-ten Einheitswurzeln, wie folgt, dar:

$$h = \frac{\prod\limits_{(u)} \sum\limits_{(n)} n\, e^{\frac{2i\pi n' u}{l-1}}}{(2l)^{\frac{l-3}{2}}} \cdot \frac{\Delta}{R} 2^{\frac{l-3}{2}}.$$

Hierin ist das Produkt $\prod\limits_{(u)}$ über die ungeraden Zahlen $u = 1, 3, 5, \ldots, l-2$ und jede einzelne Summe $\sum\limits_{(n)}$ über die Zahlen $n = 1, 2, 3, \ldots, l-1$ zu erstrecken; ferner ist eine Primitivzahl r nach l zugrunde gelegt und man hat unter n' eine solche zu n gehörige ganze rationale Zahl zu verstehen, für welche $r^{n'} \equiv n$ nach l wird. Δ bedeutet die Determinante

$$(-1)^{\frac{(l-3)(l-5)}{8}} \begin{vmatrix} \log \varepsilon_1, & \log \varepsilon_2, & \ldots, & \log \varepsilon_{\frac{l-3}{2}} \\ \log \varepsilon_2, & \log \varepsilon_3, & \ldots, & \log \varepsilon_{\frac{l-1}{2}} \\ \cdot & \cdot & \cdot & \cdot \\ \log \varepsilon_{\frac{l-3}{2}}, & \log \varepsilon_{\frac{l-1}{2}}, & \ldots, & \log \varepsilon_{l-4} \end{vmatrix}$$

und dabei ist allgemein $\log \varepsilon_g$ der reelle Wert des Logarithmus der Einheit

$$\varepsilon_g = \sqrt{\frac{1-\zeta^{r^g}}{1-\zeta^{r^{g-1}}} \cdot \frac{1-\zeta^{-r^g}}{1-\zeta^{-r^{g-1}}}},$$

wo ζ für $e^{\frac{2i\pi}{l}}$ steht [Kummer (*7, 11*), Dedekind (*1*)].

Die zwei Brüche hier in dem Ausdruck für h entstehen aus den zwei Brüchen in der oben gegebenen, auf den allgemeinen Fall bezüglichen

Formel und sind also der erste und der zweite Faktor der Klassenanzahl in dem früheren Sinne; im gegenwärtigen Falle sind beide Faktoren der Klassenanzahl für sich ganze rationale Zahlen. Der zweite Faktor stellt die Klassenanzahl des in $k(\zeta)$ enthaltenen reellen Unterkörpers vom $\frac{l-1}{2}$-ten Grade dar. KUMMER hat über diese zwei Faktoren noch weitere Sätze aufgestellt, welche ihre Teilbarkeit durch 2 betreffen [KUMMER (*25*)]. Der Versuch KRONECKERS, diese Sätze rein arithmetisch zu beweisen, weist einen Irrtum auf, und die von KRONECKER gegebene Verallgemeinerung ist nicht richtig [KRONECKER (*11*)]. Außerdem hat KUMMER noch nach einer anderen Richtung hin Untersuchungen über die Bedeutung und die Eigenschaften dieser zwei Faktoren angestellt [KUMMER (*13*)]. Man vergleiche ferner Kap. 36. Endlich hat KUMMER den Satz behauptet, daß die Klassenanzahl eines jeden in $k(\zeta)$ enthaltenen Unterkörpers in der Klassenanzahl h des Körpers $k(\zeta)$ aufgeht. Der von ihm versuchte Beweis hierfür ist jedoch nicht stichhaltig [KUMMER (*7*)].

§ 118. Die Ableitung der aufgestellten Ausdrücke für die Klassenanzahl des Kreiskörpers $k\left(e^{\frac{2i\pi}{m}}\right)$.

Um den Satz 141 zu beweisen, fassen wir sogleich den kompliziertesten Fall ins Auge, in welchem m durch 8 teilbar ist, und stellen den folgenden Hilfssatz auf:

Hilfssatz 22. Ist p eine beliebige rationale Primzahl und m eine durch 8 teilbare Zahl, so gilt unter Anwendung der in Satz 141 erklärten Bezeichnungen für reelle Werte $s > 1$ die Formel:

$$\prod_{(\mathfrak{P})}\{1 - n(\mathfrak{P})^{-s}\} = \prod_{(u, u^*; u_1, u_2, \ldots)}\left\{1 - \left[\frac{p}{u, u^*; u_1, u_2, \ldots}\right] p^{-s}\right\},$$

wo das Produkt linker Hand über alle verschiedenen Primideale $\mathfrak{P}$ des Kreiskörpers $k\left(e^{\frac{2i\pi}{m}}\right)$ zu erstrecken ist, welche in der Primzahl p enthalten sind, und wo das Produkt rechter Hand über alle in (53) angegebenen Wertsysteme $u, u^*; u_1, u_2, \ldots$ (das System $u = 0$, $u^* = 0$; $u_1 = 0$, $u_2 = 0, \ldots$ einbegriffen) genommen werden soll.

Beweis. Es sei zunächst p eine in m nicht aufgehende Primzahl; es sei l eine der ungeraden Primzahlen $l_1, l_2, \ldots$ und l^h die Potenz, zu der sie in m aufgeht, ferner r eine Primitivzahl nach l^h und $p \equiv r^{p'}$ nach l^h. Bedeutet e den größten gemeinsamen Teiler der beiden Zahlen p' und $l^{h-1}(l-1)$ und wird $l^{h-1}(l-1) = ef$ gesetzt, so ist das Symbol $\left[\frac{p}{l^h}\right]$ offenbar genau eine f-te und nicht eine niedere Einheitswurzel.

Wählen wir zunächst $l = l_1$ und setzen dementsprechend $h = h_1$, $e = e_1$, $l^{h_1-1}(l_1 - 1) = e_1 f_1$, so folgt aus dem eben angegebenen Umstande die Formel:

$$\prod_{(u_1)}\left\{1 - \left[\frac{p}{u, u^*; u_1, u_2, \ldots}\right] p^{-s}\right\} = \left\{1 - \left[\frac{p}{u, u^*; u_2, u_3, \ldots}\right]^{f_1} p^{-s f_1}\right\}^{e_1},$$

wo das Produkt über die in (53) bezeichneten Werte von u_1 zu erstrecken ist. Wählen wir ferner $l = l_2$ und setzen dementsprechend $h = h_2$, $e = e_2$, $l_2^{h_2-1}(l_2 - 1) = e_2 f_2$, so folgt, wenn f_{12} das kleinste gemeinsame Vielfache der Zahlen f_1, f_2 bezeichnet:

$$\prod_{(u_1, u_2)}\left\{1 - \left[\frac{p}{u, u^*; u_1, u_2, \ldots}\right] p^{-s}\right\}$$

$$= \left\{1 - \left[\frac{p}{u, u^*; u_3, u_4, \ldots}\right]^{f_{12}} p^{-s f_{12}}\right\}^{\frac{e_1 e_2 f_1 f_2}{f_{12}}},$$

wo das Produkt sich über die in (53) bezeichneten Werte von u_1, u_2 erstreckt, und ebenso wird weiterhin, wenn $f_{12\ldots}$ das kleinste gemeinsame Vielfache der Zahlen $f_1, f_2, \ldots$ bezeichnet:

$$\prod_{(u_1, u_2, \ldots)}\left\{1 - \left[\frac{p}{u, u^*; u_1, u_2, \ldots}\right] p^{-s}\right\}$$

$$= \left\{1 - \left[\frac{p}{u, u^*}\right]^{f_{12\ldots}} p^{-s f_{12\ldots}}\right\}^{\frac{e_1 e_2 \ldots f_1 f_2 \ldots}{f_{12\ldots}}},$$

wo das Produkt über alle in (53) bezeichneten Werte $u_1, u_2, \ldots$ zu erstrecken ist.

Es sei ferner $p \equiv \pm 5^{p'}$ nach 2^{h^*}, es bedeute e^* den größten gemeinsamen Teiler der Zahlen p' und 2^{h^*-2}, und es werde $2^{h^*-2} = e^* f^*$ gesetzt; dann ist offenbar $\left[\frac{p}{2^{h^*}}\right]$ genau eine f^*-te und nicht eine niedere Einheitswurzel. Wir erhalten infolgedessen, wenn $f^*_{12\ldots}$ das kleinste gemeinsame Vielfache der Zahlen $f^*, f_1, f_2, \ldots$ bezeichnet:

$$\prod_{(u^*; u_1, u_2, \ldots)}\left\{1 - \left[\frac{p}{u, u^*; u_1, u_2, \ldots}\right] p^{-s}\right\}$$

$$= \left\{1 - \left[\frac{p}{2^2}\right]^{u f^*_{12\ldots}} p^{-s f^*_{12\ldots}}\right\}^{\frac{e^* e_1 e_2 \ldots f^* f_1 f_2 \ldots}{f^*_{12\ldots}}},$$

wo nun das Produkt auch über die in (53) bezeichneten Werte von u^* zu nehmen ist.

Endlich sei $\bar{e}$ der größte gemeinsame Teiler von $\frac{p-1}{2}$ und 2, und man setze $2 = \bar{e}\bar{f}$; aus der letzten Formel folgt dann, wenn F das kleinste gemeinsame

Vielfache der Zahlen $\mathfrak{f}, \mathfrak{f}^*, \mathfrak{f}_1, \mathfrak{f}_2, \ldots$ bezeichnet und zur Abkürzung

$$E = \frac{\bar{e}\, e^*\, e_1\, e_2 \ldots \bar{\mathfrak{f}}\, \mathfrak{f}^*\, \mathfrak{f}_1\, \mathfrak{f}_2 \ldots}{F}$$

gesetzt wird,

$$\prod_{(u, u^*; u_1, u_2, \ldots)} \left\{1 - \left[\frac{p}{u, u^*; u_1, u_2, \ldots}\right] p^{-s}\right\} = \{1 - p^{-sF}\}^E, \tag{54}$$

wo das Produkt sich über alle in (53) bezeichneten Wertverbindungen $u, u^*; u_1, u_2, \ldots$ erstreckt. Man sieht sofort, daß F der kleinste positive Exponent mit der Kongruenzeigenschaft $p^F \equiv 1$ nach m ist. Da ferner $FE = \Phi(m)$ ist, so folgt aus (54) mit Rücksicht auf den Satz 125 die im Hilfssatz 22 aufgestellte Formel. Mit Hilfe der zweiten Aussage in Satz 125 erkennt man dann leicht die Gültigkeit dieser Formel auch in dem Falle, daß p eine in m enthaltene Primzahl ist.

Die Richtigkeit des ersten in Satz 141 aufgestellten Ausdruckes für H erkennen wir nun unmittelbar auf Grund des Satzes 56, wenn wir die zweite in § 27 gegebene Darstellung von $\zeta(s)$ und den eben bewiesenen Hilfssatz 22 anwenden.

Zur Ableitung des zweiten Ausdruckes für H formen wir zunächst das im ersten Ausdrucke hinter dem Limes-Zeichen stehende Produkt in eine unendliche Summe, wie folgt, um:

$$\prod_{(p)} \frac{1}{1 - \left[\frac{p}{u, u^*; u_1, u_2, \ldots}\right] p^{-s}} = \sum_{(n = 1, 2, 3, \ldots)} \left[\frac{n}{u, u^*; u_1, u_2, \ldots}\right] \frac{1}{n^s}.$$

Die weitere Behandlung der rechts stehenden Summe geschieht dann am einfachsten, indem wir in derselben

$$\frac{1}{n^s} = \frac{1}{\Gamma(s)} \int_0^\infty \mathrm{e}^{-nt}\, t^{s-1}\, dt$$

einsetzen und dann in entsprechender Weise verfahren wie in § 86.

§ 119. Das Vorhandensein von unendlich vielen rationalen Primzahlen, welche nach einer gegebenen Zahl einen vorgeschriebenen, zu ihr primen Rest lassen.

Jeder der zwei in § 117 aufgestellten und soeben bewiesenen Ausdrücke für die Klassenanzahl H des Kreiskörpers der m-ten Einheitswurzeln gestattet eine wichtige Folgerung. Der erstere Ausdruck nämlich kann zum Nachweis der folgenden Tatsache dienen:

Satz 143. *Bedeuten m und n zwei zueinander prime ganze rationale Zahlen so gibt es stets unendlich viele rationale Primzahlen p mit der Kongruenzeigenschaft $p \equiv n$ nach m.* [Dirichlet (*5, 6*), Dedekind (*1*)].

Beweis. Auch hier betrachten wir nur den kompliziertesten Fall, wo m durch 8 teilbar ist, und setzen, wie in § 117, $m = 2^{h^*} l_1^{h_1} l_2^{h_2} \ldots$. Jedes der dort betrachteten unendlichen Produkte

$$\prod_{(p)} \frac{1}{1 - \left[\dfrac{p}{u, u^*; u_1, u_2, \ldots}\right] p^{-s}}$$

mit Ausschluß desjenigen, welches der Wertverbindung $u = 0, u^* = 0$; $u_1 = 0, u_2 = 0, \ldots$ entspricht, konvergiert für $s = 1$ nach einem bestimmten Grenzwerte; aus der ersten in § 117 gegebenen Darstellung der Klassenanzahl H folgt, daß diese Grenzwerte sämtlich von 0 verschieden ausfallen; wir können daher die Logarithmen dieser Produkte verwenden, und es führen dann entsprechende einfache Betrachtungen, wie sie in § 80 angestellt worden sind, zu dem Resultate, daß für jedes betrachtete Wertsystem $u, u^*; u_1, u_2, \ldots$, immer von dem einen Systeme $u = 0, u^* = 0; u_1 = 0, u_2 = 0, \ldots$ abgesehen, die unendliche Summe

$$\sum_{(p)} \left[\frac{p}{u, u^*; u_1, u_2, \ldots}\right] \frac{1}{p^s}, \tag{55}$$

wo p alle rationalen Primzahlen durchläuft, in der Grenze für $s = 1$ stets endlich bleibt.

Da n zu m prim vorausgesetzt ist, so sind die Symbole

$$\left[\frac{n}{2^2}\right], \quad \left[\frac{n}{2^h}\right], \quad \left[\frac{n}{l_1^{h_1}}\right], \quad \left[\frac{n}{l_2^{h_2}}\right], \ldots$$

sämtlich von 0 verschieden. Wir multiplizieren den Ausdruck (55) mit

$$\frac{1}{\left[\dfrac{n}{2^2}\right]^u \left[\dfrac{n}{2^{h^*}}\right]^{u^*} \left[\dfrac{n}{l_1^{h_1}}\right]^{u_1} \left[\dfrac{n}{l_2^{h_2}}\right]^{u_2} \cdots},$$

lassen dann $u, u^*; u_1, u_2, \ldots$ alle in (53) angegebenen Werte durchlaufen, doch so, daß das eine System $u = 0, u^* = 0; u_1 = 0, u_2 = 0, \ldots$ ausgeschlossen wird, und addieren sämtliche so entstehenden Ausdrücke zu der unendlichen Summe (26) (siehe § 80, S. 183). Auf diese Weise geht der Ausdruck

$$\left.\begin{aligned} &\sum_{(p)} (1 + P)(1 + P^* + P^{*2} + \cdot + P^{*2^{h^*-2}-1}) \cdot \\ &\qquad (1 + P_1 + P_1^2 + \cdots + P_1^{l_1^{h_1-1}(l_1-1)-1}) \cdot \\ &\qquad (1 + P_2 + P_2^2 + \cdots + P_2^{l_2^{h_2-1}(l_2-1)-1}) \cdots \frac{1}{p^s}, \end{aligned}\right\} \tag{56}$$

hervor, wo zur Abkürzung

$$P = \frac{\left[\dfrac{p}{2^2}\right]}{\left[\dfrac{n}{2^2}\right]}, \quad P^* = \frac{\left[\dfrac{p}{2^{h^*}}\right]}{\left[\dfrac{n}{2^{h^*}}\right]}, \quad P_1 = \frac{\left[\dfrac{p}{l_1^{h_1}}\right]}{\left[\dfrac{n}{l_1^{h_1}}\right]}, \quad P_2 = \frac{\left[\dfrac{p}{l_2^{h_2}}\right]}{\left[\dfrac{n}{l_2^{h_2}}\right]}, \ldots$$

gesetzt ist. Sehen wir in dieser unendlichen Reihe (56) von denjenigen Gliedern ab, die den in m aufgehenden Primzahlen $2, l_1, l_2, \ldots$ entsprechen, und die nur in endlicher Anzahl vorhanden sind, so ist im übrigen diese Reihe gleich $\Phi(m) \Sigma \frac{1}{p^s}$, wo p nur alle diejenigen rationalen Primzahlen durchläuft, für welche die Werte $P, P^*, P_1, P_2, \ldots$ sämtlich gleich 1 werden, d. s. eben die Primzahlen, welche der im Satze 143 verlangten Kongruenzbedingung genügen.

Da die unendliche Summe (26) (s. S. 183) für $s = 1$ über alle Grenzen wächst, dagegen die hier betrachteten Reihen (55) für $s = 1$ sämtlich endlich bleiben, so folgt, daß auch der Wert der unendlichen Reihe (56) für $s = 1$ über alle Grenzen wächst, d. h. die Primzahlen mit der verlangten Kongruenzeigenschaft sind notwendig in unendlicher Anzahl vorhanden.

§ 120. Die Darstellung sämtlicher Einheiten des Kreiskörpers durch die Kreiseinheiten.

Der zweite der beiden in § 117 aufgestellten Ausdrücke kann zum Nachweise des folgenden Satzes dienen:

Satz 144. *Jede Einheit eines Abelschen Körpers ist eine Wurzel mit rationalem ganzzahligem Exponenten aus einem Produkt von Kreiseinheiten.*

Beweis. Fassen wir zunächst den Fall ins Auge, daß $m = l$ eine ungerade Primzahl ist. Nach der Formel im Satze 142 enthält der zweite Faktor der Klassenanzahl im Zähler eine gewisse Determinante Δ; jene Determinante Δ ist daher notwendig von 0 verschieden, und hieraus folgt mit Rücksicht auf die in § 20 und § 21 angestellten Betrachtungen, daß die in Satz 142 angegebenen $\frac{l-3}{2}$ Einheiten $\varepsilon_1, \varepsilon_2, \ldots, \varepsilon_{\frac{l-3}{2}}$ des Kreiskörpers $k\left(e^{\frac{2i\pi}{l}}\right)$ ein System von unabhängigen Einheiten bilden. Dieser Umstand lehrt die Richtigkeit des Satzes 144 für den besonderen Fall des Kreiskörpers $k\left(e^{\frac{2i\pi}{l}}\right)$, sowie auch für alle in diesem Körper enthaltenen Unterkörper [Kummer (*11*)].

Eine ähnliche Umformung des zweiten Faktors der Klassenanzahl, wie sie in Satz 142 gegeben wird, ist auch im Falle des Kreiskörpers der m-ten Einheitswurzeln möglich, wenn m eine beliebige zusammengesetzte Zahl ist; der betreffende Ausdruck ermöglicht dann auf Grund des Satzes 131 den allgemeinen Beweis des Satzes 144.

Ein reiches Zahlenmaterial, welches zu tieferen Untersuchungen in der Theorie der Kreiskörper von hohem Nutzen ist, bieten die von Reuschle berechneten Tafeln komplexer Primzahlen [Reuschle (*1*), Kummer (*24*), Kronecker (*12*)].

27. Anwendungen der Theorie des Kreiskörpers auf den quadratischen Körper.

§ 121. Die Erzeugung der Einheiten des reellen quadratischen Körpers aus Kreiseinheiten.

Indem wir gewisse in den vorangehenden Kapiteln abgeleitete Eigenschaften des Kreiskörpers der m-ten Einheitswurzeln für einen in ihm enthaltenen quadratischen Unterkörper verwerten, gelangen wir zu neuen Sätzen über den quadratischen Zahlkörper. Die Fruchtbarkeit dieser Methode wird noch erhöht, wenn wir sie mit denjenigen Wahrheiten in Verbindung bringen, welche im dritten Teil dieses Berichtes durch unmittelbare Betrachtung des quadratischen Körpers gewonnen worden sind.

Nach dem allgemeinen Satze 144 ist insbesondere eine jede Einheit eines reellen quadratischen Körpers $k(\sqrt{m})$ eine Wurzel mit rationalem ganzzahligem Exponenten aus einem Produkte von Kreiseinheiten; es wird eine spezielle Einheit des Körpers $k(\sqrt{m})$ einfach durch den folgenden Ausdruck

$$\frac{\prod\limits_{(b)}\left(e^{\frac{bi\pi}{d}} - e^{-\frac{bi\pi}{d}}\right)}{\prod\limits_{(a)}\left(e^{\frac{ai\pi}{d}} - e^{-\frac{ai\pi}{d}}\right)}$$

erhalten, wo d die Diskriminante des Körpers $k(\sqrt{m})$ bedeutet, und wo die Produkte $\prod\limits_{(a)}, \prod\limits_{(b)}$ über alle diejenigen Zahlen a oder b der Reihe $1, 2, \ldots, |d|$ zu erstrecken sind, welche der Bedingung $\left(\frac{d}{a}\right) = +1$ bez. $\left(\frac{d}{b}\right) = -1$ genügen [Dirichlet (7)]. Vgl. § 86.

§ 122. Das Reziprozitätsgesetz für quadratische Reste.

Es sei l eine ungerade rationale Primzahl, r eine Primitivzahl nach l; ferner $\zeta = e^{\frac{2i\pi}{l}}$ und $s = (\zeta : \zeta^r)$. Zu der aus den $\frac{l-1}{2}$ Substitutionen $1, s^2, s^4, \ldots s^{l-3}$ gebildeten Untergruppe der Gruppe des Kreiskörpers $k(\zeta)$ gehört ein gewisser quadratischer Unterkörper k^* des Kreiskörpers $k(\zeta)$. Da die Diskriminante des Körpers $k(\zeta)$ nach Satz 118 gleich $(-1)^{\frac{l-1}{2}} l^{l-2}$ ist, so enthält nach Satz 39 die Diskriminante von k^* keine andere rationale Primzahl als l und besitzt daher wegen Satz 95 den Wert $d = (-1)^{\frac{l-1}{2}} l$.

Es sei p entweder die Primzahl 2 oder eine beliebige von l verschiedene ungerade rationale Primzahl. Indem wir die Zerlegung von p einerseits in dem Kreiskörper $k(\zeta)$ der l-ten Einheitswurzeln, andererseits direkt nach Satz 97 in dem quadratischen Unterkörper k^* ausführen und hernach die erhaltenen Resultate miteinander vergleichen, gelangen wir zu einem neuen

Beweise des Reziprozitätsgesetzes für quadratische Reste [KRONECKER (*15*)]. Wir verfahren dabei, wie folgt:

Ist f der kleinste positive Exponent, für welchen $p^f \equiv 1$ nach l ausfällt, und wird $e = \frac{l-1}{f}$ gesetzt, so zerlegt sich nach Satz 119 die Primzahl p im Körper $k(\zeta)$ in e Primideale $\mathfrak{P}, s\mathfrak{P}, \ldots, s^{e-1}\mathfrak{P}$, und es ist der gemeinsame Zerlegungskörper k_z dieser Primideale nach Satz 129 vom Grade e. Die rationale Primzahl p ist alsdann offenbar in dem quadratischen Körper k^* zerlegbar oder nicht zerlegbar, je nachdem der Körper k^* in k_z als Unterkörper enthalten ist oder nicht. Bedenken wir, daß der Körper $k(\zeta)$ nur den einen quadratischen Unterkörper k^* enthält, und ferner, daß ein Abelscher Körper dann und nur dann überhaupt einen quadratischen Unterkörper besitzt, wenn sein Grad gerade ist, so folgt, daß k^* dann und nur dann in k_z enthalten ist, wenn die Zahl e gerade ausfällt. Andererseits ist nach Satz 97 die Primzahl p in k^* zerlegbar oder nicht zerlegbar, je nachdem $\left(\frac{(-1)^{\frac{l-1}{2}} l}{p}\right) = +1$ oder $= -1$ ist. Ist nun e gerade, so folgt $p^{\frac{l-1}{2}} = p^{f \cdot \frac{e}{2}} \equiv 1$ nach l, d.h. $\left(\frac{p}{l}\right) = +1$; im anderen Falle wird $p^{\frac{l-1}{2}} = p^{\frac{f}{2} \cdot e} \equiv (-1)^e \equiv -1$ nach l, d.h. $\left(\frac{p}{l}\right) = -1$. Es ist mithin in jedem Falle

$$\left(\frac{p}{l}\right) = \left(\frac{(-1)^{\frac{l-1}{2}} l}{p}\right). \tag{57}$$

Wir nehmen zunächst p ungerade an; aus (57) folgt

$$\left(\frac{l}{p}\right)\left(\frac{p}{l}\right) = \left(\frac{(-1)^{\frac{l-1}{2}}}{p}\right) \tag{58}$$

und weiter, wenn wir p und l miteinander vertauschen,

$$\left(\frac{(-1)^{\frac{l-1}{2}}}{p}\right) = \left(\frac{(-1)^{\frac{p-1}{2}}}{l}\right).$$

Die letztere Formel ergibt, wenn wir $l = 3$ nehmen,

$$\left(\frac{-1}{p}\right) = (-1)^{\frac{p-1}{2}}. \tag{59}$$

Die Verbindung der Gleichung (59) mit (58) liefert

$$\left(\frac{l}{p}\right)\left(\frac{p}{l}\right) = (-1)^{\frac{l-1}{2} \cdot \frac{p-1}{2}}. \tag{60}$$

Setzen wir in (57) $p=2$, so folgt

$$\left(\frac{2}{l}\right)=\left(\frac{(-1)^{\frac{l-1}{2}}l}{2}\right)=(-1)^{\frac{l^2-1}{8}}. \tag{61}$$

Die Formeln (60), (59) und (61) enthalten das Reziprozitätsgesetz für quadratische Reste nebst den zugehörigen Ergänzungssätzen.

§ 123. Der imaginäre quadratische Körper mit einer Primzahldiskriminante.

Satz 145. Wenn l eine rationale Primzahl mit der Kongruenzeigenschaft $l \equiv 3$ nach 4 ist und p eine rationale Primzahl von der Gestalt $p=ml+1$ bedeutet, so gilt für ein jedes in p aufgehende Primideal $\mathfrak{p}$ des imaginären quadratischen Körpers $k(\sqrt{-l})$ die Äquivalenz

$$\mathfrak{p}^{\frac{\Sigma b-\Sigma a}{l}} \sim 1,$$

wo Σa die Summe der kleinsten positiven quadratischen Reste und Σb die Summe der kleinsten positiven quadratischen Nichtreste nach l bedeutet.

Setzt man ferner $p=\mathfrak{p}\mathfrak{p}'$ und

$$\mathfrak{p}^{\frac{\Sigma b-\Sigma a}{l}}=(\pi),$$

wobei π eine ganze Zahl des imaginären quadratischen Körpers $k(\sqrt{-l})$ bedeutet, so gilt die Kongruenz

$$\pi \equiv \pm \frac{1}{\prod\limits_{(a)}(am)!}, \qquad (\mathfrak{p}'),$$

wo das im Nenner stehende Produkt über alle kleinsten positiven quadratischen Reste a nach l zu erstrecken ist [Jacobi (*1, 2, 3, 4*), Cauchy (*1*), Eisenstein (*4*)].

Beweis. Nach Satz 136 kann man, wenn $\mathfrak{P}$ ein Primideal ersten Grades in $k(\zeta)$ bedeutet, unter Benutzung der dort erklärten Bezeichnungen

$$\mathfrak{P}^{q_0+q_{-1}s+q_{-2}s^2+\cdots+q_{-l+2}s^{l-2}}=(\mathsf{A}) \tag{62}$$

setzen derart, daß A eine ganze Zahl in $k(\zeta)$ ist. Ist dann $p=ml+1$ die durch $\mathfrak{P}$ teilbare rationale Primzahl und $p=\mathfrak{p}\mathfrak{p}'$ die Zerlegung dieser Primzahl in dem in $k(\zeta)$ enthaltenen quadratischen Unterkörper $k(\sqrt{-l})$, so gehen andererseits diese zwei Primideale $\mathfrak{p}$ und $\mathfrak{p}'$ des Körpers $k(\sqrt{-l})$ in der Gestalt hervor:

$$\mathfrak{p}=\mathfrak{P}^{1+s^2+s^4+\cdots+s^{l-3}},$$
$$\mathfrak{p}'=s\mathfrak{p}=\mathfrak{P}^{s(1+s^2+s^4+\cdots+s^{l-3})}.$$

Wenn wir die Gleichung (62) in die $(1+s^2+s^4+\cdots+s^{l-3})$-te symbolische Potenz erheben, so folgt

$$\mathfrak{p}^{q_0+q_{-2}+q_{-4}+\cdots+q_{-l+3}}\,\mathfrak{p}'^{\,q_{-1}+q_{-3}+q_{-5}+\cdots+q_{-l+2}}=(\alpha),$$

wo α eine Zahl in $k(\sqrt{-l})$ bedeutet. Wegen

$$q_{-1}+q_{-3}+\cdots+q_{-l+2}-q_0-q_{-2}-\cdots-q_{-l+3}=(r+1)\frac{\Sigma b-\Sigma a}{l}$$

folgt, wenn wir die Äquivalenz $\mathfrak{p}\mathfrak{p}'\sim 1$ berücksichtigen,

$$\mathfrak{p}^{(r+1)\frac{\Sigma b-\Sigma a}{l}}\sim 1. \tag{63}$$

Andererseits kann man nach Satz 135

$$\mathfrak{P}^{r_0+r_{-1}s+r_{-2}s^2+\cdots+r_{-l+2}s^{l-2}}=(\mathsf{B})$$

setzen, derart, daß B eine ganze Zahl in $k(\zeta)$ bedeutet. Wenn wir diese Gleichung in die $(1+s^2+s^4+\cdots+s^{l-3})$-te symbolische Potenz erheben, so folgt

$$\mathfrak{p}^{\Sigma b-\Sigma a}=\mathfrak{p}^{l\frac{\Sigma b-\Sigma a}{l}}\sim 1. \tag{64}$$

Da die Zahl $r+1$ nicht durch l teilbar ist, wenn wir von dem Falle $l=3$ absehen, der für sich ohne weiteres klar liegt, so folgt aus den beiden Äquivalenzen (63) und (64) die im ersten Teile des Satzes 145 behauptete Äquivalenz.

Der zweite Teil des Satzes 145 folgt durch eingehendere Betrachtung der in § 112 entwickelten Kongruenzeigenschaften (43), (44) der Lagrangeschen Wurzelzahl Λ.

Ein wesentlich verschiedener Beweis für den ersten Teil des Satzes 145 ergibt sich unmittelbar aus einer gegen den Schluß des § 86 gemachten Bemerkung über den Ausdruck der Klassenanzahl des Körpers $k(\sqrt{-l})$ für den Fall $l\equiv 3$ nach 4.

Durch eine bemerkenswerte Modifikation des Jacobischen Verfahrens gelingt es, die Aussagen des Satzes 145 auch auf den Fall zu erweitern, daß die Primzahl p nicht von der Gestalt $p=ml+1$ ist [Eisenstein (*11*), Stickelberger (*1*)].

§ 124. Die Bestimmung des Vorzeichens der Gaußschen Summe.

Es sei p eine ungerade rationale Primzahl, so können wir nach den Definitionen des § 111 und der in § 112 hinzugefügten Ausdehnung derselben auf den Fall $l=2$ die Lagrangesche Normalbasis und die Lagrangesche Wurzelzahl für den quadratischen Körper $k\left(\sqrt{(-1)^{\frac{p-1}{2}}p}\right)$ aufstellen. Es werde $\mathsf{Z}=e^{\frac{2i\pi}{p}}$ gesetzt, so besteht für diesen Körper die Lagrangesche Normalbasis aus den zwei Zahlen

$$\lambda_0=\sum_{(a)}\mathsf{Z}^a,\quad \lambda_1=\sum_{(b)}\mathsf{Z}^b,$$

und die Lagrangesche Wurzelzahl hat für ihn den Wert

$$\Lambda = \lambda_0 - \lambda_1 = \sum_{(a)} Z^a - \sum_{(b)} Z^b;$$

dabei durchlaufen a und b bez. die quadratischen Reste und Nichtreste nach p unter den Zahlen $1, 2, \ldots, p-1$.

Das am Schlusse des § 112 charakterisierte Problem der vollständigen Ermittlung von Λ, nachdem Λ^l gefunden ist, kommt in dem vorliegenden Falle des quadratischen Körpers auf die Frage nach einem gewissen Vorzeichen $\pm$ hinaus und wird durch folgenden Satz erledigt:

Satz 146. Die Lagrangesche Wurzelzahl Λ des quadratischen Körpers mit der Primzahldiskriminante $(-1)^{\frac{p-1}{2}}p$ ist eine positiv reelle oder positiv rein imaginäre Zahl [GAUSS (*2*), KRONECKER (*4*)].

Beweis. Das Quadrat der in Frage stehenden Lagrangeschen Wurzelzahl Λ besitzt, weil Λ eine Zahl des quadratischen Körpers und nach Satz 138

$$|\Lambda| = |\sqrt{p}|$$

ist, jedenfalls den Wert $(-1)^{\frac{p-1}{2}}p$; man hat also

$$\Lambda = \pm\sqrt{(-1)^{\frac{p-1}{2}}p}. \tag{65}$$

An die Stelle der in § 112 mit $\mathfrak{p}$, $\mathfrak{P}$ bezeichneten Ideale treten im vorliegenden Falle $l = 2$ bez. die Ideale (p) und $(1 - Z)$; aus der Kongruenz (43) wird daher die Kongruenz

$$\Lambda \equiv \frac{(-1)^{\frac{p+1}{2}}}{\frac{p-1}{2}!}(1-Z)^{\frac{p-1}{2}}, \qquad \left((1-Z)^{\frac{p+1}{2}}\right),$$

d. i.

$$\Lambda \equiv \frac{p-1}{2}!\,(1-Z)^{\frac{p-1}{2}}, \qquad \left((1-Z)^{\frac{p+1}{2}}\right), \tag{66}$$

Wir betrachten andererseits den Ausdruck

$$\Delta = (Z^{-1} - Z^{+1})(Z^{-2} - Z^{+2}) \cdots \left(Z^{-\frac{p-1}{2}} - Z^{+\frac{p-1}{2}}\right).$$

Da derselbe nur sein Vorzeichen ändert, wenn wir Z durch Z^R ersetzen, wobei R eine Primitivzahl nach p bedeuten soll, und da das Ideal (Δ) mit dem Ideal $(1 - Z)^{\frac{p-1}{2}}$ übereinstimmt, so ist notwendig

$$\Delta = \pm\sqrt{(-1)^{\frac{p-1}{2}}p}.$$

Um das Vorzeichen hier zu bestimmen, bedenken wir, daß

$$Z^{-h} - Z^{+h} = -2i \sin \frac{2h\pi}{p}, \qquad \left(h = 1, 2, \ldots, \frac{p-1}{2}\right)$$

ist, und erhalten hieraus für Δ einen Wert von der Gestalt $(-i)^{\frac{p-1}{2}} P$, wo P eine positive Größe darstellt. Hieraus folgt, wenn wir fortan unter $\sqrt{(-1)^{\frac{p-1}{2}} p}$ denjenigen Wert dieser Quadratwurzel verstehen, welcher positiv reell oder positiv imaginär ist,

$$\Delta = (-1)^{\frac{p^2-1}{8}} \sqrt{(-1)^{\frac{p-1}{2}} p}. \tag{67}$$

Endlich lehrt die Gleichung

$$\Delta = Z^{-1-2-\cdots-\frac{p-1}{2}} (1 - Z^2)(1 - Z^4) \cdots (1 - Z^{p-1}),$$

daß

$$\Delta \equiv 2 \cdot 4 \cdot 6 \cdots (p-1)(1-Z)^{\frac{p-1}{2}} \equiv 2^{\frac{p-1}{2}} \frac{p-1}{2}!\,(1-Z)^{\frac{p-1}{2}}, \qquad \left((1-Z)^{\frac{p+1}{2}}\right)$$

ist, und hieraus folgt nach (66)

$$\Delta \equiv 2^{\frac{p-1}{2}} \Lambda, \qquad \left((1-Z)^{\frac{p+1}{2}}\right).$$

Da

$$2^{\frac{p-1}{2}} \equiv \left(\frac{2}{p}\right) \equiv (-1)^{\frac{p^2-1}{8}}, \qquad (p)$$

wird, so ergibt sich wegen (67)

$$\Lambda \equiv \sqrt{(-1)^{\frac{p-1}{2}} p}, \qquad \left((1-Z)^{\frac{p+1}{2}}\right),$$

und folglich ist wegen (65)

$$\Lambda = \sqrt{(-1)^{\frac{p-1}{2}} p},$$

womit der Satz 146 bewiesen ist.

Über spezielle Abelsche Körper von höherem als dem zweiten Grade ist bisher wenig veröffentlicht worden; erwähnt seien die Eisensteinsche Abhandlung über kubische, aus der Kreisteilung entstehende Formen, welche als eine Einleitung in die Theorie der kubischen Abelschen Körper aufzufassen ist [Eisenstein (*10*)], ferner die Bachmannsche Arbeit über die aus zwei Quadratwurzeln zusammengesetzten komplexen Zahlen [Bachmann (*1*)], und die Weberschen Untersuchungen über Abelsche kubische und biquadratische Zahlkörper [Weber (*2, 4*)].

Fünfter Teil.

Der Kummersche Zahlkörper.

28. Die Zerlegung der Zahlen des Kreiskörpers im Kummerschen Körper.

§ 125. Die Definition des Kummerschen Körpers.

Es bezeichne l eine ungerade rationale Primzahl und $k(\zeta)$ den durch $\zeta = e^{\frac{2i\pi}{l}}$ bestimmten Kreiskörper. Ist dann μ eine solche ganze Zahl in $k(\zeta)$, welche nicht zugleich die l-te Potenz einer Zahl in $k(\zeta)$ wird, so erweist sich die Gleichung l-ten Grades

$$x^l - \mu = 0$$

als irreduzibel im Rationalitätsbereich $k(\zeta)$. Bedeutet $\mathsf{M} = \sqrt[l]{\mu}$ eine irgendwie in bestimmter Weise ausgewählte Wurzel dieser Gleichung, so sind

$$\zeta \mathsf{M}, \zeta^2 \mathsf{M}, \ldots, \zeta^{l-1} \mathsf{M}$$

deren $l-1$ übrige Wurzeln. Den durch M und ζ bestimmten Körper $k(\mathsf{M}, \zeta)$ nenne ich einen **Kummerschen Körper**. Ein solcher Kummerscher Körper $k(\mathsf{M}, \zeta)$ ist vom Grade $l(l-1)$; er enthält den Kreiskörper $k(\zeta)$ als Unterkörper und ist in bezug auf $k(\zeta)$ ein relativ Abelscher Körper vom Relativgrade l. Durch die Operation der Vertauschung von M mit $\zeta \mathsf{M}$ in einer Zahl oder in einem Ideal dieses Kummerschen Körpers geht man zu der relativ konjugierten Zahl bezüglich dem relativ konjugierten Ideal über. Dieser Übergang werde durch Vorsetzen des Substitutionszeichens S angedeutet.

Man beweist leicht die Tatsachen:

Satz 147. Der durch $\mathsf{M} = \sqrt[l]{\mu}$ und ζ bestimmte Kummersche Körper ist im Bereiche der rationalen Zahlen dann und nur dann ein Galoisscher Körper, wenn unter den symbolischen Potenzen $\mu^{s-1}, \mu^{s-2}, \ldots, \mu^{s-l+1}$ eine die l-te Potenz einer Zahl in $k(\zeta)$ wird. Dabei ist $s = (\zeta : \zeta^r)$, worin r eine Primitivzahl nach l bedeutet.

Der Kummersche Körper $k(\mathsf{M}, \zeta)$ ist insbesondere dann und nur dann ein Abelscher Körper, wenn μ^{s-r} die l-te Potenz einer Zahl in $k(\zeta)$ wird.

Wenn der Kummersche Körper $k(\mathsf{M}, \zeta)$ ein Galoisscher oder insbesondere ein Abelscher Körper ist, so entsteht dieser Körper, wie man auf Grund der in § 38 entwickelten Begriffe ersieht, durch Zusammensetzung aus dem Kreiskörper $k(\zeta)$ und einem gewissen Körper l-ten Grades.

§ 126. Die Relativdiskriminante des Kummerschen Körpers.

Unsere erste Aufgabe ist die Ermittlung der Relativdiskriminante von $k(\mathsf{M},\zeta)$ in bezug auf $k(\zeta)$. Wir beweisen zunächst die folgende Tatsache:

Hilfssatz 23. Wenn ein Primideal $\mathfrak{p}$ des Kreiskörpers $k(\zeta)$ gleich der l-ten Potenz eines Primideals $\mathfrak{P}$ des Kummerschen Körpers $k(\mathsf{M},\zeta)$ wird und A eine ganze durch $\mathfrak{P}$, aber nicht durch $\mathfrak{P}^2$ teilbare Zahl in $k(\mathsf{M},\zeta)$ ist, so enthalten die Relativdiskriminante der Zahl A und die Relativdiskriminante des Kummerschen Körpers $k(\mathsf{M},\zeta)$ in bezug auf $k(\zeta)$ genau die gleiche Potenz von $\mathfrak{p}$ als Faktor.

Beweis. Jede ganze Zahl des Kummerschen Körpers $k(\mathsf{M},\zeta)$ ist offenbar in der Gestalt

$$\Omega = \frac{\alpha + \alpha_1 \mathsf{A} + \alpha_2 \mathsf{A}^2 + \cdots + \alpha_{l-1}\mathsf{A}^{l-1}}{\beta} \tag{68}$$

darstellbar, so daß $\alpha, \alpha_1, \alpha_2, \ldots, \alpha_{l-1}, \beta$ ganze Zahlen in $k(\zeta)$ sind. Ist dabei β durch $\mathfrak{p}$ teilbar, so folgt, daß auch der Zähler des rechter Hand stehenden Bruches kongruent 0 nach $\mathfrak{p}$ sein muß. Wegen $\mathsf{A} \equiv 0$ nach $\mathfrak{P}$ geht hieraus $\alpha \equiv 0$ nach $\mathfrak{P}$ und, da α in $k(\zeta)$ liegt, auch $\alpha \equiv 0$ nach $\mathfrak{p}$ hervor. Aus der letzten Kongruenz ergibt sich

$$\alpha_1 \mathsf{A} + \alpha_2 \mathsf{A}^2 + \cdots + \alpha_{l-1}\mathsf{A}^{l-1} \equiv 0, \ (\mathfrak{p}),$$

und da $\mathsf{A} \not\equiv 0, \mathsf{A}^2 \equiv 0, \mathsf{A}^3 \equiv 0, \ldots, \mathsf{A}^{l-1} \equiv 0$ nach $\mathfrak{P}^2$ ist, so folgt $\alpha_1 \equiv 0$ nach $\mathfrak{P}$ und daher auch nach $\mathfrak{p}$, also ist auch

$$\alpha_2 \mathsf{A}^2 + \cdots + \alpha_{l-1}\mathsf{A}^{l-1} \equiv 0, \ (\mathfrak{p}).$$

Wegen $\mathsf{A}^2 \not\equiv 0, \mathsf{A}^3 \equiv 0, \ldots, \mathsf{A}^{l-1} \equiv 0$ nach $\mathfrak{P}^3$ folgt $\alpha_2 \equiv 0$ nach $\mathfrak{P}$ und daher auch nach $\mathfrak{p}$. Fahren wir so fort, so erkennen wir, daß notwendig alle Koeffizienten $\alpha, \alpha_1, \alpha_2, \ldots, \alpha_{l-1}$ durch $\mathfrak{p}$ teilbar sein müssen. Ist jetzt β' eine ganze Zahl in $k(\zeta)$, welche durch $\frac{\beta}{\mathfrak{p}}$ teilbar, aber nicht durch β teilbar ist, so werden die Zahlen $\alpha\beta', \alpha_1\beta', \ldots, \alpha_{l-1}\beta'$ sämtlich durch β teilbar. Wir setzen

$$\alpha' = \frac{\alpha\beta'}{\beta}, \quad \alpha_1' = \frac{\alpha_1\beta'}{\beta}, \quad \ldots, \quad \alpha_{l-1}' = \frac{\alpha_{l-1}\beta'}{\beta}$$

und erhalten dann

$$\Omega = \frac{\alpha' + \alpha_1' \mathsf{A} + \alpha_2' \mathsf{A}^2 + \cdots + \alpha_{l-1}'\mathsf{A}^{l-1}}{\beta'}, \tag{69}$$

wo die im Nenner stehende Zahl β' jetzt einen Idealfaktor $\mathfrak{p}$ weniger enthält als β. Wenden wir die eben auf (68) angewandte Schlußweise nunmehr wiederum auf (69) an usf., so gelangen wir schließlich zu dem Resultat, daß jede ganze Zahl Ω des Körpers $k(\mathsf{M},\zeta)$ in der Gestalt

$$\Omega = \frac{\alpha + \bar{\alpha}_1 \mathsf{A} + \bar{\alpha}_2 \mathsf{A}^2 + \cdots + \bar{\alpha}_{l-1}\mathsf{A}^{l-1}}{\bar{\beta}} \tag{70}$$

darstellbar ist derart, daß $\bar{\alpha}, \bar{\alpha}_1, \ldots, \bar{\alpha}_{l-1}, \bar{\beta}$ sämtlich ganze Zahlen in $k(\zeta)$

sind, und daß außerdem $\bar{\beta}$ zu $\mathfrak{p}$ prim ausfällt. Wir denken uns nun die $l(l-1)$ Zahlen einer Basis des Kummerschen Körpers $k(\mathsf{M}, \zeta)$ gemäß (70) ausgedrückt und bilden aus diesen Zahlen und den zu ihnen relativ konjugierten Zahlen die l-reihige Matrix; es wird dann ersichtlich, daß die Relativdiskriminante des Kummerschen Körpers $k(\mathsf{M}, \zeta)$ nach Multiplikation mit gewissen zu $\mathfrak{p}$ primen ganzen Zahlen $\bar{\beta}$ des Körpers $k(\zeta)$ durch die Relativdiskriminante der Zahl A teilbar werden muß, und hiermit ist der Hilfssatz 23 bewiesen.

Satz 148. Es werde $\lambda = 1 - \zeta$ und $\mathfrak{l} = (\lambda)$ gesetzt. Geht ein von $\mathfrak{l}$ verschiedenes Primideal $\mathfrak{p}$ des Kreiskörpers $k(\zeta)$ in der Zahl μ genau zur e-ten Potenz auf, so enthält, wenn der Exponent e zu l prim ist, die Relativdiskriminante des durch $\mathsf{M} = \sqrt[l]{\mu}$ und ζ bestimmten Kummerschen Körpers in bezug auf $k(\zeta)$ genau die Potenz $\mathfrak{p}^{l-1}$ von $\mathfrak{p}$ als Faktor. Ist dagegen der Exponent e ein Vielfaches von l, so fällt diese Relativdiskriminante prim zu $\mathfrak{p}$ aus.

Was das Primideal $\mathfrak{l}$ betrifft, so können wir zunächst den Umstand ausschließen, daß die Zahl μ durch $\mathfrak{l}$ teilbar ist und dabei $\mathfrak{l}$ genau in einer solchen Potenz enthält, deren Exponent ein Vielfaches von l ist; denn alsdann könnte die Zahl μ sofort durch eine zu $\mathfrak{l}$ prime Zahl μ^* ersetzt werden, so daß $k\left(\sqrt[l]{\mu^*}, \zeta\right)$ derselbe Körper wie $k\left(\sqrt[l]{\mu}, \zeta\right)$ ist. Unter Ausschluß des genannten Umstandes haben wir die zwei möglichen Fälle, daß μ genau eine Potenz von $\mathfrak{l}$ enthält, deren Exponent zu l prim ist, oder daß μ nicht durch $\mathfrak{l}$ teilbar ist. Im *ersteren* Falle ist die Relativdiskriminante von $k\left(\sqrt[l]{\mu}, \zeta\right)$ in bezug auf $k(\zeta)$ genau durch die Potenz $\mathfrak{l}^{l^2-1}$ von $\mathfrak{l}$ teilbar. Im *zweiten* Falle sei m der höchste Exponent $\leqq l$, für den es eine Zahl α in $k(\zeta)$ gibt, so daß $\mu \equiv \alpha^l$ nach $\mathfrak{l}^m$ ausfällt. Jene Relativdiskriminante ist dann im Falle $m = l$ zu $\mathfrak{l}$ prim; sie ist dagegen im Falle $m < l$ genau durch die Potenz $\mathfrak{l}^{(l-1)(l-m+1)}$ von $\mathfrak{l}$ teilbar.

Beweis. Gehen wir zunächst auf den ersten Teil des Satzes 148 ein. Es sei π eine durch $\mathfrak{p}$, aber nicht durch $\mathfrak{p}^2$ teilbare ganze Zahl in $k(\zeta)$, und weiter sei ν eine durch $\frac{\pi}{\mathfrak{p}}$ teilbare, aber zu $\mathfrak{p}$ prime ganze Zahl in $k(\zeta)$.

Ist der Exponent e der in μ enthaltenen Potenz von $\mathfrak{p}$ kein Vielfaches von l, so können wir zwei ganze rationale positive Zahlen a und b bestimmen, so daß $1 = ae - bl$ ist. Dann ist $\mu^* = \frac{\mu^a \nu^{bl}}{\pi^{bl}}$ eine durch $\mathfrak{p}$, aber nicht durch $\mathfrak{p}^2$ teilbare ganze Zahl in $k(\zeta)$, und es erweist sich, wenn $\mathsf{M}^* = \sqrt[l]{\mu^*}$ gesetzt wird, $k(\mathsf{M}^*, \zeta) = k(\mathsf{M}, \zeta)$, und wenn wir den gemeinsamen Idealteiler von $\mathfrak{p}$ und M^* im Körper $k(\mathsf{M}, \zeta)$ mit $\mathfrak{P}$ bezeichnen,

$$\mathfrak{P} = S\mathfrak{P}; \quad \mathfrak{p} = \mathfrak{P}^l.$$

Das Ideal $\mathfrak{P}$ ist also ein ambiges Primideal des Kummerschen Körpers $k(\mathsf{M}, \zeta)$ in bezug auf den Unterkörper $k(\zeta)$; nach Satz 93 tritt dasselbe daher in der Relativdiskriminante von $k(\mathsf{M}, \zeta)$ in bezug auf $k(\zeta)$ als Faktor auf.

Da ferner die Zahl M^* durch $\mathfrak{P}$, aber nicht durch $\mathfrak{P}^2$ teilbar ist, und da die Relativdiskriminante der Zahl M^* in bezug auf $k(\zeta)$ den Wert $(-1)^{\frac{l-1}{2}} l^l \mu^{*l-1}$ hat, so ist nach Hilfssatz 23 das Ideal $\mathfrak{p}$ auch in der Relativdiskriminante des Körpers $k(\mathsf{M},\zeta)$ genau zur $(l-1)$-ten Potenz enthalten.

Ist dagegen der Exponent e der in μ enthaltenen Potenz von $\mathfrak{p}$ ein Vielfaches von l, so ist $\mu^* = \frac{\mu \nu^e}{\pi^e}$ eine nicht durch $\mathfrak{p}$ teilbare ganze Zahl in $k(\zeta)$; da die Relativdiskriminante der Zahl $\mathsf{M}^* = \sqrt[l]{\mu^*}$ in bezug auf $k(\zeta)$ den Wert $(-1)^{\frac{l-1}{2}} l^l \mu^{*l-1}$ hat, so ist sie zu $\mathfrak{p}$ prim. Das gleiche gilt mithin von der Relativdiskriminante des Körpers $k(\mathsf{M},\zeta)$ in bezug auf $k(\zeta)$.

Jetzt betrachten wir die Verhältnisse in betreff des Primfaktors $\mathfrak{l}$. Im Falle, daß derselbe in μ zu einem solchen Exponenten e erhoben aufgeht, der kein Vielfaches von l ist, verfahren wir in entsprechender Weise, wie im ersten Teil dieses Beweises bei Behandlung des Primideales $\mathfrak{p}$ verfahren wurde, indem wir an die Stelle von μ eine Zahl μ^* bringen, die durch $\mathfrak{l}$, aber nicht durch $\mathfrak{l}^2$ teilbar ist. Da die Relativdiskriminante der Zahl $\mathsf{M}^* = \sqrt[l]{\mu^*}$ den Wert $(-1)^{\frac{l-1}{2}} l^l \mu^{*l-1}$ hat, so ist, nach der Beschaffenheit von μ^*, dem Hilfssatze 23 zufolge die Relativdiskriminante des Körpers $k(\mathsf{M},\zeta)$ in bezug auf $k(\zeta)$ genau durch $\mathfrak{l}^{l^2-1}$ teilbar.

An zweiter Stelle haben wir den Fall zu untersuchen, daß μ nicht durch $\mathfrak{l}$ teilbar ist. Der für diesen Fall in Satz 148 bezeichnete Exponent $m (\leqq l)$ sei zunächst $= l$; es gebe also eine ganze Zahl α in $k(\zeta)$ derart, daß $\mu \equiv \alpha^l$ nach $\mathfrak{l}^l$ ist; dabei wird dann $\frac{\mu - \alpha^l}{\lambda^l}$ eine ganze Zahl in $k(\zeta)$, und folglich besitzt die Gleichung l-ten Grades in x

$$\frac{(\lambda x - \alpha)^l + \mu}{\lambda^l} = 0$$

lauter ganze Koeffizienten. Da $x = \frac{\alpha - \mathsf{M}}{\lambda}$, wo $\mathsf{M} = \sqrt[l]{\mu}$ gesetzt ist, eine Wurzel dieser Gleichung ist, so erweist sich die Zahl $\Omega = \frac{\alpha - \mathsf{M}}{\lambda}$ des Körpers $k(\mathsf{M},\zeta)$ als ganze Zahl. Die Relativdiskriminante dieser Zahl Ω ist gleich $\varepsilon \mu^{l-1}$, wo ε eine Einheit bedeutet, und folglich ist auch die Relativdiskriminante des Körpers $k(\mathsf{M},\zeta)$ in bezug auf $k(\zeta)$ zu $\mathfrak{l}$ prim.

Zweitens sei $m < l$, so daß also μ nicht einer l-ten Potenz nach $\mathfrak{l}^l$ kongruent gesetzt werden kann; wir setzen $\mu \equiv \alpha^l + a\lambda^m$ nach $\mathfrak{l}^{m+1}$, wo α eine ganze Zahl in $k(\zeta)$, ferner m der im Satze erklärte Exponent ist und a eine ganze rationale, nicht durch l teilbare Zahl bedeutet. Wir betrachten nun das Ideal

$$\mathfrak{A} = (\lambda,\ \alpha - \mathsf{M}).$$

Die Zahl $\frac{\alpha - \mathsf{M}}{\lambda}$ ist sicher keine ganze Zahl, da ihre Relativnorm in bezug auf $k(\zeta)$, d. h. $\frac{\alpha^l - \mu}{\lambda^l}$, wegen $m < l$ eine gebrochene Zahl ist, also ist die Zahl $\alpha - \mathsf{M}$ nicht durch $\mathfrak{l}$ teilbar; mithin ist das Ideal $\mathfrak{A}$ von $\mathfrak{l}$ verschieden. Andererseits ist $\mathfrak{A}$ auch nicht $= 1$, da die Relativnorm der Zahl $\alpha - \mathsf{M}$ wegen

$$N_k(\alpha - \mathsf{M}) = \alpha^l - \mu \equiv - a\lambda^m, \quad (\mathfrak{l}^{m+1}) \tag{71}$$

durch $\mathfrak{l}^m$ teilbar ist. Da sich $S\mathfrak{A} = \mathfrak{A}$ erweist, so ist $\mathfrak{A}$ ein ambiges Ideal, und da dasselbe ein Faktor von $\mathfrak{l}$ sein muß, so gehört unter den gegenwärtigen Umständen $\mathfrak{l}$ zur ersten von den drei in § 57 beim Beweise des Satzes 93 unterschiedenen Arten von Primidealen des Unterkörpers, d. h. wir haben $\mathfrak{l} = \mathfrak{L}^l$, wo $\mathfrak{L}$ ein Primideal und offenbar ersten Grades im Körper $k(\mathsf{M}, \zeta)$ bedeutet. Aus der Kongruenz (71) ergibt sich dann $\mathfrak{A} = \mathfrak{L}^m$.

Nunmehr bestimmen wir zwei ganze rationale positive Zahlen a und b, so daß $1 = am - bl$ wird, und setzen

$$\Omega = \frac{(\alpha - \mathsf{M})^a}{\lambda^b}.$$

Wegen $S\,\mathsf{M} = \zeta\,\mathsf{M}$ folgt

$$S\Omega = \frac{(\alpha - \mathsf{M} + \lambda\mathsf{M})^a}{\lambda^b},$$

und wir schließen aus diesem Ausdrucke, daß $\Omega - S\Omega$ genau durch die $(l - m + 1)$-te Potenz von $\mathfrak{L}$ teilbar ist. Da von jeder Differenz aus irgend zwei zu Ω relativ konjugierten Zahlen das gleiche gilt, so enthält die Relativdiskriminante der Zahl Ω in bezug auf $k(\zeta)$ genau die $(l-1)(l - m + 1)$-te Potenz des Ideals $\mathfrak{l}$. Hieraus folgt, da Ω nur durch die erste Potenz von $\mathfrak{L}$ teilbar ist, nach Hilfssatz 23, daß auch die Relativdiskriminante des Körpers $k(\mathsf{M}, \zeta)$ in bezug auf $k(\zeta)$ genau durch die angegebene Potenz von $\mathfrak{l}$ teilbar sein muß.

Durch den eben bewiesenen Satz 148 ist die Relativdiskriminante des Kummerschen Körpers $k(\mathsf{M}, \zeta)$ in bezug auf den Körper $k(\zeta)$ völlig bestimmt, und nach Satz 39 kann man aus dieser Relativdiskriminante sogleich auch die Diskriminante des Kummerschen Körpers $k(\mathsf{M}, \zeta)$ finden.

§ 127. Das Symbol $\left\{\frac{\mu}{\mathfrak{w}}\right\}$.

Für die weiteren Entwicklungen ist es nötig, das in § 113 eingeführte Symbol $\left\{\frac{\mu}{\mathfrak{w}}\right\}$ in folgender Weise zu verallgemeinern, so daß es auch in den Fällen eine Bedeutung hat, wo $\mathfrak{w}$ in μ aufgeht, und wo $\mathfrak{w} = \mathfrak{l}$ ist.

Es sei $\mathfrak{w}$ ein beliebiges Primideal in $k(\zeta)$ und μ eine beliebige ganze Zahl in $k(\zeta)$, welche nicht l-te Potenz einer ganzen Zahl in $k(\zeta)$ ist. Wenn dann die

Relativdiskriminante des durch $\mathsf{M} = \sqrt[l]{\mu}$ und ζ bestimmten Kummerschen Körpers durch $\mathfrak{w}$ teilbar ist, so habe das **Symbol** $\left\{\frac{\mu}{\mathfrak{w}}\right\}$ den Wert 0.

Ist dagegen die Relativdiskriminante dieses Körpers $k(\mathsf{M}, \zeta)$ nicht durch $\mathfrak{w}$ teilbar, so kann man nach Satz 148 stets eine Zahl α in $k(\zeta)$ finden derart, daß $\mu^* = \alpha^l \mu$ eine ganze, nicht mehr durch $\mathfrak{w}$ teilbare Zahl in $k(\zeta)$ wird. Ist μ selbst zu $\mathfrak{w}$ prim, so erfüllt bereits $\alpha = 1$ diese Bedingung. Wir definieren dann, wenn $\mathfrak{w} \neq \mathfrak{l}$ ist, das fragliche **Symbol** durch die Formel

$$\left\{\frac{\mu}{\mathfrak{w}}\right\} = \left\{\frac{\mu^*}{\mathfrak{w}}\right\}.$$

Wenn aber $\mathfrak{w} = \mathfrak{l}$ ist, so kann, da die Relativdiskriminante von $k(\mathsf{M}, \zeta)$ prim zu $\mathfrak{l}$ sein soll, nach dem Satze 148 die Zahl α überdies so gewählt werden, daß $\mu^* \equiv 1$ nach $\mathfrak{l}^l$ ausfällt. Ist dies geschehen, so gilt eine Kongruenz von der Gestalt

$$\mu^* \equiv 1 + a\lambda^l, \quad (\mathfrak{l}^{l+1}),$$

wo a eine bestimmte Zahl aus der Reihe $0, 1, 2, \ldots, l-1$ bedeutet. Ich definiere dann das **Symbol** $\left\{\frac{\mu}{\mathfrak{l}}\right\}$ durch die Gleichung

$$\left\{\frac{\mu}{\mathfrak{l}}\right\} = \zeta^a.$$

Ist μ die l-te Potenz einer ganzen Zahl in $k(\zeta)$ und $\mathfrak{w}$ ein beliebiges Primideal in $k(\zeta)$, so werde stets $\left\{\frac{\mu}{\mathfrak{w}}\right\} = 1$ genommen.

Auf diese Weise ist der Wert des Symbols $\left\{\frac{\mu}{\mathfrak{w}}\right\}$ für jede ganze Zahl μ und für jedes Primideal $\mathfrak{w}$ in $k(\zeta)$ eindeutig festgelegt, und zwar wird dieser Wert entweder gleich 0 oder gleich einer bestimmten l-ten Einheitswurzel.

Ist endlich $\mathfrak{a}$ ein beliebiges Ideal des Körpers $k(\zeta)$ und hat man $\mathfrak{a} = \mathfrak{p}\mathfrak{q}\ldots\mathfrak{w}$, wo $\mathfrak{p}, \mathfrak{q}, \ldots, \mathfrak{w}$ Primideale in $k(\zeta)$ sind, so möge, wenn μ eine beliebige ganze Zahl in $k(\zeta)$ ist, das **Symbol** $\left\{\frac{\mu}{\mathfrak{a}}\right\}$ durch die folgende Gleichung definiert werden:

$$\left\{\frac{\mu}{\mathfrak{a}}\right\} = \left\{\frac{\mu}{\mathfrak{p}}\right\}\left\{\frac{\mu}{\mathfrak{q}}\right\}\ldots\left\{\frac{\mu}{\mathfrak{w}}\right\}.$$

Sind $\mathfrak{a}, \mathfrak{b}$ beliebige Ideale in $k(\zeta)$, so gilt dann offenbar die Gleichung:

$$\left\{\frac{\mu}{\mathfrak{a}\mathfrak{b}}\right\} = \left\{\frac{\mu}{\mathfrak{a}}\right\}\left\{\frac{\mu}{\mathfrak{b}}\right\}.$$

§ 128. Die Primideale des Kummerschen Körpers.

Es sei μ eine ganze Zahl in $k(\zeta)$, aber $\mathsf{M} = \sqrt[l]{\mu}$ keine Zahl dieses Körpers. Die Aufgabe, die Primideale des Kreiskörpers $k(\zeta)$ in Primideale des Kummerschen Körpers $k(\mathsf{M}, \zeta)$ zu zerlegen, wird durch folgenden Satz gelöst:

Satz 149. Ein beliebiges Primideal $\mathfrak{p}$ in $k(\zeta)$ ist in dem durch $\mathsf{M} = \sqrt[l]{\mu}$ und ζ bestimmten Kummerschen Körper $k(\mathsf{M}, \zeta)$ entweder gleich der l-ten

Potenz eines Primideals oder zerlegbar in l voneinander verschiedene Primideale oder selbst Primideal, je nachdem $\left\{\frac{\mu}{\mathfrak{p}}\right\} = 0$ oder $= 1$ oder gleich einer von 1 verschiedenen l-ten Einheitswurzel ausfällt.

Beweis. Der erste Teil dieses Satzes bezieht sich auf die in der Relativdiskriminante des Kummerschen Körpers $k(\mathsf{M}, \zeta)$ aufgehenden Primideale; dieselben sind nach Satz 93 ambig. Hieraus oder aus dem Beweise des Satzes 148 ergibt sich für diese Primideale die Richtigkeit der Behauptung.

Wenn $\mathfrak{p}$ ein nicht in der Relativdiskriminante des Körpers $k(\mathsf{M}, \zeta)$ aufgehendes Primideal ist, so möge μ^* eine durch $\mathfrak{p}$ nicht teilbare ganze Zahl von der Art sein, daß der Quotient $\frac{\mu^*}{\mu}$ gleich der l-ten Potenz einer Zahl in $k(\zeta)$ ist. Der Körper $k(\mathsf{M}, \zeta)$ wird dann auch durch $\mathsf{M}^* = \sqrt[l]{\mu^*}$ und ζ festgelegt.

Wir untersuchen zunächst den Fall, daß $\mathfrak{p} \neq \mathfrak{l}$ ist. Wenn dann $\left\{\frac{\mu^*}{\mathfrak{p}}\right\} = 1$ ausfällt, so ist nach Satz 139 die Zahl μ^* ein l-ter Potenzrest nach $\mathfrak{p}$. Wir bestimmen, was offenbar möglich ist, eine ganze Zahl α in $k(\zeta)$ derart, daß

$$\mu^* \equiv \alpha^l, \ (\mathfrak{p}) \quad \text{und} \quad \mu^* \not\equiv \alpha^l, \ (\mathfrak{p}^2)$$

wird; alsdann bilden wir die relativ konjugierte Ideale

$$\begin{aligned} \mathfrak{P} &= (\mathfrak{p}, \mathsf{M}^* - \alpha), \\ S\mathfrak{P} &= (\mathfrak{p}, \zeta\mathsf{M}^* - \alpha), \\ &\cdots\cdots \\ S^{l-1}\mathfrak{P} &= (\mathfrak{p}, \zeta^{l-1}\mathsf{M}^* - \alpha) \end{aligned}$$

und erhalten leicht

$$\mathfrak{p} = \mathfrak{P} \cdot S\mathfrak{P} \cdots S^{l-1}\mathfrak{P}.$$

Wegen

$$(\mathfrak{P}, S\mathfrak{P}) = (\mathfrak{p}, \mathsf{M}^* - \alpha, \zeta\mathsf{M}^* - \alpha) = 1$$

ist $S\mathfrak{P}$ von $\mathfrak{P}$, und folglich sind alle l Primfaktoren $\mathfrak{P}, S\mathfrak{P}, \ldots, S^{l-1}\mathfrak{P}$ des Ideals $\mathfrak{p}$ untereinander verschieden. Das Primideal $\mathfrak{p}$ in $k(\zeta)$ gehört also zu der zweiten der drei im Beweise zu Satz 93 aufgezählten Arten von Primidealen des Unterkörpers: es zerfällt in $k(\mathsf{M}, \zeta)$ in l voneinander verschiedene Primideale. Umgekehrt, wenn ein Primideal $\mathfrak{p}$ des Körpers $k(\zeta)$, wo jetzt $\mathfrak{p}$ auch $= \mathfrak{l}$ sein kann, in l voneinander verschiedene Primideale $\mathfrak{P}, S\mathfrak{P}, \ldots, S^{l-1}\mathfrak{P}$ des Körpers $k(\mathsf{M}, \zeta)$ zerfällt, so wird, wenn p die durch $\mathfrak{p}$ teilbare rationale Primzahl und $N(\mathfrak{P}) = p^f$ die Norm von $\mathfrak{P}$ ist,

$$N(\mathfrak{p}) = N(\mathfrak{P}) N(S\mathfrak{P}) \cdots N(S^{l-1}\mathfrak{P}) = p^{lf},$$

und mithin ist die Norm von $\mathfrak{p}$, im Körper $k(\zeta)$ genommen, $n(\mathfrak{p})$, ebenfalls gleich p^f. Die Gleichheit der Normen $N(\mathfrak{P})$ und $n(\mathfrak{p})$ läßt, wie in § 57, die Tatsache erkennen, daß eine jede ganze Zahl des Körpers $k(\mathsf{M}, \zeta)$ einer ganzen Zahl des Körpers $k(\zeta)$ nach $\mathfrak{P}$ kongruent gesetzt werden kann; setzen wir insbesondere $\mathsf{M}^* \equiv \alpha$ nach $\mathfrak{P}$, wo α in $k(\zeta)$ liegen soll, so folgt $\mathsf{M}^{*l} = \mu^* \equiv \alpha^l$ nach $\mathfrak{P}$, und da $\mu^* - \alpha^l$ eine Zahl in $k(\zeta)$ ist, so muß $\mu^* \equiv \alpha^l$ auch nach $\mathfrak{p}$ sein, d. h. es gilt $\left\{\frac{\mu^*}{\mathfrak{p}}\right\} = \left\{\frac{\mu}{\mathfrak{p}}\right\} = 1$. Damit ist zugleich für ein von $\mathfrak{l}$ verschiedenes Primideal $\mathfrak{p}$ der letzte Teil des Satzes 149 vollständig bewiesen.

Was endlich das Primideal $\mathfrak{l}$ anbetrifft, so gilt, falls die Relativdiskriminante des Körpers $k(\mathsf{M}, \zeta)$ in bezug auf $k(\zeta)$ durch $\mathfrak{l}$ nicht teilbar ist, für die Zahl μ^* dem Satze 148 gemäß eine Kongruenz von der Gestalt

$$\mu^* \equiv \alpha^l + a\lambda^l, \quad (\mathfrak{l}^{l+1}),$$

wo a eine ganze rationale Zahl bedeutet. Soll nun $\left\{\frac{\mu}{\mathfrak{l}}\right\} = 1$, d. h. a durch l teilbar sein, so folgt daraus eine Kongruenz von der Gestalt

$$\mu^* \equiv \alpha^l + a^* \lambda^{l+1}, \quad (\mathfrak{l}^{l+2}),$$

wo a^* wiederum eine ganze rationale Zahl bedeutet. Ist hierin a^* nicht durch l teilbar, so setzen wir $\mu^{**} = \mu^*$; ist dagegen a^* durch l teilbar, so setzen wir $\mu^{**} = (1 + \lambda)^l \mu^* = (1 - \lambda^2)^l \mu^*$, dann folgt

$$\mu^{**} \equiv \alpha^l + \lambda^{l+1} \alpha^l, \quad (\mathfrak{l}^{l+2}).$$

Demnach genügt die Zahl μ^{**} stets einer Kongruenz

$$\mu^{**} \equiv \alpha^l + a^{**} \lambda^{l+1}, \quad (\mathfrak{l}^{l+2}),$$

wo nun a^{**} eine ganze rationale, nicht durch l teilbare Zahl bedeutet, und hieraus folgt, wenn $\mathsf{M}^{**} = \sqrt[l]{\mu^{**}}$ und

$$\mathfrak{L} = \left(\lambda, \frac{\alpha - \mathsf{M}^{**}}{\lambda}\right)$$

gesetzt wird, für $\mathfrak{l}$ die Zerlegung

$$\mathfrak{l} = \mathfrak{L} \cdot S\mathfrak{L} \cdots S^{l-1}\mathfrak{L}.$$

Wegen

$$\left(\lambda, \frac{\alpha - \mathsf{M}^{**}}{\lambda}, \frac{\alpha - \zeta \mathsf{M}^{**}}{\lambda}\right) = 1$$

ist $S\mathfrak{L}$ von $\mathfrak{L}$ verschieden, und daher sind auch alle l Primideale $\mathfrak{L}, S\mathfrak{L}, \ldots, S^{l-1}\mathfrak{L}$ untereinander verschieden.

Umgekehrt, wenn $\mathfrak{l}$ eine Zerlegung dieser Art im Kummerschen Körper $k(\mathsf{M}, \zeta)$ gestattet, so stimmen nach einer oben gemachten und, wie dort erwähnt, auch für $\mathfrak{p} = \mathfrak{l}$ zutreffenden Bemerkung die Normen von $\mathfrak{L}$ in $k(\mathsf{M}, \zeta)$ und von $\mathfrak{l}$ in $k(\zeta)$ überein, und es muß daher jede ganze Zahl des Körpers $k(\mathsf{M}, \zeta)$ einer ganzen Zahl des Körpers $k(\zeta)$ nach $\mathfrak{L}$ kongruent sein. Da $\mathfrak{l}$ alsdann nach Satz 93 gewiß nicht in der Relativdiskriminante des Körpers $k(\mathsf{M}, \zeta)$ in bezug auf $k(\zeta)$ enthalten ist, so können wir nach Satz 148 $\mu^* \equiv \alpha^l$ nach $\mathfrak{l}^l$ setzen, und demgemäß ist $\frac{\alpha - \mathsf{M}^*}{\lambda}$ eine ganze Zahl. Da $\mathfrak{L}$ ein Primideal ersten Grades in $k(\mathsf{M},\zeta)$ wird, so können wir diese ganze Zahl kongruent a nach $\mathfrak{L}$ setzen, so daß a eine ganze rationale Zahl bedeutet; dann folgt, wenn N_k als Bezeichnung der Relativnorm in bezug auf $k(\zeta)$ dient, die Kongruenz

$$N_k\left(\frac{\alpha-\mathsf{M}^*}{\lambda}-a\right)\equiv 0, \qquad (\mathfrak{l}),$$

d. h.

$$(\alpha-a\lambda)^l-\mu^*\equiv 0, \qquad (\mathfrak{l}^{l+1});$$

es ist mithin $\left\{\frac{\mu^*}{\mathfrak{l}}\right\}=\left\{\frac{\mu}{\mathfrak{l}}\right\}=1$. Diese Tatsachen beweisen auch für das Primideal $\mathfrak{l}$ den letzten Teil des Satzes 149.

Durch den Satz 149 haben wir ein einfaches Mittel erlangt, um die im Beweise des Satzes 93 aufgezählten drei Arten von Primidealen eines Körpers in Hinsicht auf einen relativ-zyklischen Oberkörper von einem Primzahlrelativgrade für den vorliegenden Fall der Körper $k(\mathsf{M},\zeta)$ und $k(\zeta)$ zu unterscheiden.

29. Die Normenreste und Normennichtreste des Kummerschen Körpers.

§ 129. Die Definition der Normenreste und Normennichtreste.

Es sei, wie in § 125, μ eine Zahl des Kreiskörpers $k(\zeta)$, für welche $\mathsf{M}=\sqrt[l]{\mu}$ nicht in $k(\zeta)$ liegt, und es bedeute $k(\mathsf{M},\zeta)$ den durch M und ζ bestimmten Kummerschen Körper; für eine Zahl A in $k(\mathsf{M},\zeta)$ werde die Relativnorm in bezug auf $k(\zeta)$ mit $N_k(\mathsf{A})$ bezeichnet. Es sei $\mathfrak{w}$ ein beliebiges Primideal des Kreiskörpers $k(\zeta)$ und ν eine beliebige ganze Zahl in $k(\zeta)$. Wenn dann ν nach $\mathfrak{w}$ der Relativnorm einer ganzen Zahl des Körpers $k(\mathsf{M},\zeta)$ kongruent ist, und wenn außerdem auch für jede höhere Potenz von $\mathfrak{w}$ stets eine solche ganze Zahl A im Körper $k(\mathsf{M},\zeta)$ gefunden werden kann, daß $\nu\equiv N_k(\mathsf{A})$ nach jener Potenz von $\mathfrak{w}$ ausfällt, so nenne ich ν einen **Normenrest des Kummerschen Körpers $k(\mathsf{M},\zeta)$ nach $\mathfrak{w}$**. In jedem anderen Falle nenne ich ν einen **Normennichtrest des Kummerschen Körpers $k(\mathsf{M},\zeta)$ nach $\mathfrak{w}$**.

§ 130. Der Satz von der Anzahl der Normenreste. Die Verzweigungsideale.

Es gilt der folgende wichtige Satz:

Satz 150. *Wenn $\mathfrak{w}$ ein Primideal des Kreiskörpers $k(\zeta)$ ist, das nicht in der Relativdiskriminante des Kummerschen Körpers $k(\mathsf{M},\zeta)$ aufgeht, so ist jede zu $\mathfrak{w}$ prime Zahl ν in $k(\zeta)$ Normenrest des Kummerschen Körpers $k(\mathsf{M},\zeta)$ nach $\mathfrak{w}$.*

Wenn dagegen $\mathfrak{w}$ ein Primideal des Kreiskörpers $k(\zeta)$ ist, das in der Relativdiskriminante des Kummerschen Körpers $k(\mathsf{M},\zeta)$ aufgeht, und e im Falle $\mathfrak{w}\neq\mathfrak{l}$ ein beliebiger positiver Exponent, im Falle $\mathfrak{w}=\mathfrak{l}$ ein beliebiger Exponent $>l$ ist, so sind von allen vorhandenen, zu $\mathfrak{w}$ primen und nach $\mathfrak{w}^e$ einander inkongruenten Zahlen in $k(\zeta)$ genau der l-te Teil Normenreste nach $\mathfrak{w}$.

Beweis. Es sei zunächst $\mathfrak{w}$ ein in der Relativdiskriminante des Körpers $k(\mathsf{M},\zeta)$ nicht aufgehendes und von $\mathfrak{l}$ verschiedenes Primideal des Kreiskörpers $k(\zeta)$; dann sind zwei Fälle zu unterscheiden, je nachdem $\mathfrak{w}$ in $k(\mathsf{M},\zeta)$ zerlegbar ist oder nicht. Im ersteren Falle sei $\mathfrak{W}$ ein in $\mathfrak{w}$ aufgehendes Primideal des Kummerschen Körpers $k(\mathsf{M},\zeta)$. Im Hinblick auf den Beweis zu Satz 148 können wir, ohne dadurch eine Beschränkung einzuführen, annehmen, es sei μ und mithin auch die Relativdiskriminante der Zahl $\mathsf{M}=\sqrt[l]{\mu}$ in bezug auf $k(\zeta)$ nicht durch $\mathfrak{W}$ teilbar; es gibt dann gewiß im Körper $k(\mathsf{M},\zeta)$ ein System von l ganzen Zahlen $\mathsf{A}_1,\ldots,\mathsf{A}_l$, für welche die l Kongruenzen

$$\left.\begin{array}{ll}\mathsf{A}_1+\mathsf{A}_2\mathsf{M}+\cdots+\mathsf{A}_l\mathsf{M}^{l-1}\equiv\nu, \\ \mathsf{A}_1+\mathsf{A}_2\zeta\mathsf{M}+\cdots+\mathsf{A}_l(\zeta\mathsf{M})^{l-1}\equiv 1, \\ \mathsf{A}_1+\mathsf{A}_2\zeta^2\mathsf{M}+\cdots+\mathsf{A}_l(\zeta^2\mathsf{M})^{l-1}\equiv 1, \\ \cdots\cdots\cdots\cdots \\ \mathsf{A}_1+\mathsf{A}_2\zeta^{l-1}\mathsf{M}+\cdots+\mathsf{A}_l(\zeta^{l-1}\mathsf{M})^{l-1}\equiv 1,\end{array}\right\}(\mathfrak{W})$$

erfüllt sind. Nun ist offenbar jede ganze Zahl des Körpers $k(\mathsf{M},\zeta)$ nach $\mathfrak{W}$ einer ganzen Zahl in $k(\zeta)$ kongruent; setzen wir

$$\mathsf{A}_1\equiv\alpha_1,\quad \mathsf{A}_2\equiv\alpha_2,\ \ldots,\ \mathsf{A}_l\equiv\alpha_l,\qquad(\mathfrak{W}),$$

so daß $\alpha_1,\alpha_2,\ldots,\alpha_l$ ganze Zahlen in $k(\zeta)$ sind, und

$$\mathsf{A}=\alpha_1+\alpha_2\mathsf{M}+\cdots+\alpha_l\mathsf{M}^{l-1},$$

so ergibt sich daher

$$\nu\equiv\mathsf{A},\qquad 1\equiv S\mathsf{A},\ldots,1\equiv S^{l-1}\mathsf{A},\qquad(\mathfrak{W}),$$

und durch Multiplikation folgt $\nu\equiv N_k(\mathsf{A})$ nach $\mathfrak{W}$ und daher auch nach $\mathfrak{w}$. Damit ist unter der gegenwärtigen Annahme über das Primideal $\mathfrak{w}$ der erste Teil des Satzes für den Fall $e=1$ bewiesen. Um zu den Fällen $e>1$ überzugehen, nehmen wir an, es sei $\nu\equiv N_k(\mathsf{A})$ nach $\mathfrak{w}^2$, und setzen dann

$$\frac{\nu}{N_k(\mathsf{A})}\equiv 1+\omega,\qquad(\mathfrak{w}^2),$$

so daß dabei ω eine ganze, durch $\mathfrak{w}$, aber nicht durch $\mathfrak{w}^2$ teilbare Zahl in $k(\zeta)$ bedeutet. Die ganze Zahl $\mathsf{B}=\mathsf{A}(1+l^*\omega)$, wobei l^* eine ganze rationale, der Kongruenz $ll^*\equiv 1$ nach $\mathfrak{w}$ genügende Zahl sein soll, erfüllt dann die Bedingung $\nu\equiv N_k(\mathsf{B})$ nach $\mathfrak{w}^2$. Durch die gehörige Fortsetzung des hier eingeschlagenen Verfahrens gelangen wir schließlich zu einer ganzen Zahl in $k(\mathsf{M},\zeta)$, deren Relativnorm in bezug auf $k(\zeta)$ der Zahl ν nach einer beliebig hohen Potenz $\mathfrak{w}^e$ kongruent ist.

Es sei andererseits $\mathfrak{w}$ im Körper $k(\mathsf{M},\zeta)$ nicht weiter zerlegbar; wir können es wiederum einrichten, daß μ nicht durch $\mathfrak{w}$ teilbar sei, und es ist dann nach Satz 149 μ jedenfalls kein l-ter Potenzrest nach $\mathfrak{w}$. Nach den

Folgerungen aus Satz 139 gibt es in $k(\zeta)$ genau $r = \frac{n(\mathfrak{w})-1}{l}$ zu $\mathfrak{w}$ prime l-te Potenzreste nach $\mathfrak{w}$; sind diese nach $\mathfrak{w}$ durch $\varrho_1, \ldots, \varrho_r$ vertreten, so fallen die $n(\mathfrak{w}) - 1$ Zahlen

$$\varrho_i \mu^g \qquad \begin{pmatrix} i = 1, 2, \ldots, r, \\ g = 0, 1, 2, \ldots, l-1 \end{pmatrix}$$

sämtlich nach $\mathfrak{w}$ untereinander inkongruent aus, da μ nicht l-ter Potenzrest nach $\mathfrak{w}$ ist, und es ist also jede zu $\mathfrak{w}$ prime Zahl in $k(\zeta)$ einer dieser Zahlen nach $\mathfrak{w}$ kongruent. Setzen wir $\varrho_1 \equiv \alpha_1^l, \ldots, \varrho_r \equiv \alpha_r^l$ nach $\mathfrak{w}$, so daß $\alpha_1, \ldots, \alpha_r$ ebenfalls Zahlen in $k(\zeta)$ sind, so folgt

$$\varrho_i \mu^g \equiv N_k(\alpha_i \mathsf{M}^g), \quad (\mathfrak{w}),$$

und es ist also jede zu $\mathfrak{w}$ prime Zahl in $k(\zeta)$ der Norm einer geeigneten Zahl in $k(\mathsf{M}, \zeta)$ nach $\mathfrak{w}$ kongruent; hieraus schließt man weiter, ähnlich wie im vorigen Falle, daß zu jeder zu $\mathfrak{w}$ primen ganzen Zahl ν in $k(\zeta)$ auch in bezug auf eine beliebig hohe Potenz $\mathfrak{w}^e$ von $\mathfrak{w}$ stets eine ganze Zahl des Körpers $k(\mathsf{M}, \zeta)$ gefunden werden kann, deren Relativnorm nach $\mathfrak{w}^e$ der Zahl ν kongruent ist.

Wir wollen nun den ersten Teil des Satzes 150 auch für den Fall $\mathfrak{w} = \mathfrak{l}$ beweisen, dabei können wir μ zu $\mathfrak{l}$ prim annehmen; wir bezeichnen mit λ^m die höchste in $\mu^{l-1} - 1$ enthaltene Potenz von λ, wobei jedenfalls $m \geqq 1$ sein wird, und setzen

$$\mu^{l-1} \equiv 1 + a\lambda^m, \quad (\mathfrak{l}^{m+1}),$$

wo a eine ganze rationale, zu l prime Zahl bedeuten soll. Ist dann a^* eine ganze rationale Zahl mit der Kongruenzeigenschaft $aa^* \equiv -1$ nach l, und setzen wir $\mu^* = \mu^{a^*(l-1)}$, so wird

$$\mu^* \equiv 1 - \lambda^m, \quad (\mathfrak{l}^{m+1}). \tag{72}$$

Andererseits gelten die Kongruenzen

$$\left\{\begin{aligned} (1-\lambda^{g+1})^l &\equiv 1 + \lambda^{l+g} \\ (1-\lambda^{g+1})^{hl} &\equiv 1 + h\lambda^{l+g} \end{aligned}\right\}, \quad (\mathfrak{l}^{l+g+1}), \tag{73}$$

wo g eine jede positive ganze rationale Zahl und h eine jede positive ganze rationale zu l prime Zahl sein kann. Da die Relativdiskriminante des Körpers $k(\mathsf{M}, \zeta)$ in bezug auf $k(\zeta)$ im gegenwärtig zu untersuchenden Falle den Faktor $\mathfrak{l}$ nicht enthalten soll, so ist nach Satz 148 notwendig $m \geqq l$.

Es sei zunächst $m = l$. Man entnimmt dann leicht aus den Kongruenzen (72) und (73), daß zu jeder beliebigen positiven ganzen rationalen Zahl g stets eine ganze Zahl α_g in $k(\zeta)$ gefunden werden kann derart, daß die Kongruenz

$$\mu^* \alpha_g^l \equiv 1 - \lambda^l + \lambda^{l+g}, \quad (\mathfrak{l}^{l+g+1})$$

erfüllt wird. Setzen wir nun $\mathsf{M}^* = \sqrt[l]{\mu^*}$ und ferner allgemein für jeden Wert von g:

$$\Omega_g = \frac{1 - \alpha_g \mathsf{M}^*}{\lambda},$$

so wird jedesmal Ω_g eine ganze Zahl in $k(\mathsf{M}, \zeta)$ und

$$N_k(\Omega_g) \equiv 1 - \lambda^g, \qquad (\mathfrak{l}^{g+1}).$$

Hieraus folgt unmittelbar, daß jede ganze Zahl ν in $k(\zeta)$, die der Kongruenz $\nu \equiv 1$ nach $\mathfrak{l}$ genügt, Normenrest des Körpers $k(\mathsf{M}, \zeta)$ nach $\mathfrak{l}$ ist. Die Beschränkung, die hier in der Annahme $\nu \equiv 1$ nach $\mathfrak{l}$ liegt, wird leicht aufgehoben. Ist nämlich ν eine beliebige zu $\mathfrak{l}$ prime Zahl, und wird sie nach $\mathfrak{l}$ der ganzen rationalen Zahl a kongruent, so setzen wir $\nu^* = a^{*l} \nu$, wo a^* eine ganze rationale Zahl mit der Kongruenzeigenschaft $a a^* \equiv 1$ nach $\mathfrak{l}$ bedeute; dann wird offenbar $\nu^* \equiv 1$ nach $\mathfrak{l}$, und andererseits werden ν und ν^* gleichzeitig Normenrest oder Normennichtrest des Körpers $k(\mathsf{M}, \zeta)$ nach $\mathfrak{l}$ sein.

Es sei zweitens in Formel (72) $m > l$ und mithin $\left\{\frac{\mu^*}{\mathfrak{l}}\right\} = 1$; dann können wir, wenn g eine beliebige positive ganze rationale Zahl ist, stets zwei ganze Zahlen α_g und α_{g+1} in $k(\zeta)$ konstruieren derart, daß

$$\left.\begin{aligned} \mu^* \alpha_g^l &\equiv 1 + \lambda^{l+1} + \lambda^{l+g+1}, \qquad (\mathfrak{l}^{l+g+2}),\\ \mu^* \alpha_{g+1}^l &\equiv 1 + \lambda^{l+1} + \lambda^{l+g+2}, \qquad (\mathfrak{l}^{l+g+3}) \end{aligned}\right\} \tag{74}$$

wird. Wir setzen gemäß dem Satze 149 $\mathfrak{l} = \mathfrak{L}\mathfrak{L}' \ldots \mathfrak{L}^{(l-1)}$, wo $\mathfrak{L}, \mathfrak{L}', \ldots$ $\ldots, \mathfrak{L}^{(l-1)}$ voneinander verschiedene Primideale des Körpers $k(\mathsf{M}, \zeta)$ bedeuten. Die beiden Zahlen

$$\mathsf{A}_g = \frac{1 - \alpha_g \mathsf{M}^*}{\lambda}, \qquad \mathsf{A}_{g+1} = \frac{1 - \alpha_{g+1} \mathsf{M}^*}{\lambda},$$

$\mathsf{M}^* = \sqrt[l]{\mu^*}$ gesetzt, sind ganze Zahlen, und da $N_k(\mathsf{A}_g) \equiv -\lambda$ nach $\mathfrak{l}^2$ wird, so enthält A_g eines der in $\mathfrak{l}$ aufgehenden Primideale, es sei dies etwa das Primideal $\mathfrak{L}$, zur ersten Potenz und die anderen in $\mathfrak{l}$ aufgehenden Primideale gar nicht. Aus den Formeln (74) folgt

$$\alpha_g^l \equiv \alpha_{g+1}^l, \qquad (\mathfrak{l}^{l+2}),$$

und wir können nun voraussetzen, daß α_{g+1} in der Reihe der Zahlen α_{g+1}, $\zeta\alpha_{g+1}, \ldots, \zeta^{l-1}\alpha_{g+1}$ in solcher Weise gewählt sei, daß $\alpha_g \equiv \alpha_{g+1}$ nach $\mathfrak{l}^2$ und also $\mathsf{A}_g \equiv \mathsf{A}_{g+1}$ nach $\mathfrak{l}$ ausfällt. Wegen der letzteren Kongruenz ist auch die Zahl A_{g+1} durch $\mathfrak{L}$, aber durch keines der Primideale $\mathfrak{L}', \ldots, \mathfrak{L}^{(l-1)}$ teilbar und da auch $N_k(\mathsf{A}_{g+1}) \equiv -\lambda$ nach $\mathfrak{l}^2$ ist, so ist A_{g+1} ebenfalls nur durch die erste Potenz von $\mathfrak{L}$ teilbar. Wir können mit Rücksicht auf das eben Bewiesene die gebrochene Zahl $\frac{\mathsf{A}_g}{\mathsf{A}_{g+1}}$ in der Form eines Bruches schreiben, dessen Zähler und Nenner zu $\mathfrak{l}$ prim sind. Setzen wir $\frac{\mathsf{A}_g}{\mathsf{A}_{g+1}} \equiv \Omega_g$ nach $\mathfrak{l}^{g+1}$ in solcher Weise, daß Ω_g eine ganze Zahl in $k(\mathsf{M},\zeta)$ ist, so wird

$$N_k(\Omega_g) \equiv \frac{N_k(\mathsf{A}_g)}{N_k(\mathsf{A}_{g+1})} \equiv 1 + \lambda^g, \qquad (\mathfrak{l}^{g+1}).$$

Da eine solche Formel für jeden positiven Exponenten g möglich ist, so zeigt sich wie vorhin, daß jede zu $\mathfrak{l}$ prime Zahl Normenrest des Körpers $k(\mathsf{M},\zeta)$ ist.

Wir gehen jetzt zum Beweise der zweiten Hälfte von Satz 150 über. Es sei zunächst $\mathfrak{w}$ ein von $\mathfrak{l}$ verschiedenes, in der Relativdiskriminante des Körpers $k(\mathsf{M},\zeta)$ in bezug auf $k(\zeta)$ aufgehendes Primideal des Körpers $k(\zeta)$; wir haben dann nach Satz 149 $\mathfrak{w} = \mathfrak{W}^l$, wo $\mathfrak{W}$ ein Primideal in $k(\mathsf{M},\zeta)$ ist. Jede ganze Zahl des Körpers $k(\mathsf{M},\zeta)$ muß dann, wie schon mehrfach erwähnt wurde, einer ganzen Zahl in $k(\zeta)$ nach $\mathfrak{W}$ kongruent sein. Soll nun eine gegebene, zu $\mathfrak{w}$ prime ganze Zahl ν in $k(\zeta)$ nach $\mathfrak{w}$ kongruent der Relativnorm $N_k(\mathsf{A})$ einer ganzen Zahl A in $k(\mathsf{M},\zeta)$ sein, und setzen wir $\mathsf{A} \equiv \alpha$ nach $\mathfrak{W}$, so folgt notwendig $\nu \equiv \alpha^l$ nach $\mathfrak{W}$, und daher auch nach $\mathfrak{w}$, d. h. ν ist l-ter Potenzrest nach $\mathfrak{w}$. Umgekehrt, wenn eine Zahl ν in $k(\zeta)$ ein l-ter Potenzrest nach $\mathfrak{w}$ ist, so ist ν offenbar auch kongruent einer Relativnorm $N_k(\mathsf{A})$ nach $\mathfrak{w}$. Wir entnehmen hieraus, daß die l-ten Potenzreste nach $\mathfrak{w}$ auch zugleich die sämtlichen Normenreste des Körpers $k(\mathsf{M},\zeta)$ nach $\mathfrak{w}$ liefern.

Es bleibt endlich die Behandlung des Falles übrig, daß $\mathfrak{w} = \mathfrak{l}$ ist und $\mathfrak{l}$ in der Relativdiskriminante des Körpers $k(\mathsf{M},\zeta)$ aufgeht. Wir haben in diesem Falle $\mathfrak{l} = \mathfrak{L}^l$, wo $\mathfrak{L}$ ein Primideal in $k(\mathsf{M},\zeta)$ ist, und können es im Hinblick auf Satz 148 stets einrichten, daß die Zahl μ entweder der Kongruenz

$$\mu \equiv \lambda, \qquad (\mathfrak{l}^2)$$

oder einer der folgenden Kongruenzen genügt:

$$\mu \equiv 1 + \lambda^m, \qquad (\mathfrak{l}^{m+1}),$$

wo m einen der Werte $1, 2, \ldots, l-1$ bedeutet. Wir wollen alsdann untersuchen, welche Zahlen in $k(\zeta)$ es in diesen zwei Fällen gibt, die kongruent der Relativnorm einer Zahl in $k(\mathsf{M},\zeta)$ nach $\mathfrak{l}^{l+1}$ bez. $\mathfrak{l}^l$ sind, und entnehmen hieraus leicht die Anzahl der nach jeder höheren Potenz von $\mathfrak{l}$ einander inkongruenten Normenreste.

Im Falle $\mu \equiv \lambda$ nach $\mathfrak{l}^2$ ist M durch $\mathfrak{L}$, aber nicht durch $\mathfrak{L}^2$ teilbar, und es gelten die Kongruenzen

$$\left.\begin{array}{ll}
 & N_k(1+\mathsf{M}) \equiv 1+\lambda, \qquad (\mathfrak{l}^2), \\
\text{d. i.} & \\
 & N_k(1+\mathsf{M}) \equiv 1+\lambda + \lambda^2\varrho_1, \qquad (\mathfrak{l}^{l+1}), \\
 & N_k(1+\mathsf{M}^2) \equiv 1+\lambda^2, \qquad (\mathfrak{l}^3), \\
\text{d. i.} & \\
 & N_k(1+\mathsf{M}^2) \equiv 1+\lambda^2 + \lambda^3\varrho_2, \qquad (\mathfrak{l}^{l+1}), \\
 & \cdots\cdots\cdots\cdots \\
 & N_k(1+\mathsf{M}^{l-1}) \equiv 1+\lambda^{l-1}, \qquad (\mathfrak{l}^l), \\
\text{d. i.} & \\
 & N_k(1+\mathsf{M}^{l-1}) \equiv 1+\lambda^{l-1}+\lambda^l\varrho_{l-1}, \qquad (\mathfrak{l}^{l+1}),
\end{array}\right| \qquad (75)$$

wo $\varrho_1, \varrho_2, \ldots, \varrho_{l-1}$ gewisse ganze Zahlen in $k(\zeta)$ bedeuten. Endlich ist

$$N_k(1+\lambda^t \mathsf{M}^g) \equiv 1, \quad (\mathfrak{l}^{l+1}) \tag{76}$$

für $t = 1, 2, 3, \ldots; g = 0, 1, 2, \ldots, l-1$. Nun genügt offenbar jede zu $\mathfrak{L}$ prime ganze Zahl A des Körpers $k(\mathsf{M}, \zeta)$ einer Kongruenz von der Gestalt

$$\begin{aligned}\mathsf{A} \equiv a(1+\mathsf{M})^{a_1} & (1+\mathsf{M}^2)^{a_2} \ldots (1+\mathsf{M}^{l-1})^{a_{l-1}} \cdot \\ (1+\lambda\mathsf{M})^{a'_1} & (1+\lambda\mathsf{M}^2)^{a'_2} \ldots (1+\lambda\mathsf{M}^{l-1})^{a'_{l-1}} \cdot \\ & \cdots\cdots\cdots\cdots \\ (1+\lambda^l\mathsf{M})^{a_1^{(l)}} & (1+\lambda^l\mathsf{M}^2)^{a_2^{(l)}} \ldots (1+\lambda^l\mathsf{M}^{l-1})^{a_{l-1}^{(l)}}, \quad (\mathfrak{l}^{l+1}),\end{aligned}$$

wo a eine bestimmte der Zahlen $1, 2, \ldots, l-1$ und die $(l+1)(l-1)$ Exponenten $a_1, a_2, \ldots, a_{l-1}^{(l)}$ bestimmte ganze rationale Zahlen aus der Reihe $0, 1, 2, \ldots, l-1$ sind. Wegen der Kongruenzen (75) und (76) folgt daher:

$$N_k(\mathsf{A}) \equiv a^l(1+\lambda+\lambda^2\varrho_1)^{a_1}(1+\lambda^2+\lambda^3\varrho_2)^{a_2}\ldots(1+\lambda^{l-1}+\lambda^l\varrho_{l-1})^{a_{l-1}}, \quad (\mathfrak{l}^{l+1}).$$

Der Ausdruck rechter Hand stellt, wenn a die Werte $1, 2, \ldots, l-1$ und die Exponenten $a_1, a_2, \ldots, a_{l-1}$ unabhängig voneinander je die Werte $0, 1, 2, \ldots, l-1$ durchlaufen, genau $(l-1)\,l^{l-1}$ Zahlen dar, und diese sind, wie leicht ersichtlich, alle einander inkongruent nach $\mathfrak{l}^{l+1}$. Nun ist jede zu $\mathfrak{l}$ prime Zahl in $k(\zeta)$, welche der Relativnorm $N_k(\mathsf{A})$ einer Zahl A in $k(\mathsf{M}, \zeta)$ kongruent nach $\mathfrak{l}^{l+1}$ ist, notwendig einem Ausdruck dieser Gestalt nach $\mathfrak{l}^{l+1}$ kongruent, und umgekehrt ist auch jeder Ausdruck von dieser Gestalt, wie man aus (75) entnimmt, der Relativnorm einer Zahl in $k(\mathsf{M}, \zeta)$ nach $\mathfrak{l}^{l+1}$ kongruent. Mit Hilfe der Kongruenzen (73) erkennt man, daß zwei nach $\mathfrak{l}^{l+1}$ kongruente, zu $\mathfrak{l}$ prime Zahlen in $k(\zeta)$ stets gleichzeitig Normenrest oder Normennichtrest nach $\mathfrak{l}$ sind. Die Anzahl der Normenreste nach $\mathfrak{l}$, welche zu $\mathfrak{l}$ prim und untereinander inkongruent nach $\mathfrak{l}^{l+1}$ sind, ist also genau gleich $(l-1)\,l^{l-1}$, d. i. gleich dem l-ten Teil der nach $\mathfrak{l}^{l+1}$ möglichen inkongruenten, zu $\mathfrak{l}$ primen Zahlen in $k(\zeta)$, und dieses Resultat kann sofort auf die Potenzen $\mathfrak{l}^e$ mit Exponenten $e > l+1$ ausgedehnt werden.

Von den übrigen möglichen Annahmen über μ werde hier der Kürze wegen nur die einfachste behandelt; es werde nämlich $\mu \equiv 1 + \lambda$ nach $\mathfrak{l}^2$ zugrunde gelegt. Setzen wir dann $\Omega = \mathsf{M} - 1$, so ist Ω eine durch $\mathfrak{L}$, aber nicht durch $\mathfrak{L}^2$ teilbare ganze Zahl in $k(\mathsf{M}, \zeta)$, und wenn wir berücksichtigen, daß $N_k(\Omega) \equiv \lambda$ nach $\mathfrak{l}^2$ wird, so erkennen wir durch eine leichte Rechnung die Richtigkeit der Kongruenzen

$$\left.\begin{array}{lllll} & N_k(1+\Omega) & \equiv 1+\lambda, & & (\mathfrak{l}^2), \\ \text{d. i.} & N_k(1+\Omega) & \equiv 1+\lambda & +\lambda^2\varrho_1, & (\mathfrak{l}^l), \\ & N_k(1+\Omega^2) & \equiv 1+\lambda^2, & & (\mathfrak{l}^3), \\ \text{d. i.} & N_k(1+\Omega^2) & \equiv 1+\lambda^2 & +\lambda^3\varrho_2, & (\mathfrak{l}^l), \\ & \cdots & \cdots & \cdots & \\ & N_k(1+\Omega^{l-2}) & \equiv 1+\lambda^{l-2}, & & (\mathfrak{l}^{l-1}), \\ \text{d. i.} & N_k(1+\Omega^{l-2}) & \equiv 1+\lambda^{l-2} & +\lambda^{l-1}\varrho_{l-2}, & (\mathfrak{l}^l), \end{array}\right\} \tag{77}$$

wo $\varrho_1, \varrho_2, \ldots, \varrho_{l-2}$ gewisse ganze Zahlen in $k(\zeta)$ bedeuten. Wir haben ferner

$$N_k(1+\Omega^{l-1}) = 1 + \Sigma_1 + \Sigma_2 + \Sigma_3 + \cdots + \Sigma_{l-1} + N_k(\Omega^{l-1}),$$

wo zur Abkürzung

$$\Sigma_1 = \Omega^{l-1} + (S\Omega)^{l-1} + \cdots + (S^{l-1}\Omega)^{l-1},$$

$$\Sigma_2 = \Omega^{l-1}(S\Omega)^{l-1} + \Omega^{l-1}(S^2\Omega)^{l-1} + \cdots + (S^{l-2}\Omega)^{l-1}(S^{l-1}\Omega)^{l-1},$$

$$\Sigma_3 = \Omega^{l-1}(S\Omega)^{l-1}(S^2\Omega)^{l-1} + \cdots + (S^{l-3}\Omega)^{l-1}(S^{l-2}\Omega)^{l-1}(S^{l-1}\Omega)^{l-1},$$

$$\cdots\cdots\cdots\cdots\cdots\cdots\cdots\cdots$$

gesetzt ist. Nun ergibt sich sofort $\Sigma_1 = l$. Die einzelnen Summanden in den Ausdrücken für $\Sigma_2, \Sigma_3, \ldots, \Sigma_{l-1}$ sind sämtlich jedenfalls durch $\mathfrak{L}^l$ teilbar, sie lassen sich ferner in Aggregate von je l Summanden zusammenfassen, die aus einem beliebigen unter ihnen durch die Substitutionen $1, S, S^2, \ldots, S^{l-1}$ hervorgehen; setzen wir nun ein beliebiges Glied in der Gestalt $\lambda\Phi$ an, so bedeutet Φ eine ganze Zahl in $k(\mathsf{M},\zeta)$ und kann daher, wie aus dem Beweise des Hilfssatzes 23 hervorgeht, als ganze rationale Funktion von Ω und mithin auch von M dargestellt werden, deren Koeffizienten ganze oder gebrochene Zahlen in $k(\zeta)$ mit lauter zu $\mathfrak{l}$ primen Nennern sind. Setzen wir dementsprechend $\Phi = F(\mathsf{M})$, so läßt sich das betreffende Aggregat von l Summanden in die Form

$$\lambda\{F(\mathsf{M}) + F(\zeta\mathsf{M}) + F(\zeta^2\mathsf{M}) + \cdots + F(\zeta^{l-1}\mathsf{M})\}$$

bringen; die hier in der Klammer stehende Summe fällt, wie leicht ersichtlich, stets kongruent 0 nach l aus; danach müssen nun die Zahlen $\Sigma_2, \Sigma_3, \ldots, \Sigma_{l-1}$ sämtlich kongruent 0 nach $\mathfrak{l}^l$ sein, also wird

$$N_k(1+\Omega^{l-1}) \equiv 1 + l + \lambda^{l-1} \equiv 1, \qquad (\mathfrak{l}^l). \tag{78}$$

Endlich ergeben sich leicht die Kongruenzen

$$N_k(1+\lambda^t\Omega^g) \equiv 1, \qquad (\mathfrak{l}^l) \tag{79}$$

für $t = 1, 2, 3, \ldots;\ g = 1, 2, 3, \ldots, l-1$.

Nun genügt offenbar jede zu $\mathfrak{L}$ prime ganze Zahl in $k(\mathsf{M},\zeta)$ einer Kongruenz von der Gestalt

$$\begin{aligned} \mathsf{A} \equiv a(1+\Omega)^{a_1} \quad & (1+\Omega^2)^{a_2} \quad \ldots (1+\Omega^{l-1})^{a_{l-1}}\,. \\ (1+\lambda\Omega)^{a'_1} \quad & (1+\lambda\Omega^2)^{a'_2} \ldots (1+\lambda\Omega^{l-1})^{a'_{l-1}}\,. \\ \cdots\cdots & \cdots\cdots\cdots \\ (1+\lambda^{l-1}\Omega)^{a_1^{(l-1)}} & (1+\lambda^{l-1}\Omega^2)^{a_2^{(l-1)}} \ldots (1+\lambda^{l-1}\Omega^{l-1})^{a_{l-1}^{(l-1)}}, \qquad (\mathfrak{l}^l), \end{aligned}$$

wo a eine der Zahlen $1, 2, \ldots, l-1$, und wo die $l(l-1)$ Exponenten $a_1, a_2, \ldots, a_{l-1}^{(l-1)}$ bestimmte Zahlen aus der Reihe $0, 1, 2, \ldots, l-1$ sind. Wegen der vorhin aufgestellten Kongruenzen (77), (78), (79) folgt hieraus:

$$N_k(\mathsf{A}) \equiv a^l(1+\lambda+\lambda^2\varrho_1)^{a_1}(1+\lambda^2+\lambda^3\varrho_2)^{a_2}\ldots(1+\lambda^{l-2}+\lambda^{l-1}\varrho_{l-2})^{a_{l-2}}, \quad (\mathfrak{l}^l).$$

Der hier rechts stehende Ausdruck stellt nun, wenn a die Werte $1, 2, \ldots, l-1$, und wenn die Exponenten $a_1, a_2, \ldots, a_{l-2}$ unabhängig voneinander die Werte $0, 1, 2, \ldots, l-1$ durchlaufen, $(l-1)\, l^{l-2}$ Zahlen dar, und diese sind sämtlich zu $\mathfrak{l}$ prim und einander inkongruent nach $\mathfrak{l}^l$. Mit Benutzung der Kongruenz $N_k(1+\lambda \mathsf{M}) \equiv 1 + \lambda^l$ nach $\mathfrak{l}^{l+1}$ und weiter der Kongruenzen (73) schließen wir hieraus, daß genau der l-te Teil aller zu $\mathfrak{l}$ primen und nach $\mathfrak{l}^l$ einander inkongruenten Zahlen Normenreste des Körpers $k(\mathsf{M}, \zeta)$ nach $\mathfrak{l}$ liefert, und übertragen dann dieses Resultat sogleich auf den Fall der Potenzen $\mathfrak{l}^e$ mit Exponenten $e = l+1$ bez. $e > l+1$.

Das nämliche Resultat ergibt sich durch entsprechende Rechnungen auch dann, wenn $\mu \equiv 1$ nach $\mathfrak{l}^2$ genommen wird, und damit ist der Satz 150 in allen Teilen bewiesen. Es sei jedoch bemerkt, daß wir es in unseren späteren Entwickelungen so einrichten können, daß der Satz 150 lediglich für den oben ausführlich bewiesenen Fall $\mu \equiv 1 + \lambda$ nach $\mathfrak{l}^2$ zur Verwendung gelangt.

Der Satz 150 bringt eine neue, tief eingreifende Eigenschaft der in der Relativdiskriminante des Körpers $k(\mathsf{M}, \zeta)$ in bezug auf $k(\zeta)$ aufgehenden Primideale $\mathfrak{w}$ zum Ausdruck. Diese Eigenschaft entspricht gewissermaßen dem bekannten Satze über die Verzweigungspunkte einer Riemannschen Fläche, wonach eine algebraische Funktion in der Umgebung eines Verzweigungspunktes l-ter Ordnung den Vollwinkel auf den l-ten Teil desselben konform abbildet. Infolgedessen nenne ich die in der Relativdiskriminante von $k(\mathsf{M}, \zeta)$ in bezug auf $k(\zeta)$ aufgehenden Primideale $\mathfrak{w}$ auch **Verzweigungsideale** für den Körper $k(\mathsf{M}, \zeta)$; es bedeuten hier also „Primfaktor der Relativdiskriminante" und „Verzweigungsideal" den nämlichen Begriff, und die Verzweigungsideale sind die l-ten Potenzen der ambigen Primideale.

§ 131. Das Symbol $\left\{\frac{\nu, \mu}{\mathfrak{w}}\right\}$.

Der Satz 150 weist uns auf die Möglichkeit hin, die nach einer Potenz $\mathfrak{w}^e$ ($e > l$ im Falle $\mathfrak{w} = \mathfrak{l}$) vorhandenen, einander inkongruenten Zahlen des Körpers $k(\zeta)$ in l Abteilungen zu sondern, die sämtlich gleich viele Zahlen enthalten, und von denen eine die Normenreste nach $\mathfrak{w}$ umfaßt. Um diese Sonderung in übersichtlicher Weise vornehmen zu können, führe ich ein neues Symbol $\left\{\frac{\nu, \mu}{\mathfrak{w}}\right\}$ ein, welches zwei beliebigen, von 0 verschiedenen ganzen Zahlen ν, μ des Körpers $k(\zeta)$ in bezug auf ein beliebiges Primideal $\mathfrak{w}$ in $k(\zeta)$ jedesmal eine bestimmte l-te Einheitswurzel zuweist, und zwar geschieht dies in folgender Weise:

Es sei zunächst $\mathfrak{w}$ ein von $\mathfrak{l}$ verschiedenes Primideal. Ist dann ν genau durch $\mathfrak{w}^b$ und μ genau durch $\mathfrak{w}^a$ teilbar, so bilde man die Zahl $\varkappa = \frac{\nu^a}{\mu^b}$

und bringe $\varkappa$ in die Gestalt eines Bruches $\frac{\varrho}{\sigma}$, dessen Zähler ϱ und Nenner σ nicht durch $\mathfrak{w}$ teilbar sind. Das **Symbol** $\left\{\frac{\nu,\mu}{\mathfrak{w}}\right\}$ werde dann durch die Formel

$$\left\{\frac{\nu,\mu}{\mathfrak{w}}\right\}=\left\{\frac{\varkappa}{\mathfrak{w}}\right\}=\left\{\frac{\varrho}{\mathfrak{w}}\right\}\left\{\frac{\sigma}{\mathfrak{w}}\right\}^{-1}$$

definiert. Es ergeben sich hieraus unmittelbar für dieses Symbol die einfachen Regeln:

$$\left.\begin{aligned}\left\{\frac{\nu_1\nu_2,\mu}{\mathfrak{w}}\right\}&=\left\{\frac{\nu_1,\mu}{\mathfrak{w}}\right\}\left\{\frac{\nu_2,\mu}{\mathfrak{w}}\right\},\\ \left\{\frac{\nu,\mu_1\mu_2}{\mathfrak{w}}\right\}&=\left\{\frac{\nu,\mu_1}{\mathfrak{w}}\right\}\left\{\frac{\nu,\mu_2}{\mathfrak{w}}\right\},\\ \left\{\frac{\nu,\mu}{\mathfrak{w}}\right\}\left\{\frac{\mu,\nu}{\mathfrak{w}}\right\}&=1,\end{aligned}\right\}\tag{80}$$

wo ν, ν_1, ν_2, μ, μ_1, μ_2 beliebige von Null verschiedene ganze Zahlen in $k(\zeta)$ bedeuten können.

Um das neue Symbol für den Fall $\mathfrak{w}=\mathfrak{l}$ zu definieren, stellen wir folgende Überlegungen an:

Wenn eine beliebige ganze Zahl ω in $k(\zeta)$ vorgelegt ist, welche der Kongruenz $\omega\equiv 1$ nach $\mathfrak{l}$ genügt, und wenn wir setzen

$$\omega=c+c_1\zeta+\cdots+c_{l-2}\zeta^{l-2},$$

so daß $c, c_1, \ldots, c_{l-2}$ ganze rationale Zahlen sind, so genügen diese notwendig der Kongruenz

$$c+c_1+\cdots+c_{l-2}\equiv 1,\qquad (l).$$

Setzen wir dann

$$\omega(x)=c+c_1x+\cdots+c_{l-2}x^{l-2}-\frac{c+c_1+\cdots+c_{l-2}-1}{l}(1+x+\cdots+x^{l-1}),$$

so stellt $\omega(x)$ eine ganzzahlige Funktion $(l-1)$-ten Grades dar, und es wird

$$\omega(1)=1\quad\text{und}\quad\omega(\zeta)=\omega.$$

Diese Funktion heiße die **zur ganzen Zahl ω gehörende Funktion.** Wir schreiben ferner

$$\left[\frac{\mathrm{d}^g\log\omega(\mathrm{e}^v)}{\mathrm{d}\,v^g}\right]_{v=0}=\mathfrak{l}^{(g)}(\omega),\qquad(g=1,2,\ldots,l-1),\tag{81}$$

welche Verbindungen von Kummer mit Vorteil zur Abkürzung gewisser Rechnungen eingeführt sind [Kummer (*12*)].

Wird die Zahl ω mit der Kongruenzeigenschaft $\omega\equiv 1$ nach $\mathfrak{l}$ auf irgendeine Weise in die Gestalt

$$\omega=a+a_1\zeta+\cdots+a_t\zeta^t$$

gebracht, wo $a, a_1, \ldots, a_t$ ganze rationale Zahlen bedeuten, so stellt

$$\overline{\omega}(x)=a+a_1x+\cdots+a_tx^t$$

eine ganzzahlige Funktion t-ten Grades dar, welche im allgemeinen nicht der Gleichung $\overline{\omega}(1) = 1$, aber jedenfalls der Kongruenz

$$\overline{\omega}(1) \equiv 1, \qquad (l)$$

genüge leistet und also für $x = 1$ zu l prim ausfällt. Zwischen den Differentialquoten von $\log \overline{\omega}(e^v)$ für $v = 0$ und den soeben eingeführten Differentialquotienten (81) bestehen folgende Kongruenzen:

$$\left[\frac{d^g \log \overline{\omega}(e^v)}{d v^g}\right]_{v=0} \equiv \mathfrak{l}^{(g)}(\omega), \qquad (l), \qquad (g = 1, 2, \ldots, l-2),$$

$$\left[\frac{d^{l-1} \log \overline{\omega}(e^v)}{d v^{l-1}}\right]_{v=0} \equiv \mathfrak{l}^{(l-1)}(\omega) + \frac{1 - \overline{\omega}(1)}{l}, \qquad (l).$$

Die Richtigkeit dieser Kongruenzen erkennen wir leicht wegen

$$\omega(x) = \overline{\omega}(x) + \frac{1 - \overline{\omega}(1)}{l}(1 + x + \cdots + x^{l-1}) + O(x)(x^l - 1),$$

$$\omega(e^v) \equiv \overline{\omega}(e^v) + \frac{1 - \overline{\omega}(1)}{l} v^{l-1}, \qquad (l);$$

in der ersten Formel bedeutet $O(x)$ eine bestimmte ganzzahlige Funktion von x, und die zweite Formel soll besagen, daß in den Entwicklungen der beiden Seiten dieser Kongruenz nach Potenzen von v die Koeffizienten von $1, v, v^2, \ldots, v^{l-1}$ nach l kongruent ausfallen.

Sind ν, μ irgend zwei ganze Zahlen in $k(\zeta)$ mit der Kongruenzeigenschaft $\nu \equiv 1$, $\mu \equiv 1$ nach $\mathfrak{l}$, so definieren wir das **Symbol** $\left\{\frac{\nu, \mu}{\mathfrak{l}}\right\}$ wie folgt:

$$\left\{\frac{\nu, \mu}{\mathfrak{l}}\right\} = \zeta^{\mathfrak{l}^{(1)}(\nu)\mathfrak{l}^{(l-1)}(\mu) - \mathfrak{l}^{(2)}(\nu)\mathfrak{l}^{(l-2)}(\mu) + \cdots - \mathfrak{l}^{(l-1)}(\nu)\mathfrak{l}^{(1)}(\mu)}. \qquad (82)$$

Aus dieser Definition ergeben sich unmittelbar die folgenden Regeln:

$$\left.\begin{aligned} \left\{\frac{\nu_1 \nu_2, \mu}{\mathfrak{l}}\right\} &= \left\{\frac{\nu_1, \mu}{\mathfrak{l}}\right\}\left\{\frac{\nu_2, \mu}{\mathfrak{l}}\right\}, \\ \left\{\frac{\nu, \mu_1 \mu_2}{\mathfrak{l}}\right\} &= \left\{\frac{\nu, \mu_1}{\mathfrak{l}}\right\}\left\{\frac{\nu, \mu_2}{\mathfrak{l}}\right\}, \\ \left\{\frac{\nu, \mu}{\mathfrak{l}}\right\}\left\{\frac{\mu, \nu}{\mathfrak{l}}\right\} &= 1, \end{aligned}\right| \qquad (83)$$

wo $\nu, \nu_1, \nu_2, \mu, \mu_1, \mu_2$ beliebige ganze Zahlen $\equiv 1$ nach $\mathfrak{l}$ in $k(\zeta)$ bedeuten können. Bezeichnet r eine Primitivzahl nach l und $s = (\zeta : \zeta^r)$ die entsprechende Substitution der Gruppe des Kreiskörpers $k(\zeta)$, so gilt, wie leicht ersichtlich ist, die weitere Formel

$$\left\{\frac{s\nu, s\mu}{\mathfrak{l}}\right\} = \left\{\frac{\nu, \mu}{\mathfrak{l}}\right\}^r. \qquad (84)$$

Sind ν, μ beliebige zu $\mathfrak{l}$ prime ganze Zahlen des Körpers $k(\zeta)$, so definiere ich das **Symbol** $\left\{\frac{\nu, \mu}{\mathfrak{l}}\right\}$ durch die Formel

$$\left\{\frac{\nu, \mu}{\mathfrak{l}}\right\} = \left\{\frac{\nu^{l-1}, \mu^{l-1}}{\mathfrak{l}}\right\}.$$

Für den Fall, daß eine der Zahlen ν, μ oder beide durch $\mathfrak{l}$ teilbar sind, vergleiche man die Bemerkungen gegen Schluß des § 133.

§ 132. Einige Hilfssätze über das Symbol $\left\{\frac{\nu, \mu}{\mathfrak{l}}\right\}$ und über Normenreste nach dem Primideal $\mathfrak{l}$.

Hilfssatz 24. Wenn ω eine ganze Zahl in $k(\zeta)$ mit der Kongruenzeigenschaft $\omega \equiv 1$ nach $\mathfrak{l}$ ist, so gilt für die Norm $n(\omega)$ von ω in $k(\zeta)$ die Kongruenz

$$\mathrm{l}^{(l-1)}(\omega) \equiv \frac{1 - n(\omega)}{l}, \qquad (l).$$

[Kummer (20)].

Beweis. Es bedeute $\omega(x)$ die zu ω gehörende Funktion, und es werde

$$F(x) = \prod_{(g)} \omega(1 + x(\zeta^g - 1))$$

gesetzt, wo das Produkt über die Werte $g = 0, 1, 2, \ldots, l-1$ zu erstrecken ist. Der Ausdruck $F(x)$ stellt eine ganzzahlige Funktion von x dar und die Koeffizienten aller durch x^l teilbaren Glieder dieser Funktion sind offenbar durch λ^l und folglich wegen der Rationalität der Koeffizienten auch durch l^2 teilbar. Durch Entwicklung nach Potenzen von x ergibt sich nun:

$$\left.\begin{aligned} \log \omega(1 + x(\xi - 1)) = {} & \frac{\xi - 1}{1!}\, x \left[\frac{\mathrm{d} \log \omega(x)}{\mathrm{d} x}\right]_{x=1} \\ & + \frac{(\xi - 1)^2}{2!}\, x^2 \left[\frac{\mathrm{d}^2 \log \omega(x)}{\mathrm{d} x^2}\right]_{x=1} + \cdots \\ \cdots + {} & \frac{(\xi - 1)^{l-1}}{\overline{l-1}!}\, x^{l-1} \left[\frac{\mathrm{d}^{l-1} \log \omega(x)}{\mathrm{d} x^{l-1}}\right]_{x=1} + \cdots. \end{aligned}\right\} \tag{85}$$

Setzen wir erstens in dieser Entwicklung der Reihe nach

$$\xi = 1,\ \zeta,\ \zeta^2, \ldots, \zeta^{l-1}$$

ein und addieren die betreffenden Formeln, so entsteht unter Berücksichtigung von

$$(\zeta - 1)^g + (\zeta^2 - 1)^g + \cdots + (\zeta^{l-1} - 1)^g = (-1)^g l, \qquad (g = 1, 2, \ldots, l-1)$$

die Gleichung:

$$\left.\begin{aligned} \log F(x) = l \Big\{ & -\frac{x}{1!} \left[\frac{\mathrm{d} \log \omega(x)}{\mathrm{d} x}\right]_{x=1} \\ & + \frac{x^2}{2!} \left[\frac{\mathrm{d}^2 \log \omega(x)}{\mathrm{d} x^2}\right]_{x=1} - \cdots \\ \cdots + {} & \frac{x^{l-1}}{\overline{l-1}!} \left[\frac{\mathrm{d}^{l-1} \log \omega(x)}{\mathrm{d} x^{l-1}}\right]_{x=1} \Big\} + x^l G, \end{aligned}\right\} \tag{86}$$

wobei $x^l G$ das Aggregat der durch x^l teilbaren Glieder der Entwicklung andeutet.

Setzen wir zweitens in der Entwicklung (85) $\xi = e^v$ ein und bilden den $(l-1)$-ten Differentialquotienten nach v, so wird derselbe für $v = 0$:

$$\left[\frac{d^{l-1}\log\omega(1+x(e^v-1))}{dv^{l-1}}\right]_{v=0} = \frac{x}{1!}\left[\frac{d\log\omega(x)}{dx}\right]_{x=1}$$
$$+\frac{2^{l-1}-2\cdot 1^{l-1}}{2!}x^2\left[\frac{d^2\log\omega(x)}{dx^2}\right]_{x=1}$$
$$+\frac{3^{l-1}-3\cdot 2^{l-1}+3\cdot 1^{l-1}}{3!}x^3\left[\frac{d^3\log\omega(x)}{dx^3}\right]_{x=1}+\cdots$$
$$+\frac{(l-1)^{l-1}-\cdots-(l-1)\,1^{l-1}}{l-1!}x^{l-1}\left[\frac{d^{l-1}\log\omega(x)}{dx^{l-1}}\right]_{x=1} \qquad (87)$$
$$\equiv \frac{x}{1!}\left[\frac{d\log\omega(x)}{dx}\right]_{x=1} - \frac{x^2}{2!}\left[\frac{d^2\log\omega(x)}{dx^2}\right]_{x=1}+\cdots$$
$$\cdots - \frac{x^{l-1}}{l-1!}\left[\frac{d^{l-1}\log\omega(x)}{dx^{l-1}}\right]_{x=1}, \quad (l).$$

Durch Vergleichung der beiden Formeln (86) und (87) ergibt sich

$$\log F(x) \equiv -l\left[\frac{d^{l-1}\log\omega(1+x(e^v-1))}{dv^{l-1}}\right]_{v=0}, \quad (l^2),$$

d. h. die Koeffizienten von $x, x^2, \ldots, x^{l-1}$ auf der linken Seite sind den entsprechenden Koeffizienten rechts nach l^2 kongruent, und wenn wir beide Seiten dieser Kongruenz in den Exponenten von e setzen, so erhalten wir zunächst in demselben Sinne, dann aber mit Rücksicht auf die zu Beginn dieses Beweises gemachte Bemerkung auch vollständig die Kongruenz der zwei ganzzahligen Funktionen:

$$F(x) \equiv 1 - l\left[\frac{d^{l-1}\log\omega(1+x(e^v-1))}{dv^{l-1}}\right]_{v=0}, \quad (l^2),$$

und folglich für $x = 1$:

$$n(\omega) \equiv 1 - l\cdot \mathfrak{l}^{(l-1)}(\omega), \quad (l^2),$$

womit der Hilfssatz 24 bewiesen ist.

Hilfssatz 25. Wenn die ganzen Zahlen ν, μ in $k(\zeta)$ die Kongruenzeigenschaften $\nu \equiv 1$ nach $\mathfrak{l}$ und $\mu \equiv 1 + \lambda$ nach $\mathfrak{l}^2$ besitzen, und wenn außerdem ν kongruent der Relativnorm einer ganzen Zahl A des durch $\mathsf{M} = \sqrt[l]{\mu}$ bestimmten Kummerschen Körpers $k(\mathsf{M}, \zeta)$ nach $\mathfrak{l}^l$ ist, so existiert eine ganzzahlige Funktion $f(x)$ vom $(l-1)$-ten Grade in x, derart, daß $f(1) > 0$ ist und die Kongruenzen

$$n(f(\zeta)) \equiv 1, \quad (l^2)$$

und

$$\nu \equiv f(\mu), \quad (\mathfrak{l}^l)$$

erfüllt sind. [Kummer (20)].

Beweis. Nach dem Beweise des Hilfssatzes 23 ist jede ganze Zahl A in $k(\mathsf{M},\zeta)$ in der Gestalt

$$\mathsf{A}=\frac{\gamma+\gamma_1(\mathsf{M}-1)+\cdots+\gamma_{l-1}(\mathsf{M}-1)^{l-1}}{\delta}$$

und folglich auch in der Gestalt

$$\mathsf{A}=\frac{\beta+\beta_1\mathsf{M}+\cdots+\beta_{l-1}\mathsf{M}^{l-1}}{\delta}$$

darstellbar, so daß $\gamma, \gamma_1, \ldots, \gamma_{l-1}, \delta$ und $\beta, \beta_1, \ldots, \beta_{l-1}$ ganze Zahlen in $k(\zeta)$ sind und überdies δ zu $\mathfrak{l}$ prim ausfällt. Infolge des letzteren Umstandes können wir

$$\mathsf{A}\equiv\alpha+\alpha_1\mathsf{M}+\cdots+\alpha_{l-1}\mathsf{M}^{l-1}, \qquad (\mathfrak{l}^l)$$

setzen in solcher Weise, daß $\alpha, \alpha_1, \ldots, \alpha_{l-1}$ ganze Zahlen in $k(\zeta)$ sind. Es sei nun

$$\alpha\equiv a^*, \quad \alpha_1\equiv a_1^*, \ \ldots, \ \alpha_{l-1}\equiv a_{l-1}^*, \qquad (\mathfrak{l}),$$

wo $a^*, a_1^*, \ldots, a_{l-1}^*$ ganze rationale positive Zahlen bedeuten sollen; wir setzen

$$f^*(x)=a^*+a_1^*x+\cdots+a_{l-1}^*x^{l-1}.$$

Da in $k(\mathsf{M},\zeta)$ sich $\mathfrak{l}=\mathfrak{L}^l$ und $\mathsf{M}\equiv 1$ nach $\mathfrak{L}$ erweist, so folgt

$$\mathsf{A}\equiv\alpha+\alpha_1+\cdots+\alpha_{l-1}\equiv a^*+a_1^*+\cdots+a_{l-1}^*, \qquad (\mathfrak{L}).$$

Ist nun A die vorausgesetzte Zahl, für welche $N_k(\mathsf{A})\equiv\nu$ nach $\mathfrak{l}^l$ wird, so erhalten wir weiter

$$\nu\equiv N_k(\mathsf{A})\equiv a^*+a_1^*+\cdots+a_{l-1}^*\equiv 1, \qquad (\mathfrak{L}),$$

also auch

$$a^*+a_1^*+\cdots+a_{l-1}^*\equiv 1, \qquad (l). \tag{88}$$

Folglich ist $f^*(\zeta)$ eine Zahl in $k(\zeta)$ mit der Kongruenzeigenschaft $f^*(\zeta)\equiv 1$ nach $\mathfrak{l}$. Wir finden nun mit Rücksicht hierauf leicht eine ganze rationale positive Zahl b derart, daß die Norm der Zahl $f(\zeta)=f^*(\zeta)+lb$ im Körper $k(\zeta)$ der Kongruenz

$$n(f(\zeta))\equiv 1, \qquad (l^2) \tag{89}$$

genügt; dann erfüllt die ganzzahlige Funktion

$$f(x)=f^*(x)+lb=a+a_1x+\cdots+a_{l-1}x^{l-1}$$

die Bedingungen des zu beweisenden Hilfssatzes 25. Denn es ist offenbar $\mathsf{A}=f(\mathsf{M})+\lambda\mathsf{B}$, wo B eine ganze Zahl in $k(\mathsf{M},\zeta)$ bedeutet. Hieraus ergibt sich leicht durch eine ähnliche Betrachtung wie auf S. 263:

$$\nu\equiv N_k(\mathsf{A})\equiv N_k(f(\mathsf{M})), \qquad (\mathfrak{l}^l). \tag{90}$$

Andererseits erkennen wir unter Berücksichtigung der Kongruenzen

$$a^l\equiv a, \quad a_1^l\equiv a_1, \ldots, a_{l-1}^l\equiv a_{l-1}, \qquad (l),$$

daß identisch in x eine Gleichung

$$f(x)f(\zeta x)\ldots f(\zeta^{l-1}x) = f(x^l) + lF(x^l) \tag{91}$$

gilt, wo $F(x^l)$ eine ganzzahlige Funktion von x^l bedeutet. Diese Gleichung liefert für $x = 1$ mit Rücksicht auf (89) die Kongruenz

$$f(1) \equiv f(1) + lF(1), \quad (l^2), \qquad \text{d. h.} \qquad F(1) \equiv 0, \quad (l).$$

Wenn in der Gleichung (91) $x = \mathsf{M}$ genommen wird, so ergibt sich

$$N_k(f(\mathsf{M})) = f(\mu) + lF(\mu)$$

und hieraus, da $F(\mu) \equiv F(1) \equiv 0$ nach $\mathfrak{l}$ ausfällt,

$$N_k(f(\mathsf{M})) \equiv f(\mu), \qquad (\mathfrak{l}^l),$$

d. i. wegen (90)

$$\nu \equiv f(\mu), \qquad (\mathfrak{l}^l).$$

Damit und in Anbetracht von (89) ist der Hilfssatz 25 vollständig bewiesen.

Hilfssatz 26. Wenn ν, μ ganze Zahlen in $k(\zeta)$ mit den Kongruenzeigenschaften $\nu \equiv 1$ nach $\mathfrak{l}$ und $\mu \equiv 1 + \lambda$ nach $\mathfrak{l}^2$ bedeuten, und wenn außerdem ν Normenrest des durch $\mathsf{M} = \sqrt[l]{\mu}$ bestimmten Kummerschen Körpers $k(\mathsf{M}, \zeta)$ nach $\mathfrak{l}$ ist, so wird stets

$$\left\{\frac{\nu, \mu}{\mathfrak{l}}\right\} = 1.$$

[Kummer (*20*)].

Beweis. Aus der bekannten Lagrangeschen Formel für die Umkehrung einer Potenzreihe entnimmt man unmittelbar die folgende Identität:

$$\left[\frac{\mathrm{d}^{l-1}F(v)}{\mathrm{d}V^{l-1}}\right]_{V=0} = \left[\frac{\mathrm{d}^{l-2}\dfrac{\mathrm{d}F(v)}{\mathrm{d}v}(\varphi(v))^{l-1}}{\mathrm{d}v^{l-2}}\right]_{v=0}; \tag{92}$$

dabei stelle man sich unter $F(v)$ eine beliebige Potenzreihe von v, ferner unter $\varphi(v)$ eine Potenzreihe vor, deren konstantes Glied von 0 verschieden ist, und denke sich den Zusammenhang der Variabeln v und V durch die Gleichung $V\varphi(v) - v = 0$ vermittelt.

Es seien nun $\nu(x)$ und $\mu(x)$ die zu den Zahlen ν und μ gehörenden Funktionen. Da ν Normenrest des Körpers $k(\mathsf{M}, \zeta)$ nach $\mathfrak{l}$ sein soll, so gibt es nach Hilfssatz 25 eine ganzzahlige Funktion $(l-1)$-ten Grades $f(x)$ derart, daß

$$n(f(\zeta)) \equiv 1, \qquad (l^2), \tag{93}$$

$$\nu \equiv f(\mu), \qquad (\mathfrak{l}^l) \tag{94}$$

und $f(1) > 0$ wird.

Wir setzen nun

$$F(v) = \log f(\mu(\mathrm{e}^v)),$$

$$V = \log \mu(\mathrm{e}^v),$$

$$\varphi(v) = \frac{v}{\log \mu(\mathrm{e}^v)};$$

diese Funktionen werden nur an der Stelle $v = 0$ betrachtet werden, und es sollen die Logarithmen so genommen werden, daß sie für $v = 0$ reell sind.

Ersetzen wir die Zeichen ω, $\overline{\omega}(x)$, v in der dritten Formelzeile auf S. 266 oben bez. durch $f(\zeta)$, $f(x)$, V, so wird aus derselben

$$\left[\frac{d^{l-1}\log f(e^V)}{d V^{l-1}}\right]_{V=0} \equiv \mathfrak{l}^{(l-1)}(f(\zeta)) + \frac{1-f(1)}{l}, \qquad (l).$$

Aus Hilfssatz 24 ergibt sich unter Berücksichtigung von (93) die Kongruenz

$$\mathfrak{l}^{(l-1)}(f(\zeta)) \equiv 0, \qquad (l)$$

und folglich wird

$$\left[\frac{d^{l-1}F(v)}{d V^{l-1}}\right]_{V=0} = \left[\frac{d^{l-1}\log f(e^V)}{d V^{l-1}}\right]_{V=0} \equiv \frac{1-f(1)}{l}, \qquad (l). \tag{95}$$

Andererseits gilt mit Rücksicht auf (94) die Kongruenz

$$f(\mu(e^v)) \equiv \nu(e^v) + \frac{f(1)-1}{l} v^{l-1}, \qquad (l),$$

welche so aufzufassen ist, daß in den Entwicklungen nach Potenzen von v die Koeffizienten von $1, v, \ldots, v^{l-1}$ auf den beiden Seiten einander nach l kongruent sind, und hieraus ergibt sich die Entwicklung

$$\left.\begin{aligned} \frac{dF(v)}{dv} &\equiv \mathfrak{l}^{(1)}(\nu) + \mathfrak{l}^{(2)}(\nu)\frac{v}{1!} + \mathfrak{l}^{(3)}(\nu)\frac{v^2}{2!} + \cdots \\ &\cdots + \left(\mathfrak{l}^{(l-1)}(\nu) + \frac{1-f(1)}{l}\right)\frac{v^{l-2}}{(l-2)!}, \qquad (l), \end{aligned}\right\} \tag{96}$$

welche so aufzufassen ist, daß die Koeffizienten von $1, v, \ldots, v^{l-2}$ auf den beiden Seiten einander nach l kongruent sind.

Endlich betrachten wir die Funktion $\varphi(v)$. Wegen $\mu \equiv 1 + \lambda$ nach $\mathfrak{l}^2$ wird $\varphi(v)$ eine Potenzreihe, deren konstantes Glied $\equiv -1$ nach l ist. Ferner folgt leicht

$$(\varphi(v))^l \equiv \varphi(v^l) \equiv \varphi(0) \equiv -1, \qquad (l)$$

in dem Sinne, daß die Koeffizienten von $1, v, \ldots, v^{l-2}$ auf den beiden Seiten einander nach l kongruent sind. Es gilt daher weiter in demselben Sinne

$$-(\varphi(v))^{l-1} \equiv \frac{\log \mu(e^v)}{v}, \qquad (l),$$

und es folgt hieraus endlich in eben demselben Sinne die Entwicklung

$$\left.\begin{aligned} -(\varphi(v))^{l-1} &\equiv \mathfrak{l}^{(1)}(\mu) + \mathfrak{l}^{(2)}(\mu)\frac{v}{2!} + \mathfrak{l}^{(3)}(\mu)\frac{v^2}{3!} + \cdots \\ &\cdots + \mathfrak{l}^{(l-1)}(\mu)\frac{v^{l-2}}{(l-1)!}, \qquad (l). \end{aligned}\right\} \tag{97}$$

Die Zusammenstellung der Kongruenz (95) und der beiden Entwicklungen (96), (97) mit (92) liefert, wegen $\mathfrak{l}^{(1)}(\mu) \equiv -1$ und $(l-g)!\,(g-1)! \equiv (-1)^g$ nach l für $g = 1, 2, \ldots, l-1$, die folgende Kongruenz:

$$\mathfrak{l}^{(l-1)}(\nu)\,\mathfrak{l}^{(1)}(\mu) - \mathfrak{l}^{(l-2)}(\nu)\,\mathfrak{l}^{(2)}(\mu) + \cdots - \mathfrak{l}^{(1)}(\nu)\,\mathfrak{l}^{(l-1)}(\mu) \equiv 0, \qquad (l),$$

d. i. nach der Definition (82) des Symbols $\left\{\frac{\nu,\,\mu}{\mathfrak{l}}\right\}$ in § 131:

$$\left\{\frac{\nu,\,\mu}{\mathfrak{l}}\right\}=1,$$

und hiermit ist der Hilfssatz 26 bewiesen.

§ 133. Das Symbol $\left\{\frac{\nu,\,\mu}{\mathfrak{w}}\right\}$ zur Unterscheidung zwischen Normenresten und Normennichtresten.

Wir sind jetzt in den Stand gesetzt, soweit die betreffenden Symbole bereits definiert sind, die Richtigkeit der folgenden Behauptung einzusehen:

Satz 151. Wenn ν, μ zwei beliebige ganze Zahlen in $k(\zeta)$ sind, nur daß $\sqrt[l]{\mu}$ nicht in $k(\zeta)$ liegt, und wenn $\mathfrak{w}$ ein beliebiges Primideal des Kreiskörpers $k(\zeta)$ bedeutet, so ist ν Normenrest oder Normennichtrest des durch $\mathsf{M}=\sqrt[l]{\mu}$ bestimmten Kummerschen Körpers $k(\mathsf{M},\zeta)$ nach $\mathfrak{w}$, je nachdem

$$\left\{\frac{\nu,\,\mu}{\mathfrak{w}}\right\}=1 \quad \text{oder} \quad \neq 1$$

ausfällt.

Beweis. Es sei zunächst das Primideal $\mathfrak{w}$ von $\mathfrak{l}$ verschieden und gehe nicht in der Relativdiskriminante des Körpers $k(\mathsf{M},\zeta)$ auf. Ist μ^* eine ganze Zahl in $k(\zeta)$ derart, daß $\frac{\mu^*}{\mu}$ die l-te Potenz einer Zahl in $k(\zeta)$ ist, so gilt stets $\left\{\frac{\nu,\,\mu^*}{\mathfrak{w}}\right\}=\left\{\frac{\nu,\,\mu}{\mathfrak{w}}\right\}$; danach und mit Rücksicht auf Satz 148 können wir hier annehmen, daß μ nicht durch $\mathfrak{w}$ teilbar ist. Wir unterscheiden zwei Fälle, je nachdem $\mathfrak{w}$ im Körper $k(\mathsf{M},\zeta)$ als Produkt von l Primidealen $\mathfrak{W}_1,\ldots,\mathfrak{W}_l$ darstellbar wird oder in $k(\mathsf{M},\zeta)$ Primideal bleibt. Nach Satz 149 ist im ersteren Falle $\left\{\frac{\mu}{\mathfrak{w}}\right\}=1$, im letzteren $\left\{\frac{\mu}{\mathfrak{w}}\right\}\neq 1$ und $\neq 0$.

Im *ersteren* Falle bestimmen wir eine ganze Zahl A in $k(\mathsf{M},\zeta)$, welche durch $\mathfrak{W}_1$, aber nicht durch $\mathfrak{W}_1^2$ und auch nicht durch eines der Primideale $\mathfrak{W}_2,\ldots,\mathfrak{W}_l$ teilbar ist; dann geht in der Relativnorm $\alpha=N_k(\mathsf{A})$ das Primideal $\mathfrak{w}$ genau zur ersten Potenz auf. Ist nun $\mathfrak{w}^b$ die in ν enthaltene Potenz von $\mathfrak{w}$, so läßt sich $\varkappa=\frac{\nu}{\alpha^b}$ als ein Bruch schreiben, dessen Zähler und Nenner zu $\mathfrak{w}$ prim sind, und folglich sind Zähler und Nenner dieses Bruches nach Satz 150 Normenreste des Körpers $k(\mathsf{M},\zeta)$ nach $\mathfrak{w}$. Das gleiche gilt also auch von ν. Da nach der Definition in § 131

$$\left\{\frac{\nu,\,\mu}{\mathfrak{w}}\right\}=\left\{\frac{\mu^b}{\mathfrak{w}}\right\}^{-1}=1$$

ist, so erweist sich im ersteren Falle der Satz 151 als richtig.

Im *zweiten* Falle ist die Relativnorm einer ganzen Zahl A in $k(\mathsf{M},\zeta)$ jedesmal genau durch eine solche Potenz von $\mathfrak{w}$ teilbar, deren Exponent ein Vielfaches von l ist. Es sei wiederum $\mathfrak{w}^b$ die in ν enthaltene Potenz von $\mathfrak{w}$; ist dann b kein Vielfaches von l, so kann also ν nicht Normenrest nach $\mathfrak{w}$ sein; in diesem Falle wird andererseits $\left\{\frac{\nu,\,\mu}{\mathfrak{w}}\right\} = \left\{\frac{\mu^b}{\mathfrak{w}}\right\}^{-1} \neq 1$. Ist dagegen b ein Vielfaches von l, und bedeutet α eine ganze durch $\mathfrak{w}$, aber nicht durch $\mathfrak{w}^2$ teilbare Zahl in $k(\zeta)$, so setzen wir $\varkappa = \frac{\nu}{\alpha^b}$ und erkennen wie im ersteren Falle ν als Normenrest nach $\mathfrak{w}$; andererseits ist jetzt

$$\left\{\frac{\nu,\,\mu}{\mathfrak{w}}\right\} = \left\{\frac{\mu^b}{\mathfrak{w}}\right\}^{-1} = 1 .$$

Damit ist der Satz 151 auch für den zweiten Fall bewiesen.

Wir nehmen jetzt an, es sei die Relativdiskriminante des Körpers $k(\mathsf{M},\zeta)$ durch das Primideal $\mathfrak{w}$ teilbar; $\mathfrak{w}$ soll dabei von $\mathfrak{l}$ verschieden sein. Es gehe $\mathfrak{w}$ in ν genau zur b-ten und in μ genau zur a-ten Potenz auf; dann ist a jedenfalls kein Vielfaches von l. Die Zahl $\varkappa = \frac{\nu^a}{\mu^b}$ läßt sich in die Gestalt eines Bruches $\frac{\varrho}{\sigma}$ setzen, dessen Zähler ϱ und dessen Nenner σ zu $\mathfrak{w}$ prim sind. Die Zahl $\varrho\sigma^{l-1}$ ist eine nicht durch $\mathfrak{w}$ teilbare ganze Zahl; nach dem Beweise des Satzes 150 auf S. 261 ist eine solche ganze Zahl dann und nur dann Normenrest des Körpers $k(\mathsf{M},\zeta)$ nach $\mathfrak{w}$, wenn sie l-ter Potenzrest nach $\mathfrak{w}$ ist, d. i. hier, wenn $\left\{\frac{\varrho\,\sigma^{l-1}}{\mathfrak{w}}\right\} = 1$ und also $\left\{\frac{\nu,\,\mu}{\mathfrak{w}}\right\} = 1$ ist; damit ist für den gegenwärtigen Fall wiederum der Satz 151 als richtig erkannt.

Es sei endlich $\mathfrak{w} = \mathfrak{l}$. Wir fassen lediglich den Fall ins Auge, daß $\mu \equiv 1 + \lambda$ nach $\mathfrak{l}^2$ ist: es ist dies der einzige Fall, für den wir die betreffenden Sätze späterhin brauchen werden; die anderen Fälle gestatten übrigens eine ähnliche Behandlung. Beim Beweise machen wir noch die nicht wesentlich einschränkende Annahme $\nu \equiv 1$ nach $\mathfrak{l}$. Wegen der Annahme $\mu \equiv 1 + \lambda$ nach $\mathfrak{l}^2$ kann man laut Satz 150 genau l^{l-1} Normenreste ν^* des Körpers $k(\mathsf{M},\,\zeta)$ nach $\mathfrak{l}$ bilden, welche kongruent 1 nach $\mathfrak{l}$ ausfallen und untereinander nach $\mathfrak{l}^{l+1}$ inkongruent sind. Andererseits muß ein jeder Normenrest ν^* von $k(\mathsf{M},\zeta)$ nach $\mathfrak{l}$, für den man $\nu^* \equiv 1$ nach $\mathfrak{l}$ hat, laut Hilfssatz 26 die Bedingung $\left\{\frac{\nu^*,\,\mu}{\mathfrak{l}}\right\} = 1$ erfüllen. Wegen

$$\left.\begin{aligned} &\mathfrak{l}^{(1)}(\mu) \equiv -1,\\ &\mathfrak{l}^{(1)}(1-l) \equiv 0,\quad \mathfrak{l}^{(2)}(1-l) \equiv 0,\ \ldots,\ \mathfrak{l}^{(l-2)}(1-l) \equiv 0,\\ &\mathfrak{l}^{(l-1)}(1-l) \equiv \frac{1-n(1-l)}{l} \equiv -1, \end{aligned}\right\} \qquad (l)$$

ergibt sich nach (82)

$$\left\{\frac{1-l,\,\mu}{\mathfrak{l}}\right\} = \zeta^{-1}. \qquad (98)$$

Es sei nun erstens α irgendeine ganze Zahl in $k(\zeta)$ mit der Kongruenzeigenschaft $\alpha \equiv 1$ nach $\mathfrak{l}$, und es werde $\left\{\frac{\alpha, \mu}{\mathfrak{l}}\right\} = \zeta^a$ gesetzt, wo a eine Zahl aus der Reihe $0, 1, 2, \ldots, l-1$ bedeuten soll; dann ist offenbar $\left\{\frac{\alpha(1-l)^a, \mu}{\mathfrak{l}}\right\} = 1$; dagegen fällt jedesmal $\left\{\frac{\alpha(1-l)^x, \mu}{\mathfrak{l}}\right\} \neq 1$ aus, wenn x eine von a verschiedene Zahl aus der Reihe $0, 1, 2, \ldots, l-1$ bedeutet. Wählen wir ferner eine ganze Zahl α' in $k(\zeta)$, welche ebenfalls kongruent 1 nach $\mathfrak{l}$, aber keiner der l Zahlen $\alpha, \alpha(1-l), \alpha(1-l)^2, \ldots, \alpha(1-l)^{l-1}$ nach $\mathfrak{l}^{l+1}$ kongruent ist, so sind auch die l Zahlen $\alpha', \alpha'(1-l), \alpha'(1-l)^2, \ldots, \alpha'(1-l)^{l-1}$ nach $\mathfrak{l}^{l+1}$ sämtlich untereinander inkongruent und zugleich keiner der ersteren l Zahlen kongruent; unter den letzteren l Zahlen gibt es wegen (98) offenbar eine und nur eine Zahl — es sei dies etwa $\alpha'(1-l)^{a'}$ — von der Art, daß $\left\{\frac{\alpha'(1-l)^{a'}, \mu}{\mathfrak{l}}\right\} = 1$ ist. Fahren wir in dieser Weise fort, so erkennen wir, daß die Anzahl der vorhandenen nach $\mathfrak{l}^{l+1}$ inkongruenten Zahlen ν, die kongruent 1 nach $\mathfrak{l}$ sind und der Bedingung $\left\{\frac{\nu, \mu}{\mathfrak{l}}\right\} = 1$ genügen, genau gleich l^{l-1} ist, und aus der Übereinstimmung dieser Anzahl mit der oben gefundenen für die Normenreste ν^* ist ersichtlich, daß umgekehrt auch jede Zahl ν mit diesen zwei Eigenschaften Normenrest des Körpers $k(\mathsf{M}, \zeta)$ nach $\mathfrak{l}$ ist.

Durch die bisherigen Überlegungen ist der Satz 151 in allen Teilen bewiesen; für den Fall $\mathfrak{w} = \mathfrak{l}$ allerdings nur soweit, als für die Zahlen ν, μ die Kongruenzeigenschaften $\nu \equiv 1$ nach $\mathfrak{l}$ und $\mu \equiv 1 + \lambda$ nach $\mathfrak{l}^2$ erfüllt sind. Die ν betreffende Einschränkung ist offenbar leicht aufzuheben.

Aus dem Satze 151 folgt, bei Benutzung der ersten Formel in (80) und (83), die Formel

$$\left\{\frac{\nu\nu^*, \mu}{\mathfrak{w}}\right\} = \left\{\frac{\nu, \mu}{\mathfrak{w}}\right\},$$

wo $\mathfrak{w}$ ein beliebiges Primideal in $k(\zeta)$ bedeutet und ν^* ein Normenrest des Körpers $k(\mathsf{M}, \zeta)$ nach $\mathfrak{w}$ sein soll.

Um nun das Symbol $\left\{\frac{\nu, \mu}{\mathfrak{l}}\right\}$ auch für den Fall zu definieren, daß eine der beiden Zahlen ν, μ oder beide durch $\mathfrak{l}$ teilbar sind, braucht man nur die allgemeine Gültigkeit der Formeln

$$\left\{\frac{\nu\nu^*, \mu}{\mathfrak{l}}\right\} = \left\{\frac{\nu, \mu}{\mathfrak{l}}\right\}, \qquad \left\{\frac{\nu, \mu}{\mathfrak{l}}\right\}\left\{\frac{\mu, \nu}{\mathfrak{l}}\right\} = 1$$

festzusetzen, wobei ν^* ein beliebiger Normenrest des Körpers $k(\sqrt[l]{\mu}, \zeta)$ nach $\mathfrak{l}$ bedeuten soll. Bei dieser Festsetzung folgt dann insbesondere

$$\left\{\frac{1 + a\lambda^l, \lambda}{\mathfrak{l}}\right\} = \left\{\frac{1 + a\lambda^l}{\mathfrak{l}}\right\} = \zeta^a.$$

Wir können überhaupt die Definition des Symbols $\left\{\frac{\nu, \mu}{\mathfrak{l}}\right\}$ auf die Formeln

$$\left\{\frac{\alpha, \zeta}{\mathfrak{l}}\right\} = \zeta^{\frac{n(\alpha)-1}{l}}, \qquad \left\{\frac{\nu_1\nu_2, \mu}{\mathfrak{l}}\right\} = \left\{\frac{\nu_1, \mu}{\mathfrak{l}}\right\}\left\{\frac{\nu_2, \mu}{\mathfrak{l}}\right\},$$

$$\left\{\frac{\nu^*, \mu}{\mathfrak{l}}\right\} = 1, \qquad \left\{\frac{\nu, \mu}{\mathfrak{l}}\right\}\left\{\frac{\mu, \nu}{\mathfrak{l}}\right\} = 1$$

gründen, wo α eine zu $\mathfrak{l}$ prime ganze Zahl in $k(\zeta)$, ν^* ein Normenrest des Körpers $k(\sqrt[l]{\mu},\zeta)$ nach $\mathfrak{l}$ und ν, ν_1, ν_2, μ beliebige ganze Zahlen in $k(\zeta)$ sein sollen (vgl. § 166). Ich habe jedoch gegenwärtig die obige Definition (82) gewählt, welche unmittelbar an die Entwicklungen von KUMMER anknüpft.

Schließlich sei hier bemerkt, daß nunmehr das zu Anfang des § 131 gesteckte Ziel erreicht ist; wenn nämlich $\mathfrak{w}^e$ eine beliebige Potenz eines Primideals $\mathfrak{w}$ bedeutet, wobei im Falle $\mathfrak{w}=\mathfrak{l}$ der Exponent $e>l$ sei, so kann offenbar ein vollständiges System zu $\mathfrak{w}$ primer und nach $\mathfrak{w}^e$ inkongruenter Zahlen ν in $k(\zeta)$ mit Rücksicht auf die Werte, die das Symbol $\left\{\frac{\nu,\,\mu}{\mathfrak{w}}\right\}$ annimmt, in l Abteilungen von gleich vielen Zahlen gesondert werden, von denen die eine Abteilung die sämtlichen im System befindlichen Normenreste des Kummerschen Körpers $k(\mathsf{M},\zeta)$ nach $\mathfrak{w}$ darstellt.

30. Das Vorhandensein unendlich vieler Primideale mit vorgeschriebenen Potenzcharakteren im Kummerschen Körper.

§ 134. Der Grenzwert eines gewissen unendlichen Produktes.

Nachdem wir in § 128 die Primideale des Kummerschen Körpers sämtlich aufgestellt haben, sind wir imstande, diejenigen Untersuchungen für den Kummerschen Körper durchzuführen, welche den in § 79 und in § 80 für den quadratischen Körper behandelten Fragen entsprechen. Wir leiten vor allem die folgende wichtige Tatsache ab:

Hilfssatz 27. Bedeutet l eine ungerade rationale Primzahl und α in dem durch $\zeta = e^{\frac{2i\pi}{l}}$ bestimmten Kreiskörper $k(\zeta)$ eine beliebige ganze Zahl, nur nicht die l-te Potenz einer in $k(\zeta)$ liegenden Zahl, so ist der Grenzwert

$$\underset{s=1}{L} \prod_{(\mathfrak{p})} \prod_{(m)} \frac{1}{1-\left\{\frac{\alpha}{\mathfrak{p}}\right\}^m n(\mathfrak{p})^{-s}}$$

stets eine endliche und von 0 verschiedene Größe; dabei soll das Produkt $\prod_{(\mathfrak{p})}$ über alle Primideale $\mathfrak{p}$ des Körpers $k(\zeta)$ und das Produkt $\prod_{(m)}$ über alle Exponenten m aus der Reihe $1, 2, \ldots, l-1$ erstreckt werden [KUMMER (*20*)].

Beweis. Fassen wir den durch $\sqrt[l]{\alpha}$ und ζ bestimmten Kummerschen Körper $K=k(\sqrt[l]{\alpha},\zeta)$ ins Auge und bezeichnen wir die dem Satze 56 gemäß gebildete Funktion $\zeta(s)$ für denselben mit $\zeta_K(s)$, so ist nach § 27

$$\zeta_K(s) = \prod_{(\mathfrak{P})} \frac{1}{1-N(\mathfrak{P})^{-s}},$$

wo das Produkt über alle Primideale $\mathfrak{P}$ in K zu erstrecken ist und $N(\mathfrak{P})$ die in K genommene Norm von $\mathfrak{P}$ bedeutet. Ordnen wir dieses Produkt nach den Primidealen $\mathfrak{p}$ des Körpers $k(\zeta)$, aus welchen die Primideale $\mathfrak{P}$ herstammen, so gehört, wie man aus Satz 149 schließt, zu einem beliebigen Primideal $\mathfrak{p}$ in dem Produkte das Glied

$$\frac{1}{(1-n(\mathfrak{p})^{-s})^l} \quad \text{oder} \quad \frac{1}{1-n(\mathfrak{p})^{-s}} \quad \text{oder} \quad \frac{1}{1-n(\mathfrak{p})^{-ls}},$$

je nachdem $\left\{\frac{\alpha}{\mathfrak{p}}\right\} = 1$ oder $= 0$ oder $\neq 1$ und $\neq 0$ ausfällt. Wir schreiben diese drei Ausdrücke in der ihnen gemeinschaftlichen Form

$$\frac{1}{1-n(\mathfrak{p})^{-s}} \prod_{(m)} \frac{1}{1-\left\{\frac{\alpha}{\mathfrak{p}}\right\}^m n(\mathfrak{p})^{-s}}, \quad (m=1, 2, \ldots, l-1)$$

und erhalten so

$$\zeta_K(s) = \prod_{(\mathfrak{p})} \frac{1}{1-n(\mathfrak{p})^{-s}} \prod_{(\mathfrak{p})} \prod_{(m)} \frac{1}{1-\left\{\frac{\alpha}{\mathfrak{p}}\right\}^m n(\mathfrak{p})^{-s}}; \tag{99}$$

darin zeigt das Produkt $\prod\limits_{(m)}$ an, daß der Exponent m jeden der Werte $1, 2, \ldots, l-1$ durchlaufen soll, und es sind die beiden Produkte $\prod\limits_{(\mathfrak{p})}$ über alle Primideale $\mathfrak{p}$ in $k(\zeta)$ zu erstrecken. Nun stellt jeder der beiden Ausdrücke

$$\underset{s=1}{L}(s-1) \prod_{(\mathfrak{p})} \frac{1}{1-n(\mathfrak{p})^{-s}}, \qquad \underset{s=1}{L}(s-1)\, \zeta_K(s)$$

eine endliche und von 0 verschiedene Größe dar, wie wir erkennen, wenn wir den Satz 56 einmal auf den Kreiskörper $k(\zeta)$ und dann auf den Kummerschen Körper $K = k(\sqrt[l]{\alpha}, \zeta)$ anwenden. Durch Multiplikation der Gleichung (99) mit $s-1$ und Übergang zur Grenze für $s=1$ ergibt sich dann, daß auch der im Hilfssatz 27 angegebene Ausdruck eine endliche und von 0 verschiedene Größe besitzt.

§ 135. Primideale des Kreiskörpers $k(\zeta)$ mit vorgeschriebenen Potenzcharakteren.

Satz 152. Es seien $\alpha_1, \ldots, \alpha_t$ irgend t ganze Zahlen des Kreiskörpers $k(\zeta)$, welche die Bedingung erfüllen, daß das Produkt

$$\alpha_1^{m_1} \alpha_2^{m_2} \ldots \alpha_t^{m_t},$$

wenn man jeden der Exponenten $m_1, m_2, \ldots, m_t$ die Werte $0, 1, 2, \ldots, l-1$ durchlaufen läßt, jedoch das eine Wertsystem $m_1 = 0, m_2 = 0, \ldots, m_t = 0$ ausschließt, dabei niemals die l-te Potenz einer Zahl in $k(\zeta)$ wird; es seien ferner $\gamma_1, \gamma_2, \ldots, \gamma_t$ nach Belieben vorgeschriebene l-te Einheitswurzeln: dann gibt es im Kreiskörper $k(\zeta)$ stets unendlich viele Primideale $\mathfrak{p}$, für die jedesmal bei einem gewissen zu l primen Exponenten m

$$\left\{\frac{\alpha_1}{\mathfrak{p}}\right\}^m = \gamma_1, \quad \left\{\frac{\alpha_2}{\mathfrak{p}}\right\}^m = \gamma_2, \quad \ldots, \quad \left\{\frac{\alpha_t}{\mathfrak{p}}\right\}^m = \gamma_t$$

wird [Kummer (*20*)].

Beweis. Wir haben, so lange $s > 1$ ist,

$$\left.\begin{aligned}\log \sum_{(\mathfrak{j})} \frac{1}{n(\mathfrak{j})^s} &= \sum_{(\mathfrak{p})} \log \frac{1}{1 - n(\mathfrak{p})^{-s}} = \sum_{(\mathfrak{p})} \frac{1}{n(\mathfrak{p})^s} + S,\\ S &= \frac{1}{2}\sum_{(\mathfrak{p})} \frac{1}{n(\mathfrak{p})^{2s}} + \frac{1}{3}\sum_{(\mathfrak{p})} \frac{1}{n(\mathfrak{p})^{3s}} + \cdots,\end{aligned}\right\} \tag{100}$$

wo $\sum\limits_{(\mathfrak{j})}$ über alle Ideale $\mathfrak{j}$ und $\sum\limits_{(\mathfrak{p})}$ jedesmal über alle Primideale $\mathfrak{p}$ des Körpers $k(\zeta)$ zu erstrecken ist. Da der Ausdruck S, wie in § 50 gezeigt worden ist, für $s = 1$ endlich bleibt, so folgt aus (100), indem die linke Seite für $s = 1$ unendlich wird, daß die über alle Primideale $\mathfrak{p}$ des Körpers $k(\zeta)$ erstreckte Summe

$$\sum_{(\mathfrak{p})} \frac{1}{n(\mathfrak{p})^s}$$

bei Annäherung von s an 1 über alle Grenzen wächst. Ist ferner α eine beliebige ganze Zahl in $k(\zeta)$, so gilt ähnlich für $s > 1$ stets

$$\left.\begin{aligned}\log \prod_{(\mathfrak{p})} \frac{1}{1 - \left\{\frac{\alpha}{\mathfrak{p}}\right\} n(\mathfrak{p})^{-s}} &= \sum_{(\mathfrak{p})} \left\{\frac{\alpha}{\mathfrak{p}}\right\} \frac{1}{n(\mathfrak{p})^s} + S(\alpha),\\ S(\alpha) &= \frac{1}{2}\sum_{(\mathfrak{p})} \left\{\frac{\alpha}{\mathfrak{p}}\right\}^2 \frac{1}{n(\mathfrak{p})^{2s}} + \frac{1}{3}\sum_{(\mathfrak{p})} \left\{\frac{\alpha}{\mathfrak{p}}\right\}^3 \frac{1}{n(\mathfrak{p})^{3s}} + \cdots,\end{aligned}\right| \tag{101}$$

und hier bleibt wiederum $S(\alpha)$ für $s = 1$ endlich. Es sei jetzt m eine der Zahlen $1, 2, \ldots, l-1$. Wir setzen in (101)

$$\alpha = \alpha_*^m = \alpha_1^{m u_1} \alpha_2^{m u_2} \cdots \alpha_t^{m u_t}$$

und multiplizieren die entstehende Gleichung noch mit dem Faktor $\gamma_1^{-u_1}\gamma_2^{-u_2}\cdots\gamma_t^{-u_t}$; wir erteilen dann jedem der t Exponenten $u_1, u_2, \ldots, u_t$ nacheinander alle die l Werte $0, 1, \ldots, l-1$, jedoch so, daß das eine Wertsystem $u_1 = 0, u_2 = 0, \ldots, u_t = 0$ ausgeschlossen bleibt. Werden die auf diese Weise hervorgehenden $l^t - 1$ Gleichungen sämtlich zu (100) addiert, so entsteht die Beziehung

$$\left.\begin{aligned}&\sum_{(\mathfrak{p})} \frac{1}{n(\mathfrak{p})^s} + S + \sum_{(u_1,\ldots,u_t)} \gamma_1^{-u_1}\cdots\gamma_t^{-u_t} \log \prod_{(\mathfrak{p})} \frac{1}{1 - \left\{\frac{\alpha_1^{u_1}\cdots\alpha_t^{u_t}}{\mathfrak{p}}\right\}^m n(\mathfrak{p})^{-s}}\\ &= \sum_{(\mathfrak{p})} [1][2]\ldots[t]\frac{1}{n(\mathfrak{p})^s} + S + \sum_{(u_1,\ldots,u_t)} \gamma_1^{-u_1}\gamma_2^{-u_2}\cdots\gamma_t^{-u_t} S(\alpha_*^m),\end{aligned}\right| \tag{102}$$

wo für den Augenblick

$$\begin{aligned}[1] &= 1 + \left(\gamma_1^{-1}\left\{\frac{\alpha_1}{\mathfrak{p}}\right\}^m\right) + \left(\gamma_1^{-1}\left\{\frac{\alpha_1}{\mathfrak{p}}\right\}^m\right)^2 + \cdots + \left(\gamma_1^{-1}\left\{\frac{\alpha_1}{\mathfrak{p}}\right\}^m\right)^{l-1},\\ [2] &= 1 + \left(\gamma_2^{-1}\left\{\frac{\alpha_2}{\mathfrak{p}}\right\}^m\right) + \left(\gamma_2^{-1}\left\{\frac{\alpha_2}{\mathfrak{p}}\right\}^m\right)^2 + \cdots + \left(\gamma_2^{-1}\left\{\frac{\alpha_2}{\mathfrak{p}}\right\}^m\right)^{l-1},\\ &\cdots\cdots\cdots\\ [t] &= 1 + \left(\gamma_t^{-1}\left\{\frac{\alpha_t}{\mathfrak{p}}\right\}^m\right) + \left(\gamma_t^{-1}\left\{\frac{\alpha_t}{\mathfrak{p}}\right\}^m\right)^2 + \cdots + \left(\gamma_t^{-1}\left\{\frac{\alpha_t}{\mathfrak{p}}\right\}^m\right)^{l-1}\end{aligned}$$

gesetzt ist; außerdem ist in $S(\alpha_*^m)$ für α_*^m der oben angegebene Ausdruck einzusetzen. Wenn wir nun in der ersten Summe rechter Hand in (102) von denjenigen Gliedern absehen — ihr Aggregat möge G_m heißen —, die den in $\alpha_1, \ldots, \alpha_t, \lambda$ aufgehenden Primidealen $\mathfrak{p}$ entsprechen und die nur in endlicher Anzahl vorhanden sind, so hat der übrige unendliche Teil dieser Summe offenbar den Wert $l^t \sum\limits_{(\mathfrak{q})} \frac{1}{n(\mathfrak{q})^s}$, wo $\mathfrak{q}$ nur alle diejenigen unter den Primidealen $\mathfrak{p}$ des Körpers $k(\zeta)$ durchläuft, für welche die t Bedingungen

$$\left\{\frac{\alpha_1}{\mathfrak{p}}\right\}^m = \gamma_1, \ \ldots, \ \left\{\frac{\alpha_t}{\mathfrak{p}}\right\}^m = \gamma_t \tag{103}$$

sämtlich erfüllt sind. Bilden wir nun die Gleichungen (102) nacheinander für $m = 1, 2, \ldots, l-1$ und summieren die entstehenden Formeln, so erhalten wir

$$\left.\begin{aligned} &(l-1)\sum_{(\mathfrak{p})} \frac{1}{n(\mathfrak{p})^s} + (l-1)S \\ &\quad + \sum_{(u_1,\ldots,u_t)} \gamma_1^{-u_1} \cdots \gamma_t^{-u_t} \log \prod_{(\mathfrak{p})} \prod_{(m)} \frac{1}{1 - \left\{\frac{\alpha_1^{u_1} \cdots \alpha_t^{u_t}}{\mathfrak{p}}\right\}^m n(\mathfrak{p})^{-s}} \\ &= l^t \sum_{(\mathfrak{r})} \frac{1}{n(\mathfrak{r})^s} + \sum_{(m)} G_m + (l-1)S + \sum_{(u_1,\ldots,u_t)} \gamma_1^{-u_1} \cdots \gamma_t^{-u_t} \sum_{(m)} S(\alpha_*^m); \end{aligned}\right\} \tag{104}$$

hierbei hat in dem ersten Summenausdruck rechter Hand $\mathfrak{r}$ alle Primideale $\mathfrak{p}$ in $k(\zeta)$ zu durchlaufen, welche irgendeinem von den $l-1$ Bedingungssystemen genügen, die aus (103) entstehen, wenn man darin $m = 1, = 2, \ldots, = l-1$ einführt; für $\gamma_1 = 1, \ldots, \gamma_t = 1$ sind diese Bedingungssysteme identisch und die betreffenden Primideale $l-1$ mal zu nehmen. Gehen wir nun zur Grenze für $s = 1$ über, so wird die erste Summe Σ linker Hand in (104) nach den Ausführungen zu Beginn des Beweises über alle Grenzen wachsen, und die zweite Summe Σ linker Hand bleibt auf Grund von Hilfssatz 27 für $s = 1$ endlich. Da auch die Summen S und $S(\alpha_*^m)$ sämtlich endlich bleiben, so folgt dann, daß der Ausdruck $\sum \frac{1}{n(\mathfrak{r})^s}$ für $s = 1$ über alle Grenzen wächst, und also sind die betreffenden Primideale $\mathfrak{r}$ in unendlicher Anzahl vorhanden; diese Primideale $\mathfrak{r}$ erfüllen hinsichtlich ihrer Potenzcharaktere genau die Forderungen des Satzes 152.

31. Der reguläre Kreiskörper.

§ 136. Die Definition des regulären Kreiskörpers, der regulären Primzahl und des regulären Kummerschen Körpers.

Es bedeute l eine ungerade Primzahl und $k(\zeta)$ den durch $\zeta = e^{\frac{2i\pi}{l}}$ bestimmten Kreiskörper: dieser Kreiskörper $k(\zeta)$ heiße ein **regulärer Kreiskörper** und die Primzahl l **eine reguläre Primzahl,** wenn die Anzahl h der

Idealklassen des Körpers $k(\zeta)$ nicht durch l teilbar ist. Die weiteren Kapitel werden lediglich von regulären Kreiskörpern und von solchen Kummerschen Körpern handeln, welche aus regulären Kreiskörpern entspringen, und die ich daher **reguläre Kummersche Körper** nennen will; für dieselben können wir sofort folgende einfache Tatsache beweisen:

Satz 153. Es sei $k(\zeta)$ ein regulärer Kreiskörper und K ein aus $k(\zeta)$ entspringender Kummerscher Körper: wenn dann ein Ideal $\mathfrak{j}$ des Körpers $k(\zeta)$ in dem Körper K Hauptideal ist, so ist das Ideal $\mathfrak{j}$ auch in dem Kreiskörper $k(\zeta)$ selbst ein Hauptideal.

Beweis. Setzen wir $\mathfrak{j} = (\mathsf{A})$, wo A eine ganze Zahl in K bedeutet, so folgt, indem wir die Relativnorm bilden $\mathfrak{j}^l = (N_k(\mathsf{A}))$, d. h. es gilt in $k(\zeta)$ die Äquivalenz $\mathfrak{j}^l \sim 1$. Andererseits ist auch $\mathfrak{j}^h \sim 1$, wobei h die Klassenanzahl von $k(\zeta)$ bedeutet. Bestimmen wir nun zwei ganze rationale positive Zahlen a und b, so daß $al - bh = 1$ wird, so folgt $\mathfrak{j}^{al-bh} \sim 1$, d. h. es ist $\mathfrak{j}$ in $k(\zeta)$ ein Hauptideal.

Es entsteht weiter die Aufgabe, ein Kriterium zu finden, durch welches sich auf leichte Weise ermitteln läßt, ob eine Primzahl l regulär ist. Es sollen zunächst zwei Hilfssätze entwickelt werden, die zu einem solchen Kriterium führen.

§ 137. Ein Hilfssatz über die Teilbarkeit des ersten Faktors der Klassenanzahl von $k\left(e^{\frac{2i\pi}{l}}\right)$ durch l.

Hilfssatz 28. Ist l eine ungerade Primzahl und $k(\zeta)$ der Kreiskörper der l-ten Einheitswurzeln, so ist der erste Faktor der Klassenanzahl von $k(\zeta)$ dann und nur dann durch l teilbar, wenn l im Zähler einer der ersten $l^* = \frac{l-3}{2}$ Bernoullischen Zahlen aufgeht [Kummer (8), Kronecker (5)].

Beweis. In Satz 142 ist die Klassenanzahl h des Körpers $k(\zeta)$ als Produkt von zwei Faktoren dargestellt; wir betrachten den dort angegebenen Ausdruck für den ersten Faktor dieser Klassenanzahl. Zur Abkürzung werde $\mathsf{Z} = e^{\frac{2i\pi}{l-1}}$ gesetzt; ferner denken wir uns die zugrunde gelegte Primitivzahl r nach l speziell derart angenommen, daß $r^{\frac{l-1}{2}} + 1$ nur durch die erste Potenz von l teilbar ist. Es sei endlich, wie in § 108 und § 109, allgemein r_i der kleinste positive Rest von r^i nach l und $q_i = \frac{r r_i - r_{i+1}}{l}$.

Der erste Faktor der Klassenanzahl h stellt sich in Satz 142 als ein Bruch dar, dessen Nenner den Wert $(2l)^{l^*}$ hat, und dessen Zähler von der Gestalt

$$f(\mathsf{Z})\, f(\mathsf{Z}^3)\, f(\mathsf{Z}^5) \cdots f(\mathsf{Z}^{l-2}) \tag{105}$$

ist, wo zur Abkürzung $f(x)$ die ganzzahlige Funktion

$$f(x) = r_0 + r_1 x + r_2 x^2 + \cdots + r_{l-2} x^{l-2}$$

bezeichnet. Wird ferner

$$g(x) = q_0 + q_1 x + q_2 x^2 + \cdots + q_{l-2} x^{l-2}$$

gesetzt, so ergibt sich leicht

$$(r\mathsf{Z} - 1) f(\mathsf{Z}) = l\,\mathsf{Z} \cdot g(\mathsf{Z}),$$

und da infolge der Wahl von r das Produkt

$$(r\mathsf{Z} - 1)(r\mathsf{Z}^3 - 1) \cdots (r\mathsf{Z}^{l-2} - 1) = (-1)^{\frac{l-1}{2}}\left(r^{\frac{l-1}{2}} + 1\right)$$

genau durch die erste Potenz von l teilbar ist, so folgt, daß der Zähler (105) des ersten Faktors von h nur dann durch $l^{\frac{l-1}{2}} = l^{s+1}$ teilbar ist, wenn die Zahl

$$g(\mathsf{Z})\,g(\mathsf{Z}^3)\,g(\mathsf{Z}^5) \cdots g(\mathsf{Z}^{l-2})$$

durch l teilbar ist. Nun ist $\mathfrak{L} = (l, \mathsf{Z} - r)$ ein in l aufgehendes Primideal des Körpers $k(\mathsf{Z})$, und da offenbar $\mathsf{Z} \equiv r$ nach $\mathfrak{L}$ ausfällt, so ist

$$g(\mathsf{Z})\,g(\mathsf{Z}^3) \cdots g(\mathsf{Z}^{l-2}) \equiv g(r)\,g(r^3) \cdots g(r^{l-2}), \qquad (\mathfrak{L});$$

folglich ist der erste Faktor der Klassenanzahl h nur dann durch l teilbar, wenn mindestens eine der $\frac{l-1}{2}$ Kongruenzen

$$g(r^{2t-1}) = q_0 + q_1 r^{2t-1} + q_2 r^{2(2t-1)} + \cdots + q_{l-2} r^{(l-2)(2t-1)} \equiv 0, \qquad (l)$$

$$\left(t = 1, 2, 3, \ldots, \frac{l-1}{2}\right)$$

erfüllt ist.

Es bedeute nun t eine der Zahlen $1, 2, 3, \ldots, \frac{l-1}{2}$. Erheben wir dann die Identität

$$r r_i = r_{i+1} + (r r_i - r_{i+1})$$

in die $(2t)$-te Potenz und bedenken, daß $r r_i - r_{i+1}$ durch l teilbar ist, so ergibt sich die Kongruenz

$$r^{2t} r_i^{2t} \equiv r_{i+1}^{2t} + 2t(r r_i - r_{i+1})\,r_{i+1}^{2t-1}, \qquad (l^2)$$

oder

$$2t(r r_i - r_{i+1})\,r_{i+1}^{2t-1} \equiv r^{2t} r_i^{2t} - r_{i+1}^{2t}, \qquad (l^2)$$

und da offenbar

$$(r r_i - r_{i+1})\,r_{i+1}^{2t-1} \equiv (r r_i - r_{i+1})\,r^{(i+1)(2t-1)}, \qquad (l^2)$$

ist, so folgt

$$2t(r r_i - r_{i+1})\,r^{(i+1)(2t-1)} \equiv r^{2t} r_i^{2t} - r_{i+1}^{2t}, \qquad (l^2).$$

Diese allgemeine Kongruenz ergibt bei Summation über die Werte $i = 0, 1, 2, \ldots, l-2$

$$2t\,l\,r^{2t-1} \sum_{(i)} q_i r^{i(2t-1)} \equiv r^{2t} \sum_{(i)} r_i^{2t} - \sum_{(i)} r_{i+1}^{2t}, \qquad (l^2).$$

Da nun

$$\sum_{(i)} r_i^{2t} = \sum_{(i)} r_{i+1}^{2t} = 1^{2t} + 2^{2t} + 3^{2t} + \cdots + (l-1)^{2t}$$

ist, so folgt, daß die Zahl $g(r^{2t-1})$ dann und nur dann durch l teilbar ist, wenn die Zahl

$$(r^{2t}-1)(1^{2t}+2^{2t}+3^{2t}+\cdots+(l-1)^{2t}) \tag{106}$$

durch l^2 teilbar ist. Wegen der über die Primitivzahl r gemachten Annahme ist nun der Ausdruck (106) für $t=\frac{l-1}{2}$ sicher nicht durch l^2 teilbar. Für $t=1,2,\ldots,\frac{l-3}{2}$ gilt auf Grund der Bernoullischen Summenformel jedesmal die Kongruenz

$$1^{2t}+2^{2t}+3^{2t}+\cdots+(l-1)^{2t}\equiv(-1)^{t+1}B_t\,l, \quad (l^2),$$

wo B_t die t-te **Bernoullische Zahl** bedeutet, und somit erkennen wir, daß die Teilbarkeit wenigstens einer der Zahlen (106) für

$$t=1,2,\ldots,\frac{l-3}{2}$$

durch l^2 mit der Teilbarkeit wenigstens eines der Zähler der $\frac{l-3}{2}$ ersten Bernoullischen Zahlen durch l gleichbedeutend ist. Der Beweis des Hilfssatzes 28 ist dadurch erbracht.

§ 138. Ein Hilfssatz über die Einheiten des Kreiskörpers $k\left(e^{\frac{2i\pi}{l}}\right)$ für den Fall, daß l in den Zählern der ersten $\frac{l-3}{2}$ Bernoullischen Zahlen nicht aufgeht.

Hilfssatz 29. Wenn l eine ungerade Primzahl bedeutet, welche in den Zählern der ersten $l^*=\frac{l-3}{2}$ Bernoullischen Zahlen nicht aufgeht, so läßt sich aus den Kreiseinheiten des Körpers $k(\zeta)$ der l-ten Einheitswurzeln stets durch Bildung geeigneter Produkte und Quotienten ein System von solchen l^* Einheiten $\varepsilon_1,\ldots,\varepsilon_{l^*}$ ableiten, für welche l^* Kongruenzen von der Gestalt

$$\left.\begin{aligned}
\varepsilon_1 &\equiv 1+a_1\lambda^2, && (\mathfrak{l}^3),\\
\varepsilon_2 &\equiv 1+a_2\lambda^4, && (\mathfrak{l}^5),\\
\varepsilon_3 &\equiv 1+a_3\lambda^6, && (\mathfrak{l}^7),\\
&\cdots\cdots\cdots\cdots\\
\varepsilon_{l^*} &\equiv 1+a_{l^*}\lambda^{l-3}, && (\mathfrak{l}^{l-2})
\end{aligned}\right\} \tag{107}$$

gelten, wo $a_1,a_2,\ldots,a_{l^*}$ ganze rationale, durch l nicht teilbare Zahlen bedeuten; dabei ist $\lambda=1-\zeta$, $\mathfrak{l}=(\lambda)$ gesetzt [Kummer (*12*)].

Beweis. Wir gehen aus von der Kreiseinheit (vgl. § 98)

$$\varepsilon=\sqrt{\frac{(1-\zeta^r)(1-\zeta^{-r})}{(1-\zeta)(1-\zeta^{-1})}}, \tag{108}$$

wo r eine Primitivzahl nach l bezeichnet. Wir setzen dann $\eta=\varepsilon^{l-1}$ und

$$\varepsilon_t=\eta^{(r^2-s)(r^4-s)(r^6-s)\cdots(r^{2t-2}-s)(r^{2t+2}-s)(r^{2t+4}-s)\cdots(r^{l-3}-s)} \tag{109}$$

für $t = 1, 2, 3, \ldots, l^*$, wo $s = (\zeta:\zeta^r)$ im Exponenten symbolisch zu verstehen ist.

Die Einheit η ist als $(l-1)$-te Potenz einer ganzen Zahl in $k(\zeta)$ notwendig $\equiv 1$ nach $\mathfrak{l}$, und das gleiche gilt dann auch von jeder der Einheiten ε_t. Wir denken uns nun allgemein bei jedem Werte t die zur Einheit ε_t gehörende Funktion $\varepsilon_t(x)$ gemäß § 131 gebildet; dann gelten für die rationalen Zahlen

$$\mathfrak{l}^{(1)}(\varepsilon_t), \quad \mathfrak{l}^{(2)}(\varepsilon_t), \ldots, \mathfrak{l}^{(l-2)}(\varepsilon_t),$$

d. h. für die Werte der ersten $l-2$ Differentialquotienten des Logarithmus von $\varepsilon_t(\mathrm{e}^v)$ an der Stelle $v = 0$, die Kongruenzen:

$$\left.\begin{aligned} &\mathfrak{l}^{(u)}(\varepsilon_t) \equiv 0, && (l) \\ &(u = 1, 2, 3, \ldots, 2t-1, 2t+1, \ldots, l-3, l-2), \\ &\mathfrak{l}^{(2t)}(\varepsilon_t) \equiv (-1)^{t+l^*} \frac{B_t}{4t r^{2t}}, && (l) \\ &(t = 1, 2, \ldots, l^*). \end{aligned}\right\} \qquad (110)$$

Um dies zu beweisen, bedenken wir, daß nach den Formeln S. 266 oben bei der Berechnung der ersten $l-2$ Differentialquotienten

$$\mathfrak{l}^{(1)}(\eta), \quad \mathfrak{l}^{(2)}(\eta), \ldots, \mathfrak{l}^{(l-2)}(\eta)$$

in bezug auf die Zahl η an Stelle der zu η gehörenden Funktion direkt die folgende ganze Funktion

$$\tilde{\eta}(x) = \left(\frac{(1-x^r)(1-x^{-r})}{(1-x)(1-x^{-1})}\right)^{\frac{l-1}{2}}$$

genommen werden darf. Nun gilt bekanntlich die Entwicklung

$$\log \frac{\mathrm{e}^v - 1}{v} = +\frac{1}{2} v + \frac{B_1}{2 \cdot 2!} v^2 - \frac{B_2}{4 \cdot 4!} v^4 + \frac{B_3}{6 \cdot 6!} v^6 - \cdots,$$

wo $B_1, B_2, B_3, \ldots$ die Bernoullischen Zahlen bedeuten. Mit Benutzung dieser unendlichen Reihe folgt

$$\left.\begin{aligned} \log \tilde{\eta}(\mathrm{e}^v) = (l-1)\Big\{&\log r + (r^2-1)\frac{B_1}{2\cdot 2!} v^2 \\ &- (r^4-1)\frac{B_2}{4\cdot 4!} v^4 + (r^6-1)\frac{B_3}{6\cdot 6!} v^6 - \cdots\Big\}. \end{aligned}\right\} \qquad (111)$$

Von derselben Verwendbarkeit wie $\tilde{\eta}(\mathrm{e}^v)$ in bezug auf die Zahl η ist die Funktion $\tilde{\eta}(\mathrm{e}^{rv})$ in bezug auf die Zahl $s\eta$, $\tilde{\eta}(\mathrm{e}^{r^2 v})$ in bezug auf $s^2\eta$ usf. Ersetzen wir dann nach Entwicklung des Ausdrucks (109) von ε_t darin $\eta, s\eta, s^2\eta, \ldots$ durch $\tilde{\eta}(\mathrm{e}^v), \tilde{\eta}(\mathrm{e}^{rv}), \tilde{\eta}(\mathrm{e}^{r^2 v}), \ldots$, so entsteht eine Funktion $\tilde{\varepsilon}_t(\mathrm{e}^v)$, welche nach den Ausführungen auf S. 266 bei Bildung von $\mathfrak{l}^{(1)}(\varepsilon_t), \mathfrak{l}^{(2)}(\varepsilon_t), \ldots, \mathfrak{l}^{(l-2)}(\varepsilon_t)$ die Stelle der Funktion $\varepsilon_t(\mathrm{e}^v)$ vertreten kann. Aus (111) ergibt sich

$$\begin{aligned} \log \tilde{\varepsilon}_t(\mathrm{e}^v) = (l-1)\Big\{&C + (-1)^t (r^2 - r^{2t})(r^4 - r^{2t}) \cdots \\ \cdots (r^{2t-2} - r^{2t})&(r^{2t+2} - r^{2t})(r^{2t+4} - r^{2t}) \cdots (r^{l-3} - r^{2t})(1 - r^{2t}) \frac{B_t}{2t(2t)!} v^{2t}\Big\} \\ &+ C_{l-1} v^{l-1} + C_{l+1} v^{l+1} + \cdots, \end{aligned}$$

wo $C, C_{l-1}, C_{l+1}, \ldots$ gewisse Konstanten bedeuten. Das ausführlich geschriebene Produkt in dem Koeffizienten von v^{2t} ist

$$(-1)^{l^*}\left[\frac{\mathrm{d}(x-1)(x-r^2)\cdots(x-r^{l-3})}{\mathrm{d}x}\right]_{x=r^{2t}},$$

und die hier zu differentiierende Funktion ist $\equiv x^{\frac{l-1}{2}}-1$ nach l. Aus dieser Entwicklung folgt nun unmittelbar die Richtigkeit der Kongruenzen (110).

Da nach Voraussetzung die Zähler der ersten l^* Bernoullischen Zahlen $B_1, \ldots, B_{l^*}$ nicht durch l teilbar sein sollen, so sind nach (110) die l^* Differentialquotienten $\mathrm{l}^{(2t)}(\varepsilon_t)$ für $t = 1, 2, \ldots, l^*$ sämtlich der Null inkongruent nach l. Aus dem letzteren Umstande schließen wir zunächst, daß keine der Einheiten $\varepsilon_1, \ldots, \varepsilon_{l^*}$ nach l der Zahl 1 kongruent ausfällt. Setzen wir daher

$$\left.\begin{array}{ll} \varepsilon_1 \equiv 1 + a_1\lambda^{e_1}, & (\mathfrak{l}^{e_1+1}) \\ \cdots\cdots\cdots & \cdots \\ \varepsilon_{l^*} \equiv 1 + a_{l^*}\lambda^{e_{l^*}}, & (\mathfrak{l}^{e_{l^*}+1}) \end{array}\right\} \tag{112}$$

mit solchen Exponenten $e_1, \ldots, e_{l^*}$, daß dabei $a_1, \ldots, a_{l^*}$ ganze rationale, nicht durch l teilbare Zahlen bedeuten, so sind diese Exponenten $e_1, \ldots, e_{l^*}$ sämtlich $< l-1$. Nun erhält man aus den Kongruenzen (112), da die Entwicklung eines Ausdruckes $(1-\mathrm{e}^v)^g$ nach Potenzen von v mit dem Gliede $(-1^g)\,v^g$ beginnt, für die Einheit ε_t die Kongruenzen

$$\begin{array}{ll} \mathrm{l}^{(1)}(\varepsilon_t) \equiv 0, \quad \mathrm{l}^{(2)}(\varepsilon_t) \equiv 0, \ldots, \mathrm{l}^{(e_t-1)}(\varepsilon_t) \equiv 0, & (l), \\ \mathrm{l}^{(e_t)}(\varepsilon_t) \equiv (-1)^{e_t} a_t \cdot e_t!, & (l), \end{array}$$

und da a_t nicht durch l teilbar sein soll, so ergibt sich mit Rücksicht auf die vorhin bemerkte Folgerung aus den Kongruenzen (110) $e_t = 2t$, womit der Hilfssatz 29 bewiesen ist.

§ 139. Ein Kriterium für die regulären Primzahlen.

Der folgende Satz liefert ein einfaches Kriterium für die regulären Primzahlen l:

Satz 154. Eine ungerade Primzahl l ist dann und nur dann regulär, wenn sie in den Zählern der ersten $l^* = \frac{l-3}{2}$ Bernoullischen Zahlen nicht aufgeht [Kummer (*8*)].

Beweis. Der Hilfssatz 28 zeigt, daß, wenn l im Zähler wenigstens einer der ersten l^* Bernoullischen Zahlen aufgeht, die Klassenanzahl h des Körpers $k(\zeta)$ jedenfalls durch l teilbar ist. Sind hingegen die Zähler der ersten l^* Bernoullischen Zahlen sämtlich zu l prim, so zeigt der nämliche Hilfssatz 28, daß der erste Faktor der Klassenanzahl zu l prim ist. Es bedarf also nur noch des Nachweises, daß auch der zweite Faktor der Klassenanzahl h nicht durch l teilbar ist, wenn die Zähler der ersten l^* Bernoullischen Zahlen sämtlich zu l prim sind. Diesen Nachweis führen wir in folgender Weise:

Es sei $\gamma_1, \ldots, \gamma_{l^*}$ ein System von reellen l^* Grundeinheiten des Körpers $k(\zeta)$, wie ein solches nach Satz 127 stets existiert; dann können wir setzen:

$$s^t \varepsilon = \gamma_1^{m_{1t}} \gamma_2^{m_{2t}} \cdots \gamma_{l^*}^{m_{l^*t}} \tag{113}$$

für $t = 0, 1, 2, \ldots, l^* - 1$, wo die Exponenten $m_{1t}, m_{2t}, \ldots, m_{l^*t}$ ganze rationale Zahlen sind und ε die in Formel (108) definierte Kreiseinheit bedeutet. Aus (113) erhalten wir:

$$\log|s^t \varepsilon| = m_{1t} \log|\gamma_1| + m_{2t} \log|\gamma_2| + \cdots + m_{l^*t} \log|\gamma_{l^*}| \tag{114}$$

für $t = 0, 1, 2, \ldots, l^* - 1$, wo unter den Logarithmen deren reelle Werte verstanden werden sollen. Andererseits bringen die Definitionsgleichungen (109) der Einheiten $\varepsilon_1, \ldots, \varepsilon_{l^*}$ ein Gleichungssystem von der Gestalt

$$\varepsilon_t = \varepsilon^{n_{1t}} (s\,\varepsilon)^{n_{2t}} \cdots (s^{l^*-1} \varepsilon)^{n_{l^*t}}, \qquad (t = 1, 2, \ldots, l^*) \tag{115}$$

mit sich. Von demselben gehen wir zu den Gleichungen

$$\log \varepsilon_t = n_{1t} \log|\varepsilon| + n_{2t} \log|s\,\varepsilon| + \cdots + n_{l^*t} \log|s^{l^*-1} \varepsilon| \tag{116}$$
$$(t = 1, 2, \ldots, l^*)$$

über, wo für die Logarithmen wieder die reellen Werte eintreten sollen, und vermöge (114) wird hieraus

$$\log \varepsilon_t = M_{1t} \log|\gamma_1| + M_{2t} \log|\gamma_2| + \cdots + M_{l^*t} \log|\gamma_{l^*}|, \tag{117}$$
$$(t = 1, 2, \ldots, l^*)$$

wo $M_{1t}, M_{2t}, \ldots, M_{l^*t}$ die bekannten bilinearen Verbindungen der $2l^{*2}$ ganzen rationalen Zahlen $n_{11}, n_{21}, \ldots, n_{l^* l^*}$; $m_{10}, m_{20}, \ldots, m_{l^* l^*-1}$ bedeuten. Aus den Gleichungssystemen (113) und (115) entspringen jedesmal $l^* - 1$ weitere Gleichungssysteme, wenn wir auf die darin vorkommenden Einheiten die Substitutionen $s, s^2, \ldots, s^{l^*-1}$ anwenden. Indem wir dann wieder die betreffenden Logarithmen nehmen, erhalten wir diejenigen Gleichungssysteme, die aus den Gleichungssystemen (114), (116) und (117) hervorgehen, wenn man auf die darin vorkommenden Einheiten der Reihe nach durchgehends die Substitution s, bez. $s^2, \ldots$, bez. s^{l^*-1} anwendet.

Setzen wir nun

$$R = \begin{vmatrix} \log|\gamma_1|, & \ldots, & \log|\gamma_{l^*}| \\ \log|s\gamma_1|, & \ldots, & \log|s\gamma_{l^*}| \\ \cdot & \cdot & \cdot \\ \log|s^{l^*-1}\gamma_1|, & \ldots, & \log|s^{l^*-1}\gamma_{l^*}| \end{vmatrix},$$

$$\Delta = \begin{vmatrix} \log|\varepsilon|, & \log|s\,\varepsilon|, \ldots, & \log|s^{l^*-1}\varepsilon| \\ \log|s\,\varepsilon|, & \log|s^2\varepsilon|, \ldots, & \log|s^{l^*}\varepsilon| \\ \cdot & \cdot & \cdot \\ \log|s^{l^*-1}\varepsilon|, & \log|s^{l^*}\varepsilon|, \ldots, & \log|s^{2l^*-2}\varepsilon| \end{vmatrix},$$

$$\bar{\Delta} = \begin{vmatrix} \log\varepsilon_1, & \log\varepsilon_2, & \ldots, \log\varepsilon_{l^*} \\ \log s\,\varepsilon_1, & \log s\,\varepsilon_2, & \ldots, \log s\,\varepsilon_{l^*} \\ \cdot & \cdot & \cdot \\ \log s^{l^*-1}\varepsilon_1, & \log s^{l^*-1}\varepsilon_2, & \ldots, \log s^{l^*-1}\varepsilon_{l^*} \end{vmatrix},$$

so ergibt eine Anwendung des Multiplikationssatzes der Determinanten

$$\frac{\bar{\Delta}}{R} = \frac{\bar{\Delta}}{\Delta} \cdot \frac{\Delta}{R} = \left| \begin{array}{llll} M_{11}, & M_{21}, & \ldots, & M_{l^*1} \\ M_{12}, & M_{22}, & \ldots, & M_{l^*2} \\ . & . & . & . \\ M_{1l^*}, & M_{2l^*}, & \ldots, & M_{l^*l^*} \end{array} \right|. \tag{118}$$

Die rechts stehende Determinante ist eine ganze rationale und überdies eine zu l prime Zahl. Wäre nämlich diese Determinante durch l teilbar, so würde man imstande sein, l^* ganze rationale Zahlen $N_1, \ldots, N_{l^*}$ zu finden, die nicht sämtlich durch l teilbar sind, während die aus ihnen gebildeten Ausdrücke

$$\sum_{(t)} N_t M_{1t}, \qquad \sum_{(t)} N_t M_{2t}, \ldots, \sum_{(t)} N_t M_{l^*t} \qquad (t = 1, 2, \ldots, l^*)$$

sämtlich durch l teilbar ausfallen. Durch Berücksichtigung dieses zweiten Umstandes ergibt sich aus (117) eine Gleichung von der Gestalt

$$N_1 \log \varepsilon_1 + N_2 \log \varepsilon_2 + \cdots + N_{l^*} \log \varepsilon_{l^*} = l \log \mathsf{E},$$

in welcher E eine gewisse positive Einheit des Körpers $k(\zeta)$ bezeichnet. Setzen wir beide Seiten in den Exponenten von e, so haben wir

$$\varepsilon_1^{N_1} \varepsilon_2^{N_2} \cdots \varepsilon_{l^*}^{N_{l^*}} = \mathsf{E}^l. \tag{119}$$

Es ist nun das Bestehen einer solchen Gleichung (119) unmöglich. Denn es würde zunächst $\mathsf{E} \equiv \mathsf{E}^l \equiv 1$ nach $\mathfrak{l}$ folgen; denken wir uns die zu E gehörende Funktion $\mathsf{E}(x)$ eingeführt und betrachten wir die Werte der ersten $l-2$ Differentialquotienten von $\log \mathsf{E}(e^v)$ an der Stelle $v = 0$, so würden aus (119) unter Verwendung von (110) die Kongruenzen

$$(-1)^{t+l^*} \frac{B_t}{4tr^{2t}} N_t \equiv 0, \qquad (l), \qquad (t = 1, 2, \ldots, l^*)$$

folgen. Es sollen aber die Bernoullischen Zahlen $B_1, B_2, \ldots, B_{l^*}$ sämtlich zu l prim und andererseits die Zahlen $N_1, \ldots, N_{l^*}$ nicht sämtlich kongruent 0 nach l sein; wir erhalten damit einen Widerspruch.

Hiernach ist die Determinante rechts in (118) nicht durch l teilbar. Da andererseits ihre Faktoren $\frac{\bar{\Delta}}{\Delta}$ und $\frac{\Delta}{R}$ beide ebenfalls als ganze Zahlen erscheinen und $\frac{\Delta}{R}$ den zweiten Faktor der Klassenanzahl h darstellt, so ist auch der zweite Faktor der Klassenanzahl nicht durch l teilbar. Damit ist der Beweis des Satzes 154 vollständig erbracht.

Auf Grund des Satzes 154 findet sich aus den Werten der ersten 47 Bernoullischen Zahlen, daß außer den drei Primzahlen 37, 59, 67 die unterhalb 100 liegenden Primzahlen sämtlich regulär sind. Wie sich ferner durch Rechnung findet, sind die Klassenanzahlen h der Kreiskörper $k\left(e^{\frac{2i\pi}{l}}\right)$ für $l = 37$, 59, 67 nur durch die erste und nicht durch eine höhere Potenz von l teilbar [Kummer (*11*, *26*)].

§ 140. Ein besonderes System von unabhängigen Einheiten im regulären Kreiskörper.

Wir haben in § 139 die Mittel zur Aufstellung eines Systems von Einheiten des regulären Kreiskörpers gewonnen, welches für die weiteren Entwicklungen von Nutzen sein wird.

Satz 155. Ist l eine reguläre Primzahl, so gibt es im Kreiskörper der l-ten Einheitswurzeln stets ein System von $l^* = \frac{l-3}{2}$ unabhängigen Einheiten $\bar{\varepsilon}_1, \ldots, \bar{\varepsilon}_{l^*}$ von der Art, daß für dieselben die Kongruenzen

$$\begin{aligned} \bar{\varepsilon}_1 &\equiv 1 + \lambda^2, && (\mathfrak{l}^3), \\ \bar{\varepsilon}_2 &\equiv 1 + \lambda^4, && (\mathfrak{l}^5), \\ &\cdots\cdots\cdots && \\ \bar{\varepsilon}_{l^*} &\equiv 1 + \lambda^{l-3}, && (\mathfrak{l}^{l-2}) \end{aligned}$$

erfüllt sind; dabei ist $\lambda = 1 - \zeta, \mathfrak{l} = (\lambda)$ gesetzt.

Beweis. Da der Kreiskörper $k(\zeta)$ regulär sein soll, so sind in Anbetracht von Satz 154 die Zähler der ersten l^* Bernoullischen Zahlen sämtlich zu l prim, und folglich gibt es nach Hilfssatz 29 l^* Einheiten $\varepsilon_1, \ldots, \varepsilon_{l^*}$, welche die in (107) ausgedrückten Kongruenzeigenschaften besitzen. Da dort die Koeffizienten $a_1, \ldots, a_{l^*}$ sämtlich zu l prim sind, so können wir l^* ganze rationale Zahlen $b_1, \ldots, b_{l^*}$ bestimmen derart, daß

$$a_1 b_1 \equiv 1, \ldots, a_{l^*} b_{l^*} \equiv 1, \qquad (l)$$

wird. Setzen wir dann

$$\bar{\varepsilon}_1 = \varepsilon_1^{b_1}, \ldots, \bar{\varepsilon}_{l^*} = \varepsilon_{l^*}^{b_{l^*}},$$

so erfüllen diese Einheiten $\bar{\varepsilon}_1, \ldots, \bar{\varepsilon}_{l^*}$ jedenfalls die in Satz 155 geforderten Kongruenzbedingungen.

Ferner bilden $\bar{\varepsilon}_1, \ldots, \bar{\varepsilon}_{l^*}$ ein System voneinander unabhängiger Einheiten, weil die in § 138 bestimmten Einheiten $\varepsilon_1, \ldots, \varepsilon_{l^*}$ ein solches waren. Um letzteres einzusehen, nehmen wir im Gegenteil an, daß eine Gleichung von der Gestalt

$$\varepsilon_1^{e_1} \cdots \varepsilon_{l^*}^{e_{l^*}} = 1 \qquad (120)$$

bestehe, wo die Exponenten $e_1, \ldots, e_{l^*}$ ganze rationale, nicht sämtlich verschwindende Zahlen sind; dann können wir weiter die Annahme machen, daß diese Exponenten $e_1, \ldots, e_{l^*}$ nicht sämtlich durch l teilbar seien, da im entgegengesetzten Falle offenbar sofort

$$\varepsilon_1^{\frac{e_1}{l}} \cdots \varepsilon_{l^*}^{\frac{e_{l^*}}{l}} = 1$$

folgen würde. Unter der Annahme, daß in (120) die Exponenten $e_1, \ldots, e_{l^*}$ nicht sämtlich durch l teilbar sind, ist aber (120) von der Gestalt der Gleichung (119), und daß eine solche Gleichung unmöglich ist, haben wir bereits in § 139 erkannt.

§ 141. Eine charakteristische Eigenschaft für die Einheiten eines regulären Kreiskörpers.

Satz 156. Wenn l eine reguläre Primzahl bedeutet und im Körper $k(\zeta)$ der l-ten Einheitswurzeln eine solche Einheit E vorliegt, welche einer ganzen rationalen Zahl nach l kongruent ist, so ist sie notwendig die l-te Potenz einer Einheit dieses Kreiskörpers [Kummer (8)].

Beweis. Wir denken uns ein System von Einheiten $\bar{\varepsilon}_1, \ldots, \bar{\varepsilon}_{l^*}$ gemäß Satz 155 bestimmt; da dieselben ein System unabhängiger Einheiten bilden, so gibt es ganze rationale, nicht sämtlich verschwindende Exponenten $e, e_1, \ldots, e_{l^*}$, so daß

$$\mathsf{E}^e = \bar{\varepsilon}_1^{e_1} \cdots \bar{\varepsilon}_{l^*}^{e_{l^*}} \tag{121}$$

wird, und wir können, wie sich sofort zeigt, noch annehmen, daß $e, e_1, \ldots, e_{l^*}$ nicht sämtlich durch l teilbar sind. Wäre dann e durch l teilbar, so hätte die Gleichung (121) die Gestalt (119), und daß eine Gleichung von dieser Gestalt nicht statthaben kann, haben wir bereits erkannt. Wäre andererseits e nicht durch l teilbar, so würde jedenfalls $\mathsf{E}^e \equiv 1$ nach $\mathfrak{l}$ und also $\equiv 1$ nach l sein; wir bilden dann für beide Seiten der Gleichung (121) die logarithmischen Differentialquotienten der zu ihnen gehörenden Funktionen. Da wegen $\mathsf{E}^e \equiv 1$ nach l die Zahlen $\mathfrak{l}^{(g)}(\mathsf{E}^e)$ für $g < l-1$ sämtlich kongruent 0 nach l sind, so folgt, wenn wir dies insbesondere für $g = 2, 4, \ldots, 2\,l^*$ in Anwendung bringen und die Werte der Zahlen $\mathfrak{l}^{(g)}(\bar{\varepsilon}_1), \ldots, \mathfrak{l}^{(g)}(\bar{\varepsilon}_{l^*})$ in Rücksicht auf (110) einsetzen, der Reihe nach $e_1 \equiv 0, \ldots, e_{l^*} \equiv 0$ nach l; es wird dann also $\mathsf{E}^e = \mathsf{H}^l$, wo H eine gewisse Einheit des Kreiskörpers bedeutet, während e nach Voraussetzung eine nicht durch l teilbare ganze rationale Zahl ist. Bestimmen wir nun zwei ganze rationale Zahlen a und b, so daß $ae + bl = 1$ wird, so folgt

$$\mathsf{E} = (\mathsf{H}^a \mathsf{E}^b)^l,$$

und hiermit ist der Beweis des Satzes 156 vollständig erbracht.

Ein wesentlich hiervon verschiedener Beweis des Satzes 156 beruht auf folgender Überlegung. Wäre E nicht die l-te Potenz einer Einheit in $k(\zeta)$, so könnte auch die Einheit $\mathsf{H} = \mathsf{E}^{1-s}$ nicht die l-te Potenz einer Einheit sein, wie leicht aus dem Umstande ersichtlich ist, daß $1 - s$ und $1 + s + \cdots + s^{l-2}$ zwei ganzzahlige Funktionen von s sind, die im Sinne der Kongruenz nach l keinen gemeinsamen Faktor haben. Nun wird aber, wenn wir E kongruent einer ganzen rationalen Zahl nach l annehmen, $\mathsf{H} \equiv 1$ nach $\mathfrak{l}^l$, und hieraus würde nach dem zweiten Teile von Satz 148 folgen, daß der Kummersche Körper $k(\sqrt[l]{\mathsf{H}}, \zeta)$ die Relativdiskriminante 1 in bezug auf $k(\zeta)$ besitzt. Da ferner dieser Kummersche Körper relativ-Abelsch vom Relativgrade l in bezug auf $k(\zeta)$ ist, so würde endlich aus Satz 94 folgen, daß die Anzahl der Idealklassen des Kreiskörpers $k(\zeta)$ durch l teilbar sein müßte, was der Annahme, daß $k(\zeta)$ ein regulärer Kreiskörper ist, widerspräche.

§ 142. Der Begriff der primären Zahl im regulären Kreiskörper.

Eine ganze Zahl α des regulären Kreiskörpers $k(\zeta)$ heißt **primär**, wenn sie *erstens* semiprimär ist (s. S. 230), und wenn sie *zweitens* die Eigenschaft besitzt, daß ihr Produkt mit der konjugiert imaginären Zahl, also mit $s^{\frac{l-1}{2}}\alpha$, einer ganzen rationalen Zahl nach $l=\mathfrak{l}^{l-1}$ kongruent wird. Eine primäre Zahl ist also stets zu $\mathfrak{l}$ prim und hat die Kongruenzen

$$\alpha \equiv a, \qquad (\mathfrak{l}^2),$$

$$\alpha \cdot s^{\frac{l-1}{2}}\alpha \equiv b, \qquad (\mathfrak{l}^{l-1})$$

so zu erfüllen, daß a und b ganze rationale Zahlen sind [Kummer (*12*)]. Es gilt die Tatsache:

Satz 157. In einem regulären Kreiskörper $k(\zeta)$ kann eine beliebige zu $\mathfrak{l}$ prime ganze Zahl α stets durch Multiplikation mit einer Einheit in eine primäre Zahl verwandelt werden [Kummer (*12*)].

Beweis. Bilden wir aus α die Zahl $\beta=\alpha\cdot s^{\frac{l-1}{2}}\alpha$, so ist dieselbe offenbar eine Zahl in dem Unterkörper vom Grade $\frac{l-1}{2}$ des Körpers $k(\zeta)$ und genügt daher einer Kongruenz $\beta\equiv a$ nach $\mathfrak{l}^2$, wo a eine ganze rationale, nicht durch l teilbare Zahl bedeutet. Es seien $\bar{\varepsilon}_1, \bar{\varepsilon}_2, \ldots, \bar{\varepsilon}_{l^*}$ die l^* in § 140 bestimmten Einheiten. Ist nun etwa $\beta\equiv a+a_1\lambda^2$ nach $\mathfrak{l}^4$, wo a_1 eine ganze rationale Zahl bedeute, so bestimme man eine ganze rationale Zahl u_1 so, daß $2au_1+a_1\equiv 0$ nach l wird; dann ist notwendig

$$\beta\,\bar{\varepsilon}_1^{2u_1}\equiv a, \qquad (\mathfrak{l}^4).$$

Ist ferner etwa $\beta\bar{\varepsilon}_1^{2u_1}\equiv a+a_2\lambda^4$ nach $\mathfrak{l}^6$, wo a_2 wieder eine ganze rationale Zahl bedeute, so bestimme man eine ganze rationale Zahl u_2 derart, daß $2au_2+a_2\equiv 0$ nach l wird; dann ist

$$\beta\,\bar{\varepsilon}_1^{2u_1}\,\bar{\varepsilon}_2^{2u_2}\equiv a, \qquad (\mathfrak{l}^6).$$

Fahren wir in der begonnenen Weise fort und setzen am Ende

$$\bar{\varepsilon}=\bar{\varepsilon}_1^{u_1}\,\bar{\varepsilon}_2^{u_2}\cdots\bar{\varepsilon}_{l^*}^{u_{l^*}},$$

so wird $\beta\bar{\varepsilon}^2\equiv a$ nach $\mathfrak{l}^{l-1}$. Ist andererseits ζ^* eine solche Potenz von ζ, daß $\zeta^*\alpha$ semiprimär wird, so ist offenbar $\zeta^*\bar{\varepsilon}\alpha$ eine primäre Zahl.

Eine reelle primäre Zahl ist stets einer ganzen rationalen Zahl nach $l=\mathfrak{l}^{l-1}$ kongruent. Aus Satz 156 folgt leicht, daß eine primäre Einheit in $k(\zeta)$ stets die l-te Potenz einer Einheit in $k(\zeta)$ ist.

Wir erörtern noch kurz einen Hilfssatz über primäre Zahlen, welcher uns später von Nutzen sein wird.

Hilfssatz 30. Wenn ν, μ zwei primäre Zahlen des regulären Kreiskörpers $k(\zeta)$ sind, so ist stets

$$\left\{\frac{\nu, \mu}{\mathfrak{l}}\right\} = 1.$$

Beweis. Wir dürfen annehmen, daß die Zahlen ν, μ beide $\equiv 1$ nach $\mathfrak{l}$ ausfallen, da sonst ihre $(l-1)$-ten Potenzen sicher dieser Bedingung genügen und wir mit Rücksicht auf $\left\{\frac{\nu, \mu}{\mathfrak{l}}\right\} = \left\{\frac{\nu^{l-1}, \mu^{l-1}}{\mathfrak{l}}\right\}$ (vgl. S. 266) diese an Stelle der Zahlen ν, μ selbst betrachten können. Nach (83) ist

$$\left\{\frac{\nu, \mu}{\mathfrak{l}}\right\}\left\{\frac{\nu, s^{\frac{l-1}{2}}\mu}{\mathfrak{l}}\right\} = \left\{\frac{\nu, \mu \cdot s^{\frac{l-1}{2}}\mu}{\mathfrak{l}}\right\},$$

und da bei unserer Annahme $\mu \cdot s^{\frac{l-1}{2}}\mu \equiv 1$ nach $\mathfrak{l}^{l-1}$ und $\nu \equiv 1$ nach $\mathfrak{l}^2$ ausfällt, so folgt aus der allgemeinen Definition (82) des Symbols $\left\{\frac{\nu, \mu}{\mathfrak{l}}\right\}$ in § 131 unmittelbar $\left\{\frac{\nu, \mu \cdot s^{\frac{l-1}{2}}\mu}{\mathfrak{l}}\right\} = 1$, und daher wird

$$\left\{\frac{\nu, \mu}{\mathfrak{l}}\right\}\left\{\frac{\nu, s^{\frac{l-1}{2}}\mu}{\mathfrak{l}}\right\} = 1.$$

Entsprechend beweisen wir, daß

$$\left\{\frac{\nu, s^{\frac{l-1}{2}}\mu}{\mathfrak{l}}\right\}\left\{\frac{s^{\frac{l-1}{2}}\nu, s^{\frac{l-1}{2}}\mu}{\mathfrak{l}}\right\} = 1$$

ist. Aus Formel (84) ergibt sich ferner:

$$\left\{\frac{\nu, \mu}{\mathfrak{l}}\right\}\left\{\frac{s^{\frac{l-1}{2}}\nu, s^{\frac{l-1}{2}}\mu}{\mathfrak{l}}\right\} = 1.$$

Die drei letzten Gleichungen zusammengenommen liefern:

$$\left\{\frac{\nu, \mu}{\mathfrak{l}}\right\}^2 = 1, \quad \text{d. h.} \quad \left\{\frac{\nu, \mu}{\mathfrak{l}}\right\} = 1,$$

und damit ist der Hilfssatz 30 bewiesen.

32. Die ambigen Idealklassen und die Geschlechter im regulären Kummerschen Körper.

§ 143. Der Begriff der Einheitenschar im regulären Kreiskörper.

Es sei l eine reguläre ungerade Primzahl, und in dem durch $\zeta = e^{\frac{2i\pi}{l}}$ bestimmten regulären Kreiskörper $k(\zeta)$ sei ein solches System E von Einheiten vorgelegt, in welchem die l-ten Potenzen aller Einheiten des Körpers $k(\zeta)$ enthalten sind, und welchem überdies die Eigenschaft zukommt, daß das Produkt und der Quotient von irgend zwei Einheiten des Systems stets wieder dem Systeme angehört. Ein solches System E nenne ich eine **Einheitenschar des Kreiskörpers** $k(\zeta)$. Man kann in einer jeden Einheitenschar E stets eine gewisse Anzahl m von Einheiten $\varepsilon_1, \ldots, \varepsilon_m$ bestimmen von der Art, daß man jede Einheit der Einheitenschar und jede nur einmal erhält, wenn man in dem Ausdruck

$$\varepsilon_1^{u_1}\varepsilon_2^{u_2}\cdots\varepsilon_m^{u_m}\xi^l$$

einem jeden der Exponenten $u_1, \ldots, u_m$ unabhängig von den übrigen alle Werte $0, 1, \ldots, l-1$ erteilt und für ξ eine jede Einheit in $k(\zeta)$ einsetzt. Ein System von Einheiten $\varepsilon_1, \ldots, \varepsilon_m$ dieser Beschaffenheit nenne ich eine **Basis der Einheitenschar** E. Es ist klar, daß für die Einheiten $\varepsilon_1, \ldots, \varepsilon_m$ einer Basis von E niemals eine Relation von der Gestalt

$$\varepsilon_1^{e_1}\cdots\varepsilon_m^{e_m} = \varepsilon^l$$

stattfinden kann, wo $e_1, \ldots, e_m$ ganze rationale, nicht sämtlich durch l teilbare Exponenten sind und ε eine Einheit in $k(\zeta)$ bedeutet. Es läßt sich leicht zeigen, daß für eine jede andere Basis der Einheitenschar E die Anzahl m der Einheiten, aus denen sie besteht, die gleiche sein muß. Diese Zahl m ist daher für die Einheitenschar E eine vollkommen bestimmte; sie heiße der **Grad der Einheitenschar.**

Enthält insbesondere eine Einheitenschar nur die l-ten Potenzen der Einheiten in $k(\zeta)$, so ist sie die möglichst wenig Einheiten umfassende Einheitenschar, und ihr Grad 0. Ferner bildet die Gesamtheit aller Einheiten des Körpers $k(\zeta)$ eine Einheitenschar; aus dem Umstande, daß nach Satz 127 jede Einheit in $k(\zeta)$ das Produkt einer l-ten Einheitswurzel und einer reellen Einheit ist, und aus den Entwicklungen beim Beweise des Satzes 157 entnehmen wir sofort, daß die in § 140 mit $\bar{\varepsilon}_1, \ldots, \varepsilon_{\frac{l-3}{2}}$ bezeichneten Einheiten mit der Einheitswurzel ζ zusammen eine Basis dieser umfassendsten Einheitenschar sind. Die aus allen Einheiten des Körpers $k(\zeta)$ bestehende Einheitenschar besitzt folglich den Grad $m = \frac{l-1}{2}$; sie ist offenbar die einzige Einheitenschar vom Grade $\frac{l-1}{2}$, und es kann überhaupt keine Einheitenschar von höherem als dem $\frac{l-1}{2}$-ten Grade geben.

Wie man ferner leicht erkennt, bilden die Relativnormen aller Einheiten eines aus $k(\zeta)$ entspringenden Kummerschen Körpers $k(\sqrt[l]{\mu}, \zeta)$ für den Kreiskörper $k(\zeta)$ eine Einheitenschar; endlich ist auch die Gesamtheit aller derjenigen Einheiten in $k(\zeta)$ eine Einheitenschar, welche gleich Relativnormen, sei es von Einheiten, sei es von gebrochenen Zahlen des Kummerschen Körpers $k(\sqrt[l]{\mu}, \zeta)$ sind.

§ 144. Die ambigen Ideale und die ambigen Idealklassen eines regulären Kummerschen Körpers.

Es sei $k(\zeta)$ ein regulärer Kreiskörper, und μ eine ganze Zahl in $k(\zeta)$, welche nicht gleich der l-ten Potenz einer Zahl in $k(\zeta)$ ist; der durch $\mathsf{M} = \sqrt[l]{\mu}$ und ζ bestimmte reguläre Kummersche Körper $k(\mathsf{M}, \zeta)$ werde mit K bezeichnet. Wir suchen nunmehr die Theorie dieses Körpers mittelst der entsprechenden Begriffe und Methoden zu fördern, wie sie in den Kapiteln 17 bis 18 in der Theorie des quadratischen Körpers angewandt worden sind.

Die Relativgruppe von K in bezug auf $k(\zeta)$ wird durch die Potenzen der Substitution $S = (\mathsf{M}:\zeta\,\mathsf{M})$ gebildet; es werde gemäß § 57 ein Ideal $\mathfrak{A}$ des Körpers K ein **ambiges Ideal** genannt, wenn $\mathfrak{A}$ bei Anwendung der Operation S ungeändert bleibt, d. h. $S\mathfrak{A} = \mathfrak{A}$ ist, und wenn außerdem $\mathfrak{A}$ kein von 1 verschiedenes Ideal des Körpers $k(\zeta)$ als Faktor enthält. Nach Satz 93 sind die t in der Relativdiskriminante von K aufgehenden Primideale sämtlich ambig, und es gibt außer diesen auch keine anderen ambigen Primideale. Ist sodann $\mathfrak{A}$ ein beliebiges ambiges Ideal in K, so schließen wir aus $\mathfrak{A} = S\mathfrak{A}$ leicht (vgl. § 73), daß auch jedes in $\mathfrak{A}$ aufgehende Primideal des Körpers K ambig sein muß, und daraus folgt dann, daß die Anzahl aller vorhandenen ambigen Ideale l^t beträgt.

Ist $\mathfrak{C}$ ein Ideal aus einer Klasse C des Kummerschen Körpers K, so werde die durch das relativ konjugierte Ideal $S\mathfrak{C}$ bestimmte Idealklasse mit SC bezeichnet. Die Klassen $SC, S^2C, \ldots, S^{l-1}C$ sollen die zu C **relativ conjugierten Klassen** heißen. Ist ferner $F(S)$ eine beliebige ganzzahlige Funktion vom $(l-1)$-ten Grade in S, nämlich

$$F(S) = a + a_1 S + a_2 S^2 + \cdots + a_{l-1} S^{l-1},$$

wo $a, a_1, \ldots, a_{l-1}$ ganze rationale Zahlen sind, so werde die durch den Ausdruck

$$C^a (SC)^{a_1} (S^2C)^{a_2} \cdots (S^{l-1}C)^{a_{l-1}}$$

bestimmte Klasse die **$F(S)$-te symbolische Potenz** der Klasse C genannt und mit

$$C^{a+a_1S+a_2S^2+\cdots+a_{l-1}S^{l-1}} = C^{F(S)}$$

bezeichnet. Endlich heiße eine Idealklasse A des Kummerschen Körpers K eine **ambige Klasse** wenn $A = SA$, d. h., wenn ihre $(1-S)$-te symbolische Potenz $A^{1-S} = 1$ wird. Die l-te Potenz einer beliebigen ambigen Klasse A ist stets eine solche Klasse, welche unter ihren Idealen in $k(\zeta)$ liegende Ideale enthält. Dies ergibt sich unmittelbar, wenn wir berücksichtigen, daß wir

$$A^l = A^{1+S+S^2+\cdots+S^{l-1}}$$

als Folge von $A = SA$ haben und daß andererseits die Relativnorm eines beliebigen Ideals in K stets notwendig ein Ideal in $k(\zeta)$ ist.

§ 145. Der Begriff der Klassenschar im regulären Kummerschen Körper.

Es sei in dem regulären Kummerschen Körper K ein solches System von Klassen vorgelegt, daß in der l-ten Potenz einer jeden dieser Klassen stets Ideale des Körpers $k(\zeta)$ vorkommen, und überdies sollen insbesondere alle diejenigen Klassen, in welchen Ideale des Körpers $k(\zeta)$ vorkommen, dem Systeme angehören; endlich sollen das Produkt und der Quotient von irgend zwei Klassen des Systems stets wiederum dem Systeme angehören. Ein solches System von Klassen nenne ich eine **Klassenschar des Kummerschen Körpers.** In einer vorgelegten Klassenschar kann man stets eine gewisse Anzahl n von Klassen $C_1, \ldots, C_n$ bestimmen von der Beschaffenheit, daß man jede Klasse der Klassenschar und jede nur einmal erhält, wenn man in dem Ausdruck

$$C_1^{u_1} C_2^{u_2} \cdots C_n^{u_n} c$$

einem jeden der Exponenten $u_1, u_2, \ldots, u_n$ unabhängig von den anderen alle Werte $0, 1, \ldots, l-1$ erteilt, und für c eine jede solche Klasse setzt, welche unter ihren Idealen in $k(\zeta)$ liegende Ideale enthält. Die Klassen $C_1, C_2, \ldots, C_n$ mögen dann eine **Basis der Klassenschar** heißen. Es läßt sich leicht zeigen, daß für eine jede andere Basis der Klassenschar die Anzahl n der Klassen, aus welchen die Schar besteht, die gleiche sein muß. Diese Zahl n heiße der **Grad der Klassenschar.**

Enthalten insbesondere alle Klassen einer Schar Ideale des Körpers $k(\zeta)$, so ist die Schar vom Grade 0. Des weiteren ist beispielsweise die Gesamtheit aller derjenigen Klassen in K, in welchen, sei es ambige Ideale in K, sei es Produkte aus ambigen Idealen in K mit Idealen des Körpers $k(\zeta)$ vorkommen, eine Klassenschar. Ferner bildet die Gesamtheit aller ambigen Klassen des Kummerschen Körpers eine Klassenschar.

§ 146. Zwei allgemeine Hilfssätze über die relativen Grundeinheiten eines relativ-zyklischen Körpers von ungeradem Primzahlgrade.

Bevor wir die Untersuchungen des vorigen Paragraphen fortsetzen, leiten wir zwei Hilfssätze ab, die sich an den Satz 91 in § 55 anschließen und wie folgt lauten:

Hilfssatz 31. Es sei der Relativgrad l eines relativ zyklischen Körpers K in bezug auf einen Unterkörper k eine ungerade Primzahl, ferner sei S eine von der identischen verschiedene Substitution der Relativgruppe von K in bezug auf k und $\mathsf{H}_1, \ldots, \mathsf{H}_{r+1}$ ein System von relativen Grundeinheiten des Körpers K in bezug auf k, dann gilt für eine beliebige Einheit E in K jedesmal eine Gleichung von der Gestalt

$$\mathsf{E}^f = \mathsf{H}_1^{F_1(S)} \cdots \mathsf{H}_{r+1}^{F_{r+1}(S)} [\varepsilon],$$

wo f ein ganzer rationaler, nicht durch l teilbarer Exponent ist, $F_1(S), \ldots$ $\ldots, F_{r+1}(S)$ ganzzahlige Funktionen vom $(l-2)$-ten Grade in S bezeichnen und $[\varepsilon]$ eine Einheit bedeutet, deren l-te Potenz in k liegt.

Beweis. Aus dem Beweise des Satzes 91 geht hervor, daß die Einheiten

$$\mathsf{H}_1, \ldots, \mathsf{H}_{r+1}, S\mathsf{H}_1, \ldots, S\mathsf{H}_{r+1}, \ldots, S^{l-2}\mathsf{H}_1, \ldots, S^{l-2}\mathsf{H}_{r+1}$$

unter Hinzufügung von r Grundeinheiten des Körpers k voneinander unabhängig sind, und da die Anzahl dieser Einheiten insgesamt $l(r+1)-1$ beträgt, so gibt es, wenn E eine beliebig angenommene Einheit in K bedeutet, für E gewiß Relationen von der Gestalt

$$\mathsf{E}^{G(S)} = \mathsf{H}_1^{G_1(S)} \cdots \mathsf{H}_{r+1}^{G_{r+1}(S)} [\varepsilon], \tag{122}$$

wo $G(S), G_1(S), \ldots, G_{r+1}(S)$ ganzzahlige Funktionen vom $(l-2)$-ten Grade in S sind, unter denen die erste nicht identisch verschwindet, und wo $[\varepsilon]$ eine solche Einheit in K bedeutet, daß $[\varepsilon]^l$ in k liegt. Aus den unendlich vielen vorhandenen Relationen dieser Art denken wir uns eine solche ausgewählt, bei welcher die ganze Funktion $G(\zeta)$ durch eine möglichst niedrige Potenz von $1-\zeta$ teilbar ist. Wir nehmen an, es treffe dies eben für die Relation (122) zu; wir setzen zunächst voraus, es sei dabei $G(\zeta)$ noch mindestens einmal durch $1-\zeta$ teilbar. Nach der Definition der Grundeinheiten in § 55 müssen dann

$$G_1(\zeta), \ldots, G_{r+1}(\zeta)$$

sämtlich ebenfalls durch $1-\zeta$ teilbar sein. Erheben wir die Gleichung (122) in die $(1-S^2)(1-S^3)\ldots(1-S^{l-1})$-te symbolische Potenz und setzen

$$G(\zeta) = (1-\zeta)\,G^*(\zeta),$$
$$G_1(\zeta) = (1-\zeta)\,G_1^*(\zeta), \cdots, G_{r+1}(\zeta) = (1-\zeta)G_{r+1}^*(\zeta),$$

so folgt leicht, indem wir berücksichtigen, daß die $(1+S+S^2+\cdots$ $\cdots+S^{l-1})$-te symbolische Potenz einer Einheit in K stets eine Einheit in k wird,

$$\mathsf{E}^{lG^*(S)} = \mathsf{H}^{lG_1^*(S)} \cdots \mathsf{H}_{r+1}^{lG_{r+1}^*(S)} [\varepsilon], \tag{123}$$

wo $[\varepsilon]$ wieder eine Einheit in k oder die l-te Wurzel aus einer Einheit in k bedeutet. Wegen der Gleichung (123) ist eine l-te Wurzel aus dieser Zahl $[\varepsilon]$ sicherlich eine Zahl in K, also, wie leicht ersichtlich, ebenfalls eine solche Einheit in K, deren l-te Potenz in k liegt, und die wiederum mit $[\varepsilon]$ zu bezeichnen ist; aus (123) schließen wir daher:

$$\mathsf{E}^{G^*(S)} = \mathsf{H}_1^{G_1^*(S)} \cdots \mathsf{H}_{r+1}^{G_{r+1}(S)} [\varepsilon],$$

wo wiederum $[\varepsilon]$ eine Einheit in K bedeutet, deren l-te Potenz in k liegt. Diese Gleichung ist von der nämlichen Gestalt wie (122), nur daß hier $G^*(\zeta)$ durch eine niedrigere Potenz von $1-\zeta$ teilbar wäre als oben $G(\zeta)$.

Dadurch erhalten wir einen Widerspruch mit unserer Annahme, wonach die zugrunde gelegte Relation (122) bereits eine solche war, in der $G(\zeta)$ eine möglichst niedrige Potenz von $1-\zeta$ enthielt; wir sehen also, daß unter dieser Voraussetzung in (122) $G(\zeta)$ nicht durch $1-\zeta$ teilbar sein kann.

Setzen wir

$$f = G(\zeta)\, G(\zeta^2) \cdots G(\zeta^{l-1}),$$

so wird f eine ganze rationale, nicht durch l teilbare Zahl, und es gibt offenbar zwei ganzzahlige Funktionen $H(S)$, $M(S)$, so daß die Gleichung

$$f = H(S)\, G(S) + M(S)\,(1 + S + S^2 + \cdots + S^{l-1})$$

identisch in S erfüllt ist. Erheben wir (122) in die $H(S)$-te symbolische Potenz, so folgt daraus sofort eine Formel von der im Hilfssatz 31 verlangten Beschaffenheit.

Hilfssatz 32. Es mögen dieselben Bezeichnungen wie in Hilfssatz 31 gelten, und überdies bilden wir die Relativnormen der $r+1$ relativen Grundeinheiten des relativ-zyklischen Körpers K, nämlich

$$\eta_1 = N_k(\mathsf{H}_1), \ldots, \eta_{r+1} = N_k(\mathsf{H}_{r+1}):$$

dann läßt sich jede Einheit ε in k, welche die Relativnorm einer Einheit E des Körpers K ist, in der Gestalt

$$\varepsilon = \eta_1^{u_1} \cdots \eta_{r+1}^{u_{r+1}} [\varepsilon]^l$$

darstellen, wo $u_1, \ldots, u_{r+1}$ ganze rationale Exponenten sind und $[\varepsilon]$ eine Einheit in K ist.

Beweis. Nach Hilfssatz 31 haben wir für E eine Gleichung

$$\mathsf{E}^f = \mathsf{H}_1^{F_1(S)} \cdots \mathsf{H}_{r+1}^{F_{r+1}(S)} [\varepsilon],$$

wo die Zeichen die dort angegebene Bedeutung besitzen. Indem wir von beiden Seiten dieser Gleichung die Relativnorm in bezug auf k bilden, ergibt sich

$$\varepsilon^f = \eta_1^{F_1(1)} \cdots \eta_{r+1}^{F_{r+1}(1)} [\varepsilon]^l. \tag{124}$$

Bestimmen wir nun zwei ganze rationale Zahlen a, b, so daß

$$1 = af + bl$$

wird, und erheben dann die Gleichung (124) in die a-te Potenz, so entsteht eine Formel von der im Hilfssatz 32 behaupteten Art.

§ 147. Die durch ambige Ideale bestimmten Idealklassen.

Es sei $K = k(\sqrt[l]{\mu}, \zeta)$ ein regulärer Kummerscher Körper; wir nehmen aus seiner Relativgruppe die Substitution $S = (\sqrt[l]{\mu} : \zeta \sqrt[l]{\mu})$. Da ein beliebiges ambiges Ideal $\mathfrak{A}$ des Körpers K vermöge seiner Eigenschaft $\mathfrak{A} = S\mathfrak{A}$ stets eine ambige Klasse bestimmt, so haben wir, um zur Kenntnis der ambigen

Klassen zu gelangen, vor allem die aus den ambigen Idealen entspringende Klassenschar zu untersuchen. Wir beweisen die wichtige Tatsache:

Satz 158. *Es sei t die Anzahl der verschiedenen Primideale, welche in der Relativdiskriminante des regulären Kummerschen Zahlkörpers $K = k(\sqrt[l]{\mu}, \zeta)$ vom Relativgrade l aufgehen; ferner mögen die Relativnormen aller Einheiten von K für $k(\zeta)$ eine Einheitenschar vom Grade m bilden: betrachten wir dann alle diejenigen Klassen, in welchen sei es ambige Ideale des Körpers K, sei es Produkte von ambigen Idealen in K mit Idealen in $k(\zeta)$ vorkommen, so bilden diese eine Klassenschar vom Grade*

$$t + m - \frac{l+1}{2}.$$

Beweis. Wir setzen im folgenden zunächst voraus, daß die Zahl μ nicht von der Gestalt $\varepsilon\alpha^l$ sei, wo ε eine Einheit und α eine Zahl in $k(\zeta)$ bedeuten soll. Es ist dann jede Einheit $[\varepsilon]$ des Körpers $K = k(\sqrt[l]{\mu}, \zeta)$, deren l-te Potenz in $k(\zeta)$ liegt, notwendig selbst in $k(\zeta)$ gelegen. Nunmehr mögen $\mathsf{H}_1, \ldots, \mathsf{H}_{\frac{l-1}{2}}$ ein System von relativen Grundeinheiten des Körpers K in bezug auf $k(\zeta)$ und

$$\eta_1 = N_k(\mathsf{H}_1),\ \ldots,\ \eta_{\frac{l-1}{2}} = N_k(\mathsf{H}_{\frac{l-1}{2}})$$

deren Relativnormen bedeuten.

Wir nehmen *erstens* an, daß der äußerste Fall $m = \frac{l-1}{2}$ eintritt. Aus Hilfssatz 32 schließen wir dann, daß die Einheiten $\eta_1, \ldots, \eta_{\frac{l-1}{2}}$ eine Basis derjenigen Einheitenschar bilden, welche aus den Relativnormen aller Einheiten in K besteht. Andererseits fassen wir die t ambigen Primideale $\mathfrak{L}_1, \ldots, \mathfrak{L}_t$ des Körpers K ins Auge; dieselben bestimmen t ambige Idealklassen, die wir bez. $L_1, \ldots, L_t$ nennen wollen. Um für die aus diesen Klassen entspringende Klassenschar den Grad zu bestimmen, setzen wir

$$\mathsf{M} = \sqrt[l]{\mu} = \mathfrak{L}_1^{a_1} \cdots \mathfrak{L}_t^{a_t}\,\mathfrak{j}, \tag{125}$$

wo $a_1, \ldots, a_t$ gewisse ganze rationale Exponenten bedeuten, und wo $\mathfrak{j}$ ein Ideal in $k(\zeta)$ ist. Wegen der zu Anfang getroffenen Voraussetzung über μ ist wenigstens einer der Exponenten $a_1, \ldots, a_t$ nicht durch l teilbar; es sei etwa a_t prim zu l. Wir entnehmen aus der Gleichung (125), daß

$$c = L_1^{a_1} \cdots L_t^{a_t}$$

eine solche Klasse ist, die Ideale des Körpers $k(\zeta)$ enthält; da L_t^l ebenfalls eine Klasse dieser Art ist, so folgt hieraus sofort, daß die Klasse L_t sich als Produkt von Potenzen der Klassen $L_1, \ldots, L_{t-1}$ und einer Klasse darstellen läßt, die Ideale des Körpers $k(\zeta)$ enthält.

Wir beweisen jetzt, daß aus den Idealklassen $L_1, \ldots, L_{t-1}$ allein keine Klasse von der Gestalt

$$c' = L_1^{a_1'} \ldots L_{t-1}^{a_{t-1}'} \tag{126}$$

hervorgehen kann, welche Ideale des Körpers $k(\zeta)$ enthält, während $a_1', \ldots, a_{t-1}'$ ganze rationale, nicht sämtlich durch l teilbare Exponenten sind. In der Tat, auf Grund der Relation (126) würden wir eine Gleichung

$$\mathsf{M}' = \mathfrak{L}_1^{a_1'} \ldots \mathfrak{L}_{t-1}^{a_{t-1}'} \mathfrak{j}' \tag{127}$$

aufstellen können, so daß $\mathfrak{j}'$ ein Ideal des Körpers $k(\zeta)$ und M' eine ganze Zahl des Körpers K ist; hieraus schließen wir dann, daß $\mathsf{E} = \mathsf{M}'^{1-S}$ eine Einheit in K sein müßte. Auf diese Einheit E wenden wir den Hilfssatz 31 an und erhalten so eine Gleichung von der Gestalt

$$\mathsf{E}^f = \mathsf{H}_1^{F_1(S)} \ldots \mathsf{H}_{\frac{l-1}{2}}^{F_{\frac{l-1}{2}}(S)} \varepsilon, \tag{128}$$

wo f eine ganze rationale, nicht durch l teilbare Zahl, $F_1(S), \ldots, F_{\frac{l-1}{2}}(S)$ ganzzahlige Funktionen von S und ε eine Einheit in $k(\zeta)$ bedeuten. Da offenbar $N_k(\mathsf{E}) = 1$ ist, so ergibt sich durch Bildung der Relativnorm auf beiden Seiten von (128) die Gleichung

$$1 = \eta_1^{F_1(1)} \ldots \eta_{\frac{l-1}{2}}^{F_{\frac{l-1}{2}}(1)} \varepsilon^l.$$

Da $\eta_1, \ldots, \eta_{\frac{l-1}{2}}$ eine Basis einer Einheitenschar bilden sollen, so müssen die ganzen rationalen Zahlen $F_1(1), \ldots, F_{\frac{l-1}{2}}(1)$ sämtlich durch l und demnach die ganzen Zahlen $F_1(\zeta), \ldots, F_{\frac{l-1}{2}}(\zeta)$ sämtlich durch $1-\zeta$ teilbar sein. Setzen wir

$$F_1(\zeta) = (1-\zeta) F_1^*(\zeta), \; \ldots, \; F_{\frac{l-1}{2}}(\zeta) = (1-\zeta) F_{\frac{l-1}{2}}^*(\zeta)$$

und

$$\mathsf{H} = \mathsf{H}_1^{F_1^*(S)} \ldots \mathsf{H}_{\frac{l-1}{2}}^{F_{\frac{l-1}{2}}^*(S)},$$

so wird

$$\mathsf{E}^f = \mathsf{H}^{1-S} \varepsilon^*,$$

wo ε^* wieder eine Einheit in $k(\zeta)$ bedeutet. Durch Bildung der Relativnorm folgt aus letzterer Gleichung $1 = \varepsilon^{*l}$, d. h. ε^* ist eine l-te Einheitswurzel, etwa $= \zeta^g$. Berücksichtigen wir $\mathsf{M}^{1-S} = \zeta^{-1}$, so haben wir

$$\{\mathsf{M}'^f \mathsf{M}^g \mathsf{H}^{-1}\}^{1-S} = 1,$$

d. h. der Ausdruck $\mathsf{M}'^f \mathsf{M}^g \mathsf{H}^{-1}$ stellt eine Zahl in $k(\zeta)$ dar. Da nun M' wegen

(127) das Ideal $\mathfrak{L}_t$ nicht oder zu einem durch l teilbaren Exponenten erhoben enthält, M dagegen das Ideal $\mathfrak{L}_t$ in einer Potenz enthält, deren Exponent a_t nicht durch l teilbar ist, so zeigt die Zerlegung dieser Zahl in Primideale des Körpers $k(\zeta)$ erstens, daß g durch l teilbar sein muß; dann zeigt sie weiter, da f zu l prim ist, daß die Exponenten $a'_1, \ldots, a'_{t-1}$ sämtlich durch l teilbar sein müßten, was der Voraussetzung widerspricht. Daraus folgt, daß zwischen den Klassen $L_1, \ldots, L_{t-1}$ eine Relation wie (126) nicht bestehen kann, d. h. die Klassen $L_1, \ldots, L_{t-1}$ bilden unter der gegenwärtigen Annahme, die wesentlich auf $m = \frac{l-1}{2}$ hinauskommt, für die aus allen ambigen Idealen entspringende Klassenschar eine Basis; der Grad dieser Klassenschar ist daher gleich $t-1$, wie es unserem Satze 158 für $m = \frac{l-1}{2}$ entspricht.

Wir nehmen *zweitens* $m = \frac{l-3}{2}$ an; dann muß zwischen den Einheiten $\eta_1, \ldots, \eta_{\frac{l-1}{2}}$ eine Relation von der Gestalt $\eta_1^{e_1} \ldots \eta_{\frac{l-1}{2}}^{e_{\frac{l-1}{2}}} = \eta^l$ bestehen, wo die Exponenten $e_1, \ldots, e_{\frac{l-1}{2}}$ ganze rationale, nicht sämtlich durch l teilbare Zahlen sind und η eine Einheit in $k(\zeta)$ bedeutet. Ist etwa $e_{\frac{l-1}{2}}$ nicht durch l teilbar, so sind, wie man aus Hilfssatz 32 schließt, notwendig $\eta_1, \ldots, \eta_{\frac{l-3}{2}}$ eine Basis der aus den Relativnormen aller Einheiten in K gebildeten Einheitenschar. Wir bilden nun die Einheit

$$\mathsf{E} = \mathsf{H}_1^{e_1} \cdots \mathsf{H}_{\frac{l-1}{2}}^{e_{\frac{l-1}{2}}} \eta^{-1}. \tag{129}$$

Da diese die Relativnorm 1 besitzt, so gibt es nach Satz 90 (S. 149) eine ganze Zahl Λ in K von der Beschaffenheit, daß $\mathsf{E} = \Lambda^{1-S}$ wird. Wir bestimmen nun, was jedenfalls möglich ist, eine ganze rationale positive Zahl r in der Weise, daß in dem Produkt $\mathsf{M}' \doteq \Lambda \mathsf{M}^r$ das Primideal $\mathfrak{L}_t$ zu einem durch l teilbaren Exponenten erhoben vorkommt. Es dürfen dann in M' nicht auch die Faktoren $\mathfrak{L}_1, \ldots, \mathfrak{L}_{t-1}$ sämtlich in solchen Potenzen, deren Exponenten durch l teilbar sind, vorkommen, da man sonst unter Benutzung von Satz 153 (S. 279) $\mathsf{M}' = \Theta\alpha$ hätte in der Art, daß Θ eine Einheit in K und α eine ganze Zahl in $k(\zeta)$ bedeutet; dann aber würde $\Theta^{1-S} = \mathsf{E}\zeta^{-r}$ folgen, und dies widerspräche mit Rücksicht auf (129), da $e_{\frac{l-1}{2}}$ zu l prim ist, der Definition der relativen Grundeinheiten $\mathsf{H}_1, \ldots, \mathsf{H}_{\frac{l-1}{2}}$ nach § 55. Es komme nun in M' etwa das ambige Primideal $\mathfrak{L}_{t-1}$ zu einem nicht durch l teilbaren Exponenten erhoben vor. Dann entnehmen wir aus diesem Umstande die Tatsache, daß die Klasse L_{t-1} sich als Produkt von Potenzen der Klassen $L_1, \ldots, L_{t-2}$ und einer solchen Klasse darstellen läßt, die Ideale des Körpers $k(\zeta)$ enthält.

Wir beweisen jetzt, daß aus den Idealklassen $L_1, \ldots, L_{t-2}$ keine Klasse

$$c'' = L_1^{a_1'} \cdots L_{t-2}^{a_{t-2}'} \tag{130}$$

hervorgehen kann, welche Ideale in $k(\zeta)$ enthält, während die Exponenten $a_1'', \ldots, a_{t-2}''$ ganze rationale, nicht sämtlich durch l teilbare Zahlen sind. In der Tat, eine Relation (130) hätte eine Gleichung von der Gestalt

$$\mathsf{M}'' = \mathfrak{L}_1^{a_1'} \cdots \mathfrak{L}_{t-2}^{a_{t-2}'} \mathfrak{j}'' \tag{131}$$

zur Folge von der Art, daß M'' eine ganze Zahl in K und $\mathfrak{j}''$ ein Ideal in $k(\zeta)$ ist; hieraus schließen wir dann, daß $\mathsf{E}' = \mathsf{M}''^{1-S}$ eine Einheit in K sein müßte. Wir wenden für diese Einheit E' den Hilfssatz 31 an und erhalten so eine Gleichung

$$\mathsf{E}'^{f'} = \mathsf{H}_1^{F_1'(S)} \cdots \mathsf{H}_{\frac{l-1}{2}}^{F_{\frac{l-1}{2}}'(S)} \varepsilon, \tag{132}$$

wo f' eine ganze rationale, nicht durch l teilbare Zahl,

$$F_1'(S), \ldots, F_{\frac{l-1}{2}}'(S)$$

ganzzahlige Funktionen von S sind und ε eine Einheit in $k(\zeta)$ ist. Wir bestimmen nun einen ganzen rationalen Exponenten u in der Weise, daß die ganze Zahl $F_{\frac{l-1}{2}}'(1) + ue_{\frac{l-1}{2}}$ durch l teilbar wird; mit Rücksicht auf $N_k(\mathsf{E}') = 1$ erhalten wir aus (132) durch Bildung der Relativnorm in bezug auf $k(\zeta)$ die Gleichung:

$$1 = \eta_1^{F_1'(1)+ue_1} \cdots \eta_{\frac{l-3}{2}}^{F_{\frac{l-3}{2}}'(1)+ue_{\frac{l-3}{2}}} \varepsilon'^{l}, \tag{133}$$

wo ε' wiederum eine Einheit in $k(\zeta)$ ist. Da die Einheiten $\eta_1, \ldots, \eta_{\frac{l-3}{2}}$ eine Basis einer Einheitenschar sind, so folgt aus (133), daß die Exponenten $F_1'(1) + ue_1, \ldots, F_{\frac{l-3}{2}}'(1) + ue_{\frac{l-3}{2}}$ sämtlich durch l, d. h. die Zahlen $F_1'(\zeta) + ue_1, \ldots, F_{\frac{l-3}{2}}'(\zeta) + ue_{\frac{l-3}{2}}$ sämtlich durch $1-\zeta$ teilbar sein müssen. Setzen wir

$$F_1'(\zeta) + ue_1 = (1-\zeta) F_1'^{*}(\zeta), \ldots, F_{\frac{l-1}{2}}'(\zeta) + ue_{\frac{l-1}{2}} = (1-\zeta) F_{\frac{l-1}{2}}'^{*}(\zeta)$$

und

$$\mathsf{H}' = \mathsf{H}_1^{F_1'^{*}} \cdots \mathsf{H}_{\frac{l-1}{2}}^{F_{\frac{l-1}{2}}'^{*}},$$

so folgt aus (132)

$$\mathsf{E}'^{f'} \mathsf{E}^{u} = \mathsf{H}'^{1-S} \varepsilon'^{*},$$

wo E die durch (129) festgelegte Einheit in K und ε'^* wieder eine Einheit in $k(\zeta)$ bedeutet; durch Bildung der Relativnorm erhalten wir $1 = \varepsilon'^{*l}$, d. h. ε'^* ist eine l-te Einheitswurzel, etwa gleich $\zeta^{g'}$. Alsdann wird, wenn wir die Gleichungen

$$\mathsf{M}^{1-S} = \zeta^{-1}, \quad \mathsf{M}'^{1-S} = \mathsf{E}\,\zeta^{-r}, \quad \mathsf{M}''^{1-S} = \mathsf{E}'$$

berücksichtigen,

$$\{\mathsf{M}''^{f'}\mathsf{M}'^{u}\mathsf{M}^{g'-ur}\mathsf{H}'^{-1}\}^{1-S} = 1,$$

d. h. der Ausdruck $\mathsf{M}''^{f'}\,\mathsf{M}'^{u}\,\mathsf{M}^{g'-ur}\mathsf{H}'^{-1}$ stellt eine Zahl in $k(\zeta)$ dar. Beachten wir, daß $\mathfrak{L}_t^l, \mathfrak{L}_{t-1}^l, \mathfrak{L}_{t-2}^l, \ldots, \mathfrak{L}_1^l$ in $k(\zeta)$ Primideale sind, so schließen wir daraus zunächst, daß $g' - ur$ durch l teilbar sein muß; sodann ersehen wir, da M' nach Voraussetzung das Ideal $\mathfrak{L}_{t-1}$ zu einer Potenz erhoben enthält, deren Exponent nicht durch l teilbar ist, dagegen in der Zahl M'' wegen (131) das Ideal $\mathfrak{L}_{t-1}$ sicher zu einem durch l teilbaren Exponenten erhoben vorkommt, daß notwendigerweise auch u durch l teilbar sein muß, und endlich müßten dann, da f' zu l prim ist, die Exponenten $a_1'', \ldots, a_{t-2}''$ sämtlich durch l teilbar sein, was unserer Voraussetzung über dieselben widerspricht. Damit ist gezeigt, daß zwischen den Klassen $L_1, \ldots, L_{t-2}$ eine Relation wie (130) nicht bestehen kann, d. h. die Klassen $L_1, \ldots, L_{t-2}$ bilden unter der gegenwärtigen Annahme $m = \frac{l-3}{2}$ für die aus allen ambigen Idealen entspringende Klassenschar eine Basis; der Grad dieser Klassenschar ist daher gleich $t - 2$, wie es unserem Satz 158 entspricht.

Wenn wir *drittens* $m = \frac{l-5}{2}$ annehmen, so besteht zwischen den Einheiten $\eta_1, \ldots, \eta_{\frac{l-1}{2}}$ nicht nur, wie im vorigen Falle, *eine* Relation von der Gestalt $\eta_1^{e_1} \cdots \eta_{\frac{l-1}{2}}^{e_{\frac{l-1}{2}}} = \eta^l$, wo η eine Einheit in $k(\zeta)$ und einer der Exponenten $e_1, \ldots, e_{\frac{l-1}{2}}$, etwa wieder $e_{\frac{l-1}{2}}$, nicht durch l teilbar ist, sondern es besteht alsdann noch eine zweite Relation von der Gestalt $\eta_1^{e_1'} \ldots \eta_{\frac{l-3}{2}}^{e'_{\frac{l-3}{2}}} = \eta'^l$, wo η' wieder eine Einheit in $k(\zeta)$ ist, und wo einer der Exponenten $e_1', \ldots, e'_{\frac{l-3}{2}}$, etwa $e'_{\frac{l-3}{2}}$, nicht durch l teilbar ist. Wir bilden die Einheiten

$$\left.\begin{aligned} \mathsf{E} &= \mathsf{H}_1^{e_1} \cdots \mathsf{H}_{\frac{l-1}{2}}^{e_{\frac{l-1}{2}}}\,\eta^{-1}, \\ \mathsf{E}' &= \mathsf{H}_1^{e_1'} \cdots \mathsf{H}_{\frac{l-3}{2}}^{e'_{\frac{l-3}{2}}}\,\eta'^{-1}. \end{aligned}\right| \qquad (134)$$

Da die Relativnormen der Einheiten E und E' gleich 1 sind, so können wir nach Satz 90 (S. 149) $\mathsf{E} = \Lambda^{1-S}$ und $\mathsf{E}' = \Lambda'^{1-S}$ setzen, wobei Λ und Λ' ganze Zahlen in K bedeuten. Bestimmen wir dann zunächst, wie im vorigen Falle, eine ganze rationale positive Zahl r derart, daß $\mathsf{M}' = \Lambda \mathsf{M}^r$ den Faktor $\mathfrak{L}_t$ zu einem durch l teilbaren Exponenten erhoben enthält, so kommt, wie die dortigen Überlegungen zeigen, in M' mindestens eines der ambigen Primideale $\mathfrak{L}_1, \ldots, \mathfrak{L}_{t-1}$ zu einer Potenz erhoben vor, deren Exponent nicht durch l teilbar ist; es treffe dies etwa für $\mathfrak{L}_{t-1}$ zu. Wir bestimmen dann zwei ganze rationale positive Zahlen r' und r'' so, daß die Zahl $\mathsf{M}'' = \Lambda' \mathsf{M}'^{r'} \mathsf{M}^{r''}$ die beiden Faktoren $\mathfrak{L}_t$ und $\mathfrak{L}_{t-1}$ zu Exponenten erhoben enthält, die durch l teilbar sind. Alsdann können in dieser Zahl M'' die Faktoren $\mathfrak{L}_1, \ldots, \mathfrak{L}_{t-2}$ nicht sämtlich zu solchen Potenzen erhoben vorkommen, deren Exponenten durch l teilbar sind. Denn wäre dies der Fall, so könnten wir unter Benutzung von Satz 153 $\mathsf{M}'' = \Theta' \alpha'$ setzen, so daß Θ' eine Einheit in K und α' eine ganze Zahl in $k(\zeta)$ ist. Berücksichtigen wir dann die Gleichungen $\mathsf{M}^{1-S} = \zeta^{-1}, \Lambda^{1-S} = \mathsf{E}, \Lambda'^{1-S} = \mathsf{E}'$, so wäre

$$\Theta'^{1-S} = \mathsf{E}' \mathsf{E}^{r'} \zeta^{-(rr'+r'')};$$

wegen (134) würde hieraus folgen:

$$\Theta'^{1-S} = \mathsf{H}_1^{e_1' + r' e_1} \cdots \mathsf{H}_{\frac{l-3}{2}}^{e'_{\frac{l-3}{2}} + r' e_{\frac{l-3}{2}}} \mathsf{H}_{\frac{l-1}{2}}^{r' e_{\frac{l-1}{2}}} \varepsilon, \tag{135}$$

wo ε eine gewisse Einheit in $k(\zeta)$ bedeutet; diese Relation widerspräche aber der Definition der relativen Grundeinheiten nach § 55; denn da jede der beiden Zahlen $e_{\frac{l-1}{2}}, e'_{\frac{l-3}{2}}$ zu l prim ist, so sind die Exponenten von $\mathsf{H}_{\frac{l-3}{2}}, \mathsf{H}_{\frac{l-1}{2}}$ in (135) sicher niemals beide zugleich durch l teilbar. Kommt nun in M'' etwa $\mathfrak{L}_{t-2}$ zu einem nicht durch l teilbaren Exponenten erhoben vor, so entnehmen wir aus diesem Umstande, daß die Klasse L_{t-2} sich als Produkt von Potenzen der Klassen $L_1, \ldots, L_{t-3}$ und einer solchen Klasse darstellen läßt, die Ideale des Körpers $k(\zeta)$ enthält.

Durch die entsprechenden Überlegungen wie im vorigen Falle $m = \frac{l-3}{2}$ kann man nun unter der gegenwärtigen Annahme $m = \frac{l-5}{2}$ beweisen, daß aus den Idealklassen $L_1, \ldots, L_{t-3}$ keine Klasse

$$c''' = L_1^{a_1'''} \cdots L_{t-3}^{a_{t-3}'''}$$

hervorgehen kann, welche Ideale in $k(\zeta)$ enthält, während die Exponenten $a_1''', \ldots, a_{t-3}'''$ ganze rationale, nicht sämtlich durch l teilbare Zahlen sind. Wir ersehen dann, daß bei der gegenwärtigen Annahme $L_1, \ldots, L_{t-3}$ eine Basis der aus den ambigen Idealen entspringenden Klassenschar bilden; der Grad dieser Klassenschar beträgt folglich $t - 3$, wie es dem Satz 158 entspricht.

Durch die geeignete Weiterführung des oben geschilderten Verfahrens gelangen wir zum vollständigen Beweise des Satzes 158.

Wir hatten oben den Fall ausgeschlossen, daß der Kummersche Körper K durch eine Zahl $\sqrt[l]{\varepsilon}$ bestimmt werden kann, wo ε eine Einheit in $k(\zeta)$ bedeutet; wir haben daher diesen Fall jetzt noch besonders zu behandeln. Die Relativdiskriminante des Körpers $K = k(\sqrt[l]{\varepsilon}, \zeta)$ kann alsdann nach Satz 148 keine anderen Primfaktoren als $\mathfrak{l}$ enthalten; nach Satz 94 und Satz 153 muß sie den Faktor $\mathfrak{l}$ wirklich enthalten. Wir haben dann in K eine Zerlegung $\mathfrak{l} = \mathfrak{L}^l$, und es ist $\mathfrak{L}$ das einzige ambige Primideal des Körpers K. Es seien wieder $\eta_1, \ldots, \eta_{\frac{l-1}{2}}$ bez. die Relativnormen der $\frac{l-1}{2}$ relativen Grundeinheiten $\mathsf{H}_1, \ldots, \mathsf{H}_{\frac{l-1}{2}}$. Da der Grad einer Einheitenschar in $k(\zeta)$ stets $\leqq \frac{l-1}{2}$ ist, so besteht sicher eine Relation von der Gestalt:

$$\eta_1^{e_1} \cdots \eta_{\frac{l-1}{2}}^{e_{\frac{l-1}{2}}} \varepsilon^{e_{\frac{l+1}{2}}} = \eta^l, \tag{136}$$

wo $e_1, \ldots, e_{\frac{l-1}{2}}, e_{\frac{l+1}{2}}$ ganze rationale, nicht sämtlich durch l teilbare Exponenten sind, und wo η eine Einheit in $k(\zeta)$ bedeutet. Setzen wir

$$\mathsf{H} = \mathsf{H}_1^{e_1} \cdots \mathsf{H}_{\frac{l-1}{2}}^{e_{\frac{l-1}{2}}} \left(\sqrt[l]{\varepsilon}\right)^{e_{\frac{l+1}{2}}} \eta^{-1}, \tag{137}$$

so ist $N_k(\mathsf{H}) = 1$ und folglich nach Satz 90 $\mathsf{H} = \Lambda^{1-S}$, wo Λ eine geeignete ganze Zahl in K bedeutet; wir können dann $\Lambda = \mathfrak{L}^a \mathfrak{j}$ setzen, wo $\mathfrak{L}^a$ eine Potenz des ambigen Primideals $\mathfrak{L}$ und $\mathfrak{j}$ ein Ideal in $k(\zeta)$ bedeutet. Der Exponent a ist dann sicher nicht durch l teilbar; denn sonst wäre wegen $\mathfrak{L}^l = \mathfrak{l} = 1 - \zeta$ und mit Rücksicht auf Satz 153 $\Lambda = \Theta\alpha$ in solcher Weise, daß Θ eine Einheit in K und α eine Zahl in $k(\zeta)$ bezeichnet; hieraus aber würden wir $\mathsf{H} = \Theta^{1-S}$ entnehmen und dadurch mit Rücksicht auf (137) in einen Widerspruch mit der Definition der relativen Grundeinheiten in § 55 geraten. Aus der Gleichung $\Lambda = \mathfrak{L}^a \mathfrak{j}$ schließen wir $\mathfrak{j}^l \sim 1$, daraus $\mathfrak{j} \sim 1$, $\mathfrak{L}^a \sim 1$ und, da a zu l prim ist, $\mathfrak{L} \sim 1$, d. h. das einzige im gegenwärtigen Fall vorhandene ambige Ideal $\mathfrak{L}$ ist ein Hauptideal; der Grad der aus den ambigen Idealen entspringenden Klassenschar ist mithin gleich 0.

Wir nehmen nun an, von den Exponenten $e_1, \ldots, e_{\frac{l-1}{2}}$ sei etwa $e_{\frac{l-1}{2}}$ prim zu l, und beweisen dann, daß keine Relation

$$\eta_1^{e_1'} \cdots \eta_{\frac{l-3}{2}}^{e_{\frac{l-3}{2}}'} \varepsilon^{e_{\frac{l+1}{2}}'} = \eta'^l \tag{138}$$

bestehen kann von der Art, daß $e'_1, \ldots, e'_{\frac{l-3}{2}}, e'_{\frac{l+1}{2}}$ ganze rationale, nicht sämtlich durch l teilbare Exponenten sind und η' eine Einheit in $k(\zeta)$ bedeutet. In der Tat, würde eine solche Relation (138) gelten, so hätten wir in

$$\mathsf{H}' = \mathsf{H}_1^{e'_1} \cdots \mathsf{H}_{\frac{l-3}{2}}^{e'_{\frac{l-3}{2}}} \left(\sqrt[l]{\varepsilon}\right)^{e'_{\frac{l+1}{2}}} \eta'^{-1}$$

eine Einheit mit der Relativnorm 1. Wir setzen unter Benutzung des Satzes 90 $\mathsf{H}' = \Lambda'^{1-S}$, wo Λ' eine geeignete ganze Zahl in K bedeutet, und bestimmen dann einen solchen ganzen rationalen positiven Exponenten r, daß in $\Lambda'\Lambda^r$ das Primideal $\mathfrak{L}$ zu einem durch l teilbaren Exponenten vorkommt. Nunmehr können wir mit Rücksicht auf Satz 153 $\Lambda'\Lambda^r = \Theta'\alpha'$ setzen in solcher Weise, daß Θ' eine Einheit in K und α' eine ganze Zahl in $k(\zeta)$ bedeutet; dann wird $\Theta'^{1-S} = \mathsf{H}'\mathsf{H}^r$, d. h. die Einheit

$$\mathsf{H}_1^{e'_1 + re_1} \cdots \mathsf{H}_{\frac{l-3}{2}}^{e'_{\frac{l-3}{2}} + re_{\frac{l-3}{2}}} \mathsf{H}_{\frac{l-1}{2}}^{re_{\frac{l-1}{2}}} \left(\sqrt[l]{\varepsilon}\right)^{e'_{\frac{l+1}{2}} + re_{\frac{l+1}{2}}} \eta'^{-1} \eta^{-r}$$

wäre die symbolische $(1 - S)$-te Potenz einer Einheit in K, und diese Folgerung steht mit der Definition der relativen Grundeinheiten aus dem schon mehrfach erörterten Grunde in Widerspruch. Damit ist gezeigt, daß eine Relation wie (138) nicht statthaben kann; mit Rücksicht auf (136) und auf den Umstand, daß $e_{\frac{l-1}{2}}$ zu l prim ist, bilden nunmehr $\eta_1, \ldots, \eta_{\frac{l-3}{2}}, \varepsilon$ eine Basis der aus den Relativnormen aller Einheiten in K gebildeten Einheitenschar; es folgt also, daß der Grad m dieser Schar gleich $\frac{l-1}{2}$ ist und somit jede Einheit in $k(\zeta)$ die Relativnorm einer Einheit in K ist. Es ist demnach

$$t + m - \frac{l+1}{2} = 0$$

und damit der Satz 158 auch in diesem Falle bestätigt.

§ 148. Die sämtlichen ambigen Idealklassen.

Der Satz 158 hat eine merkwürdige Beziehung aufgedeckt, die zwischen der aus den ambigen Idealen entspringenden Klassenschar und derjenigen Einheitenschar stattfindet, die aus den Relativnormen sämtlicher Einheiten in K gebildet wird. Eine ebenso wichtige Beziehung herrscht zwischen der aus allen ambigen Klassen gebildeten Klassenschar und einer gewissen Einheitenschar in $k(\zeta)$. Wir sprechen folgenden Satz aus:

Satz 159. *Es sei t die Anzahl der Primideale, die in der Relativdiskriminante des regulären Kummerschen Körpers K vom Relativgrade l aufgehen; ferner mögen alle diejenigen Einheiten in $k(\zeta)$, welche gleich Relativnormen sei es von Einheiten, sei es von gebrochenen Zahlen des Körpers K sind, eine Ein-*

heitenschar vom Grade n bilden: dann besitzt die aus sämtlichen ambigen Klassen bestehende Klassenschar den Grad $t + n - \frac{l+1}{2}$.

Beweis. Es habe m die Bedeutung wie in Satz 158. Fällt *erstens* $n = m$ aus, so stimmt die jetzt in Frage kommende Einheitenschar mit der in Satz 158 behandelten Einheitenschar überein, d. h. wenn eine Einheit in $k(\zeta)$ gleich der Relativnorm einer gebrochenen Zahl in K ist, so ist sie stets auch gleich der Relativnorm einer Einheit in K. Wir beweisen nun, daß in diesem Falle die Klassenschar, die aus den ambigen Idealen entspringt, die Schar sämtlicher ambigen Klassen darstellt. In der Tat, wenn A eine beliebige ambige Klasse in K und $\mathfrak{A}$ ein Ideal aus A ist, so können wir $\mathfrak{A}^{1-S} = \mathsf{A}$ setzen in solcher Weise, daß A eine geeignete ganze oder gebrochene Zahl in K bedeutet, und die Relativnorm $N_k(\mathsf{A})$ wird dann offenbar gleich einer Einheit ϑ des Körpers $k(\zeta)$. Da dann unter der gegenwärtigen Annahme $n = m$ nach dem soeben bemerkten auch eine Einheit H in K gefunden werden kann derart, daß $N_k(\mathsf{H}) = \vartheta$ wird, so haben wir $N_k(\mathsf{A}^{-1}\mathsf{H}) = 1$ und folglich nach Satz 90 $\mathsf{A}^{-1}\mathsf{H} = \mathsf{B}^{1-S}$ oder $\mathsf{A}\mathsf{B}^{1-S} = \mathsf{H}$, wo B eine geeignete ganze Zahl in K ist. Wegen $\mathsf{A} = \mathfrak{A}^{1-S}$ wird $(\mathfrak{A}\mathsf{B})^{1-S} = 1$, d. h. es ist $\mathfrak{A}\mathsf{B}$ gleich dem Produkte aus einem ambigen Ideal und einem Ideal in $k(\zeta)$, und es entsteht also die Klasse A durch Multiplikation einer Klasse, die ein ambiges Ideal enthält, mit einer Klasse, die Ideale in $k(\zeta)$ enthält. Damit ist unsere Behauptung bewiesen und der Grad der aus sämtlichen ambigen Klassen gebildeten Klassenschar ist nunmehr mit Rücksicht auf Satz 158 gleich

$$t + m - \frac{l+1}{2},$$

wie es im vorliegenden Falle $n = m$ dem Satz 159 entspricht.

Es sei *zweitens* $n = m + 1$; dann kommt in $k(\zeta)$ eine Einheit ϑ vor, die zwar nicht die Relativnorm einer Einheit in K, aber doch die Relativnorm einer gebrochenen Zahl A in K ist, und es muß sich jede andere Einheit ϑ' von der nämlichen Natur durch die Einheit ϑ solcher Gestalt $\vartheta' = \vartheta^a \eta$ ausdrücken lassen, daß a ein ganzer rationaler Exponent und η die Relativnorm einer Einheit in K ist. Wir setzen

$$\mathsf{A} = \mathfrak{P}_1^{G_1(S)} \cdots \mathfrak{P}_r^{G_r(S)},$$

wo $\mathfrak{P}_1, \ldots, \mathfrak{P}_r$ voneinander verschiedene Primideale in K bedeuten sollen, von denen keine zwei zueinander relativ konjugiert sind, und wo $G_1(S), \ldots, G_r(S)$ ganzzahlige Funktionen vom $(l-1)$-ten Grade in S sind. Wegen $N_k(\mathsf{A}) = \vartheta$ folgt

$$(\mathfrak{P}_1^{G_1(S)} \cdots \mathfrak{P}_r^{G_r(S)})^{1+S+\cdots+S^{l-1}} = 1,$$

und hieraus entnehmen wir leicht, daß die Funktionen $G_1(S), \ldots, G_r(S)$

sämtlich durch $1 - S$ teilbar sein müssen. Setzen wir

$$G_1(S) = (1 - S)\, G_1^*(S), \ldots, G_r(S) = (1 - S)\, G_r^*(S)$$

und

$$\mathfrak{P}_1^{G_1^*(S)} \ldots \mathfrak{P}_r^{G_r^*(S)} = \mathfrak{A}\alpha,$$

wo $\mathfrak{A}$ ein Ideal in K und α eine ganze oder gebrochene Zahl in $k(\zeta)$ ist, so wird $\mathsf{A} = \mathfrak{A}^{1-S}$. Hieraus folgt zunächst, daß $\mathfrak{A}$ eine ambige Klasse bestimmt. Diese ambige Klasse, sie heiße A, enthält kein Ideal, welches das Produkt eines ambigen Ideals mit einem Ideal des Körpers $k(\zeta)$ wäre. In der Tat, wäre dies der Fall, so könnten wir $\mathfrak{A} = \Gamma \mathfrak{L} \mathfrak{j}$ setzen so, daß Γ eine ganze oder gebrochene Zahl in K, ferner $\mathfrak{L}$ ein ambiges Ideal in K und $\mathfrak{j}$ ein Ideal in $k(\zeta)$ bedeutet; dann aber wäre $\mathfrak{A}^{1-S} = \Gamma^{1-S}$, d. h. $\mathsf{A} = \mathsf{H}\Gamma^{1-S}$, wo H eine Einheit in K ist. Hieraus würde $N_k(\mathsf{A}) = N_k(\mathsf{H}) = \vartheta$ folgen, was der vorausgesetzten Beschaffenheit der Einheit ϑ widerspricht.

Wir wollen nun für die gegenwärtige Annahme $n = m + 1$ den Nachweis führen, daß jede überhaupt vorhandene ambige Klasse A' in der Gestalt $A' = A^a L c$ dargestellt werden kann, wo A^a eine Potenz der soeben bestimmten Klasse A bedeutet, wo ferner L eine Klasse mit ambigem Ideal und c eine solche Klasse bedeutet, die unter ihren Idealen Ideale desKörpers $k(\zeta)$ enthält. Zu dem Zwecke nehmen wir aus A' ein beliebiges Ideal $\mathfrak{A}'$; dann können wir $\mathfrak{A}'^{1-S} = \mathsf{A}'$ setzen in solcher Weise, daß A' eine geeignete ganze oder gebrochene Zahl in K wird. Es ist sodann $N_k(\mathsf{A}') = \vartheta'$ eine Einheit in $k(\zeta)$; wir setzen unserer Voraussetzung entsprechend $N_k(\mathsf{A}') = \vartheta^a \eta$, wo ϑ, a, η die oben erklärte Bedeutung haben sollen. Es sei A die oben betrachtete Zahl für welche $\vartheta = N_k(\mathsf{A})$ ist; es sei ferner $\eta = N_k(\mathsf{H})$, wo H eine Einheit in K bedeute. Aus diesen Gleichungen ergibt sich $N_k(\mathsf{A}'^{-1}\mathsf{A}^a\mathsf{H}) = 1$, und daher wird nach Satz 90 $\mathsf{A}'^{-1}\mathsf{A}^a\mathsf{H} = \Gamma^{1-S}$, wo Γ eine geeignete ganze Zahl in K ist; hieraus entnehmen wir $(\mathfrak{A}'^{-1}\mathfrak{A}^a\Gamma^{-1})^{1-S} = 1$. Die letztere Gleichung zeigt, daß $\mathfrak{A}'^{-1}\mathfrak{A}^a\Gamma^{-1}$ nach Multiplikation mit einer geeigneten ganzen Zahl des Körpers $k(\zeta)$ das Produkt eines ambigen Ideals $\mathfrak{L}$ in ein Ideal $\mathfrak{j}$ des Körpers $k(\zeta)$ wird; wir haben somit $\mathfrak{A}' \sim \mathfrak{A}^a \mathfrak{L} \mathfrak{j}$. Es geht daraus in dem vorliegenden Falle $n = m + 1$ hervor, daß der Grad der aus sämtlichen ambigen Klassen bestehenden Klassenschar $t + m + 1 - \frac{l+1}{2}$ beträgt, und dies ist die Aussage des Satzes 159 für diesen Fall.

Nehmen wir *drittens* $n = m + 2$ an, so existiert in $k(\zeta)$ außer der Einheit ϑ noch eine Einheit ϑ', welche die Relativnorm einer gebrochenen Zahl A' in K ist, und für die dennoch keine Darstellung von der Gestalt $\vartheta' = \vartheta^a \eta$ möglich ist, wo ϑ^a eine Potenz der oben eingeführten Einheit ϑ und η die Relativnorm einer Einheit in K bedeuten soll. Wir setzen

$$\mathsf{A}' = \mathfrak{P}_1'^{G_1'(S)} \ldots \mathfrak{P}_{r'}'^{G_{r'}'(S)},$$

wo $\mathfrak{P}_1', \ldots, \mathfrak{P}_{r'}'$ solche Primideale in K bedeuten sollen, von denen keine zwei einander gleich oder relativ konjugiert sind, und wo $G_1'(S), \ldots, G_{r'}'(S)$ ganzzahlige Funktionen vom $(l-1)$-ten Grade in S sind. Wegen $N_k(\mathsf{A}') = \vartheta'$ folgt

$$(\mathfrak{P}_1'^{G_1'(S)} \ldots \mathfrak{P}_{r'}'^{G_{r'}'(S)})^{1+S+\cdots+S^{l-1}} = 1,$$

und hieraus entnehmen wir leicht, daß die Funktionen $G_1'(S), \ldots, G_{r'}'(S)$ sämtlich durch $1 - S$ teilbar sein müssen. Setzen wir

$$G_1'(S) = (1-S)\, G_1'^*(S), \ \ldots, \ G_{r'}'(S) = (1-S)\, G_{r'}'^*(S)$$

und

$$\mathfrak{P}_1'^{G_1'^*(S)} \ldots \mathfrak{P}_{r'}'^{G_{r'}'^*(S)} = \mathfrak{A}'\alpha',$$

so daß $\mathfrak{A}'$ ein Ideal in K und α' eine ganze oder gebrochene Zahl in $k(\zeta)$ ist, so wird $\mathsf{A}' = \mathfrak{A}'^{1-S}$. Das Ideal $\mathfrak{A}'$ bestimmt daher eine ambige Klasse A'. Diese Klasse ist nicht in der Gestalt $A' = A^a L c$ darstellbar, wo A^a eine Potenz der Klasse A, L eine Klasse mit einem ambigen Ideal und c eine Klasse mit Idealen in $k(\zeta)$ bedeutet. In der Tat, eine solche Darstellung der Klasse A' hätte für das Ideal $\mathfrak{A}'$ eine Darstellung $\mathfrak{A}' = \Gamma \mathfrak{A}^a \mathfrak{L} \mathfrak{j}$ zur Folge, wo Γ eine Zahl in K, ferner $\mathfrak{L}$ ein ambiges Ideal und $\mathfrak{j}$ ein Ideal in $k(\zeta)$ bedeuten soll; dann aber wäre $\mathfrak{A}'^{1-S} = \Gamma^{1-S} \mathfrak{A}^{a(1-S)} = \Gamma^{1-S} \mathsf{A}^a$, d. h. $\mathsf{A}' = \mathsf{H} \Gamma^{1-S} \mathsf{A}^a$, wo H eine Einheit in K ist. Durch Bildung der Relativnorm ergäbe sich nunmehr $N_k(\mathsf{A}') = \vartheta' = \vartheta^a N_k(\mathsf{H})$, und das Vorhandensein einer solchen Relation haben wir oben ausgeschlossen.

Bei der gegenwärtigen Annahme $n = m + 2$ muß jede Einheit ϑ'' in $k(\zeta)$, welche die Relativnorm einer Zahl in K ist, in der Gestalt $\vartheta'' = \vartheta'^{a'} \vartheta^a \eta$ darstellbar sein, so daß a', a ganze rationale Exponenten sind und η die Relativnorm einer Einheit in K bedeutet. Indem wir diesen Umstand berücksichtigen, können wir durch ähnliche Überlegungen, wie im vorigen Falle $n = m + 1$, zeigen, daß überhaupt jede vorhandene ambige Klasse A'' in der Gestalt $A'^{a'} A^a L c$ sich darstellen läßt, wo A', A die eben bestimmten ambigen Klassen sind und L eine Klasse mit ambigem Ideal, c eine Klasse mit Idealen in $k(\zeta)$ ist. Daraus geht dann hervor, daß der Grad der aus allen ambigen Klassen bestehenden Klassenschar genau $t + m + 2 - \frac{l+1}{2}$ beträgt, wie es der Satz 159 für den Fall $n = m + 2$ aussagt.

Durch Fortsetzung der eingeleiteten Schlußweise erhalten wir den vollständigen Beweis des Satzes 159.

§ 149. Das Charakterensystem einer Zahl und eines Ideals im regulären Kummerschen Körper.

Es handelt sich nun darum, diejenige Einteilung der Idealklassen eines aus dem regulären Kreiskörper $k(\zeta)$ entspringenden Kummerschen Körpers $K = k(\sqrt[l]{\mu}, \zeta)$ zu erörtern, welche der Einteilung der Klassen eines quadratischen Körpers in Geschlechter entspricht. Wir bezeichnen die verschiedenen in der Relativdiskriminante des Körpers K aufgehenden Primideale des Körpers $k(\zeta)$, deren Anzahl t sei, mit $\mathfrak{l}_1, \ldots, \mathfrak{l}_t$. Zu einer beliebigen ganzen Zahl $\nu (\neq 0)$ in $k(\zeta)$ gehören dann bestimmte Werte der t einzelnen Symbole

$$\left\{\frac{\nu, \mu}{\mathfrak{l}_1}\right\}, \ldots, \left\{\frac{\nu, \mu}{\mathfrak{l}_t}\right\}; \tag{139}$$

diese Symbole bedeuten l-te Einheitswurzeln gemäß ihrer Definition in § 131. Diese t Einheitswurzeln (139) sollen das **Charakterensystem der Zahl** ν im Kummerschen Körper K heißen. Um auch einem jeden Ideal $\mathfrak{J}$ des Kummerschen Körpers K in bestimmter Weise ein Charakterensystem zuzuordnen, bilden wir die Relativnorm $N_k(\mathfrak{J}) = \mathfrak{j}$. Ferner bezeichnen wir mit h die Anzahl der Idealklassen in $k(\zeta)$ und bestimmen eine ganze rationale positive Zahl h^* derart, daß $hh^* \equiv 1$ nach l wird. Dann ist $\mathfrak{j}^{hh^*}$ sicher ein Hauptideal in $k(\zeta)$; wir setzen $\mathfrak{j}^{hh^*} = (\nu)$, wo ν eine ganze Zahl in $k(\zeta)$ sein soll. Nunmehr verstehen wir unter ξ_1 eine Einheit in $k(\zeta)$. Haben dann für jede beliebige Einheit ξ_1 alle t Symbole

$$\left\{\frac{\xi_1, \mu}{\mathfrak{l}_1}\right\}, \ldots, \left\{\frac{\xi_1, \mu}{\mathfrak{l}_t}\right\}$$

durchweg den Wert 1, so setzen wir $r = t$ und bezeichnen die r Einheitswurzeln

$$\left\{\frac{\nu, \mu}{\mathfrak{l}_1}\right\}, \ldots, \left\{\frac{\nu, \mu}{\mathfrak{l}_r}\right\}$$

als das **Charakterensystem des Ideals** $\mathfrak{J}$; dasselbe ist dann durch das Ideal $\mathfrak{J}$ völlig eindeutig bestimmt.

Es sei andererseits eine spezielle Einheit ε_1 in $k(\zeta)$ vorhanden, für welche wenigstens eines der t Symbole

$$\left\{\frac{\varepsilon_1, \mu}{\mathfrak{l}_1}\right\}, \ldots, \left\{\frac{\varepsilon_1, \mu}{\mathfrak{l}_t}\right\}$$

von 1 verschieden ausfällt; dann können wir, ohne damit eine Beschränkung einzuführen, annehmen, es sei etwa $\left\{\frac{\varepsilon_1, \mu}{\mathfrak{l}_t}\right\} = \zeta$. Wir betrachten nun alle diejenigen Einheiten ξ_2 in $k(\zeta)$, für welche $\left\{\frac{\xi_2, \mu}{\mathfrak{l}_t}\right\} = 1$ wird. Es sei unter diesen weiter eine solche Einheit $\xi_2 = \varepsilon_2$ vorhanden, für welche wenigstens eines der $t-1$ Symbole

$$\left\{\frac{\varepsilon_2, \mu}{\mathfrak{l}_1}\right\}, \ldots, \left\{\frac{\varepsilon_2, \mu}{\mathfrak{l}_{t-1}}\right\}$$

von 1 verschieden ausfällt; dann können wir annehmen, es sei etwa $\left\{\frac{\varepsilon_2, \mu}{\mathfrak{l}_{t-1}}\right\} = \zeta$. Wir betrachten nunmehr alle diejenigen Einheiten ξ_3, für welche sowohl $\left\{\frac{\xi_3, \mu}{\mathfrak{l}_t}\right\} = 1$ als auch $\left\{\frac{\xi_3, \mu}{\mathfrak{l}_{t-1}}\right\} = 1$ wird, und sehen nach, ob unter diesen eine Einheit $\xi_3 = \varepsilon_3$ vorhanden ist, für welche wenigstens eines der $t - 2$ Symbole

$$\left\{\frac{\varepsilon_3,\mu}{\mathfrak{l}_1}\right\}, \ldots, \left\{\frac{\varepsilon_3,\mu}{\mathfrak{l}_{t-2}}\right\}$$

von 1 verschieden ausfällt. Fahren wir in der geeigneten Weise fort, so erhalten wir schließlich eine gewisse Anzahl r^* und dazu ein System von r^* Einheiten $\varepsilon_1, \varepsilon_2, \ldots, \varepsilon_{r^*}$ des Körpers $k(\zeta)$ von der Art, daß bei geeigneter Anordnung der Primideale $\mathfrak{l}_1, \ldots, \mathfrak{l}_t$ die Gleichungen

$$\left.\begin{array}{l}
\left\{\frac{\varepsilon_1,\mu}{\mathfrak{l}_t}\right\} = \zeta, \\
\left\{\frac{\varepsilon_2,\mu}{\mathfrak{l}_t}\right\} = 1, \quad \left\{\frac{\varepsilon_2,\mu}{\mathfrak{l}_{t-1}}\right\} = \zeta \\
\left\{\frac{\varepsilon_3,\mu}{\mathfrak{l}_t}\right\} = 1, \quad \left\{\frac{\varepsilon_3,\mu}{\mathfrak{l}_{t-1}}\right\} = 1, \quad \left\{\frac{\varepsilon_3,\mu}{\mathfrak{l}_{t-2}}\right\} = \zeta, \\
\cdots\cdots\cdots\cdots\cdots\cdots \\
\left\{\frac{\varepsilon_{r^*},\mu}{\mathfrak{l}_t}\right\} = 1, \quad \left\{\frac{\varepsilon_{r^*},\mu}{\mathfrak{l}_{t-1}}\right\} = 1, \quad \left\{\frac{\varepsilon_{r^*},\mu}{\mathfrak{l}_{t-2}}\right\} = 1, \ldots, \left\{\frac{\varepsilon_{r^*},\mu}{\mathfrak{l}_{t-r^*+1}}\right\} = \zeta
\end{array}\right| \quad (140)$$

gelten, und daß außerdem für eine jede solche Einheit ξ, die den r^* Gleichungen

$$\left\{\frac{\xi,\mu}{\mathfrak{l}_t}\right\} = 1, \quad \left\{\frac{\xi,\mu}{\mathfrak{l}_{t-1}}\right\} = 1, \ldots, \left\{\frac{\xi,\mu}{\mathfrak{l}_{t-r^*+1}}\right\} = 1$$

genügt, notwendig auch die $r = t - r^*$ Symbole

$$\left\{\frac{\xi,\mu}{\mathfrak{l}_1}\right\}, \ldots, \left\{\frac{\xi,\mu}{\mathfrak{l}_r}\right\}$$

sämtlich den Wert 1 besitzen.

Wir multiplizieren nunmehr die vorhin aus dem Ideal $\mathfrak{J}$ gebildete Zahl ν des Körpers $k(\zeta)$ derart mit Potenzen der Einheiten $\varepsilon_1, \ldots, \varepsilon_{r^*}$, daß das entstehende Produkt $\bar{\nu}$ den Gleichungen

$$\left\{\frac{\bar{\nu},\mu}{\mathfrak{l}_t}\right\} = 1, \quad \left\{\frac{\bar{\nu},\mu}{\mathfrak{l}_{t-1}}\right\} = 1, \ldots, \left\{\frac{\bar{\nu},\mu}{\mathfrak{l}_{t-r^*+1}}\right\} = 1$$

genügt; dann bezeichne ich die $r = t - r^*$ Einheiten

$$\chi_1(\mathfrak{J}) = \left\{\frac{\bar{\nu},\mu}{\mathfrak{l}_1}\right\}, \ldots, \chi_r(\mathfrak{J}) = \left\{\frac{\bar{\nu},\mu}{\mathfrak{l}_r}\right\}$$

als das **Charakterensystem des Ideals** $\mathfrak{J}$. Dasselbe ist durch das Ideal $\mathfrak{J}$ völlig eindeutig bestimmt. In § 151 wird gezeigt werden, daß stets $r^* < t$ und mithin $r \geqq 1$ wird.

§ 150. Das Charakterensystem einer Idealklasse und der Begriff des Geschlechtes.

Mit Rücksicht auf den Satz 151 und die dazu auf S. 274 angefügten Bemerkungen erkennen wir sofort die Tatsache:

Satz 160. Die Ideale ein und derselben Klasse eines regulären Kummerschen Körpers besitzen sämtlich dasselbe Charakterensystem.

Auf diese Weise ist überhaupt einer jeden Idealklasse ein bestimmtes Charakterensystem zuzuordnen. Wir rechnen, ähnlich wie es in § 66 für den quadratischen Körper geschehen ist, alle diejenigen Idealklassen, welche ein und dasselbe Charakterensystem besitzen, in ein **Geschlecht** und definieren insbesondere das **Hauptgeschlecht** als die Gesamtheit aller derjenigen Klassen, deren Charakterensystem aus lauter Einheiten 1 besteht. Da das Charakterensystem der Hauptklasse offenbar von der letzteren Eigenschaft ist, so gehört insbesondere die Hauptklasse stets zum Hauptgeschlecht. Aus der ersten Formel in (80) und in (83) auf S. 265 und S. 266 entnehmen wir leicht die folgenden Tatsachen: Wenn G und G' zwei beliebige Geschlechter sind und jede Klasse in G mit jeder Klasse in G' multipliziert wird, so bilden sämtliche solche Produkte wiederum ein Geschlecht; dieses werde das **Produkt der Geschlechter** G und G' genannt. Das Charakterensystem desselben erhalten wir durch Multiplikation der entsprechenden Charaktere der beiden Geschlechter G und G'.

Aus der eben aufgestellten Definition der Geschlechter leuchtet ferner ein, daß die zu einer Klasse C relativ konjugierten Klassen $SC, \ldots, S^{l-1}C$ zu demselben Geschlechte wie C selbst gehören, und hieraus folgt, daß die $(1-S)$-te symbolische Potenz C^{1-S} einer jeden Klasse C stets zum Hauptgeschlecht gehört. Endlich ist offenbar, daß jedes Geschlecht des Kummerschen Körpers gleichviel Klassen enthält.

§ 151. Obere Grenze für den Grad der aus sämtlichen ambigen Klassen bestehenden Klassenschar.

Es entsteht, entsprechend wie in der Theorie des quadratischen Körpers, die wichtige Frage, ob ein System von r beliebig vorgelegten l-ten Einheitswurzeln stets das Charakterensystem für ein Geschlecht des Kummerschen Körpers sein kann. Diese Frage findet erst in Kapitel 34 ihre vollständige Erledigung. In diesem und in den nächsten Paragraphen werden lediglich einige für das Spätere notwendige Hilfssätze bewiesen.

Hilfssatz 33. Wenn t und n die Bedeutung wie in Satz 159 haben und r die Anzahl der Charaktere ist, welche das Geschlecht einer Klasse des Kummerschen Körpers bestimmen, so ist stets

$$t + n - \frac{l+1}{2} \leqq r - 1.$$

Beweis. Es seien $\varepsilon_1, \ldots, \varepsilon_{r^*}$ diejenigen besonderen r^* Einheiten des Körpers $k(\zeta)$, welche in § 149 eingeführt worden sind. Es ist dann $r = t - r^*$. Ferner mögen $\vartheta_1, \ldots, \vartheta_n$ eine Basis für diejenige Einheitenschar in $k(\zeta)$ bilden, welche aus allen Einheiten in $k(\zeta)$ besteht, die Relativnormen von Zahlen in K sind. Wir nehmen nun an, es gäbe zwischen den $r^* + n$ Einheiten

$\varepsilon_1, \ldots, \varepsilon_{r^*}, \vartheta_1, \ldots, \vartheta_n$ eine Relation von der Gestalt

$$\varepsilon_1^{a_1} \ldots \varepsilon_{r^*}^{a_{r^*}} \vartheta_1^{b_1} \ldots \vartheta_n^{b_n} = \varepsilon^l, \tag{141}$$

so daß die Exponenten $a_1, \ldots, a_{r^*}, b_1, \ldots, b_n$ ganze rationale, nicht sämtlich durch l teilbare Zahlen sind und ε eine geeignete Einheit in $k(\zeta)$ vorstellt; dann müßte für $u = 1, 2, \ldots, t$ stets

$$\left\{\frac{\varepsilon_1^{a_1} \ldots \varepsilon_{r^*}^{a_{r^*}} \vartheta_1^{b_1} \ldots \vartheta_n^{b_n}, \mu}{\mathfrak{l}_u}\right\} = 1$$

ausfallen, und wenn wir berücksichtigen, daß die Einheiten $\vartheta_1, \ldots, \vartheta_n$ sämtlich Relativnormen von Zahlen in K sind und daher stets $\left\{\frac{\vartheta_v, \mu}{\mathfrak{l}_u}\right\} = 1$ für $u = 1, 2, \ldots, t$, und $v = 1, 2, \ldots, n$ sein muß, so ergibt sich auch

$$\left\{\frac{\varepsilon_1^{a_1} \ldots \varepsilon_{r^*}^{a_{r^*}}, \mu}{\mathfrak{l}_u}\right\} = 1$$

für $u = 1, 2, \ldots, t$. Wegen der Formeln (140) für die Einheiten $\varepsilon_1, \ldots, \varepsilon_{r^*}$ ist dies nur möglich, wenn die Exponenten $a_1, \ldots, a_{r^*}$ sämtlich durch l teilbar sind, und die Relation (141) würde somit die Gestalt

$$\vartheta_1^{b_1} \cdot \cdot \vartheta_n^{b_n} = \varepsilon^{*l}$$

annehmen, wo ε^* wiederum eine Einheit in $k(\zeta)$ bedeutet. Das Bestehen einer solchen Relation ist aber, da $\vartheta_1, \ldots, \vartheta_n$ die Basis einer Einheitenschar in $k(\zeta)$ bilden, nur möglich, falls die Exponenten $b_1, \ldots, b_n$ sämtlich durch l teilbar sind. Daraus folgt, daß eine Relation von der Gestalt (141), wie wir sie annahmen, nicht statthaben kann, d. h. die Einheiten $\varepsilon_1, \ldots, \varepsilon_{r^*}, \vartheta_1, \ldots, \vartheta_n$ bilden eine Basis einer Einheitenschar; es ist der Grad dieser Einheitenschar $r^* + n$, und da der Grad einer Einheitenschar höchstens $\frac{l-1}{2}$ sein kann, so haben wir $r^* + n \leqq \frac{l-1}{2}$; hiermit deckt sich die Aussage des Hilfssatzes 33. Da $t + n - \frac{l+1}{2} \geqq 0$ ist, so folgt insbesondere, daß stets $r^* < t$, also $r \geqq 1$ ausfällt.

§ 152. Die Komplexe des regulären Kummerschen Körpers.

Es sei h die Anzahl der Idealklassen des regulären Kreiskörpers $k(\zeta)$: dann gibt es in dem Kummerschen Körper $K = k(\sqrt[l]{\mu}, \zeta)$ genau h voneinander verschiedene Idealklassen, welche unter ihren Idealen Ideale des Kreiskörpers $k(\zeta)$ enthalten. In der Tat, jede Klasse in $k(\zeta)$ liefert offenbar eine Klasse in K von der fraglichen Art; würden nun zwei verschiedene Klassen c_1, c_2 in $k(\zeta)$ Ideale enthalten, die in K einander äquivalent sind, so würde ein Ideal $\mathfrak{j}$ in $k(\zeta)$ aus der Klasse $\frac{c_1}{c_2}$ stets zu einem Hauptideal im Körper K werden müssen.

Nach Satz 153 wäre dann aber $\mathfrak{j}$ auch ein Hauptideal in $k(\zeta)$, und dies ist gegen die Annahme $c_1 \neq c_2$.

Ist nun C eine beliebige Klasse in K und sind $c_1, \ldots, c_h$ diejenigen h Klassen in K, welche Ideale in $k(\zeta)$ enthalten, so nenne ich das System der h Klassen $c_1 C, \ldots, c_h C$ einen **Komplex**. Der Komplex, welcher aus den h Klassen $c_1, \ldots, c_h$ besteht, heiße der **Hauptkomplex** und werde mit 1 bezeichnet. Die h Klassen eines beliebigen Komplexes P gehören offenbar sämtlich zu dem nämlichen Geschlecht; ich bezeichne dieses Geschlecht als das **Geschlecht des Komplexes** P.

Wenn eine Klasse eines Komplexes P ambig ist, so sind sämtliche Klassen dieses Komplexes ambig; den Komplex P nenne ich dann einen **ambigen Komplex.**

Wenn P und P' zwei ambige Komplexe sind und jede Klasse in P mit jeder Klasse in P' multipliziert wird, so bilden sämtliche solche Produkte wiederum einen Komplex; dieser werde das **Produkt der Komplexe** P, P' genannt und mit PP' bezeichnet. Wenn C eine Klasse in P ist, so werde derjenige Komplex, zu welchem die relativ konjugierte Klasse SC gehört, mit SP bezeichnet; ferner nenne ich denjenigen Komplex Q, der nach der Multiplikation mit SP den Komplex P ergibt, die **symbolische** $(1 - S)$**-te Potenz des Komplexes** P und bezeichne ihn mit $Q = P^{1-S}$.

Wenn insbesondere die symbolische $(1 - S)$-te Potenz eines Komplexes P den Hauptkomplex 1 liefert, so ist P ein ambiger Komplex. In der Tat, wenn C eine Klasse in P ist, so folgt aus $P^{1-S} = 1$ offenbar $C^{1-S} = c$, wo c eine der h Idealklassen $c_1, \ldots, c_h$ ist. Bilden wir auf beiden Seiten der letzten Gleichung die Relativnorm, so erhalten wir $1 = c^l$, und da andererseits auch $c^h = 1$ ist, so folgt $c = 1$, d. h. $C^{1-S} = 1$; mithin ist C eine ambige Klasse und daher P ein ambiger Komplex.

§ 153. Obere Grenze für die Anzahl der Geschlechter in einem regulären Kummerschen Körper.

Hilfssatz 34. Wenn t und n die Bedeutung wie in Satz 159 haben und g die Anzahl der Geschlechter des regulären Kummerschen Körpers K bezeichnet, so fällt stets $g \leqq l^{t+n-\frac{l+1}{2}}$ aus.

Beweis. Wenn g die Anzahl der Geschlechter in dem Kummerschen Körper K ist, so zerfallen, wie man unmittelbar aus der Definition des Geschlechtes eines Komplexes ersieht, auch die Komplexe genau in g Geschlechter. Bezeichnen wir daher mit f die Anzahl der Komplexe vom Hauptgeschlecht, so ist die Anzahl aller überhaupt vorhandenen Komplexe, welche M heiße, genau $M = fg$.

Wir wollen nun die Anzahl a der ambigen Komplexe ermitteln. Zu dem Zwecke bedenken wir, daß nach Satz 159 der Grad der aus allen ambigen Klassen bestehenden Klassenschar gleich $t+n-\frac{l+1}{2}$ ist. Es sei $A_1, \ldots, A_{t+n-\frac{l+1}{2}}$ eine Basis dieser Klassenschar, dann stellt der Ausdruck

$$A_1^{u_1} \cdots A_{t+n-\frac{l+1}{2}}^{u_{t+n-\frac{l+1}{2}}},$$

wenn die Exponenten $u_1, \ldots, u_{t+n-\frac{l+1}{2}}$ unabhängig voneinander die Werte $0, 1, \ldots, l-1$ durchlaufen, lauter ambige Klassen dar, welche in verschiedenen Komplexen liegen, und es werden somit durch diese Klassen genau $l^{t+n-\frac{l+1}{2}}$ Komplexe bestimmt. Jede vorhandene ambige Klasse A ist in der Gestalt

$$A = A_1^{a_1} \cdots A_{t+n-\frac{l+1}{2}}^{a_{t+n-\frac{l+1}{2}}} C$$

darstellbar, wo $a_1, \ldots, a_{t+n-\frac{l+1}{2}}$ ganze rationale Exponenten sind und C eine Klasse in $k(\zeta)$ bedeutet. Berücksichtigen wir nun, daß die l-ten Potenzen der ambigen Klassen $A_1, \ldots, A_{t+n-\frac{l+1}{2}}$ Klassen sind, welche Ideale des Körpers $k(\zeta)$ enthalten, so folgt, daß A notwendig einem der oben bestimmten $l^{t+n-\frac{l+1}{2}}$ Komplexe angehören muß, und mithin ist die gesuchte Anzahl $a = l^{t+n-\frac{l+1}{2}}$.

Aus den Definitionen in § 150 und § 152 geht unmittelbar hervor, daß die symbolische $(1-S)$-te Potenz eines beliebigen Komplexes stets ein Komplex des Hauptgeschlechtes ist. Wir fassen nun diejenigen Komplexe des Hauptgeschlechtes ins Auge, welche $(1-S)$-te symbolische Potenzen von Komplexen sind; ihre Anzahl sei f'; wir bezeichnen sie mit $P_1, \ldots, P_{f'}$, und wir mögen $P_1 = G_1^{1-S}, \ldots, P_{f'} = G_{f'}^{1-S}$ haben, wo $G_1, \ldots, G_{f'}$ gewisse Komplexe bedeuten. Ist jetzt P ein beliebiger Komplex, so ist P^{1-S} notwendig ein bestimmter der f' Komplexe $P_1, \ldots, P_f$; es sei etwa $P^{1-S} = P_v$. Dann folgt $P^{1-S} = G_v^{1-S}$, d. h. $(PG_v^{-1})^{1-S} = 1$, und somit ist PG_v^{-1} ein bestimmter ambiger Komplex A; es wird $P = AG_v$, und folglich stellt der Ausdruck AG_v alle Komplexe dar, sobald A alle ambigen Komplexe und G_v die f' Komplexe $G_1, \ldots, G_{f'}$ durchläuft. Auch ist klar, daß diese Darstellung für jeden Komplex nur auf eine Weise möglich ist; es ist daher die Anzahl aller überhaupt vorhandenen Komplexe $M = af'$. Die Zusammenstellung dieser

Gleichung mit der vorhin gefundenen $M = gf$ liefert $af' = gf$, und wegen $f' \leqq f$ folgt hieraus $g \leqq a$, d. h. $g \leqq l^{t+n-\frac{l+1}{2}}$, und hiermit ist der Hilfssatz 34 bewiesen.

Aus den beiden Hilfssätzen 33 und 34 folgt sofort die weitere Tatsache:

Hilfssatz 35. Wenn in einem regulären Kummerschen Körper r die Anzahl der Charaktere ist, welche das Geschlecht einer Klasse bestimmen, so ist die Anzahl der Geschlechter jenes Körpers $g \leqq l^{r-1}$.

33. Das Reziprozitätsgesetz für l-te Potenzreste im regulären Kreiskörper.

§ 154. Das Reziprozitätsgesetz für l-te Potenzreste und die Ergänzungssätze.

Die bisher dargelegte Theorie des Kummerschen Körpers liefert uns die Hilfsmittel zum Beweise gewisser fundamentaler Gesetze über l-te Potenzreste im regulären Kreiskörper, welche den Reziprozitätsgesetzen für quadratische Reste im Gebiete der rationalen Zahlen entsprechen, und welche das in § 115 entwickelte Eisensteinsche Reziprozitätsgesetz (Satz 140) zwischen einer beliebigen Zahl in $k(\zeta)$ und einer rationalen Zahl als besonderen Fall enthalten. Um diese Gesetze für l-te Potenzreste in ihrer einfachsten Gestalt aussprechen zu können, verallgemeinern wir das in § 113 und § 127 definierte Symbol $\left\{\frac{\mu}{\mathfrak{w}}\right\}$ in folgender Weise:

Es sei h die Anzahl der Idealklassen in $k(\zeta)$; dann bestimmen wir eine ganze rationale positive Zahl h^* so, daß $hh^* \equiv 1$ nach l wird. Bedeutet dann $\mathfrak{p}$ ein beliebiges, von $\mathfrak{l}$ verschiedenes Primideal in $k(\zeta)$, so ist stets $\mathfrak{p}^{hh^*}$ ein Hauptideal in $k(\zeta)$; wir setzen $\mathfrak{p}^{hh^*} = (\pi)$, so daß π eine ganze Zahl in $k(\zeta)$ ist, und nehmen hierin, was dem Satze 157 zufolge geschehen kann, die Zahl π primär an. Eine solche ganze Zahl π heiße eine **Primärzahl von $\mathfrak{p}$**. Es hat dann, da jede primäre Einheit in $k(\zeta)$ zufolge einer Bemerkung auf S. 288 die l-te Potenz einer Einheit in $k(\zeta)$ ist, π in bezug auf jedes von $\mathfrak{p}$ verschiedene Primideal einen völlig bestimmten Potenzcharakter. Bedeutet nun $\mathfrak{q}$ ein beliebiges, von $\mathfrak{l}$ und von $\mathfrak{p}$ verschiedenes Primideal in $k(\zeta)$, so wird das **Symbol** $\left\{\frac{\mathfrak{p}}{\mathfrak{q}}\right\}$ durch die Formel

$$\left\{\frac{\mathfrak{p}}{\mathfrak{q}}\right\} = \left\{\frac{\pi}{\mathfrak{q}}\right\}$$

definiert. Das Symbol $\left\{\frac{\mathfrak{p}}{\mathfrak{q}}\right\}$ ist somit eine durch die zwei Primideale $\mathfrak{p}$ und $\mathfrak{q}$ eindeutig bestimmte l-te Einheitswurzel. Mit Benutzung dieses Symbols sprechen wir folgende Tatsache aus:

Satz 161. *Sind $\mathfrak{p}$ und $\mathfrak{q}$ voneinander und von dem Primideal $\mathfrak{l}$ verschiedene Primideale des regulären Kreiskörpers $k(\zeta)$, so gilt die Regel*

$$\left\{\frac{\mathfrak{p}}{\mathfrak{q}}\right\} = \left\{\frac{\mathfrak{q}}{\mathfrak{p}}\right\},$$

das sogenannte Reziprozitätsgesetz für l-te Potenzreste. Außerdem gelten, wenn ξ eine beliebige Einheit in $k(\zeta)$ und π eine Primärzahl von dem Primideal $\mathfrak{p}$ bedeutet, die Regeln

$$\left\{\frac{\xi}{\mathfrak{p}}\right\} = \left\{\frac{\pi,\, \xi}{\mathfrak{l}}\right\}, \quad \left\{\frac{\lambda}{\mathfrak{p}}\right\} = \left\{\frac{\pi,\, \lambda}{\mathfrak{l}}\right\},$$

die beiden sogenannten Ergänzungssätze zum Reziprozitätsgesetz für l-te Potenzreste [Kummer (*10, 12, 18, 19, 20, 21*)].

Wir führen den Nachweis dieses Fundamentalsatzes in den folgenden Paragraphen § 155 bis § 161 des gegenwärtigen Kapitels durch schrittweises Vorgehen, indem wir für besondere reguläre Kummersche Körper die im vorigen Kapitel gefundenen Sätze und Hilfssätze zur Anwendung bringen.

§ 155. Die Primideale erster und zweiter Art im regulären Kreiskörper.

Es ist für die folgenden Entwicklungen von Nutzen, zwei Arten von Primidealen in $k(\zeta)$ zu unterscheiden: ein solches von $\mathfrak{l}$ verschiedenes Primideal $\mathfrak{p}$ in $k(\zeta)$, nach welchem nicht jede vorhandene Einheit in $k(\zeta)$ l-ter Potenzrest ist, möge ein **Primideal erster Art** heißen; dagegen möge jedes von $\mathfrak{l}$ verschiedene Primideal $\mathfrak{q}$ in $k(\zeta)$, nach welchem alle Einheiten in $k(\zeta)$ l-te Potenzreste sind, ein **Primideal zweiter Art** heißen [Kummer (*20*)]. Wir beweisen zunächst folgende Hilfssätze:

Hilfssatz 36. Wenn ξ und ε beliebige Einheiten des regulären Kreiskörpers $k(\zeta)$ sind und $\lambda = 1 - \zeta$, $\mathfrak{l} = (\lambda)$ gesetzt wird, so gelten stets die Gleichungen

$$\left\{\frac{\xi,\, \varepsilon}{\mathfrak{l}}\right\} = 1, \quad \left\{\frac{\lambda,\, \varepsilon}{\mathfrak{l}}\right\} = 1.$$

Beweis. Wenn ε die l-te Potenz einer Einheit in $k(\zeta)$ ist, so leuchtet die Richtigkeit der aufgestellten Gleichungen von selbst ein. Andernfalls definiert $\sqrt[l]{\varepsilon}$ einen Kummerschen Körper $k(\sqrt[l]{\varepsilon}, \zeta)$, und zwar einen solchen, für welchen die Betrachtungen am Schluß des § 147 zutreffen. Es sind daher alle Einheiten in $k(\zeta)$ und zudem auch die Zahl λ Relativnormen von Zahlen in $k(\sqrt[l]{\varepsilon}, \zeta)$, und hieraus ergibt sich wegen Satz 151 die Richtigkeit der Gleichungen des Hilfssatzes 36.

Will man hier den Satz 151 für $\mathfrak{w} = \mathfrak{l}$ nur in dem auf S. 273 bis S. 274 ausführlich behandelten Fall anwenden, wo die betreffende Zahl $\mu \equiv 1 + \lambda$ nach $\mathfrak{l}^2$ ist, so mache man die letzten Schlüsse zunächst, indem man ζ^{l-1} für die Einheit ε nimmt; dann folgt $\left\{\frac{\xi,\, \zeta}{\mathfrak{l}}\right\} = 1$ und $\left\{\frac{\lambda,\, \zeta}{\mathfrak{l}}\right\} = 1$. Weiter bestimme man, wenn ε eine beliebige Einheit in $k(\zeta)$ bedeutet, eine solche l-te Einheitswurzel ζ^*, daß $\zeta^* \varepsilon^{l-1} \equiv 1 + \lambda$ nach $\mathfrak{l}^2$ ausfällt. Nimmt man dann im oben dargelegten Beweise $\zeta^* \varepsilon^{l-1}$ an Stelle der Einheit ε, so folgt unter Benutzung der zweiten Formel in (83) (S. 266) $\left\{\frac{\xi, \varepsilon}{\mathfrak{l}}\right\} = 1$ und in gleicher Weise $\left\{\frac{\lambda, \varepsilon}{\mathfrak{l}}\right\} = 1$.

Hilfssatz 37. Wenn $\mathfrak{p}$ ein Primideal erster Art und π eine Primärzahl von $\mathfrak{p}$ ist, so gibt es in $k(\zeta)$ stets wenigstens eine Einheit ε, für welche

$$\left\{\frac{\varepsilon, \pi}{\mathfrak{l}}\right\} \neq 1$$

ausfällt; ist dagegen ein Primideal $\mathfrak{q}$ zweiter Art vorgelegt und bedeutet $\varkappa$ eine Primärzahl von $\mathfrak{q}$, so gilt für jede Einheit ξ in $k(\zeta)$ die Gleichung

$$\left\{\frac{\xi, \varkappa}{\mathfrak{l}}\right\} = 1.$$

Beweis. Um die erste Aussage dieses Hilfssatzes zu beweisen, nehmen wir an, es gelte im Gegenteil für jede Einheit ξ in $k(\zeta)$ die Gleichung

$$\left\{\frac{\xi, \pi}{\mathfrak{l}}\right\} = 1.$$

Wir setzen $\pi \equiv a + b\lambda^e$ nach $\mathfrak{l}^{e+1}$, wobei a und b ganze rationale Zahlen sein sollen und e den größten Exponent $\leqq l-1$ bedeutet, für den jener Ansatz möglich ist. Da π eine primäre Zahl ist, so muß notwendig $e > 1$ und $\pi \cdot s^{\frac{l-1}{2}} \pi$ einer ganzen rationalen Zahl nach l kongruent sein; hierbei bedeutet $s^{\frac{l-1}{2}}$ die Substitution $(\zeta : \zeta^{-1})$ aus der Gruppe des Kreiskörpers $k(\zeta)$. Da $s^{\frac{l-1}{2}} \lambda \equiv -\lambda$ nach $\mathfrak{l}^2$ ist, so wird

$$\pi \cdot s^{\frac{l-1}{2}} \pi \equiv (a + b\,\lambda^e)(a + b\,(-\lambda)^e), \qquad (\mathfrak{l}^{e+1}),$$

und hieraus folgt, daß im Falle $e < l-1$ der Exponent e notwendig ungerade sein muß.

Wir haben nun beim Beweise des Hilfssatzes 29 gefunden, daß die $l^* = \frac{l-3}{2}$ dort mit $\varepsilon_1, \ldots, \varepsilon_{l^*}$ bezeichneten Einheiten des Kreiskörpers $k(\zeta)$ die Bedingungen

$$\left.\begin{aligned} &\mathfrak{l}^{(u)}(\varepsilon_t) \equiv 0, \quad (l), \quad (u \neq 2t) \\ &\mathfrak{l}^{(2t)}(\varepsilon_t) \not\equiv 0, \quad (l) \end{aligned}\right\} \qquad \begin{pmatrix} t = 1, 2, \cdots, l^*; \\ u = 1, 2, \cdots, l-2 \end{pmatrix}$$

erfüllen. Setzen wir in der ersten Gleichung dieses Beweises der Reihe nach für ξ die Werte $\varepsilon_1, \ldots, \varepsilon_{l^*}$ ein, so entspringen zufolge der Definition (82) des Symbols $\left\{\frac{\nu, \mu}{\mathfrak{l}}\right\}$ auf S. 266 und ihrer auf S. 266 gegebenen Ausdehnung die Kongruenzen

$$\mathfrak{l}^{(l-2)}(\pi^{l-1}) \equiv 0, \ \mathfrak{l}^{(l-4)}(\pi^{l-1}) \equiv 0, \ \mathfrak{l}^{(l-6)}(\pi^{l-1}) \equiv 0, \cdots, \ \mathfrak{l}^{(3)}(\pi^{l-1}) \equiv 0, \quad (l);$$

und diese lassen erkennen, daß in der Kongruenz $\pi \equiv a + b\lambda^e$ nach $\mathfrak{l}^{e+1}$ der Exponent e keinen der Werte $l-2, l-4, l-6, \ldots, 3$ haben darf. Stellen wir damit die oben gefundenen Bedingungen für e zusammen, so folgt, daß $e = l - 1$ sein muß. Da nun $\lambda^{l-1} \equiv -l$ nach $\mathfrak{l}^l$ wird, so ergibt sich $\pi \equiv a - bl$ nach $\mathfrak{l}^l$, und folglich genügt die Norm von π der Kongruenz

$$n(\pi) \equiv (a - bl)^{l-1} \equiv \pi^{l-1}, \quad (\mathfrak{l}^l).$$

Andererseits entnehmen wir aus der Definition des Symbols auf S. 266 unter Berücksichtigung des Hilfssatzes 24

$$\left\{\frac{\zeta, \pi}{\mathfrak{l}}\right\} = \zeta^{\frac{1-n(\pi)}{l}},$$

und da das Symbol linker Hand den Wert 1 haben soll, so folgt $n(\pi) \equiv 1$ nach l^2, d. h. $\pi^{l-1} \equiv 1$ nach $\mathfrak{l}^l$ oder $\pi \equiv \pi^l$ nach $\mathfrak{l}^l$. Nach Satz 148 besitzt infolge der letzteren Kongruenz der durch $\sqrt[l]{\pi}$ bestimmte Kummersche Körper $k(\sqrt[l]{\pi}, \zeta)$ eine zu $\mathfrak{l}$ prime Relativdiskriminante, und es ist mithin $\mathfrak{p}$ das einzige in der Relativdiskriminante von $k(\sqrt[l]{\pi}, \zeta)$ aufgehende Primideal. Setzen wir $\mathfrak{p} = \mathfrak{P}^l$, so ist $\mathfrak{P}$ das einzige ambige Primideal dieses Körpers. Aus $\sqrt[l]{\pi} = \mathfrak{P}^{hh^*} = \mathfrak{P}\,\mathfrak{p}^{\frac{hh^*-1}{l}}$ folgt, daß $\mathfrak{P}$ einem Ideal des Körpers $k(\zeta)$ äquivalent ist. Die aus allen ambigen Idealen entspringende Klassenschar hat also für den Kummerschen Körper $k(\sqrt[l]{\pi}, \zeta)$ den Grad 0. Da die Anzahl t der ambigen Ideale für diesen Körper 1 ist, so folgt nach Satz 158, wenn m die dort festgesetzte Bedeutung für diesen Körper hat, $1 + m - \frac{l+1}{2} = 0$, d. h. $m = \frac{l-1}{2}$. Es ist folglich jede Einheit ξ in $k(\zeta)$ die Relativnorm einer Einheit in $k(\sqrt[l]{\pi}, \zeta)$, und mithin wird nach Satz 151 stets $\left\{\frac{\xi, \pi}{\mathfrak{p}}\right\} = 1$ und also, da $\left\{\frac{\xi, \pi}{\mathfrak{p}}\right\} = \left\{\frac{\xi^{hh^*}}{\mathfrak{p}}\right\} = \left\{\frac{\xi}{\mathfrak{p}}\right\}$ ist, auch $\left\{\frac{\xi}{\mathfrak{p}}\right\} = 1$, entgegen unserer Annahme, wonach das Primideal $\mathfrak{p}$ von der ersten Art sein sollte.

Um die zweite Aussage des Hilfssatzes 37 zu beweisen, betrachten wir ähnlich wie im Beweise des Hilfssatzes 36 den Kummerschen Körper $k(\sqrt[l]{\xi}, \zeta)$, wo ξ eine beliebige Einheit in $k(\zeta)$, nur nicht die l-te Potenz einer Einheit in $k(\zeta)$, sein soll. Wie am Schlusse des § 147 bewiesen wurde, ist jede Einheit in $k(\zeta)$ die Relativnorm einer Einheit in $k(\sqrt[l]{\xi}, \zeta)$ und daher haben die beiden in Satz 158 und in Satz 159 bezeichneten Einheitenscharen für diesen Körper den gemeinsamen Grad

$$m = n = \frac{l-1}{2}.$$

Da ferner für ihn $t = 1$ ist, so folgt aus Hilfssatz 34 $g \leqq 1$; mithin ist $g = 1$, d. h. alle Idealklassen des Körpers $k(\sqrt[l]{\xi}, \zeta)$ gehören zum Hauptgeschlecht. Da $\mathfrak{q}$ ein Primideal zweiter Art sein soll, so ist $\left\{\frac{\xi}{\mathfrak{q}}\right\} = 1$, und mithin zerfällt nach Satz 149 $\mathfrak{q}$ in l voneinander verschiedene Primideale des Körpers $k(\sqrt[l]{\xi}, \zeta)$;

es sei $\mathfrak{Q}$ einer dieser Primfaktoren von $\mathfrak{q}$. Das Charakterensystem einer Zahl $\alpha (\neq 0)$ des Körpers $k(\zeta)$ in $k(\sqrt[l]{\xi}, \zeta)$ besteht aus dem einen Charakter $\left\{\frac{\alpha, \xi}{\mathfrak{l}}\right\}$; derselbe fällt nach Hilfssatz 36 stets gleich 1 aus, wenn man für α eine Einheit in $k(\zeta)$ nimmt. Der Charakter des Primideals $\mathfrak{Q}$ in $k(\sqrt[l]{\xi}, \zeta)$ hat daher den Wert $\left\{\frac{\varkappa, \xi}{\mathfrak{l}}\right\}$, und dieser muß wegen der vorhin bewiesenen Tatsache gleich 1 sein. Damit ist der Hilfssatz 37 vollständig bewiesen.

Will man wiederum Satz 151 für $\mathfrak{w} = \mathfrak{l}$ nur in dem Falle eines Körpers $k(\sqrt[l]{\mu}, \zeta)$, für den $\mu \equiv 1 + \lambda$ nach $\mathfrak{l}^2$ ist, als bewiesen annehmen, so gilt auch die Einteilung der Geschlechter und insbesondere der Hilfssatz 34 nur für diesen Fall. Wir müssen dann zum Beweise der zweiten Aussage des Hilfssatzes 37 erst $\xi = \zeta^{l-1}$ und dann $\xi = \zeta^* \varepsilon^{l-1}$ wählen, wobei ε eine beliebige Einheit in $k(\zeta)$ und ζ^* dazu eine solche l-te Einheitswurzel bedeute, daß $\zeta^* \varepsilon^{l-1} \equiv 1 + \lambda$ nach $\mathfrak{l}^2$ wird. Durch Verbindung der beiden sich dabei ergebenden Resultate erkennen wir dann die vollständige Richtigkeit der zweiten Aussage des Hilfssatzes 37.

§ 156. Hilfssätze über Primideale erster Art im regulären Kreiskörper.

Wir beweisen der Reihe nach folgende Hilfssätze über Primideale erster Art im Körper $k(\zeta)$:

Hilfssatz 38. Es sei $\mathfrak{p}$ ein Primideal erster Art im regulären Kreiskörper $k(\zeta)$ und π eine Primärzahl von $\mathfrak{p}$. Wenn es dann eine Einheit ε in $k(\zeta)$ gibt, so daß

$$\left\{\frac{\pi, \varepsilon}{\mathfrak{l}}\right\} \neq 1, \quad \left\{\frac{\varepsilon}{\mathfrak{p}}\right\} = \left\{\frac{\pi, \varepsilon}{\mathfrak{l}}\right\}$$

statthat, so gilt für jede beliebige Einheit ξ in $k(\zeta)$ die Gleichung:

$$\left\{\frac{\xi}{\mathfrak{p}}\right\} = \left\{\frac{\pi, \xi}{\mathfrak{l}}\right\}.$$

Beweis. Der durch $\sqrt[l]{\pi}$ bestimmte Kummersche Körper $k(\sqrt[l]{\pi}, \zeta)$ besitzt, weil $\mathfrak{p}$ ein Primideal erster Art ist, nach dem Beweise des Hilfssatzes 37 zwei ambige Primideale $\mathfrak{L}$ und $\mathfrak{P}$, nämlich diejenigen, deren l-te Potenzen $\mathfrak{l}$ bez. $\mathfrak{p}$ sind. Da das ambige Primideal $\mathfrak{P}$ offenbar Hauptideal in $k(\sqrt[l]{\pi}, \zeta)$ ist, so beträgt für diesen Körper der Grad der aus den ambigen Idealen entspringenden Klassenschar 0 oder 1, je nachdem $\mathfrak{L}$ Hauptideal ist oder nicht. Wegen des Satzes 158 besitzt daher, wenn m die dort erklärte Bedeutung für den Körper $k(\sqrt[l]{\pi}, \zeta)$ hat, die Zahl $2 + m - \frac{l+1}{2}$ den Wert 0 der 1, d. h. es ist $m = \frac{l-3}{2}$ oder $m = \frac{l-1}{2}$. Da die Einheit ε infolge der Voraussetzung

$\left\{\frac{\varepsilon, \pi}{\mathfrak{l}}\right\} \neq 1$ mit Rücksicht auf Satz 151 sicher nicht die Relativnorm einer Einheit des Körpers $k(\sqrt[l]{\pi}, \zeta)$ ist, so haben wir notwendigerweise $m = \frac{l-3}{2}$, und es ist sodann jede Einheit ξ in $k(\zeta)$ in der Gestalt $\xi = \varepsilon^a \vartheta$ darstellbar, wo a ein ganzer rationaler Exponent und ϑ eine solche Einheit bedeutet, die sich als Relativnorm einer Einheit in $k(\sqrt[l]{\pi}, \zeta)$ erweist. Aus dem letzteren Grunde ist wegen Satz 151

$$\left\{\frac{\vartheta, \pi}{\mathfrak{l}}\right\} = 1, \quad \left\{\frac{\vartheta, \pi}{\mathfrak{p}}\right\} = \left\{\frac{\vartheta}{\mathfrak{p}}\right\} = 1$$

und also auch $\left\{\frac{\pi, \vartheta}{\mathfrak{l}}\right\} = \left\{\frac{\vartheta}{\mathfrak{p}}\right\}$; hieraus folgt unter Benutzung der zweiten Formel in (83) (S. 266) auch $\left\{\frac{\pi, \xi}{\mathfrak{l}}\right\} = \left\{\frac{\xi}{\mathfrak{p}}\right\}$, und damit ist der Beweis für den Hilfssatz 38 erbracht.

Soll Satz 151 für $\mathfrak{w} = \mathfrak{l}$ nur in dem Falle eines Körpers $k(\sqrt[l]{\mu}, \zeta)$, für den $\mu \equiv 1 + \lambda$ nach $\mathfrak{l}^2$ ist, angewandt werden, so bestimme man eine l-te Einheitswurzel ζ^* derart, daß $\zeta^* \pi^{l-1} \equiv 1 + \lambda$ nach $\mathfrak{l}^2$ wird, und dann betrachte man, indem man im übrigen wie in dem oben dargelegten Beweise verfährt, an Stelle des Körpers $k(\sqrt[l]{\pi}, \zeta)$ den Körper $k(\sqrt[l]{\zeta^* \pi^{l-1}}, \zeta)$. Wenn man schließlich noch den Hilfssatz 36 zuzieht, folgt dann der Hilfssatz 38 vollständig.

Hilfssatz 39. Wenn $\mathfrak{p}, \mathfrak{p}^*$ zwei Primideale erster Art in $k(\zeta)$ und π, π^* Primärzahlen bez. von $\mathfrak{p}, \mathfrak{p}^*$ sind, wenn ferner für jede beliebige Einheit ξ in $k(\zeta)$

$$\left\{\frac{\xi}{\mathfrak{p}}\right\} = \left\{\frac{\pi, \xi}{\mathfrak{l}}\right\}, \quad \left\{\frac{\xi}{\mathfrak{p}^*}\right\} = \left\{\frac{\pi^*, \xi}{\mathfrak{l}}\right\}$$

wird, so ist

$$\left\{\frac{\mathfrak{p}}{\mathfrak{p}^*}\right\} = \left\{\frac{\mathfrak{p}^*}{\mathfrak{p}}\right\}.$$

Beweis. Da $\mathfrak{p}^*$ ein Primideal erster Art ist, so können wir eine Einheit ε in $k(\zeta)$ derart bestimmen, daß $\left\{\frac{\varepsilon \pi}{\mathfrak{p}^*}\right\} = 1$ wird. Wir betrachten nun den Kummerschen Körper $k(\sqrt[l]{\varepsilon \pi}, \zeta)$. Da die Relativdiskriminante dieses Körpers nur die beiden Primfaktoren $\mathfrak{l}$ und $\mathfrak{p}$ enthält, so besteht das Charakterensystem einer Zahl $\alpha (\neq 0)$ in $k(\zeta)$ für diesen Körper aus den zwei Charakteren $\left\{\frac{\alpha, \varepsilon\pi}{\mathfrak{l}}\right\}$ und $\left\{\frac{\alpha, \varepsilon\pi}{\mathfrak{p}}\right\} = \left\{\frac{\alpha}{\mathfrak{p}}\right\}$. Wegen $\left\{\frac{\varepsilon\pi}{\mathfrak{p}^*}\right\} = 1$ ist $\mathfrak{p}^*$ in $k(\sqrt[l]{\varepsilon\pi}, \zeta)$ weiter zerlegbar; es sei $\mathfrak{P}^*$ ein Primfaktor von $\mathfrak{p}^*$ in diesem Körper. Um das Charakterensystem von $\mathfrak{P}^*$ zu bilden, bedenken wir, daß $\mathfrak{p}$ ein Primideal erster Art ist; es läßt sich dann eine Einheit ε^* in $k(\zeta)$ bestimmen, für welche $\left\{\frac{\varepsilon^* \pi^*}{\mathfrak{p}}\right\} = 1$ wird und es besteht das Charakterensystem von $\mathfrak{P}^*$ aus dem einen Charakter $\left\{\frac{\varepsilon^* \pi^*, \varepsilon\pi}{\mathfrak{l}}\right\}$. Wir entnehmen mithin aus dem Hilfssatz 35 $g \leqq 1$ für den Körper $k(\sqrt[l]{\varepsilon\pi},\zeta)$, d. h. in diesem Körper gehört jede Idealklasse dem Hauptgeschlecht an, und der zuletzt genannte Charakter besitzt daher den Wert 1. Wir haben nun $\left\{\frac{\varepsilon\pi}{\mathfrak{p}^*}\right\}=1$, d. h. wegen der Formel auf S. 228

$$\left\{\frac{\mathfrak{p}}{\mathfrak{p}^*}\right\}=\left\{\frac{\varepsilon}{\mathfrak{p}^*}\right\}^{-1}; \tag{142}$$

ferner $\left\{\frac{\varepsilon^*\pi^*}{\mathfrak{p}}\right\}=1$, d. h.

$$\left\{\frac{\mathfrak{p}^*}{\mathfrak{p}}\right\}=\left\{\frac{\varepsilon^*}{\mathfrak{p}}\right\}^{-1}, \tag{143}$$

und endlich $\left\{\frac{\varepsilon^*\pi^*,\,\varepsilon\pi}{\mathfrak{l}}\right\}=1$ oder mit Benutzung von (83), (S. 266)

$$\left\{\frac{\varepsilon^*,\,\varepsilon}{\mathfrak{l}}\right\}\left\{\frac{\varepsilon^*,\,\pi}{\mathfrak{l}}\right\}\left\{\frac{\pi^*,\,\varepsilon}{\mathfrak{l}}\right\}\left\{\frac{\pi^*,\,\pi}{\mathfrak{l}}\right\}=1.$$

Da nach Hilfssatz 36 $\left\{\frac{\varepsilon^*,\,\varepsilon}{\mathfrak{l}}\right\}=1$ und nach Hilfssatz 30 $\left\{\frac{\pi^*,\,\pi}{\mathfrak{l}}\right\}=1$ ist, so geht letztere Formel in

$$\left\{\frac{\pi,\,\varepsilon^*}{\mathfrak{l}}\right\}=\left\{\frac{\pi^*,\,\varepsilon}{\mathfrak{l}}\right\} \tag{144}$$

über. Da wegen der von uns gemachten Voraussetzung

$$\left\{\frac{\pi,\,\varepsilon^*}{\mathfrak{l}}\right\}=\left\{\frac{\varepsilon^*}{\mathfrak{p}}\right\} \quad \text{und} \quad \left\{\frac{\pi^*,\,\varepsilon}{\mathfrak{l}}\right\}=\left\{\frac{\varepsilon}{\mathfrak{p}^*}\right\}$$

ist, so folgt aus (144) $\left\{\frac{\varepsilon^*}{\mathfrak{p}}\right\}=\left\{\frac{\varepsilon}{\mathfrak{p}^*}\right\}$, und diese Gleichung liefert mit Benutzung der Formeln (142), (143) die im Hilfssatz 39 behauptete Gleichung.

Will man wiederum den Satz 151 für $\mathfrak{w}=\mathfrak{l}$ nur in dem Falle eines Körpers $k(\sqrt[l]{\mu},\zeta)$ anwenden, für den $\mu\equiv 1+\lambda$ nach $\mathfrak{l}^2$ ausfällt, so wähle man im obigen Beweise die Einheit ε derart, daß man außer $\left\{\frac{\varepsilon\pi}{\mathfrak{p}^*}\right\}=1$ noch bei einem geeigneten, zu l primen Exponenten a $(\varepsilon\pi)^a\equiv 1+\lambda$ nach $\mathfrak{l}^2$ hat. Eine Bestimmung der Einheit ε in dieser Weise ist, wie man leicht sieht, sicher stets dann möglich, wenn $\left\{\frac{\zeta}{\mathfrak{p}^*}\right\}=1$ ist. Ist aber $\left\{\frac{\zeta}{\mathfrak{p}^*}\right\}\neq 1$ und zugleich $\left\{\frac{\pi}{\mathfrak{p}^*}\right\}\neq 1$, so kann jene Bedingung ebenfalls erfüllt werden, indem man für ε eine geeignete Potenz von ζ nimmt. Ob die fragliche Bedingung sich erfüllen läßt, bleibt also nur dann zweifelhaft, wenn gleichzeitig $\left\{\frac{\zeta}{\mathfrak{p}^*}\right\}\neq 1$ und $\left\{\frac{\pi}{\mathfrak{p}^*}\right\}=1$ ausfällt. In diesem Falle vertauschen wir bei dem obigen Beweise die Rollen von $\mathfrak{p},\pi$ einerseits und $\mathfrak{p}^*,\pi^*$ andererseits; dann bleibt offenbar nur noch der Fall unerledigt, daß zugleich $\left\{\frac{\zeta}{\mathfrak{p}^*}\right\}\neq 1$, $\left\{\frac{\zeta}{\mathfrak{p}}\right\}\neq 1$ und $\left\{\frac{\pi}{\mathfrak{p}^*}\right\}=1$, $\left\{\frac{\pi^*}{\mathfrak{p}}\right\}=1$ ausfällt. In diesem Falle erkennt man aber aus den letzten zwei Beziehungen die Behauptung des Hilfssatzes 39 ohne weiteres als richtig.

Hilfssatz 40. Wenn $\mathfrak{p}$ ein Primideal erster Art in $k(\zeta)$ ist und π eine Primärzahl von $\mathfrak{p}$ bedeutet, und wenn für jede beliebige Einheit ξ in $k(\zeta)$ die Gleichung

$$\left\{\frac{\xi}{\mathfrak{p}}\right\} = \left\{\frac{\pi,\xi}{\mathfrak{l}}\right\}$$

besteht, wenn ferner $\mathfrak{p}^*$ ein solches von $\mathfrak{p}$ verschiedenes Primideal erster Art ist, daß

$$\left\{\frac{\mathfrak{p}}{\mathfrak{p}^*}\right\} = \left\{\frac{\mathfrak{p}^*}{\mathfrak{p}}\right\} \neq 1$$

ausfällt, so gibt es stets eine Einheit ε in $k(\zeta)$ von der Art, daß

$$\left\{\frac{\varepsilon}{\mathfrak{p}^*}\right\} = \left\{\frac{\pi^*,\varepsilon}{\mathfrak{l}}\right\} \neq 1$$

wird, wobei π^* eine Primärzahl von $\mathfrak{p}^*$ bezeichnet.

Beweis. Wir verfahren zuvörderst genau wie beim Beweise des vorigen Hilfssatzes und gelangen so unter Einführung gewisser Einheiten ε und ε^* wieder zu den drei Formeln (142), (143), (144). Nun ist wegen der Voraussetzung des Hilfssatzes 40 $\left\{\frac{\varepsilon^*}{\mathfrak{p}}\right\} = \left\{\frac{\pi,\varepsilon^*}{\mathfrak{l}}\right\}$; hieraus und wegen $\left\{\frac{\mathfrak{p}}{\mathfrak{p}^*}\right\} = \left\{\frac{\mathfrak{p}^*}{\mathfrak{p}}\right\} \neq 1$ folgt in Verbindung mit den drei genannten Formeln die Richtigkeit des Hilfssatzes 40.

Soll Satz 151 nur für den Fall $\mu \equiv 1 + \lambda$ nach $\mathfrak{l}^2$ zur Anwendung gelangen, so hat man im vorstehenden Beweise nur nötig, die Einheit ε so zu bestimmen, daß außer der Gleichung $\left\{\frac{\varepsilon\pi}{\mathfrak{p}^*}\right\} = 1$ noch die Kongruenz $(\varepsilon\pi)^a \equiv 1 + \lambda$ nach $\mathfrak{l}^2$ bei einem zu l primen Exponenten a erfüllt wird; es ist eine solche Bestimmung von ε hier stets möglich.

§ 157. Ein besonderer Fall des Reziprozitätsgesetzes für zwei Primideale.

Satz 162. Wenn $\mathfrak{p}$ und $\mathfrak{q}$ irgend zwei beliebige Primideale eines regulären Kreiskörpers sind, für welche $\left\{\frac{\mathfrak{p}}{\mathfrak{q}}\right\} = 1$ gilt, so ist stets auch $\left\{\frac{\mathfrak{q}}{\mathfrak{p}}\right\} = 1$.

Beweis. Es seien $\pi, \varkappa$ Primärzahlen bez. von $\mathfrak{p}, \mathfrak{q}$. Wir betrachten den Kummerschen Körper $k(\sqrt[l]{\pi}, \zeta)$ und unterscheiden zwei Fälle, je nachdem $\mathfrak{p}$ ein Primideal erster oder zweiter Art ist.

Im ersten Falle enthält die Relativdiskriminante von $k(\sqrt[l]{\pi}, \zeta)$ die zwei Primideale $\mathfrak{l}$ und $\mathfrak{p}$, und es gibt nach Hilfssatz 37 eine Einheit ε in $k(\zeta)$, für welche der Charakter $\left\{\frac{\varepsilon,\pi}{\mathfrak{l}}\right\} \neq 1$ ausfällt. Das Charakterensystem eines Ideals in $k(\sqrt[l]{\pi}, \zeta)$ besteht daher nur aus einem Charakter, d. h. es ist $r = 1$ und nach Hilfssatz 35 auch $g = 1$. Wegen $\left\{\frac{\pi}{\mathfrak{q}}\right\} = 1$ ist $\mathfrak{q}$ in $k(\sqrt[l]{\pi}, \zeta)$ weiter zerlegbar;

es sei $\mathfrak{Q}$ ein Primfaktor von $\mathfrak{q}$ in diesem Körper. Da $\pi, \varkappa$ primär sind, so fällt nach Hilfssatz 30 (S. 289) $\left\{\frac{\varkappa, \pi}{\mathfrak{l}}\right\} = 1$ aus, und da $\mathfrak{Q}$ zum Hauptgeschlecht gehört, so ist auch $\left\{\frac{\varkappa, \pi}{\mathfrak{p}}\right\} = \left\{\frac{\mathfrak{q}}{\mathfrak{p}}\right\} = 1$, wie es der Satz 162 behauptet.

Wenn $\mathfrak{p}$ ein Primideal zweiter Art ist, so gilt nach Hilfssatz 37 für jede Einheit ξ in $k(\zeta)$ die Gleichung $\left\{\frac{\xi, \pi}{\mathfrak{l}}\right\} = 1$, und folglich enthält, wie im Beweise des Hilfssatzes 37 gezeigt worden ist, die Relativdiskriminante von $k(\sqrt[l]{\pi}, \zeta)$ nur das eine Primideal $\mathfrak{p}$. Es ist daher wiederum $r = 1$ und $g = 1$. Wegen $\left\{\frac{\pi}{\mathfrak{q}}\right\} = 1$ ist $\mathfrak{q}$ in $k(\sqrt[l]{\pi}, \zeta)$ weiter zerlegbar. Es sei $\mathfrak{Q}$ ein Primfaktor von $\mathfrak{q}$ in diesem Körper. Da $\mathfrak{Q}$ zum Hauptgeschlecht gehört, und mit Rücksicht auf $\left\{\frac{\xi, \pi}{\mathfrak{l}}\right\} = 1$ ist $\left\{\frac{\varkappa, \pi}{\mathfrak{p}}\right\} = \left\{\frac{\mathfrak{q}}{\mathfrak{p}}\right\} = 1$, und damit ist der Satz 162 vollständig bewiesen.

Soll wiederum Satz 151 und dementsprechend auch Hilfssatz 35 für $\mathfrak{w} = \mathfrak{l}$ nur in dem Fall eines Körpers $k(\sqrt[l]{\mu}, \zeta)$, für den $\mu \equiv 1 + \lambda$ nach $\mathfrak{l}^2$ ist, angewandt werden, so ist zum Beweise des Satzes 162 im ersten der beiden vorhin unterschiedenen Fälle der folgende Zusatz erforderlich.

Wenn $\mathfrak{p}$ ein beliebiges Primideal und π eine Primärzahl von $\mathfrak{p}$ ist, so erkennen wir aus der Definition des Symbols $\left\{\frac{\nu, \mu}{\mathfrak{l}}\right\}$ auf S. 266 und mit Rücksicht auf Hilfssatz 24 (S. 267) die Richtigkeit der Gleichung

$$\left\{\frac{\pi, \zeta}{\mathfrak{l}}\right\} = \zeta^{\frac{n(\mathfrak{p})-1}{l}} = \left\{\frac{\zeta}{\mathfrak{p}}\right\}. \tag{145}$$

Ist nun das Primideal $\mathfrak{q}$ von der Beschaffenheit, daß $\left\{\frac{\zeta}{\mathfrak{q}}\right\} = 1$ ausfällt, so bestimmen wir eine l-te Einheitswurzel ζ^* derart, daß $\zeta^* \pi^{l-1} \equiv 1 + \lambda$ nach $\mathfrak{l}^2$ ausfällt, und fassen statt des Kummerschen Körpers $k(\sqrt[l]{\pi}, \zeta)$ den Körper $k(\sqrt[l]{\zeta^* \pi^{l-1}}, \zeta)$ ins Auge. Wir wenden dann die oben dargelegte Schlußweise an. Da

$$\left\{\frac{\varkappa, \zeta^* \pi^{l-1}}{\mathfrak{l}}\right\} = \left\{\frac{\varkappa, \zeta^*}{\mathfrak{l}}\right\}\left\{\frac{\varkappa, \pi}{\mathfrak{l}}\right\}^{l-1}$$

wird und, wie oben, $\left\{\frac{\varkappa, \pi}{\mathfrak{l}}\right\} = 1$ ist, andererseits mit Rücksicht auf die in (145) angegebene Tatsache $\left\{\frac{\varkappa, \zeta}{\mathfrak{l}}\right\} = \left\{\frac{\zeta}{\mathfrak{q}}\right\} = 1$ ausfällt, so folgt $\left\{\frac{\varkappa, \zeta^* \pi^{l-1}}{\mathfrak{l}}\right\} = 1$, und deshalb schließen wir $\left\{\frac{\varkappa, \zeta^* \pi^{l-1}}{\mathfrak{p}}\right\} = 1$, d. h. $\left\{\frac{\mathfrak{q}}{\mathfrak{p}}\right\} = 1$.

Es sei andererseits $\left\{\frac{\zeta}{\mathfrak{q}}\right\} \neq 1$. Da $\mathfrak{p}$ ein Primideal erster Art ist, so gibt es sicher eine Einheit ε_1, für welche $\left\{\frac{\varepsilon_1}{\mathfrak{p}}\right\} \neq 1$ ist, und ferner nach Hilfssatz 37 (S. 314) sicher eine Einheit ε_2, für welche $\left\{\frac{\varepsilon_2, \pi}{\mathfrak{l}}\right\} \neq 1$ ausfällt. Auch können wir diese Einheiten $\varepsilon_1, \varepsilon_2$ überdies beide so wählen, daß sie $\equiv 1 + \lambda$ nach $\mathfrak{l}^2$ sind. Wir entnehmen hieraus weiter die Existenz einer Einheit ε, für welche $\left\{\frac{\varepsilon}{\mathfrak{p}}\right\} \neq 1$ sowie $\left\{\frac{\varepsilon, \pi}{\mathfrak{l}}\right\} \neq 1$ ausfällt und überdies die Kongruenzeigenschaft $\varepsilon \equiv 1 + \lambda$ nach $\mathfrak{l}^2$ erfüllt ist. In der Tat, wenn diese Bedingungen weder für $\varepsilon = \varepsilon_1$ noch für $\varepsilon = \varepsilon_2$ zutreffen, so ist gleichzeitig $\left\{\frac{\varepsilon_1, \pi}{\mathfrak{l}}\right\} = 1$ und $\left\{\frac{\varepsilon_2}{\mathfrak{p}}\right\} = 1$, und dann würde $\varepsilon = (\varepsilon_1 \varepsilon_2)^{\frac{l+1}{2}}$ eine Einheit von der verlangten Beschaffenheit sein. Wir bestimmen nun eine solche Potenz $\eta = \varepsilon^a$ der Einheit ε, daß $\left\{\frac{\eta \varkappa}{\mathfrak{p}}\right\} = 1$ wird. Wäre nun $\left\{\frac{\varkappa}{\mathfrak{p}}\right\} \neq 1$, so fiele der Exponent a gewiß zu l prim aus, und folglich wäre $\left\{\frac{\eta, \pi}{\mathfrak{l}}\right\} \neq 1$. Es ist außerdem, da $\varkappa$ eine primäre Zahl darstellt, ersichtlich, daß eine gewisse Potenz von $\eta \varkappa$ mit einem zu l primen Exponenten der Zahl $1 + \lambda$ nach $\mathfrak{l}^2$ kongruent wird. Aus (145) und Hilfssatz 36 (S. 313) folgt noch $\left\{\frac{\zeta, \eta \varkappa}{\mathfrak{l}}\right\} \neq 1$. Der Kummersche Körper $k(\sqrt[l]{\eta \varkappa}, \zeta)$ besitzt deshalb nur ein Geschlecht. Wegen $\left\{\frac{\eta \varkappa}{\mathfrak{p}}\right\} = 1$ ist $\mathfrak{p}$ in diesem Körper weiter zerlegbar; ist $\mathfrak{P}$ ein in $\mathfrak{p}$ aufgehender Primfaktor dieses Körpers, so findet man den Charakter von $\mathfrak{P}$ gleich dem Symbol

$$\left\{\frac{\zeta^* \pi, \eta \varkappa}{\mathfrak{q}}\right\} = \left\{\frac{\zeta^* \pi}{\mathfrak{q}}\right\},$$

wenn ζ^* eine solche l-te Einheitswurzel bedeutet, daß $\left\{\frac{\zeta^* \pi, \eta \varkappa}{\mathfrak{l}}\right\} = 1$ ausfällt. Wegen der letzten Gleichung, und da $\left\{\frac{\zeta, \eta}{\mathfrak{l}}\right\} = 1$ ist, folgt $\left\{\frac{\zeta^*, \varkappa}{\mathfrak{l}}\right\}\left\{\frac{\pi, \eta}{\mathfrak{l}}\right\} = 1$, und wegen $\left\{\frac{\pi, \eta}{\mathfrak{l}}\right\} \neq 1$ ist also auch $\left\{\frac{\zeta^*, \varkappa}{\mathfrak{l}}\right\} \neq 1$, d. i. mit Rücksicht auf (145) $\left\{\frac{\zeta^*}{\mathfrak{q}}\right\} \neq 1$; somit ist $\zeta^* \neq 1$. Da aber jener eine Charakter des Primideals $\mathfrak{P}$ gleich 1 sein muß, so folgt wegen $\left\{\frac{\mathfrak{p}}{\mathfrak{q}}\right\} = 1$ notwendig auch $\left\{\frac{\zeta^*}{\mathfrak{q}}\right\} = 1$, und dies stünde im Widerspruch mit der eben gezogenen Folgerung.

§ 158. Das Vorhandensein gewisser Hilfsprimideale, für welche das Reziprozitätsgesetz gilt.

Auf Grund der Sätze 152, 140 und 162 erkennen wir leicht die Existenz gewisser Primideale, die in § 159 und § 160 zur Verwendung kommen werden. Es gelten folgende Tatsachen:

Hilfssatz 41. Wenn $\mathfrak{p}$ ein beliebiges Primideal des regulären Kreiskörpers $k(\zeta)$ bedeutet, so gibt es stets ein Primideal $\mathfrak{r}$ in $k(\zeta)$, welches den Bedingungen

$$\left\{\frac{\zeta}{\mathfrak{r}}\right\} \neq 1, \qquad \left\{\frac{\mathfrak{p}}{\mathfrak{r}}\right\} = \left\{\frac{\mathfrak{r}}{\mathfrak{p}}\right\} \neq 1$$

genügt.

Beweis. Es sei h die Klassenanzahl von $k(\zeta)$ und, wie in § 149 und § 154, h^* eine positive ganze rationale Zahl, so daß $hh^* \equiv 1$ nach l wird. Es sei p die rationale, durch $\mathfrak{p}$ teilbare Primzahl und $\pi = \mathfrak{p}^{hh^*}$ eine Primärzahl von $\mathfrak{p}$; ferner seien $\mathfrak{p}', \mathfrak{p}'', \ldots$ die untereinander und von $\mathfrak{p}$ verschiedenen, zu $\mathfrak{p}$ konjugierten Primideale in $k(\zeta)$ und $\pi' = \mathfrak{p}'^{hh^*}, \pi'' = \mathfrak{p}''^{hh^*}$ die betreffenden zu π konjugierten Zahlen in $k(\zeta)$; sie sind Primärzahlen bez. von $\mathfrak{p}', \mathfrak{p}'', \ldots$. Wir haben dann $p = \mathfrak{p}\mathfrak{p}'\mathfrak{p}''\ldots$; da ferner $\dfrac{p^{hh^*}}{\pi\pi'\pi''\ldots}$ eine Einheit in $k(\zeta)$ sein muß und überdies primär ausfällt, so stellt nach Satz 156 (s. auch S. 287) dieser Quotient die l-te Potenz einer Einheit ε in $k(\zeta)$ dar, es ist also

$$p^{hh^*} = \varepsilon^l \pi\pi'\pi'' \ldots.$$

Nunmehr wenden wir den Satz 152 (S. 276) an, indem wir dort

$$\alpha_1 = \zeta, \quad \alpha_2 = \pi, \quad \alpha_3 = \pi', \quad \alpha_4 = \pi'', \quad \alpha_5 = \pi''', \ldots,$$
$$\gamma_1 = \zeta, \quad \gamma_2 = \zeta, \quad \gamma_3 = 1, \quad \gamma_4 = 1, \quad \gamma_5 = 1, \ldots$$

nehmen. Da ζ nicht die l-te Potenz einer Einheit in $k(\zeta)$ ist und $\pi, \pi', \pi'', \ldots$ Potenzen von Primidealen sind, deren Exponenten zu l prim ausfallen, so sind die Voraussetzungen des Satzes 152 erfüllt, und es gibt daher nach diesem Satze in $k(\zeta)$ ein Primideal $\mathfrak{r}$, für welches bei irgendeinem geeigneten, zu l primen Exponenten m

$$\left\{\frac{\zeta}{\mathfrak{r}}\right\}^m = \zeta, \qquad \left\{\frac{\pi}{\mathfrak{r}}\right\}^m = \zeta, \qquad \left\{\frac{\pi'}{\mathfrak{r}}\right\}^m = 1, \qquad \left\{\frac{\pi''}{\mathfrak{r}}\right\}^m = 1, \ldots,$$

d. h.

$$\left\{\frac{\zeta}{\mathfrak{r}}\right\} = \zeta^*, \qquad \left\{\frac{\pi}{\mathfrak{r}}\right\} = \zeta^*, \qquad \left\{\frac{\pi'}{\mathfrak{r}}\right\} = 1, \qquad \left\{\frac{\pi''}{\mathfrak{r}}\right\} = 1, \ldots \tag{146}$$

wird, wo ζ^* eine von 1 verschiedene l-te Einheitswurzel darstellt. Aus (146) erhalten wir $\left\{\dfrac{p^{hh^*}}{\mathfrak{r}}\right\} = \left\{\dfrac{\varepsilon^{-l} p^{hh^*}}{\mathfrak{r}}\right\} = \left\{\dfrac{\pi\pi'\pi''\ldots}{\mathfrak{r}}\right\} = \zeta^*$, und folglich wird wegen Satz 140 (S. 231) auch $\left\{\dfrac{\varrho}{p^{hh^*}}\right\} = \zeta^*$, wo ϱ eine Primärzahl von $\mathfrak{r}$ bedeuten soll. Da nun wegen (146) nach Satz 162 (S. 319) $\left\{\dfrac{\varrho}{\pi'}\right\} = 1, \left\{\dfrac{\varrho}{\pi''}\right\} = 1, \ldots$ sein muß und

$$\left\{\frac{\varrho}{p^{hh^*}}\right\} = \left\{\frac{\varrho}{\pi}\right\}\left\{\frac{\varrho}{\pi'}\right\}\left\{\frac{\varrho}{\pi''}\right\}\ldots$$

ist, so erhalten wir $\left\{\dfrac{\varrho}{\pi}\right\} = \left\{\dfrac{\mathfrak{r}}{\mathfrak{p}}\right\} = \zeta^*$; damit ist gezeigt, daß das Primideal $\mathfrak{r}$ alle Bedingungen des Hilfssatzes 41 erfüllt.

Hilfssatz 42. Wenn $\mathfrak{p}$ ein beliebiges Primideal des regulären Kreiskörpers $k(\zeta)$ und π eine Primärzahl von $\mathfrak{p}$ bedeutet, wenn ferner ε eine beliebige Einheit in $k(\zeta)$, nur nicht die l-te Potenz einer Einheit in $k(\zeta)$ ist, so gibt es ein Primideal $\mathfrak{r}$ in $k(\zeta)$, das den Bedingungen

$$\left\{\frac{\varepsilon\pi}{\mathfrak{r}}\right\} = 1, \qquad \left\{\frac{\mathfrak{p}}{\mathfrak{r}}\right\} = \left\{\frac{\mathfrak{r}}{\mathfrak{p}}\right\} \neq 1$$

genügt.

Beweis. Es mögen $\pi, \pi', \pi'', \ldots$ für $\mathfrak{p}$ die Bedeutung wie im vorigen Hilfssatz 41 haben; wir nehmen in Satz 152 (S. 276)

$$\alpha_1 = \varepsilon\pi, \quad \alpha_2 = \pi, \quad \alpha_3 = \pi', \quad \alpha_4 = \pi'', \quad \alpha_5 = \pi''', \ldots,$$
$$\gamma_1 = 1, \quad \gamma_2 = \zeta, \quad \gamma_3 = 1, \quad \gamma_4 = 1, \quad \gamma_5 = 1, \ldots;$$

die Zahlen $\alpha_1, \alpha_2, \alpha_3, \alpha_4, \alpha_5, \ldots$ genügen wiederum, wie man leicht einsieht, der Voraussetzung des Satzes 152; es führt die entsprechende Schlußweise wie in Hilfssatz 41 zu einem Primideal $\mathfrak{r}$ von der hier verlangten Beschaffenheit.

§ 159. Beweis des ersten Ergänzungssatzes zum Reziprozitätsgesetz.

Um den ersten Ergänzungssatz für ein Primideal $\mathfrak{p}$ der ersten Art zu beweisen, wenden wir den Hilfssatz 41 an; diesem zufolge läßt sich ein Primideal $\mathfrak{r}$ bestimmen, für welches

$$\left\{\frac{\zeta}{\mathfrak{r}}\right\} \neq 1 \quad \text{und} \quad \left\{\frac{\mathfrak{r}}{\mathfrak{p}}\right\} = \left\{\frac{\mathfrak{p}}{\mathfrak{r}}\right\} \neq 1$$

wird, und das also gewiß ein Primideal erster Art ist. Nach Gleichung (145) haben wir für das Primideal $\mathfrak{r}$ die Gleichung

$$\left\{\frac{\zeta}{\mathfrak{r}}\right\} = \zeta^{\frac{n(\mathfrak{r})-1}{l}} = \left\{\frac{\varrho, \zeta}{\mathfrak{l}}\right\},$$

wo ϱ eine Primärzahl von $\mathfrak{r}$ bedeuten soll. Da $\left\{\frac{\zeta}{\mathfrak{r}}\right\} \neq 1$ ausfällt, so besteht nach Hilfssatz 38 (S. 316) auch für jede andere Einheit ξ in $k(\zeta)$ die Gleichung

$$\left\{\frac{\xi}{\mathfrak{r}}\right\} = \left\{\frac{\varrho, \xi}{\mathfrak{l}}\right\}$$

und demnach treffen die sämtlichen Bedingungen des Hilfssatzes 40 (S. 319) zu, wenn wir an Stelle der dort mit $\mathfrak{p}$ bez. $\mathfrak{p}^*$ bezeichneten Primideale die beiden Primideale $\mathfrak{r}$ bez. $\mathfrak{p}$ nehmen. Nach jenem Hilfssatze gibt es somit eine Einheit ε in $k(\zeta)$ derart, daß $\left\{\frac{\varepsilon}{\mathfrak{p}}\right\} = \left\{\frac{\pi, \varepsilon}{\mathfrak{l}}\right\} \neq 1$ wird, wobei π eine Primärzahl von $\mathfrak{p}$ bedeuten soll. Infolge dieser Tatsache ist nach Hilfssatz 38 (S. 316) auch für jede andere Einheit ξ in $k(\zeta)$ die Gleichung $\left\{\frac{\xi}{\mathfrak{p}}\right\} = \left\{\frac{\pi, \xi}{\mathfrak{l}}\right\}$ erfüllt, wie es der erste Ergänzungssatz behauptet.

Des weiteren bedeute $\mathfrak{q}$ ein Primideal zweiter Art in $k(\zeta)$. Dann ist nach der Definition eines solchen Primideals für jede Einheit ξ in $k(\zeta)$ stets $\left\{\frac{\xi}{\mathfrak{q}}\right\} = 1$, und wenn $\varkappa$ eine Primärzahl von $\mathfrak{q}$ bezeichnet, so ist nach Hilfssatz 37 (S. 314) stets auch $\left\{\frac{\varkappa, \xi}{\mathfrak{l}}\right\} = 1$. Es gilt daher in der Tat wiederum der erste Ergänzungssatz $\left\{\frac{\xi}{\mathfrak{q}}\right\} = \left\{\frac{\varkappa, \xi}{\mathfrak{l}}\right\}$.

§ 160. Beweis des Reziprozitätsgesetzes zwischen zwei beliebigen Primidealen.

Nachdem der erste Ergänzungssatz in § 159 bewiesen worden ist, folgt aus Hilfssatz 39 (S. 317) sofort die Richtigkeit des Reziprozitätsgesetzes für zwei beliebige Primideale erster Art.

Es sei *zweitens* ein Primideal $\mathfrak{p}$ erster Art und ein Primideal $\mathfrak{q}$ zweiter Art vorgelegt; π und $\varkappa$ seien Primärzahlen von $\mathfrak{p}$ und $\mathfrak{q}$. Im Falle, daß $\left\{\frac{\mathfrak{q}}{\mathfrak{p}}\right\}=1$ ausfällt, folgt aus Satz 162 (S. 319) $\left\{\frac{\mathfrak{p}}{\mathfrak{q}}\right\}=1$ und mithin die Richtigkeit des Reziprozitätsgesetzes für $\mathfrak{p}$ und $\mathfrak{q}$. Wir nehmen jetzt an, es sei $\left\{\frac{\mathfrak{q}}{\mathfrak{p}}\right\}=\left\{\frac{\varkappa}{\mathfrak{p}}\right\}\neq 1$. Da $\mathfrak{p}$ von der ersten Art ist, so gibt es eine Einheit ε, so daß $\left\{\frac{\varepsilon\varkappa}{\mathfrak{p}}\right\}=1$ ausfällt, und es kann hierbei stets, wie aus einer Betrachtung am Schlusse des Beweises von Hilfssatz 39 (S. 317) hervorgeht, die Einheit ε zugleich so bestimmt werden, daß eine gewisse Potenz von $\varepsilon\varkappa$ mit einem zu l primen Exponenten $\equiv 1+\lambda$ nach $\mathfrak{l}^2$ wird. Wir betrachten den Kummerschen Körper $k(\sqrt[l]{\varepsilon\varkappa},\zeta)$. Nach Satz 148 (S. 251) enthält die Relativdiskriminante dieses Körpers in bezug auf $k(\zeta)$ die zwei Primfaktoren $\mathfrak{l}$ und $\mathfrak{q}$. Da $\mathfrak{q}$ ein Primideal zweiter Art ist, so gelten wegen der Hilfssätze 36 und 37 für jede Einheit ξ in $k(\zeta)$ die Gleichungen

$$\left\{\frac{\xi,\varepsilon\varkappa}{\mathfrak{l}}\right\}=\left\{\frac{\xi,\varepsilon}{\mathfrak{l}}\right\}\left\{\frac{\xi,\varkappa}{\mathfrak{l}}\right\}=1,\qquad \left\{\frac{\xi}{\mathfrak{q}}\right\}=1,$$

und demgemäß ist die Anzahl r der Charaktere, welche das Geschlecht eines Ideals in $k(\sqrt[l]{\varepsilon\varkappa},\zeta)$ bestimmen, gleich 2. Nach Hilfssatz 35 (S. 312) ist dann in $k(\sqrt[l]{\varepsilon\varkappa},\zeta)$ die Anzahl der Geschlechter $g\leqq l$. Wir bestimmen nun nach Hilfssatz 42 (S. 322) ein Primideal $\mathfrak{r}$ in $k(\zeta)$ von der Beschaffenheit, daß

$$\left\{\frac{\varepsilon\varkappa}{\mathfrak{r}}\right\}=1,\qquad \left\{\frac{\mathfrak{r}}{\mathfrak{q}}\right\}=\left\{\frac{\mathfrak{q}}{\mathfrak{r}}\right\}\neq 1$$

wird. Wegen der ersteren Gleichung ist $\mathfrak{r}$ in $k(\sqrt[l]{\varepsilon\varkappa},\zeta)$ weiter zerlegbar. Es sei $\mathfrak{R}$ ein Primfaktor von $\mathfrak{r}$ in diesem Körper und ϱ eine Primärzahl von $\mathfrak{r}$. Dann besteht das Charakterensystem des Ideals $\mathfrak{R}$ in $k(\sqrt[l]{\varepsilon\varkappa},\zeta)$ aus den beiden Charakteren

$$\left\{\frac{\varrho,\varepsilon\varkappa}{\mathfrak{l}}\right\},\qquad \left\{\frac{\varrho,\varepsilon\varkappa}{\mathfrak{q}}\right\}=\left\{\frac{\mathfrak{r}}{\mathfrak{q}}\right\}. \tag{147}$$

Da der zweite Charakter $\neq 1$ ist, so bestimmen die Ideale $\mathfrak{R},\mathfrak{R}^2,\ldots,\mathfrak{R}^l$ lauter voneinander verschiedene Geschlechter, und es gibt, wie die oben gefundene obere Grenze für die Anzahl der Geschlechter zeigt, außer diesen keine weiteren Geschlechter. Mit Benutzung des in § 159 bewiesenen ersten

Ergänzungssatzes ergibt sich

$$\left\{\frac{\varrho, \varepsilon\varkappa}{\mathfrak{l}}\right\}\left\{\frac{\mathfrak{r}}{\mathfrak{q}}\right\} = \left\{\frac{\varrho, \varepsilon}{\mathfrak{l}}\right\}\left\{\frac{\mathfrak{r}}{\mathfrak{q}}\right\} = \left\{\frac{\varepsilon}{\mathfrak{r}}\right\}\left\{\frac{\mathfrak{r}}{\mathfrak{q}}\right\} = \left\{\frac{\varepsilon}{\mathfrak{r}}\right\}\left\{\frac{\mathfrak{q}}{\mathfrak{r}}\right\} = \left\{\frac{\varepsilon\varkappa}{\mathfrak{r}}\right\} = 1,$$

d. h. das Produkt der beiden Charaktere (147) ist gleich 1. Da jedes beliebige Ideal in $k(\sqrt[l]{\varepsilon\varkappa}, \zeta)$ notwendig einem jener l Geschlechter angehören muß, so folgt hieraus, daß für jedes Ideal in $k(\sqrt[l]{\varepsilon\varkappa}, \zeta)$ das Produkt seiner beiden Charaktere stets gleich 1 ist. Wegen $\left\{\frac{\varepsilon\varkappa}{\mathfrak{p}}\right\} = 1$ ist $\mathfrak{p}$ in $k(\sqrt[l]{\varepsilon\varkappa}, \zeta)$ weiter zerlegbar; bezeichnet $\mathfrak{P}$ einen Primfaktor von $\mathfrak{p}$ in diesem Körper, so sind die beiden Charaktere für $\mathfrak{P}$ durch die Symbole

$$\left\{\frac{\pi, \varepsilon\varkappa}{\mathfrak{l}}\right\}, \qquad \left\{\frac{\pi, \varepsilon\varkappa}{\mathfrak{q}}\right\} = \left\{\frac{\mathfrak{p}}{\mathfrak{q}}\right\}$$

gegeben, und es folgt somit unter Benutzung des in § 159 bewiesenen Ergänzungssatzes notwendig

$$\left\{\frac{\pi, \varepsilon\varkappa}{\mathfrak{l}}\right\}\left\{\frac{\mathfrak{p}}{\mathfrak{q}}\right\} = \left\{\frac{\pi, \varepsilon}{\mathfrak{l}}\right\}\left\{\frac{\mathfrak{p}}{\mathfrak{q}}\right\} = \left\{\frac{\varepsilon}{\mathfrak{p}}\right\}\left\{\frac{\mathfrak{p}}{\mathfrak{q}}\right\} = 1$$

oder

$$\left\{\frac{\mathfrak{p}}{\mathfrak{q}}\right\} = \left\{\frac{\varepsilon}{\mathfrak{p}}\right\}^{-1} = \left\{\frac{\varkappa}{\mathfrak{p}}\right\} = \left\{\frac{\mathfrak{q}}{\mathfrak{p}}\right\},$$

d. h. es gilt das Reziprozitätsgesetz für die beiden Primideale $\mathfrak{p}$ und $\mathfrak{q}$.

Es seien *drittens* zwei Primideale $\mathfrak{q}$ und $\mathfrak{q}^*$ der zweiten Art vorgelegt; $\varkappa, \varkappa^*$ seien Primärzahlen von $\mathfrak{q}$ bez. $\mathfrak{q}^*$. Wir betrachten den Kummerschen Körper $k(\sqrt[l]{\varkappa\varkappa^*}, \zeta)$. Die Zahlen $\varkappa$ und $\varkappa^*$ sind, wie sich im Beweise des Hilfssatzes 37 herausgestellt hat, l-ten Potenzen von gewissen ganzen Zahlen in $k(\zeta)$ nach $\mathfrak{l}^l$ kongruent; das gleiche gilt daher von $\varkappa\varkappa^*$, und folglich ist nach Satz 148 (S. 251) die Relativdiskriminante des Körpers $k(\sqrt[l]{\varkappa\varkappa^*}, \zeta)$ nicht durch $\mathfrak{l}$ teilbar. Diese Relativdiskriminante enthält somit nur die beiden Primfaktoren $\mathfrak{q}$ und $\mathfrak{q}^*$. Nun ist für jede Einheit ξ in $k(\zeta)$

$$\left\{\frac{\xi, \varkappa\varkappa^*}{\mathfrak{q}}\right\} = \left\{\frac{\xi}{\mathfrak{q}}\right\} = 1, \qquad \left\{\frac{\xi, \varkappa\varkappa^*}{\mathfrak{q}^*}\right\} = \left\{\frac{\xi}{\mathfrak{q}^*}\right\} = 1,$$

und dementsprechend ist die Anzahl r der Charaktere, welche das Geschlecht eines Ideals in $k(\sqrt[l]{\varkappa\varkappa^*}, \zeta)$ bestimmen, $= 2$. Nach Hilfssatz 35 (S. 312) ist dann in $k(\sqrt[l]{\varkappa\varkappa^*}, \zeta)$ die Anzahl der Geschlechter $g \leqq l$. Ferner läßt sich nach Satz 152 (S. 276) jedenfalls ein Primideal $\mathfrak{r}$ in $k(\zeta)$ bestimmen derart, daß

$$\left\{\frac{\varkappa\varkappa^*}{\mathfrak{r}}\right\} = 1, \qquad \left\{\frac{\zeta}{\mathfrak{r}}\right\} \neq 1, \qquad \left\{\frac{\varkappa}{\mathfrak{r}}\right\} \neq 1$$

ausfällt. Wegen der ersten Gleichung ist $\mathfrak{r}$ in $k(\sqrt[l]{\varkappa\varkappa^*}, \zeta)$ weiter zerlegbar; es sei $\mathfrak{R}$ ein Primfaktor von $\mathfrak{r}$ in diesem Körper und ϱ eine Primärzahl von $\mathfrak{r}$.

Dann besteht das Charakterensystem des Ideals $\mathfrak{R}$ in $k(\sqrt[l]{\varkappa\varkappa^*}, \zeta)$ aus den beiden Charakteren

$$\left.\begin{aligned}\left\{\frac{\varrho, \varkappa\varkappa^*}{\mathfrak{q}}\right\} &= \left\{\frac{\varrho}{\mathfrak{q}}\right\} = \left\{\frac{\mathfrak{r}}{\mathfrak{q}}\right\},\\ \left\{\frac{\varrho, \varkappa\varkappa^*}{\mathfrak{q}^*}\right\} &= \left\{\frac{\varrho}{\mathfrak{q}^*}\right\} = \left\{\frac{\mathfrak{r}}{\mathfrak{q}^*}\right\}.\end{aligned}\right\} \tag{148}$$

Da der erste Charakter wegen $\left\{\frac{\varkappa}{\mathfrak{r}}\right\} \neq 1$ dem Satze 162 (S. 319) gemäß notwendig ebenfalls verschieden von 1 ist, so bestimmen die Ideale $\mathfrak{R}, \mathfrak{R}^2, \cdots, \mathfrak{R}^l$ lauter voneinander verschiedene Geschlechter, und es gibt, wie bereits gezeigt worden ist, auch hier nicht mehr als l Geschlechter. Wegen $\left\{\frac{\zeta}{\mathfrak{r}}\right\} \neq 1$ ist $\mathfrak{r}$ ein Primideal erster Art; es gilt daher nach dem vorigen einerseits für die Primideale $\mathfrak{r}, \mathfrak{q}$, andererseits für die Primideale $\mathfrak{r}, \mathfrak{q}^*$ das Reziprozitätsgesetz, und das Produkt der beiden Charaktere (148) wird folglich

$$\left\{\frac{\mathfrak{r}}{\mathfrak{q}}\right\}\left\{\frac{\mathfrak{r}}{\mathfrak{q}^*}\right\} = \left\{\frac{\mathfrak{q}}{\mathfrak{r}}\right\}\left\{\frac{\mathfrak{q}^*}{\mathfrak{r}}\right\} = \left\{\frac{\varkappa\varkappa^*}{\mathfrak{r}}\right\} = 1. \tag{149}$$

Da jedes beliebige Ideal in $k(\sqrt[l]{\varkappa\varkappa^*}, \zeta)$ einem jener l Geschlechter angehören muß, so folgt aus (149), daß für jedes Ideal das Produkt seiner beiden Charaktere gleich 1 sein muß. Nun ist das Ideal $\mathfrak{q}$ gleich der l-ten Potenz eines Primideals $\mathfrak{Q}$ in $k(\sqrt[l]{\varkappa\varkappa^*}, \zeta)$. Die beiden Charaktere von $\mathfrak{Q}$ in diesem Körper sind alsdann

$$\begin{aligned}\left\{\frac{\varkappa, \varkappa\varkappa^*}{\mathfrak{q}}\right\} &= \left\{\frac{\varkappa^*, \varkappa\varkappa^*}{\mathfrak{q}}\right\}^{-1} = \left\{\frac{\varkappa^*}{\mathfrak{q}}\right\}^{-1} = \left\{\frac{\mathfrak{q}^*}{\mathfrak{q}}\right\}^{-1},\\ \left\{\frac{\varkappa, \varkappa\varkappa^*}{\mathfrak{q}^*}\right\} &= \left\{\frac{\varkappa}{\mathfrak{q}^*}\right\} = \left\{\frac{\mathfrak{q}}{\mathfrak{q}^*}\right\},\end{aligned}$$

und da ihr Produkt gleich 1 sein soll, so erhalten wir

$$\left\{\frac{\mathfrak{q}^*}{\mathfrak{q}}\right\} = \left\{\frac{\mathfrak{q}}{\mathfrak{q}^*}\right\}.$$

Hiermit ist das Reziprozitätsgesetz für zwei Primideale der zweiten Art bewiesen, und nunmehr ist der Beweis des Reziprozitätsgesetzes für zwei beliebige Primideale vollständig erbracht.

§ 161. Beweis des zweiten Ergänzungssatzes zum Reziprozitätsgesetz.

Es sei zunächst $\mathfrak{p}$ ein Primideal erster Art und π eine Primärzahl von $\mathfrak{p}$. Wir bestimmen eine Einheit ε in $k(\zeta)$ derart, daß $\left\{\frac{\varepsilon\lambda}{\mathfrak{p}}\right\} = 1$ wird, und betrachten dann den durch $\sqrt[l]{\varepsilon\lambda}$ und ζ bestimmten Kummerschen Körper. Wegen $\left\{\frac{\varepsilon\lambda}{\mathfrak{p}}\right\} = 1$ ist $\mathfrak{p}$ in diesem Körper weiter zerlegbar; es sei $\mathfrak{P}$ ein Primfaktor von $\mathfrak{p}$ in diesem Körper. Wir erkennen, daß das Charakterensystem des Ideals $\mathfrak{P}$ aus dem einen Charakter $\left\{\frac{\pi, \varepsilon\lambda}{\mathfrak{l}}\right\}$ besteht, und da somit nach Hilfssatz 35 (S. 312) auch nur ein Geschlecht, nämlich das Hauptgeschlecht, vorhanden ist, so muß dieser Charakter den Wert 1 besitzen. Hieraus, und da nach § 159 $\left\{\frac{\varepsilon}{\mathfrak{p}}\right\} = \left\{\frac{\pi, \varepsilon}{\mathfrak{l}}\right\}$ ist, folgt sofort die Gleichung $\left\{\frac{\lambda}{\mathfrak{p}}\right\} = \left\{\frac{\pi, \lambda}{\mathfrak{l}}\right\}$.

Des weiteren sei ein Primideal $\mathfrak{q}$ der zweiten Art vorgelegt, und es bezeichne $\varkappa$ eine Primärzahl von $\mathfrak{q}$; dann sind zwei Fälle zu unterscheiden, je nachdem $\left\{\frac{\lambda}{\mathfrak{q}}\right\} = 1$ oder $\neq 1$ ausfällt. Im ersteren Falle lehrt die Betrachtung des Kummerschen Körpers $k(\sqrt[l]{\lambda}, \zeta)$, daß auch $\left\{\frac{\varkappa, \lambda}{\mathfrak{l}}\right\} = 1$ ist. Im zweiten Falle bestimme man nach Satz 152 (S. 276) ein Primideal $\mathfrak{p}$, für welches $\left\{\frac{\zeta}{\mathfrak{p}}\right\} = \left\{\frac{\varkappa}{\mathfrak{p}}\right\}^{-1} \neq 1$ ausfällt. Dann ist $\mathfrak{p}$ gewiß ein Primideal erster Art, und es folgt nach Satz 162 (S. 319), wenn π eine Primärzahl von $\mathfrak{p}$ bedeutet, $\left\{\frac{\pi}{\mathfrak{q}}\right\} \neq 1$; mithin läßt sich gewiß eine ganze rationale Zahl a so bestimmen, daß $\left\{\frac{\lambda\pi^a}{\mathfrak{q}}\right\} = 1$ ausfällt. Betrachten wir den Körper $k(\sqrt[l]{\lambda\pi^a}, \zeta)$, so besteht für diesen, weil $\left\{\frac{\zeta, \lambda\pi^a}{\mathfrak{p}}\right\} = \left\{\frac{\zeta}{\mathfrak{p}}\right\}^a \neq 1$ ist, das Charakterensystem eines Ideals wiederum nur aus einem Charakter und dieser ist stets gleich 1. Wenden wir die letztere Tatsache auf einen Primfaktor $\mathfrak{Q}$ von $\mathfrak{q}$ in diesem Körper an, so folgt $\left\{\frac{\zeta\varkappa, \lambda\pi^a}{\mathfrak{l}}\right\} = \left\{\frac{\zeta}{\mathfrak{p}}\right\}^{-a}\left\{\frac{\varkappa, \lambda}{\mathfrak{l}}\right\} = 1$, und berücksichtigen wir die Gleichung $\left\{\frac{\mathfrak{p}}{\mathfrak{q}}\right\} = \left\{\frac{\mathfrak{q}}{\mathfrak{p}}\right\}$, so entsteht $\left\{\frac{\lambda}{\mathfrak{q}}\right\} = \left\{\frac{\varkappa, \lambda}{\mathfrak{l}}\right\}$.

Das Reziprozitätsgesetz für l-te Potenzreste ist zuerst von Kummer bewiesen worden. Der hier dargelegte neue Beweis desselben unterscheidet sich von den Kummerschen Beweisen vor allem darin, daß Kummer zunächst den ersten Ergänzungssatz, und zwar unter einem erheblichen Aufwande von Rechnung, durch eine kunstvolle Erweiterung der Formeln der Kreisteilung gewinnt und dann erst auf Grund der errechneten Formeln das Reziprozitätsgesetz zwischen zwei Primidealen ableitet, während die obige Entwicklung die Beweisgründe für das Reziprozitätsgesetz und seine beiden Ergänzungssätze aus gemeinsamer Quelle schöpft.

Von besonderen Reziprozitätsgesetzen, zu deren Behandlung die Formeln der Kreisteilung ausreichen, sind das Reziprozitätsgesetz für biquadratische Reste [Gauss (*3*), Eisenstein (*8, 9*)], das Reziprozitätsgesetz für kubische Reste [Eisenstein (*5, 7*), Jacobi (*1*)], ferner für bikubische Reste [Gmeiner (*1, 2, 3*)] und die auf 5-te, 8-te, 12-te Potenzreste bezüglichen Untersuchungen von Jacobi zu nennen [Jacobi (*4*)].

Auch sei endlich noch erwähnt, daß Eisenstein ohne Beweis ein Reziprozitätsgesetz für l-te Potenzreste aufgestellt und dabei auch den Fall in Betracht gezogen hat, daß die Klassenanzahl des Kreiskörpers der l-ten Einheitswurzeln durch l teilbar ist [Eisenstein (*1, 12*)].

34. Die Anzahl der vorhandenen Geschlechter im regulären Kummerschen Körper.

§ 162. Ein Satz über das Symbol $\left\{\frac{\nu,\mu}{\mathfrak{w}}\right\}$.

Die wichtigste Aufgabe in der Theorie der Geschlechter eines Kummerschen Körpers betrifft die Ermittlung der Anzahl der wirklich vorhandenen Geschlechter. Wir beweisen hier zunächst einen Satz, welcher dem Hilfssatz 14 (S. 171) aus der Theorie des quadratischen Körpers entspricht.

Satz 163. Wenn ν und μ zwei beliebige ganze Zahlen ($\neq 0$) eines regulären Kreiskörpers $k(\zeta)$ bedeuten, so ist stets

$$\prod_{(\mathfrak{w})}\left\{\frac{\nu,\mu}{\mathfrak{w}}\right\}=1\,,$$

wenn das Produkt linker Hand über sämtliche Primideale $\mathfrak{w}$ in $k(\zeta)$ erstreckt wird.

Beweis. Es sei h die Anzahl der Idealklassen in $k(\zeta)$ und h^* eine ganze rationale positive Zahl mit der Kongruenzeigenschaft $hh^*\equiv 1$ nach l. Wir setzen $\nu=\mathfrak{l}^a\mathfrak{p}_1\mathfrak{p}_2\cdots$ und $\mu=\mathfrak{l}^b\mathfrak{q}_1\mathfrak{q}_2\cdots$, so daß a und b ganze rationale Exponenten und $\mathfrak{p}_1,\mathfrak{p}_2,\ldots,\mathfrak{q}_1,\mathfrak{q}_2,\ldots$ gewisse von $\mathfrak{l}$ verschiedene Primideale in $k(\zeta)$ sind. Bedeuten ferner $\pi_1,\pi_2,\ldots,\varkappa_1,\varkappa_2,\ldots$ Primärzahlen der Prim-Ideale bez. $\mathfrak{p}_1,\mathfrak{p}_2,\ldots,\mathfrak{q}_1,\mathfrak{q}_2,\ldots$, und zwar derart, daß

$$\pi_1=\mathfrak{p}_1^{hh^*},\quad \pi_2=\mathfrak{p}_2^{hh^*},\ \ldots,\ \varkappa_1=\mathfrak{q}_1^{hh^*},\quad \varkappa_2=\mathfrak{q}_2^{hh^*},\ \ldots$$

gilt, und wird noch $\lambda=1-\zeta$ gesetzt, so bestehen zwei Gleichungen von der Gestalt:

$$\nu^{hh^*}=\varepsilon\lambda^{ahh^*}\pi_1\pi_2\ldots,\qquad \mu^{hh^*}=\eta\lambda^{bhh^*}\varkappa_1\varkappa_2\ldots,\tag{150}$$

worin ε und η Einheiten in $k(\zeta)$ sind. Wenn $\mathfrak{w}$ ein beliebiges Primideal bedeutet, so ist allgemein

$$\left\{\frac{\nu,\mu}{\mathfrak{w}}\right\}=\left\{\frac{\nu^{hh^*},\mu^{hh^*}}{\mathfrak{w}}\right\}.\tag{151}$$

Es seien nun $\mathfrak{p},\mathfrak{q}$ zwei voneinander und von $\mathfrak{l}$ verschiedene Primideale in $k(\zeta)$ und $\pi,\varkappa$ bez. Primärzahlen von $\mathfrak{p},\mathfrak{q}$; ferner seien ε,η beliebige Einheiten in $k(\zeta)$. Aus Hilfssatz 36 (S. 313) und aus Satz 161 (S. 312) folgen dann leicht die Formeln

$$\left.\begin{aligned}&\left\{\frac{\varepsilon,\eta}{\mathfrak{l}}\right\}=1\,, &&\left\{\frac{\varepsilon,\lambda}{\mathfrak{l}}\right\}=1\,,\\ &\left\{\frac{\varepsilon,\pi}{\mathfrak{l}}\right\}\left\{\frac{\varepsilon,\pi}{\mathfrak{p}}\right\}=1\,, &&\left\{\frac{\pi,\varkappa}{\mathfrak{p}}\right\}\left\{\frac{\pi,\varkappa}{\mathfrak{q}}\right\}=1.\end{aligned}\right\}\tag{152}$$

Ist $\mathfrak{w}$ ein von $\mathfrak{l}$ verschiedenes Primideal, welches nicht in μ aufgeht, so ist nach Satz 148 (S. 251) die Relativdiskriminante des Kummerschen Körpers $k(\sqrt[l]{\mu},\zeta)$ zu $\mathfrak{w}$ prim; fällt dann $\mathfrak{w}$ auch zu ν prim aus, so ist nach Satz 150 (S. 257) die Zahl ν Normenrest des Kummerschen Körpers $k(\sqrt[l]{\mu},\zeta)$, und daher gilt nach

Satz 151 (S. 272) die Gleichung $\left\{\frac{\nu,\mu}{\mathfrak{w}}\right\}=1$. Mit Rücksicht hierauf gilt wegen (152) der Satz für den Fall, daß eine jede der Zahlen ν, μ sei es eine Einheit, sei es eine beliebige Potenz von λ, sei es eine Primärzahl eines von $\mathfrak{l}$ verschiedenen Primideals vorstellt; wegen (150) und (151) und auf Grund der Regeln (80) (S. 265) und (83) (S. 266) gilt sodann der Satz 163 allgemein.

§ 163. Der Fundamentalsatz über die Geschlechter eines regulären Kummerschen Körpers.

Wir sind jetzt imstande, für den regulären Kummerschen Körper denjenigen Satz aufzustellen und zu beweisen, welcher dem fundamentalen Satz 100 (S. 168) in der Theorie des quadratischen Körpers entspricht. Dieser Satz lautet:

Satz 164. *Es sei r die Anzahl der Charaktere, welche ein Geschlecht im regulären Kummerschen Körper $K=k(\sqrt[l]{\mu},\zeta)$ bestimmen; ist dann ein System von r beliebigen l-ten Einheitswurzeln vorgelegt, so ist dieses System dann und nur dann das Charakterensystem eines Geschlechtes in K, wenn das Produkt der sämtlichen r Einheitswurzeln gleich* 1 *ist. Die Anzahl der in K vorhandenen Geschlechter ist daher gleich l^{r-1}.*

Beweis. Es sei h die Klassenanzahl des regulären Kreiskörpers $k(\zeta)$ und h^* eine ganze rationale positive Zahl mit der Kongruenzeigenschaft $hh^*\equiv 1$ nach l; ferner seien $\mathfrak{l}_1,\ldots,\mathfrak{l}_r$ die r gemäß § 149 ausgewählten Primfaktoren der Relativdiskriminante von K. Es bedeute nun A irgendeine Idealklasse in K, $\mathfrak{J}$ ein zu $\mathfrak{l}=(1-\zeta)$ und zur Relativdiskriminante von K primes Ideal der Klasse A und $\bar{\nu}=(N_k(\mathfrak{J}))^{hh^*}$ die nach der Vorschrift in § 149 (S. 306) aus $\mathfrak{J}$ gebildete und mit einem gewissen Einheitsfaktor versehene ganze Zahl in $k(\zeta)$, so daß

$$\chi_1(\mathfrak{J})=\left\{\frac{\bar{\nu},\mu}{\mathfrak{l}_1}\right\},\quad\ldots,\quad\chi_r(\mathfrak{J})=\left\{\frac{\bar{\nu},\mu}{\mathfrak{l}_r}\right\}$$

die r Einzelcharaktere sind, welche das Geschlecht von $\mathfrak{J}$ bestimmen. Es sei $\mathfrak{p}$ ein Ideal des Kreiskörpers $k(\zeta)$, wofern es ein solches gibt, welches in $\bar{\nu}$ zu einem nicht durch l teilbaren Exponenten vorkommt; dabei ist $\mathfrak{p}$ sicher von $\mathfrak{l}$ verschieden und prim zur Relativdiskriminante von K. Da $N_k(\mathfrak{J})$ die Relativnorm eines Ideals ist, so muß $\mathfrak{p}$ im Körper K zerlegbar sein. Es gilt mithin nach Satz 149 (S. 254) für jedes solche Primideal $\mathfrak{p}$ die Gleichung $\left\{\frac{\mu}{\mathfrak{p}}\right\}=1$, und daher ist auch stets $\left\{\frac{\bar{\nu},\mu}{\mathfrak{p}}\right\}=1$. Mit Rücksicht auf Satz 163 (S. 328) folgt daher

$$\prod_{(\mathfrak{w})}\left\{\frac{\bar{\nu},\mu}{\mathfrak{w}}\right\}=1, \tag{153}$$

wenn $\mathfrak{w}$ alle in der Relativdiskriminante von K enthaltenen, von $\mathfrak{l}$ verschiedenen Primideale und außerdem das Primideal $\mathfrak{l}$ durchläuft. Ferner ist, wenn $\mathfrak{l}_{r+1}, \mathfrak{l}_{r+2}, \ldots, \mathfrak{l}_t$ die außer $\mathfrak{l}_1, \mathfrak{l}_2, \ldots, \mathfrak{l}_r$ in der Relativdiskriminante aufgehenden Primideale bedeuten, nach § 149

$$\left\{\frac{\bar{\nu}, \mu}{\mathfrak{l}_{r+1}}\right\} = 1, \quad \left\{\frac{\bar{\nu}, \mu}{\mathfrak{l}_{r+2}}\right\} = 1, \ldots, \left\{\frac{\bar{\nu}, \mu}{\mathfrak{l}_t}\right\} = 1. \tag{154}$$

Kommt nun in der Relativdiskriminante des Körpers K das Primideal $\mathfrak{l}$ vor, so ist wegen (153) schon hiermit bewiesen, daß das Produkt sämtlicher r Charaktere gleich 1 ist. Kommt andererseits das Primideal $\mathfrak{l}$ in jener Relativdiskriminante nicht vor, so ist nach Satz 150 (S. 257) die Zahl $\bar{\nu}$ Normenrest des Körpers K nach $\mathfrak{l}$, und folglich ist nach Satz 151 (S. 272) $\left\{\frac{\bar{\nu}, \mu}{\mathfrak{l}}\right\} = 1$; damit erkennen wir aus (153) und (154) auch in diesem Falle den einen Teil der Aussage des Satzes 164 als richtig.

Den Beweis für den anderen Teil der Aussage des Satzes 164 führen wir der Kürze wegen nur in dem Fall, daß die Relativdiskriminante des Körpers K den Primfaktor $\mathfrak{l}$ nicht enthält. Es seien dann wiederum $\mathfrak{l}_1, \ldots, \mathfrak{l}_t$ die t in der Relativdiskriminante von K aufgehenden Primideale des Körpers $k(\zeta)$, und $\lambda_1, \ldots, \lambda_t$ seien bezüglich Primärzahlen von $\mathfrak{l}_1, \ldots, \mathfrak{l}_t$; ferner gehe allgemein $\mathfrak{l}_i$ in μ genau e_i mal auf, und es sei e_i^* dann eine ganze rationale Zahl mit der Kongruenzeigenschaft $e_i e_i^* \equiv 1$ nach l. Endlich mögen $\gamma_1, \ldots, \gamma_r$ beliebig gewählte r der Bedingung $\gamma_1 \ldots \gamma_r = 1$ genügende l-te Einheitswurzeln sein; nach Satz 152 (S. 276) gibt es dann stets in $k(\zeta)$ ein Primideal $\mathfrak{p}$, das in μ nicht aufgeht und überdies die Forderungen

$$\left\{\frac{\lambda_1}{\mathfrak{p}}\right\}^m = \gamma_1^{e_1^*}, \quad \left\{\frac{\lambda_2}{\mathfrak{p}}\right\}^m = \gamma_2^{e_2^*}, \ldots, \left\{\frac{\lambda_r}{\mathfrak{p}}\right\}^m = \gamma_r^{e_r^*}, \tag{155}$$

$$\left\{\frac{\lambda_{r+1}}{\mathfrak{p}}\right\}^m = 1, \quad \left\{\frac{\lambda_{r+2}}{\mathfrak{p}}\right\}^m = 1, \ldots, \left\{\frac{\lambda_t}{\mathfrak{p}}\right\}^m = 1 \tag{156}$$

für irgendeinen Exponenten m aus der Reihe $1, 2, \ldots, l-1$ erfüllt. Ist π eine Primärzahl von $\mathfrak{p}$, so folgt wegen (155) mit Benutzung von Satz 161 (S. 312)

$$\left\{\frac{\pi^m, \mu}{\mathfrak{l}_i}\right\} = \left\{\frac{\pi, \mu}{\mathfrak{l}_i}\right\}^m = \left\{\frac{\pi}{\mathfrak{l}_i}\right\}^{m e_i} = \left\{\frac{\lambda_i}{\mathfrak{p}}\right\}^{m e_i} = \gamma_i, \quad (i = 1, 2, \ldots, r). \tag{157}$$

Ferner ergibt sich wegen (156) in ähnlicher Weise

$$\left\{\frac{\pi, \mu}{\mathfrak{l}_i}\right\} = \left\{\frac{\pi}{\mathfrak{l}_i}\right\}^{e_i} = \left\{\frac{\lambda_i}{\mathfrak{p}}\right\}^{e_i} = 1, \quad (i = r+1, r+2, \ldots, t). \tag{158}$$

Da $\gamma_1 \cdots \gamma_r = 1$ ist, so ist wegen (157) und (158)

$$\prod_{(\mathfrak{w})} \left\{\frac{\pi, \mu}{\mathfrak{w}}\right\} = 1, \tag{159}$$

wenn hierin $\mathfrak{w}$ alle Primideale $\mathfrak{l}_1, \ldots, \mathfrak{l}_t$ durchläuft. Bedeutet nun $\mathfrak{m}$ ein von $\mathfrak{p}, \mathfrak{l}_1, \ldots, \mathfrak{l}_t$ verschiedenes Primideal in $k(\zeta)$, so ist gemäß Satz 150

(S. 257) die Zahl π Normenrest des Kummerschen Körpers K nach $\mathfrak{m}$ und folglich nach Satz 151 (S. 272) stets $\left\{\frac{\pi, \mu}{\mathfrak{m}}\right\} = 1$. Mit Rücksicht auf diesen Umstand und wegen (159) lehrt der Satz 163 (S. 328), daß auch $\left\{\frac{\pi, \mu}{\mathfrak{p}}\right\} = 1$, d. h. $\left\{\frac{\mu}{\mathfrak{p}}\right\} = 1$ sein muß. Infolge der letzteren Gleichung zerfällt das Primideal $\mathfrak{p}$ nach Satz 149 (S. 254) im Körper K in l Primideale. Ist $\mathfrak{P}$ eines derselben, so hat, wenn wir (157) und (158) berücksichtigen, das Ideal $\mathfrak{P}^m$ offenbar die vorgeschriebenen Einheitswurzeln $\gamma_1, \ldots, \gamma_r$ als Charaktere, und damit ist der Satz 164 für den hier betrachteten Fall vollständig bewiesen.

Geht $\mathfrak{l}$ in der Relativdiskriminante von K auf, so hat man, um den Satz 164 zu beweisen, an den vorstehenden Ausführungen eine geeignete Abänderung anzubringen, die man leicht aus der Analogie mit den entsprechenden Betrachtungen für den quadratischen Körper (vgl. S. 184 bis 185) ersieht.

Kummer hat seinen Untersuchungen einen gewissen Zahlring im Körper $K = k(\sqrt[l]{\mu}, \zeta)$, nicht die Gesamtheit der ganzen Zahlen dieses Körpers zugrunde gelegt. Der Begriff des Geschlechtes bedarf dann einer gewissen veränderten Fassung. Es ist Kummers großes Verdienst, für den von ihm ausgewählten Zahlring diejenige Tatsache aufgestellt und bewiesen zu haben, die für den Körper K selbst sich in dem Satze 164 ausdrückt [Kummer (*20*)]. Außer dem von Kummer behandelten Ringe sind noch unendlich viele andere Ringe in K vorhanden, deren Theorie mit entsprechendem Erfolge zu entwickeln sein würde.

§ 164. Die Klassen des Hauptgeschlechtes in einem regulären Kummerschen Körper.

Wir heben in diesem und dem nächsten Paragraphen einige wichtige Folgerungen hervor, die aus dem Fundamentalsatz 164 für den Kummerschen Körper $K = k(\sqrt[l]{\mu}, \zeta)$ sich ergeben, und die den in § 71 und § 72 oder in § 82 für den quadratischen Körper entwickelten Sätzen entsprechen.

Satz 165. Die Anzahl g der Geschlechter in einem regulären Kummerschen Körper ist gleich der Anzahl seiner ambigen Komplexe.

Beweis. Wenn t und n die Bedeutung wie in Satz 159 (S. 302) haben, und wenn wir berücksichtigen, daß nach Satz 164 (S. 329) $g = l^{r-1}$ ist, so folgt aus Hilfssatz 34 (S. 310) $r - 1 \leqq t + n - \frac{l+1}{2}$, und da nach Hilfssatz 33 (S. 308) andererseits $t + n - \frac{l+1}{2} \leqq r - 1$ sein muß, so folgt

$$r - 1 = t + n - \frac{l+1}{2}.$$

Die im Beweise (S. 311) zu Hilfssatz 34 bestimmte Anzahl a der ambigen Komplexe ist mithin $= l^{r-1}$; wir haben daher $a = g$.

Satz 166. *Jeder Komplex des Hauptgeschlechtes in einem regulären Kummerschen Körper K ist die $(1-S)$-te symbolische Potenz eines Komplexes in K, d. h. jede Klasse des Hauptgeschlechtes in einem regulären Kummerschen Körper K ist gleich dem Produkt aus der $(1-S)$-ten symbolischen Potenz einer Klasse und aus einer solchen Klasse, welche Ideale des Kreiskörpers $k(\zeta)$ enthält.*

Beweis. In dem Beweise (S. 312) zu Hilfssatz 34 ist die Gleichung $af' = gf$ abgeleitet; hierbei bedeutet a die Anzahl der ambigen Komplexe, f' die Anzahl derjenigen Komplexe, welche gleich $(1-S)$-ten symbolischen Potenzen von Komplexen sind, ferner bedeutet g die Anzahl der Geschlechter und f die Anzahl der Komplexe des Hauptgeschlechtes. Da nach Satz 165 $a = g$ ist, so folgt $f' = f$, und damit ist bewiesen, daß jeder Komplex des Hauptgeschlechtes die $(1-S)$-te symbolische Potenz eines Komplexes ist.

§ 165. Der Satz von den Relativnormen der Zahlen eines regulären Kummerschen Körpers.

Satz 167. *Wenn ν, μ zwei ganze Zahlen des regulären Kreiskörpers $k(\zeta)$ bedeuten, von denen μ nicht die l-te Potenz einer ganzen Zahl in $k(\zeta)$ ist, und welche für jedes Primideal $\mathfrak{w}$ in $k(\zeta)$ die Bedingung*

$$\left\{\frac{\nu, \mu}{\mathfrak{w}}\right\} = 1,$$

erfüllen, so ist die Zahl ν stets gleich der Relativnorm einer ganzen oder gebrochenen Zahl A des Kummerschen Körpers $K = k(\sqrt[l]{\mu}, \zeta)$.

Beweis. Wir beweisen diesen Satz zunächst für den Fall, daß ν eine Einheit in $k(\zeta)$ ist. Es mögen wiederum t und n für den Kummerschen Körper $K = k(\sqrt[l]{\mu}, \zeta)$ die Bedeutung wie in Satz 159 (S. 302) haben; im Beweise zu Satz 165 ist gezeigt worden, daß $r - 1 = t + n - \frac{l+1}{2}$ sein muß, d. h. es ist $n = \frac{l-1}{2} - t + r$. Andererseits betrachten wir die $r^* = t - r$ Einheiten $\varepsilon_1, \ldots, \varepsilon_{r^*}$, die in § 149 (S. 307) bestimmt worden sind. Wegen der Gleichungen (140) (S. 307) kann ein Produkt aus Potenzen dieser r^* Einheiten nur dann die l-te Potenz einer Einheit in $k(\zeta)$ sein, wenn die Potenzexponenten sämtlich durch l teilbar sind. Es müssen sich daher, da die Gesamtheit aller Einheiten in $k(\zeta)$ eine Schar vom Grade $\frac{l-1}{2}$ bildet, weiter $\frac{l-1}{2} - r^*$ Einheiten $\varepsilon_{r^*+1}, \varepsilon_{r^*+2}, \ldots, \varepsilon_{\frac{l-1}{2}}$ in $k(\zeta)$ bestimmen lassen, so daß überhaupt jede Einheit ξ in $k(\zeta)$ sich in der Gestalt

$$\xi = \varepsilon_1^{x_1} \varepsilon_2^{x_2} \cdots \varepsilon_{\frac{l-1}{2}}^{x_{\frac{l-1}{2}}} \varepsilon^l$$

darstellen läßt, wobei $x_1, x_2, \ldots, x_{\frac{l-1}{2}}$ ganze rationale Exponenten sind und ε eine geeignete Einheit in $k(\zeta)$ bedeutet. Setzen wir nun allgemein

$$\left\{\frac{\varepsilon_u, \mu}{\mathfrak{l}_{t-v+1}}\right\} = \zeta^{e_{uv}}, \quad \left(u = 1, 2, \ldots, \frac{l-1}{2};\ v = 1, 2, \ldots, r^*\right),$$

so liefern die r^* Gleichungen

$$\left\{\frac{\xi, \mu}{\mathfrak{l}_t}\right\} = 1, \quad \left\{\frac{\xi, \mu}{\mathfrak{l}_{t-1}}\right\} = 1, \ldots, \left\{\frac{\xi, \mu}{\mathfrak{l}_{t-r^*+1}}\right\} = 1 \tag{160}$$

für die Exponenten $x_1, x_2, \ldots, x_{\frac{l-1}{2}}$ die r^* linearen Kongruenzen

$$\left.\begin{array}{l} e_{11} x_1 + e_{21} x_2 + \cdots + e_{\frac{l-1}{2}, 1}\, x_{\frac{l-1}{2}} \equiv 0, \\ \cdot\ \cdot\ \cdot\ \cdot\ \cdot\ \cdot\ \cdot\ \cdot\ \cdot\ \cdot\ \cdot\ \cdot\ \cdot \\ e_{1r^*} x_1 + e_{2r^*} x_2 + \cdots + e_{\frac{l-1}{2}, r^*}\, x_{\frac{l-1}{2}} \equiv 0, \end{array}\right\} (l). \tag{161}$$

Wegen (140) (S. 307) haben wir

$$\left.\begin{array}{lllll} e_{11} \equiv 1, & e_{21} \equiv 0, & e_{31} \equiv 0, & \ldots, & e_{r^*1} \equiv 0, \\ & e_{22} \equiv 1, & e_{32} \equiv 0, & \ldots, & e_{r^*2} \equiv 0, \\ & & e_{33} \equiv 1, & \ldots, & e_{r^*3} \equiv 0, \\ & & \cdot\ \cdot\ \cdot & \cdot\ \cdot\ \cdot & \cdot\ \cdot\ \cdot \\ & & & & e_{r^*r^*} \equiv 1, \end{array}\right| \quad (l);$$

und daher sind die r^* linearen Kongruenzen (161) voneinander unabhängig; es folgt somit, daß alle diejenigen Einheiten ξ, welche den Bedingungen (160) genügen, eine Einheitenschar vom Grade

$$\frac{l-1}{2} - r^* = \frac{l-1}{2} - t + r$$

bilden.

Wir haben nun zu Beginn dieses Beweises festgestellt, daß der Grad n der Schar aller derjenigen Einheiten in $k(\zeta)$, welche Relativnormen von Einheiten oder gebrochenen Zahlen in K sind, den gleichen Wert besitzt. Da ferner jede Einheit in $k(\zeta)$, welche die Relativnorm einer Einheit oder einer gebrochenen Zahl im Kummerschen Körper K ist, offenbar Normenrest von K nach $\mathfrak{l}$ sein und daher nach Satz 151 (S. 272) notwendig auch den Gleichungen (160) genügen muß, so gehört jede Einheit der zu Anfang behandelten Schar auch der zweiten Einheitenschar an; weil beide Einheitenscharen gleiche Grade haben, sind sie miteinander identisch. Die vorgelegte Einheit ν genügt nun nach Voraussetzung den Bedingungen (160) und gehört also der zweiten Einheitenschar an; nach dem eben Bewiesenen ist mithin ν auch in der zuerst behandelten Einheitenschar enthalten, d. h. es ist ν gleich der Relativnorm einer Einheit oder einer gebrochenen Zahl in K.

Es sei jetzt ν eine beliebige ganze Zahl in K, welche die Voraussetzung des Satzes 167 erfüllt; wir fassen die in ν aufgehenden Primideale des Körpers $k(\zeta)$ ins Auge. Wir setzen $\lambda = 1 - \zeta$ und $\mathfrak{l} = (\lambda)$. Kommt das Primideal $\mathfrak{l}$ des Körpers $k(\zeta)$ in ν zu einer Potenz erhoben vor, deren Exponent b nicht durch l teilbar ist, und geht außerdem $\mathfrak{l}$ in der Relativdiskriminante des Körpers K nicht auf, so haben wir auf Grund der Angaben am Schlusse von § 133 auf S. 274

$$\left\{\frac{\nu, \mu}{\mathfrak{l}}\right\} = \left\{\frac{\lambda^b, \mu}{\mathfrak{l}}\right\} = \left\{\frac{\mu}{\mathfrak{l}}\right\}^{-b},$$

und mit Rücksicht auf die hieraus zu entnehmende Gleichung

$$\left\{\frac{\mu}{\mathfrak{l}}\right\} = 1$$

ist $\mathfrak{l}$ nach Satz 149 (S. 254) in K als Produkt von l Primfaktoren darstellbar. Bedeutet $\mathfrak{L}$ einen derselben, so haben wir $\mathfrak{l} = N_k(\mathfrak{L})$.

Es sei ferner $\mathfrak{p}$ ein von $\mathfrak{l}$ verschiedenes Primideal des Kreiskörpers $k(\zeta)$, und es komme $\mathfrak{p}$ in ν zu einer Potenz erhoben vor, deren Exponent b nicht durch l teilbar ist; dagegen sei der Exponent a, zu dem $\mathfrak{p}$ in μ aufgeht, durch l teilbar: dann ist nach der Definition des Symbols

$$\left\{\frac{\nu, \mu}{\mathfrak{p}}\right\} = \left\{\frac{\mu^b}{\mathfrak{p}}\right\}^{-1},$$

und hieraus folgt wegen der Voraussetzung des Satzes 167 $\left\{\frac{\mu}{\mathfrak{p}}\right\} = 1$; nach Satz 149 (S. 254) ist also $\mathfrak{p}$ in K als Produkt von l Primidealen darstellbar. Ist $\mathfrak{P}$ eines dieser l Primideale, so wird $\mathfrak{p} = N_k(\mathfrak{P})$.

Endlich sind die in der Relativdiskriminante von K aufgehenden Primideale des Körpers $k(\zeta)$ stets l-te Potenzen von Primidealen in K und daher ebenfalls Relativnormen von Idealen in K. Aus allen diesen Umständen zusammengenommen folgt, daß ν die Relativnorm eines Ideals $\mathfrak{H}$ in K sein muß, d. h. es ist $\nu = N_k(\mathfrak{H})$.

Wegen der Voraussetzung des Satzes 167 gehört ferner $\mathfrak{H}$ dem Hauptgeschlecht in K an, und wir können daher nach Satz 166 (S. 332)

$$\mathfrak{H} \sim \mathfrak{j}\,\mathfrak{J}^{1-S}$$

setzen, in solcher Weise, daß $\mathfrak{j}$ ein Ideal in $k(\zeta)$ und $\mathfrak{J}$ ein Ideal in K bedeutet. Ist h die Anzahl der Idealklassen in $k(\zeta)$, so haben wir $\mathfrak{j}^h \sim 1$, und folglich muß $\mathsf{A} = \left(\frac{\mathfrak{H}}{\mathfrak{J}^{1-S}}\right)^h$ eine ganze oder gebrochene Zahl des Körpers K sein; die Relativnorm dieser Zahl $N_k(\mathsf{A})$ ist offenbar $= \varepsilon\nu^h$, wo ε eine Einheit in $k(\zeta)$ bedeutet. Aus der letzten Gleichung folgt nach Satz 151 (S. 272), daß für jedes beliebige Primideal $\mathfrak{w}$ in $k(\zeta)$ notwendig $\left\{\frac{\varepsilon\,\nu^h, \mu}{\mathfrak{w}}\right\} = 1$ und daher auch $\left\{\frac{\varepsilon, \mu}{\mathfrak{w}}\right\} = 1$ sein muß. Es ist nun im ersten Teile des gegenwärtigen Beweises gezeigt worden, daß unter diesen Umständen ε stets gleich der Relativnorm einer Zahl in K sein muß, wir setzen $\varepsilon = N_k(\mathsf{H})$, wo H eine Zahl in K

ist. Bedeuten dann b und e zwei ganze rationale Zahlen von der Art, daß $bh+el=1$ ist, so folgt

$$\nu = N_k(\mathsf{A}^b\,\mathsf{H}^{-b}\,\nu^e),$$

und hiermit ist der Beweis für den Satz 167 vollständig erbracht.

In diesem Beweise können wir die Anwendung des Satzes 151 beidemal auf den Fall $\mathfrak{w} \neq \mathfrak{l}$ beschränken, da dann nach Satz 163 (S. 328) die behaupteten Tatsachen auch für $\mathfrak{w} = \mathfrak{l}$ folgen.

Damit ist es dann gelungen, alle diejenigen Eigenschaften auf den regulären Kummerschen Körper zu übertragen, welche für den quadratischen Körper bereits von GAUSS aufgestellt und bewiesen worden sind.

35. Neue Begründung der Theorie des regulären Kummerschen Körpers.

§ 166. Die wesentlichen Eigenschaften der Einheiten des regulären Kreiskörpers.

Wir haben gesehen, eine wie wichtige Rolle das besondere Symbol $\left\{\frac{\nu,\,\mu}{\mathfrak{l}}\right\}$ in der Theorie des Kummerschen Körpers spielt. Was die Definition dieses Symbols in § 131 (S. 266) und die Ableitung seiner Eigenschaften in § 131 bis § 133 betrifft, so knüpften wir in der dortigen Darstellung an die von KUMMER eingeführten logarithmischen Differentialquotienten der zu einer Zahl $\omega \equiv 1$ nach $\mathfrak{l}$ gehörenden Funktion $\omega(x)$ an. Die in § 131 bis § 133 für das Symbol $\left\{\frac{\nu,\,\mu}{\mathfrak{l}}\right\}$ im Kummerschen Körper ausgeführten Rechnungen entsprechen übrigens genau denjenigen Betrachtungen, welche in § 64 für das Symbol $\left(\frac{n,\,m}{2}\right)$ im quadratischen Körper angestellt worden sind. Obwohl es nun bereits gelang, die von KUMMER ersonnenen rechnerischen Hilfsmittel auf ein geringes Maß zu bringen, so erscheint es mir doch noch, vor allem auch im Hinblick auf eine künftige Erweiterung der Theorie, notwendig zu untersuchen, ob nicht eine Begründung der Theorie des Kummerschen Körpers ganz ohne jene Rechnungen möglich ist. Ich gebe in diesem Kapitel den Weg hierzu kurz an.

Zunächst können leicht ohne Rechnung und ohne Heranziehung der Bernoullischen Zahlen die späterhin wesentlichen Eigenschaften der Einheiten des regulären Kreiskörpers $k(\zeta)$ abgeleitet werden. Für Satz 156 erinnern wir uns des zweiten auf S. 287 mitgeteilten Beweises.

Wir können dann aus diesem Satz 156 den Satz 155 (S. 286) wie folgt ableiten. Wir wollen unter $\varepsilon_1, \ldots, \varepsilon_{l^*}$ irgendein System von l^* reellen Grundeinheiten des Körpers $k(\zeta)$ verstehen; wir bestimmen dann positive Exponenten $e_1, \ldots, e_{l^*}$ und gewisse ganze rationale, zu l prime Zahlen $a_1, \ldots, a_{l^*}$,

$b_1, \ldots, b_{l^*}$ derart, daß die Kongruenzen

$$\varepsilon_1 \equiv a_1 + b_1 \lambda^{e_1}, \qquad (\mathfrak{l}^{e_1+1}),$$
$$\cdots\cdots\cdots\cdots$$
$$\varepsilon_{l^*} \equiv a_{l^*} + b_{l^*} \lambda^{e_{l^*}}, \qquad (\mathfrak{l}^{e_{l^*}+1})$$

gültig sind. Wir nehmen an, es habe unter den Exponenten $e_1, \ldots, e_{l^*}$ etwa e_1 den niedrigsten vorkommenden Wert. Dann können wir, wie leicht ersichtlich ist, die $l^* - 1$ Einheiten $\varepsilon_2, \ldots, \varepsilon_{l^*}$ derart mit Potenzen von ε_1 multiplizieren, daß für die $l^* - 1$ entstehenden Produkte $\varepsilon'_2, \ldots, \varepsilon'_{l^*}$ die Kongruenzen

$$\varepsilon'_2 = \varepsilon_2 \varepsilon_1^{f_2} \equiv a'_2 + b'_2 \lambda^{e'_2}, \qquad (\mathfrak{l}^{e'_2+1}),$$
$$\cdots\cdots\cdots\cdots\cdots$$
$$\varepsilon'_{l^*} = \varepsilon_{l^*} \varepsilon_1^{f_{l^*}} \equiv a'_{l^*} + b'_{l^*} \lambda^{e'_{l^*}}, \qquad (\mathfrak{l}^{e'_{l^*}+1})$$

bestehen, wo $a'_2, \ldots, a'_{l^*}, b'_2, \ldots, b'_{l^*}$ ganze rationale, zu l prime Zahlen bedeuten, und wo nun die Exponenten $e'_2, \ldots, e'_{l^*}$ sämtlich größer als e_1 sind. Die Einheiten $\varepsilon_1, \varepsilon'_2, \varepsilon'_3, \ldots, \varepsilon'_{l^*}$ bilden wiederum ein System von Grundeinheiten in $k(\zeta)$. Nun möge unter den Exponenten $e'_2, \ldots, e'_{l^*}$ etwa e'_2 den niedrigsten vorkommenden Wert haben; dann ist es weiter möglich, die Einheiten $\varepsilon'_3, \ldots, \varepsilon'_{l^*}$ derart mit Potenzen von ε'_2 zu multiplizieren, daß für die $l^* - 2$ entstehenden Produkte $\varepsilon''_3, \ldots, \varepsilon''_{l^*}$ die Kongruenzen

$$\varepsilon''_3 = \varepsilon'_3 \varepsilon_2'^{f'_3} \equiv a''_3 + b''_3 \lambda^{e''_3}, \qquad (\mathfrak{l}^{e''_3+1}),$$
$$\cdots\cdots\cdots\cdots$$
$$\varepsilon''_{l^*} = \varepsilon'_{l^*} \varepsilon_2'^{f'_{l^*}} \equiv a''_{l^*} + b''_{l^*} \lambda^{e''_{l^*}}, \qquad (\mathfrak{l}^{e''_{l^*}+1})$$

gelten, wo $a''_3, \ldots, a''_{l^*}, b''_3, \ldots, b''_{l^*}$ ganze rationale, zu l prime Zahlen bedeuten und nunmehr die Exponenten $e''_3, \ldots, e''_{l^*}$ sämtlich größer als e'_2 sind. Die Einheiten $\varepsilon_1, \varepsilon'_2, \varepsilon''_3, \varepsilon''_4, \ldots, \varepsilon''_{l^*}$ bilden offenbar wiederum ein System von Grundeinheiten in $k(\zeta)$. Indem wir in geeigneter Weise fortfahren, gelangen wir zu einem System von Grundeinheiten $\varepsilon_1, \varepsilon'_2, \ldots, \varepsilon_{l^*}^{(l^*-1)}$ in $k(\zeta)$, die den Kongruenzen

$$\varepsilon_1 \equiv a_1 + b_1 \lambda^{e_1}, \qquad (\mathfrak{l}^{e_1+1}),$$
$$\varepsilon'_2 \equiv a'_2 + b'_2 \lambda^{e'_2}, \qquad (\mathfrak{l}^{e'_2+1}),$$
$$\varepsilon''_3 \equiv a''_3 + b''_3 \lambda^{e''_3}, \qquad (\mathfrak{l}^{e''_3+1}),$$
$$\cdots\cdots\cdots\cdots\cdots$$
$$\varepsilon_{l^*}^{(l^*-1)} \equiv a_{l^*}^{(l^*-1)} + b_{l^*}^{(l^*-1)} \lambda^{e_{l^*}^{(l^*-1)}}, \qquad (\mathfrak{l}^{e_{l^*}^{(l^*-1)}+1})$$

genügen, wo $a_1, \ldots, a_{l^*}^{(l^*-1)}, b_1, \ldots, b_{l^*}^{(l^*-1)}$ ganze rationale, zu l prime Zahlen sind, während für die Exponenten $e_1, \ldots, e_{l^*}^{(l^*-1)}$ die Kette von Ungleichungen

$$e_1 < e'_2 < e''_3 < \cdots < e_{l^*}^{(l^*-1)} \tag{162}$$

gilt. Da die betrachteten Einheiten sämtlich reell sind, so fallen die Exponenten $e_1, e_2', e_3'', \ldots, e_{l^*}^{(l^*-1)}$ gerade aus. Wäre nun

$$e_{l^*}^{(l^*-1)} \geqq l-1,$$

so würde nach Satz 156 $\varepsilon_{l^*}^{(l^*-1)}$ die l-te Potenz einer Einheit η in $k(\zeta)$ sein. Drücken wir dann η durch die Einheiten $\zeta, \varepsilon_1, \varepsilon_2', \ldots, \varepsilon_{l^*}^{(l^*-1)}$ aus in der Gestalt

$$\eta = \zeta^u \varepsilon_1^{u_1} \varepsilon_2'^{u_2} \cdots (\varepsilon_{l^*}^{(l^*-1)})^{u_{l^*}},$$

wo $u, u_1, u_2, \ldots, u_{l^*}$ ganze rationale Exponenten sind, und erheben diese Gleichung in die l-te Potenz, so erhalten wir eine Relation zwischen den l^* Einheiten $\varepsilon_1, \varepsilon_2', \ldots, \varepsilon_{l^*}^{(l^*-1)}$ mit Exponenten, die nicht sämtlich Null sind; dies widerspricht der Tatsache, daß $\varepsilon_1, \varepsilon_2', \ldots, \varepsilon_{l^*}^{(l^*-1)}$ ein System von Grundeinheiten in $k(\zeta)$ bilden. Es ist daher

$$e_{l^*}^{(l-1)} < l-1.$$

Hieraus folgt mit Rücksicht auf die Ungleichungen (162), daß notwendigerweise

$$e_1 = 2, \quad e_2' = 4, \quad e_3'' = 6, \ldots, e_{l^*}^{(l^*-1)} = l-3$$

sein muß, und diese Tatsache läßt unmittelbar auf das Vorhandensein von solchen Einheiten $\bar{\varepsilon}_1, \ldots, \bar{\varepsilon}_{l^*}$ schließen, die von der im Satze 155 (S. 286) verlangten Beschaffenheit sind.

Der Satz 157 (S. 288) folgt wie in § 142 aus Satz 155.

§ 167. Beweis einer Eigenschaft für die Primärzahlen von Primidealen der zweiten Art.

Wir legen die in § 131 (S. 264) gegebene Definition des Symbols $\left\{\frac{\nu, \mu}{\mathfrak{w}}\right\}$ für ein Primideal $\mathfrak{w} \neq \mathfrak{l}$ zugrunde, sehen jedoch vorläufig von einer Definition des Symbols $\left\{\frac{\nu, \mu}{\mathfrak{l}}\right\}$ ab; wir benutzen dementsprechend die Sätze 150 (S. 257), 151 (S. 272) ebenfalls nur für $\mathfrak{w} \neq \mathfrak{l}$. Die Sätze 158 (S. 295), 159 (S. 302) folgen dann unmittelbar in der dort dargelegten Weise für den Kummerschen Körper $k(\sqrt[l]{\mu}, \zeta)$, sobald wir die einschränkende Annahme machen, daß die Relativdiskriminante von $k(\sqrt[l]{\mu}, \zeta)$ in bezug auf $k(\zeta)$ zu $\mathfrak{l}$ prim sei. Unter derselben Einschränkung gelangen wir ohne Gebrauch des Symbols $\left\{\frac{\nu, \mu}{\mathfrak{l}}\right\}$ zu dem Begriff des Charakters eines Ideals in $k(\sqrt[l]{\mu}, \zeta)$, zu der Einteilung der Idealklassen eines Kummerschen Körpers in Geschlechter, sowie zu der Gültigkeit der Hilfssätze 33 (S. 308), 34 (S. 310), 35 (S. 312) und beweisen dann zunächst folgenden Hilfssatz:

Hilfssatz 43. Eine jede Primärzahl $\varkappa$ eines Primideals $\mathfrak{q}$ der zweiten Art ist der l-ten Potenz einer ganzen Zahl in $k(\zeta)$ nach $\mathfrak{l}^l$ kongruent.

Beweis. Es seien $\varepsilon_1, \ldots, \varepsilon_{l^*}$ die in § 166 bestimmten und dort mit $\varepsilon_1, \ldots, \varepsilon_{l^*}^{(l^*-1)}$ bezeichneten $l^* = \frac{l-3}{2}$ Grundeinheiten des Körpers $k(\zeta)$; es seien ferner $\mathfrak{p}, \mathfrak{p}_1, \ldots, \mathfrak{p}_{l^*}$ von $\mathfrak{l}$ verschiedene Primideale in $k(\zeta)$ von der Beschaffenheit, daß

$$\left.\begin{array}{llll} \left\{\frac{\zeta}{\mathfrak{p}}\right\} = \zeta^*, & \left\{\frac{\varepsilon_1}{\mathfrak{p}}\right\} = 1, & \left\{\frac{\varepsilon_2}{\mathfrak{p}}\right\} = 1, \ldots, & \left\{\frac{\varepsilon_{l^*}}{\mathfrak{p}}\right\} = 1, \\ \left\{\frac{\zeta}{\mathfrak{p}_1}\right\} = 1, & \left\{\frac{\varepsilon_1}{\mathfrak{p}_1}\right\} = \zeta_1, & \left\{\frac{\varepsilon_2}{\mathfrak{p}_1}\right\} = 1, \ldots, & \left\{\frac{\varepsilon_{l^*}}{\mathfrak{p}_1}\right\} = 1, \\ \cdot\ \cdot\ \cdot & \cdot\ \cdot\ \cdot & \cdot\ \cdot\ \cdot & \cdot\ \cdot\ \cdot \\ \left\{\frac{\zeta}{\mathfrak{p}_{l^*}}\right\} = 1, & \left\{\frac{\varepsilon_1}{\mathfrak{p}_{l^*}}\right\} = 1, & \left\{\frac{\varepsilon_2}{\mathfrak{p}_{l^*}}\right\} = 1, \ldots, & \left\{\frac{\varepsilon_{l^*}}{\mathfrak{p}_{l^*}}\right\} = \zeta_{l^*} \end{array}\right\} \quad (163)$$

ausfällt, wo $\zeta^*, \zeta_1, \ldots, \zeta_{l^*}$ irgendwelche von 1 verschiedene l-te Einheitswurzeln bedeuten. Die Existenz solcher Primideale folgt aus Satz 152 (S. 276); wenn wir auf den Beweis dieses Satzes zurückgreifen, sehen wir, daß nicht bloß die Anzahl, sondern die Summe der reziproken Normen aller Primideale $\mathfrak{r}$ von der dort angegebenen Beschaffenheit unendlich war, und wegen dieses Umstandes dürfen wir, wie aus den Betrachtungen beim Beweise des Satzes 83 (S. 143) ersichtlich ist, gegenwärtig annehmen, daß die Primideale $\mathfrak{p}, \mathfrak{p}_1, \ldots, \mathfrak{p}_{l^*}$ obenein sämtlich vom ersten Grade sind. Ferner können wir voraussetzen, daß die durch $\mathfrak{p}, \mathfrak{p}_1, \ldots, \mathfrak{p}_{l^*}$ teilbaren rationalen Primzahlen sämtlich voneinander verschieden ausfallen. Es seien $\pi, \pi_1, \ldots, \pi_{l^*}$ Primärzahlen bez. von $\mathfrak{p}, \mathfrak{p}_1, \ldots, \mathfrak{p}_{l^*}$.

Wir behandeln nun die Annahme, es gäbe l^*+1 ganze, nicht sämtlich durch l teilbare Exponenten $u, u_1, \ldots, u_{l^*}$, für welche der Ausdruck $\alpha = \pi^u \pi_1^{u_1} \cdots \pi_{l^*}^{u_{l^*}}$ der l-ten Potenz einer ganzen Zahl in $k(\zeta)$ nach $\mathfrak{l}^l$ kongruent wird. Nach Satz 148 (S. 251) besitzt dann die Relativdiskriminante des Kummerschen Körpers $k(\sqrt[l]{\alpha}, \zeta)$ eine gewisse Anzahl t der Primideale $\mathfrak{p}, \mathfrak{p}_1, \ldots, \mathfrak{p}_{l^*}$, aber nicht das Primideal $\mathfrak{l}$ als Faktor. Andererseits folgt aus (163) unter Berücksichtigung des Satzes 151 (S. 272), daß der Grad m der Schar derjenigen Einheiten in $k(\zeta)$, welche Relativnormen von Einheiten in $k(\sqrt[l]{\alpha}, \zeta)$ sind, höchstens den Wert $\frac{l-1}{2} - t$ hat; somit würde für den Kummerschen Körper $k(\sqrt[l]{\alpha}, \zeta)$

$$m \leqq \frac{l-1}{2} - t, \quad \text{d. h.} \quad t + m - \frac{l+1}{2} < 0$$

ausfallen, was nach Satz 158 (S. 295) nicht sein kann. Damit ist die oben versuchte Annahme als unmöglich erkannt, d. h. für Exponenten $u, u_1, \ldots, u_{l^*}$, die nicht sämtlich durch l teilbar sind, ist der Ausdruck $\pi^u \pi_1^{u_1} \ldots \pi_{l^*}^{u_{l^*}}$ niemals der l-ten Potenz einer ganzen Zahl in $k(\zeta)$ nach $\mathfrak{l}^l$ kongruent.

Es sei $\varkappa$ eine Primärzahl des Primideals $\mathfrak{q}$. Aus dem Beweise des Satzes 157 (S. 288) entnehmen wir, daß es genau $\frac{(l-1) \cdot l^{l-3}}{l^{l^*}}$ nach $\mathfrak{l}^{l-1}$ und also $(l-1)\, l^{l^*+1}$

nach $\mathfrak{l}^l$ inkongruente primäre Zahlen in $k(\zeta)$ gibt; andererseits ist die l-te Potenz einer zu $\mathfrak{l}$ primen Zahl in $k(\zeta)$ stets der l-ten Potenz einer der $l-1$ Zahlen $1, 2, \ldots, l-1$ nach $\mathfrak{l}^l$ kongruent. Aus der vorhin gefundenen Tatsache folgt daher, daß es stets möglich sein muß, die Exponenten $u, u_1, \ldots, u_{l^*}$ derart zu bestimmen, daß der Ausdruck $\mu = \pi^u \pi_1^{u_1} \cdots \pi_{l^*}^{u_{l^*}} \varkappa$ der l-ten Potenz einer ganzen Zahl in $k(\zeta)$ nach $\mathfrak{l}^l$ kongruent wird; wir setzen, wenn $u, u_1, \ldots, u_{l^*}$ solcher Art bestimmt sind, $\alpha = \pi^u \pi_1^{u_1} \cdots \pi_{l^*}^{u_{l^*}}$, so daß $\mu = \alpha\varkappa$ wird, und behandeln nun die Annahme, daß eine gewisse *positive* Anzahl a von diesen Exponenten $u, u_1, \ldots, u_{l^*}$ zu l prim, die übrigen $\frac{l-1}{2} - a$ aber durch l teilbar seien. Es wäre dann wegen (163) für den Kummerschen Körper $k(\sqrt[l]{\mu}, \zeta)$, indem wir für ihn die Bezeichnungen des § 149 benutzen, $t = a + 1, r^* = a, r = t - r^* = 1$, und folglich sind nach Hilfssatz 35 (S. 312) in diesem Körper $k(\sqrt[l]{\mu}, \zeta)$ alle Idealklassen vom Hauptgeschlecht. Hieraus ergibt sich unmittelbar folgende Tatsache: wenn $\mathfrak{r}$ irgendein Primideal in $k(\zeta)$ mit der Eigenschaft $\left\{\frac{\mu}{\mathfrak{r}}\right\} = 1$ ist und ϱ eine Primärzahl von $\mathfrak{r}$ bedeutet, so muß bei geeigneter Wahl der Einheit ξ das Charakterensystem der Zahl $\xi\varrho$ im Körper $k(\sqrt[l]{\mu}, \zeta)$ aus lauter Einheiten 1 bestehen; es ist also insbesondere

$$\left\{\frac{\xi\varrho, \mu}{\mathfrak{q}}\right\} = \left\{\frac{\xi\varrho}{\mathfrak{q}}\right\} = 1,$$

und da $\mathfrak{q}$ ein Primideal zweiter Art sein soll, so ist auch $\left\{\frac{\mathfrak{r}}{\mathfrak{q}}\right\} = 1$.

Wir bezeichnen jetzt die zu $\mathfrak{q}$ konjugierten und von $\mathfrak{q}$ verschiedenen Primideale mit $\mathfrak{q}', \mathfrak{q}'', \ldots$ und diejenigen Substitutionen aus der Gruppe von $k(\zeta)$, welche $\mathfrak{q}$ in $\mathfrak{q}', \mathfrak{q}'', \ldots$ überführen, bez. mit $s', s'', \ldots$. Haben dann h, h^* die Bedeutung wie in § 149, und ist q die durch $\mathfrak{q}$ teilbare ganze rationale Primzahl, so ergibt sich (ähnlich wie in § 158) mit Rücksicht auf die Bemerkung hinter dem Satze 157 (S. 288)

$$\varkappa (s'\varkappa)(s''\varkappa) \cdots = \varepsilon^l q^{hh^*},$$

wo ε eine Einheit in $k(\zeta)$ ist. Wegen unserer Annahme über die Exponenten $u, u_1, \ldots, u_{l^*}$, und da die Primideale $\mathfrak{p}, \mathfrak{p}_1, \ldots, \mathfrak{p}_{l^*}$ vom ersten Grade und ferner die durch sie teilbaren rationalen Primzahlen unter sich verschieden sind, können wir aus dem Satz 152 (S. 276) schließen, daß es in $k(\zeta)$ ein Primideal $\mathfrak{r}$ gibt mit den Eigenschaften

$$\left.\begin{array}{ll} \left\{\frac{\alpha}{\mathfrak{r}}\right\} = \zeta^{*-1}, & \left\{\frac{\varkappa}{\mathfrak{r}}\right\} = \zeta^*, \\ \left\{\frac{s'\alpha}{\mathfrak{r}}\right\} = 1, & \left\{\frac{s'\varkappa}{\mathfrak{r}}\right\} = 1, \\ \left\{\frac{s''\alpha}{\mathfrak{r}}\right\} = 1, & \left\{\frac{s''\varkappa}{\mathfrak{r}}\right\} = 1, \\ \cdots & \cdots \end{array}\right| \qquad (164)$$

wo ζ^* irgendeine von 1 verschiedene l-te Einheitswurzel bedeutet. Diese Gleichungen (164) ergeben sofort

$$\left\{\frac{\mu}{\mathfrak{r}}\right\}=1, \quad \left\{\frac{s'\mu}{\mathfrak{r}}\right\}=1, \quad \left\{\frac{s''\mu}{\mathfrak{r}}\right\}=1, \ldots, \tag{165}$$

$$\left\{\frac{\varkappa \cdot s'\varkappa \cdot s''\varkappa \cdots}{\mathfrak{r}}\right\}=\left\{\frac{q}{\mathfrak{r}}\right\}=\zeta^*; \tag{166}$$

aus der ersten von den Gleichungen (165) folgt nach dem zuvor Bewiesenen $\left\{\frac{\mathfrak{r}}{\mathfrak{q}}\right\}=1$, und in gleicher Weise liefern die weiteren Gleichungen (165) die Beziehungen $\left\{\frac{\mathfrak{r}}{\mathfrak{q}'}\right\}=1$, $\left\{\frac{\mathfrak{r}}{\mathfrak{q}''}\right\}=1, \ldots$; durch Multiplikation wird hieraus $\left\{\frac{\mathfrak{r}}{q}\right\}=1$, was wegen Satz 140 (S. 231) der Gleichung (166) widerspricht. Unsere augenblicklich behandelte Annahme über die Exponenten $u, u_1, \ldots, u_{l^*}$ ist daher unzutreffend, d. h. diese Exponenten, wie sie oben bestimmt wurden, müssen sämtlich durch l teilbar sein, und α ist mithin gleich der l-ten Potenz einer ganzen Zahl in $k(\zeta)$; hieraus ergibt sich, daß $\varkappa$ kongruent der l-ten Potenz einer ganzen Zahl in $k(\zeta)$ nach $\mathfrak{l}^l$ ausfällt, womit der Hilfssatz 43 bewiesen ist.

§ 168. Beweis des Reziprozitätsgesetzes für die Fälle, daß eines der beiden Primideale von der zweiten Art ist.

Wir gelangen jetzt schrittweise, wie folgt, zu einzelnen Teilen des Reziprozitätsgesetzes für l-te Potenzreste:

Hilfssatz 44. Es sei $\mathfrak{q}$ ein Primideal zweiter Art und $\mathfrak{r}$ ein Primideal erster oder zweiter Art in $k(\zeta)$: wenn dann $\left\{\frac{\mathfrak{q}}{\mathfrak{r}}\right\}=1$ ist, so wird auch $\left\{\frac{\mathfrak{r}}{\mathfrak{q}}\right\}=1$.

Beweis. Es seien $\varkappa, \varrho$ Primärzahlen der Primideale $\mathfrak{q}$ bez. $\mathfrak{r}$. Mit Rücksicht auf Hilfssatz 43 (S. 337) besitzt die Relativdiskriminante des Körpers $k(\sqrt[l]{\varkappa}, \zeta)$ nach Satz 148 (S. 251) nur den einen Primfaktor $\mathfrak{q}$, und daher gehören wegen des Hilfssatzes 35 (S. 312) in diesem Körper alle Ideale dem Hauptgeschlechte an. Wegen $\left\{\frac{\mathfrak{q}}{\mathfrak{r}}\right\}=1$ ist $\mathfrak{r}$ im Körper $k(\sqrt[l]{\varkappa}, \zeta)$ das Produkt von l Primidealen; für den Charakter irgendeines dieser Primideale erhalten wir den Wert

$$\left\{\frac{\varrho, \varkappa}{\mathfrak{q}}\right\}=\left\{\frac{\mathfrak{r}}{\mathfrak{q}}\right\}=1,$$

und damit ist der Hilfssatz 44 bewiesen.

Hilfssatz 45. Wenn $\mathfrak{q}, \bar{\mathfrak{q}}$ irgend zwei Primideale zweiter Art in $k(\zeta)$ sind, so ist stets $\left\{\frac{\mathfrak{q}}{\bar{\mathfrak{q}}}\right\}=\left\{\frac{\bar{\mathfrak{q}}}{\mathfrak{q}}\right\}$.

Beweis. Im Falle $\left\{\frac{\mathfrak{q}}{\bar{\mathfrak{q}}}\right\}=1$ folgt die Richtigkeit der Behauptung unmittelbar aus Hilfssatz 44. Wir betrachten nunmehr den Fall $\left\{\frac{\mathfrak{q}}{\bar{\mathfrak{q}}}\right\} \neq 1$. Es seien $\varkappa$, $\bar{\varkappa}$ Primärzahlen bez. von $\mathfrak{q}$, $\bar{\mathfrak{q}}$; ferner seien $\mathfrak{q}'$, $\mathfrak{q}''$, ... die von $\mathfrak{q}$ verschiedenen, zu $\mathfrak{q}$ konjugierten Primideale und $\varkappa'$, $\varkappa''$, ... bez. die betreffenden zu $\varkappa$ konjugierten Primärzahlen von $\mathfrak{q}'$, $\mathfrak{q}''$, ...; andererseits seien $\bar{\mathfrak{q}}'$, $\bar{\mathfrak{q}}''$, ... die von $\bar{\mathfrak{q}}$ verschiedenen, zu $\bar{\mathfrak{q}}$ konjugierten Primideale und $\bar{\varkappa}'$, $\bar{\varkappa}''$, ... bez. die betreffenden zu $\bar{\varkappa}$ konjugierten Primärzahlen von $\bar{\mathfrak{q}}'$, $\bar{\mathfrak{q}}''$, ... Endlich sei q die durch $\mathfrak{q}$ teilbare rationale Primzahl; man hat dann $\varkappa\varkappa'\varkappa'' \cdots = \varepsilon^l q^{hh^*}$, wo ε eine Einheit in $k(\zeta)$ ist. Nach Satz 152 (S. 276) gibt es ein Primideal $\mathfrak{r}$, für welches

$$\left\{\frac{\varkappa}{\mathfrak{r}}\right\} = \zeta^*, \quad \left\{\frac{\varkappa'}{\mathfrak{r}}\right\} = 1, \quad \left\{\frac{\varkappa''}{\mathfrak{r}}\right\} = 1, \ldots, \tag{167}$$

$$\left\{\frac{\bar{\varkappa}}{\mathfrak{r}}\right\} = \zeta^*, \quad \left\{\frac{\bar{\varkappa}'}{\mathfrak{r}}\right\} = 1, \quad \left\{\frac{\bar{\varkappa}''}{\mathfrak{r}}\right\} = 1, \ldots, \tag{168}$$

$$\left\{\frac{\zeta}{\mathfrak{r}}\right\} = 1, \quad \left\{\frac{\varepsilon_1}{\mathfrak{r}}\right\} = 1, \quad \left\{\frac{\varepsilon_2}{\mathfrak{r}}\right\} = 1, \ldots, \left\{\frac{\varepsilon_{l^*}}{\mathfrak{r}}\right\} = 1 \tag{169}$$

wird, wo ζ^* irgendeine von 1 verschiedene Einheitswurzel bedeutet, und wo $\varepsilon_1, \ldots, \varepsilon_{l^*}$ die l^* in § 166 bestimmten und dort mit $\varepsilon_1, \varepsilon_2', \ldots, \varepsilon_{l^*}^{(l^*-1)}$ bezeichneten Einheiten in $k(\zeta)$ sind. Aus (167) folgt

$$\left\{\frac{\varkappa\varkappa'\varkappa''\cdots}{\mathfrak{r}}\right\} = \left\{\frac{q}{\mathfrak{r}}\right\} = \zeta^*,$$

und daher ist, wenn ϱ eine Primärzahl von $\mathfrak{r}$ bedeutet, nach Satz 140 (S. 231) auch

$$\left\{\frac{\varrho}{q}\right\} = \left\{\frac{\varrho}{\mathfrak{q}}\right\}\left\{\frac{\varrho}{\mathfrak{q}'}\right\}\left\{\frac{\varrho}{\mathfrak{q}''}\right\}\cdots = \zeta^*. \tag{170}$$

Andererseits ist wegen (167) nach Hilfssatz 44

$$\left\{\frac{\varrho}{\mathfrak{q}'}\right\} = 1, \quad \left\{\frac{\varrho}{\mathfrak{q}''}\right\} = 1, \ldots;$$

und daher folgt aus (170) $\left\{\frac{\varrho}{\mathfrak{q}}\right\} = \left\{\frac{\mathfrak{r}}{\mathfrak{q}}\right\} = \zeta^*$, es ist also

$$\left\{\frac{\mathfrak{q}}{\mathfrak{r}}\right\} = \left\{\frac{\mathfrak{r}}{\mathfrak{q}}\right\} \neq 1. \tag{171}$$

In gleicher Weise leiten wir aus (168) die Beziehung her:

$$\left\{\frac{\bar{\mathfrak{q}}}{\mathfrak{r}}\right\} = \left\{\frac{\mathfrak{r}}{\bar{\mathfrak{q}}}\right\} \neq 1. \tag{172}$$

Wir bestimmen nun die Potenz ϱ^e von ϱ so, daß $\left\{\frac{\varkappa\varrho^e}{\bar{\mathfrak{q}}}\right\} = 1$ wird, und betrachten dann den Kummerschen Körper $k(\sqrt[l]{\varkappa\varrho^e}, \zeta)$. Da $\mathfrak{q}$ nach Voraussetzung und $\mathfrak{r}$ wegen (169) Primideale zweiter Art sind, so folgt vermittelst des Hilfssatzes 43, daß die Relativdiskriminante dieses Körpers nur die beiden Primideale $\mathfrak{q}$, $\mathfrak{r}$ enthält. Nach Hilfssatz 35 (S. 312) gibt es daher in $k(\sqrt[l]{\varkappa\varrho^e}, \zeta)$ höchstens l Geschlechter. Das Primideal $\mathfrak{r}$ ist die l-te Potenz eines Primideals $\mathfrak{R}$ in $k(\sqrt[l]{\varkappa\varrho^e}, \zeta)$. Die beiden Charaktere von $\mathfrak{R}$ in diesem Körper sind

$$\left\{\frac{\varrho, \varkappa\varrho^e}{\mathfrak{q}}\right\} = \left\{\frac{\mathfrak{r}}{\mathfrak{q}}\right\}, \quad \left\{\frac{\varrho, \varkappa\varrho^e}{\mathfrak{r}}\right\} = \left\{\frac{\varkappa}{\mathfrak{r}}\right\}^{-1} = \left\{\frac{\mathfrak{q}}{\mathfrak{r}}\right\}^{-1},$$

und hieraus ergeben sich die Charaktere von $\mathfrak{R}^2, \mathfrak{R}^3, \ldots, \mathfrak{R}^l$. Wegen (171) bestimmen die l Ideale $\mathfrak{R}, \mathfrak{R}^2, \ldots, \mathfrak{R}^l$ l verschiedene Geschlechter, und wegen der nämlichen Formel (171) ist zugleich für dieselben stets das Produkt ihrer beiden Charaktere gleich 1. Die letztere Tatsache gilt folglich für jedes beliebige Ideal in $k(\sqrt[l]{\varkappa\varrho^e}, \zeta)$. Da $\left\{\frac{\varkappa\varrho^e}{\bar{\mathfrak{q}}}\right\} = 1$ ist, so wird $\bar{\mathfrak{q}}$ in $k(\sqrt[l]{\varkappa\varrho^e}, \zeta)$ weiter zerlegbar; die Charaktere eines Primfaktors von $\bar{\mathfrak{q}}$ sind

$$\left\{\frac{\bar{\varkappa}, \varkappa\varrho^e}{\mathfrak{q}}\right\} = \left\{\frac{\bar{\varkappa}}{\mathfrak{q}}\right\}, \quad \left\{\frac{\bar{\varkappa}, \varkappa\varrho^e}{\mathfrak{r}}\right\} = \left\{\frac{\bar{\varkappa}}{\mathfrak{r}}\right\}^e,$$

und es ist daher das Produkt $\left\{\frac{\bar{\varkappa}}{\mathfrak{q}}\right\}\left\{\frac{\bar{\varkappa}}{\mathfrak{r}}\right\}^e = 1$. Da andererseits

$$\left\{\frac{\varkappa\varrho^e}{\bar{\mathfrak{q}}}\right\} = \left\{\frac{\mathfrak{q}}{\bar{\mathfrak{q}}}\right\}\left\{\frac{\mathfrak{r}}{\bar{\mathfrak{q}}}\right\}^e = 1$$

sein soll, so folgt unter Heranziehung von (172) $\left\{\frac{\bar{\mathfrak{q}}}{\mathfrak{q}}\right\} = \left\{\frac{\mathfrak{q}}{\bar{\mathfrak{q}}}\right\}$.

Hilfssatz 46. Es sei $\mathfrak{p}$ ein Primideal der ersten Art und $\mathfrak{q}$ ein Primideal der zweiten Art in $k(\zeta)$; wenn dann $\left\{\frac{\mathfrak{p}}{\mathfrak{q}}\right\} = 1$ ausfällt, so wird auch $\left\{\frac{\mathfrak{q}}{\mathfrak{p}}\right\} = 1$.

Beweis. Es seien $\pi, \varkappa$ Primärzahlen bez. von $\mathfrak{p}, \mathfrak{q}$. Wir nehmen an, es wäre $\left\{\frac{\mathfrak{q}}{\mathfrak{p}}\right\} \neq 1$. Nach Satz 152 (S. 276) gibt es ein von $\mathfrak{p}$ und $\mathfrak{q}$ verschiedenes Primideal $\mathfrak{r}$, für welches

$$\left\{\frac{\pi}{\mathfrak{r}}\right\} \neq 1, \quad \left\{\frac{\varkappa}{\mathfrak{r}}\right\} \neq 1, \tag{173}$$

$$\left\{\frac{\zeta}{\mathfrak{r}}\right\} = 1, \quad \left\{\frac{\varepsilon_1}{\mathfrak{r}}\right\} = 1, \ldots, \left\{\frac{\varepsilon_{l^*}}{\mathfrak{r}}\right\} = 1 \tag{174}$$

ausfällt, wo $\varepsilon_1, \ldots, \varepsilon_{l^*}$ die in § 166 bestimmten und dort mit $\varepsilon_1, \ldots, \varepsilon_{l^*}^{(l^*-1)}$ bezeichneten Einheiten sind. Wegen (174) ist $\mathfrak{r}$ ein Primideal zweiter Art. Bedeutet ϱ eine Primärzahl von $\mathfrak{r}$, so fällt $\left\{\frac{\varrho}{\mathfrak{p}}\right\} \neq 1$ aus; denn aus $\left\{\frac{\varrho}{\mathfrak{p}}\right\} = 1$ würde nach Hilfssatz 44 (S. 340) $\left\{\frac{\pi}{\mathfrak{r}}\right\} = 1$ folgen, was der ersten Gleichung in (173) widerspräche. Wir können daher eine Potenz ϱ^e von ϱ bestimmen derart, daß $\left\{\frac{\varkappa\varrho^e}{\mathfrak{p}}\right\} = 1$ wird.

Da $\mathfrak{r}, \mathfrak{q}$ Primideale zweiter Art sind, so folgt mit Rücksicht auf Hilfssatz 43 (S. 337) nach Satz 148 (S. 251), daß die Relativdiskriminante des Körpers $k(\sqrt[l]{\varkappa\varrho^e}, \zeta)$ nur die beiden Primideale $\mathfrak{q}, \mathfrak{r}$ als Faktoren enthält. Nun ist nach (173) $\left\{\frac{\varkappa}{\mathfrak{r}}\right\} \neq 1$ und nach Hilfssatz 45 (S. 340)

$$\left\{\frac{\varkappa}{\mathfrak{r}}\right\} = \left\{\frac{\mathfrak{q}}{\mathfrak{r}}\right\} = \left\{\frac{\mathfrak{r}}{\mathfrak{q}}\right\},$$

und daraus folgt, wie im Beweise des Hilfssatzes 45, daß für jedes Ideal in $k(\sqrt[l]{\varkappa\varrho^e}, \zeta)$ das Produkt der beiden Charaktere gleich 1 sein muß. Wegen $\left\{\frac{\varkappa\varrho^e}{\mathfrak{p}}\right\}=1$ wird $\mathfrak{p}$ in $k(\sqrt[l]{\varkappa\varrho^e}, \zeta)$ weiter zerlegbar; ein jeder Primfaktor von $\mathfrak{p}$ besitzt als seine beiden Charaktere

$$\left\{\frac{\pi, \varkappa\varrho^e}{\mathfrak{q}}\right\}=\left\{\frac{\mathfrak{p}}{\mathfrak{q}}\right\}, \quad \left\{\frac{\pi, \varkappa\varrho^e}{\mathfrak{r}}\right\}=\left\{\frac{\pi}{\mathfrak{r}}\right\}^e.$$

Da der erste Charakter nach Voraussetzung gleich 1 ist, so würde nach dem eben Bewiesenen auch $\left\{\frac{\pi}{\mathfrak{r}}\right\}=1$ folgen, was nach (173) nicht zutrifft. Dadurch ist unsere Annahme $\left\{\frac{\mathfrak{q}}{\mathfrak{p}}\right\} \neq 1$ widerlegt.

Hilfssatz 47. Wenn $\mathfrak{q}$ ein Primideal zweiter Art und $\mathfrak{p}$ ein Primideal erster Art ist, so folgt stets $\left\{\frac{\mathfrak{q}}{\mathfrak{p}}\right\}=\left\{\frac{\mathfrak{p}}{\mathfrak{q}}\right\}$.

Beweis. Wir verfahren genau wie im Beweise des Hilfssatzes 45, indem wir statt des Primideals $\overline{\mathfrak{q}}$ nunmehr das Primideal $\mathfrak{p}$ einsetzen und demgemäß im Verlauf des Beweises behufs Ableitung der (172) entsprechenden Beziehung statt des Hilfssatzes 44 den Hilfssatz 46 heranziehen.

§ 169. Ein Hilfssatz über das Produkt $\prod'\left\{\frac{\nu,\mu}{\mathfrak{w}}\right\}$, worin $\mathfrak{w}$ alle von $\mathfrak{l}$ verschiedenen Primideale durchläuft.

Wir sind nunmehr imstande, den folgenden Hilfssatz abzuleiten:

Hilfssatz 48. Wenn ν, μ zu $\mathfrak{l}$ prime ganze Zahlen sind und überdies μ der l-ten Potenz einer ganzen Zahl in $k(\zeta)$ nach $\mathfrak{l}^l$ kongruent wird, so ist stets

$$\prod_{(\mathfrak{w})}{}'\left\{\frac{\nu, \mu}{\mathfrak{w}}\right\}=1,$$

wo das Produkt über alle von $\mathfrak{l}$ verschiedenen Primideale $\mathfrak{w}$ in $k(\zeta)$ erstreckt werden soll.

Beweis. Unter der über μ gemachten Voraussetzung können wir offenbar μ gleich einem Produkt aus lauter Primärzahlen von Primidealen, dividiert durch die l-te Potenz einer ganzen Zahl in $k(\zeta)$, setzen. Ist ν insbesondere gleich einer Primärzahl $\varkappa$ eines Primideals $\mathfrak{q}$ zweiter Art, so folgt alsdann die Richtigkeit der Behauptung sofort aus den Hilfssätzen 45 und 47, d. h. es ist unter der über μ gemachten Voraussetzung stets

$$\prod_{(\mathfrak{w})}{}'\left\{\frac{\varkappa, \mu}{\mathfrak{w}}\right\}=1. \tag{175}$$

Nunmehr betrachten wir den Kummerschen Körper $k(\sqrt[l]{\mu}, \zeta)$. Wenn r die Anzahl der Charaktere bezeichnet, die das Geschlecht einer Klasse in diesem Körper bestimmen, so gibt es nach Hilfssatz 35 (S. 312) höchstens l^{r-1} Geschlechter in diesem Körper. Sind nun $\gamma_1, \ldots, \gamma_r$ irgend r solche l-te

Einheitswurzeln, deren Produkt gleich 1 ist, so können wir genau wie beim Beweise des Satzes 164 (S. 329) nachweisen, daß es stets Ideale in $k(\sqrt[l]{\mu}, \zeta)$ gibt, deren Charaktere mit $\gamma_1, \ldots, \gamma_r$ übereinstimmen. Dabei ist nur zu den Bedingungen (155), (156), denen das dort mit $\mathfrak{p}$ bezeichnete Primideal genügen soll, noch das Bedingungssystem

$$\left\{\frac{\zeta}{\mathfrak{p}}\right\} = 1, \quad \left\{\frac{\varepsilon_1}{\mathfrak{p}}\right\} = 1, \ldots, \left\{\frac{\varepsilon_{l^*}}{\mathfrak{p}}\right\} = 1$$

hinzuzunehmen, wo $\varepsilon_1, \ldots, \varepsilon_{l^*}$ die in § 166 bestimmten und dort mit $\varepsilon_1, \ldots, \varepsilon_{l^*}^{(l^*-1)}$ bezeichneten Einheiten sind. Auf diese Weise wird nämlich erreicht, daß $\mathfrak{p}$ obenein noch ein Primideal zweiter Art wird, und wegen dieses Umstandes dürfen wir mit Rücksicht auf die Hilfssätze 45 und 47 das Reziprozitätsgesetz in der nämlichen Weise anwenden, wie dies beim Beweise des Satzes 164 geschehen ist. Statt des dort benutzten Satzes 163 ziehen wir hier die Formel (175) heran. Zugleich folgt, daß in $k(\sqrt[l]{\mu}, \zeta)$ wirklich l^{r-1} Geschlechter vorhanden sind, und damit zugleich, daß für jedes derselben das Produkt der r Charaktere stets gleich 1 sein muß. Diese Tatsache bringen wir nun zur Anwendung, um den Hilfssatz 48 für den Fall zu beweisen, daß ν eine Einheit ist, und weiter für den Fall, daß ν eine Primärzahl eines Primideals erster Art ist.

Es seien wiederum $\varepsilon_1, \ldots, \varepsilon_{l^*}$ die soeben erwähnten l^* Einheiten; ferner $\mathfrak{l}_1, \ldots, \mathfrak{l}_t$, wie in § 149, die t in der Relativdiskriminante von $k(\sqrt[l]{\mu}, \zeta)$ aufgehenden verschiedenen Primideale, und es mögen darunter $\mathfrak{l}_t, \mathfrak{l}_{t-1}, \ldots, \mathfrak{l}_{r+1}$ wie in § 149 ausgewählt sein; ferner seien $\lambda_{r+1}, \ldots, \lambda_t$ Primärzahlen bez. von $\mathfrak{l}_{r+1}, \ldots, \mathfrak{l}_t$; endlich sei ξ eine beliebige Einheit in $k(\zeta)$. Nach Satz 152 (S. 276) gibt es ein Primideal $\mathfrak{q}$, für welches bei einem gewissen zu l primen Exponenten m

$$\left\{\frac{\zeta}{\mathfrak{q}}\right\} = 1, \quad \left\{\frac{\varepsilon_1}{\mathfrak{q}}\right\} = 1, \ldots, \left\{\frac{\varepsilon_{l^*}}{\mathfrak{q}}\right\} = 1, \quad \left\{\frac{\mu}{\mathfrak{q}}\right\} = 1, \tag{176}$$

$$\left\{\frac{\lambda_{r+1}}{\mathfrak{q}}\right\} = \left\{\frac{\xi}{\mathfrak{l}_{r+1}}\right\}^m, \quad \left\{\frac{\lambda_{r+2}}{\mathfrak{q}}\right\} = \left\{\frac{\xi}{\mathfrak{l}_{r+2}}\right\}^m, \ldots, \left\{\frac{\lambda_t}{\mathfrak{q}}\right\} = \left\{\frac{\xi}{\mathfrak{l}_t}\right\}^m \tag{177}$$

wird. Es sei $\varkappa$ eine Primärzahl von $\mathfrak{q}$. Wegen der Gleichung $\left\{\frac{\mu}{\mathfrak{q}}\right\} = 1$ zerfällt $\mathfrak{q}$ im Körper $k(\sqrt[l]{\mu}, \zeta)$, und wegen der übrigen Gleichungen (176) ist $\mathfrak{q}$ ein Primideal zweiter Art. Die r Charaktere eines Primfaktors von $\mathfrak{q}$ haben, da, wie man aus (177) und durch die Hilfssätze 45 und 47 erkennt,

$$\left\{\frac{\xi^{-m}\varkappa, \mu}{\mathfrak{l}_{r+1}}\right\} = 1, \ldots, \left\{\frac{\xi^{-m}\varkappa, \mu}{\mathfrak{l}_t}\right\} = 1 \tag{178}$$

ist, folgende Werte:

$$\left\{\frac{\xi^{-m}\varkappa, \mu}{\mathfrak{l}_1}\right\}, \quad \left\{\frac{\xi^{-m}\varkappa, \mu}{\mathfrak{l}_2}\right\}, \ldots, \left\{\frac{\xi^{-m}\varkappa, \mu}{\mathfrak{l}_r}\right\}.$$

Nun muß nach dem oben Bewiesenen das Produkt derselben gleich 1 sein; dies liefert mit Rücksicht auf (178) und auf die letzte Gleichung in (176) die Beziehung

$$\prod_{(\mathfrak{w})}{}' \left\{ \frac{\xi^{-m}\varkappa, \mu}{\mathfrak{w}} \right\} = 1,$$

wo das Produkt über alle von $\mathfrak{l}$ verschiedenen Primideale $\mathfrak{w}$ zu erstrecken ist; daraus folgt dann weiter mit Hilfe von (175)

$$\prod_{(\mathfrak{w})}{}' \left\{ \frac{\xi^{-m}, \mu}{\mathfrak{w}} \right\} = 1, \quad \text{d. h.} \quad \prod_{(\mathfrak{w})}{}' \left\{ \frac{\xi, \mu}{\mathfrak{w}} \right\} = 1; \tag{179}$$

der Hilfssatz 48 gilt also auch in dem Falle, daß ν eine beliebige Einheit in $k(\zeta)$ vorstellt.

Nunmehr sei $\mathfrak{p}$ irgendein Primideal der ersten Art, welches die Bedingung $\left\{\frac{\mu}{\mathfrak{p}}\right\} = 1$ erfüllt und folglich in $k(\sqrt[l]{\mu}, \zeta)$ zerlegbar ist. Die r Charaktere eines beliebigen Primfaktors von $\mathfrak{p}$ sind, wenn π eine Primärzahl von $\mathfrak{p}$ und ξ eine geeignete Einheit in $k(\zeta)$ bedeutet,

$$\left\{ \frac{\xi\pi, \mu}{\mathfrak{l}_1} \right\}, \quad \left\{ \frac{\xi\pi, \mu}{\mathfrak{l}_2} \right\}, \ldots, \left\{ \frac{\xi\pi, \mu}{\mathfrak{l}_r} \right\}.$$

Da das Produkt derselben gleich 1 sein muß, so folgt wie vorhin:

$$\prod_{(\mathfrak{w})}{}' \left\{ \frac{\xi\pi, \mu}{\mathfrak{w}} \right\} = 1$$

und hieraus wegen (179):

$$\prod_{(\mathfrak{w})}{}' \left\{ \frac{\pi, \mu}{\mathfrak{w}} \right\} = 1.$$

Ist endlich $\mathfrak{p}$ ein solches, zu μ primes Primideal erster Art, für welches $\left\{\frac{\mu}{\mathfrak{p}}\right\} \neq 1$ ist, so bestimme man ein Primideal zweiter Art $\mathfrak{q}$ derart, daß $\left\{\frac{\mathfrak{p}}{\mathfrak{q}}\right\} \neq 1$ ist; dann ist nach Hilfssatz 44 auch $\left\{\frac{\mathfrak{q}}{\mathfrak{p}}\right\} \neq 1$. Bedeutet $\varkappa$ eine Primärzahl von $\mathfrak{q}$ und $\varkappa^e$ eine solche Potenz von $\varkappa$, daß $\left\{\frac{\mu\varkappa^e}{\mathfrak{p}}\right\} = 1$ wird, so ist nach dem soeben Bewiesenen

$$\prod_{(\mathfrak{w})}{}' \left\{ \frac{\pi, \mu\varkappa^e}{\mathfrak{w}} \right\} = 1,$$

und da auf Grund des Hilfssatzes 47 auch

$$\prod_{(\mathfrak{w})}{}' \left\{ \frac{\pi, \varkappa}{\mathfrak{w}} \right\} = \left\{ \frac{\mathfrak{q}}{\mathfrak{p}} \right\}^{-1} \left\{ \frac{\mathfrak{p}}{\mathfrak{q}} \right\} = 1$$

ausfällt, so folgt weiter

$$\prod_{(\mathfrak{w})}{}' \left\{ \frac{\pi, \mu}{\mathfrak{w}} \right\} = 1; \tag{180}$$

der Hilfssatz 48 gilt also auch dann, wenn ν eine Primärzahl eines beliebigen Primideals erster Art ist. Aus (175), (179), (180) folgt die allgemeine Gültigkeit des Hilfssatzes 48.

§ 170. Das Symbol $\{\nu, \mu\}$ und das Reziprozitätsgesetz zwischen zwei beliebigen Primidealen.

Wir gelangen jetzt in überraschend einfacher Weise zu der am Anfang dieses Kapitels in Aussicht gestellten neuen Begründung der Theorie des regulären Kummerschen Körpers. Setzen wir, wenn ν und μ ganze Zahlen in $k(\zeta)$ bedeuten,

$$\{\nu, \mu\} = \Big(\prod_{(\mathfrak{w})}{}' \Big\{\frac{\nu, \mu}{\mathfrak{w}}\Big\}\Big)^{-1}, \tag{181}$$

wo das Produkt $\prod\limits_{(\mathfrak{w})}{}'$ wiederum über alle von $\mathfrak{l}$ verschiedenen Primideale $\mathfrak{w}$ in $k(\zeta)$ zu erstrecken ist, so stellt das **Symbol** $\{\nu, \mu\}$ eine l-te Einheitswurzel dar, die durch die Zahlen ν, μ völlig bestimmt ist, und es folgen aus (80) (S. 265) sofort die Formeln

$$\left.\begin{aligned} \{\nu_1\,\nu_2, \mu\} &= \{\nu_1, \mu\}\{\nu_2, \mu\}, \\ \{\nu, \mu_1\,\mu_2\} &= \{\nu, \mu_1\}\{\nu, \mu_2\}, \\ \{\nu, \mu\}\{\mu, \nu\} &= 1, \end{aligned}\right\} \tag{182}$$

in denen $\nu, \nu_1, \nu_2, \mu, \mu_1, \mu_2$ beliebige ganze Zahlen in $k(\zeta)$ bedeuten. Bezeichnet ferner r eine Primitivzahl nach l und $s = (\zeta:\zeta^r)$ die betreffende Substitution der Gruppe von $k(\zeta)$, so folgt

$$\{s\,\nu, s\,\mu\} = \{\nu, \mu\}^r. \tag{183}$$

Ferner ergibt sich die Tatsache:

Hilfssatz 49. Wenn ν, μ zwei primäre Zahlen des Körpers $k(\zeta)$ sind, so hat das Symbol $\{\nu, \mu\}$ stets den Wert 1.

Beweis. Zunächst folgt, wenn a irgendeine ganze rationale, zu l und zu ν prime Zahl ist, mit Rücksicht auf Satz 140 (S. 231) die Gleichung

$$\{\nu, a\} = \Big\{\frac{\nu}{a}\Big\}^{-1}\Big\{\frac{a}{\nu}\Big\} = 1. \tag{184}$$

Da μ eine primäre Zahl sein soll, so ist $\mu \cdot s^{\frac{l-1}{2}}\mu$ einer ganzen rationalen Zahl nach $\mathfrak{l}^{l-1}$ kongruent. Infolgedessen können wir dann auch nach $\mathfrak{l}^l$ eine ganze rationale Zahl a bestimmen, derart, daß die Kongruenz

$$a \cdot \mu \cdot s^{\frac{l-1}{2}}\mu \equiv 1, \qquad (\mathfrak{l}^l)$$

besteht, und außerdem wieder a prim zu ν wählen. Nun ergibt sich bei Anwendung des Hilfssatzes 48

$$\{\nu, a\}\{\nu, \mu\}\{\nu, s^{\frac{l-1}{2}}\mu\} = \{\nu, a \cdot \mu \cdot s^{\frac{l-1}{2}}\mu\} = 1,$$

und folglich wird wegen (184) auch

$$\{\nu, \mu\}\{\nu, s^{\frac{l-1}{2}}\mu\} = 1.$$

Entsprechend beweisen wir

$$\{\nu, s^{\frac{l-1}{2}}\mu\}\{s^{\frac{l-1}{2}}\nu, s^{\frac{l-1}{2}}\mu\} = 1.$$

Aus Formel (183) ergibt sich ferner

$$\{\nu, \mu\}\{s^{\frac{l-1}{2}}\nu, s^{\frac{l-1}{2}}\mu\} = 1.$$

Die drei letzten Gleichungen zusammengenommen liefern

$$\{\nu, \mu\}^2 = 1, \quad \text{d. h.} \quad \{\nu, \mu\} = 1,$$

und damit ist der Hilfssatz 49 bewiesen.

Wählen wir insbesondere ν, μ als Primärzahlen von zwei beliebigen Primidealen $\mathfrak{p}, \mathfrak{q}$ in $k(\zeta)$, so ist die Aussage des Hilfssatzes 49 mit dem allgemeinen Reziprozitätsgesetze 161 (S. 312) für diese Primideale $\mathfrak{p}, \mathfrak{q}$ gleichbedeutend.

§ 171. Übereinstimmung des Symbols $\{\nu, \mu\}$ mit dem Symbol $\left\{\frac{\nu, \mu}{\mathfrak{l}}\right\}$.

Wir schließen aus Satz 151 (S. 272), wobei nur der Fall $\mathfrak{w} \neq \mathfrak{l}$ dieses Satzes zur Anwendung kommt, daß $\{\nu, \mu\}$ stets den Wert 1 besitzt, sobald ν die Relativnorm einer ganzen Zahl des Körpers $k(\sqrt[l]{\mu}, \zeta)$ ist; und endlich gelingt jetzt auch der Nachweis dafür, daß $\{\alpha, \mu\}$ stets den Wert 1 hat, sobald die ganze Zahl α Normenrest des Körpers $k(\sqrt[l]{\mu}, \zeta)$ nach $\mathfrak{l}$ ist. In der Tat, nehmen wir der Kürze wegen an, daß beide Zahlen α, μ zu $\mathfrak{l}$ prim sind, und setzen wir $\alpha \equiv N_k(\mathsf{A})$ nach $\mathfrak{l}^l$, wo $N_k(\mathsf{A})$ die Relativnorm einer ganzen Zahl A in $k(\sqrt[l]{\mu}, \zeta)$ bedeuten soll, so ist die Zahl $\alpha \cdot (N_k(\mathsf{A}))^{l-1}$ offenbar der l-ten Potenz einer ganzen Zahl nach $\mathfrak{l}^l$ kongruent; daher wird unter Benutzung der Formeln (182) sowie mit Rücksicht auf die vorausgeschickten Bemerkungen und den Hilfssatz 48:

$$\{\alpha \cdot (N_k(\mathsf{A}))^{l-1}, \mu\} = \{\alpha, \mu\}\{N_k(\mathsf{A}), \mu\}^{l-1} = \{\alpha, \mu\} = 1,$$

wie behauptet wurde. Wenn eine der Zahlen α, μ oder beide durch $\mathfrak{l}$ teilbar sind, so gelingt der Nachweis dieser Formel ebenfalls ohne Mühe vermöge der nämlichen Hilfsmittel.

Ist μ eine ganze, zu $\mathfrak{l}$ prime Zahl in $k(\zeta)$, so folgt aus (181) leicht die Gleichung

$$\{\zeta, \mu\} = \zeta^{\frac{1-n(\mu)}{l}};$$

demnach erfüllt der Ausdruck $\{\nu, \mu\}$ sämtliche Forderungen, die für das Symbol $\left\{\frac{\nu, \mu}{\mathfrak{l}}\right\}$ am Schluß des § 133 aufgestellt worden sind; es ist somit, wenn wir die dort auf S. 274 unten angegebene Definition des Symbols $\left\{\frac{\nu,\mu}{\mathfrak{l}}\right\}$ zugrunde legen,

$$\{\nu,\mu\}=\left\{\frac{\nu,\mu}{\mathfrak{l}}\right\};$$

in dieser Gleichung erkennen wir dann den Satz 163 (S. 328) wieder.

Sind insbesondere die beiden Zahlen ν,μ zu $\mathfrak{l}$ prim und $\bar{\nu},\bar{\mu}$ ganze Zahlen in $k(\zeta)$, die mit den ersteren durch die Kongruenzen

$$\nu\equiv\bar{\nu},\qquad \mu\equiv\bar{\mu},\qquad (\mathfrak{l}^l)$$

verknüpft sind, so erhalten wir durch Benutzung des Hilfssatzes 48 leicht

$$\left\{\frac{\nu,\mu}{\mathfrak{l}}\right\}=\left\{\frac{\bar{\nu},\bar{\mu}}{\mathfrak{l}}\right\}.$$

Hieraus und in Ansehung der Formeln (182) entnehmen wir folgende Tatsache: Wenn die beiden Zahlen ν,μ zu $\mathfrak{l}$ prim sind und

$$\nu\equiv a^l(1+\lambda)^{n_1}(1+\lambda^2)^{n_2}\cdots(1+\lambda^{l-1})^{n_{l-1}},\qquad(\mathfrak{l}^l),$$
$$\mu\equiv b^l(1+\lambda)^{m_1}(1+\lambda^2)^{m_2}\cdots(1+\lambda^{l-1})^{m_{l-1}},\qquad(\mathfrak{l}^l)$$

gesetzt wird, wo a,b und die Exponenten

$$n_1,\ n_2,\ \ldots,\ n_{l-1};\qquad m_1,\ m_2,\ \ldots,\ m_{l-1}$$

ganze rationale Zahlen sind, so besteht eine Gleichung von der Gestalt

$$\left\{\frac{\nu,\mu}{\mathfrak{l}}\right\}=\zeta^{L(n_1,\ldots,n_{l-1};\,m_1,\ldots,m_{l-1})};$$

dabei ist L eine homogene bilineare Funktion der beiden Reihen von Veränderlichen $n_1,\ldots,n_{l-1}; m_1,\ldots,m_{l-1}$, und die Koeffizienten von L sind ganze rationale Zahlen, die nur von der Primzahl l abhängen, und die man bei gegebenem Werte der Primzahl l etwa durch besondere Annahmen der Zahlen ν,μ leicht berechnen kann.

Nachdem nun das Symbol $\left\{\frac{\nu,\mu}{\mathfrak{l}}\right\}$ definiert und seine wichtigsten Eigenschaften abgeleitet worden sind, dürfen wir die in diesem Kapitel bisher festgehaltene Einschränkung auf Kummersche Körper mit einer zu $\mathfrak{l}$ primen Relativdiskriminante fallen lassen; es gelangen dann, genau wie oben, die Sätze 164 (S. 329), 165 (S. 331), 166 (S. 332) und vor allem der Fundamentalsatz 167 (S. 332) zum Nachweise. Mit Hilfe dieses Satzes 167 und geeigneter Benutzung des Satzes 152 (S. 276) läßt sich dann auch zeigen, daß, wenn ν,μ zwei beliebige ganze Zahlen in $k(\zeta)$ mit der Eigenschaft $\left\{\frac{\nu,\mu}{\mathfrak{l}}\right\}=1$ sind und μ nicht gleich der l-ten Potenz einer ganzen Zahl in $k(\zeta)$ ausfällt, die Zahl ν stets Normenrest des Kummerschen Körpers $k(\sqrt[l]{\mu},\zeta)$ nach $\mathfrak{l}$ sein muß. Damit ist dann der Satz 151 (S. 272) für den Fall $\mathfrak{w}=\mathfrak{l}$ nachträglich als richtig erkannt, und es folgt hieraus auch die Gültigkeit des Satzes 150 (S. 257) für $\mathfrak{w}=\mathfrak{l}$. Bei der hier dargelegten Begründungsart der Theorie des

Kummerschen Körpers erscheinen also die Sätze 150 und 151 für $\mathfrak{w} = \mathfrak{l}$ im Gegensatz zu dem früheren Aufbau als die Schlußsteine des ganzen Gebäudes.

36. Die Diophantische Gleichung $\alpha^m + \beta^m + \gamma^m = 0$.

§ 172. Die Unmöglichkeit der Diophantischen Gleichung $\alpha^l + \beta^l + \gamma^l = 0$ für reguläre Primzahlexponenten l.

Fermat hat die Behauptung aufgestellt, daß die Gleichung

$$a^m + b^m + c^m = 0$$

in ganzen rationalen, von Null verschiedenen Zahlen a, b, c für keinen ganzzahligen Exponenten $m > 2$ lösbar ist. Wenngleich schon aus der Literatur vor Kummer vereinzelte Resultate über diese Gleichung von Fermat bemerkenswert sind [Abel (*1*), Cauchy (*1, 2*), Dirichlet (*1, 2, 3*), Lamé (*1, 2, 3*), Lebesgue (*1, 2, 3*)], so ist es doch erst Kummer auf Grund der Theorie der Ideale des regulären Kreiskörpers gelungen, den Beweis der Fermatschen Behauptung für sehr umfangreiche Klassen von Exponenten m vollständig zu führen. Die wichtigste von Kummer bewiesene Tatsache ist die folgende:

Satz 168. Wenn l eine reguläre Primzahl bedeutet und α, β, γ irgendwelche ganze Zahlen des Kreiskörpers der l-ten Einheitswurzeln sind, von denen keine verschwindet, so besteht niemals die Gleichung

$$\alpha^l + \beta^l + \gamma^l = 0. \qquad (185)$$

[Kummer (*1, 9, 11*)].

Beweis. Es sei $\zeta = e^{\frac{2i\pi}{l}}, \lambda = 1 - \zeta, \mathfrak{l} = (\lambda)$. Wir nehmen im Gegensatz zu der Behauptung an, die Gleichung (185) besäße eine Lösung in ganzen Zahlen α, β, γ des Körpers $k(\zeta)$, und unterscheiden dann die zwei Fälle, daß keine der drei ganzen Zahlen α, β, γ durch $\mathfrak{l}$ teilbar ist, oder daß mindestens eine unter ihnen durch $\mathfrak{l}$ teilbar ist.

Im *ersten* Falle sind jedenfalls für den Exponenten l die Werte 3 und 5 ausgeschlossen. In der Tat, für $l = 3$ wäre jede der drei Zahlen $\alpha, \beta, \gamma \equiv \pm 1$ nach $\mathfrak{l}$ und folglich jede der drei Potenzen $\alpha^3, \beta^3, \gamma^3 \equiv \pm 1$ nach $\mathfrak{l}^3$; hieraus würde folgen, daß die Summe dieser drei Potenzen $\equiv \pm 1$ oder $\equiv \pm 3$ nach $\mathfrak{l}^3$ ausfiele, was mit dem Bestehen der Gleichung (185) nicht verträglich ist. Auf einen ähnlichen Widerspruch gelangen wir für $l = 5$, wenn wir berücksichtigen, daß in diesem Falle jede der drei Zahlen $\alpha, \beta, \gamma \equiv \pm 1, \pm 2$ nach $\mathfrak{l}$ und folglich jede der drei Potenzen $\alpha^5, \beta^5, \gamma^5 \equiv \pm 1, \pm 32$ nach $\mathfrak{l}^5$ sein müßte.

Es sei also $l \geqq 7$. Gilt die Gleichung (185) für die drei Zahlen α, β, γ, so ist offenbar auch $\alpha^{*l} + \beta^{*l} + \gamma^{*l} = 0$, wenn $\alpha^*, \beta^*, \gamma^*$ bezüglich die Produkte von α, β, γ mit irgendwelchen l-ten Einheitswurzeln bedeuten. Wegen dieses Umstandes dürfen wir von vornherein annehmen, daß die drei der

Gleichung (185) genügenden Zahlen α, β, γ semiprimär sind. Wir bringen nun die Gleichung (185) in die Gestalt

$$(\alpha+\beta)(\alpha+\zeta\beta)(\alpha+\zeta^2\beta)\cdots(\alpha+\zeta^{l-1}\beta)=-\gamma^l. \tag{186}$$

Würden hier zwei der l Faktoren linker Hand, z. B. $\alpha+\zeta^u\beta$ und $\alpha+\zeta^{u+g}\beta$, einen Faktor gemein haben, so müßte dieser auch in $(\zeta^g-1)\alpha$ und in $(1-\zeta^g)\beta$ aufgehen, und da $\frac{1-\zeta^g}{1-\zeta}$ eine Einheit ist und $\mathfrak{l}$ nicht in γ aufgeht, so müßte dieser gemeinsame Faktor notwendig ein gemeinsamer Faktor der Zahlen α und β sein. Da jeder Primfaktor, der nur in *einem* der l Faktoren linker Hand von (186) aufgeht, wegen eben dieser Gleichung offenbar zu einem durch l teilbaren Exponenten darin vorkommen muß, so folgt, daß die l Faktoren der linken Seite von (186) die folgende Zerlegung gestatten:

$$\begin{aligned}\alpha+\beta &= \mathfrak{j}^l\mathfrak{a},\\ \alpha+\zeta\beta &= \mathfrak{j}_1^l\mathfrak{a},\\ \alpha+\zeta^2\beta &= \mathfrak{j}_2^l\mathfrak{a},\\ &\cdots\cdots\\ \alpha+\zeta^{l-1}\beta &= \mathfrak{j}_{l-1}^l\mathfrak{a};\end{aligned}$$

darin bedeutet $\mathfrak{a}$ den größten gemeinsamen Idealteiler der Zahlen α, β, und $\mathfrak{j}, \mathfrak{j}_1, \mathfrak{j}_2, \ldots, \mathfrak{j}_{l-1}$ sind gewisse Ideale in $k(\zeta)$. Da insbesondere $\alpha+\zeta^{l-1}\beta$ zu $\mathfrak{l}$ prim ist, so können wir eine l-te Einheitswurzel ζ^* bestimmen derart, daß $\zeta^*(\alpha+\zeta^{l-1}\beta)$ semiprimär wird; wir setzen

$$\mu=\frac{\alpha}{\zeta^*(\alpha+\zeta^{l-1}\beta)},\qquad \varrho=\frac{\beta}{\zeta^*(\alpha+\zeta^{l-1}\beta)}.$$

Es ergibt sich dann

$$\left.\begin{aligned}\mu+\varrho &= \left(\frac{\mathfrak{j}}{\mathfrak{j}_{l-1}}\right)^l,\\ \mu+\zeta\varrho &= \left(\frac{\mathfrak{j}_1}{\mathfrak{j}_{l-1}}\right)^l,\\ &\cdots\cdots\\ \mu+\zeta^{l-2}\varrho &= \left(\frac{\mathfrak{j}_{l-2}}{\mathfrak{j}_{l-1}}\right)^l,\end{aligned}\right| \tag{187}$$

d. h. es ist

$$\left(\frac{\mathfrak{j}}{\mathfrak{j}_{l-1}}\right)^l\sim 1,\quad \left(\frac{\mathfrak{j}_1}{\mathfrak{j}_{l-1}}\right)^l\sim 1,\quad \ldots,\quad \left(\frac{\mathfrak{j}_{l-2}}{\mathfrak{j}_{l-1}}\right)^l\sim 1,$$

und ferner wird

$$\mu+\zeta^{l-1}\varrho=\zeta^{*-1}. \tag{188}$$

Bedeutet h die Anzahl der Idealklassen in $k(\zeta)$, so ist andererseits

$$\left(\frac{\mathfrak{j}}{\mathfrak{j}_{l-1}}\right)^h\sim 1,\quad \left(\frac{\mathfrak{j}_1}{\mathfrak{j}_{l-1}}\right)^h\sim 1,\quad \ldots,\quad \left(\frac{\mathfrak{j}_{l-2}}{\mathfrak{j}_{l-1}}\right)^h\sim 1,$$

und da h zu l prim ist, so folgt hieraus weiter

$$\frac{\mathfrak{j}}{\mathfrak{j}_{l-1}}\sim 1,\quad \frac{\mathfrak{j}_1}{\mathfrak{j}_{l-1}}\sim 1,\quad \ldots,\quad \frac{\mathfrak{j}_{l-2}}{\mathfrak{j}_{l-1}}\sim 1.$$

Die Gleichungen (187) können infolgedessen und mit Rücksicht auf Satz 127 (S. 204) in der Gestalt

$$\mu + \zeta^u \varrho = \zeta^{e_u} \varepsilon_u \alpha_u^l, \qquad (u = 0, 1, 2, \ldots, l-2) \tag{189}$$

geschrieben werden, wo die e_u gewisse ganzzahlige Exponenten, die ε_u geeignete *reelle* Einheiten des Kreiskörpers $k(\zeta)$ und die α_u gewisse ganze oder gebrochene Zahlen mit zu $\mathfrak{l}$ primen Zählern und Nennern in $k(\zeta)$ bedeuten. Da die l-te Potenz der Zahl α_u jedesmal kongruent einer gewissen ganzen rationalen Zahl a_u nach $\mathfrak{l}^l$ ist, so erhalten wir aus den Gleichungen (189) die Kongruenzen

$$\mu + \zeta^u \varrho \equiv \zeta^{e_u} \varepsilon_u a_u, \qquad (\mathfrak{l}^l), \quad (u = 0, 1, 2, \ldots, l-2). \tag{190}$$

Auf diese Kongruenzen wenden wir die Substitution $(\zeta : \zeta^{-1})$ an und bezeichnen die bei dieser Substitution aus μ und ϱ hervorgehenden Zahlen mit μ' und ϱ'; dann entsteht

$$\mu' + \zeta^{-u} \varrho' \equiv \zeta^{-e_u} \varepsilon_u a_u, \qquad (\mathfrak{l}^l), \quad (u = 0, 1, 2, \ldots, l-2). \tag{191}$$

Aus (190) und (191) folgt

$$\mu + \zeta^u \varrho \equiv \zeta^{2e_u} \mu' + \zeta^{2e_u - u} \varrho', \qquad (\mathfrak{l}^l), \quad (u = 0, 1, 2, \ldots, l-2). \tag{192}$$

Setzen wir $\mu \equiv m$, $\varrho \equiv r$ nach $\mathfrak{l}^2$, wo m und r ganze rationale Zahlen bedeuten sollen, so folgt aus (192)

$$m + \zeta^u r \equiv \zeta^{2e_u} m + \zeta^{2e_u - u} r, \qquad (\mathfrak{l}^2), \tag{193}$$

und wegen der allgemeinen Beziehung $\zeta^g \equiv 1 - g\lambda$ nach $\mathfrak{l}^2$ liefert (193) die Kongruenz:

$$2 e_u (m + r) \equiv 2 r u, \qquad (l).$$

Andererseits folgt aus der Gleichung (188) $m + r \equiv 1$ nach l, und daher haben wir

$$e_u \equiv r u, \qquad (l), \quad (u = 0, 1, 2, \ldots, l-2).$$

Nehmen wir nun unter Berücksichtigung dieser Beziehung speziell die Kongruenzen (192) für $u = 0, 1, 2, 3$, so folgt aus diesen durch Elimination der Zahlen $\mu, \varrho, \mu', \varrho'$ notwendig

$$\begin{vmatrix} 1, & 1, & 1, & 1 \\ 1, & \zeta, & \zeta^{2r}, & \zeta^{2r-1} \\ 1, & (\zeta)^2, & (\zeta^{2r})^2, & (\zeta^{2r-1})^2 \\ 1, & (\zeta)^3, & (\zeta^{2r})^3, & (\zeta^{2r-1})^3 \end{vmatrix} \equiv 0, \quad (\mathfrak{l}^l),$$

d. i.

$$(1-\zeta)(1-\zeta^{2r})(1-\zeta^{2r-1})(\zeta-\zeta^{2r})(\zeta-\zeta^{2r-1})(\zeta^{2r}-\zeta^{2r-1}) \equiv 0, \quad (\mathfrak{l}^l). \tag{194}$$

Hier ist auf der linken Seite keiner der Faktoren gleich 0, denn sonst müßte entweder $r \equiv 0$ oder $r \equiv 1$ oder $r \equiv \frac{1}{2}$ nach l sein. Wäre $r \equiv 0$ nach l, so würde $\beta \equiv 0$ nach $\mathfrak{l}$ folgen; wäre $r \equiv 1$ nach l, so würde $\varrho \equiv 1$ nach $\mathfrak{l}$, d. h. $\beta \equiv \alpha + \beta$ oder $\alpha \equiv 0$ nach $\mathfrak{l}$ folgen; beides läuft unserer Annahme über die Zahlen α, β, γ zuwider. Wäre $r \equiv \frac{1}{2}$ nach l, so würde $\varrho \equiv \frac{1}{2}$ nach $\mathfrak{l}$, d. h. $2\beta \equiv \alpha + \beta$ oder $\alpha \equiv \beta$ nach $\mathfrak{l}$ folgen. Da aber α, β, γ in der Gleichung (185) symmetrisch auftreten, so würde die gleiche Schlußweise auch zu der Kongruenz $\alpha \equiv \gamma$ nach $\mathfrak{l}$ führen, und dann wäre $\alpha^l + \beta^l + \gamma^l \equiv 3\alpha \equiv 0$, d. h. $\alpha \equiv 0$ nach $\mathfrak{l}$, was wiederum unserer Annahme über α, β, γ widerspricht. Jeder Faktor auf der linken Seite der Kongruenz (194) ist demnach durch $\mathfrak{l}$, aber nicht durch $\mathfrak{l}^2$ teilbar, daher ist mit Rücksicht auf die Annahme $l \geqq 7$ diese Kongruenz (194) unmöglich.

Wir nehmen nunmehr *zweitens* an, es sei in der Gleichung (185) eine der drei Zahlen α, β, γ, etwa γ, durch $\mathfrak{l}$ teilbar, und zwar gehe in γ genau die m-te Potenz von $\mathfrak{l}$ auf. Wird dann γ durch $\lambda^m \delta$ ersetzt, so daß δ eine zu $\mathfrak{l}$ prime ganze Zahl in $k(\zeta)$ bedeutet, so ist die aus (185) entstehende Gleichung von der Gestalt

$$\alpha^l + \beta^l = \varepsilon \lambda^{lm} \delta^l; \tag{195}$$

hierin ist $\varepsilon = -1$. Es soll jetzt gezeigt werden, daß überhaupt eine Gleichung von dieser Gestalt (195) nicht möglich ist, wenn in derselben α, β, δ zu $\mathfrak{l}$ prime ganze Zahlen und ε irgendeine Einheit des Kreiskörpers $k(\zeta)$ sein sollen. Zu dem Zwecke nehmen wir wiederum die Zahlen α, β semiprimär an und bedenken dann zunächst, daß α^l, β^l ganzen rationalen Zahlen nach $\mathfrak{l}^{l+1}$ kongruent werden und daher wegen (195) auch $\varepsilon \lambda^{ml} \delta^l$ einer ganzen rationalen Zahl nach $\mathfrak{l}^{l+1}$ kongruent sein muß; infolgedessen ist notwendig $m > 1$. Ferner erkennen wir durch eine ähnliche Überlegung wie in dem vorher behandelten Falle und in Berücksichtigung des Umstandes, daß $\alpha + \beta$ semiprimär ist, die Gültigkeit der folgenden Gleichungen:

$$\left.\begin{aligned} \alpha + \beta \quad &= \lambda^{l(m-1)+1} \mathfrak{j}^l \mathfrak{a}, \\ \alpha + \zeta \beta \quad &= \lambda \mathfrak{j}_1^l \mathfrak{a}, \\ \cdots &\cdots\cdots \\ \alpha + \zeta^{l-1} \beta &= \lambda \mathfrak{j}_{l-1}^l \mathfrak{a}, \end{aligned}\right\} \tag{196}$$

wo $\mathfrak{j}, \mathfrak{j}_1, \ldots, \mathfrak{j}_{l-1}, \mathfrak{a}$ zu $\mathfrak{l}$ prime Ideale in $k(\zeta)$ sind. Ist insbesondere $l = 3$, so fällt die Klassenanzahl h des Körpers $k(\zeta)$ gleich 1 aus, und es ist daher jedes Ideal in $k(\zeta)$ ein Hauptideal. Setzen wir in diesem Falle $\mathfrak{a} = (\varkappa)$, wo $\varkappa$ eine ganze Zahl in $k(\zeta)$ bedeute, und dann

$$\mu = \frac{\alpha}{\varkappa}, \qquad \varrho = \frac{\beta}{\varkappa},$$

so gehen die Gleichungen (196) über in

$$\left.\begin{aligned} \mu + \varrho \quad &= \lambda^{3(m-1)+1} \mathfrak{j}^l, \\ \mu + \zeta \varrho &= \lambda \mathfrak{j}_1^l, \\ \mu + \zeta^2 \varrho &= \lambda \mathfrak{j}_2^l. \end{aligned}\right\} \tag{197}$$

Im Falle $l > 3$ bilden wir die Zahlen

$$\mu = \frac{\alpha\lambda}{\alpha + \zeta^{l-1}\beta}, \qquad \varrho = \frac{\beta\lambda}{\alpha + \zeta^{l-1}\beta};$$

dieselben lassen sich auch in der Gestalt von Brüchen schreiben, deren Zähler und Nenner zu $\mathfrak{l}$ prim sind. Aus den drei ersten und der letzten der Gleichungen (196) entnehmen wir die Gleichungen

$$\left.\begin{aligned} \mu + \varrho &= \lambda^{l(m-1)+1}\left(\frac{\mathfrak{j}}{\mathfrak{j}_{l-1}}\right)^l, \\ \mu + \zeta\varrho &= \lambda\left(\frac{\mathfrak{j}_1}{\mathfrak{j}_{l-1}}\right)^l, \\ \mu + \zeta^2\varrho &= \lambda\left(\frac{\mathfrak{j}_2}{\mathfrak{j}_{l-1}}\right)^l. \end{aligned}\right\} \tag{198}$$

Wie in dem zuerst behandelten Falle schließen wir hieraus wiederum

$$\frac{\mathfrak{j}}{\mathfrak{j}_{l-1}} \sim 1, \quad \frac{\mathfrak{j}_1}{\mathfrak{j}_{l-1}} \sim 1, \quad \frac{\mathfrak{j}_2}{\mathfrak{j}_{l-1}} \sim 1,$$

und infolgedessen können wir die Gleichungen (198) in der Gestalt

$$\left.\begin{aligned} \mu + \varrho &= \frac{\varepsilon^* \lambda^{l(m-1)+1}\gamma^{*l}}{\nu}, \\ \mu + \zeta\varrho &= \frac{\lambda\alpha^{*l}}{\nu}, \\ \mu + \zeta^2\varrho &= \frac{\varepsilon\lambda\beta^{*l}}{\nu} \end{aligned}\right\} \tag{199}$$

schreiben, so daß $\nu, \alpha^*, \beta^*, \gamma^*$ ganze, zu $\mathfrak{l}$ prime Zahlen und ε und ε^* Einheiten in $k(\zeta)$ bedeuten. Wegen (197) besteht ein Gleichungssystem wie (199) auch für $l = 3$. Durch Elimination von μ, ϱ folgt daher für $l = 3$ sowie für $l > 3$ eine Gleichung von der Gestalt:

$$\alpha^{*l} + \eta\beta^{*l} = \eta^*\lambda^{l(m-1)}\gamma^{*l}, \tag{200}$$

wo η und $\eta^*\left(= -\frac{(1-\zeta)}{(1-\zeta^2)}\varepsilon \text{ und } = \frac{\zeta(1-\zeta)}{(1-\zeta^2)}\varepsilon^*\right)$ Einheiten in $k(\zeta)$ sind. Da α^{*l}, β^{*l} ganzen rationalen Zahlen nach $\mathfrak{l}^l$ kongruent sind und, wie vorhin bewiesen, $m > 1$ ausfällt, so folgt in Anbetracht dieser Gleichung (200), daß auch η einer ganzen rationalen Zahl nach $\mathfrak{l}^l$ kongruent sein muß, und daher ist nach Satz 156 (S. 287) η die l-te Potenz einer Einheit in $k(\zeta)$. Schreiben wir nun in der Gleichung (200) $\beta^*\eta^{-\frac{1}{l}}$ an Stelle von β^*, so nimmt diese Gleichung die Gestalt von (195) an, nur daß der Exponent m jetzt um 1 kleiner geworden ist. Die wiederholte Anwendung des nämlichen Verfahrens auf die Gleichung (200) würde notwendig zu einer Gleichung von der Form (195) mit $m = 1$ und dadurch auf einen Widerspruch führen. Damit ist der Satz 168 vollständig bewiesen.

§ 173. Weitere Untersuchungen über die Unmöglichkeit der Diophantischen Gleichung $\alpha^m + \beta^m + \gamma^m = 0$.

Der Beweis der Unlösbarkeit der Gleichung $\alpha^l + \beta^l + \gamma^l = 0$ in ganzen Zahlen α, β, γ des Kreiskörpers der l-ten Einheitswurzeln ist von Kummer noch in dem Falle erbracht worden, daß l eine Primzahl ist, die in der Klassenanzahl h des Kreiskörpers $k\left(e^{\frac{2i\pi}{l}}\right)$ zur ersten, aber nicht zu einer höheren Potenz aufgeht, wenn außerdem die Einheiten noch gewisse Bedingungen erfüllen [Kummer (*16*)]. Unter Berücksichtigung der Bemerkung auf S. 285 läßt sich insbesondere zeigen, daß die Fermatsche Behauptung für jeden Exponenten $m \leqq 100$ richtig ist. Die Aufgabe, die Fermatsche Behauptung allgemein als richtig zu erweisen, harrt jedoch noch ihrer Lösung.

Es bleibt noch übrig, die Gleichung $\alpha^m + \beta^m + \gamma^m = 0$ für den Fall zu behandeln, daß der Exponent m eine Potenz von 2 ist. Die Gleichung $a^2 + b^2 = c^2$ besitzt bekanntlich unendlich viele Lösungen in ganzen rationalen Zahlen a, b, c. Weiter gilt jedoch der Satz:

Satz 169. Wenn α, β, γ ganze Zahlen des durch $i = \sqrt{-1}$ bestimmten quadratischen Körpers sind, von denen keine verschwindet, so gilt niemals die Gleichung

$$\alpha^4 + \beta^4 = \gamma^2. \tag{201}$$

Beweis. Wir nehmen im Gegenteil an, daß es drei solche ganze Zahlen α, β, γ gebe, welche diese Gleichung erfüllen. Es werde $\lambda = 1 + i$ und $\mathfrak{l} = (\lambda)$ gesetzt. Zunächst sehen wir dann leicht ein, daß notwendig eine der beiden Zahlen α, β durch λ teilbar sein muß. In der Tat, nehmen wir an, daß α und β prim zu λ wären, und berücksichtigen wir, daß eine zu λ prime ganze Zahl in $k(i)$ stets $\equiv 1$ oder i nach $\mathfrak{l}^2$, ihre zweite Potenz dann $\equiv \pm 1$ nach $\mathfrak{l}^4$ und ihre vierte notwendig $\equiv 1$ nach $\mathfrak{l}^6$ sein muß, so folgt $\alpha^4 + \beta^4 \equiv 2$ nach $\mathfrak{l}^6$. Hiernach müßte γ notwendig durch $\mathfrak{l}$ und durch keine höhere Potenz von $\mathfrak{l}$ teilbar sein. Setzen wir aber dementsprechend $\gamma = \lambda + \lambda^2\gamma'$, wo γ' wiederum eine ganze Zahl in $k(i)$ bedeute, so finden wir $\gamma^2 \equiv 2i$ nach $\mathfrak{l}^4$ und daher stets $\gamma^2 \not\equiv \alpha^4 + \beta^4$ nach $\mathfrak{l}^4$, womit unsere Annahme widerlegt ist. Der Fall, daß beide Zahlen α und β durch $\mathfrak{l}$ teilbar sind, kann offenbar sofort ausgeschlossen werden, da dann γ durch $\mathfrak{l}^2$ teilbar und somit das Fortheben der Potenz λ^4 auf beiden Seiten der Gleichung (201) möglich wäre.

Es bleibt also nur die Annahme übrig, daß die eine der Zahlen α, β, etwa die Zahl α, durch $\mathfrak{l}$ teilbar, die Zahlen β und γ dann aber zu $\mathfrak{l}$ prim sind. Wir setzen demgemäß $\alpha = \lambda^m\alpha^*$, wo α^* eine zu λ prime Zahl bedeute, und legen dann unserer Betrachtung sogleich die allgemeinere Gleichung

$$\beta^4 - \gamma^2 = \varepsilon\,\lambda^{4m}\alpha^{*4} \tag{202}$$

zugrunde, wo ε eine beliebige Einheit in $k(i)$ bedeute. Wir entnehmen aus dieser Gleichung (202), indem wir nötigenfalls γ mit $-\gamma$ vertauschen, zwei Gleichungen von der Gestalt:

$$\left.\begin{aligned}\beta^2+\gamma&=\eta\,\lambda^{4m-2}\alpha'^4,\\ \beta^2-\gamma&=\vartheta\,\lambda^2\beta'^4,\end{aligned}\right\}\tag{203}$$

wobei η, ϑ Einheiten und α', β' ganze, zu $\mathfrak{l}$ prime Zahlen in $k(i)$ bedeuten. Wenn man die beiden Gleichungen (203) addiert und das Resultat durch $\vartheta\lambda^2$ dividiert, so entsteht eine Gleichung

$$\beta'^4-\vartheta'\beta^2=\eta'\lambda^{4m-4}\alpha'^4,\tag{204}$$

wo ϑ', η' Einheiten in $k(i)$ sind. Im Falle $m=1$ wäre diese Gleichung sicher unmöglich, weil die Zahlen β', ϑ', β, η', α' sämtlich $\equiv 1$ nach $\mathfrak{l}$ ausfallen. Es ist daher notwendig $m>1$. Dann aber folgt aus dieser Gleichung (204), wenn sie als Kongruenz nach $\mathfrak{l}^2$ aufgefaßt wird, zunächst $\vartheta'\equiv 1$ nach $\mathfrak{l}^2$; es ist daher $\vartheta'=\pm 1$. Setzen wir, je nachdem hier das positive oder das negative Vorzeichen gilt, $\beta=\gamma'$ bez. $\beta=i\gamma'$, so nimmt die Gleichung (204) die Gestalt der Gleichung (202) an, nur daß jetzt m einen um 1 kleineren Wert hat. Die gehörige Wiederholung des angegebenen Verfahrens führt auf einen Widerspruch.

Aus der Fermatschen Behauptung für den Fall $l=3$ läßt sich sofort die Tatsache ableiten, daß es keine andere kubische Gleichung mit rationalen Koeffizienten gibt, deren Diskriminante gleich 1 ist, außer den zwei folgenden:

$$x^3-x\pm\tfrac{1}{3}=0$$

und denjenigen, die durch die Transformation $x=x'+a$, wo a eine rationale Zahl ist, aus jenen Gleichungen hervorgehen [Kronecker (8)].

Die allgemeine Fermatsche Behauptung läßt sich nach Hurwitz in der Fassung aussprechen, daß der Ausdruck $\sqrt[m]{1-x^m}$ für eine positive, echt gebrochene rationale Zahl x und einen ganzen rationalen Exponenten $m>2$ stets eine irrationale Zahl darstellt.

Literaturverzeichnis.

(Die hinter jeder einzelnen Abhandlung in eckiger Klammer beigefügten Zahlen bezeichnen die Seiten des Berichtes, auf denen die Abhandlung genannt ist.)

ABEL, N. H. (*1*): Extraits de quelques lettres à Holmboe. Werke **2**, 254. [349]

ARNDT, F. (*1*): Bemerkungen über die Verwandlung der irrationalen Quadratwurzel in einen Kettenbruch. J. Math. **31** (1846). [161]

BACHMANN, P. (*1*): Zur Theorie der komplexen Zahlen. J. Math. **67** (1867). [191, 248]; (*2*): Die Lehre von der Kreisteilung und ihre Beziehungen zur Zahlentheorie. Leipzig 1872. [202]; (*3*): Ergänzung einer Untersuchung von Dirichlet. Math. Ann. **16** (1880) [191]

BERKENBUSCH, H. (*1*): Über die aus den 8-ten Wurzeln der Einheit entspringenden Zahlen. Inauguraldissertation. Marburg 1891. [227]

CAUCHY, A. L. (*1*): Mémoire sur la théorie des nombres. Comptes Rendus **1840** [245, 349]; (*2*): Mémoire sur diverses propositions relatives à la théorie des nombres. (Drei Noten.) Comptes Rendus **1847**. [349]

CAYLEY, A. (*1*): Tables des formes quadratiques binaires pour les déterminants négatifs dépuis $D = -1$ jusqu'à $D = -100$, pour les déterminants positifs non carrés depuis $D = 2$ jusqu'à $D = 99$ et pour les treize déterminants négatifs irréguliers qui se trouvent dans le premier millier. Werke **5**, 141 (1862). [161]

DEDEKIND, R. (*1*): Vorlesungen über Zahlentheorie von P. G. LEJEUNE DIRICHLET, 2. bis 4. Aufl. Braunschweig 1871—1894. Supplement **11** [69, 71, 73, 75, 83, 102, 110, 111, 112, 113, 117, 119, 120, 121, 128, 157, 160, 187, 192, 196, 237, 240] und Supplement **7** [202]; (*2*): Sur la théorie des nombres entiers algébriques. Paris 1877. Abdruck aus Bull. des sciences math. et astron. s. 1 t. XI und s. 2 t. I. [69]; (*3*): Über die Anzahl der Idealklassen in den verschiedenen Ordnungen eines endlichen Körpers. Braunschweig 1877. [122, 128, 192]; (*4*): Über den Zusammenhang zwischen der Theorie der Ideale und der Theorie der höheren Kongruenzen. Abh. K. Ges. Wiss. Göttingen **1878**. [92]; (*5*): Sur la théorie des nombres complexes idéaux. Comptes rendus **90** (1880). [201]; (*6*): Über die Diskriminanten endlicher Körper. Abh. K. Ges. Wiss. Göttingen **1882**. [83, 85, 123, 128]; (*7*): Über einen arithmetischen Satz von GAUSS. Mitt. dtsch. math. Ges. Prag **1892** und: Über die Begründung der Idealtheorie. Nachr. K. Ges. Wiss. Göttingen **1895**. [76]; (*8*): Zur Theorie der Ideale. Nachr. K. Ges. Wiss. Göttingen **1894**. [146]; (*9*): Über eine Erweiterung des Symbols $(\mathfrak{a}, \mathfrak{b})$ in der Theorie der Moduln. Nachr. K. Ges. Wiss. Göttingen **1895**. [128] — (*3*) bis (*6*) siehe auch DEDEKIND, gesammelte Werke I, Braunschweig (1930); (*7*) bis (*9*) Werke II, (1931).

LEJEUNE DIRICHLET, G. (*1*): Mémoire sur l'impossibilité de quelques équations indéterminées du cinquième degré. Werke **1**, 1 (1825). [349]; (*2*): Mémoire sur l'impossibilité de quelques équations indéterminées du cinquième degré. Werke **1**, 21 (1825), (1828). [349]; (*3*): Démonstration du théorème de Fermat pour le cas des 14ièmes puissances.

Werke **1**, 189 (1832). [349]; (*4*): Einige neue Sätze über unbestimmte Gleichungen. Werke **1**, 219 (1834). [161]; (*5*): Beweis eines Satzes über die arithmetische Progression. Werke **1**, 307 (1837). [240]; (*6*): Beweis des Satzes, daß jede unbegrenzte arithmetische Progression, deren erstes Glied und Differenz ganze Zahlen ohne gemeinschaftlichen Faktor sind, unendlich viele Primzahlen enthält. Werke **1**, 313 (1837). [240]; (*7*): Sur la manière de résoudre l'équation $t^2 - pu^2 = 1$ au moyen des fonctions circulaires. Werke **1**, 343. [112, 243]; (*8*): Sur l'usage des séries infinies dans la théorie des nombres. Werke **1**, 357 (1838). [112, 181, 182, 189]; (*9*): Recherches sur diverses applications de l'analyse infinitésimale à la théorie des nombres. Werke **1**, 411 (1839), (1840). [181, 182, 189]; (*10*): Untersuchungen über die Theorie der komplexen Zahlen. Werke **1**, 503 (1841). [191]; (*11*): Untersuchungen über die Theorie der komplexen Zahlen. Werke **1**, 509 (1841). [191]; (*12*): Recherches sur les formes quadratiques à coefficients et à indéterminées complexes. Werke **1**, 533 (1842). [191]; (*13*): Sur la théorie des nombres. Werke **1**, 619 (1840). [102]; (*14*): Einige Resultate von Untersuchungen über eine Klasse homogener Funktionen des dritten und der höheren Grade. Werke **1**, 625 (1841). [102]; (*15*): Sur un théorème relatif aux séries. J. Math. **53** (1857). [116]; (*16*): Verallgemeinerung eines Satzes aus der Lehre von den Kettenbrüchen nebst einigen Anwendungen auf die Theorie der Zahlen. Werke **1**, 633 (1842) und: Zur Theorie der komplexen Einheiten. Werke **1**, 639 (1846). [102]

Eisenstein, G. (*1*): Über eine neue Gattung zahlentheoretischer Funktionen. Ber. K. Akad. Wiss. Berlin **1850**. [327]; (*2*): Beweis der allgemeinsten Reziprozitätsgesetze zwischen reellen und komplexen Zahlen. Ber. K. Akad. Wiss. Berlin **1850**. [231]; (*3*): Über die Anzahl der quadratischen Formen, welche in der Theorie der komplexen Zahlen zu einer reellen Determinante gehören. J. Math. **27** (1844). [191]; (*4*): Beiträge zur Kreisteilung. J. Math. **27** (1844). [245]; (*5*): Beweis des Reziprozitätsgesetzes für die kubischen Reste in der Theorie der aus dritten Wurzeln der Einheit zusammengesetzten komplexen Zahlen. J. Math. **27** (1844). [327]; (*6*): Über die Anzahl der quadratischen Formen in den verschiedenen komplexen Theorien. J. Math. **27** (1844). [191]; (*7*): Nachtrag zum kubischen Reziprozitätssatze für die aus dritten Wurzeln der Einheit zusammengesetzten komplexen Zahlen. Kriterien des kubischen Charakters der Zahl 3 und ihrer Teiler. J. Math. **28** (1844). [327]; (*8*): Loi de reciprocité. Nouvelle démonstration du théorème fondamental sur les résidus quadratiques dans la théorie des nombres complexes. Démonstration du théorème fondamental sur les résidus biquadratiques qui comprend comme cas particulier le théorème fondamental. J. Math. **28** (1844). [327]; (*9*): Einfacher Beweis und Verallgemeinerung des Fundamentaltheorems für die biquadratischen Reste. J. Math. **28** (1844). [327]; (*10*): Allgemeine Untersuchungen über die Formen dritten Grades mit drei Variabeln, welche der Kreisteilung ihre Entstehung verdanken. J. Math. **28** u. **29** (1844), (1845). [227, 248]; (*11*): Zur Theorie der quadratischen Zerfällung der Primzahlen $8n+3, 7n+2$ und $7n+4$. J. Math. **37** (1848). [246]; (*12*): Über ein einfaches Mittel zur Auffindung der höheren Reziprozitätsgesetze und der mit ihnen zu verbindenden Ergänzungssätze. J. Math. **39** (1850). [327]

Frobenius, G. (*1*): Über Beziehungen zwischen den Primidealen eines algebraischen Körpers und den Substitutionen seiner Gruppe. Ber. K. Akad. Wiss. Berlin **1896**. [143]

Fuchs, L. (*1*): Über die Perioden, welche aus den Wurzeln der Gleichung $\omega^n = 1$ gebildet sind, wenn n eine zusammengesetzte Zahl ist. J. Math. **61** (1862). [227]; (*2*): Über die aus Einheitswurzeln gebildeten komplexen Zahlen von periodischem Verhalten, insbesondere die Bestimmung der Klassenanzahl derselben. J. Math. **65** (1864). [227]

GAUSS, C. F. (*1*): Disquisitiones arithmeticae. Werke **1** (1801). [161, 168, 169, 175, 180]; (*2*): Summatio quarundam serierum singularium. Werke **2**, 11. [247]; (*3*): Theoria residuorum biquadraticorum, commentatio prima et secunda. Werke **2**, 65 u. **93**. [327]

GMEINER, J. A. (*1*): Die Ergänzungssätze zum bikubischen Reziprozitätsgesetze. Ber. K. Akad. Wiss. Wien **1891**. [327]; (*2*): Das allgemeine bikubische Reziprozitätsgesetz. Ber. Akad. Wiss. Wien **1892**. [327]; (*3*): Die bikubische Reziprozität zwischen einer reellen und einer zweigliedrigen regulären Zahl. Monatsh. Math. Phys. **3** (1892). [327]

HENSEL, K. (*1*): Arithmetische Untersuchungen über Diskriminanten und ihre außerwesentlichen Teiler. Inaugural-Dissert. Berlin **1884**. [91, 92]; (*2*): Darstellung der Zahlen eines Gattungsbereiches für einen beliebigen Primdivisor. J. Math. **101** u. **103** (1887), (1888). [91, 92]; (*3*): Über Gattungen, welche durch Komposition aus zwei anderen Gattungen entstehen. J. Math. **105** (1889). [146]; (*4*): Untersuchung der Fundamentalgleichung einer Gattung für eine reelle Primzahl als Modul und Bestimmung der Teiler ihrer Diskriminante. J. Math. **113** (1894). [85, 90]; (*5*): Arithmetische Untersuchungen über die gemeinsamen außerwesentlichen Diskriminantenteiler einer Gattung. J. Math. **113** (1894). [91, 92]

HERMITE, CH. (*1*): Sur la théorie des formes quadratiques ternaires indéfinies. J. Math. **47** (1854). [100]; (*2*): Extrait d'une lettre de M. CH. HERMITE à M. BORCHARDT sur le nombre limité d'irrationalités aux quelles se réduisent les racines des équations à coefficients entiers complexes d'un degré et d'un discriminant donnés. J. Math. **53** (1857). [100]

HILBERT, D. (*2*): Zwei neue Beweise für die Zerlegbarkeit der Zahlen eines Körpers in Primideale. Jber. Dtsch. Mathem.-Verein. **3** (1893). [79, 129]; (*3*): Über die Zerlegung der Ideale eines Zahlkörpers in Primideale. Math. Ann. **44** (1894). [79, 129, 131]; (*4*): Grundzüge einer Theorie des Galoisschen Zahlkörpers. Nachr. K. Ges. Wiss. Göttingen **1894**. [95, 131]; (*5*): Über den Dirichletschen biquadratischen Zahlkörper. Math. Ann. **45** (1894). [191, 192]; (*6*): Ein neuer Beweis des Kroneckerschen Fundamentalsatzes über Abelsche Zahlkörper. Nachr. K. Ges. Wiss. Göttingen **1896**. [206]

HURWITZ, A. (*1*): Über die Theorie der Ideale. Nachr. K. Ges. Wiss. Göttingen **1894**. [76]; (*2*): Über einen Fundamentalsatz der arithmetischen Theorie der algebraischen Größen. Nachr. K. Ges. Wiss. Göttingen **1895**. [76]; (*3*): Zur Theorie der algebraischen Zahlen. Nachr. K. Ges. Wiss. Göttingen **1895**. [79]; (*4*): Die unimodularen Substitutionen in einem algebraischen Zahlkörper. Nachr. K. Ges. Wiss. Göttingen **1895**. [111]

JACOBI, C. G. J. (*1*): De residuis cubicis commentatio numerosa. Werke **6**, **233** (1827) [245, 327]; (*2*): Observatio arithmetica de numero classium divisorum quadraticorum formae $y^2 + Az^2$ designante A numerum primum formae $4n + 3$. Werke **6**, **240** (1832) [245]; (*3*): Über die Kreisteilung und ihre Anwendung auf die Zahlentheorie. Werke **6**, 254 (1837) [227, 245]; (*4*): Über die komplexen Primzahlen, welche in der Theorie der Reste der 5ten, 8ten und 12ten Potenzen zu betrachten sind. Werke **6**, 275 (1839) [245, 327].

KRONECKER, L. (*1*): De unitatibus complexis. Dissertatio inauguralis. Berolini 1845. Werke **1**, 5 (1845). [149]; (*2*): Über die algebraisch auflösbaren Gleichungen. Ber. K. Akad. Wiss. Berlin **1853**. [206]; (*3*): Mémoire sur les facteurs irréductibles de l'expression $x^n - 1$. Werke **1**, 75 (1854). [202]; (*4*): Sur une formule de GAUSS. J. de Math. **1856**. [247]; (*5*): Démonstration d'une théorème de M. KUMMER. Werke **1**, 93 (1856). [279]; (*6*): Zwei Sätze über Gleichungen mit ganzzahligen Koeffizienten. Werke **1**, 103 (1857). [108]; (*7*): Über komplexe Einheiten. Werke **1**, 109 (1857). [204];

(*8*): Über kubische Gleichungen mit rationalen Koeffizienten. Werke **1**, 119 (1859). [354]; (*9*): Über die Klassenanzahl der aus Wurzeln der Einheit gebildeten komplexen Zahlen. Werke **1**, 123 (1863). [237]; (*10*): Über den Gebrauch der Dirichletschen Methoden in der Theorie der quadratischen Formen. Ber. K. Akad. Wiss. Berlin **1864**. [182]; (*11*): Auseinandersetzung einiger Eigenschaften der Klassenanzahl idealer komplexer Zahlen. Werke **1**, 271 (1870). [118, 238]; (*12*): Bemerkungen über Reuschles Tafeln komplexer Primzahlen. Ber. K. Akad. Wiss. Berlin **1875**. [242]; (*13*): Über Abelsche Gleichungen. Ber. K. Akad. Wiss. Berlin **1877**. [206]; (*14*): Über die Irreduktibilität von Gleichungen. Ber. K. Akad. Wiss. Berlin **1880**. [142, 144]; (*15*): Über die Potenzreste gewisser komplexer Zahlen. Ber. K. Akad. Wiss. Berlin **1880**. [244]; (*16*): Grundzüge einer arithmetischen Theorie der algebraischen Größen. J. Math. **92** (1882). [69, 71, 73, 77, 85, 90, 92, 110]; (*17*): Zur Theorie der Abelschen Gleichungen. Bemerkungen zum vorangehenden Aufsatz des Herrn SCHWERING. J. Math. **93** (1882). [227]; (*18*): Sur les unités complexes. (Drei Noten.) Comptes rendus **96** (1883); vgl. auch J. MOLK: Sur les unités complexes. Bull. sciences math. astron. **1883**. [102]; (*19*): Zur Theorie der Formen höherer Stufen. Ber. K. Akad. Wiss. Berlin **1883**. [76]; (*20*): Additions au mémoire sur les unités complexes. Comptes rendus **99** (1884). [102]; (*21*): Ein Satz über Diskriminanten-Formen. J. Math. **100** (1886). [202]

KUMMER, E. (*1*): De aequatione $x^{2\lambda} + y^{2\lambda} = z^{2\lambda}$ per numeros integros resolvenda. J. Math. **17** (1837). [349]; (*2*): Eine Aufgabe, betreffend die Theorie der kubischen Reste. J. Math. **23** (1842). [227]; (*3*): Über die Divisoren gewisser Formen der Zahlen, welche aus der Theorie der Kreisteilung entstehen. J. Math. **30** (1846). [227]; (*4*): De residuis cubicis disquisitiones nonnullae analyticae. J. Math. **32** (1846). [227]; (*5*): Zur Theorie der komplexen Zahlen. J. Math. **35** (1847). [73, 197]; (*6*): Über die Zerlegung der aus Wurzeln der Einheit gebildeten komplexen Zahlen in ihre Primfaktoren. J. Math **35** (1847). [73, 149, 197, 222, 223, 227]; (*7*): Bestimmung der Anzahl nicht äquivalenter Klassen für die aus λ-ten Wurzeln der Einheit gebildeten komplexen Zahlen und die idealen Faktoren derselben. J. Math. **40** (1850). [237, 238]; (*8*): Zwei besondere Untersuchungen über die Klassenanzahl und über die Einheiten der aus λ-ten Wurzeln der Einheit gebildeten komplexen Zahlen. J. Math. **40** (1850). [279, 283, 287]; (*9*): Allgemeiner Beweis des Fermatschen Satzes, daß die Gleichung $x^\lambda + y^\lambda = z^\lambda$ durch ganze Zahlen unlösbar ist, für alle diejenigen Potenz-Exponenten λ, welche ungerade Primzahlen sind und in den Zählern der ersten $\frac{1}{2}(\lambda - 3)$ Bernoullischen Zahlen als Faktoren nicht vorkommen. J. Math. **40** (1850). [349]; (*10*): Über allgemeine Reziprozitätsgesetze für beliebig hohe Potenzreste. Ber. K. Akad. Wiss. Berlin **1850**. [228, 313]; (*11*): Mémoire sur la théorie des nombres complexes composés de racines de l'unité et des nombres entiers. J. de Math. **16** (1851). [222, 223, 227, 237, 285, 349]; (*12*): Über die Ergänzungssätze zu den allgemeinen Reziprozitätsgesetzen. J. Math. **44** (1851). [265, 281, 288, 313]; (*13*): Über die Irregularität der Determinanten. Ber. K. Akad. Wiss. Berlin **1853**. [227, 238]; (*14*): Über eine besondere Art aus komplexen Einheiten gebildeter Ausdrücke. J. Math. **50** (1854). [154]; (*15*): Theorie der idealen Primfaktoren der komplexen Zahlen, welche aus den Wurzeln der Gleichung $\omega^n = 1$ gebildet sind, wenn n eine zusammengesetzte Zahl ist. Abh. K. Akad. Wiss. Berlin **1856**. [201]; (*16*): Einige Sätze über die aus den Wurzeln der Gleichung $\alpha^\lambda = 1$ gebildeten komplexen Zahlen für den Fall, daß die Klassenanzahl durch λ teilbar ist, nebst Anwendung derselben auf einen weiteren Beweis des letzten Fermatschen Lehrsatzes. Abh. K. Akad. Wiss. Berlin **1857**. [354]; (*17*): Über die den Gaußschen Perioden der Kreisteilung entsprechenden Kongruenzwurzeln. J. Math. **53** (1856).

[227]; (*18*): Über die allgemeinen Reziprozitätsgesetze der Potenzreste. Ber. K. Akad. Wiss. Berlin **1858**. [313]; (*19*): Über die Ergänzungssätze zu den allgemeinen Reziprozitätsgesetzen. J. Math. **56** (1858). [313]; (*20*): Über die allgemeinen Reziprozitätsgesetze unter den Resten und Nichtresten der Potenzen, deren Grad eine Primzahl ist. Abh. K. Akad. Wiss. Berlin **1859**. [154, 267, 268, 275, 276, 313, 331]; (*21*): Zwei neue Beweise der allgemeinen Reziprozitätsgesetze unter den Resten und Nichtresten der Potenzen, deren Grad eine Primzahl ist. Abh. K. Akad. Wiss. Berlin **1861**. Abgedruckt im J. Math. **100**. [154, 313]; (*22*): Über die Klassenanzahl der aus n-ten Einheitswurzeln gebildeten komplexen Zahlen. Ber. K. Akad. Wiss. Berlin **1861**. [237]; (*23*): Über die Klassenanzahl der aus zusammengesetzten Einheitswurzeln gebildeten idealen komplexen Zahlen. Ber. K. Akad. Wiss. Berlin **1863**. [237]; (*24*): Über die einfachste Darstellung der aus Einheitswurzeln gebildeten komplexen Zahlen, welche durch Multiplikation mit Einheiten bewirkt werden kann. Ber. K. Akad. Wiss. Berlin **1870**. [242]; (*25*): Über eine Eigenschaft der Einheiten der aus den Wurzeln der Gleichung $\alpha^\lambda = 1$ gebildeten komplexen Zahlen und über den zweiten Faktor der Klassenzahl. Ber. K. Akad. Wiss. Berlin **1870**. [238]; (*26*): Über diejenigen Primzahlen λ, für welche die Klassenzahl der aus λ-ten Einheitswurzeln gebildeten komplexen Zahlen durch λ teilbar ist. Ber. K. Akad. Wiss. Berlin **1874**. [285]

Lagrange, J. L. (*1*): Sur la solution des problèmes indéterminés du second degré. Werke **2**, 375 (1868). [173, 175]

Lamé, G. (*1*): Mémoire d'analyse indéterminée démontrant que l'équation $x^7 + y^7 = z^7$ est impossible en nombres entiers. J. de Math. **1840**. [349]; (*2*): Mémoire sur la résolution, en nombres complexes, de l'équation $A^5 + B^5 + C^5 = 0$. J. de Math. **1847**. [349]; (*3*): Mémoire sur la résolution, en nombres complexes, de l'équation $A^n + B^n + C^n = 0$. J. de Math. **1847**. [349]

Lebesgue, V. A. (*1*): Démonstration de l'impossibilité de résoudre l'équation $x^7 + y^7 + z^7 = 0$ en nombres entiers. J. de Math. **1840**. [349]; (*2*): Addition à la note sur l'équation $x^7 + y^7 + z^7 = 0$. J. de Math. **1840**. [349]; (*3*): Théorèmes nouveaux sur l'équation indéterminée $x^5 + y^5 = az^5$. J. de Math. **1843**. [349]

Legendre, A. (*1*): Essai sur la théorie des nombres **1798**. [161, 175]

Mertens, F. (*1*): Über einen algebraischen Satz. Ber. K. Akad. Wiss. Wien **1892**. [76]

Minnigerode, C. (*1*): Über die Verteilung der quadratischen Formen mit komplexen Koeffizienten und Veränderlichen in Geschlechter. Nachr. K. Ges. Wiss. Göttingen **1873**. [191]

Minkowski, H. (*1*): Über die positiven quadratischen Formen und über kettenbruchähnliche Algorithmen. J. Math. **107** (1891). [100, 101, 110]; (*2*): Théorèmes arithmétiques. Extrait d'une lettre à M. Hermite. Comptes rendus. **92** (1891). [100, 101]; (**3**): Geometrie der Zahlen. Leipzig 1896. [98, 100, 101, 102, 108, 109, 110]; (*4*): Généralisation de la théorie des fractions continues. Ann. l'école normale **1896**. [109]

Reuschle, C. G. (*1*): Tafeln komplexer Primzahlen, welche aus Wurzeln der Einheit gebildet sind. Berlin 1875. [242]

Schering, E. (*1*): Zahlentheoretische Bemerkung. Auszug aus einem Brief an Herrn Kronecker. J. Math. **100** (1887). [118]; (*2*): Die Fundamentalklassen der zusammensetzbaren arithmetischen Formen. Abh. K. Ges. Wiss. Göttingen **1869**. [118]

Schwering, K. (*1*): Zur Theorie der arithmetischen Funktionen, welche von Jacobi $\psi(\alpha)$ genannt werden. J. Math. **93** (1882). [227]; (*2*): Untersuchung über die fünften Potenzreste und die aus fünften Einheitswurzeln gebildeten ganzen Zahlen. Z. Math. Phys. **27** (1882). [227]: (*3*): Über gewisse trinomische komplexe Zahlen. Acta Math. **10** (1887). [227]; (*4*): Eine Eigenschaft der Primzahl 107. Acta Math. **11** (1887). [227]

SERRET, J. A. (*1*): Handbuch der höheren Algebra **2**, Teil 3. Deutsch von G. WERTHEIM. Leipzig 1879. [85]

SMITH, H. (*1*): Report on the theory of numbers. Werke. [227]

STICKELBERGER, L. (1): Über eine Verallgemeinerung der Kreisteilung. Math. Ann. **37** (1890). [246]

TANO, F. (*1*): Sur quelques théorèmes de DIRICHLET. J. Math. **105**. [161]

WEBER, H. (*1*): Theorie der Abelschen Zahlkörper. Acta Math. **8** u. **9** (1886), (1887). [206, 227, 237]; (*2*): Über Abelsche Zahlkörper dritten und vierten Grades. Sitzungsber. Ges. Naturwiss. Marburg **1892**. [227, 248]; (*3*): Zahlentheoretische Untersuchungen aus dem Gebiete der elliptischen Funktionen. Nachr. K. Ges. Wiss. Göttingen **1893**. (Drei Mitteilungen.); (*4*): Lehrbuch der Algebra **2**. Braunschweig 1896. [189, 201, 227, 237, 248].

WOLFSKEHL, P. (*1*): Beweis, daß der zweite Faktor der Klassenanzahl für die aus den elften und dreizehnten Einheitswurzeln gebildeten Zahlen gleich eins ist. J. Math. **99** (1885). [227].

Verzeichnis der Sätze und Hilfssätze.

Die Sätze mit fettgedruckten Nummern sind im Text durch kursiven Druck ausgezeichnet.

8. Über die Theorie der relativquadratischen Zahlkörper.

[Jahresbericht der Deutschen Mathematiker-Vereinigung. Bd. 6. S. 88—94 (1899).]

In der Theorie der relativ Abelschen Zahlkörper nehmen zunächst die Körper vom *zweiten* Relativgrade unser Interesse in Anspruch.

Es sei ein beliebiger Zahlkörper k vom Grade n als Rationalitätsbereich zugrunde gelegt; unsere Aufgabe ist es dann, die Theorie der relativquadratischen Zahlkörper $K(\sqrt{\mu})$, d. h. derjenigen Körper zu begründen, die durch die Quadratwurzel aus einer beliebigen ganzen Zahl μ des Körpers k bestimmt sind. Die „disquisitiones arithmeticae" von GAUSS sind als der einfachste Fall in jenem Problem enthalten. Wir können unseren Gegenstand auch als die Theorie der quadratischen Gleichungen oder Formen bezeichnen, deren Koeffizienten Zahlen des vorgelegten Rationalitätsbereiches k sind.

Für unsere Theorie ist vor allem die Erkenntnis notwendig, daß auch in dem beliebigen Zahlkörper k ein Reziprozitätsgesetz für quadratische Reste besteht. Das quadratische Reziprozitätsgesetz im Bereiche der rationalen Zahlen lautet bekanntlich:

$$\left(\frac{p}{q}\right)\left(\frac{q}{p}\right) = (-1)^{\frac{p-1}{2}\cdot\frac{q-1}{2}},$$

$$\left(\frac{-1}{p}\right) = (-1)^{\frac{p-1}{2}}, \qquad \left(\frac{2}{p}\right) = (-1)^{\frac{p^2-1}{8}},$$

wo p, q beliebige ungerade rationale positive Primzahlen bedeuten. Aber diese Form des Reziprozitätsgesetzes ist, sobald wir den Zweck der Verallgemeinerung desselben vor Augen haben, aus mannigfachen Gründen — ich hebe nur die unübersichtliche Form der auftretenden Exponenten, den Mangel an Einheitlichkeit und die Ausnahmestellung der Zahl 2 hervor — eine unvollkommene. Nun spielt bekanntlich der Begriff der „primären" Zahlen in der bisherigen Fassung der höheren Reziprozitätsgesetze eine sehr wichtige Rolle. Doch für unser allgemeineres Problem werden wir von der Benutzung dieses Begriffes eine Beseitigung der angedeuteten Mißstände nicht erwarten dürfen; denn wir müssen bedenken, daß im Körper k die Zahl 2 im allgemeinen als Produkt von gewissen Potenzen von Primidealen zerlegt werden kann, und daß demgemäß die Definition des Begriffes „primär" eine Unterscheidung der verschiedenen Möglichkeiten dieser Zerlegung und die Einführung mannigfacher willkürlicher Annahmen nötig machen würde. Auch ist die Fassung, welche KUMMER seinen allgemeinen Reziprozitätsgesetzen gegeben hat, schon deshalb für uns nicht verwendbar, weil wir bei ihrer Annahme dem Körper k die beschränkende Bedingung auferlegen müßten, daß seine Klassenanzahl ungerade ist; es wird sich aber zeigen, daß uns der Fall einer durch 2 teilbaren Klassenanzahl zu den schönsten und wertvollsten Resultaten führt.

Aus den angegebenen Gründen erscheint mir die Einführung eines neuen Symbols $\left(\frac{\nu,\mu}{\mathfrak{w}}\right)$ in die Zahlentheorie nötig, welches in unserem Falle der Theorie eines relativquadratischen Körpers, wie folgt, zu definieren ist. Sind ν, μ ganze Zahlen in k, dabei μ nicht Quadratzahl, und ist $\mathfrak{w}$ ein beliebiges Primideal in k, so bezeichne jenes Symbol den Wert

$$\left(\frac{\nu,\mu}{\mathfrak{w}}\right) = +1, \qquad (1)$$

sobald die Zahl ν mit der Relativnorm einer ganzen Zahl des durch $\sqrt{\mu}$ bestimmten relativquadratischen Körpers $K(\sqrt{\mu})$ nach dem Primideal $\mathfrak{w}$ kongruent ist, und sobald außerdem auch für jede höhere Potenz von $\mathfrak{w}$ eine ganze Zahl in $K(\sqrt{\mu})$ existiert, deren Relativnorm der Zahl ν nach jener Potenz von $\mathfrak{w}$ kongruent ist; in jedem anderen Falle setzen wir

$$\left(\frac{\nu,\mu}{\mathfrak{w}}\right) = -1. \qquad (2)$$

Diejenigen ganzen Zahlen ν, für welche die Gleichung (1) gilt, sollen *Normenreste*[1] des Körpers $K(\sqrt{\mu})$ nach $\mathfrak{w}$, diejenigen Zahlen, für welche die Gleichung (2) gilt, *Normennichtreste* des Körpers $K(\sqrt{\mu})$ nach $\mathfrak{w}$ heißen. Wenn μ das Quadrat einer Zahl in k ist, möge die Gleichung (1) gelten. Der Bildung der Begriffe „Normenrest" und „Normennichtrest" entspricht in der Funktionentheorie gewissermaßen die Unterscheidung, ob eine algebraische Funktion einer Variablen an einer Stelle nach ganzen oder nach gebrochenen Potenzen der Variablen entwickelt werden kann.

Die ersten Sätze für das eben definierte Symbol sind in den Formeln enthalten:

$$\left(\frac{\nu,\mu}{\mathfrak{w}}\right) = \left(\frac{\mu,\nu}{\mathfrak{w}}\right),$$

$$\left(\frac{\nu\nu',\mu}{\mathfrak{w}}\right) = \left(\frac{\nu,\mu}{\mathfrak{w}}\right)\left(\frac{\nu',\mu}{\mathfrak{w}}\right),$$

$$\left(\frac{\nu,\mu\mu'}{\mathfrak{w}}\right) = \left(\frac{\nu,\mu}{\mathfrak{w}}\right)\left(\frac{\nu,\mu'}{\mathfrak{w}}\right);$$

[1] Vgl. meinen Bericht über die Theorie der Zahlkörper. (Dieser Band, Abh. 7, S. 161/162 und 257.)

die wichtigste Eigenschaft unseres Symbols spricht sich in dem folgenden Satze aus:

Wenn $\mathfrak{w}$ ein Primideal des Körpers k ist, das nicht in der Relativdiskriminante des Körpers $K(\sqrt{\mu})$ aufgeht, so ist jede zu $\mathfrak{w}$ prime Zahl in k Normenrest des Körpers $K(\sqrt{\mu})$ nach $\mathfrak{w}$. Wenn dagegen $\mathfrak{w}$ ein Primideal des Körpers k ist, das in der Relativdiskriminante des Körpers $K(\sqrt{\mu})$ aufgeht, so sind bei genügend hohem Exponenten e von allen vorhandenen zu $\mathfrak{w}$ primen und nach $\mathfrak{w}^e$ einander inkongruenten Zahlen in k genau die Hälfte Normenreste nach $\mathfrak{w}$.

Diese Tatsache entspricht dem bekannten Satze über die Verzweigungspunkte einer Riemannschen Fläche, wonach eine algebraische Funktion in der Umgebung eines einfachen Verzweigungspunktes den Vollwinkel auf die Hälfte desselben konform abbildet.

Mit Benutzung des eben definierten Symboles drückt sich das allgemeinste Reziprozitätsgesetz für quadratische Reste durch die Formel aus:

$$\prod_{(\mathfrak{w})}\left(\frac{\nu,\mu}{\mathfrak{w}}\right)=[\nu,\mu][\nu',\mu']\cdots[\nu^{(n-1)},\mu^{(n-1)}]. \tag{3}$$

Hierin bedeuten ν, μ zwei beliebige ganze Zahlen des Körpers k. Das Produkt linker Hand ist über alle Primideale $\mathfrak{w}$ des Körpers k zu erstrecken; da dem vorigen Satz zufolge das Symbol $\left(\frac{\nu,\mu}{\mathfrak{w}}\right)$ nur für eine endliche Anzahl von Primidealen $\mathfrak{w}$ den Wert -1 haben kann, so kommt bei der Bestimmung des Wertes des Produktes nur eine endliche Anzahl von Faktoren in Betracht. Auf der rechten Seite der Formel (3) bedeuten $\nu', \mu'; \ldots; \nu^{(n-1)}, \mu^{(n-1)}$ die zu ν, μ konjugierten Zahlen bzw. in den zu k konjugierten Körpern $k'; \ldots; k^{(n-1)}$; das Zeichen $[\nu,\mu]$ bedeutet den Wert -1, wenn der Körper k reell und zugleich jede der beiden Zahlen ν, μ negativ ist; in jedem anderen Falle bezeichnet $[\nu,\mu]$ den Wert $+1$. Entsprechend bedeutet $[\nu',\mu']$ den Wert -1, wenn k' reell und zugleich jede der beiden Zahlen ν', μ' negativ ausfällt, in jedem anderen Falle dagegen soll $[\nu',\mu']$ den Wert $+1$ haben, usf.

Sind beispielsweise k und alle zu k konjugierten Körper imaginär, so lautet das Reziprozitätsgesetz

$$\prod_{(\mathfrak{w})}\left(\frac{\nu,\mu}{\mathfrak{w}}\right)=+1. \tag{4}$$

Im Falle, daß k den Körper der rationalen Zahlen bedeutet, erhalten wir

$$\prod_{(w)}\left(\frac{n,m}{w}\right)=[n,m], \tag{5}$$

wo n, m zwei beliebige ganze rationale Zahlen sind, ferner w alle rationalen Primzahlen durchläuft und $[n,m]$ den Wert $+1$ oder -1 bezeichnet, je nachdem wenigstens eine der Zahlen m, n positiv ausfällt oder beide negativ sind[1].

Die einfachsten Fälle des quadratischen Reziprozitätsgesetzes erhalten wir aus unseren Formeln (3), (4), indem wir für ν, μ Einheiten oder unzerlegbare Zahlen des Körpers k einsetzen. Insbesondere folgen aus (5) die bekannten Formeln des gewöhnlichen quadratischen Reziprozitätsgesetzes, indem wir für n, m die Zahlen -1, 2 oder beliebige ungerade Primzahlen p, q wählen[1].

Es sei insbesondere der Körper k nebst seinen sämtlichen Konjugierten imaginär und habe überdies die Klassenanzahl $h = 1$. Bedeuten dann $\pi, \varkappa, \pi', \varkappa'$ irgendwelche Primzahlen in k, die zu 2 prim sind und nach dem Modul 4 den Kongruenzen

$$\pi \equiv \pi', \quad \varkappa \equiv \varkappa', \tag{4}$$

genügen, so gelten, wie wir aus (4) leicht erkennen, folgende spezielle Gesetze:

$$\left(\frac{\pi}{\varkappa}\right)\left(\frac{\varkappa}{\pi}\right) = \left(\frac{\pi'}{\varkappa'}\right)\left(\frac{\varkappa'}{\pi'}\right),$$

und ferner wird, falls wenigstens eine der Primzahlen $\pi, \varkappa$ dem Quadrat einer ganzen Zahl in k nach dem Modul 4 kongruent ist:

$$\left(\frac{\pi}{\varkappa}\right) = \left(\frac{\varkappa}{\pi}\right).$$

In den beiden letzten Formeln bedeutet allgemein das Symbol $\left(\frac{\nu}{\mu}\right)$ den Wert $+1$ oder -1, je nachdem ν dem Quadrat einer ganzen Zahl in k nach μ kongruent ist oder nicht. Die beiden letzteren Gesetze können leicht auf die mannigfaltigste Weise durch numerische Beispiele bestätigt werden.

Es ist überaus bemerkenswert, daß bei Anwendung unseres Symbols eine einzige Gleichung von so einfacher Bauart, wie es die Formel (3) ist, das quadratische Reziprozitätsgesetz für einen beliebigen Zahlkörper in vollster Allgemeinheit zum Ausdruck bringt: die Formel (3) gilt, gleichviel ob der zugrunde gelegte Körper k ein Galoisscher ist oder irgendeinen oder gar keinen Affekt hat; die Formel (3) nimmt Rücksicht auf die vielen möglichen Fälle, je nach der Realität des Körpers k und seiner Konjugierten; sie gilt, wie auch immer die Zerlegung der Zahl 2 im Körper k ausfallen möge; sie enthält alle Ergänzungssätze; durch sie erscheint die exklusive Stellung der Zahl 2 und der in 2 aufgehenden Primideale beseitigt; vor allem endlich gilt die nämliche Formel (3) unabhängig davon, ob die Klassenanzahl des Körpers k ungerade oder durch irgendeine Potenz der Zahl 2 teilbar ist.

Das Reziprozitätsgesetz in der Fassung (3) erinnert an den Cauchyschen Integralsatz in der Funktionentheorie, demzufolge ein komplexes Integral,

---

[1] Vgl. l. c. § 64 und § 69. (Dieser Band S. 161 und 169.)

um alle einzelnen Singularitäten einer Funktion geführt, insgesamt stets den Wert 0 ergibt. Einer der bekannten Beweise des gewöhnlichen quadratischen Reziprozitätsgesetzes weist auch auf einen inneren Zusammenhang zwischen jenem zahlentheoretischen Gesetze und CAUCHYS funktionentheoretischem Fundamentalsatz hin.

Doch das Reziprozitätsgesetz (3) bildet nur den ersten wichtigen Schritt zur Begründung unserer Theorie der relativquadratischen Zahlkörper. Unsere weitere Aufgabe ist die Aufstellung aller relativquadratischen Körper und die Untersuchung ihrer Eigenschaften. Der Einfachheit halber sei fortan der zugrunde gelegte Rationalitätsbereich k nebst sämtlichen Konjugierten imaginär. Da wir die Relativkörper durch ihre Relativdiskriminanten festlegen wollen, so ist offenbar die einfachste Frage diejenige nach den relativquadratischen Körpern mit der Relativdiskriminante 1. Nach einem in meinem Berichte über die Theorie der algebraischen Zahlkörper bewiesenen Satze[1] kann es einen solchen Relativkörper niemals geben, falls die Klassenanzahl des Köpers k ungerade ist; wir wählen daher den Körper k so, daß seine Klassenanzahl gerade, und zwar der Einfachheit halber gleich 2 sei. In der Tat gelingt dann der Nachweis der Existenz eines Relativkörpers K mit der Relativdiskriminante 1. Dieser Körper werde der *Klassenkörper*[2] von k genannt. Der Klassenkörper K besitzt folgende fundamentalen Eigenschaften:

1. Der Klassenkörper K hat in bezug auf k die Relativdiskriminante 1.

2. Die Klassenanzahl des Klassenkörpers K ist ungerade.

3a) Diejenigen Primideale in k, welche in k Hauptideale sind, zerfallen in K in das Produkt zweier Primideale.

3b) Diejenigen Primideale in k, welche in k nicht Hauptideale sind, bleiben in K Primideale; sie werden jedoch in K Hauptideale.

Von diesen vier Eigenschaften 1, 2, 3a, 3b definiert bei unserer Annahme über den Körper k jede für sich in eindeutiger Weise den Klassenkörper K; wir haben somit die Sätze:

1. Es gibt außer K keinen anderen relativquadratischen Körper mit der Relativdiskriminante 1 in bezug auf k.

2. Wenn ein zu k relativquadratischer Körper eine ungerade Klassenanzahl hat, so stimmt derselbe mit dem Klassenkörper K überein.

3. Wenn alle Primideale in k, die in k Hauptideale sind, in einem relativquadratischen Körper zerfallen, oder wenn alle Primideale in k, die in k nicht Hauptideale sind, in einem relativquadratischen Körper Primideale bleiben, so folgt jedesmal, daß dieser relativquadratische Körper kein anderer als der Klassenkörper K ist.

---

[1] Satz 94 (dieser Band S. 155).

[2] Vgl. H. WEBER: **Über Zahlengruppen in algebraischen Körpern. Drei Abhandlungen. Math. Ann. 48, 49, 50.** (1897, 1897, 1898).

Diese Gesetze für den Klassenkörper K sind einer weiten Verallgemeinerung fähig; sie lassen eine wunderbare Harmonie erkennen und erschließen, wie mir scheint, ein an neuen arithmetischen Wahrheiten reiches Gebiet.

Auch eine Theorie der Geschlechter läßt sich in unserem relativquadratischen Körper aufstellen; aus dieser fließen dann die Bedingungen für die Auflösbarkeit ternärer diophantischer Gleichungen, deren Koeffizienten Zahlen des beliebigen Rationalitätsbereiches k sind.

Wir haben uns in diesem Vortrage auf die Untersuchung relativ Abelscher Körper vom *zweiten* Grad beschränkt. Diese Beschränkung ist jedoch nur eine vorläufige, und da die von mir bei den Beweisen der Sätze angewandten Schlüsse sämtlich der Verallgemeinerung fähig sind, so steht zu hoffen, daß die Schwierigkeiten nicht unüberwindliche sein werden, die die Begründung einer allgemeinen Theorie der relativ Abelschen Körper bietet. Die oben in der Theorie des relativquadratischen Körpers auftretenden, in der Unterscheidung zwischen reellen und imaginären Körpern beruhenden Schwierigkeiten fallen in der Theorie der Abelschen Körper von ungeradem Relativgrade sogar gänzlich fort, und die höheren Reziprozitätsgesetze erhalten deshalb einen noch einfacheren Ausdruck als das quadratische Reziprozitätsgesetz (3), indem dann in dieser Formel an Stelle der rechten Seite stets die Zahl 1 tritt.

Die Theorie der relativ Abelschen Körper enthält als besonders einfachen Fall die Theorie derjenigen Zahlkörper, die die komplexe Multiplikation der elliptischen Funktionen liefert. Da H. WEBER[1] für diese Körper die Eigenschaften 3a und 3b bewiesen hat, so werden wir hieraus schließen, daß den nämlichen Zahlkörpern das volle System der oben angedeuteten arithmetischen Eigenschaften zukommt; es ist dann nicht schwer, den Nachweis dafür zu erbringen, daß die Abelschen Gleichungen im Bereiche eines quadratischen imaginären Körpers durch die Transformationsgleichungen elliptischer Funktionen mit singulären Moduln erschöpft werden — und dies hieße, den „liebsten Jugendtraum" KRONECKERS verwirklichen, der diesen Gelehrten noch bis an seinen Lebensabend lebhaft beschäftigt hat.

---

[1] Vgl. Elliptische Funktionen und algebraische Zahlen (Braunschweig 1891), sowie die zweite und dritte der vorhin genannten Abhandlungen über Zahlengruppen.

9. Über die Theorie des relativquadratischen Zahlkörpers.

[Mathematische Annalen Bd. 51, S. 1—127 (1899).]

Einleitung.

Es sei ein beliebiger Zahlkörper k zugrunde gelegt; der Grad dieses Körpers k heiße m und die $m-1$ zu k konjugierten Zahlkörper mögen mit $k', k'', \ldots, k^{(m-1)}$ bezeichnet werden. Die Anzahl der Idealklassen des Körpers k werde h genannt.

Bezeichnet μ irgendeine ganze Zahl in k, die nicht gleich dem Quadrat einer Zahl in k ist, so bestimmt $\sqrt{\mu}$ zusammen mit den Zahlen des Körpers k einen Körper vom Grade $2m$, welcher relativ quadratisch in bezug auf den Körper k ist und mit $K(\sqrt{\mu})$ oder auch kurz mit K bezeichnet wird. Es entsteht die Aufgabe, die Theorie der relativquadratischen Zahlkörper aufzustellen und zu begründen. Dieses Problem erscheint mir als eine naturgemäße Verallgemeinerung desjenigen Problems, das den Gegenstand der „disquisitiones arithmeticae" von Gauss bildet.

Die Theorie des relativquadratischen Körpers führte mich zur Entdeckung eines allgemeinen Reziprozitätsgesetzes für quadratische Reste, welches das gewöhnliche Reziprozitätsgesetz zwischen rationalen Primzahlen nur als ein vereinzeltes Glied in einer Kette der wunderbarsten und mannigfaltigsten Zahlenbeziehungen erscheinen läßt.

Die Methoden, welche ich im folgenden zur Untersuchung der relativquadratischen Körper angewandt habe, sind bei gehöriger Verallgemeinerung auch in der Theorie der relativ-Abelschen Körper von beliebigem Relativgrade mit gleichem Erfolge verwendbar und führen dann insbesondere zu den allgemeinsten Reziprozitätsgesetzen für beliebig hohe Potenzreste innerhalb eines beliebigen algebraischen Zahlenbereiches[1].

Wenn man den in der vorliegenden Arbeit dargelegten Beweis des allgemeinen Reziprozitätsgesetzes für quadratische Reste auf die von Kummer behandelte Theorie der l-ten Potenzreste im Körper der l-ten Einheitswurzeln überträgt, so entsteht ein neuer Beweis des Kummerschen Reziprozitäts-

---

[1] Vgl. das von der K. Gesellschaft der Wiss. zu Göttingen für das Jahr 1891 gestellte Preisthema.

gesetzes für l-te Potenzreste, welcher sich sowohl von den Kummerschen wie von meinen bisher gegebenen Beweisen wesentlich dadurch unterscheidet, daß darin das besondere aus der Kreisteilung herstammende Eisensteinsche Reziprozitätsgesetz *nicht* zur Verwendung gelangt.

Unter den Anwendungen meiner Theorie nenne ich hier die Aufstellung der Kriterien dafür, daß eine quadratische diophantische Gleichung mit beliebigen algebraischen Koeffizienten in dem durch diese Koeffizienten bestimmten Rationalitätsbereiche lösbar ist.

Die vorliegende Arbeit zerfällt in *zwei Abschnitte*. Der *erste* Abschnitt behandelt die *allgemeinen Definitionen und vorbereitenden Sätze* in der Theorie der relativquadratischen Körper für einen *beliebigen* Grundkörper k, der *zweite* Abschnitt entwickelt *vollständig* die Theorie des relativquadratischen Körpers in bezug auf einen solchen Grundkörper k, der nebst seinen sämtlichen konjugierten Körpern *imaginär* ist und überdies eine *ungerade Klassenanzahl* h besitzt. Was den Fall eines beliebigen Grundkörpers k betrifft, so gedenke ich die wichtigsten Sätze der entsprechenden Theorie demnächst in den Göttinger Nachrichten mit einer kurzen Angabe der Beweise zu veröffentlichen[1].

I. Allgemeine Definitionen und vorbereitende Sätze.

§ 1. Quadratische Reste und Nichtreste im Grundkörper k und das Symbol $\left(\frac{\alpha}{\mathfrak{p}}\right)$.

Definition 1. Es sei $\mathfrak{p}$ ein in der Zahl 2 nicht aufgehendes Primideal des Körpers k und α eine beliebige zu $\mathfrak{p}$ prime ganze Zahl in k: dann heiße α in k *quadratischer Rest* nach $\mathfrak{p}$, wenn α kongruent dem Quadrat einer ganzen Zahl in k nach $\mathfrak{p}$ wird, d. h. wenn die Kongruenz

$$\xi^2 \equiv \alpha, \qquad (\mathfrak{p})$$

durch eine ganze Zahl ξ des Körpers k befriedigt werden kann; im anderen Falle heiße α *quadratischer Nichtrest* nach $\mathfrak{p}$. Wir definieren jetzt das *Symbol* $\left(\frac{\alpha}{\mathfrak{p}}\right)$, indem wir, wenn α in k quadratischer Rest nach $\mathfrak{p}$ ist,

$$\left(\frac{\alpha}{\mathfrak{p}}\right) = +1$$

und im anderen Fall

$$\left(\frac{\alpha}{\mathfrak{p}}\right) = -1$$

setzen.

---

[1] Vgl. meinen in der Mathematiker-Vereinigung zu Braunschweig 1897 gehaltenen Vortrag „Über die Theorie der relativquadratischen Zahlkörper". (Dieser Band Abh. 8, S. 364—369.)

Satz 1. Wenn $\mathfrak{p}$ ein beliebiges nicht in 2 aufgehendes Primideal des Körpers k und α eine zu $\mathfrak{p}$ prime ganze Zahl in k ist, so gilt nach dem Modul $\mathfrak{p}$ die Kongruenz

$$\alpha^{\frac{n(\mathfrak{p})-1}{2}} \equiv \left(\frac{\alpha}{\mathfrak{p}}\right), \quad (\mathfrak{p}),$$

worin $n(\mathfrak{p})$ die Norm des Primideals $\mathfrak{p}$ im Körper k bedeutet.

Beweis. Ist $\alpha \equiv \beta^2$ nach $\mathfrak{p}$, wo β wieder eine ganze Zahl in k bedeutet, so folgt nach dem Fermatschen Satze[1] sofort

$$\alpha^{\frac{n(\mathfrak{p})-1}{2}} \equiv \beta^{n(\mathfrak{p})-1} \equiv +1, \quad (\mathfrak{p}).$$

Wir nehmen andererseits an, es sei α quadratischer Nichtrest nach $\mathfrak{p}$; bezeichnen wir dann mit ϱ eine Primitivzahl nach $\mathfrak{p}$ im Körper k und setzen $\alpha \equiv \varrho^a$ nach $\mathfrak{p}$, so muß hierin offenbar der Exponent a eine ungerade Zahl sein. Nach dem Fermatschen Satze ist aber

$$\varrho^{n(\mathfrak{p})-1} \equiv +1, \quad (\mathfrak{p}),$$

und folglich

$$\varrho^{\frac{n(\mathfrak{p})-1}{2}} \equiv \pm 1, \quad (\mathfrak{p}). \qquad (1)$$

Da in der Reihe der Potenzen $\varrho, \varrho^2, \varrho^3, \ldots$ die Potenz $\varrho^{n(\mathfrak{p})-1}$ die erste sein soll, welche $\equiv +1$ nach $\mathfrak{p}$ wird, so gilt notwendig auf der rechten Seite der Kongruenz (1) das negative Vorzeichen und demzufolge wird

$$\alpha^{\frac{n(\mathfrak{p})-1}{2}} \equiv \varrho^{a\frac{n(\mathfrak{p})-1}{2}} \equiv -1, \quad (\mathfrak{p}).$$

Aus dem eben bewiesenen Satze 1 folgen leicht die weiteren Tatsachen:

Satz 2. Wenn α, β irgend zwei zu dem Primideal $\mathfrak{p}$ prime ganze Zahlen in k sind, so gilt stets die Gleichung

$$\left(\frac{\alpha\beta}{\mathfrak{p}}\right) = \left(\frac{\alpha}{\mathfrak{p}}\right)\left(\frac{\beta}{\mathfrak{p}}\right).$$

Ein vollständiges System von $n(\mathfrak{p}) - 1$ zu $\mathfrak{p}$ primen und einander nach $\mathfrak{p}$ inkongruenten Zahlen zerfällt in zwei Teilsysteme, von denen das eine aus den $\frac{n(\mathfrak{p})-1}{2}$ quadratischen Resten nach $\mathfrak{p}$, das andere aus den $\frac{n(\mathfrak{p})-1}{2}$ quadratischen Nichtresten nach $\mathfrak{p}$ besteht.

§ 2. Die Begriffe Relativnorm, Relativdifferente und Relativdiskriminante.

Definition 2. Jede Zahl A des Körpers $K(\sqrt{\mu})$ kann in die Gestalt

$$\mathsf{A} = \alpha + \beta\sqrt{\mu}$$

gebracht werden, wo α, β ganze oder gebrochene Zahlen des Körpers k sind;

---

[1] Vgl. meinen der Deutschen Mathematiker-Vereinigung erstatteten Bericht „Die Theorie der algebraischen Zahlkörper". 1897, Satz 22 (dieser Band S. 82) und Satz 24 (dieser Band S. 82). Ich werde in der vorliegenden Abhandlung diesen Bericht von mir kurz mit „Algebraische Zahlkörper" zitieren. (Dieser Band Abh. 7, S. 63—363.)

ist dies geschehen, so heiße die Zahl

$$S\mathsf{A} = \alpha - \beta\sqrt{\mu},$$

die vermöge der Substitution

$$S = (\sqrt{\mu} : -\sqrt{\mu})$$

aus A entspringende oder zu A *relativkonjugierte Zahl* in $K(\sqrt{\mu})$. Die Zahl

$$\mathsf{A} - S\mathsf{A}$$

heiße die *Relativdifferente der Zahl* A im Körper $K(\sqrt{\mu})$. Der größte gemeinsame Teiler der Relativdifferenten aller *ganzen* Zahlen $\Omega_1, \Omega_2, \ldots$ des Körpers $K(\sqrt{\mu})$, d. h. das Ideal

$$\mathfrak{D} = (\Omega_1 - S\Omega_1, \Omega_2 - S\Omega_2, \ldots)$$

heiße die *Relativdifferente des Körpers* $K(\sqrt{\mu})$ in bezug auf den Körper k.

Das Produkt einer Zahl A des Körpers K mit der relativkonjugierten Zahl $S\mathsf{A}$ heißt die *Relativnorm der Zahl* A und wird mit $N(\mathsf{A})$ bezeichnet; es ist also

$$N(\mathsf{A}) = \mathsf{A} \cdot S\mathsf{A}.$$

Die Relativnorm $N(\mathsf{A})$ einer Zahl A in K ist stets eine Zahl in k.

Ist $\mathfrak{J} = (\mathsf{I}_1, \mathsf{I}_2, \ldots)$ ein beliebiges Ideal der Körpers K und wendet man auf sämtliche ganze Zahlen $\mathsf{I}_1, \mathsf{I}_2, \ldots$ dieses Ideals die Substitution S an, so heißt das so entstehende Ideal das zu $\mathfrak{J}$ *relativkonjugierte Ideal* und wird mit $S\mathfrak{J}$ bezeichnet; es ist also

$$S\mathfrak{J} = (S\mathsf{I}_1, S\mathsf{I}_2, \ldots).$$

Das Produkt eines Ideals $\mathfrak{J}$ des Körpers K mit dem relativkonjugierten Ideal $S\mathfrak{J}$ heißt die *Relativnorm des Ideals* $\mathfrak{J}$ und wird mit $N(\mathfrak{J})$ bezeichnet; es ist also

$$N(\mathfrak{J}) = \mathfrak{J} \cdot S\mathfrak{J}.$$

Die Relativnorm eines Ideals $\mathfrak{J}$ in K ist stets ein Ideal in k.

Das Quadrat der Relativdifferente einer Zahl A des Körpers K d. h. die Zahl $(\mathsf{A} - S\mathsf{A})^2$ heißt die *Relativdiskriminante der Zahl* A. Die Relativdiskriminante einer Zahl A in K ist stets eine Zahl in k.

Das Quadrat der Relativdifferente des Körpers K

$$\mathfrak{d} = \mathfrak{D}^2 = (\Omega_1 - S\Omega_1, \Omega_2 - S\Omega_2, \ldots)^2$$

heißt die *Relativdiskriminante des Körpers* K. Da die Relativdifferente $\mathfrak{D}$ des Körpers K ein solches Ideal des Körpers K ist, das seinem relativ konjugierten Ideale gleich wird, so ist die Relativdiskriminante $\mathfrak{d}$ auch gleich der Relativnorm der Relativdifferente $\mathfrak{D}$ des Körpers K; es ist daher die Relativdiskriminante $\mathfrak{d}$ stets ein Ideal in k.

§ 3. Das ambige Ideal.

Definition 3. Ein Ideal $\mathfrak{A}$ des Körpers K heißt ein *ambiges Ideal*, wenn dasselbe bei der Operation S ungeändert bleibt, d. h. wenn

$$S\mathfrak{A} = \mathfrak{A}$$

ist und wenn außerdem $\mathfrak{A}$ kein von 1 verschiedenes Ideal des Körpers k als Faktor enthält. Insbesondere heißt ein Primideal des Körpers K ein *ambiges Primideal*, wenn dasselbe bei Anwendung der Substitution S ungeändert bleibt und nicht zugleich im Körper k liegt. Jedes ambige Ideal ist ein Produkt von ambigen Primidealen. Das Quadrat eines ambigen Primideals ist gleich der Relativnorm desselben und stellt im Körper k selbst ein Primideal dar.

Satz 3[1]. Die Relativdifferente $\mathfrak{D}$ des relativquadratischen Körpers K enthält alle und nur diejenigen Primideale, welche ambig sind.

§ 4. Die Primfaktoren der Relativdiskriminante.

Unsere nächste Aufgabe ist es, die Primfaktoren der Relativdiskriminante $\mathfrak{d}$ des Körpers $K(\sqrt{\mu})$ wirklich zu ermitteln. Diese Aufgabe wird durch den folgenden Satz gelöst:

Satz 4. Es sei $\mathfrak{p}$ ein zu 2 primes Primideal des Körpers k; geht dann $\mathfrak{p}$ in der Zahl μ genau zur a-ten Potenz auf, so enthält, wenn der Exponent a ungerade ist, die Relativdiskriminante $\mathfrak{d}$ des Körpers $K(\sqrt{\mu})$ stets den Faktor $\mathfrak{p}$. Ist dagegen der Exponent a gerade, so fällt die Relativdiskriminante $\mathfrak{d}$ prim zu $\mathfrak{p}$ aus.

Es sei $\mathfrak{l}$ ein Primideal des Körpers k, welches in 2 aufgeht, und zwar genau zur l-ten Potenz; ferner gehe $\mathfrak{l}$ in μ genau zur a-ten Potenz auf: so ist die Relativdiskriminante des Körpers $K(\sqrt{\mu})$ stets dann und nur dann zu $\mathfrak{l}$ prim, wenn im Körper k eine ganze Zahl α vorhanden ist, die der Kongruenz

$$\mu \equiv \alpha^2, \qquad (\mathfrak{l}^{2l+a}) \qquad (1)$$

genügt.

Beweis. Gehen wir zunächst auf den ersten Teil des Satzes 4 ein. Es sei π eine durch $\mathfrak{p}$, aber nicht durch $\mathfrak{p}^2$ teilbare ganze Zahl in k, und weiter sei ν eine durch $\frac{\pi}{\mathfrak{p}}$ teilbare, aber zu $\mathfrak{p}$ prime ganze Zahl in k.

Ist der Exponent a ungerade, so stellt $\mu^* = \frac{\mu \cdot \nu^{a-1}}{\pi^{a-1}}$ eine durch $\mathfrak{p}$, aber nicht durch $\mathfrak{p}^2$ teilbare ganze Zahl in k dar von der Art, daß die Zahl $\sqrt{\mu^*}$ im Körper $K(\sqrt{\mu})$ liegt und wenn wir den gemeinsamen Idealteiler von $\mathfrak{p}$ und $\sqrt{\mu^*}$ mit $\mathfrak{P}$ bezeichnen, so ist

$$\mathfrak{P} = S\,\mathfrak{P}, \qquad \mathfrak{p} = \mathfrak{P}^2.$$

---

[1] Vgl. „Algebraische Zahlkörper" Satz 93 (dieser Band S. 154), woselbst dieser Satz allgemein für relativzyklische Körper von einem Primzahlgrade aufgestellt und bewiesen worden ist.

Das Ideal $\mathfrak{P}$ ist also ein ambiges Primideal und nach Satz 3 tritt dasselbe daher in der Relativdifferente $\mathfrak{D}$ des Körpers $K(\sqrt{\mu})$ als Faktor auf; es ist also die Relativdiskriminante $\mathfrak{d}$ durch $\mathfrak{p}$ teilbar.

Ist dagegen der Exponent a gerade, so stellt $\mu^* = \frac{\mu\,\nu^a}{\pi^a}$ eine zu $\mathfrak{p}$ prime ganze Zahl in k dar, von der Art, daß $\sqrt{\mu^*}$ in $K(\sqrt{\mu})$ liegt; da die Relativdiskriminante der Zahl $\sqrt{\mu^*}$ den Wert $2^2\mu^*$ hat, so ist sie zu $\mathfrak{p}$ prim. Das gleiche gilt mithin von der Relativdiskriminante $\mathfrak{d}$ des Körpers $K(\sqrt{\mu})$.

Jetzt betrachten wir die Verhältnisse in betreff des Primfaktors $\mathfrak{l}$. Ist die Kongruenz (1) erfüllt, so muß $\mathfrak{l}$ in der Zahl α^2 genau zur a-ten Potenz aufgehen und mithin ist der Exponent a eine gerade Zahl. Es sei nun λ eine durch $\mathfrak{l}$, aber nicht durch $\mathfrak{l}^2$ teilbare ganze Zahl in k und weiter sei ν eine durch $\frac{\lambda}{\mathfrak{l}}$ teilbare, aber zu $\mathfrak{l}$ prime ganze Zahl in k: der Ausdruck

$$\Omega = \left(\frac{\nu}{\lambda}\right)^{l+\frac{a}{2}} (\alpha + \sqrt{\mu})$$

stellt dann eine ganze Zahl in $K(\sqrt{\mu})$ dar, da die beiden Ausdrücke

$$\Omega + S\Omega = \left(\frac{\nu}{\lambda}\right)^{l+\frac{a}{2}} \cdot 2\alpha,$$

$$\Omega \cdot S\Omega = \left(\frac{\nu}{\lambda}\right)^{2l+a} (\alpha^2 - \mu)$$

offenbar ganze Zahlen in k sind. Andererseits hat die Relativdiskriminante der Zahl Ω den Wert

$$(\Omega - S\Omega)^2 = \left(\frac{\nu}{\lambda}\right)^{2l+a} \cdot 2^2\mu$$

und ist mithin prim zu $\mathfrak{l}$; das gleiche gilt also für die Relativdiskriminante des Körpers $K(\sqrt{\mu})$.

Setzen wir umgekehrt voraus, die Relativdiskriminante $\mathfrak{d}$ des Körpers $K(\sqrt{\mu})$ sei prim zu $\mathfrak{l}$, so folgt wegen

$$\begin{aligned}\mathfrak{d} &= (\Omega_1 - S\Omega_1,\quad \Omega_2 - S\Omega_2,\quad \ldots)^2\\ &= ([\Omega_1 - S\Omega_1]^2,\ [\Omega_2 - S\Omega_2]^2, \ldots),\end{aligned}$$

daß dann notwendig im Körper $K(\sqrt{\mu})$ eine ganze Zahl Ω existieren muß, deren Relativdiskriminante $[\Omega - S\Omega]^2$ zu $\mathfrak{l}$ prim ausfällt; wir setzen

$$\Omega = \frac{\alpha^* + \beta^*\sqrt{\mu}}{\gamma^*},$$

wo $\alpha^*, \beta^*, \gamma^*$ ganze Zahlen in k bezeichnen, die bez. genau durch die a^*-te, b^*-te, c^*-te Potenz von $\mathfrak{l}$ aufgehen mögen. Da nun $[\Omega - S\Omega]^2 = \frac{2^2\beta^{*2}\mu}{\gamma^{*2}}$ eine zu $\mathfrak{l}$ prime ganze Zahl sein soll, so folgt

$$2l + 2b^* + a = 2c^*, \tag{2}$$

und da andererseits die Relativnorm $N(\Omega) = \frac{\alpha^{*2} - \beta^{*2}\mu}{\gamma^{*2}}$ eine ganze Zahl ist, so müssen entweder beide der Zahlen α^{*2} und $\beta^{*2}\mu$ genau durch die gleiche Potenz von $\mathfrak{l}$ aufgehen oder es müßte jede dieser beiden Zahlen mindestens durch $\mathfrak{l}^{2c^*}$ teilbar sein. Das letztere ist nicht der Fall, weil wegen der eben abgeleiteten Gleichung (2) jedenfalls $2b^* + a < 2c^*$ ausfällt und daher $\beta^{*2}\mu$ sicher nicht durch $\mathfrak{l}^{2c^*}$ teilbar sein kann. Es ist daher notwendigerweise $2a^* = 2b^* + a$ und mithin wegen (2) auch $2l + 2a^* = 2c^*$ oder $l + a^* = c^*$. Aus $2a^* = 2b^* + a$ folgt ferner $a^* \geqq b^*$ und aus $l + a^* = c^*$ folgt $c^* > a^*$; mithin ist auch $c^* > b^*$. Da $\frac{\alpha^{*2} - \beta^{*2}\mu}{\gamma^{*2}}$ eine ganze Zahl sein soll, so haben wir die Kongruenz

$$\mu \equiv \left(\frac{\alpha^*}{\beta^*}\right)^2, \qquad (\mathfrak{l}^{2c^*-2b^*}).$$

Wegen $a^* \geqq b^*$ läßt sich der Bruch $\frac{\alpha^*}{\beta^*}$ in der Gestalt eines Bruches schreiben, dessen Nenner zu $\mathfrak{l}$ prim ausfällt, und es ist somit $\frac{\alpha^*}{\beta^*}$ notwendig einer gewissen ganzen Zahl α des Körpers k nach $\mathfrak{l}^{2c^*-2b^*}$ kongruent, so daß auch die Kongruenz

$$\mu \equiv \alpha^2, \qquad (\mathfrak{l}^{2c^*-2b^*})$$

gilt. Hierdurch ist mit Rücksicht auf die aus (2) folgende Gleichung $2c^* - 2b^* = 2l + a$ die Richtigkeit des Satzes 4 vollständig gezeigt.

Aus diesem Satze 4 entnehmen wir leicht die folgende besondere Tatsache:

Satz 5. Wenn μ eine beliebige zu 2 prime ganze Zahl in k bedeutet, die nicht das Quadrat einer Zahl in k wird, so ist die Relativdiskriminante des Körpers $K(\sqrt{\mu})$ stets dann und nur dann zu 2 prim, wenn μ dem Quadrat einer ganzen Zahl in k nach dem Modul 2^2 kongruent wird.

§ 5. Die Zerlegung der Primideale des Grundkörpers *k* im relativquadratischen Körper *K*.

Die Frage, wie die Primideale des relativquadratischen Körpers K durch Zerlegung aus den Primidealen des Körpers k entstehen, erledigt sich in den folgenden Sätzen:

Satz 6. Ein Primideal $\mathfrak{p}$ des Körpers k ist stets dann und nur dann im Körper K gleich dem Quadrat eines Primideals $\mathfrak{P}$, wenn $\mathfrak{p}$ in der Relativdiskriminante des Körpers K aufgeht.

Beweis. Aus $\mathfrak{p} = \mathfrak{P}^2$ folgt $\mathfrak{p} = (S\mathfrak{P})^2$ und mithin $\mathfrak{P} = S\mathfrak{P}$, d. h. $\mathfrak{P}$ ist ein ambiges Primideal des Körpers K und als solches nach Satz 3 in der Relativdifferente des Körpers K enthalten, d. h. $\mathfrak{p}$ geht geht dann in der Relativdiskriminante auf.

Wenn wir umgekehrt annehmen, daß $\mathfrak{p}$ in der Relativdiskriminante des Körpers K aufgehe und mit $\mathfrak{P}$ einen in $\mathfrak{p}$ aufgehenden Primfaktor des Körpers K

bezeichnen, so geht offenbar $\mathfrak{P}$ in der Relativdifferente des Körpers K auf und ist mithin nach Satz 3 ein ambiges Ideal, d. h. es ist nach Definition 3 $\mathfrak{P} = S\mathfrak{P}$ und $\mathfrak{p} \neq \mathfrak{P}$. Wegen dieser Beziehungen ist auch $\mathfrak{p}^2 \neq \mathfrak{P} \cdot S\mathfrak{P}$, und hieraus folgt $\mathfrak{p} = \mathfrak{P} \cdot S\mathfrak{P} = \mathfrak{P}^2$. Damit ist der Beweis für den Satz 6 erbracht.

Satz 7. Wenn $\mathfrak{p}$ ein Primideal des Körpers k bedeutet, welches weder in 2 noch in μ aufgeht, so ist $\mathfrak{p}$ im Körper $K(\sqrt{\mu})$ in zwei voneinander verschiedene Primideale weiter zerlegbar oder unzerlegbar, je nachdem μ im Körper k quadratischer Rest oder Nichtrest nach $\mathfrak{p}$ ist.

Beweis. Es sei μ in k quadratischer Rest nach $\mathfrak{p}$ und demgemäß etwa α eine ganze Zahl in k so, daß die Kongruenz

$$\mu \equiv \alpha^2, \qquad (\mathfrak{p})$$

gilt; alsdann bilden wir die zu einander relativkonjugierten Ideale des Körpers $K(\sqrt{\mu})$

$$\mathfrak{P} = (\mathfrak{p}, \alpha - \sqrt{\mu}),$$
$$S\mathfrak{P} = (\mathfrak{p}, \alpha + \sqrt{\mu})$$

und erhalten leicht

$$\mathfrak{p} = \mathfrak{P} \cdot S\mathfrak{P}.$$

Wegen

$$(\mathfrak{p}, \alpha - \sqrt{\mu}, \alpha + \sqrt{\mu}) = 1$$

sind $\mathfrak{P}$ und $S\mathfrak{P}$ von einander verschieden.

Es sei umgekehrt das Primideal $\mathfrak{p}$ des Körpers K in zwei Primideale $\mathfrak{P}$ und $S\mathfrak{P}$ zerlegbar: dann gelten, wenn allgemein N die Norm im Körper $K(\sqrt{\mu})$ und n die Norm im Körper k bezeichnet, die Gleichungen

$$N(\mathfrak{p}) = N(\mathfrak{P}) \cdot N(S\mathfrak{P}) = (N(\mathfrak{P}))^2,$$
$$N(\mathfrak{p}) = (n(\mathfrak{p}))^2$$

und mithin ist

$$N(\mathfrak{P}) = n(\mathfrak{p}).$$

Die Gleichheit dieser Normen $N(\mathfrak{P})$ und $n(\mathfrak{p})$ läßt die Tatsache erkennen, daß eine jede ganze Zahl des Körpers $K(\sqrt{\mu})$ einer ganzen Zahl des Körpers k nach $\mathfrak{P}$ kongruent gesetzt werden kann, da ja irgend $n(\mathfrak{p})$ nach $\mathfrak{p}$ einander inkongruente Zahlen zugleich auch in $K(\sqrt{\mu})$ nach $\mathfrak{P}$ ein volles Restsystem bilden müssen; setzen wir insbesondere $\sqrt{\mu} \equiv \alpha$ nach $\mathfrak{P}$, wo α in k liegen soll, so folgt $\mu \equiv \alpha^2$ nach $\mathfrak{P}$, und da $\mu - \alpha^2$ eine Zahl in k ist, so muß $\mu \equiv \alpha^2$ auch nach $\mathfrak{p}$ gelten, d. h. es ist μ quadratischer Rest nach $\mathfrak{p}$. Damit ist der Satz 7 vollständig bewiesen.

Satz 8. Es sei $\mathfrak{l}$ ein in 2 enthaltenes Primideal des Körpers k, und zwar gehe $\mathfrak{l}$ genau zur l-ten Potenz in 2 auf; ferner sei μ eine zu $\mathfrak{l}$ prime ganze Zahl in k, welche dem Quadrat einer ganzen Zahl in k nach $\mathfrak{l}^{2l}$ kongruent ausfällt, so daß nach Satz 4 das Primideal $\mathfrak{l}$ nicht in der Relativdiskriminante des Körpers $K(\sqrt{\mu})$ vorkommt: dann ist $\mathfrak{l}$ im Körper $K(\sqrt{\mu})$ in zwei voneinander verschiedene Primideale weiter zerlegbar oder unzerlegbar, je nachdem μ dem Quadrat einer ganzen Zahl in k nach $\mathfrak{l}^{2l+1}$ kongruent ausfällt oder nicht.

Beweis. Ist $\mathfrak{l}$ in $K(\sqrt{\mu})$ weiter zerlegbar und bedeutet $\mathfrak{L}$ einen Primfaktor von $\mathfrak{l}$, so schließen wir aus der Gleichheit der Norm $N(\mathfrak{L})$ in $K(\sqrt{\mu})$ mit der Norm $n(\mathfrak{l})$ in k, wie im Beweise des Satzes 7, daß jede ganze Zahl in $K(\sqrt{\mu})$ einer ganzen Zahl in k nach $\mathfrak{L}$ kongruent sein muß. Nach Voraussetzung gibt es eine ganze Zahl α in k, so daß $\mu \equiv \alpha^2$ nach $\mathfrak{l}^{2l}$ ausfällt; ist dann λ irgendeine durch $\mathfrak{l}$, aber nicht durch $\mathfrak{l}^2$ teilbare ganze Zahl in k und weiter ν eine durch $\frac{\lambda}{\mathfrak{l}}$ teilbare, aber zu $\mathfrak{l}$ prime ganze Zahl in k, so stellt, wie wir dem Beweise des Satzes 4 entnehmen, der Ausdruck $\frac{\nu^l(\alpha+\sqrt{\mu})}{\lambda^l}$ eine ganze Zahl in $K(\sqrt{\mu})$ dar. Es gibt also nach dem vorhin Bewiesenen eine ganze Zahl β in k, für welche

$$\frac{\nu^l(\alpha+\sqrt{\mu})}{\lambda^l} \equiv \beta, \qquad (\mathfrak{L})$$

wird. Aus dieser Kongruenz schließen wir

$$\sqrt{\mu} \equiv -\alpha + \frac{\beta\lambda^l}{\nu^l}, \qquad (\mathfrak{l}^l\mathfrak{L}).$$

Mit Rücksicht auf den Umstand, daß ν zu $\mathfrak{l}$ prim ist, können wir in dieser Kongruenz den rechts stehenden Ausdruck durch eine ganze Zahl γ des Körpers k ersetzen und erhalten dann

$$\sqrt{\mu} \equiv \gamma \quad \text{oder} \quad \sqrt{\mu} - \gamma \equiv 0, \qquad (\mathfrak{l}^l\mathfrak{L}). \tag{1}$$

Da ferner $-\gamma \equiv +\gamma$ nach dem Modul 2 und folglich auch nach $\mathfrak{l}^l$ ausfällt, so gilt auch die Kongruenz

$$\sqrt{\mu} + \gamma \equiv 0, \qquad (\mathfrak{l}^l) \tag{2}$$

und durch Multiplikation erhalten wir schließlich aus den beiden Kongruenzen (1) und (2):

$$\mu - \gamma^2 \equiv 0, \qquad (\mathfrak{l}^{2l}\mathfrak{L}).$$

Da die linke Seite dieser Kongruenz eine ganze Zahl in k ist, so folgt auch

$$\mu - \gamma^2 \equiv 0 \quad \text{oder} \quad \mu \equiv \gamma^2, \qquad (\mathfrak{l}^{2l+1})$$

womit eine Aussage des Satzes 8 bewiesen ist.

Nehmen wir nun umgekehrt an, es sei $\mu \equiv \alpha^2$ nach $\mathfrak{l}^{2l+1}$, wobei α eine ganze Zahl in k ist, so erkennen wir leicht die Richtigkeit der Gleichung

$$\mathfrak{l} = \left(\mathfrak{l}, \frac{\nu^l[\alpha+\sqrt{\mu}]}{\lambda^l}\right)\left(\mathfrak{l}, \frac{\nu^l[\alpha-\sqrt{\mu}]}{\lambda^l}\right)$$

und hier sind die beiden Primideale rechter Hand wegen

$$\left(\mathfrak{l}, \frac{\nu^l[\alpha+\sqrt{\mu}]}{\lambda^l}, \frac{\nu^l[\alpha-\sqrt{\mu}]}{\lambda^l}\right) = 1$$

in der Tat voneinander verschieden; damit ist der Satz 8 vollständig bewiesen.

§ 6. Das Symbol $\left(\frac{\mu}{\mathfrak{a}}\right)$.

Definition 4. Wir erweitern nunmehr die Bedeutung des in Definition 1 erklärten *Symbols* in folgender Weise:

Ist $\mathfrak{w}$ irgendein Primideal in k, so setzen wir

$$\left(\frac{\mu}{\mathfrak{w}}\right) = +1 \quad \text{oder} \quad = -1 \quad \text{oder} \quad = 0,$$

je nachdem $\mathfrak{w}$ im Körper $K(\sqrt{\mu})$ in zwei voneinander verschiedene Primideale weiter zerlegbar oder nicht zerlegbar oder gleich dem Quadrat eines Primideals wird. Ist μ das Quadrat einer Zahl in k, so setzen wir stets

$$\left(\frac{\mu}{\mathfrak{w}}\right) = +1.$$

Es ist nach den Sätzen 6, 7, 8 leicht möglich, in allen Fällen den Wert des Symbols $\left(\frac{\mu}{\mathfrak{w}}\right)$ zu berechnen und wir erkennen aus Satz 7 im Falle, daß $\mathfrak{w}$ zu 2 und μ prim ausfällt, die volle Übereinstimmung mit der Definition 1. Was insbesondere den Fall anbetrifft, daß $\mathfrak{w}$ gleich einem in 2 aufgehenden Primideal $\mathfrak{l}$ des Körpers k ist, so bestimmen wir zunächst die höchste Potenz von $\mathfrak{l}$, welche in μ aufgeht. Ist der Exponent a dieser Potenz ungerade, so haben wir gewiß $\left(\frac{\mu}{\mathfrak{l}}\right) = 0$; ist a dagegen gerade, so bestimmen wir, wenn λ eine durch $\mathfrak{l}$, aber nicht durch $\mathfrak{l}^2$ teilbare Zahl bedeutet, eine ganze zu $\mathfrak{l}$ prime Zahl μ^* in k der Art, daß

$$\mu \equiv \lambda^a \mu^*, \quad (\mathfrak{l}^{2l+a+1}).$$

Ist hier μ^* nicht dem Quadrat einer ganzen Zahl in k nach $\mathfrak{l}^{2l}$ kongruent, so haben wir mit Rücksicht auf die Sätze 4 und 6 ebenfalls $\left(\frac{\mu}{\mathfrak{l}}\right) = 0$; im anderen Fall unterscheiden wir, ob μ^* dem Quadrat einer ganzen Zahl in k auch nach $\mathfrak{l}^{2l+1}$ kongruent ausfällt oder nicht, und haben wegen Satz 8 dementsprechend $\left(\frac{\mu}{\mathfrak{l}}\right) = +1$ oder $= -1$.

Definition 5. Ist $\mathfrak{a}$ ein beliebiges Ideal des Körpers k und hat man $\mathfrak{a} = \mathfrak{p}\mathfrak{q}\ldots\mathfrak{w}$, wo $\mathfrak{p}, \mathfrak{q}, \ldots, \mathfrak{w}$ Primideale in k sind, so möge, wenn μ eine beliebige ganze Zahl in k ist, das *Symbol* $\left(\frac{\mu}{\mathfrak{a}}\right)$ durch die folgende Gleichung definiert werden:

$$\left(\frac{\mu}{\mathfrak{a}}\right) = \left(\frac{\mu}{\mathfrak{p}}\right)\left(\frac{\mu}{\mathfrak{q}}\right)\cdots\left(\frac{\mu}{\mathfrak{w}}\right).$$

Sind $\mathfrak{a}, \mathfrak{b}$ beliebige Ideale in k, so gilt dann offenbar die Gleichung

$$\left(\frac{\mu}{\mathfrak{a}\mathfrak{b}}\right) = \left(\frac{\mu}{\mathfrak{a}}\right)\left(\frac{\mu}{\mathfrak{b}}\right).$$

Das Symbol $\left(\frac{\mu}{\mathfrak{a}}\right)$ ist durch diese Festsetzungen stets definiert, sobald μ irgendeine ganze Zahl in k und $\mathfrak{a}$ irgendein Ideal in k bedeutet. Das Symbol $\left(\frac{\mu}{\mathfrak{a}}\right)$ ist nur der Werte $+1$, -1, 0 fähig.

§ 7. Normenreste und Normennichtreste des Körpers K und das Symbol $\left(\frac{\nu, \mu}{\mathfrak{w}}\right)$.

Definition 6. *Es sei* $\mathfrak{w}$ *irgendein Primideal in* k, *und es seien* ν, μ *beliebige ganze Zahlen in* k, *nur daß* μ *nicht gleich dem Quadrat einer Zahl in* k *ausfällt: wenn dann* ν *nach* $\mathfrak{w}$ *der Relativnorm einer ganzen Zahl des Körpers* $K(\sqrt{\mu})$ *kongruent ist und wenn außerdem auch für jede höhere Potenz von* $\mathfrak{w}$ *stets eine solche ganze Zahl* A *im Körper* $K(\sqrt{\mu})$ *gefunden werden kann, daß* $\nu \equiv N(\mathsf{A})$ *nach jener Potenz von* $\mathfrak{w}$ *ausfällt, so nenne ich* ν *einen Normenrest des Körpers* $K(\sqrt{\mu})$ *nach* $\mathfrak{w}$. *In jedem anderen Falle nenne ich* ν *einen Normennichtrest des Körpers* $K(\sqrt{\mu})$ *nach* $\mathfrak{w}$.

Ich definiere das Symbol $\left(\frac{\nu, \mu}{\mathfrak{w}}\right)$, *indem ich*

$$\left(\frac{\nu, \mu}{\mathfrak{w}}\right) = +1 \quad \textit{oder} \quad = -1$$

setze, je nachdem ν *Normenrest oder Normennichtrest nach* $\mathfrak{w}$ *ist. Fällt* μ *gleich dem Quadrat einer ganzen Zahl in* k *aus, so werde stets*

$$\left(\frac{\nu, \mu}{\mathfrak{w}}\right) = +1$$

gesetzt.

Das neue Symbol $\left(\frac{\nu, \mu}{\mathfrak{w}}\right)$ ist durch diese Festsetzungen in jedem Falle definiert, sobald ν, μ irgend zwei ganze Zahlen des Körpers k und $\mathfrak{w}$ irgendein Primideal des Körpers k bedeuten. Das Symbol $\left(\frac{\nu, \mu}{\mathfrak{w}}\right)$ ist nur der beiden Werte $+1$ oder -1 fähig.

§ 8. Eigenschaften des Symbols $\left(\frac{\nu, \mu}{\mathfrak{p}}\right)$.

In den folgenden Sätzen entwickeln wir einige Eigenschaften des Symbols $\left(\frac{\nu, \mu}{\mathfrak{p}}\right)$ für den Fall, daß $\mathfrak{p}$ ein nicht in 2 aufgehendes Primideal bedeutet.

Satz 9. Wenn ν, μ irgend beliebige ganze Zahlen in k bedeuten und $\mathfrak{p}$ ein Primideal des Körpers k ist, das zu 2 und zu ν prim ausfällt, aber in μ genau zur ersten Potenz aufgeht, so gilt stets die Gleichung

$$\left(\frac{\nu, \mu}{\mathfrak{p}}\right) = \left(\frac{\nu}{\mathfrak{p}}\right).$$

Beweis. Ist $\left(\frac{\nu}{\mathfrak{p}}\right) = +1$, so gibt es nach Definition 1 eine ganze Zahl α in k, für welche $\nu \equiv \alpha^2$ nach $\mathfrak{p}$ wird. Um zu zeigen, daß dann die Kongruenz $\nu \equiv \xi^2$ auch nach jeder beliebigen Potenz von $\mathfrak{p}$ durch geeignete Wahl von ξ lösbar ist, setzen wir

$$\frac{\nu}{\alpha^2} \equiv 1 + 2\,\omega, \qquad (\mathfrak{p}^2),$$

so daß dabei ω eine ganze durch $\mathfrak{p}$ teilbare Zahl in k bedeutet. Die ganze Zahl $\alpha' = \alpha(1+\omega)$, erfüllt dann die Bedingung

$$\nu \equiv \alpha'^2, \qquad (\mathfrak{p}^2).$$

Durch gehörige Fortsetzung dieses Verfahrens erkennen wir, daß für jeden Exponenten e eine ganze Zahl $\alpha^{(e-1)}$ existiert, so daß

$$\nu \equiv (\alpha^{(e-1)})^2, \qquad (\mathfrak{p}^e)$$

ausfällt. Setzen wir $\mathsf{A} = \alpha^{(e-1)}$, so folgt

$$\nu \equiv N(\mathsf{A}), \qquad (\mathfrak{p}^e),$$

d. h. es hat unter der obigen Annahme das Symbol $\left(\frac{\nu,\mu}{\mathfrak{p}}\right)$ den Wert $+1$.

Machen wir umgekehrt die Annahme $\left(\frac{\nu,\mu}{\mathfrak{p}}\right) = +1$, so gibt es nach Definition 6 eine ganze Zahl A in $K(\sqrt{\mu})$, für welche $\nu \equiv N(\mathsf{A})$ nach $\mathfrak{p}$ wird. Da nach Satz 4 das Primideal $\mathfrak{p}$ in der Relativdiskriminante des Körpers $K(\sqrt{\mu})$ aufgeht, so ist nach Satz 6 das Primideal $\mathfrak{p}$ gleich dem Quadrat eines Primideals $\mathfrak{P}$ im Körper $K(\sqrt{\mu})$. Aus der Gleichung $\mathfrak{p} = \mathfrak{P}^2$ folgt die Gleichheit der Normen $n(\mathfrak{p})$ in k und $N(\mathfrak{P})$ in $K(\sqrt{\mu})$ und wie im Beweise des Satzes 7 schließen wir dann auch hier, daß jede ganze Zahl des Körpers $K(\sqrt{\mu})$ einer ganzen Zahl des Körpers k nach $\mathfrak{P}$ kongruent sein muß. Setzen wir insbesondere $\mathsf{A} \equiv \alpha$ nach $\mathfrak{P}$, wo α eine ganze Zahl in k ist, so folgt

$$\nu \equiv N(\mathsf{A}) \equiv \alpha^2, \qquad (\mathfrak{P})$$

und daher ist auch $\nu \equiv \alpha^2$ nach $\mathfrak{p}$, d. h. unter der gegenwärtigen Annahme erhalten wir $\left(\frac{\nu}{\mathfrak{p}}\right) = +1$; hiermit und durch das vorhin Bewiesene wird der Satz 9 vollständig als richtig erkannt.

Satz 10. Wenn ν, μ zwei beliebige ganze Zahlen in k bedeuten und $\mathfrak{p}$ ein weder in ν noch in μ noch in 2 aufgehendes Primideal in k ist, so gilt stets die Gleichung

$$\left(\frac{\nu,\mu}{\mathfrak{p}}\right) = +1.$$

Beweis. Nach Satz 4 geht $\mathfrak{p}$ nicht in der Relativdiskriminante des Körpers $K(\sqrt{\mu})$ auf; wir haben demgemäß nur zwei Annahmen zu behandeln, je nachdem $\mathfrak{p}$ in zwei voneinander verschiedene Primideale des Körpers $K(\sqrt{\mu})$ zerlegbar ist oder in $K(\sqrt{\mu})$ unzerlegbar bleibt.

Wir nehmen zunächst $\mathfrak{p}$ als zerlegbar an, und zwar sei $\mathfrak{p} = \mathfrak{P} \cdot S\mathfrak{P}$, wo $\mathfrak{P}$ ein Primideal des Körpers $K(\sqrt{\mu})$ bedeutet. Es gibt dann gewiß in $K(\sqrt{\mu})$ ein System von zwei ganzen Zahlen, $\mathsf{A}_1, \mathsf{A}_2$, für welche die beiden in $\mathsf{A}_1, \mathsf{A}_2$ linearen Kongruenzen

$$\left.\begin{aligned} \mathsf{A}_1 + \mathsf{A}_2\sqrt{\mu} &\equiv \nu \\ \mathsf{A}_1 - \mathsf{A}_2\sqrt{\mu} &\equiv 1, \end{aligned}\right\} \qquad (\mathfrak{P}) \qquad (1)$$

erfüllt sind. Nun können wir wegen der Gleichheit der Normen $n(\mathfrak{p})$ und $N(\mathfrak{P})$, wie im Beweise zu Satz 7 und zu Satz 9, jede ganze Zahl in $K(\sqrt{\mu})$ einer ganzen Zahl des Körpers k nach $\mathfrak{P}$ kongruent setzen; es sei demgemäß

$$\mathsf{A}_1 \equiv \alpha_1, \quad \mathsf{A}_2 \equiv \alpha_2, \qquad (\mathfrak{P}), \tag{2}$$

wo α_1, α_2 ganze Zahlen in k sind. Wenn wir dann zur Abkürzung

$$\mathsf{A} = \alpha_1 + \alpha_2 \sqrt{\mu}$$

setzen, so folgt wegen (2) durch Multiplikation der Kongruenzen (1) die Kongruenz

$$\nu \equiv N(\mathsf{A}), \qquad (\mathfrak{P})$$

und da beide Seiten dieser Kongruenz ganze Zahlen in k sind, so gilt sie auch nach dem Modul $\mathfrak{p}$. Um zu beweisen, daß die Kongruenz $\nu \equiv N(\Xi)$ durch geeignete Wahl der ganzen Zahl Ξ in $K(\sqrt{\mu})$ auch nach jeder Potenz $\mathfrak{p}^e$ des Primideals $\mathfrak{p}$ lösbar ist, zeigen wir, wie im Beweise zu Satz 9, die Existenz einer Zahl ξ, welche der Kongruenz

$$\frac{\nu}{N(\mathsf{A})} \equiv \xi^2, \qquad (\mathfrak{p}^e)$$

genügt; dann ist offenbar $\nu \equiv N(\xi \mathsf{A})$ nach $\mathfrak{p}^e$.

Es sei andererseits $\mathfrak{p}$ im Körper $K(\sqrt{\mu})$ nicht weiter zerlegbar und somit nach Satz 7 die Zahl μ quadratischer Nichtrest nach $\mathfrak{p}$. Nach Satz 2 gibt es in k genau $f = \frac{n(\mathfrak{p}) - 1}{2}$ quadratische Reste nach $\mathfrak{p}$; es seien diese durch die Quadratzahlen $\alpha_1^2, \alpha_2^2, \ldots, \alpha_f^2$ vertreten. Wir unterscheiden nun zwei Fälle, je nachdem die Zahl -1 quadratischer Rest oder Nichtrest nach $\mathfrak{p}$ ist.

Im ersteren Falle sind wegen unserer Annahme über μ die $n(\mathfrak{p}) - 1$ Zahlen

$$\alpha_1^2, \alpha_2^2, \ldots, \alpha_f^2, \quad -\alpha_1^2 \mu, -\alpha_2^2 \mu, \ldots, -\alpha_f^2 \mu \tag{3}$$

sämtlich nach $\mathfrak{p}$ untereinander inkongruent. Es ist daher jede zu $\mathfrak{p}$ prime ganze Zahl in k einer der Zahlen (3) nach $\mathfrak{p}$ kongruent. Die Zahlen (3) sind bez. die Relativnormen der Zahlen

$$\alpha_1, \alpha_2, \ldots, \alpha_f, \quad \alpha_1 \sqrt{\mu}, \alpha_2 \sqrt{\mu}, \ldots, \alpha_f \sqrt{\mu}$$

und es ist mithin jede zu $\mathfrak{p}$ prime Zahl in k der Relativnorm einer geeigneten ganzen Zahl in $K(\sqrt{\mu})$ nach $\mathfrak{p}$ kongruent.

Ist -1 quadratischer Nichtrest nach $\mathfrak{p}$, so wird $-\mu$ quadratischer Rest nach $\mathfrak{p}$; es sei $-\mu \equiv \beta^2$ nach $\mathfrak{p}$, wo β eine ganze Zahl in k bedeutet. In der Reihe der ganzen rationalen positiven Zahlen

$$1, 2, 3, \ldots, n(\mathfrak{p}) - 1$$

ist die letzte Zahl Nichtrest nach $\mathfrak{p}$; es sei r die erste Zahl dieser Reihe, auf welche ein Nichtrest des Primideals $\mathfrak{p}$ folgt. Wir setzen $r \equiv \alpha^2$ nach $\mathfrak{p}$, wo α eine ganze Zahl in k bedeutet: dann ist die ganze Zahl $\alpha^2\beta^2 - \mu$ wegen

$$\alpha^2 \beta^2 - \mu \equiv r \beta^2 + \beta^2 \equiv (r+1)\beta^2, \qquad (\mathfrak{p})$$

sicher quadratischer Nichtrest nach $\mathfrak{p}$, und es fallen folglich die $n(\mathfrak{p})-1$ Zahlen

$$\alpha_1^2, \alpha_2^2, \ldots, \alpha_f^2, \quad \alpha_1^2(\alpha^2\beta^2-\mu), \alpha_2^2(\alpha^2\beta^2-\mu), \ldots, \alpha_f^2(\alpha^2\beta^2-\mu) \qquad (4)$$

sämtlich untereinander inkongruent nach $\mathfrak{p}$ aus. In diesem Falle ist also jede zu $\mathfrak{p}$ prime Zahl in k einer der Zahlen (4) nach $\mathfrak{p}$ kongruent. Die Zahlen (4) sind aber bez. die Relativnormen der Zahlen

$$\alpha_1, \alpha_2, \ldots, \alpha_f, \quad \alpha_1(\alpha\beta+\sqrt{\mu}), \alpha_2(\alpha\beta+\sqrt{\mu}), \ldots, \alpha_f(\alpha\beta+\sqrt{\mu}),$$

und es ist mithin jede zu $\mathfrak{p}$ prime ganze Zahl in k der Relativnorm einer ganzen Zahl in $K(\sqrt{\mu})$ kongruent. Hieraus schließt man weiter, wie im ersten Teil dieses Beweises, daß zu jeder nicht durch $\mathfrak{p}$ teilbaren Zahl ν des Körpers k auch für eine beliebig hohe Potenz $\mathfrak{p}^e$ des Primideals $\mathfrak{p}$ stets eine ganze Zahl in $K(\sqrt{\mu})$ gefunden werden kann, deren Relativnorm der Zahl ν nach $\mathfrak{p}^e$ kongruent ist. Damit ist Satz 10 in allen Fällen bewiesen.

Satz 11. Wenn ν, μ zwei beliebige ganze Zahlen in k bedeuten und $\mathfrak{p}$ ein Primideal des Körpers k ist, das zu 2 und zu μ prim ausfällt, aber in ν genau zur ersten Potenz aufgeht, so gilt stets die Gleichung

$$\left(\frac{\nu, \mu}{\mathfrak{p}}\right) = \left(\frac{\mu}{\mathfrak{p}}\right).$$

Beweis. Ist $\left(\frac{\mu}{\mathfrak{p}}\right)=+1$, so wird nach Satz 7 das Primideal $\mathfrak{p}$ des Körpers k in zwei voneinander verschiedene Primideale $\mathfrak{P}$ und $S\mathfrak{P}$ des Körpers $K(\sqrt{\mu})$ weiter zerlegbar. Wir bestimmen eine ganze Zahl A in $K(\sqrt{\mu})$, welche durch $\mathfrak{P}$, aber weder durch $\mathfrak{P}^2$ noch durch $S\mathfrak{P}$ teilbar ist; dann geht die Relativnorm $\alpha = N(\mathsf{A})$ der Zahl A genau durch die erste Potenz von $\mathfrak{p}$ auf. Es sei ϱ eine durch $\frac{\alpha}{\mathfrak{p}}$ teilbare, aber zu $\mathfrak{p}$ prime ganze Zahl in k, dann ist $\frac{\nu\varrho^2}{\alpha}$ eine ganze zu $\mathfrak{p}$ prime Zahl und daher zufolge des Satzes 10 Normenrest des Körpers $K(\sqrt{\mu})$ nach $\mathfrak{p}$. Bedeutet $\mathfrak{p}^e$ eine beliebige Potenz von $\mathfrak{p}$ und setzen wir

$$\frac{\nu\varrho^2}{\alpha} \equiv N(\mathsf{P}), \qquad (\mathfrak{p}^e),$$

wo P eine ganze Zahl in $K(\sqrt{\mu})$ bedeutet, und bestimmen dann ϱ^* als ganze Zahl in k, so daß $\varrho\varrho^* \equiv 1$ nach $\mathfrak{p}^e$ ausfällt, so wird offenbar

$$\nu \equiv N(\varrho^* \mathsf{P}\mathsf{A}), \qquad (\mathfrak{p}^e)$$

d. h. es ist ν Normenrest des Körpers $K(\sqrt{\mu})$ nach $\mathfrak{p}$.

Umgekehrt, wenn ν Normenrest des Körpers $K(\sqrt{\mu})$ ist und etwa $\nu \equiv N(\Omega)$ nach $\mathfrak{p}^2$ ausfällt, wo Ω eine ganze Zahl in $K(\sqrt{\mu})$ ist, so geht $N(\Omega)$ wegen der über ν gemachten Annahme nur durch die erste Potenz von $\mathfrak{p}$ auf; wir haben daher offenbar

$$\mathfrak{p} = (\mathfrak{p}, \Omega)\cdot(\mathfrak{p}, S\Omega),$$

d. h. $\mathfrak{p}$ zerfällt in $K(\sqrt{\mu})$ in ein Produkt von zwei Idealen und mithin ist nach Satz 7 $\left(\frac{\mu}{\mathfrak{p}}\right)=+1$. Damit ist der Satz 11 vollständig bewiesen.

Satz 12. Es sei $\mathfrak{p}$ ein zu 2 primes Primideal des Körpers k, ferner seien ν, μ, ν^*, μ^* vier ganze Zahlen in k von der Beschaffenheit, daß $\frac{\mu}{\mu^*}$ das Quadrat einer ganzen oder gebrochenen Zahl in k und $\frac{\nu}{\nu^*}$ die Relativnorm einer ganzen oder gebrochenen Zahl des Körpers $K(\sqrt{\mu})$ wird: dann gilt stets die Gleichung

$$\left(\frac{\nu,\mu}{\mathfrak{p}}\right) = \left(\frac{\nu^*,\mu^*}{\mathfrak{p}}\right).$$

Beweis. Zunächst bemerken wir, daß wegen der Definition 6 des Symbols $\left(\frac{\nu,\mu}{\mathfrak{p}}\right)$ offenbar stets die Gleichung

$$\left(\frac{\nu,\mu}{\mathfrak{p}}\right) = \left(\frac{\nu,\mu^*}{\mathfrak{p}}\right) \tag{5}$$

gilt, da offenbar der durch $\sqrt{\mu^*}$ bestimmte relativquadratische Körper mit dem Körper $K(\sqrt{\mu})$ übereinstimmt.

Ferner wollen wir beweisen, daß, wenn γ die Relativnorm $N(\Gamma)$ einer ganzen Zahl Γ des Körpers $K(\sqrt{\mu})$ ist, stets

$$\left(\frac{\nu,\mu}{\mathfrak{p}}\right) = \left(\frac{\gamma\nu,\mu}{\mathfrak{p}}\right) \tag{6}$$

ausfällt.

In der Tat, wenn ν Normenrest des Körpers $K(\sqrt{\mu})$ nach $\mathfrak{p}$ ist, so wird offenbar auch $\gamma\nu$ Normenrest dieses Körpers nach $\mathfrak{p}$. Die umgekehrte Annahme, daß $\gamma\nu$ Normenrest des Körpers $K(\sqrt{\mu})$ nach $\mathfrak{p}$ ist, behandeln wir in folgender Weise: Es gehe ν genau durch die b-te Potenz von $\mathfrak{p}$ und γ genau durch die c-te Potenz von $\mathfrak{p}$ auf; es sei ferner Ω eine ganze Zahl in $K(\sqrt{\mu})$, so daß die Kongruenz

$$\nu\gamma \equiv N(\Omega), \qquad (\mathfrak{p}^{c+e}) \tag{7}$$

gilt, wobei e einen beliebigen Exponenten der größer als b ist, bedeutet. Wir unterscheiden nun drei Fälle, je nachdem $\mathfrak{p}$ im Körper $K(\sqrt{\mu})$ Primideal bleibt oder in zwei gleiche oder in zwei voneinander verschiedene Primideale des Körpers $K(\sqrt{\mu})$ weiter zerlegbar ist.

Im ersten Falle muß wegen $\gamma = N(\Gamma)$ der Exponent c gerade sein und $\mathfrak{p}$ in Γ genau zur $\frac{c}{2}$-ten Potenz aufgehen; ferner erkennen wir aus (7), daß Ω genau durch die $\frac{c+b}{2}$-te Potenz von $\mathfrak{p}$ teilbar sein muß. Nun sei α eine durch $\frac{\gamma}{\mathfrak{p}^c}$ teilbare, aber zu $\mathfrak{p}$ prime ganze Zahl in k. Dann ist $\mathsf{A} = \frac{\alpha\,\Omega}{\Gamma}$ gewiß eine ganze Zahl in $K(\sqrt{\mu})$ und wir erhalten $\alpha^2\nu \equiv N(\mathsf{A})$ nach $\mathfrak{p}^e$. Bestimmen wir noch eine ganze Zahl α^* in k, so daß $\alpha\alpha^* \equiv 1$ nach $\mathfrak{p}^e$ ausfällt, so folgt $\nu \equiv N(\alpha^*\mathsf{A})$ nach $\mathfrak{p}^e$, d. h. ν ist Normenrest des Körpers $K(\sqrt{\mu})$ nach $\mathfrak{p}$.

Im zweiten Falle setzen wir $\mathfrak{p} = \mathfrak{P}^2$, so daß $\mathfrak{P}$ ein Primideal in $K(\sqrt{\mu})$ bedeutet. Wegen $\gamma = N(\Gamma)$ geht in Γ genau die c-te Potenz von $\mathfrak{P}$ auf und wegen der Kongruenz (7) geht in Ω genau die $(c+b)$-te Potenz von $\mathfrak{P}$ auf. Wir bestimmen nun eine Zahl α in k wie im ersten Falle, und gelangen dann durch die entsprechenden Schlüsse wiederum zu dem Resultat, daß ν Normenrest des Körpers $K(\sqrt{\mu})$ nach $\mathfrak{p}$ sein muß.

Im dritten Falle endlich setzen wir $\mathfrak{p}=\mathfrak{P}\cdot S\mathfrak{P}$, wo $\mathfrak{P}$ ein Primideal des Körpers $K(\sqrt{\mu})$ bedeutet, welches von seinem relativkonjugierten Primideale $S\mathfrak{P}$ verschieden ausfällt. Nun gehe in Γ das Primideal $\mathfrak{P}$ genau zur C-ten und das Primideal $S\mathfrak{P}$ genau zur C'-ten Potenz auf; ferner gehe in Ω das Primideal $\mathfrak{P}$ genau zur U-ten und $S\mathfrak{P}$ genau zur U'-ten Potenz auf; es ist dann $c=C+C'$ und $c+b=U+U'$, und folglich

$$U+U'\geqq C+C'. \tag{8}$$

Wir bilden jetzt in $K(\sqrt{\mu})$ eine ganze Zahl A, die genau durch die C-te Potenz von $\mathfrak{P}$ und durch die U-te Potenz von $S\mathfrak{P}$ teilbar ist, und endlich eine ganze Zahl α in k, die durch $\frac{\Gamma\cdot S\mathsf{A}}{\mathfrak{P}^{U+C}\,S\,\mathfrak{P}^{C+C'}}$ teilbar ist, aber zu $\mathfrak{p}$ prim ausfällt. Wegen der Ungleichung (8) ist dann $\mathsf{B}=\frac{\alpha\,\Omega\,\mathsf{A}}{\Gamma\cdot S\mathsf{A}}$ gewiß eine ganze Zahl in $K(\sqrt{\mu})$ und wir erhalten $\alpha^2\nu\equiv N(\mathsf{B})$ nach $\mathfrak{p}^e$. Bestimmen wir also noch eine ganze Zahl α^* in k, so daß $\alpha\alpha^*\equiv 1$ nach $\mathfrak{p}^e$ ausfällt, so folgt $\nu\equiv N(\alpha^*\mathsf{B})$ nach $\mathfrak{p}^e$, d. h. ν ist Normenrest des Körpers $K(\sqrt{\mu})$ nach $\mathfrak{p}$. Damit ist die Richtigkeit der in Formel (6) ausgesprochenen Behauptung in allen Fällen als richtig erkannt.

Wegen der über $\frac{\nu}{\nu^*}$ gemachten Voraussetzung dürfen wir $\frac{\nu}{\nu^*}=\frac{\gamma^*}{\gamma}$ oder $\nu\gamma=\nu^*\gamma^*$ setzen, wobei γ, γ^* Relativnormen gewisser ganzer Zahlen in $K(\sqrt{\mu^*})$ bedeuten. Mit Hilfe der eben bewiesenen Formel (6) erhalten wir

$$\left(\frac{\nu,\mu^*}{\mathfrak{p}}\right)=\left(\frac{\gamma\nu,\mu^*}{\mathfrak{p}}\right) \quad \text{und} \quad \left(\frac{\nu^*,\mu^*}{\mathfrak{p}}\right)=\left(\frac{\gamma^*\nu^*,\mu^*}{\mathfrak{p}}\right);$$

mithin ist auch

$$\left(\frac{\nu,\mu^*}{\mathfrak{p}}\right)=\left(\frac{\nu^*,\mu^*}{\mathfrak{p}}\right).$$

Die letztere Formel und die Formel (5) zusammen zeigen die Richtigkeit des Satzes 12.

§ 9. Die allgemeinen Grundformeln für das Symbol $\left(\frac{\nu,\mu}{\mathfrak{p}}\right)$.

Aus den in § 8 entwickelten Eigenschaften des Symbols $\left(\frac{\nu,\mu}{\mathfrak{p}}\right)$ können wir ein System von Grundformeln für dieses Symbol herleiten unter der Voraussetzung, daß dabei $\mathfrak{p}$ ein in 2 nicht aufgehendes Primideal bedeutet.

Satz 13. *Es sei $\mathfrak{p}$ ein zu 2 primes Primideal des Körpers k und ν, μ seien zwei beliebige ganze Zahlen in k; geht das Primideal $\mathfrak{p}$ in diesen Zahlen ν, μ genau zur* b-ten, *bez.* a-ten *Potenz auf, so bilde man die Zahl $\frac{\nu^a}{\mu^b}$ und bringe die-*

selbe in die Gestalt eines Bruches $\frac{\varrho}{\sigma}$, *dessen Zähler* ϱ *und dessen Nenner* σ *nicht durch* $\mathfrak{p}$ *teilbar sind: dann gilt stets die Gleichung*

$$\left(\frac{\nu,\mu}{\mathfrak{p}}\right)=\left(\frac{(-1)^{ab}\varrho\sigma}{\mathfrak{p}}\right).$$

Beweis. Die Sätze 9, 10, 11 zeigen unmittelbar, daß der Satz 13 für $a=1, b=0$, für $a=0, b=0$ und für $a=0, b=1$ gilt. Im Falle $a=1$, $b=1$ haben wir $\frac{\nu}{\mu}=\frac{\varrho}{\sigma}$ zu setzen; da nun

$$\frac{\nu}{-\varrho\sigma}=-\frac{\mu}{\sigma^2}$$

die Relativnorm der Zahl $\frac{\sqrt{\mu}}{\sigma}$ ist, so ergibt sich nach Satz 12

$$\left(\frac{\nu,\mu}{\mathfrak{p}}\right)=\left(\frac{-\varrho\sigma,\mu}{\mathfrak{p}}\right),$$

und da andererseits nach Satz 9

$$\left(\frac{-\varrho\sigma,\mu}{\mathfrak{p}}\right)=\left(\frac{-\varrho\sigma}{\mathfrak{p}}\right)$$

ist, so folgt auch für diesen Fall die Richtigkeit des Satzes 13.

Sind nun a, b beliebige ganze rationale nicht negative Exponenten, so möge a^* den Wert 0 oder 1 bedeuten, je nachdem a gerade oder ungerade ausfällt, und entsprechend möge b^* den Wert 0 oder 1 bedeuten, je nachdem b gerade oder ungerade ausfällt. Wir bestimmen jetzt im Körper k eine ganze Zahl ν^*, in der genau die b^*-te Potenz von $\mathfrak{p}$ aufgeht, und eine Zahl μ^*, in der genau die a^*-te Potenz von $\mathfrak{p}$ aufgeht von der Beschaffenheit, daß $\frac{\nu}{\nu^*}$ und $\frac{\mu}{\mu^*}$ Quadrate von Zahlen in k sind; dann setzen wir $\frac{\nu^{*a^*}}{\mu^{*b^*}}$ gleich einem Bruche $\frac{\varrho^*}{\sigma^*}$, dessen Zähler ϱ^* und dessen Nenner σ^* ganze zu $\mathfrak{p}$ prime Zahlen in k sind, und erkennen leicht, daß in der Zahlenreihe

$$\varrho^*\sigma^*,\quad \frac{\varrho^*}{\sigma^*},\quad \frac{\nu^{*a^*}}{\mu^{*b^*}},\quad \frac{\nu^{*a}}{\mu^{*b}},\quad \frac{\nu^a}{\mu^b},\quad \frac{\varrho}{\sigma},\quad \varrho\sigma$$

jede Zahl durch die darauffolgende dividiert, gleich dem Quadrat einer Zahl des Körpers k wird; wir schließen hieraus, daß auch der Quotient der ersten Zahl $\varrho^*\sigma^*$ und der letzten $\varrho\sigma$ in jener Reihe gleich dem Quadrat einer gewissen Zahl $\varkappa$ des Körpers k sein muß. Da andererseits diese Zahlen beide zu $\mathfrak{p}$ prim sind, so läßt sich notwendig auch $\varkappa$ in die Gestalt eines Bruches $\frac{\psi}{\psi^*}$ setzen, dessen Zähler ψ und dessen Nenner ψ^* ganze zu $\mathfrak{p}$ prime Zahlen in k sind. Wir erhalten mithin $\psi^{*2}\varrho^*\sigma^*=\psi^2\varrho\sigma$ und folglich ist $\left(\frac{\varrho^*\sigma^*}{\mathfrak{p}}\right)=\left(\frac{\varrho\sigma}{\mathfrak{p}}\right)$; da ferner $(-1)^{ab}=(-1)^{a^*b^*}$ ausfällt, so ist auch

$$\left(\frac{(-1)^{a^*b^*}\varrho^*\sigma^*}{\mathfrak{p}}\right)=\left(\frac{(-1)^{ab}\varrho\sigma}{\mathfrak{p}}\right). \qquad (1)$$

Weiter ist nach Satz 12

$$\left(\frac{\nu, \mu}{\mathfrak{p}}\right) = \left(\frac{\nu^*, \mu^*}{\mathfrak{p}}\right), \tag{2}$$

und da nach dem ersten Teil des gegenwärtigen Beweises der Satz 13 auf die Zahlen ν^*, μ^* angewandt werden darf, so gilt die Gleichung

$$\left(\frac{\nu^*, \mu^*}{\mathfrak{p}}\right) = \left(\frac{(-1)^{a^* b^*} \varrho^* \sigma^*}{\mathfrak{p}}\right). \tag{3}$$

Aus den Formeln (1), (2), (3) folgt die Richtigkeit des Satzes 13 allgemein.

Aus Satz 13 ergeben sich für das Symbol $\left(\frac{\nu, \mu}{\mathfrak{p}}\right)$ eine Reihe von wichtigen Formeln, die wir in folgendem Satze zusammenstellen:

Satz 14. *Wenn $\nu, \nu_1, \nu_2, \mu, \mu_1, \mu_2$ beliebige ganze Zahlen des Körpers k sind, so gelten in bezug auf irgendein zu 2 primes Primideal $\mathfrak{p}$ des Körpers k stets die Formeln:*

$$\left(\frac{\nu, \mu}{\mathfrak{p}}\right) = \left(\frac{\mu, \nu}{\mathfrak{p}}\right),$$

$$\left(\frac{\nu_1 \nu_2, \mu}{\mathfrak{p}}\right) = \left(\frac{\nu_1, \mu}{\mathfrak{p}}\right)\left(\frac{\nu_2, \mu}{\mathfrak{p}}\right),$$

$$\left(\frac{\nu, \mu_1 \mu_2}{\mathfrak{p}}\right) = \left(\frac{\nu, \mu_1}{\mathfrak{p}}\right)\left(\frac{\nu, \mu_2}{\mathfrak{p}}\right).$$

Beweis. Die erste Formel folgt unmittelbar aus Satz 13.

Um die zweite Formel zu beweisen, nehmen wir an, es gehe das Primideal $\mathfrak{p}$ in ν_1, ν_2, μ bez. genau zur b_1-ten, b_2-ten, a-ten Potenz auf, und setzen dann

$$\frac{\nu_1^a}{\mu^{b_1}} = \frac{\varrho_1}{\sigma_1}, \quad \frac{\nu_2^a}{\mu^{b_2}} = \frac{\varrho_2}{\sigma_2},$$

so daß $\varrho_1, \sigma_1, \varrho_2, \sigma_2$ ganze zu $\mathfrak{p}$ prime Zahlen in k sind. Nach Satz 13 erhalten wir

$$\left(\frac{\nu_1, \mu}{\mathfrak{p}}\right) = \left(\frac{(-1)^{a b_1} \varrho_1 \sigma_1}{\mathfrak{p}}\right),$$

$$\left(\frac{\nu_2, \mu}{\mathfrak{p}}\right) = \left(\frac{(-1)^{a b_2} \varrho_2 \sigma_2}{\mathfrak{p}}\right),$$

$$\left(\frac{\nu_1 \nu_2, \mu}{\mathfrak{p}}\right) = \left(\frac{(-1)^{a(b_1+b_2)} \varrho_1 \varrho_2 \sigma_1 \sigma_2}{\mathfrak{p}}\right)$$

und diese Gleichungen zeigen die Richtigkeit der zweiten Formel.

Die dritte Formel ist eine unmittelbare Folge der ersten und zweiten.

Im Lauf der gegenwärtigen Untersuchung werden wir erkennen, daß die Formeln des Satzes 14 auch für jedes in 2 aufgehende Primideal des Körpers k gültig sind.

§ 10. Die Anzahl der Normenreste nach einem nicht in 2 aufgehenden Primideal.

Satz 15. Wenn $\mathfrak{p}$ ein zu 2 primes Primideal des Körpers k ist, das nicht in der Relativdiskriminante des relativquadratischen Körpers $K(\sqrt{\mu})$ aufgeht, so ist jede zu $\mathfrak{p}$ prime Zahl ν Normenrest des Körpers $K(\sqrt{\mu})$ nach $\mathfrak{p}$.

Wenn dagegen $\mathfrak{p}$ ein zu 2 primes Primideal des Körpers k ist, das in der Relativdiskriminante des Körpers $K(\sqrt{\mu})$ aufgeht und wenn e ein beliebiger positiver Exponent bedeutet, so sind von allen vorhandenen zu $\mathfrak{p}$ primen und nach $\mathfrak{p}^e$ einander inkongruenten Zahlen in k genau die Hälfte Normenreste des Körpers $K(\sqrt{\mu})$.

Beweis. Es gehe $\mathfrak{p}$ in μ genau zur a-ten Potenz auf. Soll zunächst $\mathfrak{p}$ zur Relativdiskriminante des Körpers $K(\sqrt{\mu})$ prim ausfallen, so muß nach Satz 4 a eine gerade Zahl sein; da ferner nach Voraussetzung ν zu $\mathfrak{p}$ prim ist, so können wir bei Anwendung des Satzes 13 zur Bestimmung des Symbols $\left(\frac{\nu, \mu}{\mathfrak{p}}\right)$ einfach $\varrho = \nu^a$ und $\sigma = 1$ setzen und erhalten dann

$$\left(\frac{\nu, \mu}{\mathfrak{p}}\right) = \left(\frac{\nu^a}{\mathfrak{p}}\right) = +1,$$

womit der erste Teil des Satzes 15 bewiesen ist.

Soll andererseits $\mathfrak{p}$ in der Relativdiskriminante des Körpers $K(\sqrt{\mu})$ aufgehen, so ist nach Satz 4 der Exponent a eine ungerade Zahl; mithin haben wir nach Satz 13

$$\left(\frac{\nu, \mu}{\mathfrak{p}}\right) = \left(\frac{\nu^a}{\mathfrak{p}}\right) = \left(\frac{\nu}{\mathfrak{p}}\right),$$

woraus leicht mit Rücksicht auf Satz 2 der zweite Teil des Satzes 15 zu entnehmen ist.

An späterer Stelle werden wir erkennen, daß dieser Satz 15 ebenso wie Satz 14 auch für jedes in 2 aufgehende Primideal gilt; doch bietet der Nachweis hierfür erheblich größere Schwierigkeiten. Wir werden dann auf die Bedeutung hinweisen, die diesem Satz 15 und seiner Verallgemeinerung auf beliebige Primideale für unsere Theorie zukommt.

§ 11. Die Einheitenverbände des Körpers k.

Definition 7. Wenn ε eine Einheit des Körpers k ist, so heißt das System aller Einheiten von der Form $\varepsilon\xi^2$ wo ξ alle Einheiten des Körpers k durchläuft, ein *Verband von Einheiten* oder ein *Einheitenverband* des Körpers k. Der durch die Einheit $\varepsilon = 1$ bestimmte Einheitenverband, d. h. derjenige Verband, welcher die Quadrate aller Einheiten des Körpers enthält, heiße der *Hauptverband* und werde mit 1 bezeichnet. Wenn V, V' zwei beliebige Verbände von Einheiten in k sind und jede Einheit in V mit jeder Einheit in V' multipliziert wird, so bilden sämtliche solche Produkte wiederum einen Verband von Einheiten in k; dieser werde das *Produkt der Verbände* V und V' genannt und mit VV' bezeichnet. Wenn eine Anzahl von Verbänden in k vorgelegt ist, von denen keiner der Hauptverband ist und keiner durch Multiplikation aus den anderen erhalten werden kann, so heißen dieselben von einander *unabhängig*.

Es mögen die r Einheiten $\varepsilon_1, \ldots, \varepsilon_r$ ein volles System von Grundeinheiten[1] des Körpers k bilden. Ferner sei ζ eine Einheitswurzel, welche in k vorkommt, während $\sqrt{\zeta}$ nicht in k liegt; wir setzen $\varepsilon_{r+1} = \zeta$ und erkennen dann leicht, daß $\varepsilon_1, \ldots, \varepsilon_{r+1}$ ein System von $r+1$ Einheiten bilden derart, daß überhaupt jede Einheit ε in k auf eine und nur auf eine Weise sich in der Gestalt

$$\varepsilon = \varepsilon_1^{u_1} \varepsilon_2^{u_2} \cdots \varepsilon_{r+1}^{u_{r+1}} \xi^2$$

darstellen läßt, wo die Exponenten $u_1, u_2, \ldots, u_{r+1}$ nur die Werte 0 oder 1 annehmen und ξ eine geeignete Einheit in k bedeutet. Es bestimmen also offenbar die Einheiten $\varepsilon_1, \ldots, \varepsilon_{r+1}$ ein System von $r+1$ unabhängigen Verbänden in k, durch deren Multiplikation überhaupt jeder in k vorhandene Verband erhalten werden kann. Der Körper k besitzt, wie wir hieraus schließen, im ganzen genau 2^{r+1} verschiedene Einheitenverbände.

§ 12. Die Komplexe des relativquadratischen Körpers K.

Definition 8. Ist $\mathfrak{C}$ ein Ideal aus einer Idealklasse C des in bezug auf k relativquadratischen Körpers K, so werde die durch das relativkonjugierte Ideal $S\mathfrak{C}$ bestimmte Idealklasse mit SC bezeichnet und die zu C *relativkonjugierte Klasse* genannt. Eine Idealklasse A des Körpers $K(\sqrt{\mu})$ heiße eine *ambige Klasse*, wenn sie ihrer relativkonjugierten Klasse SA gleich wird, wenn also

$$A = SA$$

ist.

Insbesondere ist offenbar jede Klasse des Körpers K ambig, welche ein ambiges Ideal des Körpers K enthält; doch kann es, wie später gezeigt werden wird, sehr wohl ambige Klassen in K geben, welche kein ambiges Ideal enthalten.

Das Quadrat einer ambigen Klasse A ist stets eine solche Klasse in K, welche unter ihren Idealen sicher auch in k liegende Ideale enthält; dies folgt leicht aus der Gleichung $A^2 = A \cdot SA$.

Definition 9. Ist C *eine beliebige Klasse in* K, *so nenne ich das System aller Klassen von der Form* cC, *wo* c *die Klassen des Körpers* k *durchläuft, einen Komplex des Körpers* K. *Der Komplex der aus den sämtlichen Klassen* c *in* k *besteht, heiße der Hauptkomplex des Körpers* K *und werde mit* 1 *bezeichnet.*

Wenn P und P' zwei beliebige Komplexe sind und jede Klasse in P mit jeder Klasse in P' multipliziert wird, so bilden sämtliche solche Produkte

[1] Vgl. „Algebraische Zahlkörper“, dieser Band S. 102 und S. 108.

wiederum einen Komplex; dieser werde das *Produkt der Komplexe* P und P' genannt und mit PP' bezeichnet.

Wenn C eine Klasse im Komplexe P ist, so werde derjenige Komplex, zu welchem die relativkonjugierte Klasse SC gehört, der zu P *relativkonjugierte Komplex* genannt und mit SP bezeichnet.

Jeder Komplex, der mit dem ihm relativkonjugierten Komplexe übereinstimmt, heißt ein *ambiger Komplex*. Wenn P ein ambiger Komplex ist, so folgt aus $P = SP$ die Gleichung

$$P^2 = P \cdot SP = 1,$$

d. h. das Quadrat jedes ambigen Komplexes ist der Hauptkomplex. Umgekehrt, wenn das Quadrat eines Komplexes P den Hauptkomplex 1 liefert, so ist P ein ambiger Komplex. In der Tat folgt, da $P \cdot SP$ stets gleich 1 ausfällt, aus $P^2 = 1$ die Gleichung $P = SP$.

Jeder Komplex P, der eine ambige Klasse A enthält, ist ein ambiger Komplex; ein solcher Komplex werde ein aus der ambigen Klasse A entspringender Komplex genannt. Enthält insbesondere die ambige Klasse A ein ambiges Ideal $\mathfrak{A}$, so heißt P ein aus dem ambigen Ideal $\mathfrak{A}$ entspringender Komplex.

Wenn eine Anzahl von Komplexen des Körpers K vorgelegt ist, unter denen keiner der Hauptkomplex 1 ist und keiner durch Multiplikation aus den übrigen hergeleitet werden kann, so heißen diese Komplexe voneinander *unabhängig*.

§ 13. Primideale des Körpers k mit vorgeschriebenen quadratischen Charakteren.

Ein sehr wichtiges Hilfsmittel für die weitere Entwicklung der Theorie der relativquadratischen Körper gewinnen wir durch die Erörterung der Frage, ob es stets im Körper k Primideale gibt, nach denen irgendwelche gegebene Zahlen vorgeschriebene quadratische Charaktere besitzen. Wir führen die Untersuchung dieser Frage in folgender Weise:

Satz 16. (Hilfssatz). Es bedeute α irgendeine ganze Zahl in k, welche nicht das Quadrat einer Zahl in k ist, und man setze

$$f(s) = \sum_{(\mathfrak{p})} \left(\frac{\alpha}{\mathfrak{p}}\right) \frac{1}{n(\mathfrak{p})^s}, \qquad (s > 1),$$

wo die Summe rechter Hand über sämtliche Primideale $\mathfrak{p}$ des Körpers k zu erstrecken ist: dann nähert sich die Funktion $f(s)$ der reellen Veränderlichen s, wenn s nach 1 abnimmt, einer endlichen Grenze.

Beweis. Wir fassen den Körper k vom Grade m und ferner den durch $\sqrt{\alpha}$ bestimmten relativquadratischen Körper $K(\sqrt{\alpha})$ vom Grade $2m$ ins Auge und bilden bez. die Funktionen

$$\zeta_k(s) = \prod_{(\mathfrak{p})} \frac{1}{1 - n(\mathfrak{p})^{-s}}, \qquad \zeta_K(s) = \prod_{(\mathfrak{P})} \frac{1}{1 - N(\mathfrak{P})^{-s}},$$

wobei das erste Produkt über alle Primideale $\mathfrak{p}$ in k und das zweite Produkt über alle Primideale $\mathfrak{P}$ in $K(\sqrt{\alpha})$ zu erstrecken ist, und wo ferner $n(\mathfrak{p})$ die Norm von $\mathfrak{p}$ in k und $N(\mathfrak{P})$ die Norm von $\mathfrak{P}$ in $K(\sqrt{\alpha})$ bedeutet. Es ist bekannt, daß diese unendlichen Produkte für $s > 1$ konvergieren und daß die Grenzausdrücke

$$\underset{s=1}{L}\{(s-1)\,\zeta_k(s)\}, \quad \underset{s=1}{L}\{(s-1)\,\zeta_K(s)\}$$

endliche und von 0 verschiedene Werte darstellen[1]; hieraus folgt, daß auch der Ausdruck

$$\underset{s=1}{L}\,\frac{\zeta_K(s)}{\zeta_k(s)} \tag{1}$$

einen endlichen von 0 verschiedenen Wert besitzt. Ordnen wir nun das Produkt

$$\zeta_K(s) = \prod_{(\mathfrak{P})} \frac{1}{1 - N(\mathfrak{P})^{-s}} \tag{2}$$

nach den Primidealen $\mathfrak{p}$ des Körpers k, aus welchen die Primideale $\mathfrak{P}$ herstammen, so gehört, wenn wir Definition 4 berücksichtigen, zu einem beliebigen Primideale $\mathfrak{p}$ in dem Produkt (2) das Glied

$$\frac{1}{(1 - n(\mathfrak{p})^{-s})^2} \quad \text{oder} \quad \frac{1}{1 - n(\mathfrak{p})^{-s}} \quad \text{oder} \quad \frac{1}{1 - n(\mathfrak{p})^{-2s}}, \tag{3}$$

je nachdem

$$\left(\frac{\alpha}{\mathfrak{p}}\right) = +1 \quad \text{oder} \quad = 0 \quad \text{oder} \quad = -1$$

ausfällt. Wir können daher die drei Ausdrücke (3) in der gemeinschaftlichen Form

$$\frac{1}{1 - n(\mathfrak{p})^{-s}} \cdot \frac{1}{1 - \left(\frac{\alpha}{\mathfrak{p}}\right) n(\mathfrak{p})^{-s}}$$

schreiben und erhalten so

$$\zeta_K(s) = \prod_{(\mathfrak{p})} \frac{1}{1 - n(\mathfrak{p})^{-s}} \prod_{(\mathfrak{p})} \frac{1}{1 - \left(\frac{\alpha}{\mathfrak{p}}\right) n(\mathfrak{p})^{-s}} = \zeta_k(s) \prod_{(\mathfrak{p})} \frac{1}{1 - \left(\frac{\alpha}{\mathfrak{p}}\right) n(\mathfrak{p})^{-s}}$$

und da der Grenzwert (1) endlich und von 0 verschieden ausfällt, so folgt das gleiche für den Grenzwert

$$\underset{s=1}{L} \prod_{(\mathfrak{p})} \frac{1}{1 - \left(\frac{\alpha}{\mathfrak{p}}\right) n(\mathfrak{p})^{-s}},$$

und hieraus schließen wir, indem wir in bekannter Weise zum Logarithmus übergehen, daß der Ausdruck

$$\underset{s=1}{L} \sum_{(\mathfrak{p})} \left(\frac{\alpha}{\mathfrak{p}}\right) \frac{1}{n(\mathfrak{p})^s}$$

einen endlichen Wert besitzt, wie es Satz 16 behauptet.

[1] Vgl. „Algebraische Zahlkörper" § 26, dieser Band S. 116.

Satz 17. (Hilfssatz). Es seien $\alpha_1, \ldots, \alpha_z$ irgend z ganze Zahlen in k, welche die Bedingung erfüllen, daß kein aus denselben zu bildendes Produkt gleich dem Quadrat einer Zahl in k wird; es seien ferner $c_1, \ldots, c_z$ nach Belieben vorgeschriebene Einheiten ± 1: dann gilt eine Gleichung von der Gestalt

$$\sum_{(\mathfrak{p})} \frac{1}{n(\mathfrak{p})^s} = \frac{1}{2^z} \log \frac{1}{s-1} + f(s), \qquad (s > 1);$$

hierbei ist die Summe linker Hand über alle diejenigen Primideale $\mathfrak{p}$ des Körpers k zu erstrecken, die den Bedingungen

$$\left(\frac{\alpha_1}{\mathfrak{p}}\right) = c_1, \; \left(\frac{\alpha_2}{\mathfrak{p}}\right) = c_2, \; \ldots, \; \left(\frac{\alpha_z}{\mathfrak{p}}\right) = c_z$$

genügen und rechter Hand bedeutet $f(s)$ eine Funktion der reellen Veränderlichen s, welche sich für $s = 1$ einem endlichen Grenzwert nähert.

Beweis. Wir haben

$$\left.\begin{aligned} \log \zeta_k(s) &= \sum_{(\mathfrak{p})} \log \frac{1}{1 - n(\mathfrak{p})^{-s}} \\ &= \sum_{(\mathfrak{p})} \frac{1}{n(\mathfrak{p})^s} + \varphi(s), \end{aligned}\right\} \qquad (s > 1),$$

wobei die Summen über alle Primideale $\mathfrak{p}$ in k zu erstrecken sind und $\varphi(s)$ eine für $s = 1$ endlich bleibende Funktion der reellen Veränderlichen s bedeutet. Da andererseits der Ausdruck $(s-1)\zeta_k(s)$ für $s = 1$ endlich und von 0 verschieden bleibt, so folgt, daß in der Gleichung

$$\sum_{(\mathfrak{p})} \frac{1}{n(\mathfrak{p})^s} = \log \frac{1}{s-1} + \psi(s), \qquad (s > 1), \tag{4}$$

$\psi(s)$ wiederum eine für $s = 1$ endlich bleibende Funktion von s bedeutet.

Wir setzen nun in der über alle Primideale $\mathfrak{p}$ zu erstreckenden Summe

$$\sum_{(\mathfrak{p})} \left(\frac{\alpha}{\mathfrak{p}}\right) \frac{1}{n(\mathfrak{p})^s}, \qquad (s > 1) \tag{5}$$

den Wert $\alpha = \alpha_1^{u_1} \alpha_2^{u_2} \ldots \alpha_z^{u_z}$ ein und multiplizieren die so entstehende Gleichung mit dem Faktor $c_1^{u_1} c_2^{u_2} \ldots c_z^{u_z}$. Wir erteilen dann jedem der z Exponenten $u_1, u_2, \ldots, u_z$ nacheinander die Werte $0, 1$, jedoch so, daß das eine Wertsystem $u_1 = 0, u_2 = 0, \ldots, u_z = 0$ ausgeschlossen wird. Nach Satz 16 bleiben die sämtlichen $2^z - 1$ aus (5) in dieser Weise entstehenden Ausdrücke für $s = 1$ endlich. Werden dieselben zu (4) addiert, so erhalten wir daher eine Gleichung von der Form

$$\begin{aligned} \sum_{(\mathfrak{p})} \left\{1 + c_1\left(\frac{\alpha_1}{\mathfrak{p}}\right)\right\} \left\{1 + c_2\left(\frac{\alpha_2}{\mathfrak{p}}\right)\right\} \cdots \left\{1 + c_z\left(\frac{\alpha_z}{\mathfrak{p}}\right)\right\} \frac{1}{n(\mathfrak{p})^s} \\ = \log \frac{1}{s-1} + \chi(s), \end{aligned} \tag{6}$$

wo $\chi(s)$ wiederum eine für $s = 1$ endlich bleibende Funktion bedeutet.

Die Richtigkeit des Satzes 17 folgt unmittelbar aus dieser Beziehung (6), wenn wir bedenken, daß der Ausdruck

$$\left\{1 + c_1\left(\frac{\alpha_1}{\mathfrak{p}}\right)\right\}\left\{1 + c_2\left(\frac{\alpha_2}{\mathfrak{p}}\right)\right\} \cdots \left\{1 + c_z\left(\frac{\alpha_z}{\mathfrak{p}}\right)\right\}$$

für alle diejenigen Primideale $\mathfrak{p}$, die den Bedingungen des Satzes 17 genügen, den Wert 2^z besitzt und daß dieser Ausdruck für alle anderen Primideale $\mathfrak{p}$ des Körpers k verschwindet, abgesehen von den endlich vielen Primidealen, die in $\alpha_1 \alpha_2 \ldots \alpha_z$ aufgehen.

Aus der soeben bewiesenen Gleichung des Satzes 17 folgt, indem wir bedenken, daß $\log \frac{1}{s-1}$ für $s = 1$ über alle Grenzen wächst, sofort die folgende Tatsache:

Satz 18. *Es seien $\alpha_1, \alpha_2, \ldots, \alpha_z$ irgend z ganze Zahlen in k, welche die Bedingung erfüllen, daß kein aus denselben zu bildendes Produkt gleich dem Quadrat einer Zahl in k wird: es seien ferner $c_1, c_2, \ldots, c_z$ nach Belieben vorgeschriebene Einheiten ± 1: dann gibt es im Körper k stets unendlich viele Primideale $\mathfrak{p}$, die den Bedingungen*

$$\left(\frac{\alpha_1}{\mathfrak{p}}\right) = c_1, \left(\frac{\alpha_2}{\mathfrak{p}}\right) = c_2, \ldots, \left(\frac{\alpha_z}{\mathfrak{p}}\right) = c_z$$

genügen.

II. Die Theorie der relativquadratischen Körper für einen Grundkörper mit lauter imaginären Konjugierten und von ungerader Klassenanzahl.

Um die weiteren Sätze der Theorie der relativquadratischen Zahlkörper in möglichst leicht faßlicher Weise auszudrücken und ihre Beweise in naturgemäßer Stufenfolge entwickeln zu können, beschränke ich mich fortan in der gegenwärtigen Arbeit auf die Untersuchung eines besonderen Falles, indem ich durchweg folgende zwei Annahmen über den zugrunde gelegten Körper k mache:

1. *Der Körper k vom m-ten Grade sei nebst allen konjugierten Körpern $k', \ldots, k^{(m-1)}$ imaginär.*

2. *Die Anzahl h der Idealklassen im Körper k sei ungerade.*

§ 14. Die relativen Grundeinheiten des Körpers K.

Infolge der ersteren der beiden soeben gemachten Annahmen ist die Anzahl der Einheiten, welche ein volles System von Grundeinheiten in k bilden, gleich $\frac{m}{2} - 1$; es sei $\varepsilon_1, \ldots, \varepsilon_{\frac{m}{2}-1}$ ein volles System von Grundeinheiten in k. Wir beweisen zunächst folgende Tatsache:

Satz 19. (Hilfssatz.) Im relativquadratischen Körper $K(\sqrt{\mu})$ lassen sich stets $\frac{m}{2}$ Einheiten $\mathsf{H}_1, \ldots, \mathsf{H}_{\frac{m}{2}}$ finden, so daß für irgendeine Einheit E in

$K(\sqrt{\mu})$ jedes Mal eine Gleichung von der Gestalt

$$\mathsf{E}^u = \mathsf{H}_1^{U_1} \cdots \mathsf{H}_{\frac{m}{2}}^{U_{\frac{m}{2}}} [\xi]$$

besteht, wo der Exponent u eine ungerade Zahl und die Exponenten $U_1, \ldots, U_{\frac{m}{2}}$ irgendwelche ganze rationale Werte oder den Wert 0 haben können; endlich bedeutet $[\xi]$ eine Einheit des Körpers k oder eine solche Einheit in $K(\sqrt{\mu})$, deren Quadrat eine Einheit in k wird, so daß $[\xi]$ im allgemeinen eine Einheit in k sein muß und nur dann die Wurzel aus einer Einheit in k darstellen kann, wenn μ eine Einheit in k oder das Produkt einer solchen in das Quadrat einer Zahl des Körpers k ist.

Die Einheiten $\mathsf{H}_1, \ldots, \mathsf{H}_{\frac{m}{2}}$ sind in dem Sinne voneinander unabhängig, daß zwischen ihnen keine Relation von der Gestalt

$$\mathsf{H}_1^{U_1} \cdots \mathsf{H}_{\frac{m}{2}}^{U_{\frac{m}{2}}} [\xi] = 1$$

mit ganzen rationalen Exponenten $U_1, \ldots, U_{\frac{m}{2}}$ besteht, es sei denn, daß diese Exponenten sämtlich verschwinden und $[\xi] = 1$ ist.

Beweis. Im Körper $K(\sqrt{\mu})$ gibt es ein volles System von $m-1$ Grundeinheiten $\mathsf{H}_1, \ldots, \mathsf{H}_{m-1}$. Wir betrachten die Gesamtheit der $\frac{3m}{2} - 2$ Einheiten

$$\mathsf{H}_1, \ldots, \mathsf{H}_{m-1}, \quad \varepsilon_1, \ldots, \varepsilon_{\frac{m}{2}-1}.$$

Sobald $\frac{m}{2} - 1 > 0$ ist, besteht zwischen diesen Einheiten jedenfalls eine Relation von der Gestalt

$$\mathsf{H}_1^{A_1} \cdots \mathsf{H}_{m-1}^{A_{m-1}} \varepsilon_1^{a_1} \cdots \varepsilon_{\frac{m}{2}-1}^{a_{\frac{m}{2}-1}} = 1, \tag{1}$$

wo $A_1, \ldots, A_{m-1}$, $a_1, \ldots, a_{\frac{m}{2}-1}$ ganze rationale Exponenten und $A_1, \ldots, A_{m-1}$ nicht sämtlich Null sind. Wir setzen

$$A_1 = 2^e A_1', \ldots, A_{m-1} = 2^e A_{m-1}';$$

dabei bedeute 2^e die höchste in den sämtlichen Zahlen $A_1, \ldots, A_{m-1}$ aufgehende Potenz von 2 und es sei etwa A_{m-1}' eine ungerade Zahl. Setzen wir ferner zur Abkürzung

$$\varepsilon = \varepsilon_1^{-a_1} \cdots \varepsilon_{\frac{m}{2}-1}^{-a_{\frac{m}{2}-1}},$$

so erhalten wir aus der Relation (1) die folgende Gleichung

$$\mathsf{H}_1^{A_1'} \cdots \mathsf{H}_{m-1}^{A_{m-1}'} = \sqrt[2^e]{\varepsilon}. \tag{2}$$

Da hier die rechte Seite eine gewisse 2^e-te Wurzel aus einer Einheit ε in k bedeutet und wegen dieser Relation (2) zugleich eine Einheit in K sein soll, so steht rechter Hand entweder eine Einheit in k oder die Quadratwurzel aus einer Einheit in k; wir schreiben demgemäß die Relation (2) in der Gestalt

$$\mathsf{H}_1^{A'_1} \cdots \mathsf{H}_{m-1}^{A'_{m-1}} = [\xi],$$

und hieraus folgt

$$\mathsf{H}_{m-1}^{A'_{m-1}} = \mathsf{H}_1^{-A'_1} \cdots \mathsf{H}_{m-2}^{-A'_{m-2}} [\xi], \tag{3}$$

wo $[\xi]$ die im Satze 19 erklärte Bedeutung hat.

Nunmehr schalten wir die Einheit H_{m-1} aus dem ursprünglichen System von Grundeinheiten aus und betrachten nur die Gesamtheit der $\frac{3m}{2} - 3$ Einheiten

$$\mathsf{H}_1, \ldots, \mathsf{H}_{m-2}, \quad \varepsilon_1, \ldots, \varepsilon_{\frac{m}{2}-1}.$$

Falls noch $\frac{m}{2} - 2 > 0$ ausfällt, besteht zwischen diesen Einheiten eine Relation von der Gestalt

$$\mathsf{H}_1^{B_1} \cdots \mathsf{H}_{m-2}^{B_{m-2}} \varepsilon_1^{b_1} \cdots \varepsilon_{\frac{m}{2}-1}^{b_{\frac{m}{2}-1}} = 1, \tag{4}$$

wo $B_1, \ldots, B_{m-2}, b_1, \ldots, b_{\frac{m}{2}-1}$ ganze rationale Exponenten und $B_1, \ldots, B_{m-2}$ nicht sämtlich Null sind. Wir setzen

$$B_1 = 2^f B'_1, \ldots, B_{m-2} = 2^f B'_{m-2};$$

dabei bedeute 2^f die höchste in den sämtlichen Zahlen $B_1, \ldots, B_{m-2}$ aufgehende Potenz von 2 und es sei etwa B'_{m-2} eine ungerade Zahl. Setzen wir ferner zur Abkürzung

$$\bar{\varepsilon} = \varepsilon_1^{-b_1} \cdots \varepsilon_{\frac{m}{2}-1}^{-b_{\frac{m}{2}-1}},$$

so erhalten wir aus der Relation (4) die folgende Gleichung

$$\mathsf{H}_1^{B'_1} \cdots \mathsf{H}_{m-2}^{B'_{m-2}} = \sqrt[2^f]{\bar{\varepsilon}}$$

und hieraus schließen wir, wie vorhin, die Gleichung

$$\mathsf{H}_{m-2}^{B'_{m-2}} = \mathsf{H}_1^{-B'_1} \cdots \mathsf{H}_{m-3}^{-B'_{m-3}} [\xi], \tag{5}$$

wo $[\xi]$ wiederum die im Satze 19 erklärte Bedeutung hat. Wir betrachten nun das Einheitensystem $\mathsf{H}_1, \ldots, \mathsf{H}_{m-3}, \varepsilon_1, \ldots, \varepsilon_{\frac{m}{2}-1}$. Es läßt sich dann das beschriebene Verfahren offenbar so lange fortsetzen, bis von den ursprünglichen Grundeinheiten $\mathsf{H}_1, \ldots, \mathsf{H}_{m-1}$ nur $\frac{m}{2}$ Einheiten, etwa die Einheiten $\mathsf{H}_1, \ldots, \mathsf{H}_{\frac{m}{2}}$, übrig bleiben; wir erkennen leicht, daß diese Einheiten dann die im Satze 19 verlangte Eigenschaft besitzen. Denn da $\mathsf{H}_1, \ldots, \mathsf{H}_{m-1}$ ein System von Grundeinheiten des Körpers K darstellen, so ist überhaupt jede Einheit E in K in der Gestalt

$$\mathsf{E} = \mathsf{H}_1^{U_1} \cdots \mathsf{H}_{m-1}^{U_{m-1}} \mathsf{Z} \tag{6}$$

darstellbar, wo $U_1, \ldots, U_{m-1}$ ganze rationale Exponenten und Z eine Einheitswurzel bezeichnet. Nun ist Z offenbar entweder eine in k liegende Einheitswurzel oder die Quadratwurzel aus einer in k liegenden Einheitswurzel, multipliziert in eine Einheitswurzel Z^* mit ungeradem Wurzelexponenten u^*; wir dürfen daher $\mathsf{Z} = [\xi]\,\mathsf{Z}^*$ setzen, wo $[\xi]$ die im Satze 19 erklärte Bedeutung hat. Wenn wir dann die Gleichung (6) in die $u = u^* A'_{m-1} B'_{m-2} \ldots$-te Potenz erheben, so folgt, bei Benutzung der Gleichungen (3), (5) und der späteren analogen, eine Relation, welche, da u ungerade ausfällt, die Richtigkeit des Satzes 19 erkennen läßt.

Definition 10. Die Einheiten $\mathsf{H}_1, \ldots, \mathsf{H}_{\frac{m}{2}}$, welche die Eigenschaft des Satzes 19 besitzen, nenne ich ein System von *relativen Grundeinheiten des Körpers* $K(\sqrt{\mu})$ in bezug auf k.

Satz 20. (Hilfssatz.) Wenn $\mathsf{H}_1, \ldots, \mathsf{H}_{\frac{m}{2}}$ ein System von relativen Grundeinheiten des Körpers K bilden und deren Relativnormen bez. mit

$$\eta_1 = N(\mathsf{H}_1), \ldots, \eta_{\frac{m}{2}} = N(\mathsf{H}_{\frac{m}{2}})$$

bezeichnet werden, so läßt sich jede Einheit ε in k, welche die Relativnorm irgendeiner Einheit E des Körpers K ist, in der Gestalt

$$\varepsilon = \eta_1^{u_1} \cdots \eta_{\frac{m}{2}}^{u_{\frac{m}{2}}} N([\xi])$$

darstellen, wo die Exponenten $u_1, \ldots, u_{\frac{m}{2}}$ gewisse Werte 0, 1 haben und $[\xi]$ eine Einheit in k oder eine in K liegende Quadratwurzel aus einer Einheit in k bezeichnet.

Beweis. Nach dem Satze 19 gilt für die Einheit E eine Gleichung

$$\mathsf{E}^u = \mathsf{H}_1^{U_1} \cdots \mathsf{H}_{\frac{m}{2}}^{U_{\frac{m}{2}}} [\xi],$$

wo die Bezeichnungen wie im Satz 19 zu verstehen sind. Indem wir von beiden Seiten dieser Gleichung die Relativnorm bilden, ergibt sich

$$\varepsilon^u = \eta_1^{U_1} \cdots \eta_{\frac{m}{2}}^{U_{\frac{m}{2}}} N([\xi])$$

und hieraus folgt

$$\varepsilon = \eta_1^{u_1} \cdots \eta_{\frac{m}{2}}^{u_{\frac{m}{2}}} N([\xi^*]),$$

wenn allgemein $u_i = 0$ oder $= 1$ genommen wird, je nachdem U_i gerade oder ungerade ausfällt und wo ferner

$$[\xi^*] = \eta_1^{\frac{U_1 - u_1}{2}} \cdots \eta_{\frac{m}{2}}^{\frac{U_{\frac{m}{2}} - u_{\frac{m}{2}}}{2}} \varepsilon^{\frac{1-u}{2}} [\xi]$$

gesetzt ist; damit ist Satz 20 bewiesen.

§ 15. Die Anzahl der aus ambigen Idealen entspringenden ambigen Komplexe in K.

Satz 21. Ein ambiger Komplex P des relativquadratischen Körpers K enthält lauter ambige Klassen. Die Anzahl der ambigen Klassen in K ist genau gleich der h-fachen Anzahl der ambigen Komplexe.

Beweis. Wenn C irgendeine Klasse des ambigen Komplexes P ist, so folgt aus $P = SP$ offenbar $C = c \cdot SC$, wo c eine der h Klassen des Körpers k bedeutet. Bilden wir auf beiden Seiten der letzten Gleichung die Relativnorm, so erhalten wir leicht $1 = c^2$ und da andererseits auch $c^h = 1$ ist, wobei die Klassenanzahl h eine ungerade Zahl sein soll, so folgt $c = 1$, d. h. es wird $C = SC$; mithin ist C eine ambige Klasse. Soll andererseits $C = cC$ sein, wo c eine Klasse in k ist, so folgt ebenso $c = 1$ und damit ergibt sich die zweite Aussage des Satzes 21.

Satz 22. Wenn die Anzahl aller ambigen Ideale des Körpers $K(\sqrt{\mu})$ gleich 2^t ist und wenn diejenigen Einheiten in k, welche Relativnormen von Einheiten in $K(\sqrt{\mu})$ sind, zusammengenommen 2^{v^*} Einheitenverbände in k ausmachen: dann ist die Anzahl derjenigen ambigen Komplexe des Körpers $K(\sqrt{\mu})$, welche aus ambigen Idealen entspringen, genau gleich 2^{a^*}, wo a^* den Wert

$$a^* = t + v^* - \frac{m}{2} - 1$$

hat.

Beweis. Wir nehmen im folgenden zunächst an, daß die Zahl μ nicht das Produkt einer Einheit in das Quadrat einer Zahl des Körpers k sei; es ist dann jeder Ausdruck $[\xi]$ notwendig eine in k gelegene Einheit ξ.

Nunmehr mögen, wie in Satz 20, $\mathsf{H}_1, \ldots, \mathsf{H}_{\frac{m}{2}}$ ein System von relativen Grundeinheiten des Körpers $K(\sqrt{\mu})$ und

$$\eta_1 = N(\mathsf{H}_1), \ldots, \eta_{\frac{m}{2}} = N(\mathsf{H}_{\frac{m}{2}})$$

deren Relativnormen bedeuten. Nach Satz 20 läßt sich bei unserer Annahme jede Einheit ε in k, welche die Relativnorm einer Einheit in $K(\sqrt{\mu})$ ist, in der Gestalt

$$\varepsilon = \eta_1^{u_1} \cdots \eta_{\frac{m}{2}}^{u_{\frac{m}{2}}} \xi^2$$

darstellen, wo die Exponenten $u_1, \ldots, u_{\frac{m}{2}}$ gewisse Werte $0, 1$ haben und ξ eine Einheit in k bedeutet. Da nun die Anzahl der Verbände von Einheiten in k, die Relativnormen von Einheiten in $K(\sqrt{\mu})$ sind, nach Voraussetzung 2^{v^*} betragen soll, so muß es möglich sein, unter den $\frac{m}{2}$ Einheiten $\eta_1, \ldots, \eta_{\frac{m}{2}}$ gewisse v^* auszuwählen — es seien hierfür die Einheiten $\eta_1, \ldots, \eta_{v^*}$ geeignet — derart, daß jede Einheit ε in k, welche die Relativnorm einer Einheit in $K(\sqrt{\mu})$

ist, sich auf eine und nur auf eine Weise in der Gestalt

$$\varepsilon = \eta_1^{u_1} \cdots \eta_{v^*}^{u_{v^*}} \xi^2$$

darstellen läßt, wo die Exponenten $u_1, \ldots, u_{v^*}$ wiederum gewisse Werte 0, 1 haben und ξ eine Einheit in k bedeutet.

Wir stellen insbesondere die Einheiten $\eta_{v^*+1}, \ldots, \eta_{\frac{m}{2}}$ auf diese Weise dar und setzen demgemäß

$$\eta_i = \eta_1^{u_1^{(i)}} \cdots \eta_{v^*}^{u_{v^*}^{(i)}} (\xi^{(i)})^2, \qquad \left(i = v^* + 1, v^* + 2, \ldots, \frac{m}{2}\right),$$

wo $u_1^{(i)}, \ldots, u_{v^*}^{(i)}$ gewisse Werte 0, 1 haben und $\xi^{(i)}$ Einheiten in k sind. Die $\frac{m}{2} - v^*$ Ausdrücke

$$\mathsf{H}_i' = \mathsf{H}_i \mathsf{H}_1^{-u_1^{(i)}} \cdots \mathsf{H}_{v^*}^{-u_{v^*}^{(i)}} (\xi^{(i)})^{-1}, \qquad \left(i = v^* + 1, v^* + 2, \ldots, \frac{m}{2}\right) \tag{1}$$

sind dann offenbar Einheiten in $K(\sqrt{\mu})$, deren Relativnormen gleich 1 ausfallen, und folglich erfüllen die $\frac{m}{2} - v^*$ ganzen Zahlen

$$\mathsf{M}_1 = 1 + \mathsf{H}_{v^*+1}', \ldots, \mathsf{M}_{\frac{m}{2}-v^*} = 1 + \mathsf{H}_{\frac{m}{2}}'$$

bez. die Gleichungen

$$\mathsf{M}_1 = \mathsf{H}_{v^*+1}' \cdot S\mathsf{M}_1, \ldots, \mathsf{M}_{\frac{m}{2}-v^*} = \mathsf{H}_{\frac{m}{2}}' \cdot S\mathsf{M}_{\frac{m}{2}-v^*}. \tag{2}$$

Wir setzen noch $\mathsf{M} = \sqrt{\mu}$ und betrachten dann die durch

$$\mathsf{M}, \mathsf{M}_1, \ldots, \mathsf{M}_{\frac{m}{2}-v^*}$$

bestimmten Hauptideale

$$(\mathsf{M}) = \mathfrak{M}, (\mathsf{M}_1) = \mathfrak{M}_1, \ldots, (\mathsf{M}_{\frac{m}{2}-v^*}) = \mathfrak{M}_{\frac{m}{2}-v^*}.$$

Da wegen (2) diese Hauptideale je ihren relativkonjugierten Idealen gleich ausfallen und mithin Produkte ambiger Ideale mit Idealen in k sein müssen, so können wir wegen Definition 3 setzen:

$$\begin{array}{lllll} \mathfrak{M} & = \mathfrak{D}_1^{a_1} & \cdots \mathfrak{D}_t^{a_t} & \mathfrak{j}, & \\ \mathfrak{M}_1 & = \mathfrak{D}_1^{a_1^{(1)}} & \cdots \mathfrak{D}_t^{a_t^{(1)}} & \mathfrak{j}^{(1)}, & \\ \cdot\;\cdot\;\cdot & \cdot\;\cdot\;\cdot & \cdot\;\cdot\;\cdot & \cdot\;\cdot\;\cdot & (3) \\ \mathfrak{M}_{\frac{m}{2}-v^*} & = \mathfrak{D}_1^{a_1^{\left(\frac{m}{2}-v^*\right)}} & \cdots \mathfrak{D}_t^{a_t^{\left(\frac{m}{2}-v^*\right)}} & \mathfrak{j}^{\left(\frac{m}{2}-v^*\right)}, & \end{array}$$

wo $\mathfrak{D}_1, \ldots, \mathfrak{D}_t$ die t ambigen Primideale des Körpers $K(\sqrt{\mu})$, ferner $\mathfrak{j}, \mathfrak{j}^{(1)}, \ldots, \mathfrak{j}^{\left(\frac{m}{2}-v^*\right)}$ Ideale in k und $a_1, a_2, \ldots, a_t^{\left(\frac{m}{2}-v^*\right)}$ gewisse Exponenten 0, 1 bedeuten.

Wir wollen nun beweisen, daß zwischen den Idealen

$$\mathfrak{M}, \mathfrak{M}_1, \ldots, \mathfrak{M}_{\frac{m}{2}-v^*}$$

keine Relation von der Gestalt

$$\mathfrak{M}^e \mathfrak{M}_1^{e_1} \cdots \mathfrak{M}_{\frac{m}{2}-v^*}^{e_{\frac{m}{2}-v^*}} = \mathfrak{j}^* \tag{4}$$

stattfinden kann, wo die Exponenten $e, e_1, \ldots, e_{\frac{m}{2}-v^*}$ irgendwelche Werte 0, 1 haben und $\mathfrak{j}^*$ ein Ideal in k bedeutet, es sei denn, daß diese Exponenten sämtlich gleich 0 sind und $\mathfrak{j}^* = 1$ wird.

Zu dem Zwecke erheben wir die Relation (4) in die h-te Potenz und setzen $\mathfrak{j}^h = (\iota)$, wo ι eine ganze Zahl in k bedeutet; wir erhalten dann eine Relation von der Gestalt

$$\mathsf{M}^{eh} \mathsf{M}_1^{e_1 h} \cdots \mathsf{M}_{\frac{m}{2}-v^*}^{e_{\frac{m}{2}-v^*} h} = \iota \mathsf{E},$$

wo E eine Einheit des Körpers $K(\sqrt{\mu})$ ist. Wenden wir auf diese Relation die Substitution S an und dividieren sie dann durch die so entstehende neue Relation, so folgt

$$\left(\frac{\mathsf{M}}{S\mathsf{M}}\right)^{eh} \left(\frac{\mathsf{M}_1}{S\mathsf{M}_1}\right)^{e_1 h} \cdots \left(\frac{\mathsf{M}_{\frac{m}{2}-v^*}}{S\mathsf{M}_{\frac{m}{2}-v^*}}\right)^{e_{\frac{m}{2}-v^*} h} = \frac{\mathsf{E}}{S\mathsf{E}}$$

oder vermöge (2)

$$(-1)^{eh} \mathsf{H}'^{e_1 h}_{v^*+1} \cdots \mathsf{H}'^{e_{\frac{m}{2}-v^*} h}_{\frac{m}{2}} = \frac{\mathsf{E}}{S\mathsf{E}}.$$

Wir schreiben diese Relation in der Gestalt

$$\mathsf{H}'^{e_1 h}_{v^*+1} \cdots \mathsf{H}'^{e_{\frac{m}{2}-v^*} h}_{\frac{m}{2}} = \mathsf{E}^2 \xi, \tag{5}$$

wo $\xi = \frac{(-1)^{eh}}{N(\mathsf{E})}$ eine Einheit in k bezeichnet.

Nach Satz 19 gibt es für jede Einheit E einen ungeraden Exponenten u, so daß

$$\mathsf{E}^u = \mathsf{H}_1^{U_1} \cdots \mathsf{H}_{\frac{m}{2}}^{U_{\frac{m}{2}}} \xi' \tag{6}$$

wird, wo die Exponenten $U_1, \ldots, U_{\frac{m}{2}}$ gewisse ganze rationale Werte haben und ξ' eine Einheit in k ist; aus (5) und (6) folgt mit Rücksicht auf (1) eine Gleichung von der Gestalt

$$\mathsf{H}_1^{E_1} \cdots \mathsf{H}_{v^*}^{E_{v^*}} \mathsf{H}_{v^*+1}^{e_1 hu - 2U_{v^*+1}} \cdots \mathsf{H}_{\frac{m}{2}}^{e_{\frac{m}{2}-v^*} hu - 2U_{\frac{m}{2}}} \xi'' = 1, \tag{7}$$

wo $E_1, \ldots, E_{v^*}$ gewisse ganze rationale Exponenten sind und ξ'' wiederum eine Einheit in k bedeutet. Da h und u ungerade Zahlen sind, so würde, wenn unter den Zahlen $e_1, \ldots, e_{\frac{m}{2}-v^*}$ auch nur eine gleich 1 ausfiele, notwendig der betreffende Exponent in der Reihe

$$e_1 hu - 2U_{v^*+1}, \ldots, e_{\frac{m}{2}-v^*} hu - 2U_{\frac{m}{2}}$$

ungerade und daher gewiß von 0 verschieden sein; dann aber widerspräche die Relation (7) der zweiten Aussage des Satzes 19. Hiermit ist gezeigt, daß in der Relation (4) die Exponenten $e_1, \ldots, e_{\frac{m}{2}-v^*}$ notwendig sämtlich gleich 0 sind.

Nunmehr erkennen wir leicht, daß in (4) auch der Exponent e verschwinden muß. Würde e nämlich den Wert 1 haben können, so wäre $\mathfrak{M} = \sqrt{\mu}$ ein Ideal $\mathfrak{j}$ in k und folglich $\mu = \mathfrak{j}^2$; das Erheben zur h-ten Potenz würde $\mu^h = \mathfrak{j}^{2h}$ liefern und, wenn $\mathfrak{j}^h = (\iota)$ gesetzt wird, wo ι eine ganze Zahl in k bedeutet, so würde $\mu^h = \varepsilon\iota^2$ oder $\mu = \varepsilon\alpha^2$ folgen, wo ε eine Einheit in k und $\alpha = \frac{\iota}{\mu^{\frac{h-1}{2}}}$ eine gewisse Zahl in k bedeutet. Diese Annahme ist jedoch zu Anfang unseres Beweises vorläufig ausgeschlossen. Hiermit ist in der Tat bewiesen, daß eine Relation von der Gestalt (4) nicht stattfinden kann; es sei denn, daß die Exponenten $e, e_1, \ldots, e_{\frac{m}{2}-v^*}$ sämtlich gleich 0 sind.

Nunmehr kehren wir zu den Gleichungen (3) zurück und wählen unter den t ambigen Primidealen $\mathfrak{D}_1, \ldots, \mathfrak{D}_t$ solche $\frac{m}{2} - v^* + 1$ aus — es seien dazu etwa $\mathfrak{D}_1, \ldots, \mathfrak{D}_{\frac{m}{2}-v^*+1}$ geeignet —, welche sich vermöge dieser Gleichungen (3) durch die Ideale $\mathfrak{M}, \mathfrak{M}_1, \ldots, \mathfrak{M}_{\frac{m}{2}-v^*}$, durch die übrigen ambigen Primideale $\mathfrak{D}_{\frac{m}{2}-v^*+2}, \ldots, \mathfrak{D}_t$ und gewisse Ideale $\mathfrak{m}^{(i)}$ des Körpers k, wie folgt, ausdrücken lassen:

$$\mathfrak{D}_i = \mathfrak{M}^{b^{(i)}} \mathfrak{M}_1^{b_1^{(i)}} \cdots \mathfrak{M}_{\frac{m}{2}-v^*}^{b^{(i)}_{\frac{m}{2}-v^*}} \mathfrak{D}_{\frac{m}{2}-v^*+2}^{d^{(i)}_{\frac{m}{2}-v^*+2}} \cdots \mathfrak{D}_t^{d_t^{(i)}} \mathfrak{m}^{(i)}, \tag{8}$$

$$\left(i = 1, 2, \ldots, \frac{m}{2} - v^* + 1\right),$$

wo die Exponenten $b^{(i)}, b_1^{(i)}, \ldots, b^{(i)}_{\frac{m}{2}-v^*}, d^{(i)}_{\frac{m}{2}-v^*+2}, \ldots, d_t^{(i)}$ gewisse Werte 0, 1 haben. Daß dies möglich sein muß, erkennen wir, wenn wir die vorhin bewiesene Tatsache benutzen, derzufolge eine Relation von der Gestalt (4) nicht stattfinden kann, es sei denn, daß sämtliche Exponenten $e, e_1, \ldots, e_{\frac{m}{2}-v^*}$ verschwinden. Überdies haben wir dabei den Umstand zu berücksichtigen, daß die Quadrate der ambigen Primideale $\mathfrak{D}_1, \ldots, \mathfrak{D}_t$ und ebenso die Quadrate der Ideale

$$\mathfrak{M}, \mathfrak{M}_1, \ldots, \mathfrak{M}_{\frac{m}{2}-v^*}$$

Ideale in k werden.

Da die Ideale $\mathfrak{M}, \mathfrak{M}_1, \ldots, \mathfrak{M}_{\frac{m}{2}-v^*}$ Hauptideale sind, so zeigen die Gleichungen (8) unmittelbar, daß die durch $\mathfrak{D}_1, \ldots, \mathfrak{D}_{\frac{m}{2}-v^*+1}$ bestimmten ambigen Komplexe gewisse Produkte derjenigen Komplexe sind, die durch die Ideale $\mathfrak{D}_{\frac{m}{2}-v^*+2}, \ldots, \mathfrak{D}_t$ bestimmt sind. Die Anzahl der voneinander unabhängigen, aus ambigen Idealen entspringenden Komplexe ist also sicher nicht größer als $a^* = t + v^* - \frac{m}{2} - 1$ und die Anzahl aller überhaupt aus ambigen Idealen entspringenden Komplexe ist demnach nicht größer als 2^{a^*}.

Wir beweisen jetzt, daß die aus den a^* ambigen Primidealen $\mathfrak{D}_{\frac{m}{2}-v^*+2}, \ldots, \mathfrak{D}_t$ entspringenden a^* Komplexe wirklich voneinander unabhängig sind. In der Tat, würde einer dieser Komplexe, etwa der aus $\mathfrak{D}_{\frac{m}{2}-v^*+2}$ entspringende Komplex, sich durch die übrigen ausdrücken lassen, so müßte eine Äquivalenz von der Gestalt

$$\mathfrak{D}_{\frac{m}{2}-v^*+2} \sim \mathfrak{D}_{\frac{m}{2}-v^*+3}^{e_{\frac{m}{2}-v^*+3}} \cdots \mathfrak{D}_t^{e_t}\, \mathfrak{j}$$

statthaben, worin $e_{\frac{m}{2}-v^*+3}, \ldots, e_t$ gewisse Exponenten $0, 1$ bedeuten und $\mathfrak{j}$ ein Ideal in k ist. Verstehen wir unter $\mathfrak{j}'$ ein Ideal in k, für welches in k die Äquivalenz $\mathfrak{j}'\mathfrak{D}^2_{\frac{m}{2}-v^*+2} \sim \mathfrak{j}$ gilt, so folgt die weitere Äquivalenz

$$\mathfrak{D}_{\frac{m}{2}-v^*+2}\, \mathfrak{D}_{\frac{m}{2}-v^*+3}^{e_{\frac{m}{2}-v^*+3}} \cdots \mathfrak{D}_t^{e_t}\, \mathfrak{j}' \sim 1;$$

wir können demnach

$$\mathfrak{D}_{\frac{m}{2}-v^*+2}\, \mathfrak{D}_{\frac{m}{2}-v^*+3}^{e_{\frac{m}{2}-v^*+3}} \cdots \mathfrak{D}_t^{e_t}\, \mathfrak{j}' = (\mathsf{A}) \tag{9}$$

setzen, wobei A eine ganze Zahl des Körpers K bedeuten soll.

Da der Gleichung (9) zufolge das Hauptideal (A) seinem relativ konjugierten Ideale gleich sein muß, so findet eine Gleichung von der Gestalt

$$\mathsf{A} = \mathsf{E} \cdot S\mathsf{A} \tag{10}$$

statt, wo E eine Einheit in K bedeutet. Nun wenden wir den Satz 19 auf die Einheit E an; es sei demgemäß u ein ungerader Exponent, so daß

$$\mathsf{E}^u = \mathsf{H}_1^{U_1} \cdots \mathsf{H}_{\frac{m}{2}}^{U_{\frac{m}{2}}}\, \xi$$

wird, wo die Exponenten $U_1, \ldots, U_{\frac{m}{2}}$ gewisse ganze rationale Werte haben und ξ eine Einheit in k ist. Wegen (1) können wir auch setzen

$$\mathsf{E}^u = \mathsf{H}_1^{U_1'} \cdots \mathsf{H}_{v^*}^{U_{v^*}'}\, \mathsf{H}_{v^*+1}'^{U_{v^*+1}} \cdots \mathsf{H}_{\frac{m}{2}}'^{U_{\frac{m}{2}}}\, \xi', \tag{11}$$

wo $\mathsf{H}'_{v^*+1}, \ldots, \mathsf{H}'_{\frac{m}{2}}$ die in (1) bestimmten Einheiten, $U_1', \ldots, U_{v^*}'$ gewisse ganze rationale Exponenten sind und ξ' wiederum eine Einheit in k bedeutet. Wenn wir hierin auf beiden Seiten die Relativnorm bilden und berücksichtigen, daß wegen (10) $N(\mathsf{E}) = 1$ wird und daß auch die Relativnormen der Einheiten (1) den Wert 1 haben, so ergibt sich leicht

$$1 = \eta_1^{U_1'} \cdots \eta_{v^*}^{U_{v^*}'}\, \xi'^2;$$

da die durch $\eta_1, \ldots, \eta_{v^*}$ bestimmten Einheitenverbände in k voneinander unabhängig sein sollen, so folgt hieraus, daß die Exponenten $U'_1, \ldots, U'_{v^*}$ sämtlich gerade sind. Wir setzen nun in Formel (11) die Werte

$$\mathsf{E} = \frac{\mathsf{A}}{S\mathsf{A}},$$

$$\mathsf{H}_1^{U'_1} = \left(\frac{\mathsf{H}_1}{S\mathsf{H}_1}\eta_1\right)^{\frac{1}{2}U'_1}, \ldots, \mathsf{H}_{v^*}^{U'_{v^*}} = \left(\frac{\mathsf{H}_{v^*}}{S\mathsf{H}_{v^*}}\eta_{v^*}\right)^{\frac{1}{2}U'_{v^*}},$$

$$\mathsf{H}'_{v^*+1} = \frac{\mathsf{M}_1}{S\mathsf{M}_1}, \ldots, \mathsf{H}'_{\frac{m}{2}} = \frac{\mathsf{M}_{\frac{m}{2}-v^*}}{S\mathsf{M}_{\frac{m}{2}-v^*}}$$

ein und erhalten dann, wenn zur Abkürzung

$$\mathsf{B} = \mathsf{A}^{-u}\,\mathsf{H}_1^{\frac{1}{2}U'_1} \cdots \mathsf{H}_{v^*}^{\frac{1}{2}U'_{v^*}} \cdot \mathsf{M}_1^{U_{v^*+1}} \cdots \mathsf{M}_{\frac{m}{2}-v^*}^{U_{\frac{m}{2}}} \tag{12}$$

gesetzt wird, aus (11) die Gleichung

$$\frac{\mathsf{B}}{S\mathsf{B}} = \xi'', \tag{13}$$

wo ξ'' wiederum eine Einheit in k bezeichnet. Wir bilden die Relativnorm von (13) und erhalten so $\xi''^2 = 1$; wir setzen $\xi'' = (-1)^a$, wo a einen der Werte 0, 1 bedeute. Demgemäß können wir (13) in die Gestalt

$$\frac{\mathsf{B}(\sqrt{\mu})^a}{S\{\mathsf{B}(\sqrt{\mu})^a\}} = 1 \quad \text{oder} \quad \mathsf{B}(\sqrt{\mu})^a = S\{\mathsf{B}(\sqrt{\mu})^a\}$$

bringen, d. h. $\mathsf{B}(\sqrt{\mu})^a$ ist eine Zahl in k. Indem wir die Werte (9) und (12) für die Zahlen A und B benutzen und bedenken, daß u eine ungerade Zahl ist, leiten wir aus der zuletzt gefundenen Tatsache leicht eine Relation von der Gestalt

$$\mathfrak{D}_{\frac{m}{2}-v^*+2} = \mathfrak{M}^b\,\mathfrak{M}_1^{b_1} \cdots \mathfrak{M}_{\frac{m}{2}-v^*}^{b_{\frac{m}{2}-v^*}}\,\mathfrak{D}_{\frac{m}{2}-v^*+3}^{d_{\frac{m}{2}-v^*+3}} \cdots \mathfrak{D}_t^{d_t}\,\mathfrak{m} \tag{14}$$

ab, worin $b, b_1, \ldots, b_{\frac{m}{2}-v^*}, d_{\frac{m}{2}-v^*+3}, \ldots, d_t$ gewisse Werte 0, 1 bedeuten und $\mathfrak{m}$ ein Ideal in k ist. Setzen wir diesen Wert für $\mathfrak{D}_{\frac{m}{2}-v^*+2}$ in die rechten Seiten der Formeln (8) ein und fügen wir den so entstehenden $\frac{m}{2} - v^* + 1$ Gleichungen noch die Gleichung (14) hinzu, so erhalten wir ein System von $\frac{m}{2} - v^* + 2$ Gleichungen von der Gestalt

$$\mathfrak{D}_i = \mathfrak{M}^{B^{(i)}}\,\mathfrak{M}_1^{B_1^{(i)}} \cdots \mathfrak{M}_{\frac{m}{2}-v^*}^{B^{(i)}_{\frac{m}{2}-v^*}}\,\mathfrak{D}_{\frac{m}{2}-v^*+3}^{D^{(i)}_{\frac{m}{2}-v^*+3}} \cdots \mathfrak{D}_t^{D_t^{(i)}}\,\mathfrak{n}^{(i)}, \tag{15}$$

$$\left(i = 1, 2, \ldots, \frac{m}{2} - v^* + 2\right),$$

worin

$$B^{(i)}, B_1^{(i)}, \ldots, B^{(i)}_{\frac{m}{2}-v^*}, D^{(i)}_{\frac{m}{2}-v^*+3}, \ldots, D_t^{(i)}$$

gewisse Exponenten 0, 1 und $\mathfrak{n}^{(i)}$ wiederum gewisse Ideale in k sind. Das Bestehen dieser Gleichungen (15) ist aber unmöglich. In der That, bestimmen wir $\frac{m}{2} - v^* + 2$ ganze rationale Zahlen

$$a^{(1)}, \ldots, a^{\left(\frac{m}{2}-v^*+2\right)},$$

die nicht sämtlich gerade sind, derart daß nach dem Modul 2 die $\frac{m}{2} - v^* + 1$ Kongruenzen

$$\sum_{(i)} a^{(i)} B^{(i)} \equiv 0, \sum_{(i)} a^{(i)} B_1^{(i)} \equiv 0, \ldots, \sum_{(i)} a^{(i)} B_{\frac{m}{2}-v^*}^{(i)} \equiv 0, (2),$$

$$\left(i = 1, 2, \ldots, \frac{m}{2} - v^* + 2\right)$$

gelten, so ergibt sich, indem wir (15) in die $a^{(i)}$-te Potenz erheben und die so für $i = 1, 2, \ldots, \frac{m}{2} - v^* + 2$ entstehenden Gleichungen miteinander multiplizieren, eine Gleichung von der Gestalt:

$$\mathfrak{D}_1^{a^{(1)}} \cdots \mathfrak{D}_{\frac{m}{2}-v^*+2}^{a^{\left(\frac{m}{2}-v^*+2\right)}} = \mathfrak{D}_{\frac{m}{2}-v^*+3}^{E^{\left(\frac{m}{2}-v^*+3\right)}} \cdots \mathfrak{D}_t^{E^{(t)}} \mathfrak{n}, \tag{16}$$

wo die Exponenten $E^{\left(\frac{m}{2}-v^*+3\right)}, \ldots, E^{(t)}$ gewisse Werte 0, 1 bedeuten und $\mathfrak{n}$ ein Ideal in k ist. Diese Gleichung (16) ist unmöglich, weil ihre linke Seite wenigstens einen der Primfaktoren $\mathfrak{D}_1, \ldots, \mathfrak{D}_{\frac{m}{2}-v^*+2}$ zu einer ungeraden Potenz erhoben enthält, rechts dagegen diese Primfaktoren nur in $\mathfrak{n}$ und also sämtlich zu einer geraden Potenz vorkommen. Wir müssen daher unsere ursprüngliche Annahme verwerfen, wonach der aus $\mathfrak{D}_{\frac{m}{2}-v^*+2}$ entspringende Komplex sich durch die aus $\mathfrak{D}_{\frac{m}{2}-v^*+3}, \ldots, \mathfrak{D}_t$ entspringenden Komplexe sollte ausdrücken lassen; mithin haben wir gezeigt, daß es in $K(\sqrt{\mu})$ genau 2^{a^*} Komplexe von der Art gibt, wie es Satz 22 behauptet.

In dem soeben geführten Beweise für Satz 22 wurde zu Anfang der Fall ausgeschlossen, daß μ gleich dem Produkt einer Einheit in das Quadrat einer Zahl des Körpers k ausfällt; es lassen sich jedoch ohne Schwierigkeit die Abänderungen auffinden, welche in diesem speziellen Falle an dem eben mitgeteilten Beweise anzubringen sind.

Da die Anzahl der aus ambigen Idealen entspringenden Komplexe mindestens gleich 1 ist, so folgt insbesondere aus dem Satze 22 die Ungleichung

$$t + v^* - \frac{m}{2} > 0.$$

§ 16. Die Anzahl aller ambigen Komplexe in *K*.

Satz 23. Wenn die Anzahl aller ambigen Ideale des Körpers $K(\sqrt{\mu})$ gleich 2^t ist und wenn diejenigen Einheiten in k, welche Relativnormen von Einheiten oder von gebrochenen Zahlen des Körpers $K(\sqrt{\mu})$ sind, zusammen genau 2^v Einheitenverbände in k ausmachen: dann ist die Anzahl aller ambigen Komplexe des Körpers $K(\sqrt{\mu})$ genau 2^a, wo a die Zahl

$$a = t + v - \frac{m}{2} - 1$$

bedeutet.

Beweis. Wir machen über die Zahl μ zunächst wieder die nämliche Annahme wie zu Beginn des Beweises von Satz 22 und benutzen durchweg die dort angewandte Bezeichnungsweise. Da die Anzahl der Verbände von Einheiten in k, welche Relativnormen irgendwelcher Zahlen in K sind, 2^v betragen soll, so muß es möglich sein, zu den im vorigen Beweise bestimmten Einheiten $\eta_1, \ldots, \eta_{v^*}$ gewisse $v - v^*$ Einheiten $\vartheta_1, \ldots, \vartheta_{v-v^*}$ von folgenden Eigenschaften hinzuzufügen: die Einheiten $\vartheta_1, \ldots, \vartheta_{v-v^*}$ sind Relativnormen von gewissen gebrochenen Zahlen $\Theta_1, \ldots, \Theta_{v-v^*}$ des Körpers K, so daß die Gleichungen

$$\vartheta_1 = N(\Theta_1), \ldots, \vartheta_{v-v^*} = N(\Theta_{v-v^*}) \tag{1}$$

bestehen, und überdies soll jede Einheit ε in k, welche Relativnorm einer Einheit oder einer gebrochenen Zahl in K ist, auf eine und nur auf eine Weise in der Gestalt

$$\varepsilon = \eta_1^{e_1} \cdots \eta_{v^*}^{e_{v^*}} \vartheta_1^{f_1} \cdots \vartheta_{v-v^*}^{f_{v-v^*}} \xi^2$$

darstellbar sein, wo die Exponenten $e_1, \ldots, e_{v^*}, f_1, \ldots, f_{v-v^*}$ gewisse Werte $0, 1$ haben und ξ eine Einheit in k bedeutet. Es sind dann die aus $\eta_1, \ldots, \eta_{v^*}$, $\vartheta_1, \ldots, \vartheta_{v-v^*}$ entspringenden Einheitenverbände voneinander unabhängig.

Wir setzen nun

$$\Theta_i = \frac{\mathfrak{A}_i}{\mathfrak{B}_i}, \qquad (i = 1, 2, \ldots, v - v^*),$$

wo $\mathfrak{A}_i$ und $\mathfrak{B}_i$ je zwei zueinander prime Ideale des Körpers K seien; dann folgt wegen (1) $\mathfrak{B}_i = S\mathfrak{A}_i$ und hieraus

$$\Theta_i = \frac{\mathfrak{A}_i}{S\mathfrak{A}_i}, \qquad (i = 1, 2, \ldots, v - v^*) \tag{2}$$

und aus dieser Gleichung (2) wiederum schließen wir $\mathfrak{A}_i \sim S\mathfrak{A}_i$ d. h. die durch die Ideale $\mathfrak{A}_i$ bestimmten Komplexe sind sämtlich ambig.

Wir wollen nun beweisen, daß diese $v - v^*$ durch die Ideale $\mathfrak{A}_i$ bestimmten Komplexe zusammen mit den im Beweise zu Satz 22 gefundenen aus den ambigen Idealen $\mathfrak{D}_{\frac{m}{2}-v^*+2}, \ldots, \mathfrak{D}_t$ entspringenden

$$a^* = t + v^* - \frac{m}{2} - 1$$

ambigen Komplexen ein System voneinander unabhängiger Komplexe bilden und daß ferner überhaupt jeder ambige Komplex des Körpers K ein Produkt von denjenigen

$$a = v - v^* + a^* = t + v - \frac{m}{2} - 1$$

ambigen Komplexen ist, die aus den Idealen $\mathfrak{A}_1, \ldots, \mathfrak{A}_{v-v^*}, \mathfrak{D}_{\frac{m}{2}-v^*+2}, \ldots, \mathfrak{D}_t$ entspringen.

In der Tat, nehmen wir an, es seien diese Komplexe nicht voneinander unabhängig, so müßte für die betreffenden Ideale eine Relation von der Gestalt

$$\mathfrak{A}_1^{a_1} \cdots \mathfrak{A}_{v-v^*}^{a_{v-v^*}} \mathfrak{D}_{\frac{m}{2}-v^*+2}^{e_1} \cdots \mathfrak{D}_t^{e_{a^*}} \cdot \mathfrak{j} = \Theta \tag{3}$$

gelten, worin die Exponenten $a_1, \ldots, a_{v-v^*}, e_1, \ldots, e_{a^*}$ gewisse Werte 0, 1, jedoch nicht sämtlich den Wert 0 haben, ferner $\mathfrak{j}$ ein Ideal in k und Θ eine ganze Zahl in K bedeutet. Aus (3) folgt leicht wegen (2) die Gleichung

$$\frac{\Theta}{S\Theta} = \Theta_1^{a_1} \cdots \Theta_{v-v^*}^{a_{v-v^*}} \mathsf{H}, \tag{4}$$

wo H eine gewisse Einheit in $K(\sqrt{\mu})$ ist. Indem wir von beiden Seiten der Formel (4) die Relativnorm bilden, erhalten wir mit Rücksicht auf (1)

$$N(\mathsf{H}) = \vartheta_1^{-a_1} \cdots \vartheta_{v-v^*}^{-a_{v-v^*}}$$

und hieraus ersehen wir, daß die Einheit

$$\vartheta = \vartheta_1^{-a_1} \cdots \vartheta_{v-v^*}^{-a_{v-v^*}} \tag{5}$$

die Relativnorm einer Einheit in K ist. Wir dürfen folglich

$$\vartheta = \eta_1^{b_1} \cdots \eta_{v^*}^{b_{v^*}} \xi^2 \tag{6}$$

setzen, wo $b_1, \ldots, b_{v^*}$ gewisse Werte 0, 1 haben und ξ eine Einheit in k bedeutet. Aus (5) und (6) erhalten wir die Gleichung

$$\eta_1^{b_1} \cdots \eta_{v^*}^{b_{v^*}} \vartheta_1^{a_1} \cdots \vartheta_{v-v^*}^{a_{v-v^*}} \xi^2 = 1.$$

Wegen der Unabhängigkeit der durch $\eta_1, \ldots, \eta_{v^*}, \vartheta_1, \ldots, \vartheta_{v-v^*}$ bestimmten Einheitenverbände ist diese Gleichung nur möglich, wenn sämtliche Exponenten $b_1, \ldots, b_{v^*}, a_1, \ldots, a_{v-v^*}$ gerade und also gleich 0 sind. Hierdurch erhält die Relation (3) die Gestalt

$$\mathfrak{D}_{\frac{m}{2}-v^*+2}^{e_1} \cdots \mathfrak{D}_t^{e_{a^*}} \mathfrak{j} = \Theta$$

und diese Relation erfordert wegen der Unabhängigkeit der aus $\mathfrak{D}_{\frac{m}{2}-v^*+2}, \ldots, \mathfrak{D}_t$ entspringenden Komplexe, daß auch sämtliche Exponenten $e_1, \ldots, e_{a^*}$ gleich 0 sind — eine Folgerung, die unserer ursprünglichen Annahme über die Exponenten in der Relation (3) widerspricht.

Es bleibt noch übrig, den Nachweis dafür zu führen, daß jeder ambige Komplex A als Produkt von solchen Komplexen dargestellt werden kann, die aus den Idealen $\mathfrak{A}_1, \ldots, \mathfrak{A}_{v-v^*}, \mathfrak{D}_{\frac{m}{2}-v^*+2}, \ldots, \mathfrak{D}_t$ entspringen. Ist $\mathfrak{A}$ ein beliebiges Ideal des Komplexes A, so gilt wegen Satz 21 eine Gleichung von der Gestalt

$$\frac{S\mathfrak{A}}{\mathfrak{A}} = \Theta, \tag{7}$$

wo Θ eine Zahl in K bedeutet. Indem wir auf beiden Seiten dieser Gleichung (7) die Relativnorm bilden, erkennen wir, daß die Relativnorm der Zahl Θ eine Einheit ϑ in k wird; wir können demgemäß

$$\vartheta = N(\Theta) = \eta_1^{e_1} \cdots \eta_{v^*}^{e_{v^*}} \vartheta_1^{f_1} \cdots \vartheta_{v-v^*}^{f_{v-v^*}} \xi^2$$

setzen, wo die Exponenten $e_1, \ldots, e_{v^*}, f_1, \ldots, f_{v-v^*}$ gewisse Werte 0, 1 haben und ξ eine Einheit in k bedeutet. Wir entnehmen hieraus für die Zahl

$$\Theta' = \pm \Theta \mathsf{H}_1^{-e_1} \cdots \mathsf{H}_{v^*}^{-e_{v^*}} \Theta_1^{-f_1} \cdots \Theta_{v-v^*}^{-f_{v-v^*}} \xi^{-1},$$

wo das Vorzeichen so angenommen werde, daß jedenfalls $\Theta' \neq -1$ ist, die Gleichung

$$N(\Theta') = 1 .$$

Wegen dieser Gleichung haben wir

$$\Theta' = \frac{\Theta' + 1}{S(\Theta' + 1)} . \tag{8}$$

Nunmehr entsteht aus der Gleichung

$$\pm \Theta' \Theta^{-1} \mathsf{H}_1^{e_1} \cdots \mathsf{H}_{v^*}^{e_{v^*}} \Theta_1^{f_1} \cdots \Theta_{v-v^*}^{f_{v-v^*}} \xi = 1$$

vermöge (2), (7), (8) die Gleichung für Ideale

$$\frac{(\Theta' + 1)\, \mathfrak{A}\, \mathfrak{A}_1^{f_1} \cdots \mathfrak{A}_{v-v^*}^{f_{v-v^*}}}{S(\Theta' + 1)\, S\mathfrak{A}\, S\mathfrak{A}_1^{f_1} \cdots S\mathfrak{A}_{v-v^*}^{f_{v-v^*}}} = 1,$$

und wenn daher zur Abkürzung

$$\mathfrak{D} = (\Theta' + 1)\, \mathfrak{A}\, \mathfrak{A}_1^{f_1} \cdots \mathfrak{A}_{v-v^*}^{f_{v-v^*}} \tag{9}$$

gesetzt wird, so erhalten wir schließlich

$$\mathfrak{D} = S\mathfrak{D},$$

d.h. $\mathfrak{D}$ ist ein Produkt eines gewissen ambigen Ideals in ein Ideal des Körpers k und folglich zeigt die Gleichung (9), daß $\mathfrak{A}$ einem Produkt von gewissen Idealen aus der Reihe $\mathfrak{A}_1, \ldots, \mathfrak{A}_{v-v^*}, \mathfrak{D}_1, \ldots, \mathfrak{D}_t$ in ein Ideal des Körpers k äquivalent ist. Da die ambigen Ideale $\mathfrak{D}_1, \ldots, \mathfrak{D}_{\frac{m}{2}-v^*+1}$ als gewisse Produkte aus den Idealen $\mathfrak{D}_{\frac{m}{2}-v^*+2}, \ldots, \mathfrak{D}_t$ darstellbar sind, so ist hiermit der Beweis des Satzes 23 vollständig geführt. Wird angenommen, daß μ gleich dem Produkt einer Einheit in das Quadrat einer Zahl in k ist, so sind geringe Abänderungen dieses Beweises nötig.

§ 17. Das Charakterensystem einer Zahl und eines Ideals im Körper *K*.

Wir erörtern nunmehr die Einteilung der Idealklassen des relativquadratischen Körpers $K(\sqrt{\mu})$ in Geschlechter. Zu dem Zwecke bezeichnen wir die t in der Relativdiskriminante des Körpers $K(\sqrt{\mu})$ aufgehenden Primideale des Körpers k mit $\mathfrak{d}_1, \ldots, \mathfrak{d}_t$ und machen für die folgenden Definitionen und Beweise in § 17 bis § 19 *die vorläufige Annahme, daß diese Primideale* $\mathfrak{d}_1, \ldots, \mathfrak{d}_t$ *sämtlich zu* 2 *prim sind,* oder, was nach Satz 5 im wesentlichen auf das nämliche hinauskommt, daß die Zahl μ zu 2 prim ist und zugleich dem Quadrat einer ganzen Zahl in k nach 2^2 kongruent ausfällt. Erst im Laufe der weiteren Untersuchung werden wir diese Einschränkung aufheben.

Definition 11. Zu einer beliebigen ganzen von 0 verschiedenen Zahl ν des Körpers k gehören bestimmte Werte der t einzelnen Symbole

$$\left(\frac{\nu, \mu}{\mathfrak{d}_1}\right), \ldots, \left(\frac{\nu, \mu}{\mathfrak{d}_t}\right),$$

welche gemäß der Definition 6 gewisse t Einheiten ± 1 bedeuten; diese Einheiten sollen das *Charakterensystem der Zahl* ν *im Körper* $K(\sqrt{\mu})$ heißen.

Um auch einem jeden Ideal $\mathfrak{J}$ des Körpers $K(\sqrt{\mu})$ in bestimmter Weise ein Charakterensystem zuzuordnen, bilden wir die Relativnorm $N(\mathfrak{J}) = \mathfrak{j}$ und dann ihre h-te Potenz $\mathfrak{j}^h = (\nu)$, wo ν eine ganze Zahl in k sein soll. Nunmehr verstehen wir unter ξ_1 eine Einheit in k. Haben dann für jede beliebige Einheit ξ_1 alle t Symbole

$$\left(\frac{\xi_1, \mu}{\mathfrak{d}_1}\right), \ldots, \left(\frac{\xi_1, \mu}{\mathfrak{d}_t}\right)$$

durchweg den Wert $+1$, so setzen wir $r = t$ und bezeichnen die r Einheitswurzeln

$$\left(\frac{\nu, \mu}{\mathfrak{d}_1}\right), \ldots, \left(\frac{\nu, \mu}{\mathfrak{d}_r}\right)$$

als das *Charakterensystem des Ideals* $\mathfrak{J}$; dasselbe ist dann durch das Ideal $\mathfrak{J}$ völlig eindeutig bestimmt.

Es sei andererseits eine spezielle Einheit ε_1 in k vorhanden, für welche wenigstens eines der t Symbole

$$\left(\frac{\varepsilon_1, \mu}{\mathfrak{d}_1}\right), \ldots, \left(\frac{\varepsilon_1, \mu}{\mathfrak{d}_t}\right)$$

gleich -1 wird; dann können wir, ohne damit eine Beschränkung einzuführen, annehmen, es sei etwa $\left(\frac{\varepsilon_1, \mu}{\mathfrak{d}_t}\right) = -1$. Wir betrachten nun alle diejenigen Einheiten ξ_2 in k, für welche $\left(\frac{\xi_2, \mu}{\mathfrak{d}_t}\right) = +1$ wird. Es sei unter diesen wieder eine solche Einheit $\xi_2 = \varepsilon_2$ vorhanden, für welche wenigstens eines der $t-1$ Symbole

$$\left(\frac{\varepsilon_2, \mu}{\mathfrak{d}_1}\right), \ldots, \left(\frac{\varepsilon_2, \mu}{\mathfrak{d}_{t-1}}\right)$$

gleich -1 wird; dann können wir annehmen, es sei etwa $\left(\frac{\varepsilon_2, \mu}{\mathfrak{d}_{t-1}}\right) = -1$. Wir betrachten ferner alle diejenigen Einheiten ξ_3, für welche sowohl $\left(\frac{\xi_3, \mu}{\mathfrak{d}_t}\right) = +1$ als auch $\left(\frac{\xi_3, \mu}{\mathfrak{d}_{t-1}}\right) = +1$ wird, und sehen nach, ob unter diesen eine Einheit

$\xi_3 = \varepsilon_3$ vorhanden ist, für welche wenigstens eines der $t-2$ Symbole

$$\left(\frac{\varepsilon_3,\mu}{\mathfrak{d}_1}\right),\ldots,\left(\frac{\varepsilon_3,\mu}{\mathfrak{d}_{t-2}}\right)$$

gleich -1 wird. Fahren wir in der begonnenen Weise fort, so erhalten wir schließlich eine gewisse Anzahl r^* und dazu ein System von r^* Einheiten $\varepsilon_1, \varepsilon_2, \ldots, \varepsilon_{r^*}$ des Körpers k, von der Art, daß bei geeigneter Anordnung der Primideale $\mathfrak{d}_1, \ldots, \mathfrak{d}_t$ die Gleichungen

$$\left.\begin{array}{l}\left(\frac{\varepsilon_1,\mu}{\mathfrak{d}_t}\right)=-1,\\ \left(\frac{\varepsilon_2,\mu}{\mathfrak{d}_t}\right)=+1,\left(\frac{\varepsilon_2,\mu}{\mathfrak{d}_{t-1}}\right)=-1,\\ \left(\frac{\varepsilon_3,\mu}{\mathfrak{d}_t}\right)=+1,\left(\frac{\varepsilon_3,\mu}{\mathfrak{d}_{t-1}}\right)=+1,\left(\frac{\varepsilon_3,\mu}{\mathfrak{d}_{t-2}}\right)=-1,\\ \cdots\cdots\cdots\cdots\cdots\cdots\cdots\cdots\cdots\\ \left(\frac{\varepsilon_{r^*},\mu}{\mathfrak{d}_t}\right)=+1,\left(\frac{\varepsilon_{r^*},\mu}{\mathfrak{d}_{t-1}}\right)=+1,\left(\frac{\varepsilon_{r^*},\mu}{\mathfrak{d}_{t-2}}\right)=+1,\ldots,\left(\frac{\varepsilon_{r^*},\mu}{\mathfrak{d}_{t-r^*+1}}\right)=-1\end{array}\right\}\quad(1)$$

gelten und daß außerdem für eine jede solche Einheit ξ, die den r^* Gleichungen

$$\left(\frac{\xi,\mu}{\mathfrak{d}_t}\right)=+1,\left(\frac{\xi,\mu}{\mathfrak{d}_{t-1}}\right)=+1,\ldots,\left(\frac{\xi,\mu}{\mathfrak{d}_{t-r^*+1}}\right)=+1$$

genügt, notwendig auch die $t-r^*$ Symbole

$$\left(\frac{\xi,\mu}{\mathfrak{d}_1}\right),\ldots,\left(\frac{\xi,\mu}{\mathfrak{d}_{t-r^*}}\right)$$

sämtlich den Wert $+1$ besitzen.

Wir können nunmehr mit Rücksicht auf die zweite Formel in Satz 14 die vorhin aus dem Ideal $\mathfrak{J}$ gebildete Zahl ν des Körpers k derart mit gewissen der Einheiten $\varepsilon_1, \ldots, \varepsilon_{r^*}$ multiplizieren, daß das entstehende Produkt $\bar{\nu}$ den Gleichungen

$$\left(\frac{\bar{\nu},\mu}{\mathfrak{d}_t}\right)=+1,\left(\frac{\bar{\nu},\mu}{\mathfrak{d}_{t-1}}\right)=+1,\ldots,\left(\frac{\bar{\nu},\mu}{\mathfrak{d}_{t-r^*+1}}\right)=+1$$

genügt; ist $\bar{\nu}$ derart bestimmt, so bezeichne ich die $r = t - r^*$ Einheiten ± 1

$$\left(\frac{\bar{\nu},\mu}{\mathfrak{d}_1}\right),\ldots,\left(\frac{\bar{\nu},\mu}{\mathfrak{d}_r}\right)$$

als das *Charakterensystem des Ideals* $\mathfrak{J}$. Dasselbe ist durch das Ideal $\mathfrak{J}$ völlig eindeutig bestimmt. In § 19 wird gezeigt werden, daß stets $r^* < t$ und mithin $r \geqq 1$ wird.

§ 18. Der Begriff des Geschlechtes.

Wir erkennen sofort die Tatsache, daß die Ideale ein und derselben Klasse des Körpers $K(\sqrt{\mu})$ sämtlich dasselbe Charakterensystem besitzen. Hierdurch ist überhaupt einer jeden Idealklasse des Körpers $K(\sqrt{\mu})$ ein bestimmtes Charakterensystem zugeordnet.

Definition 12. Alle diejenigen Idealklassen, denen ein und dasselbe Charakterensystem zugeordnet ist, deren Ideale also sämtlich ein und dasselbe Charakterensystem besitzen, fassen wir zu einem *Geschlecht* zusammen und definieren insbesondere das *Hauptgeschlecht* als die Gesamtheit aller derjenigen Klassen, deren Charakterensystem aus lauter Einheiten $+1$ besteht. Da das Charakterensystem der Hauptklasse offenbar von der letzteren Eigenschaft ist, so gehört insbesondere die Hauptklasse stets zum Hauptgeschlecht.

Aus der zweiten Formel des Satzes 14 entnehmen wir leicht die folgenden Tatsachen: Wenn G und G' zwei beliebige Geschlechter sind und die Klassen in G mit den Klassen in G' multipliziert werden, so bilden sämtliche solche Produkte wiederum ein Geschlecht; dieses werde das *Produkt der Geschlechter* G und G' genannt. Das Charakterensystem desselben erhalten wir durch Multiplikation der entsprechenden Charaktere der beiden Geschlechter G und G'.

Jedes Geschlecht des Körpers K enthält gleich viel Klassen, nämlich so viel Klassen als das Hauptgeschlecht. Die zu irgendeiner Klasse C relativ konjugierte Klasse SC gehört zu demselben Geschlechte wie C selbst. Das Quadrat einer jeden Klasse C gehört stets zum Hauptgeschlecht.

Die h Klassen eines beliebigen Komplexes P gehören offenbar sämtlich zu dem nämlichen Geschlecht; ich bezeichne dieses Geschlecht als das *Geschlecht des Komplexes P*.

§ 19. Obere Grenze für die Anzahl der Geschlechter in *K*.

Es entsteht die wichtige Frage, ob ein System von r beliebig vorgelegten Einheiten ± 1 stets das Charakterensystem für ein Geschlecht in K sein kann. Wir beweisen zunächst einige zur Beantwortung dieser Frage notwendige Hilfssätze.

Satz 24. (Hilfssatz.) Wenn t und v die Bedeutung wie in Satz 23 haben und r wie in § 17 die Anzahl der Charaktere ist, welche das Geschlecht einer Idealklasse in K bestimmen, so ist stets

$$t + v - \frac{m}{2} \leqq r .$$

Beweis. Im Beweise zu Satz 22 und Satz 23 sind v^* Einheiten $\eta_1, \ldots, \eta_{v^*}$ und $v - v^*$ Einheiten $\vartheta_1, \ldots, \vartheta_{v-v^*}$ mit gewissen dort entwickelten Eigenschaften aufgestellt worden. Es seien ferner $\varepsilon_1, \ldots, \varepsilon_{r^*}$ diejenigen besonderen r^* Einheiten des Körpers k, die in § 17 eingeführt worden sind; dann ist $r = t - r^*$. Wir beweisen zunächst, daß die $r^* + v$ aus

$$\varepsilon_1, \ldots, \varepsilon_{r^*}, \quad \eta_1, \ldots, \eta_{v^*}, \quad \vartheta_1, \ldots, \vartheta_{v-v^*}$$

entspringenden Einheitenverbände voneinander unabhängig sind. In der Tat, nehmen wir an, es gäbe zwischen den genannten $r^* + v$ Einheiten eine Relation von der Gestalt

$$\varepsilon_1^{a_1} \ldots \varepsilon_{r^*}^{a_{r^*}} \eta_1^{b_1} \ldots \eta_{v^*}^{b_{v^*}} \vartheta_1^{c_1} \ldots \vartheta_{v-v^*}^{c_{v-v^*}} = \xi^2, \tag{1}$$

so daß die Exponenten $a_1, \ldots, a_{r^*}, b_1, \ldots, b_{v^*}, c_1, \ldots, c_{v-v^*}$ gewisse Werte 0, 1, jedoch nicht sämtlich den Wert 0 haben und ξ eine geeignete Einheit in k vorstellt: dann müßte für jedes Primideal $\mathfrak{w}$ des Körpers k

$$\left(\frac{\varepsilon_1^{a_1} \cdots \varepsilon_{r^*}^{a_{r^*}} \eta_1^{b_1} \cdots \eta_{v^*}^{b_{v^*}} \vartheta_1^{c_1} \cdots \vartheta_{v-v^*}^{c_{v-v^*}}, \mu}{\mathfrak{w}}\right) = +1$$

ausfallen, und wenn wir berücksichtigen, daß die Einheiten

$$\eta_1, \ldots, \eta_{v^*}, \quad \vartheta_1, \ldots, \vartheta_{v-v^*}$$

sämtlich Relativnormen von Zahlen in K sind und daher auch stets

$$\left(\frac{\eta_x, \mu}{\mathfrak{w}}\right) = +1, \quad \left(\frac{\vartheta_y, \mu}{\mathfrak{w}}\right) = +1$$

$$(x = 1, 2, \ldots, v^*; \; y = 1, 2, \ldots, v - v^*)$$

sein muß, so ergibt sich

$$\left(\frac{\varepsilon_1^{a_1} \cdots \varepsilon_{r^*}^{a_{r^*}}, \mu}{\mathfrak{w}}\right) = +1.$$

Hierin setzen wir der Reihe nach für $\mathfrak{w}$ jedes der r^* in der Relativdiskriminante von K aufgehenden Primideale $\mathfrak{d}_{t-r^*+1}, \ldots, \mathfrak{d}_t$ ein und erhalten so die Gleichungen

$$\left(\frac{\varepsilon_1^{a_1} \cdots \varepsilon_{r^*}^{a_{r^*}}, \mu}{\mathfrak{d}_i}\right) = +1, \qquad (i = t - r^* + 1, \ldots, t). \tag{2}$$

Wegen des in § 17 aufgestellten Systems von Formeln (1) für die Einheiten $\varepsilon_1, \ldots, \varepsilon_{r^*}$ können diese Gleichungen (2) nur bestehen, wenn die Exponenten $a_1, \ldots, a_{r^*}$ sämtlich gerade und also gleich 0 sind. Die Relation (1) erhält dann die Gestalt

$$\eta_1^{b_1} \cdots \eta_{v^*}^{b_{v^*}} \vartheta_1^{c_1} \cdots \vartheta_{v-v^*}^{c_{v-v^*}} = \xi^2.$$

Das Bestehen dieser Relation ist aber, da nach § 16 die durch $\eta_1, \ldots, \eta_{v^*}$, $\vartheta_1, \ldots, \vartheta_{v-v^*}$ bestimmten Einheitenverbände voneinander unabhängig sind, nur möglich, falls die Exponenten $b_1, \ldots, b_{v^*}, c_1, \ldots, c_{v-v^*}$ sämtlich gerade und also gleich 0 sind. Daraus folgt, daß eine Relation von der Gestalt (1), wie wir sie annahmen, nicht statthaben kann, d. h. die aus den Einheiten $\varepsilon_1, \ldots, \varepsilon_{r^*}, \eta_1, \ldots, \eta_{v^*}, \vartheta_1, \ldots, \vartheta_{v-v^*}$ entspringenden Verbände sind voneinander unabhängig; durch Multiplikation erhalten wir also aus diesen Verbänden genau 2^{r^*+v} voneinander verschiedene Einheitenverbände in k, und da es im ganzen in k nach § 11 nur $2^{\frac{m}{2}}$ Einheitenverbände gibt, so haben wir $r^* + v \leqq \frac{m}{2}$. Hiermit deckt sich die Aussage des Satzes 24.

Da nach der Bemerkung am Schluß von § 15 stets $t + v^* - \frac{m}{2} > 0$ und also um so mehr $t + v - \frac{m}{2} > 0$ ausfällt, so folgt aus Satz 24 insbesondere $r \geqq 1$ und also $r^* < t$.

Satz 25. (Hilfssatz.) Die Anzahl g der verschiedenen Geschlechter im Körper $K(\sqrt{\mu})$ ist kleiner oder höchstens gleich der Anzahl A der ambigen Komplexe des Körpers $K(\sqrt{\mu})$.

Beweis. Wenn g die Anzahl der Geschlechter ist, in welche sich die Ideale oder die Idealklassen des Körpers K einteilen, so zerfallen zufolge der letzten Bemerkung in § 18 auch die Komplexe des Körpers K genau in g Geschlechter. Bezeichnen wir daher mit f die Anzahl der Komplexe vom Hauptgeschlecht, so ist die Anzahl aller überhaupt vorhandenen Komplexe, welche M heiße, genau

$$M = gf.$$

Wie bereits in § 18 bemerkt worden ist; gehört das Quadrat einer beliebigen Klasse C stets zum Hauptgeschlecht, und daher ist auch das Quadrat eines beliebigen Komplexes stets ein Komplex des Hauptgeschlechtes. Wir fassen nun diejenigen Komplexe des Hauptgeschlechtes ins Auge, welche Quadrate von Komplexen sind; ihre Anzahl sei f', und wir bezeichnen sie mit $P_1, \ldots, P_{f'}$, so daß $P_1 = Q_1^2, \ldots, P_{f'} = Q_{f'}^2$ wird, wo $Q_1, \ldots, Q_{f'}$ gewisse Komplexe bedeuten. Es fällt offenbar $f' \leqq f$ aus. Ist jetzt P ein beliebiger Komplex, so wird P^2 notwendig ein bestimmter der f' Komplexe $P_1, \ldots, P_{f'}$; es sei etwa $P^2 = P_i$. Dann folgt $P^2 = Q_i^2$, d. h. $(PQ_i^{-1})^2 = 1$ und nach § 12 ist aus diesem Grunde PQ_i^{-1} ein ambiger Komplex A; es wird $P = AQ_i$, und folglich stellt der Ausdruck AQ_i überhaupt alle Komplexe dar, sobald A alle ambigen Komplexe und Q_i die f' Komplexe $Q_1, \ldots, Q_{f'}$ durchläuft. Auch ist klar, daß diese Darstellung für jeden Komplex nur auf eine Weise möglich ist; es ist daher die Anzahl aller überhaupt vorhandenen Komplexe

$$M = \mathrm{A} f'.$$

Die Zusammenstellung dieser Gleichung mit der vorhin gefundenen $M = gf$ liefert $gf = \mathrm{A}f'$, und wegen $f' \leqq f$ folgt hieraus $g \leqq \mathrm{A}$, womit der Satz 25 bewiesen ist.

Nunmehr sind wir imstande, die folgende Tatsache zu beweisen, welche für unsere späteren Entwicklungen von besonderer Bedeutung ist:

Satz 26. (Hilfssatz.) Wenn im Körper K die Anzahl der Charaktere, welche das Geschlecht einer Klasse bestimmen, gleich r ist, so genügt die Anzahl g der Geschlechter jenes Körpers stets der Bedingung

$$g \leqq 2^{r-1}.$$

Beweis. Nach Satz 23 ist die Anzahl A aller ambigen Komplexe in K

$$\mathrm{A} = 2^a = 2^{t+v-\frac{m}{2}-1}.$$

Nach Satz 24 gilt die Ungleichung

$$t + v - \frac{m}{2} \leqq r;$$

mithin ist auch

$$\mathrm{A} \leqq 2^{r-1}$$

und daraus folgt, vermöge Satz 25, die Richtigkeit des Satzes 26.

§ 20. Das primäre Primideal $\mathfrak{p}$ und das Symbol $\left(\frac{\mathfrak{j}}{\mathfrak{p}}\right)$.

Es ist für die folgenden Entwicklungen von Nutzen, eine gewisse Art von Primidealen in k besonders zu benennen.

Definition 13. Ein solches zu 2 primes Primideal des Körpers k, nach welchem jede Einheit in k quadratischer Rest ist, möge ein *primäres Primideal* heißen; dagegen möge jedes solche Primideal *nichtprimär* genannt werden, nach welchem wenigstens eine Einheit in k quadratischer Nichtrest ist.

Wir führen für primäre Primideale noch ein neues Symbol ein.

Definition 14. Es sei $\mathfrak{p}$ ein primäres Primideal und $\mathfrak{j}$ ein beliebiges Ideal in k, es werde $\mathfrak{j}^h = (\iota)$ gesetzt, wo ι eine ganze Zahl in k bedeutet; dieselbe ist bis auf eine Einheit als Faktor eindeutig durch das Ideal $\mathfrak{j}$ bestimmt. Das Symbol $\left(\frac{\iota}{\mathfrak{p}}\right)$ ist folglich ein durch $\mathfrak{p}$ und $\mathfrak{j}$ völlig bestimmter Wert $+1$ oder -1 oder 0; dieser Wert werde mit $\left(\frac{\mathfrak{j}}{\mathfrak{p}}\right)$ bezeichnet, so daß das neue Symbol $\left(\frac{\mathfrak{j}}{\mathfrak{p}}\right)$ durch die Gleichung

$$\left(\frac{\mathfrak{j}}{\mathfrak{p}}\right) = \left(\frac{\iota}{\mathfrak{p}}\right)$$

definiert ist.

Sind $\mathfrak{j}_1$, $\mathfrak{j}_2$ irgend zwei zu $\mathfrak{p}$ prime Ideale in k, so gilt offenbar stets die Gleichung

$$\left(\frac{\mathfrak{j}_1 \mathfrak{j}_2}{\mathfrak{p}}\right) = \left(\frac{\mathfrak{j}_1}{\mathfrak{p}}\right)\left(\frac{\mathfrak{j}_2}{\mathfrak{p}}\right).$$

Ist η eine ganze Zahl in k und $\mathfrak{h} = (\eta)$ das durch η dargestellte Hauptideal, so ist offenbar

$$\left(\frac{\eta}{\mathfrak{p}}\right) = \left(\frac{\mathfrak{h}}{\mathfrak{p}}\right);$$

denn da h ungerade ist, so haben beide Seiten dieser Gleichung den Wert $\left(\frac{\eta^h}{\mathfrak{p}}\right)$.

In § 21 werden wir gewisse Systeme von $\frac{m}{2}$ nichtprimären Primidealen des Körpers k untersuchen und in § 23 die wichtigste Eigenschaft der primären Primideale beweisen.

§ 21. Ein System von $\frac{m}{2}$ nichtprimären Primidealen des Körpers k.

Es sei, wie zu Beginn von § 14, $\varepsilon_1, \ldots, \varepsilon_{\frac{m}{2}-1}$ ein volles System von Grundeinheiten in k; ferner sei $\varepsilon_{\frac{m}{2}} = \zeta$ eine wie in § 11 bestimmte Einheitswurzel in k, so daß nach § 11 jede beliebige Einheit ε des Körpers k sich auf eine und nur auf eine Weise in der Gestalt

$$\varepsilon = \varepsilon_1^{e_1} \varepsilon_2^{e_2} \cdots \varepsilon_{\frac{m}{2}}^{e_{\frac{m}{2}}} \xi^2$$

darstellen läßt, wo $e_1, \ldots, e_{\frac{m}{2}}$ gewisse Werte 0, 1 haben und ξ eine Einheit in k bedeutet. Es sind dann die aus $\varepsilon_1, \ldots, \varepsilon_{\frac{m}{2}}$ entspringenden Verbände des Körpers k voneinander unabhängig und diese $\frac{m}{2}$ Verbände liefern durch Multiplikation die sämtlichen $2^{\frac{m}{2}}$ Einheitenverbände des Körpers k.

Satz 27[1]. *Die Relativdiskriminante eines relativquadratischen Körpers $K(\sqrt{\mu})$ in bezug auf k ist stets von 1 verschieden.*

Beweis. Zufolge der Bemerkung am Ende des § 15 gilt bei Benutzung der in Satz 22 erklärten Bezeichnungen die Ungleichung

$$t + v^* - \frac{m}{2} > 0 .$$

Da die Anzahl sämtlicher Einheitenverbände im Körper k genau $2^{\frac{m}{2}}$ beträgt, so ist notwendig $\frac{m}{2} \geqq v^*$ und mithin erhalten wir $t > 0$. Diese Folgerung stimmt mit der Aussage des Satzes 27 überein.

Satz 28. Wenn eine Einheit ε des Körpers k kongruent dem Quadrat einer ganzen Zahl nach 2^2 ausfällt, so ist sie das Quadrat einer Einheit in k.

Beweis. Nehmen wir im Gegenteil an, es wäre ε nicht das Quadrat einer Zahl in k, so würde $\sqrt{\varepsilon}$ einen relativquadratischen Körper bestimmen; wegen der Sätze 4 und 5 besäße dieser Körper die Relativdiskriminante 1 und, da dies nach Satz 27 nicht sein kann, so ist die Annahme, von der wir ausgingen, unzutreffend.

Die Gültigkeit der Sätze 27 und 28 ist wesentlich durch die beiden besonderen Annahmen bedingt, welche wir im Anfange dieses Abschnittes II (S. 393) für den Körper k gemacht haben. Wenn also etwa k^* ein Zahlkörper ist, der entweder selbst reell ist, bez. einen reellen konjugierten Körper besitzt oder dessen Klassenanzahl gerade ausfällt, so kann es sehr wohl einen relativquadratischen Körper K^* geben, der in bezug auf k^* die Relativdiskriminante 1 besitzt, und es ist die Aufstellung und Untersuchung aller solcher relativquadratischen Körper K^* sogar die wichtigste und schwierigste Aufgabe, die sich bei der Ausdehnung unserer Theorie auf beliebige Grundkörper k^* bietet.

Satz 29. Es sei $\varepsilon_1, \ldots, \varepsilon_{\frac{m}{2}}$ das zu Beginn dieses § 21 aufgestellte System von Einheiten in k; es seien ferner $\mathfrak{q}_1, \ldots, \mathfrak{q}_{\frac{m}{2}}$ solche zu 2 prime Primideale des Körpers k, für welche allemal

$$\left(\frac{\varepsilon_i}{\mathfrak{q}_i}\right) = -1, \quad \left(\frac{\varepsilon_k}{\mathfrak{q}_i}\right) = +1, \quad (i \neq k),$$
$$\left(i, k = 1, 2, \ldots, \frac{m}{2}\right)$$

[1] Vgl. „Algebraische Zahlkörper" Satz 94 (dieser Band S. 155), sowie die daselbst zu diesem Satze gemachte Bemerkung.

ausfällt; endlich setzen wir

$$\mathfrak{q}_1^h = (\varkappa_1), \ldots, \mathfrak{q}_{\frac{m}{2}}^h = \left(\varkappa_{\frac{m}{2}}\right),$$

so daß $\varkappa_1, \ldots, \varkappa_{\frac{m}{2}}$ gewisse ganze Zahlen des Körpers k bedeuten: dann gilt für jede beliebige zu 2 prime ganze Zahl ω in k nach dem Modul 2^2 eine Kongruenz von der Gestalt

$$\omega \equiv \varepsilon_1^{u_1} \cdots \varepsilon_{\frac{m}{2}}^{u_{\frac{m}{2}}} \varkappa_1^{v_1} \cdots \varkappa_{\frac{m}{2}}^{v_{\frac{m}{2}}} \alpha^2, \qquad (2^2),$$

worin die Exponenten $u_1, \ldots, u_{\frac{m}{2}}, v_1, \ldots, v_{\frac{m}{2}}$ gewisse Werte 0, 1 haben und α eine geeignete ganze Zahl in k ist.

Beweis. Wir behandeln zunächst die Annahme, es gäbe m Exponenten $u_1, \ldots, u_{\frac{m}{2}}, v_1, \ldots, v_{\frac{m}{2}}$, die gewisse Werte 0, 1 haben, aber nicht sämtlich gleich 0 sind, derart, daß die vermöge dieser Exponenten gebildete Zahl

$$\mu = \varepsilon_1^{u_1} \cdots \varepsilon_{\frac{m}{2}}^{u_{\frac{m}{2}}} \varkappa_1^{v_1} \cdots \varkappa_{\frac{m}{2}}^{v_{\frac{m}{2}}} \tag{1}$$

dem Quadrat einer ganzen Zahl in k nach dem Modul 2^2 kongruent werde. Die Zahl $\sqrt{\mu}$ bestimmt, wie leicht ersichtlich, einen relativquadratischen Körper $K(\sqrt{\mu})$ in bezug auf k. Zufolge des Satzes 5 ist die Relativdiskriminante dieses Körpers $K(\sqrt{\mu})$ prim zu 2 und nach Satz 4 besitzt sie diejenigen von den Primidealen $\mathfrak{q}_1, \ldots, \mathfrak{q}_{\frac{m}{2}}$ zu Faktoren, für welche in (1) die betreffenden Exponenten $v_1, \ldots, v_{\frac{m}{2}}$ gleich 1 werden. Wegen Satz 27 ist die Anzahl t dieser Primideale mindestens gleich 1; es seien etwa die t Primideale $\mathfrak{q}_1, \ldots, \mathfrak{q}_t$ diejenigen, die in der Relativdiskriminante des Körpers $K(\sqrt{\mu})$ als Faktoren enthalten sind.

Ist nun ε irgendeine Einheit in k, die gleich der Relativnorm einer Einheit in $K(\sqrt{\mu})$ gesetzt werden kann, und bringen wir ε in die Gestalt

$$\varepsilon = \varepsilon_1^{e_1} \cdots \varepsilon_{\frac{m}{2}}^{e_{\frac{m}{2}}} \xi^2,$$

wo die Exponenten $e_1, \ldots, e_{\frac{m}{2}}$ gewisse Werte 0, 1 haben und ξ eine Einheit in k bedeutet, so folgt aus Definition 6 unmittelbar

$$\left(\frac{\varepsilon, \mu}{\mathfrak{q}_i}\right) = +1$$

für $i = 1, 2, \ldots, t$ und, da nach Satz 9 mit Rücksicht auf unsere über $\mathfrak{q}_1, \ldots, \mathfrak{q}_{\frac{m}{2}}$ gemachten Voraussetzungen

$$\left(\frac{\varepsilon, \mu}{\mathfrak{q}_i}\right) = \left(\frac{\varepsilon}{\mathfrak{q}_i}\right) = (-1)^{e_i}, \qquad (i = 1, 2, \ldots, t)$$

ausfällt, so folgt notwendig

$$e_1 = 0,\ e_2 = 0,\ \ldots,\ e_t = 0,$$

d. h. die Einheit ε muß ein Produkt aus gewissen von den $\frac{m}{2} - t$ Einheiten $\varepsilon_{t+1}, \varepsilon_{t+2}, \ldots, \varepsilon_{\frac{m}{2}}$ in das Quadrat einer Einheit des Körpers k sein. Die sämtlichen Einheiten in k, welche Relativnormen von Einheiten in $K(\sqrt{\mu})$ sind, machen also höchstens $2^{\frac{m}{2}-t}$ Verbände in k aus; somit würde unter Anwendung der in Satz 22 erklärten Bezeichnungsweise

$$v^* \leqq \frac{m}{2} - t \quad \text{oder} \quad t + v^* - \frac{m}{2} \leqq 0$$

sein müssen, was der Bemerkung am Schluß von § 15 widerspricht. Unsere vorhin versuchte Annahme ist also unzutreffend, d. h. es ist keine Zahl μ von der Gestalt (1) nach 2^2 dem Quadrat einer ganzen Zahl in k kongruent, es sei denn, daß die Exponenten

$$u_1, \ldots, u_{\frac{m}{2}}, \quad v_1, \ldots, v_{\frac{m}{2}}$$

sämtlich gleich 0 sind.

Wir verstehen nun unter $\alpha_1, \alpha_2, \ldots, \alpha_{\varphi(2)}$ ein volles System von $\varphi(2)$ ganzen nach dem Modul 2 einander inkongruenten und zu 2 primen Zahlen in k. Dann stellt der Ausdruck

$$\varepsilon_1^{u_1} \cdots \varepsilon_{\frac{m}{2}}^{u_{\frac{m}{2}}} \varkappa_1^{v_1} \cdots \varkappa_{\frac{m}{2}}^{v_{\frac{m}{2}}} \alpha_i^2 \tag{2}$$

$$\left(u_1, \ldots, u_{\frac{m}{2}}, v_1, \ldots, v_{\frac{m}{2}} = 0, 1; \qquad i = 1, 2, 3, \ldots, \varphi(2)\right)$$

ein System von $2^m \varphi(2)$ Zahlen dar, welche untereinander nach 2^2 inkongruent sind. In der Tat, wären zwei von diesen $2^m \varphi(2)$ Zahlen (2) nach 2^2 kongruent, wäre etwa

$$\varepsilon_1^{u_1} \cdots \varepsilon_{\frac{m}{2}}^{u_{\frac{m}{2}}} \varkappa_1^{v_1} \cdots \varkappa_{\frac{m}{2}}^{v_{\frac{m}{2}}} \alpha_i^2 \equiv \varepsilon_1^{u_1'} \cdots \varepsilon_{\frac{m}{2}}^{u'_{\frac{m}{2}}} \varkappa_1^{v_1'} \cdots \varkappa_{\frac{m}{2}}^{v'_{\frac{m}{2}}} \alpha_{i'}^2, \quad (2^2),$$

so würde, da $\alpha_i, \alpha_{i'}$ zu 2 prim sind, aus dem vorhin Bewiesenen sofort folgen, daß die Exponenten $u_1, \ldots, u_{\frac{m}{2}}, v_1, \ldots, v_{\frac{m}{2}}$ sämtlich bez. mit den Exponenten $u_1', \ldots, u'_{\frac{m}{2}}, v_1', \ldots, v'_{\frac{m}{2}}$ übereinstimmen, und es wäre mithin

$$\alpha_i^2 \equiv \alpha_{i'}^2, \quad (2^2). \tag{3}$$

Betrachten wir jetzt ein in der Zahl 2 als Faktor enthaltenes Primideal $\mathfrak{l}$ und nehmen an, es gehe dasselbe in 2 genau zur l-ten Potenz auf, so folgt aus (3)

$$(\alpha_i - \alpha_{i'})(\alpha_i + \alpha_{i'}) \equiv 0, \quad (\mathfrak{l}^{2l});$$

es ist mithin entweder $\alpha_i - \alpha_{i'}$ oder $\alpha_i + \alpha_{i'}$ durch $\mathfrak{l}^l$ teilbar, und da offenbar

$$\alpha_i - \alpha_{i'} \equiv \alpha_i + \alpha_i, \quad (2)$$

ist, so folgt in jedem Falle

$$\alpha_i \equiv \alpha_{i'}, \quad (\mathfrak{l}^l).$$

Die nämliche Betrachtung gilt für jedes in 2 aufgehende Primideal und daher erhalten wir

$$\alpha_i \equiv \alpha_{i'}, \qquad (\mathfrak{l}^2)$$

und schließen hieraus

$$\alpha_i = \alpha_{i'},$$

d. h. die beiden ganzen Zahlen des Systems (2) waren nicht voneinander verschieden. Bezeichnen wir die verschiedenen in 2 aufgehenden Primideale des Körpers k mit $\mathfrak{l}_1, \ldots, \mathfrak{l}_z$, so haben wir[1]

$$\varphi(2) = 2^m \left(1 - \frac{1}{n(\mathfrak{l}_1)}\right) \cdots \left(1 - \frac{1}{n(\mathfrak{l}_z)}\right),$$

$$\varphi(2^2) = 2^{2m}\left(1 - \frac{1}{n(\mathfrak{l}_1)}\right) \cdots \left(1 - \frac{1}{n(\mathfrak{l}_z)}\right);$$

es ist somit $2^m \varphi(2) = \varphi(2^2)$ und die Zahlen von der Gestalt (2), deren Anzahl $\varphi(2^2)$ ist, bilden folglich ein volles System von Resten nach dem Modul 2^2, die zu 2 prim sind; dies ist die Aussage des Satzes 29.

§ 22. Die unendliche Reihe $\sum\limits_{(\mathfrak{w})} \left(\frac{\mathfrak{w}}{\mathfrak{p}}\right) \frac{1}{n(\mathfrak{w})^s}$.

Ehe wir näher die Natur der primären Primideale ergründen, entwickeln wir einige Sätze, die sich an die Überlegungen in § 13 anschließen.

Satz 30. (Hilfssatz.) Die reellen Veränderlichen $x_1, \ldots, x_m$ mögen als rechtwinklige Koordinaten eines m-dimensionalen Raumes betrachtet werden und es sei in diesem Raume eine endliche Anzahl von $(m-1)$-dimensionalen Flächenscharen durch Gleichungen von der Gestalt

$$f_1(x_1, \ldots, x_m, \tau) = 0, \qquad f_2(x_1, \ldots, x_m, \tau) = 0, \ldots$$

gegeben, wo $f_1, f_2, \ldots$ analytische Funktionen der Argumente $x_1, \ldots, x_m, \tau$ bedeuten, die in der Umgebung des Parameterwertes $\tau = 0$ sich regulär verhalten; diese Flächen mögen, wenn wir dem Parameter τ einen festen positiven Wert oder den Wert 0 erteilen, einen bestimmten ganz im Endlichen gelegenen Teil R_τ des m-dimensionalen Raumes abgrenzen. Nunmehr wählen wir für den Parameter τ einen positiven Wert und fixieren in dem m-dimensionalen Raume alle Punkte, deren Koordinaten von der Form

$$x_1 = u_1 \tau, \ x_2 = u_2 \tau, \ \ldots, \ x_m = u_m \tau$$

sind, wo $u_1, u_2, \ldots, u_m$ sämtliche ganze rationale Zahlen durchlaufen: dann wird die Anzahl T aller derjenigen solchen Punkte, die in jenem Raume R_τ liegen, durch die Formel

$$T = \frac{J}{\tau^m} + \frac{M}{\tau^{m-1}}$$

dargestellt, wo J den Inhalt des für $\tau = 0$ sich ergebenden Raumes R_0 und M

[1] Vgl. „Algebraische Zahlkörper“ Satz 23 (dieser Band Abh. 7 S. 82).

eine von τ abhängige Größe bezeichnet, welche stets zwischen endlichen Grenzen bleibt, sobald τ gegen 0 konvergiert.

Dieser Hilfssatz ist eine Erweiterung desjenigen Satzes, welchen bereits H. Minkowski[1] und H. Weber[2] aufgestellt und bewiesen haben, und man erkennt ohne Schwierigkeit die Abänderungen, welche diese Beweise verlangen, wenn man die Richtigkeit der soeben von mir aufgestellten Erweiterung einsehen will.

Satz 31. Ist $\mathfrak{p}$ ein bestimmtes primäres Primideal, so stellt die über sämtliche Primideale $\mathfrak{w}$ des Körpers k zu erstreckende unendliche Summe

$$\sum_{(\mathfrak{w})} \left(\frac{\mathfrak{w}}{\mathfrak{p}}\right) \frac{1}{n(\mathfrak{w})^s}, \qquad (s > 1)$$

eine solche Funktion der reellen Veränderlichen s dar, welche stets unterhalb einer *positiven* endlichen Grenze bleibt, wenn die reelle Veränderliche s sich der Grenze 1 nähert.

Beweis. Aus den m konjugierten Körpern $k, k', \ldots, k^{(m-1)}$ wählen wir irgend solche $\frac{m}{2} - 1$ Körper aus, von denen keine zwei zu einander konjugiert imaginär sind, und bezeichnen diese mit $k_1, k_2, \ldots, k_{\frac{m}{2}-1}$. Ist ferner α irgendeine von 0 verschiedene Zahl in k, so bezeichnen wir die zu α konjugierten in $k_1, \ldots, k_{\frac{m}{2}-1}$ liegenden Zahlen bez. mit $\alpha_1, \ldots, \alpha_{\frac{m}{2}-1}$ und nennen die $\frac{m}{2} - 1$ reellen Logarithmen

$$\begin{aligned} l_1(\alpha) &= 2\log|\alpha_1|, \\ l_2(\alpha) &= 2\log|\alpha_2|, \\ &\cdots\cdots\cdots \\ l_{\frac{m}{2}-1}(\alpha) &= 2\log\left|\alpha_{\frac{m}{2}-1}\right| \end{aligned}$$

kurz die Logarithmen zur Zahl α. Endlich bezeichnen wir mit $\varepsilon_1, \ldots, \varepsilon_{\frac{m}{2}-1}$ ein System von $\frac{m}{2} - 1$ Grundeinheiten in k und berechnen dann aus den Gleichungen

$$\begin{aligned} l_1(\alpha) - \frac{2}{m}\log n(\alpha) &= e_1(\alpha)\, l_1(\varepsilon_1) + \cdots + e_{\frac{m}{2}-1}(\alpha)\, l_1\left(\varepsilon_{\frac{m}{2}-1}\right), \\ &\cdots\cdots\cdots \\ l_{\frac{m}{2}-1}(\alpha) - \frac{2}{m}\log n(\alpha) &= e_1(\alpha)\, l_{\frac{m}{2}-1}(\varepsilon_1) + \cdots + e_{\frac{m}{2}-1}(\alpha)\, l_{\frac{m}{2}-1}\left(\varepsilon_{\frac{m}{2}-1}\right) \end{aligned}$$

---

[1] Geometrie der Zahlen, Teubner 1896, S. 62.

[2] Über einen in der Zahlentheorie angewandten Satz der Integralrechnung, Nachr. Ges. Wiss. Göttingen 1896, S. 275. H. Weber hat diesen Satz hernach in seinen Untersuchungen „Über Zahlengruppen in algebraischen Körpern“ zweite Abhandlung Math. Ann. 49, S. 83 (1897) auf ein dem meinigen verwandtes Problem der Zahlentheorie angewandt.

$\frac{m}{2}-1$ reelle Größen $e_1(\alpha), \ldots, e_{\frac{m}{2}-1}(\alpha)$; diese $\frac{m}{2}-1$ Größen mögen kurz die Exponenten zur Zahl α heißen. Es ist klar, daß jede Zahl α durch Multiplikation mit ganzen Potenzen von $\varepsilon_1, \ldots, \varepsilon_{\frac{m}{2}-1}$ auf eine und nur auf eine Weise in eine solche Zahl α^* verwandelt werden kann, zu der die Exponenten $e_1, \ldots, e_{\frac{m}{2}-1}$ den Bedingungen

$$0 \leqq e_1 < 1, 0 \leqq e_2 < 1, \ldots, 0 \leqq e_{\frac{m}{2}-1} < 1$$

genügen. Umgekehrt sehen wir leicht, daß zwei Einheiten, deren Exponenten bez. einander gleich sind, sich nur um einen Faktor unterscheiden können, welcher eine Einheitswurzel ist. Die Anzahl aller in k liegenden Einheitswurzeln werde mit w bezeichnet.

Es sei nun C eine beliebige Idealklasse in k und $\mathfrak{a}$ ein zu $\mathfrak{p}$ primes Ideal der zu C reziproken Klasse C^{-1}; ferner bestimmen wir ein volles System von quadratischen Resten nach $\mathfrak{p}$, etwa $\varrho, \varrho', \varrho'', \ldots$, und zwar derart, daß diese $\frac{n(\mathfrak{p})-1}{2}$ Zahlen $\varrho, \varrho', \varrho'', \ldots$ sämtlich durch $\mathfrak{a}$ teilbar sind: dann läßt sich offenbar jede durch $\mathfrak{a}$ teilbare ganze Zahl in k, welche quadratischer Rest nach $\mathfrak{p}$ ist, in einer der $\frac{n(\mathfrak{p})-1}{2}$ Formen

$$\left.\begin{array}{l} u_1 \varkappa^{(1)} + \cdots + u_m \varkappa^{(m)} + \varrho\,, \\ u_1 \varkappa^{(1)} + \cdots + u_m \varkappa^{(m)} + \varrho'\,, \\ u_1 \varkappa^{(1)} + \cdots + u_m \varkappa^{(m)} + \varrho''\,, \\ \cdots\cdots\cdots\cdots \end{array}\right\} \tag{1}$$

darstellen, wo $u_1, \ldots, u_m$ gewisse ganze rationale Zahlen und $\varkappa^{(1)}, \ldots, \varkappa^{(m)}$ die Basiszahlen des Ideals $\mathfrak{p}\mathfrak{a}$ bedeuten. Es sei ferner α irgendein durch $\mathfrak{a}$ teilbarer quadratischer Rest nach $\mathfrak{p}$; da $\mathfrak{p}$ ein primäres Primideal sein soll, so besitzt jede Zahl α^*, die durch Multiplikation der Zahl α mit einer beliebigen Einheit entspringt, die gleiche Eigenschaft und ist mithin ebenfalls in einer jener Formen (1) darstellbar.

Indem wir diese Tatsachen zusammen nehmen, erkennen wir folgendes: das w-fache der Anzahl $F(t)$ aller durch $\mathfrak{a}$ teilbaren Hauptideale $\mathfrak{h}$, deren Normen die reelle positive Zahl t nicht überschreiten und für welche $\left(\frac{\mathfrak{h}}{\mathfrak{p}}\right) = +1$ ausfällt, ist gleich der Anzahl T der verschiedenen Systeme von rationalen ganzzahligen Werten $u_1, \ldots, u_m$, für welche die Ungleichungen

$$\left.\begin{array}{r} n(u_1 \varkappa^{(1)} + \cdots + u_m \varkappa^{(m)} + \varrho) \leqq t \\ 0 \leqq e_1(u_1 \varkappa^{(1)} + \cdots + u_m \varkappa^{(m)} + \varrho) < 1\,, \\ \cdots\cdots\cdots\cdots \\ 0 \leqq e_{\frac{m}{2}-1}(u_1 \varkappa^{(1)} + \cdots + u_m \varkappa^{(m)} + \varrho) < 1 \end{array}\right\} \tag{2}$$

erfüllt sind, vermehrt um die entsprechenden Anzahlen $T', T'', \ldots$, wo allgemein $T^{(s)}$ die Anzahl der verschiedenen rationalen ganzzahligen Wertsysteme $u_1, \ldots, u_m$ bedeutet, für welche die Ungleichungen

$$\begin{gathered} n(u_1 \varkappa^{(1)} + \cdots + u_m \varkappa^{(m)} + \varrho^{(s)}) \leqq t, \\ 0 \leqq e_1(u_1 \varkappa^{(1)} + \cdots + u_m \varkappa^{(m)} + \varrho^{(s)}) < 1, \\ \cdots\cdots\cdots\cdots \\ 0 \leqq e_{\frac{m}{2}-1}(u_1 \varkappa^{(1)} + \cdots + u_m \varkappa^{(m)} + \varrho^{(s)}) < 1 \end{gathered}$$

erfüllt sind; es ist also

$$w F(t) = T + T' + T'' + \cdots.$$

Um zunächst die Anzahl T abzuschätzen, setzen wir in den Ungleichungen (2)

$$u_1 = \frac{x_1}{\tau}, \ldots, u_m = \frac{x_m}{\tau}, \tau = t^{-\frac{1}{m}}$$

ein; dieselben gehen dadurch in die folgenden Ungleichungen über:

$$\left.\begin{gathered} n(x_1 \varkappa^{(1)} + \cdots + x_m \varkappa^{(m)} + \varrho\tau) \leqq 1, \\ 0 \leqq e_1 < 1, \\ \cdots\cdots \\ 0 \leqq e_{\frac{m}{2}-1} < 1, \end{gathered}\right\} \tag{3}$$

wo die Größen $e_1, \ldots, e_{\frac{m}{2}-1}$ durch die Gleichungen

$$\left.\begin{aligned} & e_1 l_1(\varepsilon_1) + \cdots + e_{\frac{m}{2}-1} l_1\left(\varepsilon_{\frac{m}{2}-1}\right) \\ & = 2\log|x_1 \varkappa_1^{(1)} + \cdots + x_m \varkappa_1^{(m)} + \varrho_1 \tau| \\ & \quad - \frac{2}{m}\log n(x_1 \varkappa^{(1)} + \cdots + x_m \varkappa^{(m)} + \varrho\tau), \\ & \cdots\cdots\cdots\cdots\cdots\cdots \\ & e_1 l_{\frac{m}{2}-1}(\varepsilon_1) + \cdots + e_{\frac{m}{2}-1} l_{\frac{m}{2}-1}\left(\varepsilon_{\frac{m}{2}-1}\right) \\ & = 2\log\left|x_1 \varkappa_{\frac{m}{2}-1}^{(1)} + \cdots + x_m \varkappa_{\frac{m}{2}-1}^{(m)} + \varrho_{\frac{m}{2}-1}\tau\right| \\ & \quad - \frac{2}{m}\log n(x_1 \varkappa^{(1)} + \cdots + x_m \varkappa^{(m)} + \varrho\tau) \end{aligned}\right\} \tag{4}$$

als Funktionen von $x_1, \ldots, x_m, \tau$ zu bestimmen sind; hierin bedeuten $\varkappa_1^{(i)}, \ldots, \varkappa_{\frac{m}{2}-1}^{(i)}, \varrho_1, \ldots, \varrho_{\frac{m}{2}-1}$ die zu $\varkappa^{(i)}$, ϱ konjugierten und bez. in den Körpern $k_1, \ldots, k_{\frac{m}{2}-1}$ gelegenen Zahlen. Die Anzahl T ist mithin gleich der Anzahl aller Punkte mit den Koordinaten

$$x_1 = u_1\tau, \ldots, x_m = u_m\tau,$$

die in den durch die Ungleichungen (3) charakterisierten Teil des $x_1 \ldots x_m$-Raumes fallen. Dieser Raumteil liegt ganz im Endlichen und wird durch eine endliche Anzahl analytischer Flächen begrenzt. Die Gleichungen dieser Flächen enthalten noch einen Parameter τ, und da ihre linken Seiten für $\tau = 0$ im fraglichen Gebiete sich regulär verhalten, so sind alle Voraussetzungen des Satzes 30 erfüllt. Wir bezeichnen mit J den Inhalt dieses Raumteiles für $\tau = 0$, d. h. den Inhalt desjenigen Raumteiles, der durch die Ungleichungen

$$\begin{gathered} n(x_1 \varkappa^{(1)} + \cdots + x_m \varkappa^{(m)}) \leqq 1, \\ 0 \leqq e_1 < 1, \\ \cdots\cdots \\ 0 \leqq e_{\frac{m}{2}-1} < 1 \end{gathered}$$

charakterisiert ist, wo jetzt die Größen $e_1, \ldots, e_{\frac{m}{2}-1}$ aus den Gleichungen

$$\begin{aligned} e_1 l_1(\varepsilon_1) + \cdots + e_{\frac{m}{2}-1} l_1\left(\varepsilon_{\frac{m}{2}-1}\right) &= 2 \log \left| x_1 \varkappa_1^{(1)} + \cdots + x_m \varkappa_1^{(m)} \right| \\ &\quad - \frac{2}{m} \log n(x_1 \varkappa^{(1)} + \cdots + x_m \varkappa^{(m)}), \\ \cdots\cdots\cdots\cdots\cdots\cdots \\ e_1 l_{\frac{m}{2}-1}(\varepsilon_1) + \cdots + e_{\frac{m}{2}-1} l_{\frac{m}{2}-1}\left(\varepsilon_{\frac{m}{2}-1}\right) &= 2 \log \left| x_1 \varkappa_{\frac{m}{2}-1}^{(1)} + \cdots + x_m \varkappa_{\frac{m}{2}-1}^{(m)} \right| \\ &\quad - \frac{2}{m} \log n(x_1 \varkappa^{(1)} + \cdots + x_m \varkappa^{(m)}) \end{aligned}$$

als Funktionen von $x_1, \ldots, x_m$ zu bestimmen sind.

Nach Satz 30 ist die Anzahl T derjenigen Punkte mit den Koordinaten

$$x_1 = u_1 \tau, \ldots, x_m = u_m \tau,$$

die in den durch (3) definierten Teil des $x_1 \ldots x_m$-Raumes fallen, durch die Formel

$$T = \frac{J}{\tau^m} + \frac{M}{\tau^{m-1}} = Jt + M t^{1-\frac{1}{m}}$$

dargestellt, wo M eine von t abhängige Größe bedeutet, die für unendlich wachsende t stets zwischen endlichen Grenzen bleibt. Ebenso folgt

$$\begin{gathered} T' = Jt + M' t^{1-\frac{1}{m}}, \\ T'' = Jt + M'' t^{1-\frac{1}{m}}, \\ \cdots\cdots\cdots \end{gathered}$$

wo $M', M'', \ldots$ ebenfalls von t abhängige und für unendlich wachsende t zwischen endlichen Grenzen bleibende Größen bedeuten. Durch Addition aller solchen $\frac{n(\mathfrak{p}) - 1}{2}$ Formeln erhalten wir

$$T + T' + T'' + \cdots = \frac{n(\mathfrak{p}) - 1}{2} Jt + (M + M' + M'' + \cdots) t^{1-\frac{1}{m}};$$

und folglich ist

$$F(t) = \frac{1}{w} \frac{n(\mathfrak{p}) - 1}{2} Jt + \frac{1}{w} (M + M' + M'' + \cdots) t^{1-\frac{1}{m}}. \tag{5}$$

Nach der nämlichen Methode erhalten wir für die Anzahl $G(t)$ aller durch $\mathfrak{a}$ teilbaren Hauptideale $\mathfrak{h}$ des Körpers k, deren Normen die reelle positive Zahl t nicht überschreiten und für welche $\left(\frac{\mathfrak{h}}{\mathfrak{p}}\right) = -1$ wird,

$$G(t) = \frac{1}{w}\,\frac{n(\mathfrak{p})-1}{2}\,Jt + \frac{1}{w}(N + N' + N'' + \cdots)\,t^{1-\frac{1}{m}}, \tag{6}$$

wo $N, N', N'', \ldots$ wiederum von t abhängige Größen bedeuten, die für unendlich wachsende t stets zwischen endlichen Grenzen bleiben. Durch Subtraktion der beiden Formeln (5), (6) ergibt sich

$$\Phi(t) = F(t) - G(t) = D t^{1-\frac{1}{m}}, \tag{7}$$

wo D ebenfalls eine von t abhängige Größe bezeichnet, die für unendlich wachsende t zwischen endlichen Grenzen bleibt.

Wir haben offenbar

$$\sum_{(\mathfrak{h})}\left(\frac{\mathfrak{h}}{\mathfrak{p}}\right)\frac{1}{n(\mathfrak{h})^s} = \sum_{(\mathfrak{h}^{(+)})}\frac{1}{n(\mathfrak{h}^{(+)})^s} - \sum_{(\mathfrak{h}^{(-)})}\frac{1}{n(\mathfrak{h}^{(-)})^s}, \qquad (s > 1),$$

wenn die Summe linker Hand über alle zu $\mathfrak{p}$ primen und durch $\mathfrak{a}$ teilbaren Hauptideale $\mathfrak{h}$ des Körpers k erstreckt wird, während auf der rechten Seite die erste Summe über alle zu $\mathfrak{p}$ primen und durch $\mathfrak{a}$ teilbaren Hauptideale $\mathfrak{h}^{(+)}$ mit der Eigenschaft $\left(\frac{\mathfrak{h}^{(+)}}{\mathfrak{p}}\right) = +1$ und die zweite Summe über alle zu $\mathfrak{p}$ primen und durch $\mathfrak{a}$ teilbaren Hauptideale $\mathfrak{h}^{(-)}$ mit der Eigenschaft $\left(\frac{\mathfrak{h}^{(-)}}{\mathfrak{p}}\right) = -1$ genommen wird. Andererseits ist mit Rücksicht auf die Bedeutung der Anzahlen $F(t)$, $G(t)$

$$\sum_{(\mathfrak{h}^{(+)})}\frac{1}{n(\mathfrak{h}^{(+)})^s} = \sum_{(t)}\frac{F(t) - F(t-1)}{t^s}, \qquad (s > 1),$$

$$\sum_{(\mathfrak{h}^{(-)})}\frac{1}{n(\mathfrak{h}^{(-)})^s} = \sum_{(t)}\frac{G(t) - G(t-1)}{t^s}, \qquad (s > 1)$$

und folglich wird

$$\sum_{(\mathfrak{h})}\left(\frac{\mathfrak{h}}{\mathfrak{p}}\right)\frac{1}{n(\mathfrak{h})^s} = \sum_{(t)}\frac{\Phi(t) - \Phi(t-1)}{t^s}, \qquad (s > 1), \tag{8}$$

wo die Summen rechter Hand stets über $t = 1, 2, 3, \ldots$ zu erstrecken sind und $F(0)$, $G(0)$, $\Phi(0)$ gleich Null zu setzen sind. Nun haben wir

$$\sum_{(t)}\frac{\Phi(t) - \Phi(t-1)}{t^s} = \sum_{(t)}\Phi(t)\left(\frac{1}{t^s} - \frac{1}{(t+1)^s}\right),$$

und da für $t > 0$, $s > 1$

$$\frac{1}{t^s} - \frac{1}{(t+1)^s} = \frac{1}{t^s}\left\{1 - \left(1 + \frac{1}{t}\right)^{-s}\right\},$$

$$\left(1 + \frac{1}{t}\right)^{-s} = 1 - \frac{s\vartheta}{t}, \qquad (0 < \vartheta < 1)$$

ist, so erhalten wir weiter

$$\sum_{(t)} \frac{\Phi(t) - \Phi(t-1)}{t^s} = \sum_{(t)} \Phi(t) \frac{s\vartheta}{t^{s+1}}, \qquad (0 < \vartheta < 1),$$

und wegen (7) und (8) folgt hieraus

$$\sum_{(\mathfrak{h})} \left(\frac{\mathfrak{h}}{\mathfrak{p}}\right) \frac{1}{n(\mathfrak{h})^s} = \sum_{(t)} \frac{s\vartheta D}{t^{s+\frac{1}{m}}}, \qquad (s > 1). \tag{9}$$

Da nach dem vorhin Bewiesenen D für unendlich wachsende t zwischen endlichen Grenzen bleibt und der Wert der unendlichen Reihe

$$\sum_{(t)} \frac{1}{t^{s+\frac{1}{m}}}$$

für $s = 1$ gegen eine endliche Grenze konvergiert, so folgt aus (9), daß auch die unendliche Summe

$$\sum_{(\mathfrak{h})} \left(\frac{\mathfrak{h}}{\mathfrak{p}}\right) \frac{1}{n(\mathfrak{h})^s}, \qquad (s > 1) \tag{10}$$

eine Funktion von s darstellt, welche für $s = 1$ gegen eine endliche Grenze konvergiert.

Setzen wir in (10) $\mathfrak{h} = \mathfrak{a}\mathfrak{j}$, so gehört das zu $\mathfrak{p}$ prime Ideal $\mathfrak{j}$ der Klasse C an und wir erhalten mit Rücksicht auf die Gleichung

$$\left(\frac{\mathfrak{h}}{\mathfrak{p}}\right) = \left(\frac{\mathfrak{a}}{\mathfrak{p}}\right)\left(\frac{\mathfrak{j}}{\mathfrak{p}}\right)$$

aus der zuletzt bewiesenen Tatsache das Resultat, daß die über alle zu $\mathfrak{p}$ primen Ideale $\mathfrak{j}$ der Klasse C zu erstreckende unendliche Summe

$$\sum_{(\mathfrak{j})} \left(\frac{\mathfrak{j}}{\mathfrak{p}}\right) \frac{1}{n(\mathfrak{j})^s}, \qquad (s > 1) \tag{11}$$

ebenfalls eine Funktion von s darstellt, welche für $s = 1$ gegen eine endliche Grenze konvergiert. Bilden wir die dem Ausdrucke (11) entsprechenden unendlichen Summen unter Benutzung der h verschiedenen Klassen des Körpers k und addieren alle so entstehenden h unendlichen Summen, so erkennen wir, daß auch die über alle zu $\mathfrak{p}$ primen Ideale $\mathfrak{j}$ des Körpers k erstreckte unendliche Summe

$$\sum_{(\mathfrak{j})} \left(\frac{\mathfrak{j}}{\mathfrak{p}}\right) \frac{1}{n(\mathfrak{j})^s}, \qquad (s > 1) \tag{12}$$

für $s = 1$ gegen einen endlichen Grenzwert konvergiert.

Nun ist

$$\sum_{(\mathfrak{j})} \left(\frac{\mathfrak{j}}{\mathfrak{p}}\right) \frac{1}{n(\mathfrak{j})^s} = \prod_{(\mathfrak{w})} \frac{1}{1 - \left(\frac{\mathfrak{w}}{\mathfrak{p}}\right) n(\mathfrak{w})^{-s}},$$

wenn das Produkt $\prod\limits_{(\mathfrak{w})}$ über alle Primideale $\mathfrak{w}$ des Körpers k erstreckt wird und folglich erhalten wir

$$\log \sum_{(\mathfrak{j})} \left(\frac{\mathfrak{j}}{\mathfrak{p}}\right) \frac{1}{n(\mathfrak{j})^s} = \sum_{(\mathfrak{w})} \left(\frac{\mathfrak{w}}{\mathfrak{p}}\right) \frac{1}{n(\mathfrak{w})^s} + f(s), \qquad (s > 1), \tag{13}$$

wobei die Summe $\sum\limits_{(\mathfrak{w})}$ ebenfalls über alle Primideale $\mathfrak{w}$ des Körpers k zu erstrecken ist und wo $f(s)$ eine Größe darstellt, die für $s = 1$ gegen einen endlichen Grenzwert konvergiert. Da (12) für $s = 1$ gegen einen endlichen Grenzwert konvergiert, so muß notwendig (13) für $s = 1$ entweder ebenfalls gegen einen endlichen Grenzwert konvergieren oder negativ über alle Grenzen wachsen; in beiden Fällen ersehen wir mithin die Richtigkeit des zu beweisenden Satzes 31.

§ 23. Eine Eigenschaft primärer Primideale.

Durch die beiden Sätze 29 und 31 gelangen wir zu folgendem wichtigen Satze über primäre Primideale:

Satz 32. Wenn $\mathfrak{p}$ ein primäres Primideal ist, so ist es stets möglich, in k eine ganze Zahl π zu finden, so daß das Ideal (π) gleich $\mathfrak{p}^h$ wird und überdies die Zahl π nach dem Modul 2^2 eine Kongruenz von der Gestalt

$$\pi \equiv \alpha^2, \qquad (2^2)$$

erfüllt, wo α eine geeignete ganze Zahl des Körpers k ist.

Beweis. Es sei $\varepsilon_1, \ldots, \varepsilon_{\frac{m}{2}}$ das zu Beginn von § 21 aufgestellte System von Einheiten in k; es seien ferner $\mathfrak{q}_1, \ldots, \mathfrak{q}_{\frac{m}{2}}$, wie in Satz 29, solche zu 2 prime Primideale des Körpers k, für welche allemal

$$\left(\frac{\varepsilon_i}{\mathfrak{q}_i}\right) = -1, \qquad \left(\frac{\varepsilon_k}{\mathfrak{q}_i}\right) = +1, \qquad (i \neq k), \qquad \left(i, k = 1, 2, \ldots, \frac{m}{2}\right)$$

ausfällt. Die Existenz solcher Primideale folgt aus Satz 18. Wir setzen dann

$$\mathfrak{p}^h = (\pi^*),\ \mathfrak{q}_1^h = (\varkappa_1), \ldots, \mathfrak{q}_{\frac{m}{2}}^h = (\varkappa_{\frac{m}{2}}),$$

so daß $\pi^*, \varkappa_1, \ldots, \varkappa_{\frac{m}{2}}$ gewisse ganze Zahlen des Körpers k bedeuten. Wenden wir nun den Satz 29 insbesondere auf die ganze Zahl π^* an, so ergibt sich, daß π^* einer Kongruenz von der Gestalt

$$\pi^* \equiv \varepsilon \varkappa_1^{v_1} \cdots \varkappa_{\frac{m}{2}}^{v_{\frac{m}{2}}} \alpha^2, \qquad (2^2) \tag{1}$$

genügt, wo ε eine geeignete Einheit in k, ferner $v_1, \ldots, v_{\frac{m}{2}}$ gewisse Exponenten 0, 1 und α eine geeignete ganze Zahl in k bedeutet. Hätten in diesem Ausdrucke (1) rechter Hand die Exponenten $v_1, \ldots, v_{\frac{m}{2}}$ sämtlich den Wert 0, so wäre bereits $\pi = \pi^* \varepsilon$ eine Zahl von der Art, wie sie Satz 32 verlangt. Wir nehmen also an, die Anzahl e derjenigen unter den Exponenten $v_1, \ldots, v_{\frac{m}{2}}$, welche gleich 1 ausfallen, sei größer als 0.

Setzen wir

$$\mu = \pi^* \varepsilon \varkappa_1^{v_1} \cdots \varkappa_{\frac{m}{2}}^{v_{\frac{m}{2}}},$$

so besitzt nach Satz 5 der relativquadratische Körper $K(\sqrt{\mu})$ eine zu 2 prime Relativdiskriminante. Für diesen Fall ist der Satz 26 von uns bereits bewiesen worden. Indem wir die in Definition 11 gebrauchten Bezeichnungen beibehalten, haben wir offenbar

$$t = e + 1, \quad r^* = e, \quad r = t - r^* = 1,$$

und nach dem Satze 26 ist folglich die Anzahl g der Geschlechter des Körpers $K(\sqrt{\mu})$ höchstens gleich 1 und also gleich 1, d. h. alle Idealklassen des Körpers $K(\sqrt{\mu})$ sind vom Hauptgeschlecht.

Aus der eben bewiesenen Tatsache ziehen wir folgende Schlüsse: es sei $\mathfrak{r}$ irgendein zu 2 primes Primideal in k mit der Eigenschaft

$$\left(\frac{\mu}{\mathfrak{r}}\right) = +1,$$

so daß $\mathfrak{r}$ nach Satz 7 in $K(\sqrt{\mu})$ in das Produkt zweier Primideale $\mathfrak{R}$, $S\mathfrak{R}$ zerfällt. Soll nun $\mathfrak{R}$ zum Hauptgeschlechte gehören, so muß das Charakterensystem dieses Primideals im Körper $K(\sqrt{\mu})$ aus lauter Einheiten $+1$ bestehen; es muß also das Charakterensystem einer Zahl $\xi\varrho$, wobei ξ eine geeignete Einheit in k und ϱ eine ganze Zahl in k mit der Eigenschaft $\mathfrak{r}^h = (\varrho)$ bedeutet, aus lauter Einheiten $+1$ bestehen. Wir bilden insbesondere den Charakter der Zahl $\xi\varrho$ in bezug auf das in der Relativdiskriminante von $K(\sqrt{\mu})$ aufgehende Primideal $\mathfrak{p}$ und erhalten dadurch

$$\left(\frac{\xi\varrho, \mu}{\mathfrak{p}}\right) = \left(\frac{\xi\varrho}{\mathfrak{p}}\right) = +1,$$

und wenn wir berücksichtigen, daß $\mathfrak{p}$ ein primäres Primideal ist, so wird

$$\left(\frac{\xi\varrho}{\mathfrak{p}}\right) = \left(\frac{\varrho}{\mathfrak{p}}\right) = \left(\frac{\mathfrak{r}}{\mathfrak{p}}\right) = +1,$$

d. h. jedes Primideal $\mathfrak{r}$, für welches $\left(\frac{\mu}{\mathfrak{r}}\right) = +1$ ausfällt, besitzt auch die Eigenschaft $\left(\frac{\mathfrak{r}}{\mathfrak{p}}\right) = +1$.

Wir bestimmen nun an Stelle der Primideale $\mathfrak{q}_1, \ldots, \mathfrak{q}_{\frac{m}{2}}$ irgend $\frac{m}{2}$ andere Primideale $\mathfrak{q}'_1, \ldots, \mathfrak{q}'_{\frac{m}{2}}$ mit den entsprechenden Eigenschaften

$$\left(\frac{\varepsilon_i}{\mathfrak{q}'_i}\right) = -1, \qquad \left(\frac{\varepsilon_k}{\mathfrak{q}'_i}\right) = +1, \qquad (i \neq k),$$

$$\left(i, k = 1, 2, \ldots, \frac{m}{2}\right)$$

und setzen wiederum $\mathfrak{q}_1'^h = (\varkappa_1'), \ldots, \mathfrak{q}_{\frac{m}{2}}'^h = (\varkappa_{\frac{m}{2}}')$, wo $\varkappa_1', \ldots, \varkappa_{\frac{m}{2}}'$ ganze Zahlen in k sind; sodann denken wir uns die sämtlichen Schlußfolgerungen dieses Beweises für das neue System von Primidealen $\mathfrak{q}_1', \ldots, \mathfrak{q}_{\frac{m}{2}}'$ wiederholt. Auf diese Weise gelangen wir zu einem Ausdruck

$$\mu' = \pi^* \varepsilon' \varkappa_1'^{v_1'} \cdots \varkappa_{\frac{m}{2}}'^{v_{\frac{m}{2}}'} \equiv \alpha'^2, \qquad (2^2),$$

in dem ε' eine gewisse Einheit und $v_1', \ldots, v_{\frac{m}{2}}'$ gewisse Exponenten $0, 1$ bedeuten. Hätten hier die Exponenten $v_1', \ldots, v_{\frac{m}{2}}'$ sämtlich den Wert 0, so wäre wiederum $\pi = \pi^* \varepsilon'$ eine Zahl von der Art, wie sie Satz 32 verlangt; wir nehmen also an, daß diese Exponenten $v_1', \ldots, v_{\frac{m}{2}}'$ nicht sämtlich gleich 0 ausfallen und folgern dann wie vorhin, daß jedes Primideal $\mathfrak{r}$, für welches $\left(\frac{\mu'}{\mathfrak{r}}\right) = +1$ ist, auch die Eigenschaft $\left(\frac{\mathfrak{r}}{\mathfrak{p}}\right) = +1$ besitzt.

Wir bezeichnen nun kurz mit $\mathfrak{r}_\mu$ alle diejenigen Primideale in k, für welche

$$\left(\frac{\mu}{\mathfrak{r}_\mu}\right) = +1$$

ist und mit $\mathfrak{r}_{\mu\mu'}$ alle diejenigen Primideale in k, für welche zugleich

$$\left(\frac{\mu}{\mathfrak{r}_{\mu\mu'}}\right) = -1 \quad \text{und} \quad \left(\frac{\mu'}{\mathfrak{r}_{\mu\mu'}}\right) = +1$$

ausfällt, ferner mit $\mathfrak{r}_\mathfrak{p}^{(+)}, \mathfrak{r}_\mathfrak{p}^{(-)}$ diejenigen Primideale, für welche

$$\left(\frac{\mathfrak{r}_\mathfrak{p}^{(+)}}{\mathfrak{p}}\right) = +1 \quad \text{bez.} \quad \left(\frac{\mathfrak{r}_\mathfrak{p}^{(-)}}{\mathfrak{p}}\right) = -1$$

wird. Da die Zahlen μ, μ' sicher nicht Quadrate von ganzen Zahlen in k sind und bei unseren Annahmen das nämliche auch für das Produkt $\mu\mu'$ gilt, so folgen aus Satz 17 die Gleichungen

$$\left.\begin{aligned} \sum_{(\mathfrak{r}_\mu)} \frac{1}{n(\mathfrak{r}_\mu)^s} &= \frac{1}{2} \log \frac{1}{s-1} + f_\mu(s), \qquad (s > 1),\\ \sum_{(\mathfrak{r}_{\mu\mu'})} \frac{1}{n(\mathfrak{r}_{\mu\mu'})^s} &= \frac{1}{4} \log \frac{1}{s-1} + f_{\mu\mu'}(s), \qquad (s > 1); \end{aligned}\right\} \qquad (2)$$

hier sind die unendlichen Summen über alle Primideale $\mathfrak{r}_\mu$ bez. $\mathfrak{r}_{\mu\mu'}$ zu erstrecken und $f_\mu(s), f_{\mu\mu'}(s)$ bedeuten Funktionen der reellen Veränderlichen s, welche stets zwischen endlichen Grenzen bleiben, wenn s sich dem Werte 1 nähert.

Die Primideale $\mathfrak{r}_\mu$ sind offenbar sämtlich von den Primidealen $\mathfrak{r}_{\mu\mu'}$ verschieden und da nach dem vorhin Bewiesenen die Primideale $\mathfrak{r}_\mu, \mathfrak{r}_{\mu\mu'}$ sämtlich unter den Primidealen $\mathfrak{r}_\mathfrak{p}^{(+)}$ vorkommen, so haben wir

$$\sum_{(\mathfrak{r}_\mathfrak{p}^{(+)})} \frac{1}{n(\mathfrak{r}_\mathfrak{p}^{(+)})^s} \geqq \sum_{(\mathfrak{r}_\mu)} \frac{1}{n(\mathfrak{r}_\mu)^s} + \sum_{(\mathfrak{r}_{\mu\mu'})} \frac{1}{n(\mathfrak{r}_{\mu\mu'})^s}$$

und folglich wegen (2)

$$\sum_{(\mathfrak{r}_{\mathfrak{p}}^{(+)})} \frac{1}{n(\mathfrak{r}_{\mathfrak{p}}^{(+)})^s} \geqq \frac{3}{4} \log \frac{1}{s-1} + f_\mu(s) + f_{\mu\mu'}(s); \tag{3}$$

hier sind die unendlichen Summen wiederum über alle Primideale mit den betreffenden Eigenschaften zu erstrecken.

Die Primideale $\mathfrak{r}_{\mathfrak{p}}^{(+)}, \mathfrak{r}_{\mathfrak{p}}^{(-)}$ erschöpfen offenbar, wenn man von dem einen Primideale $\mathfrak{p}$ absieht, die sämtlichen Primideale $\mathfrak{w}$ in k und es ist daher

$$\sum_{(\mathfrak{r}_{\mathfrak{p}}^{(+)})} \frac{1}{n(\mathfrak{r}_{\mathfrak{p}}^{(+)})^s} + \sum_{(\mathfrak{r}_{\mathfrak{p}}^{(-)})} \frac{1}{n(\mathfrak{r}_{\mathfrak{p}}^{(-)})^s} = -\frac{1}{n(\mathfrak{p})^s} + \sum_{(\mathfrak{w})} \frac{1}{n(\mathfrak{w})^s} = \log \frac{1}{s-1} + f(s), \tag{4}$$

wo die Summe $\sum\limits_{(\mathfrak{w})}$ über sämtliche Primideale $\mathfrak{w}$ in k erstreckt werden soll und $f(s)$ wiederum eine für $s = 1$ zwischen endlichen Grenzen bleibende Größe bezeichnet. Aus (3) und (4) zusammen folgt die Ungleichung

$$\sum_{(\mathfrak{r}_{\mathfrak{p}}^{(+)})} \frac{1}{n(\mathfrak{r}_{\mathfrak{p}}^{(+)})^s} - \sum_{(\mathfrak{r}_{\mathfrak{p}}^{(-)})} \frac{1}{n(\mathfrak{r}_{\mathfrak{p}}^{(-)})^s} \geqq \frac{1}{2} \log \frac{1}{s-1} + 2 f_\mu(s) + 2 f_{\mu\mu'}(s) - f(s). \tag{5}$$

Wegen

$$\sum_{(\mathfrak{r}_{\mathfrak{p}}^{(+)})} \frac{1}{n(\mathfrak{r}_{\mathfrak{p}}^{(+)})^s} - \sum_{(\mathfrak{r}_{\mathfrak{p}}^{(-)})} \frac{1}{n(\mathfrak{r}_{\mathfrak{p}}^{(-)})^s} = \sum_{(\mathfrak{w})} \left(\frac{\mathfrak{w}}{\mathfrak{p}}\right) \frac{1}{n(\mathfrak{w})^s}$$

enthält die Ungleichung (5) unmittelbar einen Widerspruch gegen den Satz 31 und mithin sind unsere Annahmen zu verwerfen, d. h. es müssen die Exponenten $v_1, \ldots, v_{\frac{m}{2}}$ in der Kongruenz (1) oder das zweitemal die Exponenten $v_1', \ldots, v_{\frac{m}{2}}'$ in der entsprechenden Kongruenz sämtlich 0 sein; dann ist aber, wie bereits hervorgehoben wurde, $\pi = \pi^* \varepsilon$ bez. $\pi = \pi^* \varepsilon'$ eine Zahl von der Art, wie sie der Satz 32 verlangt und damit haben wir die Richtigkeit dieses Satzes erkannt.

Auch die Umkehrung des Satzes 32 ist gültig, wie der folgende Satz zeigt:

Satz 33. Wenn π eine ganze Zahl in k bedeutet, welche dem Quadrat einer ganzen Zahl in k nach 2^2 kongruent ausfällt, und wenn überdies (π) gleich $\mathfrak{p}^h$ ist, wo $\mathfrak{p}$ ein Primideal in k bedeutet, so ist dieses Primideal $\mathfrak{p}$ stets primär.

Beweis. Wir betrachten den Körper $K(\sqrt{\pi})$: Wegen Satz 4 und 5 besitzt die Relativdiskriminante dieses Körpers nur den einen Primfaktor $\mathfrak{p}$. Mit Hilfe von Satz 22, nach der Bemerkung am Schluß von § 15, und bei Anwendung der Bezeichnungsweise dieses Satzes 22 für den Körper $K(\sqrt{\pi})$ erhalten wir wegen $t = 1$ die Ungleichung

$$1 + v^* - \frac{m}{2} > 0 \quad \text{d. h.} \quad v^* \geqq \frac{m}{2}.$$

Da andererseits v^* nach § 11 nicht größer als $\frac{m}{2}$ sein kann, so haben wir $v^* = \frac{m}{2}$;

es ist mithin jede Einheit ξ in k die Relativnorm einer Einheit des Körpers $K(\sqrt{\pi})$ und hieraus folgt nach Satz 9

$$\left(\frac{\xi,\pi}{\mathfrak{p}}\right)=\left(\frac{\xi}{\mathfrak{p}}\right)=+1,$$

d. h. $\mathfrak{p}$ ist ein primäres Primideal.

§ 24. Zwei besondere Fälle des Reziprozitätsgesetzes für quadratische Reste im Körper *k*.

Auf Grund des Satzes 32 können wir folgende neue Definition aufstellen:

Definition 15. Wenn $\mathfrak{p}$ ein primäres Primideal in k ist und $\mathfrak{p}^h=(\pi)$ wird, wo π eine solche ganze Zahl in k bedeutet, die dem Quadrat einer ganzen Zahl in k nach dem Modul 2^2 kongruent ausfällt, so nenne ich π eine *Primärzahl des primären Primideals* $\mathfrak{p}$. Wegen Satz 28 ist die Primärzahl π durch das primäre Primideal $\mathfrak{p}$ bis auf das Quadrat einer Einheit in k bestimmt.

Satz 34. Es sei $\mathfrak{p}$ ein primäres Primideal in k und $\mathfrak{r}$ ein beliebiges Primideal in k; ferner sei π eine Primärzahl von $\mathfrak{p}$ und ϱ irgendeine ganze Zahl in k, so daß $(\varrho)=\mathfrak{r}^h$ wird: wenn dann $\left(\frac{\pi}{\mathfrak{r}}\right)=+1$ ist, so fällt auch $\left(\frac{\varrho}{\mathfrak{p}}\right)=+1$ aus.

Beweis. Mit Rücksicht auf Definition 15 und wegen Satz 4 und 5 besitzt die Relativdiskriminante des Körpers $K(\sqrt{\pi})$ nur den einen Primfaktor $\mathfrak{p}$, und daher ist wegen Satz 26 in diesem Relativkörper die Anzahl der Geschlechter gleich 1, d. h. es gehören alle Ideale des Körpers $K(\sqrt{\pi})$ dem Hauptgeschlechte an. Wegen der Annahme $\left(\frac{\pi}{\mathfrak{r}}\right)=+1$ ist nach Satz 7 $\mathfrak{r}$ in $K(\sqrt{\pi})$ in das Produkt zweier Primideale zerlegbar; für den Charakter eines jeden dieser beiden Primideale erhalten wir den Wert

$$\left(\frac{\varrho,\pi}{\mathfrak{p}}\right)=\left(\frac{\varrho}{\mathfrak{p}}\right)=+1,$$

womit der Satz 34 bewiesen ist.

Satz 35. Wenn $\mathfrak{p}$, $\mathfrak{p}^*$ zwei primäre Primideale in k und π, π^* bez. Primärzahlen von $\mathfrak{p}$, $\mathfrak{p}^*$ sind, so gilt die Gleichung

$$\left(\frac{\pi}{\mathfrak{p}^*}\right)=\left(\frac{\pi^*}{\mathfrak{p}}\right).$$

Beweis. Im Falle $\left(\frac{\pi}{\mathfrak{p}^*}\right)=+1$ folgt die Richtigkeit dieses Satzes unmittelbar aus dem Satze 34. Nehmen wir andererseits $\left(\frac{\pi}{\mathfrak{p}^*}\right)=-1$ an, so muß notwendig auch $\left(\frac{\pi^*}{\mathfrak{p}}\right)=-1$ sein; denn wäre $\left(\frac{\pi^*}{\mathfrak{p}}\right)=+1$, so würde aus dem nämlichen Satze 34 die Gleichung $\left(\frac{\pi}{\mathfrak{p}^*}\right)=+1$ folgen, was der Annahme widerspricht.

§ 25. Das Produkt $\prod\limits_{(\mathfrak{w})}'\left(\frac{\nu,\mu}{\mathfrak{w}}\right)$ für ein zu 2 primes ν und bei gewissen Annahmen über μ.

Wir sind jetzt imstande, einen weiteren wichtigen Bestandteil des Reziprozitätsgesetzes für quadratische Reste im Körper k abzuleiten.

Satz 36. *Wenn ν, μ zu 2 prime ganze Zahlen in k sind und überdies die Zahl μ dem Quadrat einer ganzen Zahl in k nach dem Modul 2^2 kongruent wird, so ist stets*

$$\prod_{(\mathfrak{w})}'\left(\frac{\nu,\mu}{\mathfrak{w}}\right) = +1,$$

wo das Produkt über sämtliche zu 2 primen Primideale $\mathfrak{w}$ des Körpers k erstreckt werden soll.

Beweis. Wir nehmen *erstens* ν gleich einer Zahl $\varkappa$ des Körpers k an, die von der Beschaffenheit ist, daß das Ideal $(\varkappa)$ die h-te Potenz eines nichtprimären Primideals $\mathfrak{q}$ in k wird; die Zahl μ dagegen sei ein Produkt von lauter Potenzen primärer Primideale. Bedeuten $\mathfrak{d}_1, \ldots, \mathfrak{d}_t$ diejenigen unter diesen Primfaktoren von μ, die in μ zu einer ungeraden Potenz aufgehen, so finden wir, wenn bez. $\delta_1, \ldots, \delta_t$ Primärzahlen von $\mathfrak{d}_1, \ldots, \mathfrak{d}_t$ bezeichnen, bei Anwendung des Satzes 28 leicht die Gleichung

$$\mu^h = \delta_1 \cdots \delta_t \alpha^2, \tag{1}$$

wo α eine geeignete ganze Zahl in k bedeutet. Wir betrachten den Körper $K(\sqrt{\mu})$; nach Satz 4 sind $\mathfrak{d}_1, \ldots, \mathfrak{d}_t$ die in der Relativdiskriminante von $K(\sqrt{\mu})$ aufgehenden Primideale. Da diese t Primideale sämtlich primär sein sollen und mithin für jede Einheit ξ stets

$$\left(\frac{\xi,\mu}{\mathfrak{d}_i}\right) = \left(\frac{\xi}{\mathfrak{d}_i}\right) = +1, \qquad (i = 1, 2, \ldots, t)$$

ausfällt, so ist $r = t$ die Anzahl der Charaktere, welche das Geschlecht einer Klasse in diesem Körper $K(\sqrt{\mu})$ bestimmen; es gibt daher nach Satz 26 in $K(\sqrt{\mu})$ höchstens 2^{t-1} Geschlechter.

Wir weisen nun nach, daß im Körper $K(\sqrt{\mu})$ wirklich 2^{t-1} Geschlechter vorhanden sind. Zu dem Zwecke bezeichnen wir mit $c_1, \ldots, c_t$ irgend t solche Einheiten ± 1, deren Produkt gleich $+1$ ist, und bestimmen dann ein Primideal $\mathfrak{p}$ in k, welches den Bedingungen

$$\left(\frac{\varepsilon_1}{\mathfrak{p}}\right) = +1, \ldots, \left(\frac{\varepsilon_{\frac{m}{2}}}{\mathfrak{p}}\right) = +1, \tag{2}$$

$$\left(\frac{\delta_1}{\mathfrak{p}}\right) = c_1, \ldots, \left(\frac{\delta_t}{\mathfrak{p}}\right) = c_t \tag{3}$$

genügt, wobei $\varepsilon_1, \ldots, \varepsilon_{\frac{m}{2}}$ das zu Beginn von § 21 aufgestellte System von Einheiten in k bedeuten soll; nach Satz 18 gibt es sicher Primideale $\mathfrak{p}$ von der verlangten Beschaffenheit. Wegen (2) ist $\mathfrak{p}$ ein primäres Primideal; es sei π eine Primärzahl von $\mathfrak{p}$. Nach Satz 35 folgen aus den Gleichungen (3) die Gleichungen

$$\left(\frac{\pi}{\mathfrak{d}_1}\right) = c_1, \ldots, \left(\frac{\pi}{\mathfrak{d}_t}\right) = c_t. \qquad (4)$$

Wenn wir die Gleichungen (3) miteinander multiplizieren, erhalten wir wegen (1) und wegen $c_1 \ldots c_t = +1$ die Gleichung

$$\left(\frac{\delta_1 \cdots \delta_t}{\mathfrak{p}}\right) = \left(\frac{\mu}{\mathfrak{p}}\right) = +1,$$

d. h. $\mathfrak{p}$ zerfällt im Körper $K(\sqrt{\mu})$ in zwei Primfaktoren. Die Charaktere eines jeden dieser Primfaktoren stimmen wegen (4) mit $c_1, \ldots, c_t$ überein. Die Anzahl der möglichen Systeme von Einheiten $c_1, \ldots, c_t$ mit der Bedingung $c_1 \ldots c_t = +1$ ist offenbar 2^{t-1}; es existieren daher wirklich so viele Geschlechter, und da es nach dem vorhin Bewiesenen eine größere Anzahl von Geschlechtern nicht geben kann, so erkennen wir hieraus die Tatsache, daß das Charakterensystem $c_1, \ldots, c_t$ eines jeden Geschlechts im Körper $K(\sqrt{\mu})$ notwendig die Bedingung $c_1 \ldots c_t = +1$ erfüllen muß.

Um aus dieser Tatsache unter den an erster Stelle gemachten Annahmen den Satz 36 abzuleiten, nehmen wir zunächst an, es sei $\left(\frac{\mu}{\mathfrak{q}}\right) = +1$. Dann zerfällt $\mathfrak{q}$ in $K(\sqrt{\mu})$ in zwei Primfactoren; das Charakterensystem eines jeden dieser Primfaktoren ist

$$\left(\frac{\varkappa, \mu}{\mathfrak{d}_1}\right) = \left(\frac{\varkappa}{\mathfrak{d}_1}\right), \ldots, \left(\frac{\varkappa, \mu}{\mathfrak{d}_t}\right) = \left(\frac{\varkappa}{\mathfrak{d}_t}\right).$$

Da das Produkt dieser Charaktere nach dem vorhin Bewiesenen gleich $+1$ sein soll, so folgt wegen

$$\left(\frac{\varkappa, \mu}{\mathfrak{q}}\right) = \left(\frac{\mu}{\mathfrak{q}}\right) = +1$$

notwendig die Gleichung

$$\prod_{(\mathfrak{w})}{}' \left(\frac{\varkappa, \mu}{\mathfrak{w}}\right) = +1,$$

wenn das Produkt über alle zu 2 primen Primideale $\mathfrak{w}$ des Körpers k erstreckt wird; diese Gleichung zeigt unmittelbar die Richtigkeit der Behauptung.

Ist dagegen $\left(\frac{\mu}{\mathfrak{q}}\right) = -1$, so bestimme man ein von den Primidealen $\mathfrak{d}_1, \ldots, \mathfrak{d}_t$ verschiedenes primäres Primideal $\mathfrak{p}$ von der Art, daß $\left(\frac{\varkappa}{\mathfrak{p}}\right) = -1$ ausfällt; nach Satz 18 ist dies stets möglich. Bezeichnet π eine Primärzahl von $\mathfrak{p}$, so muß notwendig auch $\left(\frac{\pi}{\mathfrak{q}}\right) = -1$ ausfallen, weil im entgegengesetzten Falle aus Satz 34 $\left(\frac{\varkappa}{\mathfrak{p}}\right) = +1$ folgen würde. Nunmehr ist $\left(\frac{\mu\pi}{\mathfrak{q}}\right) = +1$, und wenn wir daher in der voranstehenden Betrachtung an Stelle von μ jetzt $\mu\pi$

nehmen, so geht aus derselben die Gleichung

$$\prod_{(\mathfrak{w})}{}'\left(\frac{\varkappa,\ \mu\pi}{\mathfrak{w}}\right)=+1$$

hervor. Es ist aber

$$\prod_{(\mathfrak{w})}{}'\left(\frac{\varkappa,\ \pi}{\mathfrak{w}}\right)=\left(\frac{\varkappa}{\mathfrak{p}}\right)\left(\frac{\pi}{\mathfrak{q}}\right)=+1$$

und folglich

$$\prod_{(\mathfrak{w})}{}'\left(\frac{\varkappa,\ \mu}{\mathfrak{w}}\right)=+1; \tag{5}$$

damit ist die Behauptung des Satzes 36 unter den an erster Stelle gemachten Annahmen als richtig erkannt.

Wenden wir die Formel (5) insbesondere auf den Fall an, daß μ eine Primärzahl π eines primären Primideals $\mathfrak{p}$ ist, so erhalten wir die Gleichung

$$\prod_{(\mathfrak{w})}{}'\left(\frac{\varkappa,\ \pi}{\mathfrak{w}}\right)=\left(\frac{\varkappa}{\mathfrak{p}}\right)\left(\frac{\pi}{\mathfrak{q}}\right)=+1; \tag{6}$$

es ist folglich stets

$$\left(\frac{\varkappa}{\mathfrak{p}}\right)=\left(\frac{\pi}{\mathfrak{q}}\right). \tag{7}$$

Wir behandeln *zweitens* den Fall, daß ν eine Primärzahl π eines primären Primideals $\mathfrak{p}$ sei, während die Zahl μ beliebige primäre oder nichtprimäre Primideale enthalten möge. Setzen wir $(\mu)=\mathfrak{r}_1\mathfrak{r}_2\ldots$, wo $\mathfrak{r}_1,\mathfrak{r}_2,\ldots$ Primideale sind, und bezeichnen $\varrho_1,\varrho_2,\ldots$ ganze Zahlen in k, so daß

$$(\varrho_1)=\mathfrak{r}_1^h,\qquad(\varrho_2)=\mathfrak{r}_2^h,\ldots$$

ausfällt, so wird

$$\mu^h=\eta\,\varrho_1\varrho_2\ldots,$$

wobei η eine Einheit in k sein muß. Bei Anwendung der dritten Formel des Satzes 14 erhalten wir

$$\prod_{(\mathfrak{w})}{}'\left(\frac{\pi,\ \mu}{\mathfrak{w}}\right)=\prod_{(\mathfrak{w})}{}'\left(\frac{\pi,\ \mu^h}{\mathfrak{w}}\right)=\prod_{(\mathfrak{w})}{}'\left(\frac{\pi,\ \eta}{\mathfrak{w}}\right)\prod_{(\mathfrak{w})}{}'\left(\frac{\pi,\ \varrho_1}{\mathfrak{w}}\right)\prod_{(\mathfrak{w})}{}'\left(\frac{\pi,\ \varrho_2}{\mathfrak{w}}\right)\cdots. \tag{8}$$

Andererseits ist mit Rücksicht auf Satz 13

$$\prod_{(\mathfrak{w})}{}'\left(\frac{\pi,\ \eta}{\mathfrak{w}}\right)=\left(\frac{\eta}{\mathfrak{p}}\right)=+1. \tag{9}$$

Ferner gelten die Gleichungen

$$\prod_{(\mathfrak{w})}{}'\left(\frac{\pi,\ \varrho_i}{\mathfrak{w}}\right)=\left(\frac{\varrho_i}{\mathfrak{p}}\right)\left(\frac{\pi}{\mathfrak{r}_i}\right)=+1,\quad(i=1,2,\ldots), \tag{10}$$

wie wir für ein primäres $\mathfrak{r}_i$ aus Satz 35 und für ein nichtprimäres $\mathfrak{r}_i$ aus Formel (6) schließen. Nunmehr führt die Gleichung (8) in Verbindung mit (9) und (10) zu der Gleichung

$$\prod_{(\mathfrak{w})}{}'\left(\frac{\pi,\ \mu}{\mathfrak{w}}\right)=+1, \tag{11}$$

und diese lehrt die Richtigkeit des Satzes 36 für den an zweiter Stelle behandelten Fall.

Wir nehmen *drittens* an, es sei ν gleich einer Einheit ε in k, während μ beliebige primäre oder nichtprimäre Primideale enthalten möge. Wir betrachten den Relativkörper $K(\sqrt{\mu})$. Bedeuten, wie in unserem ersten Falle, $\mathfrak{d}_1, \ldots, \mathfrak{d}_t$ diejenigen unter den Primfaktoren von μ, die in μ zu einer ungeraden Potenz aufgehen, und sind $\delta_1, \ldots, \delta_t$ solche ganze Zahlen in k, daß

$$(\delta_1) = \mathfrak{d}_1^h, \ldots, (\delta_t) = \mathfrak{d}_t^h$$

wird, so finden wir eine Gleichung von der Gestalt

$$\mu^h = \eta\, \delta_1 \cdots \delta_t\, \alpha^2, \tag{12}$$

wo η eine Einheit in k und α eine ganze Zahl in k bezeichnet. Nach Satz 4 sind $\mathfrak{d}_1, \ldots, \mathfrak{d}_t$ die in der Relativdiskriminante des Körpers $K(\sqrt{\mu})$ aufgehenden Primideale. Wir bezeichnen mit r die Anzahl der Charaktere, die das Geschlecht einer Klasse in $K(\sqrt{\mu})$ bestimmen, und es seien unter den Primidealen $\mathfrak{d}_1, \ldots, \mathfrak{d}_t$ die Primideale $\mathfrak{d}_t, \mathfrak{d}_{t-1}, \ldots, \mathfrak{d}_{r+1}$ nach der in Definition 11 gemachten Vorschrift ausgewählt. Dann beweisen wir folgende Tatsache: wenn $c_1, \ldots, c_r$ irgend r Einheiten ± 1 sind, deren Produkt $c_1 \ldots c_r = +1$ ausfällt, so gibt es im Körper $K(\sqrt{\mu})$ stets Ideale, deren Charaktere mit $c_1, \ldots, c_r$ übereinstimmen. In der Tat nach Satz 18 gibt es in k sicher ein Primideal $\mathfrak{p}$, welches den Gleichungen

$$\left(\frac{\varepsilon_1}{\mathfrak{p}}\right) = +1, \ldots, \left(\frac{\varepsilon_{\frac{m}{2}}}{\mathfrak{p}}\right) = +1, \tag{13}$$

$$\left.\begin{aligned} \left(\frac{\delta_1}{\mathfrak{p}}\right) &= c_1, \ldots, \left(\frac{\delta_r}{\mathfrak{p}}\right) = c_r, \\ \left(\frac{\delta_{r+1}}{\mathfrak{p}}\right) &= +1, \ldots, \left(\frac{\delta_t}{\mathfrak{p}}\right) = +1 \end{aligned}\right\} \tag{14}$$

genügt. Wegen (13) ist $\mathfrak{p}$ ein primäres Primideal; es sei π eine Primärzahl von $\mathfrak{p}$. Vermöge des Satzes 35 bez. der Relation (7) folgen aus (14) die Gleichungen

$$\left(\frac{\pi}{\mathfrak{d}_1}\right) = c_1, \ldots, \left(\frac{\pi}{\mathfrak{d}_r}\right) = c_r, \qquad \left(\frac{\pi}{\mathfrak{d}_{r+1}}\right) = 1, \ldots, \left(\frac{\pi}{\mathfrak{d}_t}\right) = +1. \tag{15}$$

Da $c_1 \ldots c_r = +1$ sein soll, so erhalten wir aus (14)

$$\left(\frac{\delta_1 \cdots \delta_t}{\mathfrak{p}}\right) = +1$$

und folglich ist wegen (12)

$$\left(\frac{\mu^h}{\mathfrak{p}}\right) = \left(\frac{\mu}{\mathfrak{p}}\right) = +1,$$

d. h. $\mathfrak{p}$ zerfällt in $K(\sqrt{\mu})$ in zwei Primfaktoren. Die Charaktere eines jeden dieser Primfaktoren stimmen wegen (15) mit $c_1, \ldots, c_r$ überein.

Da die Anzahl der Systeme von je r Einheiten $c_1, \ldots, c_r$ mit der Bedingung $c_1 \ldots c_r = +1$ gleich 2^{r-1} ist und andererseits nach Satz 26 im Körper $K(\sqrt{\mu})$ nicht mehr als 2^{r-1} Geschlechter existieren können, so schließen wir, wie in unserem ersten Falle, daß das Charakterensystem $c_1, \ldots, c_r$ eines jeden in $K(\sqrt{\mu})$ vorhandenen Geschlechtes notwendig die Bedingung $c_1 \ldots c_r = +1$ erfüllen muß.

Um aus dieser Tatsache im gegenwärtigen dritten Falle den Satz 36 zu beweisen, sei $\mathfrak{p}$ ein Primideal, welches den Bedingungen

$$\left(\frac{\mu}{\mathfrak{p}}\right) = +1, \tag{16}$$

$$\left(\frac{\varepsilon_1}{\mathfrak{p}}\right) = +1, \left(\frac{\varepsilon_2}{\mathfrak{p}}\right) = +1, \ldots, \left(\frac{\varepsilon_{\frac{m}{2}}}{\mathfrak{p}}\right) = +1, \tag{17}$$

$$\left(\frac{\delta_{r+1}}{\mathfrak{p}}\right) = \left(\frac{\varepsilon}{\mathfrak{d}_{r+1}}\right), \left(\frac{\delta_{r+2}}{\mathfrak{p}}\right) = \left(\frac{\varepsilon}{\mathfrak{d}_{r+2}}\right), \ldots, \left(\frac{\delta_t}{\mathfrak{p}}\right) = \left(\frac{\varepsilon}{\mathfrak{d}_t}\right) \tag{18}$$

genügt. Wegen der Gleichung (16) zerfällt $\mathfrak{p}$ im Körper $K(\sqrt{\mu})$ in zwei Primfaktoren und wegen der Gleichungen (17) ist $\mathfrak{p}$ ein primäres Primideal; es sei π eine Primärzahl von $\mathfrak{p}$. Wegen (18) erhalten wir unter Benutzung des Satzes 35 bez. der Relation (7) die Gleichungen

$$\left(\frac{\varepsilon\pi, \mu}{\mathfrak{d}_i}\right) = \left(\frac{\varepsilon\pi}{\mathfrak{d}_i}\right) = \left(\frac{\varepsilon}{\mathfrak{d}_i}\right)\left(\frac{\pi}{\mathfrak{d}_i}\right) = +1 \quad (i = r+1, r+2, \ldots, t), \tag{19}$$

und daher haben die r Charaktere eines Primfaktors von $\mathfrak{p}$ folgende Werte

$$\left(\frac{\varepsilon\pi, \mu}{\mathfrak{d}_1}\right), \left(\frac{\varepsilon\pi, \mu}{\mathfrak{d}_2}\right), \ldots, \left(\frac{\varepsilon\pi, \mu}{\mathfrak{d}_r}\right).$$

Nun muß nach dem vorhin Bewiesenen das Produkt dieser Charaktere gleich $+1$ sein; dies liefert mit Rücksicht auf (16) und (19) die Beziehung

$$\prod_{(\mathfrak{w})}{}' \left(\frac{\varepsilon\pi, \mu}{\mathfrak{w}}\right) = +1,$$

und da wegen der an zweiter Stelle bewiesenen Tatsache

$$\prod_{(\mathfrak{w})}{}' \left(\frac{\pi, \mu}{\mathfrak{w}}\right) = +1$$

sein muß, so folgt auch die Gleichung

$$\prod_{(\mathfrak{w})}{}' \left(\frac{\varepsilon, \mu}{\mathfrak{w}}\right) = +1, \tag{20}$$

womit der Satz 36 unter den an dritter Stelle gemachten Annahmen als richtig erkannt ist. Das Produkt $\prod\limits_{(\mathfrak{w})}{}'$ ist hier wie auch im folgenden stets über alle zu 2 primen Primideale $\mathfrak{w}$ des Körpers k zu erstrecken.

Wir machen *viertens* die Annahme, daß ν die h-te Potenz eines nichtprimären Primideals $\mathfrak{q}$ sei, und setzen $(\varkappa) = \mathfrak{q}^h$, wo $\varkappa$ eine ganze Zahl in k bedeutet; die Zahl μ enthalte jedoch beliebig viele primäre oder nicht primäre Primideale als Faktoren. Wir betrachten den Körper $K(\sqrt{\mu})$, wenden für ihn die Bezeichnungen wie im vorigen Falle an und entnehmen aus der Behandlung dieses dritten Falles die Tatsache, daß das Produkt der r Charaktere eines Geschlechtes in $K(\sqrt{\mu})$ gleich $+1$ sein muß. Es sei zunächst $\left(\frac{\mu}{\mathfrak{q}}\right) = +1$; dann zerfällt $\mathfrak{q}$ im Körper $K(\sqrt{\mu})$ in zwei Primfaktoren. Die r Charaktere eines jeden dieser Primfaktoren von $\mathfrak{q}$ sind, wenn ξ eine geeignete Einheit in k bedeutet, und im übrigen die Bezeichnungsweise, die im dritten Falle benutzt wurde, beibehalten wird:

$$\left(\frac{\xi\varkappa,\mu}{\mathfrak{d}_1}\right), \left(\frac{\xi\varkappa,\mu}{\mathfrak{d}_2}\right), \ldots, \left(\frac{\xi\varkappa,\mu}{\mathfrak{d}_r}\right), \tag{21}$$

während überdies die Gleichungen

$$\left(\frac{\xi\varkappa,\mu}{\mathfrak{d}_{r+1}}\right) = +1, \left(\frac{\xi\varkappa,\mu}{\mathfrak{d}_{r+2}}\right) = +1, \ldots, \left(\frac{\xi\varkappa,\mu}{\mathfrak{d}_t}\right) = +1 \tag{22}$$

gelten. Durch Multiplikation dieser Gleichungen (21), (22) folgt leicht

$$\prod_{(\mathfrak{w})}{}' \left(\frac{\xi\varkappa,\mu}{\mathfrak{w}}\right) = \left(\frac{\mu}{\mathfrak{q}}\right) = +1$$

und vermöge der im dritten Falle bewiesenen Relation (20) schließen wir hieraus

$$\prod_{(\mathfrak{w})}{}' \left(\frac{\varkappa,\mu}{\mathfrak{w}}\right) = +1. \tag{23}$$

Fällt andererseits $\left(\frac{\mu}{\mathfrak{q}}\right) = -1$ aus, so bestimmen wir ein primäres Primideal $\mathfrak{p}$ von der Art, daß $\left(\frac{\varkappa}{\mathfrak{p}}\right) = -1$ ausfällt. Bezeichnet π eine Primärzahl von $\mathfrak{p}$, so erhalten wir wegen (7) $\left(\frac{\pi}{\mathfrak{q}}\right) = -1$, und folglich wird $\left(\frac{\pi\mu}{\mathfrak{q}}\right) = +1$. Nach der eben bewiesenen Formel (23) folgt mithin, wenn wir jetzt $\pi\mu$ an Stelle von μ nehmen,

$$\prod_{(\mathfrak{w})}{}' \left(\frac{\varkappa,\pi\mu}{\mathfrak{w}}\right) = +1$$

und hieraus wiederum mit Hinzuziehung von (11)

$$\prod_{(\mathfrak{w})}{}' \left(\frac{\varkappa,\mu}{\mathfrak{w}}\right) = +1; \tag{24}$$

damit ist der Satz 36 auch unter der vierten Annahme bewiesen.

Wir beweisen endlich den Satz 36 allgemein. Zu dem Zwecke setzen wir

$$\nu^h = \varepsilon\,\varrho_1\,\varrho_2 \cdots,$$

wo ε eine Einheit in k und $\varrho_1, \varrho_2, \ldots$, sei es Primärzahlen von primären Primidealen, sei es solche ganze Zahlen in k bedeuten, die h-te Potenzen von nichtprimären Primidealen darstellen. Dann entnehmen wir aus (20), (11), (24) die zu beweisende Gleichung

$$\prod_{(\mathfrak{w})}{}'\left(\frac{\nu,\mu}{\mathfrak{w}}\right)=\prod_{(\mathfrak{w})}{}'\left(\frac{\nu^h,\mu}{\mathfrak{w}}\right)=+1.$$

Der Satz 36 enthält bereits wesentliche Bestandteile des quadratischen Reziprozitätsgesetzes zwischen den zu 2 primen Zahlen im Körper k. Wir fassen einige wichtige Folgerungen des Satzes 36 in nachstehendem Satze zusammen:

Satz 37. Bedeuten ν, μ, ν^*, μ^* irgendwelche ganze Zahlen in k, die zu 2 prim sind und nach dem Modul 2^2 den Kongruenzen

$$\nu\equiv\nu^*,\quad \mu\equiv\mu^*,\qquad (2^2)$$

genügen, und fällt überdies ν zu μ und ν^* zu μ^* prim aus, so gilt stets die Formel

$$\left(\frac{\nu}{\mu}\right)\left(\frac{\mu}{\nu}\right)=\left(\frac{\nu^*}{\mu^*}\right)\left(\frac{\mu^*}{\nu^*}\right).$$

Bedeuten ν, μ irgendwelche zueinander und zu 2 prime ganze Zahlen in k, von denen wenigstens eine dem Quadrat einer ganzen Zahl in k nach 2^2 kongruent ausfällt, so gilt stets die Formel

$$\left(\frac{\nu}{\mu}\right)=\left(\frac{\mu}{\nu}\right).$$

Beweis. Unter den zuerst gemachten Annahmen haben wir nach Satz 36

$$\prod_{(\mathfrak{w})}{}'\left(\frac{\nu\nu^*,\mu}{\mathfrak{w}}\right)=\prod_{(\mathfrak{w})}{}'\left(\frac{\nu,\mu}{\mathfrak{w}}\right)\prod_{(\mathfrak{w})}{}'\left(\frac{\nu^*,\mu}{\mathfrak{w}}\right)=+1,$$

$$\prod_{(\mathfrak{w})}{}'\left(\frac{\nu^*,\mu\mu^*}{\mathfrak{w}}\right)=\prod_{(\mathfrak{w})}{}'\left(\frac{\nu^*,\mu}{\mathfrak{w}}\right)\prod_{(\mathfrak{w})}{}'\left(\frac{\nu^*,\mu^*}{\mathfrak{w}}\right)=+1$$

und mithin

$$\prod_{(\mathfrak{w})}{}'\left(\frac{\nu,\mu}{\mathfrak{w}}\right)=\prod_{(\mathfrak{w})}{}'\left(\frac{\nu^*,\mu^*}{\mathfrak{w}}\right);$$

hieraus entnehmen wir leicht die erste Aussage des Satzes 37. Die zweite Aussage folgt unmittelbar durch Anwendung des Satzes 36.

Die Formeln des Satzes 37 können auf die mannigfaltigste Weise durch numerische Beispiele bestätigt werden.

§ 26. Das primäre Ideal und seine Eigenschaften.

Wir erweitern die Definition 13 in folgender Weise:

Definition 16. Ein solches zu 2 primes Ideal $\mathfrak{a}$ des Körpers k, in bezug auf das für jede Einheit ξ in k

$$\left(\frac{\xi}{\mathfrak{a}}\right)=+1$$

ausfällt, heiße ein *primäres Ideal*; dagegen mögen diejenigen Ideale *nicht-*

primär genannt werden, in bezug auf die jene Gleichung nicht für jede Einheit ξ erfüllt ist.

Auf Grund des Satzes 36 gelingt es nun, den Satz 32 in folgender Weise zu verallgemeinern:

Satz 38. Es sei $\mathfrak{a}$ ein beliebiges primäres Ideal in k: dann ist es stets möglich, in k eine ganze Zahl α zu finden, so daß das Ideal (α) gleich $\mathfrak{a}^h$ wird, und überdies die Zahl α nach dem Modul 2^2 dem Quadrat einer ganzen Zahl des Körpers k kongruent ausfällt.

Beweis. Es sei α^* irgendeine ganze Zahl in k, so daß $(\alpha^*) = \mathfrak{a}^h$ wird. Bezeichnen ferner $\mathfrak{q}_1, \ldots, \mathfrak{q}_{\frac{m}{2}}, \varkappa_1, \ldots, \varkappa_{\frac{m}{2}}$ die $\frac{m}{2}$ Ideale bez. ganze Zahlen, wie in Satz 29, so ist nach dem dort Bewiesenen jede ganze zu 2 prime Zahl nach dem Modul 2^2 in einer gewissen Gestalt (vgl. S. 414) darstellbar; wir dürfen danach insbesondere

$$\alpha^* \equiv \varepsilon^* \varkappa_1^{v_1} \cdots \varkappa_{\frac{m}{2}}^{v_{\frac{m}{2}}} \beta^2, \quad (2^2) \qquad (1)$$

setzen, wo ε^* eine geeignete Einheit in k, ferner $v_1, \ldots, v_{\frac{m}{2}}$ gewisse Exponenten 0, 1 und β eine geeignete ganze Zahl in k bedeutet. Da wegen (1) die Zahl

$$\alpha^* \varepsilon^* \varkappa_1^{v_1} \cdots \varkappa_{\frac{m}{2}}^{v_{\frac{m}{2}}}$$

kongruent dem Quadrat einer ganzen Zahl in k nach dem Modul 2^2 ausfällt, so ist nach dem Satze 36 für jede Einheit ξ in k

$$\prod_{(\mathfrak{w})}{}' \left(\frac{\xi, \alpha^* \varepsilon^* \varkappa_1^{v_1} \cdots \varkappa_{\frac{m}{2}}^{v_{\frac{m}{2}}}}{\mathfrak{w}}\right) = +1$$

und folglich

$$\left(\frac{\xi}{\alpha^* \varkappa_1^{v_1} \cdots \varkappa_{\frac{m}{2}}^{v_{\frac{m}{2}}}}\right) = \left(\frac{\xi}{\mathfrak{a}}\right)\left(\frac{\xi}{\mathfrak{q}_1}\right)^{v_1} \cdots \left(\frac{\xi}{\mathfrak{q}_{\frac{m}{2}}}\right)^{v_{\frac{m}{2}}} = +1;$$

da nach Voraussetzung $\left(\frac{\xi}{\mathfrak{a}}\right) = +1$ sein soll, so entnehmen wir hieraus, daß für jede Einheit ξ in k die Gleichung

$$\left(\frac{\xi}{\mathfrak{q}_1}\right)^{v_1} \cdots \left(\frac{\xi}{\mathfrak{q}_{\frac{m}{2}}}\right)^{v_{\frac{m}{2}}} = +1$$

bestehen muß. Indem wir hierin der Reihe nach für ξ die in § 21 aufgestellten Einheiten $\varepsilon_1, \ldots, \varepsilon_{\frac{m}{2}}$ einsetzen, schließen wir aus den Formeln S. 413, daß die Exponenten $v_1, \ldots, v_{\frac{m}{2}}$ sämtlich gleich 0 sind, und daher ist wegen (1) $\alpha = \alpha^* \varepsilon^*$ eine ganze Zahl in k von der im Satze 38 verlangten Beschaffenheit.

Die Umkehrung des Satzes 38 stellt eine Verallgemeinerung des Satzes 33 dar und lautet wie folgt:

Satz 39. Wenn $\mathfrak{a}$ ein zu 2 primes Ideal in k und α eine ganze Zahl in k von der Beschaffenheit ist, daß das Ideal (α) gleich $\mathfrak{a}^h$ wird und überdies die Zahl α nach dem Modul 2^2 dem Quadrat einer ganzen Zahl des Körpers k kongruent ausfällt, so ist $\mathfrak{a}$ ein primäres Ideal in k.

Den Beweis dieses Satzes gewinnen wir aus Satz 36, wenn wir in der Gleichung dieses Satzes 36 für ν eine beliebige Einheit ξ in k und für μ die Zahl α nehmen.

§ 27. Beispiele für die Sätze 32, 33, 38, 39.

Die Sätze 32, 33 entsprechen dem bekannten Satze aus der Theorie der rationalen Zahlen, demzufolge -1 quadratischer Rest oder Nichtrest nach einer rationalen positiven Primzahl ist, je nachdem diese von der Form $4n+1$ oder $4n+3$ ausfällt. Zur Erläuterung und Bestätigung der genannten Sätze 32, 33 wie der allgemeineren Sätze 38, 39 mögen folgende Beispiele dienen:

Beispiel 1. Der quadratische Körper $k(\sqrt{-7})$ hat die Klassenanzahl $h=1$; er besitzt zwei Einheitenverbände, nämlich diejenigen, die durch die Einheiten $+1$ und -1 bestimmt sind. Die Zahlen

$$3,\quad \sqrt{-7},\quad 2+\sqrt{-7},\quad 4+\sqrt{-7},\quad 1+2\sqrt{-7}$$

sind Primzahlen mit den Normen bez.

$$3^2,\qquad 7,\qquad 11,\qquad 23,\qquad 29.$$

Nun gelten die Kongruenzen:

$$-1\equiv(\sqrt{-7})^2,\quad (3)\quad\text{und}\quad -1\equiv 12^2,\quad (1+2\sqrt{-7});$$

also haben wir im Körper $k(\sqrt{-7})$

$$\left(\frac{-1}{3}\right)=+1\quad\text{und}\quad\left(\frac{-1}{1+2\sqrt{-7}}\right)=+1,$$

d. h. die Primideale (3) und $(1+2\sqrt{-7})$ sind primär. Dagegen finden wir mittels Satz 1

$$\left(\frac{-1}{\sqrt{-7}}\right)=(-1)^{\frac{7-1}{2}}=-1,\quad \left(\frac{-1}{2+\sqrt{-7}}\right)=(-1)^{\frac{11-1}{2}}=-1,$$

$$\left(\frac{-1}{4+\sqrt{-7}}\right)=(-1)^{\frac{23-1}{2}}=-1;$$

d. h. die Primideale $(\sqrt{-7})$, $(2+\sqrt{-7})$, $(4+\sqrt{-7})$ sind nichtprimär. In Übereinstimmung mit dem Satze 32 haben wir in der Tat

$$-3\equiv 1^2,\quad (2^2)\quad\text{und}\quad -1-2\sqrt{-7}\equiv 1^2,\quad (2^2),$$

d. h. -3 und $-1-2\sqrt{-7}$ sind Primärzahlen der Primideale (3) bez. $(1+2\sqrt{-7})$. Dagegen ist von den sechs Zahlen

$$\pm\sqrt{-7}, \quad \pm(2+\sqrt{-7}), \quad \pm(4+\sqrt{-7})$$

keine dem Quadrat einer ganzen Zahl in $k(\sqrt{-7})$ nach dem Modul 2^2 kongruent, womit Satz 33 bestätigt wird.

Nach Definition 16 sind die Ideale

$$(\sqrt{-7})(2+\sqrt{-7}) = (-7+2\sqrt{-7}),$$
$$(\sqrt{-7})(4+\sqrt{-7}) = (-7+4\sqrt{-7})$$

primär; in der Tat gelten in Bestätigung des Satzes 38 nach dem Modul 2^2 die Kongruenzen

$$-(-7+2\sqrt{-7}) \equiv 1^2, \qquad (2^2),$$
$$-7+4\sqrt{-7} \equiv 1^2, \qquad (2^2).$$

Beispiel 2. Der biquadratische Körper $k(\sqrt{-1}, \sqrt{5})$ hat die Klassenanzahl $h=1$; wir setzen $i=\sqrt{-1}$ und $\vartheta = \frac{1+\sqrt{5}}{2}$, so daß $i^2+1=0$ und $\vartheta^2-\vartheta-1=0$ wird. Der Körper $k(i,\vartheta)$ besitzt 4 Einheitenverbände, nämlich diejenigen, die durch die Einheiten $1, i, \vartheta, i\vartheta$ bestimmt sind.

Die Zahlen

$$i+\vartheta, \quad 3+2i, \quad 2i+\vartheta, \quad 1-2\vartheta+i\vartheta, \quad 1+2i+2\vartheta, \quad 3i+\vartheta \qquad (1)$$

sind Primzahlen mit den Normen bez.

$$5, \qquad 13^2, \qquad 29, \qquad 41, \qquad 89, \qquad 109.$$

Wir finden nun leicht mittels Satz 1 im Körper $k(i,\vartheta)$ die Gleichungen

$$\left(\frac{i}{i+\vartheta}\right) = i^{\frac{5-1}{2}} = -1, \qquad \left(\frac{\vartheta}{i+\vartheta}\right) = \left(\frac{-i}{i+\vartheta}\right) = -1,$$
$$\left(\frac{i}{3+2i}\right) = +1, \qquad \left(\frac{\vartheta}{3+2i}\right) = +1,$$
$$\left(\frac{i}{2i+\vartheta}\right) = -1, \qquad \left(\frac{\vartheta}{2i+\vartheta}\right) = +1,$$
$$\left(\frac{i}{1-2\vartheta+i\vartheta}\right) = +1, \qquad \left(\frac{\vartheta}{1-2\vartheta+i\vartheta}\right) = -1,$$
$$\left(\frac{i}{1+2i+2\vartheta}\right) = +1, \qquad \left(\frac{\vartheta}{1+2i+2\vartheta}\right) = +1,$$
$$\left(\frac{i}{3i+\vartheta}\right) = -1, \qquad \left(\frac{\vartheta}{3i+\vartheta}\right) = -1.$$

Dem Satze 33 zufolge darf daher keine der vier Primzahlen $i+\vartheta$, $2i+\vartheta$, $1-2\vartheta+i\vartheta$, $3i+\vartheta$ nach dem Modul 2^2 einem Ausdrucke von der Gestalt $i^u\vartheta^v\alpha^2$ kongruent sein, wo u, v gewisse Werte 0, 1 haben dürfen und α irgendeine ganze Zahl in $k(i,\vartheta)$ bedeutet; dagegen muß nach Satz 32 jede der beiden übrigen Zahlen aus der Reihe (1) einer solchen Kongruenz genügen. In der Tat ist

$$3 + 2i \equiv \vartheta(1 - i - \vartheta)^2, \ (2^2) \ \text{und} \ 1 + 2i + 2\vartheta \equiv (1 + \vartheta + i\vartheta)^2, \ (2^2).$$

Aus der obigen Tabelle erkennen wir ferner, daß die Ideale

$$(i + \vartheta)(3i + \vartheta) = (-2 + \vartheta + 4i\vartheta),$$

$$(i + \vartheta)(2i + \vartheta)(1 - 2\vartheta + i\vartheta) = (-6 - 5i - 2\vartheta - 3i\vartheta)$$

primär sind; in der Tat gelten in Bestätigung der Sätze 38 und 39 die Kongruenzen:

$$-2 + \vartheta + 4i\vartheta \equiv -(1 - \vartheta)^2, \quad (2^2),$$

$$-6 - 5i - 2\vartheta - 3i\vartheta \equiv -i(1 + i - \vartheta)^2, \quad (2^2).$$

Beispiel 3. Der biquadratische Körper $k\left(\sqrt{1 + 4\sqrt{-1}}\right)$ hat die Klassenanzahl $h = 1$; wir setzen $i = \sqrt{-1}$ und $\vartheta = \frac{1 + \sqrt{1 + 4i}}{2}$, so daß $\vartheta^2 - \vartheta - i = 0$ wird. Der Körper $k(\sqrt{\vartheta})$ besitzt 4 Einheitenverbände, nämlich diejenigen, die durch die Einheiten $1, i, \vartheta, i\vartheta$ bestimmt sind.

Durch Zerlegung der Zahl 5 erhalten wir in $k(\sqrt{\vartheta})$ die drei Primzahlen

$$2 + i, \quad 1 + \vartheta, \quad 2 - \vartheta; \tag{2}$$

das Produkt der beiden letzteren ist gleich $2 - i$, und das Produkt aller drei Primzahlen ist gleich 5. Wir finden leicht in diesem Körper $k(\vartheta)$:

$$\left(\frac{i}{2+i}\right) = i^{\frac{5^2-1}{2}} = +1, \quad \left(\frac{i}{1+\vartheta}\right) = i^{\frac{5-1}{2}} = -1, \quad \left(\frac{i}{2-\vartheta}\right) = -1, \tag{3}$$

und

$$\left(\frac{\vartheta}{2+i}\right) = -1, \quad \left(\frac{\vartheta}{1+\vartheta}\right) = +1, \quad \left(\frac{\vartheta}{2-\vartheta}\right) = -1, \tag{4}$$

und in der Tat ist keine der drei Primzahlen (2) nach dem Modul 2^2 einem Ausdruck von der Gestalt $i^u \vartheta^v \alpha^2$ kongruent, wo u, v gewisse Werte $0, 1$ haben und α irgendeine ganze Zahl in $k(\vartheta)$ bedeutet. Dagegen ist $5 \equiv 1^2$ nach 2^2, und wegen (3), (4) haben wir

$$\left(\frac{i}{5}\right) = \left(\frac{i}{2+i}\right)\left(\frac{i}{1+\vartheta}\right)\left(\frac{i}{2-\vartheta}\right) = +1,$$

$$\left(\frac{\vartheta}{5}\right) = \left(\frac{\vartheta}{2+i}\right)\left(\frac{\vartheta}{1+\vartheta}\right)\left(\frac{\vartheta}{2-\vartheta}\right) = +1,$$

d. h. das Ideal (5) ist in Übereinstimmung mit Satz 39 primär.

Die Zahl 37 ist in $k(\vartheta)$ gleich dem Produkt der drei Primzahlen

$$6 + i, \qquad -3 + \vartheta, \qquad 2 + \vartheta.$$

Wir finden leicht

$$\left(\frac{i}{6+i}\right) = +1, \quad \left(\frac{i}{3-\vartheta}\right) = -1, \quad \left(\frac{i}{2+\vartheta}\right) = -1 \tag{5}$$

und

$$\left(\frac{\vartheta}{6+i}\right) = -1, \quad \left(\frac{\vartheta}{3-\vartheta}\right) = +1, \quad \left(\frac{\vartheta}{2+\vartheta}\right) = -1. \tag{6}$$

Die Primfaktoren von 37 sind ebenso wie diejenigen von 5 sämtlich nicht-primär; dagegen ist das Ideal (37) primär. Ferner sind wegen (3), (4), (5), (6) die Ideale

$$((2+i)(6+i)), \quad ((1+\vartheta)(3-\vartheta)), \quad ((2-\vartheta)(2+\vartheta))$$

primär; in der Tat gelten in Übereinstimmung mit Satz 38 die Kongruenzen

$$\begin{aligned} (2+i)(6+i) &\equiv (2+i)^2, \quad (2^2),\\ -(1+\vartheta)(3-\vartheta) &\equiv (1-\vartheta)^2, \quad (2^2),\\ -(2-\vartheta)(2+\vartheta) &\equiv \vartheta^2, \quad (2^2). \end{aligned}$$

Die Zahlen 3 und 7 sind in $k(\vartheta)$ unzerlegbar, und da $-3 \equiv 1^2$ und $-7 \equiv 1^2$ nach dem Modul 2^2 ausfällt, so müssen nach Satz 33 (3) und (7) primäre Primideale mit den Primärzahlen -3 und -7 sein. In der Tat sind die Einheiten i, ϑ beide in $k(\vartheta)$ quadratische Reste nach den Moduln (3) und (7); denn wir haben

$$\left(\frac{i}{3}\right) = i^{\frac{3^4-1}{2}} = +1 \quad \text{und} \quad \left(\frac{i}{7}\right) = i^{\frac{7^4-1}{2}} = +1$$

sowie ferner

$$\vartheta \equiv (1-\vartheta+i\vartheta)^2, \quad (3) \quad \text{und} \quad \vartheta \equiv (1+3i-3\vartheta-i\vartheta)^2, \quad (7).$$

Beispiel 4. Der biquadratische Körper $k(\sqrt[4]{-2})$ hat die Klassenanzahl $h = 1$; wir setzen $\vartheta = \sqrt[4]{-2}$, so daß $\vartheta^4 + 2 = 0$ wird. Der Körper $k(\vartheta)$ besitzt 4 Einheitenverbände, nämlich diejenigen, die durch die Einheiten 1, $-1, \varepsilon, -\varepsilon$ bestimmt sind, wobei zur Abkürzung

$$\varepsilon = 1 - \vartheta^2 + \vartheta^3$$

gesetzt ist.

Die Zahlen

$$\left.\begin{aligned} 1-\vartheta, \qquad 1+\vartheta, \qquad 1+\vartheta-2\vartheta^2+2\vartheta^3,\\ 1+\vartheta+2\vartheta^2+\vartheta^3, \qquad 1+2\vartheta-\vartheta^2 \end{aligned}\right\} \tag{7}$$

sind Primzahlen ersten Grades in $k(\vartheta)$ mit den Normen bez.

$$\begin{aligned} 3, \qquad 3, \qquad 19,\\ 59, \qquad 73; \end{aligned}$$

wir schließen hieraus mittels Satz 1

$$\left.\begin{aligned} \left(\frac{-1}{1-\vartheta}\right) = -1, \quad \left(\frac{-1}{1+\vartheta}\right) = -1, \quad \left(\frac{-1}{1+\vartheta-2\vartheta^2+2\vartheta^3}\right) = -1,\\ \left(\frac{-1}{1+\vartheta+2\vartheta^2+\vartheta^3}\right) = -1, \quad \left(\frac{-1}{1+2\vartheta-\vartheta^2}\right) = +1. \end{aligned}\right\} \tag{8}$$

Die Zahl ϑ genügt nach den Primzahlen in (7) bez. den Kongruenzen

$$\begin{aligned} \vartheta \equiv 1, \qquad \vartheta \equiv -1, \qquad \vartheta \equiv -5,\\ \vartheta \equiv 6, \qquad \vartheta \equiv -31 \end{aligned}$$

und daher gelten für ε bez. nach jenen Primzahlen die Kongruenzen

$$\varepsilon \equiv 1, \qquad \varepsilon \equiv -1, \qquad \varepsilon \equiv 3,$$
$$\varepsilon \equiv 4, \qquad \varepsilon \equiv -18.$$

Da nun im Bereiche der rationalen Zahlen 1 quadratischer Rest nach 3, -1 Nichtrest nach 3, 3 Nichtrest nach 19, 4 Rest nach 59 und -18 Rest nach 73 ist, so haben wir im Körper $k(\vartheta)$ die Gleichungen

$$\left.\begin{aligned} &\left(\frac{\varepsilon}{1-\vartheta}\right) = +1, \qquad \left(\frac{\varepsilon}{1+\vartheta}\right) = -1, \qquad \left(\frac{\varepsilon}{1+\vartheta-2\vartheta^2+2\vartheta^3}\right) = -1,\\ &\left(\frac{\varepsilon}{1+\vartheta+2\vartheta^2+\vartheta^3}\right) = +1, \qquad \left(\frac{\varepsilon}{1+2\vartheta-\vartheta^2}\right) = +1. \end{aligned}\right\} \quad (9)$$

Wegen (8), (9) ist von den fünf Primzahlen in (7) nur die letzte primär, und in der Tat gilt in Bestätigung des Satzes 32 nach dem Modul 2^2 die Kongruenz

$$-(1+2\vartheta-\vartheta^2) \equiv (1+\vartheta+\vartheta^2+\vartheta^3)^2, \qquad (2^2),$$

so daß $-1-2\vartheta+\vartheta^2$ eine Primärzahl des Primideals $(1+2\vartheta-\vartheta^2)$ wird.

Die Zahlen

$$1-2\vartheta+2\vartheta^2, \qquad 1-4\vartheta^2+2\vartheta^3$$

sind Primzahlen zweiten Grades in $k(\vartheta)$ mit den Normen bez.

$$7^2, \qquad 31^2.$$

Zunächst ergibt sich

$$\left(\frac{-1}{1-2\vartheta+2\vartheta^2}\right) = (-1)^{\frac{7^2-1}{2}} = +1.$$

Ferner finden wir mit Benutzung der Kongruenz

$$\vartheta^2 \equiv \vartheta + 3, \qquad (1-2\vartheta+2\vartheta^2)$$

leicht, daß ε quadratischer Nichtrest nach $1-2\vartheta+2\vartheta^2$ ist, d. h. wir haben

$$\left(\frac{\varepsilon}{1-2\vartheta+2\vartheta^2}\right) = -1,$$

und die Primzahl $1-2\vartheta+2\vartheta^2$ ist mithin nichtprimär. Dagegen gilt die Kongruenz

$$-1+4\vartheta^2-2\vartheta^3 \equiv (1+\vartheta^2+\vartheta^3)^2, \qquad (2^2).$$

Nach Satz 33 muß mithin $(1-4\vartheta^2+2\vartheta^3)$ ein primäres Primideal sein. In der Tat haben wir

$$\left(\frac{-1}{1-4\vartheta^2+2\vartheta^3}\right) = (-1)^{\frac{31^2-1}{2}} = +1$$

und überdies gilt die Kongruenz

$$\varepsilon \equiv (3-2\vartheta)^2, \qquad (1-4\vartheta^2+2\vartheta^3).$$

Endlich sind wegen (8), (9) die Ideale

$$((1+\vartheta)(1+\vartheta-2\vartheta^2+2\vartheta^3)), \qquad ((1-\vartheta)(1+\vartheta+2\vartheta^2+\vartheta^3))$$

primär und in Bestätigung des Satzes 38 finden wir in der Tat

$$- \quad (1+\vartheta)(1+\vartheta-2\vartheta^2+2\vartheta^3) \equiv (1+\vartheta+\vartheta^2+\vartheta^3)^2, \qquad (2^2),$$
$$-\varepsilon(1-\vartheta)(1+\vartheta+2\vartheta^2+\vartheta^3) \equiv \varepsilon^2 \qquad , \qquad (2^2).$$

Die Zahl 5 ist in $k(\vartheta)$ unzerlegbar und wegen $5 \equiv 1^2$ nach 2^2 ist mithin dem Satze 33 zufolge (5) ein primäres Primideal; in der Tat ist ε quadratischer Rest nach 5 wegen der Kongruenz

$$\varepsilon \equiv (1+2\vartheta+\vartheta^2+\vartheta^3)^2, \qquad (5).$$

Beispiel 5. Der durch die 5-ten Einheitswurzeln bestimmte Körper ist ein biquadratischer zyklischer Körper mit der Klassenanzahl $h=1$; es sei ϑ eine von 1 verschiedene 5-te Einheitswurzel, so daß

$$\vartheta^4+\vartheta^3+\vartheta^2+\vartheta+1=0$$

wird. Der Körper $k(\vartheta)$ besitzt 4 Einheitenverbände, nämlich diejenigen, welche durch die Einheiten $+1, -1, 1+\vartheta, -1-\vartheta$ bestimmt sind.

Die Zahlen

$$\left.\begin{matrix} 1+2\vartheta^2, & 2-\vartheta^2\;, & 3+2\vartheta+\vartheta^2, \\ 3+\vartheta\;, & 3+4\vartheta^2, & 1+5\vartheta^2 \end{matrix}\right\} \qquad (10)$$

sind Primzahlen ersten Grades in $k(\vartheta)$ mit den Normen bez.

$$\begin{matrix} 11, & 31, & 41, \\ 61, & 181, & 521; \end{matrix}$$

wir schließen hieraus mittels Satz 1 leicht

$$\left.\begin{matrix} \left(\dfrac{-1}{1+2\vartheta^2}\right)=-1, & \left(\dfrac{-1}{2-\vartheta^2}\right)=-1, & \left(\dfrac{-1}{3+2\vartheta+\vartheta^2}\right)=+1, \\ \left(\dfrac{-1}{3+\vartheta}\right)=+1, & \left(\dfrac{-1}{3+4\vartheta^2}\right)=+1, & \left(\dfrac{-1}{1+5\vartheta^2}\right)=+1. \end{matrix}\right\} \qquad (11)$$

Die Einheit $1+\vartheta$ genügt nach den Primzahlen (10) bez. den Kongruenzen

$$\begin{matrix} 1+\vartheta \equiv 5, & \equiv 9, & \equiv 11, \\ \equiv -2, & \equiv 43, & \equiv 26. \end{matrix}$$

Da nun im Bereich der rationalen Zahlen 5 quadratischer Rest nach 11, 9 quadratischer Rest nach 31, 11 Nichtrest nach 41, -2 Nichtrest nach 61, 43 Rest nach 181, und 26 Rest nach 521 ist, so haben wir im Körper $k(\vartheta)$ die Gleichungen

$$\left.\begin{matrix} \left(\dfrac{1+\vartheta}{1+2\vartheta^2}\right)=+1, & \left(\dfrac{1+\vartheta}{2-\vartheta^2}\right)=+1, & \left(\dfrac{1+\vartheta}{3+2\vartheta+\vartheta^2}\right)=-1, \\ \left(\dfrac{1+\vartheta}{3+\vartheta}\right)=-1, & \left(\dfrac{1+\vartheta}{3+4\vartheta^2}\right)=+1, & \left(\dfrac{1+\vartheta}{1+5\vartheta^2}\right)=+1, \end{matrix}\right\} \qquad (12)$$

Wegen (11), (12) sind von den sechs Primzahlen in (10) nur die zwei letzten primär, und in der Tat gelten in Bestätigung der Sätze 32 und 33 nach dem

Modul 2^2 die Kongruenzen

$$3 + 4\vartheta^2 \equiv -1, \qquad (2^2),$$

$$1 + 5\vartheta^2 \equiv -\frac{\vartheta^4}{1+\vartheta}, \qquad (2^2),$$

so daß

$$-3 - 4\vartheta^2 \quad \text{und} \quad -(1+\vartheta)(1+5\vartheta^2) = -1 - \vartheta - 5\vartheta^2 - 5\vartheta^3$$

Primärzahlen der betreffenden beiden Primideale werden.

Aus den Gleichungen (11), (12) entnehmen wir leicht die Gleichungen

$$\left(\frac{-1}{(1+2\vartheta^2)(2-\vartheta^2)}\right) = +1, \quad \left(\frac{-1}{(3+2\vartheta+\vartheta^2)(3+\vartheta)}\right) = +1,$$

$$\left(\frac{1+\vartheta}{(1+2\vartheta^2)(2-\vartheta^2)}\right) = +1, \quad \left(\frac{1+\vartheta}{(3+2\vartheta+\vartheta^2)(3+\vartheta)}\right) = +1.$$

Die Zahlen $(1+2\vartheta^2)(2-\vartheta^2)$ und $(3+2\vartheta+\vartheta^2)(3+\vartheta)$ müssen daher dem Satze 38 zufolge dem Produkte einer Einheit in das Quadrat einer ganzen Zahl des Körpers $k(\vartheta)$ nach dem Modul 2^2 kongruent ausfallen; in der Tat gelten die Kongruenzen:

$$(1+2\vartheta^2)(2-\vartheta^2) \equiv 2\vartheta + \vartheta^2 + 2\vartheta^3 \equiv (1+\vartheta)(1+\vartheta^4)^2, \quad (2^2),$$

$$(3+2\vartheta+\vartheta^2)(3+\vartheta) \equiv -\vartheta^4 \qquad , \quad (2^2).$$

Beispiel 6. Der durch eine Wurzel ϑ der Gleichung

$$\vartheta^4 + \vartheta + 1 = 0$$

bestimmte Körper ist ein biquadratischer Körper ohne quadratischen Unterkörper; er hat die Klassenanzahl $h = 1$ und besitzt 4 Einheitenverbände, nämlich diejenigen, die durch die Einheiten $+1, -1, \vartheta, -\vartheta$ bestimmt sind.

Für die Zahlen 3, 5 gelten in $k(\vartheta)$ die Zerlegungen

$$3 = (1-\vartheta)(2+\vartheta+\vartheta^2+\vartheta^3),$$

$$5 = (1+\vartheta+\vartheta^2+\vartheta^3)(2-4\vartheta+2\vartheta^2-\vartheta^3),$$

worin beidemal der erste Faktor auf der rechten Seite eine Primzahl ersten Grades und der zweite Faktor eine Primzahl dritten Grades ist. Mit Hilfe des Satzes 1 erhalten wir darnach leicht

$$\left.\begin{aligned} \left(\frac{-1}{1-\vartheta}\right) &= -1, & \left(\frac{-1}{2+\vartheta+\vartheta^2+\vartheta^3}\right) &= (-1)^{\frac{3^3-1}{2}} = -1, \\ \left(\frac{-1}{1+\vartheta+\vartheta^2+\vartheta^3}\right) &= +1, & \left(\frac{-1}{2-4\vartheta+2\vartheta^2-\vartheta^3}\right) &= (-1)^{\frac{5^3-1}{2}} = +1. \end{aligned}\right\} \quad (13)$$

Andererseits findet man aus den Kongruenzen

$$\vartheta \equiv 1, \quad (1-\vartheta) \quad \text{und} \quad \vartheta \equiv -2, \quad (1+\vartheta+\vartheta^2+\vartheta^3)$$

die Gleichungen

$$\left(\frac{\vartheta}{1-\vartheta}\right) = +1, \quad \left(\frac{\vartheta}{1+\vartheta+\vartheta^2+\vartheta^3}\right) = -1. \qquad (14)$$

Wegen $-3 \equiv 1^2$ und $5 \equiv 1^2$ nach 2^2 sind (3), (5) nach Satz 39 primäre Ideale und mithin folgt

$$\left(\frac{\vartheta}{3}\right) = \left(\frac{\vartheta}{1-\vartheta}\right)\left(\frac{\vartheta}{2+\vartheta+\vartheta^2+\vartheta^3}\right) = +1,$$

$$\left(\frac{\vartheta}{5}\right) = \left(\frac{\vartheta}{1+\vartheta+\vartheta^2+\vartheta^3}\right)\left(\frac{\vartheta}{2-4\vartheta+2\vartheta^2-\vartheta^3}\right) = +1;$$

hieraus entnehmen wir mit Rücksicht auf (14), daß notwendig

$$\left(\frac{\vartheta}{2+\vartheta+\vartheta^2+\vartheta^3}\right) = +1 \quad \text{und} \quad \left(\frac{\vartheta}{2-4\vartheta+2\vartheta^2-\vartheta^3}\right) = -1 \qquad (15)$$

sein muß. In der Tat wird die erstere Gleichung durch die Kongruenz

$$\vartheta \equiv (\vartheta - \vartheta^2)^2, \qquad (2+\vartheta+\vartheta^2+\vartheta^3)$$

bestätigt. Um die letztere Gleichung zu bestätigen, berücksichtigen wir, daß wegen

$$\vartheta^3 \equiv 2(1-\vartheta)^2, \qquad (2-4\vartheta+2\vartheta^2-\vartheta^3)$$

$$\left(\frac{\vartheta}{2-4\vartheta+2\vartheta^2-\vartheta^3}\right) = \left(\frac{2}{2-4\vartheta+2\vartheta^2-\vartheta^3}\right)$$

und wegen

$$2^{\frac{5^3-1}{2}} \equiv -1, \qquad (5)$$

nach Satz 1

$$\left(\frac{2}{2-4\vartheta+2\vartheta^2-\vartheta^3}\right) = -1$$

ausfällt

Die Zahl 7 ist in $k(\vartheta)$ unzerlegbar und wegen $-7 \equiv 1^2$ nach 2^2 muß demnach ϑ nach 7 quadratischer Rest in $k(\vartheta)$ sein; in der Tat finden wir

$$\vartheta \equiv (\vartheta + \vartheta^2 + 3\vartheta^3)^2, \qquad (7).$$

Die Zahlen $2-\vartheta$, $2-\vartheta^2$ sind Primzahlen ersten Grades in $k(\vartheta)$ mit den Normen 19 bez. 23. Wir erhalten leicht

$$\left(\frac{-1}{2-\vartheta}\right) = -1, \qquad \left(\frac{\vartheta}{2-\vartheta}\right) = -1$$

$$\left(\frac{-1}{2-\vartheta^2}\right) = -1, \qquad \left(\frac{\vartheta}{2-\vartheta^2}\right) = +1.$$

Hieraus und aus (13), (14), (15) entnehmen wir die Gleichungen

$$\left(\frac{-1}{(1-\vartheta)(2-\vartheta)(2-4\vartheta+2\vartheta^2-\vartheta^3)}\right) = +1, \qquad \left(\frac{-1}{(1-\vartheta)(2-\vartheta^2)}\right) = +1.$$

Dem Satze 38 zufolge muß daher jedes der beiden betreffenden Primzahlprodukte nach Multiplikation mit einer geeigneten Einheit dem Quadrat einer ganzen Zahl in $k(\vartheta)$ nach dem Modul 2^2 kongruent werden; in der Tat ist

$$-(1-\vartheta)(2-\vartheta)(2-4\vartheta+2\vartheta^2-\vartheta^3) \equiv (1-\vartheta)^2 \qquad, \quad (2^2)$$

$$-\vartheta(1-\vartheta)(2-\vartheta^2) \equiv (\vartheta+\vartheta^2+\vartheta^3)^2, \quad (2^2).$$

Beispiel 7. Der durch die 7-ten Einheitswurzeln bestimmte Körper ist ein Abelscher Körper 6-ten Grades mit der Klassenanzahl $h = 1$; derselbe läßt sich aus einem quadratischen und einem kubischen Körper zusammensetzen. Verstehen wir unter ϑ eine von 1 verschiedene 7-te Einheitswurzel und setzen

$$\zeta = \vartheta + \vartheta^2 + \vartheta^4 \quad \text{und} \quad \eta = \vartheta + \vartheta^6,$$

so wird

$$\zeta^2 + \zeta + 2 = 0 \quad \text{und} \quad \eta^3 + \eta^2 - 2\eta - 1 = 0.$$

Der Körper $k(\vartheta)$ besitzt 8 Einheitenverbände, nämlich diejenigen, welche durch die Einheiten $+1$, -1, $+\eta$, $-\eta$, $2-\eta^2$, $-2+\eta^2$, $\eta(2-\eta^2)$, $-\eta(2-\eta^2)$ bestimmt sind.

Die Zahlen

$$1 - \vartheta + 2\vartheta^3, \qquad 1 + 3\vartheta + \vartheta^2 + \vartheta^3 \tag{16}$$

sind Primzahlen ersten Grades in $k(\vartheta)$ mit den Normen bez.

$$113, \qquad 197.$$

Da überdies nach jenen Primzahlen bez. die Kongruenzen

$$\left.\begin{aligned} \eta &\equiv 9, \\ 2-\eta^2 &\equiv 34, \end{aligned}\right\} \qquad \left.\begin{aligned} \eta &\equiv -39 \\ 2-\eta^2 &\equiv 57 \end{aligned}\right\}$$

gelten, so finden wir leicht

$$\left(\frac{-1}{1-\vartheta+2\vartheta^3}\right) = +1, \quad \left(\frac{\eta}{1-\vartheta+2\vartheta^3}\right) = +1, \quad \left(\frac{2-\eta^2}{1-\vartheta+2\vartheta^3}\right) = -1,$$

$$\left(\frac{-1}{1+3\vartheta+\vartheta^2+\vartheta^3}\right) = +1, \quad \left(\frac{\eta}{1+3\vartheta+\vartheta^2+\vartheta^3}\right) = +1, \quad \left(\frac{2-\eta^2}{1+3\vartheta+\vartheta^2+\vartheta^3}\right) = -1.$$

Nach Definition 16 ist also das Produkt der beiden Primzahlen in (16) ein primäres Ideal des Körpers $k(\vartheta)$, und in der Tat gilt in Bestätigung der Sätze 38 und 39 nach dem Modul (2^2) die Kongruenz

$$(1 - \vartheta + 2\vartheta^3)(1 + 3\vartheta + \vartheta^2 + \vartheta^3) \equiv (2 - \eta^2)\vartheta^2.$$

Die Zahl 37 gestattet die Zerlegung

$$37 = (1 - 4\zeta)(5 + 4\zeta),$$

wobei die beiden Faktoren rechter Hand Primzahlen dritten Grades in $k(\vartheta)$ sind. Da dieselben nach dem Modul 2^2 kongruent 1^2 ausfallen, so stellen sie nach Satz 33 primäre Primideale dar. In Übereinstimmung damit finden wir

$$\left(\frac{-1}{1-4\zeta}\right) = +1,$$

$$\eta \equiv (14 + 17\eta + 19\eta^2)^2, \qquad (37),$$

$$-2 + \eta^2 \equiv (19\eta + 2\eta^2)^2, \qquad (37).$$

Die Zahl 3 ist Primzahl in $k(\vartheta)$ und wegen $-3 \equiv 1^2$ nach 2^2 ist das Ideal (3) nach Satz 33 ein primäres Primideal. In der Tat haben wir

$$\left(\frac{-1}{3}\right) = (-1)^{\frac{3^6-1}{2}} = +1,$$

$$\eta \equiv (\eta - \eta^2)^2, \qquad (3),$$

$$-2 + \eta^2 \equiv (1 + \eta - \eta^2)^2, \qquad (3).$$

Die angeführten Beispiele lassen erkennen, welche reiche Mannigfaltigkeit an arithmetischen Wahrheiten insbesondere in den Sätzen 32, 33, 38, 39 enthalten ist — und doch bilden diese Sätze nur Bestandteile des *ersten* Ergänzungssatzes zu dem später von mir zu entwickelnden allgemeinen Reziprozitätsgesetze für quadratische Reste. Der vollständige erste Ergänzungssatz wird erst im Satz 53 (§ 36) zum Ausdruck kommen. Endlich erinnern wir daran, daß wir des leichteren Verständnisses wegen in dem zweiten Abschnitte der vorliegenden Abhandlung durchweg über den Grundkörper k die auf Seite 27 angegebenen besonderen Annahmen gemacht haben; wir müssen es uns daher auch an dieser Stelle versagen, mitzuteilen, wie der erste Ergänzungssatz lautet und wie tief derselbe das Wesen des Begriffes der Idealklasse berührt, falls der zugrunde gelegte Körper k eine *gerade* Klassenanzahl aufweist.

§ 28. Das Produkt $\prod\limits_{(\mathfrak{w})}{}' \left(\frac{\nu, \mu}{\mathfrak{w}}\right)$ für ein beliebiges ν und bei gewissen Annahmen über μ.

Für die späteren Entwicklungen ist es erforderlich, den Satz 36 in folgender Weise zu erweitern:

Satz 40. Es seien $\mathfrak{l}_1, \mathfrak{l}_2, \ldots, \mathfrak{l}_z$ die sämtlichen von einander verschiedenen Primfaktoren der Zahl 2 und es gehe $\mathfrak{l}_1$ genau zur l_1-ten, $\mathfrak{l}_2$ genau zur l_2-ten, ..., $\mathfrak{l}_z$ genau zur l_z-ten Potenz in 2 auf, so daß

$$2 = \mathfrak{l}_1^{l_1} \mathfrak{l}_2^{l_2} \cdots \mathfrak{l}_z^{l_z}$$

wird; wenn dann ν eine beliebige ganze Zahl und μ eine solche ganze Zahl in k bedeutet, die zu 2 prim ist und dem Quadrat einer ganzen Zahl in k nach $\mathfrak{l}_1^{2l_1+1} \mathfrak{l}_2^{2l_2+1} \cdots \mathfrak{l}_z^{2l_z+1}$ kongruent ist, so fällt stets

$$\prod_{(\mathfrak{w})}{}' \left(\frac{\nu, \mu}{\mathfrak{w}}\right) = +1$$

aus, wo das Produkt über alle zu 2 primen Primideale $\mathfrak{w}$ des Körpers k erstreckt werden soll.

Beweis. Wir setzen

$$\nu = \mathfrak{n}\, \mathfrak{l}_1^{e_1} \cdots \mathfrak{l}_z^{e_z},$$

so daß $e_1, \ldots, e_z$ gewisse ganze rationale Exponenten und $\mathfrak{n}$ ein zu 2 primes Ideal bedeutet. Nach Satz 8 sind die Ideale $\mathfrak{l}_1, \ldots, \mathfrak{l}_z$ sämtlich im Körper $K(\sqrt{\mu})$ weiter zerlegbar; es seien $\mathfrak{L}_1, \ldots, \mathfrak{L}_z$ bez. je ein Primfaktor von $\mathfrak{l}_1, \ldots, \mathfrak{l}_z$ in $K(\sqrt{\mu})$; endlich sei A eine durch das Ideal $\mathfrak{L}_1^{e_1} \ldots \mathfrak{L}_z^{e_z}$ teilbare ganze Zahl des Körpers $K(\sqrt{\mu})$ von der Art, daß der Quotient $\frac{\mathsf{A}}{\mathfrak{L}_1^{e_1} \ldots \mathfrak{L}_z^{e_z}}$ zu 2 prim ausfällt. Die Relativnorm α der Zahl A erhält dann die Gestalt

$$\alpha = N(\mathsf{A}) = \mathfrak{a}\, \mathfrak{l}_1^{e_1} \cdots \mathfrak{l}_z^{e_z},$$

wo $\mathfrak{a}$ ein zu 2 primes Ideal des Körpers k bedeutet, und es läßt sich infolgedessen der Quotient $\frac{\nu}{\alpha}$ als ein Bruch $\frac{\varrho}{\sigma}$ darstellen, dessen Zähler ϱ und dessen Nenner σ ganze zu 2 prime Zahlen sind. Wegen der Definition 6 ist für jedes Primideal $\mathfrak{w}$

$$\left(\frac{N(\mathsf{A}), \mu}{\mathfrak{w}}\right) = +1$$

und mithin auch

$$\prod_{(\mathfrak{w})}{}' \left(\frac{\alpha, \mu}{\mathfrak{w}}\right) = +1,$$

wo Π' über alle zu 2 primen Primideale $\mathfrak{w}$ in k erstreckt werden soll. Berücksichtigen wir ferner, daß nach Satz 36 die Gleichungen

$$\prod_{(\mathfrak{w})}{}' \left(\frac{\sigma, \mu}{\mathfrak{w}}\right) = +1, \qquad \prod_{(\mathfrak{w})}{}' \left(\frac{\varrho, \mu}{\mathfrak{w}}\right) = +1$$

gelten, so erhalten wir mit Rücksicht auf die zweite Formel in Satz 14

$$\prod_{(\mathfrak{w})}{}' \left(\frac{\nu, \mu}{\mathfrak{w}}\right) = \prod_{(\mathfrak{w})}{}' \left(\frac{\nu\sigma, \mu}{\mathfrak{w}}\right) = \prod_{(\mathfrak{w})}{}' \left(\frac{\alpha\varrho, \mu}{\mathfrak{w}}\right) = \prod_{(\mathfrak{w})}{}' \left(\frac{\alpha, \mu}{\mathfrak{w}}\right) = +1,$$

wie der zu beweisende Satz 40 behauptet.

§ 29. Der Fundamentalsatz über die Anzahl der Geschlechter in einem relativquadratischen Körper.

In § 19 haben wir für den Fall, daß die Relativdiskriminante des Körpers $K(\sqrt{\mu})$ zu 2 prim ist, den Satz 26 bewiesen und dadurch eine obere Grenze für die Anzahl der Geschlechter in $K(\sqrt{\mu})$ aufgestellt. Wir sind nunmehr imstande, unter der nämlichen Einschränkung das folgende wichtige Theorem zu beweisen:

Satz 41. *Es sei r die Anzahl der Charaktere, welche ein Geschlecht des relativquadratischen Körpers $K(\sqrt{\mu})$ bestimmen; ist dann ein System von r beliebigen Einheiten ± 1 vorgelegt, so wird dieses System dann und nur dann das Charakterensystem eines Geschlechtes in $K(\sqrt{\mu})$, wenn das Produkt der sämtlichen r Einheiten gleich $+1$ ist. Die Anzahl g der in $K(\sqrt{\mu})$ vorhandenen Geschlechter ist daher gleich 2^{r-1}.*

Beweis. Es seien $\mathfrak{d}_1, \ldots, \mathfrak{d}_t$ die t in der Relativdiskriminante von $K(\sqrt{\mu})$ aufgehenden Primideale des Körpers $K(\sqrt{\mu})$ und man setze

$$\mathfrak{d}_1^h = (\delta_1), \ldots, \mathfrak{d}_t^h = (\delta_t),$$

wo $\delta_1, \ldots, \delta_t$ gewisse ganze Zahlen in k bedeuten. Es ist offenbar

$$\delta_1 \cdots \delta_t = \varepsilon \alpha^2 \mu, \tag{1}$$

wo ε eine Einheit und α eine gewisse ganze Zahl in k bedeutet. Ferner wähle man nach der Vorschrift des § 17 von diesen t Primidealen gewisse $r = t - r^*$ aus; es seien dies etwa die Primideale $\mathfrak{d}_1, \ldots, \mathfrak{d}_r$. Endlich mögen $c_1, \ldots, c_r$ beliebige r Einheiten ± 1 bedeuten, die der Bedingung

$$c_1 \cdots c_r = +1 \tag{2}$$

genügen. Wegen Satz 18 gibt es in k gewiß ein primäres Primideal $\mathfrak{p}$, für welches

$$\left(\frac{\delta_1}{\mathfrak{p}}\right) = c_1, \ldots, \left(\frac{\delta_r}{\mathfrak{p}}\right) = c_r, \quad \left(\frac{\delta_{r+1}}{\mathfrak{p}}\right) = +1, \ldots, \left(\frac{\delta_t}{\mathfrak{p}}\right) = +1 \tag{3}$$

ausfällt. Es sei π eine Primärzahl von $\mathfrak{p}$; dann ist nach Satz 37

$$\left(\frac{\pi}{\mathfrak{d}_i}\right) = \left(\frac{\delta_i}{\mathfrak{p}}\right), \qquad (i = 1, 2, \ldots, t).$$

Wegen (1), (2), (3) haben wir

$$\left(\frac{\delta_1 \cdots \delta_t}{\mathfrak{p}}\right) = \left(\frac{\varepsilon \alpha^2 \mu}{\mathfrak{p}}\right) = \left(\frac{\mu}{\mathfrak{p}}\right) = +1,$$

d. h. $\mathfrak{p}$ zerfällt in $K(\sqrt{\mu})$ in zwei Primfaktoren. Ein jeder derselben hat wegen

$$\left(\frac{\pi, \mu}{\mathfrak{d}_{r+1}}\right) = \left(\frac{\pi}{\mathfrak{d}_{r+1}}\right) = +1, \ldots, \qquad \left(\frac{\pi, \mu}{\mathfrak{d}_t}\right) = \left(\frac{\pi}{\mathfrak{d}_t}\right) = +1$$

im Körper $K(\sqrt{\mu})$ die Charaktere

$$\left(\frac{\pi, \mu}{\mathfrak{d}_1}\right) = \left(\frac{\pi}{\mathfrak{d}_1}\right) = c_1, \ldots, \qquad \left(\frac{\pi, \mu}{\mathfrak{d}_r}\right) = \left(\frac{\pi}{\mathfrak{d}_r}\right) = c_r.$$

Es lassen sich nun die Einheiten $c_1, \ldots, c_r$ offenbar auf 2^{r-1} Weisen so bestimmen, daß die Bedingung $c_1 \ldots c_r = +1$ erfüllt ist. Nach dem eben Bewiesenen gehört zu jedem solchen Systeme von r Einheiten wirklich ein Geschlecht in $K(\sqrt{\mu})$, und da die Anzahl g der Geschlechter von $K(\sqrt{\mu})$ nach Satz 26 auch nicht größer sein kann als 2^{r-1}, so ist der Satz 41 hiermit für den Fall bewiesen, daß die Relativdiskriminante des Körpers $K(\sqrt{\mu})$ zu 2 prim ausfällt. Den allgemeinen Nachweis des Satzes 41 werden wir erst in § 41 führen.

§ 30. Ein gewisses System von $\frac{m}{2} + z$ zu 2 primen Primidealen des Körpers k.

Wir leiten jetzt einen Satz ab, der im folgenden Paragraphen gebraucht werden wird und der eine Erweiterung des Satzes 29 ist. Dieser Satz lautet:

Satz 42. Es mögen $\varepsilon_1, \ldots, \varepsilon_{\frac{m}{2}}, \mathfrak{q}_1, \ldots, \mathfrak{q}_{\frac{m}{2}}, \varkappa_1, \ldots, \varkappa_{\frac{m}{2}}$ die Bedeutung wie in Satz 29 haben; ferner werde

$$2 = \mathfrak{l}_1^{l_1} \cdots \mathfrak{l}_z^{l_z}$$

gesetzt, wo $\mathfrak{l}_1, \ldots, \mathfrak{l}_z$ die voneinander verschiedenen Primfaktoren der Zahl 2 in k und $l_1, \ldots, l_z$ die Potenzexponenten bedeuten, zu denen bez. jene Primideale in der Zahl 2 aufgehen. Es werde

$$\mathfrak{l}_1^h = (\lambda_1), \ldots, \mathfrak{l}_z^h = (\lambda_z)$$

gesetzt, wo $\lambda_1, \ldots, \lambda_z$ gewisse ganze Zahlen in k sind; endlich seien $\mathfrak{p}_1, \ldots, \mathfrak{p}_z$ solche primäre Primideale, daß allemal

$$\left(\frac{\lambda_i}{\mathfrak{p}_i}\right) = -1, \quad \left(\frac{\lambda_k}{\mathfrak{p}_i}\right) = +1, \quad (i \neq k) \qquad (i, k = 1, 2, \ldots, z)$$

ausfällt, und es seien $\pi_1, \ldots, \pi_z$ bez. Primärzahlen der primären Primideale $\mathfrak{p}_1, \ldots, \mathfrak{p}_z$: dann gilt für jede beliebige zu 2 prime ganze Zahl ω in k eine Kongruenz von der Gestalt

$$\omega \equiv \varepsilon_1^{u_1} \cdots \varepsilon_{\frac{m}{2}}^{u_{\frac{m}{2}}} \varkappa_1^{v_1} \cdots \varkappa_{\frac{m}{2}}^{v_{\frac{m}{2}}} \pi_1^{w_1} \cdots \pi_z^{w_z} \alpha^2, \qquad (\mathfrak{l}_1^{2l_1+1} \cdots \mathfrak{l}_z^{2l_z+1}),$$

wo die Exponenten $u_1, \ldots, u_{\frac{m}{2}}, v_1, \ldots, v_{\frac{m}{2}}, w_1, \ldots, w_z$ gewisse Werte 0, 1 haben und α eine geeignete ganze Zahl in k bedeutet.

Beweis. Wir behandeln zunächst die Annahme, es gäbe $m + z$ Exponenten $u_1, \ldots, u_{\frac{m}{2}}, v_1, \ldots, v_{\frac{m}{2}}, w_1, \ldots, w_z$, die gewisse Werte 0,1 haben, aber nicht sämtlich gleich 0 sind, derart, daß die vermöge dieser Exponenten gebildete Zahl

$$\mu = \varepsilon_1^{u_1} \cdots \varepsilon_{\frac{m}{2}}^{u_{\frac{m}{2}}} \varkappa_1^{v_1} \cdots \varkappa_{\frac{m}{2}}^{v_{\frac{m}{2}}} \pi_1^{w_1} \cdots \pi_z^{w_z} \tag{1}$$

dem Quadrat einer gewissen ganzen Zahl in k nach $\mathfrak{l}_1^{2l_1+1} \ldots \mathfrak{l}_z^{2l_z+1}$ kongruent werde. Die Zahl $\sqrt{\mu}$ bestimmt dann offenbar einen relativquadratischen Körper $K(\sqrt{\mu})$, und zufolge des Satzes 5 ist die Relativdiskriminante dieses Körpers $K(\sqrt{\mu})$ prim zu 2. Aus dem Beweise zu Satz 29 schließen wir, daß die Exponenten $u_1, \ldots, u_{\frac{m}{2}}, v_1, \ldots, v_{\frac{m}{2}}$ im Ausdruck (1) sämtlich gleich 0 sind. Die Relativdiskriminante von $K(\sqrt{\mu})$ besitzt demnach mit Rücksicht auf Satz 4 keines der Primideale $\mathfrak{l}_1, \ldots, \mathfrak{l}_z, \mathfrak{q}_1, \ldots, \mathfrak{q}_{\frac{m}{2}}$ als Faktor, sondern enthält lediglich diejenigen unter den Primidealen $\mathfrak{p}_1, \ldots, \mathfrak{p}_z$, für welche in (1) bez. die Exponenten $w_1, \ldots, w_z$ gleich 1 ausfallen; es seien dies etwa die t Primideale $\mathfrak{p}_1, \ldots, \mathfrak{p}_t$. Infolge unserer Annahme ist dann notwendig $t > 0$.

Wir dürfen nunmehr Satz 41 anwenden, da derselbe in § 29 für den hier zutreffenden Fall bewiesen worden ist. Nach diesem Satze gibt es, da hier $r = t$ ausfällt, im Körper $K(\sqrt{\mu})$ genau 2^{t-1} Geschlechter und das Produkt der sämtlichen Charaktere ist für jedes Geschlecht gleich $+1$. Da μ dem Quadrat einer ganzen Zahl in k nach dem Modul $\mathfrak{l}_1^{2l_1+1}\ldots\mathfrak{l}_z^{2l_z+1}$ kongruent sein soll, so zerfällt inbesondere das Primideal $\mathfrak{l}_1$ im Körper $K(\sqrt{\mu})$ in zwei Primfaktoren. Die Charaktere eines jeden dieser Primfaktoren sind offenbar

$$\left(\frac{\lambda_1,\mu}{\mathfrak{p}_1}\right),\ldots,\left(\frac{\lambda_1,\mu}{\mathfrak{p}_t}\right)$$

und da das Produkt derselben gleich $+1$ sein soll, so würden wir

$$\left(\frac{\lambda_1}{\mathfrak{p}_1}\right)\cdots\left(\frac{\lambda_1}{\mathfrak{p}_t}\right)=+1$$

erhalten. Diese Folgerung widerspricht den Voraussetzungen, die wir im Satze 42 über die Primideale $\mathfrak{p}_1,\ldots,\mathfrak{p}_z$ getroffen haben, und demnach ist unsere zu Anfang dieses Beweises gemachte Annahme zu verwerfen, d. h. irgendein Ausdruck von der Gestalt (1) kann nur dann kongruent dem Quadrat einer ganzen Zahl in k nach dem Modul $\mathfrak{l}_1^{2l_1+1}\ldots\mathfrak{l}_z^{2l_z+1}$ sein, wenn sämtliche Exponenten $u_1,\ldots,u_{\frac{m}{2}}, v_1,\ldots,v_{\frac{m}{2}}, w_1,\ldots,w_z$ gleich 0 sind.

Wir setzen nun zur Abkürzung

$$L_1=n(\mathfrak{l}_1)^{l_1}(n(\mathfrak{l}_1)-1)$$

und verstehen unter

$$\alpha_1^{(1)},\ldots,\alpha_1^{(L_1)}$$

ein volles System von ganzen zu $\mathfrak{l}_1$ primen und nach $\mathfrak{l}_1^{l_1+1}$ einander inkongruenten Zahlen in k, die überdies sämtlich kongruent 1 nach dem Modul $\mathfrak{l}_2^{l_2+1}\mathfrak{l}_3^{l_3+1}\ldots\mathfrak{l}_z^{l_z+1}$ sein sollen. Da allgemein

$$\alpha_1^{(i)}\not\equiv-\alpha_1^{(i)},\qquad(\mathfrak{l}_1^{l_1+1}),\qquad(i=1,2,\ldots,L_1)$$

ist, so können wir annehmen, es sei etwa stets

$$-\alpha_1^{(i)}\equiv\alpha_1^{\left(\frac{L_1}{2}+i\right)},\qquad(\mathfrak{l}_1^{l_1+1}),\qquad\left(i=1,2,\ldots,\frac{L_1}{2}\right).$$

Die $\frac{L_1}{2}$ Zahlen $\alpha_1^{(1)},\ldots,\alpha_1^{\left(\frac{L_1}{2}\right)}$ haben dann offenbar die Eigenschaft, daß weder die Differenz noch die Summe von irgend zwei derselben durch $\mathfrak{l}_1^{l_1+1}$ teilbar wird. Ferner setzen wir zur Abkürzung

$$L_2=n(\mathfrak{l}_2)^{l_2}(n(\mathfrak{l}_2)-1),$$
$$\cdots\cdots\cdots$$
$$L_z=n(\mathfrak{l}_z)^{l_z}(n(\mathfrak{l}_z)-1)$$

und bilden in der entsprechenden Weise wie oben zunächst das System von $\frac{L_2}{2}$ ganzen, zu $\mathfrak{l}_2$ primen Zahlen

$$\alpha_2^{(1)},\ldots,\alpha_2^{\left(\frac{L_2}{2}\right)},$$

die sämtlich kongruent 1 nach $\mathfrak{l}_1^{l_1+1}\,\mathfrak{l}_3^{l_3+1}\ldots\mathfrak{l}_z^{l_z+1}$ sind und die Eigenschaft haben, daß weder die Differenz noch die Summe von irgend zwei derselben durch $\mathfrak{l}_2^{l_2+1}$ teilbar wird usf.; endlich bilden wir ein System von $\frac{L_z}{2}$ ganzen, zu $\mathfrak{l}_z$ primen Zahlen

$$\alpha_z^{(1)}, \ldots, \alpha_z^{\left(\frac{L_z}{2}\right)},$$

die sämtlich kongruent 1 nach $\mathfrak{l}_1^{l_1+1}\,\mathfrak{l}_2^{l_2+1}\ldots\mathfrak{l}_{z-1}^{l_{z-1}+1}$ sind und die Eigenschaft haben, daß weder die Differenz noch die Summe von irgend zwei derselben durch $\mathfrak{l}_z^{l_z+1}$ teilbar wird.

Der Ausdruck

$$\varepsilon_1^{u_1}\cdots\varepsilon_{\frac{m}{2}}^{u_{\frac{m}{2}}}\varkappa_1^{v_1}\cdots\varkappa_{\frac{m}{2}}^{v_{\frac{m}{2}}}\pi_1^{w_1}\cdots\pi_z^{w_z}(\alpha_1^{(i_1)})^2\cdots(\alpha_z^{(i_z)})^2, \tag{2}$$

$$\left(\begin{matrix} u_1,\ldots,u_{\frac{m}{2}},\, v_1,\ldots,v_{\frac{m}{2}};\quad w_1,\ldots,w_z=0,1,\\ i_1=1,2,\ldots,\frac{L_1}{2},\ldots,\quad i_z=1,2,\ldots,\frac{L_z}{2}\end{matrix}\right)$$

stellt ein System von $2^m L_1 \ldots L_z$ ganzen Zahlen in k dar; diese sind sämtlich zu 2 prim und nach $\mathfrak{l}_1^{2l_1+1}\ldots\mathfrak{l}_z^{2l_z+1}$ einander inkongruent. In der Tat wären zwei Zahlen von der Gestalt (2) einander nach $\mathfrak{l}_1^{2l_1+1}\ldots\mathfrak{l}_z^{2l_z+1}$ kongruent, wäre etwa

$$\left.\begin{aligned} &\varepsilon_1^{u_1}\cdots\varepsilon_{\frac{m}{2}}^{u_{\frac{m}{2}}}\varkappa_1^{v_1}\cdots\varkappa_{\frac{m}{2}}^{v_{\frac{m}{2}}}\pi_1^{w_1}\cdots\pi_z^{w_z}(\alpha_1^{(i_1)})^2\cdots(\alpha_z^{(i_z)})^2\\ &\equiv\varepsilon_1^{u_1'}\cdots\varepsilon_{\frac{m}{2}}^{u_{\frac{m}{2}}'}\varkappa_1^{v_1'}\cdots\varkappa_{\frac{m}{2}}^{v_{\frac{m}{2}}'}\pi_1^{w_1'}\cdots\pi_z^{w_z'}(\alpha_1^{(i_1')})^2\cdots(\alpha_z^{(i_z')})^2,\\ &\qquad(\mathfrak{l}_1^{2l_1+1}\,\mathfrak{l}_2^{2l_2+1}\cdots\mathfrak{l}_z^{2l_z+1}),\end{aligned}\right\} \tag{3}$$

so würde, da die Zahlen $\alpha_1^{(i)},\ldots,\alpha_z^{(i)}$ sämtlich zu 2 prim sind, aus dem vorhin Bewiesenen sofort folgen, daß die Exponenten $u_1,\ldots,u_{\frac{m}{2}}, v_1,\ldots,v_{\frac{m}{2}}$, $w_1,\ldots,w_z$ bez. mit den Exponenten $u_1',\ldots,u_{\frac{m}{2}}', v_1',\ldots,v_{\frac{m}{2}}', w_1',\ldots,w_z'$ übereinstimmen und es wäre mithin

$$(\alpha_1^{(i_1)})^2\cdots(\alpha_z^{(i_z)})^2\equiv(\alpha_1^{(i_1')})^2\cdots(\alpha_z^{(i_z')})^2,\qquad(\mathfrak{l}_1^{2l_1+1}\cdots\mathfrak{l}_z^{2l_z+1}).$$

Aus dieser Kongruenz entnehmen wir der Reihe nach die z Kongruenzen

$$(\alpha_1^{(i_1)})^2\equiv(\alpha_1^{(i_1')})^2,\qquad(\mathfrak{l}_1^{2l_1+1}),$$
$$\cdots\cdots\cdots\cdots$$
$$(\alpha_z^{(i_z)})^2\equiv(\alpha_z^{(i_z')})^2,\qquad(\mathfrak{l}_z^{2l_z+1}).$$

Aus der ersten Kongruenz folgt leicht, daß entweder $\alpha_1^{(i_1)}-\alpha_1^{(i_1')}$ oder $\alpha_1^{(i_1)}+\alpha_1^{(i_1')}$ durch $\mathfrak{l}_1^{l_1+1}$ teilbar sein muß, und deswegen ist notwendigerweise $i_1=i_1'$. Ebenso schließen wir $i_2=i_2',\ldots,i_z=i_z'$, d. h. die beiden Ausdrücke auf der linken und rechten Seite der Kongruenz (3) waren nicht voneinander verschieden.

Nun gibt es für den Modul $\mathfrak{l}_1^{2l_1+1} \dots \mathfrak{l}_z^{2l_z+1}$ genau

$$n(\mathfrak{l}_1)^{2l_1} \cdots n(\mathfrak{l}_z)^{2l_z}(n(\mathfrak{l}_1)-1) \cdots (n(\mathfrak{l}_z)-1) = 2^m L_1 \cdots L_z$$

zu 2 prime und untereinander inkongruente Zahlen und mithin bilden die ganzen Zahlen in (2) ein volles Restsystem der genannten Art nach $\mathfrak{l}_1^{2l_1+1} \dots \mathfrak{l}_z^{2l_z+1}$; dies ist die Aussage des Satzes 42.

§ 31. Eine Eigenschaft gewisser besonderer Ideale des Körpers k.

Wir setzen nunmehr die in § 23 und in § 26 angestellten Untersuchungen über primäre Ideale des Körpers k fort und gelangen zu folgenden Sätzen:

Satz 43. Es sei $\mathfrak{a}$ ein beliebiges zu 2 primes Ideal in k von solcher Beschaffenheit, daß die Gleichungen

$$\left(\frac{\varepsilon_1}{\mathfrak{a}}\right) = +1, \dots, \left(\frac{\varepsilon_{\frac{m}{2}}}{\mathfrak{a}}\right) = +1,$$

$$\left(\frac{\lambda_1}{\mathfrak{a}}\right) = +1, \dots, \left(\frac{\lambda_z}{\mathfrak{a}}\right) = +1$$

gelten: dann ist es stets möglich, in k eine ganze Zahl α zu finden, so daß das Ideal (α) gleich $\mathfrak{a}^h$ wird, und überdies die Zahl α nach dem Modul $\mathfrak{l}_1^{2l_1+1} \dots \mathfrak{l}_z^{2l_z+1}$ dem Quadrat einer ganzen Zahl des Körpers k kongruent wird; hierbei haben $\varepsilon_1, \dots, \varepsilon_{\frac{m}{2}}, \mathfrak{l}_1, \dots, \mathfrak{l}_z, l_1, \dots, l_z, \lambda_1, \dots, \lambda_z$ die Bedeutung wie in Satz 42.

Beweis. Es sei α^* irgendeine ganze Zahl in k, so daß $(\alpha^*) = \mathfrak{a}^h$ wird. Bezeichnen ferner $\mathfrak{q}_1, \dots, \mathfrak{q}_{\frac{m}{2}}, \mathfrak{p}_1, \dots, \mathfrak{p}_z, \varkappa_1, \dots, \varkappa_{\frac{m}{2}}, \pi_1, \dots, \pi_z$ dieselben Ideale bez. ganzen Zahlen des Körpers k wie in Satz 42, so ist nach dem dort Bewiesenen jede ganze zu 2 prime Zahl nach dem Modul $\mathfrak{l}_1^{2l_1+1} \dots \mathfrak{l}_z^{2l_z+1}$ in der Gestalt darstellbar, wie im Satze 42 angegeben worden ist; wir dürfen also insbesondere

$$\alpha^* \equiv \varepsilon^* \varkappa_1^{v_1} \cdots \varkappa_{\frac{m}{2}}^{v_{\frac{m}{2}}} \pi_1^{w_1} \cdots \pi_z^{w_z} \beta^2, \qquad (\mathfrak{l}_1^{2l_1+1} \dots \mathfrak{l}_z^{2l_z+1}) \tag{1}$$

setzen, wo ε^* eine geeignete Einheit in k, $v_1, \dots, v_{\frac{m}{2}}, w_1, \dots, w_z$ gewisse Exponenten 0, 1 und β eine geeignete ganze Zahl in k bedeutet. Da hiernach die Zahl

$$\mu = \alpha^* \varepsilon^* \varkappa_1^{v_1} \cdots \varkappa_{\frac{m}{2}}^{v_{\frac{m}{2}}} \pi_1^{w_1} \cdots \pi_z^{w_z}$$

dem Quadrat einer ganzen Zahl in k nach dem Modul $\mathfrak{l}_1^{2l_1+1} \dots \mathfrak{l}_z^{2l_z+1}$ kongruent ausfällt, so erhalten wir nach Satz 40 die Gleichungen

$$\left.\begin{aligned} \prod_{(\mathfrak{w})}{}' \left(\frac{\varepsilon_1, \mu}{\mathfrak{w}}\right) &= +1, \dots, \prod_{(\mathfrak{w})}{}' \left(\frac{\varepsilon_{\frac{m}{2}}, \mu}{\mathfrak{w}}\right) = +1, \\ \prod_{(\mathfrak{w})}{}' \left(\frac{\lambda_1, \mu}{\mathfrak{w}}\right) &= +1, \dots, \prod_{(\mathfrak{w})}{}' \left(\frac{\lambda_z, \mu}{\mathfrak{w}}\right) = +1, \end{aligned}\right\} \tag{2}$$

wo das Produkt Π' stets über alle zu 2 primen Primideale $\mathfrak{w}$ des Körpers k erstreckt werden soll. Aus den Gleichungen (2) folgt leicht

$$\left(\frac{\varepsilon_i}{\alpha^* \varkappa_1^{v_1} \cdots \varkappa_{\frac{m}{2}}^{v_{\frac{m}{2}}} \pi_1^{w_1} \cdots \pi_z^{w_z}}\right) = \left(\frac{\varepsilon_i}{\mathfrak{a}}\right)\left(\frac{\varepsilon_i}{\mathfrak{q}_1}\right)^{v_1} \cdots \left(\frac{\varepsilon_i}{\mathfrak{q}_{\frac{m}{2}}}\right)^{v_{\frac{m}{2}}}\left(\frac{\varepsilon_i}{\mathfrak{p}_1}\right)^{w_1} \cdots \left(\frac{\varepsilon_i}{\mathfrak{p}_z}\right)^{w_z} = +1, \quad (3)$$

$$\left(i = 1, 2, \ldots, \frac{m}{2}\right),$$

$$\left(\frac{\lambda_k}{\alpha^* \varkappa_1^{v_1} \cdots \varkappa_{\frac{m}{2}}^{v_{\frac{m}{2}}} \pi_1^{w_1} \cdots \pi_z^{w_z}}\right) = \left(\frac{\lambda_k}{\mathfrak{a}}\right)\left(\frac{\lambda_k}{\mathfrak{q}_1}\right)^{v_1} \cdots \left(\frac{\lambda_k}{\mathfrak{q}_{\frac{m}{2}}}\right)^{v_{\frac{m}{2}}}\left(\frac{\lambda_k}{\mathfrak{p}_1}\right)^{w_1} \cdots \left(\frac{\lambda_k}{\mathfrak{p}_z}\right)^{w_z} = +1, \quad (4)$$

$$(k = 1, 2, \ldots, z).$$

Indem wir die Voraussetzungen des Satzes 43 benutzen, schließen wir aus (3), (4) der Reihe nach, daß die Exponenten $v_1, \ldots, v_{\frac{m}{2}}, w_1, \ldots, w_z$ sämtlich gleich 0 sind; folglich ist wegen (1) die Zahl $\alpha = \varepsilon^* \alpha^*$ von der im Satze 43 verlangten Art.

Die Umkehrung des Satzes 43 lautet wie folgt:

Satz 44. Wenn α eine zu 2 prime ganze Zahl in k ist, die dem Quadrat einer ganzen Zahl in k nach $\mathfrak{l}_1^{2l_1+1} \cdots \mathfrak{l}_z^{2l_z+1}$ kongruent ausfällt, so gelten die Gleichungen

$$\left(\frac{\varepsilon_1}{\alpha}\right) = +1, \ldots, \left(\frac{\varepsilon_{\frac{m}{2}}}{\alpha}\right) = +1,$$
$$\left(\frac{\lambda_1}{\alpha}\right) = +1, \ldots, \left(\frac{\lambda_z}{\alpha}\right) = +1;$$

dabei haben $\varepsilon_1, \ldots, \varepsilon_{\frac{m}{2}}, \mathfrak{l}_1, \ldots, \mathfrak{l}_z, l_1, \ldots, l_z, \lambda_1, \ldots, \lambda_z$ die Bedeutung wie in Satz 42.

Den Beweis dieses Satzes gewinnen wir unmittelbar aus Satz 40, indem wir in der Gleichung dieses Satzes 40 für ν der Reihe nach die Zahlen $\varepsilon_1, \ldots, \varepsilon_{\frac{m}{2}}$, $\lambda_1, \ldots, \lambda_z$ und für μ jedesmal die Zahl α nehmen.

Die Sätze 43 und 44 bilden einen wesentlichen Bestandteil des *zweiten* Ergänzungssatzes zu dem später aufzustellenden allgemeinen Reziprozitätsgesetze für quadratische Reste. Es ist eine lohnende Aufgabe, für die Sätze 43 und 44 numerische Beispiele in ähnlicher Weise zu berechnen wie dies in § 27 für die entsprechenden Aussagen des ersten Ergänzungssatzes geschah. Wegen der vielen möglichen Arten der Zerlegung der Zahl 2 in verschiedenen Körpern k weisen die Aussagen des zweiten Ergänzungssatzes sogar eine noch größere Mannigfaltigkeit an einzelnen arithmetischen Wahrheiten auf als bei Erörterung des ersten Ergänzungssatzes zutage traten.

§ 32. Das Symbol $\left(\frac{\nu,\mu}{\mathfrak{l}}\right)$ für irgendwelche zu 2 primen Zahlen ν, μ.

Wir sind nunmehr imstande, diejenigen Sätze aufzustellen und zu beweisen, welche den Sätzen 14, 15 entsprechen, wenn man für $\mathfrak{w}$ ein in 2 aufgehendes Primideal des Körpers k nimmt. Um dieses Ziel zu erreichen, führen wir ein neues Symbol $\left(\frac{\nu,\mu}{\mathfrak{l}}\right)$ ein; dieses Symbol dient uns jedoch nur zum vorübergehenden Gebrauch, da dasselbe sich später als gleichbedeutend mit dem Symbol $\left(\frac{\nu,\mu}{\mathfrak{l}}\right)$ herausstellen wird.

Definition 17. Es seien ν, μ irgendwelche zu 2 prime ganze Zahlen in k; ferner sei $\mathfrak{l}$ ein in der Zahl 2 aufgehendes Primideal des Körpers k, und wir setzen $2 = \mathfrak{l}^l \mathfrak{L}$, wo l einen positiven Potenzexponenten und $\mathfrak{L}$ ein zu $\mathfrak{l}$ primes Ideal des Körpers k bedeutet: dann werde das neue Symbol $\left(\frac{\nu,\mu}{\mathfrak{l}}\right)$ durch die Gleichung

$$\left(\frac{\nu,\mu}{\mathfrak{l}}\right) = \prod_{(\mathfrak{w})}{}' \left(\frac{\nu,\mu^*}{\mathfrak{w}}\right)$$

definiert; hierin ist $\prod'$ über alle zu 2 primen Primideale $\mathfrak{w}$ zu erstrecken, und μ^* soll eine solche zu 2 prime ganze Zahl in k bedeuten, die den Kongruenzen

$$\mu^* \equiv \mu, \quad (\mathfrak{l}^{2l}),$$
$$\mu^* \equiv \alpha^2, \quad (\mathfrak{L}^2)$$

genügt, wo α irgendeine zu $\mathfrak{L}$ prime ganze Zahl in k sein soll.

In der Tat ist das Symbol $\left(\frac{\nu,\mu}{\mathfrak{l}}\right)$ durch diese Festsetzung eindeutig bestimmt. Ist nämlich μ_0^* eine ganze Zahl in k, welche den Kongruenzen

$$\mu_0^* \equiv \mu, \quad (\mathfrak{l}^{2l}),$$
$$\mu_0^* \equiv \alpha_0^2, \quad (\mathfrak{L}^2)$$

genügt, wobei α_0 irgendeine zu $\mathfrak{L}$ prime und von α verschiedene ganze Zahl in k darstellt, so bestimme man zwei ganze Zahlen ξ, ξ_0 in k, die den Kongruenzen

$$\xi\,\xi_0\,\mu \equiv 1, \quad (\mathfrak{l}^{2l}),$$
$$\left.\begin{aligned}\xi\,\alpha &\equiv 1,\\ \xi_0\,\alpha_0 &\equiv 1,\end{aligned}\right\} \quad (\mathfrak{L}^2)$$

genügen: dann erfüllt die Zahl $\zeta = \xi^2 \xi_0^2 \mu^* \mu_0^*$ die Kongruenz $\zeta \equiv 1$ nach 2^2, und folglich erhalten wir nach Satz 36

$$\prod_{(\mathfrak{w})}{}' \left(\frac{\nu,\zeta}{\mathfrak{w}}\right) = \prod_{(\mathfrak{w})}{}' \left(\frac{\nu,\mu^*\mu_0^*}{\mathfrak{w}}\right) = +1;$$

mithin ist

$$\prod_{(\mathfrak{w})}{}' \left(\frac{\nu,\mu^*}{\mathfrak{w}}\right) = \prod_{(\mathfrak{w})}{}' \left(\frac{\nu,\mu_0^*}{\mathfrak{w}}\right),$$

wo das Produkt $\prod'$ stets über sämtliche zu 2 primen Primideale $\mathfrak{w}$ in k zu erstrecken ist.

Wenn wir die beiden letzten Formeln des Satzes 14 heranziehen, so erhalten wir unmittelbar aus der Definition 17 des Symbols $\left(\frac{\nu,\,\mu}{\mathfrak{l}}\right)$ zwei entsprechende Formeln für dieses neue Symbol; wir drücken diese Tatsache in dem folgenden Satze aus:

Satz 45. (Hilfssatz.) Wenn $\nu, \nu_1, \nu_2, \mu, \mu_1, \mu_2$ beliebige zu 2 prime ganze Zahlen des Körpers k sind, so gelten in bezug auf ein jedes in 2 aufgehende Primideal $\mathfrak{l}$ die Formeln

$$\left(\frac{\overline{\nu_1\nu_2,\,\mu}}{\mathfrak{l}}\right)=\left(\frac{\overline{\nu_1,\,\mu}}{\mathfrak{l}}\right)\left(\frac{\overline{\nu_2,\,\mu}}{\mathfrak{l}}\right),$$

$$\left(\frac{\overline{\nu,\,\mu_1\mu_2}}{\mathfrak{l}}\right)=\left(\frac{\overline{\nu,\,\mu_1}}{\mathfrak{l}}\right)\left(\frac{\overline{\nu,\,\mu_2}}{\mathfrak{l}}\right).$$

§ 33. Die Übereinstimmung der beiden Symbole $\left(\frac{\nu,\,\mu}{\mathfrak{l}}\right)$ und $\left(\frac{\overline{\nu,\,\mu}}{\mathfrak{l}}\right)$ für irgendwelche zu 2 prime Zahlen ν, μ.

Um die Übereinstimmung der beiden Symbole $\left(\frac{\nu,\,\mu}{\mathfrak{l}}\right)$ und $\left(\frac{\overline{\nu,\,\mu}}{\mathfrak{l}}\right)$ miteinander zu erkennen, bedienen wir uns der folgenden Entwicklungen:

Satz 46. (Hilfssatz.) Es sei wie in Definition 17 $\mathfrak{l}$ ein Primfaktor von 2 im Körper k und es gehe $\mathfrak{l}$ in 2 genau zur l-ten Potenz auf; ferner sei ϱ eine ganze oder gebrochene Zahl in k, für die eine Kongruenz

$$\varrho \equiv \alpha^2, \qquad (\mathfrak{l}^{2l+1})$$

gilt, wobei α eine ganze zu 2 prime Zahl in k bedeutet: dann kann stets auch für jede Potenz $\mathfrak{l}^L$ mit höherem Exponenten L eine ganze Zahl α_L in k gefunden werden, welche der Kongruenz

$$\varrho \equiv \alpha_L^2, \qquad (\mathfrak{l}^L)$$

genügt.

Beweis. Nehmen wir an, es sei für die Potenz $\mathfrak{l}^{2l+a}$ ($a \geqq 1$) eine Zahl α_{2l+a} von der verlangten Beschaffenheit bereits gefunden, so gelangen wir zu einer Zahl α_{2l+a+1} für die Potenz $\mathfrak{l}^{2l+a+1}$ auf diese Weise. Wir wählen zunächst eine ganze Zahl λ in k, welche durch $\mathfrak{l}$, aber nicht durch $\mathfrak{l}^2$ teilbar ist, und setzen

$$\alpha_{2l+a+1} = \alpha_{2l+a} + 2\,\lambda^a\,\xi,$$

worin ξ noch eine zu bestimmende ganze Zahl in k sei. Aus der Kongruenz

$$\varrho \equiv \alpha_{2l+a+1}^2 = \alpha_{2l+a}^2 + 4\,\alpha_{2l+a}\,\lambda^a\,\xi + 4\,\lambda^{2a}\,\xi^2, \qquad (\mathfrak{l}^{2l+a+1})$$

erhalten wir

$$\varrho \equiv \alpha_{2l+a}^2 + 4\,\alpha_{2l+a}\,\lambda^a\,\xi, \qquad (\mathfrak{l}^{2l+a+1})$$

und bestimmen wir sodann ξ aus der Kongruenz

$$\xi \equiv \frac{\varrho - \alpha_{2l+a}^2}{4\,\alpha_{2l+a}\lambda^a}, \qquad (\mathfrak{l}),$$

so ist α_{2l+a+1} eine Zahl von der verlangten Beschaffenheit; damit haben wir den Beweis für den Satz 46 erbracht.

Satz 47. (Hilfssatz.) Es sei $\mathfrak{l}$ ein Primfaktor von 2 in k und es gehe $\mathfrak{l}$ in 2 genau zur l-ten Potenz auf: wenn dann $\nu_1, \nu_2, \mu_1, \mu_2$ irgendwelche zu 2 prime ganze Zahlen in k sind, derart, daß die Brüche $\frac{\nu_1}{\nu_2}$ und $\frac{\mu_1}{\mu_2}$ den Quadraten gewisser ganzen Zahlen in k nach $\mathfrak{l}^{2l+1}$ kongruent ausfallen, so ist stets

$$\left(\frac{\nu_1, \mu_1}{\mathfrak{l}}\right) = \left(\frac{\nu_2, \mu_2}{\mathfrak{l}}\right).$$

Beweis. Wir nehmen an, es sei μ_1 nicht das Quadrat einer Zahl in k und ν_1 im Körper $K(\sqrt{\mu_1})$ Normenrest nach $\mathfrak{l}$; wir verstehen dann unter L irgendeinen Exponenten und unter A eine solche ganze Zahl in $K(\sqrt{\mu_1})$, daß $\nu_1 \equiv N(\mathsf{A})$ nach $\mathfrak{l}^L$ wird. Da $\frac{\nu_1}{\nu_2}$ und mithin auch $\frac{\nu_2}{\nu_1}$ dem Quadrat einer ganzen Zahl in k nach $\mathfrak{l}^{2l+1}$ kongruent ist, so muß nach Satz 46 auch für jeden beliebigen Exponenten L eine ganze Zahl α_L in k existieren, deren Quadrat dem Bruche $\frac{\nu_2}{\nu_1}$ kongruent nach $\mathfrak{l}^L$ ausfällt; wir haben somit

$$\nu_2 \equiv \alpha_L^2 \nu_1 \equiv N(\alpha_L \mathsf{A}), \qquad (\mathfrak{l}^L), \tag{1}$$

d. h. ν_2 ist im Körper $K(\sqrt{\mu_1})$ Normenrest nach $\mathfrak{l}$.

Wir setzen nun

$$\alpha_L \mathsf{A} = \frac{\alpha + \beta\sqrt{\mu_1}}{\gamma}; \tag{2}$$

hierin seien α, β, γ gewisse ganze Zahlen in k und es gehe $\mathfrak{l}$ in γ genau zur c-ten Potenz auf. Wegen der über $\frac{\mu_1}{\mu_2}$ gemachten Voraussetzung können wir nach Satz 46 eine Zahl β_L finden, so daß

$$\frac{\mu_1}{\mu_2} \equiv \beta_L^2, \quad \text{d. h.} \quad \mu_1 \equiv \mu_2 \beta_L^2, \qquad (\mathfrak{l}^{L+2c}) \tag{3}$$

ausfällt. Aus (1), (2), (3) erhalten wir dann

$$\nu_2\gamma^2 \equiv \alpha^2 - \beta^2\mu_1 \equiv \alpha^2 - \beta^2\beta_L^2\mu_2, \qquad (\mathfrak{l}^{L+2c}). \tag{4}$$

Stellt nun δ irgendeine zu $\mathfrak{l}$ prime und durch $\frac{\gamma}{\mathfrak{l}^c}$ teilbare Zahl in k dar, so ist

$$\mathsf{A}^* = \frac{\delta(\alpha + \beta\beta_L\sqrt{\mu_2})}{\gamma}$$

gewiß eine ganze Zahl in $K(\sqrt{\mu_2})$, da offenbar Summe und Produkt dieser Zahl A^* und ihrer relativkonjugierten Zahl $S\mathsf{A}^*$ ganze Zahlen in k sind. Bei Benutzung von (4) folgt

$$N(\mathsf{A}^*) \equiv \delta^2\nu_2, \qquad (\mathfrak{l}^L),$$

und da δ zu $\mathfrak{l}$ prim ist, so erweist sich mithin ν_2 als Normenrest des Körpers $K(\sqrt{\mu_2})$ nach $\mathfrak{l}$.

Wir haben also bewiesen, daß allemal, wenn $\left(\frac{\nu_1, \mu_1}{\mathfrak{l}}\right) = +1$ ist, auch $\left(\frac{\nu_2, \mu_2}{\mathfrak{l}}\right) = +1$ sein muß. Da nun aus denselben Gründen umgekehrt aus $\left(\frac{\nu_2, \mu_2}{\mathfrak{l}}\right) = +1$, wenn μ_2 nicht das Quadrat einer Zahl in k ist, allemal auch $\left(\frac{\nu_1, \mu_1}{\mathfrak{l}}\right) = +1$ gefolgert werden kann, so ist damit die Richtigkeit des Satzes 47 für den Fall gezeigt, daß keine der beiden Zahlen μ_1, μ_2 das Quadrat einer Zahl in k ist.

Nehmen wir an, es sei eine jener beiden Zahlen, etwa die Zahl μ_2, dagegen nicht μ_1 das Quadrat einer ganzen Zahl in k, so ist nach Definition 6 $\left(\frac{\nu_2, \mu_2}{\mathfrak{l}}\right) = +1$, und die Voraussetzung des zu beweisenden Satzes 47 fordert dann, daß μ_1 kongruent dem Quadrat einer ganzen Zahl in k nach $\mathfrak{l}^{2l+1}$ sein muß; wir wollen im folgenden den Nachweis dafür führen, daß in diesem Falle auch stets $\left(\frac{\nu_1, \mu_1}{\mathfrak{l}}\right) = +1$ ausfällt.

Zu dem Zwecke bezeichnen wir wie in Satz 40 mit $\mathfrak{l}_1, \mathfrak{l}_2, \ldots, \mathfrak{l}_z$ die sämtlichen voneinander verschiedenen in 2 aufgehenden Primideale, und es möge ferner allgemein $\mathfrak{l}_i$ genau zur l_i-ten Potenz in 2 aufgehen, so daß

$$2 = \mathfrak{l}_1^{l_1} \mathfrak{l}_2^{l_2} \cdots \mathfrak{l}_z^{l_z}$$

wird; wir nehmen $\mathfrak{l} = \mathfrak{l}_1$ und setzen $l = l_1$. Sodann bestimmen wir eine ganze Zahl μ_1^* in k, welche den Kongruenzen

$$\left.\begin{aligned} \mu_1^* &\equiv \mu_1, \qquad (\mathfrak{l}_1^{2l_1+1}), \\ \mu_1^* &\equiv 1, \qquad (\mathfrak{l}_2^{2l_2} \cdots \mathfrak{l}_z^{2l_z}) \end{aligned}\right\} \tag{5}$$

genügt und, nachdem dies geschehen, ein Primideal $\mathfrak{p}$ in k, für welches die Gleichungen

$$\left.\begin{aligned} \left(\frac{\varepsilon_1}{\mathfrak{p}}\right) &= \left(\frac{\varepsilon_1}{\mu_1^*}\right), \ldots, \left(\frac{\varepsilon_{\frac{m}{2}}}{\mathfrak{p}}\right) = \left(\frac{\varepsilon_{\frac{m}{2}}}{\mu_1^*}\right), \\ \left(\frac{\lambda_1}{\mathfrak{p}}\right) &= \left(\frac{\lambda_1}{\mu_1^*}\right), \ldots, \left(\frac{\lambda_z}{\mathfrak{p}}\right) = \left(\frac{\lambda_z}{\mu_1^*}\right) \end{aligned}\right\} \tag{6}$$

gelten; hierbei sollen $\varepsilon_1, \ldots, \varepsilon_{\frac{m}{2}}, \lambda_1, \ldots, \lambda_z$ die Bedeutung wie in Satz 42 haben. Da wegen (6)

$$\left(\frac{\varepsilon_1}{\mathfrak{p}\,\mu_1^*}\right) = +1, \ldots, \left(\frac{\varepsilon_{\frac{m}{2}}}{\mathfrak{p}\,\mu_1^*}\right) = +1,$$
$$\left(\frac{\lambda_1}{\mathfrak{p}\,\mu_1^*}\right) = +1, \ldots, \left(\frac{\lambda_z}{\mathfrak{p}\,\mu_1^*}\right) = +1$$

wird, so können wir nach Satz 43 eine ganze Zahl α derart bestimmen, daß das

Ideal (α) gleich $\mathfrak{p}^h \mu_1^{*h}$ ist und überdies die Zahl α dem Quadrat einer ganzen Zahl in k nach $\mathfrak{l}_1^{2l_1+1} \ldots \mathfrak{l}_z^{2l_z+1}$ kongruent ausfällt. Wir setzen $\pi = \frac{\alpha}{\mu_1^{*h}}$ und haben dann $(\pi) = \mathfrak{p}^h$.

Nunmehr bestimmen wir in k ein Primideal $\mathfrak{q}$, für welches die Gleichungen

$$\left(\frac{\varepsilon_1}{\mathfrak{q}}\right) = \left(\frac{\varepsilon_1}{\nu_1}\right), \ldots, \left(\frac{\varepsilon_{\frac{m}{2}}}{\mathfrak{q}}\right) = \left(\frac{\varepsilon_{\frac{m}{2}}}{\nu_1}\right),$$

$$\left(\frac{\lambda_1}{\mathfrak{q}}\right) = \left(\frac{\lambda_1}{\nu_1}\right), \ldots, \left(\frac{\lambda_z}{\mathfrak{q}}\right) = \left(\frac{\lambda_z}{\nu_1}\right),$$

$$\left(\frac{\pi}{\mathfrak{q}}\right) = +1 \tag{7}$$

gelten. Indem wir wie vorhin verfahren, können wir nach Satz 43 eine ganze Zahl β derart bestimmen, daß das Ideal $(\beta) = \mathfrak{q}^h \nu_1^h$ wird und überdies die Zahl β dem Quadrat einer ganzen Zahl in k nach dem Modul $\mathfrak{l}_1^{2l_1+1} \ldots \mathfrak{l}_z^{2l_z+1}$ kongruent ausfällt; wir setzen $\varkappa = \frac{\beta}{\nu_1^h}$ und haben dann $(\varkappa) = \mathfrak{q}^h$.

Indem wir die Beschaffenheit der Zahlen α, β berücksichtigen und den Satz 47 für den oben bereits behandelten Fall anwenden, erhalten wir

$$\left(\frac{\nu_1, \mu_1}{\mathfrak{l}}\right) = \left(\frac{\varkappa, \pi}{\mathfrak{l}}\right). \tag{8}$$

Wir betrachten jetzt den Körper $K(\sqrt{\pi})$ und werden beweisen, daß $\varkappa$ gleich der Relativnorm einer solchen Zahl dieses Körpers $K(\sqrt{\pi})$ ist, deren Nenner prim zu 2 ausfällt. Wegen der Kongruenzen (5) ist μ_1^* und folglich auch π gewiß dem Quadrat einer ganzen Zahl in k nach dem Modul 2^2 kongruent; infolgedessen enthält die Relativdiskriminante des Körpers $K(\sqrt{\pi})$ nach Satz 4 und 5 nur den einen Primfaktor $\mathfrak{p}$. Wenn wir die am Schlusse von § 15 gemachte Bemerkung auf diesen Körper $K(\sqrt{\pi})$ anwenden und demgemäß $t = 1$ nehmen, so wird aus der dort aufgestellten Ungleichung die folgende

$$v^* > \frac{m}{2} - 1,$$

und da v^* offenbar nicht größer als $\frac{m}{2}$ sein kann, so ist hier notwendig $v^* = \frac{m}{2}$, d.h. jede Einheit in k ist die Relativnorm einer Einheit in $K(\sqrt{\pi})$. Die im Satze 23 mit v bezeichnete Anzahl hat ihrer Bedeutung nach mindestens den Wert v^* und ist daher ebenfalls gleich $\frac{m}{2}$; der Satz 23 lehrt dann, daß die Anzahl aller ambigen Komplexe im Körper $K(\sqrt{\pi})$ gleich 1 ist, d.h. im Körper $K(\sqrt{\pi})$ ist der einzige ambige Komplex der Hauptkomplex.

Aus der soeben festgestellten Tatsache erkennen wir leicht, daß die Klassenanzahl H des Körpers $K(\sqrt{\pi})$ notwendig ungerade ausfallen muß. Im entgegengesetzten Falle gäbe es nämlich in $K(\sqrt{\pi})$ ein Ideal $\mathfrak{J}$, so daß

$$\mathfrak{J} \not\sim 1, \quad \mathfrak{J}^2 \sim 1$$

wäre. Dieses Ideal $\mathfrak{J}$ könnte nun nicht dem Hauptkomplex angehören; denn wäre $\mathfrak{J}$ einem Ideale $\mathfrak{j}$ in k äquivalent, so müßte

$$\mathfrak{J}^h \sim \mathfrak{j}^h \sim 1$$

sein und aus dieser Äquivalenz würde, da h eine ungerade Zahl ist, sofort $\mathfrak{J} \sim 1$ folgen, was nicht der Fall sein sollte. Andererseits ist, wenn $N(\mathfrak{J}) = \mathfrak{J} \cdot S\mathfrak{J} = \mathfrak{n}$ gesetzt wird, $\mathfrak{n} \cdot \mathfrak{J} \sim S\mathfrak{J}$ und mithin würde das Ideal $\mathfrak{J}$ im Körper $K(\sqrt{\pi})$ einen ambigen Komplex bestimmen, welcher von dem Hauptkomplexe verschieden wäre; dies widerspräche der vorhin bewiesenen Tatsache.

Wegen der Gleichung (7) zerfällt das Ideal $\mathfrak{q}$ im Körper $K(\sqrt{\pi})$; es sei $\mathfrak{Q}$ einer der beiden Primfaktoren von $\mathfrak{q}$. Setzen wir $\mathfrak{Q}^{hH} = (\mathsf{A})$, so daß A eine ganze Zahl des Körpers $K(\sqrt{\pi})$ bezeichnet, so folgt, daß das Hauptideal $\mathfrak{q}^{hH}$ gleich der Relativnorm des Hauptideals (A) wird, und mithin ist

$$\varepsilon\varkappa^H = N(\mathsf{A}),$$

wenn ε eine geeignete Einheit in k bezeichnet. Da aber nach dem vorhin Bewiesenen eine jede Einheit in k die Relativnorm einer Einheit in $K(\sqrt{\pi})$ ist, so ist auch $\varkappa^H$ die Relativnorm einer ganzen Zahl A^* in $K(\sqrt{\pi})$; folglich ist $\varkappa$ die Relativnorm der Zahl $\dfrac{\mathsf{A}^*}{\varkappa^{\frac{H-1}{2}}}$, und der Nenner dieses Bruches fällt prim zu 2 aus. Hieraus folgt leicht nach Definition 6 $\left(\dfrac{\varkappa,\pi}{\mathfrak{l}}\right) = +1$ und mithin wegen (8) auch $\left(\dfrac{\nu_1,\mu_1}{\mathfrak{l}}\right) = +1$; hiermit ist der Beweis für den Satz 47 im gegenwärtigen Falle erbracht.

Nehmen wir endlich an, es sei jede der beiden Zahlen μ_1, μ_2 das Quadrat einer ganzen Zahl in k, so ergibt sich nach der Definition 6 für die beiden Symbole $\left(\dfrac{\nu_1,\mu_1}{\mathfrak{l}}\right)$, $\left(\dfrac{\nu_2,\mu_2}{\mathfrak{l}}\right)$ stets der Wert $+1$ und damit ist der Satz 47 vollständig bewiesen.

Satz 48. (Hilfssatz.) Es sei $\mathfrak{l}$ ein in 2 aufgehendes Primideal und ferner seien ν, μ beliebige zu 2 prime ganze Zahlen in k: wenn dann $\left(\dfrac{\nu,\mu}{\mathfrak{l}}\right) = +1$ ausfällt, so ist auch stets $\left(\dfrac{\nu,\mu}{\mathfrak{l}}\right) = +1$.

Beweis. Wir bezeichnen wie in Satz 40 mit $\mathfrak{l}_1, \mathfrak{l}_2, \ldots, \mathfrak{l}_z$ die z voneinander verschiedenen in 2 aufgehenden Primideale und es möge allgemein $\mathfrak{l}_i$ genau zur l_i-ten Potenz in 2 aufgehen, so daß

$$2 = \mathfrak{l}_1^{l_1}\mathfrak{l}_2^{l_2}\cdots\mathfrak{l}_z^{l_z}$$

wird. Nehmen wir sodann $\mathfrak{l} = \mathfrak{l}_1$ und setzen $l = l_1$, $\mathfrak{L} = \mathfrak{l}_2^{l_2}\cdots\mathfrak{l}_z^{l_z}$, so haben wir

$$2 = \mathfrak{l}^l\mathfrak{L},$$

wo $\mathfrak{L}$ ein durch $\mathfrak{l}$ nicht teilbares Ideal bedeutet.

Es sei nun μ^* eine ganze den Kongruenzen

$$\mu^* \equiv \mu\,, \qquad (\mathfrak{l}^{2l+1})\,,$$
$$\mu^* \equiv 1\,, \qquad (\mathfrak{L}^2)$$

genügende Zahl des Körpers k; wir bestimmen dann zunächst ein Primideal $\mathfrak{p}$ in k derart, daß die Gleichungen

$$\left(\frac{\varepsilon_1}{\mathfrak{p}}\right) = \left(\frac{\varepsilon_1}{\mu^*}\right), \ldots, \left(\frac{\varepsilon_{\frac{m}{2}}}{\mathfrak{p}}\right) = \left(\frac{\varepsilon_{\frac{m}{2}}}{\mu^*}\right),$$
$$\left(\frac{\lambda_1}{\mathfrak{p}}\right) = \left(\frac{\lambda_1}{\mu^*}\right), \ldots, \left(\frac{\lambda_z}{\mathfrak{p}}\right) = \left(\frac{\lambda_z}{\mu^*}\right)$$

gelten; hierbei sollen $\varepsilon_1, \ldots, \varepsilon_{\frac{m}{2}}, \lambda_1, \ldots, \lambda_z$ die Bedeutung wie in Satz 42 haben. Da folglich

$$\left(\frac{\varepsilon_1}{\mathfrak{p}\,\mu^*}\right) = +1, \ldots, \left(\frac{\varepsilon_{\frac{m}{2}}}{\mathfrak{p}\,\mu^*}\right) = +1,$$
$$\left(\frac{\lambda_1}{\mathfrak{p}\,\mu^*}\right) = +1, \ldots, \left(\frac{\lambda_z}{\mathfrak{p}\,\mu^*}\right) = +1$$

wird, so können wir nach Satz 43 eine ganze Zahl α derart bestimmen, daß das Ideal (α) gleich $\mathfrak{p}^h \mu^{*h}$ wird und überdies die Zahl α dem Quadrat einer ganzen Zahl in k nach dem Modul $\mathfrak{l}_1^{2l_1+1} \ldots \mathfrak{l}_z^{2l_z+1}$ kongruent ausfällt; wir setzen $\pi = \frac{\alpha}{\mu^{*h}}$ und haben dann $(\pi) = \mathfrak{p}^h$.

Andererseits bestimmen wir ein Primideal $\mathfrak{q}$ derart, daß die Gleichungen

$$\left(\frac{\varepsilon_1}{\mathfrak{q}}\right) = \left(\frac{\varepsilon_1}{\nu}\right), \ldots, \left(\frac{\varepsilon_{\frac{m}{2}}}{\mathfrak{q}}\right) = \left(\frac{\varepsilon_{\frac{m}{2}}}{\nu}\right),$$
$$\left(\frac{\lambda_1}{\mathfrak{q}}\right) = \left(\frac{\lambda_1}{\nu}\right), \ldots, \left(\frac{\lambda_z}{\mathfrak{q}}\right) = \left(\frac{\lambda_z}{\nu}\right),$$
$$\left(\frac{\pi}{\mathfrak{q}}\right) = +1 \tag{1}$$

gelten. Indem wir wie vorhin verfahren, können wir nach Satz 43 eine ganze Zahl β derart bestimmen, daß das Ideal (β) gleich $\mathfrak{q}^h \nu^h$ wird und überdies die Zahl β dem Quadrat einer ganzen Zahl in k nach dem Modul $\mathfrak{l}_1^{2l_1+1} \ldots \mathfrak{l}_z^{2l_z+1}$ kongruent ausfällt; wir setzen $\varkappa = \frac{\beta}{\nu^h}$ und haben dann $(\varkappa) = \mathfrak{q}^h$.

Zufolge Satz 40 haben wir

$$\prod_{(\mathfrak{w})}{}' \left(\frac{\nu, \alpha}{\mathfrak{w}}\right) = +1, \quad \prod_{(\mathfrak{w})}{}' \left(\frac{\beta, \pi}{\mathfrak{w}}\right) = \prod_{(\mathfrak{w})}{}' \left(\frac{\pi, \beta}{\mathfrak{w}}\right) = +1,$$

wo die Produkte Π' über sämtliche zu 2 primen Primideale $\mathfrak{w}$ des Körpers k erstreckt werden sollen; mit Rücksicht auf die Definition 17 ergibt sich hieraus

$$\left(\frac{\nu, \alpha}{\mathfrak{l}}\right) = +1, \qquad \left(\frac{\beta, \pi}{\mathfrak{l}}\right) = +1,$$

und folglich bei Benutzung der Formeln des Satzes 45

$$\left(\frac{\nu, \mu}{\mathfrak{l}}\right) = \left(\frac{\nu, \mu^*}{\mathfrak{l}}\right) = \left(\frac{\nu, \mu^{*h}}{\mathfrak{l}}\right) = \left(\frac{\nu, \pi}{\mathfrak{l}}\right)$$

und

$$\left(\frac{\nu, \pi}{\mathfrak{l}}\right) = \left(\frac{\nu^h, \pi}{\mathfrak{l}}\right) = \left(\frac{\varkappa, \pi}{\mathfrak{l}}\right).$$

Somit erhalten wir schließlich

$$\left(\frac{\nu, \mu}{\mathfrak{l}}\right) = \left(\frac{\varkappa, \pi}{\mathfrak{l}}\right)$$

und infolge der Voraussetzung des Satzes 48 ist daher

$$\left(\frac{\varkappa, \pi}{\mathfrak{l}}\right) = +1. \qquad (2)$$

Da μ^* und folglich auch die Zahl π dem Quadrat einer ganzen Zahl in k nach dem Modul $\mathfrak{L}^2$ kongruent ist, so nimmt mit Rücksicht auf die Definition 17 die Gleichung (2) die Gestalt

$$\left(\frac{\varkappa, \pi}{\mathfrak{l}}\right) = \left(\frac{\pi}{\mathfrak{q}}\right)\left(\frac{\varkappa}{\mathfrak{p}}\right) = +1$$

an, und hieraus schließen wir wegen (1), daß notwendig

$$\left(\frac{\varkappa}{\mathfrak{p}}\right) = +1 \qquad (3)$$

ausfallen muß.

Wir betrachten jetzt den Körper $K(\sqrt{\pi})$ und werden beweisen, daß $\varkappa$ stets gleich der Relativnorm einer solchen Zahl dieses Körpers $K(\sqrt{\pi})$ ist, deren Nenner prim zu 2 ausfällt. Zu dem Zwecke unterscheiden wir folgende drei Fälle:

Erstens nehmen wir an, es sei das Primideal $\mathfrak{p}$ primär und π eine Primärzahl von $\mathfrak{p}$. Die Relativdiskriminante des Körpers $K(\sqrt{\pi})$ enthält dann nur den einen Primfaktor $\mathfrak{p}$, und wir können in diesem Falle genau wie im zweiten Teile des Beweises zu Satz 47 zeigen, daß $\varkappa$ die Relativnorm einer Zahl des Körpers $K(\sqrt{\pi})$ ist, deren Nenner zu 2 prim ausfällt.

Nehmen wir *zweitens* an, es sei $\mathfrak{p}$ ein primäres Primideal; dagegen sei π nicht eine Primärzahl von $\mathfrak{p}$, sondern es sei vielmehr $\pi = \varepsilon\pi^*$, wobei π^* eine Primärzahl von $\mathfrak{p}$ und ε eine Einheit in k bedeutet, welche nicht gleich dem Quadrat einer Einheit in k ausfällt. Die Relativdiskriminante des Körpers $K(\sqrt{\pi})$ enthält, da π dem Quadrat einer ganzen Zahl in k nach $\mathfrak{L}^2$ kongruent ist, wegen Satz 4 lediglich die beiden Primideale $\mathfrak{l}$ und $\mathfrak{p}$. Setzen wir in Satz 23 $t = 2$ ein, so folgt aus demselben wegen $v \leqq \frac{m}{2}$ die Ungleichung $a \leqq 1$, d. h. die Anzahl $A = 2^a$ aller ambigen Komplexe des Körpers $K(\sqrt{\pi})$ ist höchstens gleich 2.

Es sei nun $\mathfrak{J}$ irgendein Ideal in $K(\sqrt{\pi})$ und $\mathfrak{j} = N(\mathfrak{J})$ die Relativnorm von $\mathfrak{J}$; wir setzen ferner $\mathfrak{j}^h = (\iota)$, wo ι eine ganze Zahl in k bedeutet: fällt dann $\left(\frac{\iota}{\mathfrak{p}}\right) = +1$ aus, so bezeichnen wir denjenigen Komplex des Körpers $K(\sqrt{\pi})$, zu welchem $\mathfrak{J}$ gehört, als einen Komplex des Hauptgeschlechtes in $K(\sqrt{\pi})$. Wir können leicht beweisen, daß nicht sämtliche Komplexe in $K(\sqrt{\pi})$ Komplexe des Hauptgeschlechtes sind. Es sei nämlich $\mathfrak{r}$ ein Primideal in k, für welches

$$\left(\frac{\pi}{\mathfrak{r}}\right) = +1 \quad \text{und} \quad \left(\frac{\pi^*}{\mathfrak{r}}\right) = -1$$

ausfällt. Wegen der ersteren Gleichung ist $\mathfrak{r}$ in $K(\sqrt{\pi})$ weiter zerlegbar; es bedeute $\mathfrak{R}$ einen Primfaktor von $\mathfrak{r}$ in $K(\sqrt{\pi})$. Wird $\mathfrak{r}^h = (\varrho)$ gesetzt, wo ϱ eine ganze Zahl in k darstellt, so erhalten wir nach Satz 37

$$\left(\frac{\varrho}{\mathfrak{p}}\right) = \left(\frac{\pi^*}{\mathfrak{r}}\right) = -1,$$

und diese Gleichung zeigt, daß der durch $\mathfrak{R}$ bestimmte Komplex in $K(\sqrt{\pi})$ nicht ein Komplex des Hauptgeschlechtes ist.

Wir bezeichnen nun mit f' die Anzahl derjenigen Komplexe in $K(\sqrt{\pi})$, welche Quadrate von Komplexen in $K(\sqrt{\pi})$ sind, und mit f die Anzahl aller Komplexe des Hauptgeschlechtes in $K(\sqrt{\pi})$; dann erkennen wir genau wie im Beweise zu Satz 25 die Richtigkeit der Gleichung

$$A f' = 2 f. \tag{4}$$

Aus dieser Gleichung folgt wegen $A \leqq 2$ die Ungleichung $f \leqq f'$. Da ferner jedes Quadrat eines Komplexes notwendig ein Komplex des Hauptgeschlechtes sein muß, so ist auch $f' \leqq f$ und mithin haben wir $f = f'$, d. h. jeder Komplex des Hauptgeschlechtes ist gleich dem Quadrat eines Komplexes. Aus $f = f'$ folgt ferner wegen (4) zugleich $A = 2$ und $a = 1$; mit Rücksicht auf Satz 23 entnehmen wir hieraus $v = \frac{m}{2}$, d. h. jede Einheit des Körpers k ist gleich der Relativnorm einer ganzen oder gebrochenen Zahl des Körpers $K(\sqrt{\pi})$.

Um nun zu zeigen, daß $\varkappa$ gleich der Relativnorm einer Zahl in $K(\sqrt{\pi})$ ist, bedenken wir, daß wegen (1) das Primideal $\mathfrak{q}$ in $K(\sqrt{\pi})$ weiter zerlegbar ist; die Gleichung (3) zeigt sodann, daß jedes in $\mathfrak{q}$ enthaltene Primideal $\mathfrak{Q}$ des Körpers $K(\sqrt{\pi})$ einem Komplex des Hauptgeschlechtes angehört, und da nach dem vorhin Bewiesenen jeder solche Komplex gleich dem Quadrat eines Komplexes ist, so genügt das Ideal $\mathfrak{Q}$ einer Gleichung von der Gestalt

$$\mathfrak{Q} = \mathfrak{J}^2 \mathsf{A}\, \mathfrak{j},$$

wobei $\mathfrak{J}$ ein Ideal in $K(\sqrt{\pi})$, A eine Zahl in $K(\sqrt{\pi})$ und $\mathfrak{j}$ ein Ideal in k bedeutet. Bilden wir nun auf beiden Seiten dieser Gleichung die Relativnorm und erheben sie dann in die h-te Potenz, so entsteht eine Gleichung von der Gestalt

$$(\varkappa) = N(\mathsf{A})\{N(\mathfrak{J}) \cdot \mathfrak{j}\}^{2h} = N(\mathsf{A})(\gamma)^2,$$

wobei γ eine geeignete ganze Zahl in k ist und aus dieser Gleichung entnehmen wir die Gleichung

$$\xi \varkappa = N(\gamma \mathsf{A}),$$

wo ξ eine Einheit in k bedeutet. Da nach dem vorhin Bewiesenen jede Einheit in k die Relativnorm einer Zahl in $K(\sqrt{\pi})$ ist, so zeigt die letzte Gleichung, daß auch $\varkappa$ die Relativnorm einer gewissen Zahl in $K(\sqrt{\pi})$ sein muß. Durch eine einfache Betrachtung erkennen wir sodann, daß $\varkappa$ sich jedenfalls auch als Relativnorm einer solchen Zahl muß darstellen lassen, deren Nenner zu 2 prim ist.

Wir nehmen *drittens* an, es wäre $\mathfrak{p}$ ein nichtprimäres Primideal in k und ζ eine Einheit, für welche $\left(\frac{\zeta}{\mathfrak{p}}\right) = -1$ wird. In diesem Falle kann ζ sicher nicht die Relativnorm einer ganzen oder gebrochenen Zahl in $K(\sqrt{\pi})$ sein; es ist mithin die in Satz 23 mit v bezeichnete Anzahl hier $\leqq \frac{m}{2} - 1$. Da π dem Quadrat einer ganzen Zahl in k nach dem Modul $\mathfrak{L}^2$ kongruent wird, so ist die Relativdiskriminante des Körpers $K(\sqrt{\pi})$ nach Satz 4 prim zu $\mathfrak{L}$ und enthält daher wiederum nur die beiden Primfaktoren $\mathfrak{p}$ und $\mathfrak{l}$. Setzen wir in Satz 23 $t = 2$ ein, so folgt aus demselben wegen $v \leqq \frac{m}{2} - 1$ die Ungleichung $a \leqq 0$, d. h. es ist $a = 0$ und $v = \frac{m}{2} - 1$. Es machen nun die Gesamtheit aller Einheiten ξ, für welche $\left(\frac{\xi}{\mathfrak{p}}\right) = +1$ ausfällt, offenbar genau $2^{\frac{m}{2}-1}$ Einheitenverbände des Körpers k aus und da diejenigen $2^{\frac{m}{2}-1}$ Verbände von Einheiten η, für welche $\left(\frac{\eta}{\mathfrak{p}}\right) = -1$ ausfällt, gewiß nicht Einheiten enthalten dürfen, die Relativnormen von Zahlen sind, so folgt, daß alle Einheiten ξ mit der Eigenschaft $\left(\frac{\xi}{\mathfrak{p}}\right) = +1$ notwendig Relativnormen von Zahlen des Körpers $K(\sqrt{\pi})$ sind.

Aus der Gleichung $a = 0$ folgt ferner, daß im Körper $K(\sqrt{\pi})$ der einzige ambige Komplex der Hauptkomplex ist und hieraus schließen wir, wie im zweiten Teil des Beweises zu Satz 47, daß die Klassenanzahl H des Körpers $K(\sqrt{\pi})$ notwendig ungerade sein muß. Auch erkennen wir, wie dort, daß, wenn ε eine geeignete Einheit in k bezeichnet, die Zahl $\varepsilon\varkappa^H$ gleich der Relativnorm einer gewissen ganzen Zahl in $K(\sqrt{\pi})$ sein muß. Infolgedessen besteht die Gleichung

$$\left(\frac{\varepsilon\varkappa^H}{\mathfrak{p}}\right) = +1;$$

wegen (3) muß hiernach auch $\left(\frac{\varepsilon}{\mathfrak{p}}\right) = +1$ sein, und nach dem Vorigen ist mithin ε die Relativnorm einer Zahl in $K(\sqrt{\pi})$. Hieraus schließen wir, daß auch $\varkappa^H$ die Relativnorm einer Zahl in $K(\sqrt{\pi})$ sein muß und folglich ist $\varkappa$ die Relativnorm einer Zahl in $K(\sqrt{\pi})$ und insbesondere auch einer solchen Zahl, deren Nenner zu 2 prim ist.

In allen drei soeben behandelten Fällen ist mithin nach Definition 6 gewiß

$$\left(\frac{\varkappa, \pi}{\mathfrak{l}}\right) = +1.$$

Wir hatten nun zu Beginn des Beweises $\alpha = \pi \mu^{*h}$ und sodann $\beta = \varkappa \nu^h$ als ganze Zahlen in k derart bestimmt, daß sie Quadraten ganzer Zahlen in k nach $\mathfrak{l}_1^{2l_1+1} \ldots \mathfrak{l}_z^{2l_z+1}$ kongruent ausfielen. Da ferner $\mu^* \equiv \mu$ nach $\mathfrak{l}^{2l+1}$ ist, so folgt nach Satz 47

$$\left(\frac{\nu, \mu}{\mathfrak{l}}\right) = \left(\frac{\varkappa, \pi}{\mathfrak{l}}\right) = +1;$$

damit ist der Satz 48 vollständig bewiesen.

Satz 49. (Hilfssatz.) Es sei $\mathfrak{l}$ ein in 2 aufgehendes Primideal und ferner seien ν, μ beliebige zu 2 prime ganze Zahlen in k: wenn dann $\left(\frac{\nu,\mu}{\mathfrak{l}}\right) = +1$ ausfällt, so ist auch stets $\left(\frac{\nu, \mu}{\mathfrak{l}}\right) = +1$.

Beweis. Wir wenden die am Anfang des Beweises zu Satz 48 erläuterten Bezeichnungen an und bestimmen eine ganze Zahl μ^*, welche den Kongruenzen

$$\mu^* \equiv \mu, \quad (\mathfrak{l}_1^{2l_1+1}),$$
$$\mu^* \equiv 1, \quad (\mathfrak{l}_2^{2l_2+1}\,\mathfrak{l}_3^{2l_3+1} \ldots \mathfrak{l}_z^{2l_z+1})$$

genügt und nicht zugleich das Quadrat einer ganzen Zahl in k ist; dann haben wir wegen Satz 47

$$\left(\frac{\nu, \mu^*}{\mathfrak{l}_1}\right) = \left(\frac{\nu, \mu}{\mathfrak{l}_1}\right) = +1,$$
$$\left(\frac{\nu, \mu^*}{\mathfrak{l}_i}\right) = \left(\frac{\nu, 1}{\mathfrak{l}_i}\right) = +1, \qquad (i = 2, 3, \ldots, z);$$

infolgedessen gibt es gewisse ganze Zahlen $\mathsf{A}_1, \ldots, \mathsf{A}_z$ im Körper $K(\sqrt{\mu^*})$ derart, daß

$$\nu \equiv N(\mathsf{A}_1), \quad (\mathfrak{l}_1^{2l_1}),$$
$$\cdots\cdots\cdots$$
$$\nu \equiv N(\mathsf{A}_z), \quad (\mathfrak{l}_z^{2l_z})$$

ausfällt. Wenn wir daher eine ganze Zahl A in $K(\sqrt{\mu^*})$ bestimmen, die zugleich den z Kongruenzen

$$\mathsf{A} \equiv \mathsf{A}_1, \quad (\mathfrak{l}_1^{2l_1}),$$
$$\cdots\cdots\cdots$$
$$\mathsf{A} \equiv \mathsf{A}_z, \quad (\mathfrak{l}_z^{2l_z})$$

genügt, so wird auch

$$\nu \equiv N(\mathsf{A}), \qquad (\mathfrak{l}_1^{2l_1}\,\mathfrak{l}_2^{2l_2} \ldots \mathfrak{l}_z^{2l_z})$$

und vermöge des Satzes 36 schließen wir hieraus leicht

$$\prod_{(\mathfrak{w})}{}'\left(\frac{\nu, \mu^*}{\mathfrak{w}}\right) = \prod_{(\mathfrak{w})}{}'\left(\frac{N(\mathsf{A}), \mu^*}{\mathfrak{w}}\right),$$

wo die Produkte Π' über alle zu 2 primen Primideale $\mathfrak{w}$ in k zu erstrecken sind; nach der Definition 17 ist das Produkt linker Hand gleich $\left(\frac{\nu, \mu}{\mathfrak{l}}\right)$. Da nun nach Definition 6 sämtliche Faktoren des Produktes rechter Hand den Wert $+1$ haben, so folgt $\left(\frac{\nu, \mu}{\mathfrak{l}}\right) = +1$, womit der Satz 49 vollständig bewiesen ist. Die beiden Sätze 48 und 49 zusammengenommen ergeben das folgende Resultat:

Satz 50. (Hilfssatz.) Wenn $\mathfrak{l}$ irgendein in 2 aufgehendes Primideal und ferner ν, μ irgendwelche zu 2 prime ganze Zahlen in k bedeuten, dann gilt stets die Gleichung

$$\left(\frac{\nu, \mu}{\mathfrak{l}}\right) = \left(\frac{\nu, \mu}{\mathfrak{l}}\right).$$

§ 34. Die Eigenschaften des Symbols $\left(\frac{\nu, \mu}{\mathfrak{l}}\right)$ für irgendwelche zu 2 prime ganze Zahlen ν, μ.

Mit Hilfe des Satzes 50 können wir die wichtige Tatsache beweisen, daß die in Satz 14 aufgestellten Formeln auch für jedes in 2 aufgehende Primideal $\mathfrak{l}$ gültig sind. Wir sprechen den Satz aus:

Satz 51. Wenn $\nu, \nu_1, \nu_2, \mu, \mu_1, \mu_2$ beliebige zu 2 prime ganze Zahlen in k sind, so gelten in bezug auf jedes in 2 aufgehende Primideal $\mathfrak{l}$ des Körpers k die Formeln

$$\left(\frac{\nu, \mu}{\mathfrak{l}}\right) = \left(\frac{\mu, \nu}{\mathfrak{l}}\right),$$

$$\left(\frac{\nu_1 \nu_2, \mu}{\mathfrak{l}}\right) = \left(\frac{\nu_1, \mu}{\mathfrak{l}}\right)\left(\frac{\nu_2, \mu}{\mathfrak{l}}\right),$$

$$\left(\frac{\nu, \mu_1 \mu_2}{\mathfrak{l}}\right) = \left(\frac{\nu, \mu_1}{\mathfrak{l}}\right)\left(\frac{\nu, \mu_2}{\mathfrak{l}}\right).$$

Beweis. Es mögen $\mathfrak{l}$ und $\mathfrak{L}$ die Bedeutung wie in Definition 17 haben. Um die erste Formel des Satzes 51 zu beweisen, bestimmen wir zwei ganze Zahlen ν^*, μ^* in k von der Art, daß

$$\left.\begin{matrix} \nu^* \equiv \nu \\ \mu^* \equiv \mu \end{matrix}\right\}, \quad (\mathfrak{l}^{2l+1})$$

$$\left.\begin{matrix} \nu^* \equiv 1 \\ \mu^* \equiv 1 \end{matrix}\right\}, \quad (\mathfrak{L}^2)$$

wird. Nach Satz 47 ist dann

$$\left(\frac{\nu, \mu}{\mathfrak{l}}\right) = \left(\frac{\nu^*, \mu}{\mathfrak{l}}\right), \quad \left(\frac{\mu, \nu}{\mathfrak{l}}\right) = \left(\frac{\mu^*, \nu}{\mathfrak{l}}\right)$$

und folglich wegen Satz 50 auch

$$\left(\frac{\nu, \mu}{\mathfrak{l}}\right) = \left(\frac{\nu^*, \mu}{\mathfrak{l}}\right), \quad \left(\frac{\mu, \nu}{\mathfrak{l}}\right) = \left(\frac{\mu^*, \nu}{\mathfrak{l}}\right). \qquad (1)$$

Nun ist nach Definition 17

$$\left(\frac{\nu^*, \mu}{\mathfrak{l}}\right) = \prod_{(\mathfrak{w})}{}' \left(\frac{\nu^*, \mu^*}{\mathfrak{w}}\right), \qquad \left(\frac{\mu^*, \nu}{\mathfrak{l}}\right) = \prod_{(\mathfrak{w})}{}' \left(\frac{\mu^*, \nu^*}{\mathfrak{w}}\right), \tag{2}$$

und da nach der ersten Formel in Satz 14 für jedes zu 2 prime Primideal $\mathfrak{w}$

$$\left(\frac{\nu^*, \mu^*}{\mathfrak{w}}\right) = \left(\frac{\mu^*, \nu^*}{\mathfrak{w}}\right)$$

ausfällt, so folgt aus (2) auch

$$\left(\frac{\nu^*, \mu}{\mathfrak{l}}\right) = \left(\frac{\mu^*, \nu}{\mathfrak{l}}\right)$$

und daher wegen (1) auch

$$\left(\frac{\nu, \mu}{\mathfrak{l}}\right) = \left(\frac{\mu, \nu}{\mathfrak{l}}\right);$$

diese Gleichung lehrt mit Rücksicht auf Satz 50 die Richtigkeit der ersten Formeln des zu beweisenden Satzes 51.

Die beiden letzten Formeln des Satzes 51 folgen unmittelbar aus den Sätzen 45 und 50.

§ 35. Das Produkt $\prod\limits_{(\mathfrak{w})} \left(\frac{\nu, \mu}{\mathfrak{w}}\right)$ für irgendwelche zu 2 prime Zahlen ν, μ.

Wir sind nunmehr imstande, einen Satz zu beweisen, der eine wesentliche Verallgemeinerung des Satzes 36 darstellt.

Satz 52. *Wenn ν, μ irgendwelche zu 2 prime ganze Zahlen in k sind, so ist stets*

$$\prod_{(\mathfrak{w})} \left(\frac{\nu, \mu}{\mathfrak{w}}\right) = +1,$$

wo das Produkt über sämtliche Primideale $\mathfrak{w}$ des Körpers k erstreckt werden soll.

Beweis. Wir wenden die in Satz 40 erläuterten Bezeichnungen an und bestimmen z ganze Zahlen $\mu_1, \mu_2, \ldots, \mu_z$ in k, so daß die Kongruenzen

$$\left.\begin{array}{l} \mu_1 \equiv \mu, \ \mu_2 \equiv 1, \ldots, \mu_z \equiv 1, \quad (\mathfrak{l}_1^{2l_1}), \\ \mu_1 \equiv 1, \ \mu_2 \equiv \mu, \ldots, \mu_z \equiv 1, \quad (\mathfrak{l}_2^{2l_2}), \\ \cdot \quad \cdot \quad \cdot \quad \cdot \quad \cdot \quad \cdot \quad \cdot \quad \cdot \quad \cdot \\ \mu_1 \equiv 1, \ \mu_2 \equiv 1, \ldots, \mu_z \equiv \mu, \quad (\mathfrak{l}_z^{2l_z}) \end{array}\right\} \tag{1}$$

gelten; dann genügt offenbar das Produkt dieser z Zahlen der Kongruenz

$$\mu_1 \mu_2 \cdots \mu_z \equiv \mu, \qquad (2^2). \tag{2}$$

Die Definition 17 liefert mit Rücksicht auf die Kongruenzen (1) die Gleichungen

$$\left(\frac{\nu, \mu}{\mathfrak{l}_i}\right) = \prod_{(\mathfrak{w})}{}' \left(\frac{\nu, \mu_i}{\mathfrak{w}}\right), \qquad (i = 1, 2, \ldots, z)$$

und wegen Satz 50 folgt hieraus das weitere System von z Gleichungen

$$\left(\frac{\nu,\mu}{\mathfrak{l}_i}\right)=\prod_{(\mathfrak{w})}{}'\left(\frac{\nu,\mu_i}{\mathfrak{w}}\right),\quad (i=1,2,\ldots,z); \tag{3}$$

dabei ist das Produkt Π' über alle zu 2 primen Primideale $\mathfrak{w}$ in k zu erstrecken. Multiplizieren wir die z Gleichungen (3) miteinander, so entsteht die Gleichung

$$\left(\frac{\nu,\mu}{\mathfrak{l}_1}\right)\left(\frac{\nu,\mu}{\mathfrak{l}_2}\right)\cdots\left(\frac{\nu,\mu}{\mathfrak{l}_z}\right)=\prod_{(\mathfrak{w})}{}'\left(\frac{\nu,\mu_1\mu_2\cdots\mu_z}{\mathfrak{w}}\right)$$

und durch Multiplikation mit $\prod\limits_{(\mathfrak{w})}{}'\left(\frac{\nu,\mu}{\mathfrak{w}}\right)$ erhalten wir hieraus die Gleichung

$$\prod_{(\mathfrak{w})}\left(\frac{\nu,\mu}{\mathfrak{w}}\right)=\prod_{(\mathfrak{w})}{}'\left(\frac{\nu,\mu\mu_1\mu_2\cdots\mu_z}{\mathfrak{w}}\right), \tag{4}$$

wo rechter Hand das Produkt Π' über alle zu 2 primen Primideale $\mathfrak{w}$, dagegen linker Hand das Produkt Π über sämtliche Primideale $\mathfrak{w}$ in k genommen werden soll. Nun wird wegen der Kongruenz (2) die Zahl $\mu\,\mu_1\,\mu_2\ldots\mu_z$ dem Quadrat einer ganzen Zahl in k kongruent nach 2^2 und folglich ist gemäß Satz 36 die rechte Seite von (4) gleich $+1$; damit ist der Beweis für Satz 52 erbracht.

§ 36. Der erste Ergänzungssatz und das allgemeine Reziprozitätsgesetz für quadratische Reste.

Wir heben einige besonders wichtige Folgerungen des Satzes 52 hervor.

Satz 53. *Es seien $\mathfrak{l}_1,\mathfrak{l}_2,\ldots,\mathfrak{l}_z$ die in 2 aufgehenden Primideale des Körpers k und ε bedeute irgendeine Einheit in k; ferner sei $\mathfrak{p}$ ein zu 2 primes Primideal und π eine ganze Zahl in k, so daß $(\pi)=\mathfrak{p}^h$ ausfällt: dann gilt stets die Gleichung*

$$\left(\frac{\varepsilon}{\mathfrak{p}}\right)=\left(\frac{\varepsilon,\pi}{\mathfrak{l}_1}\right)\left(\frac{\varepsilon,\pi}{\mathfrak{l}_2}\right)\cdots\left(\frac{\varepsilon,\pi}{\mathfrak{l}_z}\right).$$

Dieser Satz 53 heiße der *erste Ergänzungssatz zum allgemeinen Reziprozitätsgesetze für quadratische Reste im Körper k.*

Satz 54. *Es seien $\mathfrak{l}_1,\mathfrak{l}_2,\ldots,\mathfrak{l}_z$ die in 2 aufgehenden Primideale des Körpers k; ferner seien $\mathfrak{p},\mathfrak{q}$ irgend zwei zu 2 prime Primideale und $\pi,\varkappa$ ganze Zahlen in k, so daß $(\pi)=\mathfrak{p}^h$, $(\varkappa)=\mathfrak{q}^h$ wird: dann gilt die Gleichung*

$$\left(\frac{\pi}{\mathfrak{q}}\right)\left(\frac{\varkappa}{\mathfrak{p}}\right)=\left(\frac{\pi,\varkappa}{\mathfrak{l}_1}\right)\left(\frac{\pi,\varkappa}{\mathfrak{l}_2}\right)\cdots\left(\frac{\pi,\varkappa}{\mathfrak{l}_z}\right).$$

Der Satz 54 heiße das *allgemeine Reziprozitätsgesetz für quadratische Reste im Körper k.*

Wir können die Sätze 53 und 54 unmittelbar aus Satz 52 herleiten, indem wir in Satz 52 zunächst $\nu=\varepsilon$, $\mu=\pi$ und dann $\nu=\pi$, $\mu=\varkappa$ wählen.

§ 37. Das Symbol $\left(\genfrac{}{}{2pt}{}{\nu,\,\mu}{\mathfrak{l}}\right)$ für beliebige ganze Zahlen ν, μ.

Wir dehnen nunmehr die Bedeutung des in Definition 17 eingeführten Symbols $\left(\genfrac{}{}{2pt}{}{\nu,\,\mu}{\mathfrak{l}}\right)$ auf den Fall aus, daß ν, μ beliebige ganze Zahlen in k sind; das so verallgemeinerte Symbol wird sich wiederum als gleichbedeutend mit dem allgemeinen Symbol $\left(\frac{\nu,\,\mu}{\mathfrak{l}}\right)$ erweisen.

Definition 18. Es seien wie bisher $\mathfrak{l}_1 = \mathfrak{l}, \mathfrak{l}_2, \ldots, \mathfrak{l}_z$ die voneinander verschiedenen Primfaktoren von 2 und es gehe das Primideal $\mathfrak{l}_1 = \mathfrak{l}$ genau zur $l_1 = l$-ten, ferner gehen die Primideale $\mathfrak{l}_2, \ldots, \mathfrak{l}_z$ bez. zur $l_2, \ldots, l_z$-ten Potenz in 2 auf; endlich seien ν, μ beliebige ganze Zahlen in k und es gehe in μ genau die a-te Potenz von $\mathfrak{l}$ auf: dann wird das Symbol $\left(\genfrac{}{}{2pt}{}{\nu,\,\mu}{\mathfrak{l}}\right)$ durch die Gleichung

$$\left(\genfrac{}{}{2pt}{}{\nu,\,\mu}{\mathfrak{l}}\right) = \prod_{(\mathfrak{w})}{}' \left(\frac{\nu,\,\mu^*}{\mathfrak{w}}\right)$$

definiert; hierin ist das Produkt $\prod\limits_{(\mathfrak{w})}{}'$ über alle zu 2 primen Primideale $\mathfrak{w}$ zu erstrecken und μ^* soll eine solche ganze Zahl sein, die den Kongruenzen

$$\mu^* \equiv \mu, \qquad (\mathfrak{l}^{2l+1+a}),$$
$$\mu^* \equiv \alpha^2, \qquad (\mathfrak{l}_2^{2l_2+1} \ldots \mathfrak{l}_z^{2l_z+1})$$

genügt, wo α irgendeine ganze zu $\mathfrak{l}_2, \mathfrak{l}_3, \ldots, \mathfrak{l}_z$ prime Zahl in k bedeutet.

Wir zeigen wie in § 32, indem wir statt des dort benutzten Satzes 36 nunmehr den Satz 40 anwenden, daß das Symbol $\left(\genfrac{}{}{2pt}{}{\nu,\,\mu}{\mathfrak{l}}\right)$ durch die getroffenen Festsetzungen eindeutig bestimmt ist.

Aus der Definition 18 entnehmen wir leicht mit Benutzung der beiden letzten Formeln in Satz 14 die folgende dem Satz 45 entsprechende Tatsache:

Satz 55. (Hilfssatz). Wenn $\nu, \nu_1, \nu_2, \mu, \mu_1, \mu_2$ beliebige ganze Zahlen in k sind, so gelten in bezug auf ein jedes in 2 aufgehende Primideal $\mathfrak{l}$ die Formeln

$$\left(\genfrac{}{}{2pt}{}{\nu_1\nu_2,\,\mu}{\mathfrak{l}}\right) = \left(\genfrac{}{}{2pt}{}{\nu_1,\,\mu}{\mathfrak{l}}\right)\left(\genfrac{}{}{2pt}{}{\nu_2,\,\mu}{\mathfrak{l}}\right),$$

$$\left(\genfrac{}{}{2pt}{}{\nu,\,\mu_1\mu_2}{\mathfrak{l}}\right) = \left(\genfrac{}{}{2pt}{}{\nu,\,\mu_1}{\mathfrak{l}}\right)\left(\genfrac{}{}{2pt}{}{\nu,\,\mu_2}{\mathfrak{l}}\right).$$

§ 38. Die Übereinstimmung der beiden Symbole $\left(\frac{\nu,\,\mu}{\mathfrak{l}}\right)$ und $\left(\genfrac{}{}{2pt}{}{\nu,\,\mu}{\mathfrak{l}}\right)$ für beliebige ganze Zahlen ν, μ.

Um die Übereinstimmung der beiden Symbole $\left(\frac{\nu,\,\mu}{\mathfrak{l}}\right)$ und $\left(\genfrac{}{}{2pt}{}{\nu,\,\mu}{\mathfrak{l}}\right)$ für beliebige ganze Zahlen ν, μ zu erkennen, bedienen wir uns der folgenden Entwicklungen:

Satz 56. (Hilfssatz). Es sei $\mathfrak{l}$ ein Primfaktor von 2 im Körper k und es gehe $\mathfrak{l}$ in 2 genau zur l-ten Potenz auf; ferner seien $\nu_1, \nu_2, \mu_1, \mu_2$ ganze Zahlen in k und es gehe in diesen Zahlen das Primideal $\mathfrak{l}$ bez. genau zur b_1, b_2, a_1, a_2-ten

Potenz auf, wobei $b_2 \leqq b_1$, $a_2 \leqq a_1$ ausfallen möge: wenn es dann in k gewisse ganze Zahlen α, β gibt, für welche die Kongruenzen

$$\nu_1 \equiv \alpha^2 \nu_2, \qquad (\mathfrak{l}^{2l+1+b_1}),$$
$$\mu_1 \equiv \beta^2 \mu_2, \qquad (\mathfrak{l}^{2l+1+a_1})$$

gelten, so ist stets

$$\left(\frac{\nu_1, \mu_1}{\mathfrak{l}}\right) = \left(\frac{\nu_2, \mu_2}{\mathfrak{l}}\right).$$

Den Beweis dieses Hilfssatzes führen wir leicht, indem wir uns der nämlichen Schlüsse wie beim Beweise des entsprechenden Satzes 47 bedienen.

Satz 57. (Hilfssatz.) Es sei $\mathfrak{l}$ ein in 2 aufgehendes Primideal des Körpers k und ferner seien ν, μ beliebige ganze Zahlen ($\neq 0$) in k: wenn dann $\left(\frac{\nu, \mu}{\mathfrak{l}}\right) = +1$ ausfällt, so ist auch stets $\left(\frac{\nu, \mu}{\mathfrak{l}}\right) = +1$.

Beweis. Wir benutzen die in Definition 18 erläuterten Bezeichnungen. Es sind zwei Fälle gesondert zu behandeln, je nachdem der Exponent a, zu dem $\mathfrak{l}$ in μ aufgeht, gerade oder ungerade ausfällt.

Im *ersteren* Falle bezeichnen wir mit $\bar{\lambda}$ irgendeine durch $\mathfrak{l}^{\frac{a}{2}}$, aber durch keine höhere Potenz von $\mathfrak{l}$ teilbare und zu $\mathfrak{l}_2, \mathfrak{l}_3, \ldots, \mathfrak{l}_z$ prime ganze Zahl in k und bestimmen dann eine ganze Zahl μ^* in k derart, daß sie die Kongruenzen

$$\bar{\lambda}^2 \mu^* \equiv \mu, \qquad (\mathfrak{l}^{2l+1+a}),$$
$$\mu^* \equiv 1, \qquad (\mathfrak{l}_2^{2l_2+1} \mathfrak{l}_3^{2l_3+1} \ldots \mathfrak{l}_z^{2l_z+1}) \tag{1}$$

erfüllt und nicht zugleich das Quadrat einer Zahl in k ist; es ist dann μ^* eine zu 2 prime Zahl und nach Definition 18 wird

$$\left(\frac{\nu, \mu}{\mathfrak{l}}\right) = \prod_{(\mathfrak{w})}{}'\left(\frac{\nu, \bar{\lambda}^2 \mu^*}{\mathfrak{w}}\right) = \prod_{(\mathfrak{w})}{}'\left(\frac{\nu, \mu^*}{\mathfrak{w}}\right),$$

wo die Produkte $\prod\limits_{(\mathfrak{w})}{}'$ über alle zu 2 primen Primideale $\mathfrak{w}$ in k zu erstrecken sind. Wegen der Voraussetzung des Satzes 57 haben wir mithin

$$\prod_{(\mathfrak{w})}{}'\left(\frac{\nu, \mu^*}{\mathfrak{w}}\right) = +1. \tag{2}$$

Wir wollen nun aus (2) beweisen, daß der Exponent b, zu dem $\mathfrak{l}$ in ν aufgeht, sicher dann gerade ausfallen muß, wenn das Ideal $\mathfrak{l}$ des Körpers k auch in $K(\sqrt{\mu^*})$ Primideal bleibt. Zu dem Zwecke nehmen wir an, es bliebe $\mathfrak{l}$ in $K(\sqrt{\mu^*})$ Primideal. Wir bestimmen sodann ein Primideal $\mathfrak{p}$, für welches die Gleichungen

$$\left(\frac{\varepsilon_1}{\mathfrak{p}}\right) = \left(\frac{\varepsilon_1}{\mu^*}\right), \ldots, \left(\frac{\varepsilon_{\frac{m}{2}}}{\mathfrak{p}}\right) = \left(\frac{\varepsilon_{\frac{m}{2}}}{\mu^*}\right), \tag{3}$$
$$\left(\frac{\lambda_1}{\mathfrak{p}}\right) = \left(\frac{\lambda_1}{\mu^*}\right), \ldots, \left(\frac{\lambda_z}{\mathfrak{p}}\right) = \left(\frac{\lambda_z}{\mu^*}\right) \tag{4}$$

erfüllt sind, wobei $\varepsilon_1, \varepsilon_2, \ldots, \varepsilon_{\frac{m}{2}}, \lambda_1, \lambda_2, \ldots, \lambda_z$ die in Satz 42 erklärte Bedeutung haben mögen. Da $\mathfrak{l}$ im Körper $K(\sqrt{\mu^*})$ unzerlegbar sein soll, so ist nach Satz 4 und 6 μ^* kongruent dem Quadrat einer ganzen Zahl in k nach dem Modul $\mathfrak{l}_1^{2l}$ und folglich wegen (1) auch nach 2^2; mithin gelten nach Satz 39 die Gleichungen

$$\left(\frac{\varepsilon_1}{\mu^*}\right) = +1, \ldots, \left(\frac{\varepsilon_{\frac{m}{2}}}{\mu^*}\right) = +1$$

und wegen (3) ist daher $\mathfrak{p}$ ein primäres Primideal. Bezeichnet π eine Primärzahl von $\mathfrak{p}$, so ist, wie man aus (3), (4) vermöge Satz 43 unter Hinzuziehung von Satz 28 erkennt, $\pi\mu^*$ dem Quadrat einer ganzen Zahl in k nach $\mathfrak{l}_1^{2l_1+1}\mathfrak{l}_2^{2l_2+1}\ldots\mathfrak{l}_z^{2l_z+1}$ kongruent; es ist folglich wegen (1) π gewiß dem Quadrat einer ganzen Zahl in k nach $\mathfrak{l}_2^{2l_2+1}\ldots\mathfrak{l}_z^{2l_z+1}$ kongruent und nach Satz 8 zerfällt daher jedes der Primideale $\mathfrak{l}_2, \mathfrak{l}_3, \ldots, \mathfrak{l}_z$ im Körper $K(\sqrt{\pi})$ in zwei Primfaktoren. Im Beweise zu Satz 34 ist gezeigt worden, daß alle Ideale des Körpers $K(\sqrt{\pi})$ dem Hauptgeschlechte angehören. Die Charaktere der in $\mathfrak{l}_2, \mathfrak{l}_3, \ldots, \mathfrak{l}_z$ enthaltenen Primfaktoren des Körpers $K(\sqrt{\pi})$ müssen somit sämtlich $+1$ sein, d. h. es gelten die Gleichungen

$$\left(\frac{\lambda_2}{\mathfrak{p}}\right) = +1, \left(\frac{\lambda_3}{\mathfrak{p}}\right) = +1, \ldots, \left(\frac{\lambda_z}{\mathfrak{p}}\right) = +1.$$

Würde nun auch $\left(\frac{\lambda_1}{\mathfrak{p}}\right) = +1$ ausfallen, so müßte nach Satz 43 die Primärzahl π und folglich auch die Zahl μ^* kongruent dem Quadrat einer ganzen Zahl in k nach $\mathfrak{l}_1^{2l_1+1}\mathfrak{l}_2^{2l_2+1}\ldots\mathfrak{l}_z^{2l_z+1}$ sein und dann zerfiele nach Satz 8 das Primideal $\mathfrak{l} = \mathfrak{l}_1$ im Körper $K(\sqrt{\mu^*})$ in zwei Primfaktoren, was unserer Annahme entgegen ist. Es ist mithin notwendigerweise

$$\left(\frac{\lambda_1}{\mathfrak{p}}\right) = -1. \tag{5}$$

Nunmehr setzen wir

$$(\nu) = \mathfrak{n}\,\mathfrak{l}^b\,\mathfrak{l}_2^{b_2}\ldots\mathfrak{l}_z^{b_z},$$

so daß $\mathfrak{n}$ prim zu 2 ist und $b_2, \ldots, b_z$ gewisse ganze rationale Exponenten bedeuten; es folgt dann

$$\nu^h \equiv \nu^*\,\lambda_1^b\,\lambda_2^{b_2}\,\lambda_3^{b_3}\ldots\lambda_z^{b_z},$$

wobei ν^* eine zu 2 prime ganze Zahl in k darstellt. Nach Satz 40 haben wir

$$\prod_{(\mathfrak{w})}{}'\left(\frac{\nu^h, \pi\mu^*}{\mathfrak{w}}\right) = +1.$$

Ferner ist mit Rücksicht auf (2)

$$\prod_{(\mathfrak{w})}{}'\left(\frac{\nu^h, \pi\mu^*}{\mathfrak{w}}\right) = \prod_{(\mathfrak{w})}{}'\left(\frac{\nu^h, \pi}{\mathfrak{w}}\right)\prod_{(\mathfrak{w})}{}'\left(\frac{\nu^h, \mu^*}{\mathfrak{w}}\right) = \prod_{(\mathfrak{w})}{}'\left(\frac{\nu^h, \pi}{\mathfrak{w}}\right);$$

es wird daher

$$\prod_{(\mathfrak{w})}{}'\left(\frac{\nu^h, \pi}{\mathfrak{w}}\right) = +1. \tag{6}$$

Andererseits erhalten wir, da nach Satz 36

$$\prod_{(\mathfrak{w})}'\left(\frac{\nu^*,\pi}{\mathfrak{w}}\right)=+1$$

ausfällt, die Gleichung

$$\prod_{(\mathfrak{w})}'\left(\frac{\nu^h,\pi}{\mathfrak{w}}\right)=\prod_{(\mathfrak{w})}'\left(\frac{\nu^*,\pi}{\mathfrak{w}}\right)\prod_{(\mathfrak{w})}'\left(\frac{\lambda_1,\pi}{\mathfrak{w}}\right)^b\prod_{(\mathfrak{w})}'\left(\frac{\lambda_2,\pi}{\mathfrak{w}}\right)^{b_2}\cdots\prod_{(\mathfrak{w})}'\left(\frac{\lambda_z,\pi}{\mathfrak{w}}\right)^{b_z}$$

$$=\prod_{(\mathfrak{w})}'\left(\frac{\nu^*,\pi}{\mathfrak{w}}\right)\cdot\left(\frac{\lambda_1}{\mathfrak{p}}\right)^b\left(\frac{\lambda_2}{\mathfrak{p}}\right)^{b_2}\cdots\left(\frac{\lambda_z}{\mathfrak{p}}\right)^{b_z}=\left(\frac{\lambda_1}{\mathfrak{p}}\right)^b;$$

wegen (5) und (6) entnehmen wir hieraus

$$(-1)^b=+1,$$

d. h. b ist eine gerade Zahl.

Damit ist unsere Behauptung bewiesen und es muß mithin entweder das Primideal $\mathfrak{l}$ des Körpers k in $K(\sqrt{\mu^*})$ weiter zerlegbar sein oder der Exponent b, zu dem $\mathfrak{l}$ in ν aufgeht, gerade ausfallen. In beiden Fällen aber kann, wie leicht ersichtlich, eine ganze Zahl A im Körper $K(\sqrt{\mu^*})$ gefunden werden, derart, daß $\frac{\nu}{N(\mathsf{A})}$ gleich einem Bruche $\frac{\varrho}{\sigma}$ wird, dessen Zähler ϱ und dessen Nenner σ zu 2 prim ausfallen, und aus (2) schließen wir dann

$$\prod_{(\mathfrak{w})}'\left(\frac{\varrho\,\sigma,\mu^*}{\mathfrak{w}}\right)=+1.$$

Diese Gleichung erhält mit Rücksicht auf die Definition 17 die Gestalt

$$\left(\frac{\varrho\,\sigma,\mu^*}{\mathfrak{l}}\right)=+1$$

und folglich ist nach Satz 50 auch

$$\left(\frac{\varrho\,\sigma,\mu^*}{\mathfrak{l}}\right)=+1,$$

d. h. $\varrho\sigma$ ist Normenrest im Körper $K(\sqrt{\mu^*})$ nach $\mathfrak{l}$ und folglich ist wegen Satz 56 auch $\left(\frac{\nu,\mu}{\mathfrak{l}}\right)=+1$. Damit ist der Satz 57 in dem Falle bewiesen, daß der Exponent a gerade ausfällt.

Wir machen *zweitens* die Annahme, daß der Exponent a ungerade ist und benutzen wiederum die Bezeichnungen wie in Satz 42. Wir bestimmen dann eine ganze zu 2 prime Zahl μ^* in k, für welche die Kongruenzen

$$\lambda_1^a\,\mu^*\equiv\mu^h,\qquad(\mathfrak{l}^{2l+1+ah}),$$

$$\lambda_1^a\,\mu^*\equiv 1\ ,\qquad(\mathfrak{l}_2^{2l_2+1}\,\mathfrak{l}_3^{2l_3+1}\cdots\mathfrak{l}_z^{2l_z+1})$$

bestehen. Es sei ferner $\mathfrak{p}$ ein Primideal in k, welches den Bedingungen

$$\left(\frac{\varepsilon_1}{\mathfrak{p}}\right)=\left(\frac{\varepsilon_1}{\mu^*}\right),\ldots,\left(\frac{\varepsilon_{\frac{m}{2}}}{\mathfrak{p}}\right)=\left(\frac{\varepsilon_{\frac{m}{2}}}{\mu^*}\right),$$

$$\left(\frac{\lambda_1}{\mathfrak{p}}\right)=\left(\frac{\lambda_1}{\mu^*}\right),\ldots,\left(\frac{\lambda_z}{\mathfrak{p}}\right)=\left(\frac{\lambda_z}{\mu^*}\right)$$

genügt. Mit Rücksicht auf Satz 43 gibt es dann in k eine ganze Zahl π^* derart, daß das Hauptideal (π^*) gleich $\mathfrak{p}^h$ wird und das Produkt $\pi^* \mu^*$ kongruent dem Quadrat einer ganzen Zahl in k nach $\mathfrak{l}_1^{2l_1+1} \ldots \mathfrak{l}_z^{2l_z+1}$ ausfällt. Ferner läßt sich, wie leicht mit Rücksicht auf Satz 4, 6 und 8 ersichtlich ist, im Körper $K(\sqrt{\lambda_1 \mu^*})$ gewiß eine Zahl A finden, so daß $\frac{\nu}{N(\mathsf{A})}$ gleich einem Bruche $\frac{\varrho}{\sigma}$ wird, dessen Zähler ϱ und dessen Nenner σ zu 2 prim ausfallen. Endlich werde ein Primideal $\mathfrak{q}$ in k bestimmt, welches den Bedingungen

$$\left(\frac{\varepsilon_1}{\mathfrak{q}}\right) = \left(\frac{\varepsilon_1}{\varrho\,\sigma}\right), \ldots, \left(\frac{\varepsilon_m}{\frac{2}{\mathfrak{q}}}\right) = \left(\frac{\varepsilon_m}{\frac{2}{\varrho\,\sigma}}\right),$$

$$\left(\frac{\lambda_1}{\mathfrak{q}}\right) = \left(\frac{\lambda_1}{\varrho\,\sigma}\right), \ldots, \left(\frac{\lambda_z}{\mathfrak{q}}\right) = \left(\frac{\lambda_z}{\varrho\,\sigma}\right),$$

$$\left(\frac{\lambda_1 \pi^*}{\mathfrak{q}}\right) = +1 \tag{7}$$

genügt. Mit Rücksicht auf Satz 43 gibt es dann in k eine ganze Zahl $\varkappa$ derart, daß $(\varkappa) = \mathfrak{q}^h$ und zugleich $\varkappa \varrho \sigma$ kongruent dem Quadrat einer ganzen Zahl in k nach $\mathfrak{l}_1^{2l_1+1} \ldots \mathfrak{l}_z^{2l_z+1}$ ausfällt.

Wir haben nun auf Grund von Definition 18

$$\left(\frac{\nu, \mu}{\mathfrak{l}}\right) = \prod_{(\mathfrak{w})}{}' \left(\frac{\nu, \lambda_1^a \mu^*}{\mathfrak{w}}\right),$$

ferner ist

$$\prod_{(\mathfrak{w})}{}' \left(\frac{\nu, \lambda_1^a \mu^*}{\mathfrak{w}}\right) = \prod_{(\mathfrak{w})}{}' \left(\frac{\varrho\,\sigma, \lambda_1^a \mu^*}{\mathfrak{w}}\right).$$

Endlich folgt bei Anwendung der Sätze 36 und 40

$$\prod_{(\mathfrak{w})}{}' \left(\frac{\varrho\,\sigma, \lambda_1^a \mu^*}{\mathfrak{w}}\right) = \prod_{(\mathfrak{w})}{}' \left(\frac{\varkappa, \lambda_1 \pi^*}{\mathfrak{w}}\right),$$

und wegen der Voraussetzung des Satzes 57 haben wir mithin

$$\prod_{(\mathfrak{w})}{}' \left(\frac{\varkappa, \lambda_1 \pi^*}{\mathfrak{w}}\right) = +1,$$

d. h. es ist

$$\left(\frac{\varkappa}{\mathfrak{p}}\right)\left(\frac{\lambda_1 \pi^*}{\mathfrak{q}}\right) = +1$$

und wegen (7) wird also auch

$$\left(\frac{\varkappa}{\mathfrak{p}}\right) = +1. \tag{8}$$

Wir betrachten nunmehr den Körper $K(\sqrt{\lambda_1 \pi^*})$ und bedienen uns dann zum Beweise des Satzes 57 der nämlichen Schlußweise, welche wir beim Beweise des Satzes 48 angewandt haben. Aus (7) folgt, daß das Primideal $\mathfrak{q}$ des Körpers k in $K(\sqrt{\lambda_1 \pi^*})$ stets weiter zerlegbar ist. Wir unterscheiden ferner im folgenden zwei Fälle, je nachdem $\mathfrak{p}$ ein nichtprimäres oder ein primäres Primideal ist.

Im ersteren Falle erweist sich durch eine ähnliche Betrachtung, wie sie im dritten Teile des Beweises zu Satz 48 (S. 462) angestellt wurde, die Klassenanzahl des Körpers $K(\sqrt{\lambda_1 \pi^*})$ als ungerade und es folgt hieraus mit Hinzuziehung von (8) wie in dem eben genannten Beweise, daß $\varkappa$ die Relativnorm einer Zahl in $K(\sqrt{\lambda_1 \pi^*})$ ist.

Im zweiten Falle verteilen wir ähnlich wie im zweiten Teile des Beweises zu Satz 48 (S. 460—462) die Komplexe des Körpers $K(\sqrt{\lambda_1 \pi^*})$ in zwei Geschlechter und zeigen dann, wie dort, daß jeder Komplex des Hauptgeschlechtes gleich dem Quadrat eines Komplexes wird. Berücksichtigen wir, daß wegen (8) jedes durch Zerlegung von $\mathfrak{q}$ entstehende Primideal in $K(\sqrt{\lambda_1 \pi^*})$ dem Hauptgeschlechte angehört, so folgt wiederum, daß $\varkappa$ die Relativnorm einer Zahl in $K(\sqrt{\lambda_1 \pi^*})$ ist.

In beiden vorhin unterschiedenen Fällen erhalten wir mithin

$$\left(\frac{\varkappa,\ \lambda_1 \pi^*}{\mathfrak{l}}\right) = +1$$

und da die Zahlen $\pi^* \mu^*$ und $\varkappa \varrho \sigma$ Quadraten von ganzen Zahlen in k nach $\mathfrak{l}^{2l+1}$ kongruent ausfallen, so folgt auf Grund des Satzes 56 schließlich auch

$$\left(\frac{\nu,\ \mu}{\mathfrak{l}}\right) = +1.$$

Hiermit ist Satz 57 bewiesen.

Satz 58. (Hilfssatz.) Es sei $\mathfrak{l}$ ein in 2 aufgehendes Primideal in k und ferner seien ν, μ beliebige ganze Zahlen $\neq 0$ in k: wenn dann $\left(\frac{\nu,\ \mu}{\mathfrak{l}}\right) = +1$ ausfällt, so ist auch stets $\left(\frac{\nu,\ \mu}{\mathfrak{l}}\right) = +1$.

Beweis. Wir benutzen die in Definition 18 erläuterten Bezeichnungen und bestimmen eine ganze Zahl μ^*, welche den Kongruenzen

$$\mu^* \equiv \mu, \qquad (\mathfrak{l}_1^{2l_1+1+a}),$$
$$\mu^* \equiv 1, \qquad (\mathfrak{l}_2^{2l_2+1} \ldots \mathfrak{l}_z^{2l_z+1})$$

genügt und nicht zugleich das Quadrat einer ganzen Zahl in k ist; dann haben wir nach Satz 56

$$\left.\begin{aligned} \left(\frac{\nu,\ \mu^*}{\mathfrak{l}_1}\right) &= \left(\frac{\nu,\ \mu}{\mathfrak{l}_1}\right) = +1, \\ \left(\frac{\nu,\ \mu^*}{\mathfrak{l}_i}\right) &= \left(\frac{\nu,\ 1}{\mathfrak{l}_i}\right) = +1, \qquad (i = 2, 3, \ldots z). \end{aligned}\right\} \qquad (9)$$

Es mögen nun in der Zahl ν die Primideale $\mathfrak{l}_1, \ldots, \mathfrak{l}_z$ bez. genau zur $b_1, \ldots, b_z$-ten Potenz aufgehen; infolge der Gleichungen (9) gibt es gewisse

Zahlen $\mathsf{A}_1, \ldots, \mathsf{A}_z$ im Körper $K(\sqrt{\mu^*})$ derart, daß

$$\nu \equiv N(\mathsf{A}_1), \qquad (\mathfrak{l}_1^{2l_1+1+b_1}),$$
$$\cdots\cdots\cdots\cdots$$
$$\nu \equiv N(\mathsf{A}_z), \qquad (\mathfrak{l}_z^{2l_z+1+b_z})$$

ausfällt. Wenn wir ähnlich wie im Beweise zu Satz 49 aus den Zahlen $\mathsf{A}_1, \ldots, \mathsf{A}_z$ eine Zahl A konstruieren und dann in entsprechender Weise wie am genannten Ort verfahren, so erkennen wir ohne Schwierigkeit die Richtigkeit des Satzes 58.

Die beiden Sätze 57 und 58 zusammen genommen ergeben das Resultat:

Satz 59. (Hilfssatz). Wenn $\mathfrak{l}$ irgendein in 2 aufgehendes Primideal und ferner ν, μ beliebige ganze Zahlen $\neq 0$ in k bedeuten, dann gilt stets die Gleichung

$$\left(\frac{\nu, \mu}{\mathfrak{l}}\right) = \left(\frac{\nu, \mu}{\mathfrak{l}}\right).$$

Mit Hilfe des Satzes 59 können wir leicht die in Satz 51 für das Symbol $\left(\frac{\nu, \mu}{\mathfrak{l}}\right)$ aufgestellten drei Formeln auch in dem Falle als richtig nachweisen, daß ν, μ beliebige ganze Zahlen in k sind. Das Schlußverfahren zum Beweise der ersten Formel entspricht demjenigen, das zum Beweise der ersten Formel des Satzes 51 angewandt worden ist. Die Richtigkeit der beiden letzten Formeln folgt unmittelbar aus Satz 55 und 59. Wir erkennen hiernach, *daß die für das Symbol* $\left(\frac{\nu, \mu}{\mathfrak{w}}\right)$ *in Satz* 14 *aufgestellten Formeln allgemein für beliebige ganze Zahlen* ν, μ *in* k *und in bezug auf jedes beliebige Primideal* $\mathfrak{w}$ *in* k *gültig sind.*

§ 39. Das Produkt $\prod\limits_{(\mathfrak{w})}\left(\frac{\nu, \mu}{\mathfrak{w}}\right)$ für beliebige ganze Zahlen ν, μ.

Wir sind nunmehr imstande, einen Satz auszusprechen und zu beweisen, der als die weiteste Verallgemeinerung der Sätze 36, 40 und 52 anzusehen ist und der zugleich, wie mir scheint, das Reziprozitätsgesetz für quadratische Reste im Körper k auf die einfachste und vollständigste Weise zum Ausdruck bringt. Dieser Satz lautet:

Satz 60. *Wenn* ν, μ *beliebige ganze Zahlen* $\neq 0$ *in* k *sind, so ist stets*

$$\prod_{(\mathfrak{w})}\left(\frac{\nu, \mu}{\mathfrak{w}}\right) = +1,$$

wo das Produkt über sämtliche Primideale $\mathfrak{w}$ *in* k *erstreckt werden soll.*

Zum Beweise dieses Satzes gelangen wir durch eine entsprechende Schlußweise, wie sie zum Beweise des Satzes 52 angewandt worden ist.

Wir heben endlich noch eine besondere Folgerung des Satzes 60 hervor.

Satz 61. *Es seien* $\mathfrak{l}_1 (= \mathfrak{l}), \mathfrak{l}_2, \ldots, \mathfrak{l}_z$ *die in* 2 *aufgehenden Primideale des Körpers* k, *und* λ *bedeute eine ganze Zahl in* k *derart, daß das Ideal* (λ) *die* h-*te Potenz von* $\mathfrak{l}$ *wird; ferner sei* $\mathfrak{p}$ *ein zu* 2 *primes Primideal und* π *eine ganze Zahl in* k, *so daß* $(\pi) = \mathfrak{p}^h$ *ausfällt: dann gilt die Gleichung*

$$\left(\frac{\lambda}{\mathfrak{p}}\right) = \left(\frac{\lambda, \pi}{\mathfrak{l}_1}\right)\left(\frac{\lambda, \pi}{\mathfrak{l}_2}\right) \cdots \left(\frac{\lambda, \pi}{\mathfrak{l}_z}\right).$$

Zum Beweise des Satzes 61 setze man in 60 $\nu = \lambda$, $\mu = \pi$ ein.

Der Satz 61 heiße der *zweite Ergänzungssatz zum allgemeinen Reziprozitätsgesetze für die quadratischen Reste im Körper k*.

§ 40. Die Anzahl der Normenreste nach einem in 2 aufgehenden Primideal.

Es gelingt jetzt, die Aussagen des Satzes 15 auf die Primfaktoren der Zahl 2 auszudehnen. Wir sprechen den folgenden Satz aus:

Satz 62. *Es sei* $\mathfrak{l}$ *ein Primfaktor von 2 und zwar gehe* $\mathfrak{l}$ *genau zur l-ten Potenz in 2 auf: wenn dann die Relativdiskriminante des Körpers* $K(\sqrt{\mu})$ *nicht durch* $\mathfrak{l}$ *teilbar ist, so ist jede zu* $\mathfrak{l}$ *prime ganze Zahl* ν *in k Normenrest des Körpers* $K(\sqrt{\mu})$ *nach* $\mathfrak{l}$.

Wenn dagegen die Relativdiskriminante des Körpers $K(\sqrt{\mu})$ *den Faktor* $\mathfrak{l}$ *enthält und L einen beliebigen Exponenten größer als* $2l$ *bedeutet, so sind von allen vorhandenen zu* $\mathfrak{l}$ *primen und nach* $\mathfrak{l}^L$ *inkongruenten Zahlen* ν *in k genau die Hälfte Normenreste des Körpers* $K(\sqrt{\mu})$ *nach* $\mathfrak{l}$.

Beweis. Wenn $\mathfrak{l}$ nicht in der Relativdiskriminante von $K(\sqrt{\mu})$ aufgeht, so können wir mit Rücksicht auf Satz 4 und 6 annehmen, daß μ kongruent dem Quadrat einer ganzen zu $\mathfrak{l}$ primen Zahl nach $\mathfrak{l}^{2l}$ ausfällt. Eine gemäß Definition 17 zu μ bestimmte Zahl μ^* wird dann kongruent dem Quadrat einer ganzen Zahl in k nach dem Modul 2^2 und folglich erhalten wir nach Satz 36 $\left(\frac{\nu, \mu^*}{\mathfrak{l}}\right) = +1$ und mithin nach Satz 50 auch $\left(\frac{\nu, \mu}{\mathfrak{l}}\right) = +1$; damit ist die erste Aussage des Satzes 62 als richtig erkannt.

Und um die zweite Aussage des Satzes 62 zu beweisen, nehmen wir zunächst μ prim zu 2 an; es sei μ^* eine gemäß Definition 17 zu μ bestimmte ganze Zahl in k. Wir haben in Satz 29 gewisse $\frac{m}{2}$ Primideale $\mathfrak{q}_1, \ldots, \mathfrak{q}_{\frac{m}{2}}$ aufgestellt und aus diesen gewisse ganze Zahlen $\varkappa_1, \ldots, \varkappa_{\frac{m}{2}}$ abgeleitet, so daß dann nach diesem Satze jede zu 2 prime ganze Zahl des Körpers k nach dem Modul 2^2 in der dort angegebenen Gestalt darstellbar ist; wir setzen somit insbesondere

$$\mu^* \equiv \varepsilon_1^{u_1} \cdots \varepsilon_{\frac{m}{2}}^{u_{\frac{m}{2}}} \varkappa_1^{v_1} \cdots \varkappa_{\frac{m}{2}}^{v_{\frac{m}{2}}} \beta^2, \qquad (2^2),$$

worin die Exponenten $u_1, \ldots, u_{\frac{m}{2}}$, $v_1, \ldots, v_{\frac{m}{2}}$ gewisse Werte 0, 1 haben und β eine geeignete ganze Zahl in k bedeutet.

Wir unterscheiden im folgenden zwei Fälle, je nachdem die Exponenten $v_1, \ldots, v_{\frac{m}{2}}$ sämtlich gleich 0 sind oder mindestens einer dieser Exponenten

$v_1, \ldots, v_{\frac{m}{2}}$ von 0 verschieden ausfällt. Im ersten Falle können die Exponenten $u_1, \ldots, u_{\frac{m}{2}}$ nicht ebenfalls sämtlich verschwinden, da sonst $\mu^* \equiv \mu \equiv \beta^2$ nach dem Modul $\mathfrak{l}^{2l}$ und mithin der Voraussetzung entgegen die Relativdiskriminante von $K(\sqrt{\mu})$ prim zu $\mathfrak{l}$ wäre. Ist also etwa $u_i = 1$, so wird mit Berücksichtigung der Sätze 50 und 36

$$\left(\frac{\varkappa_i, \mu}{\mathfrak{l}}\right) = \left(\frac{\varkappa_i, \mu}{\mathfrak{l}}\right) = \prod_{(\mathfrak{w})}{}' \left(\frac{\varkappa_i, \mu^*}{\mathfrak{w}}\right) = \left(\frac{\varepsilon_i}{\mathfrak{q}_i}\right) = -1\,.$$

Im zweiten Falle sei etwa $v_i = 1$; dann schließen wir auf die nämliche Weise

$$\left(\frac{\varepsilon_i, \mu}{\mathfrak{l}}\right) = \left(\frac{\varepsilon_i, \mu}{\mathfrak{l}}\right) = \prod_{(\mathfrak{w})}{}' \left(\frac{\varepsilon_i, \mu^*}{\mathfrak{w}}\right) = \left(\frac{\varepsilon_i}{\mathfrak{q}_i}\right) = -1\,.$$

Nehmen wir im ersten Falle $\nu = \varkappa_i$, im zweiten $\nu = \varepsilon_i$, so ist gezeigt, daß es im Körper k stets eine Zahl ν gibt, welche Normennichtrest des Körpers $K(\sqrt{\mu})$ nach $\mathfrak{l}$ wird.

Wegen $L > 2l$ sind nach Satz 47 zwei nach $\mathfrak{l}^L$ kongruente zu $\mathfrak{l}$ prime ganze Zahlen in k stets gleichzeitig Normenreste oder Normennichtreste nach $\mathfrak{l}$. Wir bezeichnen nun mit $\nu_1, \nu_2, \ldots, \nu_s$ ein System ganzer Zahlen in k von folgender Beschaffenheit: die Zahlen $\nu_1, \ldots, \nu_s$ sollen nach $\mathfrak{l}^L$ untereinander inkongruente und zu $\mathfrak{l}$ prime Normenreste nach $\mathfrak{l}$ sein; endlich soll jede zu $\mathfrak{l}$ prime Zahl, welche Normenrest nach $\mathfrak{l}$ ist, einer jener Zahlen $\nu_1, \ldots, \nu_s$ nach $\mathfrak{l}^L$ kongruent sein. Ist nun ν ein zu $\mathfrak{l}$ primer Normennichtrest nach $\mathfrak{l}$, so sind die Zahlen $\nu\nu_1, \nu\nu_2, \ldots, \nu\nu_s$ wegen der zweiten Formel in Satz 51 sämtlich Normennichtreste nach $\mathfrak{l}$ und wir können leicht zeigen, daß jeder beliebige zu $\mathfrak{l}$ prime Normennichtrest nach $\mathfrak{l}$ einer dieser s Zahlen nach $\mathfrak{l}^L$ kongruent ausfällt. In der Tat bestimmen wir eine ganze Zahl ν^*, so daß $\nu\nu^* \equiv 1$ nach $\mathfrak{l}^L$ ausfällt, so folgt wegen $L > 2l$ mit Rücksicht auf Satz 47 die Gleichung

$$\left(\frac{\nu, \mu}{\mathfrak{l}}\right) = \left(\frac{\nu^*, \mu}{\mathfrak{l}}\right) = -1;$$

es ist folglich auch ν^* Normennichtrest nach $\mathfrak{l}$. Bedeutet nun ν' irgendeinen beliebigen Normennichtrest nach $\mathfrak{l}$, so ist $\nu'\nu^*$ Normenrest nach $\mathfrak{l}$ und folglich einer der Zahlen $\nu_1, \ldots, \nu_s$ nach $\mathfrak{l}^L$ kongruent; es sei etwa $\nu'\nu^* \equiv \nu_i$ nach $\mathfrak{l}^L$; dann ist $\nu\nu'\nu^* \equiv \nu' \equiv \nu\nu_i$ nach $\mathfrak{l}^L$.

Aus dieser Betrachtung ergibt sich unmittelbar die Richtigkeit der zweiten Aussage des Satzes 62 für den Fall, daß μ zu 2 prim ist. Der vollständige Nachweis dieser zweiten Aussage gelingt leicht durch ein ähnliches Schlußverfahren unter Heranziehung von Satz 56.

Die in den beiden Sätzen 15 und 62 ausgesprochene Tatsache entspricht gewissermaßen dem bekannten Satze über die Verzweigungspunkte einer Riemannschen Fläche, wonach eine algebraische Funktion in der Umgebung eines einfachen Verzweigungspunktes den Vollwinkel auf die Hälfte desselben konform abbildet. Infolgedessen nenne ich die in der Relativdiskriminante von $K(\sqrt{\mu})$ aufgehenden Primideale $\mathfrak{d}$ des Körpers k auch *Verzweigungsideale* für den Körper $K(\sqrt{\mu})$. Die Verzweigungsideale sind die Quadrate oder die Relativnormen der ambigen Primideale des Körpers $K(\sqrt{\mu})$.

§ 41. Beweis des Fundamentalsatzes über die Geschlechter in einem beliebigen relativquadratischen Körper.

In § 17 bis § 19, sowie in § 29 hatten wir die vorläufige Annahme gemacht, daß die Relativdiskriminante des zu untersuchenden Körpers K zu 2 prim ausfällt. Da wir erkannt haben, daß alle wesentlichen Eigenschaften des Symbols $\left(\frac{\nu,\mu}{\mathfrak{w}}\right)$ auch für die in 2 enthaltenen Primideale $\mathfrak{w}$ des Körpers k gültig sind, so kann nunmehr jene vorläufige Annahme beseitigt werden.

Wir bezeichnen wie bisher mit $\mathfrak{l}_1, \ldots, \mathfrak{l}_z$ die voneinander verschiedenen Primfaktoren der Zahl 2 und setzen

$$2 = \mathfrak{l}_1^{l_1} \cdots \mathfrak{l}_z^{l_z}.$$

Zunächst lassen sich die Definitionen 11 und 12 der Begriffe „Charakterensystem“ und „Geschlecht“ unmittelbar auf den Fall ausdehnen, daß die Relativdiskriminante von K Faktoren aus der Reihe der Primideale $\mathfrak{l}_1, \ldots, \mathfrak{l}_z$ enthält; wir haben hierbei nur die Bemerkung am Schluß des § 38 zu berücksichtigen.

Desgleichen können wir die Beweise der Sätze 24, 25, 26 sofort auf den gegenwärtigen allgemeinen Fall übertragen, und es gilt demnach insbesondere auch der Satz 26 für jeden beliebigen relativquadratischen Körper $K(\sqrt{\mu})$.

Endlich entsteht die Aufgabe, den fundamentalen Satz 41 auch in dem Falle zu beweisen, daß die Relativdiskriminante des Körpers $K(\sqrt{\mu})$ Primfaktoren der Zahl 2 enthält. Um diesen Beweis zu entwickeln, behalten wir die in § 29 festgesetzten Bezeichnungen bei; es ist hierbei nur zu beachten, daß im gegenwärtigen Falle unter den Primidealen $\mathfrak{d}_1, \ldots, \mathfrak{d}_t$ auch solche vorkommen, die in der Zahl 2 aufgehen.

Es seien $\mathfrak{l}_1, \ldots, \mathfrak{l}_{z^*}$ diejenigen Primfaktoren von 2, die unter den r Idealen $\mathfrak{d}_1, \ldots, \mathfrak{d}_r$ vorkommen; wir setzen etwa

$$\mathfrak{l}_1 = \mathfrak{d}_{r-z^*+1}, \ldots, \mathfrak{l}_{z^*} = \mathfrak{d}_r,$$

so daß die $r - z^*$ Primideale $\mathfrak{d}_1, \ldots, \mathfrak{d}_{r-z^*}$ zu 2 prim sind. Es mögen nun $c_1, \ldots, c_r$ irgend beliebige r der Bedingung $c_1 \ldots c_r = +1$ genügende Einheiten ± 1 sein. Wegen Satz 62 kann man gewiß z^* ganze zu 2 prime Zahlen $\nu_1, \ldots, \nu_{z^*}$ finden, so daß

$$\left(\frac{\nu_1, \mu}{\mathfrak{l}_1}\right) = c_{r-z^*+1}, \ldots, \left(\frac{\nu_{z^*}, \mu}{\mathfrak{l}_{z^*}}\right) = c_r$$

wird. Bestimmen wir nun eine ganze Zahl ν derart, daß

$$\begin{aligned} \nu &\equiv \nu_1, && (\mathfrak{l}_1^{2l_1+1}), \\ &\cdots && \\ \nu &\equiv \nu_{z^*}, && (\mathfrak{l}_{z^*}^{2l_{z^*}+1}), \\ \nu &\equiv 1, && (\mathfrak{l}_{z^*+1}^{2l_{z^*+1}+1}), \\ &\cdots && \\ \nu &\equiv 1, && (\mathfrak{l}_z^{2l_z+1}) \end{aligned}$$

ausfällt, so genügt ν nach Satz 56 den Bedingungen

$$\left.\begin{aligned} &\left(\frac{\nu,\mu}{\mathfrak{l}}\right) = c_{r-z^*+1}, \ldots, \left(\frac{\nu,\mu}{\mathfrak{l}_{z^*}}\right) = c_r, \\ &\left(\frac{\nu,\mu}{\mathfrak{l}_{z^*+1}}\right) = +1, \quad \ldots, \left(\frac{\nu,\mu}{\mathfrak{l}_z}\right) = +1. \end{aligned}\right\} \tag{1}$$

Nunmehr bezeichnen wir mit $\mathfrak{d}_{r+1}, \ldots, \mathfrak{d}_{t^*}$ diejenigen unter den $t-r$ Primidealen $\mathfrak{d}_{r+1}, \ldots \mathfrak{d}_t$, die zu 2 prim sind und bestimmen dann ein Primideal $\mathfrak{p}$, für welches bei Benutzung der Bezeichnungen von § 31 die Gleichungen

$$\left.\begin{aligned} &\left(\frac{\varepsilon_1}{\mathfrak{p}}\right) = \left(\frac{\varepsilon_1}{\nu}\right), \ldots, \left(\frac{\frac{\varepsilon_m}{2}}{\mathfrak{p}}\right) = \left(\frac{\frac{\varepsilon_m}{2}}{\nu}\right), \\ &\left(\frac{\lambda_1}{\mathfrak{p}}\right) = \left(\frac{\lambda_1}{\nu}\right), \ldots, \left(\frac{\lambda_z}{\mathfrak{p}}\right) = \left(\frac{\lambda_z}{\nu}\right), \end{aligned}\right\} \tag{2}$$

$$\left.\begin{aligned} &\left(\frac{\delta_1}{\mathfrak{p}}\right) = c_1\left(\frac{\nu}{\mathfrak{d}_1}\right)\left(\frac{\delta_1}{\nu}\right), \ldots, \left(\frac{\delta_{r-z^*}}{\mathfrak{p}}\right) = c_{r-z^*}\left(\frac{\nu}{\mathfrak{d}_{r-z^*}}\right)\left(\frac{\delta_{r-z^*}}{\nu}\right), \\ &\left(\frac{\delta_{r+1}}{\mathfrak{p}}\right) = \left(\frac{\nu}{\mathfrak{d}_{r+1}}\right)\left(\frac{\delta_{r+1}}{\nu}\right), \ldots, \left(\frac{\delta_{t^*}}{\mathfrak{p}}\right) = \left(\frac{\nu}{\mathfrak{d}_{t^*}}\right)\left(\frac{\delta_{t^*}}{\nu}\right) \end{aligned}\right\} \tag{3}$$

gelten. Wegen (2) läßt sich nach Satz 43 eine ganze Zahl π bestimmen, so daß $(\pi) = \mathfrak{p}^h$ und überdies die Zahl $\pi\nu$ kongruent dem Quadrat einer ganzen Zahl in k nach $\mathfrak{l}_1^{2l_1+1} \ldots \mathfrak{l}_z^{2l_z+1}$ wird. Infolgedessen schließen wir aus Satz 56 mit Rücksicht auf (1)

$$\left.\begin{aligned} &\left(\frac{\pi,\mu}{\mathfrak{l}_1}\right) = \left(\frac{\nu,\mu}{\mathfrak{l}_1}\right) = c_{r-z^*+1}, \ldots, \left(\frac{\pi,\mu}{\mathfrak{l}_{z^*}}\right) = \left(\frac{\nu,\mu}{\mathfrak{l}_{z^*}}\right) = c_r, \\ &\left(\frac{\pi,\mu}{\mathfrak{l}_{z^*+1}}\right) = \left(\frac{\nu,\mu}{\mathfrak{l}_{z^*+1}}\right) = +1, \ldots, \left(\frac{\pi,\mu}{\mathfrak{l}_z}\right) = \left(\frac{\nu,\mu}{\mathfrak{l}_z}\right) = +1. \end{aligned}\right\} \tag{4}$$

Andererseits folgt aus Satz 40, wenn wir die erste Formel des Satzes 14 berücksichtigen,

$$\prod_{(\mathfrak{w})}{}'\left(\frac{\pi\nu,\delta_i}{\mathfrak{w}}\right) = +1, \qquad (i = 1, 2, \ldots, r-z^*, r+1, \ldots, t^*)$$

und wegen (3) haben wir daher

$$\begin{aligned} &\left(\frac{\pi}{\mathfrak{d}_i}\right)\left(\frac{\nu}{\mathfrak{d}_i}\right)\left(\frac{\delta_i}{\mathfrak{p}}\right)\left(\frac{\delta_i}{\nu}\right) = \left(\frac{\pi}{\mathfrak{d}_i}\right)c_i = +1, \qquad (i = 1, 2, \ldots, r-z^*), \\ &\left(\frac{\pi}{\mathfrak{d}_i}\right)\left(\frac{\nu}{\mathfrak{d}_i}\right)\left(\frac{\delta_i}{\mathfrak{p}}\right)\left(\frac{\delta_i}{\nu}\right) = \left(\frac{\pi}{\mathfrak{d}_i}\right) \quad = +1, \qquad (i = r+1, \ldots, t^*), \end{aligned}$$

d. h. es gelten die Gleichungen

$$\left.\begin{aligned} \left(\frac{\pi}{\mathfrak{d}_i}\right) &= \left(\frac{\pi,\mu}{\mathfrak{d}_i}\right) = c_i, \qquad (i = 1, 2, \ldots, r - z^*), \\ \left(\frac{\pi}{\mathfrak{d}_i}\right) &= \left(\frac{\pi,\mu}{\mathfrak{d}_i}\right) = +1, \qquad (i = r+1, \ldots, t^*). \end{aligned}\right\} \tag{5}$$

Da $\mathfrak{d}_1, \ldots, \mathfrak{d}_{r-z^*}, \mathfrak{d}_{r+1}, \ldots, \mathfrak{d}_{t^*}$ die sämtlichen zu 2 primen Teiler der Relativdiskriminante von $K(\sqrt{\mu})$ sind, so können wir

$$\mu^h = \gamma\,\alpha^2\,\delta_1 \cdots \delta_{r-z^*}\,\delta_{r+1} \cdots \delta_{t^*}$$

setzen, wo γ eine ganze Zahl in k ist, deren Primfaktoren sämtlich in 2 aufgehen, und wo α irgendeine bestimmte ganze Zahl in k bedeutet. Nach Satz 60 ist

$$\prod_{(\mathfrak{w})}\left(\frac{\pi,\mu}{\mathfrak{w}}\right) = \left(\frac{\mu}{\mathfrak{p}}\right)\left(\frac{\pi,\mu}{\mathfrak{d}_1}\right)\cdots\left(\frac{\pi,\mu}{\mathfrak{d}_{r-z^*}}\right)\left(\frac{\pi,\mu}{\mathfrak{d}_{r+1}}\right)\cdots\left(\frac{\pi,\mu}{\mathfrak{d}_{t^*}}\right)\left(\frac{\pi,\mu}{\mathfrak{l}_1}\right)\cdots\left(\frac{\pi,\mu}{\mathfrak{l}_z}\right) = +1$$

und folglich erhalten wir wegen (4), (5)

$$\left(\frac{\mu}{\mathfrak{p}}\right) c_1 \cdots c_r = +1;$$

da nun $c_1 \ldots c_r = +1$ angenommen worden ist, so ergibt sich auch $\left(\frac{\mu}{\mathfrak{p}}\right) = +1$, d. h. $\mathfrak{p}$ zerfällt in $K(\sqrt{\mu})$ in zwei Primfaktoren. Mit Rücksicht auf (4), (5) haben die Charaktere eines jeden dieser Primfaktoren die Werte

$$\left(\frac{\pi,\mu}{\mathfrak{d}_1}\right) = c_1, \ldots, \left(\frac{\pi,\mu}{\mathfrak{d}_r}\right) = c_r.$$

Hieraus schließen wir genau wie bei dem in § 29 entwickelten Beweise die Richtigkeit des Satzes 41 im allgemeinen Falle.

Wir haben damit die wichtigste Frage nach der Anzahl der Geschlechter in einem beliebigen relativquadratischen Körper $K(\sqrt{\mu})$ vollständig erledigt.

§ 42. Die Klassen des Hauptgeschlechtes.

Wir heben in diesem und in den folgenden Paragraphen einige Folgerungen hervor, die sich aus dem Satze 41 ergeben.

Satz 63. Die Anzahl g der Geschlechter in einem relativquadratischen Körper ist gleich der Anzahl A seiner ambigen Komplexe.

Beweis. Wenn t und v die Bedeutung wie in Satz 23 haben und wenn wir berücksichtigen, daß nach Satz 41 $g = 2^{r-1}$ ist, so folgt aus den Sätzen 23 und 25

$$r \leqq t + v - \frac{m}{2}$$

und da andererseits nach Satz 24

$$t + v - \frac{m}{2} \leqq r$$

sein muß, so erhalten wir

$$r = t + v - \frac{m}{2};$$

nach Satz 23 ist mithin die Anzahl der ambigen Komplexe

$$\mathrm{A} = 2^a = 2^{r-1} = g.$$

Satz 64. *Jeder Komplex des Hauptgeschlechtes in einem relativquadratischen Körper K ist das Quadrat eines Komplexes in K, d. h. jede Klasse des Hauptgeschlechtes in einem relativquadratischen Körper K ist gleich dem Produkt aus dem Quadrat einer Klasse und aus einer solchen Klasse, welche Ideale des Grundkörpers k enthält.*

Beweis. In dem Beweise zu Satz 25 ist die Gleichung $A f' = g f$ abgeleitet worden; hierbei haben A und g die Bedeutung wie in Satz 63; ferner bedeutet f' die Anzahl derjenigen Komplexe, welche gleich Quadraten von Komplexen sind und f die Anzahl der Komplexe des Hauptgeschlechtes. Da nach Satz 63 $A = g$ ist, so folgt $f' = f$ und damit ist bewiesen, daß jeder Komplex des Hauptgeschlechtes das Quadrat eines Komplexes ist.

§ 43. Der Satz von den Relativnormen eines relativquadratischen Körpers.

Satz 65. *Wenn ν, μ irgend zwei beliebige ganze Zahlen $\neq 0$ des Körpers k bedeuten, von denen μ nicht das Quadrat einer Zahl in k ist, und welche für jedes Primideal $\mathfrak{w}$ in k die Bedingung*

$$\left(\frac{\nu,\mu}{\mathfrak{w}}\right) = +1$$

erfüllen, so ist die Zahl ν stets gleich der Relativnorm einer ganzen oder gebrochenen Zahl des Körpers $K(\sqrt{\mu})$.

Beweis. Wir beweisen diesen Satz zunächst für den Fall, daß ν eine Einheit in k ist. Es mögen t und v die Bedeutung wie in Satz 23 haben; im Beweise zu Satz 63 ist gezeigt worden, daß $r = t + v - \frac{m}{2}$ sein muß: d. h. es ist $v = \frac{m}{2} - t + r$. Die Anzahl der Einheitenverbände in k, soweit sie aus Einheiten, die Relativnormen sind, entspringen, beträgt also $2^{\frac{m}{2}-t+r}$.

Andererseits betrachten wir die $r^* = t - r$ Einheiten $\varepsilon_1, \ldots, \varepsilon_{r^*}$, die in § 17 bestimmt worden sind. Aus den Gleichungen (1) in § 17 erkennen wir leicht, daß die r^* aus $\varepsilon_1, \ldots, \varepsilon_{r^*}$ entspringenden Einheitenverbände voneinander unabhängig sind. Es müssen sich daher $\frac{m}{2} - r^*$ solche Einheitenverbände finden lassen, die mit jenen zusammen ein System von $\frac{m}{2}$ unabhängigen Einheitenverbänden bilden. Sind $\varepsilon_{r^*+1}, \ldots, \varepsilon_{\frac{m}{2}}$ Einheiten bez. aus diesen $\frac{m}{2} - r^*$ Einheitenverbänden, so läßt sich offenbar jede beliebige Einheit ξ des Körpers k in der Gestalt

$$\xi = \varepsilon_1^{u_1} \cdots \varepsilon_{\frac{m}{2}}^{u_{\frac{m}{2}}} \varepsilon^2$$

darstellen, wo $u_1, \ldots, u_{\frac{m}{2}}$ gewisse Exponenten 0, 1 und ε eine geeignete Einheit in k bedeutet. Betrachtet man nun die r^* Gleichungen

$$\left(\frac{\xi,\mu}{\mathfrak{d}_t}\right) = +1, \left(\frac{\xi,\mu}{\mathfrak{d}_{t-1}}\right) = +1, \ldots, \left(\frac{\xi,\mu}{\mathfrak{d}_{t-r^*+1}}\right) = +1, \qquad (1)$$

so liefern sie für die Exponenten $u_1, u_2, \ldots, u_{\frac{m}{2}}$ gewisse r^* lineare Kongruenzen nach dem Modul 2, die, wie man leicht erkennt, voneinander unabhängig sind; es folgt somit, daß alle diejenigen Einheiten ξ, die den Bedingungen (1) genügen, insgesamt

$$2^{\frac{m}{2}-r^*} = 2^{\frac{m}{2}-t+r}$$

Einheitenverbände ausmachen.

Wir haben zu Beginn dieses Beweises festgestellt, daß die Anzahl der Einheitenverbände, soweit sie aus Einheiten, die Relativnormen sind, entspringen, in gleicher Anzahl vorhanden sind. Da ferner jede Einheit in k, welche die Relativnorm einer Einheit oder einer gebrochenen Zahl von $K(\sqrt{\mu})$ ist, offenbar Normenrest nach $\mathfrak{l}$ sein und daher notwendig den Gleichungen (1) genügen muß, so ist jeder Verband der zu Anfang behandelten Einheiten auch unter den Verbänden enthalten, deren Einheiten ξ den Gleichungen (1) genügen; da die Anzahlen beider Systeme von Einheitenverbänden die gleiche ist, so sind die beiden Systeme miteinander identisch. Die vorgelegte Einheit ν genügt nach Voraussetzung den Bedingungen (1) und ist mithin nach dem eben Bewiesenen die Relativnorm einer Einheit oder einer gebrochenen Zahl in $K(\sqrt{\mu})$.

Es sei jetzt ν eine beliebige Zahl in $K(\sqrt{\mu})$, welche die Voraussetzung des Satzes 65 erfüllt. Sind dann $\mathfrak{n}_1, \mathfrak{n}_2, \ldots$ die höchsten in ν aufgehenden Potenzen von Primidealen des Körpers k, so muß es wegen der Voraussetzung des Satzes 65 gewiß ganze Zahlen $\mathsf{A}_1, \mathsf{A}_2, \ldots$ in $K(\sqrt{\mu})$ geben von der Art, daß die Kongruenzen gelten

$$\nu \equiv N(\mathsf{A}_1), \quad (\mathfrak{n}_1^2),$$
$$\nu \equiv N(\mathsf{A}_2), \quad (\mathfrak{n}_2^2),$$
$$\cdots\cdots\cdots$$

Bezeichnet also A eine ganze Zahl in $K(\sqrt{\mu})$, die kongruent A_1 nach $\mathfrak{n}_1^2$, kongruent A_2 nach $\mathfrak{n}_2^2$, usf. ausfällt, so erhalten wir

$$\nu \equiv N(\mathsf{A}), \quad (\nu^2). \tag{2}$$

Betrachten wir nun in $K(\sqrt{\mu})$ das Ideal

$$\mathfrak{H} = (\nu, \mathsf{A}),$$

so ergibt sich wegen (2)

$$\mathfrak{H} \cdot S\mathfrak{H} = (\nu, \mathsf{A})(\nu, S\mathsf{A}) = (\nu^2, \nu\mathsf{A}, \nu S\mathsf{A}, \mathsf{A}S\mathsf{A}) = (\nu)$$

und hieraus folgt, daß ν die Relativnorm des Ideals $\mathfrak{H}$ in $K(\sqrt{\mu})$ sein muß.

Wegen der Voraussetzung des Satzes 65 gehört $\mathfrak{H}$ notwendig dem Hauptgeschlecht von $K(\sqrt{\mu})$ an und wir können daher nach Satz 64

$$\mathfrak{H} \sim \mathfrak{j}\mathfrak{J}^2$$

setzen in solcher Weise, daß $\mathfrak{j}$ ein Ideal in k und $\mathfrak{J}$ ein Ideal in $K(\sqrt{\mu})$ bedeutet. Wegen $\mathfrak{j}^h \sim 1$ muß $\mathsf{B} = \left(\frac{\mathfrak{H}}{\mathfrak{J}^2}\right)^h$ eine ganze oder gebrochene Zahl des Körpers K

sein; die Relativnorm $N(\mathsf{B})$ dieser Zahl ist offenbar von der Gestalt $\frac{\varepsilon\nu^h}{\alpha^2}$, wo ε eine Einheit in k und α eine ganze Zahl in k bedeutet. Aus der letzten Gleichung folgt, daß für jedes beliebige Primideal $\mathfrak{w}$ notwendig $\left(\frac{\varepsilon\nu^h\alpha^2,\,\mu}{\mathfrak{w}}\right)=+1$ und daher auch $\left(\frac{\varepsilon,\,\mu}{\mathfrak{w}}\right)=+1$ sein muß. Es ist nun im ersten Teil des gegenwärtigen Beweises gezeigt worden, daß unter diesen Umständen ε stets gleich der Relativnorm einer Zahl in $K(\sqrt{\mu})$ sein muß; wir setzen $\varepsilon=N(\Gamma)$, wo Γ eine Zahl in $K(\sqrt{\mu})$ ist. Es folgt dann

$$\nu=N\left(\frac{\mathsf{B}\cdot\alpha}{\Gamma\cdot\nu^{\frac{h-1}{2}}}\right),$$

und hiermit ist der Beweis für Satz 65 vollständig erbracht.

§ 44. Die ternäre quadratische Diophantische Gleichung im Körper *k*.

Den Inhalt des Satzes 65 können wir auch auf folgende Weisen aussprechen:

Satz 66. Wenn ν,μ beliebige ganze Zahlen $\neq 0$ in k bedeuten, so ist die Diophantische Gleichung

$$\nu\xi^2+\mu\eta^2=1$$

in ganzen oder gebrochenen Zahlen ξ,η des Körpers k stets dann lösbar, wenn für jedes Primideal $\mathfrak{w}$ in k die Bedingung

$$\left(\frac{\nu,\,\mu}{\mathfrak{w}}\right)=1$$

erfüllt ist.

Satz 67. *Wenn ν,μ irgend zwei beliebige ganze Zahlen des Körpers k bedeuten, so ist die Diophantische Gleichung*

$$\nu\xi^2+\mu\eta^2=1$$

in ganzen oder gebrochenen Zahlen ξ,η des Körpers k stets dann lösbar, wenn die Kongruenz

$$\nu\xi^2+\mu\eta^2\equiv 1$$

nach jedem Primideal des Körpers k und nach jeder Potenz eines solchen in ganzen Zahlen ξ,η des Körpers k lösbar ist.

Beweis. Falls μ das Quadrat einer ganzen Zahl in k ist, wird jener Diophantischen Gleichung durch $\xi=0,\ \eta=\frac{1}{\sqrt{\mu}}$ genügt. Es sei nun μ nicht das Quadrat einer ganzen Zahl in k. Es sei ferner $\mathfrak{w}$ ein Primideal in k und $\mathfrak{w}^L$ eine beliebige Potenz von $\mathfrak{w}$; endlich seien ξ,η ganze Zahlen in k, die der im Satze 67 aufgestellten Kongruenz nach $\mathfrak{w}^L$ genügen. Da offenbar ξ,η nicht beide zugleich durch $\mathfrak{w}$ teilbar sein können, so dürfen wir annehmen, daß etwa ξ zu $\mathfrak{w}$ prim ausfiele: dann ist wegen

$$\nu\equiv N\left(\frac{1+\eta\sqrt{\mu}}{\xi}\right),\qquad(\mathfrak{w}^L)$$

die Zahl ν Normenrest des Körpers $K(\sqrt{\mu})$ nach $\mathfrak{w}$ und folglich erfüllen die

Zahlen ν, μ die Bedingungen des Satzes 65. Nach diesem Satze 65 ist daher ν die Relativnorm einer gewissen Zahl A des Körpers $K(\sqrt{\mu})$; setzen wir $\mathsf{A} = \frac{\alpha + \beta\sqrt{\mu}}{\gamma}$, wo α, β, γ ganze Zahlen in k sind, so folgt

$$\nu = \frac{\alpha^2 - \mu\beta^2}{\gamma^2}$$

und mithin erfüllen die Zahlen $\xi = \frac{\gamma}{\alpha}, \eta = \frac{\beta}{\alpha}$ die vorgelegte Gleichung. Damit ist der Satz 67 bewiesen.

Ist irgendeine ternäre homogene quadratische Diophantische Gleichung mit beliebigen in k liegenden Koeffizienten vorgelegt, so entsteht die Frage nach den Bedingungen, unter denen diese Gleichung durch geeignete ganze Zahlen des Körpers k gelöst werden kann. Auch diese Frage findet, wie leicht zu sehen, auf Grund der Sätze 66 und 67 ihre vollständige Beantwortung.

Verzeichnis der Sätze und Definitionen.

10. Über die Theorie der relativ-Abelschen Zahlkörper[1].

[Acta Mathematica Bd. 26, S. 99—132 (1902).]

§ 1.

In der Theorie der relativ-Abelschen Zahlkörper nehmen zunächst die Körper vom *zweiten* Relativgrade unser Interesse in Anspruch.

Es sei ein beliebiger Zahlkörper k vom Grade n als Rationalitätsbereich zugrunde gelegt; unsere Aufgabe ist es dann, die Theorie der relativquadratischen Zahlkörper $K(\sqrt{\mu})$, d. h. derjenigen Körper zu begründen, die durch die Quadratwurzel aus einer beliebigen ganzen Zahl μ des Körpers k bestimmt sind. Die „disquisitiones arithmeticae" von Gauss sind als der einfachste Fall in jenem Problem enthalten. Wir können unsern Gegenstand auch als die Theorie der quadratischen Gleichungen oder Formen bezeichnen, deren Koeffizienten Zahlen des vorgelegten Rationalitätsbereiches k sind.

Die Theorie des relativquadratischen Körpers führte mich zur Entdeckung eines allgemeinen Reziprozitätsgesetzes für quadratische Reste, welches das gewöhnliche Reziprozitätsgesetz zwischen rationalen Primzahlen nur als ein vereinzeltes Glied in einer Kette sehr interessanter und mannigfaltiger Zahlenbeziehungen erscheinen läßt.

In meiner Abhandlung *Über die Theorie des relativquadratischen Zahlkörpers*[2] habe ich die Theorie der quadratischen Relativkörper innerhalb eines algebraischen Grundkörpers k vollständig für den Fall entwickelt, daß der Grundkörper k nebst seinen sämtlichen konjugierten Körpern imaginär ist und überdies eine ungerade Klassenanzahl besitzt. Die wichtigsten der in der genannten Abhandlung aufgestellten Sätze sind das Reziprozitätsgesetz für quadratische Reste in k und der Satz, demzufolge in einem relativquadrati-

[1] Mit geringen Änderungen abgedruckt aus den Nachrichten der K. Ges. der Wiss. zu Göttingen 1898.

Inzwischen sind folgende auf diesen Gegenstand bezügliche Inaugural-Dissertationen in Göttingen erschienen: *Das quadratische Reziprozitätsgesetz im quadratischen Zahlkörper mit der Klassenzahl* 1. von H. Dörrie 1898, *Tafel der Klassenzahlen für kubische Zahlkörper* von L. W. Reid 1899, *Das allgemeine quadratische Reziprozitätsgesetz in ausgewählten Kreiskörpern der* 2^h*-ten Einheitswurzeln* von K. S. Hilbert 1900, *Quadratische Reziprozitätsgesetze in algebraischen Zahlkörpern* von G. Rückle 1901. Insbesondere die letzte Dissertation enthält zahlreiche und interessante Beispiele zu der hier entwickelten Theorie.

[2] Math. Ann. 51, 1—127 (1899). Dieser Band Abh. 9, S. 370—482.

schen Körper in bezug auf k stets die Hälfte aller denkbaren Charakterensysteme wirklich durch Geschlechter vertreten sind. Ich habe in jener Abhandlung zu zeigen versucht, welch ein Reichtum an arithmetischen Wahrheiten in diesen Sätzen enthalten ist; dennoch offenbart sich die volle Bedeutung der genannten Sätze erst, wenn wir ihre Gültigkeit auf *beliebige* algebraische Grundkörper k ausdehnen. In einem auf der Mathematiker-Vereinigung zu Braunschweig gehaltenen Vortrage[1] habe ich einige kurze Bemerkungen über den Fall gemacht, daß der Grundkörper k reell ist, bzw. reelle konjugierte Körper aufweist oder die Klassenanzahl 2 besitzt. In der gegenwärtigen Arbeit beabsichtige ich, die wichtigsten Sätze aus der Theorie der quadratischen Relativkörper innerhalb eines beliebigen Grundkörpers k aufzustellen und zugleich die Abänderungen anzugeben, welche die Beweise in meiner zu Anfang genannten Abhandlung erfahren müssen, wenn man für den Grundkörper k die dort gemachten beschränkenden Annahmen beseitigen will.

Endlich habe ich im letzten Paragraph (§ 16) der gegenwärtigen Arbeit für relativ-Abelsche Zahlkörper von beliebigem Relativgrade und mit der Relativdiskriminante 1 eine Reihe von allgemeinen Sätzen vermutungsweise aufgestellt; es sind dies Sätze von wunderbarer Einfachheit und kristallener Schönheit, deren vollständiger Beweis und gehörige Verallgemeinerung auf den Fall einer beliebigen Relativdiskriminante mir als das Endziel der rein arithmetischen Theorie der relativ-Abelschen Zahlkörper erscheint.

§ 2.

Es sei k ein beliebiger Zahlkörper; der Grad dieses Körpers k heiße m und die $m-1$ zu k konjugierten Zahlkörper mögen mit $k', k'', \ldots, k^{(m-1)}$ bezeichnet werden. Die Anzahl der Idealklassen des Körpers k werde h genannt. Wir übertragen das bekannte Symbol aus der Theorie der rationalen Zahlen auf den hier zu behandelnden Fall, wie folgt[2]:

Es sei $\mathfrak{p}$ ein in 2 nicht aufgehendes Primideal des Körpers k und α eine beliebige zu $\mathfrak{p}$ prime ganze Zahl in k: dann bedeute das Symbol $\left(\frac{\alpha}{\mathfrak{p}}\right)$ den Wert $+1$ oder -1, je nachdem α dem Quadrat einer ganzen Zahl in k nach $\mathfrak{p}$ kongruent ist oder nicht. Ist ferner $\mathfrak{a}$ ein beliebiges zu 2 primes Ideal in k und hat man $\mathfrak{a} = \mathfrak{p}\mathfrak{q}\ldots\mathfrak{w}$, wo $\mathfrak{p}, \mathfrak{q}, \ldots, \mathfrak{w}$ Primideale in k sind und ist α eine zu $\mathfrak{a}$ prime ganze Zahl in k, so möge das Symbol $\left(\frac{\alpha}{\mathfrak{a}}\right)$ durch die folgende Gleichung definiert werden:

$$\left(\frac{\alpha}{\mathfrak{a}}\right) = \left(\frac{\alpha}{\mathfrak{p}}\right)\left(\frac{\alpha}{\mathfrak{q}}\right)\cdots\left(\frac{\alpha}{\mathfrak{w}}\right).$$

---

[1] Jber. Mathematiker-Vereinigung 4, 88—94 (1897). Dieser Band Abh. 8, S. 364—369.

[2] Vgl. meine Abhandlung *Über die Theorie des relativquadratischen Zahlkörpers*, Definition 1 und 5. Dieser Band S. 371 und 379.

Sind $\mathfrak{a}$, $\mathfrak{b}$ beliebige zu 2 prime Ideale in k und α eine zu $\mathfrak{a}\mathfrak{b}$ prime ganze Zahl in k, so gilt offenbar die Gleichung

$$\left(\frac{\alpha}{\mathfrak{a}\mathfrak{b}}\right)=\left(\frac{\alpha}{\mathfrak{a}}\right)\left(\frac{\alpha}{\mathfrak{b}}\right).$$

Bezeichnet μ irgendeine ganze Zahl in k, die nicht gleich dem Quadrat einer Zahl in k ist, so bestimmt $\sqrt{\mu}$ zusammen mit den Zahlen des Körpers k einen Körper vom Grade $2m$, welcher relativquadratisch in bezug auf den Körper k ist und mit $K(\sqrt{\mu})$ oder auch kurz mit K bezeichnet werde. Sind in bezug auf k mehrere relativquadratische Körper vorgelegt, so heißen dieselben *voneinander unabhängig*, sobald keiner derselben als Unterkörper in demjenigen Körper enthalten ist, der aus den übrigen durch Zusammensetzung entsteht.

Ein relativquadratischer Körper K heiße *unverzweigt* in bezug auf k, wenn die Relativdiskriminante von K in bezug auf k gleich 1 ausfällt oder, was das nämliche bedeutet, wenn es in k kein Primideal gibt, das gleich dem Quadrat eines Primideals in K wird.

§ 3.

Wir machen zunächst über den zugrunde gelegten Körper k solche zwei Annahmen, unter denen die Theorie des relativquadratischen Körpers bereits in meiner Abhandlung ausführlich entwickelt worden ist; es sind dies folgende Annahmen:

1. Der Körper k vom m-ten Grade sei nebst allen konjugierten Körpern $k', k'', \ldots, k^{(m-1)}$ imaginär.
2. Die Anzahl h der Idealklassen im Körper k sei gleich 1.

Wegen der späteren Ausführungen wiederholen wir hier die hauptsächlichsten in Frage kommenden Definitionen und Resultate in einer Fassung, die von der in meiner Abhandlung gegebenen Darstellung ein wenig abweicht.

Definition 1. Ein solches zu 2 primes Ideal $\mathfrak{a}$ des Körpers k, in bezug auf das für jede Einheit ξ in k

$$\left(\frac{\xi}{\mathfrak{a}}\right)=+1$$

ausfällt, heiße ein *primäres Ideal.*

Definition 2. Eine solche zu 2 prime ganze Zahl α des Körpers k, welche kongruent dem Quadrat einer ganzen Zahl in k nach dem Modul 2^2 ausfällt, heiße eine *primäre Zahl* des Körpers k.

Wir können dann den wesentlichen Inhalt des *ersten* Ergänzungssatzes zum Reziprozitätsgesetz wie folgt aussprechen:

Satz 1. Wenn $\mathfrak{a}$ ein primäres Ideal in k ist, so gibt es stets eine primäre Zahl α, so daß $\mathfrak{a}=(\alpha)$ wird, und umgekehrt: wenn α eine primäre Zahl in k ist, so ist das Ideal $\mathfrak{a}=(\alpha)$ stets ein primäres Ideal.

Wir zerlegen nun die Zahl 2 im Körper k in Primideale wie folgt:

$$2 = \mathfrak{l}_1^{l_1} \mathfrak{l}_2^{l_2} \cdots \mathfrak{l}_z^{l_z},$$

wo $\mathfrak{l}_1, \mathfrak{l}_2, \ldots, \mathfrak{l}_z$ die voneinander verschiedenen Primfaktoren der Zahl 2 in k und $l_1, l_2, \ldots, l_z$ die Potenzexponenten bedeuten, zu denen bez. jene Primideale in der Zahl 2 aufgehen.

Definition 3. Ein solches zu 2 primes Ideal $\mathfrak{a}$ des Körpers k, in bezug auf das nicht nur für jede Einheit ξ in k, sondern auch für jede in 2 aufgehende ganze Zahl λ des Körpers k

$$\left(\frac{\xi}{\mathfrak{a}}\right) = +1, \qquad \left(\frac{\lambda}{\mathfrak{a}}\right) = +1$$

ausfällt, heiße ein *hyperprimäres Ideal.*

Definition 4. Eine solche zu 2 prime Zahl α des Körpers k, welche kongruent dem Quadrat einer ganzen Zahl in k nach dem Modul $\mathfrak{l}_1^{2l_1+1} \mathfrak{l}_2^{2l_2+1} \cdots \mathfrak{l}_z^{2l_z+1}$ ausfällt, heiße eine *hyperprimäre Zahl* des Körpers k.

Wir können dann den wesentlichen Inhalt des *zweiten* Ergänzungssatzes zum Reziprozitätsgesetz wie folgt aussprechen:

Satz 2. Wenn $\mathfrak{a}$ ein hyperprimäres Ideal in k ist, so gibt es stets eine hyperprimäre Zahl α, so daß $\mathfrak{a} = (\alpha)$ wird, und umgekehrt: wenn α eine hyperprimäre Zahl in k ist, so ist das Ideal $\mathfrak{a} = (\alpha)$ stets ein hyperprimäres Ideal.

Der wesentliche Inhalt des allgemeinen Reziprozitätsgesetzes für quadratische Reste im Körper k lautet wie folgt:

Satz 3. Wenn ν, μ, ν', μ' irgendwelche zu zwei prime ganze Zahlen in k sind derart, daß die beiden Produkte $\nu\nu'$ und $\mu\mu'$ primär ausfallen und ν zu μ, ν' zu μ' prim ist, so ist stets

$$\left(\frac{\nu}{\mu}\right)\left(\frac{\mu}{\nu}\right) = \left(\frac{\nu'}{\mu'}\right)\left(\frac{\mu'}{\nu'}\right).$$

Wenn die Klassenanzahl h des Körpers k nicht gleich 1, sondern eine beliebige ungerade Zahl ist, so wird nur eine geringfügige und aus meiner Abhandlung leicht zu entnehmende Abänderung im Ausdrucke der Sätze 1 bis 3 notwendig.

Satz 4. Jede Einheit in k, welche primär (eine primäre Zahl) ist, ist das Quadrat einer Einheit in k.

Satz 5. Es gibt in bezug auf k keinen relativquadratischen unverzweigten Körper.

Die beiden letzten Sätze gelten unverändert für den Fall, daß die Klassenanzahl h des Körpers k eine beliebige ungerade Zahl ist.

§ 4.

Wir legen nunmehr für den Körper k folgende Annahmen zugrunde:

1. Unter den m konjugierten Körpern $k, k', k'', \ldots, k^{(m-1)}$ gebe es eine beliebige Anzahl s (>0) reeller Körper; seien dies die Körper $k, k', k'', \ldots, k^{(s-1)}$.

2. Die Anzahl h der Idealklassen im Körper k sei gleich 1.

Bei diesen Annahmen wird die Definition 1 des primären Ideals unverändert beibehalten, dagegen wird es nötig, den Begriff einer primären Zahl enger zu fassen.

Definition 5. Eine Zahl α des Körpers k heißt *total positiv in* k, falls die s zu α konjugierten bez. in $k, k', \ldots, k^{(s-1)}$ gelegenen Zahlen sämtlich positiv sind. Wenn eine zu 2 prime Zahl α des Körpers k kongruent dem Quadrat einer ganzen Zahl in k nach dem Modul 2^2 ausfällt und wenn außerdem α total positiv in k ist, so heiße α eine *primäre Zahl* des Körpers k.

Bei Anwendung der so festgesetzten Bezeichnungsweise gilt der erste Ergänzungssatz 1 und das allgemeine Reziprozitätsgesetz 3 wiederum genau in der früheren Fassung und, wenn man in entsprechender Weise den Begriff der hyperprimären Zahl enger faßt, so bleibt auch der zweite Ergänzungssatz 2 in der früheren Fassung gültig.

§ 5.

Wir erörtern ferner die Frage, ob es unter den in § 4 für den Körper k zugrunde gelegten Annahmen relativquadratische unverzweigte Körper in bezug auf k gibt. Zu dem Zwecke setzen wir zunächst allgemein fest, daß, wenn ε irgendeine Einheit in k bedeutet, stets $\varepsilon', \varepsilon'', \ldots, \varepsilon^{(s-1)}$ die zu ε konjugierten bez. in $k', k'', \cdots, k^{(s-1)}$ gelegenen Einheiten bezeichnen sollen.

Nunmehr nehmen wir $\varepsilon_1 = -1$: wie die Einheit ε_1 fallen offenbar alle zu ε_1 konjugierten Einheiten negativ aus. Ferner möge es in k eine Einheit ε_2 geben, welche in k positiv ist, während mindestens eine der konjugierten Einheiten $\varepsilon_2', \ldots, \varepsilon_2^{(s-1)}$ negativ ausfällt; es sei etwa die in k' gelegene Einheit ε_2' negativ. Sodann möge es in k eine Einheit ε_3 geben, welche positiv ist und für welche auch ε_3' positiv wird, während mindestens eine der konjugierten Einheiten $\varepsilon_3'', \varepsilon_3''', \ldots, \varepsilon_3^{(s-1)}$ negativ ausfällt; es sei etwa die in k'' gelegene Einheit ε_3'' negativ. In dieser Weise fahren wir fort; wir mögen schließlich eine Einheit $\varepsilon_p (p \leqq s)$ erhalten von der Beschaffenheit, daß $\varepsilon_p, \varepsilon_p', \varepsilon_p'', \ldots, \varepsilon_p^{(p-2)}$ sämtlich positiv sind, dagegen $\varepsilon_p^{(p-1)}$ negativ ausfällt und nun soll das eingeschlagene Verfahren sein Ende erreicht haben, d. h. wenn irgendeine Einheit ε in k nebst ihren $p-1$ konjugierten Einheiten $\varepsilon', \varepsilon'', \ldots, \varepsilon^{(p-1)}$ positiv ausfällt, so sei nunmehr auch stets jede der übrigen $s-p$ konjugierten Einheiten $\varepsilon^{(p)}, \ldots, \varepsilon^{(s-1)}$ positiv.

Die Zahl $s-p$ erhält eine besonders einfache Bedeutung, wenn wir dem Äquivalenz- und Klassenbegriff eine engere Fassung erteilen als bisher geschehen ist. Wir wollen nämlich fortan zwei Ideale $\mathfrak{j}, \mathfrak{k}$ des Körpers k nur dann als äquivalent bezeichnen, wenn $\frac{\mathfrak{j}}{\mathfrak{k}} = \alpha$ gesetzt werden kann, so daß α eine ganze oder gebrochene Zahl in k ist, die selbst nebst den sämtlichen bez. in

$k', k'', \ldots, k^{(s-1)}$ gelegenen zu α konjugierten Zahlen $\alpha', \alpha'', \ldots, \alpha^{(s-1)}$ positiv ausfällt, d. h., die total positiv in k ist. Rechnen wir alle solchen Ideale des Körpers k, die in diesem engeren Sinne untereinander äquivalent sind, zu einer Klasse, so besitzt der Körper k, wie leicht ersichtlich ist, genau $\bar{h} = 2^{s-p}$ Idealklassen.

Nach diesen Vorbereitungen findet die oben aufgeworfene Frage nach den unverzweigten Körpern in bezug auf k in folgender Weise ihre Beantwortung:

Satz 6. Für den Körper k gibt es ein System von $s - p$ unabhängigen relativquadratischen unverzweigten Körpern in bezug auf k. Durch Zusammensetzung dieser $s - p$ Körper entsteht ein Körper Kk vom Relativgrade $\bar{h} = 2^{s-p}$ in bezug auf k, der sämtliche unverzweigten Körper in bezug auf k als Unterkörper enthält und der *Klassenkörper* von k heißen möge. Die Anzahl H der Idealklassen dieses Körpers Kk ist, auch wenn wir den Klassenbegriff in der vorhin (für k) angegebenen engeren Fassung nehmen, stets eine ungerade Zahl[1].

Eine der merkwürdigsten Eigenschaften des Klassenkörpers Kk besteht darin, daß die Primideale des Körpers k, welche einer und der nämlichen Idealklasse von k im engeren Sinne angehören, im Klassenkörper Kk stets die nämliche Zerlegung in Primideale dieses Körpers Kk erfahren, d. h. so daß die Anzahl der verschiedenen Primideale und ihre Grade die gleichen sind; die Zerlegung eines Primideals $\mathfrak{p}$ des Körpers k im Körper Kk hängt somit nur von der Klasse ab, der das Primideal $\mathfrak{p}$ im Körper k angehört.

§ 6.

Um die genannten Tatsachen zu beweisen und unter den in § 4 gemachten Annahmen die Theorie des relativquadratischen Körpers in bezug auf k vollständig aufzubauen, bedürfen wir eines Symbols, welches ich bereits in meinem in Braunschweig gehaltenen Vortrage erklärt habe.

Definition 6. Es sei $\mathfrak{w}$ irgendein Primideal in k, und es seien ν, μ beliebige ganze Zahlen in k, nur daß μ nicht gleich dem Quadrat einer Zahl in k ausfällt; wenn dann ν nach $\mathfrak{w}$ der Relativnorm einer ganzen Zahl des Körpers $K(\sqrt{\mu})$ kongruent ist und wenn außerdem auch für jede höhere Potenz von $\mathfrak{w}$ stets eine solche ganze Zahl A im Körper $K(\sqrt{\mu})$ gefunden werden kann, daß $\nu \equiv N(A)$ nach jener Potenz von $\mathfrak{w}$ ausfällt, so setze ich

$$\left(\frac{\nu, \mu}{\mathfrak{w}}\right) = +1;$$

[1] Für $h = 1$, $\bar{h} = 2$ und $\bar{h} = 4$ wurde diese letzte Behauptung von PH. FURTWÄNGLER bewiesen. Nachrichten der K. Ges. d. Wiss. Göttingen **1906**, S. 417—434. [Anm. d. Herausgeber.]

in jedem anderen Falle dagegen

$$\left(\frac{\nu,\mu}{\mathfrak{w}}\right) = -1.$$

Fällt μ gleich dem Quadrat einer ganzen Zahl ($\neq 0$) in k aus, so werde stets

$$\left(\frac{\nu,\mu}{\mathfrak{w}}\right) = +1$$

gesetzt. Ferner definieren wir noch die s Symbole

$$\left(\frac{\nu,\mu}{1}\right),\ \left(\frac{\nu,\mu}{1'}\right),\ \ldots,\ \left(\frac{\nu,\mu}{1^{(s-1)}}\right);$$

wir setzen stets

$$\left(\frac{\nu,\mu}{1}\right) = +1,$$

wenn wenigstens eine der beiden Zahlen ν, μ positiv ausfällt; dagegen setzen wir

$$\left(\frac{\nu,\mu}{1}\right) = -1,$$

wenn jede der beiden Zahlen ν, μ negativ ausfällt. Ferner bezeichnen wir allgemein die in $k^{(i)}$ gelegenen zu ν, μ konjugierten Zahlen bez. mit $\nu^{(i)}, \mu^{(i)}$ und setzen

$$\left(\frac{\nu,\mu}{1'}\right) = \left(\frac{\nu',\mu'}{1}\right),\quad \left(\frac{\nu,\mu}{1''}\right) = \left(\frac{\nu'',\mu''}{1}\right),\ \ldots,\ \left(\frac{\nu,\mu}{1^{(s-1)}}\right) = \left(\frac{\nu^{(s-1)},\mu^{(s-1)}}{1}\right).$$

Ist nun ein bestimmter relativquadratischer Körper $K(\sqrt{\mu})$ in bezug auf k vorgelegt, so wird eine naturgemäße Definition des Geschlechtsbegriffes aus der Definition 12 meiner Abhandlung gewonnen, wenn man sich des verallgemeinerten Symbols $\left(\frac{\nu,\mu}{\omega}\right)$ bedient, wo ω die in der Relativdiskriminante von $K(\sqrt{\mu})$ aufgehenden Primideale und überdies diejenigen Zeichen $1^{(i)}$ durchläuft, wofür die in $k^{(i)}$ gelegene zu μ konjugierte Zahl $\mu^{(i)}$ negativ ausfällt. Es gelingt dann ohne erhebliche Schwierigkeit die ganze in meiner Abhandlung entwickelte Theorie der relativquadratischen Körper auf den hier in Rede stehenden Fall, daß der Körper k die in § 4 gemachten Annahmen erfüllt, auszudehnen.

Das Reziprozitätsgesetz für quadratische Reste im Körper k erhält mit Benutzung des erweiterten Symbols $\left(\frac{\nu,\mu}{\omega}\right)$ die folgende einfache Fassung:

Satz 7. Wenn ν, μ beliebige ganze Zahlen $\neq 0$ in k sind, so ist stets

$$\prod_{(\omega)} \left(\frac{\nu,\mu}{\omega}\right) = +1,$$

wo das Produkt über sämtliche Primideale $\omega = \mathfrak{w}$ in k und über die s Zeichen $\omega = 1, 1', 1'', \ldots, 1^{(s-1)}$ erstreckt werden soll.

Auch die Sätze 41, 64, 65, 67 in meiner Abhandlung lassen sich mit Hilfe des erweiterten Symbols $\left(\frac{\nu, \mu}{\omega}\right)$ unmittelbar auf den Fall des hier betrachteten Grundkörpers k übertragen.

Wenn die in ursprünglichem Sinne verstandene Klassenzahl h des Körpers k nicht 1, sondern irgendeine ungerade Zahl ist, so bedürfen die Sätze in § 4 bis § 6 nur einer geringen und aus meiner Abhandlung leicht zu entnehmenden Abänderung.

§ 7.

Wenn für den Körper k insbesondere $s - p = 0$ ausfällt, so wird $\bar{h} = 1$ und Satz 6 lehrt dann, daß es keinen unverzweigten Körper in bezug auf k gibt. Wir wollen den nächst einfachen Fall $s - p = 1, \bar{h} = 2$ betrachten und vor allem die am Schluß von § 5 angedeuteten Gesetze der Zerlegung der Primideale in k näher erörtern. Es mögen daher fortan für den Grundkörper k folgende speziellere Annahmen gelten:

1. Unter den m konjugierten Körpern $k, k', k'', \ldots, k^{(m-1)}$ gebe es eine beliebige Anzahl s (>0) reelle Körper; es seien dies die Körper $k, k', k'', \ldots, k^{(s-1)}$.

2. Die Anzahl h der Idealklassen des Körpers k, im ursprünglichen weiteren Sinne verstanden, sei gleich 1; die Anzahl $\bar{h}$ der Idealklassen des Körpers k, im engeren Sinne verstanden, sei gleich 2.

Unter diesen Annahmen ist der in § 5 erwähnte Klassenkörper Kk relativquadratisch und besitzt folgende Eigenschaften:

Satz 8a. Der Klassenkörper Kk hat in bezug auf k die Relativdiskriminante 1; d. h. er ist unverzweigt in bezug auf k.

Satz 8b. Die Klassenanzahl $\bar{H}$ des Klassenkörpers Kk, in engerem Sinne verstanden, ist ungerade.

Satz 8c. Diejenigen Primideale in k, welche in k Hauptideale im engeren Sinne sind, zerfallen in Kk in das Produkt zweier Primideale. Diejenigen Primideale in k, welche in k nicht Hauptideale im engeren Sinne sind, bleiben in Kk Primideale.

Von diesen drei Eigenschaften 8a, 8b, 8c charakterisiert jede für sich allein bei unseren Annahmen über den Körper k in eindeutiger Weise den Klassenkörper Kk.

Zum Beweise der Existenz des Klassenkörpers Kk ist es erforderlich zu zeigen, daß es unter den hier gemachten Annahmen stets eine Einheit ε in k gibt, die kongruent dem Quadrat einer ganzen Zahl nach dem Modul 2^2 ausfällt, ohne daß sie das Quadrat einer Einheit in k wird. Der verlangte Klassenkörper Kk ist dann der Körper $K(\sqrt{\varepsilon})$. Der Beweis für die Existenz einer solchen Einheit ε läßt sich durch eine ähnliche Schlußweise führen, wie sie im § 9 beim Beweise der Sätze 9a, 9b, 9c angewandt werden wird.

§ 8.

Im weiteren Verlaufe dieser Untersuchung wollen wir für einige andere Fälle die Gesetze der Zerlegung der Primideale des Grundkörpers k im Klassenkörper Kk genau erörtern und die Beweise der aufgestellten Behauptungen erbringen. Es mögen in diesem Paragraphen für die Grundkörper k folgende spezielle Annahmen gelten:

1. Unter den m konjugierten Körpern $k, k', k'', \ldots, k^{(m-1)}$ gebe es eine beliebige Anzahl s reeller Körper.

2. Die Anzahl h der Idealklassen des Körpers k, im ursprünglichen weiteren Sinne, stimme mit der im engeren Sinne verstandenen Klassenanzahl $\overline{h}$ überein und sei gleich 2.

Unter diesen Annahmen ist der Klassenkörper Kk relativquadratisch und besitzt folgende Eigenschaften:

Satz 9a. Der Klassenkörper Kk ist unverzweigt in bezug auf k, d. h. er hat die Relativdiskriminante 1 in bezug auf k.

Satz 9b. Die Klassenanzahl H und $\overline{H}$ des Klassenkörpers Kk, im weiteren sowie im engeren Sinne verstanden, sind ungerade $(H = \overline{H})$.

Satz 9c. Diejenigen Primideale in k, welche in k Hauptideale sind, zerfallen in Kk in das Produkt zweier Primideale. Diejenigen Primideale in k, welche in k nicht Hauptideale sind, bleiben in Kk Primideale; sie werden jedoch in Kk Hauptideale.

Von diesen drei Eigenschaften 9a, 9b, 9c charakterisiert jede für sich allein bei unseren Annahmen über den Körper k in eindeutiger Weise den Klassenkörper Kk; wir haben somit die Sätze:

Satz 10a. Es gibt außer Kk keinen anderen relativquadratischen Körper, der in bezug auf k unverzweigt ist.

Satz 10b. Wenn ein zu k relativquadratischer Körper eine ungerade Klassenzahl hat, so stimmt derselbe mit dem Klassenkörper Kk überein.

Satz 10c. Wenn alle Primideale in k, die in k Hauptideale sind, in einem relativquadratischen Körper zerfallen, oder wenn alle Primideale in k, die in k nicht Hauptideale sind, in einem relativquadratischen Körper Primideale bleiben, so folgt jedesmal, daß dieser relativquadratische Körper kein anderer als der Klassenkörper Kk ist.

§ 9.

Um die Existenz des Klassenkörpers Kk und sodann die Sätze 9a, 9b, 9c zu beweisen, machen wir der Kürze halber die Annahme, daß der Grundkörper k und seine sämtlichen konjugierten Körper imaginär sind und nennen dann wie in § 3 eine ganze Zahl in k primär, wenn sie zu 2 prim ist und dem Quadrat einer ganzen Zahl in k nach dem Modul 2^2 kongruent ausfällt.

Wir bestimmen jetzt ein System von Grundeinheiten in k und bezeichnen dieselben mit $\varepsilon_1, \varepsilon_2, \ldots, \varepsilon_{\frac{m}{2}-1}$; ferner sei $\mathfrak{r}$ ein zu 2 primes Primideal des Körpers k, welches nicht der Hauptklasse in k angehört, und es werde $\mathfrak{r}^2 = (\varrho)$ gesetzt, wo ϱ eine gewisse ganze Zahl in k bedeutet. Fügen wir sodann den obigen $\frac{m}{2} - 1$ Einheiten noch folgende Zahlen hinzu

$$\varepsilon_{\frac{m}{2}} = -1, \qquad \varepsilon_{\frac{m}{2}+1} = \varrho,$$

so bilden die $\frac{m}{2} + 1$ Zahlen $\varepsilon_1, \varepsilon_2, \ldots, \varepsilon_{\frac{m}{2}+1}$ ein System von Zahlen dieser Beschaffenheit: jede ganze Zahl ξ in k, welche das Quadrat eines Ideals in k ist, läßt sich in der Gestalt

$$\xi = \varepsilon_1^{x_1} \varepsilon_2^{x_2} \cdots \varepsilon_{\frac{m}{2}+1}^{x_{\frac{m}{2}+1}} \alpha^2$$

darstellen, wo die Exponenten $x_1, x_2, \ldots, x_{\frac{m}{2}+1}$ gewisse Werte 0, 1 haben und α eine ganze oder gebrochene Zahl in k bedeutet.

Endlich bestimmen wir mit Hinblick auf Satz 18 meiner Abhandlung ein System von Primidealen $\mathfrak{q}_1, \mathfrak{q}_2, \ldots, \mathfrak{q}_{\frac{m}{2}+1}$ in k, die zu 2 prim sind, so daß

$$\left(\frac{\varepsilon_i}{\mathfrak{q}_i}\right) = -1, \qquad \left(\frac{\varepsilon_j}{\mathfrak{q}_i}\right) = +1, \qquad (i \neq j) \qquad \left(i, j = 1, 2, \ldots, \frac{m}{2} + 1\right) \tag{1}$$

ausfällt und zu diesen solche Exponenten $w_1, \ldots, w_{\frac{m}{2}+1}$ mit Werten 0, 1, daß die Produkte

$$\mathfrak{q}_1 \mathfrak{r}^{w_1}, \mathfrak{q}_2 \mathfrak{r}^{w_2}, \ldots, \mathfrak{q}_{\frac{m}{2}+1} \mathfrak{r}^{w_{\frac{m}{2}+1}}$$

Hauptideale in k werden; es sei etwa

$$\mathfrak{q}_1 \mathfrak{r}^{w_1} = (\varkappa_1), \ldots, \mathfrak{q}_{\frac{m}{2}+1} \mathfrak{r}^{w_{\frac{m}{2}+1}} = \left(\varkappa_{\frac{m}{2}+1}\right),$$

wo $\varkappa_1, \ldots, \varkappa_{\frac{m}{2}+1}$ gewisse ganze Zahlen in k sind.

Nach diesen Vorbereitungen betrachten wir den Ausdruck

$$\varepsilon_1^{u_1} \cdots \varepsilon_{\frac{m}{2}+1}^{u_{\frac{m}{2}+1}} \varkappa_1^{v_1} \cdots \varkappa_{\frac{m}{2}+1}^{v_{\frac{m}{2}+1}}; \tag{2}$$

derselbe stellt, wenn man rechter Hand für die Exponenten $u_1, \ldots, u_{\frac{m}{2}+1}$ beliebige Werte 0, 1 und für die Exponenten $v_1, \ldots, v_{\frac{m}{2}+1}$ irgendwelche der Kongruenzbedingung

$$v_1 w_1 + v_2 w_2 + \cdots + v_{\frac{m}{2}+1} w_{\frac{m}{2}+1} \equiv 0, \quad (2) \tag{3}$$

genügende Werte 0, 1 nimmt, im Ganzen 2^{m+1} Zahlen dar. Rechnet man jetzt allgemein zwei ganze zu 2 prime Zahlen ω_1, ω_2 in k zu derselben Art, wenn ihr Produkt $\omega_1\omega_2$ eine primäre Zahl ist, so lehrt die Betrachtung am Schlusse von § 21 meiner Abhandlung, daß es im Körper k genau 2^m verschiedene Arten von Zahlen gibt und es müssen also unter den Zahlen von der Gestalt (2) notwendig wenigstens zwei Zahlen vorhanden sein, die derselben Art angehören. Das Produkt zweier solcher Zahlen ist eine primäre Zahl von der Gestalt

$$\omega = \varepsilon_1^{u_1} \cdots \varepsilon_{\frac{m}{2}+1}^{u_{\frac{m}{2}+1}} \varkappa_1^{v_1} \cdots \varkappa_{\frac{m}{2}+1}^{v_{\frac{m}{2}+1}} \alpha^2, \tag{4}$$

wo die Exponenten $u_1, \ldots, u_{\frac{m}{2}+1}$, $v_1, \ldots, v_{\frac{m}{2}+1}$ gewisse Werte 0, 1 haben, aber nicht sämtlich gleich 0 sind und α eine ganze Zahl in k bedeutet.

Wenn in dem Ausdrucke (4) für die Zahl ω die Exponenten $v_1, \ldots, v_{\frac{m}{2}+1}$ sämtlich sich gleich 0 herausstellten, so wäre nach Satz 4 und 5 meiner Abhandlung der Körper $K(\sqrt{\omega})$ ein in bezug auf k unverzweigter relativquadratischer Körper und somit der verlangte Beweis für die Existenz des Klassenkörpers mit der Eigenschaft 9a erbracht.

Wir nehmen nun im Gegenteil an, es habe wenigstens einer der Exponenten $v_1, \ldots, v_{\frac{m}{2}+1}$ den Wert 1, und zwar sei t deren genaue Anzahl; es sei etwa $v_{i_1} = 1, v_{i_2} = 1, \ldots, v_{i_t} = 1$, wo die Indizes $i_1, i_2, \ldots, i_t$ gewisse t Zahlen der Reihe $1, 2, \ldots, \frac{m}{2} + 1$ bedeuten. Bei dieser Annahme müssen die t Primideale $\mathfrak{q}_{i_1}, \mathfrak{q}_{i_2}, \ldots, \mathfrak{q}_{i_t}$ in der Relativdiskriminante des Körpers $K(\sqrt{\omega})$ aufgehen; wegen der Bedingung (3) und da ω primär ist, folgt ferner, daß es außer diesen t Primidealen kein weiteres gibt, welches in der Relativdiskriminante von $K(\sqrt{\omega})$ enthalten wäre. Die genannten t Primideale des Körpers k werden bez. die Quadrate gewisser t ambiger Primideale des Körpers $K(\sqrt{\omega})$, und die Anzahl aller ambigen Ideale des Körpers $K(\sqrt{\omega})$, fällt daher genau gleich 2^t aus. Auch die weiteren Bezeichnungen des Satzes 22 in § 15 meiner Abhandlung benutzen wir: es möge der Körper k genau 2^{v^*} Einheitenverbände besitzen, die aus Relativnormen von Einheiten in $K(\sqrt{\omega})$ entspringen, und es sei 2^{a^*} die Anzahl der ambigen Klassen, in denen ambige Ideale des Körpers $K(\sqrt{\omega})$ enthalten sind.

Was das Verhalten der Ideale des Körpers k im Körper $K(\sqrt{\omega})$ betrifft, so sind hier die folgenden zwei Fälle möglich:

I. Die Ideale des Körpers k, welche in k nicht Hauptideale sind, werden in $K(\sqrt{\omega})$ Hauptideale.

II. Die Ideale des Körpers k, welche in k nicht Hauptideale sind, werden auch in $K(\sqrt{\omega})$ nicht Hauptideale.

Indem wir das Verfahren, welches ich in meiner Abhandlung beim Beweise des Satzes 22 angewendet habe, auf den Körper $K(\sqrt{\omega})$ übertragen, finden wir leicht im Falle I die Gleichung

$$a^* = t + v^* - \frac{m}{2} \tag{5}$$

und im Falle II die Gleichung

$$a^* = t + v^* - \frac{m}{2} - 1. \tag{6}$$

§ 10.

Wir wollen ferner für die Zahl v^* eine obere von t und m abhängige Grenze ableiten. Zu dem Zweck mögen $x_1, \ldots, x_{\frac{m}{2}}$ irgendwelche Exponenten $0, 1$ bedeuten; soll dann die Einheit

$$\varepsilon = \varepsilon_1^{x_1} \cdots \varepsilon_{\frac{m}{2}}^{x_{\frac{m}{2}}}$$

die Relativnorm einer Einheit in $K(\sqrt{\omega})$ sein, so müssen notwendig die t Bedingungen

$$\left(\frac{\varepsilon}{\mathfrak{q}_{i_1}}\right) = +1, \ldots, \left(\frac{\varepsilon}{\mathfrak{q}_{i_t}}\right) = +1 \tag{7}$$

erfüllt sein.

Wir stellen nun der Reihe nach folgende Hilfssätze auf, welche für beide Fälle I, II gelten:

Hilfssatz 1. Jede Einheit ε des Körpers k, die den Bedingungen (7) genügt, ist notwendig die Relativnorm einer Einheit des Relativkörpers $K(\sqrt{\omega})$.

Zum Beweise dieses Hilfssatzes unterscheiden wir, ob unter den Indizes $i_1, \ldots, i_t$ die Zahl $\frac{m}{2}+1$ vorkommt oder nicht. Im ersteren Falle sei $i_t = \frac{m}{2}+1$. Wir schließen dann aus (7) mit Rücksicht auf (1), daß gewiß die Gleichungen

$$x_{i_1} = 0, \ldots, x_{i_{t-1}} = 0$$

bestehen müssen, und hieraus entnehmen wir, daß die Anzahl v^* der voneinander unabhängigen Einheitenverbände, welche aus den Relativnormen von Einheiten in $K(\sqrt{\omega})$ entspringen, höchstens gleich $\frac{m}{2} - t + 1$ ist.

Kommt andererseits unter den Indizes $i_1, \ldots, i_t$ die Zahl $\frac{m}{2}+1$ nicht vor, so schließen wir auf die nämliche Weise

$$x_{i_1}=0,\ \ldots,\ x_{i_t}=0$$

und mithin ist die Anzahl v^* der voneinander unabhängigen Einheitenverbände, welche aus den Relativnormen von Einheiten in $K(\sqrt{\omega})$ entspringen, in diesem Falle höchstens gleich $\frac{m}{2}-t$.

Wir erkennen leicht, daß im Falle I unter den Indizes $i_1, \ldots, i_t$ die Zahl $\frac{m}{2}+1$ nicht vorkommen kann. Wäre nämlich im Gegenteil das Primideal $\mathfrak{q}_{\frac{m}{2}+1}$ in der Relativdiskriminante des Körpers $K(\sqrt{\omega})$ enthalten und bezeichnet P die ganze Zahl in $K(\sqrt{\omega})$, welche das Ideal $\mathfrak{r}$ darstellt, so muß die Relativnorm dieser Zahl P gleich einer Zahl in k von der Gestalt $\varepsilon\varrho$ werden, wo ε eine Einheit in k bezeichnet und $\varrho=\varepsilon_{\frac{m}{2}+1}$ die früher festgesetzte Bedeutung hat. Die hieraus folgende Bedingungsgleichung

$$\left(\frac{\varepsilon\varrho}{\mathfrak{q}_{\frac{m}{2}+1}}\right)=\left(\frac{\varepsilon\,\varepsilon_{\frac{m}{2}+1}}{\mathfrak{q}_{\frac{m}{2}+1}}\right)$$

steht im Widerspruch mit der in (1) getroffenen Festsetzung für das Primideal $\mathfrak{q}_{\frac{m}{2}+1}$.

Die bisherigen Überlegungen führen im Falle I zu der Ungleichung

$$v^* \leqq \frac{m}{2}-t \tag{8}$$

und im Falle II zu der Ungleichung

$$v^* \leqq \frac{m}{2}-t+1. \tag{9}$$

Die Gleichungen (5), (6) und die Ungleichungen (8), (9) zeigen, daß in beiden Fällen I und II die Ungleichung $a^* \leqq 0$ gilt und da gewiß auch $a^* \geqq 0$ sein muß, so folgt notwendig $a^*=0$, d. h. es ist im Falle I

$$v^*=\frac{m}{2}-t. \tag{10}$$

und im Falle II

$$v^*=\frac{m}{2}-t+1. \tag{11}$$

Nunmehr können wir auch einsehen, daß im Falle II das Primideal $\mathfrak{q}_{\frac{m}{2}+1}$ in der Relativdiskriminante des Körpers $K(\sqrt{\omega})$ vorkommen muß. Wäre nämlich im Gegenteil die Zahl $\frac{m}{2}+1$ unter den Indizes $i_1, \ldots, i_t$ nicht enthalten, so müßte, wie die vorhin angestellte Überlegung zeigt, die Ungleichung (8) gelten, was der Gleichung (11) widerspricht.

Wir sehen mit Rücksicht hierauf, daß die Einheiten ε in k, welche den Bedingungen (7) genügen, im Falle I genau $\frac{m}{2}-t$ und im Falle II genau $\frac{m}{2}-t+1$ voneinander unabhängige Einheitenverbände ausmachen. Da diese Zahl wegen (10), (11) in beiden Fällen I, II gleich v^* ausfällt, so liefern jene Einheiten ε im ganzen 2^{v^*} Einheitenverbände; dieselben müssen daher mit denjenigen Einheitenverbänden übereinstimmen, deren Einheiten Relativnormen von Einheiten in $K(\sqrt{\omega})$ sind, d. h. in beiden Fällen I, II ist jede Einheit ε in k, die den Bedingungen (7) genügt, notwendig die Relativnorm einer Einheit in $K(\sqrt{\omega})$ und damit ist Hilfssatz 1 bewiesen.

Hilfssatz 2. Wenn $\mathfrak{J}$ ein Ideal in $K(\sqrt{\omega})$ ist, dessen Quadrat einem Ideal in k äquivalent ausfällt, so ist auch $\mathfrak{J}$ stets einem Ideal in k äquivalent.

Beim Beweise verstehen wir unter S die Relativsubstitution $(\sqrt{\omega}: -\sqrt{\omega})$ und unter N die Relativnorm einer Zahl oder eines Ideals in $K(\sqrt{\omega})$. Da die Relativnorm des Ideals $\mathfrak{J}$

$$N(\mathfrak{J}) = \mathfrak{J}.S\mathfrak{J}$$

jedenfalls ein Ideal in k ist und nach Voraussetzung $\mathfrak{J}^2$ einem Ideal in k äquivalent sein soll, so folgt, daß auch der Idealquotient $\frac{\mathfrak{J}}{S\mathfrak{J}}$ einem Ideal $\mathfrak{j}$ in k äquivalent sein muß.

Im Falle I ist $\mathfrak{j}$ gewiß in $K(\sqrt{\omega})$ ein Hauptideal. Wir beweisen andererseits, daß im Falle II das Ideal $\mathfrak{j}$ im Körper k Hauptideal ist. Wäre nämlich $\mathfrak{j}$ in k nicht Hauptideal, so wäre $\mathfrak{j}\mathfrak{r} \sim 1$, wo $\mathfrak{r}$ die früher festgesetzte Bedeutung hat; setzen wir dann

$$\frac{\mathfrak{J}}{S\mathfrak{J}}\mathfrak{r} = A,$$

wo A eine gebrochene Zahl in $K(\sqrt{\omega})$ ist, so folgt offenbar, indem wir auf beiden Seiten die Relativnorm bilden,

$$\varepsilon\varrho = N(A), \tag{12}$$

wo ε eine Einheit und $\varrho = \varepsilon_{\frac{m}{2}+1}$ die früher bestimmte Zahl in k bezeichnet. Da das Primideal $\mathfrak{q}_{\frac{m}{2}+1}$ im Falle II in der Relativdiskriminante von $K(\sqrt{\omega})$ vorkommt, so erhalten wir wegen (12) die Gleichung

$$\left(\frac{\varepsilon\,\varepsilon_{\frac{m}{2}+1}}{\mathfrak{q}_{\frac{m}{2}+1}}\right) = +1,$$

und diese widerspricht der in (1) getroffenen Festsetzung für das Primideal $\mathfrak{q}_{\frac{m}{2}+1}$.

Wir haben somit erkannt, daß in beiden Fällen I, II der Idealquotient $\frac{\mathfrak{J}}{S\mathfrak{J}}$ in $K(\sqrt{\omega})$ äquivalent 1 ausfällt; wir setzen demgemäß

$$\frac{\mathfrak{J}}{S\mathfrak{J}} = A, \tag{13}$$

wo A eine ganze oder gebrochene Zahl in $K(\sqrt{\omega})$ ist. Bilden wir dann die Relativnorm

$$\varepsilon = N(A), \tag{14}$$

so ist ε eine Einheit in k, die den Bedingungen (7) genügen muß und diese Einheit ε wird daher nach dem oben bewiesenen Hilfssatz 1 gleich der Relativnorm einer Einheit in $K(\sqrt{\omega})$; wir setzen

$$\varepsilon = N(E^{-1}), \tag{15}$$

wo E eine Einheit in $K(\sqrt{\omega})$ ist. Aus (14) und (15) folgt

$$N(AE) = 1. \tag{16}$$

Setzen wir

$$B = 1 + S(AE),$$

(bez. $B = 1$, wenn etwa $AE = -1$ ist), so wird wegen (16)

$$\frac{SB}{B} = EA \quad (\text{bez.} = 1),$$

und hieraus entnehmen wir mit Rücksicht auf (13) die Gleichung für Ideale

$$\frac{S(B\mathfrak{J})}{B\mathfrak{J}} = 1,$$

d. h. $B\mathfrak{J}$ ist das Produkt eines ambigen Ideals des Körpers $K(\sqrt{\omega})$ in ein Ideal des Körpers k. Da nun für beide Fälle I, II früher die Gleichung $a^* = 0$ bewiesen worden ist und folglich alle ambigen Ideale in $K(\sqrt{\omega})$ Hauptideale sind, so folgt, daß auch das Ideal $\mathfrak{J}$ einem Ideal des Körpers k äquivalent sein muß. Hiermit ist der Beweis für den Hilfssatz 2 erbracht.

Hilfssatz 3. Wenn $\mathfrak{J}$ irgendein Ideal in $K(\sqrt{\omega})$ ist, so gibt es stets einen ungeraden Exponenten u, so daß $\mathfrak{J}^u$ einem Ideal in k äquivalent ist.

In der Tat, ist H die Klassenanzahl des Körpers $K(\sqrt{\omega})$ und setzen wir $H = 2^a u$, wo a einen gewissen Exponenten und u eine ungerade Zahl bedeutet, so folgt, daß $\mathfrak{J}^{2^a u} \sim 1$ sein muß und hieraus schließen wir mit Rücksicht auf Hilfssatz 2 der Reihe nach, daß die Ideale $\mathfrak{J}^{2^{a-1}u}, \mathfrak{J}^{2^{a-2}u}, \ldots, \mathfrak{J}^{2u}, \mathfrak{J}^u$ gewissen Idealen in k äquivalent ausfallen.

Hilfssatz 4. Wenn $\mathfrak{p}$ ein Primideal des Körpers k bedeutet, für welches

$$\left(\frac{\omega}{\mathfrak{p}}\right) = +1 \tag{17}$$

ausfällt, so ist $\mathfrak{p}$ stets im Körper k ein Hauptideal.

Zum Beweise bedenken wir, daß wegen der Voraussetzung (17) das Primideal $\mathfrak{p}$ im Körper $K(\sqrt{\omega})$ zerlegbar sein muß; wir setzen

$$\mathfrak{p} = \mathfrak{P} \cdot S\mathfrak{P},$$

wo $\mathfrak{P}$, $S\mathfrak{P}$ zueinander relativkonjugierte Ideale in $K(\sqrt{\omega})$ sind und verstehen dann mit Rücksicht auf Hilfssatz 3 unter u einen solchen ungeraden Potenzexponenten, daß $\mathfrak{P}^u$ einem Ideal $\mathfrak{j}$ in k äquivalent wird. Hieraus folgt offenbar

$$\mathfrak{p}^u \sim \mathfrak{j}^2 \sim 1, \quad \text{d. h.} \quad \mathfrak{p} \sim 1.$$

§ 11.

Der gewünschte Nachweis für die Existenz der Klassenkörper mit den Eigenschaften 9a, 9b, 9c gelingt mittelst der folgenden Schlüsse. Wir wählen an Stelle der in § 9 bestimmten den Bedingungen (1) genügenden Primideale $\mathfrak{q}_1, \ldots, \mathfrak{q}_{\frac{m}{2}+1}$ irgend $\frac{m}{2}+1$ andere zu 2 prime Primideale $\mathfrak{q}'_1, \ldots, \mathfrak{q}'_{\frac{m}{2}+1}$ mit den entsprechenden Eigenschaften

$$\left(\frac{\varepsilon_i}{\mathfrak{q}'_i}\right) = -1, \qquad \left(\frac{\varepsilon_j}{\mathfrak{q}'_i}\right) = +1, \qquad (i \neq j) \qquad \left(i, j = 1, 2, \ldots, \frac{m}{2}+1\right)$$

und wählen wiederum die Exponenten $w'_1, \ldots, w'_{\frac{m}{2}+1}$ in geeigneter Weise so, daß

$$\mathfrak{q}'_1 \mathfrak{r}^{w'_1} = (\varkappa'_1), \ \ldots, \ \mathfrak{q}'_{\frac{m}{2}+1} \mathfrak{r}^{w'_{\frac{m}{2}+1}} = \left(\varkappa'_{\frac{m}{2}+1}\right)$$

und darin $\varkappa'_1, \ldots, \varkappa'_{\frac{m}{2}+1}$ ganze Zahlen in k sind; sodann denken wir uns die sämtlichen Schlußfolgerungen in § 9 bis § 10 für das neue System von Primidealen $\mathfrak{q}'_1, \ldots, \mathfrak{q}'_{\frac{m}{2}+1}$ wiederholt. Auf diese Weise gelangen wir zu einem Ausdruck

$$\omega' = \varepsilon' \varkappa_1'^{v'_1} \cdots \varkappa'^{\,v'_{\frac{m}{2}+1}}_{\frac{m}{2}+1}, \tag{18}$$

in dem ε' eine gewisse Einheit in k und $v'_1, \ldots, v'_{\frac{m}{2}+1}$ gewisse Exponenten 0, 1 bedeuten; falls wir wie vorhin annehmen, daß die Exponenten $v'_1, \ldots, v'_{\frac{m}{2}+1}$ nicht sämtlich gleich 0 ausfallen, folgern wir wiederum für den Körper $K(\sqrt{\omega})$

die Gültigkeit der Hilfssätze 1 bis 4, und entsprechend dem Hilfssatz 4 ist mithin jedes Primideal $\mathfrak{p}$ des Körpers k, für welches

$$\left(\frac{\omega'}{\mathfrak{p}}\right) = +1$$

ausfällt, stets notwendig ein Hauptideal des Körpers k.

Wir bezeichnen nun kurz mit $\mathfrak{w}_\omega$ alle diejenigen Primideale in k, für welche

$$\left(\frac{\omega}{\mathfrak{w}_\omega}\right) = +1$$

ist, und mit $\mathfrak{w}_{\omega\omega'}$ diejenigen Primideale in k für welche zugleich

$$\left(\frac{\omega}{\mathfrak{w}_{\omega\omega'}}\right) = -1 \quad \text{und} \quad \left(\frac{\omega'}{\mathfrak{w}_{\omega\omega'}}\right) = +1$$

ausfällt, ferner mit $\mathfrak{w}^{(+)}$ diejenigen Primideale des Körpers k, welche Hauptideale in k sind, dagegen mit $\mathfrak{w}^{(-)}$ diejenigen Primideale des Körpers k, welche nicht Hauptideale in k sind.

Da die Zahlen ω, ω' sicher nicht Quadrate von ganzen Zahlen in k sind und bei unseren Annahmen wegen der Verschiedenheit der Primideale $\mathfrak{q}_1, \ldots, \mathfrak{q}_{\frac{m}{2}+1}, \mathfrak{q}_1', \ldots, \mathfrak{q}'_{\frac{m}{2}+1}$ das Nämliche auch für das Produkt $\omega\omega'$ gilt, so folgen aus Satz 17 meiner Abhandlung die Gleichungen

$$\left.\begin{aligned} \sum_{(\mathfrak{w}_\omega)} \frac{1}{n(\mathfrak{w}_\omega)^s} &= \frac{1}{2}\log\frac{1}{s-1} + f_\omega(s), \qquad (s>1) \\ \sum_{(\mathfrak{w}_{\omega\omega'})} \frac{1}{n(\mathfrak{w}_{\omega\omega'})^s} &= \frac{1}{4}\log\frac{1}{s-1} + f_{\omega\omega'}(s); \quad (s>1) \end{aligned}\right\} \tag{19}$$

hier sind die unendlichen Summen über alle Primideale $\mathfrak{w}_\omega$ bez. $\mathfrak{w}_{\omega\omega'}$ zu erstrecken und $f_\omega(s)$, $f_{\omega\omega'}(s)$ bedeuten Funktionen der reellen Veränderlichen s, welche stets zwischen endlichen Grenzen bleiben, wenn s sich dem Werte 1 nähert; n bezeichnet stets die Norm im Körper k.

Die Primideale $\mathfrak{w}_\omega$ sind offenbar sämtlich von den Primidealen $\mathfrak{w}_{\omega\omega'}$ verschieden und da nach dem vorhin Bewiesenen die Primideale $\mathfrak{w}_\omega$, $\mathfrak{w}_{\omega\omega'}$ sämtlich unter den Primidealen $\mathfrak{w}^{(+)}$ vorkommen, so haben wir

$$\sum_{(\mathfrak{w}^{(+)})} \frac{1}{n(\mathfrak{w}^{(+)})^s} \geqq \sum_{(\mathfrak{w}_\omega)} \frac{1}{n(\mathfrak{w}_\omega)^s} + \sum_{(\mathfrak{w}_{\omega\omega'})} \frac{1}{n(\mathfrak{w}_{\omega\omega'})^s} \qquad (s>1)$$

und folglich wegen (19)

$$\sum_{(\mathfrak{w}^{(+)})} \frac{1}{n(\mathfrak{w}^{(+)})^s} \geqq \frac{3}{4}\log\frac{1}{s-1} + f_\omega(s) + f_{\omega\omega'}(s); \tag{20}$$

hier sind die unendlichen Summen wiederum über alle Primideale mit den betreffenden Eigenschaften zu erstrecken.

Die Primideale $\mathfrak{w}^{(+)}$, $\mathfrak{w}^{(-)}$ erschöpfen offenbar die sämtlichen Primideale $\mathfrak{w}$ in k, und es ist daher

$$\sum_{(\mathfrak{w}^{(+)})} \frac{1}{n(\mathfrak{w}^{(+)})^s} + \sum_{(\mathfrak{w}^{(-)})} \frac{1}{n(\mathfrak{w}^{(-)})^s} = \sum_{(\mathfrak{w})} \frac{1}{n(\mathfrak{w})^s} = \log \frac{1}{s-1} + f(s), \tag{21}$$

wo die Summe $\sum\limits_{(\mathfrak{w})}$ über sämtliche Primideale $\mathfrak{w}$ in k erstreckt werden soll und $f(s)$ wiederum eine für Werte $s > 1$, die sich dem Werte 1 nähern, zwischen endlichen Grenzen bleibende Größe bezeichnet. Aus (20) und (21) zusammen folgt die Ungleichung

$$\sum_{(\mathfrak{w}^{(+)})} \frac{1}{n(\mathfrak{w}^{(+)})^s} - \sum_{(\mathfrak{w}^{(-)})} \frac{1}{n(\mathfrak{w}^{(-)})^s} \geqq \frac{1}{2} \log \frac{1}{s-1} + 2 f_\omega(s) + 2 f_{\omega\omega'}(s) - f(s). \tag{22}$$

Nunmehr stellen wir folgenden Hilfssatz über die Ideale des Körpers k auf:

Hilfssatz 5. Wenn in dem Ausdrucke

$$\sum_{(\mathfrak{w}^{(+)})} \frac{1}{n(\mathfrak{w}^{(+)})^s} - \sum_{(\mathfrak{w}^{(-)})} \frac{1}{n(\mathfrak{w}^{(-)})^s} \qquad (s > 1)$$

die erste Summe über alle Primidaele $\mathfrak{w}^{(+)}$ und die zweite Summe über alle Primideale $\mathfrak{w}^{(-)}$ erstreckt wird, so stellt dieselbe eine solche Funktion der reellen Veränderlichen s dar, welche stets unterhalb einer *positiven* endlichen Grenze bleibt, wenn die reelle Veränderliche s sich der Grenze 1 nähert.

Der Beweis dieses Satzes wird durch die nämliche Schlußweise geführt, wie sie beim Beweise des Satzes 31 in meiner Abhandlung angewandt worden ist.

Wir erkennen, daß die Ungleichung (22) unmittelbar einen Widerspruch gegen den Hilfssatz 5 enthält, und mithin ist unsere ursprüngliche Annahme zu verwerfen, d. h. es müssen in der Gleichung (4) die Exponenten $v_1, \ldots, v_{\frac{m}{2}+1}$ oder das zweitemal in der entsprechenden Gleichung (18) die Exponenten $v'_1, \ldots, v'_{\frac{m}{2}+1}$ sämtlich 0 sein; in der Zahl ω bez. ω' haben wir also eine Zahl des Körpers k, welche als Ideal das Quadrat eines Ideals in k darstellt, die überdies kongruent dem Quadrat einer Zahl in k nach dem Modul 2^2 wird und doch nicht das Quadrat einer Zahl in k ist.

Der Körper $K(\sqrt{\omega})$ bez. $K(\sqrt{\omega'})$ ist der gesuchte Klassenkörper Kk zum Grundkörper k, da er die in Satz 9a ausgesprochene Eigenschaft besitzt. Damit ist die schwierigste Aufgabe in der hier erörterten Theorie gelöst.

§ 12.

Der Beweis für den Satz 9b sowie für die zweite Aussage des Satzes 9c ist aus den bisherigen Entwicklungen leicht zu entnehmen. Nicht so einfach gelingt der Nachweis für die erste Aussage des Satzes 9c, wonach jedes Primideal des Körpers k, das in k der Hauptklasse angehört, im Klassenkörper Kk, der jetzt $K(\sqrt{\omega})$ ist, weiter zerlegbar sein muß. Wir führen diesen Nachweis in folgender Weise:

Nach dem in § 11 Bewiesenen ist die Zahl ω von der Gestalt (4):

$$\omega = \varepsilon_1^{u_1}\,\varepsilon_2^{u_2}\cdots\varepsilon_{\frac{m}{2}+1}^{u_{\frac{m}{2}+1}},$$

wo die Exponenten $u_1, \ldots, u_{\frac{m}{2}+1}$ gewisse Werte 0, 1 haben, aber nicht sämtlich gleich 0 sind: es sei etwa $u_i = 1$; dann bezeichnen wir die Zahlen $\varepsilon_1, \varepsilon_2, \ldots, \varepsilon_{i-1}, \varepsilon_{i+1}, \ldots, \varepsilon_{\frac{m}{2}}, \varepsilon_{\frac{m}{2}+1}$ bez. mit $\varepsilon_1^*, \ldots, \varepsilon_{\frac{m}{2}}^*$ und bestimmen $\frac{m}{2}$ von $\mathfrak{r}$ verschiedene Primideale $\mathfrak{p}_1, \ldots, \mathfrak{p}_{\frac{m}{2}}$ in k derart, daß

$$\left(\frac{\varepsilon_h^*}{\mathfrak{p}_h}\right) = -1, \qquad \left(\frac{\varepsilon_h^*}{\mathfrak{p}_k}\right) = +1, \qquad (h \neq k)$$

$$\left(h, k = 1, 2, \ldots, \frac{m}{2}\right)$$

$$\left(\frac{\omega}{\mathfrak{p}_h}\right) = +1, \qquad \left(h = 1, 2, \ldots, \frac{m}{2}\right) \tag{23}$$

wird. Wegen (23) sind nach der zweiten Aussage des Satzes 9c diese Primideale $\mathfrak{p}_1, \ldots, \mathfrak{p}_{\frac{m}{2}}$ sämtlich Hauptideale in k; wir setzen

$$\mathfrak{p}_1 = (\pi_1), \ \ldots, \ \mathfrak{p}_{\frac{m}{2}} = \left(\pi_{\frac{m}{2}}\right),$$

wo $\pi_1, \ldots, \pi_{\frac{m}{2}}$ ganze Zahlen in k bedeuten. Nunmehr wollen wir zeigen, daß ein Ausdruck von der Gestalt

$$\omega^* = \varepsilon_1^{*\,u_1^*}\cdots\varepsilon_{\frac{m}{2}}^{*\,u_{\frac{m}{2}}^*}\,\pi_1^{v_1}\cdots\pi_{\frac{m}{2}}^{v_{\frac{m}{2}}}, \tag{24}$$

$$\left(u_1^*, \ldots, u_{\frac{m}{2}}^*, v_1, \ldots, v_{\frac{m}{2}} = 0, 1\right)$$

nur dann eine primäre Zahl in k darstellen kann, wenn die Exponenten $u_1^*, \ldots, u_{\frac{m}{2}}^*, v_1, \ldots, v_{\frac{m}{2}}$ sämtlich den Wert 0 haben. In der Tat, wäre ω^* primär und wenigstens einer dieser Exponenten gleich 1, so beweisen wir wie oben durch Hilfssatz 4, daß alle Primideale in k, welche in $K(\sqrt{\omega^*})$ zerlegbar werden, in k Hauptideale sind, d. h. es müßten dann alle Primideale $\mathfrak{w}$, nach welchen ω^* quadratischer Rest ist, Hauptideale in k sein. Die Tatsache, daß zugleich auch alle Primideale $\mathfrak{w}$, nach denen ω quadratischer Rest ist, Hauptideale in k sind, führt uns wie früher in § 11 auf einen Widerspruch.

Aus der soeben erkannten Tatsache, daß der Ausdruck (24) außer der Zahl 1 niemals eine primäre Zahl darstellen kann, ziehen wir leicht durch ein ähnliches Schlußverfahren, wie wir es früher angewandt haben, diese Folgerung: wenn $\varkappa$ eine beliebige zu 2 prime ganze Zahl in k ist, so läßt sich stets ein System von Exponenten $u_1^*, \ldots, u_{\frac{m}{2}}^*, v_1, \ldots, v_{\frac{m}{2}}$ finden, derart, daß der Ausdruck

$$\varkappa\, \varepsilon_1^{*u_1^*} \cdots \varepsilon_{\frac{m}{2}}^{*u_{\frac{m}{2}}^*} \pi_1^{v_1} \cdots \pi_{\frac{m}{2}}^{v_{\frac{m}{2}}} \tag{25}$$

eine primäre Zahl in k darstellt.

Es sei nun $\mathfrak{q}$ irgendein Primideal der Hauptklasse in k; wir setzen $\mathfrak{q} = (\varkappa)$, wo $\varkappa$ eine ganze Zahl in k bedeutet und nehmen entgegen der zu beweisenden Behauptung an, es sei $\mathfrak{q}$ in $K(\sqrt{\omega})$ unzerlegbar. Wir bilden für die Zahl $\varkappa$ den Ausdruck (25) und bezeichnen denselben mit α. Endlich bestimmen wir in k ein von $\mathfrak{r}$ verschiedenes Primideal $\tilde{\mathfrak{r}}$, welches in k nicht Hauptideal ist, und eine Zahl σ in k, so daß $\sigma = \mathfrak{r}\tilde{\mathfrak{r}}$ wird; wir setzen $\bar{\omega} = \frac{\omega\sigma^2}{\varrho^2}$ oder $\bar{\omega} = \omega$, je nachdem ω den Faktor $\mathfrak{r}^2$ enthält oder nicht.

Da nach Satz 9b der Körper $K(\sqrt{\omega})$ eine ungerade Klassenanzahl besitzt, so gilt mit Rücksicht darauf, daß α primär ist, nach dem in meiner Abhandlung für diesen Fall bewiesenen quadratischen Reziprozitätsgesetz die Formel

$$\left\{\frac{\alpha}{\sqrt{\bar{\omega}}}\right\} = \left\{\frac{\sqrt{\bar{\omega}}}{\alpha}\right\}; \tag{26}$$

hierbei habe die geschwungene Klammer für den Körper $K(\sqrt{\omega})$ die entsprechende Bedeutung des quadratischen Restcharakters, wie die gewöhnliche Klammer für den Körper k. Das Hauptideal $\sqrt{\bar{\omega}}$ im Körper $K(\sqrt{\omega})$ ist entweder gleich 1 oder gleich dem Primideal $\tilde{\mathfrak{r}}$. Fällt nun $\left(\frac{\alpha}{\tilde{\mathfrak{r}}}\right) = +1$ aus, so ist gewiß auch $\left\{\frac{\alpha}{\tilde{\mathfrak{r}}}\right\} = +1$. Ist $\left(\frac{\alpha}{\tilde{\mathfrak{r}}}\right) = -1$, so wird wegen $\left(\frac{\omega}{\tilde{\mathfrak{r}}}\right) = -1$ notwendig $\left(\frac{\alpha\omega}{\tilde{\mathfrak{r}}}\right) = +1$ und um so mehr $\left\{\frac{\alpha\omega}{\tilde{\mathfrak{r}}}\right\} = +1$. Andererseits ist wegen $\omega = (\sqrt{\omega})^2$ notwendig $\left\{\frac{\omega}{\tilde{\mathfrak{r}}}\right\} = +1$ und folglich auch $\left\{\frac{\alpha}{\tilde{\mathfrak{r}}}\right\} = +1$. Wir haben also in jedem Falle gewiß $\left\{\frac{\alpha}{\sqrt{\bar{\omega}}}\right\} = +1$ und wegen (26) folgt hieraus

$$\left\{\frac{\sqrt{\bar{\omega}}}{\alpha}\right\} = +1. \tag{27}$$

Wenn A irgendeine ganze zu $\mathfrak{q}$ prime Zahl in $K(\sqrt{\omega})$ bedeutet, so gelten nach dem Primideal $\mathfrak{q}$ des Körpers k, das auch in $K(\sqrt{\omega})$ Primideal bleiben sollte, folgende Kongruenzen

$$\left\{\frac{A}{\mathfrak{q}}\right\} \equiv A^{\frac{n(\mathfrak{q})^2-1}{2}}, \quad (\mathfrak{q})$$

$$\left(\frac{NA}{\mathfrak{q}}\right) \equiv (NA)^{\frac{n(\mathfrak{q})-1}{2}}, \quad (\mathfrak{q})$$

und da

$$SA \equiv A^{n(\mathfrak{q})}, \quad NA \equiv A^{n(\mathfrak{q})+1}, \quad (\mathfrak{q})$$

ausfällt, so wird mithin

$$\left\{\frac{A}{\mathfrak{q}}\right\} = \left(\frac{NA}{\mathfrak{q}}\right).$$

Nehmen wir insbesondere $A = \sqrt{\overline{\omega}}$, so erhalten wir

$$\left\{\frac{\sqrt{\overline{\omega}}}{\varkappa}\right\} = \left(\frac{-\overline{\omega}}{\varkappa}\right). \tag{28}$$

Andererseits ist wegen (23) allgemein das Primideal $\mathfrak{p}_h$ in $K(\sqrt{\overline{\omega}})$ zerlegbar; wir setzen

$$\mathfrak{p}_h = \mathfrak{P}_h \cdot S\mathfrak{P}_h, \qquad \left(h = 1, 2, \ldots, \frac{m}{2}\right)$$

wo $\mathfrak{P}_h$ ein Primideal in $K(\sqrt{\omega})$ bedeutet. Da

$$\left\{\frac{\sqrt{\overline{\omega}}}{\mathfrak{p}_h}\right\} = \left\{\frac{\sqrt{\overline{\omega}}}{\mathfrak{P}_h}\right\}\left\{\frac{\sqrt{\overline{\omega}}}{S\mathfrak{P}_h}\right\}, \quad \left\{\frac{\sqrt{\overline{\omega}}}{\mathfrak{P}_h}\right\} = \left\{\frac{-\sqrt{\overline{\omega}}}{S\mathfrak{P}_h}\right\}$$

wird, so haben wir

$$\left\{\frac{\sqrt{\overline{\omega}}}{\mathfrak{p}_h}\right\} = \left\{\frac{-1}{\mathfrak{P}_h}\right\} = \left(\frac{-1}{\mathfrak{p}_h}\right). \tag{29}$$

Wegen (27), (28), (29) ist mit Rücksicht auf die Bedeutung von α

$$\left(\frac{-\overline{\omega}}{\varkappa}\right)\left(\frac{-1}{\pi_1}\right)^{v_1} \cdots \left(\frac{-1}{\pi_{\frac{m}{2}}}\right)^{v_{\frac{m}{2}}} = +1$$

und folglich

$$\left(\frac{-1}{\alpha}\right)\left(\frac{\overline{\omega}}{\varkappa}\right) = +1. \tag{30}$$

Da die Zahl α primär ist, d. h. dem Quadrat einer ganzen Zahl in k kongruent nach 2^2 ausfällt, so folgt leicht, daß $n(\alpha) \equiv 1$ nach 2^2 und mithin

$$\left(\frac{-1}{\alpha}\right) = (-1)^{\frac{n(\alpha)-1}{2}} = +1$$

sein muß; wir erhalten mithin aus (30) die Gleichung

$$\left(\frac{\overline{\omega}}{\varkappa}\right) = +1 \quad \text{und somit auch} \quad \left(\frac{\omega}{\varkappa}\right) = +1,$$

welche der Annahme widerspricht, wonach $\mathfrak{q}$ in k unzerlegbar sein sollte;

diese Annahme ist somit als unzutreffend erkannt, d. h. jedes Primideal des Körpers k, welches der Hauptklasse in k angehört, zerfällt in $K(\sqrt{\omega})$ in das Produkt zweier Primideale, wie Satz 9c in seinem ersten Teile aussagt.

§ 13.

Wir erörtern jetzt die Reziprozitätsgesetze für quadratische Reste im Körper k unter den besonderen Annahmen $h = \overline{h} = 2$, wie sie in § 8 über den Körper k gemacht worden sind. Der erste Ergänzungssatz läßt sich wieder genau wie früher in der Form des Satzes 1 aussprechen, sobald wir dem Begriff „primäres Ideal" die folgende engere Fassung geben: wir nennen in dem zugrunde gelegten Körper k ein zu 2 primes Ideal $\mathfrak{a}$ dann *primär*, wenn für dasselbe

$$\left(\frac{\xi}{\mathfrak{a}}\right) = +1$$

ausfällt — nicht nur für alle Einheiten ξ, sondern auch für diejenigen ganzen Zahlen ξ in k, die Quadrate von Idealen sind, d. h. wenn

$$\left(\frac{\varepsilon_1}{\mathfrak{a}}\right) = +1, \qquad \left(\frac{\varepsilon_2}{\mathfrak{a}}\right) = +1, \ldots, \left(\frac{\varepsilon_{\frac{m}{2}+1}}{\mathfrak{a}}\right) = +1$$

wird. Indem wir in entsprechender Weise den Begriff eines hyperprimären Ideals in dem zugrunde liegenden Körper k enger fassen, gilt auch der zweite Ergänzungssatz in der früher aufgestellten Form des Satzes 2 und ebenso auch das allgemeine Reziprozitätsgesetz in der Fassung des Satzes 3.

Um den Beweis für diese Reziprozitätsgesetze zu führen, bedenken wir, daß der Klassenkörper $K(\sqrt{\omega})$ eine ungerade Klassenanzahl hat. Für einen solchen Körper habe ich das Reziprozitätsgesetz in meiner Abhandlung bereits bewiesen. Aus diesem Reziprozitätsgesetz für den Körper $K(\sqrt{\omega})$ gewinnen wir sodann ohne Schwierigkeit durch ein geeignetes Schlußverfahren die eben genannten Reziprozitätsgesetze für den Körper k.

In meiner Abhandlung habe ich unter den in § 3 der vorliegenden Arbeit gemachten Annahmen gezeigt, wie die Idealklassen eines beliebigen in bezug auf k relativquadratischen Körpers in Geschlechter einzuteilen sind. Unter der gegenwärtigen Annahme $h = \overline{h} = 2$, die wir im § 8 für den Körper k gemacht haben, teilen wir die Idealklassen eines beliebigen relativquadratischen Körpers $K(\sqrt{\mu})$ in bezug auf k auf folgende Weise in Geschlechter ein. Es sei $\mathfrak{J}$ ein beliebiges Ideal des relativquadratischen Körpers $K(\sqrt{\mu})$. Wir definieren zunächst wie in dem Falle, den meine Abhandlung betrifft, das Charakterensystem einer Zahl des Körpers k. Sodann verstehen wir unter $\mathfrak{r}$ ein bestimmtes zu 2 primes Ideal, welches nicht der Hauptklasse in k angehört, und wählen dann den Exponenten $u = 0, 1$ derart, daß im Körper k das Produkt der Relativnorm von $\mathfrak{J}$ dem Ideal $\mathfrak{r}^u$ äquivalent wird: es sei etwa

$$N(\mathfrak{J})\,\mathfrak{r}^u = (\iota),$$

wo ι eine geeignete ganze Zahl in k bedeutet. Endlich bilden wir das Charaktersystem für die Zahl ι und fügen diesem noch die Einheit $(-1)^u$ hinzu. Das so erhaltene System von Einheiten ± 1 heiße das Charaktersystem des Ideals $\mathfrak{J}$. Alle Ideale, die dasselbe Charaktersystem besitzen, bilden ein Geschlecht. *Es gilt wiederum der Fundamentalsatz, daß stets genau die Hälfte aller möglichen Charakterensysteme wirklich durch Geschlechter in* $K(\sqrt{\mu})$ *vertreten sind.*

Wenn für einen Körper k der Wert der Klassenanzahl h im ursprünglichen Sinne und der Klassenanzahl $\bar{h}$ im engeren Sinne zusammenfallen und nicht gleich 2, sondern das Doppelte irgendeiner ungeraden Zahl sind, so bedürfen die in § 8 bis § 13 ausgesprochenen Sätze nur einer geringen und aus meiner Abhandlung leicht zu entnehmenden Abänderung.

§ 14.

Es möge endlich kurz die Annahme behandelt werden, daß der Grundkörper k die Klassenanzahl $h = \bar{h} = 4$ besitzt; wir haben dann zwei Fälle zu unterscheiden:

A. Es gibt eine Klasse C in k derart, daß $C, C^2, C^3, C^4 = 1$ die 4 Klassen des Körpers k darstellen.

B. Es gibt zwei Klassen C_1, C_2 in k derart, daß C_1, C_2, $C_1C_2 = C_3$, $C_1^2 = C_2^2 = 1$ die 4 Klassen des Körpers k darstellen.

Im Falle A. ist der Klassenkörper Kk des Körpers k relativzyklisch vom Relativgrade 4 in bezug auf k und weist folgende fundamentale Eigenschaften auf:

Satz 11a. Der Klassenkörper Kk hat in bezug auf k die Relativdiskriminante 1.

Satz 11b. Die Klassenzahl H, $\bar{H}$ des Klassenkörpers Kk im ursprünglichen bez. im engeren Sinne ist eine ungerade Zahl. Der Klassenkörper Kk besitzt einen und nur einen relativquadratischen Unterkörper UKk. Die Klassenanzahl von UKk ist das Doppelte einer ungeraden Zahl.

Satz 11c. Diejenigen Primideale in k, welche in k Hauptideale sind, d. h. der Klasse 1 angehören, zerfallen in Kk in das Produkt von 4 Primidealen. Diejenigen Primideale in k, welche der Klasse C^2 angehören, zerfallen in UKk in das Produkt zweier solcher Primideale, die im Körper Kk unzerlegbar bleiben. Diejenigen Primideale in k, welche der Klasse C oder C^3 angehören, bleiben in Kk unzerlegbar; sämtliche Ideale in k werden in Kk Hauptideale.

Von diesen 3 Eigenschaften 11a, 11b, 11c charakterisiert jede für sich allein bei unserer Annahme über den Körper k in eindeutiger Weise den Klassenkörper Kk; wir haben somit insbesondere folgende Sätze:

Satz 12a. Wenn ein relativquadratischer Körper die Relativdiskriminante 1 in bezug auf k besitzt, so stimmt derselbe mit UKk überein. Wenn ein relativ-Abelscher Körper vom Relativgrade 4 in bezug auf k die Relativdiskriminante 1 besitzt, so stimmt er mit Kk überein.

Satz 12b. Wenn ein relativquadratischer Körper in bezug auf k eine Klassenanzahl besitzt, die das Doppelte einer ungeraden Zahl ist, so stimmt dieser Körper mit UKk überein.

Satz 12c. Wenn ein relativ-Abelscher Körper vom Relativgrade 4 in bezug auf k eine ungerade Klassenanzahl besitzt, so stimmt er mit Kk überein.

Im Falle B. ist der Klassenkörper Kk des Körpers k relativ-Abelsch vom Relativgrade 4 und weist folgende fundamentale Eigenschaften auf:

Satz 13a. Der Klassenkörper Kk hat in bezug auf k die Relativdiskriminante 1.

Satz 13b[1]. Die Klassenanzahl des Körpers Kk ist ungerade. Der Klassenkörper Kk besitzt drei relativquadratische Unterkörper UKk_1, UKk_2, UKk_3 in bezug auf k. Die Klassenanzahl eines jeden dieser drei Unterkörper ist gleich dem Doppelten einer ungeraden Zahl.

Satz 13c[1]. Diejenigen Primideale in k, welche in k Hauptideale sind, d. h. der Klasse 1 angehören, zerfallen in Kk in das Produkt von vier Primidealen. Diejenigen Primideale in k, welche der Klasse C_1 angehören, zerfallen in einem jener drei Unterkörper, etwa in UKk_1, in das Produkt von zwei Primidealen und sind in jedem der beiden anderen Unterkörper, also in UKk_2, UKk_3 unzerlegbar. Diejenigen Primideale in k, welche der Klasse C_2 bez. C_3 angehören, zerfallen etwa in UKk_2 bez. UKk_3 in das Produkt von zwei Primidealen und sind in UKk_1, UKk_3 bez. in UKk_1, UKk_2 unzerlegbar. *Sämtliche Ideale des Körpers k werden in jedem der drei relativquadratischen Körper UKk_1, UKk_2, UKk_3 Hauptideale.*

Von diesen Eigenschaften charakterisiert[1] wiederum jede für sich vollständig den Klassenkörper Kk und die drei Unterkörper UKk_1, UKk_2, UKk_3.

Die eben aufgestellten Sätze 11a, 11b, 11c, 12a, 12b, 12c, 13a, 13b, 13c bestätigen, wie wir leicht erkennen, unter der gegenwärtigen Annahme $h = \bar{h} = 4$ sowohl im Falle A. wie im Falle B. die Gültigkeit der weiter unten in § 16 aufgestellten allgemeinen Sätze 14 und 15.

Zum Beweise der Sätze 11, 12, 13 ist vor allem nötig, zu zeigen, daß für den Grundkörper k bei der gemachten Annahme stets wenigstens ein relativquadratischer Körper mit der Relativdiskriminante 1 existiert. Sodann hat man in bezug auf diesen noch einen weiteren relativquadratischen Körper mit der

[1] Die beiden Vermutungen von Satz 13b und der letzte Satz von 13c wurden durch die weitere Entwicklung der Theorie nicht allgemein bestätigt. Der letzte Satz von 13c gilt immer dann, wenn 13b eintrifft. [Anm. d. Herausgeber.]

Relativdiskriminante 1 zu konstruieren, was auf Grund des schon bewiesenen Satzes 9a stets möglich ist.

Wenn für einen Körper k der gemeinsame Wert der Klassenanzahl h im ursprünglichen Sinne und der Klassenanzahl $\overline{h}$ im engeren Sinne nicht gleich 4, sondern das Vierfache irgendeiner ungeraden Zahl ist, so bedürfen die hier ausgesprochenen Sätze nur einer geringen und aus meiner Abhandlung leicht zu entnehmenden Abänderung.

§ 15.

Die im vorstehenden bewiesenen und im folgenden Paragraph (§ 16) allgemein ausgesprochenen Sätze zeigen, daß für die vollständige Untersuchung der arithmetischen Eigenschaften eines beliebig vorgelegten Grundkörpers k vor allem die Kenntnis des zu k gehörigen Klassenkörpers Kk erforderlich ist. Unsere Entwicklungen setzen uns nun in den Stand, in jedem besonderen Falle auf arithmetischem Wege den Klassenkörper Kk wirklich zu finden. Im folgenden wollen wir auf eine transzendente Bestimmungsweise des Klassenkörpers hinweisen, die der bekannten von Dirichlet ersonnenen Methode der transzendenten Bestimmung der Klassenanzahl entspricht.

Wir machen für den Grundkörper k die besondere Annahme $h = \overline{h} = 2$ und bezeichnen mit $\varkappa$ die in meinem Berichte *Über die Theorie der algebraischen Zahlkörper*[1] im § 25 definierte, dem Körper k eigentümliche Zahl; ferner mögen H die Klassenanzahl des Klassenkörpers Kk und K die entsprechend definierte Zahl für den Klassenkörper Kk bezeichnen: dann gilt die folgende Formel

$$\underset{s=1}{\mathrm{L}}\left\{\sum_{(\mathfrak{j}^{(+)})}\frac{1}{n(\mathfrak{j}^{(+)})^s}-\sum_{(\mathfrak{j}^{(-)})}\frac{1}{n(\mathfrak{j}^{(-)})^s}\right\}=\frac{H\mathsf{K}}{h\varkappa},\qquad (s>1) \tag{31}$$

worin die Summe $\sum\limits_{(\mathfrak{j}^{(+)})}$ über alle Hauptideale $\mathfrak{j}^{(+)}$ in k und die Summe $\sum\limits_{(\mathfrak{j}^{(-)})}$ über alle diejenigen Ideale $\mathfrak{j}^{(-)}$ erstreckt werden soll, die nicht Hauptideale in k sind. Der Ausdruck K enthält in gewisser Weise die Logarithmen der Einheiten des Klassenkörpers Kk, so daß durch denselben die erwünschte Bestimmung des Klassenkörpers ermöglicht ist.

Zum Beweise der Formel (31) betrachten wir das Produkt

$$\zeta(s)=\prod_{(\mathfrak{w})}\frac{1}{1-n(\mathfrak{w})^{-s}}, \tag{32}$$

in welchem $\mathfrak{w}$ alle Primideale des Körpers k durchläuft; dasselbe konvergiert für reelle Werte von $s > 1$ und es ist

$$\underset{s=1}{\mathrm{L}}\{(s-1)\,\zeta(s)\}=h\varkappa. \tag{33}$$

[1] Vgl. Jber. der Deutschen Mathematiker-Vereinigung 4, 229 (1894—95). Dieser Band S. 115.

Das entsprechende Produkt für den Körper Kk lautet

$$Z(s) = \prod_{(\mathfrak{W})} \frac{1}{1 - nN(\mathfrak{W})^{-s}}, \qquad (s > 1)$$

wo rechter Hand $\mathfrak{W}$ alle Primideale von Kk durchläuft und nN die Norm der Relativnorm von $\mathfrak{W}$ in k, d. h. die Norm in Kk bedeutet. Es ist dann

$$\underset{s=1}{\mathrm{L}} \{(s-1) Z(s)\} = H\mathsf{K}. \qquad (34)$$

Wir unterscheiden nun unter den Primidealen $\mathfrak{W}$ diejenigen, die durch Zerlegung irgendeines Primideals in k entstehen, und diejenigen, die Primideale in k sind. Wegen Satz 9c fällt für die ersteren $N(\mathfrak{W})$ gleich einem Primideal $\mathfrak{w}^{(+)}$ der Hauptklasse in k aus; für die letzteren dagegen ist $N(\mathfrak{W})$ gleich dem Quadrat eines Primideals $\mathfrak{w}^{(-)}$ in k, welches nicht der Hauptklasse in k angehört. Mit Rücksicht hierauf wird

$$Z(s) = \prod_{(\mathfrak{w}^{(+)})} \frac{1}{(1 - n(\mathfrak{w}^{(+)})^{-s})^2} \prod_{(\mathfrak{w}^{(-)})} \frac{1}{1 - n(\mathfrak{w}^{(-)})^{-2s}}$$

und hieraus folgt wegen (32)

$$\frac{Z(s)}{\zeta(s)} = \prod_{(\mathfrak{w}^{(+)})} \frac{1}{1 - n(\mathfrak{w}^{(+)})^{-s}} \prod_{(\mathfrak{w}^{(-)})} \frac{1}{1 + n(\mathfrak{w}^{(-)})^{-s}} = \sum_{(\mathfrak{j}^{(+)})} \frac{1}{n(\mathfrak{j}^{(+)})^s} - \sum_{(\mathfrak{j}^{(-)})} \frac{1}{n(\mathfrak{j}^{(-)})^s};$$

diese Gleichung liefert, wenn wir zur Grenze $s = 1$ übergehen, mit Rücksicht auf (33), (34) den verlangten Beweis der Formel (31).

§ 16.

Es sei endlich k ein völlig beliebiger Zahlkörper. Wir treffen folgende Festsetzungen, in denen gar keine beschränkende Annahme für k liegt:

1. Unter den m konjugierten Körpern $k, k', k'', \ldots, k^{(m-1)}$ gebe es eine beliebige Anzahl s reeller Körper.

2. Die Anzahl der Idealklassen des Körpers k, im engeren Sinne verstanden, sei eine beliebige Zahl $\bar{h}$.

Ein in bezug auf k relativ-Abelscher Körper K heiße *unverzweigt*, wenn die Relativdiskriminante von K in bezug auf k gleich 1 ausfällt, oder, was das nämliche bedeutet, wenn es in k kein Primideal gibt, das durch das Quadrat eines Primideals in K teilbar wird. Wir stellen dann folgende Theoreme auf, die im vorstehenden für gewisse besondere Fälle bewiesen worden sind, deren vollständiger Beweis jedoch, wie ich überzeugt bin, auf Grund der von mir angegebenen Methoden gelingen muß:

Satz 14. *Es gibt in bezug auf k stets einen völlig bestimmten relativ-Abelschen unverzweigten Körper Kk vom Relativgrade $\bar{h}$; dieser Körper Kk heiße der Klassenkörper von k. Der Klassenkörper Kk enthält sämtliche in bezug auf k relativ-Abelschen unverzweigten Körper als Unterkörper.*

Die Relativgruppe des Klassenkörpers Kk ist mit derjenigen Abelschen Gruppe holoedrisch isomorph, die durch die Zusammensetzung der Idealklassen in k bestimmt wird[1].

Diejenigen Primideale $\mathfrak{p}$ des Körpers k, welche der nämlichen Idealklasse von k, im engeren Sinne verstanden, angehören, erfahren im Klassenkörper Kk eine Zerlegung in Primideale der nämlichen Anzahl und der nämlichen Grade, so daß die weitere Zerlegung eines Primideals $\mathfrak{p}$ des Körpers k im Körper K nur von der Klasse abhängt, der das Primideal $\mathfrak{p}$ im Körper k angehört.

Definition 7. Eine ganze Zahl A des Klassenkörpers Kk heiße eine *Ambige* dieses Körpers Kk, wenn sie die beiden folgenden Bedingungen erfüllt:

a) Die ganze Zahl A sei total positiv (vgl. Definition 5); d. h. das durch A dargestellte Ideal gehöre auch im engeren Sinne der Hauptklasse in k an.

b) Jede zu A relativkonjugierte Zahl soll sich von A nur um einen Faktor unterscheiden, welcher eine Einheit in Kk ist.

Eine Ambige heiße eine *Primambige*, wenn sie nicht eine Einheit ist und sich nicht als ein Produkt von zwei Ambigen darstellen läßt, von denen keine eine Einheit ist.

Satz 15. *Jede Ambige des Klassenkörpers Kk stellt ein Ideal des Grundkörpers k dar und umgekehrt jedes Ideal des Grundkörpers k läßt sich durch eine Ambige des Klassenkörpers Kk darstellen; diese ist abgesehen von einem Einheitsfaktor durch jenes Ideal bestimmt.*

Jede Ambige des Klassenkörpers Kk ist mithin auf eine und nur auf eine Weise in ein Produkt von Primambigen zerlegbar, wenn man dabei von der Willkür der auftretenden Einheitsfaktoren absieht.

Die in diesem Satze aufgestellte Eigenschaft kommt unter allen relativ-Abelschen Körpern in bezug auf k allein dem Klassenkörper Kk zu[2].

Das allgemeinste Reziprozitätsgesetz für quadratische Reste drückt sich auch in dem beliebigen Körper k durch die Formel des Satzes 7 aus. Auch das Reziprozitätsgesetz für höhere Potenzreste gestattet eine ebenso einfache und allgemeingültige Fassung[3].

Endlich sei noch bemerkt, daß die zugehörige Verallgemeinerung dieser Entwicklungen zur Begründung einer Theorie der „Ringklassenkörper" führt, d. h. solcher relativ-Abelscher Körper in bezug auf k, die zu den Idealklassen eines Ringes in k in einem entsprechenden engen Zusammenhange stehen, wie der hier behandelte Klassenkörper Kk zu den gewöhnlichen Idealklassen des Körpers k.

---

[1] Man vergleiche hierzu die Untersuchungen von H. Weber *Über Zahlengruppen in algebraischen Körpern,* Math. Ann. **48**, 433 und **49**, 83.

[2] In speziellen Fällen auch schon einem echten Unterkörper von Kk. [Anm. d. Her.]

[3] Vgl. die Preisaufgabe der K. Ges. d. Wiss. zu Göttingen für das Jahr 1901. Math. Ann. **51**, 159. Die preisgekrönte Arbeit von Furtwängler erscheint demnächst in den Abhandlungen der K. Ges. d. Wiss. zu Göttingen, math. phys. Kl. (Neue Folge II, Nr. 3. 1902.)

11. Beweis für die Darstellbarkeit der ganzen Zahlen durch eine feste Anzahl n-ter Potenzen (Waringsches Problem)[1].

Dem Andenken an Hermann Minkowski gewidmet.

[Mathematische Annalen Bd. 67, S. 281—300 (1909)].

Theorem. *Jede positive ganze Zahl läßt sich als Summe von n-ten Potenzen positiver ganzer Zahlen darstellen, so daß deren Anzahl unterhalb einer Schranke liegt, die nur durch den Exponenten n bedingt ist, dagegen nicht von der darzustellenden Zahl abhängt.*

Dieses Theorem ist allgemein von Waring[2] vermutungsweise ausgesprochen worden; der Beweis für dasselbe gelang jedoch bisher nur in besonderen Fällen, nämlich für

$$n = 2, 3, 4, 5, 6, 7, 8, 10.$$

Die Mathematiker, denen wir diese Beweise und zugleich auch scharfsinnige Untersuchungen über die Reduktion der Anzahl der zur Darstellung zu verwendenden Potenzen verdanken, sind J. Liouville ($n = 4$), Maillet[3] ($n = 3$, $n = 5$, $n = 8$), Fleck[4] ($n = 6$), Landau[5] ($n = 3$, $n = 4$), I. Schur ($n = 10$), Hurwitz[6] ($n = 8$), Wieferich[7] ($n = 3$, $n = 4$, $n = 5$, $n = 7$).

Der allgemeine Beweis des Theorems, den ich im folgenden geben werde, gelingt mittels einer *neuartigen Anwendung der Analysis auf die Zahlentheorie.* Während man nämlich sonst in der analytischen Zahlentheorie von arithmetischen Formeln ausgehend durch Grenzübergang zu Integralrelationen für arithmetische Größen gelangt — ich erinnere an die Bestimmung der Klassenanzahlen — oder, wie in der Primzahltheorie, asymptotische Ausdrücke mittels transzendenter Funktionen sucht, so werde ich gegenwärtig um-

---

[1] Mit einigen Veränderungen und Zusätzen abgedruckt aus den Nachr. Ges. Wiss. Göttingen, Math.-phys. Kl. **1909**, Sitzg. 6. Februar. S. 17—36.

[2] Meditationes algebricae, ed. III. Cambridge 1782, S. 349—350.

[3] Congrès de Bordeaux 1895. — J. de Mathém., Ser. 5, **2** (1896). — C. r. Acad. Sci. Paris **145** (1907). — Bull. Soc. math. France **36** (1908).

[4] Sitzgsber. Berl. math. Ges. **1906**. — Math. Annalen **64** (1907).

[5] Rendiconti Circ. mat. Palermo **23** (1907). — Math. Annalen **66** (1908).

[6] Math. Annalen **65** (1908).

[7] Math. Annalen **66, 67** (1908—09) (3 Abhandlungen).

gekehrt von einer gewissen Integralformel ausgehen und aus ihr schließlich eine rein arithmetische Relation gewinnen.

Um diesen Gedanken deutlich hervortreten zu lassen, schicke ich dem Beweise des Theorems zunächst zwei Sätze voraus.

Satz I[1]. *Es sei m eine beliebige positive ganze Zahl, dann gilt identisch in den 5 Variabeln $x_1, \ldots, x_5$ die Integralformel*

$$(x_1^2 + \cdots + x_5^2)^m = C \int_{(S)} \cdots \int (t_1 x_1 + \cdots + t_5 x_5)^{2m} \, dt_1 \cdots dt_5; \tag{1}$$

dabei bedeutet C eine gewisse durch m bestimmte positive Konstante, nämlich

$$\frac{(2m+1)(2m+3)(2m+5)}{8\pi^2},$$

und das 5-fache Integral rechts ist über die Kugel S

$$t_1^2 + \cdots + t_5^2 \leqq 1 \tag{2}$$

zu erstrecken.

Zum Beweise verstehen wir unter $x_1, \ldots, x_5$ irgend welche reellen Größen und bestimmen dann eine orthogonale Substitution der 5 Variabeln $t_1, \ldots, t_5$ in $t'_1, \ldots, t'_5$

$$\begin{aligned} t'_1 &= \alpha_{11} t_1 + \cdots + \alpha_{51} t_5, \\ &\cdots\cdots\cdots \\ t'_5 &= \alpha_{15} t_1 + \cdots + \alpha_{55} t_5, \end{aligned} \tag{3}$$

---

[1] In meiner ursprünglichen Veröffentlichung (Nachr. Ges. Wiss. Göttingen, Math.-phys. Kl. **1909**) habe ich mich hier eines gewissen 25-fachen Integrals bedient; daß man dasselbe für den vorliegenden Zweck durch das obige 5-fache Integral ersetzen kann, ist eine sehr dankenswerte, mir von verschiedenen Seiten (F. Hausdorff, J. Kürschák u.a.) gemachte Bemerkung. Der dort von mir formulierte und bewiesene Satz I über das 25-fache Integral beansprucht jedoch deshalb ein selbständiges Interesse, weil er in engster Beziehung zu der schönen Theorie der orthogonalen Invarianten von A. Hurwitz steht (vgl. dessen Abhandlung „Über die Erzeugung der Invarianten durch Integration", Nachr. Ges. Wiss. Göttingen, Math.-phys. Kl. **1897**) und in einfachster Weise den Grundgedanken zum Ausdruck bringt, mittels dessen diesem Forscher der Nachweis für die Endlichkeit des vollen Systems orthogonaler Invarianten gelungen ist.

[Es handelt sich dort um die Formel

$$(x_1^2 + \cdots + x_5^2)^m = C \int_{(T)} \cdots \int (t_{11} x_1 + \cdots t_{15} x_5)^{2m} \, dt_{11} \, dt_{12} \cdots dt_{22} \, dt_{23} \cdots dt_{45} \, dt_{55},$$

wobei das 25-fache Integral rechts über denjenigen 25-dimensionalen ganz im Endlichen gelegenen Bereich T zu erstrecken ist, der dadurch bestimmt ist, daß seine Punkte $t_{\varkappa\lambda}$ von einem Punkte $o_{\varkappa\lambda}$ des durch die 15 Orthogonalitätsrelationen

$$\begin{aligned} o_{\varkappa 1}^2 + \cdots + o_{\varkappa 5}^2 &= 1, \\ o_{\varkappa 1} o_{\lambda 1} + \cdots + o_{\varkappa 5} o_{\lambda 5} &= 0 \qquad (\varkappa \neq \lambda) \\ (\varkappa, \lambda = 1&, \ldots, 5) \end{aligned}$$

definierten 10-dimensionalen Bereiches Ω eine Entfernung

$$\sum_{\varkappa, \lambda} (t_{\varkappa\lambda} - o_{\varkappa\lambda})^2 \leqq 1$$

besitzen. (Anm. d. Her.)]

in welcher

$$\alpha_{11} = \frac{x_1}{\sqrt{x_1^2 + \cdots + x_5^2}}, \ldots, \quad \alpha_{51} = \frac{x_5}{\sqrt{x_1^2 + \cdots + x_5^2}} \tag{4}$$

wird. Da die Kugel S bei Anwendung dieser Substitution (3) unverändert bleibt, so geht das Integral der Formel (1) nach Einführung der Integrationsvariabeln $t'_1, \ldots, t'_5$ über in

$$(x_1^2 + \cdots + x_5^2)^m \int \cdots \int\limits_{(S)} t_1'^{2m}\, dt'_1 \cdots dt'_5;$$

hierin ist offenbar das 5-fache Integral eine von $x_1, \ldots, x_5$ unabhängige positive Zahl; setzen wir dieselbe gleich $\frac{1}{C}$, so folgt die Formel (1) des Satzes I.

Satz II. *Es sei wiederum m eine beliebige positive ganze Zahl, dann gilt identisch in den 5 Variabeln $x_1, \ldots, x_5$ eine Formel von der Gestalt*

$$(x_1^2 + \cdots + x_5^2)^m = \sum_{h=1,\ldots,M} r_h (a_{1h} x_1 + \cdots + a_{5h} x_5)^{2m}; \tag{5}$$

dabei ist zur Abkürzung

$$M = \frac{(2m+1)\,(2m+2)\,(2m+3)\,(2m+4)}{1 \cdot 2 \cdot 3 \cdot 4}$$

gesetzt, ferner bedeuten $r_1, \ldots, r_M$ gewisse positive rationale, durch m bestimmte Zahlen und $a_{1h}, \ldots, a_{5h}$ gewisse ganze, ebenfalls nur durch m bestimmte Zahlen.

Der Beweis gründet sich auf die in Satz I aufgestellte Integralformel; von der letzteren ausgehend werden wir durch eine Reihe von Schritten schließlich zu der in Satz II behaupteten arithmetischen Identität gelangen.

Der *erste* Schritt besteht in der Approximation des 5-fachen Integrales

$$C \int \cdots \int\limits_{(S)} (t_1 x_1 + \cdots + t_5 x_5)^{2m}\, dt_1 \cdots dt_5$$

durch eine endliche Summe. Wir denken uns zu dem Zwecke den 5-dimensionalen Raum der Variabeln t_h in 5-dimensionale Würfel von der Kantenlänge ε zerlegt. Da der Bereich S ganz im Endlichen gelegen ist, so fällt nur eine endliche Anzahl $H^{(\varepsilon)}$ dieser Würfel ins Innere von S. Bilden wir sodann für den Mittelpunkt eines jeden dieser Würfel den linearen Ausdruck

$$t_1 x_1 + \cdots + t_5 x_5,$$

multiplizieren denselben mit dem Inhalt ε^5 des Würfels sowie mit dem positiven Werte von $\sqrt[2m]{C}$, so entsteht aus dem Integral eine Summe von der Gestalt

$$\sum_{h=1,\ldots,H^{(\varepsilon)}} \{P_h^{(\varepsilon)}(x)\}^{2m}, \tag{6}$$

wo die $P_h^{(\varepsilon)}$ gewisse $H^{(\varepsilon)}$ lineare Funktionen von $x_1, \ldots, x_5$ bedeuten, deren Koeffizienten noch von ε abhängen; zugleich gilt die Limesgleichung

$$C \int \cdots \int\limits_{(S)} (t_1 x_1 + \cdots + t_5 x_5)^{2m}\, dt_1\, dt_2 \cdots dt_5 = \mathbf{L}_{\varepsilon = 0} \sum_{h=1,\ldots,H^{(\varepsilon)}} \{P_h^{(\varepsilon)}(x)\}^{2m}.$$

Nach der Integralformel des Satzes I ist mithin auch

$$(x_1^2 + \cdots + x_5^2)^m = \mathop{\mathrm{L}}_{\varepsilon=0} \sum_{h=1,\ldots,H^{(\varepsilon)}} \{P_h^{(\varepsilon)}(x)\}^{2m}. \tag{7}$$

Der *zweite* wesentliche Schritt beruht darauf, daß wir hier in der Summe rechts die Anzahl $H^{(\varepsilon)}$, die ja mit verschwindendem ε notwendig über alle Grenzen wächst, auf eine feste, von ε unabhängige Zahl reduzieren. Dies gelingt in folgender Weise. Wir bedenken, daß es nur M linear unabhängige Formen $2m$-ten Grades von 5 Variabeln gibt und daß daher gewiß zwischen den ersten $M+1$ Formen $2m$-ten Grades

$$\{P_h^{(\varepsilon)}(x)\}^{2m}, \qquad (h = 1, \ldots, M+1)$$

eine lineare Identität von der Gestalt

$$c_1 P_1^{(\varepsilon)2m} + c_2 P_2^{(\varepsilon)2m} + \cdots + c_{M+1} P_{M+1}^{(\varepsilon)2m} = 0$$

bestehen muß, wo die $c_1, \ldots, c_{M+1}$ reelle Konstante bedeuten, von denen einige positiv und einige negativ ausfallen müssen. Indem wir diese Identität durch den größten unter den positiven Koeffizienten dividieren, entsteht eine Identität von der Gestalt

$$c_1' P_1^{(\varepsilon)2m} + c_2' P_2^{(\varepsilon)2m} + \cdots + c_{M+1}' P_{M+1}^{(\varepsilon)2m} = 0,$$

wo gewiß einer unter den Koeffizienten $c_1', \ldots, c_{M+1}'$ den Wert $+1$ besitzt und zugleich alle übrigen Koeffizienten $\leqq 1$ ausfallen. Subtrahieren wir diese Identität von der Summe (6), so hebt sich offenbar eine der $2m$-ten Potenzen fort, und wir erhalten eine Summe über nur $H^{(\varepsilon)} - 1$ Summanden, von denen keiner negativ wird, da ja die zu den $P_h^{(\varepsilon)2m}$ hinzutretenden konstanten Faktoren sämtlich positiv ausfallen, wenn sie nicht insbesondere verschwinden. Indem wir diese konstanten Faktoren in die $2m$-te Potenz hineinziehen, gelangen wir zu einer Formel von der Gestalt

$$\sum_{h=1,\ldots,H^{(\varepsilon)}} \{P_h^{(\varepsilon)}(x)\}^{2m} = \sum_{h=1,\ldots,H^{(\varepsilon)}-1} \{P_h'^{(\varepsilon)}(x)\}^{2m},$$

worin die $P_h'^{(\varepsilon)}$ wieder Linearformen der Variabeln $x_1, \ldots, x_5$ bedeuten und die Anzahl der Summanden rechts gegenüber der ursprünglichen Summe links gewiß um 1 vermindert ist.

Das dadurch eingeleitete Reduktionsverfahren können wir fortsetzen, bis schließlich die Zahl der Summanden auf M herabkommt; alsdann erhalten wir eine Formel von der Gestalt:

$$\sum_{h=1,\ldots,H^{(\varepsilon)}} \{P_h^{(\varepsilon)}(x)\}^{2m} = \sum_{h=1,\ldots,M} \{Q_h^{(\varepsilon)}(x)\}^{2m}, \tag{8}$$

wo wiederum die

$$Q_h^{(\varepsilon)}(x) = q_{h1}^{(\varepsilon)} x_1 + \cdots + q_{h5}^{(\varepsilon)} x_5 \qquad (h = 1, \ldots, M)$$

Linearformen der Variabeln $x_1, \ldots, x_5$ bedeuten, deren Koeffizienten $q_{hk}^{(\varepsilon)}$ wesentlich noch von ε abhängen.

Der *nächste* Schritt besteht in der Ausführung des Grenzüberganges zu $\varepsilon = 0$; dieser erfolgt leicht in der aus (7) und (8) entstehenden Formel

$$(x_1^2 + \cdots + x_5^2)^m = \mathop{\mathrm{L}}_{\varepsilon=0} \sum_{h=1,\ldots,M} \{Q_h^{(\varepsilon)}(x)\}^{2m}. \tag{9}$$

Zunächst ist nämlich klar, daß sämtliche Koeffizienten der Formen $Q_h^{(\varepsilon)}$ unterhalb endlicher von ε unabhängiger Grenzen bleiben, sobald ε gegen 0 konvergiert; dies folgt aus den Limesgleichungen

$$1 = \mathop{\mathrm{L}}_{\varepsilon=0} (q_{1k}^{(\varepsilon)2m} + q_{2k}^{(\varepsilon)2m} + \cdots + q_{Mk}^{(\varepsilon)2m}),$$

wie sie durch Vergleichung der Koeffizienten von x_k^{2m} in (9) entstehen. Wegen des Umstandes, daß hiernach insbesondere $q_{11}^{(\varepsilon)}$ für alle ε unterhalb einer endlichen Grenze bleibt, können wir für ε eine gegen 0 konvergierende Folge von positiven Werten $\varepsilon_1, \varepsilon_2, \cdots$ finden, derart, daß der Limes

$$\mathop{\mathrm{L}}_{r=\infty} q_{11}^{(\varepsilon_r)} = q_{11}$$

existiert. Da ferner, wie gezeigt, auch $q_{21}^{(\varepsilon)}$ unterhalb einer endlichen Grenze bleibt, so läßt sich wiederum aus jener Folge von Werten $\varepsilon_1, \varepsilon_2, \ldots$ eine Folge $\varepsilon_1', \varepsilon_2', \ldots$ herausgreifen, so daß auch der Limes

$$\mathop{\mathrm{L}}_{r=\infty} q_{21}^{(\varepsilon_r')} = q_{21}$$

existiert. So fortfahrend erhalten wir schließlich nach $5M$-maliger Anwendung dieses Verfahrens eine gegen 0 konvergierende Folge $\bar{\varepsilon}_1, \bar{\varepsilon}_2, \ldots$ derart, daß zugleich die sämtlichen Limesgleichungen

$$\mathop{\mathrm{L}}_{r=\infty} q_{hk}^{(\bar{\varepsilon}_r)} = q_{hk} \qquad (h = 1, \ldots, M,\ k = 1, \ldots, 5)$$

statthaben. Setzen wir sodann

$$Q_h(x) = q_{h1}x_1 + \cdots + q_{h5}x_5 \qquad (h = 1, \ldots, M),$$

so gilt wegen (9) identisch in den Variabeln $x_1, \ldots, x_5$ die Formel

$$(x_1^2 + \cdots + x_5^2)^m = \sum_{h=1,\ldots,M} Q_h^{2m}(x). \tag{10}$$

Diese Formel unterscheidet sich von der in Satz II behaupteten noch wesentlich dadurch, daß die Koeffizienten der Linearformen Q_h keineswegs rationale Zahlen sind.

Der *letzte* entscheidende Schritt meiner Beweisführung wird darin bestehen, von der Formel (10) den Übergang zu einer Formel zu ermöglichen, in welcher alle auftretenden Zahlenkoeffizienten rational sind. Zu dem Zwecke verschaffen wir uns zunächst M Linearformen

$$G_h(x) = a_{h1}x_1 + \cdots + a_{h5}x_5 \qquad (h = 1, \ldots, M)$$

mit ganzzahligen Koeffizienten a_{hk}, derart, daß zwischen ihren $2m$-ten Potenzen keine lineare Relation mit konstanten Koeffizienten stattfindet. Dies ist gewiß möglich, da die Determinante

$$A = \begin{vmatrix} a_{11}^{2m} & a_{21}^{2m} & \dots & a_{M1}^{2m} \\ a_{11}^{2m-1} a_{12} & a_{21}^{2m-1} a_{22} & \dots & a_{M1}^{2m-1} a_{M2} \\ \cdot & \cdot & \dots & \cdot \\ \cdot & \cdot & \dots & \cdot \\ a_{15}^{2m} & a_{25}^{2m} & \dots & a_{M5}^{2m} \end{vmatrix}$$

offenbar nicht identisch in allen Argumenten a_{hk} Null ist und zur Erfüllung unserer Forderung nur nötig wird, die a_{hk} als ganze rationale Zahlen so zu bestimmen, daß A von Null verschieden ausfällt.

Nun sei in Formel (10) etwa Q_1 eine Linearform, deren Koeffizienten jedenfalls nicht sämtlich verschwinden, so daß

$$q_{11}^2 + \cdots + q_{15}^2$$

eine positive von Null verschiedene Zahl wird. Setzen wir dann zur Abkürzung

$$\alpha_h = \sqrt{\frac{q_{11}^2 + \cdots + q_{15}^2}{a_{h1}^2 + \cdots + a_{h5}^2}} \qquad (h = 1, \ldots, M),$$

so haben die M Linearformen

$$\alpha_1 G_1, \ldots, \alpha_M G_M$$

sämtlich die nämliche Quadratsumme ihrer Koeffizienten wie Q_1; es gibt daher gewiß eine orthogonale Transformation der Variabeln $x_1, \ldots, x_5$, welche Q_1 in $\alpha_1 G_1$, ferner je eine solche orthogonale Transformation, die Q_1 in $\alpha_2 G_2, \ldots$, bzw. in $\alpha_M G_M$ überführt. Wenden wir diese M orthogonalen Transformationen sämtlich der Reihe nach auf die Formel (10) an, addieren die so entstehenden M Formeln und dividieren durch M, so wird, wenn wir noch

$$\varrho_1 = \frac{\alpha_1^{2m}}{M}, \ldots, \varrho_M = \frac{\alpha_M^{2m}}{M}$$

setzen:

$$(x_1^2 + \cdots + x_5^2)^m = \sum_{h=1,\ldots,M} \varrho_h G_h^{2m}(x) + \sum_{h=1,\ldots,M(M-1)} S_h^{2m}(x), \qquad (11)$$

wo die S_h gewisse $M(M-1)$ Linearformen der $x_1, \ldots, x_5$ sind, wie sie aus den $Q_2, \ldots, Q_M$ durch jene orthogonalen Transformationen nach Hineinziehung des Faktors $\frac{1}{\sqrt[2m]{M}}$ entstehen. Wir betrachten nun dasjenige System von M linearen Gleichungen für die M Unbekannten $u_1, \ldots, u_M$, welches aus der Identität

$$\sum_{h=1,\ldots,M} u_h G_h^{2m}(x) = (x_1^2 + \cdots + x_5^2)^m - \sum_{h=1,\ldots,M(M-1)} S_h^{2m}(x)$$

entspringt, wenn man die nämlichen Potenzen und Produkte von Potenzen der Variabeln $x_1, \ldots, x_5$ auf beiden Seiten gleich setzt. Da die Determinante dieses Gleichungssystems bis auf einen Zahlenfaktor die von Null verschiedene

Zahl A ist, so sind dessen Lösungen eindeutig bestimmt; sie lauten wegen (11):

$$u_1 = \varrho_1, \ldots, u_M = \varrho_M$$

und sind folglich sämtlich *positive* Größen. Da nun die Lösungen eines linearen Gleichungssystems mit einer von Null verschiedenen Determinante stetige Funktionen der rechten Seiten der Gleichungen sind, so folgt, daß, wenn wir die Koeffizienten der Linearformen S_h innerhalb eines gewissen genügend kleinen Spielraumes irgendwie abändern, die Lösungen $u_1, \ldots, u_M$ des abgeänderten Gleichungssystemes ebenfalls noch sämtlich *positive* Zahlen bleiben. Wählen wir dabei die Koeffizienten innerhalb jenes Spielraums als rationale Zahlen, so müssen überdies die Lösungen $u_1, \ldots, u_M$, da ja die Koeffizienten von G_h sämtlich ganze rationale Zahlen sind, ebenfalls rational ausfallen. Bezeichnen S'_h die an Stelle der S_h tretenden Formen mit rationalen Koeffizienten und seien die betreffenden positiven rationalen Lösungen

$$u_1 = r_1, \ldots, u_M = r_M,$$

so gewinnen wir die Identität

$$(x_1^2 + \cdots + x_5^2)^m = \sum_{h=1,\ldots,M} r_h G_h^{2m}(x) + \sum_{h=1,\ldots,M(M-1)} S_h'^{2m}(x)$$

oder, indem wir noch die in den Koeffizienten von S'_h auftretenden Nenner herausziehen und die neu entstehenden Formen mit $G_{M+1}, \ldots, G_{M^2}$ bezeichnen,

$$(x_1^2 + \cdots + x_5^2)^m = \sum_{h=1,\ldots,M^2} r_h G_h^{2m}(x), \tag{12}$$

wo $r_1, \ldots, r_{M^2}$ nun positive rationale Zahlen und die Koeffizienten der G_h sämtlich ganze Zahlen sind.

Schließlich können wir noch auf diese Formel (12) ein analoges Reduktionsverfahren anwenden wie dasjenige, welches uns oben zu der Formel (8) führte. Wir bedenken, daß zwischen den Linearformen $G_1, \ldots, G_{M+1}$ eine Identität von der Gestalt

$$c_1 G_1^{2m}(x) + \cdots + c_{M+1} G_{M+1}^{2m}(x) = 0 \tag{13}$$

bestehen muß, wo $c_1, \ldots, c_{M+1}$ jetzt rationale Zahlen sind, bestimmen alsdann eine rationale Zahl c derart, daß unter den Zahlen

$$\frac{c\,c_1}{r_1}, \ldots, \frac{c\,c_{M+1}}{r_{M+1}}$$

eine gleich 1 und die übrigen $\leqq 1$ werden. Subtrahieren wir nun die mit c multiplizierte Identität (13) von der rechten Seite der Formel (12), so wird in der rechts entstehenden Summe einer der Koeffizienten Null, ohne daß einer der übrigen negativ ausfällt, so daß die neu entstandene Formel rechts gewiß einen Summanden weniger aufweist. Fahren wir in dieser Weise fort, so gelangen wir schließlich zu einer Formel, die alle in Satz II verlangten Eigenschaften besitzt. Damit ist der Beweis des Satzes II vollendet.

Es sei noch bemerkt, daß, wenn wir in der vorstehenden Überlegung an Stelle von Q_1 nicht eine beliebige der M Linearformen $Q_1, \ldots, Q_M$, sondern eine solche unter diesen M Formen nehmen, für die die Quadratsumme der Koeffizienten am größten ausfällt, es leicht wegen der Identität (10) gelingt, für die betreffende Quadratsumme

$$q_{11}^2 + \cdots + q_{15}^2$$

eine untere nur durch m bedingte Schranke zu bestimmen, und daß aus dieser unteren Schranke wiederum ohne wesentliche Schwierigkeit eine obere Schranke σ für denjenigen Spielraum abzuleiten ist, innerhalb dessen die Koeffizienten der Formen S_h abgeändert werden dürfen, ohne daß die betreffenden Lösungen $u_1, \ldots, u_M$ negativ werden. Durch die Kenntnis von σ aber ist es schließlich auch möglich, für die absoluten Werte der Zähler und Nenner der in der Formel des Satzes II auftretenden rationalen Zahlen r_h und für die absoluten Werte der ganzen Zahlen a_{kh} eine obere Schranke aufzufinden, die nur durch m bedingt ist.

Die Formel des Satzes II bildet den Kernpunkt für den Beweis unseres Theorems. Sie läßt nämlich sofort aus der Gültigkeit des Waringschen Theorems für die m-ten Potenzen auf seine Gültigkeit für die $2m$-ten Potenzen schließen[1]. Denn bezeichnen wir etwa den nur von m abhängigen Generalnenner der in Formel (5) rechts auftretenden rationalen Zahlen r_h mit E, nehmen $x_5 = 0$ und beachten, daß jede Zahl sich als Summe von 4 Quadraten darstellen läßt, so lehrt Formel (5) sofort, daß jede durch E teilbare positive ganze Zahl sich als Summe einer Anzahl von $2m$-ten Potenzen darstellen läßt, die unterhalb einer nur von m abhängigen Schranke liegt, vorausgesetzt, daß der Waringsche Satz für die m-ten Potenzen gilt. Da jede positive ganze Zahl sich in der Form $H \cdot E + K$ darstellen läßt, wo H und K positiv ganz sind und $K < E$ ist, so folgt hieraus, da ja die Zahl K eine Summe von höchstens $E - 1$ Zahlen 1^{2m} ist, das Waringsche Theorem für die $2m$-ten Potenzen.

Wir sehen somit, daß durch das Vorangehende das Waringsche Theorem gewiß für alle unendlich vielen Exponenten der Form $m = 2^\nu$ bewiesen ist, da es für $m = 2$ gilt. Um es allgemein für beliebige Exponenten zu beweisen, müssen wir der Reihe nach folgende 5 Hilfssätze entwickeln.

Hilfssatz 1. *Zu jedem Exponenten m gehören eine gewisse Anzahl N positiver rationaler Zahlen*

$$r_1, r_2, \ldots, r_N,$$

sowie zwei positive ganze Zahlen a, A von folgender Eigenschaft:

Es seien x und G beliebige positive ganze Zahlen und Γ eine beliebige reelle

[1] Vgl. A. Hurwitz: Math. Annalen **65**, 424—427 (1908).

positive Zahl, es sei ferner X eine positive ganze Zahl, die der Ungleichung

$$X < \Gamma^2 x^2 \tag{14}$$

genügt; dann können zu diesen Größen x, G, Γ, X stets N ganze Zahlen ($\gtreqless 0$)

$$X_1,\ X_2,\ \ldots,\ X_N,$$

deren absolute Beträge den Ungleichungen

$$|X_h| < A\Gamma x \qquad (h = 1, \ldots, N)$$

genügen, derart gefunden werden, daß die Gleichung

$$(G^2 x^2 + X)^m = \sum_{h=1,\ldots,N} r_h (aGx + X_h)^{2m}$$

statthat.

Zum Beweise gestalten wir die Formel des Satzes II in folgender Weise um. Zunächst bedenken wir, daß auf der rechten Seite dieser Formel möglicherweise eine oder mehrere der zur $2m$-ten Potenz erhobenen Linearformen lauter verschwindende Koeffizienten haben könnten. Lassen wir diese Potenzen weg, so mögen etwa $N \leqq M$ Summanden rechts übrig bleiben, so daß unsere Formel wie folgt lautet

$$(x_1^2 + \cdots + x_5^2)^m = \sum_{h=1,\ldots,N} r_h (a_{1h} x_1 + \cdots + a_{5h} x_5)^{2m}. \tag{15}$$

Hierin dürfen wir annehmen, daß jede der mit x_1 multiplizierten Zahlen a_{1h} von Null verschieden ist, da andernfalls die Anwendung einer geeigneten orthogonalen Transformation mit rationalen Koeffizienten unsere Formel in eine solche umwandeln würde, in der die jenen Koeffizienten entsprechenden Koeffizienten sämtlich von Null verschieden sind. Endlich setzen wir in unserer Formel (15) für $x_1, x_2, \ldots, x_5$ bzw. die Größen $Gx, x_1, \ldots, x_4$ ein, ferner sei

$$a = |a_{11} a_{12} \cdots a_{1N}|$$

$$\frac{a\, a_{2h}}{a_{1h}} = a'_{1h}, \quad \frac{a\, a_{3h}}{a_{1h}} = a'_{2h}, \quad \ldots, \quad \frac{a\, a_{5h}}{a_{1h}} = a'_{4h},$$

so daß $a'_{1h}, \ldots, a'_{4h}$ wiederum ganze Zahlen werden. Wir erhalten so die Formel

$$(G^2 x^2 + x_1^2 + \cdots + x_4^2)^m = \sum_{h=1,\ldots,N} r_h (aGx + a'_{1h} x_1 + \cdots + a'_{4h} x_4)^{2m}, \tag{16}$$

wo die r_h, wie leicht ersichtlich, eine nicht wesentlich veränderte Bedeutung haben.

Bezeichnen wir nun mit A den größten Wert, den eine der N Zahlen

$$|a'_{1h}| + \cdots + |a'_{4h}| \qquad (h = 1, \ldots, N)$$

annimmt, so folgt Hilfssatz 1 unmittelbar durch folgende Überlegung. Stellen wir die ganze Zahl X als Summe von 4 Quadratzahlen dar und setzen

$$X = x_1^2 + x_2^2 + x_3^2 + x_4^2,$$

so folgt aus (14)

$$|x_h| < \Gamma x \qquad (h = 1, \ldots, 4).$$

Nehmen wir daher

$$X_h = a'_{1h} x_1 + \cdots + a'_{4h} x_4,$$

so wird

$$|X_h| \leqq (|a'_{1h}| + \cdots + |a'_{4h}|)\,\Gamma x$$
$$< A\Gamma x.$$

Hilfssatz 2. *Zu jedem Exponenten m gehören wie in Hilfssatz 1 eine gewisse Anzahl N positiver rationaler Zahlen*

$$r_1, r_2, \ldots, r_N,$$

sowie zwei positive ganze Zahlen a, A von folgender Eigenschaft:

Es seien x, G, Γ Zahlen wie in Hilfssatz 1, es sei ferner X eine positive ganze Zahl, die der Ungleichung

$$X < \Gamma^2 x^2 \tag{17}$$

genügt, dann können zu diesen Größen x, G, Γ, X stets N ganze Zahlen ($\gtreqless 0$)

$$X_1, X_2, \ldots, X_N,$$

deren absolute Beträge den Ungleichungen

$$|X_h| < A\Gamma x \qquad (h = 1, \ldots, N)$$

genügen, derart gefunden werden, daß die Gleichung

$$x(G^2x^2 + X)^m = \frac{1}{G} \sum_{h=1,\ldots,N} r_h (aGx + X_h)^{2m+1}$$

statthat.

Durch Differentiation von (16) nach x entsteht eine Formel von der Gestalt

$$x(G^2x^2 + x_1^2 + \cdots + x_4^2)^{m-1} = \frac{1}{G} \sum_{h=1,\ldots,N} r_h (aGx + a'_{1h}x_1 + \cdots + a'_{4h}x_4)^{2m-1},$$

wo die r_h eine nicht wesentlich veränderte Bedeutung haben. Ersetzen wir hierin m durch $m + 1$ und wenden dann die vorige Überlegung auf *diese* Formel statt auf (16) an, so ergibt sich der Beweis des Hilfssatzes 2.

Aus den eben bewiesenen Hilfssätzen 1 und 2 leiten wir jetzt zwei weitere Hilfssätze 3 und 4 ab, in denen gewisse Gleichungen behauptet werden, die sich von den am Schlusse der Hilfssätze 1 und 2 aufgestellten hauptsächlich dadurch unterscheiden, daß auf ihrer linken Seite an Stelle der positiven Zahlen X gewisse Zahlen Y treten, für die auch negative Werte zulässig sind.

Hilfssatz 3. *Zu jedem Exponenten m gehören eine gewisse Anzahl N positiver rationaler Zahlen*

$$r_1, r_2, \ldots, r_N,$$

ferner eine reelle, stets positive Funktion $\varphi(\varkappa)$ der reellen Variabeln $\varkappa$ und endlich eine Funktion $F(K, \varkappa)$ der ganzzahligen Variabeln K und der reellen Variabeln $\varkappa$, die durchweg positive ganzzahlige Werte hat und bei festgehaltenem $\varkappa$ mit unendlich wachsendem K selbst, ohne je abzunehmen, über alle Grenzen wächst; diese zu m zugehörigen Größen r_h, φ, F sind von folgender Beschaffenheit:

Es sei x eine beliebige positive ganze Zahl und K eine beliebige positive Zahl > 16, ferner $\varkappa$ eine reelle, der Ungleichung

$$1 \leqq \varkappa < \frac{1}{2}\sqrt{K} - 1 \tag{18}$$

genügende Größe; es werde endlich

$$\varkappa' = \varphi(\varkappa), \quad K' = F(K, \varkappa) \tag{19}$$

gesetzt; wenn dann Y eine beliebige ganze Zahl ($\gtreqless 0$) ist, deren absoluter Betrag der Ungleichung

$$|Y| < \varkappa\sqrt{K}\,x^2 \tag{20}$$

genügt, so können zu diesen Größen $x, K, \varkappa, Y$ stets N ganze Zahlen $Y'_1, \ldots, Y'_N$ ($\gtreqless 0$), deren absolute Beträge die Ungleichungen

$$|Y'_h| < \varkappa' \sqrt{K'}\,x \tag{21}$$

befriedigen, derart gefunden werden, daß die Gleichung

$$(Kx^2 + Y)^m = \sum_{h=1,\ldots,N} r_h (K'x + Y'_h)^{2m}$$

stattfindet.

Zum Beweise bestimmen wir zunächst eine positive ganze Zahl G durch die Ungleichungen

$$(G + \varkappa)^2 < K \leqq (G + \varkappa + 1)^2; \tag{22}$$

dann wird

$$K - G^2 > \varkappa(2G + \varkappa) \geqq 2\varkappa\sqrt{K} - \varkappa(\varkappa + 2),$$

und da wegen (18)

$$\sqrt{K} > \varkappa + 2$$

ist, so haben wir demnach auch

$$K - G^2 > \varkappa\sqrt{K}. \tag{23}$$

Andererseits ist mit Rücksicht auf (22)

$$K - G^2 \leqq (\varkappa + 1)(2G + \varkappa + 1) < 2(\varkappa + 1)\sqrt{K} \leqq 4\varkappa\sqrt{K},$$

d. h.

$$K - G^2 < 4\varkappa\sqrt{K}. \tag{24}$$

Setzen wir nun

$$X = (K - G^2)x^2 + Y, \tag{25}$$

so gilt wegen (23), (24) infolge der Voraussetzung (20) unseres zu beweisenden Hilfssatzes

$$0 < X < 5\varkappa \sqrt{K} x^2.$$

Wir wenden jetzt den Hilfssatz 1 auf die Zahlen x, G, X an; setzen wir noch darin

$$\Gamma = \sqrt{5\varkappa} \sqrt[4]{K},$$

so wird zugleich auch der Bedingung (14) dieses Hilfssatzes 1 genügt, und derselbe lehrt das Bestehen einer Gleichung von der Gestalt

$$(G^2x^2 + X)^m = \sum_{h=1,\ldots,N} r_h (aGx + Y'_h)^{2m}, \tag{26}$$

wo Y'_h (d. h. die X_h in Hilfssatz 1) ganze den Ungleichungen

$$|Y'_h| < A\sqrt{5\varkappa}\sqrt[4]{K} x \tag{27}$$

genügende Zahlen sind. Setzen wir

$$\varphi(\varkappa) = \frac{A}{\sqrt{a}} \sqrt{10\varkappa}, \quad F(K, \varkappa) = aG,$$

so erfüllen diese Funktionen alle Bedingungen des zu beweisenden Hilfssatzes. Denn wegen (19) wird dann notwendig

$$\varkappa' = \frac{A}{\sqrt{a}} \sqrt{10\varkappa}, \quad K' = aG,$$

und es geht (26) wegen (25) in die zum Schluß des Hilfssatzes 3 behauptete Gleichung über. Endlich ist wegen (18), (22)

$$(2\varkappa + 2)^2 < K \leqq (G + \varkappa + 1)^2,$$

folglich

$$\varkappa + 1 < G,$$

und demnach

$$A\sqrt{5\varkappa}\sqrt[4]{K} \leqq A\sqrt{5\varkappa}\sqrt{G + \varkappa + 1} < A\sqrt{10\varkappa}\sqrt{G},$$

d. h.

$$A\sqrt{5\varkappa}\sqrt[4]{K} < \varkappa' \sqrt{K'}.$$

Wegen dieser Ungleichung geht aus (27) die Ungleichung (21) des Hilfssatzes 3 hervor; dieser Hilfssatz 3 ist mithin vollständig bewiesen.

Hilfssatz 4. *Zu jedem Exponenten m gehören wie in Hilfssatz 3 eine gewisse Anzahl N positiver rationaler Zahlen*

$$r_1, r_2, \ldots, r_N,$$

ferner eine reelle, stets positive Funktion $\varphi(\varkappa)$ der reellen Variabeln $\varkappa$ und endlich eine Funktion $F(K, \varkappa)$ der ganzzahligen Variabeln K und der reellen Variabeln $\varkappa$, die durchweg positive ganzzahlige Werte hat und bei festgehaltenem $\varkappa$ mit unendlich wachsendem K selbst, ohne je abzunehmen, über alle Grenzen *wächst; diese zu* m *zugehörigen Größen* r_h, φ, F *sind von folgender Beschaffenheit:*

Es seien $x, K, \varkappa$ *Zahlen, die denselben Bedingungen wie in Hilfssatz 3 genügen; es werde endlich, wie dort*

$$\varkappa' = \varphi(\varkappa), \quad K' = F(K, \varkappa)$$

gesetzt; wenn dann Y *eine beliebige ganze Zahl* ($\gtreqless 0$) *ist, deren absoluter Betrag der Ungleichung*

$$|Y| < \varkappa \sqrt{K} x^2$$

genügt, so können zu diesen Größen $x, K, \varkappa, Y$ *stets* N *ganze Zahlen* $Y'_1, \ldots, Y'_N$ ($\gtreqless 0$), *deren absolute Beträge die Ungleichungen*

$$|Y'_h| < \varkappa' \sqrt{K'} x$$

befriedigen, derart gefunden werden, daß die Gleichung

$$x(Kx^2 + Y)^m = \frac{1}{K'} \sum_{h=1,\ldots,N} r_h (K'x + Y'_h)^{2m+1}$$

stattfindet.

Der Beweis folgt, indem wir die zum Beweis des Hilfssatzes 3 vorhin angewandten Schlußfolgerungen, statt auf Hilfssatz 1, nunmehr auf Hilfssatz 2 beziehen.

Hilfssatz 5. *Zu jedem Exponenten* n *gehören zwei ganze Zahlen* p, q, *so daß*

$$n = p + q \tag{28}$$

und

$$0 \leqq p < q \tag{29}$$

ist, ferner eine positive ganze Zahl K *und eine gewisse Anzahl* N^* *positiver rationaler Zahlen*

$$k_1, k_2, \ldots, k_{N^*}$$

von folgender Beschaffenheit:

Ist x *eine beliebige positive ganze Zahl,* Y *irgend eine ganze Zahl* ($\gtreqless 0$), *deren absoluter Betrag der Ungleichung*

$$|Y| < \sqrt{K} x^q$$

genügt, so gibt es zu diesen Zahlen x, Y *stets gewisse* N^* *positive ganze Zahlen*

$$P_1, P_2, \ldots, P_{N^*}$$

derart, daß die Gleichung

$$x^p(Kx^q + Y) = \sum_{h=1,2,\ldots,N^*} k_h P_h^n$$

statthat.

Zum Beweise entwickeln wir den Exponenten n im dyadischen Zahlsystem wie folgt

$$\begin{aligned} n &= 2^g + e_1 2^{g-1} + e_2 2^{g-2} + \cdots + e_{g-1} 2 + e_g \\ &= 1 e_1 e_2 \cdots e_{g-1} e_g, \end{aligned}$$

so daß g ein ganzer Exponent ist und $e_1, e_2, \ldots, e_g$ gewisse Werte Null oder Eins werden. Nun definieren wir $g+1$ Zahlen $n_0, n_1, n_2, \ldots, n_g$ durch folgende Gleichungen

$$\begin{aligned} n_0 &= 1, \\ n_1 &= 2 + e_1 \\ &= 1 e_1, \\ n_2 &= 2^2 + e_1 2 + e_2 \\ &= 1 e_1 e_2, \\ n_3 &= 2^3 + e_1 2^2 + e_2 2 + e_3 \\ &= 1 e_1 e_2 e_3, \\ &\cdots\cdots\cdots\cdots \\ n_g &= 2^g + e_1 2^{g-1} + \cdots + e_{g-1} 2 + e_g \\ &= 1 e_1 e_2 \cdots e_{g-1} e_g = n, \end{aligned}$$

so daß allgemein

$$n_{h+1} = 2 n_h + e_{h+1}$$

wird. Ferner setzen wir

$$\begin{aligned} p_0 &= e_1 2^{g-1} + e_2 2^{g-2} + \cdots + e_g \\ &= e_1 e_2 \cdots e_g, \\ p_1 &= e_2 2^{g-2} + e_3 2^{g-3} + \cdots + e_g \\ &= e_2 e_3 \cdots e_g, \\ p_2 &= e_3 2^{g-3} + \cdots + e_g \\ &= e_3 \cdots e_g, \\ &\cdots\cdots\cdots \\ p_{g-1} &= e_g, \\ p_g &= 0, \end{aligned}$$

so daß allgemein

$$p_{h-1} - p_h = e_h 2^{g-h}$$

wird. Endlich sei noch

$$\begin{aligned} p &= n - 2^g = e_1 2^{g-1} + e_2 2^{g-2} + \cdots + e_g = p_0, \\ q &= 2^g, \end{aligned}$$

so daß die Bedingungen (28), (29) erfüllt sind.

Nunmehr wenden wir die Hilfssätze 3 bzw. 4 im ganzen g-mal an und gelangen so zu den Gleichungen

$$\left.\begin{aligned} x^{p_0}(K x^{2^g} + Y) &= \frac{1}{K'^{e_1}} \sum_{h=1,\ldots,N_1} r_h^{(1)} x^{p_1} (K' x^{2^{g-1}} + Y_h'^{(1)})^{n_1}, \\ x^{p_1}(K_1 x^{2^{g-1}} + Y_1)^{n_1} &= \frac{1}{K_1'^{e_2}} \sum_{h=1,\ldots,N_2} r_h^{(2)} x^{p_2} (K_1' x^{2^{g-2}} + Y_h'^{(2)})^{n_2}, \\ &\cdots\cdots\cdots\cdots\cdots\cdots \\ x^{p_{g-2}}(K_{g-2} x^{2^2} + Y_{g-2})^{n_{g-2}} &= \frac{1}{K_{g-2}'^{e_{g-1}}} \sum_{h=1,\ldots,N_{g-1}} r_h^{(g-1)} x^{p_{g-1}} (K_{g-2}' x^2 + Y_h'^{(g-1)})^{n_{g-1}}, \\ x^{p_{g-1}}(K_{g-1} x^2 + Y_{g-1})^{n_{g-1}} &= \frac{1}{K_{g-1}'^{e_g}} \sum_{h=1,\ldots,N_g} r_h^{(g)} (K_{g-1}' x + Y_h'^{(g)})^n. \end{aligned}\right\} \quad (30)$$

Dabei ist jede dieser Gleichungen so zu verstehen, daß ihre linke Seite, sobald dort Y_s eine ganze, der Bedingung

$$|Y_s| < \varkappa_s \sqrt{K_s}\, x^{2^{g-s}}$$

genügende Zahl ist, sich in Gestalt der rechts stehenden Summe darstellen läßt, so daß die $Y_h'^{(s+1)}$ passend gewählte, den Ungleichungen

$$|Y_h'^{(s+1)}| < \varkappa_s' \sqrt{K_s'}\, x^{2^{g-s-1}} \tag{31}$$

genügende ganze Zahlen bedeuten. Die Größen $r_h^{(s)}, \varkappa_s, \varkappa_s', K_s, K_s'$ haben hierbei die in Hilfssatz 3 und 4 angegebene Bedeutung; es ist demnach (der untere Index 0 ist stets zu unterdrücken)

$$\left.\begin{aligned} \varkappa_s' &= \varphi_s(\varkappa_s), \\ K_s' &= F_s(K_s, \varkappa_s), \end{aligned} \quad (s = 0, 1, \ldots, g-1)\right\} \tag{32}$$

wo φ, F die in den Hilfssätzen 3 und 4 auftretenden Funktionen sind. Überdies ist zu beachten, daß allgemein $\varkappa_s$ den Ungleichungen

$$1 \leqq \varkappa_s < \frac{1}{2}\sqrt{K_s} - 1 \tag{33}$$

genügen muß, wodurch auch zugleich $K_s > 16$ wird.

Um nun zum Beweise des Hilfssatzes 5 zu gelangen, muß es möglich sein, die auf den rechten Seiten einer jeden der Formeln (30) stehenden Summanden als linke Seiten der nächstfolgenden Formel zu nehmen, damit sich schließlich die linke Seite der ersten Formel als Summe von Größen ergibt, die die Gestalt der rechten Seite der letzten Formel haben. Um diese Möglichkeit darzutun, setzen wir allgemein

$$K_s = K_{s-1}' \qquad (s = 1, \ldots, g-1) \tag{34}$$

und brauchen dann nur noch zu bewirken, daß die Bedingungen

$$\varkappa' < \varkappa_1,\ \varkappa_1' < \varkappa_2,\ \ldots,\ \varkappa_{g-2}' < \varkappa_{g-1} \tag{35}$$

erfüllt sind.

Wählen wir nun bei der erstmaligen Anwendung des Hilfssatzes 3 bzw. 4 $\varkappa = 1$, so ist dadurch wegen (32)

$$\varkappa' = \varphi(1)$$

bestimmt, während uns die Wahl von K noch freisteht. Da die in den Hilfssätzen auftretende Funktion $F(K, \varkappa)$ bei festem $\varkappa$ mit K zugleich, ohne je abzunehmen, über alle Grenzen wächst und wegen (32), (34)

$$K_1 = F(K, \varkappa) = F(K, 1)$$

ist, so können wir K so groß wählen, daß

$$\frac{1}{2}\sqrt{K_1} - 1 > \varkappa' + 1$$

wird, und dann bleibt diese Ungleichung auch erfüllt, wenn wir K noch vergrößern. Nun setzen wir

$$\varkappa_1 = \varkappa' + 1$$

und genügen damit der ersten der Bedingungen (35) und der Bedingung (33) für $s = 1$. Nach dieser Verfügung über $\varkappa_1$ bestimmt sich $\varkappa_1'$ wegen (32) aus der Gleichung

$$\varkappa_1' = \varphi_1(\varkappa_1).$$

Da nun wiederum die Funktion $F_1(K_1, \varkappa_1)$ bei festem $\varkappa_1$ mit K_1 zugleich, ohne je abzunehmen, über alle Grenzen wächst und wegen (32), (34)

$$K_2 = F_1(K_1, \varkappa_1)$$

ist, so können wir K weiter so groß wählen, daß

$$\frac{1}{2}\sqrt{K_2} - 1 > \varkappa_1' + 1$$

wird, und dann bleibt diese Ungleichung auch erfüllt, wenn wir K noch vergrößern. Nun setzen wir

$$\varkappa_2 = \varkappa_1' + 1$$

und genügen damit der zweiten der Bedingungen (35) und der Bedingung (33) für $s = 2$. In derselben Weise fahren wir fort, bis wir zu der Gleichung

$$\varkappa_{g-1} = \varkappa_{g-2}' + 1$$

gelangen.

Schließlich machen wir K noch so groß, daß

$$\sqrt{K_{g-1}'} > \varkappa_{g-1}'$$

wird; da wegen (31) für $s = g - 1$

$$|Y_h'^{(g)}| < \varkappa_{g-1}' \sqrt{K_{g-1}'}\, x,$$

und folglich jetzt

$$|Y_h'^{(g)}| < K_{g-1}' x$$

ist, so werden die auf der rechten Seite der letzten Formel in (30) zur n-ten Potenz erhobenen ganzen Zahlen positiv.

Führen wir nun die Substitutionen der linken Seiten der Formeln (30) in den rechten Seiten der jedesmal vorangehenden Formel aus, so entsteht eine Formel von der Gestalt

$$x^p(Kx^q + Y) = \sum_{h=1,\ldots,N^*} k_h (K_{g-1}' x + Y_h'^{(g)})^n,$$

wobei rechts

$$N^* = N_1 N_2 \cdots N_g$$

Summanden stehen und die k_h positive rationale Zahlen sind. Damit ist Hilfssatz 5 bewiesen.

Aus Hilfssatz 5 vermögen wir nun das anfangs aufgestellte Theorem über die Darstellbarkeit der ganzen Zahlen durch n-te Potenzen folgendermaßen abzuleiten.

Wir verstehen unter x eine beliebige positive ganze Zahl $\geqq 2^n$, ferner unter Y_1, Y_2 irgend zwei ganze, den Ungleichungen

$$\left.\begin{aligned} 0 \leqq Y_1 < \sqrt{K}\,x^q, \\ 0 \leqq Y_2 < \sqrt{K}(x+1)^q \end{aligned}\right\} \qquad (36)$$

genügende Zahlen. Dann gelten nach Hilfssatz 5 die Gleichungen

$$x^p[Kx^q - Y_1] = \sum_{h=1,2,\ldots,N^*} k_h P_h^n,$$
$$(x+1)^p[K(x+1)^q + Y_2] = \sum_{h=1,2,\ldots,N^*} k_h Q_h^n$$

und nach Addition

$$x^p[Kx^q - Y_1] + (x+1)^p[K(x+1)^q + Y_2] = \sum_{h=1,2,\ldots,N^*} k_h(P_h^n + Q_h^n), \qquad (37)$$

wo die P_h und Q_h gewisse $2N^*$ ganze positive Zahlen sind. Die linke Seite der Formel (37) hat die Gestalt

$$K[x^n + (x+1)^n] + Z,$$

wenn

$$Z = (x+1)^p Y_2 - x^p Y_1$$

gesetzt wird.

Wir überzeugen uns nun davon, daß der Ausdruck

$$(x+1)^p Y_2 - x^p Y_1$$

bei geeigneter, den Ungleichungen (36) entsprechender Wahl von Y_1, Y_2 jede ganze Zahl Z darzustellen vermag, die den Ungleichungen

$$0 \leqq Z \leqq x^n$$

genügt. In der Tat, da die Zahlen $(x+1)^p$ und x^p relativ prim sind, so besitzt erstlich für jedes ganzzahlige Z die diophantische Gleichung

$$Z = (x+1)^p Y_2 - x^p Y_1$$

ganzzahlige Lösungen Y_1, Y_2; nun ist aber zugleich mit Y_1, Y_2 auch

$$\begin{aligned} &Y_1 - T(x+1)^p, \\ &Y_2 - T x^p \end{aligned}$$

für jedes ganzzahlige T eine Lösung, und daraus wird ersichtlich, daß wir Y_1 der Ungleichung

$$0 \leqq Y_1 < (x+1)^p$$

entsprechend annehmen dürfen. Da $p < q$ ist, so wird $(x+1)^p < x^q$, sobald nur x hinreichend groß, etwa $\geqq 2^n$ gewählt wird; wir haben dann

$$0 \leqq Y_1 < x^q.$$

Mit Rücksicht auf die Ungleichung $Y_1 < (x+1)^p$ folgt ferner

$$Y_2 = \frac{x^p Y_1 + Z}{(x+1)^p} < x^p + \frac{x^n}{(x+1)^p} < x^p + x^q,$$

wenn

$$0 \leqq Z \leqq x^n$$

vorausgesetzt wird, und demnach haben wir mit Rücksicht auf $q > p$, und da Y_2 nicht negativ werden kann,

$$0 \leqq Y_2 < (x+1)^q.$$

Den Ungleichungen (36) ist damit genügt, da ja $K > 16$ ist.

Durch Zusammenfassung des Bisherigen erkennen wir, daß jede in dem durch die Ungleichungen

$$K[x^n + (x+1)^n] \leqq U \leqq K[x^n + (x+1)^n] + x^n$$

bestimmten Intervalle J_x gelegene ganze Zahl U sich in der Gestalt

$$\sum_{h=1,\ldots,N^*} k_h (P_h^n + Q_h^n)$$

darstellen läßt. Von einem hinreichend großen x an greifen nun diese Intervalle J_x übereinander derart, daß die größte Zahl von J_x größer als die kleinste von J_{x+1} ist; in der Tat haben wir gewiß

$$K[x^n + (x+1)^n] + x^n > K[(x+1)^n + (x+2)^n],$$

sobald

$$x > \frac{2\sqrt[n]{K}}{\sqrt[n]{K+1} - \sqrt[n]{K}}$$

genommen wird.

Es lassen sich also alle ganzen Zahlen U, die eine gewisse Größe S überschreiten, in der Gestalt

$$\sum_{h=1,\ldots,N^*} k_h (P_h^n + Q_h^n)$$

darstellen, wo P_h, Q_h gewisse $2N^*$ positive ganze Zahlen bedeuten.

Bezeichnen wir den Generalnenner der rationalen Zahlen k_h mit E, so folgt aus dieser Darstellung nach Multiplikation mit E, daß gewiß jede oberhalb der Größe ES gelegene und durch E teilbare ganze Zahl sich als Summe von n-ten Potenzen positiver ganzer Zahlen darstellen läßt, so daß deren Anzahl unterhalb einer Schranke liegt, die nur von n abhängt. Folglich gilt dies auch für *jede* durch E teilbare und daher auch für jede nicht durch E teilbare ganze Zahl, auf Grund der nämlichen Betrachtung, die oben nach Schluß des Beweises zu Satz II angestellt worden ist. Damit ist das anfangs aufgestellte Theorem, wie es von Waring vermutet worden ist, vollständig bewiesen.

Zum Schluß sei noch bemerkt, daß man durch das vorstehende Beweisverfahren auch zugleich eine obere Schranke für die Anzahl der zur Darstellung einer beliebigen Zahl nötigen n-ten Potenzen wirklich finden kann; dazu ist erforderlich, die am Schluß des Beweises von Satz II gemachte Bemerkung zu berücksichtigen und die in dem soeben vollendeten Beweisverfahren auftretenden Größen so weit abzuschätzen, daß die fragliche Schranke schließlich durch n ausdrückbar ist.

Zu Hilberts algebraisch-zahlentheoretischen Arbeiten.

Von Helmut Hasse.

Hilberts Arbeiten zur algebraischen Zahlentheorie stehen nicht nur rein zeitlich, sondern auch inhaltlich betrachtet an der Wende zweier Jahrhunderte. Sie heben einerseits mit klarem, aufs Große gerichtetem Blick die den Arbeiten der Zahlentheoretiker des alten Jahrhunderts zugrunde liegenden Probleme in großer Allgemeinheit heraus, behandeln sie in dieser Allgemeinheit mit großenteils neuartigen Methoden, die den früheren an Eleganz und Einfachheit weit überlegen sind, und werden so andrerseits richtungweisend für die im neuen Jahrhundert einsetzende Entwicklung, die in den von Hilbert überall mit bewundernswerter Weitsicht vorgezeichneten Bahnen zu einer abschließenden Behandlung dieses Problemkreises geführt hat.

Es handelt sich dabei vornehmlich um das Problem des *Reziprozitätsgesetzes*, das man als im Brennpunkt dieser Entwicklung stehend bezeichnen muß. Um dieses Problem in der ihm vorschwebenden Allgemeinheit angreifen zu können, mußte Hilbert zunächst eine genügend breite Grundlage in der allgemeinen Theorie der algebraischen Zahlkörper legen, deren Fundamentalsatz, von der eindeutigen Primidealzerlegung, einige Zeit vor dem Einsetzen seines Schaffens durch die grundlegenden Arbeiten Dedekinds und Kroneckers bewiesen war. Nachdem er zunächst, in 2 und 3, den Elementen der Theorie, die er zu meistern gedenkt, durch eine elegante Wendung des Beweises dieses Fundamentalsatzes seinen Stempel aufgedrückt hat, wendet sich Hilbert in 4 zu einem eingehenden Studium der Galoisschen Zahlkörper. Das Prinzip dieser Untersuchung, deren Methoden und Ergebnisse für die ganze weitere Entwicklung der Theorie nicht nur des Reziprozitätsgesetzes, sondern weit darüber hinaus von der allergrößten Bedeutung geworden sind, ist die Abbildung der arithmetischen Eigenschaften (Primidealzerlegung, Restklassen nach Primidealpotenzen, Diskriminante) eines Galoisschen Körpers in seine Galoissche Gruppe.

Nunmehr wendet sich Hilbert seinem eigentlichen Problem, dem Reziprozitätsgesetz, zu. An die klassischen Untersuchungen von Gauss und Dirichlet anknüpfend, beginnt er mit der Verallgemeinerung des quadratischen Reziprozitätsgesetzes vom rationalen Zahlkörper R auf den sog. Gaußschen Zahlkörper $k = R(\sqrt{-1})$ der ganzen komplexen Zahlen als Grundkörper. Ebenso wie das Reziprozitätsgesetz in R in der Theorie der quadratischen

Zahlkörper $R(\sqrt{d})$ über R wurzelt, wurzelt das Reziprozitätsgesetz in k in der Theorie der relativ-quadratischen Zahlkörper $k(\sqrt{\delta})$ über k. In dieser körpertheoretischen Art der Darstellung und Deutung des Reziprozitätsgesetzes liegt hier der entscheidende Fortschritt HILBERTS, nicht in dem Resultat, das ja schon auf GAUSS und DIRICHLET zurückgeht.

Des weiteren wendet sich HILBERT dem Reziprozitätsgesetz der l-ten Potenzreste für einen höheren Primzahlexponenten l zu, das als Grundkörper naturgemäß den l-ten Kreiskörper k_l (Körper der l-ten Einheitswurzeln) erfordert. HILBERT beginnt mit dem Studium des allgemeinen m-ten Kreiskörpers k_m für sich. Er entwickelt in 6 einen neuen, auf seine Theorie des Galoisschen Körpers gestützten Beweis des zuerst von KRONECKER bewiesenen Fundamentalsatzes, daß jeder Abelsche Zahlkörper Teilkörper eines solchen Kreiskörpers k_m ist.

Für die Behandlung des Reziprozitätsgesetzes der l-ten Potenzreste hatte HILBERT an die Arbeiten KUMMERS anzuknüpfen, in denen die körpertheoretische Verwurzelung jenes Gesetzes in der Theorie der sog. Kummerschen Körper $k_l(\sqrt[l]{\mu})$ bereits hervortrat. HILBERT gibt hier neue, von den umständlichen und wenig durchsichtigen Rechnungen KUMMERS freie Beweise. Auch setzt er das Reziprozitätsgesetz hier erstmalig in die elegante Form der Produktformel für das nach ihm benannte Normenrestsymbol. All dies geschieht in dem umfangreichen fünften und letzten Teil des sog. Zahlberichts 7.

In diesem Bericht hat HILBERT alles zur damaligen Zeit in der Theorie der algebraischen Zahlkörper erreichte Wissen gesammelt und zu einer einheitlichen, von großen Gesichtspunkten getragenen Theorie zusammengestellt. Die Resultate seines bisherigen Wirkens auf diesem Gebiete (2—6) sind darin verarbeitet, und überdies sind neben den vorhandenen Ergebnissen anderer Forscher eine große Menge eigener Erkenntnisse hier erstmalig ausgesprochen und gleich in den großen Zusammenhang eingeordnet. Das Werk ist noch heute der gegebene Ausgangspunkt für jeden, der in die Geheimnisse der Theorie der algebraischen Zahlkörper eindringen und der modernen zahlentheoretischen Forschung auf ihre Höhen folgen will.

Wegen dieser grundlegenden Bedeutung des Zahlberichts als Handbuch für das Studium wird er vielfach als der Gipfel der Hilbertschen Leistung auf zahlentheoretischem Gebiet angesehen. Es muß hier klar gesagt werden, daß das keineswegs den Tatsachen entspricht. Von der neuartigen, in 4 entwickelten Theorie des Galoisschen Zahlkörpers abgesehen, handelt es sich ja im Zahlbericht, wie in den in ihm verarbeiteten früheren Arbeiten im wesentlichen um die Durchdringung älterer Resultate mit neuen, eleganten, weittragenden Methoden. HILBERTS eigentliche neuen Resultate dagegen setzen jetzt erst ein; sie erwachsen auf dem Boden, den der Zahlbericht geebnet hat, und führen von dort in neue ungeahnte Höhen.

Noch einmal wendet sich HILBERT jetzt, in 8, 9, dem quadratischen Reziprozitätsgesetz zu, nun aber nicht mehr mit der früheren Beschränkung auf den speziellen Gaußschen Grundkörper $k = R(\sqrt{-1})$, sondern für einen allgemeinen algebraischen Zahlkörper k als Grundkörper. Dieser Schritt ist von entscheidender Wichtigkeit, und charakteristisch für die Hilbertsche aufs allgemeine gerichtete Denkweise. Während man bisher zwar die Bedeutung der algebraischen Zahlentheorie für das Reziprozitätsgesetz erkannt hatte, hatte man sich doch durchweg auf die Betrachtung der gerade erforderlichen algebraischen Zahlkörper beschränkt, im Falle des Reziprozitätsgesetzes der l-ten Potenzreste also des l-ten Kreiskörpers als Grundkörper und der Kummerschen Körper $k_l(\sqrt[l]{\mu})$ über ihm[1]. HILBERTS Schritt zu allgemeinen algebraischen Grundkörpern k bedeutet als neue Zielsetzung das Studium der Theorie der allgemeinen algebraischen Zahlkörper, der algebraischen und arithmetischen Gesetzlichkeiten in und über ihnen, *um ihrer selbst willen*, während die klassische Zahlentheorie nur den rationalen Zahlkörper um seiner selbst willen studiert hatte. So entwickelt denn HILBERT jetzt das quadratische Reziprozitätsgesetz im Rahmen einer allgemeinen Theorie der relativ-quadratischen Zahlkörper $k(\sqrt{\mu})$ über einem algebraischen Zahlkörper k, den er allerdings zunächst der wesentlichen Beschränkung unterwerfen muß, daß seine Klassenzahl ungerade ist, ebenso wie ja auch die Kummerschen, im fünften Teil des Zahlberichts behandelten Untersuchungen nur für solche l-te Kreiskörper durchgeführt werden konnten, deren Klassenzahl zu l prim ist („reguläre" Kreiskörper).

Den Gipfel von HILBERTS zahlentheoretischer Leistung hat man ohne Frage in der letzten seiner Arbeiten zur algebraischen Zahlentheorie, in 10, zu sehen, wenn auch — oder vielleicht gerade weil — diese Arbeit einen mehr programmatischen Charakter hat. Hier weist HILBERT zunächst auf, wie man in der Theorie der relativ-quadratischen Zahlkörper die Beschränkung auf Grundkörper ungerader Klassenzahl loswerden kann. Den Schlüssel dazu findet er in der Theorie der *Klassenkörper* eines algebraischen Zahlkörpers, das sind bei HILBERT die unverzweigten relativ-Abelschen Körper. Mit bewundernswertem Weitblick stellt er am Schluß jener Arbeit, wennschon lediglich im Besitz der Theorie des Relativgrades 2, ganz allgemein für diese Klassenkörper den Komplex derjenigen Sätze hin, die man heute als Hauptsätze der Klassenkörpertheorie (im unverzweigten Fall) bezeichnet. Zudem spricht er am Schluß des § 1 sowie durch die Wahl des Titels klar aus, daß

[1] Das gilt sinngemäß auch für HILBERTS Untersuchung 5. Denn die zugrunde liegende Gaußsche Untersuchung zielte auf mehr als bloß das *quadratische* Reziprozitätsgesetz in $R(\sqrt{-1})$, vielmehr auf das *biquadratische* Reziprozitätsgesetz in $R(\sqrt{-1})$, und dafür ist der 4-te Kreiskörper $R(\sqrt{-1})$ naturgemäß erforderlich.

auch die letzte Beschränkung, auf den unverzweigten Fall, in seinen Augen nur eine vorläufige ist, und daß seine programmatisch skizzierte Theorie eine Theorie der allgemeinen relativ-Abelschen Zahlkörper über einem beliebigen algebraischen Zahlkörper anstrebt.

Das neue Jahrhundert hat dieses in seinem Weitblick wie in seinem Wesen großartige Hilbertsche Programm restlos durchführen können, und insbesondere nahezu alle von HILBERT vermuteten Einzeltatsachen bestätigt.

Über die Einzelheiten dieser Entwicklung der Theorie der relativ-Abelschen Zahlkörper ist, in Fortsetzung des Hilbertschen Zahlberichts, ebenfalls im Jahresbericht der Deutschen Mathematiker-Vereinigung, zunächst in kleinerem Rahmen von FUETER[1], später ausführlich von HASSE[2], mit genauen Literaturangaben berichtet worden. Hier mögen nur die Hauptzüge der Entwicklung und die gewonnenen Hauptsätze angeführt werden.

1. Zunächst hat FURTWÄNGLER in unmittelbarer Fortsetzung des Hilbertschen Werks den von HILBERT skizzierten Fall der unverzweigten relativ-Abelschen Körper allgemein durchgeführt und zum Abschluß gebracht. Ferner hat dann TAKAGI, unter Heranziehung von H. WEBERS tiefgreifenden Ansätzen, auch den allgemeinen Fall der relativ-Abelschen Körper beliebiger Relativdiskriminante erledigt.

Die Hauptsätze der so gewonnenen Theorie lauten:

Definition des Klassenkörpers. *Ein algebraischer Körper K über k heißt Klassenkörper zur Idealgruppe H aus k, wenn von den Primidealen aus k alle und nur die zu H gehörigen in K in verschiedene Primideale vom Relativgrade 1 zerfallen.*

Dabei bedeutet „Idealgruppe" irgendeine solche Gruppe von Idealen, die für ein geeignetes ganzes Ideal $\mathfrak{f}$*

1. alle Hauptideale (α) mit $\alpha \equiv 1 \bmod. \mathfrak{f}$ enthält,

2. für keinen echten Teiler $\mathfrak{f}_0$ von $\mathfrak{f}$ alle Hauptideale (α) mit $\alpha \equiv 1 \bmod. \mathfrak{f}_0$ enthält,

3. nur aus zu $\mathfrak{f}$ primen Idealen besteht.

Das durch diese Forderungen eindeutig bestimmte $\mathfrak{f}$ heißt der „Führer" von H.

---

[1] Die Klassenkörper der komplexen Multiplikation und ihr Einfluß auf die Entwicklung der Zahlentheorie. Jber. dtsch. Math.-Ver. **20** (1911).

[2] Bericht über neuere Untersuchungen und Probleme aus der Theorie der algebraischen Zahlkörper. Teil I: Klassenkörpertheorie. Jber. dtsch. Math.-Ver. **35** (1926). Teil Ia: Beweise zu Teil I. Jber. dtsch. Math.-Ver. **36** (1927). Teil II · Reziprozitätsgesetz. Erg.Bd. **6** (1930) zum Jber. dtsch. Math.-Ver.

* In $\mathfrak{f}$ sind dabei, den reellen konjugierten zu k entsprechend, „unendliche Primstellen" als Faktoren zuzulassen, für die die Kongruenz durch die Vorzeichengleichheit der betreffenden reellen konjugierten erklärt ist.

Existenzsatz. *Zu jeder Idealgruppe H in k existiert ein Klassenkörper K über k.*

Isomorphiesatz. *K ist relativ-Abelsch über k, und die Galoissche Relativgruppe von K ist isomorph zur Gruppe der Idealklassen nach der Idealgruppe H als Hauptklasse.*

Die Idealklasseneinteilung hat dabei naturgemäß nur innerhalb der Gruppe aller zu $\mathfrak{f}$ primen Ideale zu erfolgen.

Zerlegungssatz für die Nichtteiler des Führers. *Ist, für ein nicht im Führer $\mathfrak{f}$ von H aufgehendes Primideal $\mathfrak{p}$, $\mathfrak{p}^f$ die früheste Potenz, die in H enthalten ist, so zerfällt $\mathfrak{p}$ in K in verschiedene Primidealfaktoren vom Relativgrade f.*

Diskriminantensatz. *Die Relativdiskriminante von K über k enthält genau diejenigen Primideale, die im Führer $\mathfrak{f}$ von H aufgehen.*

Beide Sätze sind als Spezialfälle in dem folgenden Satz enthalten:

Allgemeiner Zerlegungssatz. *Hat, für ein beliebiges Primideal $\mathfrak{p}$, H innerhalb der engsten H enthaltenden Idealgruppe H_0 von nicht durch $\mathfrak{p}$ teilbarem Führer den Index e, und ist $\mathfrak{p}^f$ als früheste Potenz in H_0 enthalten, so zerfällt $\mathfrak{p}$ in K in e-te Potenzen verschiedener Primideale vom Relativgrade f.*

Anordnungs- und Eindeutigkeitssatz. *Ist K Klassenkörper zu H, K' Klassenkörper zu H', so bedingen sich die Relationen $K' \geqq K$ und $H' \leqq H$ gegenseitig.*

Insbesondere bestimmen sich also eine Idealgruppe H und ihr Klassenkörper K gegenseitig eindeutig.

Die Relation $H' \leqq H$ ist dabei derart zu verstehen, daß H' bei Beschränkung auf die zum Führer $\mathfrak{f}$ von H (aber nicht notwendig sogar zum Führer $\mathfrak{f}'$ von H') primen Ideale Teilmenge von H wird.

Umkehrsatz. *Jeder relativ-Abelsche Körper K über k ist Klassenkörper zu einer Idealgruppe H aus k.*

Der Sinn dieser Sätze ist dieser: Durch die Klassenkörperbeziehung wird eine umkehrbar eindeutige Abbildung des Systems aller relativ-Abelschen Körper K über k auf das System aller Idealgruppen H aus k geliefert, bei der jedem körpertheoretischen Sachverhalt ein bestimmtes Äquivalent für die Idealgruppen entspricht. Man beherrscht so durch das System der Idealgruppen *in* k völlig das System der relativ-Abelschen Körper *über* k.

Insbesondere geht der Umkehrsatz für den Spezialfall des rationalen Zahlkörpers R als Grundkörper k in den oben erwähnten, von Hilbert in 6 behandelten Kroneckerschen Fundamentalsatz über, so wie überhaupt die von Hilbert im vierten Teil des Zahlberichts behandelte Theorie des allgemeinen m-ten Kreiskörpers, von den allgemeinen Sätzen der Klassenkörpertheorie aus gesehen, einfach als Theorie des Klassenkörpers zur Restklasseneinteilung mod. m in R erscheint.

Ferner ergibt sich aus dem Existenzsatz die wichtige Aussage:

Allgemeiner Satz von der arithmetischen Progression. *In jeder Idealklasse nach jeder Idealgruppe H in k existieren unendlich viele Primideale.*

2. Sowohl FURTWÄNGLER, von der Theorie der unverzweigten relativ-Abelschen Zahlkörper ausgehend, als auch TAKAGI, von der Theorie der allgemeinen relativ-Abelschen Zahlkörper ausgehend, haben dann ferner das Reziprozitätsgesetz in einem allgemeinen (die erforderlichen Einheitswurzeln enthaltenden) algebraischen Zahlkörper k behandelt, und zwar beide im wesentlichen nur für Primzahlexponenten l. Gerade hatte FURTWÄNGLER begonnen, in gleicher Weise auch den Fall höherer Exponenten mit Erfolg zu behandeln, als ARTIN mit einem neuen, grundlegenden Satz hervortrat, der sich zunächst in Form einer Ergänzung zu den obigen Hauptsätzen der Klassenkörpertheorie darbietet, der aber andrerseits gerade den Mechanismus darstellt, durch den das Reziprozitätsgesetz mit diesen Sätzen verkettet ist, und den ARTIN daher schlechthin das allgemeine Reziprozitätsgesetz genannt hat. Dieses Artinsche Reziprozitätsgesetz ist eine Ergänzung zu dem Isomorphiesatz der Klassenkörpertheorie. Es lautet:

Artinsches Reziprozitätsgesetz. *Der Isomorphismus zwischen der Idealklassengruppe nach H und der Galoisschen Relativgruppe von K wird dargestellt, wenn man jedem zum Führer von H primen Primideal $\mathfrak{p}$ von k diejenige Substitution σ der Galoisschen Relativgruppe von K zuordnet, für die gilt:*

$$\sigma \mathsf{A} \equiv \mathsf{A}^{N(\mathfrak{p})} \bmod. \mathfrak{p} \quad \textit{für jedes ganze } \mathsf{A} \textit{ aus } K.$$

Es gilt also:

Die Substitution σ hängt nur von der Klasse nach H ab, der $\mathfrak{p}$ angehört, und der Multiplikation der Klassen entspricht dabei die Multiplikation der Substitutionen.

Die Existenz und eindeutige Bestimmtheit einer solchen Substitution σ ist in der von HILBERT in 4, unabhängig von DEDEKIND und FROBENIUS, entwickelten Theorie der Galoisschen Körper enthalten; σ ist eine gewisse Erzeugende der zu $\mathfrak{p}$ für K gehörigen Zerlegungsgruppe. Nach FROBENIUS, der die Zuordnung dieser Substitution σ zu $\mathfrak{p}$ zuerst (auf die Verteilung der $\mathfrak{p}$ bei gegebenem σ hin) untersucht hat, nennt man σ die zu $\mathfrak{p}$ für K gehörige „Frobenius-Substitution". Das Artinsche Reziprozitätsgesetz hat dann insbesondere zur Aufstellung des allgemeinen Reziprozitätsgesetzes der Potenzreste für beliebige Exponenten m in der klassischen Form geführt:

Definition des m-ten Potenzrestsymbols. *Für ein zum Führer von $k(\sqrt[m]{\alpha})$ primes Primideal $\mathfrak{p}$ ist $\left(\frac{\alpha}{\mathfrak{p}}\right)$ derjenige Einheitswurzelfaktor, den die Zahl $\sqrt[m]{\alpha}$ bei Anwendung der zu $\mathfrak{p}$ für $k(\sqrt[m]{\alpha})$ gehörigen Frobenius-Substitution σ bekommt.*

Für ein zum Führer von $k(\sqrt[m]{\alpha})$ (bis auf evtl. m-te Potenzen) primes zusammen-

gesetztes Ideal $\mathfrak{b} = \prod \mathfrak{p}^{\nu}$ *ist*

$$\left(\frac{\alpha}{\mathfrak{b}}\right) = \prod \left(\frac{\alpha}{\mathfrak{p}}\right)^{\nu}.$$

Diese Definition ist sachlich etwas allgemeiner als die in den Arbeiten von HILBERT, FURTWÄNGLER, TAKAGI und ARTIN benutzte, führt aber in den dortigen Spezialfällen ($\mathfrak{b}$ prim zu m) ohne weiteres auf die dort zugrunde gelegte Definition mittels des verallgemeinerten Eulerschen Kriteriums zurück.

Aus seinem Reziprozitätsgesetz folgerte ARTIN durch Anwendung auf die speziellen relativ-Abelschen Körper $k(\sqrt[m]{\alpha})$ unmittelbar:

Das Reziprozitätsgesetz der Potenzreste (1. Form). *Das m-te Potenzrestsymbol* $\left(\frac{\alpha}{\mathfrak{b}}\right)$ *hängt nur von der Klasse ab, der das Ideal* $\mathfrak{b}$ *bei der zu* $k(\sqrt[m]{\alpha})$ *gehörigen Klasseneinteilung angehört.*

Mittels eines Furtwänglerschen Schlußverfahrens leitete ferner HASSE die folgende Tatsache von der klassischen Gestalt des Reziprozitätsgesetzes her:

Das Reziprozitätsgesetz der Potenzreste (2. Form). *Es ist*

$$\left(\frac{\alpha}{\beta}\right) = \left(\frac{\beta}{\alpha}\right),$$

wenn die Führer von $k(\sqrt[m]{\alpha})$ *und* $k(\sqrt[m]{\beta})$ *zueinander prim sind.*

3. Weiter konnte HASSE auch die elegante Hilbertsche Formulierung des Reziprozitätsgesetzes als Produkttheorem für das Normenrestsymbol in der jetzt erreichten Allgemeinheit geben:

Das Reziprozitätsgesetz als Produkttheorem für das Normenrestsymbol. *Für beliebige* $\beta \neq 0$ *aus* k *und beliebige relativ-Abelsche Körper* K *über* k *ist stets das über alle Primstellen* $\mathfrak{p}$ *von* K *erstreckte Produkt*

$$\prod_{\mathfrak{p}} \left(\frac{\beta, K}{\mathfrak{p}}\right) = 1.$$

Dabei ist das Symbol $\left(\frac{\beta, K}{\mathfrak{p}}\right)$ als Element der Galoisschen Relativgruppe von K derart erklärt, daß insbesondere gilt:

$\left(\frac{\beta, K}{\mathfrak{p}}\right) = 1$ dann und nur dann, wenn β für jede noch so hohe Potenz von $\mathfrak{p}$ der Norm einer Zahl aus K nach $\mathfrak{p}$ kongruent ist.

Die exakte Definition des Symbols wird, ähnlich wie für das Potenzrestsymbol, durch Zurückführung auf eine FROBENIUS-Substitution gegeben, welche hier allerdings etwas komplizierter ist:

$\left(\frac{\beta, K}{\mathfrak{p}}\right)$ ist die FROBENIUS-Substitution zu $\mathfrak{q}$ für K, wenn $\mathfrak{q}$ aus β durch den Mechanismus bestimmt wird:

$$\beta_0 \equiv \beta \bmod. \mathfrak{f}_{\mathfrak{p}}, \quad \beta_0 \equiv 1 \bmod. \frac{\mathfrak{f}}{\mathfrak{f}_{\mathfrak{p}}} \quad \begin{pmatrix}\mathfrak{f} \text{ der Führer von } K, \\ \mathfrak{f}_{\mathfrak{p}} \text{ der } \mathfrak{p}\text{-Bestandteil von } \mathfrak{f}\end{pmatrix}$$

und

$$\beta_0 = \mathfrak{p}^b \mathfrak{q} \quad \text{mit einem Primideal } \mathfrak{q} \neq \mathfrak{p}.$$

$\mathfrak{q}$ existiert nach dem allgemeinen Satz von der arithmetischen Progression.

Für den Fall, daß K *zyklisch* über k ist, gilt auch für dieses allgemeine Normenrestsymbol die von HILBERT in seinen Spezialfällen festgestellte Tatsache:

Normensatz. *Dann und nur dann ist β Norm einer Zahl aus K, wenn $\left(\frac{\beta, K}{\mathfrak{p}}\right) = 1$ für alle Primstellen $\mathfrak{p}$ von K ist.*

Dagegen verliert dieser Satz im allgemeinen seine Gültigkeit, wenn K nicht mehr zyklisch über k ist.

Auf Grund dieses Normensatzes konnte HASSE neuerdings grundlegende Anwendungen der Klassenkörpertheorie auf die Strukturtheorie der einfachen Systeme hyperkomplexer Zahlen über einem algebraischen Zahlkörper k geben. Zufolge dieser Anwendungen und mittels der allgemeinen Begriffsbildungen von E. NOETHER scheint diese Theorie nunmehr rückwärts für die noch offenen großen Probleme in der Theorie der algebraischen Zahlkörper, nämlich die Verallgemeinerung der Klassenkörpertheorie auf allgemeine relativ-Galoissche Zahlkörper, den Zugang zu liefern. Doch ist diese Entwicklung noch zu jung, als daß hier schon darüber berichtet werden könnte.

4. Von den von HILBERT am Schluß von 10 skizzierten Klassenkörpergesetzlichkeiten hat ein Satz auch noch nach fertigem Vorliegen der Furtwängler-Takagischen Theorie und des Artinschen Reziprozitätsgesetzes eine Zeitlang hartnäckig allen Beweisversuchen getrotzt. Es war dies die folgende Tatsache:

Hauptidealsatz. *Im absoluten (d. i. größten unverzweigten) Klassenkörper K zu einem algebraischen Zahlkörper k werden alle Ideale von k zu Hauptidealen.*

Auch diese Tatsache, die wegen ihrer bevorzugten Stellung in dem Hilbertschen Programm zu den am weitesten bekannten Eigenschaften des Klassenkörpers gehört, konnte aber schließlich bewiesen werden, und zwar durch FURTWÄNGLER, nachdem zuvor ARTIN mittels seines Reziprozitätsgesetzes eine Reduktion auf eine rein gruppentheoretische Frage gegeben hatte. Diese Artinsche Reduktion beruht auf dem Gedanken, die Idealklassen des Klassenkörpers K, um deren Studium es sich handelt, durch das Artinsche Reziprozitätsgesetz auf die Substitutionen der Galoisschen Relativgruppe des absoluten Klassenkörpers K' von K, also des zweiten absoluten Klassenkörpers zu k, abzubilden. Dieser Körper K' ist über k nicht mehr Abelsch, sondern nur noch metabelsch. Daher überschreitet der Hauptidealsatz die eigentliche Theorie der relativ-Abelschen Körper, reicht vielmehr in die Theorie der relativ-metabelschen Körper hinein. Bei dem auch heute noch unvollkommenen Stand der Einsicht in ihn — man kann ihn nach FURTWÄNGLER zwar durch kunstvolle Rechnungen bestätigen, aber nicht innerlich verstehen — muß man dem wissenschaftlichen Instinkt HILBERTS, der diesen Satz, lediglich auf fast triviale Spezialfälle gestützt, vorausgesehen hat, staunende Bewunderung zollen.

Verzeichnis der Begriffsnamen.

Die dem Begriffsnamen beigefügten Seitenzahlen bezeichnen diejenigen Stellen, wo die Begriffsnamen definiert werden; in Abh. 7 (S. 63—363) sind dieselben auf der betreffenden Seite fett gedruckt.

Printed in the United States
By Bookmasters